Flexible Plankostenrechnung und Deckungsbeitragsrechnung

Wolfgang Kilger • Jochen R. Pampel • Kurt Vikas

Flexible Plankostenrechnung und Deckungsbeitragsrechnung

13. Auflage

Springer Gabler

Prof. Dr. Wolfgang Kilger
(verstorben 1986)
Universität des Saarlandes
Deutschland

Prof. Dr. Kurt Vikas
Karl-Franzens-Universität, Graz
Österreich

Prof. Dr. Jochen R. Pampel
KPMG AG Wirtschaftsprüfungsgesellschaft
Hamburg, Deutschland

ISBN 978-3-8349-3238-9
ISBN 978-3-8349-3758-2 (eBook)
DOI 10.1007/978-3-8349-3758-2

Die Deutsche Nationalbibliothek verzeichnet diese Publikation in der Deutschen Nationalbibliografie; detaillierte bibliografische Daten sind im Internet über http://dnb.d-nb.de abrufbar.

Springer Gabler

Lektorat: Anna Pietras, Walburga Himmel
Einbandentwurf: KünkelLopka GmbH, Heidelberg

Gedruckt auf säurefreiem und chlorfrei gebleichtem Papier

Springer Gabler ist eine Marke von Springer DE.
Springer DE ist Teil der Fachverlagsgruppe Springer Science+Business Media.
www.springer-gabler.de

Vorwort zur 13. Auflage

Die vorliegende 13. Auflage ist eine erneute umfassende Aktualisierung des Versuchs das Lebenswerk und anerkannte Standardwerk zum Thema „Neuzeitliche Kostenrechnung“ des 1986 so früh verstorbenen Autors, Prof. Dr. Wolfgang Kilger, den veränderten Rahmenbedingungen anzupassen, ohne die bewährten Grundlagen aufzugeben.

Bereits die 10. Auflage bearbeitete allein Kurt Vikas, der Wolfgang Kilger durch gemeinsame Projektarbeit in der Plaut-Gruppe persönlich gut kannte. Sie erschien fünf Jahre nach der noch von Kilger selbst begonnenen 9. Auflage. Damals stand vor allem die Erarbeitung und Überarbeitung des umfassenden Fallbeispiels unter dem Eindruck der erheblich ausgebauten DV-Unterstützung durch die Software der SAP AG im Vordergrund. Zugleich fiel diese Überarbeitung in die Zeit der kontrovers geführten Diskussion Grenzplankostenrechnung versus Prozesskostenrechnung, die in das Werk aufgenommen wurde. Die 11. vollständig überarbeitete Auflage erschien im Jahre 2002 unter Mitarbeit von Jochen Pampel, der als Schüler von W. Männel dazu weitere Perspektiven mitbrachte. Er gestaltete vor allem die neue Einführung, in der die neuesten Entwicklungen auf diesem Fachgebiet dargestellt wurden, während sich Kurt Vikas um eine leserfreundlichere Darstellung der Graphiken und Beispiele bemühte. In der 12. Auflage wurden erneut in die Einführung die neuesten Entwicklungen im Rechnungswesen und im Controlling aufgenommen. Das komplexe Zahlenwerk des bewährten Modellbetriebes wurde aus dem laufenden Text herausgenommen, um in einem eigenen Kapitel komprimiert dargestellt und erläutert zu werden. Zur Abrundung der Lehrbuchfunktion wurde ein geschlossenes und abstimmfähiges Zahlenmodell für eine Grenzplankosten- und Deckungsbeitragsrechnung auf EXCEL-Basis übernommen. Dabei profitierte diese Auflage auch von einer sehr engagierten Analyse der 11. Auflage mit vielen wichtigen Hinweisen von Professor Dr. Horst Glaser und einer vollständigen Durchsicht des Manuskriptes durch Professor Dr. Stefan Müller.

Inzwischen sind auch nach der 12. Auflage wieder einige Jahre vergangen. Bezogen auf die gesamte Zeit seit der 9. Auflage haben sich in fast zwei Dekaden in der Theorie und Unternehmungspraxis erhebliche Veränderungen ergeben, die primär auf neue Anforderungen infolge veränderter Wettbewerbsbedingungen, Unternehmensstrategien und Organisationsformen und nicht zuletzt auf weitere erhebliche Verbesserungen der DV-Unterstützung zurückzuführen sind.

Es ist heute leider nicht mehr abzuschätzen, wie Wolfgang Kilger selbst angesichts der veränderten Rahmenbedingungen die Grenzplankostenrechnung weiterentwickelt hätte. Doch blieb der von Wolfgang Kilger entwickelte Stand der Flexiblen Plankostenrechnung im Wesentlichen der State-of-the-Art für industrielle Kostenrechnungssysteme. Entsprechend gestaltete Kostenrechnungen bilden in der Unternehmenspraxis noch heute die Benchmark-Lösung.

Dem fühlt sich das inzwischen eingespielte Autorenteam auch in der jetzt vorgelegten Auflage der Flexiblen Plankosten- und Deckungsbeitragsrechnung weiterhin verpflichtet. Zudem sind sie auch sehr dankbar, dass die gute Resonanz der letzten Auflage erneut eine Aktualisierung erforderlich macht.

Die erneute Bearbeitung des 2002 eingeführten 0. Kapitels lässt feststellen, dass die letzte Dekade vergleichsweise geringere Veränderungen gegenüber der zuvor dargestellten Einbindung der Kostenrechnung in ein dem State of the Art entsprechendem Controllings gebracht hat. Einige Trends wie die Integration des internen und externen Rechnungswesens wirken in der Praxis weiter, scheinen aber infolge der Hinwendung zum Internationalen Rechnungswesen und der „Bilanzmodernisierung“ durch BilMoG an Brisanz und auch gleichzeitig durch die erneute Betonung klassischer Zwecke der Kostenrechnung an Momentum verloren zu haben. Die Relevanz einer auf Effizienz orientierten internen Kostensteuerung scheint durch die Finanzkrise und die insgesamt seitdem als unsicherer empfundene Wirtschaftslage im Rahmen des Controlling-Instrumentariums eher gestärkt worden zu sein. Neue Herausforderungen erfährt das Controlling durch die verstärkte Berücksichtigung der Nachhaltigkeit im Management des Unternehmens.

Die Verfasser sind daher zuversichtlich, dass sich die Bemühungen, den auch heute noch gültigen Kern der Grenzplankostenrechnung in einer aktuellen Fassung zu erhalten, lohnen und hoffen auch neu Interessierte aus der Wissenschaft und der Wirtschaftspraxis an das Gebiet der Grenzplankostenrechnung heranzuführen.

Zu großem Dank für die Motivierung und Unterstützung sind sie erneut dem Gabler Verlag und insbesondere Frau Anna Pietras verpflichtet. Gleicher Dank gebührt den Mitarbeitern und Kollegen an der Karl-Franzens-Universität in Graz. Die nun erneut vorgelegte Bearbeitung nehmen sie nun erstmals zum Anlass, um ihren Ehepartnern für ihre Geduld und ihr Verständnis während der Bearbeitungszeit zu danken.

Perchtoldsdorf bei Wien/
Seevetal, Januar 2012

KURT VIKAS/
JOCHEN R. PAMPEL

Vorwort zur 8. Auflage

Das vorliegende Buch ist aus der Habilitationsschrift des Verfassers hervorgegangen und wurde zum ersten Mal 1961 veröffentlicht. Auf Anregung seines Lehrers, Professor Dr. Drs. h. c. E. Gutenberg, bemühte sich der Verfasser damals, den Entwicklungsprozess der Kostenrechnung ausführlich zu analysieren, der von den Grundformen der Istkostenrechnung über die Normalkostenrechnung zur Plankostenrechnung führte, und zugleich die flexible Plankostenrechnung als theoretisch geschlossenes System darzustellen.

Vergleicht man die Ausführungen der früheren Auflagen mit dem heutigen Stand der Diskussion, so erkennt man, wie sich in Theorie und Praxis im Zeitablauf die Ansicht durchgesetzt hat, dass eine zugleich kontroll- und entscheidungsorientierte Plankostenrechnung eine Grenzplankosten- und Deckungsbeitragsrechnung sein muss. Es wäre daher gerechtfertigt gewesen, die alte Bezeichnung „Flexible Plankostenrechnung" aufzugeben und sie durch „Grenzplankostenrechnung" zu ersetzen. Da aber in den letzten Jahren die Tendenz deutlich geworden ist, die Grenzplankosten- und Deckungsbeitragsrechnung durch eine parallele Vollkostenrechnung zu ergänzen, haben wir an dem Oberbegriff „Flexible Plankostenrechnung" festgehalten; hierfür sprechen zugleich die zahlreichen Auswertungsmöglichkeiten dieses Verfahrens, die sich an nahezu alle Problemstellungen der betrieblichen Praxis anpassen lassen.

Mit der völlig überarbeiteten und erweiterten 8. Auflage legt der Verfasser eine Gesamtdarstellung der flexiblen Plankostenrechnung vor, die dem heutigen Wissensstand entspricht und zugleich Hinweise für zukünftige Entwicklungsmöglichkeiten bietet. Das vorliegende Buch ist das Ergebnis von fast drei Jahrzehnten wissenschaftlicher und praktischer Arbeit auf dem Gebiet der Plankostenrechnung. Bereits für die erste Auflage nahm der Verfasser 12 Monate lang empirische Untersuchungen in 18 Unternehmungen mit einer Plankostenrechnung vor, die in dankenswerter Weise durch die Deutsche Forschungsgemeinschaft unterstützt wurden. Ganz besonderer Dank gebührt aber Herrn H. G. Plaut, der als Unternehmensberater schon damals in zahlreichen Unternehmungen in Deutschland, Österreich und der Schweiz das Verfahren der Grenzplankosten- und Deckungsbeitragsrechnung eingeführt hatte und dem Verfasser Zugang zu den von ihm betreuten Firmen verschaffte. Hieraus entstand eine mehrjährige freiberufliche Zusammenarbeit mit der Organisation Plaut Unternehmensberatung, die das Erfahrungspotenzial des Verfassers weiter verbreitete. Nur hierdurch war es möglich, auch in der Literatur nicht veröffentlichte Probleme und Lösungen zu erörtern und mithilfe praxisnaher Beispiele darzustellen. Aus diesem Grunde dankt der Verfasser Herrn H. G. Plaut und seinen Mitarbeitern, insbesondere aber den Herren Professor Dr. W. Medicke, Dr. K. Gans und Diplomphysiker E. Konrad, für die zahlreichen Anregungen, die er während und nach seiner Mitarbeit in der Organisation Plaut erhalten hat. Zugleich sei an dieser Stelle allen Geschäftsleitungen und Mitarbeitern derjenigen Firmen gedankt, die dem Verfasser Einblick in ihr betriebliches Rechnungswesen gestatteten.

Auf zwei USA-Reisen informierte sich der Verfasser über den Entwicklungsstand des amerikanischen Direct Costing. Hierbei besuchte er 20 amerikanische Firmen und diskutierte mit führenden amerikanischen Kostenfachleuten. Dank für wertvolle Anregungen schuldet der Verfasser insbesondere Professor Dr. C. T. Horngren, Professor Dr. A. Matz, Professor Dr. G. Shillinglaw, dem damaligen Forschungsleiter der National Association of Accountants, Mr. W. B. McFarland und dem Präsidenten der Wright Associates, Mr. W. Wright. Der Deutschen Forschungsgemeinschaft und der Wissenschaftlichen Gesellschaft der Universität des Saarlandes dankt der Verfasser für die Finanzierung der Reisen.

Bei der Bearbeitung der 8. Auflage wurden alle Teile neu formuliert und zum Teil wesentlich ergänzt.

Im *ersten Teil* wird der Entwicklungsprozess der Kostenrechnung dargestellt, der ausgehend von den traditionellen Formen der Plankostenrechnung schließlich zur Grenzplankostenrechnung und Deckungsbeitragsrechnung führte; gegenüber den früheren Auflagen wurden die historischen Teile gekürzt. Dafür wurde in den ersten Teil eine ausführliche Darstellung und Würdigung aller bekannten Verfahren der Teilkostenrechnung integriert. Hierzu gehören das Rechnen mit relativen Einzelkosten und Deckungsbeiträgen nach Riebel, die Standardgrenzpreisrechnung nach Böhm und Wille, die stufenweise Fixkostendeckung nach Aghte und Mellerowicz sowie die Vorschläge Lassmanns, die Plankostenrechnung als ein geschlossenes Betriebsmodell zu führen.

Im *zweiten Teil* werden die theoretischen Grundlagen der flexiblen Plankostenrechnung dargestellt. Hierbei wird das System der Kostenbestimmungsfaktoren weiter verfeinert und der Grenzkostenbegriff ausführlich diskutiert. Die kostentheoretischen Ausführungen dienen zugleich als Grundlage für die späteren Ausführungen über das Bezugsgrößensystem der Kostenplanung. Die theoretischen Grundlagen der Kostenkontrolle haben wir erstmalig um stochastische Entscheidungsregeln der Abweichungsauswertung ergänzt. Nach wie vor enthält der zweite Teil eine ausführliche Analyse des Begriffes der relevanten Kosten.

Im *dritten Teil* wird die Eliminierung von Preis- und Lohnsatzschwankungen behandelt, wobei die Tatsache berücksichtigt wird, dass heute mit schnelleren und stärkeren Preis- und Lohnveränderungen gerechnet werden muss. An den Verfahrenstechniken zur Ermittlung von Preis- und Tarifabweichungen hat sich gegenüber den früheren Auflagen relativ wenig verändert.

Im *vierten Teil*, der die Planung und Kontrolle der Erzeugnis-Einzelkosten behandelt, haben wir einen besonderen Abschnitt über die Vorleistungskosten eingefügt, da diese im System der Grenzplankosten- und Deckungsbeitragsrechnung eine Sonderstellung einnehmen und in vielen Branchen stark ins Gewicht fallen.

Den Schwerpunkt des Buches bildet nach wie vor der umfassende *fünfte Teil*, der die Planung und Kontrolle der Kostenstellenkosten enthält. Während in den bisherigen Auflagen lediglich Fallbeispiele zur Kostenplanung wiedergegeben wurden, enthält die 8. Auflage das geschlossene Planungsbeispiel eines Modellbetriebs. Aufbauend auf den kostentheoretischen Abhandlungen im zweiten Teil haben wir die Ausführungen über das Bezugsgrößensystem der flexiblen Plankostenrechnung weiter präzisiert. Der Tendenz, die Grenzplankostenrechnung zu einer parallel durchgeführten Vollkostenrechnung zu ergänzen, wird durch die Bildung von Vollkostensätzen auf der Grundlage einer sekundären Fixkostenverteilung Rechnung getragen. Weiterhin wird gezeigt, wie sich die Kostenplanung zu einer Primärkostenrechnung weiterentwickeln lässt. Bei der Abweichungsanalyse der Kostenkontrolle haben wir insbesondere die Ausführungen zur

Kostenidentität und zur Erfassung spezieller Kostenabweichungen (zwischen der Kostenstellen- und der Kostenträgerrechnung) erweitert.

Im *sechsten Teil* werden die Kalkulationsverfahren und die Erfolgsanalyse der Grenzplankosten- und Deckungsbeitragsrechnung dargestellt. Hierbei wird im Gegensatz zu den früheren Auflagen auf die Darstellung reiner Grenzkostenkalkulationen von vornherein verzichtet und ausschließlich das Verfahren der Parallel- oder Doppelkalkulation dargestellt, bei der die proportionalen und die vollen Selbstkosten nebeneinander kalkuliert werden. Zugleich wird gezeigt, dass es in vielen Fällen erforderlich ist, die jahresbezogenen Plankalkulationen durch besondere Soll- oder Alternativkalkulationen zu ergänzen. Neu gefasst wurde weiterhin der Abschnitt über Kalkulationsverfahren bei Auftrags- und Einzelfertigung. Bei der Kostenträgererfolgsrechnung wird auf zahlreiche erweiterte Auswertungsmöglichkeiten hingewiesen und gezeigt, wie sich die kurzfristige Erfolgsrechnung systematisch zu einem Soll-Ist-Vergleich des Periodenerfolgs ausbauen lässt.

Im *siebten Teil,* der die Anwendungsmöglichkeiten der Grenzplankosten- und Deckungsbeitragsrechnung als Grundlage der betrieblichen Planung behandelt, haben wir im Vergleich zu den früheren Auflagen die Anwendungsmöglichkeiten der linearen Programmierung nur relativ kurz dargestellt, da hierzu in der Zwischenzeit ein anderes Buch des Verfassers erschienen ist. Dafür werden die Abschnitte über die Entscheidungskriterien für Zusatzaufträge, die Ermittlung von Preisuntergrenzen und die Bestimmung von Verkaufspreisen mithilfe von Soll-Deckungsbeiträgen völlig neu gestaltet, da gerade auf diesem Gebiet Gefahren einer falschen Anwendung des Grenzkostenprinzips bestehen.

Für alle Teilbereiche der flexiblen Plankostenrechnung wird aufgezeigt, dass ihre Durchführung in größeren Betrieben den Einsatz der *Datenverarbeitung* erforderlich macht. Hierbei hat der in den letzten 10 Jahren progressiv gestiegene Programmieraufwand dazu geführt, in zunehmendem Umfang Standard-Software einzusetzen. Diese Entwicklungstendenz wird zwar überwiegend unter Bezugnahme auf die von der Organisation Plaut zur Grenzplankosten- und Deckungsbeitragsrechnung entwickelten Modularprogramme dargestellt; auch zahlreiche andere Hersteller von Standard-Software bieten aber heute Programme an, die sich für die Durchführung der flexiblen Plankostenrechnung einsetzen lassen.

Das vorliegende Buch ist für Studierende der Betriebswirtschaftslehre bestimmt, die sich auf das innerbetriebliche Rechnungswesen spezialisieren wollen. Es soll insbesondere aber dem Betriebswirt der Praxis dienen, der in seinem Betrieb die Kostenrechnung zu einer Grenzplankosten- und Deckungsbeitragsrechnung weiterentwickeln will. Das Buch soll zugleich eine theoretisch fundierte Monographie und ein Handbuch für den Praktiker sein, der detaillierte Informationen über den Aufbau und die Arbeitsweise der flexiblen Plankostenrechnung benötigt; das umfangreiche Sachregister soll dem Leser dabei eine Hilfe sein. Neben allen Mitarbeitern, die an den früheren Auflagen mitgewirkt haben, dankt der Verfasser für die kritische Durchsicht des Manuskriptes den Herren Dipl.-Kfm. Dr. R. Engelmann, Dipl.-Kfm. L. Hans, Dipl.-Kfm. R. Müllendorff; Dipl.-Kfm. E. Pieroth und Dipl.-Kfm. Dr. E. Queißner. Für das Schreiben des Manuskriptes danke ich meiner Sekretärin Fräulein U. Gräff.

Saarbrücken, 5. Oktober 1980 WOLFGANG KILGER

Inhaltsverzeichnis

Abkürzungsverzeichnis

Abw.	Abweichung
ADL	Arbeitsgemeinschaft für elektronische Datenverarbeitung und Lochkartentechnik e. V.
AGPLAN	Schriftenreihe der Arbeitsgemeinschaft Planung e. V.
ANF	Anfahrten E-Karren
ANZ	Anzahl Anschlüsse
BB	Der Betriebs-Berater
BDI	Bundesverband der deutschen Industrie e. V.
BFuP	Betriebswirtschaftliche Forschung und Praxis
BG %	Beschäftigungsgrad in Prozent
BzGr	Bezugsgröße
CPU	CPU-Minuten
CO_2	Kohlenstoffdioxid
DB	Der Betrieb
DBW	Die Betriebswirtschaft
FB/IE	Zeitschrift für Unternehmensentwicklung und Industrial Engineering
Ftg.	Fertigungs-
FU	Fertigungsunterstützung
GBD	Giga-Byte-Days
GRI	Global Reporting Initiative
HBR	Harvard Business School
HdB	Handwörterbuch der Betriebswirtschaft
HWR	Handwörterbuch des Rechnungswesens
HWU	Handwörterbuch Unternehmensrechnung und Controlling
I_LST	Innerbetriebliche Leistungen
JfB	Journal für Betriebswirtschaft
JMAR	Journal of Management Accounting Research
KAP	Kapital-
Ko.	Kosten
KOA	Kostenart
KOSA	Kostensatz
KOST	Kostenstelle
KOTR	Kostenträger
KRP	Kostenrechnungs-Praxis
KST	Konstruktions-Stunden
LSP	Leitsätze für Preisbildung öffentlicher Aufträge
Lstg	Leistung
MST	Vorgabe-Maschinenstunden

N.A.C.A.	National Association of Cost Accountants
NAA	National Association of Accountants
NB	Neue Betriebswirtschaft
OS1	Standard-Ofen-Stunden bis 800°
OS2	Standard-Ofen-Stunden über 800°
OS3	Standard-Stunden Härten
PEK	Primäre Einzelkosten
PKGK	Primäre, kalkulatorische Gemeinkosten
POGK	Primäre, originäre Gemeinkosten
prop.	proportional
QMV	QM Flächenbedarf VT
RDO	Rechnungswesen, Datentechnik, Organisation
REFA	Verband für Arbeitsstudien e. V.
Rep.	Reparatur
RKW	Rationalisierungs-Kuratorium der Deutschen Wirtschaft e. V.
RST	Rüststunden
SBK	Sonstige Betriebskosten
SBR	Schmalenbach Business Review
SDGK	Sekundäre, direkte Gemeinkosten
sek.	sekundär
SFO	Standard-Fertigungs-Stunden Ofenbetrieb
SFV	Standard-Fertigungs-Stunden VT
SGM	Standard-Gruppenführer-Stunden Materialwirtschaft
SIV	Soll-Istkostenvergleich
SKGK	Sekundäre, kalkulatorische Gemeinkosten
SMM	Standard-Mitarbeiter-Stunden Materialwirtschaft
SMV	Standard-Mitarbeiter-Stunden VT
Soz.Aw.Geh.	kalkulatorischer Sozialaufwand für Gehalt
SPF	Standard-Stapler-Stunden FU
SSM	Standard-Sachbearbeiter-Stunden Materialwirtschaft
SSV	Standard-Sachbearbeiter-Stunden VT
STA	Standard-Transaktionen primär
STF	Standard-Transport-Stunden FU
TA	Transaktionen
TAS	Transaktionen sekundär
TDV	Tausend-€ Umlaufvermögen VT
VDI	Verein Deutscher Ingenieure
VE	Verrechnungseinheit
VEL	VE Leitungsstellen
VEL	VE Leitungsstellen
VEP	VE Personalpool DV
VEU	VE Unternehmensleitung
VEV	VE Vertrieb

VEW	VE Verwaltung
VEY	VE Personalabrechnung
VKA	Verrechnungskostenart Werk-(Innen-) auftrag
VKDB	Verrechnungskostenart direkt in die DB-Rechnung
VKF	Verrechnungskostenart Fertigungsauftrag
VKP	Verrechnungskostenart Prozess
VKZ	Verrechnungskostenart mit Zuschlag
V-Min. Mo.	Vorgabe Minuten des Monats
VRS	Vorgabe-Rüststunden
VST	Vorgabestunden
VSV	VE Vertrieb
VT	Vertrieb
WiSt	Wirtschaftswissenschaftliches Studium
WP	Der Wirtschaftsprüfer
WPg	Die Wirtschaftsprüfung
ZfB	Zeitschrift für Betriebswirtschaft
ZfbF	Zeitschrift für betriebswirtschaftliche Forschung
ZfCM	Zeitschrift für Controlling & Management
ZfhF	Zeitschrift für handelswissenschaftliche Forschung
ZfN	Zeitschrift für Nationalökonomie
ZfO	Zeitschrift für Organisation
ZfwF	Zeitschrift für wirtschaftliche Fertigung
ZHH	Zeitschrift für Handelswissenschaft und Handelspraxis
ZST	Zeichner-Stunden

Verzeichnis mehrfach verwendeter Kurzzeichen

Kleine lateinische Buchstaben

b	Bezugsgröße pro Kalkulationseinheit
c_F	Fixe Kosten pro Bezugsgrößeneinheit
d	Proportionaler Kostensatz pro Bezugsgrößeneinheit
d_M	Proportionaler Materialgemeinkosten-Verrechnungssatz der Einzelmaterialkosten
d_P	Proportionaler Verrechnungssatz pro Fertigungszeiteinheit der Kuppelproduktion
d_{PR}	Anteil der primären Kosten am Verrechnungssatz
d_R	Proportionaler Kostensatz pro Einheit der Rüstzeit
d_{Vt}	Proportionaler Verwaltungskosten-Verrechnungssatz in Prozent der proportionalen Herstellkosten
d_{Vw}	Proportionaler Verwaltungskosten-Verrechnungssatz in Prozent der proportionalen Herstellkosten
e_{Ftg}	Sondereinzelkosten der Fertigung pro Produkteinheit
e_{Fr}	Sondereinzelkosten für Frachten pro Produkteinheit
e_{Vp}	Sondereinzelkosten für Verpackungsmaterial pro Produkteinheit
f	Gesamteinsatzfaktor
f'	Einsatzfaktor einer Fertigungsstelle
h	Vollkosten pro Bezugsgrößeneinheit (= gesamte Durchschnittskosten)
k	Volle Selbstkosten pro Produkteinheit
k_{FH}	Fixe Herstellkosten pro Produkteinheit
k_H	Proportionale Herstellkosten pro Produkteinheit
k_{HH}	Volle Herstellkosten pro Einheit des Hauptproduktes bei Kuppelproduktion
k_{HN}	Volle Herstellkosten pro Einheit des Nebenproduktes bei Kuppelproduktion
k_L	Einzellohnkosten pro Produkteinheit
k_m	Brutto-Einzelmaterialkosten pro Produkteinheit
k_p	Proportionale Selbstkosten pro Produkteinheit
Δk_p	Kostenabweichung pro Produkteinheit
k_{PF}	Grenzfertigungskosten einer Produkteinheit
$k_{p\varnothing}$	Durchschnittliche proportionale Selbstkosten ähnlicher Produkte
k_{PSt}	Summe der über Kostenstellen abgerechneten proportionalen Stückkosten
l	Lohnsatz
m	Einzelmaterialverbrauchsmenge pro Produkteinheit
m_n	Netto-Einzelmaterialverbrauchsmenge pro Produkteinheit
q	Faktorpreis pro Faktoreinheit
Δq	Faktor-Preisabweichungen
p	Verkaufspreis pro Produkteinheit
P_N	Verkaufspreis eines Nebenproduktes bei Kuppelproduktion

r	Faktorverbrauchsmenge einer Abrechnungsperiode
r_F	Fixer Verbrauch von innerbetrieblichen Leistungen
r_p	Proportionale Verbrauchsmenge an Leistungseinheiten
t	Fertigungszeit pro Produkteinheit
t_E	Engpassbelastung pro Produkteinheit
t_{EZ}	Engpassbelastung pro Einheit des Zusatzauftrags
t_e	Ausführungszeit pro Produkteinheit
t_{NG}	Nutzungsdauer bei Gebrauchsverschleiß
t_{NZ}	Nutzungsdauer bei Zeitverschleiß
t_p	Fertigungszeit eines Kuppelprozesses
t_R	Rüstzeit pro Serie
v	Auflegungshäufigkeit
w	Relativer Deckungsbeitrag eines Erzeugnisses
x	Produktmenge einer Periode
x_A	Absatzmenge einer Periode
x_E	Einsatzmenge bei Kuppelproduktion
x_{DA}	Deckungs-Absatzmenge
x_H	Ausbringungsmenge des Hauptproduktes bei Kuppelproduktion
x_N	Ausbringungsmenge des Nebenproduktes bei Kuppelproduktion
x_p	Produktionsmenge einer Periode
Δx_Z	Produktmenge des Zusatzauftrages
y	Kostenbestimmungsfaktor
Z_R	Zuschlagsatz zur Berücksichtigung von Personalreserven
Z_V	Zuschlagsatz zur Berücksichtigung sachlicher und persönlicher Verteilzeiten

Große lateinische Buchstaben

A	Anschaffungswert eines Betriebsmittels
ΔAE	Auswertungsertrag bei Auswertung einer Kostenabweichung
ΔAK	Auswertungskosten bei Auswertung einer Kostenabweichung
B	Bezugsgröße, Beschäftigung
ΔB	Beschäftigungsabweichung
B_K	Kritische Beschäftigung
D	Deckungsbeitrag
ESG	Environment, Social, Governance
G	Leistungserfolg einer Abrechnungsperiode
K	Gesamtkosten einer Abrechnungsperiode
ΔK	Gesamte Kostenabweichung
K_A	Abschreibungsbetrag einer Abrechnungsperiode
K_{AG}	Abschreibungsbetrag einer Abrechnungsperiode bei Gebrauchsverschleiß
K_{AZ}	Abschreibungsbetrag einer Abrechnungsperiode bei Zeitverschleiß
K_F	Fixe Kosten einer Abrechnungsperiode
K_{FRP}	Summe der primären fixen Kosten
K_{Ftg}	Fertigungskosten einer Abrechnungsperiode
ΔK_k	kontrollierbare Komponente einer Kostenabweichung

K_L	Einzellohnkosten
K_{LR}	Rüstlohnkosten
K_m	Einzelmaterialkosten einer Abrechnungsperiode
ΔK_{nk}	Nicht kontrollierbare Komponente einer Kostenabweichung
K_p	Proportionale Kosten einer Abrechnungsperiode
K_{PH}	Proportionale Herstellkosten eines Kuppelprozesses
K_{PR}	Summe der proportionalen primären Kosten
K_{VH}	Volle Herstellkosten des Kuppelprozesses
K_Z	Kalkulatorische Zinsen einer Abrechnungsperiode
L	Nettoliquidationserlös eines Betriebsmittels am Ende der Nutzungsdauer
M	Anzahl homogener Betriebsmittel in einem betrieblichen Teilbereich
S	Anzahl Schichten einer Fertigungsstelle während einer Periode
$St\text{-}DB_{\varnothing}$	Gewogener durchschnittlicher Stück-Deckungsbeitrag der verdrängten Erzeugnismenge
T	Fertigungszeit bzw. Arbeitszeit während einer Abrechnungsperiode
T_R	Rüstzeit
T_M	Maschinenlaufzeit
T_z	Laufzeit eines Zusatzauftrages in Monaten
U_D	Deckungs-Umsatz
ΔV	Verbrauchsabweichungen
W	Wiederbeschaffungspreis eines Betriebsmittels

Griechische Buchstaben

α	Abfallprozentsatz
α_{DE}	Durchschnittlicher Deckungsbeitrags-Prozentsatz
$\alpha_{D\,Min}$	Mindest-Deckungsbeitrags-Prozentsatz
β	Anzahl der von einem Arbeiter bedienten Maschinen
β_D	Deckungsbeitrags-Prozentsatz in bezug auf die Verkaufspreise
λ	Intensität einer Fertigungsstelle bzw. eines Betriebsmittels
$\lambda_{\varnothing}$	Durchschnittlicher Leistungsgrad
μ	Laufzeitfaktor oder Fertigungszeitgrad
π	Preisveränderungsfaktor
ρ	Proportionaler Faktorverbrauch pro Bezugsgrößeneinheit
σ	Sicherheitskoeffizient bzw. „margin of safety“

Indizes

i	Index zur Kennzeichnung der Kostenstellen i = 1, ..., m
j	Index zur Kennzeichnung der Produktarten j = 1, ..., n
t	Index zur Kennzeichnung der Teilperioden t = 1, ... T
β	Index zu Bezugsgrößenarten innerhalb der Kostenstellen $\beta = 1, ..., s_i$
ξ	Index der Primärkostenarten $\xi = 1, ..., z$
q	Index der sekundären Kostenstellen (als leistende Stelle) q = 1, ..., v
μ	Index der sekundären Kostenstellen (als verbrauchende Stelle) $\mu = 1, ..., v$
q	Index zur Kennzeichnung der Faktorarten q = 1, ..., z

0 Einführung: Grenzplankostenrechnung als Controlling-Instrument

0.1 Grenzplankostenrechnung als etabliertes Kostenrechnungssystem

Die Grenzplankostenrechnung ist ein Begriff der Praxis, der eine bestimmte Ausprägung der Flexiblen Plankostenrechnung treffend beschreibt. Unter einer Grenzplankostenrechnung versteht man eine flexible Plankostenrechnung auf der Basis einer Spaltung der Kosten in bezogen auf die Leistungsmenge der betrachteten Objekte proportionale und fixe Kosten[1]. Im Speziellen bezeichnet dabei die Grenzplankostenrechnung eine umfassende und ausgefeilte Methodik einer bezugsgrößenbasierten Kostenplanung und Kostenkontrolle. Die Auswahl der Bezugsgrößen und die Durchführung der planmäßig-analytischen Kostenspaltung stellt dabei sicher, dass die Kostenschwankungen, die auf Beschäftigungsänderungen im marginalanalytischen Sinne zurückgeführt werden, als Sollkostenänderungen sicher vorhergesagt und der weiteren Abweichungsanalyse zugrunde gelegt werden können. Diese Form der internen Unternehmensrechnung, auf die das vorliegende Werk fokussiert, hat sich in den letzten sechzig Jahren in der Unternehmenspraxis weitgehend durchgesetzt.

Dabei fand die Flexible Plankostenrechnung und damit insbesondere das Werk von Kilger durchgehend hohe Beachtung[2], doch wurde sie rückblickend gesehen zwischenzeitlich auch durchaus distanzierter behandelt. Die Grenzplankostenrechnung verlor im Zeichen des Aufkommens anderer Controllinginstrumente und auch des Lean Managements scheinbar an Attraktivität ohne jedoch in der Verbreitung in der Praxis an Aktualität zu verlieren. Erst in der jüngeren Zeit verdichten sich die Zeichen auf eine wiederum verstärkte Beachtung. In den USA flammte eine Diskussion über die Möglichkeiten der Übernahme von Prinzipien der Flexiblen Plankostenrechnung zur Stärkung der Steuerungsfunktion des Rechnungswesens auf, die auch mit einer Kritik an der dort vorherrschenden Dominanz des Finanziellen Rechnungswesens einherging[3].

In Deutschland kommen aktuelle Publikationen zu dem Ergebnis einer nach wie vor zentralen Bedeutung des Kilgerschen Kostenrechnungssystems[4]. Eine empirische Studie von 2005 weist nach, dass die Deckungsbeitragsrechnung bei fast 70 % der befragten 243 Großunternehmen implementiert ist, 53, 3 % der Unternehmen, die auf Kostenträgerebene Kosten erfassen, diese auch als Objekt einer zumeist als Soll-Ist-Vergleich gestalteten Auswertung nutzen und der Plankostenrechnung überhaupt von 94,8 % eine gleichbleibende oder sogar steigende Bedeutung beigemessen wird.[5] Mit dem stärkeren Kostenfokus im Management von Unternehmen angesichts dramatischer Umsatzeinbußen infolge der Finanzkrise gefolgt von der ungewissen weltwirtschaftlichen Entwicklung angesichts der sich nicht nur im Euroraum verschärfenden Schuldenkrise bleibt die kostenrechnerische Analyse ein bedeutsames Instrument. Sie dient sowohl für die kurzfristige Kostenkontrolle und –reduzierung als auch für die weitere Flexibilisierung von Kostenstrukturen. Allerdings haben sich seit der Frühzeit der Flexiblen Plankostenrechnung die Anforderungen an die Kostenrechnung durch das Controlling erheblich gewandelt.

Deshalb ist es erforderlich, zunächst die heutige Integration der Grenzplankostenrechnung in das Controlling herauszuarbeiten.

0.2 Controlling im Wandel

0.2.1 Veränderung des Selbstverständnisses

Die zahlreichen Controllingkonzepte der betriebswirtschaftlichen Theorie[6] lassen sich in „ergebniszielunterstützende Führungskonzeptionen" und „universalzielorientierte Metaführungskonzeptionen" einteilen; in beiden Fällen erhält die Koordinationsaufgabe eine große Bedeutung[7]. In der zuerst genannten Gruppe liegt der Fokus auf der Ergebnisorientierung und auf spezifischen Teilen des Führungssystems[8]. Nach der hier zugrunde gelegten Sichtweise umfasst Controlling die ergebnis- und wertorientierte Planung und Kontrolle als Meta-Führungsfunktion sowie die Koordination des Informationsversorgungssystems. Damit wird betont, dass neben der kurzfristigen Ergebnisorientierung auch der Unternehmenswert die längerfristig relevante Zielgröße des Controllings sein muss. Mit der Meta-Führungsaufgabe unterstützt das Controlling die Unternehmensführung in einer zielgerichteten Planung und Kontrolle des Unternehmensgeschehens ohne die Koordinationsverantwortung der Unternehmensführung zu ersetzen. Deren Koordinationsfunktion wird durch das Controlling sowohl durch das Etablieren geeigneter Abstimmungsstrukturen und -prozesse im Planungs- und Kontrollsystem im Sinne einer systembildenden Koordination als auch durch das zielgerichtete Verstärken der Diffusion von Informationen im Sinne einer systemkoppelnden Koordination unterstützt[9].

Das Controlling in der Unternehmungspraxis ist in letzter Zeit einem starken Wandel unterworfen. Wird seit jeher die „interne Marktorientierung des Controllers" gefordert[10], verbindet zunehmend Controllerinnen und Controller ein pro-aktives Selbstverständnis[11]. Sie schalten sich selbst frühzeitig in Entscheidungsprozesse ein. Das produktive Zusammenwirken von Controllern und Managern ist ein Beitrag zu Rationalitätssicherung der Führung[12]. Demgegenüber verlieren die routinemäßigen operativen Controllingtätigkeiten an Bedeutung. Die Controllingaufgaben werden darüber hinaus längst nicht mehr nur allein von zentralen Stellen in der Unternehmung wahrgenommen. Vielmehr findet Controlling immer stärker dezentral in den einzelnen Geschäftsprozessen statt[13].

Diese Veränderung des Selbstverständnisses in Richtung proaktive Mitwirkung bei einer gleichzeitigen veränderten organisatorischen Einbindung in die Führungsprozesse und Strukturen im Unternehmen zeigt auch eine Studie mit dem Ergebnis, dass die Aufgabe des Controllings sehr stark als beratend (41%), als beratend oder sogar mitbestimmend (25,3%) gesehen wird und erst dann die informierende (23,1%) Rolle angegeben wird[14]. Erwähnenswert ist dabei auch, dass dies nicht nur Selbstwahrnehmung sondern zum Teil sogar noch stärker die Wahrnehmung der Manager ist, wenn sie Controller als „Business analyst" akzeptieren[15]. Wissenschaftler modellieren Controlling zunehmend im Kontext von Erwartungshaltungen der Verantwortungsträger, Wissensbasis und Unternehmenskultur[16]. Die richtige Konzeption hängt somit vom Führungssystem ab[17].

Mit diesen Fragen gehen auch Überlegungen der Praktiker und wissenschaftliche Untersuchungen einher,[18] wie Informationen des Controllings und Rechnungswesens auf das Verhalten von Managern und Entscheidern einwirken, was dann vom Controlling wiederum in der Erfüllung seiner Steuerungsaufgaben antizipiert werden muss.

Nach 20008 dürfte die Rolle des Controllings auch stark durch die Finanzkrise und deren Nachwirkungen beeinflusst worden sein. Verlagerte sich der Fokus zunächst in der frühen Phase der Krise auf Liquiditätssteuerung und zum Management von Unsicherheiten auf vielen Märkten auf die Verbesserung kurzfristiger Forecasts und das Durchspielen alternativer Szenarien, so entwickelte sich längerfristig ein Zuständigkeit für „Resilience"[19] und die Forderung eines verantwortungsvolleren und risikoorientierteren Umgangs mit der wertorientierten Steuerung[20]. Damit nimmt Controlling auch die Investorenhaltung auf, nach der es weniger darum geht immer neue Steuerungsgrößen zu entwickeln, sondern etwa für etablierte Gewinngrößen ergänzende qualitative Attribute wie Stabilität, Prognosegenauigkeit, Glättung und Frühzeitigkeit zu analysieren und zu berichten.[21]

Doch nicht nur die Finanzkrise und Ihre Folgen sondern auch neue Forderungen nach mehr Nachhaltigkeit im Sinne von sogenannten ESG(=Environment, Social, Governance)-Faktoren in der Unternehmensführung[22] legen eine stärkere Ausrichtung des Controllings auf eine Unterstützung des nachhaltigen Managements nahe. Diese neue Orientierung ist mit der Vorstellung einer nachhaltigen Ökonomie verbunden. Für das Controlling resultiert die Relevanz dieser Entwicklung vordergründig allein schon aus der bereits seit einigen Jahren immer stärker zunehmenden Nachhaltigkeitsberichterstattung der Unternehmen.[23] Diese wollen damit wahrgenommene Informationsanforderungen von Kapitalgebern, Kunden und Lieferanten sowie Mitarbeiter Informationen über ESG-Kriterien erfüllen. Viele Unternehmen haben darüber hinaus das Thema Nachhaltigkeit bereits in einer Vision formuliert und im Unternehmensgrundsätzen verankert. Für die Umsetzung ist zunächst eine klare Strategie zu formulieren und mit geeigneten Programmen zu implementieren. Dazu müssen Maßnahmen definiert, umgesetzt und in ihrem Vollzug über Kontrollinformationen gesteuert werden. Spätestens bei der Integration in die Unternehmensstrategie stellt sich die Frage nach der Zwecksetzung der Nachhaltigkeitsmaßnahmen. Die Verfolgung von Nachhaltigkeitsthemen wird oft vage mit der gestiegenen Verantwortung von Unternehmen für die Umwelt, das soziale Umfeld und die Integrität der Gesellschaft parallel zur Gewinnorientierung begründet. Oftmals musste auch ein unbestimmter Bezug auf die Reputation und damit verbundene pauschale wirtschaftliche Erfolgsauswirkung herhalten. Das ist nicht nur betriebswirtschaftlich problematisch. Diese Sicht ist auch in der praktischen Rechtfertigung von Zielen und Maßnahmen im Unternehmensalltag schwer zu handhaben. Dagegen wird hier angesichts zunehmender Klarheit über die gesellschaftlichen wirtschaftsrelevanten Anforderungen der Nachhaltigkeit, des Trends zur internationalen Standardisierung und Regulierung sowie der immer besser gelingenden Wirkungsmessung für eine konsequente wirtschaftliche Begründung der Nachhaltigkeit im Unternehmen plädiert. Der Business Case mit Berücksichtigung der kurz- und langfristigen Erfolgswirkungen wird so zum Kriterium auch für die Grenzen der Verantwortung eines Unternehmens. Gesellschaft und Politik erkennen durch die mit der Nachhaltigkeitsberichterstattung verbundene Transparenz umso deutlicher den Beginn ihrer Verantwortung.

Aus Sicht des Controllings wird die wirtschaftliche Integration der Nachhaltigkeit in das generelle Management zu einem strategischen und operativen Erfolgsfaktor. Das Controlling erhält ein weiteres Objekt zur Erfüllung seiner Aufgaben im Strategischen Controlling und im operativen Performance Management.[24]

Selbstverständlich darf auch der generelle Einfluss der IT-Unterstützung des Controllings auf die Möglichkeiten und damit auch für die aktuelle Controllingpraxis und damit auch für das Selbstverständnis des Controllings im Allgemeinen nicht unterschätzt werden. Dieser Faktor sei hier aber nur dahingehend zugrunde gelegt, dass letztlich der heute erreichte und auch hier dargestellte Entwicklungstand des Controllings von der modernen Informationstechnologie dargestellt werden kann[25].

Weber hat kürzlich empirisch fundiert aufgezeigt, dass der Controlling Erfolg am Ende nicht auf einzelne Aufgaben und Instrumente, sondern auf ein breites Verständnis, ein Ernstnehmen der beruflichen Aufgabe und harten Arbeitens mit dem Motto: „Mehr von allem ist der Weg zum Erfolg“[26] aufbaut. Dies motiviert zusätzlich den Einsatz der Flexiblen Plankostenrechnung und Deckungsbeitragsrechnung im Kontext des gesamten Controlling-Instrumentariums zu untersuchen.

0.2.2 Integration des Instrumentariums

1. In vielen Unternehmungen hat das Fertigungscontrollings als idealer Einsatzschwerpunkt des kostenrechnerischen Instrumentariums erheblich an Bedeutung verloren. Dies liegt zum einen daran, dass durch die zunehmende Automatisierung und Elektronisierung der Fertigung immer weniger Abweichungen auftreten. Dies führt zu einem Relevanzverlust für die Steuerung aus Plan-Soll-Ist-Vergleichen. Zum anderen nimmt über die reduzierte Eigenfertigungstiefe im Zuge der Integration in Wertschöpfungsnetzwerke die Bedeutung des eigenen Fertigungsbereiches für die Kostensteuerung in den Unternehmungen relativ ab[27]. Moderne Sourcingkonzepte für Unterstützungsprozesse lassen auch im Verwaltungsbereich ähnliche Entwicklungen erfolgen. Die Starrheit von stark differenzierten Kostenrechnungsstrukturen behindert tendenziell die schnelle Anpassung von Fertigungsorganisation und Fertigungssteuerung an neue Gegebenheiten. Während das klassische Einsatzfeld des Controllings im Fertigungsbereich zunehmend an Relevanz verliert, bestehen im Dienstleistungsbereich überhaupt sowie auch in den indirekten Bereichen selbst der konventionell fertigenden Industrieunternehmen noch erhebliche Ausbauerfordernisse.

2. Nicht zuletzt haben sich Controllinganforderungen auch durch die Hinwendung zum internationalen Rechnungswesen, die sowohl die Praxis als auch die Theorie in den letzten Jahren intensiv beschäftigt haben, verändert[28]. Das Gesetz zur Modernisierung des Bilanzrechts (BilMoG) vom 25.09.2009.) verbreitet den Paradigmenwechsel im externen Rechnungswesen in seiner Verbreitung auch außerhalb der großen börsennotierten Kapitalgesellschaften.

Seit jeher ist die teils divergierende, teils aufeinander Bezug nehmende Anforderung durch das externe Rechnungswesen eine Gestaltungsherausforderung für das Controlling. So erklärt die sehr spezifische Ausrichtung des externen Rechnungswesens traditioneller Art nach HGB viele Aspekte der Kostenrechnungspraxis. Teilweise erklären die konventionellen externen Regelungen die Notwendigkeit einer separaten, auf zeitnahem Erfolgsausweis und auf Vergleichbarkeit gerichteten internen Unternehmensrechnung und andererseits liefert die Kostenrechnung seit jeher wichtige Wertansätze etwa im Bereich der Bestände an fertigen und unfertigen Erzeugnissen für das externe Rechnungswesen.

Die Neuausrichtung des externen Rechnungswesens auf die International Financial Reporting Standards (IFRS) sowie die auch sehr verbreitete Anwendung der amerikanischen Rechnungslegung (US-GAAP) verändern dieses Beziehungsfeld. Einerseits ergeben sich aus dem externen Rechnungswesen wichtige neue Größen für die interne Unternehmenssteuerung, in dem die verstärkte Möglichkeit der Anwendung von Zeitwerten etwa zu Wertpapieren und Grundstücken, die Aktivierungsmöglichkeit von bestimmten Entwicklungskosten oder auch der sachgerechtere Ansatz von Pensionsrückstellungen, die Ergebnisse nach IFRS generell zu einer relevanten Steuerungsgröße mit realistischen Vermögens- und Gewinnausweis machen. Andererseits benötigen die Aussagen nach IFRS eine umfassendere Untermauerung durch die Kostenrechnung und andere Controllinginstrumente. So benötigt man eine Projektkostenrechnung, um für die langfristige Fertigung den Wert des Work-in-progress zum Bilanzstichtag abzubilden. Wertorientierte Kalküle müssen den Impairmenttest für immaterielle Vermögensgegenstände unterstützen. Mit dem Ausweis von Segmentberichten werden die Geschäftseinheiten, angenähert an die Strukturen der internen Ergebnisrechnung stärker differenziert abgebildet. Höhere Anforderungen an die Abbildung einer Kapitalflussrechnung lassen der Finanzplanung einen höheren Stellenwert im Controlling zukommen[29]. Die Integration des Rechnungswesens sollte auch die entsprechenden Abteilungen institutionell enger zusammenbinden und entsprechende organisatorisch-personelle Konsequenzen haben. Nach empirischen Untersuchung ist das auch nachweisbar, doch bestehen tradierte Aufgabenverteilungen in der Regel auch weiterhin fort, indem sich Controlling stärker zukunftsorientiert und auf Prozesse fokussiert und vor allem die Planungs- und Informationsversorgungsaufgaben wahrnimmt.[30]

3. Die Integration des Risikomanagements[31] schafft einen, mit der als international und regulatorisch getriggerten Veränderung im externen Rechnungswesen mit dem

Paradigmenwechsel durch Internationalisierung des Rechnungswesens verwandten Integrationsaspekt. Unternehmen müssen seit jeher darauf achten, Chancen zu nutzen und Risiken zu minimieren. Um unter heutigen Bedingungen erfolgreich zu sein, müssen die entwickelten Ziele und Strategien unter Berücksichtigung großer Unsicherheit umgesetzt werden. Aufgrund der zunehmenden regulatorischen Anforderungen in Bezug auf das Risikomanagement der Unternehmen[32] ist interessant, inwieweit das zur Unternehmenssteuerung eingesetzte Controlling diese Anforderungen mit bewältigen kann. Bei der näheren Analyse der Begriffe Risiko und Risikomanagement zeigte sich, dass sowohl die Ziele des Risikomanagements als auch die zur Zielerreichung verwendeten Instrumente denen des Controllings stark ähneln. Letztlich ist die Risikosichtweise zum Teil bereits implizit in den vom Controlling primär eingenommenen Perspektive für die Unterstützung der Erfolgs- und Finanzlenkung enthalten, bzw. die Ergebnisse der Erfolgs- und Finanzplanung selber können als Risikoindikatoren verstanden werden. Daher liegt es nahe, die Risikolage auch auf Grund der Notwendigkeit zur Erfüllung der regulatorischen Anforderungen einerseits separat zu betrachten und andererseits aber gleichzeitig in die Erfolgs- und Finanzkalküle zu einer integrierten Erfolgs-, Finanz- und Risikolagedarstellung zu integrieren. Es bietet sich daher an, das Risikomanagement in das Controlling zu integrieren.[33] Ein funktionsfähiges Controlling beinhaltet bereits regelmäßig zahlreiche Funktionen des geforderten Risikomanagementsystems. Die organisatorische Verankerung des Controlling als integraler Bestandteil einer wirksamen Unternehmenssteuerung sollte daher als Ausgangspunkt für die Implementierung eines wirksamen Risikomanagementsystems genutzt werden.

4. Ein weiterer instrumenteller Integrationsaspekt resultiert aus der bereits angesprochenen Befassung des Controllings mit Nachhaltigkeitsinformationen. Waren die Berichte früher sehr stark auf zeitgeistgemäße Imagebildung ausgerichtet, reflektieren diese heute zunehmend die auf das Geschäftsmodell bezogenen tatsächlich relevanten Probleme und Lösungsbeiträge. Eine Mehrheit der im Dax-30 gelisteten Unternehmen lässt sich inzwischen die so ausgerichteten Nachhaltigkeitsberichte extern bestätigen. Die Information der Öffentlichkeit über die Nachhaltigkeitsaspekte des Unternehmens erfolgt in der Regel in einem sehr umfangreichen jährlichen Bericht. Da es aber für die Investoren vorteilhafter ist Nachhaltigkeitsinformationen und insbesondere die einschlägigen Kennzahlen zeitgleich und auch im sachlichen Zusammenhang mit den Finanzkennzahlen zu erhalten, entwickelt sich die Tendenz zu einem integrierten Reporting in einem gemeinsamen Geschäftsbericht.[34] Mit der zeitlichen und sachlichen Integration steigt auch die Anforderung an die Datenqualität und -sicherheit auf ein Niveau, das für die Finanzberichterstattung üblich ist.

Ein erster Fokus für ein engeres Befassen mit der Nachhaltigkeitberichterstattung durch das Controlling liegt auf dem Umweltaspekt,[35] indem es einen Unterstützungsbeitrag für das CO_2-Management leistet. Dieses wirkt regelmäßig auch über die Reduktionsmaßnahmen zugleich energiekostensenkend und ist damit wirtschaftlich effizienzwirksam.[36] Für das Management der Nachhaltigkeit sind geeignete neue Steuerungsgrößen zu definieren, zu ermitteln, zu steuern und zu berichten. Für das breite Spektrum dieser neuen nicht-finanziellen Informationen hat sich mit dem Framework für das Sustainability Reporting der GRI (Global Reporting Initiative) ein Quasi-Standard entwickelt. In der Umsetzung gilt es nicht nur eine einheitliche Definition von Steuerungsgrößen und Berichtsformaten durchzusetzen, sondern auch einen entsprechenden Berichtsprozess zu etablieren. Dazu sind eine Vielzahl von Maßnahmen und Instrumenten wie entsprechende Kennzahlensteckbriefen (orientiert zum Beispiel an GRI oder den speziellen Anforderungen etwa für die CO_2-Emissionen durch das Greenhouse Gas Protocol), Richtlinien für den Datengewinnungsprozess, detaillierte Prozessbeschreibungen, Ablaufpläne (Berichtskalender), organisatorische Zuständigkeiten, Prüfregeln für die Informationsqualität und Konzepte für das interne Audit zu realisieren und eine angemessene IT-Unterstützung aller Prozesse zu entwickeln.

5. Auch der traditionelle Kern des Controllings hat sich instrumentell stark verändert. Einerseits erfordert die Erweiterung des Controllings hin zur Unterstützung der strategischen Unternehmensführung einen Ausbau des internen Rechnungswesens hin zum strategischen Instrumentarium[37], andererseits lautet das Stichwort Integration des Instrumentariums, das sowohl in der Theorie als auch in der Praxis in den letzten Jahren von großer Bedeutung ist.

Für die Integration des Instrumentariums ist es notwendig, die Ausgangsbasis des komplexen Aufbaus des Rechnungswesens näher zu betrachten. Eine Übersicht bietet dazu die Abbildung 0-1 oben, die verdeutlichen soll, dass im Zuge der Entwicklung des Rechnungswesens eine Vielzahl von einzelnen isolierten Instrumenten entstanden sind, die teilweise extern ausgerichtet, teilweise rein intern ausgerichtet, versucht haben, immer wieder erneut sowohl regulatorische Anforderungen zu erfüllen, als auch dem Management größere Entscheidungssicherheit zu geben.

So verfügen die Unternehmen seit jeher über eine Finanzbuchhaltung, die maßgeblich den Anforderungen des HGB folgt um die Datengrundlage für einen HGB-konformen Jahresabschluss zu generieren und auch die Basis für die Steuerbilanz bietet. Später und begleitend dazu hat sich eine Kosten-Erlös-Rechnung herausgebildet, die einerseits differenziert in den Unternehmensstrukturen und auch in kürzeren Zeitabständen Informationen zur Planung und Kontrolle und Entscheidungsfindung durch das Management bereitstellen sollte. Diese hat sich sehr stark von der externen Rechnungslegung differenziert. Im Sinne von eigenständig gebildeten Kosten-Erlös-Kategorien und der Verfolgung anderer Aussageziele wie die realistische Erfolgsermittlung oder auch der Herstellung von Vergleichbarkeit durch kalkulatorische Wertansätze haben sich diese Informationen stark von den Informationen des externen Rechnungswesens gelöst.

Über die stärkere Elektronisierung der betrieblichen Prozesse wurden auch immer mehr Daten aus technischen oder administrativen Steuerungssystemen entwickelt, sodass moderne Unternehmen über eine Vielzahl von Informationen über den Leistungsvollzug aus dem Betriebsdatenerfassungssystem verfügen. Zuletzt hat das Aufkommen neuer Nachhaltigkeitsinformationen zu einem weiteren Anwachsen der aus solchen Systemen zu ziehenden Informationen für das Reporting und die Steuerung gesorgt. Das Nachhaltigkeitsreporting ist hier als separates Informationsinstrument noch nicht abgebildet, da die entsprechenden Datenerfassungsprozesse und –strukturen in der Praxis noch vergleichsweise wenig formalisiert sind.

Um diese Informationsflut zu bewältigen, entwickelte sich in den Unternehmen das Controlling, welches wiederum Managementberichte aus diesen Basissystemen generierte, die nicht mit dem Informationssystem des externen Rechnungswesens verkoppelt waren.

Eine weitere isolierte Entwicklung trat ein, als man versuchte, im Sinne der Kapitalmarktorientierung auch intern Kalküle für eine langfristige kapitalmarktorientierte Unternehmenssteuerung aufzubauen. Eine nochmalige zusätzliche Bildung von Instrumenten setzte ein, als neue Instrumenten des Kostenmanagements wie Target Costing, Prozesskostenrechnung oder auch Benchmarking aufkamen.

Durch diese Vielzahl von Instrumenten mit zweckspezifischen Aussagen ging ein ganzheitlicher Überblick und damit letztlich die Steuerung verloren. In der Balanced Scorecard können wir einen systematischen Versuch sehen, Informationen aus unterschiedlichen Rechenkreisen sinnvoll für die Umsetzung der strategischen Unternehmenssteuerung wieder zusammen zu führen. Sowurde auch gefordert, die übliche Balanced Scorecard zu einer Sustainable Balanced Scorecard zu erweitern.[38] Im Ergebnis ist der komplexe Aufbau des Rechnungswesens der Industrieunternehmen durchaus hinsichtlich der einzelnen Instrumente und deren Bedeutung gut nachzuvollziehen. Insgesamt aber bleibt die Feststellung einer mangelnden Integration. Weil die Instrumente unterschiedliche Ergebnisse ausgeben, kann diese auch zur Irritation der Unternehmenssteuerung führen[39].

Diese Situation zu verbessern ist seit vielen Jahren das große Ziel der Neuorientierung des Rechnungswesens, das mit zwei Ansätzen, wie im mittleren Teil der Abbildung 0-1 dargestellt ist, verfolgt wird. Im Wesentlichen geschieht die Annäherung der Rechenkreise über zwei Ansätze. Einerseits sind moderne Anwendungsprogramme (Data-Warehouse, Management-Informationssystem) in der Lage, dem Nutzer auch Informationen aus verschiedenen Basissystemen sinnvoll strukturiert bereit zu stellen. Andererseits kann man aber auch versuchen, die Rechenkreise durch stringente Strukturierungen und Angleichung der unterschiedlichen Kategorien stärker zu harmonisieren. Besonders zweckmäßig ist beide Ansätze zu kombinieren. Häufig baut man in einem ersten Bestreben die Rechnungsweseninstrumente ganzheitlich nutzend das Management-Informationssystem auf und steigert dessen Qualität durch eine stärkere Harmonisierung der einzelnen Rechenkreise parallel oder später. Insgesamt also strebt das privatwirtschaftliche Unternehmen nach einem handhabbareren Rechnungswesensystem, das stringente Informationen liefert.

Die Vision besteht darin, eine auf die Belange der Unternehmenssteuerung ausgerichtete Verkettung aller Instrumente zu schaffen, die Abbildung 0-1 unten andeutet. Man sieht, dass die bilanzielle Abbildung im oberen Bereich der Abbildung durch die Kostenrechnung, das finanzielle Rechnungswesen und das wertorientierte Rechnungswesen in seinen Ansätzen harmonisiert wird, d. h. die Wertansätze und Kategorien der einzelnen Instrumente lassen sich stringent überführen und bilden eine konsistente Informationsbasis. Diese lässt sich zurückführen auf einen abgestimmten Einsatz nichtfinanzieller Erfolgsgrößen aus dem Bereich insbesondere der Kundenbeziehung, der Prozesse und des Ressourceneinsatzes.

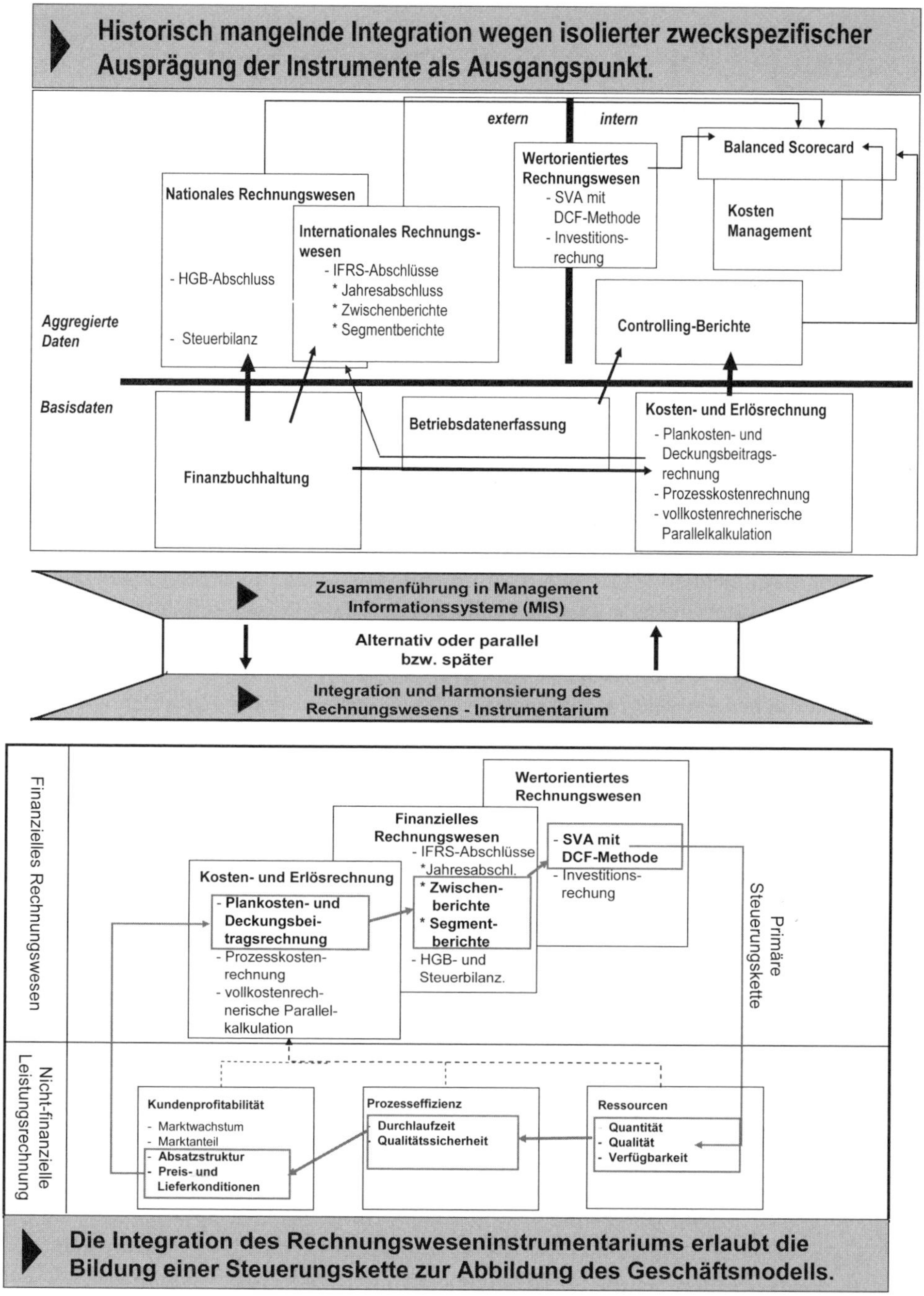

Abbildung 0-1: Von der sukzessiven Ausbildung spezieller Instrumente zum integrierten Controlling-Instrumentarium

0.3 Stellung der Grenzplankostenrechnung als Instrument des Controllings

1. Die Grenzplankostenrechnung bildet ohne Zweifel den Kern des traditionellen Controllings. Einige der klassischen Einsatzgebiete des Controllings haben aber inzwischen auch an Bedeutung verloren. Deshalb stellt sich die Frage, welche Rolle die Grenzplankostenrechnung im modernen Controlling spielt.

2. Aus der Unternehmenspraxis wurden besonders in der vorletzten Dekade häufiger ablehnende Äußerungen zur etablierten Kostenrechnung laut. Diese wurden vor allem zu Beginn der 90er Jahre von Wissenschaftlern, die sich anwendungsorientiert mit den Konzepten der Kostenrechnung befassen, aufgenommen[40]. Der Tenor der Unzufriedenheit mit der gängigen praktizierten Kostenrechnung fußt auf der Auffassung, dass man heute über eine zu stark ausgebaute, differenzierte und damit auch aufwändige und komplexe Kostenrechnung verfüge, die man nicht zuletzt auch mit Blick auf andere Instrumente nicht mehr in dieser Form benötige[41]. Forderungen nach einem verstärkten Einsatz von Instrumenten des Kostenmanagements, von Investitionsrechnungen und von Konzepten des wertorientierten Instrumentariums sind dabei häufig mit der Kritik an der Funktionalität der laufenden Kostenrechnung als Instrument der Unternehmensführung verbunden[42]. Früher sehr bedeutsame Aufgaben der Kostenrechnung, wie die Kontrolle des wirtschaftlichen Produktionsvollzugs und der Verrechnung der Kosten innerbetrieblicher Leistungen, würden ohnehin in ihrer gegenwärtigen Detaillierung als relevante Managementinformation weder benötigt[43] noch seien sie im Sinne von Scheingenauigkeit zielführend.

Ein weiterer wichtiger Argumentationsstrang der für die Verbreitung und Weiterentwicklung der Grenzplankostenrechnung durchaus kritisch ist, liegt in einer zunächst heftigen inzwischen etwas abgeklungenen Ablehnung des in der Unternehmenspraxis etablierten operativen Planungsprozesses. Das Schlagwort Beyond Budgeting, das für eine Ablehnung stark differenzierter operativer Planung zugunsten von größeren unternehmerischen Freiheitsgraden der Handelnden steht, wurde zunächst nicht nur als Managementkonzept sondern auch als eine direkte Aufforderung zur Abschaffung der operativen Planungspraxis verstanden[44]. Entfällt nun aber die Übung der detaillierten Unternehmensplanung, erodiert die auf der Grenzplankostenrechnung aufbauende Ergebnisrechnung. Allerdings konnte sich diese radikale Sicht nicht durchsetzen – auch wenn immer wieder in einzelnen Praxisbeispielen andere Erfahrungen berichtet werden[45]. Diese Diskussion führte sogar auch zu Nachweisen der Erfolgswirksamkeit der kurzfristigen Unternehmensplanung bzw. Budgetierung[46]. Heute spricht einiges dafür, dass wieder von einer höheren Akzeptanz der operativen Ergebnisplanung und damit auch der Kostenplanung ausgegangen werden kann. Die starke Kritik an der herkömmlichen Kostenrechnung Anfang und Mitte der neunziger Jahre hat zu einer erheblichen Veränderung des gesamten Controlling-Instrumentariums, deutlichen Veränderungen im Einsatz der Kostenrechnung und letztlich so auch zu einer Renaissance der Kostenrechnung als Instrument der Unternehmensführung beigetragen.

3. Für die Beurteilung der Grenzplankostenrechnung muss man die tatsächlichen Veränderungen in den Unternehmen genauer analysieren. Zunächst setzt die Bestimmung der Bedeutung der Kostenrechnung eine Befassung mit der Verlagerung der Zwecke der Kostenrechnung[47] voraus. Wesentliche Aspekte dieser Veränderungen sind die Betonung neuer Aufgaben:

- Marktorientierte Ergebnissteuerung,
- Lebenszyklusbezogene Planung,
- Kostensteuerung von indirekten Bereichen,
- Steuerung von Produktion und Supply Chain im Konzernverbund
- Steuerung von Wertschöpfungsketten und
- Performance Measurement.

Diese Erweiterungen und neue Schwerpunktlegung der Rechenzwecke führen zunächst zu drei zentralen Konsequenzen. Erstens erhält die Kostenplanung Vorrang vor der Kostenkontrolle und anstelle von Kosten werden zunehmend direkte Leistungsgrößen kontrolliert. Der Aufwand der Kostenkontrolle wird immer häufiger als überhöht angesehen. Der Vorwurf mit komplexen Kostenverrechnungen ohnehin nur eine Scheingenauigkeit zu erzeugen, fördert diese Einschätzung weiter. Als Alternative werden immer stärker Forderungen nach einer Steuerung mittels direkter Leistungsinformation (Mengen, Zeiten, Qualität) für das dezentrale Selbstcontrolling anstelle von verspäteten und verzerrten Kostendaten laut. In besonderer Weise liegt diese Sicht der stark empirisch ausgerichteten amerikanischen Erforschung geeigneter Größen für das Performance Measurement im Rahmen kontinuierlicher Verbesserung und moderner Managementkonzepte zugrunde[48]. Damit wird die Notwendigkeit einer genauen Kostenplanung für die Ergebnissteuerung ex ante tangiert.

Die Kostenrechung muss als Instrument der Kostensteuerung zweitens frühzeitiger ansetzen. Die relative Bedeutung der traditionellen Kostenrechnung als Controllinginstrument nimmt ab, wenn eine Konzentration des Einsatzes der Kostenrechnung auf Felder mit großen Kostengestaltungspotentialen im Sinne des Kostenmanagements erfolgt. Bedeutsamer als die Beeinflussung der laufenden Fertigungskosten im Kostenstellencontrolling und im Herstellkosten-Soll-Ist-Vergleich ist das frühzeitige und marktorientierte Zielkostenmanagement. Die Kostenbeeinflussung findet vor allem in der frühen Produktentwicklungsphase und in der Vorbereitung von Fertigungsprozessen statt. Zu diesem Zeitpunkt, wenn also noch nicht die üblichen Zeiten- und Mengengerüste auf Basis von Stücklisten und Arbeitsplänen bereitstehen, werden Kosteninformationen am meisten benötigt. Dies erfordert andere Methoden der Kostenplanung als sie das bisher übliche Instrumentarium der Grenzplankostenrechnung umfasst. Dabei gilt es zu berücksichtigen, dass mit zunehmender Verlagerung der Wertschöpfungstiefe Kostenpositionen immer stärker durch eine Kostensteuerung in Wertschöpfungsnetzwerken also über die Unternehmensgrenzen hinaus zu steuern sind.[49] Aus dieser Erkenntnis entwickelten sich umfassende Konzepte für das Controlling in Netzwerken.[50]

Drittens findet seit den neunziger Jahren auch die verhaltenssteuernde Wirkung von Kosteninformationen Beachtung. Aus den USA kennt man die Berücksichtigung von Verhaltensaspekten als starke Strömung der Rechnungswesenforschung[51]. Sie führt zu einer Erweiterung der insbesondere mikroökonomisch fundierten kostentheoretischen Grundlagen[52]. Ergebnisse theoretischer und empirischer Forschung etwa auf der Grundlage der Principal-Agent-Theorie geben Hinweise darauf, dass nicht immer die „relevanten" Kosten zu einer ergebnisoptimalen Steuerung im Gesamtunternehmen führen. Besonders für die Diskussion der Vollkostenrechnung[53] vollzog sich ein Wechsel der Perspektive; Thesen, nach denen Kostenschlüsselungen Informationsgehalt besitzen können, Kostenschlüsselung die Effizienz der Nutzung von Potenzialfaktoren erhöhen können oder künftige Kostenallokationen schon ex-ante Entscheidungen beeinflussen können, verlangen nach empirischer Forschung[54].

4. Die Verlagerung der Kostenrechnungszwecke findet ihre Entsprechung in der Verlagerung der Einsatzschwerpunkte der Plankostenrechnung. Kostenrechnungslösungen sind für die marktorientierte Ergebnissteuerung und lebenszyklusbezogene Planung und Kontrolle auszubauen. Sie sind in indirekten Bereichen sowie auf Konzernebene einzusetzen. Darüber hinaus muss die Kostenrechnung in das Performance Measurement integriert werden.

Im dynamischen Wettbewerb gewinnt eine stärkere Differenzierung des marktorientierten Ergebniscontrollings immer mehr an Bedeutung[55]. Dies gilt nicht nur für eine Steuerung der Profitabilität von Produkten und Produktprogrammen, sondern auch von Vertriebswegen und immer mehr von Kunden, Kundengruppen und Märkten. Die dazu erforderlichen Informationen kann nur eine mehrstufige und mehrdimensionale Absatzsegmentrechnungen auf der Basis der Deckungsbeitragsrechnung liefern.

Gegenüber kurzfristigen Plankostenrechnungen gewinnt die langfristige Kostenplanung im Sinne von Life-Cycle-Costing-Konzepten an Bedeutung. Entscheidungen über Produkte sind zunehmend nicht nur auf der Basis von laufenden Herstell- und Vertriebskosten, sondern verstärkt auch unter Berücksichtigung ihrer Vorlaufkosten (z. B. Entwicklungskosten) und Nachlaufkosten (z. B. Entsorgungskosten) zu treffen. Programmentscheidungen sind strategisch. Der Produkterfolg stellt sich als Amortisationsproblem dar. Außerdem sind die Kosten- und Erlösverläufe auch zur Untermauerung der Preispolitik zu dynamisieren. Dieser Einsatzschwerpunkt der Kosten- und Ergebnisplanung rückt die Kostenrechnung in die Nähe investitionsrechnerischer Kalküle.

Mit der Verlagerung des Einsatzschwerpunktes des Controllings auf den zunehmenden Kostenanteil indirekter Bereiche steigen instrumentelle Anforderungen[56]. Mit J. G. Millers und T. E. Vollmanns Entdeckung der „Hidden Factory", als nicht durch das konventionelle Fertigungscontrolling in den USA erfasste erhebliche Kostenanteile verursachende Leistungsbereiche[57], war es nicht weit zur Feststellung des Relevance Lost konventioneller Kostenrechnung durch H. T. Johnson und R. S. Kaplan[58] und deren später zum Activiy-based-Costing führenden Forderung für „process control, product costing and financial reporting" differenzierte Rechensysteme zu entwickeln[59]. Will man die Kostentransparenz indirekter Leistungsbereiche mit dem Instrumentarium der Grenzplankostenrechnung verbessern, erfordert dies eine entsprechende Durchdringung der Leistungserstellungsprozesse. Dabei ergibt die Analyse häufig, dass auch in vielen indirekten Bereichen vielfältige repetitive Prozesse vorkommen, für die sich bei hinreichendem Kostenvolumen eine Planung und Verrechnung auf der Basis von Bezugsgrößen lohnt. Dazu sind in den Kostenstellen häufig verschiedene Vorgänge zu identifizieren, für die dann die Ressourcenverbräuche differenziert geplant und erfasst werden. Die Anzahl dieser Vorgänge wird zur Bezugsgröße[60]. Diese mit den proportionalen Kosten operierende Vorgangskalkulation konkurriert in den indirekten Leistungsbereichen mit dem Versuch, mit Hilfe des prozesskostenrechnerischen Instrumentariums eine bessere Transparenz der Kosteneinflusszusammenhänge herzustellen und über die Identifizierung und Bewertung eine bessere Planung und Kontrolle der bisher nur pauschal budgetierten Kosten zu ermöglichen.

Die industrielle Leistungserstellung und -vermarktung erfolgt zunehmend im Konzernverbund. Für das Kostencontrolling dieser Leistungen wird neuerdings die Etablierung einer eigenständigen Konzernkostenrechnung gefordert.[61] Diese Notwendigkeit ergibt sich vor allem aus den Anforderungen der Bestandsbewertung und der kalkulatorischen Untermauerung von Verrechnungspreisen aber auch aus dem Interesse an einem konsistenten Konzerncontrolling. Die Konzernkostenrechnung führt zur Bildung eigenständiger Konzernkostenkategorien[62]. Die Grenzplankostenrechnung mit dem bisher für die einzelne Unternehmung entwickelten Instrumentarium ist dafür eine geeignete Plattform.

Als Performance Measures bezeichnete Leistungsmaße gewinnen im dezentralen Controlling eine zunehmende Rolle. Dem Performance Measurement räumen die Standardwerke des amerikanischen Managements breiten Raum ein[63]. Dieses ist zunächst umfassend als Leistungsmessung zu verstehen. Umfassend deshalb, weil diese Leistungsmessung mit der Bereitstellung von entscheidungsunterstützenden Informationen, der Kontrolle von Unternehmenseinheiten und der Gestaltung und Nutzung im Rahmen von Anreizsystemen einhergeht. Die Vertreter dieses Gebietes setzen zunehmend mit Modellbildung und empirischer Forschung die Vorstellung durch, dass zur Leistungsmessung nicht nur allein monetäre Größen einzusetzen sind[64].

Erst in den 80er Jahren entwickelte sich zunehmend ein Bewusstsein für die Bedeutung der kontinuierlichen Verbesserung der Leistungsfähigkeit der Unternehmung und damit auch von nicht-monetären Indikatoren[65]. Als Probleme sieht die neuere Literatur zum Performance Measurement inzwischen verstärkt

- die Brauchbarkeit von Leistungsinformationen für Manager[66],
- die Beurteilung von Teamarbeit[67],
- die Motivationswirkung[68] von Performance Measurement und schließlich auch
- die Berücksichtigung der strategischen Dimension[69].

Die Auseinandersetzung mit dem Performance Measurement prägt im Tenor die generelle Kritik am Management Accounting durch das einschneidende Werk „Relevance Lost“ von Johnson/Kaplan[70]. Man erkannte, dass kurzfristige Informationen des Rechnungswesens allein keine ausreichende Informationsgrundlage für die Beurteilung und Steuerung betrieblicher Leistungen darstellen: Insbesondere als Probleme des Rechnens mit „Standard costs“ begriff man, dass dadurch Leistungsverbesserungen nicht hinreichend Berücksichtigung finden[71]. Vielmehr begünstige die konventionelle, über den Beschäftigungsgrad verrechnende Kostenrechnung die Auslastung von Kapazitäten um jeden Preis[72], unterschätze die Probleme zunehmender Variantenvielfalt[73], schlüssele Overhead-Kosten falsch und verkenne abteilungsübergreifende Zusammenhänge[74].

Das Top Management kann sich noch am ehesten auf finanzielle Erfolgsgrößen konzentrieren, auf die es etwa monatlich oder in noch größeren Abständen zugreift und die mehrdimensional aggregiert sein dürfen. Dagegen muss sich das Management auf niedrigeren Ebenen vor allem an nicht-finanziellen, operationalen und sehr kurzfristigen etwa tages- oder schichtbezogenen Führungsgrößen orientieren[75]. Konkret gewinnen hier Maßgrößen in den Kategorien Zeiten, Mengen und Qualitäten wie beispielsweise Anlageausfallzeit, Durchlaufzeit, Reaktionszeit, Intensitätsgrad als Quotient aus Planfertigungsmenge und Istfertigungsmenge, Absatzanteile und Fehlerrate für die Steuerung der Geschäftsprozesse an Bedeutung[76]. Über alle Ebenen hinweg wirkt die Berücksichtigung der bereits angesprochenen ESG-Kriterien im Rahmen der Nachhaltigkeit mit weiteren nicht-finanziellen Steuerungsgrößen in Richtung eines zusätzlichen Ausbau des Performance Measurement auf allen Unternehmensebenen.[77]

In der strategischen Dimension setzte sich für das Performance Measurement vor allem die von Kaplan/Norton entwickelte Balanced Scorecard, die finanzielle und nicht-finanzielle Indikatoren aus unterschiedlichen strategisch relevanten Perspektiven bis hin zu Ursache-Wirkungs-Ketten verknüpft, für das Performance Measurement durch[78]. Die Balanced Scorecard verbindet die strategische Bedingungslage und finanzielle Maßgrößen, bezieht sich auf Erfolgsgrößen der Zukunft und berücksichtigt dabei ganz explizit monetäre und nicht-monetäre Größen[79]. Damit liefert die Balanced Scorecard einen Bezugsrahmen für eine systematische Abbildung und Steuerung der zentralen Werteinflussgrößen. Die Leitidee der Balanced Scorecard lässt sich dahingehend zusammenfassen, dass für die vier Perspektiven[80]: Finanzielle Perspektive (Financial), Kundenperspektive (Customer), Geschäftsprozessperspektive (Internal business process) und Lern- und Wachstumsperspektive (Learning & Growth) jeweils Aufgaben (Objectives), Leistungsmaßstäbe (Measures), Ziele (Targets) und Initiativen in einer geeigneten Beschreibung festgehalten werden. Mit weiteren Analysen und auch dem Sammeln von Erfahrungen infolge der fortgesetzten Messung der Performance können Ursache-Wirkungs-Zusammenhänge innerhalb der einzelnen Ebenen (z. B. die Auswirkung der Belieferungsgeschwindigkeit auf die Kundenzufriedenheit) und zwischen den Ebenen (z. B. die Auswirkung der Kundenzufriedenheit auf den Gewinn) identifiziert und schließlich eingeschätzt werden. Unter Umständen führen diese Erkenntnisse zu einer Reformulierung der Strategie.

Im Rahmen des umfassenden Performance Measurement dienen auch kurzfristige Kosten- und Ergebnisse als unmittelbare Steuerungsgrößen der strategischen Unternehmensführung, indem etwa die Senkung der Herstellkosten ein Ziel darstellen kann. Konkrete Plankosten- und Planergebnisse müssen aus übergeordneten finanziellen Zielgrößen stringent abgeleitet werden, um beim Herunterbrechen auf kleinere Organisationseinheiten im Rahmen des Zeiten- und Mengengerüsts spezifische Vorgaben ableiten zu können.

0.4 Bezug der Flexiblen Plankostenrechnung zu anderen Kostenrechnungssystemen

0.4.1 Verhältnis der Grenzplankostenrechnung zur Einzelkosten- und Deckungsbeitragsrechnung

1. Die harte Auseinandersetzung zwischen den Befürwortern der Grenzplankostenrechnung einerseits und der Einzelkosten- und Deckungsbeitragsrechnung andererseits der 60er und 70er Jahre kann als inzwischen überwunden gelten. Die der Realisierung der Abbildung von komplexen Datenstrukturen der Einzelkostenrechnung geltenden Vorwürfe mangelnder Machbarkeit sind mit dem Aufkommen moderner Datenbanklösungen überwunden. Das strikte Vermeiden jeglicher Kalkulation über die bloße Zuordnung von relativen Einzelkosten zu den Bezugsobjekten hinaus wird inzwischen auch von den Befürwortern der Einzelkosten- und Deckungsbeitragsrechnung nicht mehr so streng postuliert[81]. Andererseits haben sich neben einer primär produktionsbezogenen Grenzplankostenrechnung insbesondere für das Vertriebscontrolling mehrstufige und mehrdimensionale Deckungsbeitragsrechnungen durchsetzen können. Dabei wird allerdings die Kostenallokation auf deren vielfältige Ergebnisobjekte durch Verrechnungsmethoden etwa der Bezugsgrößenkalkulation oder der Prozesskostenrechnung ergänzt, die der Einzelkosten- und Deckungsbeitragsrechnung an sich fremd sind. Die Rechenmethoden wachsen zusammen.

2. Von zunehmender Bedeutung ist neben der Profitabilität von Produkten auch die Differenzierung der Ergebnisbeiträge von Kunden, die auf unterschiedliche Erlöse und Kosten infolge differenzierter Distributionskanäle und Serviceanforderungen zurückzuführen sind[82]. Vor allem die Abbildung des Key-Account-Managements erfordert entsprechende Deckungsbeitragsberechnungen[83].

In diese Linie passen auch Vorschläge der Literatur zur Integration alternativer Kostenverteilungen zur Berücksichtigung von Gemeinkosten als Deckungsbudgets in der Preispolitik auf der Basis der Deckungsbeitragsrechnung[84]. Auch wenn dies kontroverse Diskussionen auslöste[85], so hat doch etwa das Kombinieren von Deckungsbeitragsrechnungen mit den Allokationsprozeduren der Prozesskostenrechnung in der Praxis[86] Eingang in das Vertriebscontrolling gefunden.

0.4.2 Verhältnis der Grenzplankostenrechnung zur Prozesskostenrechnung

1. Die Prozesskostenrechnung ist vielfach mit der Plankosten- und Deckungsbeitragsrechnung verglichen worden. Das Urteil fällt dabei unterschiedlich aus, je nachdem, ob man die Prozesskostenrechnung aus der voll- oder teilkostenrechnerischen Sicht betrachtet[87]. Deshalb muss in die Würdigung der Prozesskostenrechnung unbedingt der mit ihr verfolgte Zweck eingehen[88]. Die Analyse der Prozesskostenrechnung stellt im Folgenden auf deren Ziele und Vorgehensweise, die Verwendung von Kosteneinflussgrößen, die Kostenkategorien und die Aussagekraft ihrer Ergebnisse ab. Dabei wird zunächst auf die typische Ausprägungsform der Prozesskostenrechnung abgestellt, auch wenn es Vorschläge auch für andere Formen der insbesondere EDV-gestützten Erfassung von Prozesskosten gibt[89].

2. Für die Prozesskostenrechnung sind spezifische Ziele und eine besondere Vorgehensweise prägend. In den amerikanischen Ursprüngen des acitivity-based costing gab der immer geringere Anteil volumenabhängiger Kosten in den Unternehmen Anlass, nach weiteren, anderen Kostenabhängigkeiten für das Kostenmanagement und das Controlling zu suchen[90]. Auch die deutsche Adaption der Prozesskostenrechnung begründet man mit Kostenstrukturveränderungen in Richtung stark zunehmender Fixkosten[91]. Die Ziele der Prozesskostenrechnung lassen sich in die Bereiche Kalkulation und Kostenmanagement aufteilen. Auch eine Prozesskostenrechnung vermag fixe Gemeinkosten nicht in variable Einzelkosten umzuwandeln. Eine Verrechnung dieser Kosten führt vielmehr zwingend zur Vollkostenrechnung mit allen ihren Gefahren. Weniger problematisch erscheint die weitergehende und auch auf eher langfristige dispositive Wirkung abstellende Zurechnung von Kosten auf Kosteneinflussgrößen für das Kostenmanagement. Zu unterscheiden sind hier Beiträge der einer Implementierung der Prozesskostenrechnung vorausgehenden Prozessanalyse und der erst auf der Grundlage optimierter Prozessstrukturen durchzuführenden laufenden Prozesskostenrechnung.

Die Prozesskostenrechnung dient vor allem in der Analysephase dem Kostenmanagement, indem sie Ansatzpunkte für die Prozessoptimierung aufdeckt, was sie zu einem Organisationsinstrument[92] macht. Damit wird eine gezielte Steuerung der Ressourcenallokation möglich.

Die laufende Prozesskostenrechnung wirkt kostenpolitisch aufgrund folgender Faktoren:

- Schaffung der Steuerungsmöglichkeit in bisher pauschal kostensteuernden Unternehmensbereichen,
- Abbildung der kostenstellenübergreifenden Auswirkung der Kostentreiber,
- Ermittlung der Kosten nicht-wertschöpfender Prozesse,
- Schaffung von Transparenz langfristig wirksamer Kosteneinflussbeziehungen,
- Erzeugung von Kostendruck und Etablierung von Anbieter-Nachfrager-Beziehungen im Bereich innerbetrieblicher Leistungen und
- kalkulatorische Unterstützung des Zielkostenmanagements.

Kosteninformationen benötigt man demnach bereits in der Frühphase der Produktentwicklung, in der weder die Ausstattung der später zu nutzenden Kostenstellen noch deren Auslastung bekannt sind. Informationen über die Kostenverursachung noch zu bestimmender Produkteigenschaften und damit Anforderungen an die Leistungserstellung lassen sich unter diesen Bedingungen nur über standardisierte bewertete Prozesse gewinnen.

Die einzelnen Schritte der Prozesskostenrechnung sind:

- Analyse des Tätigkeitsspektrums von Unternehmensbereichen,
- Identifizierung von Kostentreibern,
- Strukturierung von Haupt- und Teilprozessen,
- Erfassung (und Planung) von Prozessmengen,
- Bildung von Prozesskostensätzen und
- Kalkulation von Kalkulationsobjekten durch die Berücksichtigung der Prozessinanspruchnahme.

3. Die Grenzplankostenrechnung beruht auf der Verwendung von Bezugsgrößen als Grundlage der Kostenplanung, -kontrolle und -analyse sowie der Kostenverrechnung[93]. Um dieser hohen Anforderung zu entsprechen, genügt es häufig nicht, für eine Kostenstelle nur eine Bezugsgröße zu bilden. Häufig ist eine stärkere Differenzierung der Kostenstellen und/oder die Bildung mehrerer Bezugsgrößen erforderlich. Auf diese Weise soll das Hauptanliegen der Grenzplankostenrechnung, nämlich die Wirtschaftlichkeitskontrolle mit dem Schwerpunkt auf dem variablen Kostengüterverbrauch, in den Kostenstellen optimal gewährleistet werden. Allerdings ist im Rahmen einer konsequenten Grenzplankostenrechnung der Geltungsbereich solcher Bezugsgrößen durchaus restriktiv. Insbesondere für indirekte Leistungsbereiche erweist sich anstelle der Bildung direkter Bezugsgrößen oftmals nur die Bildung sogenannter indirekter (wertmäßiger) Bezugsgrößen als möglich. Die zunehmende Anwendung der Grenzplankostenrechnung für fixkostenintensive indirekte Bereiche und im Dienstleistungsbereich[94] geht in der Regel geradezu zwingend mit der Aufweichung des Marginalprinzips als Kostenzurechnungsprinzip einher, wenn man nicht die nur geringen Anteile leistungsvolumenabhängiger Kosten dieser Bereiche erklären will. Diese kostentheoretisch bedingte Restriktion wird in praxi oft mit einer sehr pragmatischen weiten Auslegung der Variabilität der Kosten und auch einer sehr großzügigen Anwendung des Geltungsbereiches der funktionalen Bezugsgrößen in den indirekten Leistungsbereichen erkauft. Diese Ausweitung erzwingt außerdem einen Ausbau der Leistungsrechnung.

Quasi als Alternative hierzu plädieren Vertreter der Prozesskostenrechnung dafür, eine andere Interpretation der Kostenzurechnung zu akzeptieren, auf die noch näher einzugehen ist. Dies impliziert, dass dieser Methodik im Rechnungswesen eine ergänzende Funktion für das Kostenmanagement zukommt und sie nicht zwingend in die rechnerisch geschlossene Ergebniskonzeption der laufenden Rechnung aufzunehmen ist. Andererseits beeinflusst die Methodik der Prozesskostenrechnung die moderne Plankostenrechnung dahingehend, dass die Ergebnisse der Prozessanalyse zu einer noch größeren Leistungsorientierung der Kostenrechnung führen[95]. Die Prozessanalyse ermittelt so auch Prozesse und Kostentreiber, die eine verbesserte Planung, Verrechnung und Kontrolle von bisher kostenrechnerisch nicht entsprechend behandelten leistungsproportionalen Kosten erlauben. Außerdem untermauern die in der Prozessanalyse aufgedeckten Leistungsbeziehungen die Erklärung von Abweichungen und insbesondere deren kostenstellenübergreifenden Zusammenhang. Insofern sind Grenzplankostenrechnung und Prozesskostenrechnung nicht nur konkurrierende sondern auch sich ergänzende Kostenallokationsmodelle.

Gegenüber einer Ausweitung des Verrechnens von Kosten über Bezugsgrößen im Sinne der Grenzplankostenrechnung auch auf indirekte Bereiche, die insbesondere durch ein Abrücken von der alleinigen Verwendung zeitbezogener Bezugsgrößen erfolgt,[96] offenbart der Einsatz des prozesskostenrechnerischen Instrumentariums bei näherer Betrachtung weitere methodische Unterschiede. Diese bestehen neben einer anderen Definition der Maßgrößen in Form der nicht zwingend volumenorientierten sogenannten Kostentreiber auch auf einer von der Grenzplankostenrechnung zu unterscheidenden Kostenkategoriebildung.

Unter dem Begriff des Kostentreibers ist „sowohl [eine] Messgröße[n] für die Kostenverursachung oder besser die Ressourceninanspruchnahme als auch [eine] Messgröße[n] für den Leistungsoutput" zu verstehen[97]. Die Kostentreiber stehen also sowohl zur Ressourcennutzung beispielsweise in Stunden als auch zur Leistungsmenge in einer festen Beziehung. Die sich in dieser Definition explizit äußernde Infragestellung der Kostenverursachung als alleiniges Kostenzurechnungsprinzip lässt sich als bedeutsamer Hinweis werten. Die Kostentreiber sind nur teilweise volumenabhängig, woraus sich die Möglichkeiten zur Bestimmung und Bewertung auch anderer Kosteneinflussgrößen ergeben. Die Literatur systematisiert die Kostentreiber unterschiedlich, beispielsweise in:

- volumenorientierte und volumenunabhängige Kostentreiber (R. Cooper)[98],
- volumen-, komplexitäts- und effizienzabhängige Prozessgrößen (G. Foster)[99] und
- ablaufabhängige, komplexitätsabhängige und auftragsspezifische Kostentreiber (A. Renner)[100].

Die Prozesse werden in der Prozesskostenrechnung quasi als zusätzliche Ebene zwischen der Kostenstellen- und Kostenträgerrechnung eingeführt. In der Überführung in die deutsche, von P. Horváth und R. Mayer geprägte Prozesskostenrechnung findet sich zusätzlich die Zusammenführung von Teilprozessen aus den Kostenstellen zu kostenstellenübergreifenden Hauptprozessen. Eine wesentliche Neuerung durch die Prozesskostenrechnung ist somit auch die Systematisierung und vor allem Strukturierung des Leistungsgeflechts.

Die Zusammenfassung von Teilprozessen zu Hauptprozessen bildet in den USA kein besonders bedeutsames Anliegen, weil man dort die entsprechend differenzierte Kostenstellenstruktur nicht kennt. Auch wenn die Bildung von Kostentreibern nicht an die Strenge der Bezugsgrößenrechnung gebunden ist, bleibt die Zusammenfassung zu Kostentreibern problematisch: Kostentreiber der Hauptprozesse sind nicht identisch mit Maßgrößen der Teilprozesse (unterschiedliche Verrechnungsebenen z. B.: Anzahl von Bestellungen für Hauptprozess „Material bestellen")[101]. Deshalb erfordert die Auswahl der Kostentreiber große Kreativität und sicherlich auch besondere Sorgfalt[102]. Die Durchdringung unterschiedlicher Leistungsbereiche verdeutlichen Systematiken, mit denen sich Prozesse unterscheiden lassen[103]. W. Männel systematisiert sehr umfassend nach der unterschiedlichen Nähe der Prozesse zu der Produkterstellung, in Leistungserstellung und Leistungsverwertung, Umrüstvorgänge, dispositive und steuernde Prozesse, Vorleistungen, Serviceleistungen zur Erhaltung unternehmensinterner Potenziale und administrative Leistungen[104].

Beim Versuch, zu bestimmen, inwieweit Prozesse auch zur Schaffung von Kundennutzen dienen und damit „wertschöpfend" sind, sieht man im Ausweis der Kosten nicht-wertschöpfender Prozesse häufig einen besonders wertvollen Beitrag für das Kostenmanagement[105]. Dies darf allerdings nicht darüber hinwegtäuschen, dass es dazu Wertschöpfung erst einmal zu definieren und auf dieser Grundlage jeden einzelnen Prozess zunächst auf seinen Wertschöpfungsbeitrag hin zu analysieren gilt.

4. Den zweiten bedeutsamen Grundsachverhalt der Prozesskostenrechnung stellt die Kostenkategoriebildung dar. Sie erfolgt in Abhängigkeit des Prozessbezugs der Kosten einer Kostenstelle, wobei eine Abstufung in:

- leistungsmengeninduzierte (lmi) Prozesskosten,
- leistungsmengenneutrale (lmn) Prozesskosten und
- prozessunabhängige Kosten

üblich ist[106]. Hierin ist quasi die Kostenspaltung der Prozesskostenrechnung zu sehen – auch wenn man diese kostentheoretisch anders als die Kostenspaltung der entscheidungsorientierten Systeme beurteilen muss. Die Befürworter der Prozesskostenrechnung berücksichtigen mit den prozessunabhängigen Kosten, dass es in einer Kostenstelle auch Kosten geben kann, die zu den abzubildenden Prozessen keinen Bezug aufweisen (z. B. Kosten einer Reserveanlage). Die sogenannten leistungsmengenneutralen Kosten stehen für Ressourcen, die für die Prozessdurchführung erforderlich sind, aber dennoch nicht in ihrer Höhe von der Anzahl der durchgeführten Prozesse abhängen (z. B. Raumkosten). Das Bestreben der Prozesskostenrechnung geht dahin, einen möglichst hohen Anteil der Ressourcenverbräuche als leistungsmengeninduzierte Kosten zu verrechnen. Dazu gilt es in den Kostenstellen Teilprozesse zu definieren, die zumindest über die Inanspruchnahme der Ressourcen die Höhe der disponierten Kosten erklären. So wird etwa typischerweise analysiert, wie stark eine Prozessdurchführung die Ressource Personal in Anspruch nimmt. Demnach werden hier Personalkosten geschlüsselt und proportionalisiert.

Der Prozesskostensatz wird zumeist per Division der leistungsmengeninduzierten und der leistungsmengenneutralen Kosten durch die Prozessanzahl gebildet. Dabei sind die leistungsmengeninduzierten Kosten nicht als Einzelkosten und auch nicht als variable Kosten im Sinne der bisher dominierenden entscheidungsorientierten Rechnungskonzeption zu verstehen, sondern folgen einem anderen – noch näher zu bestimmenden – Zurechnungsprinzip.

Des Weiteren bleibt festzuhalten, dass die Konzeption des Activity-based-Costing nicht eine vollständige Verrechnung der Kosten auf einzelne Produkte vorsieht. Vielmehr erfolgt eine Zurechnung entsprechend unterschiedlicher Allokationsebenen, nämlich auf

- einzelner Produkteinheiten,
- Aufträge,
- bestimmter Produktarten oder
- ganzer Unternehmensbereiche[107].

5. Für die Produktkalkulation sind ohnehin auch nach P. Horváth und R. Mayer nur die Prozesskosten derjenigen Abwicklungsprozesse in die Produktkalkulation zu überführen, „die in einem unmittelbaren Zusammenhang zur Materialbeschaffung, Materiallogistik oder zur Auftragsplanung und -abwicklung stehen“[108].

Doch gerade die Aussagekraft von Stückkosteninformationen wird sehr kritisch betrachtet. Aus der Sicht der entscheidungsorientierten Kostentheorie stößt mit Blick auf die Kalkulation die Proportionalisierung und Schlüsselung von Kosten durch die Prozesskostenrechnung auf mehreren Stufen auf Kritik[109]:

- innerhalb der Kostenstellen werden Personalkosten gemäß des anteiligen Zeitaufwands auf die Teilprozesse verteilt,
- die Umlage übriger Kosten folgt häufig diesen Personalkostenanteilen,
- Kosten der lmn-Prozesse werden proportional zu denen der lmi-Prozesse verteilt (was der traditionellen Prozedur der Zuschlagssatzrechnung entspricht),
- jeweilige Prozesskosten werden unter Bildung von Prozesskostensätzen auf die Prozesseinheiten verrechnet und
- die Schlüsselung der jeweiligen Prozessmengen auf die Produkteinheiten erfolgt mit Hilfe der Festsetzung von Prozesskoeffizienten.

Insgesamt muss man deshalb den Informationsgehalt stückbezogener Prozesskosten kritisch bewerten[110] bzw. es sind die Kalkulationszwecke, die zur Anwendung dieser Kalkulationsmethodik führen, zu beachten[111]. Die Vertreter der Prozesskostenrechnung selbst interpretieren deren Aussagen als längerfristig gültig, indem sie von einer „strategischen Kalkulation“ als Abbildung des längerfristig auch dispositiv wirksamen Produktbezugs der Nutzung von Ressourcen sprechen. Das Beispiel der Personalkosten verdeutlicht das besonders anschaulich[112]. Man kann eine solche Kostenzurechnung aber logisch nur über die Akzeptanz neuer Kostenkategorien bzw. eines neuen Zurechnungsprinzips vornehmen, das hier als Prinzip der Ressourceninanspruchnahme bezeichnet werden soll[113]. R. S. Kaplan und R. Cooper sprechen selbst im Falle des Activity-based-Costing von einem „Model of resource usage, not spending“[114]. Die Literatur bezeichnete schon viel früher im Rahmen der Diskussion von Vollkosten- versus Teilkostenrechnung das Vorgehen, eine Kostenaufteilung über Kapazitätsmaße vorzunehmen[115], als „Prinzip der anteiligen Inanspruchnahme“[116] und diskutierte diese Vorgehensweise lange vor der Prozesskostenrechnung kontrovers[117].

Auch in der Prozesskostenrechnung teilt man die Kosten einer Kapazität (Kostenstelle) auf die durchgeführten oder geplanten Prozesse auf. Für die Prozesskostenrechnung erweist sich deshalb die Rechtfertigung und Interpretation der Kostenzurechnung über Kapazitätsgrößen als interessant. Eine nach der anteiligen Inanspruchnahme der Potenzialfaktoren erfolgende Zurechnung von Fixkosten, wie sie den einschlägigen Vorschlägen zur Prozesskostenrechnung immanent ist, kann nur auf eine Mittel-Zweck-Beziehung ausgerichtet sein[118]. Entsprechend ist das Attribut der Verursachungsgerechtigkeit im geläufigen Verständnis für die Prozesskostenrechnung im hier verstandenen Sinne weder gerechtfertigt noch für die bedeutsamen Zwecke des Kostenmanagements erforderlich. Es verwundert, dass außer in den bereits zitierten Ausnahmefällen dieser Gesichtspunkt kaum diskutiert wird – und dies, obwohl bereits 1961 Schneider deutlich feststellte, „dass es gar kein einheitliches Kostenzurechnungsprinzip geben kann. Die einzige allgemeingültige Aussage ist die, dass der Rechnungszweck das Zurechnungsprinzip und damit den Rechnungsinhalt festlegt“[119].

6. Es erscheint nahe liegend, eine leistungsbezogene Verrechnung von Kosten auf der Grundlage von definierten Prozessen auch zur Kapazitätsplanung zu verwenden.[120] In der traditionellen Betrachtung lässt sich über die benötigte Prozessmenge und deren definierte Ressourceninanspruchnahme der Kapazitätsbedarf bestimmen[121]. Der Erkenntnisgewinn ist überwiegend auf Möglichkeiten der Identifizierung von Überkapazitäten gerichtet: Kapazitätsmanagement „with its renewed focus on idle capacity as the key to eliminating waste in organizations, will have a significant impact on the design and use of an activity-based management (ABM) system“[122].

Für Kalküle auf der Wertebene wird die Unterscheidung „cost of activity supplied = cost of activity used + cost of unused activity“[123] vorgeschlagen. Dazu bedarf es einer Grundentscheidung über das Allokationsprinzip, nämlich die Frage der kapazitätsbezogenen Ausgangsgröße für die Prozesskostenrechnung. Es gilt festzulegen, welches Kapazitätsvolumen für die Bestimmung des potenziellen Prozessvolumens der Aufteilung der Kapazitätskosten auf die einzelnen Prozesse zugrunde gelegt wird. Kaplan schlägt die Verwendung der geplanten bzw. disponierten im Sinne der tatsächlich bereitgestellten Kapazität vor[124]. Dies erlaubt prozesskostenrechnerisch in Anlehnung an E. Gutenbergs Unterscheidung von Leer- und Nutzkosten die Erweiterung der prozesskostenrechnerischen Abweichungsanalyse um Leerkostenanalysen[125]. Brühl fordert hierzu eine Unterscheidung in fixe und variable Prozesskosten und bei letzteren sogar die Differenzierung nach Ressourcen unterschiedlicher Volumenanpassungsfähigkeit, um die Auslastungsabweichungen klar abzugrenzen[126]. Dagegen geht die amerikanische Sichtweise generell von nicht unmittelbar beschäftigungsvariablen Kosten aus und versucht, einen Prozesskostenbereich („cost pool“) so abzugrenzen, dass für den betrachteten Kostentreiber brauchbare Informationen gewonnen werden[127]. Allerdings geht diese Betrachtung wie auch die von Brühl davon aus, dass nur ein Prozess pro cost pool bzw. Kostenstelle[128] abbildbar ist.

Überdies hängt die richtige Anwendung dieser Methodik von der Interpretation der Leerkosten ab. Wenn man in der Prozesskostenrechnung ein Instrument sieht, mit dem sich vor allem die Inanspruchnahme von Ressourcen abbilden lässt dann wird die Interpretation weit weniger schwierig[129]! Bereits 1965 schlug W. Lücke vor, Leerkosten als Maß für die Kapazitätsharmonie zu verwenden und die Optimierung von Leerkosten im Falle von Engpässen zur Bestimmung von Produktmengenkombinationen einzusetzen[130].

Der Aussagewert des Leerkostenausweises wird hier aber auch durchaus kritisch gesehen: Bei entsprechender Gestaltung der Leistungsrechnung lässt sich die Leerkapazität unmittelbar in Zeiten und Mengen quantifizieren. Dies erscheint im Prinzip für das Management auch besser interpretierbar. Will man aber die Inanspruchnahme der Leistungsstellen für die unterschiedlichen Aktivitäten auch kostenmäßig abbilden, wofür die damit erreichte nicht übersehbare Ergebniswirkung vorhandener Ressourcen spricht, dann wäre es besser, ungenutzte Kapazitäten nicht einfach auf die Leistungsmenge zu verrechnen, sondern explizit auszuweisen.

Zusammenfassend wird erkennbar, dass Prozesskostenrechnung und Grenzplankostenrechnung durchaus komplementäre Beiträge zur Kostensteuerung leisten. Der Gebrauch der über die Kostenallokationsmöglichkeiten der Grenzplankostenrechnung hinaus gehenden Verrechnungsmethodik erfordert aber eine veränderte Interpretation der Kosteninformationen. Diese gilt umso schärfer, je prinzipientreuer und transparenter die grenzplankostenrechnerischen Elemente einer integrierten Kostenrechnungslösung eingesetzt werden.

0.5 Voraussetzungen eines effektiven und effizienten Einsatzes der Grenzplankostenrechnung

1. Eine empirische Studie zeigt, dass in Deutschland bereits zum Ende der neunziger Jahre kleinere Unternehmungen zu 49 %, mittlere zu 65 % und große zu 61 % über grenzkostenbasierte Kalkulationen verfügen und über alle Größenklassen hinweg zu 42 % Grenzkosten in kurzfristigen Erfolgsrechnung führen[131]. Damit wird insgesamt ein im Vergleich zu früheren Studien höherer Anteil von Anwendern erreicht[132], allerdings ergibt die Studie auch, dass über die Hälfte aller befragten Unternehmungen gleichzeitig auch Vollkosten kalkulieren, d. h. die Grenzkostenrechnung im Rahmen einer Parallelkalkulation realisieren[133]. Vieles spricht dafür, dass diese Situation noch heute Bestand hat.[134] Damit behält die Grenzplankostenrechnung im deutschsprachigen Bereich ihr Dominanz vor allem in ihrem herkömmlichen Einsatzschwerpunkt, dem Fertigungsbereich, und eine sehr große Bedeutung als grundlegender Methodenkern für die Planung und Kontrolle von Kosten in der Unternehmung. Indirekte Leistungsbereiche werden immer noch weiter mit der Grenzplankostenrechnung durchdrungen. Doch geht dies in der Regel mit einer Annäherung an die Prinzipien der Prozesskostenrechnung einher. Diese starke Verbreitung der Grenzplankostenrechnung spricht dafür, dass sie in der Praxis noch immer effektiv die Erreichung der Unternehmensziele unterstützt. Gleichwohl ist zu fragen, wie eine flexible Plankostenrechnung zur Erfüllung der Anforderungen der Effizienz konkret auszugestalten ist.

2. International und insbesondere in den USA ist die Plankostenrechnung nie so differenziert ausgebaut worden. Folglich haben hier das moderne Kostenmanagement und insbesondere die Prozesskostenrechnung noch stärker zu einer neuen, das bisherige Standard Costing ablösenden Kostenrechnung geführt. In den USA sind mit dem Activity-based-Costing indirekte Bereiche auch in der Fertigung oft erstmals kostenrechnerisch transparenter gemacht worden.

3. Dagegen verfügte man im deutschsprachigen Raum bereits seit den 60er Jahren über eine Kostenrechnung, die wesentlich mehr Transparenz für die Planung und Kontrolle der Kosten in den unterschiedlichen Unternehmensbereichen gewährleistete. Die von H.-G. Plaut und W. Kilger entwickelte Grenzplankostenrechnung beruht nicht nur auf einer bestimmten prinzipiellen Methodik, sondern umfasst als kostenrechnerisches Aussagesystem vielfältige konzeptionelle Festlegungen. Diese haben in ihrer theoretisch-methodischen Begründung weiterhin Bestand. Allerdings ist die Praxis schon bisher nicht uneingeschränkt der Theorie gefolgt. Gegenwärtig liegt die Tendenz eher im Streben nach einer Vereinfachung der Kostenrechnung. Dies zeigt sich in folgenden Punkten.

0.5.1 Wertmäßiger Kostenbegriff

Nicht nur in der Grenzplankostenrechnung hat der wertmäßige Kostenbegriff große Verbreitung gefunden. Hierbei ist zu berücksichtigen, dass seine Konzeption nur für sehr spezielle Kostenrechnungszwecke benötigt wird[135]. Dies ist die Fundierung von Entscheidungen unter bestimmten Prämissen, etwa der Unternehmungserhaltungskonzeption im Rahmen des Zielsystems oder zu Zwecken des zwischenbetrieblichen Vergleichs unter Ausschaltung von Einflussfaktoren wie unterschiedliche Finanzierungsstrukturen. Die Begründungen solcher kalkulatorischer Ansätze für Abschreibungen, Zinsen oder Wagnisse sind mit Blick auf die Wiederanlageprämisse und die tatsächliche Entscheidungsrelevanz an sich häufig schon zweifelhaft; schwerer wiegen die Nachteile ihres Ansatzes für die Ergebnissteuerung: zum einen ist die Steuerung nach internen und externen Ergebnissen aufgrund unterschiedlicher Aufwands- bzw. Kosteninformationen nicht konsistent, zum anderen werden aufgrund der um zusätzliche kalkulatorische Beträge gegenüber dem handelsrechtlichen niedrigeren internen Ergebnis steuerliche Auswirkungen von Entscheidungen leicht verschätzt[136]. Daher wird besonders mit Blick auf kalkulatorische Abschreibungen und kalkulatorische Zinsen zunehmend wieder eine stärkere Einheitlichkeit des Rechnungswesens bis hin zur Wiederannäherung an ein Einkreissystemen gefordert[137].

Als Ansatzpunkte zur Divergenzvermeidung sind mit W. Männel folgende Gestaltungsempfehlungen zu berücksichtigen[138]: Will man überhöhte kalkulatorische Abschreibung in der Kostenrechnung vermeiden, muss man auf den Ansatz von Wiederbeschaffungswerten verzichten. Zur Vermeidung einer Interpretation von Gewinnen als Kosten ist der kostenrechnerische Ansatz von Zinskosten auf ein Rechnen nur mit Fremdkapitalzinsen zu beschränken. Noch zweckmäßiger erscheint es den Verfassern die Berücksichtigung der Zinskosten in der Betriebsergebnisrechnung gänzlich zu vermeiden und der Ermittlung des Finanzergebnisses zu überlassen. Dies schafft auch eine bessere Kompatibilität mit den Instrumenten des wertorientierten Managements. Analog ist auf den Ausweis rein kalkulatorischer Kosten als Komponenten des kalkulatorischen Gewinns zu verzichten. Soweit möglich sollten alle Kostenarten von einer geeigneten monatlich abgrenzenden Aufwandsrechnung innerhalb der Finanzbuchhaltung übernommen werden. Divergenzen vermeidet man weiterhin durch eine einheitliche monatliche Abgrenzung von Erlösschmälerungen und Vertriebskosten im internen und externen Rechnungswesen.

Höhere Chancen für die Integration des Rechnungswesens werden durch die zunehmende Internationalisierung des externen Rechnungswesens gesehen[139]. Allerdings wird
das Ausmaß einer Überleitungsrechnung dadurch bestimmt, wie stark die spezifischen Kostenrechnungszwecke der laufenden Kostenrechnung Divergenzen der Rechenkreise erfordern. Auch die Befürworter einer stärkeren Integration sehen hier Grenzen[140]. Die Integrations-Tendenz hat sich in den letzten Jahren in der Praxis noch weiter verstärkt. Die Konvergenz hat sich in Gestalt der Ausweitung steuerungsrelevanterer externer Rechnungswesen durch das bereits angesprochene BilMoG auch noch besser realisieren lassen, indem an internationalen Sichtweisen angelehnte Bilanzierungsgrundsätze auch für nichtbörsennotierte Großunternehmen verstärkt zum Tragen kamen. Allerdings lässt das Momentum inzwischen spürbar nach. Insbesondere in der traditionellen Lehrbuchliteratur wird allein schon über die gängige Ausgestaltung des wertmäßigen Kostenbegriffs ein erhebliches Maß an Divergenz impliziert[141]. Der in der neueren Lehrbuchliteratur beschrieben State of the Art beruht aber erstens auf der klaren Kenntnis des Dilemmas und legt zweitens eine systematische, an den unternehmensspezifischen Anforderungen ausgerichtete Positionierung in dieser Frage nahe.[142] Auch in der aktuellen Diskussion wird etwa über die Berücksichtigung rechnungszweckadäquater Opportunitätskosten die Notwendigkeit einer eigenständigen Kostenrechnung gerechtfertigt[143]. Heute findet man in großindustriellen Unternehmen Vertreter des Rechnungswesens, die immer noch oder auch wieder verstärkt an der Eigenständigkeit der Kostenrechnung festhalten, die sie insbesondere mit den Anforderungen der wirtschaftlichen Produktionssteuerung begründen.

Einem möglichen Missverständnis in der Diskussion ist vorzubeugen. Diese Aussagen beziehen sich nicht darauf, dass in bestimmten Entscheidungssituationen im Rahmen der unterstützenden Kalküle sachlogisch gezielt besondere Kostenkriterien wie Opportunitätskosten Einsatz finden sollten.[144] Für die laufende Kostenkontrolle wird hier dagegen empfohlen, zumindest im Einzelfall zu prüfen, ob tatsächlich die Vorteile einer Verfolgung spezifischer Zwecke der laufenden Kostenrechnung die negativen Konsequenzen der Divergenzen hinsichtlich Transparenz und Aufwand des Rechnungswesens rechtfertigen. Selbstverständlich gilt für die Ausgestaltung der Kostenkategorie im Rahmen einmaliger Sonderrechnungen, dass rechnungszweckspezifische Festlegungen nur durch Kosten-Nutzen-Überlegungen limitiert sind.

0.5.2 Grenzkostenprinzip und Fristigkeit der Kostenplanung

In der betrieblichen Praxis legt man den Begriff der Begriff der Grenzkosten oder der proportionalen Kosten in der Regel sehr großzügig aus, indem etwa Personalkosten allen Remanenzgründen zum Trotz häufig als proportionale Kosten geführt werden. Dies lässt sich konform zum Aussagesystem der Grenzplankostenrechnung mit dem der Kostenplanung und insbesondere der Kostenspaltung zugrunde gelegtem Fristigkeitsgrad begründen. Je länger der Fristigkeitsgrad gewählt wird, desto größer wird bekanntlich die Anpassungsfähigkeit der betrachteten Kosten.

Da in modernen Fertigungssystemen infolge zunehmender Automation und besserer DV-Unterstützung der administrativen Prozesse kurzfristige Soll-Ist-Abweichungen eine immer geringere Rolle spielen, rückt in der Beurteilung der Wirtschaftlichkeit des Handelns die Disposition von Ressourcen im Rahmen mittelfristiger Anpassungsmöglichkeiten immer mehr in den Fokus. So geht es beispielsweise für das Produktionsmanagement nicht mehr primär um die Feststellung, dass bei einem Beschäftigungsrückgang die Sollkosten nicht automatisch um die remanenten Personalkosten sinken, sondern es interessiert vielmehr, inwieweit es dem Management gelungen ist, alle Möglichkeiten der Personalkostenanpassung, sei es durch Überstundenabbau, Urlaub oder innerbetriebliche Versetzungen auszuschöpfen.

0.5.3 Verrechnungspreise und Verhaltensorientierung

Die bisherige Behandlung der Verrechnung der Kosten innerbetrieblicher Leistungen in dem entscheidungsorientierten Rechnungswesen etwa mit komplexen Gleichungsverfahren hat nicht nur seitens der Unternehmenspraxis, sondern auch in der Theorie zu schweren Vorwürfen geführt[145]. Einerseits geht es bei diesem Thema um die methodische Beherrschung, andererseits um die verhaltenssteuernde Wirkung. Aktuelle Untersuchungen befassen sich mit dem innerbetrieblichen Investitionsverhalten, das als langfristige Wirkung von Verrechnungspreisen in einem Wechselspiel aus Organisationsstruktur und Verrechnungspreisbildung anzusehen ist.[146] Die Komplexität der Betrachtung steigt, wenn der Einsatz unterschiedlicher interner Ressourcen mit Absatzinterdepenzen verbunden ist.[147]

Das Problem der praktischen kostenrechnerischen Durchführung ist durch den Einsatz moderner Standardsoftware generell gelöst. Das immer weiter fortschreitende Vordringen EDV-technisch unterstützter Administrationssysteme liefert zunehmend die benötigten Daten, was wiederum eine Automatisierung der Verfahren ermöglicht, indem die Leistungsdaten und die Kosteninformationen in der Kostenrechnungsstandardsoftware zusammengeführt werden. Zudem reduziert die Tendenz zu geringerer innerbetrieblicher Leistungskomplexität durch Ausgliederung und Integration produktionsnaher indirekter Leistungen die Anforderungen an die Verrechnung der Kosten innerbetrieblicher Leistungen[148]. Die Ausgliederung auch in den administrativen indirekten Bereichen an exerne Provider und auch an selbst im Konzernverbund unterhaltene Shared Service Center ersetzt schwer zu durchdringende Leistungsbeziehungen durch leicht erfassbare Leistungsabrechnungen.

Auch im Zuge der Integration indirekter Leistungen, etwa im Rahmen der Gewährleistung von Instandhaltungstätigkeit durch Gruppenarbeit im Produktionsbereich, erfolgt regelmäßig ein Verzicht auf die separate Verrechnung dieser Leistungen. Dies gilt sowohl für die perioden- und gesamtleistungsbezogene Verrechnung als auch für die aufwändige einzelleistungsbezogene Abrechnung von Innenaufträgen.

Wie oben bereits zu den Zwecken der Kostenrechnung ausgeführt wurde, sind die Überlegungen zu einer verhaltensorientierten Kostenrechnung besonders für die Verrechnungspreisbildung relevant. Institutionenökonomisch fundierte Überlegungen überwinden dabei die konventionelle teilkostenrechnerische Grundsätze der Verrechnungspreisbildung. Ob die Praxis aus solchen theoretischen Überlegungen konkrete Gestaltungsempfehlungen ableiten kann, bleibt abzuwarten[149]. Zumindest bringt aber inzwischen die Wissenschaft aus dieser Warte mehr Verständnis dafür auf, dass in der Praxis Verrechnungspreise, die über den proportionalen Kosten liegen, durchaus üblich sind.

0.5.4 Kostenstellenrechnung

Die Möglichkeiten der Vereinfachung der Kostenrechnung ergeben sich aus den Veränderungen von Organisationsstrukturen im Rahmen von Verschlankungsbestrebungen, die in der Industrie in den letzten Jahren umgesetzt wurden[150]. Im Zuge der Reduzierung der Eigenleistungstiefe insbesondere in den indirekten Bereichen im Rahmen der Konzentration auf Kernkompetenzen nimmt der Sekundärkostenanteil an den insgesamt über das Unternehmen zu berücksichtigenden Kostenarten ab. Dadurch wird die Komplexität auf allen Stufen der Kostenrechnung reduziert.

Eine Vereinfachung der Kostenstellenrechnung kann durch mehrere Ansatzpunkte realisiert werden. Unmittelbar reduziert der Produktionstiefenabbau die Kostenstellenanzahl. Ist die Unternehmung in Form integrierter Wertschöpfungsketten organisiert, kann auf die abrechnungstechnisch motivierte Differenzierung von Kostenstellen verzichtet werden, da auch die Kosten größerer Kostenstellen produktbezogen verrechnet werden können. Die Anzahl der differenziert erfassten Kostenplätze lässt sich reduzieren, indem die Anschaffung baugleicher Anlagen und Ausrüstungsgegenständen im Rahmen der Komplexitätsreduzierung die Kapazitätsstrukturen homogenisiert.

0.5.5 Bezugsgrößensystematik

Die von Kilger geschaffene Bezugsgrößensystematik findet noch immer Beachtung und ist in ihrer grundlegenden Einteilung auch heute der State of the Art[151]. Inzwischen hat wegen des starken Interesses an einer besseren kostenrechnerischen Durchdringung auch der indirekten Bereiche die Anwendung direkter Bezugsgrößen weiter an Bedeutung gewonnen. Durch den Einfluss der Prozesskostenrechnung hat die Verwendung der Anzahl definierter Vorgänge anstelle einer Messung der Bezugsgröße nur in Mengen und Zeiten zugenommen. Doch aufgrund einer stetigen Ausweitung von automatischen Datenerfassungsmöglichkeiten im Zuge der Ausweitung der DV-Unterstützung sämtlicher Geschäftsprozesse werden immer mehr Tätigkeiten wirtschaftlich messbar, bei denen früher eine Kostenplanung und -kontrolle mittels direkter Bezugsgrößen unwirtschaftlich schien.

0.5.6 Abweichungen im Kostenstellencontrolling

Der abnehmenden Bedeutung variabler Kosten und auch der Abweichungen infolge höherer Automation und verbesserter Planung folgend, wird immer stärker auf eine umfassende Abweichungsanalyse verzichtet[152]. An die Stelle oft verspäteter und zu hoch aggregierter Kostenabweichungsinformationen tritt die tages- oder gar schichtaktuelle Information über Performanceabweichungen in den Kategorien Zeiten, Mengen und Qualitäten. Die vollständige Weiterwälzung der Kostenabweichung von Hilfskostenstellen auf Hauptkostenstellen wird in der Praxis zunehmend durch eine Steuerung aus Abweichungen allein in den Hilfskostenstellen ersetzt. In diesen Fällen genügt eine Verrechnung unterjährig standardisierter Kosten für die Leistungen zur Steuerung der Leistungsinanspruchnahme in den abnehmenden Stellen[153].

Dies führt zur Überlegung, die Abweichungsanalysen generell in ihrer Differenzierung und Häufigkeit zu begrenzen. Insbesondere verkettete Fertigungsanlagen können mit einer zusammenfassenden Kostenerfassung und -verrechnung gesteuert werden, da sich Abweichungen durch technische Analysen gegebenenfalls auf einzelne Elemente zurückführen lassen und zu Kalkulationszwecken ohnehin ein ganzheitlicher Systemstundensatz ausreicht. Die im Rahmen des Kostencontrollings ermittelten Kostenabweichungen werden dann direkt in das Betriebsergebnis übernommen.

0.5.7 Abweichungen im Herstellkosten-Soll-Ist-Vergleich

Das Zusammenwachsen der Einzelkosten- und Deckungsbeitragsrechnung und der Grenzplankostenrechnung führte in der Unternehmenspraxis zu einer immer stärkeren Differenzierung des Vertriebscontrollings[154]. Transparentere Beziehungen zwischen Ressourcen, Prozessen und Produkten durch Wertschöpfungskettenorganisation vereinfachen nahezu automatisch die Kalkulation. Hinzu kommt, dass mit sinkender Fertigungstiefe der Anteil der abrechnungstechnisch unproblematischen Produkteinzelkosten am Kostenvolumen steigt. Der Anteils nicht produktbezogen erfassbarer Kosten sinkt durch die Reduzierung der Variantenvielfalt, da im geringeren Ausmaß Kosten von Prozessen Gemeinkosten für einzelne Produktvarianten repräsentieren. Die Reduzierung der Produktkomplexität, etwa durch die Verwendung von Gleichteilen und die Anwendung des Baukastenprinzips vereinfacht die Kalkulationsaufgabe strukturell.

Der Kalkulationsaufwand reduziert sich beträchtlich, wenn sich ähnliche Kalkulationsobjekte zusammenfassen lassen[155]. Anstelle der Kalkulation zahlreicher Varianten genügt oft die Kalkulation nur eines Referenzproduktes mit entweder der Übernahme des Kalkulationsergebnisses für alle Varianten oder gegebenenfalls einer spezifischen Modifikation zur Berücksichtigung eines bedeutsamen Kostenunterschiedes. Insbesondere auf die separate Kalkulation von Varianten mit geringer Kostenbedeutung ist zu verzichten[156].

0.5.8 Differenzierungen der Deckungsbeitragsrechnung

Erleichterungen für die Ergebnisrechnung ergeben sich, wenn organisationsbedingt direkt auf Ergebnisobjekte zurechenbare Fixkosten vorliegen. Dadurch steigt die Ergebnistransparenz. Schließlich lassen sich in Unternehmungen mit hochintegrierten differenzierten innerbetrieblichen Wertschöpfungskettenorganisation Ergebnisse zuverlässiger planen, weil geringere Interdependenzen vorliegen und der durchgängige Fokus des Managements auf bestimmte Ergebnisträger gewährleistet ist.

Für die unterjährige Ergebnissteuerung genügen im Falle bestehender Produktions- und Absatzproduktprogrammbestandteile häufig Standardkostenkalkulationen, d. h. die Produkte werden in der Serienfertigung und Massenfertigung zur Ermittlung von Auftragsergebnissen oder zur Bewertung von Bestandsveränderungen nur einmal jährlich nachkalkuliert[157]. Auch hier gilt, je besser die Vorkalkulation und die Vorbereitung und Planung der Kalkulation sind[158], desto geringer sind die dann im Ist gegenüber den zu Standardkosten gerechneten Sollkosten auftretenden Kostenabweichungen, die direkt in das Betriebsergebnis eingestellt werden. Die Standardkosten- und Deckungsbeitragskalkulationen sollten in diesem Sinne möglichst lange bestehen bleiben[159].

Zu einer Vereinfachung von Ergebnisrechnungen führt die Konzentration der Differenzierung von Ergebnisrechnung auf ergebnisrelevante Dimensionen[160]. Nicht alle möglichen, sondern nur die anwendungsfallspezifisch bedeutsamen Merkmale der absatzsegmentbezogenen Ergebnisobjekte wie Produkt-, Kunden-, Vertriebsweg- oder Vertriebsgebiet müssen geführt und analysiert werden. Allerdings sollte dabei nicht übersehen werden, dass die moderne Standardsoftware die Verknüpfung von Vertriebsdaten mit den Kosten- und Erlösinformationen für die einzelnen Aufträge komfortabel unterstützt und Datenbanken die Datenflut mühelos verwalten. Auch die DV-technisch unterstützte Simulationen und Generierung von differenzierten Plänen durch Umrechnungen erhöht die Machbarkeit differenzierender mehrdimensionaler und mehrstufiger Absatzsegmentrechnungen. Dabei übersieht man aber leicht die Kosten, die diese Informationen bei den Empfängern verursachen, die sich mit diesen Berichten beschäftigen. Außerdem besteht die Versuchung mit umfassendem Experimentieren für die eigene Position günstige Darstellungen zu generieren. Deshalb führen auch in dialogfähigen Informationssystemen standardisierte Berichte zu mehr Transparenz. Dies gilt auch dann, wenn zur Unterstützung der Analyse und Generierung von Berichten moderne MIS-Konzepte Einsatz finden oder eine Unterstützung der Ergebnisanalyse durch automatisierte Routinen des Data-Mining erfolgt.

Anderseits werden die Auswertungsrechnungen auch spezifischer. Nicht nur im Handel, sondern auch in der Industrie und bei den Dienstleistungen werden im Zuge des Wandels von Verbraucher- und Einkaufsverhalten die Beachtung von Verbundbeziehungen immer wichtiger, so dass ein Fokussieren auf einzelproduktbezogene Kennzahlen zu suboptimalen Sortimentsentscheidungen führt[161]. Da sich die Verbundmodellierungen etwa mit Kreuzelastizitäten in der Praxis nicht durchgesetzt haben, werden neue Ansätze benötigt, die direkt auf den Sortimentsertrag abstellen[162].

0.5.9 Einbindung der Grenzplankostenrechnung in das Kostenmanagement

1. Für die Verbesserung der Wettbewerbsposition einer Unternehmung und damit für das nachhaltige Erreichen der Unternehmensziele gilt es – wie die sehr umfangreiche Literatur zum Kostenmanagement[163] fordert – das Controlling stärker auf ein frühzeitiges Beeinflussen durch entwicklungs- und konstruktionsbegleitende Steuerung der Produktkosten auszurichten. Die angestrebte Nachhaltigkeit durch lebenszyklusbezogene Produktkostenbeeinflussung, Vermeidung von nicht-wertschöpfenden Prozessen sowie Reduzierung des Prozessvolumens und Vermeidung von überdimensionierten Ressourcen erfordert den Einsatz neuer kostenrechnerischer Instrumente. Unter Kostenmanagement kann man eine am Beziehungszusammenhang von Produkten, Prozessen und Ressourcen ansetzende systematische Beeinflussung von Kostenniveau, Kostenstruktur, Kostenverhalten und Kostentransparenz verstehen[164]. Diese neuen Instrumente für das Kostenmanagement bauen indes auf tiefem Kostenverständnis und umfassenden Kosteninformationen auf. Beide Anforderungen werden sehr gestärkt, wenn die aktuellen Produktionsprozesse und –strukturen mit einer flexiblen Plankostenrechnung systematisch abgebildet und gesteuert werden. Von besonderer Bedeutung sind im Kostenmanagement auch Kosteninformationen von Querschnittsfunktionen wie etwa für das Innovations-, Logistik- und Qualitätskostenmanagement. Diese Kostenkategorien sind zunächst zu definieren, zu identifizieren und schließlich abzugrenzen[165]. Auf dieser Basis ist es erforderlich, die Kosten über die Kostenstellen hinweg zu planen bzw. zu erfassen. Dazu sind vor allem die kostenstellenübergreifenden Strukturen der Prozesskostenrechnung hilfreich. Die Kalkulation der einzelnen Leistungsbeiträge kann aber auch in der Methodik der Grenzplankostenrechnung vorgenommen werden.

2. Kostenmanagement und Controlling berühren die Erfolgsebene und dienen zur Steuerung der Realgüterebene der Unternehmung. Controlling umfasst prinzipiell auch die Unterstützung des Kostenmanagements als Teilaufgabe des Managements. Umgekehrt verändert der Einsatz des Kostenmanagements auch die Ausgangssituation des Controllings vor allem durch die Integration frühzeitiger und nachhaltiger Kostenbeeinflussung in die Planung, die Erweiterung des Instrumentarium um neue Kostenrechnungstools und Verstärkung des Kostenbewusstseins im Unternehmen. Die mit dem Kostenmanagement verbundenen neuen „Tools“ sind häufig sehr pragmatische Konzepte im Sinne von methodisch relativ freien bewährten Verfahrensschritten. Die Generierung von Kosteninformationen dient dabei letztlich dem strategischen Planungsprozess in mehreren Phasen (insbesondere Analyse, Alternativenfindung, Strategieimplementierung und strategische Kontrolle)[166] und muss damit andere Anforderungen als die einer kurzfristigen Planungs- und Kontrollrechnung erfüllen.

3. Als Instrumente des Kostenmanagements gelten vor allem

- Target Costing,
- konstruktionsbegleitende Kalkulation,
- Lebenszykluskostenrechnung,
- Projektkostenrechnung,
- Prozesskostenrechnung,
- Benchmark Costing und
- Leistungsrechnung,

die in einem sehr umfangreichen Schrifttum behandelt werden, auf das hier nicht weiter eingegangen werden kann[167]. Im Folgenden ist von Bedeutung inwieweit die Konzepte für das strategische Kostenmanagement in die laufende Kostenrechnung für die Planung und Kontrolle zu integrieren sind. Neben organisatorischen und aufwandsmäßigen Vorteilen der Integration ergeben sich aber aus dieser auch Gefahren einer nicht optimalen Eignung für strategische Analysen[168].

Mit der meist als Target Costing bezeichneten Zielkostenrechnung wird eine kundenorientierte Optimierung von Kosten, Funktionalität und Qualität bereits im Produkt verankert. Folgt man hier den in der Literatur vorzufindenden Vorschlägen, ist man schnell mit aufwändigen Verfahren der Bestimmung der genauen Kundenbedürfnisse konfrontiert[169]. Besondere Probleme bereitet dabei die Gewichtung der vieldimensionalen Produkterwartungen, die man als Grundlage der an der Zahlungsbereitschaft orientierten Zielkostenaufspaltung benötigt. Deshalb ist der Einsatz dieses Instruments auch nur für die fallweise Durchführung bei entsprechend zu gestaltenden Kostenvolumina oder in starker pragmatischer Vereinfachung realistisch praxistauglich. So wird selbst in Unternehmungen der Automobilindustrie oft nur eine für das geplante Modell marktgängige Preisklasse und ein daraus abgeleitetes zulässiges Herstellkostenniveau pauschal herangezogen und mit Bezug auf die bisherige Kostenstruktur etwa des Vorgängermodells eine grobe Aufteilung der Zielkosten auf die Komponenten vorgenommen.

Wenn die Kostenrechnung stärker die Kostengestaltung im Frühstadium der Produktentwicklung unterstützen soll, werden Kalkulationen üblich, die noch nicht auf den im Rahmen der Grenzplankostenrechnung üblichen Kalkulationsunterlagen wie Stücklisten und Arbeitsplänen beruhen können[170], bis hin zu Schätzmethoden, die über die Konfrontation neuronale Netze mit Testdaten Kostenbeziehungen ohne vorherige analytische Durchdringung zu fassen versuchen[171]. Da im Frühstadium darüber hinaus noch alle Kosten mehr oder weniger gestaltbar sind, fallen die langfristigen Grenzkosten mit den Vollkosten zusammen. Allerdings dürften jedoch schon hier erste Anhaltspunkte für die Kostenspaltung etwa durch den geplanten Einsatz von Maschinen vorliegen. Deshalb ist es lohnend schon beim Aufbau erster grober Kostenschätzungen das Datenmaterial so aufzubereiten, dass diese mit zunehmender Konkretisierung später in Kalkulationen für die flexible Plankostenrechnung überführt werden können.

Lebenszykluskostenrechnung sind für das Produktkostenmanagement ein zentraler Informationslieferant für die Bestimmung der Wirtschaftlichkeit der generellen Entscheidung über das Produkt und die notwendige, alle Vor- und Nachleistungskosten umfassende integrierte Ergebnisplanung. Außerdem dient sie auch als Steuerungsinstrument im Sinne einer Projektkostenrechnung über die gesamte Laufzeit der Produktion und Vermarktung eines Produkts. Hierbei geht es aber nicht um eine ständige Nachkalkulation des Gesamterfolgs eines Produktes, sondern um die Steuerung der optimalen Gestaltung der noch verbleibenden Vermarktungs- und gegebenenfalls Nachlaufphase. Die Steuerung mit periodischen Deckungsbeiträgen erfolgt dann vor allem zur laufenden Vertriebssteuerung und Produktionsplanung. Entscheidungen über einen Lebenszyklus selbst sind aber prinzipiell investitionsrechnerisch zu treffen, so dass die Lebenszykluskostenrechnung auch in investitionsrechnerische Lebenszykluskalküle übergehen muss[172].

Eine gewisse Verwandtschaft mit den Lebenszykluskalkülen haben auch die Steuerungsanforderungen von langfristigen Projekten. Hierbei ist im Übergang von kostenrechnerischer zu investitionsrechnerischer, d.h. zahlungsstromorientierter Betrachtung die Auswirkung der Kalküle auf die Verhaltenssteuerung zu beachten. Dabei steht der Vorteilhaftigkeit der einfachen Messung des Gesamterfolgs eines Projektes durch den Zahlungszufluss am Ende des Projektes das Problem gegenüber, in mehrperiodischen Erfolgsrechnungen Zwischenergebnisse im Zeitablauf zu generieren. Untersuchungsergebnisse zeigen, dass die Wahl der richtigen Steuerungsmethode situationsabhängig ist.[173]

Im Zentrum zahlreicher Betrachtungen zum Kostenmanagement steht die oben bereits diskutierte Prozesskostenrechnung. Mit dieser Methodik geht eine grundlegende Stärkung der Leistungsbezogenheit der Kostenrechnung einher. Diese sollte prinzipiell auch der laufenden Kostenrechnung im Sinne einer stärkeren Verursachungsgerechtigkeit der Kostenverrechnung und höherer Kostentransparenz in den indirekten Bereichen zugute kommen. Aber als Teil der ständigen Rechnung sollte die Prozesskostenrechnung von der bereits optimierten und auch in der Abbildung vereinfachten Prozessstruktur ausgehen. Die komplexen Prozessanalysen sollten nur der vorangehenden Organisationsgestaltung dienen. Eine Durchrechnung dieser Prozesse dient vor allem der Abschätzung von Kostensenkungspotenzialen als Reorganisationsziel und muss dazu die Ressourceninanspruchnahme als „Vollkostenrechnung“ aufdecken. Wesentlicher Bestandteil des Prozesskostenmanagements ist die kontinuierliche Verbesserung von Prozessen. Dies wird nur zum Teil durch eine oben beschriebene Kostenkontrolle der Prozesse erreicht, sondern vor allem durch eine direkte Verfolgung bedeutsamer Prozessparameter. Für die erforderliche Dynamisierung der Betrachtung und die Bestimmung von entsprechenden Sollgrößen wird neben der Anwendung der Erfahrungskurve auch das Half-Life-Konzept vorgeschlagen, das die Abschätzung von Kostenentwicklungen in zukünftigen Perioden unterstützt[174]. Soweit ständig mit Prozesskosten kalkuliert wird, genügt in der Regel ein Rechnen mit wenigen standardisierten Prozessen und Standardprozesskostensätzen in der laufenden Kostenrechnung, um die Aussagekraft gegenüber anderen Verfahren der Umlagen und Schlüsselung von Gemeinkosten signifikant zu erhöhen.

Auch der Einsatz des für das hinsichtlich der Vorgehensweise besonders offene Verfahren des Benchmark Costing lohnt nur fallweise bei entsprechenden Kostenvolumina. Letztlich geht es um ein anwendungsfallspezifisches Vergleichen der Kosten eines

Untersuchungsobjektes – sei es ein Produkt oder ein bestimmter Geschäftsprozess – mit den Kosten, die eine bezogen auf das Kostenobjekt besonders effizientes andere Unternehmung aufweist. Der Vorteil dieses Vergleiches ist vor allem, dass er hilft im eigenen Unternehmen Machbarkeitsbedenken gegenüber kostenpolitischen Zielen zu überwinden. Da ohnehin in der Regel nur Daten von nicht vollständig vergleichbaren Nichtwettbewerbern herangezogen werden, kommt es dabei weniger auf die Genauigkeit der Kosteninformation als auf die Identifikation von Verbesserungspotenzialen zur Steigerung der Wettbewerbsfähigkeit durch bessere Geschäftsprozesse in der eigenen Branche an.

Zu einer besseren Ausnützung von Ressourcenpotenzialen bei der Kapazitätsbildung und besseren Kapazitätsnutzung trägt eine umfassende Leistungsrechnung bei[175]. Eine solche Leistungsrechnung informiert zunächst über die Potenzialität von Ressourcen, um die optimale Kapazitätsbildung zu unterstützen. Wesentlicher Bestandteil ist eine Kennzahlenrechnung, mit der die effektive Kapazitätsnutzung gemessen wird[176]. Sie erfasst wichtige Dispositionsdaten, die auch die Abbaubarkeit der Kosten für diese Ressourcen beschreiben. Die Prognose fixer Kosten, die im Rahmen der Kostenplanung immer mehr an Bedeutung gewinnt, soll nach M. Layer auf einer dynamischen Investitionsfunktion aufbauen, eine Unterscheidung in vermeidbare und unvermeidbare vornehmen und in eine entsprechende Soll-Deckungsrechnung eingehen[177]. Die Leistungsrechnung zeigt ebenfalls zur unmittelbaren Steuerung auch die Möglichkeiten der Kapazitätsnutzung auf. Gleichzeitig stärkt sie damit die Analysemöglichkeit für Abweichungen im Kostenstellencontrolling[178]. Aufgrund der bereits hinsichtlich der operativen Kostensteuerung problematisierten stärkeren Verlagerung der Wertschöpfung auf Wertschöpfungsnetzwerke wird für ein erfolgreiches Kostenmanagement die Transparenz von Kosten in der gesamten Zuliefererkette immer wichtiger um Kostengestaltungspotenziale zu identifizieren und zu heben – allerdings bleibt die wirkliche Offenlegung von Kalkulationen auch eine immer währende große Herausforderung.[179]

0.5.10 Grenzplankostenrechnung als Basis des wertorientierten Controllings

1. Die Hinwendung des Managements in vielen Unternehmungen zum Shareholder Value Ansatz[180] ist seit den achtziger Jahren eine weitere Anforderung an das Controlling. Motiviert wurde diese Orientierung, um den Ansprüchen der Kapitalgeber stärker Rechnung zu tragen und um eigene Interessen angesichts einer in den letzten Dekaden zunehmenden Bedeutung der Kapitalmärkte und deren Akteuren in der Evaluation der Performance und der Erhaltenswertigkeit der selbständigen Existenz der Unternehmung zu wahren. Die Ausrichtung an den Konzepten des Shareholder Value führt zu einer weiteren Relativierung der Steuerung durch traditionelle externe und interne Periodenrechnungen. Zwar hat im Zeichen der Finanzkrise dieser Ansatz an allgemeiner Popularität eingebüßt, doch wird bei genauerer Analyse der Methodik deutlich, dass es weiniger am Kalkül sondern eher ein leichtfertiges (menschliches) Einsetzen von geschätzten Parametern und auch Akzeptieren der auf solchen Daten beruhenden abenteuerlichen Geschäftsmodellen ist, dass in der Vergangenheit häufig in die Irre führte. Auch um diese Fallen zu vermeiden, ist für die Implementierung eines wertorientierten Controllings[181] eine Integration in das gesamte Rechnungswesen erforderlich. Einerseits benötigt man analog zu dem investitionsrechnerischen Instrumentarium auch für die Datenerhebung im Rahmen wertorientierter Kalküle Daten aus dem internen Rechnungswesen. Andererseits müssen die Kategorien und zu verfolgenden Einflussgrößen der wertsteigernden Strategien auf die operative Handlungsebene herunter gebrochen und für die ständige Verfolgung operationalisiert werden. Dazu eignen sich nach wie vor die Größen der Grenzplankostenrechnung und Deckungsbeitragsrechnung.

2. Schon 1985 entwickelte Küpper einen Vorschlag die Kostenrechnung investitionstheoretisch zu fundieren[182] und dazu auch die Kategorien Kosten und Erlöse durch diskontierte Zahlungen zu ersetzen. Die Kategorien des internen Rechnungswesens sind an sich offen[183]. Daher ist es zulässig, Kosten und Erlöse auch als zukünftige diskontierte Zahlungsstromänderungen zu interpretieren. Auch wenn es mit Blick auf die praktische Handhabung zur Vermeidung von Missverständnissen zweckmäßiger erscheint, finanztheoretisch fundierte Kalküle auch terminologisch von den konventionellen Kosten- und Erlösrechnungen zu trennen, wird in jüngster Zeit vor allem angeregt von den Anforderungen des wertorientierten Controllings wieder verstärkt über eine Integration von Investitionsrechnung und Kostenrechnung nachgedacht. Die Investitionsrechnung und die Kostenrechnung liegen näher beieinander als gemeinhin wahrgenommen. Mangels vorliegender Finanzpläne müssen die Ein- und Auszahlungsströme per Prognose ermittelt werden. Hierzu bietet die auf konkreten Zeiten- und Mengengerüsten aufbauende Kosten-, Erlös- und Ergebnisrechnung vielfach eine gute Ausgangsbasis, insbesondere wenn sie auf pagatorische Erfolgsgrößen zurückgreift. Dieser grundlegende Zusammenhang kann umso leichter instrumentell genutzt werden, je besser die inzwischen häufiger geforderte Integration von Kostenrechnung und investitionsrechnerischen Kalkülen erfolgt[184]. Dies war vor allem für die erneute verstärkte Zuwendung zu liquiditätsbezogenen Analysen infolge der Finanzkrise hilfreich.

3. Dem wertorientierten Controlling obliegt es, die vom Unternehmen verfolgten Strategien hinsichtlich ihres Beitrags zur Schaffung nachhaltiger Wettbewerbsvorteile und damit der Steigerung des Unternehmenswertes zu analysieren. Es geht um eine Bewertung der Fähigkeit von Unternehmen, heute und in der Zukunft ihre Produkte entwickeln, erstellen, nutzen und vermarkten zu können. Die Unternehmensbewertung verlangt dementsprechend eine zukunftsorientierte Bewertung, d.h. die Bestimmung des Zukunftserfolgswertes[185], welche durch die ertragswertorientierten Verfahren der Unternehmensbewertung repräsentiert werden. Aus der Literatur kann man verschiedene Möglichkeiten der Definition einer geeigneten Zukunftserfolgsgröße (Ertrags- oder diverse Cashflow-Größen) entnehmen[186]. Für die Integration von interner Ergebnisrechnung und wertorientierter Ergebnissteuerung sei hier nur die besonders geeignete Discounted Cashflow-Methode betrachtet.

In der Shareholder Value-Analyse (SVA) von Rappaport[187], wird der diskontierte freie Cashflow zum zentralen Erfolgsmaßstab erhoben. Die Schaffung von Werten setzt dabei an fünf Wertgeneratoren an: Umsatzwachstumsrate, Betriebsgewinnmarge, Ertragssteuerrate, Investitionen ins Nettoumlauf- und Anlagevermögen sowie Kapitalkosten[188]. Erst diese Auflösung macht die DCF-Methode für das Management handhabbar und führt das strategische und das finanzielle Management zusammen[189]. Bewertet werden strategische Geschäftseinheiten, Synergieeffekte, Sortimentsentscheidungen, Leistungen von Führungskräften sowie Akquisitionen[190]. Shareholder Value im Sinne von Rappaport ist der Unternehmenswert abzüglich des Marktwertes des Fremdkapitals; der Unternehmenswert resultiert aus der Summe von Gegenwartswert des betrieblichen Cashflows während der Prognoseperiode zuzüglich Residualwert und Marktwert der börsenfähigen Wertpapiere[191]. Der freie Cashflow (FCF), als relevanter Teil des betrieblichen Cashflows lässt sich definieren als „derjenige aus der betrieblichen Tätigkeit resultierende Einzahlungsüberschuß [...], der nach Abzug der Investitionen ins Anlage- und Netto-Umlauf-Vermögen und der pagatorischen Ertragsteuern der Planperiode zur Ausschüttung an die Kapitalgeber oder zunächst für die Thesaurierung zur Verfügung steht“[192]. Somit ist der freie Cashflow eine Größe, die sich aus der Differenz der betrieblichen Ein- und Auszahlungen vor Fremdkapitalzinsen sowie nach Steuern und Nettoinvestitionen in das Anlage- und Umlaufvermögen ergibt. Sowohl die Cashflows als auch der Residualwert sind für den Planungszeitraum auf den Gegenwartswert zu diskontieren.

4. So überzeugend der Nutzen des zukünftigen freien Cashflows für einen potenziellen Investor zur Wertbestimmung auch sein mag, so schwierig ist seine Ermittlung. Um zu einer hinreichend sicheren Bewertung zu gelangen, ist ein Absichern der Prognose der Zahlungsströme durch geeignete Instrumente unerlässlich. Bereits vorliegende hinreichend differenzierte Finanzpläne dürften eher die Ausnahme sein. In der Regel sind deshalb die benötigten Cashflow-Informationen situationsspezifisch abzuleiten. Die differenzierende Ermittlung von Cashflows bedingt eine bessere Erfassung des Leistungszusammenhangs in Mengen, Zeiten und Qualitäten[193]. Die Abschätzung der Cashflows zwingt letztlich konkrete Ressourcen-, Kapazitäts-, Prozess- und Produktplanungen vorzunehmen, wie sie auch einer Grenzplankostenrechnung unterliegen müssen.

In der Literatur wird die Ableitung des benötigten freien Cashflows aus dem internen Betriebsergebnis vorgeschlagen[194]. Dazu ist das Betriebsergebnis wie folgt umzurechnen:

Betriebsergebnis
\+ im Betriebsergebnis angesetzte Abschreibungen
\+ im Betriebsergebnis angesetzte Kapitalkosten
\+ (ggf.) im Betriebsergebnis enthaltene sonstige kalkulatorische Kosten
\+ Erhöhung (./. Auflösung) von langfristigen Rückstellungen
= **Brutto-Cashflow**
– Investitionen in das Anlagevermögen (./. Desinvestitionen)
– Erhöhung (./. Senkung) des Working capital
– Steuerzahlungen
= **Freier Cashflow**

Für die Ableitung wertorientierter Kalküle aus der Ergebnisrechnung ist die Divergenz bzw. Konvergenz der Wertgrößen des externen und internen Rechenkreises von Bedeutung. Denn mit zunehmender Entfernung der Betriebsergebnisrechnung von den vergleichsweise zahlungsnäheren Kategorien Aufwand und Ertrag macht die Überleitungsrechnung aufwändiger bzw. weniger aussagekräftig. Deshalb ist aus dieser Sicht für eine stärkere Konvergenz zwischen externer und interner Rechnung zu plädieren. Es widerspricht keinesfalls den Prinzipien der Kostenrechnung, auch hinsichtlich weiter in der Zukunft liegender Perioden Kosten und Erlöse auf der Basis des prognostizierten Mengen- und Zeitgerüstes zu planen. Die Genauigkeit dürfte im Vergleich zu den sonstigen Möglichkeiten der Investitionsrechnung hinreichend sein. In einer unmittelbaren Schätzung von Zahlungsströmen sind es gerade die Detailfragen der Finanzierung (z. B. tatsächlicher Zeitpunkt der Zahlung eines größeren Rechnungsbetrags), die sich am wenigsten vorhersagen lassen, während etwa der Energieverbrauch relativ gut abschätzbar ist, soweit die Prognose des Produktions- und Absatzvolumens zutrifft. Die „kostenrechnerisch" ermittelten Periodenergebnisse der Perioden sind dann in Cashflows umrechenbar und gemäß der DCF-Methode zu diskontieren.

5. Die pragmatische Umsetzung eines Sharholder Value Ansatzes mit Hilfe der in der Kostenrechnung bereits verfügbaren zahlungsnahen Kosteninformationen lässt auch noch einmal einen Bogen schlagen zu der nicht zuletzt auch durch die jüngste Finanzkrise deutlich gewordenen Notwendigkeit einer Liquiditätssteuerung. Kurzfristige Liquiditätsicherung und langfristige Erfolgssicherung müssen stärker Hand in Hand gehen. Indem kurz- und langfristige Betrachtung systematisch aufeinander aufbauen nimmt die Konsistenz in der Betrachtung zu, wird eine freie Schätzung künftiger Erfolge mit ihren potenziellen Verzerrungen vermieden oder zumindest als solche besser erkennbar.

0.6 Grenzplankostenrechnung als Kern des innerbetrieblichen Rechnungswesens

Seit einigen Jahren wird die Kostenrechnung wieder in einem etwas besseren Licht als in der Dekade zuvor gesehen[195]. Dies gilt auch heute. Eine Kostenrechnung auf der Grundlage der Grenzplankostenrechnung ergänzt um prozessorientierte Verfahren der Kostenrechnung und eingebettet in die differenzierende Deckungsbeitragsrechnung bildet auch weiterhin den Kern des internen Rechnungswesens. Erst mit der Verknüpfung der Kategorien der entscheidungsorientierten Plankostenrechnung mit dem Zeit- und Mengengerüst der Unternehmung wird der Unternehmenserfolg plan- und steuerbar. Darüber hinaus ist die so geschaffene Informationsbasis auch die Grundlage für operationale investitionsrechnerische und wertorientierte Kalküle.

Die Grenzplankostenrechnung bleibt unverzichtbar und das von Kilger geschaffene Aussagesystem zur Flexiblen Plankostenrechnung und Deckungsbeitragsrechnung ist noch immer hochaktuell. Somit ist es möglich, mit denselben Worten wie in der letzten noch von W. Kilger bearbeiteten Auflage die Einführung zu schließen: „Es soll die Aufgabe des vorliegenden Buches sein, zunächst den Weg der Kostenrechnung zu beschreiben, der von den verschiedenen Ausgestaltungsformen der Istkosten- und Normalkostenrechnung schließlich zur Grenzplankosten- und Deckungsbeitragsrechnung führte. Anschließend werden die kostentheoretischen Grundlagen dieses Verfahrens dargestellt. Alle weiteren Hauptteile sind einer zugleich praxisnahen und theoretisch fundierten Darstellung der zu einer Grenzplankosten- und Deckungsbeitragsrechnung weiterentwickelten flexiblen Plankostenrechnung gewidmet"[196].

Anmerkungen zur Einführung

1 Siehe für eine Einführung in die Entwicklung und den State-of-the-Art der Grenzplankostenrechnung K. Vikas, Grenzplankostenrechnung, 2002.

2 Das Werk Flexible Plankostenrechnung von Kilger belegt in einer Untersuchung von Zitationen in der Zeitschriftenliteratur zum Controlling auch in den Jahren 1990-2003 den vierten Rang nach dem ersten Rang in den Jahren 1970-1989; vgl. U. Schäfer, C. Binder, M. Gmür, Controllingforschung – Eine Zitations- und Kozitationsanalyse von 1970 bis 2003, 2003, S. 404 f.

3 Siehe hierzu P.A Sharman, K. Vikas: Lessons from German Cost Accounting 2004, S. 322-326 und das hierzu einen Überblick gebende Interview mit President und CEO des Institute of Management Accounting. P.A. Sharman: An American Perspective on German Controlling. Unexpected Praise for German Controlling Practice, 2005, S. 322-326. Sharman/Vikas bedauern auch, dass es keine englischsprachigen Übersetzung zur „Flexiblen Plankostenrechnung und Deckungsbeitragsrechnung" gibt (P.A. Sharman, K. Vikas, Lessons from German Cost Accounting, 2004, S. 29), doch ist den Verfassern bekannt, dass in den USA von Beratungen erzeugte Übersetzungen von Auszügen der vorletzten Auflage dieses hier vorgelegten Buches kursieren. Von der letzten Auflage ist eine spanische Fassung bekannt. Eine deutsche Zusammenfassung bietet: Vikas, K.: Relevance Lost – Relevance Confirmed – Die Renaissance des German Cost Accounting, in Jahrbuch für Controlling und Rechnungswesen 2006, Hrsg.: Seicht, G., S. 27 – 42.

4 In einem Sonderheft der Zeitschrift ZfCM wurden zwei grundlegende Beiträge zur Flexiblen Plankostenrechnung (W. Kilger: Die Planung und Verrechnung von Stromkosten in der Grenzplankostenrechnung (Originalbeitrag aus krp 1985, Heft 4, S. 149-156), 2006, S. 6-13) bzw. Grenzplankostenrechnung (H.G. Plaut, A.Bonin, K.Vikas, Grenzplankostenrechnung und Einzelkostenrechnung (Originalbeitrag aus krp 1988, Heft 1, S. 9-15, 2006, S. 9-15) abgedruckt und aus heutiger Sicht kommentiert. So betont Zwicker die Bedeutung der Konzeption der Sollkosten als Basis für unterschiedliche Planungsmodelle (E. Zwicker, Kilgers flexible Plankostenrechnung aus heutiger Sicht, 2006, S. 14-20) und Hörder betont, dass der Kilgersche Ansatz noch überall dort, wo Kosten noch immer sinnvoll in fixe und proportionale Kosten aufgespaltet werden können, weiterhin hohe Bedeutung hat, jedoch bei der dispositiven Aufgabe der Unternehmenssteuerung seine Grenzen habe (C. Hörder, Die Bedeutung von Kilgers flexibler Plankostenrechnung aus Sicht der Deutschen Telekom, 2006, S. 21-25). Huch/Hanke/Viemann betonen, dass die Grenzplankostenrechnung auch für die Zukunft einen „wertvollen, jedoch nicht alleinigen Bestandteil im Konglomerat unternehmensnotwendiger Kostenrechnungssystem darstellen"; B. Huch, M. Hanke, K. Viemann, Eine wegweisende Idee von Plaut/Bonin/Vikas und ihre nachhaltige Entwicklungen, 2006, S. 85. Corde/Holzwarth sehen die Genzplankostenrechnung mit einer Vollkostenrechnung als klaren Standard, der sich gegenüber der Einzelkostenrechnung bevorzugt durchgesetzt hat; vgl. P. Cordes, J. Holzwarth: Grenzplankostenrechnung und Einzelkostenrechnung aus Sicht der Praxis, 2006, S. 87f.

5 Siehe zur empirischen Untersuchung G. Friedl, K. Frömberg, C. Hammer, H-U. Küpper, B. Pedell, Stand und Perspektiven der Kostenrechnung in deutschen Großunternehmen, 2009, S. 113 u. S. 115.

6 Die „große Anzahl z.T. stark divergierender Kozeptionen und Ansätzen" wird vielfach kritisiert; vgl. K. Brokhoff, Aufgaben für die Controlling-Forschung – Versuch einer Außensicht, 2003, S. 33.

7 Besonders ausgeprägt ist die Rolle der Koordinationsfunktion des Controllings bei H.-U. Küpper, Controlling, 2008, S. 28–44.

8 Vgl. ausführlich D. Hahn, Controlling in Deutschland, 1997, S 16 ff.

9 Siehe zu dieser Unterscheidung P. Horváth, Controlling, 2011, S. 108 ff.

10 So J. Weber, Interne Marktorientierung des Controllers, 2002, S. 87.

11 So formuliert plakativ F.P. Große, Servicebereichsleiter Controlling Services bei der Deutschen Post World Net: „Ein Controller muss unabhängig von den Berichtslinien Laut geben und sagen, was er zu sagen hat", Interview von Bernhard Hirsch und Sonja Willach mit Frank Peter Große und Sven Seidler zur veränderten Aufbauorganisation des Controllings bei der Deutschen Post World Net, 2006, S. 141. und dazu weiter: Vater, H.: Studie „Next Generation Controlling" in ZfCM 1/2007, S. 49.

12 Siehe zu dem Konzept der Rationalitätssicherung J. Weber, U. Schäffer,, Einführung in das Controlling, 2011, S. 41-43.

13 Siehe auch A. Klein, K. Vikas, Überblick über das prozessorientierte Controlling, 1999, S. 83 f.

14 J. Pampel, Controllingkonzepte deutscher Unternehmen, 2006. In 3,5 % der Fälle wird sogar die Weisungsbefugnis angegeben; vgl. ebenda.

15 Siehe hierzu auf der Basis mehrerer empirischer Analysen U. Schäffer, C. Schürmann, Die Rolle des Controllers, 2010, S. 189.

16 Siehe hierzu S. Sunder, Management Control, Expectations, Common Knowledge, and Culture, 2002, S. 173-187. Auch die Erfolgsbeiträge des Performance Measurement im Zusammenhang mit dem Anreizsystem für die strategische Veränderung des Unternehmens werden im Kontext des Vertrauens untersucht, wobei diesem Konstrukt eine wichtige Erklärungskomponente des Erfolges von Messgrößen zukommt; vgl. R.H. Chenhall, K. Langfield-Smith, Performance Measurement and Reward Systems, Trust, and Strategic Change, 2003, S. 137 f. Generell mit der Bedeutung der Kultur befasst sich auch praxisbezogen A. Hoffjan, P. Nevries, A. Wömpener, Kulturelle Einflüsse auf das internationale Controlling, 2005, S. 290 ff. Eine Ableitung der Controlleraufgaben aus den Eigenschaften von Managern und Controllern nehmen vor J. Weber, U. Schäffer, Einführung in das Controlling, 2011, S. 38-44.

17 So sieht J. Weber unterschiedliche Koordinationsmechanismen für unterschiedliche Führungsmuster und sieht für das Controlling unterschiedlich Schwerpunkte bei der Rationalitätssicherung für die plankoordinierte, durch Programme koordinierte, durch persönliche Weisungen koordinierte sowie durch selbstkoordinierte Oganisationen; siehe J. Weber, Controlling in unterschiedlichen Führungskontexten – Ein Überblick, 2003, S. 183 ff.

18 Dies führt nicht nur in modellmäßigen an späterer Stelle aufzunehmenden institutionen-ökonomischen Untersuchungen sondern auch zu psychologischen und sogar neurobiologischen Betrachtungen. Siehe C. Hofmann, H.-U. Küpper, Neurobiologie und Unternehmensrechnung, 2011, S. 168ff.

19 Eine dominante Prägung des Performance Managements durch Risikobeherrschung, Robustheit und Compliance in der Krise stellte M. Reiss fest. Vgl. M. Reis, Balanced Resilience, 2011, S. 41.

20 In der Krise wurde Shareholder Value auf den Prüfstand gesetzt und konzeptionell hinterfragt. Siehe hierzu B.E. Weißenberger, S. Göbel, C. Kleine, Wertorientierte Steuerung in der Krise?, 2011, S. 4f.

21 Vgl. J, Barton, T.B. Hansen, G. Pownall, Which performance measures do investors around the world value most – and why?, 2010, S. 786.

22 Bereits im letzten Jahrzehnt wurde der Gedanke der sozialen Verpflichtung und der Verantwortung für die Umwelt eines Unternehmens nicht nur immer weiter entwickelt sondern auch die „Corporate Citizenship" zum Unternehmensführungskonzept erhoben und konzeptionalisiert. Siehe hierzu als prominenten Vordenker S. Zadek, The Civil Corporation, 2007 und S. Schaltegger, R. Burritt, H. Pettersen, An Introduction to Corporate Environmental Management, 2003. Schließlich wurde Nachhaltigkeit ein Thema des strategischen Managements siehe M.E. Porter, M.R. Kramer. Creating shared value, 2011, S. 62 ff.

23 So haben 2011 global nach einer Studie von KPMG 95% der 250 weltweit gößten Unternehmen und in 34 Ländern in Durchschnitt 64% der jeweils 100 größten Unternehmen eines Landes über Nachhaltigkeit berichtet, vgl. KPMG, 2011, S. 7.

24 Siehe auch T. Fischer, R. Huber, A. Sawczyn, Nachhaltige Unternehmensführung als Herausforderung für das Controlling, 2010, S. 230.

25 Alles andere würde auch den Rahmen dieser Betrachtung sprengen. Nur zur Illustration sei darauf hingewiesen, dass allein der Trend zur Integration unterschiedlicher Anwendungssysteme in den Unternehmen ein enormes Potenzial zur Erweiterung der Möglichkeiten des Controllings durch bessere Datenversorgung bringt. Siehe hierzu M. Samtleben, F. Stadlbauer, T. Hess, Anwendungssystemintegration im Controlling, 2005, S. 86 ff.

26 J.Weber, Was unterscheidet erfolgreiche von nicht erfolgreichen Controllern? 2010, S. 95.

27 J. Weber, Change Management für die Kostenrechnung, 1990, S. 121 f.

28 Siehe hierzu Praxisberichte über die Bemühung um sowohl „materielle Identität" als auch dem Vermeiden von organisatorischen Trennungen von internem und externem Rechnungswesen D. Ohlms, C. Tomaszewski, K. Trütschler, Entwicklungstendenzen der Rechnungslegung aus Sicht des Familienunternehmens Haniel, 2002, S. 191 ff. Eine ähnliche Sicht für die Lufhansa gibt K.-L. Kley, IAS und wertorientiertes Controlling, 2002, S. 277 ff. und K.-L. Kley, IFRS – Möglichkeiten und Grenzen ihrer Ab-

bildung im Controlling, 2006, S. 150 ff. Hochintegriert ist als drittes Beispiel auch das externe Rechnungswesen und Controlling der Continental AG; Hippe, A., Ein Gespräch mit Dr. Alan Hippe, CFO der Continental AG, Hannover, 2005, S. 180 ff.

29 Siehe etwa S. Müller, T. Ordemann, J. Pampel, Handlungsempfehlungen für die Anwendung der IFRS im Controlling mittelständischer Unternehmen, 2005, S. 2119-2125.

30 Siehe Ergebnisse bei G. Weida, A Hoffjan, P. Nevries, R. Trapp, Organisatorisch-personelle Auswirkungen einer Integration des Rechnungswesens – eine empirische Analyse, 2011, S, 77.

31 Siehe zum Zusammenhang von Risikomanagement und Controlling im folgenden auch umfassender T. Krolak, J. Pampel, Risikomanagement durch Controlling, 2010, S. 406-423.

32 Zu nennen ist hier im Wesentlichen das KonTraG mit dem Ziel der Verbesserung der Risikokommunikation (§ 91 Abs. 2 AktG), basierend auf der Forderung nach einem unternehmensweiten Früherkennungssystem für Risiken einzuführen. Alle an der SEC notierten Unternehmen haben gemäß SOX 404 die Einrichtung eines funktionsfähigen internen Kontrollsystems (IKS) und dessen Dokumentation vorzunehmen. Darüber hinaus zielen Basel II und Mindestanforderungen an das Kreditgeschäft (MaK) auf eine verbesserte Erfassung der Risiken im Kreditgeschäft und risikogerechtere Eigenkapitalvorsorge der Kreditinstitute bzw. Maßnahmen zur frühzeitigen Identifizierung, Steuerung und Überwachung von Risiken des Kreditengagements.

33 Siehe zu einem sehr umfassenden Überblick zum Integrierten Risikocontrolling B.E. Weißenberger, B.W. Löhr, Integriertes Risikocontrolling in Industrieunternehmen, 2010, S. 336ff.

34 Hierfür hat sich der Begriff des Integrated Reporting eingeprägt. Siehe umfassend zum Konzept R.G. Eccles, M.P. Krzus, One Report, 2010, S. 9-28.

35 Dazu wurden bereits Konzepte für ein entsprechendes Management Reporting entwickelt. Siehe hierzu einen Überblick bei S. Schaltegger, M. Bennett, R. L. Burritt und C. Jasch, Environmental Management Accounting (EMA) as a support for Cleaner Production, 2008, S. 3ff.

36 Aus dem Carbon Accounting (siehe M. Schmidt, Carbon Accounting zwischen Modeerscheinung und ökologischem Verbesserungsprozess, 2010, S. 32ff.) wird dabei Carbon Controlling (siehe zur Aufgabe E. Günther, K. Stechemesser, Carbon Controlling, 2010, S. 62ff. und siehe zur praktischen Umsetzung O. Eitelwein, L. Goretzki, Carbon Controlling und Accounting erfolgreich implementieren – Status Quo und Ausblick, 2010, S. 23ff.

37 Dies erfolgt zum Teil dadurch, dass Vorgehensweisen wie etwa der Soll-Ist-Vergleich unter dem Aspekt des Strategischen Controllings diskutiert werden; z.B. H. Müller, M. Grotheer, Controlling-Konzepte im Wandel, 2002, S. 215. Allerdings findet sich das sowohl in englisch- als auch in deutschsprachigen Lehrbüchern zum internen Rechnungswesen noch nicht in dem erwartenden Ausmaß wieder. Siehe hierzu eine Analyse von A. Hoffjan, A. Wömpener, Comparative Analysis in German- and English-Language General Management Accounting Textbooks, 2006, S. 246 ff.

38 Vgl. S. Schaltegger, S, Nachhaltigkeit als Treiber des Unternehmenserfolgs, 2010, S. 239.

39 Siehe beispielsweise S. Müller, Management-Rechnungswesen, 2003, S. 117ff.

40 J. Weber, Change Management für die Kostenrechnung, 1990; J. Weber, Entfeinerung der Kostenrechnung, 1992; J. Weber, Kostenrechnung im System der Unternehmensführung, 1993; J. Weber, Selektives Rechnungswesen, 1996; W. Männel, Schlanke Konzepte und Methoden, 1995; und D. Pfaff, J. Weber, Zweck der Kostenrechnung?, 1998.

41 J. Weber, Entfeinerung der Kostenrechnung, 1992, S. 176 ff.; W. Männel, Schlanke Konzepte und Methoden, 1995, S. 194 f.

42 J. Weber, Change Management für die Kostenrechnung, 1990, S. 122–124; J. Weber, Entfeinerung der Kostenrechnung, 1992, S. 179 ff.; J. Weber, Selektives Rechnungswesen, 1996, S. 928 f.; H.-U. Küpper, Marktwertorientierung, 1998, S. 533 ff.

43 W. Männel, Schlanke Konzepte und Methoden, 1995, S. 192.

44 Große Beachtung durch zahlreiche Beiträge, die aber letztlich nur die in dem Buch von Hope/Fraser formulierte Kritik am häufig überzogenen Planungsprozess das Plädoyer für größere unternehmerische Freiheit in der laufenden Geschäftstätigkeit variierten fanden J. Hope, R. Fraser, Beyond Budgeting, 2003.

45 Siehe zum Beispiel ganz aktuell R. Stoi, L.G. Braun, W. Große, Unternehmenssteuerung ohne Budgets bei der B. Braun Melsungen AG, 2011, S. 33ff.

46 So kommen Davila/Foster zu dem Ergebnis, dass erfolgreiche wachstumsorientierte Startup-Firmen häufig sehr früh Kosten- und Finanzbudgets einführen; siehe A. Davila, G. Foster, Management Accounting Systems Adoption Decisions, 2005, S. 1065 f. G. J.G. Und selbst wenn keine bindenden Budgets vorliegen können formulierte Zielerwartungen eine positive Wirkung auf ein erfolgreiches Management haben; siehe F. W. Rankin, S. T. Schwartz, R.A. Young, Management Control Using Nonbinding Budgetary Announcements, 2003, S. 87f.; J. G. Fisher, S. A. Pfeffer, G. B. Sprinkle, Budget-Based Contracts, Budget Levels, and Group Performance, 2003, S. 69 ff. weisen nach, dass unter bestimmten Voraussetzungen auch für Teams die Vereinbarung von Budgetziele erfolgsfördernd ist. Zu umfassende Betrachtungen zur aktuellen theoretischen Perspektive der Diskussion der Budegetierung siehe M. A. Covalski, J. H. Evans III, J. L. Luft, M. D. Shields, Budget Research, 2003, S. 3-49 und in empirischer Sicht siehe S. Hansen, D. T. Otley, W. A. Van der Stede, Practice Developments in Budgeting, 2003, S. 95 -116. Klar pro Budgeting plädier entsprechende zielgerichtete Forschungsanstrengungen fordert C. T. Horngren, Management Accounting: Some Comments, 2004, S. 210.

47 Während in der deutschen Lehrbuchliteratur häufig das Spektrum der Kostenrechnungszwecke vorangestellt wird, um anschließend das für alle Zwecke geeignetste Kostenrechnungssystem zu bestimmen, wird in der US-amerikanischen Literatur die Beschreibung der Kostenrechnung sehr stark differenziert nach den unterschiedlichen Zwecken vorgenommen, siehe dies besonders ausgeprägt bei C. T. Horngren, G. L. Sundem, W. O. Stratton, Introduction into Management Accounting, 1999.

48 Siehe beispielsweise K. Cross, R. Lynch, Accounting for Competitive Performance, 1989, S. 20–28; J. Lessner, Performance Measurement, 1989, S. 22–28; R. S. Kaplan, Limitations of Cost Accounting, 1990, S. 15–38. Vgl. zu dieser Einschätzung N. Klingebiel, Leistungsrechnung/Performance Measurement, 1996, S. 79.

49 Siehe umfassend J. Pampel: Kooperation mit Zulieferern, 1993 und J. Pampel: Instrumente für das kooperationsbezogene Controlling von Produktions- und Transaktionskosten in der Supply Chain, 2002, S. 697-728.

50 Siehe zu einem State of the Art K. Möller, Controlling in Unternehmensnetzwerken, 2008, S. 671ff.

51 Siehe zu einem Überblick J. G. Birnberg, Current Trends in Behavioral Accounting Research, 1993, S. 5 ff., aber auch Ewert R., Wagenhofer, A.: Interne Unternehmensrechnung, Berlin 2008, S. 367 ff.

52 Siehe hierzu D. Pfaff, Fix- und Gemeinkostenallokationen im Lichte der ökonomischen Theorie, 1994, S. 185 ff.

53 H. Wiese bezeichnet die Tatsache, dass die Praxis entgegen der Vorschläge aus der Theorie stets Entscheidungen auch auf Vollkostenbasis treffen als Theorie-Praxis-Paradox der Kostenrechnung, das mit entscheidungstheoretischen Analysen zu erklären ist; siehe S. Wiese, Theorie-Praxis-Paradox der Kostenrechnung, 1994, S. 525.

54 Siehe dazu J. P. Krahnen, Kostenschlüsselung und Investitionsentscheidung, 1994, S. 190 f.

55 W. Männel, Anpassung der Kostenrechnung, 1992, S. 115 f.

56 J. Weber, Selektives Rechnungswesen, 1996, S. 929.

57 Siehe hierzu J. G. Miller, T. E. Vollmann, The Hidden Factory, 1985, S. 143 ff.

58 Vgl. H. T. Johnson, R. S. Kaplan, Relevance Lost, 1987, S.125 ff.

59 Vgl. H. T. Johnson, R. S. Kaplan, Relevance Lost, 1987, S. 250.

60 Siehe zu dem hier beschriebenem Verfahren der Vorgangskalkulation in indirekten Leistungsbereichen und im Dienstleistungssektor K. Vikas, Dienstleistungskalkulation, 2001, S. 193 ff.

61 Siehe zu den Anforderungen der Konzernsteuerung an die Kostenrechnung H. Müller, Operative Unternehmenssteuerung global agierender Unternehmen und Konzerne, 1999, S. 384 ff.; K. Küting, M. Dusemond, Konzernkostenrechnung, 1994, S. 245 ff. Siehe zu der Bewältigung von Kozernverbundbeziehung, theoretischen Grundlagen, Konsolidierungsfragen der Konzernkostenrechnung sowie Praxisbeispielen von Volkswagen, Siemens, Bosch und Bayer den Bericht des Arbeitskreises Internes Rechnungswesen der Schmalenbach Gesellschaft; K.-P. Franz, A. Hieronimus (Hrsg.), Kostentrechnung im vernetzten Konzern, 2003.

62 Siehe hierzu H. Müller, Anforderungen an das interne Rechungswesen für die operative Unternehmenssteuerung global agierender Unternehmen und Konzerne, 1999, S. 394 ff.; K. Küting, M. Dusemond, Konzernkostenrechnung, 1994, S. 245 ff.

63 Vgl. N. Klingebiel, Leistungsrechnung/Performance Measurement, 1996, S. 77.

64 Damit kann auch das „moderne" Performance Measurement nicht einfach mit der Leistungsrechnung als realgüterbezogene Abbildung gleichgesetzt werden, wie es etwa bei N. Klingebiel, Leistungsrechnung/Performance Measurement, 1996, insbes. S. 81, anklingt, auch wenn diese dort als Ergebnis einer Abfolge von Entwicklungsschritten erscheint. Siehe ebenda, S. 79. Noch immer gilt in der praxisnahen Literatur die Verwendung nichtfinanzieller Maßgrößen als Neuerung; J. Fisher, Use of Nonfinancial Performance Measures, 1994, S. 31. Siehe zu den theoretischen Grundlagen des Performance Measurements auch R. Gleich, Das System des Performance Measurement, 2001, S. 21 ff. sowie im Überblick R. Gleich, Performance Measurement als Controllinginstrument, 2001, S. 47 ff.

65 Siehe als Beispiel K. Cross, R. Lynch, Accounting for Competitive Performance, 1989, S. 20 ff. oder J. Lessner, Performance Measurement, S. 22 ff. Vgl. zu dieser Einschätzung auch N. Klingebiel, Leistungsrechnung/Performance Measurement, 1996, S. 79.

66 Siehe hierzu W. J. Bruns, Jr., S. M. McKinnon, Performance Evaluation and Managers Description of Tasks and Activities, 1992, S. 17 ff.

67 Siehe hierzu C. Meyer, How the Right Measures Help Teams Excel, 1994, S. 95 ff.

68 Siehe K. J. Murphy, Performance Measurement and Appraisal, 1992, S. 37 ff. Stark bestätigt wird die Motivationswirkung der Berücksichtigung nichtfinanzieller Performance Measures auch von A. Said, H.R. HassabElnaby, B. Wier, An Empirical Investigation of the Performance Consequences of Nonfinancial Measures, 2003, S. 193 ff. Allerdings wird der nachhaltige Erfolg der Zusammenführung unterschiedlicher Steuerungsgrößen etwa im Sinne der Balanced Scorecard auch kritisch bzw. empirisch kaum nachweisbar gesehen, vgl. L. Briant, D.A. Jones, S. K. Widener, Managing Value Creation of the Firm: Multiple Performance Measures, 2004, S. 128. Eine Erklärung hierzu bieten andere Autoren damit, dass ihre Untersuchungen ergeben, dass der Erfolg durch Einsatz nichtfinanzieller Erfolgsrößen davon abhängt, dass diese unternehmensspezifisch ausgestaltet sind; vgl. A. Arya, J. Glover, B. Mittendorf, L. Ye, On the Use of Customized versus Standardized Performance Measures, 2005, S.19. Fragt man indes die Manager mit welchen Informationen sie versorgt werden wollen, ergibt sich in einer empirischen Studie, dass sie „über ausreichend finanzielle Informationen verfügen, (...) bei nicht-finanziellen Informationen noch subjektiv empfundene Defizite" vorliegen; U. Schäffer, D. Steiners, Controllinginformation für das Top-Management deutscher Industrieunternehmen, 2005, S. 218.

69 Als ein Beispiel siehe A J. Nanni, Jr. – J. R. Dixon – T. E. Vollmann, Strategic Control and Performance Measurement, 1990, Heft 2, S. 33 ff.

70 H. T. Johnson, R. S. Kaplan, Relevance Lost, 1987.

71 Darauf weist dezidiert auch Johnson hin: „Traditional cost accounting systems impedus performance because traditional cost accounting data do not track sources of competitiveness such as quality, flexibility, dependability, and service in the global economy."; T. H. Johnson, Performance measurement for Competitive Excellence, 1990, S. 63.

72 R. S. Kaplan, Limitations of Cost Accounting, 1990, S. 18 f.

73 R. S. Kaplan, Limitations of Cost Accounting, 1990, S. 20 f.

74 R. S. Kaplan, Limitations of Cost Accounting, 1990, S. 21 f. Ähnlich ist auch die Kritik von D. G. Dhavale: „Financial performance measures inappropriate at operations level. Many performance measurement systems use financial measurements that are too abstract because they are too hard to relate to activities taking place on the shop floor. Financial measurements often fail to provide information that is useful for decision making"; D. G. Dhavale, Problems with Existing Manufacturing Performance Measures, 1995/1996, S. 50. Siehe zu einer den oben zitierten Überlegungen von Kaplan ähnlichen Mängelliste ebenda, S. 50 ff.

75 D. G. Dhavale, Problems with Existing Manufacturing Performance Measures, 1995/1996, S. 54.

76 Siehe hierzu M. Günther, J. R. Pampel, Implementierung eines Konzepts zur Kapazitätsrechnung, 2000, S. 300 ff.

77 Siehe zu den in den Dax 30 Unternehmen empirisch aufgezeigten relevanten Themenfeldern J. Weber, J. Georg, R. Janke, Nachhaltigkeit: Relevant für das Controlling, 2010, S. 395ff.

78 Siehe hierzu beispielsweise J. Hoffecker, C. Goldenberg, Using the Balanced Scorecard to Develop Companywide Performance Measures, 1994, S. 5 ff.

79 Vgl. R. S. Kaplan, D. P. Norton, The Balanced Scorecard, 1996, S. 8.

80 Vgl. R. S. Kaplan, D. P. Norton, The Balanced Scorecard, 1996, S. 43 ff.

81 Siehe W. Männel, Entwicklungsperspektiven der Kostenrechnung, 1999, S. 96.

82 Vgl. G. Foster, M. Gupta, L. Sjoblom, Customer Profitability Analysis, 1996, S. 5 f.

83 Siehe zu den Anforderungen J. Haag, Kundendeckungsbeitragsrechnungen, 1992, S. 25 ff.

84 Siehe R. Fischer, M. Rogalski, Preispolitik auf Grundlage eines entscheidungsorientierten Kosten- und Erlöscontrolling, 1993a, S. 240 ff.

85 Vgl. K. Kornagel, Preispolitik auf Grundlage eines entscheidungsorientierten Kosten- und Erlöscontrolling, 1993, S. 917 ff.; R. Fischer, M. Rogalski, Preispolitik auf Grundlage eines entscheidungsorientierten Kosten- und Erlöscontrolling, 1993b, S. 921 ff.

86 Siehe zu einer beispielhaften Anwendung in der Unternehmungspraxis A. Jerger, Marktorientierte Ergebnisrechnung, 1995, S. 107 ff. Siehe auch umfassender E. Herzog, K. Zehetner, Prozessorientiertes Controlling des Vertriebs, 1999, S. 288 ff.

87 Siehe zu einem solchen Ergebnis K.-P. Franz, Die Prozesskostenrechnung, 1990, S. 134 sowie K.-P. Franz, Die Prozesskostenrechnung im Vergleich mit der Grenzplankosten- und Deckungsbeitragsrechnung, 1990, S. 195 ff. Siehe auch H.-C. Pfohl, W. Stölzle, Anwendungsbedingungen, Verfahren und Beurteilung der Prozesskostenrechnung in industriellen Unternehmen, 1991, S. 1298 f.; H. Müller, Prozesskostenrechnung, 1992, S. 70 f.; O. Fröhling, Thesen zur Prozesskostenrechnung, 1992, S. 723 ff.; U. Götze, J. C. Meyerhoff, Die Prozesskostenrechnung, 1993, S. 84 ff. und P. Horváth, M. Kieninger, R. Mayer, C. Schimank, Prozesskostenrechnung – oder wie die Praxis die Theorie überholt. Kritik und Gegenkritik, 1993, S. 617 ff.

88 Dies entspricht auch eher der Tatsache, dass die Prozesskostenrechnung in den USA aus einer neuen (zusätzlichen) Ausrichtung der Kostenrechnung hervorgegangen ist; siehe zu diesem Ursprung R. S. Kaplan, One Cost System Isn´t Enough, 1988, S. 61 ff. Zu einem entsprechend differenzierten Urteil hinsichtlich der Eignung der Prozesskostenrechnung für die Planung im Kontext unterschiedlicher Zeithorizonte und Rahmenbedingungen kommen auch U. Schiller, S. Lengsfeld, Planung mit Prozesskostenrechnung, 1998, S. 525.

89 So schlägt T. Hartmann vor, unter Nutzung multidimensionaler Datenbanken gleichzeitig Kosten, auf Kostenarten, Kostenstellen, Kostenprozesse und Kostenträger gemäß des Einzelkostenprinzips hierarchisiert unterteilbar in fixe und variable Kosten zuzuordnen und mit einer vierdimensionalen Tensorrechnung auszuwerten; vgl. T. Hartmann, Konzept einer integrierten Stellen- und Prozessrechnung, 2001, S. 157 ff.

90 Siehe hierzu das Plädoyer für Activity based Costing von P. F. Drucker, The Information Executives Truly Need, 1995, und den Beitrag des ABC-Controllings R. S. Kaplan, Das neue Rollenverständnis für den Controller, 1995, S. 60 ff.

91 Siehe hierzu K. Backhaus, S. Funke, Auf dem Weg zur fixkostenintensiven Unternehmung, 1996, S. 109 ff.; S. Funke, Eignung der Vollkostenrechnung für die Zwecke der Kosten- und Leistungsrechnung bei hohen Fixkostenanteilen, 1994, S. 324. Diese Sicht hält auch Stand, wenn empirisch in den letzten Jahren keine gravierende Fixkostensteigerung mehr festgestellt wird; siehe zu einer entsprechenden Untersuchung M. Schumann, M. Beinhauer, Empirische Analysen zur Kostenentwicklung des administrativen Bereichs, 1994, S. 297 ff.

92 Siehe hierzu umfassend A. Ripperger, A. Zwirner, Prozessoptimierung. Ein Weg zur Steigerung der Wettbewerbsfähigkeit, 1995, S. 72 ff. und S. Niemand, M. Fröhlich, Prozesskostenrechnung als Instrument zur Organisationsgestaltung, 1994, S. 267 ff.

93 Siehe zum Einsatz der Bezugsgrößen in unterschiedlichen Kostenrechnungssystemen J. R. Pampel, Bezugsgrößen, 2006, S. 890 ff.

94 Diese Vorgehensweise bezeichnet Vikas als „Vorgangskalkulation"; siehe hierzu K. Vikas, Controlling im Dienstleistungsbereich mit Grenzplankostenrechnung, 1988, S. 147 ff.

95 Mithin wird auch von den Vertretern herausgestellt, dass die Grenzplankostenrechnung an sich schon wegen der Verrechnung von Kosten über leistungsbezogene Bezugsgrößen eine prozesskonforme Kostenrechnung sei. Besonders deutlich wird dies bei H. Müller, Prozesskonforme Plankostenrechnung, 1995. Insbesondere die in der Beratungspraxis tätigen Vertreter der Grenzplankostenrechnung aus dem Umfeld der Plaut-Gruppe sehen eine in diesem Sinne interpretierte und eingesetzte Grenzplankostenrechnung daher auch als Instrument des „modernen Kostenmanagements" an; siehe dazu auch die Zusammenstellung verschiedener Beiträge der Plaut-Gruppe in W. Männel, H. Müller, Modernes Kostenmanagement, 1995, S. 91 ff.

96 Siehe hierzu R. Cooper, Activity-Based Costing, 1992, S. 361.

97 P. Horváth, R. Mayer, Prozesskostenrechnung, 1993, S. 18.

98 Vgl. R. Cooper, Activity-Based Costing, 1992, S. 361.

99 Vgl. G. Foster, M. Gupta, Activity Accounting: An Electronics Industry Implementation, 1990, S. 246.

100 Vgl. A. Renner, Kostenorientierte Produktionssteuerung, 1991, S. 107.

101 M. Reckenfelderbäumer, Entwicklungsstand und Perspektiven der Prozesskostenrechnung, 1994, S. 63.

102 Vgl. A. G. Coenenberg, T. M. Fischer, Prozesskostenrechnung, 1991, S. 26. In der Literatur werden bereits Modelle entwickelt, die helfen sollen, die Auswahl der richtigen Kombination von Kostentreibern zu optimieren; vgl. Y. M. Babad, B. V. Balachandran, Cost Driver Optimazion in Activity-Based Costing, 1993, S. 583 ff.; R. Mayer, L. Kaufmann, Prozesskostenrechnung, 2000, S. 298 ff. Siehe auch zu empirischen Untersuchungen A. Brokemper, R. Gleich, Empirische Analysen von Gemeinkostenprozessen zur Herleitung eines branchenspezifischen Prozess(kosten-)modells, 1999, S. 76 ff.; C. Homburg, K. Zimmer, Optimale Auswahl von Kostentreibern in der Prozesskostenrechnung, 1999, S. 1042 ff.

103 So unterscheiden Horváth/Mayer Vorleistungsprozesse (administrativ-planerische Aktivitäten in der Produktentwicklungsphase), Betreuungsprozesse (Aktivitäten, die grundsätzlich durch die Existenz eines Produktes, Teils, Lieferanten oder Kunden anfallen) und Abwicklungsprozesse (alle logistischen und administrativen Aktivitäten, um Material und Teile zu beschaffen, Teile, Baugruppen und Produkte zu produzieren und Kundenaufträge abzuwickeln); vgl. P. Horváth, R. Mayer, Prozesskostenrechnung, 1993, S. 18.

104 Vgl. W. Männel, Entwicklungslinien der Kostenrechnung, 1999, S. 134 f.

105 Siehe als Beispiele entsprechender Ansätze W. W. Hubbell, Combining Economic Value Added and Activity-Based Management, 1996, S. 18 ff.; M. R. Ostrenga, F. R. Probst, Process Value Analysis, 1992, S. 4 ff.

106 Dieser ursprünglich von P. Horváth und R. Mayer in die Prozesskostenrechnung in Deutschland eingeführte Ansatz zur Unterscheidung von Prozessen (Maßgrößen) in leistungsmengenneutrale und -induzierte (P. Horváth, R. Mayer, Prozesskostenrechnung, 1989, S. 216 f.) ist in der Diskussion bald auf die Kosten selbst bezogen worden und wird unterschiedlich gebraucht.

107 Siehe zu dieser Einteilung der Allokationsstufen, verstanden als Hierarchie der Zurechenbarkeit von Prozessen auf Produkte R. Cooper, R. S. Kaplan, L. S. Maisel, E. Morissey, R. M. Oehm, Implementing Activity-Based Cost Management, 1992, S. 20.

108 Vgl. P. Horváth, R. Mayer, Prozesskostenrechnung, 1993, S. 24.

109 Vgl. H. Glaser, Prozesskostenrechnung als Kontroll- und Entscheidungsinstrument, 1991, S. 238 und H. Glaser, Zur Bedeutung der Prozesskostenrechnung, 1991, S. 301. H. Glaser entwickelte auch allgemeine Überlegungen zur Erfassung von Kostenverzerrungen in der prozessorientierten Kalkulation; vgl. H. Glaser, Prozesskostenrechnung und Kalkulationsgenauigkeit, 1996, S. 28 ff.

110 Vgl. W. Männel, Bedeutung der Prozesskostenrechnung, 1993, S. 3.

111 Letztlich bleibt eben eine Kalkulation immer nur eine Heuristik. Siehe ähnliche R. Gümpel, Kalkulationsverfahren und Beschäftigung, 1981, Sp. 865.

112 Wenn dagegen behauptet wird, „Die Prozesskostenrechnung ist in der Lage, die Kostenträger mit den durch sie verursachten laufenden Kapazitätskosten zu belasten" (C. Schneeweiss, J. Steinbach, Zur Beurteilung der Prozesskostenrechnung als Planungsinstrument, 1996, S. 471), setzt sich diese Aussage entweder über die Probleme der Verursachungsgerechtigkeit hinweg oder es erfolgt eine Uminterpretation des Verursachungsprinzips, was hier aber als weniger zweckmäßig erachtet wird.

113 Kloock/Dierkes setzten hierfür systematisch das „Beanspruchungsprinzip“, das die Zurechnung fixer prozessmengeninduzierter Kosten auf Prozesse erlaubt, vom Verursachungsprinzip ab, das die Zurechnung auf variable prozessmengeninduzierte Kosten beschränkt; vgl. J. Kloock, S. Dierkes, Kostenkontrolle mit der Prozesskostenrechnung, 1996, S. 108.

114 R.S. Kaplan, R. Robin, Cost & Effect, 1998, S. 125.

115 Siehe zu dieser Einordnung D. Börner, Kostenverteilung, 1993, Sp. 1287.

116 D. Schneider, Kostentheorie und verursachungsgemäße Kostenrechnung, 1961, S. 694. K.-P. Franz spricht statt von verursachungsgerechter auch von beanspruchungsgerechter Kostenzurechnung; vgl. K.-P. Franz, Kostenverursachung und Kostenzurechnung, 1993, Sp. 1287.

117 Wurde zunächst die Verursachungsgerechtigkeit der traditionellen Vollkostenrechnung kritisiert und nach exakteren Prinzipien für die entscheidungsorientierte Kostenrechnung gesucht (siehe beispielsweise K. Rummel, Einheitliche Kostenrechnung, 1949 passim und insbes. S. 15 ff. und S. 192 ff.; R. Ehrt, Die Zurechenbarkeit von Kosten auf Leistungen, 1967, insbes. S. 5 ff.; P. Riebel, Die Fragwürdigkeit des Verursachungsprinzips, 1969/1990, S. 67 ff.), so setzt bald das Bemühen um eine theoretische Basis und die Begründung weitergehender Kostenzurechnung – etwa auch der Fertigungsgemeinkosten – ein, das zur Formulierung obiger Zurechnungsprinzipien führt (siehe beispielsweise D. Schneider, Kostentheorie und verursachungsgemäße Kostenrechnung, 1961, insbes. S. 683 ff.; H. Koch, Zum Problem des Gemeinkostenverteilungsschlüssels, 1965, insbes. S. 181 ff.).

118 Was bei P. Riebel noch zu einer Ablehnung dieser Zurechnung gemäß dem Finalprinzip führt (vgl. P. Riebel, Die Fragwürdigkeit des Verursachungsprinzips, 1969/1990, S. 74 f.) erhebt H. Koch im Sinne von Zweckverbundenheit zum Prinzip der Ermittlung leistungsentsprechender Gesamtkostenanteilsziffern (kurz: Leistungsentsprechungsprinzip); vgl. H. Koch, Das Prinzip der traditionellen Stückkostenrechnung, 1965, S. 331 ff.

119 Im Original vollständig kursiv (D. Schneider, Kostentheorie und verursachungsgemäße Kostenrechnung, 1961, S. 693).

120 Siehe hierzu auch die modelltheoretische Analyse von A. Göx, Capacity Planning and Pricing under Uncertainty, 2002, S. 58 und die in diesem Zusammenhang gegebene Empfehlungen für die richtige Entscheidungsfindung relativ einfachen (vollkostenrechnerischen) Heuristiken der Kostenallokation zu trauen von R.D. Banker und S.C. Hansen, The Adequency of Full-Cost-Based Pricing, 2002, S. 53. Siehe auch die Modellbildung zur Unterstützung langfristiger Kapazitätsplanung von R.D. Banker, I. Hwang, Product Costing and Pricing under Long-Term Capacity Commitment, 2002, S. 79-97.

121 Systematisch auf der Grundlage eines prozesskostenrechnerischen Betriebsmodells untersuchen Schneeweiß/Steinbach die Prozesskostenrechnung als approximative Planungsrechung auch für die Kapazität unter verschiedenen Variabilitätsannahmen; vgl. C. Schneeweiss, J. Steinbach, Zur Beurteilung der Prozesskostenrechnung als Planungsinstrument, 1996, S. 462 ff. Siehe zu entsprechenden wenigstens im Ansatz in der Praxis realisierten Vorgehensweisen R. Hardt, Zielsteuerung und Kapazitätsplanung mit Hilfe der Prozesskostenrechnung, 1995, insbes. S. 294.

122 C. J. McNair, The Hidden Costs of Capacity, 1994, S. 24.

123 R. Cooper, R. S. Kaplan, Activity-Based Systems, 1992, S. 3. Später bezeichnen R. S. Kaplan und R. Cooper die Gleichung Cost of Resources Supplied = Cost of Resources Used + Cost of unused Capacity als „fundamental equation“; R.S. Kaplan, R. Robin, Cost & Effect, 1998, S. 117 f.

124 Vgl. R. S. Kaplan, R. Robin, Cost & Effect, 1998, S. 117 f. sowie R. S. Kaplan, Das neue Rollenverständnis für die Controller, 1995, S. 66. Siehe zur Ermittlung der „Excess Capacity Costs“ über die Zugrundelegung der richtigen Kapazitätskategorie auch schon früher M. R. Ostrenga, Identifying Your Excess Capacity Costs, 1988, S. 40. Zur Identifizierung von Kosten der „Used and Unused Capacity“ findet man auch in US-amerikanischen Lehrbüchern entsprechende Betrachtungen; vgl. C. T. Horngren, G. Foster, S. M. Datar, Cost Accounting, 2006, S. 472 ff.

125 Darüber hinaus werden auch andere Verfahren der Auslastungskontrolle vorgeschlagen. Siehe beispielsweise R. Brühl, Prozesskostenrechnung als Grundlage der Kostenkontrolle, 1995, S. 77 f.

126 Darüber hinaus werden auch andere Verfahren der Auslastungskontrolle vorgeschlagen. Siehe beispielsweise ebenda S. 77. Für eine ähnliche Vorgehensweise mit einer formelmäßigen Darstellung der kostenartenspezifischen „Kapazitätskostensatzabweichungen“ siehe J. Kloock, S. Dierkes, Kostenkontrolle mit

der Prozesskostenrechnung, 1996, S. 108 ff. Kloock/Dierkes analysieren kostenstellenbezogen dabei richtigerweise nur Teilprozesskosten, während Brühl diesbezüglich recht unbestimmt ist.

127 Man sieht immer wieder, dass Activity-based-Costing zunächst erst einmal ein Modell ist und die praktische Ausgestaltung (insbesondere Differenzierung) der konkreten Notwendigkeit im Einzelfall folgt; siehe zur Verdeutlichung gegebenenfalls nochmals R. S. Kaplan, Das neue Rollenverständnis für die Con-troller, 1995, S. 66.

128 Vgl. für letzteres R. Brühl, Prozesskostenrechnung als Grundlage der Kostenkontrolle, 1995, S. 78.

129 Dagegen ist die Tendenz in der deutschen Prozesskostenrechnung, Kosten über das tatsächliche Prozessvolumen zu verrechnen und sich damit „klassisch-vollkostenrechnerisch" aus den Markt zu kalkulieren, problematisch.

130 Vgl. W. Lücke, Probleme der quantitativen Kapazität in der industriellen Erzeugung, 1965, S. 368 f.

131 Vgl. M. Währisch, Kostenrechnungspraxis in der deutschen Industrie, 1998, S. 91 f.

132 Siehe für einen Überblick M. Währisch, Kostenrechnungspraxis in der deutschen Industrie, 1998, S. 20.

133 Vgl. M. Währisch, Kostenrechnungspraxis in der deutschen Industrie, 1998, S. 92 f.

134 Tendenziell gesehen bestätigt sich das zumindest für größere Unternehmen auch in der bereits zitierten Studie von G. Friedl, K. Frömberg, C Hammer. H.-U. Küpper, B. Pedell, Stand und Perspektiven der Kostenrechnung in deutschen Großunternehmen, 2009, S. 111ff.

135 Darüber hinaus zeigt Schneeweiß, dass der wertmäßige und der entscheidungsorientierte Kostenbegriff in einer komplementären Beziehung zueinander stehen, wobei ersterer hinsichtlich zu treffender Entscheidungen auf einer Formalebene angesiedelt ist; vgl. C. Schneeweiß, Kostenbegriffe aus entscheidungstheoretischer Sicht, 1993, S. 1031 ff.

136 Siehe hierzu umfassend W. Männel, H. Distler, Substanzerhaltung durch kalkulatorische Abschreibungen und kalkulatorische Gewinnbestandteile, 1997, S. 43 ff.; F. Reiners, Bemessung kalkulatorischer Abschreibungen, Zinsen und Gewinne vor dem Hintergrund des Unternehmenserhaltungszieles, 2000, S. 98 ff. Siehe zu den Problemen in der Unternehmenspraxis J. Pampel, M. Viertelhaus, Substanzerhaltung und kalkulatorische Abschreibungen in der Praxis, 1997, S. 14 ff. Allerdings bleiben die Auffassungen kontrovers, was sich vor allem in einem Festhalten an kalkulatorischen Kostenkomponenten zeigt. Letztlich lassen sich die unterschiedlichen Standpunkte vor allem auf die unterschiedliche Betonung und Interpretation von Kostenrechnungszwecken zurückführen. Siehe zu einem Überblick des Meinungsspektrums R. Diedrich, Tageswert- und anschaffungswertorientierte Preiskalkulation im Spiegel der Meinungen, krp 1997, Sonderheft 1/97, S. 63 ff.

137 Siehe zur Einsetzbarkeit von Einkreissystemen in kleineren Unternehmen W. Männel, Entwicklungsperspektiven der Kostenrechnung, 1999, S. 11 f. und zum Verzicht auf eine separate Kostenrechnung auch in einem Großunternehmen wie der Siemens AG H. Ziegler, Neuorientierung des internen Rechnungswesens, 1994, S. 177 ff. H.-U. Küpper weist darauf hin, dass im Rahmen eines stärker vereinheitlichten Rechnungswesens die Buchhaltung zum bedeutsamen Bindeglied wird; vgl. H.-U. Küpper, Bedeutung der Buchhaltung für Planungs- und Steuerungszwecke der Unternehmung, 1999, S. 455. Siehe auch zur besonders in Österreich aufgrund gesetzlichen Anforderungen notwendigen höheren Integration A. Egger, Gestaltung eines integrierten zukunftsbezogenen Rechnungswesen, 1999, S. 425.

138 Vgl. W. Männel, Harmonisierung des Rechnungswesens, 1999, S. 17 ff.

139 W. Männel, Harmonisierung des Rechnungswesens, 1999, S. 15; G. A. Klein, Konvergenz von internationalem und externem Rechnungswesen, 1999, S. 67; E. Löw, Konvergenz von externem und internem Rechnungswesen, 1999, S. 92.

140 Siehe dazu H.-U. Küpper, Integration der Unternehmensrechnung, 1999, S. 10 f.; H. Dirrigl, Wertorientierung und Konvergenz in der Unternehmensrechnung, 1998, S. 544 und noch skeptischer K. Küting, P. Lorson, Harmonisierung des Rechnungswesens, 1999, S. 56 f.

141 H.-U. Küpper, Integration der Unternehmensrechnung, 1999, S. 5 f.

142 Siehe beispielhaft C. Coenenberg, T.M. Fischer, T. Günther, Kostenrechnung und Kostenanalyse, 2009, S. 27f.

143 D. Pfaff, Zur Notwendigkeit einer eigenständigen Kostenrechnung, 1994, S. 1070 ff.

144 Dies ist sicherlich nicht strittig und wird auch in der aktuellen Betriebswirtschaft weiterhin erforscht und als erfolgsrelevant bestätigt, siehe etwa R. A. Leitch, P. R. Philipoom, T. D. Fry, Opportunity Costing

Decisons, 2005, S. 95 f. und insbes. S. 113. In diesem Sinne plädiert wohl auch Koch für ein „flexibel handhaben" von fiktiven kalkulatorischen Kosten. Siehe hierzu H. Koch, Zweckorientierte Kostenrechnung, 2002, S. 524.

145 So sieht hier Schneider ein Versagen durch eine überholte Kostenrechnung; vgl. D. Schneider, Versagen des Controlling durch eine überholte Kostenrechnung, 1991, S. 765.

146 Vgl. C. Löffler, T. Pfeiffer, U. Schiller, J. Wagner, Zentralisierung Transferpreise und spezifische Investitionen, 2011, S 29.

147 Siehe zum entsprechenden Vergleich von Subventionsmechanismen hierzu C. Lohmann, Innerbetriebliche Subventionen zur Koordination und Steuerung dezentraler Unternehmenseinheiten bei Absatzinterdependenzen; S. 1143ff.

148 Vgl. W. Männel, Schlanke Methoden und Konzepte der Kostenrechnung, 1995, S. 195.

149 Siehe zu einem Überblick der Anwendung von Verrechnungspreisen in den Unternehmen, K. Hummel, B. Pedell, Verrechnungspreissysteme in der Unternehmenspraxis, 2009, S. 578ff.

150 Siehe dazu J. Weber, Entfeinerung der Kostenrechnung?, 1992, S. 176 ff.; J. Weber, Kostenrechnung im System der Unternehmensführung, 1993, S. 63 ff.; W. Männel, Schlanke Methoden und Konzepte der Kostenrechnung, 1995, S. 194 ff.

151 Siehe hierzu J. Pampel, Bezugsgrößen, 2006, S. 890 ff.

152 Vgl. J. Weber, Kostenrechnung im System der Unternehmensführung, 1993, S. 65.

153 Vgl. W. Männel, Schlanke Methoden und Konzepte der Kostenrechnung, 1995, S. 194.

154 Siehe zu dieser Entwicklung E. Herzog, W. Jurasek, Vertriebscontrolling im System der Grenzplankostenrechnung, 1993, S. 288 ff.

155 Vgl. J. Weber, Kostenrechnung im System der Unternehmensführung, 1993, S. 66.

156 Vgl. W. Männel, Schlanke Methoden und Konzepte der Kostenrechnung, 1995, S. 196 f.

157 Vgl. W. Männel, Schlanke Methoden und Konzepte der Kostenrechnung, 1995, S. 196.

158 Siehe J. Weber, Kostenrechnung im System der Unternehmensführung, 1993, S. 64.

159 Vgl. W. Männel, Schlanke Methoden und Konzepte der Kostenrechnung, 1995, S. 197.

160 Vgl. W. Männel, Schlanke Methoden und Konzepte der Kostenrechnung, 1995.

161 Vgl. P. Recht, S. Zeisel, Unterstützung von verbundorientierten Sortimentsentscheidungen durch eine Sortimentserfolgsrechnung, 1998, S. 463.

162 Siehe zu dieser Überlegung P. Recht, S. Zeisel, Unterstützung von verbundorientierten Sortimentsentscheidungen durch eine Sortimentserfolgsrechnung, 1998, S. 464 ff.

163 Siehe für einen Überblick A. Arnaout, S. Niemand, S. v. Wangenheim, Kostenmanagement, 1997, S. 161 ff.

164 Siehe hierzu M. Reiss, H. Corsten, Gestaltungsdomänen des Kostenmanagements, 1992, S. 1480; K. Dellmann, K.-P. Franz, Von der Kostenrechnung zum Kostenmanagement, 1994, S. 17. Empirisch aktuell untersucht wurde dazu die Reihenfolge der Ziele des Kostenmanagements, wobei dem dominanten Ziel der Kostensenkung, die Ziele Kostentransparenz, Kostentreiberidentifikation, Kostenbewusstsein, Kostenstrukturoptimierung, und mit deutlicherem Abstand Förderung von degressiven und Vermeidung von progressiven Kostenverläufen folgen; vgl. P. Kajüter, Kostenmanagement in der deutschen Unternehmenspraxis, 2005, S. 85.

165 Mit dieser Problematik haben sich vor allem folgende Wissenschaftler begründend befasst: siehe zu den Innovationskosten A. G. Coenenberg, T. Fischer, A. Raffel, Abweichungsanalyse bei Projekten im F&E-Bereich, 1992, S. 767 ff.; siehe zu den Logistikkosten J. Weber, Logistik- und Supply-Chain-Kostenrechnung, 2002; siehe zu den Qualitätskosten in einer neueren Sichtweise H. Wildemann, Kosten- und Leistungsbeurteilung von Qualitätssicherungssystemen, 1992, S. 762 ff.; A. Kandaouroff, Qualitätskosten, 1994, S. 765 ff.; A.-K. Tomys, Kostenorientiertes Qualitätsmanagement. Qualitätscontrolling zur ständigen Verbesserung der Unternehmensprozesse, München 1995, S. 31 ff.; A. Sasse, Systematisierung der Qualitätskosten, 2000, S. 43 ff.

166 Siehe zu dieser Verbindung P. Horváth, A. Brokemper, Strategieorientiertes Kostenmanagement, ZfB, 1998, S. 581 ff.

167 Siehe stattdessen zur Übersicht beispielsweise K. Dellmann, K.-P. Franz, Von der Kostenrechnung zum Kostenmanagement, 1994.

168 Siehe zu dieser Auffassung R. Cooper, R. S. Kaplan, The promise – and peril – of integrated cost systems, 1998, S. 110. In deutschen Sprachraum sah man schon früher die Prozesskostenrechnung als ein zur (kurzfristigen) laufenden Kostenrechnung eher zusätzlich und parallel einzusetzendes Instrumentarium; vgl. P. Horváth, M. Kieninger, R. Mayer, C. Schimank, Prozesskostenrechnung – oder wie die Praxis die Theorie überholt. Kritik und Gegenkritik, 1993, S. 624 ff. Die bestehenden Möglichkeiten der Integration in die Plankostenrechnung beschreiben R. Mayer, L. Kaufmann, Prozesskostenrechnung II, 2000, S. 291 ff.

169 Siehe zum Target Costing vor allem W. Seidenschwarz, Target Costing, 1993.

170 Siehe zu einer Übersicht solcher Verfahren K. Ehrlenspiel, U. Lindemann, A. Kiewert, M. Steiner, Konstruktionsbegleitende Kalkulation, 1996, S. 63 ff.; P. Horváth, R. Gleich, K. Scholl, Kalkulationsmethoden für das kostengünstige Kalkulieren, 1996, S. 53 ff.; W. Männel, Frühzeitige Produktkostenkalkulationen, 1996, S. 1 ff.

171 Vgl. J. Becker, DV-Verfahren zur Unterstützung frühzeitiger Kostenschätzungen, 1996, S. 84 f.

172 Siehe zur Berücksichtigung des Lebenszyklus in der wertorientierten Unternehmensführung auch T. Siegert, M. Böhme, F. Pfingsten, A. Picot, Marktwertorientierte Unternehmensführung im Lebenszyklus, 1997, S. 471 ff.

173 Siehe hierzu einen Literaturüberblick und die Auswirkung von unterschiedlichen Szenarien hinsichtlich der Nachverhandlungsmöglichkeit C. Hofmann, Gestaltung von Erfolgsrechnungen zur Steuerung langfristiger Projekte, 2005, S. 689 ff.

174 Siehe hierzu T. M. Fischer, J. Schmitz, Messung von Prozessverbesserungen mit dem Half-Life-Konzept, 1997, S. 291 ff.

175 Siehe hierzu J. R. Pampel, Konzepte und Instrumente für das ressourcenorientierte Management, 1998, S. 228 ff.

176 Vgl. J. R. Pampel, Kapazitätsrechnung für das Ressourcenorientierte Leistungscontrolling, 2001, S. 44 ff.

177 Vgl. M. Layer, Prognose, Planung und Kontrolle fixer Kosten, 1992, S. 69–76.

178 Siehe hierzu M. Günther, J. R. Pampel, Implementierung eines Konzepts zur Kapazitätsrechnung, 1999, S. 301 ff.

179 Siehe hierzu die aktuelle Untersuchung von A. Hoffjan, S. Lührs, A. Kolburg, Cost Transparency in Supply Chains, 2011, S. 230ff.

180 Vgl. A. Rappaport, Shareholder Value, 1999; T. Copeland, T. Koller, J. Murin, Unternehmenswert, 1998.

181 Vgl. U. Pape, Wertorientierte Unternehmensführung und Controlling, 1999; T. Günther, Unternehmenswertorientiertes Controlling, 1997.

182 Siehe zu diesem Ansatz H.-U. Küpper, Investitionstheoretische Fundierung der Kostenrechnung, 1985, S. 26 ff.

183 So auch J. Holzwarth, Differenzrechnungen als Verfahren einer strategischen Kostenrechnung, 1993, S. 100. Dieser schlägt für eine „strategische Kostenrechnung" die Zuordnung von mehrperiodischen Ein- und Auszahlungsänderungen auf Entscheidungsalternativen vor; ebenda S. 95 ff.

184 Siehe S. Dierkes, J. Kloock, Integration von Investitionsrechnung und kalkulatorischer Erfolgsrechnung, 1999, S. 119 ff.; H.-U. Küpper, Integration der Unternehmensrechnung, 1999, S. 9 f.

185 Vgl. W. Ballwieser, Eine neue Lehre der Unternehmensbewertung?, 1997, S. 186; V.H. Peemöller, Stand und Entwicklung der Unternehmensbewertung, 1993, S. 409 ff.

186 Vgl. u. a. J. Baetge, K. Niemeyer, J. Kümmel, Darstellung der Discounted-Cashflow-Verfahren, 2001, S. 267 ff.; W. Ballwieser, Verbindungen von Ertragswert- und Discounted-Cashflow-Verfahren, 2001, S. 363 ff.; J. Drukarczyk, Unternehmensbewertung, 1998, S. 176 ff.; L. Hölscher, Käuferbezogene Unternehmensbewertung, 1998, S. 81 ff.; U. Pape, Wertorientierte Unternehmensführung und Controlling, 1999, S. 57 ff.

187 Vgl. A. Rappaport, Shareholder Value, 1999.

188 Vgl. A. Rappaport, Shareholder Value, 1999, S. 39.

189 Vgl. P. Gomez, Wertmanagement, 1993, S. 30.

190 Vgl. A. Rappaport, Shareholder Value, 1999, S. 91 ff.

191 Vgl. A. Rappaport, Shareholder Value, 1999, S. 40.

192 G. Sieben, Betriebswirtschaftliche Aspekte eines wertorientierten Versorgungssystems, 1992, S. 348.

193 Diesem Grundgedanken ähnlich argumentiert auch H. Koch, Zur Frage der Vereinheitlichung der Entscheidungsrechnungen, 1999, S. 203. Dieser will sogar noch weitgehender die kalkulatorische Planerfolgsrechnung in Form von variabel gehaltenen Planungszeitabschnitten auch langfristigen Entscheidungen zugrunde legen; siehe ebenda S. 195 ff.

194 Vgl. N. Knorren, Wert-Orientiertes Controlling (WOC), 1997, S. 207. Zu den Anforderungen der Überführbarkeit an die Kostenrechnung und der in diesem Zusammenspiel verbleibenden Rolle für die Kostenrechnung siehe auch K. Vodrazka, Ertragswertorientierte Unternehmensführung und Kostenrechnung, 1999, S. 481 ff.

195 So führte erst kürzlich C.T. Horngren aus, dass die Techniken des Management Accountings dem Management helfen sich auf die fundamentalen Zusammenhänge in ihren Unternehmen zu fokussieren; vgl. C.T. Horngren, Management Accounting: Some Comments, 2004, S. 207.

196 W. Kilger, Flexible Plankostenrechnung und Deckungsbeitragsrechnung, 1981, S. 23.

1 Die Entwicklung der Kostenrechnung zur Grenzplankosten- und Deckungsbeitragsrechnung

1.1 Die Entwicklungsformen der Istkostenrechnung

1.1.1 Die Grundformen der Istkostenrechnung

1. Unter Istkosten versteht man die während einer Abrechnungsperiode effektiv angefallenen Kosten. Bezeichnet man die effektiv angefallenen Faktorverbrauchsmengen einer Abrechnungsperiode mit $r^{(i)}$, die effektiv gezahlten Faktorpreise, wozu auch die Lohnsätze und Gehälter zählen, mit $q^{(i)}$ und werden $\nu = 1, ..., z$ Faktorarten eingesetzt, so gilt für die gesamten Istkosten einer Abrechnungsperiode folgende Bestimmungsgleichung[1]:

$$K^{(i)} = \sum_{\nu=1}^{z} r_\nu^{(i)} q_\nu^{(i)} \tag{1-1}$$

Für Kostenarten, die ein eindeutig bestimmbares Mengen- oder Zeitgerüst aufweisen, wie das z. B. bei allen Material- und Lohnkosten der Fall ist, lässt sich die Gleichung (1-1) ohne Schwierigkeiten anwenden, indem man die effektiv verbrauchten Istmengen oder Istzeiten mit den zugehörigen Istpreisen bzw. Istlohnsätzen bewertet. Bei Kostenarten, die von vornherein kein eindeutig bestimmbares Mengengerüst aufweisen, wie z. B. Beiträge, Gebühren, Versicherungsprämien und Reparaturkosten, lassen sich Bemessungsgrundlagen finden, die in einem weitergefassten Sinne als Faktorverbrauchsmengen interpretiert werden können. Kostenbeträgen, die nur einmal anfallen, wie das z. B. bei Reparaturen der Fall sein kann, lässt sich die Verbrauchsmenge 1 zuordnen.

Aus den folgenden Gründen ist keine Form der Kostenrechnung denkbar, bei der alle Kostenarten reine Istkosten sind.

So erfordert z. B. jede antizipative Abgrenzung zukünftiger Auszahlungen, deren Höhe noch ungewiss ist, den Ansatz geschätzter Abgrenzungsbeträge, die von den späteren Istkostenbeträgen abweichen können. Derartige Abgrenzungen sind z. B. üblich bei Versicherungsprämien, Verbandsbeiträgen und Gebühren, deren Höhe sich erst nach dem Jahresabschluss ermitteln lässt. Die antizipierten Kostenbeträge sind in diesen Fällen keine Istkosten, sondern normalisierte oder geplante Kosten[2].

Auch die kalkulatorische Abgrenzung der Kosten vom Aufwand erfordert häufig die Verwendung normalisierter oder geplanter Größen in der Kostenrechnung[3].

So beruht z. B. jede Abschreibungsberechnung auf geplanten Nutzungsdauern. Da sich die kalkulatorischen Zinsen wegen der ständigen Veränderung der Kapitalstruktur einer Unternehmung nur sehr schwer auf das Istkapital beziehen lassen, ist man in der

Praxis meistens darauf angewiesen, eine als normal angesetzte oder geplante Höhe des betriebsnotwendigen Kapitals zugrunde zu legen. Weiterhin werden von jeher kalkulatorische Wagniskosten, Ausschussraten und Kosten für Großreparaturen zeitlich abgegrenzt, wobei die abgegrenzten Teilbeträge Normal- oder Plankosten sind.

Als Grundform der Istkostenrechnung wollen wir eine Entwicklungsform der Kostenrechnung bezeichnen, bei der normalisierte und geplante Kostenbeträge ausschließlich zum Zwecke der richtigen Erfassung und Abgrenzung der Kosten verwendet werden. Über dieses Mindestmaß hinaus werden weder in der Kostenartenrechnung noch in einem der anderen kostenrechnerischen Teilgebiete Normal- oder Plankosten verwendet[4].

2. Die Hauptzielsetzung der Istkostenrechnung ist die Nachkalkulation der betrieblichen Aufträge und Erzeugnisse. Nach dem Kostenüberwälzungsprinzip sollen die durch die Kostenartenrechnung erfassten Istkosten jeder Abrechnungsperiode vollständig auf die Kostenträger weiterverrechnet werden. Die Istkostenrechnung konzentriert sich auf die Frage, wie viel die betrieblichen Aufträge und Erzeugnisse in den einzelnen Abrechnungsperioden „effektiv gekostet" haben.

Eine genaue Nachkalkulation erfordert exakte Kalkulationssätze und damit eine gut ausgebaute Kostenstellenrechnung.

3. Die Istkostenrechnung wird heute als ein veraltetes Verfahren der Kostenrechnung angesehen, da sie die kostenrechnerischen Aufgaben nur unzureichend erfüllt und darüber hinaus rechnerisch schwerfällig ist.

Ein wichtiger Einwand gegen die Istkostenrechnung besteht darin, dass bei ihrer Anwendung keine laufende Kostenkontrolle möglich ist. Die Istkosten sind das komplexe Ergebnis aller Kostenbestimmungsfaktoren ohne dass bei einer Istkostenrechnung die Möglichkeit besteht, den Einfluss dieser Kostenbestimmungsfaktoren zu isolieren[5]. Hierzu fehlen die erforderlichen Maßkosten (= Plan-, Soll-, Standard- oder Richtkosten).

Auch die dispositiven Aufgaben der Kostenrechnung kann eine Istkostenrechnung nicht erfüllen, weil hierfür geplante Kosten erforderlich sind.

Weiterhin ist die Zielsetzung der Istkostenrechnung, laufende Nachkalkulationen für alle Erzeugnisse zu erstellen, kritisch zu beurteilen. Bei Massen- und Serienproduktion standardisierter Erzeugnisse, die dem Markt für einen bestimmten Zeitraum zu vorausbestimmten Listenpreisen angeboten werden, ist eine laufende Nachkalkulation sämtlicher Produktarten rechentechnisch gar nicht möglich und bei nur oszillativen Schwankungen der Istkosten überhaupt überflüssig. Bei Auftrags- bzw. Einzelfertigung kann man dagegen auf die Nachkalkulation der Aufträge nicht verzichten, weil sich jede Kostenträgereinheit von den übrigen Kostenträgern unterscheidet und aus den Nachkalkulationen der einzelnen Auftragsgruppen Kostendaten für die Vorkalkulation zukünftiger Aufträge abgeleitet werden müssen[6].

Weiterhin wird gegen die Istkostenrechnung kritisch eingewandt, dass sie aus folgenden Gründen ein rechentechnisch schwerfälliges Verfahren der Kostenrechnung ist[7].

Dies liegt erstens daran, dass in einer konsequent durchgeführten Istkostenrechnung jede einzelne Verbrauchsmenge an Roh-, Hilfs- und Betriebsstoffen mit dem zugehörigen Istpreis bewertet werden muss[8].

Zweitens resultiert die rechentechnische Schwerfälligkeit der Istkostenrechnung daraus, dass in jeder Abrechnungsperiode neue Istverrechnungssätze für innerbetriebliche Leistungen gebildet werden müssen.

Drittens erfordert eine konsequente Istkostenrechnung, dass in jeder Abrechnungsperiode auch für sämtliche Hauptkostenstellen neue Kalkulationssätze gebildet werden, da nur so die Istkosten auf die Kostenträger überwälzt werden können.

1.1.2 Die Weiterentwicklung der Istkostenrechnung durch Verwendung fester Verrechnungspreise

1. Bereits in der Grundform der Istkostenrechnung ging man aus Vereinfachungsgründen dazu über, in der Materialabrechnung statt der effektiven Istpreise gewogene Istpreisdurchschnitte zu verwenden. Hierbei kann man das Verfahren der laufenden oder der periodischen Durchschnittsbildung anwenden. Je häufiger Zu- und Abgänge stattfanden und je geringer die Preisschwankungen waren, desto mehr neigte man in der Praxis dazu, zur Vereinfachung mit dem letzten Istpreisdurchschnitt weiterzurechnen. Auf diese Weise wurden schließlich die gewogenen Istpreise zu „Normalwerten“ und damit zu festen Verrechnungspreisen.

2. Weiterhin erreichte man durch die Einführung fester Verrechnungspreise, dass die Kosten unterschiedlicher Abrechnungsperioden besser miteinander verglichen werden konnten als in der Grundform der Istkostenrechnung.

Durch die Einführung fester Verrechnungspreise wurde zugleich eine wichtige Grundvoraussetzung für die Kontrolle der Kostenwirtschaftlichkeit geschaffen. Im Rahmen der Kostenkontrolle kann ein Kostenstellenleiter nur für die Verbrauchsmengen, nicht aber auch für die Faktorpreise verantwortlich gemacht werden. Eine wirksame Kostenkontrolle erfordert neben dem Festpreissystem aber auch Maßgrößen für das Mengengerüst der Kosten, die in einer Istkostenrechnung noch nicht zur Verfügung standen.

3. Durch die Bewertung mit festen Verrechnungspreisen haben viele Kostenarten bereits in der Istkostenrechnung ihren reinen Istkostencharakter verloren. Sie wurden zu Mischkosten, deren Mengengerüst aus Istgrößen bestand und deren Preise normalisierte oder standardisierte Werte waren. Trotzdem ist es heute üblich, diese Kosten sowohl in der Literatur als auch in der Praxis als Istkosten zu bezeichnen[9]. Hierbei muss man aber stets den Unterschied gegenüber den in der Grundform der Istkostenrechnung verwendeten reinen Istkosten beachten.

Die Verwendung fester Verrechnungspreise führte zwangsläufig zur Entstehung von Preisabweichungen, d. h. zu Differenzen zwischen den reinen Istkosten und den zu Festpreisen bewerteten Istverbrauchsmengen.

1.1.3 Die Weiterentwicklung der Istkostenrechnung durch Verwendung von Planvorgaben für Einzelkosten

1. Im Jahre 1903 veröffentlichte F. W. Taylor sein Buch „Shop Management", das die Entwicklung der Zeitstudien einleitete, deren Ziel die leistungsgerechte Entlohnung der Arbeitskräfte ist. In Deutschland haben die Arbeiten des Verbandes für Arbeitsstudien-REFA e. V. in den folgenden Jahrzehnten zu einheitlichen Grundsätzen und Verfahren auf dem Gebiet der Vorgabezeitermittlung geführt[10].

Vor der Entwicklung der Arbeitswissenschaft wurde die Entlohnung der Arbeiter ausschließlich nach dem Zeitlohnsystem vorgenommen. Hierbei wurden die Istarbeitszeiten der einzelnen Arbeiter mit den zugehörigen effektiven Stundensätzen multipliziert. Auf diese Weise waren sämtliche Lohnkosten reine Istkosten. Für eine leistungsgerechte Lohnkostenkontrolle fehlten im Zeitlohnsystem die Maßstäbe.

Die Arbeitswissenschaft führte dazu, dass viele Unternehmungen von der Zeitlohnvergütung zu Akkordlohnsystemen übergingen. Durch die Einführung von Zeitvorgaben wurde das Mengengerüst von Ist- in Plangrößen umgewandelt. Akkordlohnkosten sind ihrer Art nach stets Plankosten. Da dem Arbeiter nur die reinen Akkordzeiten vergütet werden, müssen die effektiv gezahlten Löhne zwangsläufig mit den Planlohnkosten übereinstimmen. Abweichungen von den durch das Akkordlohnsystem determinierten Planlohnkosten können nur bei Zeitüberschreitungen eintreten, welche die Arbeiter nicht zu verantworten haben. In diesen Fällen werden den Akkordarbeitern neben den Akkordlöhnen gesonderte Zusatzlöhne vergütet.

2. Die Entwicklung der „wissenschaftlichen Betriebsführung" führte dazu, dass später auch Vorgaben für die Einzelmaterialkosten festgelegt wurden.

In der Grundform der Istkostenrechnung lag der Schwerpunkt auf der nachträglichen Erfassung der Einzelmaterialkosten. Im Rahmen der Vorkalkulation ging man aber schon sehr früh dazu über, die Einzelmaterialkosten „vorzukalkulieren", indem man durch technische Berechnungen ermittelte, wie viel Einzelmaterial bei wirtschaftlicher Materialhandhabung planmäßig auf einen Auftrag oder eine Kostenträgereinheit entfällt. Hierdurch entstanden schon relativ früh geplante Einzelmaterialmengen, die man den Istmaterialmengen zum Vergleich gegenüberstellen konnte. Die weitere Entwicklung der Kostenrechnung führte dazu, die vorkalkulierten Einzelmaterialmengen mit festen Verrechnungspreisen zu bewerten und die so ermittelten Planeinzelmaterialkosten in die laufende Abrechnung zu integrieren. Hierdurch entstand das auch heute noch übliche Verfahren, Einzelmaterialverbrauchsmengen, die über die geplanten Mengen hinausgehen, durch besonders gekennzeichnete Materialbelege zu erfassen. Auf diese Weise wurden die Isteinzelmaterialkosten in Planeinzelmaterialkosten, Einzelmaterialverbrauchsabweichungen und Preisabweichungen zerlegt. Damit war erstmalig eine Wirtschaftlichkeitskontrolle der Einzelmaterialkosten möglich.

3. Durch die oben aufgezeigte Entwicklung wurden die Einzellohn- und die Einzelmaterialkosten wie folgt in geplante Kosten und zugehörige Abweichungen aufgespalten:

Einzellohnkosten	= Planeinzellöhne (Akkordlöhne) + Zusatzlöhne
Einzelmaterialkosten	= Planeinzelmaterialkosten + Einzelmaterialpreisabweichungen + Einzelmaterialverbrauchsabweichungen

Hierdurch hat die Kostenrechnung auf dem Gebiet der Einzelkosten bereits sehr früh eine Form erreicht, die man erst später als Plankostenrechnung bezeichnete.

Unsere Ausführungen haben deutlich werden lassen, dass die Grundform der Istkostenrechnung schon seit langem nicht mehr angewandt wird. Wir bezeichnen eine Kostenrechnung trotz der Verwendung fester Verrechnungspreise und geplanter Einzelkosten als Istkostenrechnung, sofern sie am Kostenüberwälzungsprinzip ausgerichtet ist und die Kostenstellen mit monatlich neu gebildeten Istkostensätzen abgerechnet werden[11].

1.2 Die Entwicklungsformen der Normalkostenrechnung

1.2.1 Normalisierte Kostenstellenverrechnungssätze als Charakteristikum der Normalkostenrechnung

1. Wie unsere Ausführungen in Kapitel 1.1.1 gezeigt haben, wird die laufende Durchführung einer Istkostenrechnung insbesondere dadurch erschwert, dass für alle Kostenstellen monatlich neue Istkostenverrechnungssätze gebildet werden müssen. Dies gilt sowohl für die Hilfs- und Nebenkostenstellen als auch für die Hauptkostenstellen einer Unternehmung.

Wie bereits E. Schneider 1941 in einem grundlegenden Aufsatz nachgewiesen hat, lassen sich infolge der Interdependenz des innerbetrieblichen Leistungsaustausches genaue Istkostenverrechnungssätze für innerbetriebliche Leistungen nur mithilfe simultaner Gleichungen ermitteln[12].

Nachdem in vielen Unternehmungen festgestellt wurde, dass die Istkostenverrechnungssätze für innerbetriebliche Leistungen im Zeitablauf häufig nur um Durchschnittssätze oszillierten, setzte eine Tendenz ein, feste Verrechnungssätze für innerbetriebliche Leistungen einzuführen. Hiermit wurde der Grundsatz der Kostenüberwälzung auf dem Gebiet der innerbetrieblichen Leistungsverrechnung aufgegeben.

Die Einführung fester Verrechnungssätze für innerbetriebliche Leistungen erfolgte zwar zunächst vorwiegend aus Gründen der Vereinfachung. Man stellte aber sehr bald fest, dass hierdurch die Vergleichbarkeit der sekundären Kostenarten verbessert und eine wichtige Voraussetzung für die kostenstellenweise Kostenkontrolle geschaffen wurde. Denn auch für innerbetriebliche Leistungen gilt der Grundsatz, dass die Leiter der empfangenden Kostenstellen nur den mengenmäßigen Verbrauch, nicht aber auch die Kostensätze der leistenden Hilfs- oder Nebenkostenstellen zu verantworten haben.

2. Für die Hauptkostenstellen wurden in vielen Unternehmungen auch dann noch monatlich neue Istkostenverrechnungssätze gebildet, als die innerbetrieblichen Leistungen bereits mit festen Verrechnungspreisen bewertet wurden. Um die Durchführung der Nachkalkulation zu beschleunigen, wandte man aber häufig den folgenden Kunstgriff an, der den ersten Schritt zu einer Normalisierung der Kalkulationssätze darstellte. Um nicht auf den Abschluss der laufenden Kostenstellenrechnung warten zu müssen, kalkulierte man jeweils mit den Kostensätzen der vorherigen, bereits abgeschlossenen Abrechnungsperiode. Hierdurch konnten die Nachkalkulationen und die Kostenstellenrechnung zeitlich nebeneinander erstellt werden. Betrachtet man nur eine Abrechnungsperiode, so scheint durch das obige Verfahren der Grundsatz der Kostenüberwälzung zugunsten einer schnelleren Abrechnung durchbrochen zu sein. Man hielt aber mit einer Phasenverschiebung von einer Abrechnungsperiode an der Kostenüberwälzung fest, indem man die anfallenden Kostendifferenzen auf den folgenden Monat vortrug, sodass der Istkostencharakter der Kostenrechnung gewahrt blieb[13].

Viele Unternehmungen stellten im Zeitablauf fest, dass ihre Istkalkulationssätze lediglich saison- und jahreszeitbedingten Schwankungen ausgesetzt waren, die sich jeweils nach mehreren Abrechnungsperioden auszugleichen pflegten. Diese Erkenntnisse einerseits und die rechentechnischen Schwierigkeiten der laufenden Nachkalkulation mit Istkostensätzen andererseits führten in vielen Unternehmungen dazu, dass man auch für die Hauptkostenstellen Normalkostensätze bildete. Diese Kalkulationssätze wurden für längere Zeit, mindestens für ein Jahr, konstant gehalten und anstatt der Istkostensätze in der Kalkulation verwendet. Die Normalkostensätze der Hauptkostenstellen wurden als Mittelwerte aus den Istkosten und Beschäftigungen vergangener Perioden abgeleitet.

Mit der Einführung normalisierter Kostensätze wurde das Kostenüberwälzungsprinzip endgültig durchbrochen. Auf den Kostenstellen entstanden Kostenabweichungen, die man als Unter- und Überdeckungen bezeichnete:

(1-2) Kostenabweichung einer Kostenstelle = Istkosten ./. Normalkosten
Istkosten > Normalkosten → Unterdeckung
Istkosten < Normalkosten → Überdeckung

Die Normalkosten einer Kostenstelle erhält man, indem man die Istbeschäftigung dieser Kostenstelle mit dem Normalkostensatz multipliziert:

(1-3) Normalkosten = Istbeschäftigung x Normalkostensatz

Die Unter- und Überdeckungen der Normalkostenrechnung wurden meistens nicht auf die Kostenträger weiterverrechnet, sondern entweder monatlich oder erst am Jahresende global in die kurzfristige Erfolgsrechnung ausgebucht.

In Abbildung 1-1 haben wir die Entstehung von Unter- und Überdeckungen grafisch dargestellt.

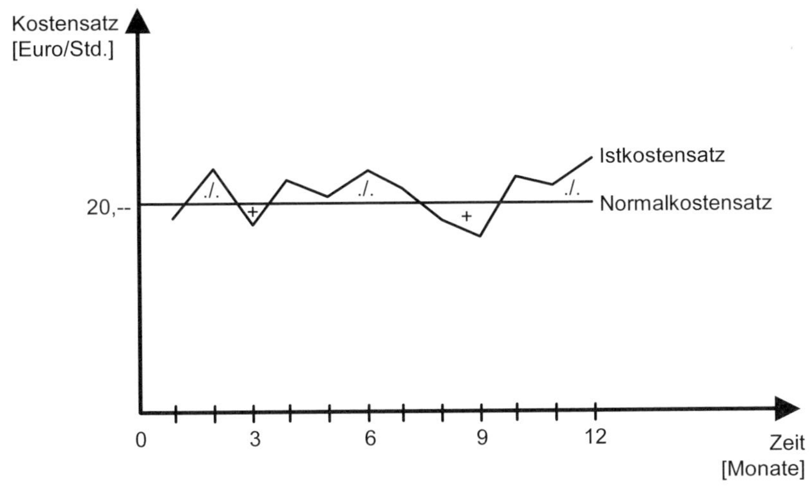

Abbildung 1-1: Beispiel zur Entstehung von Unter- und Überdeckungen in einer Normalkostenrechnung

1.2.2 Die starre Normalkostenrechnung

1. Für die Vereinfachung der Kostenrechnung kam es lediglich darauf an, Normalkostensätze zu schaffen, die ähnlich wie feste Verrechnungspreise für mehrere Abrechnungsperioden, meistens für ein Jahr, unverändert beibehalten wurden. Eine solche Form der Kostenrechnung ist gewissermaßen eine „... auf einem bestimmten Leistungsstand eingefrorene Istkostenrechnung“[14]. Die Normalkostensätze beziehen sich jeweils auf eine bestimmte Durchschnittsbeschäftigung. Aus diesem Grunde wollen wir dieses Verfahren der Kostenrechnung als eine starre Normalkostenrechnung bezeichnen. Wegen ihrer rechentechnischen Vorteile hat die Normalkostenrechnung die Istkostenrechnung in vielen Unternehmungen schon früh verdrängt[15].

2. Im Laufe der Zeit hat sich als typische Form der starren Normalkostenrechnung eine Kostenrechnung herausgebildet, bei der für die Einzellöhne und die Einzelmaterialkosten bereits Vorgabezeiten bzw. Materialvorgaben verwendet worden sind, in der man aber die über Kostenstellen abgerechneten Kosten noch mit Istkostensätzen bewertet hat. Erst später ging man auch hier zur Verwendung von Festpreisen über[16].

1.2.3 Die flexible Normalkostenrechnung

1. In der starren Normalkostenrechnung werden die Unter- und Überdeckungen wesentlich durch Beschäftigungsschwankungen beeinflusst. Diese Erkenntnis führte zu Bemühungen, die Kostenabweichungen der Kostenstelle in zwei Teile aufzuspalten, von denen der erste auf Beschäftigungsschwankungen und der zweite auf die übrigen Einflussgrößen zurückzuführen ist. Hierzu war es erforderlich, die Normalkosten der Kostenstellen in fixe und proportionale Kosten zu unterteilen und die letzteren an Beschäftigungsschwankungen anzupassen. Auf diese Weise entstand aus der starren Normalkostenrechnung die flexible Normalkostenrechnung. Als „flexibel" wird heute eine Kostenrechnung bezeichnet, bei der die proportionalen Kosten an Beschäftigungsschwan-kungen angepasst werden.

Wegen ihres größeren Schwierigkeitsgrades hat die flexible Normalkostenrechnung im Gegensatz zur starren Normalkostenrechnung in der Praxis nur relativ wenig Verbreitung gefunden. Sie wird in der Literatur vor allem von A. Müller und A. Wolter beschrieben[17].

Für die monatliche Abrechnung lässt sich die folgende lineare Normalkostenfunktion bilden:

(1-4) $K^{(N)} =$ Fixkosten + Ausbringung · prop. Normalkostensatz/Ausbringungseinheit

Für die Bildung des vollen Normalkostensatzes ist die Festlegung einer Normalbeschäftigung erforderlich. Als Normalbeschäftigung kann entweder die zukünftig zu erwartende Durchschnittsbeschäftigung oder die Vollbeschäftigung einer Kostenstelle gewählt werden.

Die durch Gleichung (1-4) bestimmten Normalkosten unterscheiden sich von den kalkulatorisch verrechneten Normalkosten, die man erhält, wenn man den vollen Normalkostensatz mit den während einer Abrechnungsperiode geleisteten Fertigungsstunden multipliziert[18]. Der Unterschied zwischen den verrechneten Normalkosten und den Normalkosten der Kostenstelle gibt denjenigen Teil der Unter- bzw. Überdeckung an, der darauf zurückzuführen ist, dass die Istbeschäftigung von der Normalbeschäftigung abweicht. Diese Differenz wird daher als Beschäftigungsabweichung bezeichnet.

2. Während die starre Normalkostenrechnung lediglich zur Vereinfachung der laufenden Abrechnung gedient hat, trat bei der flexiblen Normalkostenrechnung bereits die Zielsetzung der Kostenkontrolle in den Vordergrund.

Die flexible Normalkostenrechnung war die erste Entwicklungsform der Kostenrechnung, die im Ansatz eine kostenstellenweise Kostenkontrolle ermöglichte. Kritisch hervorzuheben ist aber die Tatsache, dass auch bei der flexiblen Normalkostenrechnung die Normalkosten der Kostenstellen überwiegend aus den Istkosten vergangener Abrechnungsperioden abgeleitet wurden. Damit war aber nicht auszuschließen, dass Unwirtschaftlichkeiten der Vergangenheit in den Kostenvorgaben enthalten waren.

Entwicklungsgeschichtlich betrachtet ist die flexible Normalkostenrechnung ein Vorläufer der flexiblen Plankostenrechnung, die wir in Kapitel 1.3.3 behandeln werden.

1.3 Die Entwicklungsformen der Plankostenrechnung

1.3.1 Die Entstehungsgründe der Plankostenrechnung

1.3.1.1 Die Begriffe Plankosten und Plankostenrechnung

1. Die Weiterentwicklung der Kostenrechnung führte in vielen Betrieben dazu, dass man sich bei der Ermittlung von Normalkostensätzen von den Istkosten löste und sich bemühte, Kostenvorgaben mithilfe von technischen Berechnungen, Verbrauchsstudien und Schätzungen festzulegen. Zugleich wurden die festen Verrechnungspreise für von außen bezogene Produktionsfaktoren zu Planpreisen weiterentwickelt. Auf diese Weise entstand eine neue Kategorie von Kosten, bei der sowohl das Mengen- oder Zeitgerüst als auch die Wertansätze geplante Größen sind. Derartige Kosten bezeichnet man in der deutschsprachigen Literatur überwiegend als Plankosten. Entsprechend wird eine Kostenrechnung, die solche Kosten verwendet, als Plankostenrechnung bezeichnet.[19] Das charakteristische Merkmal einer Plankostenrechnung besteht darin, dass unabhängig von den Istkosten vergangener Perioden für bestimmte Planungszeiträume sowohl für die Einzelkosten als auch für die über Kostenstellen verrechneten Kosten geplante Kostenbeträge festgelegt werden.

Bezeichnet man die geplanten Faktorverbrauchsmengen einer Abrechnungsperiode mit $r^{(p)}$. die geplanten Faktorpreise (einschließlich der Lohnsätze und Gehälter) mit $q^{(p)}$ und werden $\nu = 1, ..., z$ Faktorarten eingesetzt, so gilt für die gesamten Plankosten einer Planungsperiode folgende allgemeine Bestimmungsgleichung:

$$(5) \qquad K^{(p)} = \sum_{\nu=1}^{z} r_{\nu}^{(p)} \, q_{\nu}^{(p)}$$

Der Plankostenbegriff wurde erstmalig von M. R. Lehmann geprägt, der zunächst von „planmäßigen Kosten“ sprach und später zur Bezeichnung „Plankosten“ überging[20]. Seitdem hat sich der Plankostenbegriff in Deutschland weitgehend durchgesetzt, obwohl auch mehrere andere Bezeichnungen vorgeschlagen worden sind, wie z. B. Standard-, Richt-, Norm-, Soll-, Vorgabe- und Budgetkosten[21]. Analog werden die Bezeichnungen Standardkostenrechnung, Richtkostenrechnung usw. verwendet.

Der Ausdruck Standardkosten wurde aus der anglo-amerikanischen Bezeichnung „standard costs“ abgeleitet. Wie wir im Einzelnen noch nachweisen werden, vollzog sich der Übergang von Normalkosten zu geplanten Kosten in den USA und in Großbritannien früher als in Deutschland. Da nach dem ersten Weltkrieg insbesondere amerikanische Kostenrechnungsmethoden einen starken Einfluss auf die Entwicklung der Kostenrechnung in Deutschland ausübten, übernahmen viele Autoren zunächst die Bezeichnung Standardkosten als Oberbegriff für geplante Kosten. In den USA versteht man aber unter „standard costs“ überwiegend die „... pro Erzeugniseinheit geplanten Kosten, insbesondere die pro Erzeugniseinheit geplanten Herstellungskosten ...“[22]. Da in Deutschland die Plankostenrechnung ihren Ausgang von der Kostenstellenrechnung genommen hat, konnte sich die Bezeichnung Standardkosten nicht durchsetzen.

Die Ausdrücke Richt-, Norm- und Sollkosten entstanden, als man die geplanten Kosten für die Zwecke der Kostenkontrolle einsetzte. Sie deuten einen Wandel in der Kostenauffassung an, indem die geplanten Kosten zur normativen Forderung erhoben werden[23]. Zusammenfassend können wir feststellen, dass sich die Bezeichnungen Plankosten und Plankostenrechnung in Deutschland weitgehend durchgesetzt haben.

1.3.1.2 Die Einführung arbeitswissenschaftlicher Begriffe und Verfahren in die Kostenrechnung

1. Die ersten Impulse zur Weiterentwicklung der Kostenrechnung in Richtung auf eine Plankostenrechnung wurden durch die Übertragung arbeitswissenschaftlicher Begriffe und Verfahren auf die Kostenrechnung ausgelöst[24].

Der Übergang zu Leistungslohnsystemen machte es erforderlich, für menschliche Arbeitsverrichtungen Leistungsnormen festzulegen. Auf diese Weise wurden Zeit- bzw. Leistungsstandards geschaffen und geplante Vorgabezeiten in die Lohnabrechnung eingeführt. Hiermit wurden erstmalig Standardgrößen in der Kostenrechnung verwendet.

Nach der Einführung von Leistungslohnsystemen lag es nahe, den Standardbegriff auf die übrigen Produktionsfaktoren auszudehnen und auch für sie Vorgaben festzulegen. In ähnlicher Weise wie bei Akkordlohnsystemen die Vorgabezeiten als Maßgrößen der Lohnkostenverursachung verwendet werden, sind für die Vorgabe von Kostenstellenkosten Bezugsgrößen der Kostenverursachung erforderlich. Auf der Grundlage dieser Bezugsgrößen lassen sich dann nach ähnlichen Verfahren, wie sie die Arbeitswissenschaft lehrt, Kostenstandards für die Kostenstellen festlegen.

2. Die Einführung arbeitswissenschaftlicher Begriffe und Verfahren in die Kostenrechnung erfolgte in den USA und später auch in Großbritannien durch die Vertreter der „wissenschaftlichen Betriebsführung". Hiermit wurde ein Prozess ausgelöst, der zur Entstehung des Standard Cost Accounting führte. Diese Entwicklung werden wir im Einzelnen in Kapitel 1.3.1.4 beschreiben. Das Fundament der amerikanischen Standardkostenrechnung ist zweifellos von den Ingenieuren der wissenschaftlichen Betriebsführung F. W. Taylor, F. B. Gilbreth, C. G. Barth, H. Emerson, S. E. Thompson und anderen gelegt worden[25]. Bereits F. W. Taylor formulierte die Grundideen, auf denen später die Standardkostenrechnung aufbaute.

In Deutschland haben die Arbeiten des REFA die engen Beziehungen zwischen arbeitswissenschaftlichen Begriffen bzw. Verfahren und der Kostenplanung deutlich werden lassen[26].

3. Die analysierende arbeitswissenschaftliche Betrachtungsweise hat bereits in Unternehmungen mit einer Ist- oder Normalkostenrechnung zu der Erkenntnis geführt, dass die Kosten eine Funktion zahlreicher Einflussgrößen sind. Auf diese Weise gab die Arbeitswissenschaft indirekt den Anstoß zur theoretischen Durchdringung und zur rechentechnischen Verfeinerung der Ist- und Normalkostenrechnung, wie sie in Deutschland insbesondere durch die bahnbrechenden Arbeiten von K. Rummel und A. Müller zum Ausdruck gekommen sind[27]. Diese Arbeiten leiteten den späteren Übergang zur Plankostenrechnung ein[28].

1.3.1.3 Die Einführung des Planungs- und Budgetierungsgedanken in die Kostenrechnung

1. Starke Impulse zur Weiterentwicklung der Kostenrechnung in Richtung auf eine Plankostenrechnung wurden ausgelöst, als in der Zeit nach dem ersten Weltkrieg die Unsicherheit der wirtschaftlichen Situation zur Entwicklung und zum Ausbau der betrieblichen Planung führte. Man spürte in dieser Zeit, dass man sich nicht passiv dem Wirtschaftsablauf anpassen durfte, sondern dass es dringend erforderlich war, das betriebliche Geschehen soweit als möglich vorauszuplanen.

Viele Veröffentlichungen lassen erkennen, wie groß in der damaligen Zeit der Einfluss gewesen ist, den die Tendenz zur betrieblichen Planung auf die praktische Ausgestaltung der Kostenrechnung ausgeübt hat[29].

2. Parallel zum Vordringen des Planungsgedankens wurde die betriebliche Budgetierung ausgebaut[30]. Man erkannte, dass die betriebliche Planung nur voll wirksam werden kann, wenn die geplanten Zahlen den verantwortlichen Stellen budgetmäßig vorgegeben und hinterher mit den entsprechenden Istgrößen verglichen werden. Gerade die Planungsabweichungen erwiesen sich als eine Quelle wertvoller Erkenntnisse[31]. Die Abweichungsanalyse gab zugleich wichtige Hinweise für den Planungsaufbau und die Budgetierung der nächsten Planungsperiode.

Als Folge erschien eine Fülle fachwissenschaftlicher Veröffentlichungen auf dem Gebiet der Budgetierung[32]. Das internationale Rationalisierungs-Institut erarbeitete die folgende, bis heute gültige Definition des Begriffes Budgetkontrolle[33]:

„Budget-Kontrolle stellt daher zunächst einmal eine Rationalisierungsmethode dar,

Budget	welche alles, was sich zweckmäßigerweise im Lebensgang eines Wirtschaftsunternehmens in Zahlen fassen lässt, durch Schätzung auf Grund a) statistisch ermittelter Erfahrungsunterlagen oder b) analytischer Vorausberechnungen nach einem einheitlichen Wirtschaftsplan in Sollziffern für gleichmäßige Zeiträume (Jahr mit Unterteilung bis zu Woche und Tag) festlegt,
Kontrolle	welche an Hand dieser Sollziffern die für die gleichen Zeiträume ermittelten Istziffern fortlaufend kontrolliert, um so entweder die Richtigkeit des Voranschlages oder die Veranlassung der erforderlichen Anpassungs- und Verbesserungsmaßnahmen im Unternehmen und Betriebe selbst zu bewirken.“

Bemerkenswert ist, dass man schon damals die Budgetkontrolle als eine Betriebsführungsmethode bezeichnet hat. Mit der Beendigung der großen Wirtschaftskrise flaute jedoch in Deutschland das Interesse an der Budgetierung langsam ab; die Kriegswirtschaft des Zweiten Weltkrieges führte zu einer weiteren Verminderung des Interesses an der betrieblichen Planung.

3. Die stürmische Entwicklung auf dem Gebiet der betrieblichen Planung und Budgetierung, die nach dem ersten Weltkrieg einsetzte, musste aus den folgenden Gründen einen nachhaltigen Einfluss auf die Entwicklung der Kostenrechnung ausüben. Erstens sind für den Aufbau nahezu aller Teilpläne geplante Kosten als Daten erforderlich. Solche Kosten stehen aber nur in einer Plankostenrechnung zur Verfügung. Zweitens bildet der nach Erzeugnissen oder Erzeugnisgruppen differenzierte Erfolgsplan den Abschluss der kurzfristigen Planung. Hier werden den geplanten Erlösen die zugehörigen Plankosten der Erzeugnisse gegenübergestellt.

Zugleich mit der Kostenplanung ging man in vielen Unternehmungen dazu über, den betrieblichen Teilbereichen für bestimmte Abrechnungsperioden diejenigen Kosten budgetmäßig vorzugeben, die bei wirtschaftlichem Verhalten für die Erstellung der geplanten Leistungen erforderlich sind. Diese Entwicklung führte zwangsläufig zu einem Eindringen des Planungs- und Budgetierungsgedankens in die laufende Kostenrechnung und gab somit den entscheidenden Anstoß für die Weiterentwicklung der Kostenrechnung zur Plankostenrechnung[34].

1.3.1.4 Das anglo-amerikanische Standard Cost Accounting und sein Einfluss auf die Kostenrechnung in Deutschland

1. Die USA und Großbritannien gelten mit Recht als die „klassischen Länder“ der Plankostenrechnung, da hier bereits in den ersten Jahrzehnten dieses Jahrhunderts das Standard Cost Accounting als neue Form der Kostenrechnung entstand[35].

Als erste amerikanische Veröffentlichung zur Standardkostenrechnung gilt nach D. Solomons ein Aufsatz von P. Longmuir im Engineering Magazine 1902[36]. Hier wurden bereits ein Soll-Ist-Vergleich der Kosten und eine Abweichungs-Analyse beschrieben. Im Jahre 1908 folgte eine ausführliche Beschreibung der amerikanischen Standardkostenrechnung durch J. Whitmore, der als erster den Begriff „true or correct costs“ für Standardkosten verwendete[37]. Dieser Begriff soll zum Ausdruck bringen, dass die auf Unwirtschaftlichkeiten zurückgehenden Kostenabweichungen keinen wirklichen Kostencharakter haben, sondern „innerbetriebliche Gewinne oder Verluste“ sind[38].

K. Weber kommt bei seiner ausführlichen Analyse der amerikanischen Literatur zu dem Ergebnis, dass H. Emerson als „Vater der amerikanischen Standardkostenrechnung“ anzusehen ist[39].

Von besonders großer Bedeutung für die Entwicklung der amerikanischen Standardkostenrechnung sind aber zweifellos die praktischen Arbeiten von G. C. Harrison gewesen, der seit 1909 mit H. Emerson zusammenarbeitete und als Betriebsberater das von ihm geschaffene System der Standardkostenrechnung in die amerikanische Praxis eingeführt hat.

Die Hauptaufgaben der von G. C. Harrison entwickelten Standardkostenrechnung waren die Kostenkontrolle und insbesondere die Abweichungsanalyse. Auch das von

G. C. Harrison angewandte Kostenrechnungssystem enthielt lediglich starre, d. h. nicht mit den Beschäftigungsgraden abgewandelte Kostenvorgaben.

Wie K. Weber auf Grund seiner umfangreichen Literaturanalyse nachweist, hat die Standardkostenrechnung im Laufe der zwanziger Jahre eine stetige und recht erfreuliche Entwicklung genommen. In diesem Zeitraum wurde ihre grundsätzliche Ausprägung festgelegt. Im folgenden Jahrzehnt entstanden die grundlegenden Standardwerke von G. C. Harrison, E. A. Cammann und C. Gillespie[40].

2. Als Vorstufe der amerikanischen Standardkostenrechnung wird ein in den USA früher weit verbreitetes Verfahren angesehen, das man als Estimated Cost System bezeichnet. Dieses Verfahren hat Ähnlichkeit mit der deutschen Normalkostenrechnung, allerdings mit dem Unterschied, dass es nicht von normalisierten Kostensätzen der Kostenstellen, sondern von normalisierten oder vorkalkulierten Herstellkosten pro Produkteinheit ausgeht. Wie in der später aus ihm entstandenen Standardkostenrechnung, wird beim Estimated Cost System auf eine Nachkalkulation verzichtet.

Die Abweichungen des Estimated Cost System entsprechen den Über- und Unterdeckungen der Normalkostenrechnung, allerdings mit der Einschränkung, dass die Fertigungskosten nicht nach Kostenstellen differenziert sondern global den Istkosten gegenübergestellt werden.

Die Weiterentwicklung führte dazu, dass man von den Schätzmethoden zur Kostenplanung überging und dabei die Kosten der betrieblichen Produkte mithilfe von kostenstellenweise differenzierten Kalkulationssätzen aufbaute. Hierdurch wurden die „estimated costs“ zu „standard costs“; aus dem Estimated Cost System ging auf diese Weise die amerikanische Standardkostenrechnung hervor[41].

3. Dass die amerikanische Standardkostenrechnung auch in Deutschland mit großem Interesse verfolgt wurde, beweisen zahlreiche Stellungnahmen in der Literatur[42]. Die Ausführungen im von F. W. Winkelmann 1928 veröffentlichten Aufsatz „Richtkosten (Standardkosten)“ sind aber zugleich ein Beispiel dafür, dass sich viele Autoren nicht auf die reine Beschreibung der amerikanischen Verfahren beschränkten, sondern sich bemühten, sie den vorhandenen deutschen Entwicklungsformen der Kostenrechnung anzupassen.

F. W. Winkelmann zerlegte bereits den Aufbau einer Standardkostenrechnung in die folgenden vier Stufen:

- Wahl der Planbeschäftigung
- Bildung von Beschäftigungsmaßstäben
- Abteilungsweiser Aufbau von Kostenstandards, die der Planbeschäftigung entsprechen
- Laufende Errechnung und Auswertung von Abweichungen.

Im Jahre 1929 erschien als erste geschlossene Darstellung der Plankostenrechnung in Deutschland das Buch von W. Lorch und F. Sommer: „Rechnungswesen und technischer Betrieb. Die Grundlagen der Plankostenrechnung“[43].

Wie unsere Ausführungen gezeigt haben, sind die analytischen Verfahren der Arbeitswissenschaft, die durch sie ausgelöste Einführung des Standardbegriffes in die

Kostenrechnung und die allgemeine Planungs- und Budgetierungstendenz nach dem ersten Weltkrieg in Verbindung mit der Beeinflussung durch die amerikanische Standardkostenrechnung die Impulse für die Weiterentwicklung der Ist- und Normalkostenrechnung zur Plankostenrechnung in Deutschland gewesen.

1.3.2 Die starre Plankostenrechnung

1. In Deutschland sind in vielen Unternehmungen die ersten Formen der Plankostenrechnung aus der (starren) Normalkostenrechnung hervorgegangen[44]. Nachdem bereits in der Normalkostenrechnung geplante Einzellohn- und Einzelmaterialkosten verwendet wurden, bestand der nächste Schritt der Entwicklung darin, sich bei der Bildung der Normalkostensätze immer mehr von den Istkosten zu lösen und die Normalkostensätze schließlich durch geplante Kostensätze zu ersetzen. Hierfür war es erforderlich, für alle Kostenstellen nach Kostenarten differenzierte Kostenvorgaben festzulegen, denen jeweils eine bestimmte Planbeschäftigung zugrunde lag. Eine derartige Form der Kostenrechnung bezeichnet man heute als eine starre Plankostenrechnung[45].

2. Die Planung der über Kostenstellen abgerechneten Kosten erfolgt in der starren Plankostenrechnung in folgenden Stufen.

Erstens wird für jede Kostenstelle (mindestens) eine Maßgröße der Kostenverursachung festgelegt, so z. B. Fertigungsstunden, Maschinenstunden oder das Durchsatzgewicht. Diese Maßgrößen werden heute meistens als Bezugsgrößen bezeichnet.

Zweitens wird unter Abstimmung mit dem System der betrieblichen Planung die voraussichtliche, durchschnittliche Planbeschäftigung festgelegt und mithilfe einer Planbezugsgrößenmenge quantifiziert.

Drittens wird durch Verbrauchsanalysen, technische Berechnungen und Schätzungen geplant, welcher mengenmäßige Verbrauch an Produktionsfaktoren angemessen ist, wenn unter der Voraussetzung wirtschaftlichen Handelns die Planbezugsgrößenmenge realisiert werden soll[46].

Viertens werden je Kostenart die geplanten Verbrauchsmengen und Arbeitszeiten mit geplanten Festpreisen und Lohnsätzen bewertet. Alle Plankostenbeträge zusammen bilden die gesamten Plankosten einer Kostenstelle. Dividiert man die gesamten Plankosten durch die Planbezugsgröße, so erhält man den Plankostenverrechnungssatz der betreffenden Kostenstelle.

Fünftens werden für sämtliche Erzeugnisse einer Unternehmung Plankalkulationen erstellt. In diesen Kalkulationen werden neben den Einzelkosten auch die über Stellen verrechneten Kosten als Plankosten verrechnet. Die kalkulatorische Verrechnung der Kostenstellenkosten erfolgt in der Weise, dass die Planbezugsgrößen pro Kalkulationseinheit mit den zugehörigen Plankostenverrechnungssätzen multipliziert werden.

Mit der Einführung einer starren Plankostenrechnung ist das Kostenüberwälzungsprinzip der Istkostenrechnung endgültig durchbrochen, da neben Preis-, Tarif- und Einzelmaterialverbrauchsabweichungen nunmehr auch Kostenstellenabweichungen auftreten.

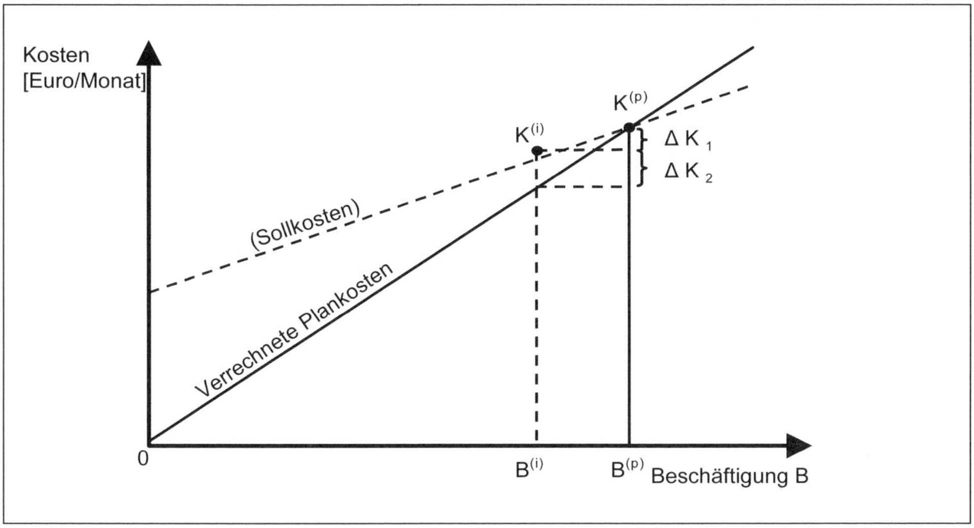

Abbildung 1-2: Beispiel zur Funktionsweise der starren Plankostenrechnung

Die Entstehung der Kostenstellenabweichungen wollen wir mithilfe der Abbildung 1-2 verdeutlichen.

Auf der Abszisse haben wir die Bezugsgröße B abgetragen; die Planbezugsgrößenmenge wird mit $B^{(p)}$ bezeichnet. Auf der Ordinate sind die Kosten in Euro/Monat angegeben. Den Plankostenbetrag, welcher der geplanten Beschäftigung entspricht, haben wir als $K^{(p)}$ bezeichnet. Dieser Betrag wird nach Kostenarten differenziert geplant, er wird in einer starren Plankostenrechnung aber noch nicht in fixe und proportionale Bestandteile aufgelöst. Dividiert man den Plankostengesamtbetrag durch die Planbezugsgrößenmenge, so erhält man den Plankostenverrechnungssatz, den wir als $h^{(p)}$ bezeichnen wollen:

(1-6) $$h^{(p)} = \frac{K^{(p)}}{B^{(p)}}$$

Dieser Kostensatz ist ein Vollkostensatz, da er auch die fixen Plankosten enthält. Er wird für den Aufbau der Plankalkulationen verwendet. Leistet die Kostenstelle in einem Monat nur eine Istbezugsgrößenmenge von $B^{(i)}$, so gehen folgende Kosten als (kalkulatorisch) verrechnete Plankosten in die Kostenträgerrechnung ein:

(1-7) $$\text{Verrechnete Plankosten} = h^{(p)}\, B^{(i)}$$

In Abbildung 1-2 haben wir die verrechneten Plankosten als eine durch den Nullpunkt verlaufende Gerade eingezeichnet.

Wie die Abbildung 1-2 erkennen lässt, lassen sich zwei Abweichungsarten unterscheiden.

Erstens kann man die Istkosten mit dem Plankostenbetrag $K^{(p)}$ vergleichen. Hierbei erhält man die Abweichung ΔK_1. Die „Kostenunterschreitung" ist aber zweifellos keine Einsparung, sondern eine Abweichung, die dadurch hervorgerufen ist, dass sich die Plankosten auf $B^{(p)}$ und die Istkosten nur auf $B^{(i)}$ beziehen. Welcher Kostenbetrag für die Realisierung der Istbeschäftigung angemessen wäre, lässt die starre Plankostenrechnung infolge der fehlenden Kostenauflösung in fixe und proportionale Kosten nicht erkennen. Der Sollkostenverlauf, den wir in Abbildung 1-2 als gestrichelte Gerade angedeutet haben, ist nicht bekannt. Die Kostenabweichung ΔK_1 ist zwar eine echte Planabweichung, denn sie gibt eine Differenz zwischen effektiven und geplanten Kosten an. Diese kann aber nicht auf ihre Entstehungsgründe zurückgeführt werden. Insbesondere ist keine Aussage darüber möglich, wie sich die Kosten bei rückläufiger Beschäftigung planmäßig hätten verringern müssen und welche Kostenabweichungen durch innerbetriebliche Unwirtschaftlichkeiten entstanden sind.

Zweitens kann man die Istkosten mit den verrechneten Plankosten vergleichen. Hierbei erhält man die Kostenabweichung ΔK_2 in Abbildung 1-2. Sie entspricht formal der Unterdeckung in der Normalkostenrechnung. Materiell besteht aber ein Unterschied, da in der Plankostenrechnung als Kostenabweichungen echte Planungsdifferenzen und nicht nur „Schätzungsfehler" wie in der Normalkostenrechnung entstehen. Die Kostenabweichung ΔK_2 hat gegenüber der Kostenabweichung ΔK_1 den Vorteil, dass Kostenbeträge miteinander verglichen werden, die sich auf die gleiche Beschäftigung beziehen. Allerdings ist auch bei dieser zweiten Abweichung eine Aufspaltung in die auf Beschäftigungsschwankungen und Unwirtschaftlichkeiten zurückgehenden Komponenten nicht möglich.

Zusammenfassend ist zur Beurteilung der starren Plankostenrechnung Folgendes festzustellen. Durch dieses Verfahren wird die Kostenrechnung erstmalig in das Gesamtsystem der betrieblichen Planung integriert. Da alle Kostenarten durch die Kostenplanung erfasst werden, schafft die starre Plankostenrechnung notwendige Voraussetzungen für die Durchführung laufender Kostenkontrollen und die dispositiven Aufgaben der Kostenrechnung. Wegen der Nichtberücksichtigung der Abhängigkeit der Kosten vom Beschäftigungsgrad ist aber im Rahmen einer starren Plankostenrechnung eine wirksame Kostenkontrolle noch nicht möglich. Die dispositiven Aufgaben werden dadurch beeinträchtigt, dass die starre Plankostenrechnung naturgemäß eine Vollkostenrechnung sein muss. Hier gilt unsere Kritik an der flexiblen Plankostenrechnung auf Vollkostenbasis in Kapitel 1.3.3.3 analog.

1.3.3 Die flexible Plankostenrechnung als Vollkostenrechnung

1.3.3.1 Begriffe und Ziele der flexiblen Plankostenrechnung

1. Nachdem die starre Plankostenrechnung durch die Kostenplanung das Fundament für eine wirksame Kostenkontrolle geschaffen hatte, war es nur noch ein relativ kleiner Schritt, die Plankostenrechnung durch eine Kostenauflösung, d. h. durch eine Aufteilung der Plankosten in fixe und proportionale Bestandteile, zu ergänzen. Hierdurch entstanden aus den starren Plankosten Kostenvorgaben, die sich an die jeweilige Istbeschäftigung anpassen lassen. Statt fester Beträge wurden den Kostenstellen nunmehr Kostenfunktionen vorgegeben, die angeben, wie sich die Kosten einer Kostenstelle in Abhängigkeit von der Beschäftigung verhalten sollen. Die durch diese Funktionen angegebenen Kosten bezeichnet man daher als Sollkosten. Eine Form der Plankostenrechnung, bei der an Beschäftigungsschwankungen angepasste Sollkosten zur Kostenkontrolle verwendet werden, bezeichnet man als flexible Plankostenrechnung[47].

Wir unterscheiden heute zwei Ausgestaltungsformen der flexiblen Plankostenrechnung, und zwar erstens die auf Vollkosten basierende flexible Plankostenrechnung, die wir in diesem Abschnitt behandeln wollen, und die Grenzplankostenrechnung, die erst später entstanden ist und von uns in Kapitel 1.3.4 beschrieben wird.

Das charakteristische Merkmal einer auf Vollkosten basierenden flexiblen Plankostenrechnung besteht darin, dass in die Verrechnungssätze für innerbetriebliche Leistungen und die Kalkulationssätze der Hauptkostenstellen auch die fixen Kosten einbezogen werden.

2. Das wichtigste Ziel der flexiblen Plankostenrechnung ist die Intensivierung der Kostenkontrolle. Die Durchführung der Kostenplanung erfolgt zunächst genauso, wie wir das in Kapitel 1.3.2 für die starre Plankostenrechnung beschrieben haben. Im Gegensatz zur starren Plankostenrechnung werden aber nunmehr bei der Kostenplanung sämtliche Planvorgaben in fixe und proportionale Bestandteile aufgelöst.

Bezeichnet man die Plankostensumme einer Kostenstelle mit $K^{(p)}$, den Kostenartenindex mit v, die Zahl der Kostenarten mit z und die Planbeschäftigung mit $B^{(p)}$, so gilt für die Plankostensumme einer Kostenstelle folgender Ausdruck[48]:

$$(1\text{-}8) \qquad K^{(p)} = \sum_{\nu=1}^{z} K_{\nu}^{(p)}$$

Löst man in dieser Gleichung die Kostenartenbeträge $K_{\nu}^{(p)}$ in ihre fixen und proportionalen Bestandteile auf, die wir mit $K_{F\nu}^{(p)}$ und $K_{P\nu}^{(p)}$ bezeichnen wollen, so lässt sich die Gleichung (8) wie folgt erweitern:

$$(1\text{-}9) \qquad K^{(p)} = \sum_{\nu=1}^{z} K_{F\nu}^{(p)} + \sum_{\nu=1}^{z} K_{P\nu}^{(p)}\left(B^{(p)}\right)$$

Der zweite Summand gibt an, dass die proportionalen Kosten eine Funktion der Beschäftigung sind und sich die proportionalen Plankosten auf die Planbeschäftigung beziehen.

Wie wir im Einzelnen in Kapitel 2.1 zeigen werden, basiert die Kostenplanung der flexiblen Plankostenrechnung in der Praxis auf der Prämisse, dass sich die variablen Kosten proportional zur Bezugsgröße verhalten und dass die fixen Kosten absolut fix sind, also keine Kostensprünge enthalten.

Für eine beliebige Istbeschäftigung $B^{(i)}$ gibt die Gleichung (1-9) die nach Kostenarten differenzierten Sollkosten an, für die wir das Kurzzeichen $K^{(s)}$ verwenden. Man erhält aus der Gleichung (1-9) durch Einsatz von $B^{(i)}$:

$$(1\text{-}10) \qquad K^{(s)} = \sum_{\nu=1}^{z} K_{F\nu}^{(p)} + \sum_{\nu=1}^{z} K_{P\nu}^{(s)}\left(B^{(i)}\right)$$

Da sich die variablen Sollkosten aus den proportionalen Plankosten durch Multiplikation mit dem Beschäftigungsgrad $B^{(i)}/B^{(p)}$ errechnen lassen, kann man an Stelle der Gleichung (1-10) auch schreiben:

$$(1\text{-}11) \qquad K^{(s)} = \sum_{\nu=1}^{z} K_{F\nu}^{(p)} + \sum_{\nu=1}^{z} K_{P\nu}^{(s)} \frac{B^{(i)}}{B^{(p)}}$$

Für Kostenarten, die in voller Höhe fix bzw. proportional sind, ist in Gleichung (1-11) jeweils der zweite bzw. erste Summand gleich Null. Fasst man alle Kostenarten zusammen, so kann man die Gleichung (1-11) wie folgt vereinfachen:

$$(1\text{-}12) \qquad K^{(s)} = K_F^{(p)} \frac{B^{(i)}}{B^{(p)}}$$

Hierbei ist $K_F^{(p)}$ die Summe der fixen und $K_P^{(p)}$ die Summe der proportionalen Plankosten der betreffenden Kostenstelle. Die Gleichung (1-12) entspricht der Summenzeile im Kostenplan einer Kostenstelle.

Aus den Gleichungen (1-11) und (1-12) erhält man die Plankosten $K^{(p)}$, wenn man für $B^{(i)}$ die Planbeschäftigung $B^{(p)}$ einsetzt; die Sollkosten der Planbeschäftigung stimmen stets mit den Plankosten überein.

Dividiert man die gesamten Plankosten einer Kostenstelle durch die Planbezugsgröße, so erhält man den Plankostenverrechnungssatz $h^{(p)}$, für den wir in Kapitel 1.3.2 die Gleichung (1-6) angegeben haben. In der auf Vollkosten basierenden flexiblen Plankostenrechnung wird dieser Kostensatz für die Plankalkulation verwendet, genau wie wir das bereits für die starre Plankostenrechnung beschrieben haben. Auch hier gehen die verrechneten Plankosten in die Kostenträgerrechnung ein, für die ein Kapitel 1.3.2 die Gleichung (1-7) abgeleitet wurde.

In der Abbildung 1-3 haben wir den Sollkostenverlauf und die Kurve der verrechneten Plankosten grafisch dargestellt.

Der entscheidende Unterschied gegenüber der starren Plankostenrechnung besteht in der Kostendifferenz ΔK, um die sich die Sollkosten der Istbeschäftigung von den Plankosten unterscheiden, wenn die Istbeschäftigung von der Planbeschäftigung abweicht. Diese Kostendifferenz ist eine echte „Beschäftigungsabweichung der Kosten", obwohl die Bezeichnung Beschäftigungsabweichung für sie nicht üblich ist. Ein Vergleich mit Abbildung 1-2 lässt erkennen, dass diese beschäftigungsabhängige Veränderung der proportionalen Kosten die in Abbildung 1-1 als ΔK_1 und ΔK_2 ausgewiesenen Abweichungen überlagert. Hierin liegt die eigentliche Ursache dafür, dass in der starren Plankostenrechnung eine wirksame Kostenkontrolle nicht möglich ist.

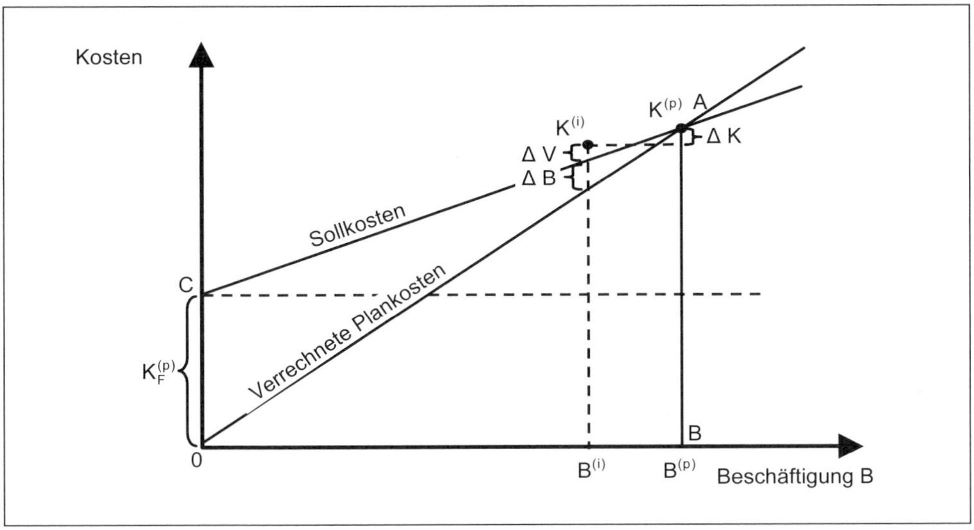

Abbildung 1-3: Beispiel eines Sollkostenverlaufs in einer auf Vollkosten basierenden flexiblen Plankostenrechnung

In der flexiblen Plankostenrechnung werden die Istkosten $K^{(i)}$ mit den Sollkosten der Istbeschäftigung $K^{(s)}$ verglichen. Hierbei erhält man die nach Kostenarten differenzierten Verbrauchsabweichungen einer Kostenstelle, die wir als ΔV bezeichnen wollen:

$$(1\text{-}13) \qquad \Delta V = \sum_{\nu=1}^{z} \Delta V_{\nu} = \sum_{\nu=1}^{z} \left[K_{\nu}^{(i)} - K_{\nu}^{(s)} \right]$$

Die Verbrauchsabweichungen werden auch Kostenstellenabweichungen genannt. Wie die Abbildung 1-3 erkennen lässt, stimmen die verrechneten Plankosten nur bei Planbeschäftigung mit den Sollkosten überein. Bei anderen Beschäftigungsgraden weicht die Kurve der verrechneten Plankosten vom Sollkostenverlauf ab. Die Plankostenkurve stellt im Gegensatz zum Sollkostenverlauf keine realisierbare Kostenkurve dar. Dies wäre nur dann der Fall, wenn alle Kostenarten sich rein proportional zur Beschäftigung verhalten würden[49]. Die Kurve der verrechneten Plankosten hat in der flexiblen Plankostenrechnung nur eine rein rechentechnische Bedeutung. Der Abstand zwischen dem Sollkostenverlauf und der Kurve der verrechneten Plankosten wird als Beschäftigungsabweichung bezeichnet. Für die Beschäftigungsabweichung, die wir als ΔB bezeichnen wollen, gilt folgende Bestimmungsgleichung:

$$(1\text{-}14) \qquad \Delta B = K^{(s)} - h^{(p)} B^{(i)}$$

Die Beschäftigungsabweichung einer Kostenstelle gibt an, welche Kostendifferenz zwischen der Kostenstellenrechnung und der Kostenträgerrechnung entsteht, wenn man in der Plankalkulation bei jeder Beschäftigung den Plankostenverrechnungssatz $h^{(p)}$

beibehält. Die Beschäftigungsabweichung entspricht den bei Unterbeschäftigung „zuwenig" bzw. den bei Überbeschäftigung „zuviel" kalkulierten fixen Kosten.

Wie ein Vergleich der Abbildungen 1-2 und 1-3 erkennen lässt, wird die in der starren Plankostenrechnung ausgewiesene Kostenabweichung ΔK_2 in der flexiblen Plankostenrechnung in die Verbrauchsabweichung ΔV und die Beschäftigungsabweichung ΔB zerlegt.

In Abbildung 1-4 haben wir dargestellt, wie sich infolge der Fixkostendegression der Vollkostensatz einer Kostenstelle (hyperbelförmig) mit der Beschäftigung verändert. Die Abbildung zeigt, dass die Höhe des Kalkulationssatzes von der Wahl der Planbeschäftigung abhängig ist. Die Tatsache, dass in einer Plankostenrechnung der geplante Kalkulationssatz nicht an die Beschäftigung angepasst wird, führt zur Entstehung eines „Kalkulationssatzfehlers", den wir in Abbildung 1-4 mit Δh bezeichnet haben.

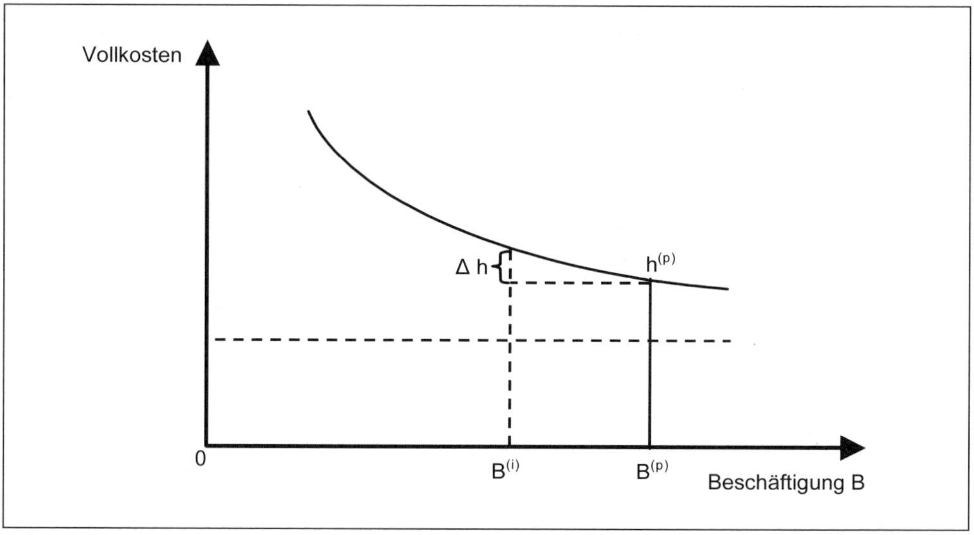

Abbildung 1-4: Abhängigkeit des Plankostenverrechnungssatzes von der Beschäftigung in einer auf Vollkosten basierenden flexiblen Plankostenrechnung

3. Bereits im ersten Entwicklungsstadium der Plankostenrechnung wurden in Deutschland zwei besondere Ausgestaltungsformen der flexiblen Plankostenrechnung vorgeschlagen, die sich aber in der Praxis nicht durchgesetzt haben.

In Deutschland versuchte insbesondere W. W. Neumayer Methoden für die Eliminierung der durch schwankende Auftragszusammensetzungen und veränderte Seriengrößen verursachten Kosteneinflüsse zu erarbeiten; er bezeichnete eine Kostenrechnung, die diese Aufgabe löst, als eine „doppelt-flexible" oder „voll-flexible Plankostenrechnung"[50]. Diese Begriffe haben sich aber weder in der Literatur noch in der Praxis durchgesetzt, weil die weitere Entwicklung der flexiblen Plankostenrechnung zeigte, dass sich der störende Einfluss schwankender Auftragszusammensetzungen und variabler Seriengrößen durch eine Verfeinerung der Kostenstelleneinteilung und der Bezugsgrößenwahl ausschalten lässt.

Rechnet man kleine Maschinengruppen oder Arbeitsplätze in der laufenden Abrechnung als eigenständige Kostenstellen ab, so ergeben sich häufig Kontierungsschwierigkeiten[51]. Um diese zu vermeiden, ist von H. Diercks, F. Petzold und W. W. Neumayer vorgeschlagen worden, nur bei der (jährlich einmal durchzuführenden) Kostenplanung von kleinen Maschinengruppen oder einzelnen Arbeitsplätzen auszugehen und in der laufenden Abrechnung eine Verdichtung zu größeren Kostenstellen vorzunehmen. Sie bezeichnen eine solche Form der flexiblen Plankostenrechnung als „Kostenplatzrechnung“[52]. Dieses Verfahren hat sich aber in der Praxis nicht durchsetzen können.

1.3.3.2 Die Entstehung der flexiblen Plankostenrechnung

1. Unsere bisherigen Ausführungen über die Entwicklungsformen der Kostenrechnung lassen erkennen, dass in vielen Betrieben die flexible Plankostenrechnung aus starren Formen der Normal- oder Plankostenrechnung hervorgegangen ist. Andere Betriebe bemühten sich bereits zu einer Zeit ihre Kostenrechnung flexibel zu gestalten, als noch Normalkosten verwendet wurden. Hier entstand die flexible Plankostenrechnung unmittelbar aus der flexiblen Normalkostenrechnung.

Den entscheidenden Impuls für die flexible Ausgestaltung der Plankostenrechnung löste die Erkenntnis aus, dass ohne eine ständige Überwachung der Kostenwirtschaftlichkeit keine rationelle Betriebsführung möglich ist[53].

Die große Bedeutung der Kostenkontrolle wurde bereits von E. Schmalenbach im Jahre 1909 hervorgehoben, wobei er erstmalig in Deutschland auf die Notwendigkeit von Soll-Ist-Vergleichen zum Zwecke der Betriebskontrolle hingewiesen hat[54]. Allerdings sah E. Schmalenbach damals noch keine Möglichkeiten, Maßstäbe für die Kostenkontrolle aufzustellen.

Bis zum ersten Weltkrieg fand der Gedanke der Kostenkontrolle kaum Eingang in die betriebliche Praxis. Erst die ungewissen wirtschaftlichen Verhältnisse der Nachkriegszeit lösten in Verbindung mit dem Planungs- und Budgetierungsgedanken eine Tendenz zur Kostenkontrolle aus.

2. Der Versuch, die Kostenbudgetierung flexibel zu gestalten, ist fast genau so alt wie die Zielsetzung einer wirksamen Kostenkontrolle selbst.

Das erste flexible Kostenbudget wurde bereits von H. Hess im Engineering Magazine 1903 beschrieben[55]. Hierbei handelte es sich um eine lineare Sollkostenfunktion, mit deren Hilfe sich die Istkosten verschiedener Istbeschäftigungsgrade kontrollieren lassen. Bald nach dem ersten Weltkrieg tauchte der Gedanke der flexiblen Kostenbudgetierung von neuem auf. Wahrscheinlich wurde die Bezeichnung „flexible budget“ zuerst von J. H. Williams geprägt[56]. Auf Kongressen berichtete H. W. Maynard ausführlich über das von ihm seit Jahren angewendete Verfahren des flexiblen Budgets. Bei diesem Verfahren werden die Kostenstellenvorgaben monatlich an die Istbeschäftigungsgrade mithilfe so genannter „Factors of Expense Variability" angepasst. Diese Faktoren sind für fixe Kosten 0 %, für rein proportionale Kosten 100 % und liegen für Kostenarten, die aus fixen und proportionalen Bestandteilen zusammengesetzt sind, zwischen diesen beiden Extremwerten. So gibt z. B. H. W. Maynard für Reparaturkosten Faktoren von 70 % und für Hilfsstoffe von 80 % an[57]. Wie wir an anderer Stelle zeigen werden, hat man solche Faktoren später auch in deutschen Systemen der flexiblen Plankostenrechnung verwendet und dort als Variatoren bezeichnet. Spätestens seit den dreißiger Jahren gehört die flexible Kostenbudgetierung zum festen Bestandteil der amerikanischen Standardkostenrechnung.

In der deutschen Literatur wurde die flexible Kostenbudgetierung zum ersten Mal von H. Narath im Jahre 1927 beschrieben[58]. H. Narath schlug vor, anstelle starrer Kostenbeträge lineare Kostenkurven budgetmäßig vorzugeben. In den folgenden Jahren haben auch andere deutsche Autoren die flexible Kostenbudgetierung betrieben[59].

1.3.3.3 Kritik an der auf Vollkosten basierenden flexiblen Plankostenrechnung

1. Der bedeutsamste Vorteil der auf Vollkosten basierenden flexiblen Plankostenrechnung besteht darin, dass sie als erstes Kostenrechnungssystem praktische Möglichkeiten für eine wirksame Kostenkontrolle geschaffen hat.

Ein weiterer Vorteil der flexiblen Plankostenrechnung besteht in der Verwendung eines Systems differenzierter Maßgrößen der Kostenverursachung (Bezugsgrößen). Da die beste Bezugsgröße für die Kostenkontrolle häufig auch die zweckmäßigste Kalkulationsgrundlage bildet, führte die flexible Plankostenrechnung auch zu einer Verbesserung der Kalkulationsgenauigkeit.

2. Im Gegensatz zu den USA hat sich in Deutschland der Budgetierungsgedanke dagegen in der Praxis der Zwischenkriegszeit nicht sehr stark durchgesetzt[60]. Diese Tatsache führte dazu, dass in Deutschland vorübergehend ein Prozess der Isolierung der flexiblen Plankostenrechnung von der Budgetrechnung und dem Gesamtsystem der betrieblichen Planung einsetzte.

Bei der Anwendung der flexiblen Plankostenrechnung in der betrieblichen Praxis wurde deutlich, dass sich nur in Fällen, in denen man die Beschäftigung genau genug im voraus planen kann, die Kosten im eigentlichen Sinne des Wortes budgetieren lassen. In anderen Fällen dagegen muss man erst die realisierte Istbeschäftigung abwarten, ehe man die „Kostenvorgaben" bestimmen kann.

Aus dieser Erkenntnis wurde in Deutschland von vielen Kostenfachleuten, insbesondere von Technikern, der Schluss gezogen, dass eine wirksame Kostenkontrolle auch ohne Verankerung der flexiblen Plankostenrechnung im System der betrieblichen Gesamtplanung möglich ist. Die Folge war eine Ausgestaltungsform der flexiblen Plankostenrechnung, die E. Kosiol als „Standardkostenrechnung" bezeichnet[61]. Diese Form der Plankostenrechnung kontrolliert in erster Linie die „mengenmäßige, technische Ergiebigkeit des Güterverbrauchs". Die Isolierung der flexiblen Plankostenrechnung vom System der betrieblichen Planung hat dazu geführt, dass die Plankostenrechnung zwar für die Zwecke der Kostenkontrolle, nicht aber für die dispositiven Aufgaben der Kostenrechnung geeignet ist.

Bereits von 1950 an setzte eine starke Tendenz ein, die flexible Plankostenrechnung wieder in das Gesamtsystem der betrieblichen Planung zu integrieren[62]. Für eine Ausgestaltungsform der flexiblen Plankostenrechnung, die einen immanenten Zusammenhang mit der betrieblichen Gesamtplanung aufweist, hat E. Kosiol die Bezeichnung „Prognosekostenrechnung“ vorgeschlagen[63].

Heute hat sich in der betriebswirtschaftlichen Literatur die Ansicht durchgesetzt, dass die flexible Plankostenrechnung ihre größtmögliche Wirksamkeit nur erreichen kann, wenn sie Teil der betrieblichen Gesamtplanung ist[64]. Nur wenn die Kostenplanung mit allen übrigen Teilplänen abgestimmt ist, kann sie Kostendaten liefern, die für das Treffen von Entscheidungen erforderlich sind.

3. Der Haupteinwand gegen die auf Vollkosten basierende flexible Plankostenrechnung besteht darin, dass dieses Verfahren auf einer rechnerischen Proportionalisierung der fixen Kosten basiert und aus diesem Grunde für die dispositiven Aufgaben der Kostenrechnung nicht geeignet ist.

Die Kostenrechnung als kurzfristige Rechnung hat die Aufgabe, Kostendaten für den Aufbau der kurzfristigen Planung zu liefern[65]. Für die Entscheidungen der kurzfristigen Planung sind aber nur solche Kosten relevant, die durch kurzfristig variierbare Aktionsparameter beeinflusst werden.

Die wichtigsten Aktionsparameter der kurzfristigen Planung sind die Produktions- und Absatzmengen. Beim Aufbau der kurzfristigen Planung müssen Entscheidungen darüber getroffen werden, welche Produktmengen mit den vorhandenen Kapazitäten produziert werden sollen und welche Verfahren hierfür einzusetzen sind. Diese Entscheidungen beeinflussen die fixen Kosten nicht.

Dennoch werden in einer Vollkostenrechnung die fixen Kosten mithilfe der gleichen Bezugsgrößen auf die betrieblichen Erzeugnisse weiterverrechnet wie die proportionalen Kosten. Dieser Tatbestand wird in den Abbildungen 1-2 und 1-3 durch die Kurve der verrechneten Plankosten verdeutlicht. Diese Kurve zeigt, dass in der Vollkostenrechnung eine rechnerische Proportionalisierung der fixen Kosten erfolgt. Hierdurch wird gegen das Verursachungsprinzip verstoßen.

4. Die Wirkung der fixen Kosten wurde schon sehr früh erkannt. Bereits im 17. und 18. Jahrhundert findet man bei einigen Autoren den Hinweis auf Kostenarten, die sich nicht proportional zur Leistung verändern[66] und schon im Jahre 1899 veröffentlichte E. Schmalenbach einen Aufsatz mit dem Thema: „Buchführung und Kalkulation im Fabrikgeschäft“, durch den er „die große Bedeutung der fixen Kosten ins rechte Licht rücken“ wollte und erstmalig Zweifel am Vollkostenprinzip äußerte, indem er die „Ausgliederung der Fixkosten in Kalkulation und Preispolitik“ forderte[67]. Es hat viele Jahrzehnte gedauert, bis E. Schmalenbachs Ideen aufgegriffen wurden; dennoch hat er unbeirrt in seinen Veröffentlichungen das Fixkostenproblem zum Zentralproblem seiner Kostenlehre gemacht. Er definierte die Fixkosten als Kosten der Betriebs- und Produktionsbereitschaft, die sich bei Beschäftigungsschwankungen nicht ändern, sofern nicht zugleich auch der Grad der Betriebsbereitschaft variiert wird[68]. In seinen Veröffentlichungen hat E. Schmalenbach die Abhängigkeit der Kosten von der Beschäftigung analysiert und aus der Existenz fixer Kosten weitreichende Konsequenzen für die Ausgestaltung der Kostenrechnung gezogen. Über die Kritik am Vollkostenprinzip gelangte E. Schmalenbach zu einer Form der Kostenrechnung, bei der die fixen Kosten konsequent ausgegliedert und nicht auf die betrieblichen Erzeugnisse verrechnet werden.

Weiterhin erkannte K. Rummel bei dem Versuch, eine „Einheitliche Kostenrechnung" auf der Basis eines Systems von Kosteneinflussgrößen und deren proportionalen Beziehungen zu den Kosten zu schaffen, dass die fixen Kosten zur Kalenderzeit und nicht zur Fertigungszeit (oder einem anderen Beschäftigungsmaßstab) proportional sind. Er hat eine konsequente Ausrichtung der Kostenrechnung am Verursachungsprinzip gefordert und gelangte dadurch zu einer Ablehnung der Vollkostenrechnung.

Mit großer Entschiedenheit hat insbesondere P. Riebel die „Proportionalisierung fixer Kosten" kritisiert und auf die „systemimmanenten Mängel" der Vollkostenrechnung hingewiesen[69]. Auch er fordert ein System der Kostenrechnung, bei dem die fixen Kosten nicht auf betriebliche Leistungen weiterverrechnet werden.

Insbesondere aber sind es der Ausbau der kurzfristigen (operativen) Planung und die zunehmende Anwendung mathematischer Entscheidungsmodelle gewesen, die die Kritik an der Vollkostenrechnung verstärkt haben. Mit Recht stellt P. Riebel fest, dass die traditionelle Vollkostenrechnung in einer Marktwirtschaft allgemein als unbrauchbar gilt.[70]

Dennoch sind immer wieder Argumente zugunsten einer Vollkostenrechnung vorgebracht worden. F. Heinzel schlägt vor, die fixen Kosten den betrieblichen Erzeugnissen mithilfe der „Bezugsgrößen der Vollbeschäftigung" zuzuordnen und fordert eine „Vollkostenrechnung mit gesonderten Fixkostenbeiträgen"[71]. Wie allerdings W. Männel gezeigt hat, sind aber Henzels Argumente zugunsten der Vollkostenrechnung nicht stichhaltig[72].

Besonders ausgeprägt ist das traditionelle Fixkostendenken bei K. Käfer, der die Kalenderzeitproportionalität der fixen Kosten mit der Begründung ablehnt, dass die Kosten „nicht von der Zeit, sondern von den Ereignissen in der Zeit", abhängig seien[73]. Die Vertreter der Vollkostenrechnung unterliegen dem Trugschluss, dass funktionale Zusammenhänge, die für langfristige Entscheidungen gelten, auch für die kurzfristige Planung und damit für die Kostenrechnung relevant sind[74].

5. Auch in den USA hat man das Fixkostenproblem sehr früh erkannt. So hat z. B. E. A. Camman bereits 1932 darauf hingewiesen, dass sich die fixen Kosten nicht verursachungsgerecht und ohne willkürliche Annahmen auf die betrieblichen Erzeugnisse verrechnen lassen.[75]

In der amerikanischen Literatur werden fixe Kosten meistens als „fixed costs", „period costs", „capacity costs" oder „readiness to serve costs" bezeichnet. G. Shillinglaw kennzeichnet fixe Kosten wie folgt: „Fixed, standby, or capacity costs are ‚time costs' because they accumulate with the passage of time irrespective of the volume of activity."[76] Im „Management Cost Accounting" wurde deutlich, dass eine auf Vollkosten basierende Standardkostenrechnung infolge der Proportionalisierung fixer Kosten nicht in der Lage ist, richtige Entscheidungsgrundlagen zu liefern. Hierzu schreibt z. B.

C. T. Horngren: „Under absorption costing, the relevant information is not only difficult to gather, but there is a danger that management may be misled by reliance on unit costs, which contain an element of irrelevant fixed overhead.“[77]

6. Die Mängel der auf Vollkosten basierenden flexiblen Plankostenrechnung führten insbesondere bei der Lösung folgender Probleme zu falschen Informationen und Fehlentscheidungen[78]:

- Verkaufsentscheidungen im Absatzbereich
  - Eliminierung von „Verlustartikeln“
  - Steuerung des Verkaufsprogrammes
  - Bestimmung von Preisuntergrenzen
- Verfahrenswahlentscheidungen im Produktionsbereich
  - Wahl zwischen mehreren Fertigungsstellen
  - Wahl zwischen Eigenerstellung und Fremdbezug
- Kurzfristige Erfolgsrechnung
  - Aufbau der Erfolgsplanung
  - Kontrolle des Periodenerfolgs.

Eine besonders häufig auftretende Fehlentscheidung ist die Eliminierung von „Verlustartikeln“ im Anschluss an die Auswertung einer auf Vollkosten basierenden kurzfristigen Erfolgsrechnung[79]. Wird in einer derartigen Erfolgsübersicht ein „Verlustartikel“, der seine Vollkosten nicht deckt, ausgewiesen, zieht die Geschäftsleitung häufig den Schluss, dass der Gewinn um den Verlustbetrag steigt, wenn bei im übrigen gleichbleibender Zusammensetzung des Fertigungsprogrammes der „Verlustartikel“ aus dem Sortiment gestrichen wird. Dieser Schluss ist aber falsch, da bei Eliminierung des „Verlustartikels“ zwar die Erlöse in vollem Umfange wegfallen, nicht aber auch die Selbstkosten; denn diese enthalten in einer Vollkostenrechnung proportionalisierte fixe Kosten. Solange keine Kapazitäten abgebaut werden, bleibt die Höhe der fixen Kosten unverändert. Die bisher auf den „Verlustartikel“ verrechneten fixen Kosten müssen daher von den übrigen Produktarten mitgetragen werden. In der Regel wird die Geschäftsleitung bei der Auswertung der monatlichen Erfolgsrechnung vom Leiter der Kostenabteilung auf diesen Sachverhalt hingewiesen. Durch nachträgliche Sonderrechnungen wird er versuchen, die proportionalen und fixen Bestandteile der Selbstkosten zu trennen. Eine nachträgliche Kostenauflösung ist aber sehr ungenau und zeitraubend, weil in der Vollkostenrechnung die innerbetrieblichen Leistungen mit Vollkosten bewertet werden, sodass fixe Kosten der Hilfs- und Nebenkostenstellen auf den empfangenden Hauptkostenstellen scheinbar zu „proportionalen Kosten“ werden.

Zu weiteren schwerwiegenden Fehlentscheidungen führt die Vollkostenrechnung bei der mengenmäßigen Steuerung des Verkaufsprogramms. Wegen der willkürlichen Fixkostenzurechnung und der unterschiedlichen Fixkostenbelastung der Erzeugnisse kann man bei einer Vollkostenrechnung nicht erkennen, wie sich der Gesamtgewinn verändert, wenn man die mengenmäßige Zusammensetzung des Verkaufsprogramms variiert.

Ein weiterer Mangel der Vollkostenrechnung besteht darin, dass sich für die betrieblichen Aufträge und Erzeugnisse keine Preisuntergrenzen bestimmen lassen. Zwar stimmen nicht in allen Fällen die proportionalen Selbstkosten pro Kalkulationseinheit mit der Preisuntergrenze überein, sie werden aber stets zur Bestimmung von Preisuntergrenzen benötigt.

Zu schwerwiegenden Fehlentscheidungen führt das Vollkostenprinzip auch bei kurzfristigen Verfahrenswahlentscheidungen der Produktionsvollzugsplanung[80]. In vielen Unternehmungen muss die Arbeitsvorbereitung beim Aufbau der Produktionsvollzugsplanung entscheiden, welche von mehreren vorhandenen Maschinentypen für bestimmte Arbeitsgänge eingesetzt werden sollen. Um solche Entscheidungen richtig treffen zu können, müssen Kostenvergleichsrechnungen durchgeführt werden. Verfügt eine Unternehmung nur über eine Vollkostenrechnung, so werden diese Rechnungen mithilfe von Vollkostensätzen durchgeführt. Hierdurch wird in die Verfahrensplanung die gefährliche Tendenz getragen, hochmechanisierte fixkostenintensive und bereits schlecht ausgelastete Maschinengruppen immer weniger mit Aufträgen zu belegen und statt dessen ältere, meist lohnintensive Maschinen zu wählen. Wie die Abbildung 1-5 erkennen lässt, wird hierdurch im Zeitablauf die Beschäftigung einer fixkostenintensiven Maschine immer niedriger und der Vollkostensatz immer höher. Damit werden dieser Maschine immer weniger Aufträge zugeteilt. Die meisten Kostenrechner begrenzen das Absinken des Beschäftigungsgrades zwar durch Wahl einer bestimmten „Normalbeschäftigung", weil ihnen sonst die „Fixkostenprogression zu stark wird", dennoch hat in der Praxis die Verwendung von Vollkostensätzen häufig zum brachliegen hochmechanisierter (und daher fixkostenintensiver) Maschinen geführt. Für Kostenvergleichsrechnungen zum Zwecke der Verfahrenswahl sind nur die proportionalen Fertigungskosten der wählbaren Verfahren relevant; diese stehen aber in einer Vollkostenrechnung nicht zur Verfügung.

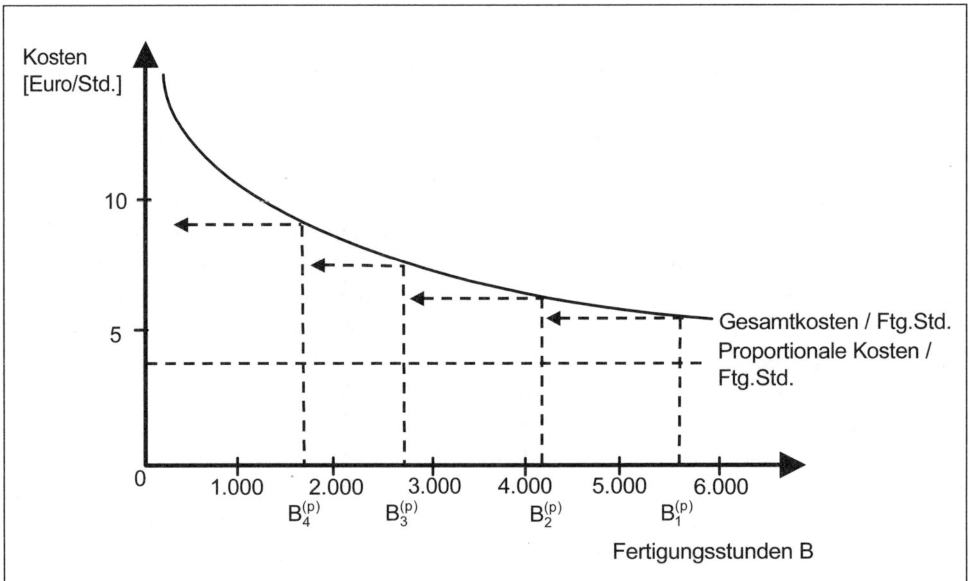

Abbildung 1-5: Beispiel zur Verfahrenswahl mithilfe von Vollkostensätzen (Abhängigkeit des Vollkostensatzes von der Beschäftigung)

Zu ähnlichen Fehlentscheidungen führt die Vollkostenrechnung bei kurzfristigen Wahlproblemen zwischen selbsterstellten und fremdbezogenen Einzelteilen oder Vorprodukten. Auch für diese Entscheidungen sind nur die proportionalen Kosten der Selbsterstellung relevant, sofern die erforderlichen Kapazitäten bereits vorhanden sind[81].

Auch bei anderen Entscheidungen der Produktionsvollzugsplanung, so z. B. bei der Bestimmung optimaler Seriengrößen, führt die Verwendung von Vollkostensätzen zu falschen Ergebnissen.

Die Mängel der auf Vollkosten basierenden flexiblen Plankostenrechnung werden weiterhin in der kurzfristigen Erfolgsrechnung sichtbar.

In der kurzfristigen Erfolgsplanung wird bei Anwendung des Vollkostenprinzips folgende Bestimmungsgleichung des Periodenerfolgs verwendet[82]:

$$(1\text{-}15) \qquad G = \sum_{j=1}^{n} \left(p_j^{(p)} \right) - k_j^{(p)} \; x_{Aj}^{(p)}$$

In dieser Gleichung kennzeichnet der Index j die Produktarten und n die Anzahl der Produkte. Mit $p_j^{(p)}$ haben wir die geplanten Verkaufspreise und mit $k_j^{(p)}$ die geplanten vollen Selbstkosten der Produkte bezeichnet. Die Differenz $p_j^{(p)} - k_j^{(p)}$ gibt daher den Vollkostengewinn pro Produkteinheit an. Die Absatzmengen haben wir als $X_{Aj}^{(p)}$ bezeichnet. In Gleichung (1-15) sind zwar die Verkaufspreise, nicht aber auch die geplanten Selbstkosten Proportionalitätsfaktoren der Absatzmengen, da letztere rechnerisch proportionalisierte fixe Kosten enthalten. Aus diesem Grunde können in einer nach dem Vollkostenprinzip aufgebauten Erfolgsplanung die funktionalen Beziehungen zwischen Kosten, Erlösen, Absatzmengen und Gewinn (cost-volume-profit-relationship) nicht transparent werden. Hieraus resultiert die Gefahr falscher Verkaufsentscheidungen, auf die wir bereits hingewiesen haben.

Unabhängig hiervon wird die Durchführung der kurzfristigen Erfolgsplanung bei Anwendung einer Vollkostenrechnung aber noch aus einem anderen Grunde erschwert. In der Praxis lässt sich der Jahresplan einer Unternehmung nicht simultan aufbauen. Die Einzelpläne müssen vielmehr zunächst unabhängig voneinander aufgebaut und anschließend aufeinander abgestimmt werden. Hierfür sind meistens mehrere „Planungsdurchgänge“ erforderlich, bei denen die ursprünglich geplanten Produktions- und Absatzmengen wiederholt korrigiert werden müssen. Änderungen der Produktions- und Absatzmengen erfordern aber Korrekturen der für die Kostenstellen festgelegten Planbeschäftigungen. Hierdurch wiederum wird in einer Vollkostenrechnung die Höhe der Kalkulationssätze beeinflusst.

Bei der nachträglichen Kontrolle des Periodenerfolgs erschwert die rechnerische Proportionalisierung der fixen Kosten eine richtige Beurteilung der Erfolgsbeiträge der betrieblichen Erzeugnisse in gleicher Weise wie bei der Erfolgsplanung. Darüber hinaus führt das Vollkostenprinzip bei Saisonschwankungen der Absatzmengen zu Periodenerfolgen, die insbesondere in den USA als problematisch empfunden werden und heftige Kritik an der Vollkostenrechnung ausgelöst haben.

In einer auf Vollkosten basierenden Kostenrechnung werden alle Lagerbestandsveränderungen der Halb- und Fertigfabrikatebestände zu vollen Planherstellkosten bewertet, die den Planbeschäftigungsgraden der Kostenstellen entsprechen. In Monaten mit Vorratsproduktion werden auf diese Weise Fixkostenbeträge aktiviert und vom Erfolgsausweis ferngehalten. Erst in Monaten, in denen sich die Lagerbestände verringern, werden die in den Beständen enthaltenen fixen Herstellkosten der Erfolgsrechnung belastet.

Die Praxis der Erfolgsanalyse in den USA hat immer wieder gezeigt, dass die Fixkostenaktivierung zu Periodenergebnissen führt, die sich nicht proportional zu den Umsätzen verhalten. Die infolge der Fixkostenaktivierung zuviel oder zuwenig in das Ergebnis verrechneten fixen Herstellkosten bezeichnet man in den USA als „over" oder „under absorbed burden".

1.3.4 Die flexible Plankostenrechnung als Grenzplankosten- und Deckungsbeitragsrechnung

1.3.4.1 Begriff und Zielsetzung der Grenzplankosten- und Deckungsbeitragsrechnung

1. Wie unsere Ausführungen in Kapitel 1.3.3.3 gezeigt haben, lassen sich alle Ansatzpunkte der Kritik an der auf Vollkosten basierenden flexiblen Plankostenrechnung auf die rechnerische Proportionalisierung der fixen Kosten zurückführen.

Für eine flexible Plankostenrechnung, bei der den betrieblichen Aufträgen und Erzeugnissen nur proportionale Kosten zugerechnet werden, hat sich heute in Deutschland die Bezeichnung Grenzplankostenrechnung durchgesetzt. Diese Bezeichnung wurde erstmalig von H. G. Plaut im Jahre 1952 vorgeschlagen[83]. Wie unsere Ausführungen in Kapitel 1.3.4.3.1 zeigen werden, geht diese Bezeichnung auf die Schmalenbachsche Grenzkostenlehre zurück.[84] Die Bezeichnung Grenzplankostenrechnung ist theoretisch nur richtig, wenn in allen Kostenstellen lineare Gesamtkostenverläufe vorliegen, da nur unter dieser Voraussetzung die Grenzkosten der betrieblichen Erzeugnisse konstant sind und mit den variablen Durchschnittskosten übereinstimmen[85]. Da in der Praxis diese Voraussetzung meistens mit genügender Genauigkeit erfüllt ist, hat sich in Deutschland heute die Bezeichnung Grenzplankostenrechnung durchgesetzt.

In der deutschsprachigen Literatur werden für Kostenrechnungen mit ausgegliederten Fixkosten folgende weitere Bezeichnungen verwendet:

Am ältesten ist der von K. Rummel geprägte Ausdruck „Blockkostenrechnung", der andeuten soll, dass bei diesem Verfahren die fixen Kosten als „monatliche Blöcke" in die kurzfristige Erfolgsrechnung übernommen werden[86].

Weiterhin wurde gelegentlich die Bezeichnung „Proportionalkostenrechnung" verwendet, da die Grenzplankostenrechnung nur proportionale Kosten auf die Erzeugnisse verrechnet und auf Proportionalitätsbeziehungen zwischen den beschäftigungsabhängigen Kosten und den Bezugsgrößen der Kostenverursachung basiert[87].

P. Riebel schlägt daher die Bezeichnung „Differenzkostenrechnung" vor[88]. Unter der Prämisse linearer Kostenverläufe führen aber Grenz- und Differenzkostenbetrachtungen stets zu den gleichen Ergebnissen.

Mit Recht weist aber P. Riebel darauf hin, dass der verbreitete Ausdruck Teilkostenrechnung „zu unspezifisch“ ist, da er auch für eine Vollkostenrechnung gilt, bei der bestimmte Kostenarten, so z. B. kalkulatorische Zinsen, nicht auf die Kostenträger verrechnet werden[89].

Da die Differenz aus dem Verkaufserlös und den proportionalen Selbstkosten eines Erzeugnisses als Deckungsbeitrag bezeichnet wird, hat sich daher auch die Bezeichnung „Deckungsbeitragsrechnung“ für dieses Rechenverfahren durchgesetzt. Lediglich die von P. Riebel vorgeschlagene spezifische Ausgestaltungsform der Deckungsbeitragsrechnung muss von der Grenzplankostenrechnung abgegrenzt werden[90].

In den USA hat sich für eine Standardkostenrechnung, bei der die fixen Kosten monatlich in die kurzfristige Erfolgsrechnung ausgebucht werden, die Bezeichnung „Direct Costing“[91] durchgesetzt. Der Ausdruck „Direct Costing“ ist keineswegs glücklich gewählt, da er zu der Vermutung verleitet, dass bei diesem Verfahren nur die direkten Kosten, d. h. die Einzelkosten, auf die betrieblichen Erzeugnisse verrechnet werden. Beim „Direct Costing“ werden aber auch die proportionalen Kosten der Kostenstellen in die Kalkulation einbezogen. Ein Verfahren der Kostenrechnung, bei dem nur Einzelkosten kalkuliert werden, bezeichnet man im Gegensatz zum „Direct Costing“ als „Prime Costing“[92]. Von mehreren Autoren wird vorgeschlagen, die Bezeichnung „Direct Costing“ durch die Bezeichnung „Variable Cost Accounting“ oder „Variable Costing“ zu ersetzen[93]. In Großbritannien bezeichnet man die Grenzplankostenrechnung als „Marginal Costing“[94].

2. Der Aufbau der Grenzplankostenrechnung entspricht weitgehend der auf Vollkosten basierenden flexiblen Plankostenrechnung. Der entscheidende Unterschied besteht darin, dass sowohl bei der Bildung von Verrechnungssätzen für innerbetriebliche Leistungen als auch bei der Ermittlung von Kalkulationssätzen nur die proportionalen Plankosten berücksichtigt werden. Für die proportionalen Plankostenverrechnungssätze, die wir mit $d^{(p)}$ bezeichnen wollen, gilt folgende Bestimmungsgleichung:

$$(1\text{-}16) \qquad d^{(p)} = \frac{K_p^{(p)}}{B^{(p)}}$$

Die verrechneten oder kalkulierten Plankosten stimmen in einer Grenzplankostenrechnung stets mit den proportionalen Sollkosten überein, sodass die für die Vollkostenrechnung typische Beschäftigungsabweichung entfällt.

Wie die Abbildung 1-6 erkennen lässt, stimmt der Sollkostenverlauf einer Grenzplankostenrechnung mit dem Sollkostenverlauf der auf Vollkosten basierenden flexiblen Plankostenrechnung überein. Die verrechneten Plankosten entsprechen den proportionalen Sollkosten, sodass die Kurve der verrechneten Plankosten die Sollkostenkurve nicht schneidet.

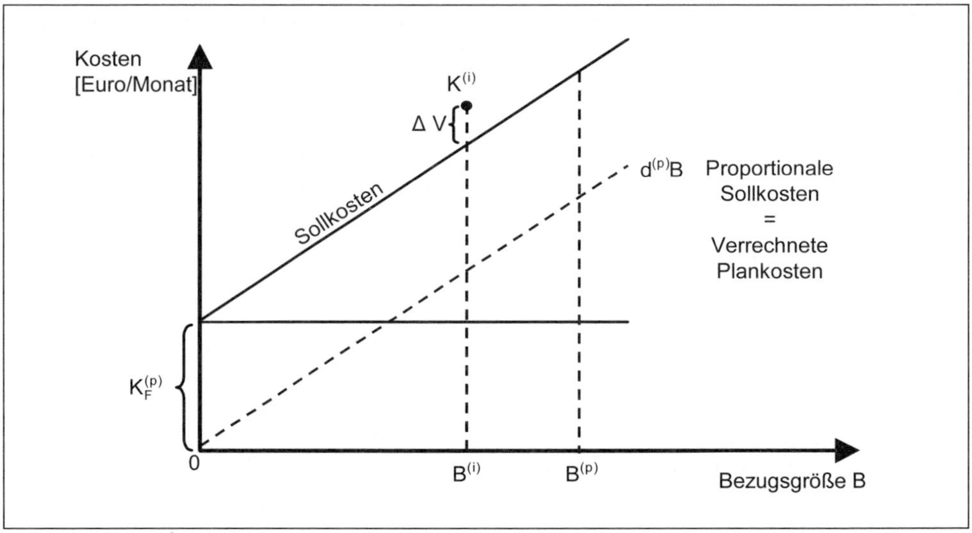

Abbildung 1-6: Beispiel eines Sollkostenverlaufs in der Grenzplankostenrechnung

Die in der Grenzplankostenrechnung verwendeten Kalkulationssätze haben die Eigenschaft, dass sie von der Beschäftigung unabhängig sind; vgl. hierzu die Abbildung 1-7.

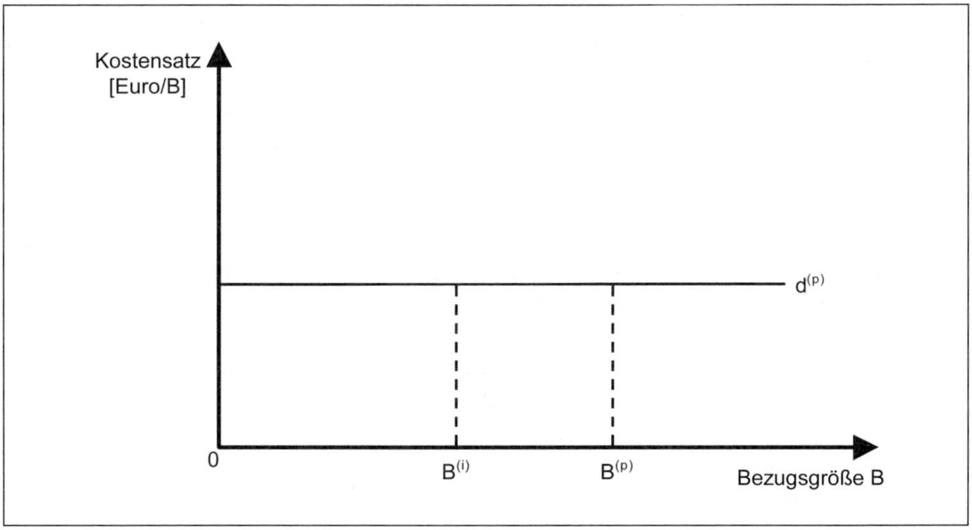

Abbildung 1-7: Konstanter Grenzkostensatz bei linearem Gesamtkostenverlauf

Der Soll-Ist-Kostenvergleich wird in der Grenzplankostenrechnung in gleicher Weise durchgeführt wie in der auf Vollkosten basierenden flexiblen Plankostenrechnung. Bei den sekundären Kostenarten erhält man aber nicht die gleichen Verbrauchsabweichungen, da in der Vollkostenrechnung die innerbetrieblichen Leistungen zu Vollkosten- und in der Grenzplankostenrechnung zu Grenzkostensätzen bewertet werden.

3. Die Grenzplankostenrechnung soll für alle Entscheidungsprobleme, die auf der Basis gegebener Kapazitäten zu lösen sind, die richtigen Kostendaten zur Verfügung stellen. In diesem Sinne ist sie als entscheidungsorientierte Form der Kostenrechnung konzipiert.

Für Verfahrenswahlentscheidungen im Produktionsverfahren, wie wir sie im Kapitel 1.3.3.3 beschrieben haben, stehen in einer Grenzplankostenrechnung die proportionalen Kostensätze der Fertigungsstellen zur Verfügung.

In die Plankalkulationen für standardisierte Erzeugnisse und die Vorkalkulation bei Auftrags- und Einzelfertigung gehen zunächst nur die proportionalen Kosten ein, sodass sich bei Anwendung einer Grenzplankostenrechnung ohne Schwierigkeiten Preisuntergrenzen bestimmen lassen.

Der Schwerpunkt der Grenzplankostenrechnung liegt auf der kurzfristigen Planung und Kontrolle des Periodenerfolgs mithilfe von Deckungsbeiträgen[95]. Die Differenz aus dem Erlös und den zugehörigen proportionalen Selbstkosten wurde früher häufig als Bruttogewinn oder Grenzkostenergebnis bezeichnet; analog verwendete man in der Vollkostenrechnung die Bezeichnung Nettogewinn und Vollkostenergebnis. Heute hat sich die Bezeichnung Deckungsbeitrag durchgesetzt. In den USA werden hierfür folgende Begriffe verwendet: „Profit Contribution", „Contribution Margin", „Marginal Income", „Marginal Balance" und „Variable Gross Margin"[96].

Für die Planung des Periodenerfolgs nach dem Deckungsbeitragsprinzip gilt folgende Erfolgsgleichung[97]:

$$(1\text{-}17) \qquad G = \sum_{j=1}^{n} \left(p_j^{(p)} - k_{pj}^{(p)} \right) x_{Aj}^{(p)} - \sum_{i=1}^{m} K_{Fi}^{(p)}$$

Die Indizes j = 1, ... n kennzeichnen die Artikelnummern der betrieblichen Erzeugnisse. Die geplanten Verkaufspreise pro Einheit werden als $p_j^{(p)}$ und die geplanten proportionalen Selbstkosten pro Einheit als $k_{pj}^{(p)}$ bezeichnet. Die Differenzen $p_j^{(p)} - k_{pj}^{(p)}$ geben die Stückdeckungsbeiträge der betrieblichen Erzeugnisse an; hierfür wird auch die Bezeichnung (absolute) Deckungsbeiträge pro Einheit verwendet. Multipliziert man die Stückdeckungsbeiträge mit den geplanten Absatzmengen $x_{Aj}^{(p)}$, so erhält man die Artikel- oder Erzeugnisdeckungsbeiträge der Planungsperiode. Werden diese über alle Artikel- oder Erzeugnisarten summiert, so erhält man den Gesamtdeckungsbeitrag der Planungsperiode.

Die Gleichung (1-17) lässt deutlich erkennen, dass Deckungsbeiträge keine Gewinne sind, sondern lediglich Überschüsse der Erlöse über die proportionalen Selbstkosten. Netto- oder Vollkostengewinne einzelner Erzeugnisse werden in einer nach dem Deckungsbeitragsprinzip aufgebauten Erfolgsplanung nicht ausgewiesen. Man vermindert vielmehr erst den Gesamtdeckungsbeitrag der Planungsperiode um den Block der fixen Kosten. In Gleichung (1-17) kennzeichnet der Index i die Kostenstellennummern, m gibt die Anzahl der Kostenstellen an. Ein positiver Gesamterfolg G kann nur entstehen, wenn in der Planungsperiode der Gesamtdeckungsbeitrag größer als die Summe der Fixkosten ist.

Bei gegebenen Verkaufspreisen und konstanten proportionalen Selbstkosten pro Einheit sind die Stückdeckungsbeiträge (im Gegensatz zu den Nettogewinnen pro Einheit) echte Proportionalitätsfaktoren der Absatzmengen. Daher erkennt man bei der Deckungsbeitragsrechnung sofort, wie sich der Gesamtgewinn verändert, wenn man eine Erzeugnisart aus dem Programm streicht oder die mengenmäßige Zusammensetzung des Verkaufsprogramms ändert. Die irrtümliche Eliminierung von „Verlustartikeln", wie wir sie für die Vollkostenrechnung beschrieben haben, ist bei der Durchführung einer Grenzplankostenrechnung nicht möglich.

Die Steuerung des Verkaufsprogramms bei gegebenen Verkaufspreisen und konstanten proportionalen Selbstkosten pro Einheit ist von der Beschäftigungssituation einer Unternehmung abhängig.

Verfügt eine Unternehmung in allen Teilbereichen über freie Kapazitäten, so können alle Absatzmengen in das Verkaufsprogramm aufgenommen werden, für die positive Stückdeckungsbeiträge anfallen. Für die Verkaufssteuerung gelten daher folgenden Kriterien:

$$\text{(1-18)} \quad p_j^{(p)} - k_{pj}^{(p)} \geq 0 \quad \text{oder: } p_j^{(p)} \geq k_{pj}^{(p)} \qquad (j = 1, ..., n)$$

In dieser Situation, die man als Unterbeschäftigung bezeichnen kann, stimmen die geplanten proportionalen Selbstkosten pro Einheit mit den Preisuntergrenzen der betrieblichen Erzeugnisse überein.

Wird bei der Planung des Periodenerfolgs ein Engpass wirksam, so sind die absoluten Stückdeckungsbeiträge der betrieblichen Erzeugnisse nicht mehr vergleichbar, da die Erzeugnisse die Engpasskapazität verschieden stark beanspruchen[98]. In einer solchen Engpasssituation müssen daher die Stückdeckungsbeiträge durch die Engpassbelastung pro Einheit dividiert werden. Auf diese Weise erhält man die relativen Deckungsbeiträge der betrieblichen Erzeugnisse, die wir als w_j bezeichnen wollen:

$$\text{(1-19)} \quad w_j = \frac{p_j^{(p)} - k_{pj}^{(p)}}{t_{Ej}^{(p)}} \qquad (j = 1, ..., n)$$

In Gleichung (19) geben die Größen $t_{Ej}^{(p)}$ die Engpassbelastung pro Produkteinheit an, die meistens in Minuten/Stück gemessen werden. In diesem Fall haben die Größen w_j die Dimension Euro/Minute. Die Verkaufssteuerung erfolgt bei Vorliegen eines Engpasses in der Weise, dass die realisierbaren Absatzmengen der Produktarten j = 1, ..., n in der Reihenfolge abnehmender relativer Deckungsbeiträge in das Verkaufsprogramm aufgenommen werden, bis die Kapazitätsgrenze erreicht ist[99]. Hierbei wird das letzte, gerade noch berücksichtigte Produkt als Grenzprodukt bezeichnet. Der relative Deckungsbeitrag dieser Produktart ist ein Maßstab für den „Knappheitsgrad" der Engpasskapazität. Er gibt an, welchen relativen Deckungsbeitrag ein eventueller Zusatzauftrag mindestens erwirtschaften muss, damit er anstelle des Grenzproduktes in das Verkaufsprogramm aufgenommen werden kann. Der relative Deckungsbeitrag des Grenzproduktes wird daher auch als Opportunitätskostensatz der knappen Kapazität bezeichnet.

Bei mehreren Engpässen ist eine optimale Planung des Periodenerfolgs nur mithilfe simultaner Planungsmodelle, so z. B. mithilfe der linearen Programmierung, möglich. Hierbei dient die Gewinngleichung (1-17) als Zielfunktion[100].

Im Gegensatz zur Vollkostenrechnung lassen sich bei Anwendung der Grenzplankostenrechnung Planungsänderungen ohne Schwierigkeiten durchführen, da Korrekturen der Beschäftigungsgrade die Kalkulationssätze und damit die Ergebnisse der Plankalkulationen nicht beeinflussen.

Für die Kontrolle des Periodenerfolgs gilt bei Durchführung einer Deckungsbeitragsrechnung die Gleichung (1-17) analog, wenn man die geplanten Größen durch Ist-Größen ersetzt. Hierbei werden die Istkosten meistens in der Weise verrechnet, dass man die proportionalen Planselbstkosten um zugerechnete Kostenabweichungen ergänzt.

Da in der Grenzplankostenrechnung die fixen Kosten nicht auf die Produkte verrechnet werden, entfällt bei der Kontrolle des Periodenerfolgs die bestandsmäßige Abgrenzung der fixen Herstellkosten. Es lässt sich leicht nachweisen, dass hierdurch ein Gewinnunterschied in Höhe der zu fixen Herstellkosten pro Einheit bewerteten Lagerbestandsveränderungen resultiert[101].

1.3.4.2 Die Entstehung des Direct Costing in den USA

1. Als geschlossenes System ist die Grenzplankostenrechnung zuerst in den USA angewandt worden. Sie ist aus der amerikanischen Standardkostenrechnung hervorgegangen und wird von den meisten amerikanischen Kostenfachleuten als Direct Costing bezeichnet[102].

Als Begründer des Direct Costing gilt J. N. Harris, der als Controller der Dewey and Almy Chemical Co. in seiner Firma bereits 1934 zum Grenzkostenprinzip überging, nachdem er vorher Versuche unternommen hatte, die Fehler der Vollkostenrechnung aus dem innerbetrieblichen Rechnungswesen zu eliminieren[103]. Im Jahre 1936 trat J. N. Harris in seinem in den USA berühmt gewordenen Aufsatz: „What Did We Earn Last Month?“ mit seinen Ideen an die Öffentlichkeit, wobei er für sein Verfahren erstmalig die Bezeichnung Direct Costing prägte[104].

Unabhängig von J. N. Harris und fast zur gleichen Zeit fand G. C. Harrison, einer der führenden Vertreter der Standardkostenrechnung, den Weg zum Grenzkostenprinzip. [105]

J. N. Harris und G. C. Harrison waren die „Pioniere“ des Direct Costing. Zu ihrer Zeit verstanden nur wenige Kostenfachleute dieses neue Verfahren. Erst nach dem Zweiten Weltkrieg, insbesondere in den 50er Jahren, setzte eine Entwicklung ein, durch die das Direct Costing auf breiterer Basis Eingang in die amerikanische Praxis fand.

2. In der amerikanischen Literatur wurden folgende Gründe für die Entstehung des Direct Costing genannt.

Das Hauptziel des Direct Costing war von Anfang an die Verbesserung der Erfolgsanalyse und der Gewinnplanung. Wir haben bereits in Kapitel 1.3.3.3 darauf hingewiesen, dass der Einfluss von Bestandsveränderungen der Halb- und Fertigfabrikate in den USA von vielen Kostenfachleuten als besonders störend empfunden wurde.

Als Hauptvorteil des Direct Costing gegenüber der auf Vollkosten basierenden Standardkostenrechnung wird heute allgemein die Tatsache angesehen, dass dieses Verfahren die Geschäftsleitung laufend über die Preisuntergrenze der betrieblichen Produkte informiert, Fehlentscheidungen über die Zusammensetzung des Verkaufsprogramms verhindert, den Ausweis falscher Gewinne durch Aktivierung fixer Herstellkosten (= overabsorbed burden) vermeidet und die Gewinnplanung übersichtlicher gestaltet.

Bereits in den 50er Jahren wurde in den USA und Großbritannien zur Planung in Engpasssituationen die Verwendung relativer Deckungsbeiträge vorgeschlagen. Mit der Entwicklung mathematischer Entscheidungsmodelle durch das Operations Research in den 50er und 60er Jahren, insbesondere aber durch die Anwendung der linearen Programmierung für die optimale Gestaltung der Produktions- und Absatzplanung, wurde die Ausbreitung des Direct Costing in den USA intensiviert.

Als weiterer Vorteil des Direct Costing wird in den USA die Verbesserung der Kostenkontrolle hervorgehoben. Die Verbesserung der Kostenkontrolle hat aber, gemessen an den übrigen Vorteilen des Direct Costing, nur eine relativ geringe Bedeutung.

3. Trotz der oben genannten Vorteile sind in den USA von Anfang an kritische Einwände gegen das Direct Costing geltend gemacht worden:[106]

Erstens wird kritisiert, dass das Direct Costing nicht zu allgemein anerkannten Wertansätzen für die Halb- und Fertigfabrikatebestände in der Handels- und Steuerbilanz führt. Zweitens wird gegen das Direct Costing kritisch eingewandt, dass dieses Verfahren für die betriebliche Preispolitik ungeeignet ist und die latente Gefahr unnötiger Preissenkungen auslöst[107].

4. Der Widerstreit der Meinungen über die Vor- und Nachteile des „Direct Costing“ und des „Absorption Costing“ hat dazu geführt, dass man in den USA nach wie vor die folgenden vier Ansichten über die Ausgestaltung der Standardkostenrechnung vorfindet[108]:

- „The absorption costing school.“ Hierunter werden starre Vollkostensysteme verstanden, die noch keine Auflösung der Kosten in fixe und proportionale Bestandteile enthalten.
- „The modified absorption costing school.“ Hierunter sind flexible Ausgestaltungsformen der Vollkostenrechnung zu verstehen, die zwar für die Zwecke der Kostenkontrolle eine Kostenauflösung in fixe und proportionale Bestandteile verwenden, bei denen aber Kalkulation, Gewinnplanung und Erfolgsanalyse mithilfe von Vollkosten durchgeführt werden.
- „The direct-costing-for-internal-use-only school.“ Hierunter ist eine Grenzplankostenrechnung zu verstehen, deren Ergebnisse nicht für außerbetriebliche Berichte verwendet werden. In der Handels- und Steuerbilanz und in sonstigen externen Berichten werden die Halb- und Fertigfabrikate zu Vollkosten bewertet.

- „The direct costing school." Die Anhänger dieser Gruppe fordern die Grenzkostenbewertung auch für die externe Berichterstattung einschließlich der Handels- und Steuerbilanz.

Die Entwicklung in den USA hat dazu geführt, dass sich die letztgenannte Gruppe nicht durchsetzen kann. Viele amerikanische Unternehmungen beschränken sich daher darauf, für innerbetriebliche Entscheidungen die Vorteile des Grenzkostenprinzips zu nutzen und der externen Berichterstattung nach wie vor das Vollkostenprinzip zugrunde zu legen. Hierdurch ist in den USA die Tendenz entstanden, die flexible Standardkostenrechnung zu einer kombinierten Grenz- und Vollkostenrechnung weiterzuentwickeln[109]. Auf die letzten Entwicklungen, die sich in Richtung eines „Activity Based Costing" bewegen, sind wir bereits in der Einführung eingegangen.

1.3.4.3 Die Entstehung der Grenzplankostenrechnung in Deutschland

1.3.4.3.1 Schmalenbachs Kostenlehre und Rummels Blockkostenrechnung als Vorläufer der Grenzplankostenrechnung

1. Die Wurzeln der Grenzplankostenrechnung reichen in Deutschland zeitlich viel weiter zurück als in den USA; dennoch entstanden bei uns erst viel später geschlossene Systeme der Kostenrechnung, die dem amerikanischen Direct Costing entsprechen.

Als eine der wichtigsten Grundlagen, die später in Deutschland den Übergang zur Grenzplankostenrechnung und anderen Systemen der Teilkostenrechnung erleichterten, wird heute E. Schmalenbachs Kostenlehre angesehen[110].

Bereits in seiner ersten Veröffentlichung im Jahre 1899 hat E. Schmalenbach der Kostenrechnung den Weg zum Deckungsbeitragsprinzip gewiesen: „Theoretisch richtig wäre es daher, allen Kunden nur die primären Unkosten anzurechnen, die sekundären Unkosten aber durch die Rohgewinne zu decken."[111]. Eine Form der Kostenrechnung, bei der die fixen Kosten konsequent ausgegliedert werden, hat E. Schmalenbach zunächst als „Mengenkostenrechnung" bezeichnet. Diese nicht ganz glückliche Bezeichnung wurde von ihm aber bald aufgehoben und durch die Begriffe „Proportionalkostenrechnung" und „Grenzkostenrechnung" ersetzt. Später hielt er jedoch diese Begriffe für zu eng, weil in Engpasssituationen „Grenznutzenwerte" (= Opportunitätskosten) und bei steigenden Faktorpreisen Tagespreise für das richtige Treffen von Entscheidungen erforderlich sind. Aus diesen Gründen entschloss sich E. Schmalenbach, „das für alle Fälle zutreffende Wort ‚Betriebswertrechnung' zu benutzen[112]."

Das Hauptziel der Schmalenbachschen Betriebswertrechnung bestand darin, Kostendaten für richtige Entscheidungen zur Verfügung zu stellen. Schmalenbachs Kostenlehre ist daher als Beginn einer entscheidungsorientierten Betriebswirtschaftslehre anzusehen[113]. Bei seinen Überlegungen ging E. Schmalenbach von ökonomischen Zielgrößen aus, die durch die „richtige" Bewertung der Faktoreinsatzmengen zu optimieren sind: Zwar definierte E. Schmalenbach das wirtschaftliche Optimum noch nicht exakt, seine Beispiele lassen aber erkennen, dass er seine Entscheidungen in gleicher Weise an

Kostenminimierungs- und Gewinnmaximierungskriterien orientierte, wie die heutigen Entscheidungsmodelle der modernen Unternehmensforschung[114].

Seine Lehre vom Betriebswert wurzelt in der subjektiven Wertlehre der Wiener Grenznutzenschule. Während aber bei der subjektiven Wertlehre die Werte nicht objektiv nachprüfbar sind, leitete Schmalenbach seine Betriebswerte jeweils aus dem „Zweck der Rechnung“ und einer „ganz bestimmten objektiv gegebenen Datenkonstellation“ mithilfe sekundärer Werturteile ab[115]. Dadurch wurden seine Wertansätze objektiv nachprüfbar.

Betriebswerte für von außen bezogene Produktionsfaktoren, die zu konstanten Preisen in beliebigen Mengen beschafft werden, sind die Marktpreise. Können zusätzliche Faktormengen nur zu steigenden Preisen beschafft werden, so ist nach der Schmalenbachschen Betriebswertrechnung die gesamte Verbrauchsmenge des betreffenden Faktors zum Marktpreis des teuersten Lieferanten zu bewerten[116]. Ist die Beschaffung in der Weise „gehemmt“, dass weder zu konstanten noch zu erhöhten Preisen bestimmte Beschaffungsmengen überschritten werden können, dann geht die Grenzwertrechnung in eine „Nutzenanalyse“ über. Zusammenfassend charakterisiert E. Schmalenbach seine Betriebswertrechnung wie folgt: „Der Betriebswert kann ein Grenzkostensatz und ein Grenznutzensatz sein. Ein Grenzkostensatz ist er solange, wie es möglich ist, die Beanspruchung der verbrauchenden Betriebe durch Produktion zu befriedigen. Der Grenznutzenkostensatz ist anzuwenden, wenn die Produktion irgendwie gehemmt wird und der Bedarf der verbrauchenden Betriebe trotzdem weiter steigt.“[117] Später hat E. Schmalenbach seine Betriebswertrechnung zu einem System der dezentralen „pretialen“ Lenkung ausgebaut.

Schmalenbachs Betriebswertrechnung führte auf dem Gebiet der Erfolgsanalyse zwangsläufig zur Deckungsbeitragsrechnung. In seinem Buch „Selbstkostenrechnung und Preispolitik“ hat er später das Deckungsbeitragsprinzip weiter ausgebaut. Hierbei erkannte er bereits die großen Verständnisschwierigkeiten, auf die das Deckungsbeitragsprinzip in der betrieblichen Praxis auch heute noch stößt. So schrieb er z. B. über den am Vollkostenprinzip orientierten Kostenrechner: „Es ist ihm unbegreiflich, wie man überhaupt in Frage stellen kann, einen so großen und wichtigen Kostenbestandteil wie die fixen Kosten unberücksichtigt zu lassen.“[118] E. Schmalenbach hoffte aber, dass es sich hierbei nur um eine Übergangserscheinung handelt. Mithilfe von Bruttogewinnzuschlägen, die heute als Soll-Deckungskosten bezeichnet werden, versuchte bereits E. Schmalenbach marktgerechte Verkaufspreise zu finden. Zugleich erkannte er, dass die Grenzkosten die absolute Preisuntergrenze der betrieblichen Preispolitik bilden.

Obwohl E. Schmalenbach die Kostenkontrolle und die dispositiven Aufgaben als Hauptaufgaben der Kostenrechnung angesehen hat, erkannte er nicht, dass sich diese Ziele nur mithilfe einer Plankostenrechnung verwirklichen lassen; nur an wenigen Stellen seiner Veröffentlichungen findet man Hinweise auf geplante Kosten[119].

Neben E. Schmalenbach findet man auch bei J. F. Schär[120], W. Hasenack[121] und Th. Beste[122] Ansätze für die Weiterentwicklung der Kostenrechnung zu einer Grenzkostenrechnung.

2. Schmalenbachs Kostenlehre hat dazu geführt, dass in der deutschen Praxis seit mehreren Jahrzehnten Grenzkostenüberlegungen angestellt werden. K. Rummels

Konzeption, die Weiterverrechnung von Kosten auf die einheitliche „Grundlage einer vorausgesetzten Proportionalität der Kosten zu betrieblichen Größen“ zu stellen, führte zwangsläufig zu der Erkenntnis, dass man die fixen Kosten am besten ganz aus der Kostenträgerrechnung herauslässt und sie monatlich in das Betriebsergebniskonto ausbucht. Eine solche Form der Kostenrechnung bezeichnete K. Rummel als „Blockkostenrechnung“[123]. Ähnlich wie E. Schmalenbach hat auch K. Rummel nicht erkannt, dass sich sein Verfahren der Blockkostenrechnung nur auf der Basis einer kostenstellenweisen Kostenplanung durchführen lässt.

Zu ähnlichen Kostenüberlegungen wie K. Rummel gelangte H. Kreis[124]. Trotz der von ihm aufgezeigten Grenzen des Verursachungsprinzips gelangte er im Grunde zu einer Ablehnung des Grenzkostenprinzips, da seiner Ansicht nach hierdurch eine „gefährliche Lücke in die Kostenrechnung getragen wird“[125].

Erst nach dem Zweiten Weltkrieg wurde der Grenzkostengedanke wieder aufgegriffen. Im Jahre 1950 wies W. Stepf darauf hin, dass es nicht die Aufgabe der Stückerfolgsrechnung ist, den absoluten Gewinn zu errechnen, sondern festzustellen, ob die proportionalen Kosten hereingekommen sind und darüber hinaus ein Rest zur Fixkostendeckung bleibt.[126] Weiterhin hat P. Kreuzer die von ihm aufgebaute flexible Plankostenrechnung so ausgestaltet, dass die Betriebsergebnisrechnung den „Absatzrohüberschuss“, d. h. den Gewinn, „... der sich ergibt, wenn man die festen Kosten außer Betracht lässt ...“, ausweisen kann[127].

Bis etwa 1950 folgten in Deutschland selbst fortschrittliche Betriebe, die die Bedeutung von Grenzkostenüberlegungen erkannten, der von A. Müller geäußerten Ansicht, dass die Rechnung mit Grenzkosten eine „Unternehmer-Rechnung auf höherer Ebene“ ist, die immer Sonderrechnung sein muss und sich für eine laufende Durchführung der Kostenrechnung nicht eignet[128].

1.3.4.3.2 Die Einführung der Grenzplankostenrechnung in der Praxis durch Plaut

1. Es ist das Verdienst von H. G. Plaut, in Deutschland erstmals eine geschlossene Form der Kostenrechnung eingeführt zu haben, bei der den betrieblichen Leistungen keine fixen Kosten zugerechnet werden. Dieses Verfahren bezeichnet er als Grenzplankostenrechnung[129].

Bereits während des Zweiten Weltkriegs lernte H. G. Plaut als Direktionsassistent in einem Rüstungsbetrieb der Metallverarbeitung die Plankostenrechnung kennen. Dieses neue Verfahren der Kostenrechnung interessierte ihn von Anfang an so sehr, dass er sich bald darauf beim Michel-Institut für Fabrikwirtschaft bewarb, das damals als Beratungsunternehmen führend auf dem Gebiet der Plankostenrechnung war. Schon im Jahre 1946 machte sich H. G. Plaut als beratender Betriebswirtschaftler selbständig. Bis zum Jahr 2000 haben Mitarbeiter der Plaut-Gruppe im deutschsprachigen Raum und weltweit in mehr als 1.000 Unternehmungen Grenzplankostenrechnungen eingeführt.

H. G. Plaut erkannte relativ früh die Mängel des Vollkostenprinzips, die wir bereits in Kapitel 1.3.3.3 beschrieben haben. Diese Mängel veranlassten ihn etwa von 1950 an die flexible Plankostenrechnung systematisch zur Grenzplankostenrechnung weiterzuentwickeln. Im Einzelnen gibt H. G. Plaut hierfür folgende Gründe an.

Erstens erkannte er die große Gefahr von Fehlentscheidungen, die mit einer auf Vollkosten basierenden Erfolgsanalyse und Gewinnplanung verbunden ist. Viele praktische Fälle, in denen entweder absatzpolitische Fehlentscheidungen bereits getroffen waren oder in denen die Geschäftsleitungen nur mit Mühe an Fehlentscheidungen gehindert werden konnten, ließen ihn an der Richtigkeit des Vollkostenprinzips zweifeln[130]. H. G. Plaut erkannte zwar, dass entsprechend geschulte Betriebswirte die Zusammenhänge zwischen der Beschäftigung, den Kosten und dem Gewinn auch bei Anwendung einer Vollkostenrechnung „entwirren" können, fragte aber, warum man überhaupt erst die Rechnung durchführt, die später „entwirrt" werden muss. Nur die Grenzplankostenrechnung gibt die Preisuntergrenzen der betrieblichen Erzeugnisse an und bildet die richtige Grundlage für absatzpolitische Entscheidungen.

Zweitens erkannte H. G. Plaut, dass auch Verfahrenswahlentscheidungen im Produktionsbereich, die auf der Basis gegebener Kapazitäten zu treffen sind, nur bei Anwendung des Grenzkostenprinzips richtig getroffen werden können[131].

Drittens hat H. G. Plaut darauf hingewiesen, dass der Übergang zur Grenzplankostenrechnung auch Vorteile für die laufende Kostenkontrolle hat[132]. Diesen Vorteilen misst er aber nur eine untergeordnete Bedeutung zu, da die Aufgabe der Kostenkontrolle auch von der auf Vollkosten basierenden flexiblen Plankostenrechnung recht gut erfüllt werden kann.

Nachdem H. G. Plaut im Jahre 1953 zum ersten Mal ausführlich über die von ihm vorgeschlagene Grenzplankostenrechnung berichtet hatte, wurde hierdurch eine rege Diskussion ausgelöst[133].

2. Betrachtet man heute rückschauend die Entwicklungsarbeit, die H. G. Plaut auf dem Gebiet des innerbetrieblichen Rechnungswesens geleistet hat, so lassen sich folgende charakteristische Arbeitsabschnitte unterscheiden.

In den ersten Jahren nach dem Kriege konzentrierte sich H. G. Plaut vor allem auf die Verfeinerung der Kostenplanung und die Verbesserung der laufenden Kostenkontrolle. Besondere Sorgfalt verwendete er hierbei auf die Einteilung einer Unternehmung in Kostenstellen und die Bezugsgrößenwahl, weil hierdurch unverzichtbare Grundvoraussetzungen für eine richtige Kostenplanung, eine genaue Kalkulation und eine wirksame Kostenkontrolle geschaffen werden. Seine Ausführungen über das Bezugsgrößensystem lassen erkennen, dass es keine Kosteneinflussgrößen gibt, die sich nicht mithilfe einer entsprechenden Bezugsgrößendifferenzierung erfassen lassen. In Fällen, in denen die Verwendung exakter Bezugsgrößen an Grenzen der praktischen Durchführbarkeit stößt, wie das z. B. im Material-, Verwaltungs- und Vertriebsbereich der Fall ist, setzt H. G. Plaut an die Stelle der Bezugsgrößendifferenzierung eine weitgehend nach Material- bzw. Kostenträgergruppen differenzierte Bildung von Kalkulationssätzen[134].

Systematisch haben H. G. Plaut und seine Mitarbeiter die Verfahren der Kostenplanung verfeinert und weiterentwickelt. H. G. Plaut lehnt die Ableitung von Plankosten aus bereinigten Istkosten der Vergangenheit ab und fordert eine analytische Kostenplanung, die auf sorgfältigen Berechnungen, Messungen, Schätzungen und dem Rückgriff auf überbetriebliche Erfahrungswerte basiert[135]. Besondere Sorgfalt widmete H. G. Plaut von Anfang an dem Problem der Kostenauflösung in fixe und proportionale Bestandteile.

Auch auf dem Gebiet des Soll-Istkostenvergleichs hat H. G. Plaut neue Wege beschritten, indem er den von E. Michel und W. W. Neumayer entwickelten „Plankosten-Stellenabweichungsbogen“, der aus dem traditionellen Betriebsabrechnungsbogen hervorgegangen war, durch übersichtliche Verrechnungsblätter der Kostenstellen ersetzte, in denen die nach Kostenarten differenzierten Istkosten, Sollkosten und Kostenstellenabweichungen ausgewiesen und analysiert werden. Ein weiterer Schwerpunkt der Entwicklung lag in der Verfeinerung der Plankalkulation und deren Umstellung auf das Grenzkostenprinzip. Später ging er aber dazu über, die Plankalkulation zu einer Doppel- oder Parallelkalkulation weiter zu entwickeln, bei der den betrieblichen Erzeugnissen auch die fixen Kosten zugerechnet werden. Die Gründe hierfür waren die Erfordernisse der steuerlichen Bestandsbewertung, die Kalkulation öffentlicher Aufträge (nach LSP) und die Teilnahme an Betriebsvergleichen auf Vollkostenbasis.

Das dritte Teilgebiet der Plankostenrechnung, auf dem H. G. Plaut wesentliche Pionierarbeit geleistet hat, ist die kurzfristige Erfolgsrechnung. Im Gegensatz zu früheren Formen der Plankostenrechnung hat er von Anfang an die Ansicht vertreten, dass ein richtiger Erfolgsausweis nur möglich ist, wenn die Kostenabweichungen der Plankostenrechnung weitgehend nach dem Verursachungsprinzip auf Kostenträger bzw. Kostenträgergruppen verrechnet werden. In Zusammenarbeit mit seinen Mitarbeitern entwickelte er die geschlossene Kostenträgerzeitrechnung und die Artikelergebnisrechnung. Bei beiden Verfahren erfolgt eine Analyse des Periodenerfolgs mithilfe von absoluten und (in Engpasssituationen) relativen Deckungsbeiträgen.[136]

Parallel sorgte die Plaut-Gruppe auch für eine entsprechende Software-Unterstützung.[137]

3. Obwohl die Gedankengänge von E. Schmalenbach und K. Rummel bereits lange zuvor in der Literatur veröffentlicht worden waren, fand H. G. Plaut in den 50er Jahren in der deutschen Praxis eine Situation vor, in der man sich ausschließlich am Vollkostenprinzip orientierte.

Fragt man sich heute, warum erst H. G. Plaut der Durchbruch zum Grenzkostenprinzip in der betrieblichen Praxis gelungen ist und warum nicht bereits die Gedankengänge Schmalenbachs und Rummels zu operablen Formen der Grenzplankostenrechnung führten, so kann die Antwort nur darin bestehen, dass erst eine Verbindung des Grenzkostengedankens mit den Prinzipien der Plankostenrechnung zu operablen Formen der Grenzplankostenrechnung führen konnte.

1.3.4.4 Ergänzungen und Ausgestaltungsformen der Grenzplankosten- und Deckungsbeitragsrechnung

1.3.4.4.1 Das Rechnen mit relativen Einzelkosten und Deckungsbeiträgen nach Riebel

1. Wenige Jahre nachdem in Deutschland das amerikanische Direct Costing und die Grenzplankostenrechnung bekannt geworden waren, hat P. Riebel ein weiteres System der Kostenrechnung entwickelt, bei dem den betrieblichen Leistungen keine fixen Kosten zugerechnet und in der Erfolgsanalyse Deckungsbeiträge verwendet werden. Er bezeichnet dieses Verfahren als das „Rechnen mit relativen Einzelkosten und Deckungsbeiträgen" oder neuerdings auch als „Einzelkosten- und Deckungsbeitragsrechnung". Der erste Aufsatz erschien 1959. Seitdem hat P. Riebel sein Verfahren in zahlreichen weiteren Veröffentlichungen ausgebaut und verfeinert[138].

Mit dem Direct Costing und der Grenzplankostenrechnung hat das Kostenrechnungssystem P. Riebels die Zielsetzung einer entscheidungsorientierten Kostenrechnung und die Behandlung der fixen Kosten als Periodenkosten gemeinsam[139]. Auch P. Riebel sieht die dispositiven Aufgaben der Kostenrechnung, insbesondere die Planung und Kontrolle des Periodenerfolgs mithilfe von Deckungsbeiträgen, als die wichtigsten Aufgaben der Kostenrechnung an. Sein Verfahren basiert auf einer strengen Anwendung des Verursachungsprinzips, das er allerdings als Identitätsprinzip interpretiert. Nach P. Riebel beruht sein Verfahren „auf der Trennung der Kosten und Erlöse nach der Disponierbarkeit und Zurechenbarkeit nach dem Identitätsprinzip, wobei nur solche Kosten und Erlöse einander gegenübergestellt oder einem Untersuchungsprojekt zugerechnet werden dürfen, die auf eine identische Entscheidung zurückgehen."[140] An anderer Stelle bezeichnet er seine Deckungsbeitragsrechnung als ein „vieldimensionales zeitlich fortschreitendes System retrograder Erfolgsdifferenz-Rechnung" in dem „... die jeweils einander entsprechenden Erlös- und Kostenteile gegenübergestellt werden"[141].

Der Deckungsbeitragsbegriff wird von P. Riebel weiter gefasst als beim Direct Costing und der Grenzplankostenrechnung, die nur kostenträgerbezogene Deckungsbeiträge kennen. P. Riebel bezeichnet allgemein jeden „Überschuss des Erlöses (Preises) über bestimmte Teilkosten" als Deckungsbeitrag. Diese Differenzen dienen zur Deckung der „dem jeweiligen Untersuchungs- oder Entscheidungsobjekt nicht eindeutig zurechenbaren Kosten und des Gewinns"[142].

2. Im Einzelnen lassen sich drei charakteristische Merkmale der „Einzelkosten- und Deckungsbeitragsrechnung" hervorheben.

Erstens sieht P. Riebel die Einteilung der Kostenrechnung in die Kostenarten-, Kostenstellen- und Kostenträgerrechnung nicht mehr als notwendiges Gliederungsprinzip der Kostenrechnung an. Er ersetzt diese Einteilung durch eine abstrakte „Grundrechnung der Kosten"[143]. Kostenstellen und Kostenträger spielen zwar auch bei ihm als Kontierungsobjekte eine wesentliche Rolle, sie werden aber durch eine Vielzahl weiterer Kontierungsobjekte ergänzt, wie z. B. Forschungs-, Entwicklungs- und Produktionsaufträge, Serien, Versandaufträge, Werbemaßnahmen, Bestellvorgänge usw. Die Vielzahl der möglichen Kalkulationsobjekte bezeichnet P. Riebel als „Dispositions-, Zurechnungs- oder Bezugsgrößen-Hierarchien"[144]. Die Bezugsgrößenhierarchie enthält viele Kalkulationsobjekte, die keine unmittelbare Beziehung zu den betrieblichen Produkten aufweisen. Damit geht die für alle bisherigen Kostenrechnungsverfahren typische Kostenträgerbezogenheit verloren[145].

Die Einteilung in fixe und variable Kosten lehnt P. Riebel ab, weil sie „viel zu grob und unbestimmt“ ist[146]. Er bezeichnet alle Kosten, die vom „realisierten Leistungsprogramm“ abhängig sind, als „Leistungskosten“. Diesen Kosten stehen die „Bereitschaftskosten“ gegenüber, die in erster Linie aus den Bindungen resultieren, „die eingegangen werden, um die institutionellen und technischen Voraussetzungen für die Realisierung des Leistungsprogramms zu schaffen“[147].

Analog zur Grundrechnung der Kosten interpretiert P. Riebel die Erfassung der Verkaufserlöse als „Grundrechnung der Erlöse“. Er versteht hierunter eine „mehrdimensionale Umsatzstatistik“, in der die Erlöse differenziert nach Artikelgruppen, Auftragsarten, Auftragsgrößenklassen, Kundengruppen, Absatzgebieten, Absatzwegen usw. ausgewiesen werden[148].

Zweitens weicht P. Riebel bei der Interpretation der Begriffe Einzel- und Gemeinkosten wesentlich von der bisher üblichen Terminologie ab. Kosten, die sich nach dem Identitätsprinzip bestimmten Kalkulationsobjekten zuordnen lassen, bezeichnet P. Riebel als „Einzelkosten“ (dieser Kalkulationsobjekte) oder auch als „spezifische Kosten“; Kosten „die auf Dispositionen zurückgehen, die auch noch andere als das betrachtete Kalkulationsobjekt betreffen“, bezeichnet P. Riebel dagegen als „(echte) Gemeinkosten“ oder auch als „unspezifische, verbundene Kosten“[149]. Eine analoge Unterteilung nimmt P. Riebel auch bei den Erlösen vor.

Die Bezugsgrößen-Hierarchien der Grundrechnung werden so gebildet, dass alle Kostenarten an irgendeiner Stelle als Einzelkosten erfasst werden können, zugleich aber in Bezug auf andere Kalkulationsobjekte Gemeinkosten sind. Ein typisches Beispiel hierfür sind die speziellen Kosten eines Entwicklungsauftrages. Wird dieser Auftrag für eine bestimmte Produktart erteilt, so sind die durch ihn verursachten Kosten zugleich Einzelkosten des Entwicklungsauftrages und der betreffenden Kostenträgerart. In Bezug auf die Produktmengen dieser Kostenträgerart sind sie aber Gemeinkosten, da die Produktmengen von der Erteilung des Entwicklungsauftrages unabhängig und im Zeitpunkt der Entscheidung noch nicht bekannt sind.

Werden Kosten in der Bezugsgrößen-Hierarchie aus Vereinfachungsgründen erst bei einem in der Bezugsgrößen-Hierarchie weiter oben stehenden Kalkulationsobjekt erfasst, als das von der Zurechenbarkeit her möglich ist, so spricht P. Riebel von „unechten Gemeinkosten.“[150] Ein typisches Beispiel sind Hilfsstoffe, die an sich bestimmten Produktarten zugeordnet werden könnten, aber aus Vereinfachungsgründen über Kostenstellen abgerechnet werden. Die von der üblichen Terminologie abweichende (kostenträgerbezogene) Verwendung der Begriffe Einzelkosten und Gemeinkosten hat zu Verständnisschwierigkeiten in der Praxis geführt.

Drittens gibt P. Riebel die (meistens monatliche) Periodisierung der Kosten- und Leistungsrechnung auf, da sie seiner Ansicht nach mit dem Identitätsprinzip nicht zu vereinbaren ist. Er lehnt zugleich die arbeitsteilige Abgrenzung zwischen der Kosten- und Leistungsrechnung (als dem Instrument der kurzfristigen Planung) und der Investitionsrechnung (als dem Instrument der langfristigen Planung) ab[151]. Er gelangt zu diesem Ergebnis aufgrund einer ausführlichen Analyse der Zurechenbarkeit von Kosten auf Zeitabschnitte[152]. Dieses Problem ist vor allem für die Bereitschaftskosten von Bedeutung. P. Riebel unterscheidet nach der „Länge der Bindungsdauer“ und deren „Lage zu den Rechnungsperioden“ zwischen Schicht-, Tages-, Wochen-, Monats-, Quartals-, Halbjahres- und Jahres-Einzelkosten bzw. -Gemeinkosten. Für kürzere oder phasenverschobene Zeiträume betrachtet P. Riebel diese Beiträge als Perioden-Gemeinkosten; eine Aufteilung solcher Kosten auf kürzere Perioden lehnt er ab. Viele wichtige Kostenarten lassen sich daher nicht mehr monatlichen Abrechnungsperioden zuordnen. Dies gilt insbesondere für die Abschreibungen, die von P. Riebel als „Gemeinausgaben oder Gemeinkosten offener Perioden“ angesehen werden[153]. Sie werden weder Kostenstellen noch Kostenträgern zugeordnet, sondern im System der Deckungsbeitragsrechnung als „Deckungslasten“, „Amortisationsraten“ oder „Rückstellungsraten“ ausgewiesen[154].

Die fehlende Periodisierung vieler Kostenarten führt P. Riebel zwangsläufig dazu, dass er die Deckungsbeiträge der einzelnen Kalkulationsobjekte lediglich als „objekt- und periodenbezogene oder überperiodisch-fortlaufende Ausschnitte aus der sachlichen und zeitlichen Totalrechnung der Unternehmung“ ansieht.

3. Im Mittelpunkt von P. Riebels Kostenrechnungssystem steht das Rechnen mit Deckungsbeiträgen. Seiner Ansicht nach kann die Deckungsbeitragsrechnung als „Ist-, Normal-, Standard- (Plan-) oder Prognoserechnung aufgebaut werden“[155]. Theoretisch können zwar für alle denkbaren Kalkulationsobjekte Deckungsbeiträge ausgewiesen werden, praktisch konzentriert sich aber die laufende Deckungsbeitragsrechnung bei P. Riebel auf Kalkulationsobjekte, „über deren Reproduktion, Aufrechterhaltung oder Anpassung verhältnismäßig häufig zu entscheiden ist“[156]. Für die Stückdeckungsbeiträge der betrieblichen Erzeugnisse gibt er das folgende Berechnungsschema an[157]:

Nettopreis
./. direkt erfasste preisabhängige Kosten
./. direkt erfasste sonstige absatzabhängige Kosten
./. direkt erfasste erzeugungsabhängige Kosten

Stückdeckungsbeitrag I (über direkt erfasste spezifische Kosten)
./. zugeschlüsselte unechte Gemeinkosten

Stückdeckungsbeitrag II (über sämtliche spezifische Kosten)

Hierbei ist der Stückdeckungsbeitrag I „zwar genau, aber unvollständig“, da er nicht alle leistungsabhängigen Kosten enthält. Der Stückdeckungsbeitrag II dagegen ist „zwar vollständig, aber ungenau“, da er leistungsabhängige Kostenarten enthält, die nicht unmittelbar nach dem Identitätsprinzip zugemessen werden können. P. Riebel verlangt, dass die unechten Gemeinkosten in allen Stufen der Deckungsbeitragsrechnung gesondert ausgewiesen werden.

Ausgehend von den Stückdeckungsbeiträgen der betrieblichen Erzeugnisse „können die Deckungsbeiträge von Aufträgen, Leistungsarten, Leistungsgruppen oder anderen Leistungsgesamtheiten“ ermittelt werden[158]. Hierbei werden spezielle Deckungsbeiträge jeweils zur Abdeckung gemeinsamer spezifischer Kosten zusammengefasst. Auf diese Weise entsteht ein System stufenförmig aufeinanderfolgender Deckungsbeiträge.

Für die Erfolgsplanung empfiehlt P. Riebel bei Wirksamwerden eines spezifischen Engpasses die Reihung nach „engpassbezogenen Deckungsbeiträgen“ und bei mehreren Engpässen die Anwendung mathematischer Lösungsverfahren. Weiterhin schlägt er vor, beim Aufbau der Erfolgsplanung „Deckungsbudgets“ festzulegen[159].

Damit die Deckungsbeitragsrechnung zugleich den Aufgaben der Finanzplanung und Liquiditätskontrolle dienen kann, wird eine Differenzierung der Kosten in ausgabewirksame und nichtausgabewirksame Beträge vorgenommen[160].

4. Bei der kritischen Auseinandersetzung mit der von P. Riebel entwickelten „Einzelkosten- und Deckungsbeitragsrechnung“ liegt ein Vergleich mit dem Direct Costing und der Grenzplankostenrechnung nahe, da diese drei Verfahren sowohl in der Zielsetzung als auch in der Grundkonzeption übereinstimmen. Zusammenfassend können wir feststellen, dass die von P. Riebel vorgeschlagene „Einzelkosten- und Deckungsbeitragsrechnung“ die wissenschaftliche Diskussion über die Grenzkosten- und Deckungsbeitragsrechnung zwar bereichert hat – so bieten die Ausführungen zur Erlösrechnung und zur mehrdimensionalen, mehrstufigen Deckungsbeitragsrechnung zweifellos für ein effizientes Vertriebscontrolling wertvolle Ansatzpunkte – im Übrigen aber für die praktische Anwendung nicht in Frage kommt. Nahezu alle von P. Riebel angestrebten Ziele der Kostenrechnung lassen sich mithilfe einer konsequent ausgestalteten kostenstellen-kostenträger-orientierten Grenzplankostenrechnung besser erfüllen.

1.3.4.4.2 Die stufenweise Fixkostendeckungsrechnung nach Agthe und Mellerowicz

1. Sowohl beim Direct Costing als auch in der reinen Grenzplankostenrechnung werden die fixen Kosten in der Regel über alle Kostenstellen summiert und als Fixkostenblock in das monatliche Betriebsergebnis übernommen. Um den Informationsgehalt der kurzfristigen Erfolgsrechnung zu erhöhen, hat K. Agthe bereits 1959 eine „verursachungsgemäße“ Zurechnung von Fixkostenbeiträgen zu bestimmten Deckungsbeiträgen vorgeschlagen[161]. Auch K. Mellerowicz fordert, die Erfolgsrechnung durch eine „differenzierte Fixkostendeckungsmethode“ zu ergänzen, bei der eine „möglichst weitgehende Aufspaltung des gesamten Fixkostenblocks in verschiedene Fixkostenschichten“ durchgeführt wird, die sich durch ihre unterschiedliche „Erzeugnisnähe“ unterscheiden[162]. Dieses Verfahren wird heute meistens als stufenweise Fixkostendeckungsrechnung bezeichnet; gelegentlich wird auch von einer mehrstufigen Deckungsbeitragsrechnung gesprochen, wobei die ursprüngliche Form der Grenzplankostenrechnung als einstufige Deckungsbeitragsrechnung bezeichnet wird. Die stufenweise Fixkostendeckungsrechnung ist keine geschlossene Form der Kostenrechnung, sondern lediglich eine Ergänzung der nach dem Deckungsbeitragsprinzip durchgeführten Erfolgsrechnung. In Anlehnung an K. Agthe und K. Mellerowicz wollen wir die folgenden Fixkosten unterscheiden[163].

- Erzeugnisfixkosten
- Erzeugnisgruppenfixkosten
- Bereichsfixkosten
- Unternehmungsfixkosten.

Diese Fixkostenkategorien sollen in einer stufenweisen Fixkostendeckungsrechnung nicht schlüsselmäßig aufgeteilt, sondern den betrieblichen Produkten oder Produktgruppen nur insoweit zugerechnet werden, als diese bestimmte betriebliche Teilbereiche ausschließlich in Anspruch nehmen. Die stufenweise Fixkostendeckungsrechnung kann nach folgendem Schema durchgeführt werden:

	Nach Artikeln der Einzelaufträge gegliederte Deckungsbeiträge
./.	Erzeugnisfixkosten
	Restdeckungsbeiträge I (nach Artikeln der Einzelaufträge gegliedert)
./.	Erzeugnisgruppenfixkosten
	Restdeckungsbeiträge II (nach Artikel- oder Auftragsgruppen mit gemeinsamen fixen Kosten gegliedert)
./.	Bereichsfixkosten
	Restdeckungsbeiträge III (nach Artikel- oder Auftragsgruppen gegliedert, die gemeinsam bestimmte Teilbereiche einer Unternehmung beanspruchen)
./.	Unternehmungsfixkosten
	Vollkostenerfolg

Die stufenweise Fixkostendeckung war auch in den USA bekannt. Bereits im N.A.C.A.-Bulletin von 1952 wurde auf die Möglichkeit einer stufenweisen Fixkostendeckungsrechnung hingewiesen[164]. G. Shillinglaw unterscheidet bei der Erfolgsanalyse „fixed costs – product-traceable“ und „fixed costs – common“[165].

2. Die Zielsetzung der stufenweisen Fixkostendeckungsrechnung besteht u. a. darin, bei der Erfolgsanalyse zu erkennen, bis zu welcher „Produktionstiefe“ die Deckungsbeiträge der betrieblichen Erzeugnisse zur Fixkostendeckung ausreichen. F. Wille und G. Seicht haben gefordert, die stufenweise Fixkostendeckungsrechnung durch eine Differenzierung in „abbaufähige“ und „nicht-abbaufähige“ Fixkosten zu ergänzen[166]. Zu den im Falle einer Stilllegung nicht oder nicht sofort abbaufähigen fixen Kosten können z. B. Gehälter für Angestellte mit mehrjährigen Arbeitsverträgen und die Kosten langfristiger Mietverträge gehören.

Da es sich bei der Stilllegung betrieblicher Teilbereiche um mittel- oder langfristige Entscheidungen handelt, reichen hierfür die aus der kurzfristigen Erfolgsanalyse vergangener Perioden gewonnenen Informationen nicht aus. Für diese Entscheidungen müssen vielmehr die Wirtschaftlichkeitskriterien der Investitionsrechnung herangezogen werden.

Wird allerdings dieses Konzept für ein kurzfristiges Controlling im Rahmen einer profit-center-Organisation nach Sparten eingesetzt, kann die Gegenüberstellung von Ist-Deckungsbeiträgen höherer Stufen, in denen Fixkosten direkt zurechenbarer Produktions- oder insbesondere Vertriebsbereiche bereits berücksichtigt sind, zu entsprechenden Soll-Deckungsbeiträgen einer integrierten Unternehmensplanung, ein wertvolles Instrumentarium darstellen.

1.3.4.4.3 Die periodenbezogene Kosten- und Erlösrechnung nach Lassmann

1. Eine spezielle Ausgestaltungsform der entscheidungsorientierten Kostenrechnung hat G. Lassmann in Zusammenarbeit mit R. Wartmann u. a. in der Eisen- und Stahlindustrie entwickelt[167]. Dieses Verfahren weist gegenüber der Grenzplankosten- und Deckungsbeitragsrechnung zwei charakteristische Unterschiede auf.

Erstens wird bei der Planung und Kontrolle des Periodenerfolgs auf den Ausweis stückbezogener Kosten- und Deckungsbeiträge verzichtet. Die relevanten Kosten werden nicht den Produktions- und Absatzmengen, sondern anderen betrieblichen Aktionsparametern, wie z. B. Rohstoffeinsatzmengen, Fertigungszeiten, Chargen, Betriebsschichten usw., zugeordnet. Da an die Stelle der Produktmengen „unmittelbar periodenbezogene (monatsbezogene) Größen" treten wird dieses Verfahren als periodenbezogene Kosten- und Erlösrechnung bezeichnet; an anderer Stelle spricht G. Lassmann auch von einer Betriebsplankostenrechnung.

Zweitens wird die laufende Kosten- und Erlösrechnung in Form eines Betriebsmodells durchgeführt. Hierunter ist eine „umfassende Grundrechnung" zu verstehen, mit deren Hilfe „alle wesentlichen Anforderungen an das Rechnungswesen erfüllt werden". Die Grundkonzeption besteht darin, auf der Basis der Matrizenrechnung ein „Periodenerfolgs-Rechenmodell" zu schaffen, „das alle wesentlichen Kosten- und Erlösabhängigkeiten eines Betriebes erfasst und alternative Handlungs- und Entscheidungsmöglichkeiten in einem Unternehmen im Hinblick auf ihre Auswirkungen auf den kurzfristigen Periodenerfolg berechenbar macht"[168]. Das charakteristische Merkmal dieser Konzeption ist eine organisatorische Zusammenfassung der laufenden Kostenrechnung und der mathematischen Modellanalyse der kurzfristigen Planung. Die Kostenrechnung soll sich nicht mehr darauf beschränken, Kostendaten für Planungsmodelle zu liefern, sondern selbst in Form eines Rechenmodells durchgeführt werden, das als „Betriebsmodell" bezeichnet wird. Nach G. Lassmann ist hierbei in der Praxis zunächst eine Beschränkung auf Ermittlungsmodelle erforderlich, die erkennen lassen, wie alternative Handlungsmöglichkeiten die Kosten und Erlöse beeinflussen[169]. Später sollen hieraus Optimierungsmodelle werden.

Der periodenbezogenen Kosten- und Erlösrechnung liegt die gleiche Zielsetzung zugrunde wie der Grenzplankostenrechnung. Auch sie soll dazu dienen, richtige Entscheidungen auf der Basis relevanter Kosten zu treffen. Insbesondere bei variablen Bedingungen des Produktionsvollzugs hält G. Lassmann die aktivitätsbezogene Analyse für geeigneter als die stückbezogene Betrachtungsweise der Grenzplankosten- und Deckungsbeitragsrechnung.

2. An der Grenzplankostenrechnung kritisiert G. Lassmann vor allem, dass sie sich beim Aufbau der Plankalkulation „mit relativ starren Plankosten" begnügt, die neben geplanten Preisen und Lohnsätzen auf Norm- oder Planvorstellungen über den Einsatz des produktionswirtschaftlichen Instrumentariums basieren[170]. Bestehen im Bereich der Produktion Wahlmöglichkeiten des Produktionsvollzugs, so wird beim Aufbau der Plankalkulationen in der Regel nur eine bestimmte Alternative kalkulatorisch berücksichtigt. Wegen eines „relativ großen Variationsspielraums" hält daher G. Lassmann die Plankalkulation der Grenzplankostenrechnung in der Eisen- und Stahlindustrie für zu starr[171].

Er schlägt daher vor, den „herkömmlichen Grenzkostenbegriff“ zu „relativieren“ und Erzeugnis-Grenzkosten durch Einflussgrößen-Grenzkosten zu ersetzen[172]. Nach dieser Konzeption werden die „Verbrauchsfaktor-Abhängigkeiten nicht ausschließlich auf die Einzelerzeugnisse“ bezogen, „sondern auf das Erzeugnisprogramm als Ganzes“[173].

3. Nachdem bereits in den 50er Jahren O. Pichler für Betriebe mit Kuppelproduktion vorgeschlagen hat, die Input-Output-Analyse mithilfe der Matrizenrechnung als Stoffflussrechnung durchzuführen, hat W. Wartmann in den 60er Jahren die Möglichkeiten der Matrizenrechnung für die Kostenrechnung in der Eisen- und Stahlindustrie untersucht[174].

Die Entwicklung von Betriebsmodellen beginnt damit, Kostenbestimmungs- oder Kosteneinflussgrößen zu suchen und deren funktionale Beziehungen zu den Faktorverbrauchsmengen zu planen. Hierbei werden nur lineare Funktionen berücksichtigt; nichtlineare funktionale Zusammenhänge werden linearisiert. Nach G. Lassmann lassen sich bei dem Aufbau von Betriebsmodellen folgende Funktionstypen unterscheiden[175]:

- technologisch begründete Funktionen
- dispositionsbestimmte Funktionen
- kalkulatorisch festgelegte Funktionen.

Technologisch begründet sind z. B. die Kostenfunktionen für den Energieverbrauch und den Werkzeugverschleiß. Dispositionsbestimmte Faktoren treten insbesondere beim Arbeitseinsatz auf. Typische Beispiele kalkulatorisch festgelegter Funktionen sind die Kostenvorgaben für Sozialkosten, kalkulatorische Abschreibungen, kalkulatorische Zinsen und kalkulatorisch verrechnete Transportkosten.

Aufgrund der Linearität kann eine formale Darstellung mithilfe der Matrizenschreibweise erfolgen, sodass sich die gesamte Kostenplanung in Matrixform speichern lässt. Hierbei erfolgt ein getrennter Ausweis von Preis- und Mengenkomponenten, damit das System jederzeit an veränderte Preise und Löhne angepasst werden kann.

Aufgrund der richtungsweisenden Vorschläge von G. Lassmann wurden inzwischen Betriebsmodelle für die Hauptproduktionsstufen gemischter Hüttenwerke entwickelt.

Die von G. Lassmann und R. Franke vorgeschlagenen Betriebsmodelle sollen nicht nur der Planung, sondern auch der nachträglichen Kontrolle der Kosten dienen. Hierbei werden in etwa die gleichen Abweichungsarten erfasst wie in einer Grenzplankostenrechnung. Die Verfasser fordern daher, dass der periodische Soll-Ist-Kostenvergleich der Grenzplankostenrechnung durch eine operative Kontrolle der Kosten ergänzt werden sollte[176]. Hierunter verstehen sie die Kostenkontrolle betrieblicher Einzelvorgänge, so z. B. einer Schmelze. Für die „Gesamtbeurteilung der Wirtschaftlichkeit“ halten sie aber zugleich eine periodische Kostenkontrolle für erforderlich[177].

Während sich G. Lassmann und R. Franke auf einperiodische Betriebsmodelle beschränken, bei denen die Lagerung von Halb- und Fertigerzeugnissen ausgeschlossen ist, wird bei einem Modell von H. Wittenbrink auch die Lagerung fertiger Erzeugnisse berücksichtigt.

Während R. Franke bereits ein Optimierungsmodell aufbaute, ist das Modell von H. Wittenbrink wieder nur ein Ermittlungsmodell. Da das Modell mehrperiodisch ist und den Walzlosgrößen-Einfluss berücksichtigt, ist es nur mit den Algorithmen der gemischt ganzzahligen linearen Programmierung lösbar und erfordert daher sehr hohe Rechenzeiten[178].

4. Vergleicht man die periodenbezogene Kosten- und Erlösrechnung mit der Grenzplankostenrechnung, so erkennt man, dass es sich weniger um Alternativen, sondern eher um unterschiedliche Ausgestaltungsformen des gleichen Grundverfahrens handelt. Im Einzelnen lassen sich folgende Gemeinsamkeiten erkennen.

Erstens basieren die Betriebsmodelle in gleicher Weise auf einer analytischen Kostenplanung wie die Grenzplankostenrechnung. Zweitens basieren auch die Betriebsmodelle auf einer Aufteilung in fixe und proportionale Kosten. Drittens sind die Bezugsgrößen der Grenzplankostenrechnung in gleicher Weise periodenbezogene Einflussgrößen wie die Aktionsparameter der Betriebsmodelle. Viertens messen die Vertreter der Betriebsmodelle stückbezogenen Kosten und Deckungsbeiträgen zwar eine weitaus geringere Bedeutung zu als die Vertreter der Grenzplankostenrechnung. Dennoch zeigen aber ihre Ausführungen an vielen Stellen, dass sie auf stückbezogene Kosten und Deckungsbeiträge nicht völlig verzichten.

5. Berücksichtigt man die von uns aufgezeigten Gemeinsamkeiten der Grenzplankostenrechnung und der als Betriebsmodell durchgeführten Kostenrechnung, so bleiben die beiden folgenden Fragen übrig, deren Beantwortung für die Weiterentwicklung der Kostenrechnung bedeutsam ist:

- Sind Erzeugnis-Grenzkosten eine notwendige Grundlage für die Planung und Kontrolle des Periodenerfolgs oder sollten sie wegen ihrer Abhängigkeit vom Produktionsvollzug durch Einflussgrößen-Grenzkosten ersetzt werden?
- Ist es organisatorisch zweckmäßig, die Kosten- und Leistungsrechnung vollständig in die Entscheidungsmodelle der Produktions- und Absatzplanung zu integrieren?

Die Beantwortung der ersten Frage hängt wesentlich davon ab, wie groß die Entscheidungsspielräume des Produktionsvollzugs in der laufenden Produktion sind. Hier gibt es in der Praxis große branchenspezifische Unterschiede.

In vielen Industriezweigen, so z. B. im Fahrzeugbau, im Apparatebau, der Elektroindustrie und der Textilindustrie ist der Produktionsvollzug derart vorprogrammiert, dass während der laufenden Produktion nur geringfügige Veränderungen vorgenommen werden. In diesen Branchen werden Aktionsparameter des Produktionsvollzugs meistens nur in Engpasssituationen geändert, wobei sich relativ geringfügige Kostenabweichungen ergeben. Vom Produktionsvollzug her gesehen besteht daher in diesen Branchen kein Grund, die Konzeption der mithilfe jahresbezogener Plankalkulationen bestimmten Erzeugnis-Grenzkosten aufzugeben.

Es gibt aber auch Branchen, in denen der Produktionsvollzug in kurzen Abständen an veränderte Rohstoffpreise, schwankende Absatzmengen oder veränderte Produktionsbedingungen angepasst werden muss und hierdurch die Erzeugnis-Grenzkosten wesentlich beeinflusst werden. Hierzu gehören z. B. die Eisen- und Stahlindustrie sowie Teile der chemischen Industrie. Unternehmungen mit Serien- und Einzelfertigung, in denen der Produktionsvollzug weit geringeren Schwankungen unterliegt als in den oben genannten

Branchen, werden aber bei der Planung und Kontrolle des Periodenerfolgs auf den Ausweis stückbezogener Selbstkosten und Deckungsbeiträge niemals verzichten können.

Auch in Branchen mit relativ großen Entscheidungsspielräumen des Produktionsvollzugs halten wir den Aufbau jahresbezogener Plankalkulationen als Grundlage für die nachträgliche Erfolgskontrolle für notwendig. Würde man die Konzeption jahresbezogener Plankalkulationen aufgeben, so müsste man die konstanten Erzeugnis-Grenzkosten durch eine Vielzahl geplanter Alternativkalkulationen ersetzen.

Die Frage, ob eine organisatorische Integration der Kosten- und Leistungsrechnung in die Modellanalyse der Produktionsplanung sinnvoll ist, lässt sich heute noch nicht abschließend beantworten. Einerseits hat die maschinelle Durchführung der Grenzplankostenrechnung mithilfe von Standard-Software hierfür wichtige Voraussetzungen geschaffen, andererseits aber zeigen die Erfahrungen auf dem Gebiet der linearen Programmierung, dass gerade integrierte Modelle der Produktions- und Vollzugsplanung außerordentlich kompliziert sind, hohe Rechenzeiten erfordern und häufig sogar auf Lösungsschwierigkeiten stoßen.

Auch G. Lassmann und R. Franke weisen auf die „engen Grenzen" hin, die der Anwendung ihrer Rechenmodelle noch gesetzt sind; G. Lassmann hebt zugleich hervor, „dass befriedigende betriebswirtschaftliche Aussagen nur aus einem Gesamtmodell zu erwarten sind, das über alle wichtigen Unternehmensteile vom Beschaffungsmarkt bis zum Absatzmarkt reicht"[179]. Er glaubt, dass solche Gesamtmodelle sukzessiv aus Teilmodellen der einzelnen Unternehmensbereiche zusammengesetzt werden können. Dieses betriebswirtschaftlich zweifellos bedeutsame Ziel sollte aber in organisatorischer Trennung von der laufenden Kostenrechnung angestrebt werden.

1.3.4.4.4 Die dynamische Grenzplankostenrechnung

1. Unsere Ausführungen über die Alternativvorschläge zur Grenzplankosten- und Deckungsbeitragsrechnung haben gezeigt, dass insbesondere die jahresbezogenen Plankalkulationen von mehreren Autoren kritisiert werden. Es wird bezweifelt, dass die aus einer jahresbezogenen Kostenplanung abgeleiteten Erzeugnis-Grenzkosten generell als entscheidungsrelevante Kosten angesehen werden können. Um diese Frage zu klären und hieraus eventuelle Ansatzpunkte für die Weiterentwicklung der Grenzplankostenrechnung ableiten zu können, wollen wir zunächst die Prämissen untersuchen, die der jahresbezogenen Kostenplanung und damit dem Aufbau jahresbezogener Plankalkulationen zugrunde liegen.

Erstens werden in einer Plankostenrechnung die Materialverbrauchsmengen mit geplanten Einstandspreisen und die Arbeitszeiten mit geplanten Lohnsätzen und Gehältern bewertet, bei denen es sich um erwartete Jahresdurchschnittswerte handelt[180]. Auf diese Weise emanzipiert sich sowohl die laufende Kostenkontrolle als auch die Plankalkulation von laufenden Preisschwankungen und Lohn- bzw. Gehaltserhöhungen.

Zweitens liegt der beim Aufbau der Kostenplanung durchzuführenden Auflösung in fixe und proportionale Kosten jeweils ein bestimmter Fristigkeitsgrad der Kostenplanung zugrunde. Den Fristigkeitsgrad der Kostenplanung wollen wir als das Entscheidungsfeld definieren, das den Kostenstellen in Bezug auf die Anpassung personeller und sonstiger Potenzialfaktoren an Beschäftigungsschwankungen als Soll vorgegeben wird. Hierbei legt das Entscheidungsfeld den vorgegebenen Anpassungszeitraum (= Periodenlänge) und die hier realisierbaren Anpassungsmaßnahmen fest. Mit zunehmendem Anpassungszeitraum erhöht sich die realisierbare Anpassungsflexibilität und umgekehrt. Wie insbesondere G. Seicht gezeigt hat, wird in der betriebswirtschaftlichen Literatur auf die Abhängigkeit der Kostenauflösung vom Fristigkeitsgrad seit längerer Zeit hingewiesen[181]. Später haben insbesondere P. Heine, E. Heinen, G. Seicht und M. Layer darauf hingewiesen, dass die Einteilung in fixe und beschäftigungsabhängige Kosten von der Länge des Planungszeitraumes abhängig ist[182].

Der Fristigkeitsgrad der Kostenplanung kann von der Unternehmungsleitung frei gewählt werden. In der Praxis der Grenzplankostenrechnung legte man sich bisher aber auf einen bestimmten Fristigkeitsgrad fest. Diesem Fristigkeitsgrad entsprechen die Kalkulationsansätze und die mithilfe der Plankalkulationen ermittelten Erzeugnis-Grenzkosten.

Drittens erfordert der Aufbau jahresbezogener Plankalkulationen in vielen Fällen Vorab-Entscheidungen der Produktionsvollzugsplanung, da die Kalkulationen zu einem Zeitpunkt erstellt werden, zu dem eine detaillierte Produktionsvollzugsplanung noch nicht vorliegt. Werden z. B. für die Herstellung der betrieblichen Erzeugnisse Rohstoffmischungen eingesetzt, so ist für den Aufbau von Plankalkulationen die Festlegung geplanter Mischungszusammensetzungen erforderlich. Können bestimmte Arbeitsgänge von unterschiedlichen Maschinentypen (= Verfahren) ausgeführt werden, so wird beim Aufbau der Plankalkulationen entweder das kostengünstigste Verfahren oder eine planmäßig zu erwartende Mischrelation der in Frage kommenden Verfahren berücksichtigt.

Unsere Ausführungen haben gezeigt, dass die jahresbezogenen Plankalkulationen der Grenzplankostenrechnung jene Kosten der Erzeugnisse angeben, denen ein bestimmtes Planpreis- und Planlohnniveau, ein bestimmter Fristigkeitsgrad in Bezug auf die Anpassung an Beschäftigungsschwankungen und bestimmte Vorab-Entscheidungen der Produktionsvollzugsplanung zugrundeliegen[183].

2. Wir wollen uns nunmehr der Frage zuwenden, unter welchen Voraussetzungen die mithilfe jahresbezogener Plankalkulationen ermittelten Grenzselbstkosten entscheidungsrelevante Kosten sind.

Dies ist zweifellos für solche Entscheidungen der Fall, denen die gleiche Planungsperiode zugrunde liegt wie der Kostenplanung. Hierzu gehören alle jahresbezogenen Entscheidungen der Produktions- und Absatzplanung. Da innerhalb der jährlichen Planungsperiode jedoch Preis- und Lohnsatzschwankungen zu erwarten sind und (insbesondere in Engpasssituationen) Entscheidungen der Produktionsvollzugsplanung getroffen werden können, die von den Vorab-Entscheidungen der Plankalkulation abweichen, muss mit entsprechenden Kostenabweichungen gerechnet werden, die bei der nachträglichen Erfolgsanalyse zu berücksichtigen sind.

Je häufiger eine Unternehmung gezwungen ist, bei der Produktions- und Absatzplanung auch Entscheidungen für kürzere Zeiträume zu treffen, desto problematischer werden die jahresbezogenen Plankalkulationen. Weiterhin muss häufig über die Annahme oder Ablehnung kurzfristig realisierbarer Zusatzaufträge entschieden werden. Um auch in diesen Fällen entscheidungsrelevante Kosten zur Verfügung zu haben, gibt es die beiden folgenden Möglichkeiten.

Die erste Möglichkeit besteht darin, auf die jahresbezogenen Plankalkulationen zu verzichten und sie durch ein System alternativer Plankalkulationen zu ersetzen, denen unterschiedliche Planpreise und -lohnsätze, unterschiedliche Entscheidungen der Produktionsvollzugsplanung und verschiedene Fristigkeitsgrade zugrunde liegen. Diesen Weg halten wir aber aus folgenden Gründen nicht für zweckmäßig. Erstens ist die Zahl der möglichen Alternativen in den meisten Fällen unüberschaubar groß. Zweitens hat sich die Verwendung von Alternativkalkulationen bei der Formulierung von Entscheidungsmodellen der linearen Programmierung nicht bewährt, da es hier meistens zweckmäßig ist, die Aktivitäten der Produktionsvollzugsplanung unmittelbar in den Zielfunktionen auszuweisen[184]. Drittens würde die kurzfristige Erfolgsrechnung ihre Operabilität verlieren, wenn man versuchen wollte, allen Produktmengen jeweils die Alternativen zuzuordnen, die bei ihrer Produktion realisiert worden sind.

Wir schlagen daher als zweite Möglichkeit vor, die jahresbezogenen Plankalkulationen als Basiskalkulationen beizubehalten, im Übrigen aber die Grenzplankostenrechnung wie folgt weiterzuentwickeln.

Erstens sollten die Plankalkulationen so gestaltet werden, dass sie sich ohne Schwierigkeiten an das Preis- und Lohnniveau kürzerer Planungsperioden anpassen lassen. Hierzu ist es erforderlich, die wichtigsten Kostenarten in den Kalkulationen gesondert auszuweisen. Diese Kostenarten dürfen nicht wie bisher in den Kalkulationssätzen der Kostenstellen untergehen. Insbesondere muss in mehrstufigen Unternehmungen verhindert werden, dass die Material- und Fertigungskosten der Vorstufenbetrieb in den Kalkulationen der nachgelagerten Stufen als Materialkosten ausgewiesen werden. Eine Kalkulation, bei der die wichtigsten Kostenarten bis zu den Selbstkosten der Erzeugnisse „durchgerechnet" werden, wollen wir als Primärkostenrechnung bezeichnen[185]. Mithilfe dieses Verfahrens lassen sich die jahresbezogenen Plankalkulationen leicht auf ein anderes Preis- und Lohnniveau umrechnen. Standard-Softwareprogramme, die über die Ermittlung partieller Kostensätze als Voraussetzung für eine derartige Lösung verfügen, werden von führenden Herstellern angeboten.

Zweitens sollten die Plankalkulationen so gestaltet werden, dass die von Vorab-Entscheidungen der Produktionsvollzugsplanung abhängigen Fertigungskosten transparent werden und sich leicht eliminieren lassen, damit für den Aufbau von Planungsmodellen aus den Plankalkulationen relevante Kosten ersten Grades abgeleitet und die relevanten Kosten zweiten Grades in Beziehung zu den Aktionsparametern der Produktionsvollzugsplanung gesetzt werden können. Hierfür ist eine weitere Verbesserung der Bezugsgrößenwahl im Fertigungsbereich erforderlich.

Drittens müssen in der Kostenplanung bei der Auflösung in fixe und proportionale Kosten nebeneinander mehrere Fristigkeitsgrade in Bezug auf die Anpassung an Beschäftigungsschwankungen berücksichtigt werden, damit man in der Grenzplankostenrechnung nicht nur jahresbezogene Grenzselbstkosten der Erzeugnisse ermitteln kann, sondern auch die relevanten Kosten für kürzere Planungsperioden.

Es ist das Verdienst von G. Seicht, in der Literatur zur Plankostenrechnung als erster ausdrücklich eine nach der „Festigkeit" differenzierte Vorgabe der fixen Kosten gefordert zu haben. Er schlägt vor, die Kosten „nach ihrer Abbaufähigkeit in kurz-, mittel- und langfristig abbaubare zu differenzieren", wobei innerhalb dieser Dreiteilung auch noch eine weitere Verfeinerung nach der Festigkeit vorgenommen werden müsste[186]. Nur wenn nach Festigkeitsgraden differenzierte Grenzkosten zur Verfügung stehen, „würde die Kostenrechnung eine Dispositionsgrundlage bilden, welche richtige Entscheidungen ermöglicht". G. Seicht bezeichnet sein Verfahren als „Stufenweise Grenzkostenrechnung". Neben den nach der Festigkeit differenzierten Fixkosten berücksichtigt er auch Kosten der Wiederinbetriebnahme, durch welche die Wirkung der Abbaufähigkeit vermindert wird.

Zu ähnlichen Ergebnissen kommt M. Layer, der den in einer Unternehmung eingesetzten Potenzialfaktoren „Mindestdauern der Unveränderlichkeit" zuordnet, worunter er die Zeitspanne versteht, die von einem Zeitpunkt der Beeinflussbarkeit bis zum nächsten Zeitpunkt der Beeinflussbarkeit vergehen muss[187]. Er empfiehlt, Größenklassen dieser Mindestdauern zu bilden (1 Monat, 1–3 Monate, 3–6 Monate, 6–12 Monate, 1–2 Jahre, 2–5 Jahre und mehr als 5 Jahre) und hiernach die intervallfixen Kostenarten in beeinflussbare und nicht beeinflussbare Kosten zu unterteilen. Dieses Verfahren entspricht der Verwendung alternativer Fristigkeitsgrade in der Kostenplanung.

Folgt man den obigen Vorschlägen, so entsteht eine Grenzplankostenrechnung, die folgende Voraussetzungen erfüllt:

- Die Plankalkulationen können kurzfristig an Preis- und Lohnsatzschwankungen angepasst werden.
- Aus den Plankalkulationen lassen sich ohne Schwierigkeiten die für Entscheidungen der Produktionsvollzugsplanung erforderlichen relevanten Kosten zweiten Grades eliminieren und mithilfe entsprechend differenzierter Bezugsgrößen an die jeweilige Entscheidungssituation anpassen.
- Die Kostenplanung wird nach mehreren Fristigkeitsgraden differenziert, denen unterschiedliche Kalkulationssätze entsprechen.

Eine Kostenrechnung, die diese Voraussetzungen erfüllt, ist im Zeitablauf so flexibel, dass sie für nahezu alle Probleme der kurzfristigen Planung die entscheidungsrelevanten Kosten zur Verfügung stellen kann. Wir haben sie daher als dynamische Grenzplankostenrechnung bezeichnet[188].

Diese weiterentwickelte Form der Grenzplankosten- und Deckungsbeitragsrechnung entspricht zwar den entscheidungstheoretischen Anforderungen an eine entscheidungsorientierte Kostenrechnung in nahezu idealtypischer Weise, die praktische Durchführung der dynamischen Grenzplankostenrechnung hat sich aber bisher nicht durchsetzen können. Die Ursache lag weniger in mangelnder Akzeptanz aufgrund der Komplexität dieser Konzeption, sondern vielmehr in der Vermengung zweier Gesichtspunkte bei der Kostenauflösung. An die Stelle des hier im Vordergrund stehenden Gesichtspunktes der Fristigkeit einer möglichen Beeinflussung muss nämlich der Gesichtspunkt der funktionalen Abhängigkeit der einzusetzenden Ressourcen von der Beschäftigungsentwicklung treten. Der Begriff der „proportionalen Kosten" wird demnach so verstanden, dass er eine lineare Verbrauchsfunktion zwischen gewolltem Ressourcenverbrauch und Beschäftigung, bei gegebener Kapazität, darstellt. Die Anpassungsproblematik ist keine

Aufgabe, die im Plan bereits gelöst werden kann, sondern eine Aufgabe für das Kostenmanagement im Betrieb, das unter den jeweils aktuellen Rahmenbedingungen ein Optimum zu suchen hat[189]. Über den Erfolg dieser Aktivität gibt der monatliche Soll-Istkostenvergleich und dessen Abweichungsentwicklung Auskunft. Die Verbreitung, die das System der flexiblen Plankostenrechnung in den letzten Jahren im Dienstleistungsbereich gefunden hat, basiert auf diesem Wechsel der Gesichtspunkte[190].

1.4 Zusammenfassender Überblick über die Entwicklungsformen der Kostenrechnung

1. Die Entstehungsgeschichte der Kostenrechnung bis zur Grenzplankostenrechnung lässt sich in zwei große Zeitabschnitte zerlegen[191].

Der erste Abschnitt, der von den Anfängen der Kostenrechnung bis etwa in die 50er Jahre reicht, führte von der Istkostenrechnung über die Normalkostenrechnung zur flexiblen Plankostenrechnung auf Vollkostenbasis. Während dieser Zeit waren die in der Praxis angewandten Formen der Kostenrechnung ausschließlich Vollkostenrechnungen.

Der Entwicklungsprozess führte dazu, dass in Unternehmungen mit standardisierten Erzeugnissen die Erstellung laufender Nachkalkulationen immer mehr aufgegeben wurde und sich die Zielsetzung der Kostenrechnung zur Kostenkontrolle und den dispositiven Aufgaben der Kostenrechnung zur Kostenkontrolle und den dispositiven Aufgaben der Kostenrechnung verlagerte. Zunächst entstanden starre Formen der Plankostenrechnung. Man erkannte aber bald, dass eine wirksame Kostenkontrolle nur mithilfe flexibler Sollkostenvorgaben möglich ist. Auf diese Weise führte die Intensivierung der Kostenkontrolle zu flexiblen Formen der Plankostenrechnung.

Wie die Abbildung 1-8 erkennen lässt, führte der Entwicklungsprozess infolge einer zunehmenden Verwendung normalisierter oder geplanter Kosten im Zeitablauf dazu, dass immer mehr Kostenabweichungen entstanden[192]. In einer Plankostenrechnung gilt für die Auflösung der Istkosten in geplante Kosten und Kostenabweichungen folgende Gleichung:

(1-20) Istkosten = Plankosten + $\sum$ Kostenabweichungen

In der strengen, am Kostenüberwälzungsprinzip ausgerichteten Grundform der Istkostenrechnung gab es noch keine Kostenabweichungen. Die ersten Kostenabweichungen entstanden aber bereits bei der Einführung von Festpreisen in Form von Preis- und Lohnsatzabweichungen. Die Einführung geplanter Einzelkosten führte zusätzlich zu Einzelkostenverbrauchsabweichungen. Mit dem Übergang zur Normalkostenrechnung entstanden die ersten Kostenstellenabweichungen in Form von Über- und Unterdeckungen. Diese wurden in der starren Plankostenrechnung zu echten Planungsabweichungen der Kostenstellenkosten. Die flexible Ausgestaltung der Plankostenrechnung führte zu einer Zerlegung der Kostenstellenabweichungen in Beschäftigungs-

und Verbrauchsabweichungen. Später führte die Verfeinerung der Bezugsgrößentechnik zu weiteren Kostenabweichungen, die als Differenzen zwischen der Kostenstellen- und der auf Plankosten basierenden Kostenträgerrechnung anfallen. Hierzu gehören z. B. Verfahrens-, Seriengrößen-, Leistungs- und Intensitätsabweichungen. In Abbildung 1-10 haben wir diese Abweichungen aus Vereinfachungsgründen nicht berücksichtigt[193].

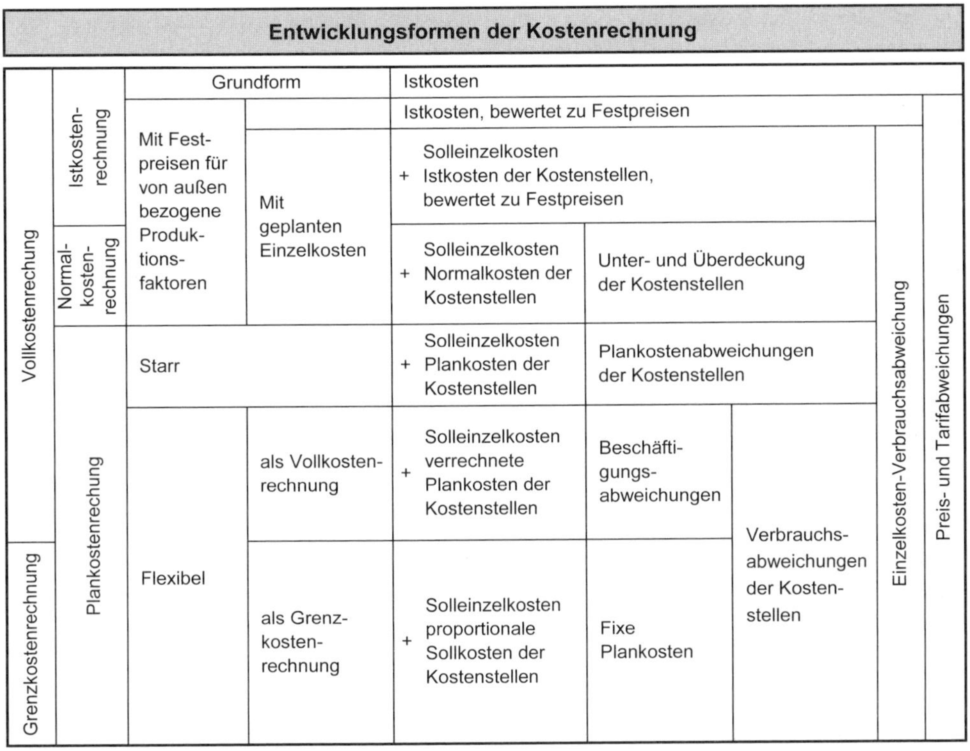

Abbildung 1-8: Zusammenfassender Überblick über die Entwicklungsformen der Kostenrechnung bis zur Grenzplankostenrechnung

Die durch Gleichung (1-20) ausgedrückte Identität der Istkosten mit den Plankosten und der Summe der Kostenabweichungen zeigt, dass es nicht sinnvoll ist, von einer Antithese zwischen Plan- und Istkostenrechnung zu sprechen. Andererseits ist die Plankostenrechnung keineswegs nur als eine „Ergänzung", „Erweiterung" oder „Auswertung" bestehender Ist- oder Normalkostenrechnungen anzusehen, wie früher gelegentlich angenommen wurde.

Zu beachten ist, dass die durch Gleichung (1-20) ausgedrückte Identität zwar stets für die Kostenartenrechnung gilt, für die übrigen Teilgebiete die Kostenrechnung aber nur erfüllt ist, wenn alle Kostenabweichungen über die Kostenstellen auf die betrieblichen

Erzeugnisse weiterverrechnet werden. In der Praxis der Plankostenrechnung wird aber einerseits aus Vereinfachungsgründen häufig ein Teil der Kostenabweichungen nicht auf die betrieblichen Erzeugnisse, sondern global in das Betriebsergebnis verrechnet, andererseits wird die Beschäftigungsabweichung grundsätzlich nicht auf Aufträge/Erzeugnisse verteilt, da sonst jene Kalkulationsobjekte mit Kosten belastet würden, die durch den Wegfall anderer – geplanter – Kalkulationsobjekte entstanden sind.

2. Der zweite Abschnitt der kostenrechnerischen Entwicklung beginnt mit der Einführung des Direct Costing und der Grenzplankostenrechnung in der Praxis während der 50er Jahre und reicht bis in die Gegenwart[194].

Die Weiterentwicklung der auf Vollkosten basierenden flexiblen Plankostenrechnung zur Grenzplankostenrechnung wurde durch die Erkenntnis ausgelöst, dass die für Vollkostenrechnungen typische rechnerische Proportionalisierung fixer Kosten beim Aufbau der betrieblichen Planung zu Fehlentscheidungen führt. Um richtige Kostendaten für den Aufbau der betrieblichen Planung, insbesondere für die Planung und Kontrolle des Periodenerfolgs, zu erhalten, werden in die Kostensätze und Kalkulationen nur noch die proportionalen Kosten einbezogen. Zugleich wird die kurzfristige Erfolgsrechnung zur Deckungsbeitragsrechnung weiterentwickelt. Mit diesem Entwicklungsschritt setzte die Wende zu entscheidungsorientierten Formen der Kostenrechnung ein.

Während der Übergang von der Ist- oder Normalkostenrechnung zu der auf Vollkosten basierenden Plankostenrechnung ein kontinuierlicher Prozess gewesen ist, der zu einer Auflösung der Istkosten in geplante Kosten und Kostenabweichungen führte, wird der Übergang zum Grenzkostenprinzip von den meisten Kostenrechnern als ein „revolutionärer Schritt“ empfunden. „In conclusion it is said that it needs a revolution of thought and conception[195].“ Dennoch ist auch dieser Schritt das Ergebnis eines konsequenten Entwicklungsprozesses[196]. Die Fixkostenproblematik musste zwangsläufig zum Grenzkostenprinzip führen, nachdem durch die flexible Ausgestaltung der Plankostenrechnung bereits eine Trennung in fixe und proportionale Kosten eingeführt war. So wenig wie eine Plankostenrechnung auf Istkosten „verzichtet“, bedeutet der Übergang zur Grenzplankostenrechnung „einen Verzicht auf Vollkostendeckung“. Die Fixkostendeckung wird in der Grenzplankostenrechnung vielmehr „bewusster“ und „flexibler“ gestaltet, da sie sich am Prinzip des kalkulatorischen Ausgleichs ausrichtet[197]. Im Übrigen hat in der betrieblichen Praxis die Entwicklung dazu geführt, dass die Grenzplankostenrechnung meistens entweder durch eine stufenweise Fixkostendeckungsrechung oder parallel erstellte Vollkostenkalkulation ergänzt wird.

Wie die Abbildung 1-10 erkennen lässt, führt die Grenzplankostenrechnung nicht zu einer weiteren Abweichungsaufspaltung, sondern lediglich dazu, dass der gesamte Fixkostenblock aus der kalkulatorischen Weiterverrechnung ausgeklammert wird. Hierdurch entfallen die für die Vollkostenrechnung typischen Beschäftigungsabweichungen.

Von den 60er Jahren an wurden in der Literatur mehrere Alternativen zur Grenzplankostenrechnung beschrieben. Hierdurch wurde die Diskussion über die Ausgestaltung entscheidungsorientierter Systeme der Kostenrechnung zwar bereichert, die meisten Vorschläge basieren aber auf komplexen Ausformungen theoretisch richtiger Grundgedanken, sodass sie für die praktische Anwendung kaum in Frage kommen.

3. Betrachtet man die Entwicklung der Kostenrechnung aus heutiger Sicht insgesamt, muss man allerdings im Sinne der obigen Zeiteinteilung seit etwa der Mitte der 80er Jahre von einem dritten Abschnitt der kostenrechnerischen Entwicklung sprechen. Auch in den USA markiert insbesondere die Kritik H. T. Johnson und R. S. Kaplan an der bis dahin üblichen Methodik des Management Accountings[198] eine Trendwende weg von allein auf Standard Costing und Direct Costing beruhenden Kostenrechnungslösungen. Für den deutschen Sprachraum lässt sich der zweite Abschnitt zunächst als Phase der Überwindung der Unzulänglichkeit vollkostenrechnerischer Systeme für die kurzfristige Kostenplanung und des Siegeszugs einer flexiblen Plankosten- und Deckungsbeitragsrechnung überhaupt charakterisieren[199]. Inzwischen erfolgte aber eine Neuorientierung der Kostenrechnung hinsichtlich einer Berücksichtigung der längerfristigen und strategischen Kostensteuerung und der Verhaltensteuerung. Mit der Hinwendung zur „strategischen Kostensteuerung“[200] ging insbesondere im Zusammenhang mit der Prozesskostenrechnung[201] ein Wiederaufleben vollkostenrechnerischer Elemente einher. Im Prinzip soll diese auch kontrovers diskutierte Ausrichtung der Kostenrechnung[202] ermöglichen, die längerfristig wirksame Kostenbeeinflussungsmöglichkeit für das Kostenmanagement etwa durch Prozesskostenrechnung und Target Costing[203] zu ermitteln. Überwiegend sieht man diese Methoden als zusätzliche Instrumente zur bisherigen laufenden kurzfristigen Kostenrechnung fordert aber auch die von diesen Konzepten angeregte noch weitergehende Prozessorientierung in die modernen Plankostenrechnung unter Inkaufnahme einer weniger strengen Trennung proportionaler und fixer Kosten aufzunehmen. Im Rahmen der stärkeren Berücksichtigung von Verhaltenselementen in die Kostenrechnung erhält die Wirkung von Kosteninformationen etwa im Falle von Verrechnungspreisen oft Vorrang vor einer strengen grenzplankostenrechnerischen Betrachtung[204].

Auf diese Weise wirkt eine der Zweckpluralität von Kostenrechnungen folgende verstärkte Tendenz zur Entwicklung von hinsichtlich herkömmlicher „Systemdiskussionen“ hybrider Kostenrechnungslösungen in der Unternehmung[205]. Darüber hinaus ist auch das theoretische Weiterentwicklungspotenzial der Kostenrechnung noch nicht ausgeschöpft, wie zum Beispiel Überlegungen zu Bezugsgrößenmodellen[206], der Verwendung objektorientierter Programmierung als Basis der Kostenrechnung[207] oder ein Ansatz zu einer neuen formalen Darstellung der Kostenverrechnungsproblematik mittels Kostenintensitäten im Netzwerk-Cluster-Kostenmodell[208] aufzeigt. Welche Bedeutung angesichts dieser neueren Entwicklungen der Grenzplankostenrechnung als Kernelement und prinzipielles Gestaltungsprinzip für die interne Unternehmungsrechnung verbleibt, wurde bereits ausführlich in der Einleitung dargestellt.

Anmerkungen zum Kapitel 1

1 In der Plankostenrechnung werden auch solche Kosten als Istkosten bezeichnet, bei denen nur das Mengengerüst aus Istgrößen besteht, die Faktormengen aber mit festen Verrechnungspreisen bewertet werden.

2 In der Literatur ist vor allem von K. Schwantag darauf hingewiesen worden, dass durch die zeitliche und kalkulatorische Abgrenzung Normal- und Planwerte in die Kostenrechnung eingeführt werden. Vgl. K. Schwantag, Der heutige Stand der Plankostenrechnung, 1950, S. 392 f.

3 Zur kalkulatorischen Abgrenzung vgl. W. Kilger, Einführung in die Kostenrechnung, 1976, S. 26 ff. und unsere Ausführungen in Kapitel 0.5.1

4 Eine Ausnahme bildete, wie wir im Einzelnen noch zeigen werden, allerdings von jeher die Vorkalkulation.

5 Diese Tatsache wurde schon relativ früh erkannt. Vgl. z. B.: J. Batty, Standard Costing, 1960, S. 6: "Sound interpretation of costs, because of all the unknowns, is virtually impossible."; E. A. Camman, Basic Standard Costs, 1932, S. 6; C. Gillespie, Standard and Direct Costing, 1962, S. 1; W. Hill, Direct Costing oder Standardkosten, 1964, S. 8; E. Michel, Handbuch der Plankostenrechnung, 1937, S. 25; P. Nowak, Kostenrechnungssysteme, 1961, S. 61 ff.; F. Zeidler, Plankostenrechnung, 1949, S. 300 ff.

6 Vgl. W. Kilger, Einführung in die Kostenrechnung, 1976, S. 293.

7 Auf den hohen Arbeitsanfall einer reinen Istkostenrechnung weisen in der Literatur hin: C. Gillespie, Standard and Direct Costing, 1962, S. 1; K. Käfer, Standardkostenrechnung, 1955, S. 51.

8 Zu den Schwierigkeiten der Istpreisbewertung vgl. W. Kilger, Einführung in die Kostenrechnung, 1976, S. 55.

9 In diesem Sinne äußert sich auch K. Schwantag, indem er darauf hinweist, dass die systematisch geschlossene Istkostenrechnung schon sehr früh Festpreise enthalten hat; vgl. K. Schwantag. Der heutige Stand der Plankostenrechnung, 1950, S. 392. Nach P. Nowak, Kostenrechnungssysteme 1961, S. 51 liegt jedoch bei der Verwendung fester Verrechnungspreise keine „reine Istkostenrechnung" mehr vor.

10 Vgl. REFA, Methodenlehre des Arbeitsstudiums, Teil 1–5, 5. Aufl., 1978.

11 In ähnlicher Weise äußert sich z. B. K. W. Hennig, Betriebswirtschaftslehre der industriellen Fertigung, 1946, S. 136; K. Käfer, Standardkostenrechnung, 1955, S. 45; K. Schwantag, Der heutige Stand der Plankostenrechnung 1950, S. 392.

12 Vgl. E. Schneider, Die innerbetriebliche Leistungsverrechnung, 1941, S. 253 ff.

13 Diese Methode ist schon sehr alt. Sie wurde in der Literatur zuerst von J. Walker, Prime Cost Keeping for Engineers, Ironfounders, Boiler and Bridge Makers, et cetera, 1875, beschrieben, wie F. C. Lawrence und E. N. Humprheys, Marginal Costing, 1947, S. 26, nachweisen. Weiterhin verweist auf diese Methode A. Müller, Dic Normalkostenrechnung als Hilfsmittel der Kostenauswertung, 1938/39, S. 311 und 312.

14 Vgl. W. Rocker, Grundsätzliches zur Plankostenabrechnung, 1952, S. 134.

15 Vgl. H. Peiser, Betriebsabrechnung in Maschinenbauanstalten, 1923; W. Krähe, Einheitsbuchführung für mittlere Maschinenfabriken, 1928. In der amerikanischen Literatur wurde die starre Normalkostenrechnung bereits 1924 von P. M. Atkins, Textbook of Industrial Cost Accounting, 1924, S. 22 beschrieben.

16 Auch P. Nowak vertritt die Ansicht, dass die meisten Unternehmungen zuerst die Gemeinkostenzuschläge normalisierten und erst später feste Verrechnungspreise einführten. Vgl. P. Nowak, Kostenrechnungssysteme, 1961, S. 68. Im Übrigen lassen sich über die zeitliche Reihenfolge, mit der die einzelnen kostenrechnerischen Entwicklungsformen aufeinander folgten, nur schwer allgemein gültige Aussagen machen.

17 Vgl. vor allem A. Müller, Die Isolierung der Einflüsse auf die Selbstkosten, 1933; A. Müller, die Normalkostenrechnung, 1938/1939, S. 313 ff.; A. Müller, Plan- und Normalkostenrechnung, 1949, S. 601 ff.; A. M. Wolter, Das Rechnen mit fixen und proportionalen Kosten 1948, S. 133 ff.

18 Vgl. A. Müller, Die Normalkostenrechnung, 1938/1939, S. 313.

19 Siehe zu einer treffenden Erläuterung des Begriffs Plankostenrechnung J. Kloock: Plankostenrechnung, 1993, Sp. 1551 ff.

20 Vgl. M. R. Lehmann, Die industrielle Kalkulation, 1925, S. 86 ff.; K. Käfer, Standardkostenrechnung, 1964, S. 57.

21 Zu diesen Begriffen vgl. T. Ellinger, Rationalisierung durch Standardkostenrechnung, 1954, S. 10 ff.; F. Henzel, Die Kostenrechnung, Essen 1964, S. 526; K. Käfer, Standardkostenrechnung, 1964, S. 86 ff.; P. Nowak, Kostenrechnungssysteme 1961, S. 78 ff.; F. Petzold, Prinzipien der Plankostenrechnung, 1950, S. 396 ff.; A. Schnettler, Das Rechnungswesen industrieller Betriebe, 1949, S. 221.

22 Vgl. A. Matz, Planung und Kontrolle von Kosten und Gewinn, 1964, S. 103.

23 Vgl. A. Müller, Istkosten-, Normalkosten- und Plankostenrechnung, 1952, S. 539; A. Müller, Plan- und Normalkostenrechnung, 1949, S. 603. Nach A. Müller entsteht der Sollkostenbegriff automatisch aus dem Normalkostenbegriff, wenn Normalkosten nicht historische Durchschnitte, sondern technologisch gewonnene Werte sind und sie vom reinen Messwerkzeug zugleich zur normativen Forderung werden.

24 Im Gegensatz dazu weist Schneider auf sehr viel frühere kameralistische Wurzeln von Sollkostenvorhaben bereits im 18./19. Jahrhundert hin, die er als nur zwischenzeitlich verschüttet bezeichnet; D. Schneider: Entwicklungsschwerpunkte zur heutigen Kostenrechnung, 1992, S. 90 f.

25 Vgl. hierzu F. Peters, Über Industriekalkulation und Preispolitik, 1927, S. 97 ff.

26 So wird bereits im REFA-Buch, Bd. 1, Arbeitsgestaltung, 1952, S. 19 die Ausarbeitung von Plankostenvorgaben mit zu den Aufgaben des REFA gezählt.

27 Vgl. K. Rummel, Einheitliche Kostenrechnung, 1967; A. Müller, Die Isolierung der Einflüsse auf die Selbstkosten. 1933.

28 K. Rummel weist darauf hin, dass seine Einheitskalkulation mit ihren genauen Analysen „von selbst" auf die Ermittlung von Sollwerten hinzielt, wie sie die Plankostenrechnung verwendet. Vgl. K. Rummel, Einheitliche Kostenrechnung 1967, S. 189.

29 Vgl. F. Henzel, Marktanalyse und Budgetierung, 1933; T. Beste, Die Produktionsplanung, 1938, S. 345 ff.; T. Beste, Planung in der Unternehmung, 1938, S. 68 ff.; T. Beste, Der Stand der betriebswirtschaftlichen Planung, 1942, S. 117 ff.; O. Bredt, Das Entwerfen der Planung, Technik und Wirtschaft 1939, S. 129 ff.

30 Wie K. Käfer, Standardkostenrechnung, 1955, S. 51 nachgewiesen hat, wurden in der Literatur bereits sehr viel früher Budgets für Wirtschaftsbetriebe beschrieben, so z. B. 1802 von Fredersdorf und 1811 von Petersen in Deutschland sowie von de Cazaux 1825 in Frankreich. Erst nach dem ersten Weltkrieg setzte sich der Budgetierungsgedanke aber auf breiter Basis durch.

31 Vgl. E. Schneider, Die Rolle des Soll-Ist-Vergleiches in der Betriebsrechnung, 1939, S. 69 ff.

32 Vgl. O. Kienzle, Die Budgetierung in amerikanischen Privatbetrieben, 1927, S. 227 ff., H. Narath, Produktions-Budget und -Kontrolle, 1927, S. 710 ff.; W. Hasenack, Das Budgetsystem einer deutschen Großmaschinenfabrik, 1929, S. 745 ff.; W. Hasenack, Budgeteinführung und Betriebspsyche, 1929/30, S. 381 ff.; H. Ludwig, Budgetkontrolle in industriellen Unternehmungen, 1930.

33 Vgl. O. Bredt, Das industrielle Budget, 1930, S. 5.

34 Auch F. Wille hat daher das industrielle Budget und die Fertigungs- und Gemeinkostenplanung als „Wurzeln der Plankostenrechnung" bezeichnet. Vgl. F. Wille, Plan- und Standardkostenrechnung, 1952, S. 11. Siehe zur Bedeutung und Entwicklung des Budgeting im US-amerikanischen Management Acounting B. Zirkler: Führungsorientiertes US-amerikanisches Management Accounting, 2001, S. 198 ff.

35 Vgl. K. Käfer, Standardkostenrechnung, 1964, S. 54. „Standardkostenrechnung ist in Amerika entstanden." Vgl. im Übrigen die bei K. Käfer angegebene amerikanische Literatur. Eine hervorragende entwicklungsgeschichtliche Analyse der Standardkostenrechnung findet man bei D. Solomons, The Historical Development of Costing, 1952, S. 39 ff.; E. M. Sowell, Theories and Techniques of Standard Costs, 1974. Weiterhin hat K. Weber, Amerikanische Standardkostenrechnung, 1960, die Entstehung der Standardkostenrechnung ausführlich beschrieben. Siehe zu einer neueren historischen Analyse B. Zirkler: Führungsorientiertes US-amerikanisches Management Accounting, 2001, S. 158 ff.

36 Vgl. D. Solomons, The Historical Development of Costing 1952, S. 40; P. Longmuir, The Recording and Interpreting of Foundry Costs, 1902, S. 887 ff.

37 Vgl. D. Solomons, The Historical Development of Costing 1952, S. 42.

38 Heute werden die Kostenabweichungen von den meisten Kostenfachleuten dagegen als Kosten angesehen.

39 Vgl. K. Weber, Amerikanische Standardkostenrechnung, 1960, S. 7. Vgl. auch E. M. Sowell, Theories and Techniques of Standard Costing 1974, S. 206 f.

40 Vgl. K. Weber, Amerikanische Standardkostenrechnung, 1960, S. 111. Die genannten Standardwerke sind: G. C. Harrison, Standard Costs. Installation, Operation and Use, 1930; E. A. Camman, Basic Standard Costs 1932; C. Gillespie, Accounting Procedure for Standard Costs, 1935.

41 Als Vorläufer der Standardkostenrechnung wird das „Estimated Cost System" z. B. von folgenden Autoren bezeichnet: J. G. Blocker und W. K. Weltmer, Cost Accounting, 1954, S. 279; I. W. Keller, A. Re-examination of Standard Costs, 1948, Section 3, S. 695 ff.; A. Matz, O. J. Curry and G. W. Frank, Cost Accounting, Management's Operational Tool, 1962, S. 435 ff.; K. Käfer, Standardkostenrechnung, 1964, S. 53.

42 Vgl. u. a. F. Peters, Über Industriekalkulation und Preispolitik, 1927, S. 5 ff.; H. Peiser, Selbstkostenrechnung in Amerika, 1925, S. 224 ff.; F. W. Winkelmann, Richtkosten (Standardkosten), 1928, S. 411 ff.; C. F. Schlatter, Zur Theorie der Standardkosten, Die Betriebswirtschaft 1931, S. 344 ff..

43 Erschienen 1929 in Berlin.

44 F. Petzold schreibt hierzu: „Die Plankostenrechnung ist eine konsequente Weiterentwicklung der deutschen Normalkostenrechnung, verbunden mit der in den USA verbreiteten Standardkostenrechnung und der Budgetrechnung." Vgl. F. Petzold, Prinzipien der Plankostenrechnung, 1950, S. 397. Weiterhin heben die folgenden Autoren hervor, dass sich die Plankostenrechnung aus der Normalkostenrechnung entwickelt hat: E. Gutenberg, Gebiete des industriellen Rechnungswesens, 1954, S. 398 ff.; K. Käfer, Standardkostenrechnung, 1964, S. 47; A. Müller, Plan- und Normalkostenrechnung, 1949, S. 601 ff.; H. Müller, Kostenplanung und Plankostenrechnung, 1951, S. 439 ff.

45 Der Begriff „starre Plankostenrechnung" hat sich in der Literatur durchgesetzt und wird von den meisten Autoren verwendet.

46 Im Einzelnen vgl. zur Durchführung der Gemeinkostenplanung unsere Ausführungen in Kapitel 5. Hier wird nur ein kurzer Überblick gegeben, der für die entwicklungsgeschichtliche Darstellung erforderlich ist.

47 Vgl. A. Matz, Planung und Kontrolle von Kosten und Gewinn, 1964, S. 79: „Dem flexiblen Kostenbudget liegt das Prinzip zugrunde, für jeden möglichen Beschäftigungsgrad eine Kostennorm aufzustellen." Der Begriff „flexible Plankostenrechnung" hat sich inzwischen in der Literatur durchgesetzt und wird von fast allen Autoren verwendet.

48 Zur Vereinfachung haben wir angenommen, dass zur Beschäftigungsmessung *eine* Bezugsgröße ausreicht. Unsere Ausführungen gelten aber analog für die Verwendung mehrerer Bezugsgrößen.

49 E. Schneider hat in diesem Zusammenhang darauf hingewiesen, dass eine Übereinstimmung der Plankosten- und Sollkostenkurve nur möglich sein würde, wenn die Produktionsfunktion der betreffenden Kostenstelle eine „homogene Funktion ersten Grades" sein würde. Er folgerte hieraus, dass der Plankostenkurve jede Bedeutung abzusprechen sei und bezeichnet sie als eine „Fiktion". Vgl. E. Schneider, Planung und Standardkostenrechnung, 1940, S. 252 ff.

50 Vgl. W. W. Neumayer, „doppelt-flexible" Plankostenrechnung, 1950, S. 403 ff.; ders., „voll-flexible" Plankostenrechnung, 1951, S. 397 ff.; ders. Vollkommenheitsgrade der Plankostenrechnung, 1951, S. 591 ff. Indirekt verwendet auch K. Schwantag den Begriff der doppelten Flexibilität der Plankostenrechnung, indem er sagt: „Man muss also die Kostenvorgaben auch hinsichtlich der Produktionszusammensetzung ‚flexibel' halten, sofern das die Kostengestaltung nötig macht." Vgl. K. Schwantag, Zur Theorie und Praxis der Plankostenrechnung, 1952, S. 70.

51 Zu der Berücksichtigung möglicher Kontierungsschwierigkeiten bei der Kostenstelleneinteilung vgl. W. Kilger, Einführung in die Kostenrechnung, 1976, S. 155 und S. 160 f.

52 Vgl. H Diercks und F. Petzold, Betriebsüberwachung durch Plankostenrechnung, 1951, S. 490 ff.; dies. Plankostenrechnung, 1953, S. 183 ff.; W. W. Neumayer, „doppelt-flexible" Plankostenrechnung, 1950, S. 403 ff. Abgelehnt wird die Kostenplatzrechnung von H. G. Plaut, Die Grenz-Plankostenrechnung, 1953, S. 347 ff.

53 In der Literatur wird die laufende Wirtschaftlichkeitskontrolle der Kosten als das dominierende Ziel der flexiblen Kostenrechnung immer wieder hervorgehoben. Vgl. z. B. W. Auler, Die Plankostenrechnung, 1951, S. 413; H. Diercks und F. Petzold, Umstrittene Fragen der Plankostenrechnung, 1953, S. 486;

E. Gutenberg, Gebiete des industriellen Rechnungswesens, 1954, S. 398; K. Käfer, Standardkostenrechnung, 1964, S. 53; K. Mellerowicz, Plankostenrechnung und Betriebsvergleich, Berlin 1939, S. 12; P. Nowak, Kostenrechnungssysteme, 1961, S. 92.

54 Vgl. E. Schmalenbach, Technik der Produktionskosten-Ermittlung, 1908/09, S. 55 ff. sowie S. 63 und 64.

55 Vgl. H. Hess, Manufacturing: Capital Costs, Profits and Dividends, 1903, S. 367 ff., entnommen bei D. Solomons, The Historical Development of Costing, 1952, S. 48. Vgl. hierzu auch K. Käfer, Standardkostenrechnung, 1964, S. 59; K. Weber, Amerikanische Standardkostenrechnung, 1960, S. 5.

56 Vgl. K. Weber, Amerikanische Standardkostenrechnung, 1960, S. 92; J. H. Williams, A. Technique for the Chief Executive, 1922, S. 57 ff.

57 Vgl. H. W. Maynard, Standard Costs and the Flexible Budget, 1928, S. 300 ff. Vgl. hierzu auch K. Käfer, Standardkostenrechnung, 1964, S. 59; K. Weber, Amerikanische Standardkostenrechnung, 1960, S. 48.

58 Vgl. H. Narath, Produktions-Budget, 1927, S. 711 ff.

59 Vgl. M. Lohmann, Der Wirtschaftsplan des Betriebes, 1928, S. 109 ff.; O. Schulz-Mehrin, Der Kostenvoranschlag, 1932, S. W/100.

60 Vgl. W. Hasenack, Budgeteinführung und Betriebspsyche, 1029/30, S. 381 ff.; P. Real, zu den psychologischen Problemen der Budgetkontrolle, 1930, Nr. 11, Sp. 316 ff.: vgl. dort auch den Vortrag auf Sp. 313 ff. von H. V. Coes, Schwierigkeiten und Widerstände bei der Einführung der Budgetkontrolle, 1930, Sp. 313ff; E. Ritter, Sinn und Grenzen der kaufmännischen Budgetrechnung, 1939, S. 83.

61 Vgl. E. Kosiol, Neuere Ziele und Methoden der Kostenplanung, 1954, S. 657 ff. Zum Begriff „Standardkostenrechnung“ vgl. ebenda S. 660 f. Diese Bezeichnung ist insofern etwas irreführend, als gerade die amerikanische Standardkostenrechnung meistens im System der Gesamtplanung verankert ist. Sie soll eine Überbetonung des reinen Mengenstandards andeuten.

62 Diese Tendenzen wurden besonders durch die Tagungen, Seminare und Schriften der Arbeitsgemeinschaft Planung e.V. (AGPLAN) gefördert. Die AGPLAN veranstaltete bis 1983 regelmäßig ein „Plankostenseminar“, in dem die modernen Ausgestaltungsformen der flexiblen Plankostenrechnung als Teile der betrieblichen Gesamtplanung dargestellt werden. Es wurde anschließend von der Plaut-Gruppe weitergeführt. Unter der Leitung von H. G. Plaut referierten u. a. auch alle Autoren.

63 Vgl. E. Kosiol, Neuere Ziele und Methoden der Kostenplanung, 1954, S. 667: „Die Prognosekostenrechnung ist in die Gesamtplanung fest eingebettet und bildet darin einen wesentlichen Bestandteil.“

64 Diese These folgt aus dem von E. Gutenberg postulierten Grundsatz der „Vollständigkeit der Planung“, vgl. E. Gutenberg, Grundlagen der Betriebswirtschaftslehre, 1984, S. 149 ff. und Vikas, K.: Integration von Systemen der Plankostenrechnung mit der Planungsrechnung, 1990, S. 249 ff.

65 Vgl. W. Kilger, Optimale Produktions- und Absatzplanung, 1973, S. 58 ff.

66 Vgl. W. Kilger, Fixkosten, 1974, Sp. 1500 und die dort angegebene Literatur, insbesondere H. Kürpick, Die Lehre von den fixen Kosten, 1965, S. 19 ff.

67 Vgl. E. Schmalenbach, Buchführung und Kalkulation im Fabrikgeschäft, 1928, S. 13; ders., Selbstkostenrechnung und Preispolitik, 1934, S. 1.

68 Vgl. E. Schmalenbach, Technik der Produktionskosten-Ermittlung, 1908/09, S. 43.

69 Vgl. P. Riebel, Einzelkosten- und Deckungsbeitragsrechnung, 3. Aufl., Wiesbaden 1979, S. 269.

70 Vgl. P. Riebel, Kosten und Preise bei verbundener Produktion, 1971, S. 25.

71 Vgl. F. Henzel, Vollkostenrechnung mit gesonderten Fixkostenbeiträgen, 1967, S. 485–502.

72 Vgl. W. Männel, Ausweis „gesonderter Fixkostenbeiträge“ gerettet werden?, 1967, S. 761 ff.

73 Vgl. K. Käfer, Standardkostenrechnung, 1964, S. 213 und S. 418.

74 Dieser Trugschluss tritt besonders bei E. Sonnefeld hervor, vgl. E. Sonnefeld, Der Mythos von den fixen Kosten, 1962, S. 54: „Nur bei Zurechnung der fixen Kosten auf die Träger zeigt es sich, ob Fehlinvestitionen für die Träger vorgenommen wurden.“ Dennoch ist diese Diskussion nie ganz verstummt. So zeigte D. Schneider Fälle relevanter Fixkosten auf; vgl. D. Schneider: Entscheidungsrelevante fixe Kosten, 1984, S. 2521-2528. Später übernahm und erweiterte Burger diese Argumentation; vgl. A. Burger: Die Entscheidungsrelevanz von Fixkosten, Fixleistungen und Deckungsvorgaben, 1991, S. 649–656. Stark kritisiert wurden diese Auffassungen dagegen von N. Maier-Scheubeck: Zur (Ir-)Rationalität der Entscheidungsrelevanz fixer Kosten, 1992, S. 703–709, was wiederum einige Anmerkungen und Re-

pliken in der DBW 1992 auslöste. Kern der Kontroverse ist letztlich, dass Fixkosten Einfluss auf die Zielfunktionen der Entscheider haben können.

75 Vgl. E. A. Camman, Basic Standard Costs, 1932, S. 178.

76 Vgl. G. Shillinglaw, Cost Accounting, Analysis and Control, 1961, S. 91. Ähnlich charakterisiert A. Matz die fixen Kosten: „Die fixen Kosten bleiben, wenn die Entscheidungen über Art und Höhe der Betriebskapazität einmal getroffen sind, in ihrem Umfang gleich, unabhängig davon, ob gar nichts, wenig oder viel produziert wird. Man sagt, die fixen Kosten seien kalenderzeitbestimmt, während die proportionalen Kosten mit der Produktions- und Leitungszeit zu- oder abnehmen." Vgl. A. Matz, Planung und Kontrolle von Kosten und Gewinn, Wiesbaden 1964, S. 27.

77 Vgl. C. T. Horngren, Cost Accounting, 1963, S. 349.

78 Vgl. S. B. Henrici, Standard Costs for Manufacturing, 1960, S. 99; H. G. Plaut, Entwicklungsformen der Plankostenrechnung, 1976, S. 17–19; P. Riebel, Das Rechnen mit Einzelkosten und Deckungsbeiträgen, 1959, S. 235; F. Wille, Plan- und Standardkostenrechnung, 1963, S. 147.

79 Vgl. H. G. Plaut, Die Grenzplankostenrechnung, 1955, S. 32 und 33; W. Kilger, Die Erfolgsanalyse im Industriebetrieb, 1960, S. 299 ff.; W. Kilger, Kurzfristige Erfolgsrechnung, 1962, S. 47.

80 Vgl. W. Kilger, Optimale Verfahrenswahl bei gegebenen Kapazitäten, 1966, S. 155 ff.; W. Kilger, Optimale Produktions- und Absatzplanung, 1973, S. 164 ff.; H. G. Plaut, Entwicklungsformen der Plankostenrechnung, 1976, S. 18.

81 Sind für den Übergang zur Selbsterstellung Investitionen erforderlich, so lassen sich Wirtschaftlichkeitskriterien nur mithilfe der Investitionsrechnung ermitteln. Hierbei sind auch die zusätzlichen fixen Kosten zu berücksichtigen, die durch die Kapazitäten entstehen, die für die Selbsterstellung erforderlich sind.

82 Vgl. W. Kilger, Einführung in die Kostenrechnung, 1976, S. 404.

83 Vgl. H. G. Plaut, Wo steht die Plankostenrechnung in der Praxis?, 1952, S. 400; H. G. Plaut, Die Grenzkostenrechnung, 1955, S. 25: „Bei der Grenzplankostenrechnung handelt es sich um eine Form der flexiblen Plankostenrechnung, die sowohl im Betriebsabrechnungsbogen als auch in der Kostenträgerrechnung die fixen Kosten getrennt ausweist und getrennt behandelt." Vgl. auch H. G. Plaut, Unternehmenssteuerung, 1961, S. 462 und 467.

84 Siehe zur „Grenzkostenrechnung" auch D. Adam: Grenzkostenrechnung, 1993, Sp. 824–832.

85 Im Übrigen vgl. hierzu unsere kostentheoretischen Ausführungen in Kapitel 2.

86 Vgl. K. Rummel, Einheitliche Kostenrechnung, 1967, S. 193.

87 Vgl. W. Stepf, Die Proportionalkostenrechnung in der Stahlbauindustrie, 1950, S. 173.

88 Vgl. P. Riebel, Einzelkosten- und Deckungsbeitragsrechnung, 1985, S. 356 f.

89 Vgl. P. Riebel, Einzelkosten- und Deckungsbeitragsrechnung, 1985., S. 356 f.

90 Vgl. hierzu unsere Ausführungen in Kapitel 1.3.4.4.1.

91 Vgl. N.A.C.A. Reearch Series, Direct Costing, N.A.C.A.-Bulletin 1953, (4), No. 23, Section 3, S. 1086. Die Mehrzahl der amerikanischen Autoren verwendet heute die Bezeichnung „Direct Costing". Vgl. hierzu K. Weber, Amerikanisches Direct Costing, 1960, S. 38 ff.

92 K. Weber hat nachgewiesen, dass das Direct Costing sich von Anfang an vom Prime Costing unterschieden hat, da stets auch variable Gemeinkosten auf die betrieblichen Erzeugnisse verrechnet wurden; vgl. K. Weber, Amerikanisches Direct Costing, 1960, S. 4 ff.

93 Vgl. J. A. Beckett, Direct Costing in Perspective, 1955, (1), Section 1, S. 651 und 652; R. L. Brummet, Overhead Costing, 1957, S. 31 ff.; C. T. Horngren, Accounting for Management Control, 1970, S. 510; G. Shillinglaw, Cost Accounting, Analysis and Control, 1972, S. 176 ff.; K. Käfer, Standardkostenrechnung, 1964, S. 67 und 476.

94 Vgl. z. B. F. C. Lawrence and E. N. Humphreys, Marginal Costing, 1947; M. Striker, Marginal Costing and Price Control, 1949.

95 Vgl. W. Kilger, Einführung in die Kostenrechnung, 1976, S. 67 f.

96 Vgl. N.A.C.A.-Bulletin 1953 (4), No. 23, Section 3, S. 1087; NAA-Research Report 37, Current Application 1961, S. 7.

97 Bereits F. C. Lawrence und E. N. Humphreys haben für das „Income Statement" der „Direct Costing"-Methode die folgende Formel aufgestellt: Profit = $\sum$ (S–M)–F, wobei S die Erlöse und M die variablen Kosten pro Einheit sind, während F den gesamten Fixkostenblock darstellt. Zu der Differenz S–M sagen

sie: „It is the contribution made by each unit towards the realisation of a profit" – „M represents the efforts made in the factory. F represents the solid barrier which those efforts must overcome to gain success by making a profit." Vgl. F. C. Lawrence und E. N. Humphreys, Marginal Costing, 1947, S. 4 und S. 5.

98 Das im Folgenden dargestellte Verfahren wurde bereits in den 50er Jahren entwickelt und wird heute von fast allen Autoren für die kurzfristige Verkaufssteuerung bei Wirksamwerden eines Engpasses empfohlen.

99 Vgl. W. Kilger, Optimale Produktions- und Absatzplanung, 1973, S. 85.

100 Vgl. W. Kilger, Optimale Produktions- und Absatzplanung, 1973, S. 95 ff. und die dort ausgewertete Literatur.

101 Vgl. W. Kilger, Kurzfristige Erfolgsrechnung, 1962, S. 60 f.; W. Kilger, Einführung in die Kostenrechnung, 1976, S. 427 f.

102 Siehe zur Entstehung und Anwendung des Direct Costing in den USA Zirkler, B.: Führungsorientiertes US-amerikanisches Management Accounting, 2001, S. 48 ff.

103 Vgl. J. A. Beckett, Direct Costing, 1955, S. 651: „Jonathan Harris gets credit for developing the idea of direct costing in this country."

104 Vgl. N.A.C.A.-Bulletin vom 15. 1. 1936, S. 501 ff.

105 Vgl. W. Wright, Direct Standard Costs …, 1962, S. 6.

106 Die Kritik am „Direct Costing" konzentriert sich heute noch auf die beiden von R. E. Longenecker bereits 1953 hervorgehobenen Probleme: „With your direct costing, how do you develop cost estimates for setting sales prices, and what do you do about realistic inventory valuation?" Vgl. R. E. Longenecker, Direct Costing, 1953, S. 1295. Dass diese Fragen lange Zeit diskutiert wurden, zeigt R. N. Anthony, The Rebirth of Cost Accounting, 1975,S. 13 ff.

107 Vgl. N.A.C.A.-Bulletin 1952 (9), Accounting Treatment of Fixed Costs in Product Costing – The Direct Cost Plan, 1952, Conference Proceedings 3, S. 163: „If you use only marginal contribution, you can very readily get to the point where you are making no profit." N.A.C.A.-Bulletin 1953 (4), No. 23, Section 3, S. 1110: „One of the criticisms most frequently leveled against direct costing is what it may lead to disregard for the need to recover fixed costs in pricing."

108 Vgl. NAA-Research Report 37, Current Application, 1961, S. 8 f.

109 Auf die Möglichkeit, das Grenzkosten- und das Vollkostenprinzip parallel anzuwenden, weisen z. B. hin: NAA-Research Report 37, Current Application, 1961, S. 91; W. L. Ferrara, Responsibility Reporting vs. Direct Costing, 1967, S. 46; J. A. Mauriello, Convertibility of Direct and Conventional Costing, N.A.C.A.-Bulletin) 1954 (3), Section 1, S. 894: „No conflict between direct costing and conventional costing" und „Each type possesses desirable features which the other lacks." Vgl. auch R.S. Kaplan, One Cost System Isn´t Enough, 1988, S. 61 ff.

110 Vgl. W. Kilger, Schmalenbachs Beitrag zur Kostenlehre, 1973, S. 522–540 und die dort angegebene Literatur. Auch K. Mellerowicz, Neuzeitliche Kalkulationsverfahren, 1972, weist darauf hin, dass Schmalenbachs Kostenlehre als Vorläufer der Grenzplankostenrechnung anzusehen ist, vgl. S. 87 f. Eine ausführliche Darstellung „Grenzwertrechnung Schmalenbachs" findet man bei G. Seicht, Die Grenzbetrachtung, 1977, S. 15–54.

111 Vgl. W. Schmalenbach, Buchführung und Kalkulation im Fabrikgeschäft, 1928, S. 9.

112 Vgl. E. Schmalenbach, Selbstkostenrechnung und Preispolitik, 1934, S. 172 und S. 173.

113 Vgl. W. Kilger, Schmalenbachs Beitrag zur Kostenlehre, 1973, S. 533 f.

114 Vgl. D. Adam, Entscheidungsorientierte Kostenbewertung, 1970, S. 38.

115 Vgl. D. Adam, Entscheidungsorientierte Kostenbewertung, 1970, S. 31 f.

116 Vgl. E. Schmalenbach, Selbstkostenrechnung und Preispolitik, 1934, S. 16.

117 Vgl. E. Schmalenbach, Selbstkostenrechnung und Preispolitik, 1934, S. 24; ders., Pretiale Wirtschaftslenkung, Bd. 2, 1947, S. 8 f. Vgl. auch D. Adam, Entscheidungsorientierte Kostenbewertung 1970, S. 37.

118 Vgl. E. Schmalenbach, Selbstkostenrechnung und Preispolitik, 1934, S. 173.

119 So hat er z. B. für die Kostenkontrolle die Verwendung von „Normalziffern" vorgeschlagen. Vgl. E. Schmalenbach, Selbstkostenrechnung und Preispolitik, 1934, S. 121.

120 Vgl. J. F. Schär, Allgemeine Handelsbetriebslehre, 1923, S. 169 ff.

121 Vgl. W. Hasenack, Budgeteinführung und Betriebspsyche, 1929/30, S. 398.

122 Vgl. T. Beste, Die Produktionsplanung, 1938, S. 363.

123 Vgl. K. Rummel, Einheitliche Kostenrechnung, 1967, S. 192 ff. Eine Würdigung von Rummels Kostenlehre findet man auch bei G. Seicht, Die Grenzbetrachtung, 1977, S. 55–72.

124 Vgl. H. Kreis, Die Aufstellung und Auswertung der monatlichen Erfolgsrechnung, 1932/33, S. 357 ff.

125 Vgl. H. Kreis, Die Aufstellung und Auswertung der monatlichen Erfolgsrechnung, 1932/33, S. 359.

126 Vgl. W. Stepf, Die Proportionalkostenrechnung, 1950, S. 173.

127 Vgl. P. Kreuzer, Plankosten im Verkauf, 1950, S. 424.

128 Vgl. A. Müller, Rechnung mit Grenzkosten als wirtschaftliche Gefahrenquelle?, 1950, S. 39.

129 Vgl. H. G. Plaut, die Plankostenrechnung in der Praxis des Betriebes, 1951, S. 553; H. G. Plaut, Wo steht die Plankostenrechnung in der Praxis? 1952, S. 401; H. G. Plaut, Die Grenz-Plankostenrechnung, 1953, S. 347 ff. und 402 ff.; H. G. Plaut, Die Grenzplankostenrechnung, 1955, S. 25 ff.; H. G. Plaut, Unternehmenssteuerung mithilfe der Voll- oder Grenzplankostenrechnung, 1961, S. 460 ff.; H. G. Plaut, Entwicklungsformen der Plankostenrechnung, 1976, S. 5 ff. D. Börner hat darauf hingewiesen, dass die Grenzplankostenrechnung durch H. G. Plaut „Eingang in die Literatur" gefunden hat. Vgl. D. Börner, Direct Costing, 1961, S. 267, Vgl. im Übrigen auch W. Kilger, 25 Jahre Grenzplankostenrechnung, 1978, S. 154 ff.

130 Vgl. H. G. Plaut, Die Grenzplankostenrechnung, 1955, S. 32 f.; H. G. Plaut, Die Grenz-Plankostenrechnung, 1953, S. 404 ff.; H. G. Plaut, Unternehmenssteuerung mithilfe der Voll- oder Grenzplankostenrechnung, 1961, S. 469 ff.

131 Vgl. H. G. Plaut, Unternehmenssteuerung mithilfe der Voll- oder Grenzplankostenrechnung, 1961, S. 474 und 482.

132 Vgl. H. G. Plaut, Die Grenzplankostenrechnung, 1955, S. 31.

133 Das in den 50er Jahren in Zusammenarbeit zwischen H. G. Plaut und der Arbeitsgemeinschaft Plankostenrechnung e. V. (AGPLAN) begründete Plankostenseminar wird heute noch in aktualisierter Form von der Plaut Consulting GmbH, München, veranstaltet und wurde bis zum Tode H. G. Plauts (1992) von diesem geleitet. Für seine großen Verdienste um die Betriebswirtschaftslehre im deutschen Sprachraum wurde H. G. Plaut im Jahre 1987 von der Universität des Saarlandes die Würde eines Ehrendoktors (Dr. rer. oec. h. c.) verliehen.

134 Vgl. H. G. Plaut, Planungsrechnung im Verwaltungs- und Vertriebsbereich, 1964, S. 30 ff.; H. G. Plaut, Entwicklungsformen der Plankostenrechnung, 1976, S. 24.

135 Zur Ablehnung von Istkosten vgl. H. G. Plaut, Entwicklungsformen der Plankostenrechnung, 1976, S. 21. Zur Kostenauflösung und zum Fristigkeitsproblem vgl. H. G. Plaut, Die Plankostenrechnung, 1951, S. 537; H. G. Plaut, Unternehmenssteuerung mithilfe der Voll- oder Grenzplankostenrechnung, 1961, S. 464 f.

136 Siehe zu den sich aus diesem Wirken hervorgegangenen bedeutsamsten Publikationen Männel, W., Müller, H. (Hrsg.): Beiträge der Plaut-Gruppe, 1995.

137 Die EDV-Spezialisten der Organisation Plaut haben sukzessiv für nahezu alle Teilgebiete des innerbetrieblichen Rechnungswesens datenmaschinelle Lösungen konzipiert Vgl. H. G. Plaut, H. Müller, W. Medicke, Grenzplankostenrechnung und Datenverarbeitung, 1973. Als betriebswirtschaftlicher Berater stellten er und seine Mitarbeiter sicher, dass auch die vom heutigen Marktführer, der SAP AG, Walldorf, entwickelten Softwareprogramme den hohen betriebswirtschaftlichen Standard aufweisen; vgl. Kagermann, H.: Softwaretechnische Lösungen, 1990, S. 107 ff.

138 Vgl. P. Riebel, Einzelkosten- und Deckungsbeitragsrechnung, 1979, S. 35 ff. Einen kurzgefassten Einblick erhält der Leser bei P. Riebel, Deckungsbeitragsrechnung, 1970, Sp. 383 ff.

139 H. G. Peter, Grenzplankostenrechnung und Deckungsbeitragsrechnung, 1969, S. 1952.

140 Vgl. P. Riebel, Einzelkosten- und Deckungsbeitragsrechnung, 1979, S. 360.

141 Vgl. P. Riebel, Deckungsbeitragsrechnung, 1970, Sp. 383.

142 Vgl. P. Riebel, Einzelkosten- und Deckungsbeitragsrechnung, 1979, S. 186.

143 Vgl. P. Riebel, Deckungsbeitragsrechnung, 1970, Sp. 394; P. Riebel, Einzelkosten- und Deckungsbeitragsrechnung, 1979, S. 39 f. Bei der Bezeichnung „Grundrechnung" beruft sich P. Riebel auf E. Schmalenbach, Kostenrechnung und Preispolitik, 1956, S. 280. Dort wird die Bezeichnung Grundrechnung aber in einem ganz anderen Sinne verwendet. E. Schmalenbach bezeichnet hier die Grund-

rechnung als eine „reine Ausgabenrechnung", der er Sonderrechnungen gegenüberstellt, in denen feste Verrechnungspreise verwendet werden.

144 Vgl. P. Riebel, Deckungsbeitragsrechnung, 1970, Sp 385.

145 P. Riebel hat von Anfang an die Frage „Was kostet die Leistungseinheit?" als „laienhaft" bezeichnet und sie „aus der Natur der Sache nicht beantwortbar" gehalten. Vgl. P. Riebel, Das Rechnen mit Einzelkosten und Deckungsbeiträgen, 1959, zitiert nach G. Seicht, Die stufenweise Grenzkostenrechnung, 1963, S. 695.

146 Vgl. P. Riebel, Deckungsbeitragsrechnung, 1970, Sp. 387.

147 Vgl. P. Riebel, Deckungsbeitragsrechnung, 1970, 1972, Sp. 388.

148 Vgl. P. Riebel, Deckungsbeitragsrechnung, 1970, Sp. 394.

149 Vgl. P. Riebel, Deckungsbeitragsrechnung, 1970, Sp. 385.

150 Vgl. P. Riebel, Deckungsbeitragsrechnung, 1970, Sp. 387.

151 Vgl. P. Riebel, Einzelkosten- und Deckungsbeitragsrechnung, 1979, S. 82.

152 Vgl. P. Riebel, Deckungsbeitragsrechnung, 1970, Sp. 386; P. Riebel, Einzelkosten- und Deckungsbeitragsrechnung, 1979, S. 289 ff.

153 Vgl. P. Riebel, Einzelkosten- und Deckungsbeitragsrechnung, 1979, S. 92.

154 Vgl. P. Riebel, Einzelkosten- und Deckungsbeitragsrechnung, 1979, S. 168.

155 Vgl. P. Riebel, Deckungsbeitragsrechnung, 1970, Sp. 389.

156 Vgl. P. Riebel, Deckungsbeitragsrechnung, 1970, Sp. 389.

157 Vgl. P. Riebel, Deckungsbeitragsrechnung, 1970, Abb. 6, auf Sp. 389.

158 Vgl. P. Riebel, Deckungsbeitragsrechnung, 1970, Sp. 390.

159 Vgl. P. Riebel, Deckungsbeitragsrechnung, 1970, Sp. 390 und 397.

160 Vgl. P. Riebel, Einzelkosten- und Deckungsbeitragsrechnung, 1979, S. 48 ff.; P. Riebel, Deckungsbeitragsrechnung, 1970, Sp. 397.

161 Vgl. K. Agthe, Stufenweise Fixkostendeckung, 1959, S. 404 ff. und insbesondere S. 407.

162 Vgl. K. Mellerowicz, Planung und Plankostenrechnung, 1961, S. 473; ders. Neuzeitliche Kalkulationsverfahren, 1972, S. 187 ff.

163 K. Agthe, Stufenweise Fixkostendeckung, 1959, S. 407 f. und K. Mellerowicz, Planung und Plankostenrechnung, 1972, S. 473 unterscheiden: Erzeugnisfixkosten, Erzeugnisgruppenfixkosten, Kostenstellenfixkosten, Bereichsfixkosten und Unternehmungsfixkosten. Hiervon haben wir die Bezeichnung „Kostenstellenfixkosten" nicht übernommen, da sie sich mit den übrigen Begriffen überschneidet. Die von K. Agthe und K. Mellerowicz genannten Fixkosten fallen ebenfalls in bestimmten Kostenstellen an. Vgl. auch G. Seicht, Die Grenzbetrachtung, 1977, S. 95–99; H. Schwarz, Kostenrechnung von Industrie- und Handelsbetrieben, 1962, S. 169 ff.

164 Vgl. N.A.C.A.-Bulletin 1952 (9), Accounting, S. 164.

165 Vgl. G. Shillinglaw, Cost Accounting, 1961, S. 573; Auch R. L. Brummet, Direct Costing, 1962, fordert auf S. 65 eine stufenweise Fixkostendeckungsrechnung.

166 Vgl. F. Wille, Direktkostenrechnung mit stufenweiser Fixkostendeckung?, S. 740; G. Seicht, Die stufenweise Grenzkostenrechnung, 1963, S. 697 ff. Die von K. Agthe und K. Mellerowicz geforderte Differenzierung nach ausgabewirksamen und nichtausgabewirksamen Kosten reicht für Stilllegungsentscheidungen nicht aus. Diese Ansicht wird auch von F. Wille und G. Seicht vertreten.

167 Vgl. G. Lassmann, Die Kosten- und Erlösrechnung, 1968; R. Franke, Betriebsmodelle, 1972; R. Wartmann, V. Steinecke und G. Sehner, Plankosten- und Planungsrechnung mit Matrizen, Teil I, Teil II, und Teil III, 1975; H. Wittenbrink, Kurzfristige Erfolgsplanung und Erfolgskontrolle mit Betriebsmodellen, 1975.

168 Vgl. G. Lassmann, Die Kosten- und Erlösrechnung, 1968, S. 14.

169 Vgl. G. Lassmann, Die Kosten- und Erlösrechnung, 1968, S. 46.

170 Vgl. G. Lassmann, Die Kosten- und Erlösrechnung, 1968, S. 33 f.; H. Wittenbrink, Kurzfristige Erfolgsplanung und Erfolgskontrolle mit Betriebsmodellen, 1975, S. 20 ff.

171 Vgl. G. Lassmann, Die Kosten- und Erlösrechnung, 1968, S. 56.

172 Vgl. G. Lassmann, Gestaltungsformen der Kosten- und Erlösrechnung, 1973, S. 7. Auch D. Adam hat gezeigt, dass es in Planungsmodellen nicht unbedingt erforderlich ist, den Produkten im klassischen Sinn

einer Kostenträgerkalkulation alle relevanten Kosten zuzurechnen. Es genügt vielmehr in vielen Fällen, z. B. Maschinenstunden oder Rohstoffmengen als gesonderte Variable einzuführen und diese mit proportionalen Kostensätzen zu bewerten. Vgl. D. Adam, Entscheidungsorientierte Kostenbewertung 1970, S. 99 ff. Auch wir haben an anderer Stelle nachgewiesen, dass ein solches Vorgehen von Vorteil ist. Vgl. hierzu die Auflösung in relevante Kosten ersten und zweiten Grades, W. Kilger, Optimale Produktions- und Absatzplanung, 1973, S. 70 ff.

173 Vgl. G. Lassmann, Die Kosten- und Erlösrechnung, 1968, S. 40.

174 Vgl. O. Pichler, Wirtschaftliche Produktionsgestaltung, 1956, S. 3–6M; ders., Kostenrechnung mit Matrizenkalkül, 1961, S. 29–46; R. Wartmann, H. J. Kopineck, W. Hanisch, Funktionales Arbeiten in Kostenrechnung und Planung mithilfe von Matrizen, 1960; S. 441–450; R. Wartmann, Rechnerische Erfassung der Vorgänge im Hochofen, 1963, S. 1414–1425; ders., Steuern, Lenken, Planen, Möglichkeiten in einem gemischten Hüttenwerk, 1966, S. 20–24.

175 Vgl. G. Lassmann, Die Kosten- und Erlösrechnung, 1968, S. 90 ff.; H. Wittenbrink, Kurzfristige Erfolgsplanung und Erfolgskontrolle mit Betriebsmodellen, 1976, S. 73 ff.

176 Vgl. R. Franke, Betriebsmodelle, 1972, S. 17 und 127 ff.: G. Lassmann, Gestaltungsformen der Kosten.- und Erlösrechnung, 1973, S. 15.

177 Vgl. R. Franke, Betriebsmodelle, 1972, S. 131 f.

178 Vgl. H. Wittenbrink, Kurzfristige Erfolgsplanung und Erfolgskontrolle mit Betriebsmodellen, 1976, S. 145 ff.

179 Vgl. G. Lassmann, Die Kosten- und Erlösrechnung, 1968, S. 154 f.; R. Franke, Betriebsmodelle, 1972, S. 143.

180 Vgl. hierzu unsere Ausführungen in Kap. 3.

181 Vgl. G. Seicht, Die Grenzbetrachtung, 1977, S. 94 sowie 103 ff. und insbesondere G. Seicht, Die stufenweise Grenzkostenrechnung, 1963, S. 703 ff. Hier sind die im Folgenden zitierten Literaturstellen angegeben. Der oben genannte Aufsatz ist in der KRP 1965, S. 205 ff. und 257 ff. nachgedruckt. Vgl. auch G. Seicht, Zur Deckungsbeitragsrechnung, 1963, S. 13–17.

182 Vgl. P. Heine, Direct Costing, 1959, S. 515; E. Heinen, Betriebswirtschaftliche Kostenlehre, 1959, S. 127; G. Seicht, Die stufenweise Grenzkostenrechnung, 1963, S. 705; M. Layer, Die Kostenrechnung als Informationsinstrument, 1976, S. 118 f.

183 Vgl. W. Kilger, Die Entstehung und Weiterentwicklung der Grenzplankostenrechnung, 1976, S. 30.

184 Vgl. W. Kilger, Die Entstehung und Weiterentwicklung der Grenzplankostenrechnung, 1976, S. 24; W. Kilger, Optimale Produktions- und Absatzplanung, 1973, S. 179.

185 Zur Primärkostenrechnung vgl. W. Kilger, Einführung in die Kostenrechnung, 1976, S. 384 f. und die dort angegebene Literatur, sowie H. Müller, Primärkostenrechnung, 1980, S. 201 ff.

186 Vgl. G. Seicht, Die stufenweise Grenzkostenrechnung, 1963, S. 706; ders., Zur Deckungsbeitragsrechnung, 1963, S. 13–17.

187 Vgl. M. Layer, Die Kostenrechnung als Informationsinstrument, 1976, S. 119.

188 Vgl. W. Kilger, Die Entstehung und Weiterentwicklung der Grenzkostenrechnung, 1976, S. 22 ff. und insbesondere S. 31.

189 Vgl. K. Vikas: Kostenaufspaltung, 1989, S. 347.

190 Vgl. K. Vikas: Kosten-, Leistungs-, Erlös- und Ergebnisrechnung in Dienstleistungsbetrieben, 1992, S. 1051.

191 Bis Mitte der achtziger Jahre konnte mit diesen beiden Zeitabschnitten zugleich auch die Entwicklung der Kostenrechnung überhaupt eingeteilt werden. Heute wird man unter Berücksichtigung aktueller Tendenzen zu einer stärkeren Orientierung an Vollkosteninformationen insbesondere im Rahmen des Kostenmanagements diese Entwicklungslinie sicherlich um einen dritten Zeitabschnitt erweitern müssen. Siehe zu jüngeren Beschreibungen der Entwicklung der Kostenrechnung W. Männel, Entwicklungsperspektiven, 1999, S. 67 ff; H.-U. Küpper, Entwicklungslinien der Kostenrechnung, 1990, S.11 ff. und S. 83 ff.

192 Auf diesen Entwicklungsprozess hat bereits K. Rummel hingewiesen, vgl. Einige Fragen an die Verfechter der Plankostenrechnung, 1951, S. 487: „Von der theoretischen reinen Istrechnung bis zur flexiblen (dynamischen) Plankostenrechnung gibt es eine Fülle von Möglichkeiten. Bereits die Ein-

führung von Verrechnungspreisen war ein Vorläufer der Planrechnung und jede weitere Einführung von Planzahlen gibt neue Abweichungen von der Istrechnung."

193 Vgl. hierzu unsere Ausführungen in Kap. 4.8.

194 Generell gelten aber seit den 80er Jahren inzwischen im Rahmen der hier beschriebenen nur noch die Systeme der Grenzplankostenrechnung und Deckungsbeitragsrechnung als „moderne Systeme"; siehe hierzu stellvertretend H.-J. Hoitsch, Kosten- und Erlösrechnung, Eine controllingorientierte Einführung, Berlin u. a.2007, S. 374 ff.. In diesem und anderen Lehrbüchern zur Kostenrechnung wird inzwischen auf die umfassende Darstellung der Konzepte des ersten Zeitabschnitts sowie den frühen Konzepten des zweiten Zeitabschnitts wie etwa das Direct Costing verzichtet und dafür auch neuere Konzepte der vollkostenrechnerischen Ergänzung und insbesondere die Prozesskostenrechnung berücksichtigt; siehe hierzu auch M. Schweitzer, H.-U. Küpper, Systeme der Kosten- und Erlösrechnung, 2011, S. 347 ff. und Friedl G. et al., Kostenrechnung, München 2010.

195 Vgl. F. C. Lawrence und E. M. Humphreys, Marginal Costing, 1947, S. 89.

196 Vgl. H. G. Plaut, Unternehmenssteuerung mithilfe der Voll- und Grenzplankostenrechnung, 1961, S. 468.

197 Vgl. H. Lemke, Deckungsbeitragsrechnung auch für kleinere Betriebe, 1965.

198 Siehe hierzu T. H. Johnson, R. S. Kaplan, Relevance Lost, 1987.

199 So zeigte Währisch mit Auswertungen verschiedener empirischer Untersuchungen und seiner eigenen groß angelegten Untersuchung Ergebnisse auf, die bis zum Ende der 90er Jahre die Grenzplankostenrechnung zwar dominiert aber bei weitem noch nicht alle früheren Formen der Kostenrechnung abgelöst hat; vgl. M. Währisch, Kostenrechnungspraxis in der deutschen Industrie, 1998, S. 18 ff. und S. 88 ff. Häufig wird offensichtlich auch an einem (zusätzlichen) Ausweis voller Kosten insbesondere in der Kalkulation beibehalten; vgl. ebenda S. 91.

200 Diese hat bereits Eingang in Systematisierung der Kostenrechnung in den Lehrbüchern geführt; vgl. A.G. Coenenberg, Kostenrechnung und Kostenanalyse, 2007, S. 29 ff. und R. Ewert, A. Wagenhofer, Interne Unternehmensrechnung, 2008, S. 251 ff.

201 Vgl. R. Cooper, R. S. Kaplan, Measure Costs Right 1988, S. 96 ff.; P. Horváth, R. Mayer, Prozesskostenrechnung, 1989, S. 214 ff.

202 Siehe hierzu einen Überblick der Vor- und Nachteile bei W. Ossadnik, S. Maus, Strategische Kostenrechnung?, 1995, S. 143 ff.. Für diese Neuorientierung plädierte besonders T. Schildbach, Vollkostenrechnung als Orientierungshilfe, 1993, S. 345 ff. während die Kostenrechnung für strategische Entscheidungen auch als generell ungeeignet betrachtet wird; vgl. A. Baden, Die strategische Kostenrechnung, 1998, S. 605 ff., insbes. S. 621 f.

203 Siehe hierzu W. Seidenschwarz, Target Costing, München 1993.

204 Siehe zur Verhaltensteuerung mittels Verrechnungspreise R. Ewert, A. Wagenhofer, Interne Unternehmensrechnung, 2008, S. 623 ff. und umfassender zu verhaltensorientierten Aspekten der Kostenrechnung M. Schweitzer, H.-U. Küpper, Systeme der Kosten- und Erlösrechnung, 2011, S. 588 ff.

205 Für die Konzepte gilt daher im Sinne Kaplans, die Erkenntnis, dass ein einziges Kostenrechnungssystem nicht ausreicht (R.S. Kaplan, One Cost System Isn´t Enough, 1988, S. 61 ff.) und dass die Gestaltung von Kostenrechnungslösungen nicht mehr von sich ausschießenden Kostenrechnungssystemen ausgehen kann; vgl. H.-J. Hoitsch, H. Schmitz, Betriebswirtschaftlich fundierte und praxisgerechte Kostenrechnungsgestaltung, 1998, S. 176 f. In modernen Darstellungen findet man daher häufig eine Darstellung der unterschiedlichen Formen der flexiblen Plankostenrechnung nicht als Entwicklungsschritte, sondern als Alternativen; vgl. J. Kloock, Plankostenrechnung, 1993, Sp. 1551 ff.

206 Siehe hierzu S. Stoppler, R. Fischer, M. Rogalski, Ein Bezugsgrößenmodell, 1992, S. 579 ff.

207 Siehe hierzu M. Steven, P. Letmathe, Objektorientierte Kostenrechnung, 2000, S. 237 ff.

208 Siehe zu diesem Vorschlag K. Dellmann, Das Netzwerk-Cluster-Kostenmodell der Kostenrechnung, 1999, S. 1019–1041; K. Dellmann, Ein Allgemeines Modell einer entscheidungsorientierten Kostenrechnung, 1999, S. 617–642; K. Dellmann, Innerbetriebliche und andere interdependente Leistungsverrechnungen im Netzwerk-Cluster-Kostenmodell, Die Unternehmung, 1998, S. 199–208.

2 Theoretische Grundlagen der flexiblen Plankostenrechnung

2.1 Produktions- und kostentheoretische Grundlagen der Kostenplanung

2.1.1 Das System der Kostenbestimmungsfaktoren

1. Viele Missverständnisse in Bezug auf die flexible Plankostenrechnung, insbesondere bei ihrer Ausgestaltung als Grenzplankostenrechnung, resultieren daraus, dass keine Klarheit über die produktions- und kostentheoretischen Grundlagen der Plankostenrechnung besteht[1]. Diese Grundlagen wollen wir daher kurz erörtern, ohne dass es sich dabei aber um einen vollständigen Überblick über die betriebswirtschaftliche Produktions- und Kostentheorie handeln kann.

Die Hauptziele der flexiblen Plankostenrechnung, eine wirksame Kostenkontrolle und Erfolgskontrolle sowie die Ermittlung richtiger Kostendaten für die betriebliche Planung, lassen sich nur erreichen, wenn Klarheit darüber besteht, welche Kostenbestimmungsfaktoren die Kosten einer Planungs- oder Abrechnungspierode verursachen und welche funktionalen Zusammenhänge hierbei wirksam werden. In der Abbildung 2-1 haben wir die wichtigsten Kostenbestimmungsfaktoren zusammengefasst, die beim Aufbau einer flexiblen Plankostenrechnung zu berücksichtigen sind[2].

Aus der Kostendefinition folgt, dass sich alle Kostenarten als Produkte von Faktorverbrauchsmengen und Faktorpreisen auffassen lassen.

2. Die Faktorpreise sind exogene Kostenbestimmungsfaktoren, da sie sich auf den Beschaffungs- und Arbeitsmärkten bilden oder – selten – vom Staat festgesetzt werden. Sie dienen im Rechnungswesen dazu, die unterschiedlichen Faktormengen addierfähig zu machen, und erfüllen darüber hinaus die wichtige ökonomische Aufgabe, aus mehreren realisierbaren Mengenkombinationen die jeweils kostengünstigste (= Minimalkostenkombination) auszuwählen. Wirtschaftlich richtige Entscheidungen über das Mengengerüst der Kosten sind ohne Berücksichtigung der Faktorpreise nicht möglich. Nach E. Gutenberg greifen sie als „ökonomisches Regulativ in den an sich technischen Kombinationsprozess ein ...“[3].

Wie die Abbildung 2-1 erkennen lässt, besteht eine Wechselbeziehung zwischen den Faktorpreisen und den Qualitäten der Produktionsfaktoren. Bei gleicher Qualität (und sonstigen Beschaffungsbedingungen) wird eine Unternehmung die Bezugsquelle wählen, deren Faktorpreise am niedrigsten sind. Werden Produktionsfaktoren mit unterschiedlichen Qualitäten angeboten, so treten Wahlprobleme auf, bei denen interdependente Beziehungen zwischen den Faktorqualitäten, den Faktorpreisen und den Faktorverbrauchsmengen wirksam werden, die wir in der Abbildung 2-1 durch einen rekursiven Verlauf der Pfeile angedeutet haben.

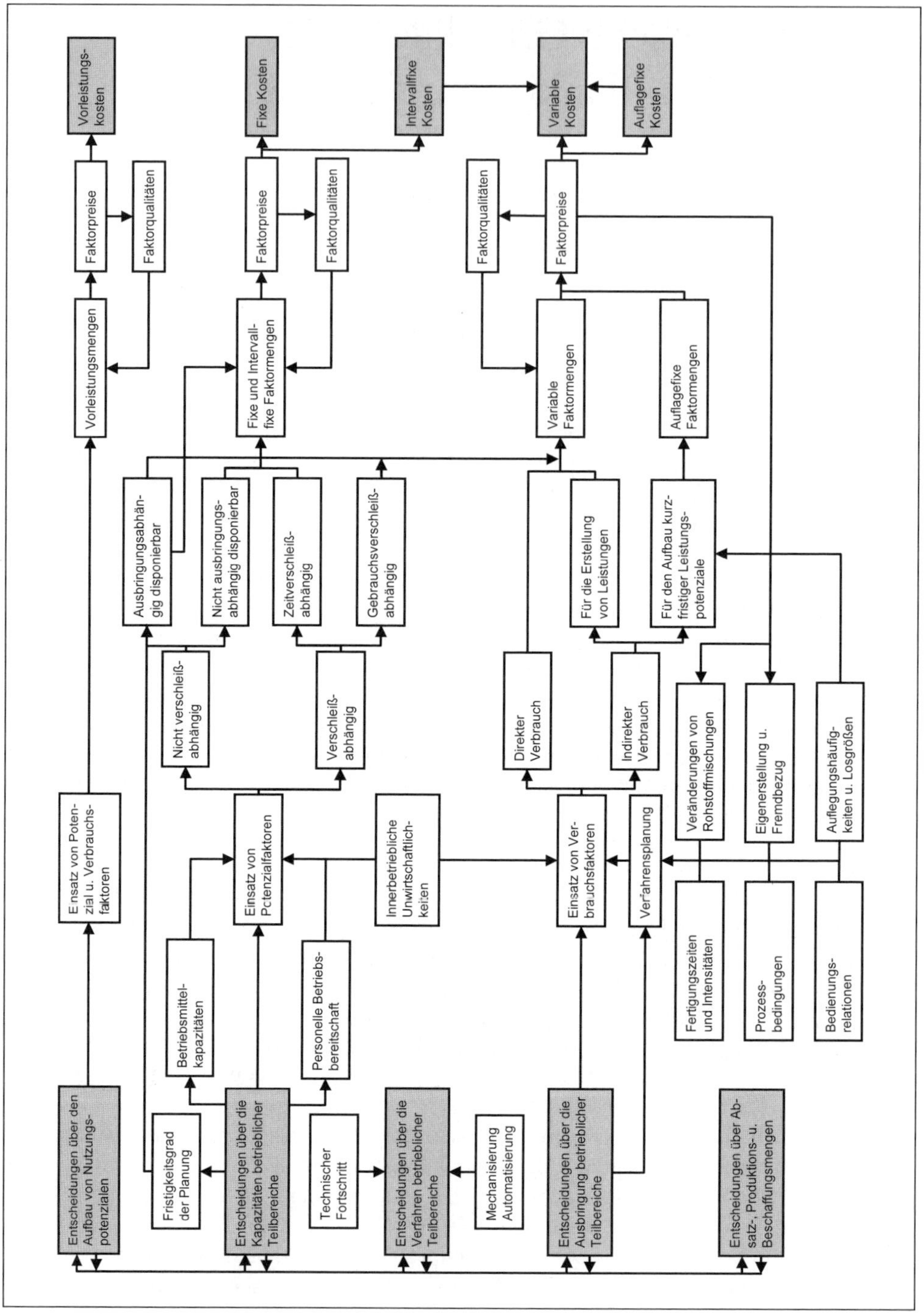

Abbildung 2-1: System der Kostenbestimmungsfaktoren

Zu den qualitativen Eigenschaften eines Betriebsmittels zählen insbesondere technische Daten, die Präzision, mit der das Betriebsmittel arbeiten kann, und die bisherige Nutzungsdauer. Durch die Betriebsmittelqualitäten werden die Produktqualitäten, die Ausbeutekoeffizienten der Produktion und der Faktorverbrauch der Betriebsmittel beeinflusst.

Die qualitativen Eigenschaften von Arbeitskräften werden vor allem durch die Begabung, Ausbildung, Erfahrung, Leistungsbereitschaft und durch die körperliche und seelische Verfassung bestimmt. Diese Eigenschaften der Arbeitskräfte bestimmen nicht nur die Höhe der Löhne und Gehälter, sondern beeinflussen zugleich die Produktqualitäten, die Ausbeutekoeffizienten der Produktion und die Faktorverbrauchsmengen derjenigen Produktionsfaktoren, die durch das Verhalten von Arbeitskräften beeinflusst werden können.

Besonders enge Beziehungen zwischen den Faktorpreisen, den Faktorqualitäten, den Produktqualitäten und den Faktorverbrauchsmengen bestehen bei den Werkstoffen. Oftmals beeinflussen die Werkstoffqualitäten auch die Faktorverbrauchsmengen anderer Produktionsfaktoren, so z. B. den Arbeitszeit- oder Energieverbrauch von Fertigungsstellen.

3. In einer Plankostenrechnung werden Preis- und Lohnschwankungen durch das Planpreissystem eliminiert, sodass sich die Planung und Kontrolle der Kosten auf die Verbrauchsmengen der Produktionsfaktoren konzentrieren kann.

Die Verbrauchsmengen der Produktionsfaktoren lassen sich auf ein kompliziertes System betrieblicher Entscheidungsprozesse zurückführen, das sich systematisch nur sehr schwer darstellen lässt. In Abbildung 2-1 haben wir vier Hauptbestimmungsfaktoren des Faktorverbrauchs unterschieden, auf die der Faktorverbrauch in den meisten Industriebetrieben zurückgeführt werden kann:

- Entscheidungen über den Aufbau zeitungebundener Nutzungspotenziale
- Entscheidungen über die Kapazitäten betrieblicher Teilbereiche
- Entscheidungen über die Verfahren betrieblicher Teilbereiche
- Entscheidungen über die Ausbringungen betrieblicher Teilbereiche.

In Abbildung 2-1 wird durch entsprechende Pfeile angedeutet, dass zwischen diesen Entscheidungen interdependente Beziehungen bestehen und dass sie sich auf Entscheidungen über Absatz-, Produktions- und Beschaffungsmengen zurückführen lassen.

Bei den Verbrauchsmengen der Produktionsfaktoren werden Potenzial- und Verbrauchsfaktoren unterschieden.

Als Potenzialfaktoren werden Produktionsfaktoren bezeichnet, deren Bestände durch den Produktionsprozess innerhalb abgegrenzter Produktionsperioden nicht vermindert werden; sie stellen Leistungspotenziale zur Verfügung, die Leistungen an den Produktionsprozess abgeben. Typische Beispiele für Potenzialfaktoren sind Grundstücke, Betriebsmittel und Arbeitskräfte. Wie die Abbildung 2-1 erkennen lässt, lassen sich verschleißabhängige und nichtverschleißabhängige Potenzialfaktoren unterschieden. Zu den verschleißabhängigen Potenzialfaktoren gehören z. B. Gebäude, Maschinen, Transporteinrichtungen, Einrichtungsgegenstände und Werkzeuge. Diese Gegenstände können dem Zeit- und dem Gebrauchsverschleiß unterliegen. Wird nur Zeitverschleiß wirksam, wie z. B. bei Gebäuden, so liegt ein reiner Potenzialfaktor vor. Die meisten Betriebsmittel unterliegen aber zugleich dem Gebrauchs- und Zeitverschleiß, sodass sie eine Zwischenstellung einnehmen. Als Funktionseinheit betrachtet sind sie Potenzialfaktoren, ihr Gebrauchsverschleiß ist aber als Verbrauchsfaktor anzusehen. Zu den nichtverschleißabhängigen Potenzialfaktoren gehören z. B. Grundstücke, Mietleistungen, Arbeitskräfte und in Form von Potenzialen eingesetzte Dienstleistungen. Diese Potenzialfaktoren werden auch Nutzungsfaktoren genannt.

Als Verbrauchsfaktoren (oder Repetierfaktoren) werden solche Produktionsfaktoren bezeichnet, die beliebig teilbar sind und bei ihrem Einsatz in den Produktionsprozess verbraucht werden. Typische Beispiele hierfür sind Roh-, Hilfs- und Betriebsstoffe, Einzelteile und Energie. In Abbildung 2-1 wird zwischen direktem und indirektem Verbrauch solcher Faktoren unterschieden. Direkter Verbrauch liegt vor, wenn die Produktionsfaktoren unmittelbar in die betrieblichen Produkte eingehen, wie z. B. Einsatzstoffe und Einzelteile. Indirekter Verbrauch entsteht, wenn die Faktoreinsatzmengen z. B. zur Erstellung von Betriebsmittelleistungen (= Maschinenarbeit) dienen. Zu den indirekten Verbrauchsfaktoren zählen z. B. Energie, Betriebsstoffe und Reparaturleistungen.

4. In vielen Industriebetrieben werden Entscheidungen über den Aufbau zeitungebundener Nutzungspotenziale getroffen, die dazu dienen, die Stellung des Unternehmens im Markt langfristig „zu halten, auszubauen und zu verbessern“[4]. Typische Beispiele hierfür sind die Durchführung von Forschungs- und Entwicklungsprojekten, Werbemaßnahmen und Öffentlichkeitsarbeit, die Aus- und Weiterbildung von Mitarbeitern und Maßnahmen zur Verbesserung der Unternehmensorganisation, wie z. B. die Einführung von Datenverarbeitungssystemen oder die Einführung einer Grenzplankosten- und Deckungsbeitragsrechnung. Bei Entscheidungen über den Aufbau solcher Nutzungspotenziale handelt es sich stets um Investitionen, wobei sowohl Potenzial- als auch Verbrauchsfaktoren eingesetzt werden. Die hieraus resultierenden Kosten lassen sich aber weder den fixen noch den variablen Kosten zurechnen. Sie bilden vielmehr eine eigene Kostenkategorie, die wir als Vorleistungskosten bezeichnet haben[5].

Die Vorleistungskosten haben im Laufe der Zeit in vielen Industriebetrieben sehr stark zugenommen. In der Plankostenrechnung treten bei ihrer Erfassung, Kontrolle und kalkulatorischen Verrechnung spezielle Probleme auf.

5. Ein großer Teil der Kosten industrieller Betriebe resultiert aus Entscheidungen über die Kapazitäten betrieblicher Teilbereiche. Von einfachen Fällen abgesehen, lassen sich Kapazitäten nicht für gesamte Unternehmungen, sondern lediglich für betriebliche Teilbereiche (= Kostenstellen) bestimmen, die aus gleichartigen oder ähnlichen Arbeitsplätzen bestehen. Wie Abbildung 2-1 erkennen lässt, resultieren die Kapazitäten betrieblicher Teilbereiche daraus, dass Betriebsmittelkapazitäten mit bestimmten Personalkapazitäten kombiniert werden. Hierbei sind die technische Maximalkapazität und die kostenoptimale Kapazität zu unterscheiden. Wie wir an anderer Stelle gezeigt haben, lässt sich aber die technische Maximalkapazität nur unter extremen Produktionsbedingungen und mit erhöhten Kosten realisieren[6]. Beim Aufbau der betrieblichen Planung ist es daher zweckmäßig, zunächst von der kostenoptimalen Kapazität auszugehen. Grundsätzlich sollten Teilkapazitäten mit den gleichen Maßgrößen gemessen werden, die in einer flexiblen Plankostenrechnung als Bezugsgröße dienen, z. B. Fertigungsstunden, Stückzahlen, Durchsatzgewichte usw. Da im Fertigungsbereich überwiegend Zeitbezugsgrößen verwendet werden, wollen wir bei unseren weiteren Ausführungen davon ausgehen, dass sich die Kapazitäten durch Fertigungszeiten messen lassen. Unter dieser Voraussetzung gilt für die kostenoptimale Kapazität eines betrieblichen Teilbereichs folgende Bestimmungsgleichung:

$$(2\text{-}1) \qquad T_{opt} = \underbrace{\underbrace{\underbrace{M\; S_{opt}\; 480}_{\text{Einsatzzeit in Istminuten}} \quad \mu_{opt}}_{\text{Fertigungszeit in Istminuten}} \quad \lambda_{opt}}_{\text{Fertigungszeit in Vorgabeminuten}}$$

In Gleichung (2-1) gibt M die Anzahl der vorhandenen Betriebsmittel an. Durch S_{opt} wird die während einer Periode ohne Mehrarbeitszuschläge maximal realisierbare Schichtzahl ausgedrückt. Da bei Drei-Schicht-Betrieb jeweils eine Schicht Nachtarbeitszuschläge erfordert, liegt die Obergrenze für S_{opt} bei vollem Zwei-Schicht-Betrieb. Hierbei ist die Schichtdauer mit acht Stunden bzw. 480 Min./Schicht festgelegt. Multipliziert man die Anzahl der vorhandenen Betriebsmittel mit S_{opt} und 480 Min./Schicht, so erhält man die während einer Planungsperiode realisierbare Einsatzzeit in Istminuten. Der Faktor μ_{opt}, den wir als Laufzeitfaktor oder als Fertigungszeitgrad bezeichnen, gibt an, wie viel Prozent der Einsatzzeit unter optimalen Produktionsbedingungen als Fertigungszeit realisiert werden können. Die Differenz aus der Einsatzzeit und der Fertigungszeit entfällt auf Zeiten für Reinigung, Wartung, Instandhaltungsarbeiten und sonstige Maschinenstillstände. Die Größe λ_{opt} gibt die kostenoptimale Intensität an. Wird die Kapazität, wie in Gleichung (2-1), in Vorgabezeiten gemessen, so entspricht λ_{opt} dem optimalen prozentualen Leistungsgrad. Werden Mengenbezugsgrößen verwendet, so gibt die Intensität die Ausbringungsmengen (Stück, Gewichtseinheiten, Meter usw.) pro Fertigungsminute an.

Die kostenoptimale Kapazität kann durch folgende Anpassungsmaßnahmen erhöht werden[7]. Langfristig lassen sich zusätzliche Betriebsmittel anschaffen. Ob eine solche Kapazitätserweiterung wirtschaftlich ist, lässt sich nur mithilfe der Investitionsrechnung beurteilen. In der Plankostenrechnung werden gegebene Betriebsmittelkapazitäten unterstellt. Die während einer Periode realisierbare Schichtzahl lässt sich mittelfristig durch Einstellung zusätzlicher Arbeitskräfte und kurzfristig durch Zusatzschichten der bereits vorhandenen Arbeitskräfte erhöhen. Weiterhin können die Schichtdauern durch den Einsatz von Mehrarbeitszeiten von acht auf zehn Stunden erhöht werden. Hierbei sind die gesetzlichen und tariflichen Bestimmungen des Mehrarbeitszeiteinsatzes zu beachten. Zusatzschichten und Mehrarbeitszeiten führen zu entsprechenden Mehrarbeitskosten. Weiterhin lassen sich kurzfristige Kapazitätserhöhungen in der Weise realisieren, dass man den Fertigungszeitgrad und die Intensität erhöht. Eine Erhöhung des Fertigungszeitgrades lässt sich durch das zeitliche Aufschieben von Wartungs- und Reparaturarbeiten herbeiführen. Hierdurch können in späteren Perioden erhöhte Kosten entstehen. Intensitätsmäßige Anpassungsprozesse führen zu Kosten der Überbeanspruchung. Bei gegebenem Betriebsmittelbestand kann die Kapazität eines betrieblichen Teilbereichs mithilfe der oben aufgezeigten Maßnahmen höchstens bis zur technischen Maximalkapazität ausgeweitet werden.

In der Praxis findet man häufig die Ansicht, dass die kapazitätsdeterminierten Potenzialfaktoren ausschließlich fixe Kosten verursachen. Er lässt sich aber leicht nachweisen, dass dies nicht der Fall ist. Hierzu haben wir in Abbildung 2-1 die Potenzialfaktoren in zwei Gruppen eingeteilt.

Die verschleißabhängigen Potenzialfaktoren, insbesondere die Betriebsmittel, unterliegen zwei Verschleißursachen, dem Gebrauchs- und dem Zeitverschleiß. Der Zeitverschleiß kann durch das technisch-wirtschaftliche Veraltern der Betriebsmittel, den Wegfall der wirtschaftlichen Nutzungsmöglichkeiten (z. B. bei Spezialmaschinen für modische Artikel) und durch Witterungseinflüsse (Korrosion) ausgelöst werden. Der Zeitverschleiß ist ausbringungsunabhängig und führt zu fixen Betriebsmittelkosten (= fixe Abschreibungen). Der Gebrauchsverschleiß ist dagegen ausbringungsabhängig und führt zu variablen Betriebsmittelkosten (= beschäftigungsabhängige Abschreibungen).

Die zweite Gruppe haben wir als nicht dem Verschleiß unterliegende Potenzialfaktoren bezeichnet. In Abbildung 2-1 haben wir zwei Untergruppen nicht verschleißabhängiger Potenzialfaktoren unterschieden, je nachdem, ob sich der Faktoreinsatz dieser Potenzialfaktoren ausbringungsabhängig disponieren lässt oder nicht. In welchem Umfang das der Fall ist, hängt weitgehend von der Teilbarkeit der Potenzialfaktoren, ihrer Austauschbarkeit zwischen den betrieblichen Teilbereichen und dem Fristigkeitsgrad der Planung ab. Wie die Abbildung 2-1 erkennen lässt, gibt es Potenzialfaktoren, die sich so weitgehend an Ausbringungsschwankungen anpassen lassen, dass sie zu variablen Faktormengen und zu variablen Kosten führen. Hierzu zählen z. B. Arbeitskräfte, die zwischen mehreren betrieblichen Teilbereichen ausgetauscht werden können und deren Arbeitszeiten sich mithilfe von Kurzarbeit bzw. Überstunden an Beschäftigungsschwankungen anpassen lassen. Mit zunehmender Spezialisierung der Arbeitskräfte nehmen die Austauschmöglichkeiten zwischen den betrieblichen Teilbereichen ab, wodurch eine Anpassung an Beschäftigungsschwankungen erschwert wird.

Liegt der Fristigkeitsgrad der betrieblichen Planung über den gesetzlichen Kündigungsfristen, so lässt sich die Zahl der Arbeitskräfte durch Entlassungen und das Nichtersetzen ausscheidender Arbeitskräfte an Ausbringungsschwankungen anpassen. Hierbei verändern sich die Kosten meistens in Form von Sprüngen, sodass man von intervallfixen Faktormengen bzw. intervallfixen Kosten spricht. Die intervallfixen Kosten, die auch als sprungfixe Kosten bezeichnet werden, nehmen eine Zwischenstellung zwischen den fixen und den variablen Kosten ein. Bei nicht zu großen Intervallbreiten lassen sie sich in der Plankostenrechnung den variablen Kosten zuordnen. Nicht ausbringungsabhängig disponierbare Potenzialfaktoren führen stets zu fixen Faktormengen und damit zu fixen Kosten. Die fixen Kosten werden auch als Periodenkosten oder als kalenderzeitproportionale Kosten bezeichnet, da die betrieblichen Teilkapazitäten jeweils für bestimmte Kalenderzeitabschnitte (= Planungsperioden) bereitgehalten werden und die Möglichkeit der Kapazitätennutzung proportional zur Kalenderzeit erlischt.

Wählt man den Fristigkeitsgrad der Planung groß genug, so werden zwar alle fixen Kosten zu intervall- bzw. sprungfixen Kosten, dieser Tatbestand ist aber für die Plankostenrechnung unerheblich, da der Fristigkeitsgrad einer Plankostenrechnung nicht über einem Planungszeitraum von einem Jahr liegen sollte, für längerfristige Entscheidungen ist nicht die Kosten-, sondern die Investitionsrechnung zuständig.

6. Neben Kapazitätsentscheidungen wird die Kostenstruktur industrieller Betriebe wesentlich durch Entscheidungen über die Verfahren betrieblicher Teilbereiche beeinflusst. Im letzten Fall handelt es sich meistens um Rationalisierungs- und Ersatzinvestitionen. Verfahrensänderungen werden durch den technischen Fortschritt ausgelöst. Im Fertigungsbereich führen sie oft zu einer verstärkten Mechanisierung und Automatisierung der Fertigungsprozesse. Im Verwaltungs- und Vertriebsbereich führen organisatorische Verfahrensänderungen heute meistens zu einem verstärkten Einsatz elektronischer Datenverarbeitungsanlagen. Verfahrensänderungen der oben beschriebenen Art sind langfristige Maßnahmen, deren wirtschaftliche Beurteilung nur mithilfe der Investitionsrechnung möglich ist.

Die in den betrieblichen Teilbereichen eingesetzten Verfahren beeinflussen die Kostenstruktur wesentlich und führen häufig dazu, dass infolge zunehmender Mechanisierung und Automatisierung die variablen Stückkosten sinken und sich der Fixkostenblock erhöht. Wie die Abbildung 2-1 erkennen lässt, sind die Verfahren keine eingeständigen Kostenbestimmungsfaktoren, da sie stets nur über Kapazitäts- und Ausbringungsentscheidungen auf die Kosten einwirken können. Wird in einem betrieblichen Teilbereich das Verfahren geändert, so muss die Kostenstellenplanung entsprechend revidiert werden.

Von den langfristigen Entscheidungen über die Verfahren betrieblicher Teilbereiche ist die kurzfristige Verfahrensplanung auf der Basis gegebener Kapazitäten und Verfahren zu unterscheiden. Durch die kurzfristige Verfahrensplanung, die im Fertigungsbereich der Produktionsvollzugsplanung obliegt, werden nur die ausbringungsabhängigen Kosten beeinflusst.

7. Bei gegebenen Kapazitäten und Verfahren sind Entscheidungen über die Ausbringungen betrieblicher Teilbereiche die wichtigsten Kostenbestimmungsfaktoren industrieller Betriebe[8]. Unter der Ausbringung eines betrieblichen Teilbereichs (= Kostenstelle) ist eine Maßgröße zu verstehen, mit deren Hilfe sich der Umfang der während einer Periode erbrachten Leistungen quantitativ erfassen lässt. Die Ausbringung wird häufig auch als Beschäftigung bezeichnet; in der anglo-amerikanischen Literatur werden hierfür die Bezeichnungen „output“ und „volume“ verwendet. Wie die Abbildung 2-1 erkennen lässt, resultieren die Ausbringungen der betrieblichen Teilbereiche aus Entscheidungen über Absatz-, Produktions- und Beschaffungsmengen.

Die Ausbringung lässt sich nur in Ausnahmefällen für die gesamte Unternehmung durch eine einzige Maßgröße quantitativ erfassen. In den meisten Fällen erfordert die

Ausbringungsmessung eine weitgehende Differenzierung nach betrieblichen Teilbereichen (= Kostenstellen), die aus homogenen oder zumindest ähnlichen Arbeitsplätzen (bzw. Betriebsmittelgruppen) bestehen.

Wird von einem betrieblichen Teilbereich nur eine Leistungsart erbracht (z. B. nur eine Produktart hergestellt oder bearbeitet), so lässt sich die Ausbringung unmittelbar durch die Leistungsmenge (z. B. durch die Anzahl der Produkteinheiten) ausdrücken. Werden dagegen mehrere unterschiedliche Leistungen erstellt, wie das in den meisten betrieblichen Teilbereichen der Fall ist, so müssen sie mithilfe von Maßgrößen der Kostenverursachung gleichnamig gemacht werden. Diese Maßgrößen werden in der Plankostenrechnung als Bezugsgrößen bezeichnet. Als Bezugsgrößen kommen z. B. Fertigungszeiten, Maschinenlaufzeiten, Durchsatzgewichte, sowie Längen-, Flächen- oder Kubikmaße in Frage[9]. Bezeichnen wir die verschiedenen Leistungsarten mit $j = 1, ..., n$, die während einer Periode hergestellten oder bearbeiteten Leistungsmengen mit x_j und die auf eine Produkteinheit entfallenden Bezugsgrößeneinheiten mit b_j, so erhalten wir für die Bezugsgröße B eines betrieblichen Teilbereichs folgenden Ausdruck:

(2-2) $$B = \sum_{j=1}^{n} b_j \, x_j$$

Bei der Ausbringungsmessung mithilfe von Bezugsgrößen lassen sich folgende Fälle unterscheiden, die sowohl für die kostentheoretische Interpretation als auch für die praktische Durchführung der flexiblen Plankostenrechnung von Bedeutung sind:

- homogene Kostenverursachung
- heterogene Kostenverursachung
  - produktbedingte Heterogenität
  - verfahrensbedingte Heterogenität.

Homogene Kostenverursachung liegt vor, wenn eine Bezugsgröße der Kostenverursachung existiert, zu der sich alle ausbringungsabhängigen Kostenarten einer Kostenstelle proportional verhalten. Hierfür müssen zwei Voraussetzungen erfüllt sein.

Erstens dürfen die verschiedenen Leistungsarten einer Kostenstelle nicht gleichzeitig mehrere Kosteneinflussgrößen auslösen, oder diese müssen sich proportional zueinander verhalten. Fallen z. B. nur Verbrauchsfaktoren an, die sich proportional zur Fertigungszeit verhalten, so liegt von vornherein homogene Kostenverursachung vor. Wird dagegen ein Teil der ausbringungsabhängigen Faktormengen durch die Fertigungszeit und ein anderer durch das Durchsatzgewicht verursacht, so ist der Tatbestand der homogenen Kostenverursachung nur dann erfüllt, wenn für alle Leistungsarten die Relationen zwischen den Fertigungszeiten und den Durchsatzgewichten pro Einheit gleich groß sind. In diesem Fall gilt das von K. Rummel formulierte Gesetz der Austauschbarkeit der Maßgrößen, nach dem zueinander proportionale Bezugsgrößen gegeneinander ausgetauscht werden können und jeweils eine Bezugsgröße ausreicht[10].

Die zweite Voraussetzung der homogenen Kostenverursachung besteht darin, dass Veränderungen der Ausbringung stets nur bei konstanten Verfahrens- und Prozessbedingungen durchgeführt werden.

Heterogene Kostenverursachung liegt vor, wenn mindestens eine der oben genannten Voraussetzungen nicht erfüllt ist. Bei heterogener Kostenverursachung sind für eine Kostenstelle stets mehrere Bezugsgrößen erforderlich, um bei veränderter Auftragszusammensetzung die Verursachung von Verbrauchsfaktoren quantitativ erfassen zu könne. Hierbei sind zwei Unterfälle zu unterscheiden.

Von produktbedingter Heterogenität der Kostenverursachung wollen wir sprechen, wenn Produkteigenschaften die Wahl mehrerer Bezugsgrößen erforderlich machen. Dies ist der Fall, wenn die von einem Teilbereich erzeugten oder bearbeiteten Leistungsarten gleichzeitig mehrere Kosteneinflussgrößen auslösen, die sich nicht proportional zueinander verhalten. Werden z. B. Produkte bearbeitet, bei denen die Relationen der Stück-Fertigungszeiten t_j zum Durchsatzgewicht pro Einheit g_i unterschiedlich sind, und wird ein Teil der ausbringungsabhängigen Kosten von der Fertigungszeit T und ein anderer vom Durchsatzgewicht G verursacht, so müssen beide Einflussgrößen nebeneinander als Bezugsgrößen der Kostenverursachung verwendet werden. Hierbei gelten für die beiden Bezugsgrößen folgende Bestimmungsgleichungen:

$$(2\text{-}3) \qquad T = \sum_{j=1}^{n} t_j \, x_j$$

$$(2\text{-}4) \qquad G = \sum_{j=1}^{n} g_j \, x_j$$

In manchen Fällen lässt sich das Produktionsprogramm derart in Produktgruppen zerlegen, dass innerhalb der Gruppen der Tatbestand der homogenen Kostenverursachung erfüllt ist. Dies ist z. B. der Fall, wenn sich zwar alle ausbringungsabhängigen Kostenarten proportional zur Fertigungszeit verhalten, für eine Produktgruppe A aber höhere proportionale Kosten pro Zeiteinheit entstehen als für die Erzeugnisse einer Produktgruppe B. In diesem Fall müssen die Fertigungszeiten der Produktgruppen A und B nebeneinander als Bezugsgrößen verwendet werden.

Von verfahrensbedingter Heterogenität der Kostenverursachung wollen wir sprechen, wenn die Leistungen einer Kostenstelle mit unterschiedlichen Verfahrens- oder Prozessbedingungen erstellt werden können. Hierbei verursachen die gleichen Erzeugnismengen je nach den gewählten Verfahrens- oder Prozessbedingungen unterschiedliche variable Kosten. Man kann diesen Tatbestand auch so ausdrücken, dass bei verfahrensbedingter Heterogenität der Kostenverursachung die variablen Kosten nicht nur von den Entscheidungen der Produktionsprogrammplanung, sondern zugleich auch von den Entscheidungen der Produktionsvollzugsplanung beeinflusst werden. In Abbildung 2-1 werden die interdependenten Beziehungen zwischen den Entscheidungen über die Ausbringung der betrieblichen Teilbereiche und der kurzfristigen Verfahrensplanung durch entsprechende Verbindungslinien verdeutlicht. Zugleich enthält die Abbildung 2-1 die wichtigsten Verfahrenswahlprobleme der Produktionsvollzugsplanung, die im System der flexiblen Plankostenrechnung die Verwendung mehrerer Bezugsgrößen erforderlich machen können.

In Kostenstellen, deren Produktionsgeschwindigkeiten variiert werden können, sind die variablen Kosten zugleich von den Fertigungszeiten und den Intensitäten abhängig[11]. Bestimmte Leistungs- oder Produktmengen lassen sich hier durch zahlreiche

Kombinationen aus der Fertigungszeit und der Intensität realisieren, die zu unterschiedlichen Kosten führen.

Die Intensität eines Produktionsprozesses wird wie folgt definiert:

(2-5) $$\text{Intensität} = \frac{\text{Anzahl gleichartiger Produktionsbeiträge}}{\text{hierfür verbrauchte Arbeitszeit}} \cdot 100$$

Bezeichnet man die für die Leistungserstellung erforderliche Fertigungszeit mit T und die Intensität mit λ, so gilt für die Ausbringung x einer bestimmten Leistungsart folgende Bestimmungsgleichung[12]:

(2-6) $$x = \lambda T$$

Für die realisierbaren Intensitäten gelten meistens Unter- und Obergrenzen, die wir als λ_{min} und λ_{max} bezeichnen wollen.

Diejenige Intensität, für die die niedrigsten variablen Stückkosten anfallen, wird als optimale Intensität λ_{opt} bezeichnet. Die Gleichung (2-6) kann unter Berücksichtigung der Intensitätsober- und -untergrenzen grafisch in Form eines Ausbringungs-Isoquanten-Diagramms darstellen, für das wir in Abbildung 2-2 ein Beispiel weitergegeben haben[13]. In diesem Beispiel kann die Arbeitszeit zwischen Null und T_{max} = 800 Fertigungsstunden variiert werden. Die Intensität muss mindestens λ_{min} = 5 Stück/Ftg. Std. betragen und kann höchstens bei λ_{max} = 13 Stück/Ftg. Std. liegen. Die optimale Intensität beträgt im Beispiel λ_{opt} = 10 Stück/Ftg. Std.

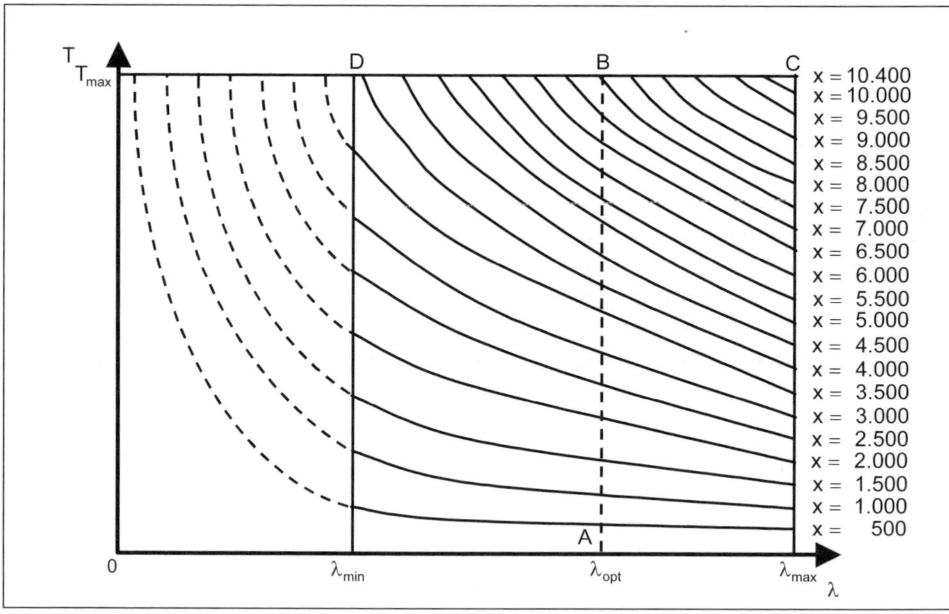

Abbildung 2-2: Beispiel für Ausbringungs-Isoquanten bei intensitätsmäßiger Anpassung

In betrieblichen Teilbereichen, deren Betriebsmittel ohne nachteilige Kostenwirkungen (hohe Ausschalt- und Wiederanlaufkosten) beliebig ein- und ausgeschaltet werden können, wie das z. B. in Kostenstellen mit unabhängig arbeitenden Einzelaggregaten der Fall ist, wird man die Ausbringung zunächst in der Weise variieren, dass man die Fertigungszeit bei optimaler Intensität verändert. E. Gutenberg hat dieses Vorgehen als zeitliche Anpassung bezeichnet[14]. Bei optimaler Intensität kann die Produktion höchstens
$x_{opt} = \lambda_{opt} T_{max}$ betragen. In unserem Beispiel erhalten wir eine Maximalausbringung von 800 Fertigungsstunden x 10 Stück/Ftg. Std. = 8.000 Stück. In Abbildung 2-2 wird die zeitliche Anpassung durch den Linienzug AB dargestellt.

Bei der zeitlichen Anpassung ist eine Veränderung der Fertigungszeit im Bereich der tariflichen Normalarbeitszeit und der Einsatz von Mehrarbeitszeiten (= Überstunden, Nachtstunden usw.) zu unterscheiden. Werden nebeneinander Fertigungszeiten im Bereich der tariflichen Normalarbeitszeit und Mehrarbeitszeiten eingesetzt, so ist infolge der Mehrarbeitszeitzuschläge der Tatbestand der heterogenen Kostenverursachung erfüllt.

Soll die Produktion über die Maximalausbringung bei optimaler Intensität erhöht werden, so ist das durch eine entsprechende Erhöhung der Intensität möglich. E. Gutenberg spricht in diesem Fall von einer intensitätsmäßigen Anpassung[15]. Mithilfe der intensitätsmäßigen Anpassung kann die Produktion höchstens auf x_{max} T_{max} erhöht werden. Im Beispiel der Abbildung 2-2 erhalten wir eine maximale Ausbringung in Höhe von 10.400 Stück/Monat.

In betrieblichen Teilbereichen, deren Betriebsmittel beliebig ein- oder ausgeschaltet werden können, kommt die intensitätsmäßige Anpassung grundsätzlich erst in Frage, wenn Produktmengen realisiert werden sollen, die größer als die maximale Ausbringung bei optimaler Intensität sind. Im Beispiel würde man erst dann zur intensitätsmäßigen Anpassung übergehen, wenn mehr als 8.000 Stück/Monat produziert werden sollen. Diese kombinierte Form der Beschäftigungsveränderung wird als zeitlich-intensitätsmäßige Anpassung bezeichnet. Sie wird in Abbildung 2-2 durch den gebrochenen Linienzug ABC dargestellt.

In betrieblichen Teilbereichen, deren Aggregate aus technischen Gründen in drei oder vier Schichten „durchproduzieren" müssen, weil der Produktionsprozess nicht beliebig unterbrochen werden kann, scheidet die zeitliche Anpassung als Möglichkeit der Beschäftigungsveränderung aus. Dies ist z. B. bei Hochöfen, Kokereien, Schwefelsäurefabriken und Papiermaschinen der Fall. In Betrieben dieser Art lassen sich veränderte Ausbringungsmengen nur mithilfe der rein intensitätsmäßigen Anpassung realisieren. Die Fertigungszeit ist hierbei konstant. Bei einem Intensitätsspielraum $\lambda_{min} \leq \lambda \leq \lambda_{max}$ können nur Produktionsmengen realisiert werden, die zwischen $x_{min} = \lambda_{min} T_{max}$ und $x_{max} = \lambda_{max} T_{max}$ liegen. In Abbildung 2-1 wird die rein intensitätsmäßige Anpassung durch die Gerade DC dargestellt. Die Mindestausbringung beträgt im Beispiel 4.000 Stück/Monat.

Wird in einer Kostenstelle die Intensität verändert, so liegt stets heterogene Kostenverursachung vor. Unabhängig davon können die folgenden weiteren Entscheidungen der Produktionsvollzugsplanung zu einer verfahrensbedingten Heterogenität der Kostenverursachung führen.

In Unternehmungen der chemischen Industrie lassen sich häufig Prozessbedingungen variieren, so z. B. der Druck, die Temperatur, die Katalysatoren und die Verweilzeiten (= Aufenthaltsdauern in bestimmten Reaktionsräumen bei Ausbeuteprozessen). Durch die Variation von Prozessbedingungen werden die Kosten oft wesentlich beeinflusst, wobei nichtlineare funktionale Beziehungen wirksam werden können. Eine der Kostenverursachung entsprechende Ausbringungsmessung bei variablen Prozessbedingungen ist nur mithilfe mehrerer Bezugsgrößen möglich, die jeweils unterschiedlichen Prozessbedingungen entsprechen. Kann z. B. ein Aggregat der chemischen Industrie mit vier verschiedenen Prozessbedingungen gefahren werden, die unterschiedliche Kosten pro Fertigungsstunde verursachen, so kommen als Bezugsgrößen die nach den vier Prozessbedingungen differenzierten Apparatestunden in Frage.

Sowohl durch intensitätsmäßige Anpassungsprozesse als auch durch veränderliche Prozessbedingungen werden häufig die Ausbeutekoeffizienten der Produktion beeinflusst. Unter einem Ausbeutekoeffizienten ist folgende Größe zu verstehen:

$$(2\text{-}7) \qquad \text{Ausbeutekoeffizient} = \frac{\text{verwertbare Erzeugnismenge}}{\text{bearbeitete Erzeugnismenge}}$$

Die Ausbeutekoeffizienten können auch dadurch gebildet werden, dass man das Ausbringungsgewicht zum Einsatzgewicht in Beziehung setzt. In dieser Form werden Ausbeutekoeffizienten insbesondere in Branchen gebildet, die Massenerzeugnisse herstellen, so z. B. in der Eisen- und Stahlindustrie. Der reziproke Wert eines Ausbeutekoeffizienten wird in der Kalkulation als Einsatzfaktor bezeichnet. Einem Ausbeutekoeffizient von 0,90 entspricht z. B. ein Einsatzfaktor von 1,11. Der Einsatzfaktor gibt an, dass in der betreffenden Kostenstelle sowohl das letztlich im Produkt enthaltene Einsatzmaterial als auch die Fertigungskosten einer Produkteinheit mit 1,11 multipliziert werden müssen, um das Mengengefälle der Produktion richtig erfassen zu können.

Zwischen den Ausbeutekoeffizienten und den Intensitäten betrieblicher Teilbereiche können funktionale Beziehungen bestehen, da in manchen Fällen erhöhte Intensitäten zu verringerten Ausbeutekoeffizienten führen, weil der Ausschuss in Folge der Intensitätserhöhung zunimmt. Die gleiche Wirkung kann bei Überstunden und Nachtarbeit eintreten. Auch die Variation von Prozessbedingungen beeinflusst häufig die Ausbeutekoeffizienten. Im Falle von Kuppelproduktion mit variablen Mengenrelationen führen veränderte Prozessbedingungen meistens dazu, dass die Ausbeutekoeffizienten einiger Kuppelprodukte zunehmen und sich dafür die Ausbeutekoeffizienten anderer Kuppelprodukte verringern.

In Betrieben mit Mehrstellenarbeit sind die Bedienungsrelationen ein wichtiger Kostenbestimmungsfaktor. Die Bedienungsrelation eines Produktionsprozesses gibt an, wie viele Maschinen von jeweils einem Arbeiter bedient werden. Ist die Bedienungsrelation eines betrieblichen Teilbereiches konstant und für alle Produktarten gleich, so liegt homogene Kostenverursachung vor. Bei unterschiedlichen und im Zeitablauf veränderten Bedienungsrelationen ist dagegen der Tatbestand der heterogenen Kostenverursachung erfüllt. Da sich ein Teil der ausbringungsabhängigen Kosten proportional zu den Fertigungszeiten der Arbeiter verhält und ein anderer Teil von den geleisteten Maschinenzeiten abhängig ist, müssen bei wechselnden Bedienungsrelationen diese beiden Einflussgrößen nebeneinander als Bezugsgrößen verwendet werden.

In vielen Industriebetrieben werden Rohstoffmischungen eingesetzt, deren Zusammensetzung einen wesentlichen Einfluss auf die Höhe der Einzelmaterialkosten ausübt und in manchen Fällen darüber hinaus auch die Fertigungskosten beeinflusst. Ist die Mischungszusammensetzung konstant, so liegt homogene Kostenverursachung vor. Häufig muss die Mischungszusammensetzung aber kurzfristig an veränderte Rohstoffpreise angepasst werden. In diesem Fall liegt heterogene Kostenverursachung vor.

Gehen in die Endprodukte industrieller Betriebe Einzelteile oder Vormaterialmengen ein, die wahlweise selbst hergestellt oder fremdbezogen werden können, so werden die Kosten wesentlich durch die Wahl zwischen Eigenerstellung und Fremdbezug beeinflusst. Das Gleiche gilt, wenn zwischen Arbeitsgängen in eigenen Fertigungsstellen und Lohnarbeit gewählt werden kann. Liegt für alle Erzeugnisarten im Voraus fest, für welche Teile und Arbeitsgänge Eigenerstellung und für welche Fremdbezug in Frage kommt, so liegt homogene Kostenverursachung vor. Werden die Relationen zwischen Eigenerstellung und Fremdbezug dagegen kurzfristig geändert, so ist der Tatbestand der heterogenen Kostenverursachung erfüllt. In diesem Fall können die gleichen Produktmengen zu sehr unterschiedlichen variablen Kosten führen.

In vielen Teilbereichen industrieller Betriebe erfordert der organisatorische Ablauf des Betriebsgeschehens die Verrichtung vorbereitender Tätigkeiten, die dem Aufbau kurzfristiger Leistungspotenziale dienen. Hierbei ist der zum Aufbau eines Leistungspotenzials erforderliche Faktorverbrauch in der Regel von der späteren Leistungsmenge unabhängig. Daher werden diese Faktormengen als auflagenfixe Faktormengen und die daraus resultierenden Kosten als auflagefixe Kosten bezeichnet. Mit zunehmender Auflagengröße entfällt von diesen Kosten auf die Leistungseinheit ein degressiv fallender Anteil. Dieser Effekt wird als Auflagendegression bezeichnet.

Im Produktionsbereich industrieller Betriebe treten auflagefixe Kosten vor allem bei Serienproduktion auf, da hier Maschinen mithilfe von Rüstprozessen für die Produktion bestimmter Produktarten (Sorten) eingerichtet werden müssen. Mit zunehmenden Seriengrößen nehmen die auf eine Produkteinheit entfallenden Rüstkosten ab, dafür steigen aber die Lagerkosten für Halb- und Fertigerzeugnisse. Hieraus resultiert das Problem der Bestimmung optimaler Seriengrößen[16]. Dividiert man die Produktionsmenge einer Planungsperiode durch die durchschnittliche Seriengröße, so erhält man die Anzahl der erforderlichen Rüstprozesse (= Auflegungshäufigkeit, die bei Serienproduktion ein wesentlicher Kostenbestimmungsfaktor ist.

Auch bei Chargenproduktion fallen auflagefixe Kosten an, da jede Charge Reinigung und Füllprozesse erfordert. Die hierfür anfallenden Kosten sind unabhängig vom Füllgrad.

Auch in den Leitungsstellen des Fertigungsbereichs werden Tätigkeiten verrichtet, die dem Aufbau kurzfristiger Leistungspotenziale dienen. Hierzu gehören die Erstellung von Auftragsunterlagen durch die Arbeitsvorbereitung und die dispositive Betreuung der Fertigungsaufträge. Die hierfür anfallenden variablen Faktormengen sind von der Auftragsgröße unabhängig und fallen für jeden Fertigungsauftrag gesondert an.

Im Beschaffungsbereich werden Bestellungen für Werkstoffe und zugekaufte Teile bearbeitet und dispositiv betreut. Auch hierfür fallen Faktorverbrauchsmengen und Kosten an, deren Höhe von den Bestellgrößen unabhängig sind. Diese Kosten werden als bestellfixe Kosten bezeichnet.

Im Vertriebsbereich werden Kundenaufträge bearbeitet und Ausgangsrechnungen erstellt. Auch hierfür fallen auflagefixe Kosten an, da die Auftragsbearbeitung in der Regel von der Auftragsgröße unabhängig ist. Hieraus resultiert im Vertriebsbereich die Strategie, zu kleine Aufträge nach Möglichkeit zu vermeiden.

Die auflagefixen Kosten nehmen in der flexiblen Plankostenrechnung eine Sonderstellung ein, weil man dort zunächst nur proportionale und fixe Kosten unterscheidet. Die auflagefixen Kosten lassen sich aber als Spezialfall der proportionalen Kosten auffassen, wenn sie sich durch Entscheidungen über Seriengrößen, Bestellmengen oder Auftragsgrößen im Voraus für eine bestimmte Planungsperiode funktional an Produktions-, Beschaffungs- oder Absatzmengen binden lassen.

Für Fertigungsstellen mit Serienproduktion ist die Verwendung mehrerer Bezugsgrößen seit langem üblich. Hier werden für die Rüstprozesse die Rüstzeiten und für die Fertigungsprozesse die Ausführungszeiten nebeneinander als Bezugsgrößen verwendet. Bezeichnen wir die Auflagenhäufigkeit einer Produktart mit a_j, die Rüstzeiten pro Serie mit t_{Rj}, die produzierten Stückzahlen mit x_j und die Ausführungszeiten pro Stück mit t_{Aj}, so gelten für die Rüstzeitbezugsgröße T_R und die Ausführungszeitbezugsgröße T_A folgende Bestimmungsgleichungen:

$$\text{(2-8)} \qquad T_R = \sum_{j=1}^{n} a_j \, t_{Rj} \qquad \text{mit: } a_j = \frac{x_j}{\phi s_j}$$

$$\text{(2-9)} \qquad T_A = \sum_{j=1}^{n} t_{Aj} \, x_j$$

Für Leitungsstellen sowie den Beschaffungs- und Vertriebsbereich ist die Erfassung auflagefixer Kosten mithilfe besonderer Bezugsgrößen erheblich schwieriger[17].

8. Als weiteren Kostenbestimmungsfaktor enthält die Abbildung 2-1 die innerbetriebliche Unwirtschaftlichkeit. Hierunter wollen wir alle Handlungen der in einem Betrieb eingesetzten Arbeitskräfte verstehen, die zu Faktorverbrauchsmengen führen, die bei wirtschaftlichem Handeln vermeidbar sind. Gründe für die innerbetriebliche Unwirtschaftlichkeit können Unachtsamkeit, Ungeschicklichkeit, Gleichgültigkeit, Hortung von Beständen und Diebstahl sein. Das Erkennen und Ausschalten solcher Unwirtschaftlichkeiten durch eine laufende Kostenkontrolle gehört zu den Hauptzielen einer flexiblen Plankostenrechnung.

9. Die in Abbildung 2-1 angegebenen Kostenbestimmungsfaktoren können von stochastischen Einflussgrößen abhängig sein, bei denen es sich um exogene oder endogene Einflussgrößen handeln kann. Zu den exogenen stochastischen Einflussgrößen gehören zufallsabhängige Schwankungen der Faktorpreise. Weiterhin zählen hierzu jahreszeitlich bedingte Witterungseinflüsse. Hierdurch werden insbesondere die Heizungs- und Lichtstromkosten sowie Lohnzulagen bei Außenarbeit, z. B. für Bau- oder Montagearbeiten im Freien, beeinflusst. Zu den endogenen stochastischen Einflussgrößen zählen der zufallsabhängige Anfall von Reparaturkosten und zufallsabhängige Ausschusskosten.

2.1.2 Die Sollkostenfunktionen der flexiblen Plankostenrechnung

2.1.2.1 Sollkostenfunktionen bei homogener Kostenverursachung

1. Trotz der mannigfaltigen Kostenbestimmungsfaktoren, die wir in Kapitel 2.1.1 beschrieben haben, geht die flexible Plankostenrechnung von der Prämisse linearer Kostenfunktionen aus. Analog werden in der Grenzplankostenrechnung konstante Grenzkosten unterstellt, die mit den variablen Durchschnittskosten übereinstimmen. Die Gültigkeit der Linearitätsprämisse ist häufig angezweifelt worden, sodass wir sie nunmehr vom kostentheoretischen Standpunkt überprüfen wollen[18].

Ein Teil der in Abbildung 2-1 zusammengefassten Kostenbestimmungsfaktoren ist in Bezug auf die in der Plankostenrechnung verwendeten Sollkostenfunktionen ex definitione konstant. Hierzu gehören die Betriebsmittelkapazitäten sowie die organisatorischen und technischen Verfahren, da sie nur langfristig verändert werden können und für die jährlichen Planungsperioden der Plankostenrechnung daher konstant vorgegeben werden. Das Gleiche gilt für den Teil des Personalbestandes, der sich nur langfristig verändern lässt. Hierzu zählen insbesondere die dispositiv tätigen Arbeitskräfte. Werden während der jährlichen Planungsperiode der Betriebsmittelbestand, die Verfahrenstechnik oder der langfristig disponierbare Personalbestand verändert, so müssen für die hiervon betroffenen Kostenstellen neue Sollkostenfunktionen festgelegt werden.

Wie die Abbildung 2-1 erkennen lässt, ist ein Teil der personellen Potenzialfaktoren ausbringungsabhängig disponierbar. Hierzu zählen insbesondere Arbeitskräfte, die objektbezogene Tätigkeiten ausüben, so z. B. ein großer Teil der Fertigungsarbeiter. Welcher Teil des Personalbestandes als ausbringungsabhängig disponierbar und welcher als fix anzusehen ist, hängt vom Fristigkeitsgrad der Kostenplanung ab. Wir werden in Kapitel 2.1.2.3 zeigen, welchen Einfluss unterschiedliche Fristigkeitsgrade auf die Sollkostenfunktionen der flexiblen Plankostenrechnung haben. Bei unseren folgenden Ausführungen wollen wird den Fristigkeitsgrad als gegeben annehmen. Einem bestimmten Fristigkeitsgrad entspricht jeweils eine planmäßige Aufteilung in fixe und ausbringungsabhängig disponierbare personelle Potenzialfaktoren.

Neben den fixen Produktionsfaktoren können in Bezug auf die Kostenfunktionen der flexiblen Plankostenrechnung die Preise für Produktionsfaktoren als konstante Größen behandelt werden, da für die Preise, Löhne und Gehälter Planwerte fixiert werden, die für die Dauer der jährlichen Planungsperiode konstant sind. Daher wirken sich Preis- und Tarifabweichungen auf die Kostenfunktionen der flexiblen Plankostenrechnung nicht aus.

Weiterhin ist bei der kostentheoretischen Beurteilung der in einer Plankostenrechnung verwendeten Kostenverläufe zu berücksichtigen, dass es sich um Sollkostenverläufe handelt. Dieser Tatbestand kommt bereits darin zum Ausdruck, dass bei der Kostenplanung ein dispositiv bestimmter Fristigkeitsgrad zugrunde gelegt wird. Weiterhin wird bei der Festlegung von Sollkostenverläufen bewusst der Einfluss innerbetrieblicher Unwirtschaftlichkeiten ausgeschaltet. Zufallsbedingte Schwankungen werden bei der Kostenplanung durch eine normierte zeitliche Verteilung der Kosten ersetzt. Dies ist z. B. bei den Reparatur- und Instandhaltungskosten, Sozialkosten und witterungsabhängigen Kosten der Fall.

2. Unsere bisherigen Ausführungen haben gezeigt, dass es in erster Linie die Ausbringungen der betrieblichen Teilbereiche und die Entscheidungen der Produktionsvollzugsplanung sind, die in einer flexiblen Plankostenrechnung als Kostenbestimmungsfaktoren wirksam werden. In den ersten Entwicklungsstadien der flexiblen Plankostenrechnung und des amerikanischen Direct Costing ist man hierbei zweifellos von vereinfachten kostentheoretischen Vorstellungen ausgegangen, die den Prämissen der homogenen Kostenverursachung entsprechen[19]. Dies ist daran erkennbar, dass pro Kostenstelle meistens nur eine Bezugsgröße verwendet wurde.

Homogene Kostenverursachung liegt im strengen Sinne nur vor, wenn die folgenden Voraussetzungen erfüllt sind:

- Ausbringungsveränderungen dürfen nur durch zeitliche Anpassung im Bereich der Normalarbeitszeit realisiert werden. Überstunden und Zusatzschichten, die zu Mehrarbeitskosten führen, sind ausgeschlossen.
- Es dürfen keine produktbedingten Kostenunterschiede wirksam werden, die sich nicht mit einer Bezugsgröße erfassen lassen.
- Beschäftigungsschwankungen dürfen nicht mit Veränderungen der Verfahrens- und Prozessbedingungen kombiniert werden.

Dies bedeutet insbesondere auch, dass die Intensitäten der betrieblichen Teilbereiche konstant sind. Entweder muss es sich um Produktionsprozesse handeln, für die keine Entscheidungsspielräume der Produktionsvollzugsplanung bestehen, oder die Verfahrens- und Prozessbedingungen müssen für die jährliche Planungsperiode im Voraus eindeutig festgelegt werden.

Sind die Voraussetzungen der homogenen Kostenverursachung erfüllt, so lässt sich für jede Kostenstelle ein linearer Sollkostenverlauf festlegen, wie wir ihn in den Abbildungen 1-3 und 1-6 dargestellt haben.

Die Prämissen der homogenen Kostenverursachung sind mit absoluter Genauigkeit nur selten erfüllt. Die Praxis der Plankostenrechnung hat aber gezeigt, dass es in Industriebetrieben sehr viele Kostenstellen gibt, bei denen die Prämissen der homogenen Kostenverursachung näherungsweise erfüllt sind.

In der Produktions- und Kostentheorie hat sich seit den von E. Gutenberg durchgeführten Kostenuntersuchungen die Ansicht durchgesetzt, dass für die meisten Teilbereiche industrieller Betriebe lineare Kostenfunktionen repräsentativ sind[20].

Auch in der Praxis wird von vielen Kostenfachleuten diese Ansicht seit langem vertreten.

In Deutschland hat insbesondere H. G. Plaut darauf hingewiesen, dass den Sollkostenverläufen der flexiblen Plankostenrechnung, von Ausnahmen abgesehen, lineare Funktionen zugrunde zu legen sind, da sich bei „Zehntausenden von Soll-Ist-Vergleichen“ nur selten Kostenprogressionen gezeigt haben[21].

Die einschlägigen Literaturstellen beziehen sich zwar überwiegend auf homogene Kostenverursachung, unsere Ausführungen in Kapitel 2.1.2.2 werden aber zeigen, dass auch bei heterogener Kostenverursachung in vielen Fällen lineare funktionale Beziehungen zwischen Bezugsgrößen und Sollkosten gelten.

2.1.2.2 Sollkostenfunktionen bei heterogener Kostenverursachung

1. Die Heterogenität der Kostenverursachung lässt sich dadurch erfassen, dass man für jede Bezugsgröße eine lineare Sollkostenfunktion vorgibt, sofern keine intensitätsmäßigen Anpassungsprozesse erfolgen.

In der Abbildung 2-3 haben wir ein Beispiel heterogener Kostenverursachung mit drei Bezugsgrößen wiedergegeben. Für die drei linearen Sollkostenverläufe fällt der Fixkostenblock K_F gemeinsam an. Die Abbildung 2-4 bildet die konstanten Grenzkostensätze ab.

Liegt produktbedingte Heterogenität der Kostenverursachung vor, und lassen sich mehrere Produktgruppen bilden, sodass innerhalb dieser Gruppen der Tatbestand homogener Kostenverursachung erfüllt ist, so entsprechen z. B. den Bezugsgrößen „Maschinenstunden für Produktgruppe A“, „Maschinenstunden für Produktgruppe B“ usw. jeweils lineare Sollkostenfunktionen und konstante Grenzkostensätze. Werden für alle Produktarten gleichzeitig mehrere Bezugsgrößen wirksam, so z. B. das Durchsatzgewicht und die Fertigungszeit, so gilt auch hier für jede Bezugsgröße ein linearer Sollkostenverlauf, dem ein konstanter Grenzkostensatz entspricht.

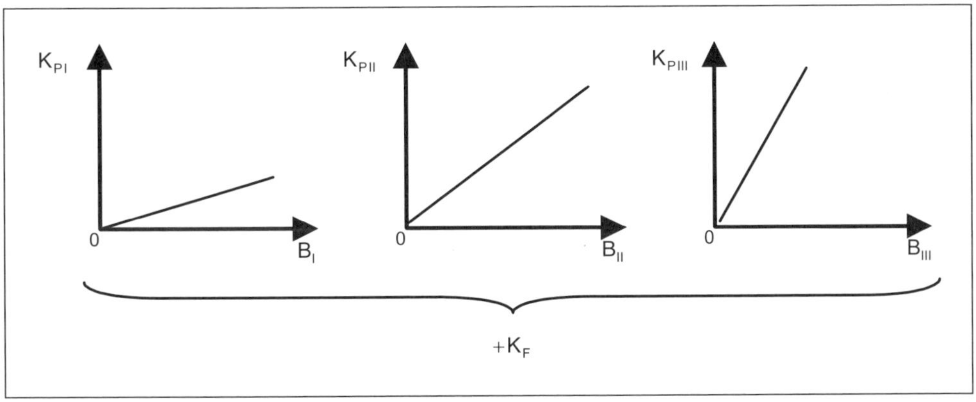

Abbildung 2-3: Mehrere lineare Sollkostenverläufe bei heterogener Kostenverursachung

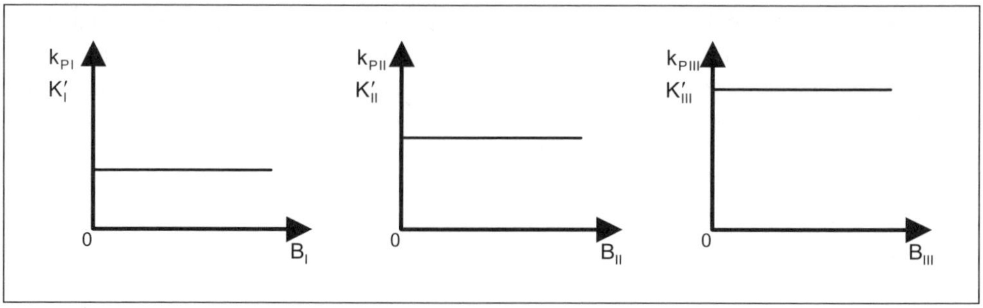

Abbildung 2-4: Mehrere konstante Grenzkostensätze bei heterogener Kostenverursachung

Auch bei verfahrensbedingter Heterogenität der Kostenverursachung lässt sich die Kostenentstehung stets durch mehrere lineare Sollkostenfunktionen ausdrücken, sofern die Intensität nicht verändert wird. Hierzu wollen wir die wichtigsten Fälle betrachten, die in Industriebetrieben auftreten.

Bei zeitlicher Anpassung mithilfe übertariflich zu vergütender Mehrarbeitszeit entsprechen den einzelnen Arbeitszeitkategorien unterschiedliche proportionale Kosten pro Bezugsgrößeneinheit[22]. In Abbildung 2-5 stellt der Beschäftigungsbereich B_I das ohne Überstundeneinsatz realisierbare Beschäftigungsintervall dar. Es folgen die Beschäftigungsintervalle B_{II} und B_{III}, für die infolge der Mehrarbeitszuschläge stärkere Anstiege der Kostenfunktionen gelten. In Abbildung 2-6 haben wir die zugehörigen Grenzkosten dargestellt.

Will man in der flexiblen Plankostenrechnung die Kostenverursachung bei Einsatz übertariflich zu vergütender Mehrarbeitszeiten exakt erfassen, so müssen für die Beschäftigungsintervalle B_I, B_{II} und B_{III} jeweils gesonderte Bezugsgrößen angesetzt und lineare Sollkostenfunktionen vorgegeben werden. Auf diese Weise lassen sich die in den Abbildungen 2-5 und 2-6 dargestellten unstetigen Kostenverläufe auf den mithilfe der Abbildungen 2-3 und 2-4 beschriebenen Fall der heterogenen Kostenverursachung zurückführen. In der Praxis wirken sich die Mehrarbeitszeitzuschläge auf den Anstieg der Sollkostenfunktionen meistens viel schwächer aus, als wir das in den Abbildungen 2-5 und 2-6 dargestellt haben. Aus diesem Grunde verzichtet man oft darauf, für die einzelnen Arbeitszeitkategorien gesonderte Bezugsgrößen anzusetzen. Hierbei geht man so vor, dass man den geknickten Kurvenverlauf in Abbildung 2-5 durch die Ausgleichsgerade AB ersetzt. Zugleich tritt an die Stelle der alternativen Grenzkostensätze in Abbildung 2-6 der „durchschnittliche Grenzkostensatz" K'_{ϕ}. Dies bedeutet, dass man die heterogene Kostenverursachung approximativ durch die homogene Kostenverursachung ersetzt. Ein anderer Weg wäre, die Kosten nach dem Kurvenverlauf des Leistungsabschnittes B_I aus Abbildung 2-6 zu planen und auftretende Mehrarbeitszuschläge als innerbetriebliche Unwirtschaftlichkeiten in den Verbrauchsabweichungen auszuweisen.

Werden in einer Kostenstelle kurzfristige Leistungspotenziale erstellt, so lässt sich der hieraus resultierende Einfluss der auflagefixen Kosten dadurch erfassen, dass man für die Erstellung der Leistungspotenziale und die eigentlichen Leistungen jeweils eine gesonderte Bezugsgröße verwendet. Wird eine solche Bezugsgrößendifferenzierung vorgenommen, so gelten ebenfalls die in den Abbildungen 2-3 und 2-4 dargestellten Kurvenverläufe. In einer Fertigungsstelle, in der Rüstprozesse anfallen, würde z. B. die Bezugsgröße B_I die Rüststunden und die Bezugsgröße B_{II} die Fertigungsstunden angeben.

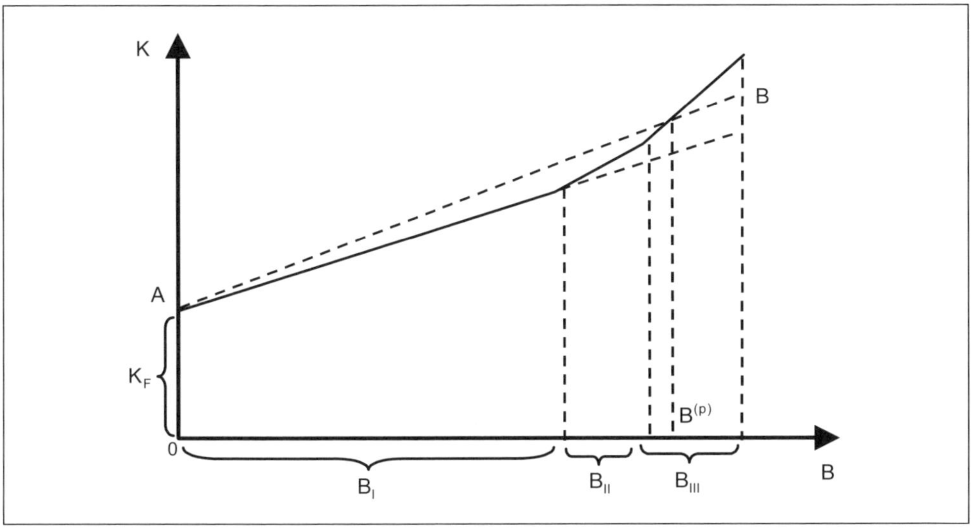

Abbildung 2-5: Beispiel eines Sollkostenverlaufs bei Einsatz von Mehrarbeitszeiten

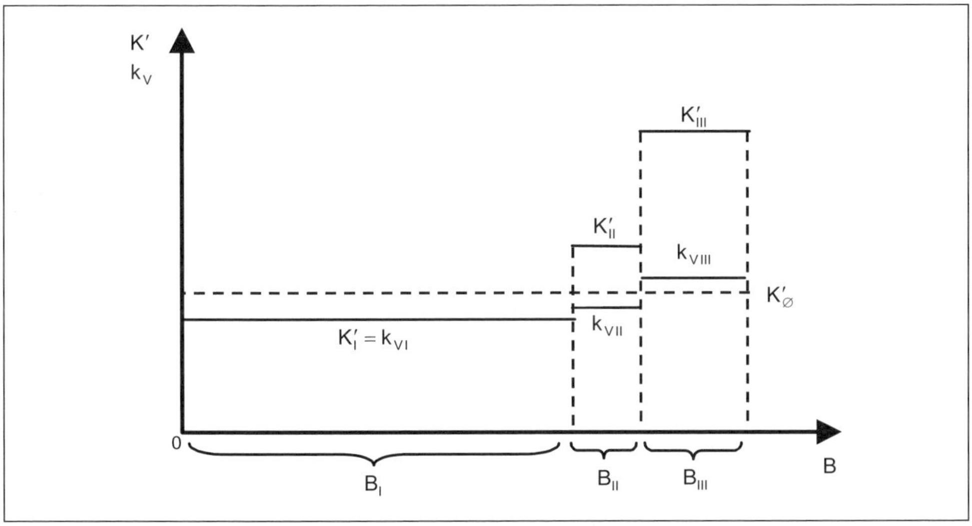

Abbildung 2-6: Beispiel für den Verlauf der Grenzkostensätze bei Einsatz von Mehrarbeitszeiten

Geht die Heterogenität der Kostenverursachung auf variable Bedienungssysteme bei Mehrstellenarbeit zurück, so gelten ebenfalls die in den Abbildungen 2-3 und 2-4 dargestellten Sollkostenfunktionen. In diesem Fall würde die Bezugsgröße B_I die Fertigungsstunden der Arbeiter und die Bezugsgröße B_{II} die Maschinenstunden der Betriebsmittel angeben.

Können Betriebsmittel mit unterschiedlichen Verfahrens- oder Prozessbedingungen arbeiten, wobei die geleistete Maschinen- oder Apparatestunden jeweils unterschiedlich hohe proportionale Kosten verursachen, so lässt sich auch dieser Fall der heterogenen Kostenverursachung durch die in den Abbildungen 2-3 und 2-4 dargestellten Kurvenverläufe erfassen. Lassen sich mehr als drei unterschiedliche Verfahrens- oder Prozessbedingungen realisieren, so erhöht sich die Zahl der erforderlichen Sollkostenfunktionen entsprechend.

2. Ein Sonderfall der heterogenen Kostenverursachung liegt vor, wenn simultan mit der Ausbringung die Intensität industrieller Produktionsprozesse variiert wird. Nach E. Gutenberg wird diese Art der Ausbringungsveränderung als intensitätsmäßige Anpassung bezeichnet. Man kann folgende Formen der intensitätsmäßigen Anpassung unterscheiden, denen jeweils unterschiedliche Kostenverläufe entsprechen:

- rein intensitätsmäßige Anpassung
  ohne Intensitätssplittung
  mit Intensitätssplitting
- zeitlich-intensitätsmäßige Anpassung.

Wie E. Gutenberg durch seine Theorie der Verbrauchsfunktionen nachgewiesen hat, werden unterschiedlich große Faktorverbrauchsmengen pro Ausbringungseinheit verursacht, wenn man die Intensität eines Produktionsprozesses variiert[23]. Am niedrigsten ist der Faktorverbrauch pro Einheit bei der optimalen Intensität. Wird eine niedrigere oder eine höhere Intensität gewählt, weil eine kleinere bzw. größere Ausbringungsmenge realisiert werden soll, so verschlechtert sich nach der Theorie der Verbrauchsfunktionen die Wirtschaftlichkeit eines Produktionsprozesses derart, dass in beiden Fällen größere Faktorverbrauchsmengen pro Einheit verursacht werden. Auf diese Weise entstehen in Abhängigkeit von der Intensität u-förmige Verbrauchsfunktionen, die nach der Bewertung der Produktionsfaktoren mit den zugehörigen Faktorpreisen zu u-förmigen variablen Durchschnittskosten- und zu u-förmigen Grenzkostenverläufen führen.

Die rein intensitätsmäßige Anpassung kommt nur für Produktionsprozesse in Frage, in denen Betriebsmittel eingesetzt werden, die „kontinuierlich durchproduzieren" müssen, weil eine Unterbrechung des Produktionsablaufs zu untragbar hohen Unterbrechungs- und Wiederanlaufkosten führen würde. Typische Beispiele hierfür sind Hochöfen, Kokereien und chemische Anlagen mit kontinuierlicher Produktion.

Bei der rein intensitätsmäßigen Anpassung lassen sich zwei Unterfälle unterscheiden. Wird die für eine Produktionsperiode vorgesehene Ausbringungsmenge in der Weise produziert, dass während der Produktionszeit die Intensität nicht verändert wird, so spricht man von rein intensitätsmäßiger Anpassung ohne Intensitätssplitting. In diesem Fall lässt sich die erforderliche Intensität mithilfe der Gleichung (26) aus der geplanten Ausbringungsmenge ableiten. Nach der Theorie der Verbrauchsfunktionen gilt bei rein intensitätsmäßiger Anpassung ohne Intensitätssplitting der in Abbildung 2-7 dargestellte s-förmige Gesamtkostenverlauf, dem die in Abbildung 2-8 dargestellten u-förmigen Verläufe der Grenzkosten und der variablen Durchschnittskosten entsprechen.

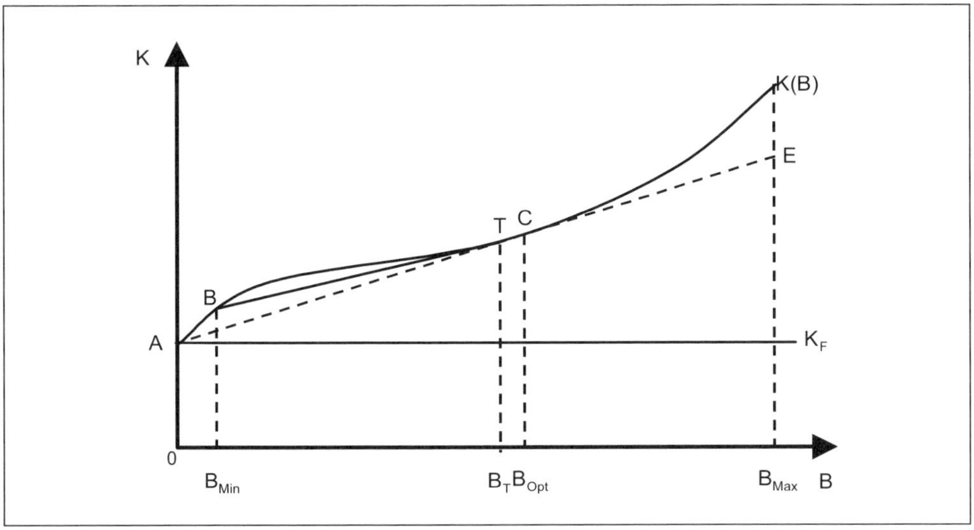

Abbildung 2-7: Beispiel eines nicht-linearen Sollkostenverlaufs bei rein intensitätsmäßiger Anpassung

In der flexiblen Plankostenrechnung gibt es drei Möglichkeiten, nicht-lineare Kostenverläufe zu berücksichtigen.

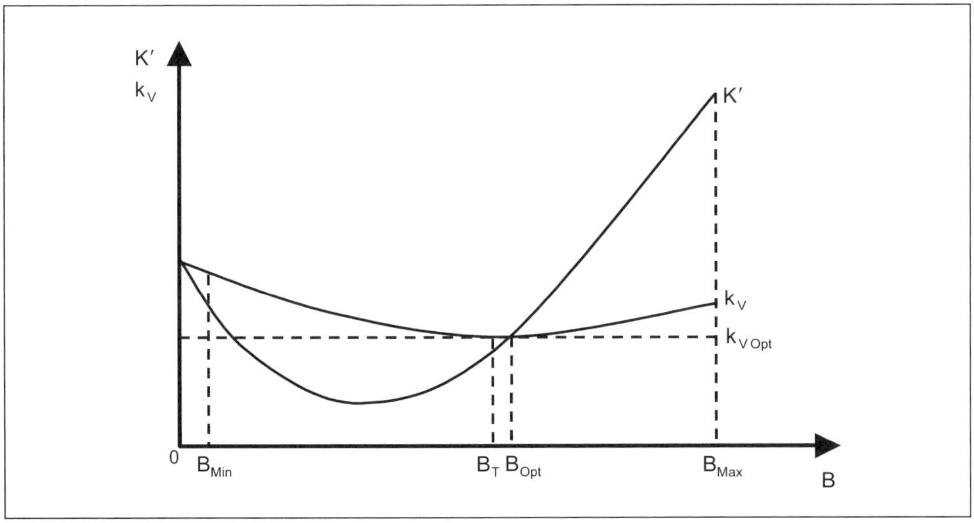

Abbildung 2-8: Beispiel für den Verlauf der variablen Durchschnittskosten und der Grenzkosten bei rein intensitätsmäßiger Anpassung

Das genaueste Verfahren besteht darin, in einer Kostenstelle mit intensitätsmäßiger Anpassung für alle Kostenarten, die sich intensitätsabhängig verhalten, nichtlineare Sollkostenfunktionen vorzugeben. Will man die hiermit verbundenen rechnerischen Schwierigkeiten vermeiden, so ist es zu empfehlen, die nichtlinearen Gesamtkostenverläufe durch mehrere lineare Teilstücke zu approximieren[24]. In Abbildung 2-9 haben wir den in Abbildung 2-7 dargestellten Grenzkostenverlauf in vier lineare Teilstücke zerlegt. Die Abbildung 2-10 gibt die zugehörigen Grenzkosten und die variablen Durchschnittskosten pro Bezugsgrößeneinheit an.

Bei der stückweisen Linearisierung wird jedem Segment eine gesonderte Bezugsgröße zugeordnet, die der durchschnittlichen Intensität des Intervalls entspricht. Vergleiche hierzu die Bezugsgrößen B_I bis B_{IV} in den Abbildungen 2-9 und 2-10. Durch die stückweise Linearisierung werden die Kostenverläufe bei intensitätsmäßiger Anpassung formal auf die heterogene Kostenverursachung mit linearen Kostenverläufen zurückgeführt.

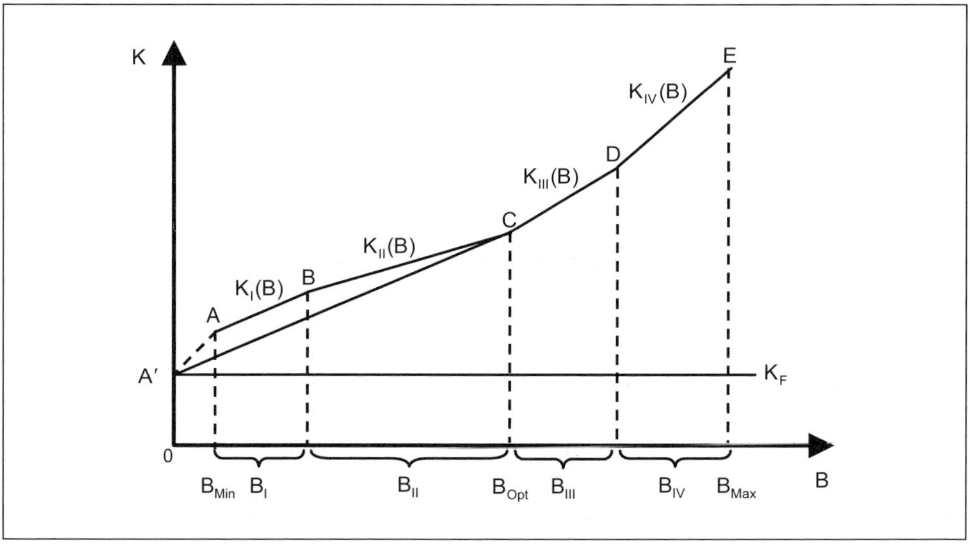

Abbildung 2-9: Stückweise linearisierter Gesamtkostenverlauf bei rein intensitätsmäßiger Anpassung

In der Praxis der Plankostenrechnung wird meistens eine noch weitgehendere Vereinfachung vorgenommen, indem man den nichtlinearen Gesamtkostenverlauf durch eine lineare Sollkostenfunktion approximiert. Hierbei wird in der Regel die Tangente vom Fixkostenabschnitt der Ordinate an die Gesamtkostenkurve gewählt; der Anstieg dieser Kurve ist gleich den minimalen variablen Durchschnittskosten. Vergleiche hierzu die Gerade ACE in Abbildung 2-7. Durch das obige Verfahren wird der Kostenverlauf bei rein intensitätsmäßiger Anpassung formal auf den Tatbestand der homogenen Kostenverursachung reduziert. Diese Approximation ist aber nur gerechtfertigt, wenn sich der

Intensitätseinfluss auf einige Kostenarten beschränkt und die nichtlinearen Gesamtkosten nur relativ wenig von einer Geraden abweichen. Auf jeden Fall muss bei diesem Verfahren der Intensitätseinfluss im Soll-Istkostenvergleich mithilfe einer besonderen Abweichungsanalyse eliminiert werden.

Für die rein intensitätsmäßige Anpassung mit Intensitätssplitting ist nachgewiesen worden, dass es am kostengünstigsten ist, wenn man bei Beschäftigungen zwischen B_{min} und B_{Tan} die Planungsperiode in zwei Teilperioden zerlegt, wobei während der ersten Teilperiode die Intensität λ_{min} und während der zweiten Teilperiode die Intensität λ_{Tan} realisiert wird[25]. Für Beschäftigungen, die über B_{Tan} liegen, muss man sich wie im Falle der rein intensitätsmäßigen Anpassung verhalten. Den Punkt T erhält man, indem man eine Tangente vom unteren Kurvenpunkt B an die Gesamtkostenfunktion legt. Die Periodenaufteilung im Bereich des Intensitätssplitting ist so zu wählen, dass die mit ihren Intensitäten multiplizierten Teilperioden $T(\lambda_{min})\ \lambda_{min} + T\ (\lambda_{Tan})\ \lambda_{Tan}$ genau der gewünschten Ausbringung entsprechen. Im Bereich des Intensitätssplitting werden der nichtlineare Sollkostenverlauf sowie die u-förmigen variablen Durchschnittskosten und die u-förmigen Grenzkosten nicht wirksam, da an ihrer Stelle die Kosten treten, die der Linearkombination der Kostenpunkte B und T entsprechen. Auf diese Weise wird im Bereich des Intensitätssplitting der nichtlineare Sollkostenverlauf durch die Gerade BT ersetzt. Ist Intensitätssplitting vorgesehen, so kann daher bis zur Beschäftigung B_{Tan} ein linearer Sollkostenverlauf vorgegeben werden. Erst von größeren Ausbringungen an wird die Nichtlinearität wirksam. Für diesen Bereich kann man die gleichen Verfahren anwenden, die wir für die rein intensitätsmäßige Anpassung ohne Intensitätssplitting beschrieben haben.

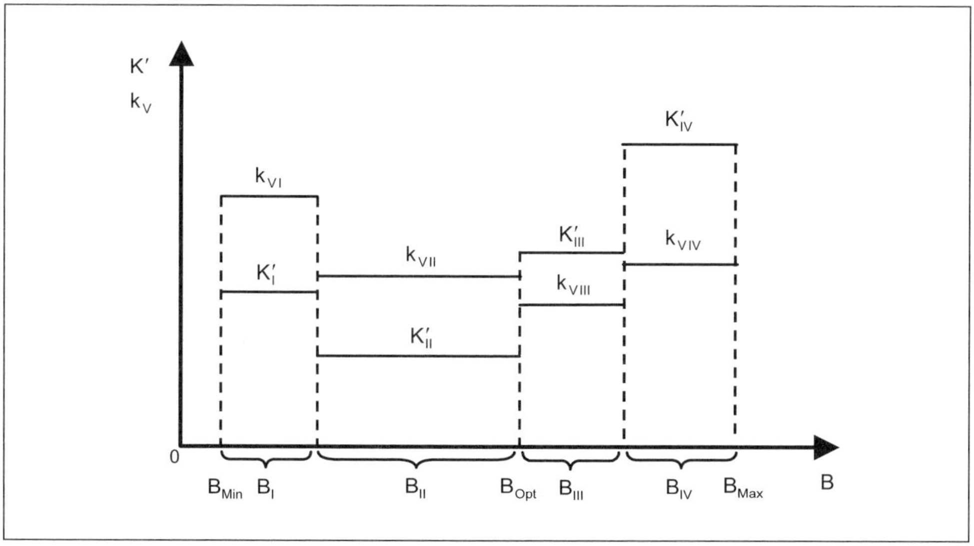

Abbildung 2-10: Stückweise linearisierte Grenzkosten und variable Durchschnittskosten pro Bezugsgrößeneinheit bei rein intensitätsmäßiger Anpassung

Für Kostenstellen, die sich an veränderte Ausbringungsmengen zeitlich anpassen können, kommt die intensitätsmäßige Anpassung erst in Engpasssituationen in Frage. Daher gelten für solche Kostenstellen im Beschäftigungsbereich von 0 bis T_{max} λ_{opt} lineare Sollkostenverläufe. Erst von der Kapazitätsgrenze an wird die Nichtlinearität wirksam. Um diese in einer Plankostenrechnung zu berücksichtigen, lassen sich die gleichen Verfahren anwenden, wie wir sie für die rein intensitätsmäßige Anpassung ohne Intensitätssplitting beschrieben haben. Wählt man die stückweise Linearisierung, so entstehen formal die gleichen Kostenverläufe, die wir in den Abbildungen 2-5 und 2-6 für den Einsatz von Mehrarbeitszeiten beschrieben haben. In der Praxis approximiert man in Kostenstellen mit zeitlich-intensitätsmäßiger Anpassung den Kostenverlauf meistens durch die lineare Sollkostenfunktion bei optimaler Intensität. In diesem Fall muss man die Kosteneinflüsse erhöhter Intensitätsgrade im Soll-Istkostenvergleich durch eine besondere Abweichungsanalyse eliminieren.

Zusammenfassend können wir feststellen, dass es in der Praxis keinen Fall heterogener Kostenverursachung gibt, bei dem es nicht möglich ist, die Kostenverursachung durch mehrere Bezugsgrößen zu erfassen, denen lineare Sollkostenkurven entsprechen. Hierbei handelt es sich lediglich im Fall der intensitätsmäßigen Anpassung um Approximationen.

2.1.2.3 Der Einfluss des Fristigkeitsgrades der Kostenplanung auf den Sollkostenverlauf

1. Wie unsere Ausführungen in Kapitel 2.1.1 gezeigt haben, hängt die Aufteilung in fixe und proportionale Kosten u. a. vom Fristigkeitsgrad der Kostenplanung ab. Eine wichtige Rolle hierbei spielt die Teilbarkeit der Potenzialfaktoren. Personelle Potenzialfaktoren sind von der Gesamtunternehmung aus betrachtet normalerweise nicht teilbar, d. h. es müssen jeweils vollbeschäftigte Arbeitskräfte eingestellt oder entlassen werden. Eine Ausnahme bilden teilzeitbeschäftigte Arbeitskräfte oder Leiharbeiter, deren Arbeitszeit sich kurzfristig an Beschäftigungsschwankungen anpassen lässt. Weiterhin wird innerhalb gewisser Grenzen eine Teilbarkeit des Arbeitseinsatzes durch die Möglichkeiten von Kurzarbeit und den Einsatz von Überstunden herbeigeführt. In den einzelnen Kostenstellen lässt sich darüber hinaus eine nahezu vollständige Teilbarkeit der Arbeitskräfte erreichen, wenn diese zwischen mehreren Kostenstellen ausgetauscht werden können. Unter diesen Voraussetzungen lassen sich nahezu alle Löhne für ausführende Arbeiten den proportionalen Kosten zuordnen. Je weniger Austauschmöglichkeiten bestehen und je mehr bei einer Anpassung des Personalbestandes an Beschäftigungsschwankungen Einstellungen und Entlassungen erfolgen müssen, desto häufiger treten intervallfixe Kosten auf. Zur Berücksichtigung intervallfixer Kosten gibt es in der flexiblen Plankostenrechnung die folgenden beiden Möglichkeiten.

2. In der Praxis geht man meistens so vor, dass man die intervallfixen Kosten entweder den fixen Kosten zurechnet oder den treppenförmigen Verlauf der intervallfixen Kosten durch lineare Sollkostenfunktionen approximiert. Hierbei erhält man für jeden

Fristigkeitsgrad eine andere lineare Sollkostenfunktion. In der Abbildung 2-11 haben wir ein Beispiel wiedergegeben, in dem drei Fristigkeitsgrade unterschieden werden.

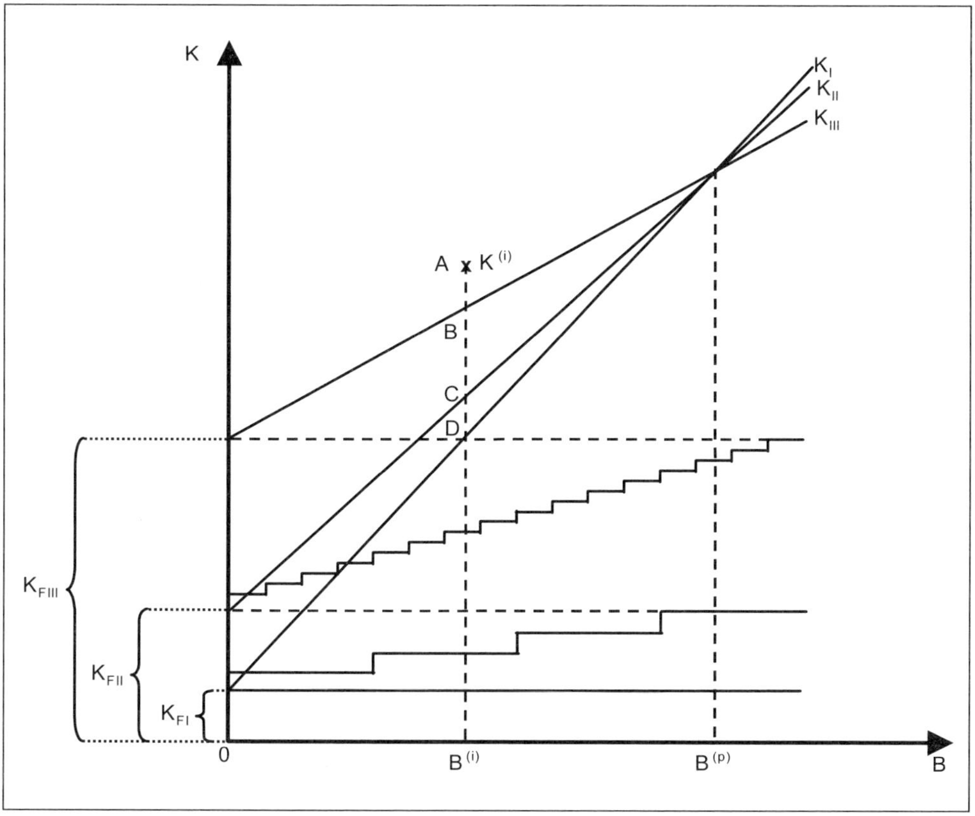

Abbildung 2-11: Beispiel linearer Sollkostenverläufe bei unterschiedlichen Fristigkeitsgraden

Der Fixkostenbetrag K_{FI} ist für jeden Fristigkeitsgrad fix, der für die Kostenplanung in Frage kommt. Darüber hinaus fallen zwei intervallfixe Kostenarten an, von denen die eine im dargestellten Beschäftigungsbereich zu vier und die andere zu sechzehn Kostensprüngen führt. Beim Fristigkeitsgrad I werden diese beiden intervallfixen Kostenarten voll proportionalisiert. Hierdurch erhält man die Sollkostenkurve K_I. Beim Fristigkeitsgrad II wird die intervallfixe Kostenart mit den größeren Sprüngen den fixen Kosten zugerechnet. Auf diese Weise erhält man den Fixkostenbetrag K_{FII} und den Sollkostenverlauf K_{II}. Die Sollkostenfunktion K_{III} entspricht dem Fristigkeitsgrad III, bei dem auch die zweite intervallfixe Kostenart den fixen Kosten zugerechnet wird; zu ihr gehört der Fixkostenbetrag K_{FIII}. Bei den Fristigkeitsgraden I und II gehen die proportionalisierten intervallfixen Kostenarten in die proportionalen Kostensätze der betreffenden Kostenstelle ein. Im Beispiel erhält man die folgenden proportionalen Kostensätze:

Fristigkeitsgrad I	→	25,50 €/Stunde	(100,0 %)
Fristigkeitsgrad II	→	21,00 €/Stunde	(82,4 %)
Fristigkeitsgrad III	→	13,50 €/Stunde	(52,9 %)

Im Soll-Ist-Kostenvergleich kann die Proportionalisierung intervallfixer Kostenarten zu einem Problem führen, das wir als Divergenz der Fristigkeitsgrade bezeichnen wollen. Nur wenn der durch die Kostenplanung fixierte Fristigkeitsgrad auch im Ist eingehalten wird, kann der Soll-Ist-Kostenvergleich zu richtigen Verbrauchsabweichungen führen. Wählt man in der Kostenplanung einen relativ hohen Fristigkeitsgrad, sieht man also eine weitgehende Anpassung der ausbringungsabhängig disponierbaren Potenzialfaktoren an die Beschäftigung vor, so ist es in den einzelnen Kontrollmonaten nicht immer möglich, diese weitgehende Form der Anpassung im Ist zu realisieren. Die Divergenz der Fristigkeitsgrade zwischen den Soll- und den Istkosten führt dazu, dass in den Verbrauchsabweichungen remanente Kosten eingehen, die gleichwohl ein wichtiges Controlling-Signal darstellen.

In Abbildung 2-11 haben wir hierfür ein Beispiel angegeben. Die im Punkt A eingezeichneten Istkosten $K^{(i)}$ entsprechen offensichtlich der Sollkostenkurve K_{III}. Für diese Kurve bildet die Strecke AB die richtige Verbrauchsabweichung ab. Hat man sich aber in der Kostenplanung für den Sollkostenverlauf K_I oder K_{II} entschieden, so erhält man als Verbrauchsabweichungen die Strecke AC oder AD. Die Abbildung 2-11 lässt erkennen, dass hierin remanente Kosten in Höhe von BD bzw. BC enthalten sind.

Im Soll-Ist-Kostenvergleich lassen sich remanente Kosten, die aus einer Divergenz der Fristigkeitsgrade der Soll- und Istkosten resultieren, relativ leicht erkennen, da sie ausschließlich bei intervallfixen Kostenarten auftreten[26]. Fallen solche remanenten Kostenabweichungen nicht nur vorübergehend, sondern in mehreren aufeinanderfolgenden Abrechnungsperioden an, so sollte überprüft werden, warum in der betreffenden Kostenstelle die in der Kostenplanung vorgesehenen Maßnahmen zur Anpassung der Potenzialfaktoren an Beschäftigungsschwankungen nicht realisiert worden sind.

Während bei rückläufiger Beschäftigung häufig remanente Kosten auftreten, wird bei einem Anstieg der Beschäftigung über die Planbeschäftigung hinaus in der Praxis fast immer die Sollkostenfunktion mit dem höchsten Fristigkeitsgrad wirksam, da die Kostenstellenleiter dafür sorgen, dass ihr Personalbestand möglichst schnell an die gestiegene Beschäftigung angepasst wird.

Das oben beschriebene Verfahren der Proportionalisierung intervallfixer Kosten ist nur vertretbar, sofern die Sprünge nicht zu groß sind.

3. Will man die intervallfixen Kosten genau erfassen, so darf man sie weder den fixen noch den proportionalen Kostenarten zurechnen; sie müssen vielmehr in der Kostenplanung und im Soll-Ist-Kostenvergleich als gesonderte Kostenkategorie ausgewiesen werden[27].

Auch hierbei hängt es vom Fristigkeitsgrad der Kostenplanung ab, welche intervallfixen Kostenarten man den fixen Kosten zuordnet und welche als beschäftigungsabhängige Sprungkosten geplant werden. Die Planung beschäftigungsabhängig vorgegebener intervallfixer Kostenarten erfolgt in der Weise, dass man bestimmten Beschäftigungsintervallen unterschiedliche Fixkosten-Beträge zuordnet. Ein Beispiel hierfür haben wir in Abbildung 2-12 wiedergegeben.

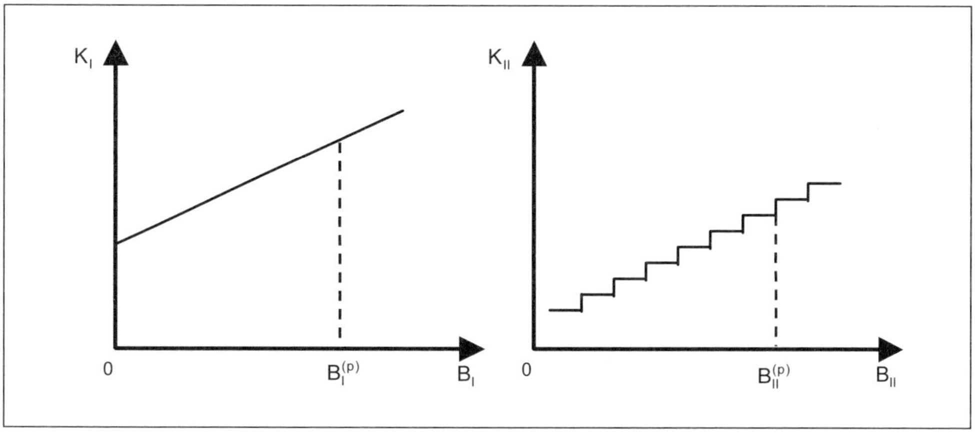

Abbildung 2-12: Beispiel für die Erfassung einer intervallfixen Kostenart durch eine besondere Bezugsgröße

Der Kostenplan mit der Bezugsgröße B_I enthält die fixen und die rein proportionalen Kosten. Der Bezugsgröße B_{II} werden dagegen die intervallfixen Kosten zugeordnet. In einer Fertigungsstelle kann es sich z. B. bei der Bezugsgröße B_I um die Fertigungsstunde handeln, während die Bezugsgröße B_{II} die Anzahl der geleisteten Schichten angibt. Als intervallfixe Kostenarten pro Schicht kommen z. B. die Personalkosten für Schichtschlosser oder Werkstattschreiber in Frage, deren Anwesenheit in jeder Schicht erforderlich ist, unabhängig davon, welche Stundenzahl in einer Schicht geleistet wird.

In Abbildung 2-12 ist nur eine intervallfixe Kostenart berücksichtigt worden; das Verfahren lässt sich aber leicht auch für mehrere intervallfixe Kostenarten mit unterschiedlichen Kostensprüngen anwenden.

Analog kann man vorgehen, wenn man den Fristigkeitsgrad so hoch wählt, dass auch Angestelltengehälter teilweise den ausbringungsabhängig disponierbaren Kostenarten zugeordnet werden müssen. Dies kommt nur für Kostenstellen in Frage, die keine dispositiven, sondern repetitive Tätigkeiten ausüben, wie das z. B. in einer Arbeitsvorbereitung, Kalkulation, Finanzbuchhaltung oder Fakturierabteilung der Fall ist. Hier werden meistens die Gehälter für eine personelle Basisbesetzung fix vorgegeben. Für die darüber hinaus geplanten Arbeitskräfte müssen treppenförmige Kostenvorgaben festgelegt werden. In der Praxis hat man in diesen Fällen aber meistens die künstliche Proportionalisierung vorgezogen, weil sie einfacher zu handhaben ist[28].

2.1.3 Der Grenzkostenbegriff in der Grenzplankosten- und Deckungsbeitragsrechnung

1. Wir wollen nunmehr den in der Grenzplankostenrechnung und im Direct Costing verwendeten Grenzkostenbegriff kostentheoretisch analysieren. Hierbei müssen von vornherein zwei verschiedene Grenzkostenbegriffe auseinander gehalten werden, die in der Praxis der Grenzplankostenrechnung seit jeher nebeneinander Verwendung finden.

Erstens werden in der Grenzplankostenrechnung Grenzkosten pro Bezugsgrößeneinheit verwendet, die mithilfe der kostenstellenweisen Kostenplanung bestimmt werden. Die Grenzkostensätze der Kostenstellen sind von jeher „Einflussgrößen-Grenzkosten" gewesen, wie sie von G. Lassmann gefordert werden[29]. Bei der Planung der Grenzkosten pro Bezugsgrößeneinheit benötigt man noch keine Informationen darüber, wie viele Bezugsgrößeneinheiten später beim Aufbau der Plankalkulation der einzelnen Erzeugnisarten zugerechnet werden müssen.

Zweitens werden in der Grenzplankostenrechnung Erzeugnis-Grenzkosten verwendet, worunter die mithilfe der Plankalkulationen bestimmten Grenzselbstkosten pro Erzeugniseinheit zu verstehen sind. Für ihre Bestimmung benötigt man nebst den Grenzkosten pro Bezugsgrößeneinheit der beanspruchten Kostenstellen Informationen darüber, wie viele Bezugsgrößeneinheiten auf jeweils eine Erzeugniseinheit entfallen. In Abbildung 2-13 haben wir einen systematischen Überblick über die Beziehungen gegeben, die zwischen den Grenzkosten pro Bezugsgrößeneinheit und den Erzeugnis-Grenzkosten auftreten können.

2. Liegt in allen Kostenstellen homogene Kostenverursachung vor, so ist für jede Kostenstelle nur eine lineare Kostenfunktion erforderlich, der ein konstanter Grenzkostensatz pro Bezugsgrößeneinheit entspricht. Dennoch führt homogene Kostenverursachung nicht in allen Fällen zu eindeutig konstanten Erzeugnis-Grenzkosten. Dies ist vielmehr nur der Fall, wenn zwischen den Produktionsmöglichkeiten (mit homogener Kostenverursachung) keine Wahlmöglichkeiten bestehen. Gibt es dagegen Wahlmöglichkeiten zwischen mehreren Alternativen (mit homogener Kostenverursachung), können z. B. wahlweise verschiedene Kostenstellen eingesetzt werden oder bestehen Wahlmöglichkeiten zwischen Eigenerstellung und Fremdbezug, so sind die Bezugsgrößen pro Einheit zwar für jede Alternative konstant, für die Erzeugnisse liegen sie aber erst eindeutig fest, wenn zwischen diesen Alternativen eine Wahl getroffen ist. In diesen Fällen führt jede realisierbare Verfahrenskombination zu anderen Erzeugnis-Grenzkosten. Dabei sind die Erzeugnis-Grenzkosten für jede gewählte Verfahrenskombination konstant. Wir wollen daher in diesen Fällen von alternativ konstanten Erzeugnis-Grenzkosten sprechen. Je mehr Alternativen miteinander kombiniert werden können, desto größer wird die Anzahl der alternativen Erzeugnis-Grenzkosten.

Kann beim Aufbau der Kalkulation vorhergesehen werden, dass während der Planungsperiode keine Engpässe auftreten, so lässt sich unabhängig von den zu produzierenden Mengen für jede Erzeugnisart die optimale Verfahrenskombination bestimmen. Hierbei handelt es sich um diejenige Verfahrenskombination, die zu den niedrigsten Erzeugnis-Grenzkosten führt. Werden Engpässe wirksam, so können nicht alle geplanten Erzeugnismengen den optimalen Verfahren zugeordnet werden. Ein Teil der Erzeugnismengen muss vielmehr mit Verfahren produziert werden, die zu höheren Erzeugnis-Grenzkosten führen[30]. In diesen Fällen ist die Prämisse konstanter Erzeugnis-Grenzkosten nicht erfüllt.

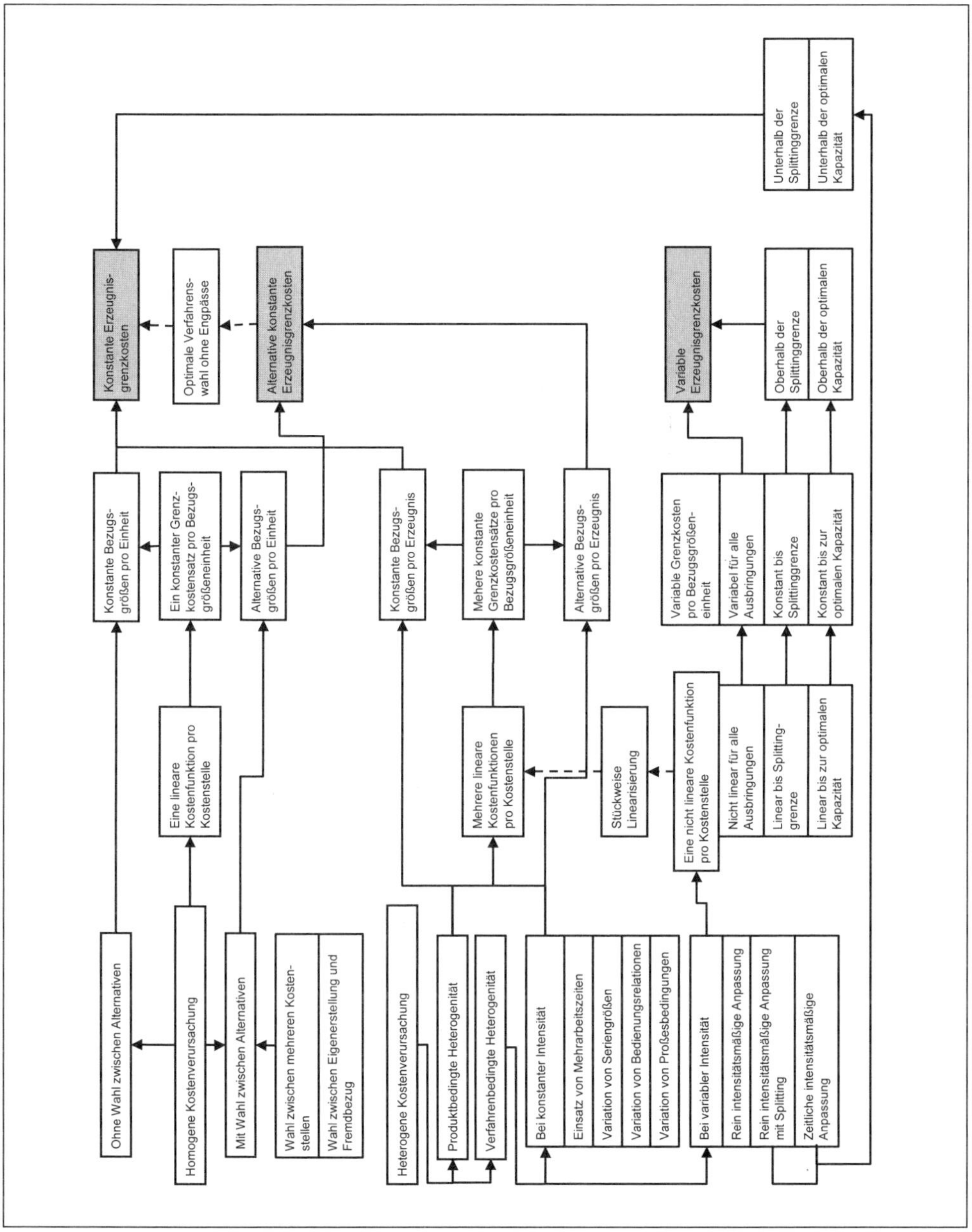

Abbildung 2-13: Schema zur kostentheoretischen Analyse der Erzeugnis-Grenzkosten

3. Wird in (einigen oder allen) Kostenstellen einer Unternehmung heterogene Kostenverursachung wirksam, so lassen sich folgende Fälle unterscheiden.

Liegt produktbedingte Heterogenität der Kostenverursachung vor, so erhält man für jede Bezugsgröße eine lineare Sollkostenfunktion, der ein konstanter Grenzkostensatz pro Bezugsgrößeneinheit entspricht. Lässt sich die produktbedingte Heterogenität in der Weise erfassen, dass man das gesamte Produktionsprogramm in zwei oder mehrere Gruppen mit unterschiedlicher Kostenverursachung zerlegt, z. B. in Kupfer- und Aluminium-Erzeugnisse, so ist von vornherein die Prämisse konstanter Erzeugnis-Grenzkosten erfüllt, da die Kostensätze jeweils nur für die zugehörigen Produktgruppen gelten. Wird die Heterogenität der Kostenverursachung dadurch herbeigeführt, dass bestimmte Produkteigenschaften, z. B. das Gewicht, die Länge, die Oberfläche oder der Fertigungszeitbedarf pro Produkteinheit, die Kosten unterschiedlich beeinflussen, so werden diese Einflussgrößen nebeneinander als Bezugsgrößen verwendet. Wegen ihrer Produktbezogenheit liegen diese Bezugsgrößen aber pro Erzeugniseinheit von vornherein fest, sodass man trotz der Heterogenität der Kostenverursachung konstante Erzeugnis-Grenzkosten erhält. Werden z. B. das Gewicht und die Fertigungszeit nebeneinander als Bezugsgrößen verwendet und gelten folgende Daten:

3,5 kg/Stück	0,20 €/kg
2,6 Ftg. Min./Stück	0,45 €/Ftg. Min.,

so verursacht jede Einheit dieser Produktart in der betreffenden Kostenstelle konstante Grenzfertigungskosten in Höhe von 1,87 €/Stück.

Bei verfahrensbedingter Heterogenität der Kostenverursachung sind zwei Unterfälle zu unterscheiden.

Handelt es sich um Verfahrenswahlentscheidungen bei konstanter Intensität, so lassen sich deren Kostenwirkungen durch mehrere lineare Sollkostenfunktionen pro Kostenstelle erfassen, denen jeweils konstante Grenzkostensätze entsprechen. Ein grundlegender Unterschied zur produktbedingten Heterogenität besteht aber darin, dass bei verfahrensbedingter Heterogenität die Bezugsgrößen pro Erzeugniseinheit nicht konstant sind, sondern von den Entscheidungen der Produktionsvollzugsplanung abhängen. Wir wollen diesen Tatbestand mithilfe der in Abbildung 2-13 angeführten Beispiele verdeutlichen.

Werden in einer Kostenstelle Mehrarbeitszeiten eingesetzt, wobei für jede Arbeitszeitkategorie eine besondere Bezugsgröße verwendet wird, so ist für jede Produktart unbestimmt, welche Bezugsgrößenart zu kalkulieren ist, solange noch keine Entscheidung darüber vorliegt, in welcher Arbeitszeitkategorie sie produziert werden soll. Jede Arbeitszeitkategorie führt zu unterschiedlichen Grenzfertigungskosten eines Arbeitsganges. Werden nacheinander mehrere Kostenstellen in Anspruch genommen, bei denen Wahlmöglichkeiten zwischen Arbeitszeitkategorien bestehen, so existieren für die Erzeugnis-Grenzkosten entsprechend viele Kombinationsmöglichkeiten. Werden z. B. von einer Produktart vier Kostenstellen nacheinander beansprucht, für die Normalarbeitszeiten, Überstunden mit 25 % Zuschlag und Überstunden mit 50 % Zuschlag als Bezugsgrößen verwendet werden, so gibt es für die Erzeugnis-Grenzkosten $3^4 = 81$

Kombinationsmöglichkeiten. Erst beim Aufbau der Produktionsvollzugsplanung wird entschieden, welche Alternative zum Zuge kommt.

In Fertigungskostenstellen mit Serienproduktion werden nebeneinander die Bezugsgrößen „Rüststunden“ und „Ausführungsstunden“ verwendet, denen lineare Sollkostenkurven mit konstanten Grenzkostensätzen entsprechen. Für die einzelne Produkteinheit hängt die Relation zwischen diesen beiden Bezugsgrößen von den Entscheidungen der Produktionsvollzugsplanung über die Seriengröße ab.[31] Bezeichnen wir die Rüstzeit pro Serie mit t_R, die Ausführungszeit pro Erzeugniseinheit mit t_A, den Grenzkostensatz für das Rüsten mit d_R, den Grenzkostensatz für die Fertigungszeit mit d_A und die Seriengröße mit s, so gilt für die Grenzfertigungskosten einer Erzeugniseinheit die folgende Bestimmungsgleichung:

(2-10) $$k_{PF} = \frac{t_R\, d_R}{s} + t_A\, d_A$$

Gelten z. B. die folgenden Daten:

t_R = 140 Min./Serie t_A = 1,25 Min./Stück
d_R = 0,25 €/Min. d_A = 0,40 €/Min.

so erhält man die in Abbildung 2-14 zusammengefassten alternativen Grenzfertigungskosten unterschiedlicher Seriengrößen.

Bestimmung alternativer Grenzfertigungskosten bei Serienproduktion

Seriengröße	50	100	200	300	400	500	1.000
Grenzfertigungskosten Euro/Stück	1,200	0,850	0,675	0,617	0,588	0,570	0,535

Abbildung 2-14: Beispiel zur Bestimmung alternativer Grenzfertigungskosten bei Serienproduktion

Um den Einfluss der Seriengrößen auf die Kostenstruktur einer Unternehmung theoretisch einwandfrei zu erfassen, müssen auch in den Lagerstellen der Halb- und Fertigerzeugnisse Bezugsgrößen verwendet werden, die den Seriengrößeneinfluss auf die Lagerbestände und damit auf die Lagerkosten zum Ausdruck bringen. Diese Kosten würden die Erzeugnis-Grenzkosten mit zunehmenden Seriengrößen vergrößern. In der Praxis der Plankostenrechnung werden aber derartige Bezugsgrößen für Lagerstellen kaum verwendet[32].

Passt man in der Produktionsvollzugsplanung die Seriengrößen stufenweise an Veränderungen der Ausbringungsmengen an, so erhält man alternativ konstante Erzeugnis-Grenzkosten. Hierbei nimmt die Zahl der Alternativen mit der Häufigkeit der Seriengrößenvariation zu. Werden die Seriengrößen kontinuierlich an Ausbringungsveränderungen angepasst, wie das meistens in der Theorie angenommen wird, so treten an die Stelle alternativ konstanter Erzeugnis-Grenzkosten variable Erzeugnis-Grenzkosten.

Lässt sich für einen Planungszeitraum im Voraus eine optimale Seriengröße pro Erzeugnisart festlegen, so erhält man auch bei Serienproduktion konstante Erzeugnis-Grenzkosten. Diese Möglichkeit besteht insbesondere in Unternehmungen, deren Absatzmengen sich im Zeitablauf nur geringfügig verändern und die im Produktionsbereich über freie Kapazitäten verfügen.

In Fertigungsstellen mit Mehrstellenarbeit wird der Einfluss wechselnder Bedienungsrelationen durch die beiden Bezugsgrößen „Fertigungsstunden der Arbeiter" und „Maschinenstunden" erfasst. Für beide Bezugsgrößen werden lineare Sollkostenfunktionen vorgegeben, denen konstante Grenzkostensätze entsprechen. Bezeichnen wir die Maschinenzeit mit t_M, den Grenzkostensatz für die Maschinenzeit mit d_M, den Grenzkostensatz für die Fertigungszeit mit d_F und die Anzahl der von einem Arbeiter bedienten Maschinen mit β, so gilt für die Grenzfertigungskosten pro Erzeugniseinheit folgende Bestimmungsgleichung:

$$(2\text{-}11) \qquad k_{PF} = t_M\, d_M + \frac{t_M\, d_F}{\beta} = t_M \left(d_M + \frac{d_F}{\beta} \right)$$

Gelten z. B. folgende Daten:

t_M = 1,2 Min./Stück
d_M = 0,50 €/Min.
d_F = 0,20 €/Min.

so gelten die in Abbildung 2-15 zusammengefassten alternativen Grenzfertigungskosten.

Bestimmung alternativer Grenzfertigungskosten bei Mehrstellenarbeit					
Maschinen pro Arbeiter	1	2	3	4	5
Grenzfertigungskosten Euro/Stück	0,840	0,720	0,680	0,660	0,648

Abbildung 2-15: Beispiel einer Bestimmung alternativer Grenzfertigungskosten bei Mehrstellenarbeit

Unsere Ausführungen haben gezeigt, dass auch variable Bedienungssysteme alternativ konstante Erzeugnis-Grenzkosten verursachen. Gelingt es jedoch der Produktionsvollzugsplanung, für eine Planungsperiode im Voraus jeder Erzeugnisart nur ein Bedienungsverhältnis zuzuordnen, so gelten für diese Planungsperiode konstante Erzeugnis-Grenzkosten, sofern nicht andere Einflüsse wirksam werden, die zu alternativ konstanten Erzeugnis-Grenzkosten führen.

Können bei Produktionsprozessen die Prozessbedingungen variiert werden, wie das häufig in der chemischen Industrie der Fall ist, so muss für jede realisierbare Prozessbedingung eine besondere Bezugsgröße, z. B. „Apparatestunden, Prozessbedingungen ...", verwendet werden. Für jede dieser Bezugsgrößen gilt eine lineare Sollkostenfunktion, der ein konstanter Grenzkostensatz entspricht. Im Falle einer Kuppelproduktion muss man, um die optimale Prozessbedingung zu ermitteln, noch die Aus-

beutekoeffizienten der Kuppelprodukte und die von den einzelnen Kuppelproduktarten erzielbaren
Deckungsbeiträge kennen. Hierauf wollen wir aber im Einzelnen nicht eingehen[33]. Unsere Ausführungen sollten lediglich zeigen, dass stufenweise variierte Prozessbedingungen ebenfalls zu alternativ konstanten Erzeugnis-Grenzkosten führen.

Würden die Prozessbedingungen nicht stufenweise, sondern kontinuierlich an Veränderungen der Ausbringungsmengen angepasst, so würden sich variable Erzeugnis-Grenzkosten ergeben. Hierfür würden aber spezielle Kostenfunktionen erforderlich sein, die angeben, wie sich die Kosten kontinuierlich in Abhängigkeit von einzelnen Prozessbedingungen verändern. Da sich solche Funktionen aber kaum empirisch ermitteln lassen, ist man in der Praxis der Plankostenrechnung stets auf eine stufenweise Berücksichtigung variabler Prozessbedingungen angewiesen.

Gelingt es der Produktionsvollzugsplanung, für eine Planungsperiode im Voraus pro Erzeugnisart eine optimale Prozessbedingung anzugeben, die im Zeitablauf nicht geändert wird, so lassen sich in der Plankalkulation konstante Erzeugnis-Grenzkosten bestimmen, soweit nicht andere Einflüsse wirksam werden, die zu alternativ konstanten oder variablen Erzeugnis-Grenzkosten führen.

Ist die verfahrensbedingte Heterogenität der Kostenverursachung auf intensitätsmäßige Anpassungsprozesse zurückzuführen, so erhält man für die betreffenden Kostenstellen nicht-lineare Sollkostenfunktionen, denen variable Grenzkosten und variable Durchschnittskosten pro Bezugsgrößeneinheit entsprechen.

Nur bei rein intensitätsmäßiger Anpassung ohne Intensitätssplitting wird die Nichtlinearität bei jeder Ausbringung wirksam. Für Erzeugnisse, die Fertigungsstellen mit rein intensitätsmäßiger Anpassung durchlaufen, in denen kein Intensitätssplitting möglich ist, erhält man daher variable Erzeugnis-Grenzkosten, die nicht mit den variablen Durchschnittskosten übereinstimmen. Wird der nicht-lineare Sollkostenverlauf stückweise linearisiert, so lassen sich aber die variablen Erzeugnis-Grenzkosten auf alternativ konstante Erzeugnis-Grenzkosten zurückführen. Auch in diesem Fall bleibt jedoch der Unterschied gegenüber den variablen Durchschnittskosten bestehen.

Bei rein intensitätsmäßiger Anpassung mit Intensitätssplitting erhält man bis zur Splittinggrenze konstante Erzeugnis-Grenzkosten. Erst bei höheren Ausbringungsmengen führt die Nichtlinearität des Sollkostenverlaufs zu variablen Erzeugnis-Grenzkosten.

Auch bei zeitlich-intensitätsmäßiger Anpassung erhält man zunächst konstante Erzeugnis-Grenzkosten. Erst wenn die der optimalen Intensität entsprechende Kapazitätsgrenze überschritten wird, wirkt sich die Nichtlinearität aus, sodass man variable Erzeugnis-Grenzkosten erhält.

Sowohl bei rein intensitätsmäßiger Anpassung mit Intensitätssplitting als auch bei zeitlich-intensitätsmäßiger Anpassung besteht die Möglichkeit, den nicht-linearen Bereich der Sollkostenfunktion stückweise zu linearisieren. Hierdurch erhält man alternativ konstante Erzeugnis-Grenzkosten, die jedoch nicht mit den variablen Durchschnittskosten der betreffenden Ausbringung übereinstimmen.

4. Unsere Ausführungen zum Grenzkostenbegriff in der Grenzplankostenrechnung haben gezeigt, dass es sowohl bei homogener als auch bei heterogener Kostenverursachung viele Fälle gibt, in denen sich für eine Planungsperiode konstante Erzeugnis-Grenzkosten bestimmen lassen. Dies gilt insbesondere für Industriebetriebe, in denen keine intensitätsmäßigen Anpassungsprozesse durchgeführt werden und für die entweder nur ein geringer Spielraum für Verfahrenswahlentscheidungen der Produktionsvollzugsplanung besteht oder die Aktionsparameter der Produktionsvollzugsplanung infolge freier Kapazitäten für eine Planungsperiode im Voraus konstant festgelegt werden können.

Für Industriebetriebe, in denen die Entscheidungen der Produktionsvollzugsplanung häufig geändert und an wechselnde Ausbringungsmengen angepasst werden, erhält man alternativ konstante oder im Fall intensitätsmäßiger Anpassungsprozesse sogar variable Erzeugnis-Grenzkosten. Da intensitätsmäßige Anpassungsprozesse in der Praxis relativ selten sind, treten alternativ konstante Erzeugnis-Grenzkosten weitaus häufiger auf. Im Übrigen können die variablen Erzeugnis-Grenzkosten bei intensitätsmäßiger Anpassung durch stückweise Linearisierung auf alternativ konstante Erzeugnis-Grenzkosten zurückgeführt werden.

Alternativ konstante oder gar variable Erzeugnis-Grenzkosten sind in der ursprünglichen Konzeption der Grenzplankostenrechnung und des Direct Costing nicht vorgesehen. Führen wechselnde Verfahrenswahlentscheidungen oder intensitätsmäßige Anpassungsprozesse zu alternativ konstanten oder variablen Erzeugnis-Grenzkosten, so gibt es für dieses Problem die folgenden beiden Lösungsmöglichkeiten.

Erstens kann man versuchen, die jahresbezogene Plankalkulation, die sich für jede Erzeugnisart auf einen Wert der Erzeugnis-Grenzkosten festlegt, durch ein System von Alternativkalkulationen zu ersetzen. Diese Alternativkalkulationen müssten so aufgebaut werden, dass sie unterschiedliche Erzeugnis-Grenzkosten bestimmen, die alternativen Verfahrenswahlentscheidungen der Produktionsvollzugsplanung entsprechen. Diese Lösung ist aber aus folgenden Gründen nicht zu empfehlen. In der Praxis ist die Zahl der Verfahrenskombinationen häufig so groß, dass eine unüberschaubar große Anzahl von Alternativkalkulationen erforderlich wäre, um den Kosteneinfluss der Produktionsvollzugsplanung richtig zu erfassen. Weiterhin hat sich das Verfahren der Alternativkalkulation in Planungsmodellen zur Bestimmung optimaler Produktions- und Absatzpläne nicht bewährt[34]. Der Haupteinwand gegen ein System von Alternativkalkulationen besteht aber darin, dass die kurzfristige Erfolgsrechnung ihre Operabilität verliert, da bei der Bestandsführung für alle Erzeugnisse festgehalten werden muss, nach welchen Verfahrenkombinationen sie produziert worden sind.

Zweitens kann man die Plankalkulationen auch bei wechselnden Verfahrenseinflüssen als konstante Basiskalkulationen gestalten. Hierbei muss man sich entweder auf optimale oder durchschnittlich zu erwartende Verfahrenswahlentscheidungen der Produktionsvollzugsplanung festlegen. Bei Anwendung dieses Verfahrens bleibt die Operabilität der kurzfristigen Erfolgsrechnung gewahrt. Weichen die späteren Entscheidungen der Produktionsvollzugsplanung von den Entscheidungen ab, die den Basiskalkulationen zugrunde liegen, so müssen im System der kurzfristigen Erfolgsrechnung spezielle Kostenabweichungen erfasst und verrechnet werden[35].

Der Nachteil konstanter Basiskalkulationen besteht darin, dass sie nicht für Entscheidungen geeignet sind, bei denen simultan über die Zusammensetzung des Produktionsprogramms und der Aktionsparameter der Produktionsvollzugsplanung entschieden werden soll. Für diese Entscheidungen müssen die verfahrensabhängigen Kosten aus der Basiskalkulationen eliminiert und in den Entscheidungsmodellen gesondert ausgewiesen werden.

5. Werden in einer Grenzplankostenrechnung nebeneinander mehrere Fristigkeitsgrade der Kostenplanung berücksichtigt, so resultieren auch hieraus alternativ konstante Erzeugnis-Grenzkosten, wobei sich die gleichen Probleme ergeben, wie wir sie für die Alternativen der Produktionsvollzugsplanung beschrieben haben. Bei der Verwendung mehrerer Fristigkeitsgrade empfehlen wir, am Prinzip konstanter Basiskalkulationen festzuhalten. Das bedeutet, dass man sich beim Aufbau der Plankalkulation auf einen Fristigkeitsgrad festlegt. Die Erzeugnis-Grenzkosten der übrigen Fristigkeitsgrade sollten fallweise als Sonderkalkulationen erstellt werden.

Ein spezielles Problem der Grenzkostenbestimmung tritt auf, wenn intervallfixe Kostenarten mithilfe gesonderter Bezugsgrößen erfasst werden. In diesen Fällen dürfen die intervallfixen Kosten nicht in die Grenzkosten einbezogen werden. Sie sind vielmehr in der Erfolgsrechnung und beim Treffen von Entscheidungen gesondert auszuweisen.

2.2 Theoretische Grundlagen der Kostenkontrolle

2.2.1 Der theoretische Aufbau der Abweichungsanalyse

2.2.1.1 Die Errechnung von Gesamtabweichungen und das Problem der Abweichungs-Interdependenz

1. Die Aufgabe der Kostenkontrolle wird durch die flexible Plankostenrechnung in der Weise erfüllt, dass den Istkosten einer Abrechnungsperiode Plan- oder Sollkosten gegenübergestellt und die so errechneten Kostenabweichungen analysiert, d. h. auf ihre Ursachen zurückgeführt werden. Wir wollen uns nunmehr der Frage zuwenden, welche theoretischen Möglichkeiten es für den Aufbau der Kostenkontrolle gibt und welche Probleme hierbei auftreten[36].

Wie unsere Ausführungen in Kapitel 2.1.1 gezeigt haben, werden die Gesamtkosten, die während einer Abrechnungsperiode in einer Kostenstelle anfallen, durch das Zusammenwirken zahlreicher Kostenbestimmungsfaktoren verursacht. Bezeichnen wir die Maßgrößen dieser Kostenbestimmungsfaktoren mit y und ihre Anzahl mit n, so können wir die Gesamtkosten K formal durch die folgende Funktion ausdrücken:

$$K = f(y_1, y_2, y_3, \ldots, y_n) \tag{2-12}$$

In dieser Gleichung können z. B. y_1 die Betriebsmittelkapazität, y_2 die personelle Kapazität, y_3 bis y_6 die Ausbringungsmengen und die von ihnen beeinflussten Aktionsparameter der Produktionsvollzugsplanung sein; bei den folgenden y-Werten könnte es sich um Preise für Produktionsfaktoren handeln.

Setzt man in die obige Funktion für alle Kostenbestimmungsfaktoren die effektiv realisierten Maßgrößen ein, so erhält man die Istkosten einer Abrechnungsperiode. Für geplante Maßgrößen der Kostenbestimmungsfaktoren gibt die Gleichung (2-12) die Plankosten eines bestimmten Zeitraumes an. Die Differenz der Istkosten und der Plankosten bildet die Gesamtabweichung der Kosten einer Kostenstelle. Verwenden wir für die Istgrößen den Index (i) und für Plangrößen den Index (p), so erhalten wir für die Gesamtabweichung der Kosten folgenden Ausdruck:

$$\text{(2-13)} \qquad K^{(i)} - K^{(p)} = f\left(y_1^{(i)}, y_2^{(i)}, y_3^{(i)}, \ldots, y_n^{(i)}\right) - f\left(y_1^{(p)}, y_2^{(p)}, y_3^{(p)}, \ldots, y_n^{(p)}\right)$$

Die Ermittlung von Gesamtkostenabweichungen ist zwar für eine wirksame Kostenkontrolle notwendig, aber nicht hinreichend, da sie nicht erkennen lässt, auf welche Kostenbestimmungsfaktoren die Abweichungen im Einzelnen zurückzuführen sind. Die Gesamtabweichungen müssen zum Zwecke der Ursachenanalyse daher in Teilabweichungen aufgespalten werden, von denen jede den Einfluss eines bestimmten Kostenbestimmungsfaktors erkennen lässt.

2. Bei dem Versuch, Gesamtabweichungen in Teilabweichungen aufzuspalten, treten schwierige Zurechnungsprobleme auf, die darauf zurückzuführen sind, dass inzwischen vielen Kostenbestimmungsfaktoren funktionale Beziehungen bestehen. Diese Tatsache führt zu einem Problem, das wir als Abweichungs-Interdependenz bezeichnen wollen[37].

Da Kosten stets das Produkt aus Faktormengen und Faktorpreisen sind, besteht immer eine multiplikative Beziehung zwischen den Kostenbestimmungsfaktoren, die Verbrauchsmengen verursachen, und den Preisen der Produktionsfaktoren. Zur Vereinfachung des Problems wollen wir zunächst von der Annahme ausgehen, dass alle mengenbestimmenden Einflussgrößen wie ein einheitlicher Kostenbestimmungsfaktor behandelt werden können. Bezeichnen wir die Faktorverbrauchsmengen mit r, die Faktorpreise mit q und nehmen wir an, dass $\nu = 1, \ldots, z$ Produktionsfaktoren eingesetzt werden, so erhalten wir für die Gesamtabweichung einer Kostenstelle folgenden Ausdruck:

$$\text{(2-14)} \qquad K^{(i)} - K^{(p)} = \sum_{\nu=1}^{z} \left(r_\nu^{(i)} q_\nu^{(i)} - r_\nu^{(p)} q_\nu^{(p)} \right)$$

Hierfür können wir schreiben:

$$\text{(2-15)} \qquad K^{(i)} - K^{(p)} = \sum_{\nu=1}^{z} \left(\left(r_\nu^{(p)} + \Delta r_\nu \right) \left(q_\nu^{(p)} + \Delta q_\nu \right) - r_\nu^{(p)} q_\nu^{(p)} \right)$$

oder:

$$\text{(2-16)} \qquad K^{(i)} - K^{(p)} = \sum_{\nu=1}^{z} \left(\Delta r_\nu q_\nu^{(p)} + \Delta q_\nu r_\nu^{(p)} + \Delta r_\nu \Delta q_\nu \right)$$

Die Gleichung (2-16) lässt erkennen, dass die Gesamtabweichung aus drei Komponenten besteht. Die erste Komponente entspricht den Überschreitungen oder Einsparungen der

Verbrauchsmengen, die durch die mengenbestimmenden Kosteneinflussgrößen ausgelöst werden und deren Bewertung zu geplanten Preisen erfolgt. Zweitens enthält die Gesamtabweichung eine Komponente, die aus den mit Preisabweichungen bewerteten Planverbrauchsmengen besteht. Die dritte Abweichungskomponente, die als Abweichung zweiten Grades bezeichnet wird, erhält man durch Multiplikation der Mengenabweichungen mit den zugehörigen Preisabweichungen. Die erste Komponente der Gesamtabweichung wäre nicht entstanden, wenn die mengenauslösenden Einflussgrößen planmäßig eingehalten worden wären; sie ist diesen daher eindeutig zurechenbar. Die zweite Komponente wäre bei Einhaltung der Planpreise entfallen und kann daher dem Kostenbestimmungsfaktor Preis- bzw. Lohnniveau eindeutig zugeordnet werden. Die dritte Abweichungskomponente wäre dagegen sowohl für $\Delta r = 0$ als auch für $\Delta q = 0$ nicht entstanden. Hier ist daher eine eindeutige Zurechnung nicht möglich.

Dieses Problem ist seit langem bekannt und wurde in der amerikanischen Literatur zuerst von H. W. Maynard und E. A. Camman beschrieben, wobei E. A. Camman die Abweichung zweiten Grades als „incidental variation" bezeichnet hat[38].

In der deutschen Literatur hat A. Müller die Abweichungs-Interdependenz zuerst beschrieben[39].

Für eine bestimmte Kostenart kann man die Abweichungs-Interdependenz grafisch darstellen.

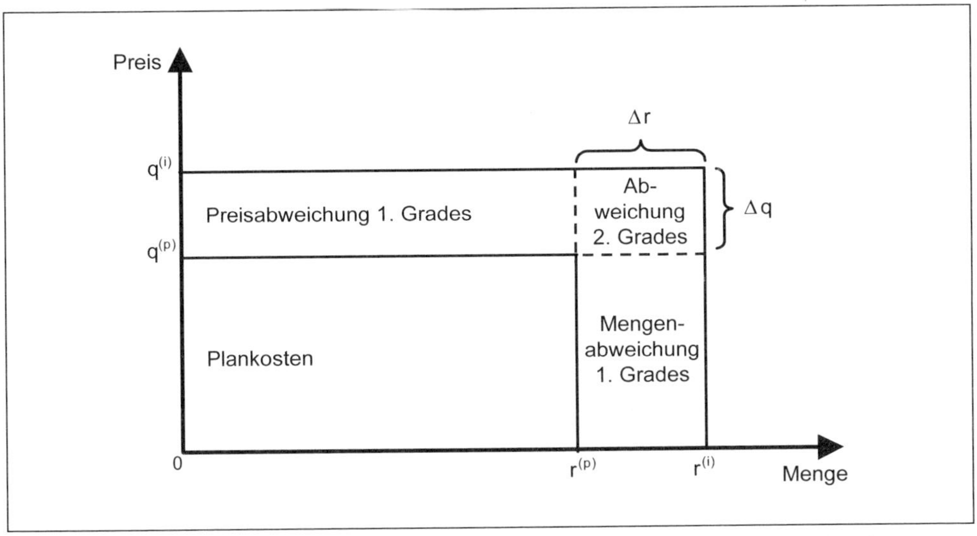

Abbildung 2-16: Grafische Darstellung der Abweichungsaufspaltung in Abeichungen ersten und zweiten Grades

In Abbildung 2-16 entspricht das Rechteck $r^{(p)} \cdot q^{(p)}$ den Plankosten und das Rechteck $r^{(i)} \cdot q^{(i)}$ den Istkosten. L. L. Vance hat vorgeschlagen, die Abweichungen zweiten Grades nach folgenden Formeln proportional auf die Primärabweichungen zu verteilen[40]:

$$\text{(2-17)} \quad \text{Mengenabweichung} = \Delta rq^{(p)}\left(1+\frac{\Delta r\Delta q}{\Delta rq^{(p)}+\Delta qr^{(p)}}\right)$$

$$\text{(2-18)} \quad \text{Preisabweichung} = \Delta qr^{(p)}\left(1+\frac{\Delta r\Delta q}{\Delta rq^{(p)}+\Delta qr^{(p)}}\right)$$

Addiert man die Gleichungen (2-17) und (2-18), so erhält man die Gesamtabweichung nach Gleichung (2-16)[41]. Dieses Verfahren ist aber für die praktische Anwendung zu kompliziert und basiert auf einer willkürlichen Zuordnung der Sekundärabweichungen. Eine Verteilung dieser Abweichungen nach dem Verursachungsprinzip ist nicht möglich.

Lässt man die vereinfachende Annahme fallen, dass alle mengenbestimmenden Einflussgrößen wie ein Kostenbestimmungsfaktor wirken, so werden die Zuordnungsprobleme der sekundären Abweichungen noch komplizierter, da auch zwischen den Einflussgrößen des Mengengerüstes funktionale Beziehungen bestehen können.

2.2.1.2 Die alternative Abweichungsanalyse

1. Trotz des Problems der Abweichungs-Interdependenz müssen die Gesamtabweichungen der Kostenstellen in Teilabweichungen aufgelöst werden, um eine wirksame Kostenkontrolle durchführen zu können. Hierbei sind zwei Methoden anwendbar, von denen wir die erste als alternative Abweichungsanalyse bezeichnet haben.

Bei dieser Methode geht man so vor, dass von den Istkosten alternativ theoretisch errechnete Maßkosten subtrahiert werden, die als Sollkosten angemessen sind, wenn jeweils ein Kostenbestimmungsfaktor planmäßig, alle übrigen aber wie in den Istkosten wirksam geworden wären. Auf diese Weise erhält man für jeden Kostenbestimmungsfaktor eine Abweichung, die angibt, welche Kosten dadurch mehr oder weniger entstanden sind, dass die betreffenden Einflussgrößen effektiv anders als im Plan gewirkt haben.

Bezeichnen wir diese Abweichungen mit ΔK, so erhalten wir nach Gleichung (2-13):

$$\text{(2-19)} \quad \begin{aligned}
\Delta\overline{K}_1 &= K^{(i)} - f\left(y_1^{(p)}, y_2^{(i)}, y_3^{(i)}, \ldots, y_{n-1}^{(i)}, y_n^{(i)}\right)\\
\Delta\overline{K}_2 &= K^{(i)} - f\left(y_1^{(i)}, y_2^{(p)}, y_3^{(i)}, \ldots, y_{n-1}^{(i)}, y_n^{(i)}\right)\\
\Delta\overline{K}_3 &= K^{(i)} - f\left(y_1^{(i)}, y_2^{(i)}, y_3^{(p)}, \ldots, y_{n-1}^{(i)}, y_n^{(i)}\right)\\
&\vdots \quad \vdots\;\vdots\;\vdots\\
\Delta\overline{K}_{n-1} &= K^{(i)} - f\left(y_1^{(i)}, y_2^{(i)}, y_3^{(i)}, \ldots, y_{n-1}^{(p)}, y_n^{(i)}\right)\\
\Delta\overline{K}_n &= K^{(i)} - f\left(y_1^{(i)}, y_2^{(i)}, y_3^{(i)}, \ldots, y_{n-1}^{(i)}, y_n^{(p)}\right)
\end{aligned}$$

Hierbei kann es sich z. B. bei der ersten Abweichung um eine Kostendifferenz handeln, die infolge einer Beschäftigungsschwankung entstanden ist[42]. Die zweite Abweichung kann z. B. auf eine Kapazitätsvariation zurückzuführen sein. Bei den übrigen Abweichungen kann es sich um Abweichungen infolge von Intensitätsschwankungen, außerplanmäßigen Seriengrößen, Preis- und Lohnvariationen und schließlich auch um innerbetriebliche Unwirtschaftlichkeiten handeln.

Jede der im Gleichungssystem (2-19) ausgewiesenen Abweichungen wäre nicht entstanden, wenn der jeweils kontrollierte Kostenbestimmungsfaktor planmäßig gewirkt hätte.

2. In der Literatur wurde die alternative Abweichungsanalyse zuerst von A. E. Camman erwähnt[43]. Rechentechnisch weist dieses Verfahren Nachteile auf, die einer praktischen Anwendung entgegenstehen. Diese sind darauf zurückzuführen, dass die Plankosten jeweils für (n – 1) Einflussgrößen gesondert zu Maßgrößen abgewandelt werden müssen. Weiterhin werden bei der alternativen Abweichungsanalyse Abweichungen ausgewiesen, die zwar nicht entstanden wären, wenn der jeweils kontrollierte Kostenbestimmungsfaktor planmäßig wirksam geworden wäre, die aber stets auch Teile enthalten, die nicht entstanden wären, wenn die übrigen Kostenbestimmungsfaktoren planmäßig gewirkt hätten. Die auf Abweichungs-Interdependenzen zurückgehenden Abweichungen zweiten Grades sind jeweils in mehreren Teilabweichungen gleichzeitig enthalten, sodass die Summe der Teilabweichungen stets entsprechend größer sein muss als die Gesamtabweichung $\overline{K}^{(i)} - \overline{K}^{(p)}$.

Wenden wir wiederum die vereinfachenden Prämissen der Gleichung (2-14) an, so erhalten wir bei der alternativen Abweichungsanalyse für die Preisabweichung $\Delta\overline{K}_q$ und die Mengenabweichung $\Delta\overline{K}_r$ folgende Ausdrücke:

$$(2\text{-}20) \qquad \Delta\overline{K}_q = \sum_{\nu=1}^{z}\left(r_\nu^{(i)} q_\nu^{(i)} - r_\nu^{(i)} q_\nu^{(p)}\right)$$

$$(2\text{-}21) \qquad \Delta\overline{K}_r = \sum_{\nu=1}^{z}\left(r_\nu^{(i)} q_\nu^{(i)} - r_\nu^{(p)} q_\nu^{(i)}\right)$$

Addiert man diese Gleichungen, so lässt sich die Summe der Abweichungen durch eine einfache Umformung in folgende Form überführen:

$$(2\text{-}22) \qquad \Delta\overline{K}_q + \Delta\overline{K}_r = \sum_{\nu=1}^{z}\left(\left(r_\nu^{(i)} q_\nu^{(i)} - r_\nu^{(i)} q_\nu^{(p)}\right) + \Delta r_\nu \Delta q_\nu\right)$$

wofür wir unter Berücksichtigung der Gleichung (34) schreiben können:

$$(2\text{-}23) \qquad \Delta\overline{K}_q + \Delta\overline{K}_r = K^{(i)} - K^{(p)} + \sum_{\nu=1}^{z} \Delta r_\nu \Delta q_\nu$$

Die Gesamtabweichung ist also um die Abweichung zweiten Grades, d. h. um die mit den Preisabweichungen bewerteten Mengenabweichungen, zu hoch. Die Abweichungen zweiten Grades werden sowohl den Mengen- als auch den Preisabweichungen zugerechnet und sind daher einmal zuviel im System der Abweichungsanalyse enthalten.

Wegen der Doppelerfassung von Teilabweichungen und wegen der hierdurch ausgelösten Abstimmungsschwierigkeiten ist die alternative Abweichungsanalyse nicht als Grundlage für die Kostenkontrolle im System der flexiblen Plankostenrechnung geeignet.

2.2.1.3 Die kumulative Abweichungsanalyse

1. Um die Folgen der Abweichungsinterdependenzen rechentechnisch sinnvoll zu berücksichtigen, gibt es keine andere Möglichkeit, als die Reihenfolge der Abweichungsermittlung nach bestimmten Gesichtspunkten festzulegen[44]. Hierdurch werden die Abweichungen zweiten Grades stets den zuerst ermittelten Abweichungen zugeordnet.

Wie das Gleichungssystem (2-24) erkennen lässt, geht man bei diesem Verfahren wie folgt vor. Zunächst werden von den Istkosten Maßkosten subtrahiert, die entstanden wären, wenn alle anderen Kostenbestimmungsfaktoren zwar wie in den Istkosten wirksam geworden wären, der zuerst kontrollierte Kostenbestimmungsfaktor aber seinen Planwert eingehalten hätte. Die erste Abweichung ist daher genauso groß wie bei der alternativen Abweichungsanalyse, d. h. sie enthält auch alle Abweichungen höheren Grades.

$$
\text{(2-24)}\quad
\begin{aligned}
\Delta K_1 &= f\left(y_1^{(i)}, y_2^{(i)}, y_3^{(i)}, \ldots, y_{n-1}^{(i)}, y_n^{(i)}\right) - f\left(y_1^{(p)}, y_2^{(i)}, y_3^{(i)}, \ldots, y_{n-1}^{(i)}, y_n^{(i)}\right) \\
\Delta K_2 &= f\left(y_1^{(p)}, y_2^{(i)}, y_3^{(i)}, \ldots, y_{n-1}^{(i)}, y_n^{(i)}\right) - f\left(y_1^{(i)}, y_2^{(p)}, y_3^{(i)}, \ldots, y_{n-1}^{(i)}, y_n^{(i)}\right) \\
\Delta K_3 &= f\left(y_1^{(p)}, y_2^{(p)}, y_3^{(i)}, \ldots, y_{n-1}^{(i)}, y_n^{(i)}\right) - f\left(y_1^{(p)}, y_2^{(p)}, y_3^{(p)}, \ldots, y_{n-1}^{(i)}, y_n^{(i)}\right) \\
&\vdots \\
\Delta K_{n-1} &= f\left(y_1^{(p)}, y_2^{(p)}, y_3^{(p)}, \ldots, y_{n-1}^{(i)}, y_n^{(i)}\right) - f\left(y_1^{(p)}, y_2^{(p)}, y_3^{(p)}, \ldots, y_{n-1}^{(p)}, y_n^{(i)}\right) \\
\Delta K_n &= f\left(y_1^{(p)}, y_2^{(p)}, y_3^{(p)}, \ldots, y_{n-1}^{(p)}, y_n^{(i)}\right) - f\left(y_1^{(p)}, y_2^{(p)}, y_3^{(p)}, \ldots, y_{n-1}^{(p)}, y_n^{(p)}\right) \\
\hline
\Delta K &= f\left(y_1^{(i)}, y_2^{(i)}, y_3^{(i)}, \ldots, y_{n-1}^{(i)}, y_n^{(i)}\right) - f\left(y_1^{(p)}, y_2^{(p)}, y_3^{(p)}, \ldots, y_{n-1}^{(p)}, y_n^{(p)}\right)
\end{aligned}
$$

Im Gegensatz zur alternativen Abweichungsanalyse schaltet man zur Ermittlung der zweiten Abweichung die planmäßige Wirkung der ersten Einflussgröße nicht wieder aus. Von den Maßkosten, die man zur Isolierung des ersten Kostenbestimmungsfaktors verwendete, subtrahiert man nunmehr Maßkosten, die entstanden wären, wenn der erste und der zweite Kostenbestimmungsfaktor planmäßig gewirkt hätten. Von diesen zieht man wiederum Maßkosten ab, die entstanden wären, wenn der erste, zweite und dritte Kostenbestimmungsfaktor jeweils seinen Planwert eingehalten hätte usw. Man schaltet also nacheinander immer mehr Plangrößen in die Kostenkontrolle ein, deren isolierende Wirkung sich daher kumuliert. Aus diesem Grunde haben wir diese Methode als kumulative Abweichungsanalyse bezeichnet.

Unter der vereinfachenden Prämisse der Gleichung (2-14) erhalten wir bei der kumulativen Abweichungsanalyse für die Preisabweichung ΔK_q und die Mengenabweichung ΔK_r folgende Ausdrücke:

$$(2\text{-}25) \quad \Delta K_q = \sum_{\nu=1}^{z} \left(r_\nu^{(i)} q_\nu^{(i)} - r_\nu^{(i)} q_\nu^{(p)} \right)$$

$$(2\text{-}26) \quad \Delta K_r = \sum_{\nu=1}^{z} \left(r_\nu^{(i)} q_\nu^{(i)} - r_\nu^{(p)} q_\nu^{(i)} \right)$$

Addiert man die Gleichungen (2-25) und (2-26), so erhält man die Gesamtabweichung $K^{(i)} - K^{(p)}$.

Die Abweichungs-Interdependenz bleibt zwar auch bei dieser Methode bestehen, ihr liegt aber das Zuordnungsprinzip zugrunde, nach dem Abweichungen höheren Grades stets in voller Höhe in die zuerst ermittelten Abweichungen eingehen und daher nur einmal verrechnet werden. Aus diesem Grunde muss die Summe der Teilabweichungen stets gleich der zugehörigen Gesamtabweichung sein. Es ist aber darauf zu achten, dass die Höhe der einzelnen Teilabweichungen von der Reihenfolge abhängig ist, in der man die Abweichungen ermittelt[45].

Für die Praxis der Plankostenrechnung hat sich der Grundsatz als zweckmäßig erwiesen, zuerst die Preis- und Lohnabweichungen zu eliminieren, die sich der Beeinflussung durch die Unternehmung weitgehend entziehen. Damit werden alle Preis- und Lohnabweichungen, die den Mengen- und Zeitabweichungen entsprechen, den primären Preisabweichungen zugeordnet[46]. Dieses Vorgehen entspricht dem Grundsatz, dass die Kostenstellenleiter nur für die zu Planpreisen bewerteten Verbrauchsabweichungen verantwortlich sind, da sie Preis- und Lohnschwankungen (als exogene Kostenbestimmungsfaktoren) nicht beeinflussen können. Hierbei darf aber nicht übersehen werden, dass Mengen- und Zeitüberschreitungen faktisch doch die Istpreise bzw. die Istlohnsätze kosten[47].

Die in der Praxis mithilfe der flexiblen Plankostenrechnung durchgeführten Formen der Kostenkontrolle basierten seit jeher auf dem theoretischen Grundprinzip der kumulativen Abweichungsanalyse[48].

2. Theoretisch kann man für jeden Kostenbestimmungsfaktor im System der Kostenkontrolle eine Abweichung errechnen, indem man für ihn entsprechende Maßkosten plant[49]. In einer gut ausgebauten flexiblen Plankostenrechnung sollten alle Kostenbestimmungsfaktoren in die Kostenkontrolle einbezogen werden, die wir in der Abbildung 2-1 angegeben haben.

Vernachlässigt man aus Vereinfachungsgründen einen oder mehrere Kostenbestimmungsfaktoren, so z. B. den Einfluss schwankender Seriengrößen oder anderer Aktionsparameter der Produktionsvollzugsplanung, so entsteht bei Durchführung der Kostenkontrolle ein entsprechender Fehler, da die Einflüsse dieser Kostenbestimmungsfaktoren jeweils in die Kostenabweichung des zuletzt analysierten Kostenbestimmungsfaktors eingehen[50]. Nur wenn alle wesentlichen Kostenbestimmungsfaktoren vorher als Abweichungen isoliert worden sind, bildet die zuletzt ermittelte „Verbrauchsabweichung" einen Maßstab für die innerbetriebliche Wirtschaftlichkeit einer Kostenstelle. Vernachlässigt man dagegen wesentliche Kostenbestimmungsfaktoren, so wird die Verbrauchsabweichung zu einer undurchsichtigen „Restabweichung", in der sich die Einflüsse der innerbetrieblichen Unwirtschaftlichkeiten und die der vernachlässigten Kostenbestimmungsfaktoren mischen.

Praktisch lässt sich die Kostenkontrolle nur selten so weit verfeinern, dass die zuletzt ermittelten Verbrauchsabweichungen der Kostenstellen ausschließlich die innerbetriebliche Kostenwirtschaftlichkeit widerspiegeln. Aus diesem Grunde muss die Abweichungsermittlung stets durch eine Analyse und Beurteilung der Abweichungen ergänzt werden.

2.2.2 Stochastische Entscheidungsregeln der Abweichungsauswertung

1. Bei der ursprünglichen Konzeption der flexiblen Plankostenrechnung ging man zweifellos von der Zielsetzung aus, dass alle Kostenabweichungen, die durch den Soll-Ist-Kostenvergleich erfasst werden, durch eine nachträgliche Auswertung auf ihre Ursachen zurückzuführen sind. Bei der praktischen Durchführung erkannte man aber, dass hiermit ein unvertretbar hoher Arbeitsaufwand verbunden ist. Bereits in einer mittelgroßen Unternehmung mit 450 Kostenstellen und 30 Kostenarten werden im Soll-Ist-Kostenvergleich 13.500 Einzelabweichungen ausgewiesen. Hierzu kommen noch die Abweichungen der Einzelkostenarten.

Um die Auswertungskosten in vertretbaren Grenzen zu halten, ging man daher in der Praxis bereits relativ früh dazu über, nur einen Teil der Kostenabweichungen auszuwerten. Hierbei werden die prozentuale Höhe der Kostenabweichung und die absolute Höhe der Kostenartenbeträge als Selektionskriterien verwendet. So kann man z. B. die Auswertung auf Kostenabweichungen beschränken, die mehr als ± 5 % der Sollkosten betragen und die auf Planpositionen entfallen, deren Sollkosten größer als 3.000 €/Monat sind.

Die oben genannten Auswertungsregeln sind willkürlich, da sie nicht von rationalen Bestimmungsgründen ausgehen.

2. Um diesen Mangel zu beseitigen, wurden von 1961 an Verfahren entwickelt, die mithilfe von Entscheidungsmodellen den Prozess der Kostenkontrolle objektivieren und rationalisieren.

Das erste Modell dieser Art wurde von H. Bierman, L. E. Fouraker und R. K. Jaedicke entwickelt[51]. Dieses Modell wurde später durch R. M. Duvall und T. R. Dyckman weiterentwickelt[52]. In der deutschen Literatur haben K. Lüder und H. Sabel die entscheidungstheoretischen Ansätze zur Bestimmung auszuwertender Kostenabweichungen aufgegriffen und ergänzt[53].

Den entscheidungstheoretischen Ansätzen der Abweichungsanalyse liegt die Hypothese zugrunde, dass sich die im Soll-Ist-Kostenvergleich auftretenden Kostenabweichungen in zwei Gruppen unterteilen lassen. Die Abweichungen der ersten Gruppe werden als zufallsbedingte oder nicht kontrollierbare Abweichungen bezeichnet. Von ihnen wird angenommen, dass sie im Zeitablauf um einen bestimmten Mittelwert oszillieren und „einer Auswertung nicht zugänglich“ sind, weil sich ihre Ursachen nicht bestimmen lassen[54]. Die zweite Gruppe enthält Kostenabweichungen, die als systematische oder kontrollierbare Abweichungen bezeichnet werden. Für sie wird angenommen, dass sich ihre Ursachen durch eine Kostenauswertung bestimmen lassen.

Dem Modell von H. Bierman, L. E. Fouraker und R. K. Jaedicke liegen die folgenden Prämissen zugrunde[55]:

- Im Kontrollsystem des Soll-Ist-Kostenvergleichs kann eine bestimmte Abweichung entweder ausgewertet werden (Aktion A_1), oder es wird auf eine Auswertung verzichtet (Aktion A_2).
- Unabhängig von a) kann es sich um eine kontrollierbare Kostenabweichung handeln (Zustand Z_1), oder die Abweichung kann zufallsbedingt und daher nicht kontrollierbar sein (Zustand Z_2).
- Wird die Auswertung einer Kostenabweichung durchgeführt, so entstehen hierdurch (zusätzliche) Auswertungskosten, die wir als ΔAK bezeichnen wollen. Diese Kosten fallen unabhängig davon an, ob es sich um eine kontrollierbare oder um eine nicht kontrollierbare Abweichung handelt. Das Modell von H. Bierman, L. E. Fouraker und R. K. Jaedicke enthält keine allgemeingültigen Aussagen darüber, wie hoch die Auswertungskosten sind. In einem Zahlenbeispiel wird aber angenommen, dass diese Kosten konstant sind[56]. Bei den kontrollierbaren Kostenabweichungen führt die Auswertung dazu, dass ein Auswertungsertrag erzielt wird, den wir als ΔAE bezeichnen wollen. Beträgt die Höhe der Kostenabweichung ΔK und führt die Auswertung dazu, dass α Prozent der Kostenabweichung in Zukunft vermieden werden, so ist der Auswertungsertrag $\Delta AE = \alpha \Delta K$. Entfällt durch die Auswertung die gesamte Kostenabweichung, so stimmt diese mit dem Auswertungsertrag überein. Sind in mehreren aufeinanderfolgenden Abrechnungsperioden Auswertungserträge zu erwarten, so ist für ΔAE der Gegenwartswert dieser Abweichungen anzusetzen. Die Kontrolle nicht beeinflussbarer Kostenabweichungen führt zu keinen Auswertungserträgen.
- Die Wahrscheinlichkeit dafür, dass eine Abweichung nicht kontrollierbare Ursachen hat, wird als P bezeichnet. Es wird angenommen, dass jede einzelne Kostenabweichung entweder nur kontrollierbar oder nicht kontrollierbar sein kann. Die Wahrscheinlichkeit dafür, dass es sich um eine kontrollierbare Abweichung handelt, ist daher $1 - P$.

Unter den oben aufgeführten Prämissen gilt folgende Entscheidungsmatrix[57] (hierbei ist ΔAE als Nutzenentgang bei Nicht-Auswertung zu interpretieren):

Entscheidungsmatrix		
Zustandswahrscheinlichkeiten →	(1 - P)	P
Zustände → / Aktionen ↓	Beeinflussbar	Nicht beeinflussbar
	Z_1	Z_2
Auswertung A_1	Δ AE	Δ AK
Keine Auswertung A_2	Δ AE	0

Abbildung 2-17: Entscheidungsmatrix zur Auswertung von Kostenabweichungen nach H. Bierman u. a.

Nach dem Bayes-Entscheidungskriterium wird die Aktion gewählt, für die der Erwartungswert der Auswertungskosten kleiner als der Erwartungswert der Auswertungserträge ist. Hiernach ist die Auswertung einer Kostenabweichung nur wirtschaftlich, wenn die folgende Ungleichung gilt:

(2-27) $\Delta AK\,(1 - P) + \Delta AK \cdot P < \Delta AE\,(1 - P)$

Hieraus folgt:

(2-28) $\Delta AK < \Delta AE\,(1 - P)$

Die Auswertung einer Kostenabweichung ist demnach nur wirtschaftlich, wenn die zusätzlichen Auswertungskosten ΔAK kleiner als der Erwartungswert des zugehörigen Auswertungsertrages ist.

Ersetzt man in (2-28) das Ungleichheitszeichen durch ein Gleichheitszeichen, so lässt sich die kritische Wahrscheinlichkeit berechnen, für die gerade Indifferenz zwischen Auswertung und Nichtauswertung besteht:

(2-29) $$P_K = \frac{\Delta AE - \Delta AK}{\Delta AE}$$

Sind die zusätzlichen Auswertungskosten gleich Null, so erhält man für die kritische Wahrscheinlichkeit den Wert 1. Da $P \leq 1$ gilt, wird in diesem Fall stets eine Auswertung durchgeführt. Stimmen die zusätzlichen Auswertungskosten genau mit dem Ertragswert des Auswertungsertrages überein, so erhält man als kritische Wahrscheinlichkeit den Wert Null. Da $P \geq 0$ gilt, würde in diesem Fall keine Abweichungsauswertung vorgenommen werden. Weiterhin folgt aus Gleichung (2-29), dass der Auswertungsertrag stets größer als die zusätzlichen Auswertungskosten sein muss, damit eine Auswertung wirtschaftlich ist. Dies folgt daraus, dass P stets größer als Null sein muss.

Die zusätzlichen Auswertungskosten ΔAK und die erzielbaren Auswertungserträge ΔAE müssen geschätzt werden. Liegen die zusätzlichen Auswertungskosten fest, so kann man aus Gleichung (2-29) eine Funktion ableiten, die in Abhängigkeit von P und ΔAE eine Aufteilung in den Bereich der Nicht-Auswertung und den Bereich der Auswertung ermöglicht. Diese Funktion haben wir in Abbildung 2-18 dargestellt.

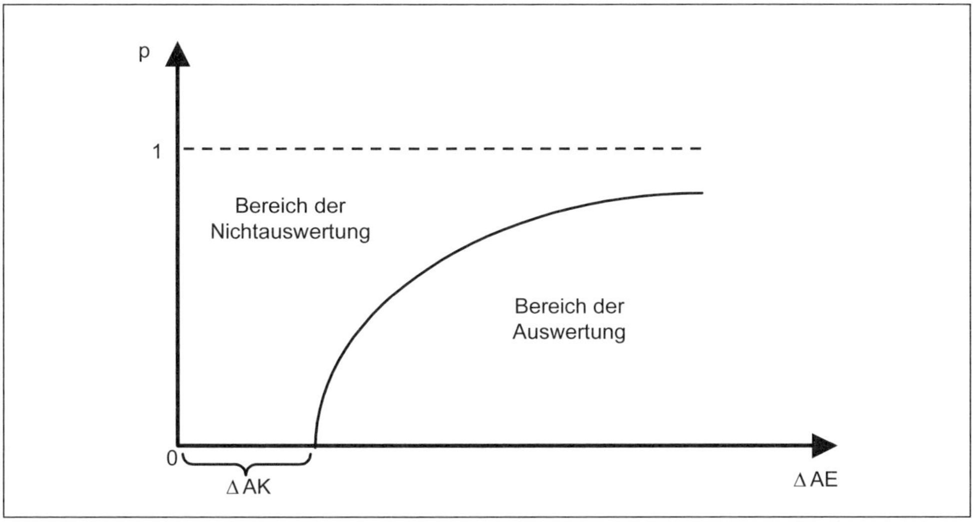

Abbildung 2-18: Bestimmung des Auswertungsbereiches von Kostenabweichungen nach H. Bierman u. a.[58]

Das Hauptproblem für die Anwendung des von H. Bierman, L. E. Fouraker und R. K. Jaedicke vorgeschlagenen Verfahrens besteht in der Bestimmung der Größe P, welche die Wahrscheinlichkeiten dafür angibt, dass eine Kostenabweichung nicht kontrollierbare Ursachen hat. Hierbei gehen die Verfasser von der Prämisse aus, dass die Kostenabweichungen aufgrund zufälliger Ursachen normalverteilt sind[59]. In der Abbildung 2-19 haben wir eine normal verteilte Dichtefunktion wiedergegeben. Die Abszisse gibt die Kostenabweichung ΔK, also den Saldo aus den Ist- und den Sollkosten, an.

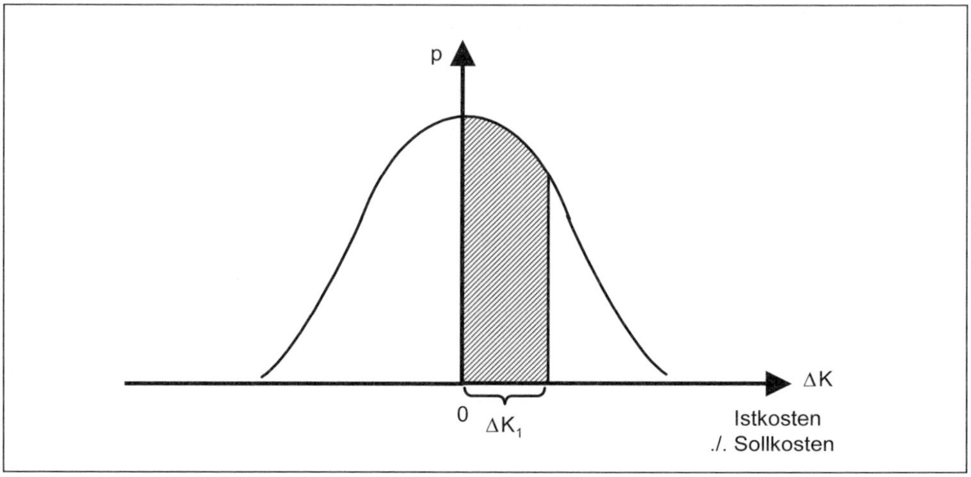

Abbildung 2-19: Beispiel einer Dichtefunktion für Kostenabweichungen

Für jede Kostenart muss eine solche Dichtefunktion empirisch ermittelt oder geschätzt werden. Da die empirische Ermittlung entsprechend viele Beobachtungswerte voraussetzt, wird man in der Praxis meistens auf Schätzungen angewiesen sein. Hierbei lassen sich Grundtypen von Dichtefunktionen unterscheiden. Schwanken die Istkosten nur geringfügig um die Sollkosten, so erhält man steile Dichtefunktionen mit geringen Standardabweichungen. Solche Dichtefunktionen deuten darauf hin, dass bei der betreffenden Kostenart nur ein geringer Abweichungsspielraum besteht. Für „unsichere" Kostenarten werden dagegen breit streuende Abweichungen registriert, die zu Dichtefunktionen mit relativ großen Standardabweichungen führen.

Die Wahrscheinlichkeit P, dass eine Kostenabweichung aufgrund zufälliger Ursachen in einem bestimmten Intervall liegt, wird durch die Fläche angegeben, die zwischen den Intervallgrenzen und unterhalb der Dichtefunktion liegt. So lässt sich z. B. in Abbildung 2-19 die der Kostenabweichung ΔK_1 entsprechende Wahrscheinlichkeit numerisch durch die schraffierte Fläche ausdrücken. Die Flächenberechnung ist bei einigen Dichtefunktionen relativ kompliziert. Für die allgemeine Dichtefunktion der Normalverteilung kann man jedoch folgenden Kunstgriff anwenden. Entspricht die empirisch ermittelte oder geschätzte Dichtefunktion der Normalverteilung, so wird daraus eine so genannte normierte Dichtefunktion errechnet, deren Eigenschaft darin besteht, dass der Mittelwert in das Achsenkreuz fällt und die Standardabweichung gleich eins ist. Für diese normierte Dichtefunktion kann man die Flächen, d. h. die Wahrscheinlichkeiten, mithilfe von Tabellen leicht bestimmen.

Das oben beschriebene Modell wurde 1969 von T. R. Dyckman umformuliert und erweitert. Die Erweiterung besteht insbesondere darin, dass die ursprüngliche Dichtefunktion laufend mithilfe der angefallenen Abweichungen angepasst wird[60].

Ein verbesserter Ansatz wurde 1967 von R. M. Duvall veröffentlicht[61]. Hierbei wird angenommen, dass sich jede Kostenabweichung ΔK aus einer kontrollierbaren

Komponente ΔK_k und aus einer nicht kontrollierbaren Komponente ΔK_{nk} zusammensetzt:

(2-30) $\Delta K = \Delta K_{nk} + \Delta K_k$

Die nicht kontrollierbaren Abweichungen treten nach R. M. Duvall auch dann auf, „when the activity is being properly performed“[62]. Die kontrollierbaren Abweichungen sind dagegen darauf zurückzuführen, dass die betreffenden Produktionsprozesse nicht plangerecht (= „non standard performance“) ausgeführt werden[63].

Dem Modell von R. M. Duvall liegen die folgenden wahrscheinlichkeitstheoretischen Annahme zugrunde[64].

- für die kontrollierbaren Abweichungskomponenten wird vorausgesetzt, dass in Abhängigkeit von der Höhe der Gesamtabweichung bedingte Wahrscheinlichkeitsverteilungen bekannt sind.
- die Abweichungskomponenten ΔK_{nk} und ΔK_k sind normal verteilt; auch für die Gesamtabweichung ΔK muss daher eine Normalverteilung gelten.
- der Erwartungswert der Verteilung für die nicht kontrollierbaren Abweichungen ist gleich Null. Ökonomisch bedeutet diese Prämisse, dass die Standardvorgabe richtig gesetzt worden ist. Diese Annahme führt zugleich dazu, dass der Erwartungswert der Verteilung der kontrollierbaren Abweichungen mit dem Erwartungswert der Gesamtabweichung übereinstimmen muss.
- die Abweichungskomponenten ΔK_{nk} und ΔK_k sollen stochastisch unabhängig voneinander sein.
- der Auswertungserfolg E lässt sich wie folgt bestimmen:

(2-31) $E = \alpha\, \Delta K_k - \Delta AK \quad \text{für:} \quad \Delta K_k > 0$

$E = -\beta\, \Delta K_k - \Delta AK \quad \text{für:} \quad \Delta K_k \leq 0$

Hierbei geben die Faktoren α und β an, welche Anteile der kontrollierbaren Abweichungskomponenten gespart werden können. Diese Faktoren können höchstens den Wert 1 annehmen; in diesem Fall wird die gesamte kontrollierbare Kostenabweichung eingespart.

Mithilfe der bedingten Wahrscheinlichkeitsverteilung kann für jeden Wert ΔK_k der zugehörige Abweichungserfolg E (ΔK_k) bestimmt werden. Auf diese Weise erhält man eine Verteilung des Auswertungserfolges, deren Erwartungswert darüber entscheidet, ob eine Auswertung erfolgt oder nicht:

(2-32) Erwartungswert des Auswertungserfolges $< 0 \rightarrow$ nicht auswerten!

Erwartungswert des Auswertungserfolges $\geq 0 \rightarrow$ auswerten!

In einem Zahlenbeispiel erhält R. M. Duvall für den Erwartungswert des Auswertungserfolges eine u-förmige Funktion, die im Bereich kleiner Abweichungen zu negativen Werten führt[65].

R. M. Duvall unterstellt, dass die Auswertungskosten ΔAK konstant sind und die erzielbaren Einsparungen sich proportional zur Höhe der kontrollierbaren Kostenkomponente verhalten. In Abbildung 2-20 haben wir den Verlauf der Einsparungen und der Auswertungskosten grafisch dargestellt.

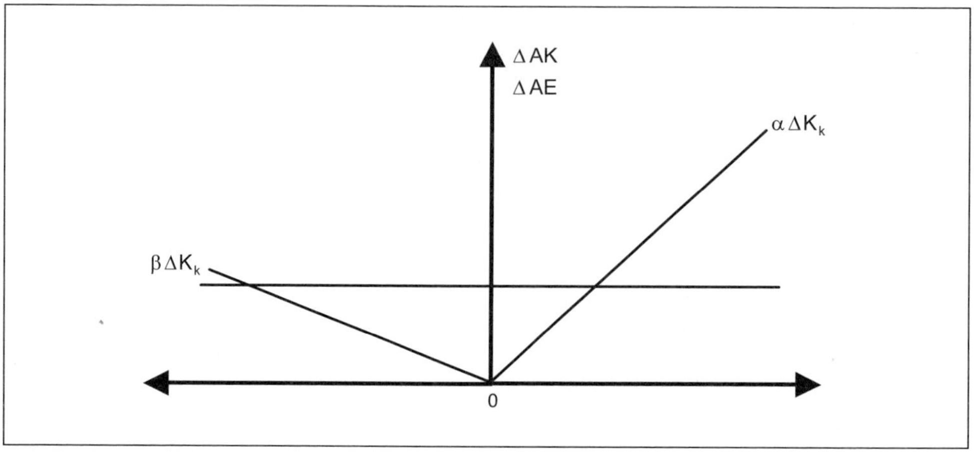

Abbildung 2-20: Beispiel für den Verlauf von Auswertungskosten und Kosteneinsparungen nach R. M. Duvall

Treten die Auswertungserträge im Zeitablauf ein, so schlägt R. M. Duvall vor, die Gegenwartswerte dieser Einsparungen zu verwenden.

K. Lüder weist darauf hin, dass auch nicht-lineare und unstetige Verläufe der Abweichungserträge denkbar sind. Er gelangt deduktiv u. a. zu dem Ergebnis, dass bei „Gesamtabweichungen, die durch Kompensation unterschiedlicher Teilabweichungen entstehen, keine Aussage über den Verlauf des Auswertungsertrages in Abhängigkeit von der Gesamtabweichung gemacht werden kann“[66]. In diesen Fällen müssen die Auswertungserträge der einzelnen Teilabweichungen daher gesondert bestimmt werden. Dieses Ergebnis deckt sich mit dem Bemühen der Praxis, den Soll-Ist-Kostenvergleich nach Möglichkeit so zu gestalten, dass Abweichungssaldierungen weitgehend vermieden werden.

Als „entscheidenden Mangel“ der bisher dargestellten Modelle sieht K. Lüder die Tatsache an, dass bei diesen Modellen deterministische Auswertungskosten und Auswertungserträge vorausgesetzt werden. Da er glaubt, dass diese Annahmen in der Realität nicht erfüllt sind, führt er diese Größen als stochastische Variable in die entscheidungstheoretischen Ansätze der Abweichungsauswertung ein[67]. Hierbei gelangt er zu der Entscheidungsregel, dass eine Abweichung ausgewertet werden soll, wenn bei einer vorgegebenen Sicherheitswahrscheinlichkeit der Auswertungsertrag größer als Null ist.

3. Die Diskussion über die entscheidungstheoretischen Ansätze der Abweichungsauswertung hat zwar die theoretischen Grundlagen der Abweichungsanalyse verbessert, dennoch sind die praktischen Anwendungsmöglichkeiten der vorgeschlagenen Modelle skeptisch zu beurteilen. Im Einzelnen lassen sich die folgenden Ansatzpunkte der Kritik hervorheben, die zugleich als Anregungen für die Verbesserung der Modelle dienen können.

Erstens fehlt bisher eine Analyse der Auswertungskosten. In den Modellen werden meistens konstante Beträge pro Auswertung unterstellt, wobei eine Staffelung nach Abweichungs-Größenklassen erfolgen kann. Es wird aber nicht erörtert, welche Kostenarten als entscheidungsrelevante Auswertungskosten anzusehen sind. Hierfür kommen nicht nur Büromaterial- und Personalkosten in Frage, sondern auch Kosten der elektronischen Datenverarbeitung für die rechnerische Ermittlung der Abweichungen und für die Analyse-Transaktionen. Die Gehälter der Kostenauswerter gehören zu den fixen bzw. intervallfixen Kostenarten und lassen sich den einzelnen Auswertungsvorgängen und Abweichungen nicht zurechnen. Damit entfällt aber eine wichtige Voraussetzung der bisher in der Literatur beschriebenen Modelle.

Wie bei anderen Problemen der betrieblichen Planung muss man auch bei Entscheidungen über die Auswertung von Kostenabweichungen eine Trennung in kurz- und langfristige Entscheidungen vornehmen.

Kurzfristig betrachtet ist die Anzahl der Kostenauswerter eine konstante Größe, sodass nur noch darüber entschieden werden kann, wie ihre Arbeitszeit optimal eingesetzt wird. Man geht dann zur Bestimmung des optimalen Auswertungsprogramms analog der Produktionsprogrammplanung vor.

Langfristig besteht das Entscheidungsproblem der Abweichungsauswertung darin, die optimale Kapazität der auswertenden Abteilung zu bestimmen. Hierzu müssen für alternative Personalkapazitäten, die sich durch die Anzahl Auswerter A messen lassen, die zugehörigen optimalen Gesamt-Auswertungserträge bestimmt werden. Vermindert man diese um die zugehörigen fixen Personalkosten, so erkennt man, für welche Auswertungskapazität der größte Überschuss entsteht.

Zweitens wurden bisher die dynamischen Aspekte der Abweichungsanalyse ungenügend berücksichtigt. Es wird zwar von einigen Autoren darauf hingewiesen, dass bei länger anhaltender Wirkung einer Abweichungsauswertung die Gegenwartswerte der Auswertungserträge zu bilden sind. Hierbei bleibt aber ungeklärt, wie sich die erwarteten Einsparungen im Zeitablauf entwickeln[68]. Hierfür gibt es mehrere Möglichkeiten. In einigen Fällen kann erwartet werden, dass eine Kostenabweichung nach der Auswertung nie mehr wieder auftritt. In anderen Fällen dagegen muss man damit rechnen, dass die Wirkung der Kontrollmaßnahmen im Zeitablauf nachlässt. Unterbleibt in diesen Fällen eine Wiederholung der Kontrolle, so entstehen erneut Abweichungen. Die entscheidungstheoretischen Ansätze der Abweichungsauswertung müssten daher das Problem der optimalen Wiederholung von Maßnahmen der Abweichungsauswertung lösen.

Drittens werden bei den bisherigen Modellen positive Kostenabweichungen (= Überschreitungen) und negative Kostenabweichungen (= Unterschreitungen) formal gleich behandelt; für diese Abweichungen werden lediglich unterschiedliche Einsparungsprozentsätze verwendet[69]. Unklar ist, welche Wirkung die auswertende Analyse im Falle einer Kostenunterschreitung auslösen soll. Wird eine negative Kostenabweichung vermieden, so entsteht kein Auswertungsertrag, sondern ein „Auswertungsverlust".

Viertens bedürfen die stochastischen Grundlagen der entscheidungstheoretischen Ansätze zur Abweichungsauswertung einer besseren empirischen Fundierung. Hierbei ist zugleich die Frage zu klären, ob eine Unterteilung in zufallsabhängige oder nicht zufallsabhängige Abweichungen bzw. Abweichungskomponenten den Gegebenheiten der betrieblichen Praxis entspricht.

Für kleinere Kostenabweichungen kommen entscheidungstheoretische Modelle nur in Frage, wenn sich für bestimmte Abweichungsgruppen Standardregeln zur Bestimmung der erforderlichen Verteilungsfunktionen finden lassen.

2.2.3 Grundsätze und Verfahren der Abweichungsprämierung

1. Ein wichtiges Problem der Kostenkontrolle besteht darin, wie die verantwortlichen Mitarbeiter motiviert werden, Kostenüberschreitungen zu vermeiden. Genügt es, Kostenabweichungen rechnerisch zu ermitteln und die Verantwortlichen über die Abweichungsursachen zu informieren, oder ist darüber hinaus ein materieller Anreiz in Form einer Abweichungsprämierung erforderlich? Diese Frage ist in der Praxis umstritten und lässt sich auch unter theoretischen Aspekten nicht generell beantworten. Trotzdem lassen sich einige generelle Grundsätze der Abweichungsprämierung formulieren[70].

Die Prämierung von Kostenabweichungen führt auf jeden Fall zu einer Intensivierung des Kostendenkens und zu dem verstärkten Bemühen, Abweichungen zu vermeiden. Sie löst aber zugleich die Tendenz aus, andere Mitarbeiter oder Kostenstellen für Kostenabweichungen verantwortlich zu machen[71]. Hierdurch kann das Betriebsklima verschlechtert werden.

Je höher ein Mitarbeiter in der betrieblichen Hierarchie steht, desto mehr kann von ihm erwartet werden, dass er sich auch ohne einen zusätzlichen materiellen Anreiz für die Kosten seines Bereichs interessiert und sich intensiv bemüht, die Sollkosten einzuhalten. Dies gilt insbesondere für leitende Angestellte, zu deren Aufgaben stets auch die Verantwortung für eine kostenwirtschaftliche Gestaltung des Betriebsgeschehens gehört. Werks- und Betriebsleiter sollten daher grundsätzlich von der Gewährung einer Kostenersparnisprämie ausgeschlossen werden. Für sie müssen Kostenberichte und Informationen über Abweichungsursachen ausreichen, um Maßnahmen zur Verbesserung der Kostenstruktur auszulösen.

Eine Abweichungsprämierung löst eine Intensivierung des Kostendenkens aus. Diesem Vorteil stehen aber folgende Nachteile gegenüber. Um ihre Prämien günstig zu beeinflussen, versuchen viele Kostenstellenleiter, Kostenbelege auf andere Kostenstellen umzubuchen und bei der Kostenplanung möglichst hohe Kostenvorgaben zu erhalten. Im Laufe der Zeit müssen die Kosteneinsparungen gegen Null tendieren; damit verringern sich aber bei gleichem Bemühen die Prämien. In vielen Betrieben hat sich heute die Ansicht durchgesetzt, dass Kostenstellenleiter keine Kostenersparnisprämien erhalten sollten[72].

Unumstritten ist die Prämierung von Kostenabweichungen für Arbeitskräfte, die objektbezogene Tätigkeiten verrichten. Hier bezieht sich das Arbeitsentgelt überwiegend auf die sachgerechte Arbeitsverrichtung; ein Verantwortungsgefühl für die Kostenwirtschaftlichkeit kann nur bedingt verlangt werden. Daher ist es zweckmäßig, das Arbeitsentgelt durch Einsparungsprämien zu ergänzen. Dies gilt insbesondere für Fertigungsarbeiter, die teures Material einsetzen und den Materialverbrauch durch ihr Verhalten beeinflussen können. Bei der Berechnung von Prämien für Einzelmaterial-Verbrauchsabweichungen ist sicherzustellen, dass alle von den Arbeitern nicht zu vertretenden Abweichungseinflüsse vor der Prämienberechnung eliminiert werden. Da die Arbeiter meistens in Gruppen eingesetzt werden, kann man die beiden folgenden Prämienformen unterscheiden.

Bei der individuellen Prämierung von Kostenabweichungen werden für jede einzelne Arbeitskraft die durch sie verursachten Einzelmaterialabweichungen gesondert ermittelt und prämiert[73]. In der Praxis sind hierfür aber meistens die Erfassungskosten zu hoch.

Bei der kollektiven Prämierung von Kostenabweichungen werden summarische Einzelmaterialverbrauchsabweichungen für Arbeitergruppen bestimmt, z. B. für die in einer Kostenstelle tätigen Fertigungsarbeiter. Für die Gesamtabweichung einer Arbeitergruppe wird ein Prämienbetrag errechnet, der mithilfe von Verteilungsschlüsseln (z. B. proportional zur Arbeitszeit) auf die beteiligten Arbeiter verteilt wird. Die kollektive Prämierung hat den Nachteil, dass die individuellen Bemühungen in der summarischen Berechnung untergehen. Sie löst aber dennoch eine Tendenz zur Sparsamkeit aus, da sich die Arbeitskräfte gegenseitig kontrollieren.

2. Hat man sich für die Prämierung von Kostenabweichungen entschieden, so sollten folgende Grundsätze beachtet werden, die sowohl für die Prämierung von Kostenstellenabweichungen als auch für die Prämierung von Einzelkostenabweichungen gelten[74].

Bei der Prämienberechnung kann man zwei Verfahren unterscheiden. Wird unabhängig von der Höhe der Kostenabweichung ein konstanter Prämienprozentsatz verwendet, so spricht man von einer linearen Prämienberechnung. Die lineare Prämienberechnung ist zwar rechnerisch einfach, hat aber im Übrigen folgende Nachteile. Wenn die Sollvorgaben richtig festgesetzt worden sind, kann das Ziel der Kostenkontrolle nicht darin bestehen, die Vorgaben möglichst weit zu unterschreiten; denn größere Kosteneinsparungen lassen sich unter dieser Voraussetzung nur durch Verhaltensweisen herbeiführen, durch welche die Leistungsfähigkeit der Kostenstelle oder die Qualität der erzeugten Produkte beeinträchtigt wird. Aus diesem Grunde ist die degressive Prämienberechnung vorzuziehen. Mit zunehmender Höhe der Kostenabweichungen nehmen die Prämienprozentsätze degressiv ab. Hierdurch wird der Hauptanreiz des Prämiensystems darauf konzentriert, die Sollvorgaben einzuhalten bzw. geringfügig zu unterschreiten.

Da für positive Kostenabweichungen (= Kostenüberschreitungen) keine negativen Prämienbeträge von den Löhnen oder Gehältern der Mitarbeiter abgezogen werden dürfen, entspricht diesen Abweichungen an sich eine Prämie in Höhe von Null. Würde man bei der Prämienberechnung negative Kostenabweichungen (= Kostenunterschreitungen) vergüten, ohne Kostenüberschreitungen früherer Perioden zu berücksichtigen, so könnten die Mitarbeiter ersuchen, durch „Reservepolitik" die Höhe ihrer Prämien zu steuern. Dieses Verhalten, das in der Praxis als „Kostenschaukelei" bezeichnet wird, sollte vermieden werden, indem man für Kostenüberschreitungen negative Prämienbeträge in Ansatz bringt und diese von späteren Prämienvergütungen subtrahiert. Da Kostenüberschreitungen praktisch unbegrenzt sind, sollten die auf sie entfallenden negativen Prämienbeträge linear berechnet werden.

Ein weiterer Grundsatz der Prämienberechnung besteht darin, dass die Prämien nicht auf die absoluten Beträge der Kostenabweichungen bezogen werden sollten, „weil es sonst für den Leiter einer großen Kostenstelle unverhältnismäßig viel leichter wäre, hohe Prämien zu erhalten, als für den Meister einer kleinen Werkstatt"[75]. Es ist daher zu empfehlen, die Prämien auf die Kostenabweichungen in Prozent der Sollkosten zu beziehen.

Weiterhin sollte die absolute Höhe der Prämien nach dem „Grad der Kostenverantwortlichkeit" gestaffelt werden.

2.3 Theoretische Grundlagen zur Bestimmung entscheidungsrelevanter Kosten

1. Neben der Kostenkontrolle und der Erfolgskontrolle besteht die Hauptzielsetzung der flexiblen Plankostenrechnung darin, die für unternehmerische Entscheidungen erforderliche Kostendaten zur Verfügung zu stellen. Wir wollen uns nunmehr der Frage zuwenden, welche theoretischen Grundsätze zu beachten sind, um die für Planungsentscheidungen erforderlichen Kostendaten zu bestimmen.

Hierzu ist zunächst eine Abgrenzung der Kosten- und Leistungsrechnung gegenüber der Investitionsrechnung erforderlich. Geplante Kosten und Erlöse können nur die Grundlage solcher Entscheidungen bilden, bei denen auf eine genaue Erfassung der Kapitalbindung verzichtet werden kann, sodass die pauschale Berechnung kalkulatorischer Zinsen genügt. Diese Voraussetzung ist bei allen langfristigen Entscheidungen, die mit Investitionen verbunden sind, nicht erfüllt. Diese Entscheidungen erfordern daher die Anwendung der auf geplanten Ein- und Auszahlungsströmen basierenden Investitionsrechnung. Welche Entscheidungen man mit der Kosten- und Leistungsrechnung und welche man bei der Investitionsrechnung löst, ist im Grunde eine Ermessensfrage, die davon abhängt, mit welchem Genauigkeitsgrad man sich bei der Berücksichtigung der Kapitalbindung begnügen will. Für den Aufbau der normalen Jahresplanung und die damit verbundenen kurzfristigen Entscheidungen bildet die Kosten- und Leistungsrechnung ohne Zweifel eine geeignete Grundlage. Auf diese Entscheidungen beziehen sich unsere folgenden Ausführungen zur Bestimmung entscheidungsrelevanter Kosten. Werden in der Praxis für langfristige Entscheidungen, die mit Investitionen verbunden sind, näherungsweise Kostendaten verwendet, so gelten unsere Ausführungen analog.

2. Wie unsere Ausführungen in Kapitel 2.1.1 gezeigt haben, werden die Kosten eines Industriebetriebes durch eine große Anzahl von Kostenbestimmungsfaktoren verursacht.

Bei der Lösung von Entscheidungsproblemen wird aber immer nur ein begrenztes Entscheidungsfeld zugrunde gelegt, d. h., die Aktionsparameter der betrieblichen Planung beeinflussen stets nur einen Teil der Kostenbestimmungsfaktoren. Die Aufgabe der Kostenrechnung besteht nun darin, für jedes Planungsproblem genau die Kosten anzugeben, die von den variierten Aktionsparametern funktional abhängig sind. Diese Kosten werden als relevante Kosten bezeichnet. Gelegentlich wird hierfür auch die Bezeichnung Differenzkosten verwendet. In der anglo-amerikanischen Literatur sind hierfür die Ausdrücke „relevant costs", „differential costs", „incremental costs" oder „alternative costs" gebräuchlich. Das Prinzip, nur die von unternehmerischen Entscheidungen beeinflussten Kosten zu berücksichtigen, ist schon seit langem bekannt und wurde bereits im Jahre 1923 von J. M. Clark wie folgt formuliert: „It represents the cost that must be incurred if that business is taken and which need not be incurred if that business is not taken."[76] Auch E. Schmalenbachs „pretiale Lenkung" mithilfe von „Betriebswerten" und die Marginalanalyse der mikroökonomischen Theorie basieren auf diesem Grundprinzip.

Relevante Kosten müssen stets Plankosten sein, da Entscheidungen zukunftsgerichtet sind. Kosten, die durch die Aktionsparameter eines Planungsproblems nicht beeinflusst werden, lassen sich als nicht relevante Kosten bezeichnen. Solche Kosten sind meistens durch früher getroffene Entscheidungen verursacht worden. Sie werden daher in der anglo-amerikanischen Literatur als „sunk-costs" bezeichnet[77].

3. Der Grundsatz von den relevanten Kosten hat sich in Theorie und Praxis mit der zunehmenden Verwendung mathematischer Entscheidungsmodelle immer mehr durchgesetzt. Hierzu hat insbesondere die Entwicklung des Operations Research entscheidend beigetragen.

Welche Kosten für ein bestimmtes Entscheidungsproblem relevant sind, kann nicht generell bestimmt werden, sondern hängt davon ab, welche Aktionsparameter durch die betreffende Entscheidung verändert werden sollen und welche Kostenbestimmungsfaktoren diese Aktionsparameter beeinflussen. In der anglo-amerikanischen Literatur wird dieser Tatbestand durch den Slogan: „Different costs for different purposes" zum Ausdruck gebracht.

Werden taktische Entscheidungen getroffen, so z. B. über die Durchführung von Forschungs- und Entwicklungsprojekten oder den Einsatz von Werbefeldzügen, und liegt kein Anwendungsfall der Investitionsrechnung vor, so sind hierfür die geplanten Projektkosten relevant. Mit der zeitlichen Abwicklung solcher Projekte werden die bereits aufgewendeten Kosten zu „sunk-costs". Diese Tatsache ist bei Entscheidungen darüber zu beachten, ob solche Projekte vorzeitig abgebrochen oder zu Ende geführt werden sollen.

Gehören zum Entscheidungsfeld der betrieblichen Planung Aktionsparameter, die zur Variation des Einsatzes nicht beliebig teilbarer Potenzialfaktoren führen, so sind für diese Entscheidungen intervallfixe Kosten relevant. Beispiele hierfür sind Entscheidungen, bei denen der Angestellteneinsatz variiert oder die Kapazitäten gemieteter Lagerräume verändert werden.

Die für taktische Entscheidungen über den Einsatz nicht beliebig teilbarer Potenzialfaktoren erforderlichen relevanten Kosten lassen sich in der Regel nicht aus der laufenden Kostenrechnung ableiten. Für ihre Ermittlung sind vielmehr Sonderplanungen erforderlich.

Kurzfristige Entscheidungen erfolgen auf der Basis gegebener Nutzenpotenziale und Betriebsmittelkapazitäten, sodass für sie nur die ausbringungsabhängigen variabeln Kosten relevant sind.

Für den Aufbau von Entscheidungsmodellen der betrieblichen Planung hat es sich als zweckmäßig erwiesen, die variablen Kosten in zwei Gruppen einzuteilen[78]. Variable Kosten, die nur von den Ausbringungsmengen abhängig sind und darüber hinaus nicht durch Entscheidungen der Produktionsvollzugsplanung beeinflusst werden, bezeichnen wir als relevante Kosten ersten Grades. Kosten, die nicht nur von den Ausbringungsmengen, sondern darüber hinaus auch vom Produktionsvollzug abhängig sind, werden dagegen als relevante Kosten zweiten Grades bezeichnet.

Für Entscheidungen, die in den Gültigkeitsbereich linearer Sollkostenfunktionen fallen, sind konstante Bezugsgrößen-Grenzkosten der Kostenstellen und konstante Erzeugnis-Grenzkosten relevant, die von der Grenzplankostenrechnung unmittelbar zur Verfügung gestellt werden können. Bestehen keine Wahlmöglichkeiten zwischen mehreren Alternativen, für die unterschiedliche lineare Sollkostenfunktionen gelten, so stimmen die Grenzkosten sogleich mit den variablen Durchschnittskosten überein. Im Falle von Wahlmöglichkeiten zwischen mehreren Aktivitäten mit linearen Sollkostenfunktionen sind zwar für jede Alternative konstante Grenzkosten relevant. Als variable Durchschnittskosten erhält man aber die mit den Ausbringungsmengen gewogenen Grenzkosten. Diesen Tatbestand haben wir in der Abbildung 2-21 grafisch verdeutlicht. Wird für eine geplante Ausbringung ausschließlich die Alternative 2 oder 3 eingesetzt, so sind die zugehörigen Grenzkosten relevant, die in diesem Fall mit den variablen Durchschnittskosten übereinstimmen. Werden dagegen beide Alternativen nebeneinander eingesetzt, so erhält man die auf der Geraden AB liegenden gewogenen variablen Durchschnittskosten.

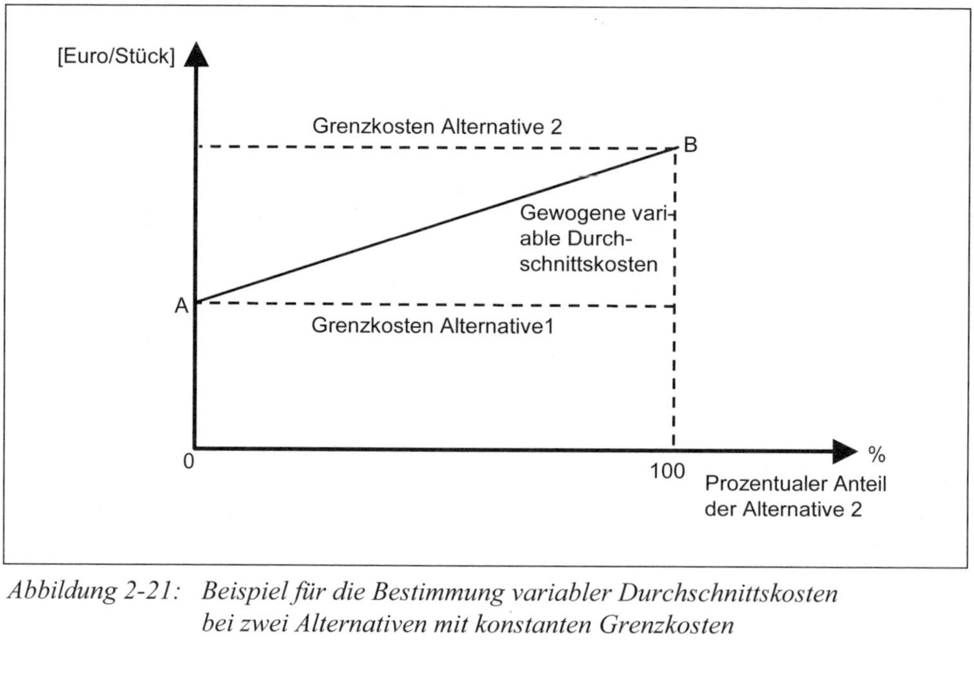

Abbildung 2-21: Beispiel für die Bestimmung variabler Durchschnittskosten bei zwei Alternativen mit konstanten Grenzkosten

In einer laufenden Grenzplankostenrechnung stehen unmittelbar nur die Grenzkosten und die variablen Durchschnittskosten der Alternativen zur Verfügung. Die gewogenen variablen Durchschnittskosten müssen durch Sonderrechnungen bestimmt werden.

Für Entscheidungen, die den Aufbau kurzfristiger Leistungspotenziale erfordern, wie z. B. Rüstprozesse in der Serienproduktion und die Bearbeitung von Bestellungen im Einkauf, sind neben stückbezogenen Grenz- und variablen Durchschnittskosten auflagefixe Kosten relevant. Diese Kosten können in einer Grenzplankostenrechnung immer dann unmittelbar bestimmt werden, wenn für den Aufbau der kurzfristigen Leistungspotenziale besondere Bezugsgrößen verwendet werden. Ist diese Voraussetzung nicht erfüllt, so sind Sonderrechnungen erforderlich.

Für Entscheidungen, die in den Gültigkeitsbereich nicht-linearer Sollkostenfunktionen fallen, so z. B. für die Steuerung intensitätsmäßiger Anpassungsprozesse, sind ausbringungsabhängige Grenz- und variable Durchschnittskosten relevant. Werden für diese Entscheidungen marginalanalytische Entscheidungskriterien eingesetzt, so sind hierfür die Grenzkosten der jeweils letzten Bezugsgrößeneinheit relevant. Im Falle von Differenzbetrachtungen sind dagegen die durchschnittlichen variablen Kosten der jeweiligen Ausbringungsintervalle als relevante Kosten zu verwenden.

4. In der Lehre von der betrieblichen Planung werden die folgenden beiden Fälle unterschieden[79].

Erstens kann es sich um Entscheidungen handeln, bei denen über alle Produktionsfaktoren frei verfügt werden kann, sodass keine Engpässe oder sonstigen Restriktionen wirksam werden. In diesem Fall spricht man von gemeinsamer Produktion, da alle Aktivitäten zwar gemeinsam die erforderlichen Produktionsfaktoren in Anspruch nehmen, im Übrigen aber unabhängig voneinander realisiert werden können. Für Entscheidungen bei gemeinsamer Produktion sind die oben beschriebenen relevanten Kosten zugleich notwendig und hinreichend.

Zweitens kann es sich um Entscheidungen handeln, bei denen die Aktivitäten durch Kapazitätsengpässe oder sonstige Restriktionen, z. B. begrenzte Rohstoffkontingente, begrenzt werden. In diesem Fall spricht man von Alternativproduktion, da die geplanten Aktivitäten um die begrenzten Ressourcen konkurrieren. Hierdurch entstehen Wahlprobleme zwischen mehreren Alternativen.

Für den Fall der Alternativproduktion wird in der Betriebswirtschaftslehre seit langem die Frage diskutiert, ob für Entscheidungen die relevanten Kosten der laufenden Kostenrechnung ausreichen oder ob darüber hinaus die Berücksichtigung von Opportunitätskosten erforderlich ist[80]. Hierbei geht man von der Vorstellung aus, dass bei begrenzten Ressourcen die Entscheidung für eine Alternative zwangsläufig zum „Nutzenentgang“ einer anderen Alternative führen muss, welcher der ersten Alternative in Form von Opportunitätskosten zu belasten ist. In der anglo-amerikanischen Literatur werden derartige Überlegungen schon sehr lange angestellt. Der Begriff „opportunity costs“ wurde bereits im Jahre 1894 von D. J. Green eingeführt[81]. Seitdem spielt er in der angloamerikanischen Literatur eine wichtige Rolle. G. Shillinglaw definiert den Opportunitätskostenbegriff wie folgt: „In its broadest sense, opportunity costs is the net cash inflow that is lost by the diversion of an input factor from one use to another“ und C. T. Horngren verwendet hierfür folgende Definition: „Opportunity costs is the measurable sacrifice of rejecting an alternative.“[82] In den meisten Fällen lassen sich Opportunitätskosten als wegfallende Deckungsbeiträge oder als Mehrkosten beim Verzicht auf Kosteneinsparungsmöglichkeiten interpretieren. Auch der von E. Schmalenbach vorgeschlagene „Betriebswert“ enthält in Engpasssituationen Opportunitätskosten, die er als „Grenznutzen“ bezeichnet[83].

Ob und unter welchen Bedingungen Opportunitätskosten als relevante Kosten zu berücksichtigen sind, war in der Betriebswirtschaftslehre lange Zeit umstritten. Heute kann dieses Problem aber als gelöst gelten.

Für alle Alternativen, die in ein Planungsmodell integriert werden, ist der Ansatz von Opportunitätskosten nicht erforderlich[84]. Werden Engpässe wirksam, so ergeben sich die Opportunitätskostensätze simultan mit der Bestimmung der optimalen Lösungswerte. Dieser Tatbestand wird insbesondere durch die Dualitätsbeziehungen linearer Programme verdeutlicht[85]. Heute hat sich in der Betriebswirtschaftslehre die Ansicht durchgesetzt, dass man Opportunitätskostensätze immer nur dann exakt bestimmen kann, wenn man bereits die optimalen Lösungswerte eines Planungsproblems bestimmt hat und sie daher nicht mehr benötigt[86].

Werden Alternativen in ein Planungsmodell nicht integriert, so kann man ihre Opportunitätskostensätze nicht exakt bestimmen, sondern nur schätzen. Opportunitätskosten nicht explizit berücksichtigter Alternativen sind zwar als relevante Kosten anzusehen, in den meisten Fällen ist ihre Bestimmung aber so unsicher, dass sie in der Praxis keine Rolle spielen.

2.4 Preis- und Lohnsatzabweichungen im System der flexiblen Plankostenrechnung

2.4.1 Begriff und Inhalt von Verrechnungspreisen

2.4.1.1 Verrechnungspreise für Sachgüter

1. Bereits 1924 hat T. Beste Verrechnungspreise wie folgt definiert: „Verrechnungspreise sind Preise, die sich nicht, wie die natürlichen Preise, durch das freie Spiel der wirtschaftlichen Kräfte bilden, sondern die von Trägern der Wirtschaft zur Erzielung einer bestimmten Wirkung festgesetzt werden.“[87] Die verschiedenen Aufgaben der Kostenrechnung können unterschiedliche Verrechnungspreise erforderlich machen. Als Grundlage der laufenden Kostenrechnung kommt aber für jede Faktorart nur eine Art von Verrechnungspreis in Frage[88]. Kostenrechnerische Aufgaben, die davon abweichende Verrechnungspreise erfordern, sind in Form von Sonderrechnungen durchzuführen.

In einer Plankostenrechnung haben die Verrechnungspreise zwei Aufgaben zu erfüllen. Erstens dienen sie dazu, Preisschwankungen vom Soll-Ist-Kostenvergleich fernzuhalten, da die Kostenstellenleiter Faktorpreisveränderungen nicht zu verantworten haben. Zweitens müssen die Verrechnungspreise den Anforderungen der dispositiven Aufgaben der Kostenrechnung entsprechen.[89]

Für die Kostenkontrolle sind am besten mittel- bis langfristige Planpreise geeignet, die möglichst lange konstant gehalten werden. Hierdurch wird erreicht, dass sich die Kostenabweichungen über längere Zeiträume vergleichen lassen. Heute wird überwiegend die Ansicht vertreten, dass auch für die Zwecke der Kostenkontrolle Verrechnungspreise zu wählen sind, die dem effektiven Preisniveau möglichst nahe kommen.

Geht man davon aus, dass die Mehrzahl der kurzfristigen Entscheidungen sich auf eine jährliche Planungsperiode bezieht, so sind als Verrechnungspreise geplante jährliche Durchschnittspreise am besten geeignet. Entscheidungen für kürzere Planungsperioden können die Verwendung von Planpreisen erforderlich machen, die von den geplanten jährlichen Durchschnittspreisen abweichen. Hierauf werden wir in Kapitel 2.4.2.2 zurückkommen.

2. Zu den von außen bezogenen Sachgütern, für die in einer flexiblen Plankostenrechnung geplante Verrechnungspreise zu bilden sind, gehören insbesondere die Roh-, Hilfs- und Betriebsstoffe, Ersatzteile, fremdbezogene Einzelteile, Werkzeuge und Betriebsmittel. Die Verrechnungspreise dieser Produktionsfaktoren beziehen sich jeweils auf genau festgelegte Mengeneinheiten, so z. B. auf Stückzahlen, Gewichts-, Flächen-, Längen- oder Hohlmaße.

Der Inhalt von Verrechnungspreisen für Sachgüter ist keineswegs eindeutig, da man neben den Lieferantenpreisen außerbetriebliche Beschaffungsnebenkosten sowie innerbetriebliche Kosten des Einkaufs und der Lagerung in den Verrechnungspreis einbeziehen kann. In Abbildung 2-22 haben wir ein Schema von K. Schwantag wiedergegeben, das erkennen lässt, aus welchen Komponenten sich Verrechnungspreise für Sachgüter zusammensetzen können[90].

Einkaufspreis (Rechnungspreis abzüglich Rabatte)

+ Außerbetriebliche Beschaffungsnebenkosten für Transport
+ Außerbetriebliche Beschaffungsnebenkosten für Versicherung
+ Sonstige außerbetriebliche Beschaffungsnebenkosten

} **Außerbetriebliche Preisbestandteile**

= Einstandspreis frei Lager

+ Innerbetriebliche Beschaffungseinzelkosten
+ Lagereinzelkosten

= Nettoabgabepreis

+ Kosten der Kostenstellen des Einkaufsbereichs
+ Kosten der Kostenstellen der Warenannahme und -prüfung
+ Kosten der Kostenstellen des Lagerbereichs
+ Sonstige Kostenstellenkosten des Materialbereichs

} **Innerbetriebliche Preisbestandteile (Kosten)**

= Bruttoabgabepreis oder Verbrauchspreis

Abbildung 2-22: Aufbau von Verrechnungspreisen

Der Hauptbestandteil eines Verrechnungspreises für Sachgüter ist der Rechnungspreis laut Lieferantenrechnung. Zieht man hiervon die gewährten Rabatte ab, so erhält man den Einkaufspreis. Werden von den Lieferanten Skonti gewährt, sofern die Bezahlung einer Rechnung innerhalb einer bestimmten Frist erfolgt, so vermindern auch diese den Rechnungspreis. Den Skontobeträgen stehen aber die den zugehörigen Liquiditätseinbußen entsprechenden (tatsächlichen oder kalkulatorischen) Zinsverluste der Käufer gegenüber, sodass die Skonti keine echten Preiskorrekturen sind. Wir haben sie daher bei der Berechnung des Einkaufspreises in Abbildung 2-22 nicht berücksichtigt.

Zu den Einkaufspreisen kommen außerbetriebliche Beschaffungsnebenkosten, so z. B. Transport-, Versicherungs- und Verpackungskosten, sofern diese gesondert in Rechnung gestellt werden. Da diese außerbetrieblichen Beschaffungskosten häufig für mehrere verschiedene Wirtschaftsgüter gleichzeitig in Rechnung gestellt werden, können die auf die einzelnen Mengeneinheiten entfallenden Anteile nicht immer von vornherein aus den Rechnungen entnommen werden. Es sind vielmehr Umrechnungen erforderlich. Der Einstandspreis gibt den Preis frei Lager an, da er alle außerbetrieblichen Preisbestandteile enthält. Neben den außerbetrieblichen Beschaffungsnebenkosten fallen innerhalb eines Industriebetriebes weitere Beschaffungskosten an. Bis zum Verbrauchszeitpunkt werden viele Sachgüter gelagert, wodurch Lager- und Zinskosten entstehen. Der überwiegende Teil der innerbetrieblichen Beschaffungs- und Lagerkosten wurde traditionell in Form von Materialgemeinkosten verrechnet. Lediglich in besonderen Fällen werden auch innerbetriebliche Beschaffungs- und Lagereinzelkosten verrechnet. Hierzu gehören z. B. spezielle Lagerverluste und Lagermanipulationskosten.[91] Wie alle Zuschlagsverfahren stellt auch diese traditionelle Verrechnungsweise selbst im Falle einer Differenzierung der einstandspreisbezogenen Gemeinkostenzuschläge nach Materialgruppen nur eine pragmatische Näherung dar. In der umfangreichen Literatur zur Prozesskostenrechnung (siehe Einführung) wird speziell an Beispielen aus dem Material- und Logistikbereich der Vorteil einer prozessorientierten Verrechnung dargestellt.

Addiert man die auf eine Mengeneinheit entfallenden innerbetrieblichen Beschaffungs-, Lager- und Transportkosten zu dem Einstandspreis, so erhält man den Bruttoabgabe- oder Verbrauchspreis. Wie die Abbildung 2-24 erkennen lässt, enthält der Bruttoabgabe- oder Verbrauchspreis zugleich außerbetriebliche und innerbetriebliche Preisbestandteile (= Kosten). Lediglich der Einkaufspreis und der Einstandspreis sind reine Marktpreise für Kostengüter, wohingegen der Verbrauchspreis eine Mischgröße aus Kosten und echten Preisbestandteilen darstellt.

Bei Betriebsmitteln, insbesondere bei Maschinen und Anlagen, kommen zu den Einstandspreisen noch innerbetriebliche Transportkosten, Kosten für Herstellung von Fundamenten und Installationskosten hinzu. Diese Kosten gehen nach dem Schema in Abbildung 2-22 als Beschaffungseinzelkosten in den Bruttoabgabepreis ein.

3. Wir wollen uns nunmehr der Frage zuwenden, welcher Inhalt der Verrechnungspreise für Sachgüter in der Plankostenrechnung besonders zweckmäßig ist.

Der Einkaufspreis kommt als Verrechnungspreis nicht in Frage, da die außerbetrieblichen Beschaffungsnebenkosten bei der Bestandsbewertung zu berücksichtigen sind. Einstandspreise haben den großen Vorteil, dass sie für die Bestandsbewertung geeignet sind und die Kalkulation nicht mit der kalkulatorischen Verrechnung außerbetrieblicher Beschaffungsnebenkosten belasten.

Bei unseren folgenden Ausführungen werden wir ausschließlich Einstandspreise als Verrechnungs- oder Planpreise verwenden.

4. Die zeitliche Entwicklung der Sachgüterpreise ist zwar für jede Faktorart unterschiedlich, dennoch lassen sich drei Grundformen unterscheiden, die für die Preisplanung von Bedeutung sind.

Den meisten Faktorpreis-Zeitreihen liegt eine langfristige Trendbewegung zugrunde, deren Anstieg in der Regel positiv ist. Mittelfristig werden die Zeitreihen der Faktorpreise durch Konjunkturschwankungen beeinflusst. Werden Saisoneinflüsse wirksam, so lagern sich hierüber noch im Jahresrhythmus wiederkehrende Saisonschwankungen. Die Preise für Sachgüter werden entweder in bestimmten zeitlichen Abständen oder kontinuierlich an Veränderungen der Marktkonstellationen angepasst.

Legen die Lieferanten ihre Verkaufspreise jeweils für bestimmte Angebotsperioden fest, so wirken sich innerhalb dieser Perioden weder Konjunktur- noch Saisoneinflüsse aus; die Preise sind während der Angebotsperioden konstant. Erst nach Ablauf einer Angebotsperiode werden die Preise an das neue Preisniveau bzw. die neue Marktlage angepasst. Bei dieser Art der Preisbildung erhält man stufenförmige Preisbewegungen. Ein Beispiel hierfür haben wir in Abbildung 2-23 dargestellt. Stufenförmige Preisbewegungen sind für viele Vor- und Zwischenprodukte industrieller Betriebe typisch. In vielen Fällen wird die Gültigkeitsdauer der Preise im Voraus verbindlich festgelegt. Es gibt aber auch Fälle, in denen die Änderungstermine vorher nicht bekannt sind.

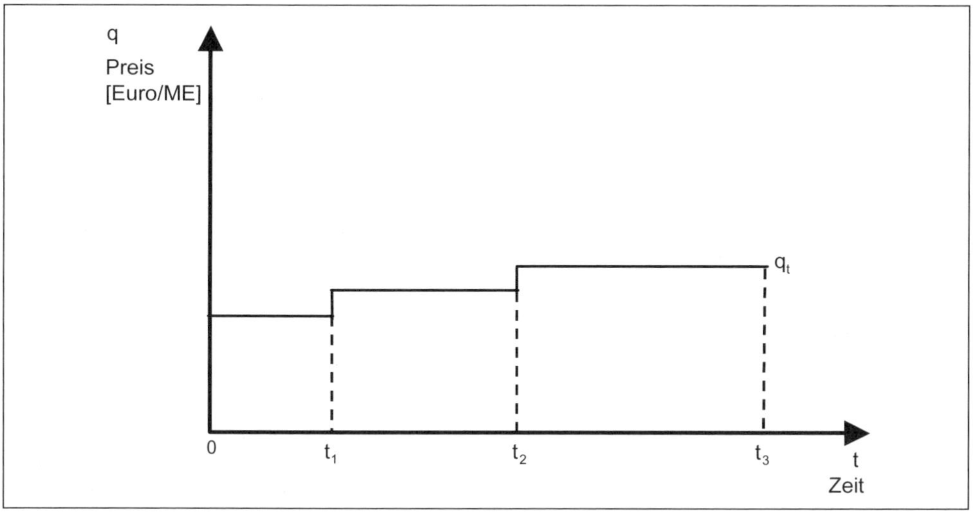

Abbildung 2-23: Beispiel einer stufenförmigen Preisbewegung

In Beschaffungsmärkten, bei denen die Preise laufend an Veränderungen der Marktkonstellation angepasst werden, wirken sich mehr oder weniger starke Zufallsschwankungen auf die zeitliche Preisentwicklung aus.

Werden nur geringfügige Zufallseinflüsse wirksam, so erhält man relativ regelmäßige Zeitreihen der Faktorpreise, die sich in mittelfristige Trendbewegungen (die auch den

Konjunktureinfluss erfassen) und Saisonschwankungen zerlegen lassen. Hierfür haben wir in Abbildung 2-24 ein Beispiel wiedergegeben.

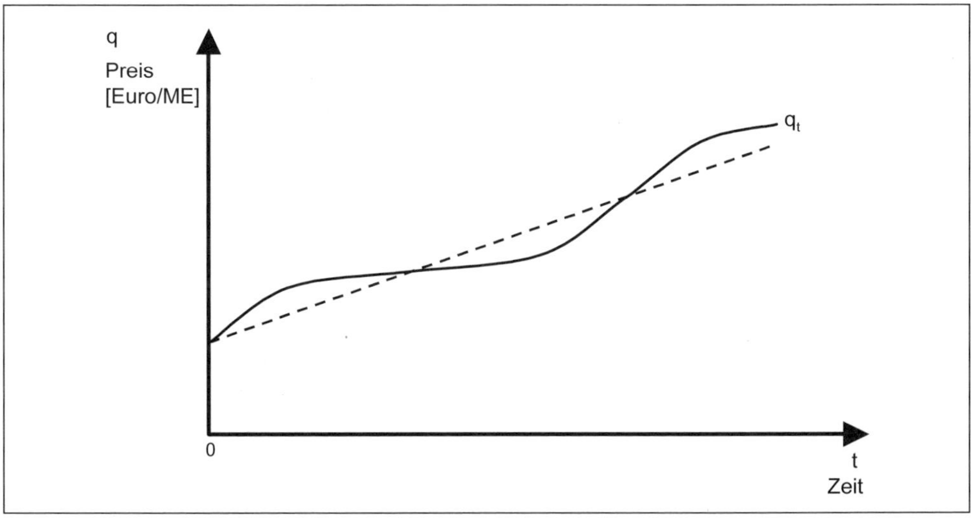

Abbildung 2-24: Beispiel einer regelmäßigen Preisbewegung mit Saisoneinfluss

Werden starke Zufallsschwankungen wirksam, so erhält man unregelmäßige Zeitreihen der Faktorpreise. Staatliche Eingriffe, militärische Konflikte und unvorhersehbare Spekulationswellen führen auf den Rohstoffmärkten häufig zu extrem hohen Preisschwankungen.

Von der Preisbewegung im Zeitablauf sind Preisveränderungen zu unterscheiden, die aus wechselnden Bezugsquellen, veränderten Anforderungen an die Werkstoffqualitäten und durch Mengenrabatte infolge veränderter Bezugsmengen entstehen. Rabattstaffeln führen in der Regel dazu, dass sich die Einkaufspreise mit zunehmender Einkaufsmenge stufenförmig verringern.

2.4.1.2 Verrechnungspreise für Arbeitsleistungen

1. Dem Mengengerüst für Sachgüter entsprechen beim Arbeitseinsatz die geleisteten Arbeitszeiten[92]. Bei Arbeitern, die im Zeitlohn vergütet werden, bilden die effektiven Arbeitsstunden die Grundlage der Entlohnung. Wird im Zeitakkord gearbeitet, so entsprechen die erarbeiteten Vorgabe- oder Akkordminuten dem Mengengerüst der Lohnkosten. Für die meisten Mitarbeiter ist die tarifliche Arbeitszeit pro Kalendermonat gleich der Mengeneinheit der Gehaltskosten. In diesem Fall ist es erforderlich, die Gehälter, Monatslöhne und Nebenkosten ebenfalls auf die effektiven Anwesenheitsstunden zu beziehen und mit diesen kalkulatorischen Verrechnungssätzen die Kostenstellen zu belasten, während die Ist-Gehälter bzw. Monatslöhne auf Abgrenzungsaufträgen gesammelt werden[93]. Erhalten Arbeitskräfte Prämien, so bildet die Einheit der Prämienbemessungsgrundlage, so z. B. „i Kostenersparnis“ oder „kg eingespartes Material“, das Mengengerüst für die Prämienzahlung.

Die Grundlage der Entlohnung bilden die Tariflöhne und -gehälter. Die Tarifsätze werden häufig durch übertarifliche Zuschläge erhöht, um die Abwanderung qualifizierter Arbeitskräfte zu verhindern. Weiterhin werden in vielen Industriebetrieben die Tariflöhne mithilfe der analytischen Arbeitsbewertung weitgehend an die Anforderungen der Arbeitsplätze angepasst. Da hierbei die Tariflöhne nicht unterschritten werden dürfen, resultiert auch hieraus eine Erhöhung des innerbetrieblichen Lohnniveaus.

Zu den vom Unternehmen zu tragenden gesetzlichen Sozialkosten gehören u. a. die Arbeitgeberanteile der Beiträge zu den Sozialversicherungen, der Angestellten- und Invalidenversicherung, der Unfallversicherung, der Lohnfortzahlung im Krankheitsfalle und der Arbeitslosenversicherung. Der gesetzliche Soziallohn ergibt sich daraus, dass neben der reinen Arbeitszeit Urlaubs- und Feiertagslöhne bezahlt werden müssen. Rechnet man diese Beträge auf die Einheit der Arbeitszeit um, so erhält man die gesetzliche Soziallohnrate. Da Angestelltengehälter während der Urlaubszeit weiter bezahlt werden, entfällt bei Angestellten die gesetzliche Soziallohnrate, außer man rechnet auch hier auf der Basis von Anwesenheitsstunden ab.

Addiert man zum Tariflohn die gesetzlichen Sozialabgaben und die gesetzliche Soziallohnrate, so erhält man einen Lohnkostenbetrag pro Arbeitszeiteinheit, den der Arbeitgeber aufgrund gesetzlicher Bestimmungen und tariflicher Vereinbarungen für die geleistete Arbeitszeiteinheit aufzuwenden hat.

Darüber hinaus werden freiwillige Sozialkosten aufgewandt, bei denen sich primäre und sekundäre unterscheiden lassen. Zu den primären freiwilligen Sozialkosten gehören z. B. Jubiläumsgratifikationen, Kosten für Feiern der Betriebsangehörigen, Spenden an Mitarbeiter, Trennungsgelder, Zuschüsse bei Krankheit, Ausbildungsbeihilfen, Weihnachtsgratifikationen und Pensionszuschüsse. Diese freiwilligen Sozialkosten bezeichnet man deshalb als primär, weil sie ohne den rechentechnischen Umweg über die Kostenstellenrechnung prozentual direkt auf die Bruttolohnsumme bzw. die Bruttogehaltssumme bezogen werden können. Im Gegensatz hierzu werden alle freiwilligen Sozialkosten, die über spezielle Sozialkostenstellen erfasst werden müssen, als sekundäre Sozialkosten bezeichnet. Hierzu gehören z. B. die Kosten der allgemeinen sozialen Einrichtungen, des Betriebsrats, der Werkswohnungen, Kantinen, Werksbüchereien und sonstiger sozialer Einrichtungen.

Verrechnet man die primären und die sekundären freiwilligen Sozialabgaben prozentual auf die Bruttolöhne bzw. Bruttogehälter, so erhält man die gesamten Personalkosten pro Arbeitszeiteinheit. Sie sind in ähnlicher Weise eine Mischgröße aus außerbetrieblichen Lohnanteilen und innerbetrieblich verursachten Kosten wie der Verbrauchspreis der Sachgüter.

2. In der Praxis hat es sich bewährt, nebeneinander zwei Reihen von Verrechnungspreisen für Arbeitsleistungen zu verwenden. Erstens werden die Tarifsätze (evtl. um innerbetriebliche Zulagen erhöht) als Verrechnungspreise für Arbeitsleistungen verwendet. Die hiermit ermittelten Lohnkosten lassen sich unter Berücksichtigung der eingetretenen Tarifabweichungen mit der Bruttolohn- und der Bruttogehaltsrechnung abstimmen. Zweitens werden die gesetzlichen und die primären freiwilligen Sozialkosten zu geplanten Verrechnungsprozentsätzen zusammengefasst, die prozentual auf die Tarifsätze bezogen werden[94], während die sekundären freiwilligen Sozialkosten erst im Rahmen der innerbetrieblichen Leistungsverrechnung berücksichtigt werden. Diese Verrechnungspreise werden als kalkulatorische Sozialkostenzuschläge bezeichnet und als Jahresdurchschnittssätze geplant, sodass sich die jahreszeitlich bedingten Schwankungen der Sozialkosten, insbesondere der Urlaubs- und Feiertagslöhne, ausgleichen.

3. Die Löhne und Gehälter ändern sich im Zeitablauf nicht kontinuierlich, sondern jeweils mit dem Inkrafttreten neuer Tarifvereinbarungen. Für sie gilt daher die in Abbildung 2-25 dargestellte Kurve stufenförmiger Preisbewegungen.

2.4.1.3 Verrechnungspreise für sonstige Produktionsfaktoren

1. Neben Sachgütern und Arbeitsleistungen werden in Industriebetrieben insbesondere Dienstleistungen und fremdbezogene Energie eingesetzt. Wie wir später noch begründen werden, kommen nur Produktionsfaktoren für die Einbeziehung in ein Verrechnungspreissystem in Frage, die in gleichbleibenden Mengeneinheiten relativ häufig bezogen werden. Damit scheiden die meisten Dienstleistungen, wie z. B. Beratungsleistungen (von Werbeagenturen, freiberuflichen Ingenieuren, Wirtschaftsprüfern, Steuerberatern und Organisationsberatern), Fremdreparaturen, Versicherungsdienste, Reise- und Bewirtungsleistungen, Post- und Fernmeldeleistungen, gebührenpflichtige Behördendienste, Leistungen von Verbänden und Organisationen usw. für eine Einbeziehung in das Festpreissystem aus[95]. Verrechnungspreise für Dienstleistungen kommen in der Regel nur für im Lohn vergebene Arbeits- und Transportleistungen in Frage. Hierbei entspricht der Preisaufbau der Abbildung 2-22 wobei jedoch einige Kostenkomponenten, so z. B. Lagerkosten, entfallen. Werden die gleichen Leistungen teilweise innerbetrieblich erstellt und zum Teil von außen bezogen, so kann man entweder zwei Verrechnungspreise nebeneinander verwenden oder aus den Plangrenzherstellkosten der Eigenerstellung und den Einstandspreisen der fremdbezogenen Leistungen gewogene Mittelwerte bilden.

2. Fremdbezogene Energie, wie Elektrizität, Dampf, Gas und Wasser, kann in das Verrechnungspreissystem der Plankostenrechnung einbezogen werden. Auch hier gilt grundsätzlich die Abbildung 2-22 für die Inhaltsbestimmung der Verrechnungspreise, wobei jedoch die Kosten des Einkaufs- und Materialbereichs entfallen. An ihrer Stelle pflegen die Kosten innerbetrieblicher Versorgungs- und Verteilungskostenstellen zu treten, die alle Kosten enthalten, die vom Eintritt der Energie in den Betrieb bis zum Verbrauch an den einzelnen Arbeitsplätzen entstehen.

Bei der Berechnung von Einstandspreisen für den Strombezug treten folgende Besonderheiten auf[96]. Beim Strompreis sind der Grundpreis und der Arbeitspreis zu unterscheiden. Der Grundpreis ist das Entgelt für die bereitgehaltene Leistung in Kilowatt.

Der Arbeitspreis bildet dagegen das Entgelt für die verbrauchten Kilowattstunden (kWh). Dazu kommt noch, dass der Arbeitspreis oftmals einer zeitlichen Differenzierung in Tag- und Nachtstrom bzw. in Werktags- und Sonntagsstrom unterliegt. Auch eine Differenzierung nach der Verwendungsart, so z. B. in Schmelz-, Kraft- und Lichtstrom, wird häufig vereinbart. Der Grundpreis des Strombezugs sollte nicht in den Verrechnungspreis einbezogen, sondern der Stromversorgungsstelle als Fixkostenbetrag belastet werden. Die zeitliche Preisdifferenzierung des Arbeitspreises sollte durch eine gewogene Mittelwertbildung ausgeglichen werden. Für die Differenzierung nach der Verwendungsart ist jedoch eine Mittelwertbildung nicht gerechtfertigt. Hier sind vielmehr die einzelnen „Stromarten“ wie verschiedene Produktionsfaktoren zu behandeln, wobei für jeden ein besonderer Verrechnungspreis zu bilden ist, damit die Belastung in der Kostenstellenrechnung der Verwendungsart entspricht.

Wird Energie teils selbst erstellt, teils von auswärts bezogen, so empfiehlt sich in den meisten Fällen, einen gewogenen Mittelwert aus den Plangrenzherstellkosten der Eigenerstellung und den Einstandspreisen für den Fremdbezug als Inhalt des Verrechnungspreises zu wählen. Dieser wird bei der Planung der Kostenstellenkosten ermittelt.

2.4.2 Die Erfassung und Verrechnung von Preisabweichungen mithilfe geplanter Verrechnungspreise

2.4.2.1 Grundsätze für die Anwendung eines Planpreissystems

1. Um die innerbetriebliche Kostenkontrolle von störenden Schwankungen der Kostengüterpreise freizuhalten und geplante relevante Kosten bestimmen zu können, müssen an sich sämtliche von außen bezogenen Produktionsfaktoren mit geplanten Verrechnungspreisen bewertet werden. In der Praxis lässt sich diese Forderung aber nicht vollständig erfüllen, da es stets eine Anzahl von Produktionsfaktoren gibt, für die es nicht möglich oder nicht wirtschaftlich ist, sie in das Planpreissystem einzubeziehen.

Für die Verwendung geplanter Verrechnungspreise sollten folgende Kriterien ausschlaggebend sein.

Erstens kommen nur Produktionsfaktoren für die Einbeziehung in das Planpreissystem in Frage, für die sich ein eindeutig definierbares Mengengerüst festlegen lässt. Diese Voraussetzung ist bei allen Roh-, Hilfs- und Betriebsstoffen und fremdbezogenen Teilen erfüllt. Kein eindeutig definierbares Mengengerüst findet man bei Gebühren, Fremdreparaturen und vielen von außen bezogenen Dienstleistungen. Diese Produktionsfaktoren werden in „Mengeneinheiten“ bezogen, deren Qualitäten und Leistungsinhalte von Fall variieren. In den Rechnungspreisen wirken sich daher sowohl Unterschiede der Leistungsinanspruchnahme als auch Veränderungen des Preisniveaus aus. In der laufenden Abrechnung werden den Kostenstellen daher die effektiven Rechnungsbeträge belastet. Dies bedeutet aber, dass es für alle Produktionsfaktoren, denen kein konstant wiederkehrendes, eindeutig bestimmbares Mengengerüst zugrunde liegt, nicht möglich ist, die innerbetriebliche Kostenkontrolle von störenden Preiseinflüssen freizuhalten.

Zweitens sollte man Produktionsfaktoren nur dann in das Planpreissystem einbeziehen, wenn sie regelmäßig und in größeren Stückzahlen beschafft werden. Diese Voraussetzung ist bei den meisten Roh-l Hilfs- und Betriebsstoffen sowie bei fremdbezogenen Einzelteilen und den meisten Ersatzteilen erfüllt. Spezialwerkzeuge, Walzen, Formen, Montageteile und selten benötigte Ersatzteile sollten dagegen aus dem Festpreissystem ausgeschlossen werden. Dies gilt insbesondere, wenn die Beschaffungszeitpunkte sehr weit auseinander liegen.

Drittens ist vorgeschlagen worden, Produktionsfaktoren aus dem Planpreissystem auszuschließen, deren Kosten so niedrig sind, dass ihre Preisschwankungen die Kostenkontrolle nur unwesentlich stören können[97]. Hierzu zählen insbesondere billige Kleinmaterialien. Auf diese Weise soll die laufende Abrechnung vereinfacht werden. Wir bezweifeln aber, dass eine Bewertung zu Istpreisen in diesen Fällen zu einer Vereinfachung der laufenden Abrechnung führt, da diese heute über Materialwirtschaftssysteme weitgehend DV-gestützt nach einheitlichen Grundsätzen abläuft.

2. Nachdem festgelegt worden ist, welche Kostengüter in das Materialwirtschaftssystem einzubeziehen sind, werden für diese Kostengüter die erforderlichen Stammdaten aufgebaut. Dazu gehören unter anderem ein Materialnummernschlüssel und eine Planpreiszusammenstellung. Für den Aufbau des Materialnummernschlüssels werden alle in das Planpreissystem einbezogenen Produktionsfaktoren systematisch geordnet und durch eine Nummer gekennzeichnet, die zweckmäßigerweise als reine Identnummer vom DV-System automatisch vergeben wird. Alle erforderlichen Gruppierungsgesichtspunkte müssen als Parallelschlüssel in diesen Stammdaten gekennzeichnet werden. In großen Betrieben enthält der Materialnummernschlüssel meistens Zehntausende von Positionen.

Bei der Vergabe der Parallelschlüssel ist darauf zu achten, dass Materialgruppen so gebildet werden, dass die in ihnen zusammengefassten Werkstoffe nach Möglichkeit gleich gerichtete und gleich starke Preisbewegungen aufweisen, weil hierdurch die Auswertung und Weiterverarbeitung der Preisabweichungen sowie die Pflege der Verrechnungspreise erheblich erleichtert wird[98]. Weiterhin müssen alle Materialnummern die Materialbezeichnungen, Dimensions- oder Abmessungsangaben und Mengeneinheiten (Stück, Gewichts-, Längen-, Flächen- oder Raummaße) zugeordnet werden. Bei kontinuierlich variierbaren Dimensionen, Abmessungen und Qualitäten sind eventuell Intervalle festzulegen, wobei sich die Planpreise auf die jeweiligen Intervallmitten beziehen.

2.4.2.2 Das Fristigkeitsproblem der Preisplanung

1. Nach der ursprünglichen Konzeption der Plankostenrechnung sind die Planpreise mindestens für die Gültigkeitsdauer der Kostenplanung konstant. Hierdurch wurden Planpreise erreicht, die für alle Entscheidungen die richtigen Daten sind, denen ein Jahr als Entscheidungszeitraum zugrunde liegt.

Für Entscheidungen, die sich auf kürzere Planungsperioden beziehen, reichen dagegen jahresbezogene Planpreise nicht aus. Dies gilt insbesondere, wenn die Preise im Zeitablauf stark schwanken. Typische kurzfristige Entscheidungen, bei denen jährliche Durchschnittspreise leicht zu Fehlentscheidungen führen können, sind z. B.

- Entscheidungen über die Zusammensetzung von Rohstoffmischungen
- Entscheidungen über die Eigenerstellung und den Fremdbezug von Vormaterial oder Einzelteilen
- Entscheidungen über Änderungen der Produktionsprogrammplanung gegenüber der Jahresplanung.

Werden Entscheidungen getroffen, deren Planungszeiträume von der Jahresplanung abweichen, so reichen hierfür konstante jährliche Durchschnittspreise nicht aus. In diesen Fällen sind vielmehr Planpreise erforderlich, die den jeweiligen Planungsperioden entsprechen.

2. Zur Lösung des Fristigkeitsproblems der Preisplanung gibt es die folgenden drei Möglichkeiten:

- Das Verfahren der repräsentativen Tagespreise
- Beibehaltung des Festpreisprinzps bei fallweiser Ergänzung durch Sonderpreisplanungen
- Das Verfahren der zeitlich differenzierten Preisplanung.

Bereits in den fünfziger Jahren ist zur Lösung des Fristigkeitsproblems der Preisplanung von mehreren Autoren das Verfahren der repräsentativen Tagespreise vorgeschlagen worden[99]. Hierbei wird auf das ursprünglich für die Plankostenrechnung vorgesehene Festpreisprinzip verzichtet; für die laufende Abrechnung werden repräsentative Tagespreise verwendet. Jeweils an bestimmten Stichtagen, so z. B. am 15. oder 20. eines Monats, werden die auf den Märkten registrierten Einstandspreise als „repräsentative Tagespreise" festgelegt. Um zufällige Schwankungen auszugleichen, kann man statt dessen auch Tagespreisdurchschnitte mehrerer Tage verwenden. Da die Istkosten jeweils zu repräsentativen Tagespreisen bewertet werden, muss man nachträglich sämtliche Sollvorgaben auf dieses Preisniveau umrechnen. Da auch die Kostenabweichungen den repräsentativen Tagespreisen entsprechen, sind sie im Zeitablauf nicht vergleichbar. Um die Vergleichbarkeit zu erreichen, müssen sie nachträglich durch die zugehörigen Tagespreisindizes dividiert werden. Diese erhält man, indem man die repräsentativen Tagespreise durch die zugehörigen jahresbezogenen Planpreise dividiert.

Die konsequente Anwendung des Verfahrens der repräsentativen Tagespreise bedeutet, dass man die jahresbezogenen Plankalkulationen aufgibt und alle Erzeugnisse monatlich neu kalkuliert. Hierbei würden aber die Kalkulation und die kurzfristige Erfolgsrechnung erheblich erschwert. Weiterhin erkannten bereits die Vertreter dieses Verfahrens, dass eine Einbeziehung aller von außen bezogenen Produktionsfaktoren in das System repräsentativer Tagespreise zu kompliziert ist. Sie haben daher von vornherein vorgeschlagen, das Tagespreisprinzip nur für Materialarten anzuwenden, deren Preise laufend stark schwanken und deren Kosten die Selbstkosten der Erzeugnisse wesentlich beeinflussen[100]. Damit kommt aber die Tagespreisbewertung nur für die wichtigsten Einzelmaterialarten in Frage. In der Praxis der Plankostenrechnung hat sich das Verfahren repräsentativer Tagespreise nicht durchgesetzt.

Die Mehrzahl der Industriebetriebe, die mit einer Plankostenrechnung arbeiten, hat bisher am Festpreisprinzip festgehalten, also jahresbezogene Durchschnittspreise als Planpreise verwendet. Für kurzfristige Entscheidungsprobleme werden hierbei Sonderrechnungen erforderlich, für die jeweils die relevanten Planpreise gesondert ermittelt werden müssen. In die laufende Abrechnung gehen diese Preise nicht ein. Das Festhalten am Festpreisprinzip hat sich in der Praxis in allen Betrieben bewährt, deren Materialpreise nicht zu starken Schwankungen ausgesetzt sind und bei denen von der Jahresplanung abweichende kurzfristige Planungsprobleme nicht zu häufig auftreten.

Für Industriebetriebe, deren Materialpreise stark schwanken und in denen häufig kurzfristige Anpassungsentscheidungen erforderlich werden, empfehlen wir das Verfahren der zeitlich differenzierten Preisplanung. Bei diesem Verfahren werden in der bisher üblichen Weise jahresbezogene Durchschnittspreise zur Bewertung in der jährlichen Kostenplanung und damit auch für den Aufbau jahresbezogener Plankalkulationen verwendet. Parallel hierzu werden aber für kürzere Planungsperioden, z. B. Quartale oder Monate, weitere Planpreise ermittelt. Welche Periodenlängen man bei der Festlegung kurzfristiger Planpreise zugrunde legt, hängt davon ab, mit welcher Häufigkeit für die in Frage kommenden Periodenlängen Entscheidungen getroffen werden müssen.

Das Verfahren der zeitlich differenzierten Preisplanung führt zu kurzfristigen Plan-Preisabweichungen, die man erhält, wenn man die kurzfristigen Planpreise mit den jahresbezogenen Planpreisen vergleicht. Verrechnet man diese kurzfristig erwarteten Preisabweichungen anteilig auf die Plankalkulationen der betrieblichen Erzeugnisse, so erreicht man eine Anpassung an das erwartete Preisniveau der betreffenden Kurzperiode.

Gegenüber der Durchführung fallweiser Sonderrechnungen hat das Verfahren zeitlich differenzierter Planpreise den Vorteil, dass es sich in das System der laufenden Abrechnung integrieren lässt. Die Anwendung dieses Verfahrens ist erforderlich, wenn ein Betrieb die Plankostenrechnung zu einer dynamischen Grenzplankostenrechnung weiterentwickeln will.

2.4.2.3 Verfahren zur Bestimmung von Planpreisen

1. Die dispositiven Aufgaben der Plankostenrechnung machen es erforderlich, dass die von außen bezogenen Produktionsfaktoren mit Planpreisen bewertet werden, die möglichst genau den während einer Planungsperiode erwarteten Durchschnittspreisen entsprechen. Wie unsere Ausführungen zum Fristigkeitsproblem der Preisplanung gezeigt haben, geht man beim Aufbau der Kostenplanung im Regelfall von jährlichen Durchschnittspreisen aus; diese entsprechen zugleich den Anforderungen der Kostenkontrolle. Darüber hinaus werden für Sonderrechnungen oder bei Anwendung einer dynamischen Grenzplankostenrechnung auch Durchschnittspreise kürzerer Perioden als Planpreise erforderlich.

In einer Plankostenrechnung lassen sich folgende Verfahren zur Bestimmung von Planpreisen anwenden.

- Schätzung durch den Einkauf oder
- Statistische Auswertung von Zeitreihen der Einkaufspreise:
  Traditionelle Verfahren:
  - einfache Mittelwertbildung
  - gleitende Mittelwertbildung und
  - Trendberechnung nach der Methode der kleinsten Quadrate

  Verfahren auf der Basis der exponentiellen Glättung:
  - ohne Berücksichtigung von Saisonschwankungen
    - ohne Adaption und
    - mit Adaption sowie
  - mit Berücksichtigung von Saisonschwankungen
    - ohne Adaption und
    - mit Adaption.

In der Praxis wird die Preisplanung für die überwiegende Anzahl der von außen bezogenen Sachgüter und Leistungen mithilfe von Schätzungen des Einkaufs durchgeführt, da statische Verfahren aus Gründen der Wirtschaftlichkeit der Kostenrechnung nur für Produktionsfaktoren in Frage kommen, deren Kosten einen wesentlichen Anteil an den Selbstkosten der Erzeugnisse ausmachen. Die Schätzung der Planpreise durch den Einkauf erfolgt in der Weise, dass der zuständige Einkaufssachbearbeiter sich die letzten Angebote bzw. Rechnungen einer Materialart ansieht und aufgrund seiner Erfahrungen und Marktkenntnisse den zukünftig erwarteten Preis schätzt. Dieses Verfahren ist einfach und reicht für die meisten Materialarten aus, insbesondere für alle Hilfs- und Betriebsstoffe sowie für die meisten Ersatzteile. Auch für Einzelmaterialarten, deren Kosten die betrieblichen Erzeugnisse nur geringfügig belasten, reicht das Verfahren der Schätzung aus. Statistische Verfahren lohnen sich in der Regel nur für die wichtigsten Einzelmaterialarten.

2. Die Anwendung statistischer Verfahren setzt voraus, dass der Einkauf über entsprechende Istpreisstatistiken verfügt. Bei Materialgruppen mit gleichgerichteten Preisbewegungen reicht es aus, wenn für eine repräsentative Materialart eine Istpreisstatistik geführt wird. Dies ist z. B. bei Einzelteilen der Fall, die aus dem gleichen Material bestehen und sich nur in ihren Dimensionen voneinander unterscheiden.

Die als Tabellen oder in Form von grafischen Darstellungen geführten Istpreisstatistiken sollten bei weit auseinanderliegenden Beschaffungszeitpunkten nicht nur die Istpreise der Beschaffungszeitpunkte, sondern auch die zwischenzeitlich registrierten Angebotspreise enthalten. Bei stark schwankenden Preisen ist es am zweckmäßigsten, sich von der Beschaffungszeitpunkten völlig zu lösen und die Istpreisstatistiken mithilfe der Angebotspreise bestimmter Stichtage oder mithilfe von monatlichen Durchschnittspreisen zu führen.

Bei der Auswertung von Istpreisstatistiken ist darauf zu achten, dass es sich bei den Preisangaben um Einkaufs- oder Einstandspreise handelt. Entfallen die Beschaffungsnebenkosten auf mehrere gemeinsam bezogene Wirtschaftsgüter, für die getrennte Istpreisstatistiken geführt werden, so sollten in den Preisstatistiken die Einkaufspreise ausgewiesen werden. In diesen Fällen muss aber eine parallele Beobachtung der zeitlichen Entwicklung der Beschaffungsnebenkosten erfolgen, damit später eine sachgerechte Ergänzung der geplanten Einkaufspreise zu geplanten Einstandspreisen erfolgen kann.

In manchen Fällen müssen die Istpreisstatistiken vor der Auswertung von störenden Zufallswerten bereinigt werden. Insbesondere in Krisenzeiten können die Preisbewegungen derart außergewöhnlich sein, dass die betreffenden Abschnitte der Preiszeitreihe für eine statistische Auswertung ungeeignet sind.

Liegen Zeitreihen der Istpreise vor, die für eine statistische Auswertung geeignet sind, so basieren die statistischen Auswertungsverfahren auf der Hypothese, dass sich die Zeitreihen der Preise aus einer systematischen Komponente und aus Zufallsschwankungen zusammensetzen. Die Aufgabe der statistischen Auswertungsverfahren besteht darin, die systematische Komponente freizulegen. Hat man die Gesetzmäßigkeit der systematischen Komponente erkannt, so erfolgt eine Extrapolation (Prognose) für den Planungszeitraum. Ein mithilfe der Extrapolation ermittelter Durchschnittspreis des Planungszeitraums muss aber nicht ohne Einschränkung als Planpreis akzeptiert werden. Kein statistisches Auswertungsverfahren vermag alle in der Zukunft zu erwartenden Einflussgrößen zu erfassen. Es ist daher die Aufgabe des Einkaufs, die extrapolierten Preise kritisch zu betrachten und sie zu korrigieren, sofern Einflussgrößen zu erwarten sind, die bei der statistischen Auswertung nicht berücksichtigt werden konnten.

3. Früher wurde das Problem der Gültigkeitsdauer geplanter Verrechnungspreise ausführlich diskutiert. Stärkere Preisbewegungen und permanente inflatorische Preissteigerungsraten haben aber inzwischen dazu geführt, dass heute in der Regel im Vorfeld der jährlichen Planung eine Anpassung der Planpreise an das veränderte Preisniveau erfolgt. Damit konzentriert sich die Frage nach der Gültigkeitsdauer geplanter Verrechnungspreise darauf, ob und unter welchen Bedingungen innerhalb der jährlichen Planungsperiode eine Anpassung der Planpreise erfolgen soll. Diese Frage stellt sich nicht, wenn man die Jahresplanung von vornherein durch eine zeitlich differenzierte Preisplanung ergänzt, wie das den Grundsätzen der dynamischen Grenzplankostenrechnung entspricht.

Verwendet man in der laufenden Abrechnung ausschließlich geplante jährliche Durchschnittspreise, so sollte man diese nach Möglichkeit auch bei größeren Preisabweichungen innerhalb des Jahres nicht verändern, da hierdurch im System der Plankostenrechnung eine Kette von weiteren Änderungen ausgelöst würde. Hierzu zählen insbesondere die Korrektur der Plankalkulationen und Bestandsumwertungen in der Kostenträgerrechnung. Gegen eine Veränderung der Planpreise innerhalb eines Rechnungsjahres spricht weiterhin die Tatsache, dass in einer Plankostenrechnung stets die Möglichkeit besteht, die Gegenwartsnähe der Kostenträgerrechnung auch bei starken Preisabweichungen herbeizuführen, indem man eine verursachungsgemäße Verrechnung der Preisabweichungen auf die Kostenträger vornimmt. Lediglich bei wichtigen Rohstoffen, die die Selbstkosten der Erzeugnisse stark belasten, kommt eine Anpassung der Planpreise innerhalb eines Jahres in Frage. Dies gilt insbesondere, wenn sich die Rohstoffpreise stufenförmig ändern.

2.4.2.4 Die Erfassung von Preisabweichungen

1. Die Verwendung geplanter Verrechnungspreise führt dazu, dass in einer Plankostenrechnung laufend Differenzen aus Ist- und Planpreisen entstehen, die man als Preisabweichungen bezeichnet. Für die Errechnung dieser Abweichungen sind mehrere Verfahren entwickelt worden, die sich durch folgende Kriterien voneinander unterscheiden[101]:

- Zeitpunkt der Erfassung
- Inhalt des Planpreises
- Art der organisatorischen Durchführung.

Hinsichtlich des Zeitpunktes unterscheidet man die Erfassung beim Zugang und die Erfassung beim Abgang. Im ersten Fall werden die Preisabweichungen bereits ermittelt, wenn dem Lager Materialmengen zugehen. Im zweiten Fall dagegen erfolgt die Erfassung erst im Zeitpunkt des Verbrauchs.

Wie wir in Kapitel 2.4.1.1 gezeigt haben, kann man als Inhalt eines Planpreises den Einstands- oder den Verbrauchspreis wählen.

Erfolgt die Erfassung der Preisabweichungen beim Zugang, so bestehen folgende Kombinationsmöglichkeiten:

- Bestände und Verbrauchsmengen werden zu Einstandspreisen bewertet
- Bestände werden zu Einstands-, Verbrauchsmengen zu Verbrauchspreisen bewertet
- Bestände und Verbrauchsmengen werden zu Verbrauchspreisen bewertet.

Das erste Verfahren ist in der Praxis am weitesten verbreitet. Es hat den Nachteil, dass die Materialgemeinkosten gesondert verrechnet werden, was aber bei den Einzelmaterialkosten ohne Schwierigkeiten möglich ist. Das zweite Verfahren hat den Vorteil, dass die Materialgemeinkosten bereits im Planpreis enthalten sind. Das dritte Verfahren hat sich in der Praxis nicht bewährt, da die Bestände für die Bilanzansätze jeweils um die in den Verrechnungspreisen enthaltenen Materialgemeinkosten bereinigt werden müssen.

Erfolgt die Erfassung der Preisabweichungen erst beim Abgang, so kann man alternativ die Einstands- oder die Verbrauchspreise als Planpreise verwenden.

Bei der organisatorischen Durchführung kommt heute nur noch der Einsatz von DV-gestützten Materialwirtschaftssystemen in Frage.

2. Das traditionelle Verfahren war die Erfassung der Preisabweichungen beim Zugang. Hierbei erfolgt die Bestandsbewertung zu Einstandspreisen. Die Verbrauchsmengen können entweder zu Einstands- oder zu Verbrauchspreisen bewertet werden. Das charakteristische Merkmal der Erfassung von Preisabweichungen beim Zugang besteht darin, dass neben den Verbrauchsmengen auch die lagernden Mengen mit Planpreisen bewertet werden.

3. Das heute am weitesten verbreitete Verfahren ist die Erfassung der Preisabweichung beim Abgang. Hierbei erfolgt die Bestandsbewertung mit dem gleitenden Durchschnitt der Einstandspreise. Die Verbrauchsmengen werden zum jeweils aktuellen

Einstandspreis bewertet, der in einen Festpreis laut Materialstamm und die entsprechende Preisabweichung aufgeteilt wird.

Dieses erprobte real-time-Verfahren weist gegenüber der traditionellen monatlichen Preisdifferenzermittlung den einzelnen Abgängen innerhalb eines Monats unterschiedliche Preisabweichungen zu. Dies kann z. B. bei Rückgaben ans Lager zu unterschiedlichen Bewertungen führen. Beim traditionellen monatlichen Bewertungsverfahren traten jedoch dieselben Probleme, allerdings monatlich geglättet, auf.

4. Ein Problem der praktischen Durchführung besteht darin, dass bei der Erfassung der Einstandspreise beim Zugang das Problem der zeitlichen Abstimmung von Waren- und Rechnungseingang auftritt. Das Verfahren führt nur dann zu richtigen Preisabweichungen, wenn in jeder Abrechnungsperiode die eingehenden Lieferantenrechnungen genau den Zugangsmengen entsprechen. In der Praxis ist diese Voraussetzung aber meistens nicht erfüllt.

Erfolgen auf dem Lager Zugänge, für die noch keine Rechnungen eingetroffen sind, so sind diese mit „fiktiven Einstandspreisen" zu bewerten. Hierbei kommen als Ersatz für die fehlenden Istpreise in Frage:

- Planpreis (Festpreis)
- aktueller durchschnittlicher Einstandspreis
- Bestellpreis.

Die Bewertung zu Planpreisen ist am ungenauesten und kommt nur für Materialarten in Frage, deren Preisabweichungen gering sind. Am genauesten ist das dritte Verfahren, das in integrierten DV-gestützten Materialwirtschaftssystemen heute durchwegs realisiert ist.

2.4.2.5 Die Auswertung und Weiterverrechnung von Preisabweichungen

1. Wir wollen uns nunmehr der Frage zuwenden, welche Auswertungsmöglichkeiten der Preisabweichungen bestehen. Hierbei wollen wir die Preisabweichungen des Zugangs und die den Verbrauchsmengen entsprechenden Preisabweichungen unterscheiden.

Die zuständigen Einkäufer können durch die Wahl günstiger Bezugsquellen, die Wahl günstiger Bestellzeitpunkte bei schwankenden Preisen und durch Preisverhandlungen die Entstehung von Preisabweichungen wesentlich beeinflussen. Trotz der zweifellos bedeutsamen Möglichkeiten einer geschickten Einkaufspolitik werden die Kostengüterpreise aber stets auch zugleich von exogenen Faktoren bestimmt, auf die der Einkauf keinen Einfluss hat. Diese außerbetrieblichen Einflüsse mischen sich in den Preisabweichungen mit einkaufspolitischen Erfolgen oder Misserfolgen, ohne dass eine Trennung dieser beiden Einflüsse möglich ist. Hieraus folgt, dass die Preisabweichungen nur einen eingeschränkten Maßstab für die Beurteilung des Einkaufserfolgs bilden können[102].

Echte Sollwerte für den Einkauf dürften bei ständig schwankenden Marktverhältnissen niemals Preise sein, die für ein Jahr konstant gehalten werden können. Sie müssten vielmehr in Form von „optimalen Zielpreisen“ jeweils der herrschenden Marktsituation angepasst und vor jeder Einkaufsverhandlung neu festgesetzt werden[103]. Derartige Sollwerte lassen sich aber praktisch nicht ermitteln.

Bessere Möglichkeiten einer Kontrolle der Einkaufspolitik mithilfe der Preisabweichungen des Zugangs bestehen allerdings dort, wo man mehrere gleichartige Betriebe miteinander vergleichen kann, wie das insbesondere bei Konzernen der Fall ist.

Man sollte sich bei der Auswertung von Preisabweichungen auf eine Ursachenanalyse beschränken und hieraus Empfehlungen für die Einkaufsabteilungen ableiten, ohne sie jedoch unmittelbar für die Entstehung von Preisabweichungen verantwortlich zu machen[104].

Die den Abgängen entsprechenden Preisabweichungen haben Kostencharakter und sind daher im System der Plankostenrechnung weiterzuverrechnen. Hierfür bestehen folgende Möglichkeiten:

- Monatliches Ausbuchen in die kurzfristige Erfolgsrechnung
- Verrechnung auf Kostenstellen
- Verrechnung auf Kostenträger.

In älteren Systemen der Plankostenrechnung wurden die Preisabweichungen meistens im Monat der Entstehung in das Betriebsergebnis ausgebucht. Wegen der zeitlichen Phasenverschiebung zwischen Beschaffung, Produktion und Absatz wird hierdurch aber der Ergebnisausweis fehlerhaft[105].

Für das über Kostenstellen verrechnete Material werden die Preisabweichungen bei den verbrauchenden Kostenstellen in eigenen Zeilen des Soll-Istkostenvergleichs ausgewiesen.

Die Preisabweichungen für Einzelmaterial müssen über die Halb- und Fertigfabrikatebestandsveränderungen abgegrenzt und nach Kostenträgern differenziert in die kurzfristige Erfolgsrechnung übernommen werden.

2.4.3 Die Erfassung und Verrechnung von Lohnsatz- und Gehaltsabweichungen

1. Die Planung der Lohnsätze und Gehälter weist gegenüber der Preisplanung mehrere Besonderheiten auf, sodass die Verfahren der Preisplanung nicht analog anwendbar sind[106].

Unsere Ausführungen in Kapitel 2.4.1.2 haben gezeigt, dass sich die Tariflohnsätze und die Tarifgehälter jeweils stufenförmig ändern, wenn neue Tarifvereinbarungen in Kraft treten; während der Gültigkeitsdauern der Tarifverträge sind sie konstant. Die Aufgabe der Planung besteht darin, den Zeitpunkt zu prognostizieren, zu dem die Tarifverträge gekündigt werden, und das Ergebnis der neuen Tarifverhandlungen zu schätzen. Die Gültigkeitsdauern der Tarifverträge, sofern sie nicht von vornherein festliegen, lassen sich relativ leicht bestimmen, da die Gewerkschaften an bestimmte Kündigungsfristen gebunden sind. Weitaus schwieriger ist es, die prozentualen Steigerungsraten und die sonstigen, lohn- und gehaltserhöhend wirkenden Ergebnisse der Tarifverhandlungen (z. B. Arbeits- und Urlaubsregelungen) zu planen. Die inflatorischen Preissteigerungsraten, die konjunkturelle Lage und die allgemeine politische Situation bieten hierbei aber Anhaltspunkte für realistische Schätzungen. Es ergeben sich aber gewisse unternehmenspolitische Schwierigkeiten, wenn man die Ergebnisse dieser Schätzungen bereits zu einem Zeitpunkt in der Kostenplanung verarbeitet, zu dem der Arbeitgeberverband sich noch intensiv um niedrigere Steigerungsraten bemüht. Hierdurch können die Tarifverhandlungen auf der Arbeitgeberseite erschwert werden.

Ein weiteres Problem besteht darin, dass die jährliche Planungsperiode der Plankostenrechnung aufgrund der inzwischen relativ kurz gewordenen Gültigkeitsdauern der Tarifverträge heute meistens aus zwei Teilperioden besteht, von denen in der ersten die bisherigen und in der zweiten die neuen Lohn- und Gehaltssätze gelten. Hält man daran fest, dass für die jährliche Kostenplanung ein bestimmtes Lohn- und Gehaltsniveau festgelegt wird, so bestehen hierzu folgende Möglichkeiten:

- Berücksichtigung der bisherigen Tarifsätze
- Berücksichtigung der neuen Tarifsätze
- Berücksichtigung zeitlich gewogener Mittelwerte aus den alten und den neuen Tarifsätzen.

Das erste Verfahren wird man wählen, wenn der Änderungszeitpunkt an das Ende der jährlichen Planungsperiode fällt. Analog ist das zweite Verfahren zweckmäßig, wenn die Löhne und Gehälter sich bereits zu Beginn der jährlichen Planungsperiode erhöhen. Tritt z. B. zum 1. 8. eines jeden Jahres eine 5 %ige Lohnerhöhung in Kraft und betrug der bisherige Lohnsatz 20,00 €/Stunde, so erhält man als neuen Lohnsatz 21,00 €/Stunde. Als gewogenen Lohnsatz nach dem dritten Verfahren erhält man:

$$\frac{7}{12} \cdot 20{,}00 + \frac{5}{12} \cdot 21{,}00 = 20{,}42 \text{ €/Stunde}$$

In allen Fällen führt dic stufenförmige Änderung der Lohn- und Gehaltssätze zu geplanten Lohnsatz- und Gehaltsabweichungen. In Abbildung 2-25 haben wir ein Beispiel für die Entstehung geplanter Lohnsatzabweichungen wiedergegeben.

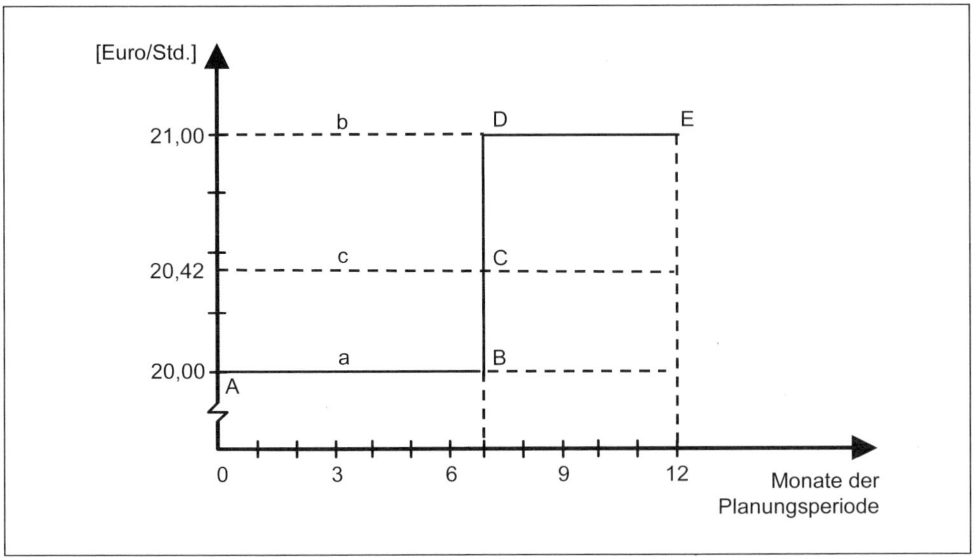

Abbildung 2-25: Beispiel für die Entstehung geplanter Lohnsatzabweichungen

Der gebrochene Linienzug ABDE gibt die geplante zeitliche Entwicklung des Lohnsatzes an. Nach dem ersten Verfahren werden 20,00 €/Stunde als Planlohnsatz festgelegt; während der letzten fünf Monate entstehen hierdurch positive Lohnsatzabweichungen in Höhe von BD = 1,00 €/Stunde. Bei dem zweiten Verfahren wird der neue Lohnsatz von 21,00 €/Stunde geplant. Hierdurch entsteht in den ersten sieben Monaten eine negative Lohnsatzabweichung von BD = 1,00 €/Stunde. Legt man den gewogenen Durchschnittssatz in Höhe von 20,42 €/Stunde als Planlohnsatz fest, so entsteht in den ersten sieben Monaten eine negative Lohnsatzabweichung von BC = 0,42 €/Stunde und in den letzten fünf Monaten eine positive Lohnsatzabweichung von CD = 0,58 €/Stunde.

Neben den Sätzen für die normale tarifliche Arbeitszeit müssen die Zuschläge für Mehrarbeitszeiten (Überstunden der verschiedensten Art, regelmäßige und unregelmäßige Nachtarbeit usw.) geplant werden. Da die hierfür erforderlichen Zuschlagssätze in den Tarifverträgen festgelegt sind und sich im Zeitablauf relativ wenig ändern, treten bei der Planung dieser Sätze kaum Schwierigkeiten auf.

Werden neben den tariflichen Lohnsätzen und Gehältern innerbetriebliche Lohnzulagen gewährt, so sind auch diese in die geplanten Lohn- und Gehaltssätze einzubeziehen. Werden die Lohnzulagen fallweise von den Kostenstellenleitern veranlasst, so z. B. um in einer angespannten Arbeitsmarktlage das Abwandern qualifizierter Mitarbeiter zu verhindern, so sind diese Lohnzulagen beim Aufbau der Kostenplanung schwer abschätzbar. Man sollte in diesen Fällen eine gering bemessene Durchschnittsrate festlegen und im Übrigen die darüber hinausgehenden Lohnzulagen in die Kostenstellenabweichungen eingehen lassen. Hierdurch wird erreicht, dass die Kostenstellenleiter bei der Gewährung innerbetrieblicher Lohnzulagen nicht zu großzügig sind.

Wird in einem Industriebetrieb eine analytische Arbeitsplatzbewertung durchgeführt, so müssen bei der Planung der Lohn- und Gehaltssätze die hieraus resultierenden Wirkungen berücksichtigt werden.

Wie unsere Ausführungen in Kapitel 2.4.1.2 gezeigt haben, werden neben den Tarifsätzen für Löhne und Gehälter geplante Sozialkostensätze verwendet. In diese Sätze gehen neben den außerbetrieblichen Sozialkosten auch die primären innerbetrieblichen Sozialkosten, nicht aber die Kosten der Sozialkostenstellen ein. Wir werden die Planung der Sozialkostenstellen in Kapitel 4.5.1.3 behandeln.

2. Wird während der jährlichen Planungsperiode eine (vorhergesehene oder unvorhergesehene) Tariferhöhung wirksam, so lassen sich folgende Maßnahmen zur Erfassung von Lohnsatz- und Gehaltsabweichungen realisieren:

- Planungsüberholung, d. h. Neubewertung des gesamten Mengengerüstes
- Doppelte Bruttolohn- und Bruttogehaltsabrechnung
- Erfassung mithilfe von Lohn- und Gehaltserhöhungsfaktoren
- Nachträgliche Eliminierung aus den Kostenstellenabweichungen.

Eine Anpassung der Kostenplanung an neue Lohnsätze und Gehälter ist wegen der erforderlichen Folgeänderungen im Gesamtsystem sehr aufwändig und kommt daher allenfalls für sehr lohnintensive Betriebe in Frage. Sie hat zwar den Vorteil, dass die Planung in Bezug auf das Lohn- und Gehaltsniveau stets aktuell ist, für die dispositiven Aufgaben der Kostenrechnung lässt sich diese Aktualität aber auch durch eine verursachungsgemäße Berücksichtigung der Lohnsatz- und Gehaltsabweichungen herbeiführen.

Das theoretisch beste Verfahren zur Erfassung von Lohnsatz- und Gehaltsabweichungen wäre die Durchführung einer doppelten Bruttolohn- und Gehaltsabrechnung. Hierbei wird die Bruttolohn- bzw. Bruttogehaltsabrechnung einmal zu den geplanten und anschließend noch einmal zu den neuen Sätzen durchgeführt. Die Mehrkosten, die aus den Lohnsatz- und Gehaltserhöhungen resultieren, werden als Lohnsatzabweichung den Kostenstellen in getrennten Zeilen des Soll-Ist-Kostenvergleichs nachberechnet. Das Verfahren der doppelten Bruttolohn- bzw. Bruttogehaltsabrechnung zeichnet sich durch eine sehr große Genauigkeit aus, da bei diesem Verfahren alle individuellen Daten der Lohnsatz- und Gehaltserhöhung berücksichtigt werden können. Der Nachteil besteht darin, dass sich der Rechenaufwand für die Bruttolohn- und Bruttogehaltsabrechnung verdoppelt. Auch bei maschineller Durchführung lässt sich daher dieses Verfahren wirtschaftlich nicht anwenden.

In der Praxis wurden Verfahren realisiert, wo die Bruttolohn- und Bruttogehaltsabrechnung mit den effektiven Lohnsätzen und Gehältern durchgeführt und die eingetretenen Änderungen im Rahmen der Lohn- und Gehaltsabrechnung durch Faktoren berücksichtigt wurden. Dies geschieht in der Weise, dass man die den effektiven Lohnsätzen und Gehältern entsprechenden Beträge durch die zugehörigen Erhöhungsfaktoren dividiert. Hierdurch erhält man zugleich die den Kostenstellen zu belastenden Lohn- und Gehaltsbeträge und die Lohnsatzabweichungen.

Die vierte Möglichkeit zur Berücksichtigung von Lohnsatz- und Gehaltserhöhungen besteht darin, die den effektiven Sätzen entsprechenden Beträge zunächst den Kostenstellen zu belasten und die darin enthaltenen Lohnsatz- und Gehaltsabweichungen erst bei Durchführung des Soll-Ist-Kostenvergleichs zu eliminieren.

In der Praxis hat sich das vierte Verfahren am besten bewährt. Es kann gegebenenfalls dadurch verfeinert werden, dass man für einzelne Lohnarten unterschiedliche Erhöhungsfaktoren verwendet, sofern sich in ihnen Lohnsatz- und Gehaltserhöhungen unterschiedlich auswirken.

3. Gegen die Isolierung von Lohnsatz- und Gehaltsabweichungen aus der laufenden Abrechnung sind die gleichen Einwände erhoben worden wie wir sie bereits für die Verwendung geplanter Verrechnungspreise für Werkstoffe beschrieben haben. Auch für die Löhne wird darauf hingewiesen, dass die Kostenrechnung, insbesondere die Kostenträgerrechnung, ihre Aktualität verliert, wenn Lohn- und Gehaltssätze verrechnet werden, die der Wirklichkeit nicht entsprechen. Diese Einwendungen sind jedoch nicht stichhaltig, da sich die Aktualität der Kostenträgerrechnung durch eine verursachungsgemäße Verrechnung der Lohnsatz- und Gehaltsabweichungen herbeiführen lässt. Im Übrigen wird man für dispositive Aufgaben jeweils die relevanten Lohnsätze und Gehälter berücksichtigen.

In der Praxis hat sich die Tendenz durchgesetzt, die Lohnsatz- und Gehaltsabweichungen in der Kostenstellenrechnung auszuweisen. Der Soll-Ist-Kostenvergleich wird zwar zunächst auf der Basis der geplanten Lohnsätze und Gehälter durchgeführt. Anschließend werden die Personalkosten aber um die zugehörigen Lohnsatz- und Gehaltsabweichungen ergänzt. Auf diese Weise soll den Kostenstellenleitern gezeigt werden, wie die Lohnsatz- und Gehaltsabweichungen das Kostenvolumen ihrer Kostenstellen beeinflussen; zugleich kann man erkennen, wie die Lohnsatz- und Gehaltsabweichungen die Kalkulationssätze beeinflussen.

Anmerkungen zum Kapitel 2

1 Hierauf hat bereits K. Käfer, Standardkostenrechnung, 1964, S. 489 hingewiesen. Die kostentheoretischen Grundlagen der Grenzplankostenrechnung sind u. a. auch von G. Lassmann kritisiert worden. Vgl. Die Kosten- und Erlösrechnung, 1968, S. 33, 40, 55, 56, 63 und 153; ders.; Gestaltungsformen der Kosten- und Erlösrechnung, 1973, S. 7 und 17; H. Wittenbrink, Kurzfristige Erfolgsplanung und Erfolgskontrolle mit Betriebsmodellen, 1975, S. 20 f. Im Übrigen vgl. zu den folgenden Ausführungen auch W. Kilger, Kostentheoretische Grundlagen, 1976, S. 679 ff. Zu welchen Missverständnissen die Begriffe „fixe und variable Kosten" bei falscher Auslegung führen können, hat S. Hummel gezeigt, vgl. Fixe und variable Kosten, 1975, S. 63 ff.

2 In der Literatur zur Kostenrechnung vgl. zum Problem der Kostenbestimmungsfaktoren: F. Henzel, Kosten und Leistung, 1941, S. 160 ff., wo etwa 50 Kostenbestimmungsfaktoren angegeben werden; F. Henzel, Der Unternehmer als Disponent seiner Kosten, 1936, S. 139 ff.; E. Heinen, Betriebswirtschaftliche Kostenlehre, 1978, S. 369 ff. Im Übrigen vgl. die Literatur zur Produktions- und Kostentheorie.

3 Vgl. E. Gutenberg, Grundlagen der Betriebswirtschaftslehre, 1973, S. 315 f.

4 Vgl. M. Knayer, Taktische Kosten, 1971, S. 20.

5 Vgl. W. Kilger, Einführung in die Kostenrechnung, 1976, S. 52 f.

6 Vgl. W. Kilger, Optimale Produktions- und Absatzplanung, 1973, S. 47–50.

7 Zur optimalen Steuerung dieser Anpassungsprozesse vgl. W. Kilger, Optimale Produktions- und Absatzplanung, 1973, S. 203–270.

8 E. Heinen bezeichnet den Beschäftigungsgrad und damit die Ausbringung als „dominante Kosteneinflussgröße", vgl. Betriebswirtschaftliche Kostenlehre, 1978, S. 369.

9 Zu Bezugsgrößenwahl vgl. W. Kilger, Einführung in die Kostenrechnung, 1976, S. 163 ff. Im Übrigen vgl. zur Bezugsgrößenwahl unsere Ausführungen in Kap. 4.22.

10 Vgl. K. Rummel, Einheitliche Kostenrechnung, 1967, S. 5.

11 Intensitätsmäßige Anpassungsprozesse wurden in der Betriebswirtschaftslehre erstmalig von E. Gutenberg ausführlich analysiert. Vgl. Grundlagen der Betriebswirtschaftslehre, 1973, S. 361 ff.

12 Die Zerlegung der Ausbringung in die Intensität und die Fertigungszeit ist in der deutschsprachigen Literatur seit langem bekannt. Vgl. H. Steinmann, Die Plankostenrechnung, 1939, S. 59: „Jeder Beschäftigungsgrad ist daher bestimmt durch die beiden Komponenten Fertigungsintensität und Zeit."

13 Vgl. E. Schneider, Grundlagen des industriellen Rechnungswesens, 1939, S. 115.

14 Vgl. E. Gutenberg, Grundlagen der Betriebswirtschaftslehre, 1973, S. 371 f.

15 Vgl. E. Gutenberg, Grundlagen der Betriebswirtschaftslehre, 1973, S. 361 f.

16 Vgl. W. Kilger, Optimale Produktions- und Absatzplanung, 1973, S. 383–454.

17 Dies setzt den Aufbau von Prozessketten und die Erstellung von Vorgangskalkulationen für administrative Tätigkeiten voraus.

18 Zweifel daran, dass lineare Kostenverläufe als Grundlage der flexiblen Plankostenrechnung geeignet sind, äußert z. B. K. Käfer, Standardkostenrechnung, 1964, S. 495; G. Seicht, Die Grenzbetrachtung, 1977, S. 94; E. Kosiol, Plankostenrechnung, 1956, S. 196.

19 Auch P. Riebel weist darauf hin, dass dem „Direct Costing" vereinfachte kostentheoretische Prämissen zugrunde liegen. Seine Ansicht, dass diesem Verfahren „letztlich das Modell des Einperioden-Einprodukt-Einmarkt-Betriebs" zugrunde liegt, ist allerdings übertrieben. Vgl. P. Riebel, Einzelkosten und Deckungsbeitragsrechnung, 1979, S. 361.

20 Vgl. E. Gutenberg, Grundlagen der Betriebswirtschaftslehre, 1973, S. 393 f.

21 Vgl. H. G. Plaut, Die Grenz-Plankostenrechnung, 1953, S. 353; H. G. Plaut, Die Grenzplankostenrechnung, 1955, S. 29 ff.

22 Vgl. W. Kilger, Optimale Produktions- und Absatzplanung, 1973, S. 203 ff. und insbesondere Abb. 31 auf S. 209.

23 Zur Theorie der Verbrauchsfunktionen, mit deren Hilfe von E. Gutenberg der Kostenverlauf bei intensitätsmäßiger Anpassung abgeleitet wird, vgl. E. Gutenberg, Grundlagen der Betriebswirtschaftslehre, Bd. 1, 1973, S. 326 ff. Im Übrigen sei auf die produktions- und kostentheoretische Literatur verwiesen.

24 Diese Technik wendet man auch bei der Steuerung intensitätsmäßiger Anpassungsprozesse mithilfe der linearen Programmierung an. Vgl. W. Kilger, Optimale Produktions- und Absatzplanung, 1973, S. 231 ff.

25 Auf die Beweisführung wollen wir hier verzichten. Vgl. K. Dellmann und L. Nastansky, Kostenminimale Produktionsplanung, 1969, S. 239 ff.; W. Kilger, Optimale Produktions- und Abatzplanung, 1973, S. 260 f.; D. Adam, Quantitative und intensitätsmäßige Anpassung, 1972, S. 381 ff. Siehe zu einer neueren Übersicht zum Stand der Forschung zum Intensitätssplitting L. Petersen: Zur Theorie des Intensitätssplittings, 1999, S. 677 ff.

26 Vgl. W. Kilger, Produktions- und Kostentheorie, 1958, S. 102 ff.

27 Die Möglichkeit stufenförmiger Sollkostenvorgaben deuten folgende Autoren an: K. Agthe, Kostenplanung und Kostenkontrolle, 1963, der auf S. 106 Sprungvariatoren für Kostensprünge empfiehlt; H. C. Heiser, Budgetierung, 1964, S. 160 und Abb. 7 auf S. 176; C. T. Horngren, Cost Accounting, 1963, S. 197; C. T. Horngren, Accounting for Management, 1970, S. 242 f.; I. W. Keller, Management Accounting for Profit Control, 1957, S. 191 f.; R. L. Brummet, Direct Costing, 1963, S. 62, sowie Exh. 1, Type 4.

28 Eine Weiterentwicklung der Planung und Abrechnung repetitiver administrativer Prozesse wird durch eine prozessorientierte Vorgangskalkulation erreicht; vgl. K. Vikas, Planung und Abrechnung administrativer Prozesse, 1990, S. 20 ff,

29 Vgl. G. Lassmann, Gestaltungsformen der Kosten- und Erlösrechnung, 1973, S. 7. Offensichtlich verkennt G. Lassmann, dass das gesamte System der Grenzplankostenrechnung darauf beruht, dass zunächst Grenzkostensätze für Bezugsgrößen, evtl. auch für mehrere Bezugsgrößen, bestimmt werden.

30 Zu den Entscheidungsmodellen der optimalen Verfahrenswahl vgl. W. Kilger, Optimale Produktions- und Absatzplanung, 1973, S. 164 ff.

31 Die Rüstkosten können aber darüber hinaus auch von der Reihenfolge abhängen. Siehe hierzu und zu einem entsprechenden Optimierungsmodell K. Haase, L. Göpfert, Engpaßorientierte Fertigungssteuerung, 1996, S. 1511 ff.

32 Vgl. jedoch J. Weber, Logistik-Kostenrechnung, 1987.

33 Zu Optimierungsmodellen bei Kuppelproduktion vgl. W. Kilger, Optimale Produktions- und Absatzplanung, 1973, S. 340 ff.

34 Vgl. W. Kilger, Optimale Produktions- und Absatzplanung, 1973, S. 180.

35 Vgl. hierzu unsere Ausführungen in Kap. 4.8.

36 Vgl. hierzu W. Kilger, Der theoretische Aufbau der Kostenkontrolle, 1959, S. 457 ff.

37 Vgl. H. Glaser: Zur Erfassung von Teilabweichungen und Abweichungsüberschneidungen, 1986, S. 141 ff. Siehe zur neueren Diskussion auch H. Glaser: Zur Relativität von Kostenabweichungen, 1999, S. 21 ff.

38 Vgl. H. W. Maynard, The Accounting Technique, 1927 (12), Section 1, S. 550 ff.; E. A. Camman, Basic Standard Costs, 1932, S. 60.

39 Vgl. A. Müller, Die Isolierung der Einflüsse auf die Selbstkosten, 1933, S. 11.

40 Vgl. L. L. Vance, The Fundamental Logic, 1950; das System 3 bei K. Weber, Zur Abweichungsermittlung, 1961, S. 435.

41 Der Beweis lässt sich wie folgt erbringen:

$$\Delta rq^{(p)} + \frac{\Delta r^2 \Delta q q^{(p)}}{\Delta rq^{(p)} + \Delta qr^{(p)}} + \Delta qr^{(p)} + \frac{\Delta r \Delta q^2 r^{(p)}}{\Delta rq^{(p)} + \Delta qr^{(p)}}$$

$$= \frac{\Delta r^2 q^{(p)^2} + \Delta r \Delta q r^{(p)} q^{(p)} + \Delta r^2 \Delta q q^{(p)} + \Delta r \Delta q r^{(p)} q^{(p)} + \Delta q^2 r^{(p)^2} + \Delta r \Delta q^2 r^{(p)}}{\Delta rq^{(p)} + \Delta qr^{(p)}}$$

$$= \frac{\left[\Delta rq^{(p)} + \Delta qr^{(p)}\right]^2 + \Delta r \Delta q \left[\Delta rq^{(p)} + \Delta qr^{(p)}\right]}{\Delta rq^{(p)} + \Delta qr^{(p)}}$$

$$= \Delta rq^{(p)} + \Delta qr^{(p)} + \Delta r \Delta q$$

42 Diese Abweichung hat nichts mit der in einer auf Vollkosten basierenden flexiblen Plankostenrechnung auftretenden Beschäftigungsabweichung zu tun. Sie entspricht vielmehr der Differenz aus den proportionalen Sollkosten bei Ist- und den proportionalen Plankosten bei Planbeschäftigung.

43 Vgl. E. A. Camman, Basic Standard Costs, 1932, S. 59 und 60; K. Weber bezeichnet diese Verfahren als System 4, vgl. K. Weber, Zur Abweichungsermittlung, 1961, S. 436; auch D. Coward hat dieses Verfahren beschrieben, wie A. Danielsson, On Measurement, 1963, S. 22, nachweist: „He therefore suggests that the analysis should be made several times and that each time a different variable should be taken as the starting-point."

44 Hierauf hat schon A. Müller, Die Isolierung der Einflüsse auf die Selbstkosten, 1933, S. 39, hingewiesen.

45 Wie A. Danielsson, On Measurement, 1963, S. 22, zeigt, hat hierauf bereits D. Coward, Ökonomisk, 1953, hingewiesen: „Coward (1953) claims that the result of the analysis depends on which of the variables has been taken as the starting-point, i. e. in which direction the relationship points."

46 Dieses Verfahren hat schon H. W. Maynard, The Accounting Technique, 1927, S. 550 ff., empfohlen. Vgl. weiterhin K. Käfer, Standardkostenrechnung, 1964, S. 141: „Nach der üblichen Methode wird die Abweichung 2. Grades zur Preisabweichung gerechnet und diese als Istmenge mal Zusatzpreis definiert." K. Weber, Zur Abweichungsermittlung, 1961, S. 436, bezeichnet dieses Verfahren als System 3.

47 C. T. Horngren, Accounting for Management, 1970, schreibt hierüber auf S. 268: „However, we should be aware that the conventional variance analysis, which includes the joint price quantity variance ... as a part of an over-all price variance, has logical deficiencies."

48 Allerdings haben die dabei auftretenden Zuordnungsprobleme und hierzu vorgeschlagenen Lösungen in jüngerer Zeit zu einer erneuten Kontroverse geführt: K. Wimmer: Kostenabweichungsanalyse und Kostensenkung, 1994, S. 981 ff., W. Ossadnik, S. Maus, Kumulative versus differenziert-kumulative Kostenabweichungsanalyse, 1995, S. 1285 ff.; K. Wimmer: Innerbetriebliche Unwirtschaftlichkeit und Kostenabweichungsanalyse, 1995, S. 1290 ff.

49 T. Carrol sagt hierzu: „You can show variances for every detail you have set some measure for." Vgl. T. Carrol, How to Control Production Costs, 1953, S. 140.

50 Vgl. H: Müller, Kostenplanung und Plankostenrechnung, 1951, S. 439.

51 Vgl. H. Bierman, L. E. Fouraker und R. K. Jaedicke, The Use of Probability and Statistics, 1961, S. 409 ff.

52 Vgl. R. M. Duvall, Rules for Investigating Cost Variances, 1966, S. B631 ff.; T. R. Dyckman, The Investigation of Cost Variances, 1969, S. 215 ff.

53 Vgl. K. Lüder, Ein entscheidungsorientierter Ansatz, 1970, S. 632 ff.; H. Sabel, Entscheidungsprobleme, 1973, S. 17 ff..

54 Vgl. H. Sabel, Entscheidungsprobleme, 1973, S. 19.

55 Vgl. H. Bierman, L. E. Fouraker und R. K. Jaedicke, The Use of Probability and Statistics, 1961, S. 414; K. Lüder, Ein entscheidungsorientierter Ansatz, 1970, S. 632 f.

56 Vgl. H. Bierman, L. E. Fouraker und R. K. Jaedicke, The Use of Probability and Statistics, 1961, S. 415 f.

57 Vgl. H. Bierman, L. E. Fouraker und R. K. Jaedicke, The Use of Probability and Statistics, 1961, S. 414.

58 Vgl. H. Bierman, L. E. Fouraker und R. K. Jaedicke, The Use of Probability and Statistics, 1961, S. 416.

59 Vgl. H. Bierman, L. E. Fouraker und R. K. Jaedicke, The Use of Probability and Statistics, 1961, S. 415.

60 Vgl. T. R. Dyckman, The Investigation of Cost Variances, 1969, S. 218 ff.

61 Vgl. R. M. Duvall, Rules for Investigating Cost Variances 1966, S. B-633 ff.

62 Vgl. R. M. Duvall, Rules for Investigating Cost Variances, 1966, S. B-631.

63 Vgl. R. M. Duvall, Rules for Investigating Cost Variances, 1966, S. B-631.

64 Vgl. R. M. Duvall, Rules for Investigating Cost Variances, 1966, S. B-633 f.; K. Lüder, Ein entscheidungsorientierter Ansatz, 1970, S. 635.

65 Vgl. R. M. Duvall, Rules for Investigating Cost Variances, 1966, S. B-639.

66 Vgl. R. M. Duvall, Rules for Investigating Cost Variances, 1966, S. B-640.

67 Vgl. R. M. Duvall, Rules for Investigating Cost Variances, 1966, S. B-642 ff.

68 Vgl. T. R. Dyckman, The Investigation of Cost Variances, 1969, S. 218; H. Bierman, L. E. Fouraker und R. K. Jaedicke, The Use of Probability and Statistics, 1961, S. 414 in Anmerkung 1.

69 Vgl. R. M. Duvall, Rules for Investigating Cost Variances, 1966, S. B-637 f. ; K. Lüder, Ein entscheidungsorientierter Ansatz, 1970, S. 636 ff.

70 Vgl. zur Abweichungsprämierung: H. Beckmann, Plankostenrechnung in der chemischen Industrie, 1953, S. 50; K. W. Hennig, Betriebswirtschaftslehre der industriellen Fertigung, 1946, S. 126; K. Käfer, Standardkostenrechnung, 1964, S. 431 ff.; E. Michel, Handbuch der Plankostenrechnung, 1937, S. 300 ff.; W. Staudinger, Die Gemeinkosten-Planung, 1953, S. 120; H. Steinmann, die Plankostenrechnung, 1939, S. 145; H. Tigges, Betriebsüberwachung, 1951, S. 222 ff.; F. Wille, Plan- und Standardkostenrechnung, 1963, S. 112 ff.

71 Bereits W. Hasenack hat darauf hingewiesen, dass die Abweichungsprämierung häufig dazu führt, dass Kostenstellenleiter versuchen, Kostenabweichungen auf andere Kostenstellen zu buchen oder auf Kosten anderer zu sparen. Vgl. Budgeteinführung und Betriebspsyche, 1929/1930, S. 384. Die gleiche Ansicht vertritt F. Wille, Plan- und Standardkostenrechnung, 1963, S. 117.

72 Auch K. Käfer, Standardkostenrechnung, 1964, S. 432, lehnt eine Prämierung von Verbrauchsabweichungen ab. In den USA dagegen dürften Prämiensysteme für Verbrauchsabweichungen stärker verbreitet sein. Vgl. S. B. Henrici, Standard Costs for Manufactoring, 1960, S. 263; A. Matz, Planung und Kontrolle von Kosten und Gewinn, 1964, S. 180.

73 Eine Spezialform der individuellen Prämie besteht darin, dass man den Arbeitern das Fertigungsmaterial „verkauft", wofür ihnen einbestimmtes „Anfangskapital" zur Verfügung gestellt wird. Diese Form der Prämie wird in den Goldmalereien von Porzellanfabriken angewandt.

74 Vgl. zu den im Folgenden beschriebenen Grundsätzen der Prämienberechnung und der Prämienstaffel in Abb. 26: H. Tigges, Betriebsüberwachung, 1951, S. 223; F. Wille, Plan- und Standardkostenrechnung, 1963, S. 113 f.

75 Vgl. F. Wille, 1963, S. 113.

76 Vgl. J. M. Clark, Economics of Overhead Costs, 1923, S. 49.

77 Vgl. G. Shillinglaw, Cost Accounting, 1972, S. 25.

78 Vgl. W. Kilger, Optimale Produktions- und Absatzplanung, 1973, S. 70 und 179.

79 Zur Unterscheidung von gemeinsamer Produktion und Alternativproduktion vgl. W. Krelle, Produktionstheorie, 1969, S. 4 und D. Adam, Produktionsplanung bei Sortenfertigung, 1969, S. 106.

80 Vgl. D. Adam, Entscheidungsorientierte Kostenbewertung, 1970, S. 35 ff. und die dort angegebene Literatur.

81 Vgl. D. J. Green, Pain Cost and Opportunity Cost, 1894.

82 Vgl. G. Shillinglaw, Cost Accounting, 1972, S. 26; C. T. Horngren, Accounting for Management 1970, S. 335.

83 Vgl. E. Schmalenbach, Kostenrechnung und Preispolitik, 1963, S. 145 ff. und insbesondere S. 150 und 164. Vgl. im Übrigen D. Adam, Entscheidungsorientierte Kostenbewertung, 1970, S. 36 ff.

84 Für diese Fälle sind Zielfunktionen erforderlich, die keine Opportunitätskosten enthalten. Vgl. D. Adam, Entscheidungsorientierte Kostenbewertung, 1970, S. 45; E. Heinen, Betriebswirtschaftliche Kostenlehre, 1970, S. 314.

85 Vgl. W. Kilger, Optimale Produktions- und Absatzplanung, 1973, S. 138 ff.

86 Vgl. D. Adam, Entscheidungsorientierte Kostenbewertung, 1970, S. 53; H. Hax, Kostenbewertung mithilfe der mathematischen Programmierung, 1965, S. 204 und 210; R. Hofmann, Gewinnoptimale Unternehmenssteuerung, 1962, S. 91; G. Jaensch, Optimale Produktionssteuerung bei unvollständiger Information, 1966, S. 205; W. Kern, Kalkulation mit Opportunitätskosten, 1965, S. 147.

87 Vgl. T. Beste, Die Verrechnungspreise in der Selbstkostenrechnung, 1924, S. 1; vgl. auch M. R. Lehmann, System der betriebswirtschaftlichen Verrechnungspreise, 1930, S. 721 ff.

88 Hierauf hat bereits A. Müller hingewiesen; vgl. A. Müller, Istkosten-, Normalkosten- und Plankostenrechnung, 1952, S. 560. Ähnlich äußert sich auch L. Schmidt, Das Rechnen mit Tageswerten in der Plankostenrechnung, 1954, S. 700 ff.

89 In heutigen Diskussionen zu Verrechnungspreisen dominieren dagegen verhaltenstheoretische Aspekte siehe zu einem Überblick: T. Baldenius, S. Reichelstein: Alternative Verfahren zur Bestimmung innerbetrieblicher Verrechnungspreise, 1998, S. 236 ff.; R. F. Göx: Pretiale Lenkung als Instrument der Wettbewerbsstrategie, 1998, S. 260 ff. Skeptisch beurteilt W. Neuss die Lenkungsfunktion durch Marktrekonstruktion; vgl. W. Neuss: Verrechnungspreise, 1997, S. 38 ff. Siehe zu einer umfassenden neueren Darstellung der Verrechnungspreise: R. Ewert, A. Wagenhofer: Interne Unternehmensrechnung, 2008, S. 571 ff.

90 Vgl. K. Schwantag, Stoffwirtschaft und Plankostenrechnung, 1950, S. 412 f. K. Schwantag verwendet jedoch die Bezeichnung „Verbrauchpreis“ nicht. Diese Bezeichnung wurde erst vom Arbeitskreis Diercks der Schmalenbach-Gesellschaft geprägt, der das Schema von K. Schwantag erweitert hat. Vgl. Arbeitskreis Diercks der Schmalenbach-Gesellschaft, Der Verrechnungspreis in der Plankostenrechnung, 1964, S. 626. Siehe zu einer neueren Übersicht zu den möglichen Ausgestaltungsformen der Beschaffungskalkulation J. R. Pampel: Beschaffungskalkulation, 1992, S. 37 f.

91 Hierzu sind mit einer stärkeren Bedeutung der Logistikkosten bereits Ende der 80er Jahre Vorschläge zu einer differenzierteren Erfassung von Logistikkosten gemacht worden; vgl. J. Weber: Logistik-Kostenrechnung, 1987; J. Weber: Kalkulation von Logistikkosten, 1992, S. S. 29–36. Siehe zu einer Ableitung von Beschaffungskostenkategorien aus Kooperationsmodellen mit Zulieferern auch J. R. Pampel: Kooperation mit Zulieferern, 1993, S. 261 ff.; J. R. Pampel: Produktions- und Transaktionskosten in der Supply Chain, 2002.

92 Allerdings werden bei manchen Prämienlöhnen andere Bemessungsgrundlagen verwendet als die Arbeitszeit.

93 Vgl. Th. Sohl, Perioden- und leistungsgerechte Verrechnung der Personalkosten, 1990, S. 151 ff..

94 Vgl. W. Kilger, Einführung in die Kostenrechnung, 1976, S. 105 ff.

95 Vgl. Arbeitskreis Diercks der Schmalenbach-Gesellschaft, Der Verrechnungspreis in der Plankostenrechnung, 1964, S. 633.

96 Vgl. Arbeitskreis Diercks der Schmalenbach-Gesellschaft, Der Verrechnungspreis in der Plankostenrechnung, 1964, S. 633 f.

97 Vgl. R. Gater, Die Entrümpelung der Kostenrechnung, 1954, S. 178; J. Fuchs, Die Plankostenrechnung, 1954, S. 309.

98 Vgl. H. G. Plaut, Wo steht die Plankostenrechnung in der Praxis?, ZfhF 1952, S. 403; J. Fuchs, Festwerte und Standards in der Plankostenrechnung, 1955, S. 6 ff.; R. Gater, Behandlung von Preisschwankungen, 1953, S. 25 ff.; R. Gater, Die Entrümpelung der Kostenrechnung, 1954, S. 178. Die obige Forderung war nur von Bedeutung, als noch eine gruppenweise Ermittlung von Preisabweichungen erfolgte.

99 Vgl. A. Müller, Die Isolierung der Einflüsse auf die Selbstkosten, 1933, S. 46; H. Glaszinski, Richtkostenrechnung, 1952, S. 447ff.; P. Kreuzer, Vor- und rückschauende Erfolgsrechnung mit Ergebnisspaltung, 1953, S. 393. Eine ausführliche Beschreibung dieser Methode einschließlich ihrer organisatorischen Durchführung findet man bei L. Schmidt, Das Rechnen mit Tageswerten in der Plankostenrechnung, 1954, S. 698 ff. Den Ausführungen L. Schmidts liegen die Erfahrungen der von P. Kreuzer aufgebauten Plankostenrechnung zugrunde.

100 Vgl. L. Schmidt, Das Rechnen mit Tageswerten in der Plankostenrechnung, 1954, S. 699.

101 Eine vollständige Zusammenstellung der möglichen Verfahren zur Erfassung von Preisabweichungen hat der Arbeitskreis Diercks der Schmalenbach-Gesellschaft erarbeitet. Vgl. Arbeitskreis Diercks der Schmalenbach-Gesellschaft, Der Verrechnungspreis in der Plankostenrechnung, 1964, S. 649 ff.

102 Vgl. Arbeitskreis Diercks der Schmalenbach-Gesellschaft, Der Verrechnungspreis in der Plankostenrechnung, 1964, S. 649: „Deshalb werden die Preisabweichungen nur selten als Maßstab für die Wirtschaftlichkeit der Einkaufstätigkeit herangezogen." K. Käfer, Standardkostenrechnung, 1964, S. 134 weist darauf hin, dass Planpreise keine Sollgrößen, d. h. keine optimalen Zielpreise sind; zugleich wird auf die „oft überragenden außerbetrieblichen Einflüsse" hingewiesen. Vgl. S. 143.

103 Vgl. K. Käfer, Standardkostenrechnung, 1964, S. 134.

104 Vgl. J. Fuchs, Festwerte und Standards, 1955, S. 8 ff.

105 Hierauf hat insbesondere H. G. Plaut mit Nachdruck hingewiesen. Er vertritt die Ansicht, „dass aus betriebswirtschaftlichen, handelsrechtlichen und steuerlichen Gründen die Abweichungen als laufender Korrekturposten zur Bestandsrechnung mitgeführt werden müssen". Vgl. H. G. Plaut, Entwicklungsformen der Plankostenrechnung, 1976, S. 8.

106 Vgl. Arbeitskreis Diercks der Schmalenbach-Gesellschaft, Der Verrechnungspreis in der Plankostenrechnung, 1964, S. 661 ff.

3 Die Planung und Kontrolle der Einzelkosten

3.1 Die Planung und Kontrolle der Einzelmaterialkosten

3.1.1 Grundlagen für die Planung und Kontrolle der Einzelmaterialkosten

3.1.1.1 Die Einzelmaterialkosten im System der Plankostenrechnung

1. Die Einzelmaterialkosten lassen sich den Kostenträgern in der Kalkulation unmittelbar zurechnen und bedürfen keiner Verrechnung auf Kostenstellen[1]. Da sich die flexible Plankostenrechnung in ihren ersten Entwicklungsstadien überwiegend auf die nach Kostenstellen differenzierte Kostenkontrolle konzentrierte, wurden die Planung und Kontrolle der Einzelmaterialkosten über die vorhandenen Ansätze hinaus nicht weiter entwickelt. Einschränkend ist hierzu allerdings zu bemerken, dass es bereits vor Entstehung der Plankostenrechnung gute Ansätze zur Planung der Einzelmaterialkosten gegeben hat und dass viele Unternehmungen, die über keine vollständige Plankostenrechnung verfügen, geplante Einzelmaterialkosten verwenden[2].

2. In vielen Betrieben werden die Einzelmaterialkosten für die Zwecke der Kalkulation pro Kostenträgereinheit geplant. Eine nachträgliche Kostenkontrolle und Abweichungsanalyse ist unabdingbar, da auch für die Einzelmaterialkosten die Entstehung der Abweichungen von Arbeitskräften beeinflusst wird, die in den einzelnen Kostenstellen tätig sind. Diese Tatsache hat dazu geführt, dass in vielen Betrieben mit einer gut ausgebauten, auf die Kontrolle der Kostenstellenkosten zugeschnittenen flexiblen Plankostenrechnung auch eine kostenstellenweise Kontrolle der Einzelmaterialkosten eingerichtet wurde.

Dies ist gut verständlich, weil in den meisten Industriebetrieben die Einzelmaterialkosten einen wesentlichen Bestandteil der Selbstkosten der betrieblichen Erzeugnisse ausmachen. Sie betragen in vielen Fällen über 50 % der Herstellkosten. Vor allem in materialintensiven Industriebetrieben ist die Bedeutung der Einzelmaterial-Kostenkontrolle mindestens ebenso groß, wenn nicht sogar größer als die Bedeutung der Stellenkontrolle[3].

Heute wird der Grundsatz allgemein akzeptiert, dass zu einer funktionsfähigen flexiblen Plankostenrechnung auch die Planung und die Durchführung laufender Soll-Ist-Kostenvergleiche der Einzelmaterialkosten gehören.

Wir wollen deshalb Beispiele aus der Praxis zunächst den theoretischen Aufbau der Planung und Kontrolle der Einzelmaterialkosten behandeln und im Anschluss hieran einige praktische Beispiele aus verschiedenen Branchen wiedergeben.

3.1.1.2 Der theoretische Aufbau der Einzelmaterialkosten-Planung

1. Zum Einzelmaterial zählen alle Werkstoffe, die unmittelbar in die betrieblichen Produkte eingehen und diesen in der Kalkulation direkt zugerechnet werden. In der Industrie werden so mannigfaltige Einzelmaterialarten eingesetzt, dass eine generelle Einteilung kaum möglich ist. Man kann aber folgende Gruppen unterscheiden:

- Stückgüter
  - Unteilbarer Einsatz
  - Teilbarer Einsatz
- Fließgüter
  - Einzeleinsatz
  - Mischungseinsatz.

Zu den Stückgütern mit unteilbarem Einsatz gehören alle fremdbezogenen Einzelteile, die im Endprodukt eine bestimmte Funktion ausüben, wie z. B. Schrauben, Muttern, Bolzen, Winkel, Ventile usw. Auch größere Funktionseinheiten, wie Motoren und Getriebe, die fremdbezogen werden, gehören zu den Stückgütern mit unteilbarem Einsatz. Stückgüter mit teilbarem Einsatz sind z. B. Bleche, Stangenmaterial, Rohre, Bandmaterial usw. Zu den Fließgütern zählen alle Werkstoffe, deren Konsistenz z. B. pulverförmig, flüssig oder gasförmig ist. Meistens erfolgt der Einsatz von Fließgütern aber in Form von Werkstoffmischungen. Typische Beispiele für den Mischungseinsatz von Fließgütern`sind chemische Prozesse sowie die Eisen- und Stahlindustrie.

2. Die Planung des Einzelmaterialverbrauchs geht grundsätzlich von Kostenträgereinheiten aus; sie ist erzeugnismengen- bzw. auftragsorientiert. Ihre Aufgabe besteht darin, für jede Erzeugnis- oder Auftragsart die nach Materialarten differenzierten Einzelmaterialmengen festzulegen, die bei

- planmäßiger Produktgestaltung
- planmäßigen Materialeigenschaften
- planmäßigem Ablauf der Fertigung
- planmäßiger Wirtschaftlichkeit der Materialhandhabung

pro Einheit verbraucht werden dürfen. Werden die oben genannten Einflussgrößen nicht in der geplanten Weise wirksam, so entstehen Verbrauchsabweichungen des Einzelmaterials. Diese werden durch den späteren Soll-Ist-Kostenvergleich der Einzelmaterialkosten erfasst und analysiert.

Die geplanten Einzelmaterialverbrauchsmengen werden mit den zugehörigen Planpreisen bewertet. Hierdurch erhält man die Planeinzelmaterialkosten pro Erzeugnis- oder Auftragseinheit. Werden Einstandspreise als Planpreise verwendet, so müssen in den Kalkulationen zusätzlich noch die Materialgemeinkosten berücksichtigt oder eine entsprechende Vorgangskalkulation zur Bewertung der Prozesskette im Beschaffungsbereich herangezogen werden.

Die Datenerfassung der Mengenplanung erfolgt für das Einzelmaterial durch diejenigen Stellen im Betrieb, die für die Planung des Produktaufbaus verantwortlich sind. Dies können je nach Art des Produktionsprozesses

- Konstruktionsabteilungen
- Arbeitsvorbereitungen
- spezielle Materialplanungsstellen
- Werkstofflabors

sein. Für den Stückgütereinsatz mehrteiliger Erzeugnisse, wie sie z. B. im Maschinen- und Apparatebau sowie in der Elektroindustrie hergestellt werden, lassen sich die Daten des Mengenverbrauchs aus Konstruktionsbezeichnungen und Stücklisten mithilfe spezieller Materialbedarfsrechnungen ableiten. Für den Mischungseinatz von Fließgütern bilden meistens Rezepturen die Grundlage der Mengenplanung.

3. Trotz der Vielgestaltigkeit des Einzelmaterialeinsatzes industrieller Betriebe lässt sich für die Planung der Einzelmaterialkosten ein allgemeingültiges Grundschema angeben. Hierbei sind zwei Varianten zu unterscheiden, je nachdem, ob man vom Nettoverbrauch der Kostenträgereinheiten oder vom Materialeinsatz ausgeht.

Im ersten Fall beginnt die Planung der Einzelmaterialkosten damit, dass zunächst die Netto-Planeinzelmaterialmengen pro Kostenträgereinheit festgelegt werden. Hierunter versteht man diejenigen Einzelmaterialmengen, die bei planmäßiger Produktgestaltung, planmäßigen Materialeigenschaften und planmäßigem Fertigungsablauf effektiv in einer festgestellten Kostenträgereinheit enthalten sind. Die Netto-Planeinzelmaterialkosten lassen sich aus den Plandaten der Erzeugnisse rechnerisch ableiten. Da in fast allen Produktionsprozessen in Folge verschiedener Abfallursachen mehr Materialmengen eingesetzt werden müssen, als schließlich in den fertigen Produkten enthalten sind, besteht der zweite Schritt der Einzelmaterialverbrauchsplanung in einer Abfallmengenplanung. Ihre Aufgabe besteht darin, die nach Abfallursachen differenzierten Einzelmaterialverbrauchsmengen zu planen, die über den Nettoverbrauch hinausgehen. Die Abfallmengenplanung darf nicht in Form oberflächlicher Schätzungen vorgenommen werden, sondern sollte auf den Ergebnissen möglichst exakter Abfallanalysen beruhen. In der Praxis führt man die Abfallanalyse häufig in der Weise durch, dass man von Abfallstatistiken früherer Perioden ausgeht; hierbei kann man aber nicht ohne weiteres die bei wirtschaftlichem Verhalten der Arbeitskräfte vermeidbaren von den unvermeidbaren Abfallmengen unterscheiden. Die Abfallanalysen sollten sich daher möglichst wenig an den Istverbrauch anlehnen und weitgehend auf technischen Berechnungen und Analysen beruhen. Auf diese Weise wird erreicht, dass keine Unwirtschaftlichkeiten in die Planvorgaben eingehen.

Addiert man zu den Netto-Planeinzelmaterialmengen der einzelnen Materialarten die (soweit als möglich) nach Ursachen differenzierten Planabfallmengen, so erhält man die Brutto-Planeinzelmaterialmengen, die bei planmäßigem Ablauf der Fertigung für die Erzeugung einer Kalkulationseinheit verbraucht werden dürfen. Multipliziert man die Brutto-Planeinzelmaterialmengen mit den zugehörigen Planpreisen, so erhält man die

Brutto-Planeinzelmaterialkosten. Für 1, ..., s planmäßig vorgegebene Abfallursachen erhalten wir hierfür folgenden Aufbau:

	Netto-Planeinzelmaterialmenge
+	Planabfallmenge, Ursache 1
+	Planabfallmenge, Ursache 2
⋮	⋮ ⋮ ⋮
+	Planabfallmenge, Ursache s
=	Brutto-Planeinzelmaterialmenge
·	Planpreis
=	Brutto-Planeinzelmaterialkosten

Für die formelmäßige Berechnung der Brutto-Planeinzelmaterialkosten wollen wir folgende Kurzzeichen einführen:

$k_m^{(p)}$ = Brutto-Planeinzelmaterialkosten pro Einheit
v = Index der Materialart
z = Anzahl der Materialarten
j = Index der Erzeugnis- bzw. Auftragsart
n = Anzahl der Erzeugnis- bzw. Auftragsarten
$m_n^{(p)}$ = Netto-Planeinzelmaterialverbrauch pro Einheit
μ = Index der Abfallursachen
s = Anzahl Abfallursachen
α = Abfallprozentsätze
q = Planpreis pro Einheit des Einzelmaterials

Unter Verwendung dieser Kurzzeichen gilt für die Bestimmung des Brutto-Planeinzelmaterialkosten einer bestimmten Einzelmaterialart v für die Einheit einer Erzeugnisart j folgende Gleichung:

$$(3\text{-}1) \qquad k_{m\nu j}^{(p)} = m_{n\nu j}^{(p)} \left(1 + \frac{1}{100} \sum_{\mu=1}^{s} \alpha_{\mu\nu j}^{(p)} \right) q_{\nu}^{(p)} \qquad (\nu = 1, ..., z) \quad (j = 1, ..., n)$$

Fasst man die Materialarten zusammen, so erhält man die gesamten Brutto-Planeinzelmaterialkosten pro Erzeugniseinheit:

$$(3\text{-}2) \qquad k_{mj}^{(p)} = \sum_{\nu=1}^{z} k_{m\nu j}^{(p)} \qquad (j = 1, ..., n)$$

Wird das Einzelmaterial in Form von Rohstoffmischungen eingesetzt, so muss zunächst die planmäßige Mischungszusammensetzung festgelegt werden. Bestehen Substitutionsmöglichkeiten, so wird die planmäßige Mischungszusammensetzung wesentlich durch die Preise der Mischungsbestandteile beeinflusst. Die Aufgabe der Einzelmaterialplanung besteht in diesen Fällen darin, die optimale Mischungszusammensetzung zu bestimmen. Für den Aufbau der jährlichen Kostenplanung ist es erforderlich, die optimale Mischungszusammensetzung zunächst auf der Basis der Jahresdaten zu bestimmen. Kurzfristig muss jedoch die Mischungszusammensetzung an Preisänderungen angepasst werden. Der zweite Schritt der Einzelmaterialplanung besteht darin, den Mischungsverbrauch pro Ausbringungseinheit festzulegen.

Hierbei kann man in gleicher Weise von den Netto-Planeinzelmaterialmengen ausgehen, wie wir das mithilfe der Gleichung (3-1) beschrieben haben. Bezeichnen wir die geplanten prozentualen Anteile der Mischungsbestandteile mit $\mu^{(p)}$ und beschränken wir uns auf einen Abfallprozentsatz, so gilt für die Bestimmung der Planeinzelmaterialkosten pro Ausbringungseinheit folgende Gleichung:

$$\text{(3-3)} \qquad k_{mj}^{(p)} = m_{nj}^{(p)} \left(1 + \frac{\alpha}{100}\right) \sum_{\nu=1}^{z} \frac{\mu_{\nu j}^{(p)}}{100} q_{\nu}^{(p)} \qquad (j = 1, ..., n)$$

Die Größe $m_n^{(p)}$ gibt den Netto-Mischungsverbrauch pro Ausbringungseinheit an. Die Gleichung (55) setzt voraus, dass für alle Mischungsbestandteile die gleichen Mengeneinheiten, z. B. kg, gelten. Ist das nicht der Fall, so muss die Gleichung durch entsprechende Umrechnungsfaktoren ergänzt werden.

Beim Einsatz von Rohstoffmischungen ist es in vielen Fällen zweckmäßiger, bei der Einzelmaterialplanung nicht von den Netto-Planeinzelmaterialmengen auszugehen, sondern von den Bruttomengen bestimmter Mischungseinsatz-Chargen. Bezeichnen wir die Brutto-Planeinzelmaterialmenge einer Rohstoffcharge mit $M_b^{(p)}$ und die mit dieser Charge erzielbare Erzeugnismenge als $a_j^{(p)}$, so gilt für die Planung der Brutto-Planeinzelmaterialkosten pro Erzeugniseinheit folgende Bestimmungsgleichung:

$$\text{(3-4)} \qquad k_{mj}^{(p)} = \frac{M_{bj}^{(p)}}{a_j^{(p)}} \sum_{\nu=1}^{z} \frac{\mu_{\nu j}^{(p)}}{100} q_{\nu}^{(p)} \qquad (j = 1, ..., n)$$

Diese Form der Einzelmaterialplanung findet man insbesondere in der chemischen Industrie und in Betrieben der Grundstoffindustrie.

4. Die von uns angegebenen Formeln zur Planung der Einzelmaterialkosten sollen nur den Grundaufbau der Einzelmaterialplanung verdeutlichen. Bei der praktischen Anwendung sind diese Gleichungen weitgehend an betriebsindividuelle Gegebenheiten anzupassen.

Das Ergebnis der Einzelmaterialplanung besteht in den nach Material- und Produktarten differenzierten Brutto-Planmaterialverbrauchsmengen und den entsprechenden Brutto-Planeinzelmaterialkosten pro Ausbringungseinheit. Multipliziert man diese Größen mit den (nach Monaten differenzierten) Plan-Erzeugnismengen, so erhält man den Jahresverbrauch und die jährlichen Plankosten der betreffenden Einzelmaterialkostenarten.

Die Brutto-Planeinzelmaterialkosten pro Ausbringungseinheit können unmittelbar als Grundlage für die Plankalkulationen dienen. Wie unsere Ausführungen in Kapitel 5 zeigen werden, sind sie dort lediglich um eventuelle Abfallerlöse und die Materialgemeinkosten zu ergänzen.

Weiterhin bilden die Brutto-Planeinzelmaterialkosten pro Ausbringungseinheit die Grundlage für die laufende Einzelmaterial-Kostenkontrolle, die wir im folgenden Kapitel beschreiben werden.

3.1.1.3 Der theoretische Aufbau der Einzelmaterialkosten-Kontrolle

1. Unsere Ausführungen in Kapitel 3.1.1.2 haben zwar gezeigt, dass man bei der Einzelmaterialplanung von Erzeugniseinheiten ausgeht, die Kontrolle der Einzelmaterialkosten muss aber nach Kontrollperioden und Arbeitsplätzen oder Kostenstellen differenziert werden, da die Wirtschaftlichkeit des Materialeinsatzes weitgehend von den „verantwortlichen Personen" abhängt[4].

Die Kontrollperioden sollten für die Einzelmaterialkosten-Kontrolle möglichst kurz gewählt werden, damit Unwirtschaftlichkeiten rechtzeitig erkannt und ihre Ursachen beseitigt werden können. Bereits ein Monat ist als Kontrollperiode für das Einzelmaterial in den meisten Fällen zu lang. In rohstoffintensiven Betrieben und beim Einsatz hochwertiger Materialien sind tägliche oder mindestens wöchentliche Kostenkontrollen erforderlich.

Als Kontrolleinheiten der Einzelmaterialkosten-Kontrolle dienen Kostenstellen, Arbeitsplätze oder Einzeloperationen der Fertigung, z. B. einzelne Produktionsaufträge, Serien, Chargen, Schmelzen usw. Eine fallweise auf Einzeloperationen der Fertigung bezogene Kontrolle wird als „operative Kostenkontrolle" des Einzelmaterials bezeichnet[5]. Je feiner man die Kontrolleinheiten bei der Einzelmaterialkosten-Kontrolle wählt, desto aussagefähiger wird zwar die Abweichungsanalyse, zugleich nimmt aber der Erfassungsaufwand zu. Dies gilt insbesondere für die Erfassung der Istkosten. Die operative Kontrolle der Einzelmaterialkosten kommt nur für Branchen in Frage, in denen ein spezifisches Interesse an Einzelmaterial-Verbrauchsabweichungen besteht, die durch einzelne Chargen, Schmelzen usw. verursacht worden sind. Dies gilt z. B. für die Edelstahlerzeugung und manche chemische Prozesse. In den meisten Industriebetrieben ist es aber zufallsabhängig, wie groß die Einzelmaterial-Verbrauchsabweichungen einzelner Operationen der Fertigung sind, sodass eine arbeitsplatz- oder kostenstellenbezogene Kontrolle der Einzelmaterialkosten zweckmäßiger ist.

Unabhängig von der Wahl der Kontrolleinheiten sollte die Einzelmaterialkosten-Kontrolle soweit als möglich nach Erzeugnisarten differenziert werden, damit die Einzelmaterial-Verbrauchsabweichungen in der Kostenträgerrechnung nach dem Verursachungsprinzip auf Produktgruppen verrechnet werden können.

Die laufende Einzelmaterialkosten-Kontrolle, die auch als Soll-Ist-Kostenvergleich des Einzelmaterials bezeichnet wird, erfordert in jeder Kontrollperiode und für jede Kontrolleinheit die folgenden Arbeitsgänge:

- Erfassung der Istkosten
- Berechnung der Soll-Einzelmaterialkosten der Istproduktion
- Ermittlung der gesamten Einzelmaterial-Verbrauchsabweichung

- Durchführung einer Abweichungsanalyse, bei der die gesamte Einzelmaterial-Verbrauchsabweichung auf ihre Ursachen zurückgeführt und in Teilabweichungen aufgelöst wird.

2. Die Ist-Verbrauchsmengen des Einzelmaterials werden durch die Materialabrechnung erfasst. In einer Plankostenrechnung werden sie mit den zugehörigen Planpreisen bewertet, wodurch man die Ist-Einzelmaterialkosten erhält. Da die Materialentnahmescheine des Einzelmaterials in der Auftrags-, Wiederhol- und Kleinserienfertigung Auftragsnummern enthalten, lassen sich die Ist-Einzelmaterialkosten ohne Schwierigkeiten nach Erzeugnisarten differenzieren. Zum Zwecke der Kostenkontrolle müssen die Ist-Einzelmaterialkosten darüber hinaus für die vorgesehenen Kontrolleinheiten (= Einzeloperationen der Fertigung, Arbeitsplätze oder Kostenstellen) erfasst werden. In der Praxis wird die Differenzierung der Ist-Einzelmaterialkosten nach Einzeloperationen der Fertigung oder Arbeitsplätzen wegen zu hoher Erfassungskosten nicht realisierbar sein. In diesen Fällen muss man sich darauf beschränken, Kostenstellen oder Fertigungsbereiche als Kontrolleinheiten der Einzelmaterialkosten-Kontrolle zu verwenden.

Werden im Fertigungsbereich die vom Lager entnommenen Materialmengen vor dem Verbrauch kurzfristig gelagert, so stimmen die Ist-Verbrauchsmengen der Materialabrechnung nicht mit den effektiven Ist-Verbrauchsmengen überein. Insbesondere bei kurzen Kontrollperioden können hierdurch unvertretbar große Fehler bei der Errechnung der Einzelmaterial-Verbrauchsabweichungen entstehen. Um diese Fehler zu vermeiden, ist es erforderlich, zu Beginn und am Ende jeder Kontrollperiode die an den Arbeitsplätzen oder Kostenstellen lagernden Einzelmaterialmengen inventurmäßig zu erfassen. Unter Berücksichtigung der Bestandsveränderungen erhält man für eine bestimmte Einzelmaterialart v folgende Istkosten:

$$(3\text{-}5)\qquad K_{m\nu}^{(i)} = \begin{bmatrix} \text{Anfangsbestand } \nu \\ + \text{ Istverbrauch lt. Materialabrechnung } \nu \\ ./.\ \text{Endbestand } \nu \end{bmatrix} \cdot q_\nu \qquad (\nu = 1, ..., z)$$

Lässt sich der Materialfluss so disponieren, dass an den Arbeitsplätzen oder Kostenstellen kein unbearbeitetes Einzelmaterial lagert, so entfallen in Gleichung (3-5) der Anfangs- und der Endbestand. In diesem Fall sind die Ist-Einzelmaterialkosten der Materialabrechnung unmittelbar für den Soll-Ist-Kostenvergleich des Einzelmaterials geeignet.

3. Die Soll-Einzelmaterialkosten werden mithilfe der Brutto-Planeinzelmaterialkosten pro Einheit retrograd aus den Ist-Produktionsmengen abgeleitet. Hat eine Kontrolleinheit während einer Kontrollperiode die Erzeugnismengen $x_j^{(i)}$ hergestellt oder bearbeitet und hierfür die Materialarten $\nu = 1, ..., z$ eingesetzt, so lassen sich die Soll-Einzelmaterialkosten wie folgt berechnen:

$$(3\text{-}6)\qquad K_{m\nu}^{(s)} = \sum_{j=1}^{n} x_j^{(i)} k_{m\nu j}^{(p)} \qquad (\nu = 1, ..., z)$$

Hierbei gelten für die Brutto-Planeinzelmaterialkosten die in Kapitel 3.1.1.2 abgeleiteten Bestimmungsgleichungen. Wird in einer Kontrolleinheit nur eine Materialart eingesetzt oder nur eine Produktart hergestellt, so vereinfacht sich die Gleichung (3-6) entsprechend. Die Gleichung (3-6) geht von der Voraussetzung aus, dass die Ist-Erzeugnismengen in der Kontrollperiode begonnen und fertiggestellt worden sind, also keine Halbfabrikate-Bestandsveränderungen entstehen. Ist diese Voraussetzung nicht erfüllt, so müssen in Gleichung (3-6) diejenigen Ist-Erzeugnismengen erfasst werden, deren Materialeinsatz in die Kontrollperiode fällt. Werden die für ein Erzeugnis benötigten Materialarten $\nu = 1, ..., z$ zu unterschiedlichen Zeitpunkten eingesetzt, so müssen zur Erfassung der Soll-Einzelmaterialkosten für die gleiche Erzeugnisart unterschiedliche Ist-Mengen berücksichtigt werden, die dem zeitlich differenzierten Materialeinsatz entsprechen. Hierbei wird der Erfassungsaufwand aber meistens so groß, dass es vorzuziehen ist, eine längere Kontrollperiode zu wählen, bei der diese Erfassungsschwierigkeiten nicht auftreten.

Subtrahiert man von den Ist-Einzelmaterialkosten einer Kontrolleinheit die zugehörigen Soll-Einzelmaterialkosten, so erhält man die gesamte Einzelmaterial-Verbrauchsabweichung der betreffenden Kontrollperiode:

$$(3\text{-}7) \qquad \Delta K_{m\nu} = \sum_{j=1}^{n} \left[K_{m\nu j}^{(i)} - x_j^{(i)} k_{m\nu j}^{(p)} \right] = K_{m\nu}^{(i)} - K_{m\nu}^{(s)} \qquad (\nu = 1, ..., z)$$

Wird der geplante Verbrauch überschritten, so führt die Gleichung (3-7) zu positiven Abweichungen; Einsparungen führen dagegen zu negativen Abweichungen. Eine Differenzierung der Gleichung (3-7) nach Erzeugnisarten ist nur möglich, wenn auch die Ist-Einzelmaterialkosten nach Erzeugnisarten differenziert erfasst werden können. Besteht diese Möglichkeit nicht, so muss eine Verdichtung nach Erzeugnisgruppen vorgenommen werden.

4. Auf die Ermittlung der Gesamtabweichung der Einzelmaterial-Kosten folgt eine Abweichungsanalyse. Hierdurch wird die mithilfe der Gleichung (3-7) ermittelte gesamte Einzelmaterial-Verbrauchsabweichung auf einzelne Abweichungsursachen zurückgeführt und nach Möglichkeit in entsprechende Teilabweichungen zerlegt. Die Abweichungsanalyse der Einzelmaterialkosten ist in so starkem Maße von den technologischen Gegebenheiten des Einzelfalls abhängig, dass uns eine generalisierende Darstellung nicht möglich ist. Wir verweisen daher auf die branchenspezifischen Beispiele in Kapitel 3.1.2. Hier wollen wir uns darauf beschränken, die wichtigsten Abweichungskomponenten zu beschreiben, aus denen die gesamte Einzelmaterial-Verbrauchsabweichung bestehen kann.

Unabhängig von der Differenzierung der Einzelmaterial-Verbrauchsabweichungen nach Erzeugnisgruppen und Materialarten kann man die folgenden Gruppen von Abweichungsarten unterscheiden:

- auftragsbedingte Einzelmaterial-Verbrauchsabweichungen
- materialbedingte Einzelmaterial-Verbrauchsabweichungen
- mischungsbedingte Einzelmaterial-Verbrauchsabweichungen

- Einzelmaterial-Verbrauchsabweichungen infolge innerbetrieblicher Unwirtschaftlichkeiten.

Auftragsbedingte Einzelmaterial-Verbrauchsabweichungen entstehen, wenn die planmäßige Produktgestaltung nachträglich geändert wird und hieraus ein erhöhter oder verminderter Materialbedarf resultiert. So können z. B. technische Gründe oder nachträglich geäußerte Kundenwünsche dazu führen, dass gegenüber den Planvorgaben größere oder geringere Einzelmaterialmengen benötigt werden oder andere Materialqualitäten einzusetzen sind. Die hieraus resultierenden Abweichungen sind kostenträgerbezogen und von den Arbeitskräften nicht zu verantworten. In der Praxis bezeichnet man diese Abweichungen daher als „auftragsbedingte Mehrkosten“[6].

Von der technisch oder absatzbedingten außerplanmäßigen Produktgestaltung zu unterscheiden sind Abweichungen in der Produktausführung aufgrund fertigungstechnischer Fehler oder Unachtsamkeiten bei der Produktion. Ein typisches Beispiel hierfür ist eine Drahtzieherei, in der nicht darauf geachtet wird, dass die Ziehsteine abgenutzt sind und daher die Drahttoleranzen überschritten werden. In Fällen dieser Art liegen keine auftragsbedingten Abweichungen, sondern Einzelmaterial-Verbrauchsabweichungen infolge innerbetrieblicher Unwirtschaftlichkeiten vor, die zu den kostenstellenbedingten Einzelmaterial-Verbrauchsabweichungen zählen.

Materialbedingte Einzelmaterial-Verbrauchsabweichungen entstehen infolge außerplanmäßiger Materialeigenschaften. So werden z. B. die vorgegebenen Einzelmaterialmengen häufig über- oder unterschritten, weil das spezifische Gewicht, die Toleranzmaße, die Reißfestigkeit, der Feuchtigkeitsgehalt sowie sonstige chemische und physikalische Eigenschaften des Materials nicht mit den Planvorgaben übereinstimmen[7]. Die hieraus resultierenden Einzelmaterial-Verbrauchsabweichungen sind rein materialabhängig und somit von den Arbeitskräften nicht zu verantworten. Soweit Einkauf und Qualitätssicherung die Materialeigenschaften beeinflussen können, tragen sie die Verantwortung für die materialbedingten Einzelmaterial-Abweichungen. Außerplanmäßige Materialeigenschaften verursachen in vielen Fällen zugleich Überschreitungen der Fertigungskosten. Dies ist z. B. der Fall, wenn Gussstücke in der spanabhebenden Fertigung mit zu großen Toleranzen angeliefert werden.

In Betrieben, die Rohstoffmischungen einsetzen, entstehen mischungsbedingte Einzelmaterial-Verbrauchsabweichungen, wenn die geplanten Mischungszusammensetzungen nicht eingehalten werden. In der anglo-amerikanischen Literatur bezeichnet man diese Abweichungen als „mixture subvariances“ oder auch als „blend variances“. In manchen Branchen spricht man auch von Gattierungs- oder Rezepturabweichungen. Häufig entstehen mischungsbedingte Einzelmaterial-Verbrauchsabweichungen infolge veränderter Rohstoffpreise oder -qualitäten. Hierdurch werden Substitutionsprozesse ausgelöst, die zu Abweichungen gegenüber der geplanten Mischungszusammensetzung führen. Da die Mischungsabweichungen durch kurzfristige Dispositionsplanungen ausgelöst werden, sind sie von den Arbeitskräften und den Kostenstellenleitern nicht zu verantworten.

Die mischungsbedingten Einzelmaterial-Verbrauchsabweichungen lassen sich durch die folgende Rechnung von der Gesamtabweichung der Einzelmaterialkosten trennen. Bezeichnen wir den Ist-Verbrauch einer Mischungskomponente v mit $m_{\nu}^{(i)}$, so erhalten wir unter Berücksichtigung der Gleichung (3-3) für die Ist-Erzeugnismenge $x^{(i)}$ (= Einproduktfall) folgende Gesamtabweichung des Einzelmaterials:

$$\text{(3-8)} \qquad \Delta K_m = \sum_{\nu=1}^{z} m_\nu^{(i)} q_\nu^{(p)} - x^{(i)} m_n^{(p)} \left(1 + \frac{\alpha}{100}\right) \sum_{\nu=1}^{z} \frac{\mu_\nu^{(p)}}{100} q_\nu^{(p)}$$

In dieser Gleichung ist der Ausdruck $\sum_{\nu=1}^{z} \frac{\mu_\nu^{(p)}}{100} q_\nu^{(p)}$ der gewogene Mischungsplanpreis, der der geplanten Mischungszusammensetzung entspricht. Durch folgende Rechenoperation kann man die Gesamtabweichung in eine Mischungsabweichung und die restliche Verbrauchsabweichung des Einzelmaterials aufspalten:

$$\text{(3-9)} \qquad \begin{aligned} K_m = & \left[\sum_{v=1}^{z} m_v^{(i)} q_v^{(p)} - \sum_{v=1}^{z} m_v^{(i)} \cdot \sum_{v=1}^{z} \frac{\mu_v^{(p)}}{100} q_v^{(p)}\right] \\ & + \left[\sum_{v=1}^{z} m_v^{(i)} - x^{(i)} m_n^{(p)} \left(1 + \frac{\alpha}{100}\right)\right] \sum_{v=1}^{z} \frac{\mu_v^{(p)}}{100} q_v^{(p)} \end{aligned}$$

Der Ausdruck in der ersten eckigen Klammer in Gleichung (3-9) gibt die Mehrkosten an, die dadurch entstanden sind, dass die geplante Mischungszusammensetzung nicht eingehalten wurde. Diese erste Komponente enthält die Differenz aus den zu Planpreisen bewerteten Ist-Verbrauchsmengen der Mischungskomponenten und der zum Standardmischungspreis bewerteten gesamten Ist-Menge. Die zweite Komponente der Gleichung (3-9) gibt die zum Mischungspreis der Plan- oder Standardzusammensetzung bewerteten mengenmäßigen Verbrauchsabweichungen an.

Die Einzelmaterial-Verbrauchsabweichungen infolge innerbetrieblicher Unwirtschaftlichkeiten gehen meistens darauf zurück, dass infolge von Unachtsamkeiten die geplanten Abfallmengen überschritten werden. Weiterhin können diese Abweichungen aus einer ungenügenden Überwachung des Produktionsprozesses resultieren, die dazu führt, dass in die Erzeugniseinheiten mehr Material eingeht als vorgesehen. Ein Beispiel hierfür ist die Überschreitung der Toleranzen beim Drahtziehen. Das Ziel der Abweichungsanalyse besteht darin, die auf innerbetriebliche Unwirtschaftlichkeit zurückzuführenden Einzelmaterial-Verbrauchsabweichungen zu eliminieren, da für ihre Entstehung die in einer Kontrolleinheit tätigen Arbeitskräfte verantwortlich sind.

Die Ergebnisse der Einzelmaterialkosten-Kontrolle sollten zu Kostenberichten zusammengefasst werden, in denen die zuständigen Stellen auf die eingetretenen Abweichungen und ihre Ursachen aufmerksam gemacht werden.

Die Weiterverrechnung der Einzelmaterial-Verbrauchsabweichungen erfolgt in der Kostenträgerrechnung, da es den Grundsätzen einer ordnungsgemäßen Erfolgsrechnung entspricht, die Abweichungen der Einzelmaterialkosten möglichst genau auf Kostenträger weiterzuverrechnen.

3.1.2 Die Planung und Kontrolle der Einzelmaterialkosten am Beispiel des Maschinenbaus

1. Wie unsere Ausführungen in Kapitel 1.1.3 gezeigt haben, waren die Planung und die Kontrolle der Einzelmaterialkosten im Maschinenbau (und ähnlichen Branchen) bereits vor Entstehung der flexiblen Plankostenrechnung eingeführt. Diese Tatsache ist darauf zurückzuführen, dass die Produktion mehrteiliger Erzeugnisse, die zu funktionalen Einheiten montiert werden, die Erstellung von Konstruktionszeichnungen und Stücklisten voraussetzt und hieraus mehr oder weniger zwangsläufig planmäßige Materialvorgaben resultieren. Hierbei lassen sich zwei Fälle unterscheiden[8].

Werden standardisierte Erzeugnisse hergestellt, wie z. B. Haushaltsgeräte, Elektrogeräte oder typisierte Apparate und Maschinen, so liegen die Konstruktionszeichnungen und Stücklisten bereits vor der Auftragserteilung vor, sodass sich (zeitraumbezogene) Plankalkulationen erstellen lassen, die geplante Einzelmaterialkosten enthalten.

In Unternehmungen mit Auftragsfertigung ist dagegen jede Auftragseinheit unterschiedlich, sodass die Erstellung (jahresbezogener) Plankalkulationen nicht möglich ist. Hier setzt die Kalkulation vielmehr erst aufgrund von Kundenanfragen ein. Für jede Kundenanfrage wird zunächst eine Angebots-Vorkalkulation erstellt. Der Genauigkeitsgrad dieser Kalkulation hängt davon ab, ob sich das Mengengerüst und die übrigen Kalkulationsdaten des Auftrags bereits im Zeitpunkt der Kundenanfrage bestimmen lassen oder nicht. Bei kurzfristiger Auftragsfertigung, wozu z. B. ein Anbieter von Tür- und Fensterrahmen für die Bauindustrie zählt, lassen sich bereits aufgrund von Kundenanfragen exakte Vorkalkulationen aufbauen, die auch genaue Materialvorgaben enthalten.

Bei langfristiger Auftragsfertigung, wozu der Großmaschinenbau, der Schiffsbau und die Bauindustrie zählen, lässt sich dagegen im Zeitpunkt der Kundenanfrage das Mengengerüst noch nicht exakt angeben, da die hierfür erforderlichen Stücklisten und Konstruktionszeichnungen noch fehlen. Die Vorkalkulation der Einzelmaterialkosten muss daher weitgehend mithilfe von Näherungsverfahren erfolgen. Bei größeren Projekten wird der Gesamtauftrag in Teilaufträge zerlegt und eine Differenzierung nach Materialgruppen (z. B. Grauguss, Stahlguss, Walzmaterial, Schmiedematerial, Fremdteile usw.) vorgenommen. Mithilfe von Kennziffern (z. B. i pro kg Maschinengewicht) erfolgt eine Grobplanung des Einzelmaterialverbrauchs. Diese Kennziffern werden aus den Nachkalkulationen ähnlicher Aufträge abgeleitet und an ein verändertes Materialpreisniveau angepasst.

Nach Auftragserteilung wird für jedes Projekt eine Auftrags-Vorkalkulation erstellt. Hierzu wird das Projekt (betriebsintern häufig als Hauptauftrag bezeichnet) in Hauptgruppenaufträge unterteilt, die ihrerseits in Untergruppen und Anbaugruppen zerlegt werden. Für alle Gruppen werden Stücklisten, Gruppenzeichnungen und Einzelteilzeichnungen erstellt. In die Stücklisten gehen auch die Fremdteile ein. Die Stücklisten bilden in Verbindung mit den Einzelteilzeichnungen die Grundlage für die Berechnung des Planeinzelmaterialverbrauchs in der Auftrags-Vorkalkulation. Die Berechnung des Materialverbrauchs wird nach Materialgruppen differenziert. Für die geplanten Einzelmaterialverbrauchsmengen werden in der Regel Planmaterialentnahmescheine ausgestellt und zusammen mit den übrigen Fertigungsunterlagen an die Fertigung geleitet.

Die Planverbrauchsmengen werden mit den zugehörigen Planpreisen bewertet, wodurch man die Planeinzelmaterialkosten pro Auftrag (differenziert nach Material- und Teilegruppen) erhält. Die Planmaterialentnahmescheine bilden zugleich die Grundlage für die Lager- und Bestelldispositionen. Die geplanten Einzelmaterialkosten werden im Maschinenbau und ähnlichen Branchen meistens in der Weise kontrolliert, dass der Mehrverbrauch an Material mithilfe gesonderter Zusatzmaterialentnahmescheine erfasst wird[9]. Fasst man die geplanten Einzelmaterialkosten mit den Zusatzkosten des Einzelmaterials zusammen, so erhält man die (zu Planpreisen bewerteten) Ist-Einzelmaterialkosten eines Auftrags, die in die auftragsweise Nachkalkulation eingehen. Hier werden dem Auftrag zugleich die anteiligen Preisabweichungen des Einzelmaterials belastet.

Die Einzelmaterialverbrauchsabweichungen im Maschinenbau und ähnlichen Branchen können auf folgende Ursachen zurückzuführen sein:

- außerplanmäßiger Verschnittabfall
- außerplanmäßige Materialqualitäten
- erhöhter Ausschuss
- Konstruktionsänderungen.

Besonders ins Gewicht fallen im Maschinenbau und ähnlichen Branchen häufig Einzelmaterialverbrauchsabweichungen infolge von Konstruktionsänderungen. Dies gilt insbesondere für die langfristige Auftragsfertigung. Die Konstruktionsänderungen können aufgrund früherer Konstruktionsfehler oder infolge nachträglicher Kundenwünsche erforderlich werden. Im letzten Fall lassen sich die Mehrkosten meistens den Kunden in Rechnung stellen. Durch Konstruktionsänderungen wird der Materialbedarf einzelner Teile oder von Baugruppen meistens so nachhaltig beeinflusst, dass die hiervon betroffenen ursprünglichen Materialentnahmescheine durch „neue Planmaterialentnahmescheine“ ersetzt werden müssen. Aus Kontrollgründen solle man aber dennoch die ursprüngliche Planmaterialentnahmescheine der Nachkalkulation belasten und den Saldo gegenüber den „neuen Planmaterialentnahmescheinen“ als Einzelmaterialverbrauchsabweichung ausweisen.

Die Einzelmaterialkontrolle im Maschinenbau und in ähnlichen Branchen erfolgt in erster Linie projekt- bzw. auftragsweise. Hierbei sind die folgenden Abweichungsstufen zu unterscheiden:

- Abweichungen zwischen den mithilfe von Stücklisten geplanten und den vorkalkulierten Materialkosten
- Abweichungen zwischen den zu Planpreisen bewerteten Ist-Materialverbrauchsmengen und den mithilfe von Stücklisten geplanten Materialverbrauchsmengen.

Die erste Abweichungsgruppe ist meistens auf unvermeidbare Ungenauigkeiten der Vorkalkulation zurückzuführen. Die eigentliche Einzelmaterialkostenkontrolle konzentriert sich auf die zweite Abweichungsgruppe. Diese Abweichungen werden zwar auftragsweise erfasst und weiterverrechnet, darüber hinaus aber nach Materialarten, verursachenden Kostenstellen und Abweichungsgründen gegliedert. Eine intensive Abweichungsanalyse soll dazu beitragen, in Zukunft vermeidbare Abweichungsursachen weitgehend auszuschalten.

3.2 Die Planung und Kontrolle der Einzellohnkosten

3.2.1 Die Planung der Einzellohnkosten

1. Als Einzellohnkosten werden die Kosten für Arbeitsleistungen bezeichnet, die sich direkt bestimmten betrieblichen Erzeugnissen oder Aufträgen zuordnen lassen.

Die Planung der Einzellohnkosten hat die Aufgabe, für jede Erzeugnisart (differenziert nach Einzelteilen und Arbeitsgängen) den erforderlichen Zeitbedarf pro Einheit zu planen und mit geplanten Lohnsätzen zu bewerten[10]; bei Prämienlohnsystemen tritt neben den geplanten Zeitbedarf die Planung weiterer Lohnbemessungsgrundlagen, die mit geplanten Prämiensätzen bewertet werden. Die geplanten Einzellohnkosten pro Erzeugniseinheit dienen zur Lohnkostenkontrolle und gehen in die Fertigungskosten der Plankalkulationen ein.

Wie bereits unsere Ausführungen in Kapitel 1.1.3 gezeigt haben, ist die Planung von Lohnkosten entwicklungsmäßig älter als die Plankostenrechnung. Aus diesem Grunde wird die Planung der Einzellöhne in Deutschland nicht als ein charakteristisches Merkmal der Plankostenrechnung angesehen. Während es jedoch bei anderen Systemen nicht zwingend ist, geplante Einzellöhne zu verwenden, muss die Einzellohnplanung in der Plankostenrechnung als notwendiger Bestandteil angesehen werden. Dieser Grundsatz ist unabhängig vom Lohnsystem. Geplante Einzellöhne sind in einer Plankostenrechnung keineswegs nur bei Anwendung von Akkordlohnsystemen, sondern auch bei Prämien und Zeitlöhnen erforderlich.

Obwohl sich die Einzellöhne in den Plankalkulationen direkt auf die betrieblichen Erzeugnisse verrechnen lassen, hat sich in der Plankostenrechnung der Grundsatz durchgesetzt, sie über die Fertigungskostenstellen abzurechnen und sie in die Kalkulationssätze der Kostenstellen einzubeziehen[11]. Hierfür sind drei Gründe maßgebend. Erstens ist eine wirksame Kontrolle der Einzellohnkosten nur mithilfe einer kostenstellenweisen Zuordnung möglich, denn die Lohnkostenabweichungen können in vielen Fällen maßgeblich von den Meistern und Abteilungsleitern beeinflusst werden. Zweitens fallen in vielen Fertigungsstellen Gemeinkosten an, für die sich die geleisteten Fertigungsstunden der Arbeitskräfte als geeignete Bezugsgrößen erweisen oder deren Bezugsgrößen sich zu den Fertigungsstunden der Arbeiter proportional verhalten. Es liegt daher nahe, die Fertigungsgemeinkosten mit den Fertigungslöhnen zusammen in die Kalkulationssätze einzubeziehen. Dies ist auf jeden Fall von Vorteil, wenn für alle Kostenarten einer Fertigungsstelle Zeitproportionalität vorliegt. Verhalten sich einige Kostenarten zu anderen Einflussgrößen proportional, so sind mehrere Bezugsgrößen erforderlich, von denen jedoch eine eine Zeitbezugsgröße ist. Auch hier ist es empfehlenswert, die Fertigungslöhne in die Kostensätze der Zeitbezugsgröße einzubeziehen. Drittens fallen sowohl bei Einzellohnkosten als auch bei den nicht unbeträchtlichen Gemeinkostenlöhnen dieselben kalkulatorischen Quoten für Lohnnebenkosten an, die im Rahmen der Kostenstellenrechnung einheitlich geplant und verrechnet werden können.

2. Die Planung der Einzellohnkosten ist abhängig von der Art des Lohnsystems. Um diese Abhängigkeit auffangen zu können, haben wir in Abbildung 3-3 die wichtigsten Lohnformen zusammengefasst.

Bei Zeitlohn werden den Arbeitskräften die Ist-Einsatzzeiten (Anwesenheitszeiten abzüglich unbezahlter Pausen) vergütet. Zeitlohn ist vom Leistungsgrad einer Arbeitskraft unabhängig. In den meisten Fällen wird der Zeitlohn als fester Stundenlohn berechnet. Daneben gibt es aber auch den festen Monatslohn. Früher wurden feste Monatslöhne lediglich auf bestimmte Funktionen beschränkt, heute findet man aber feste Monatslöhne häufig im gesamten Unternehmen. Dies gilt insbesondere für Produktionsprozesse, in denen überwiegend kontrollierende und überwachende Tätigkeiten ausgeübt werden.

Bei Akkordlohn werden anstelle der Ist-Einsatzzeiten der Arbeitskräfte Vorgabe- oder Sollzeiten vergütet, die sich aus den bearbeiteten Stückzahlen ableiten lassen und sich daher proportional zur Arbeitsleistung verhalten. Heute wird in allen Tarifverträgen ein Akkordlohn mit garantiertem Mindestlohn vereinbart. Hierbei geht der Akkordlohn beim Unterschreiten einer bestimmten Mindestleistung automatisch in den Zeitlohn über.

Werden neben der Arbeitszeit weitere Lohnbemessungsgrundlagen verwendet, so spricht man vom Prämienlohn. Prämienlohnsysteme werden seit mehreren Jahrzehnten vorgeschlagen, „im letzten Jahrzehnt ist der Trend zum Prämienlohn“ aber aus folgenden Gründen immer stärker geworden[12]:

- Die technische Entwicklung, insbesondere die zunehmende Mechanisierung der Fertigungsprozesse, hat dazu geführt, dass der Anteil der unbeeinflussbaren Maschinenzeiten an der Gesamtfertigungszeit immer größer geworden ist.
- Die Vielseitigkeit und die große Zahl interdependenter Einflussgrößen industrieller Produktionsprozesse „verlangt in der Lohntechnik mehr Leistungsziele als nur die Menge“[13].
- Der Akkordlohn orientiert sich nur an der Ausbringung, der Zeitlohn nur an der Einsatzzeit. Der Prämienlohn ist dagegen vielseitig anwendbar und kann stets an neue Betriebsverhältnisse angepasst und auf die mannigfaltigsten Einflussgrößen bezogen werden.

Die Zahl der vorgeschlagenen Prämienlohnsysteme ist so groß, dass uns eine vollständige Darstellung nicht möglich ist; wir müssen uns daher auf die wichtigsten Prämienlohnarten beschränken.

Die Quantitätsprämien haben das Ziel, die mengenmäßige Ausbringung bzw. den Leistungsgrad der Arbeitskräfte zu erhöhen. Hierin stimmen sie mit dem Akkordlohn überein. Die Quantitätsprämie wird vorwiegend in Fertigungsstellen angewendet, in denen nur eine teilweise Beeinflussung der Arbeitszeiten durch die Arbeitskräfte möglich ist. Hierbei werden Quantitätsprämien als Ergänzung zum Zeitlohn (= Prämiengrundlohn) gewährt.

Von der Quantitätsprämie abzugrenzen ist die Leistungszulage, die unter subjektiven Aspekten mittelfristig festgelegt wird. Sie ist meistens personenbezogen und sollte in die geplanten Lohnsätze einbezogen werden. Die Qualitätsprämien dienen zur Steigerung des qualitativen Produktionsergebnisses. Qualitätsprämien werden oft zur Ergänzung von Quantitätsprämien, gelegentlich aber auch kombiniert mit Akkordlöhnen angewandt.

Ersparnisprämien sollen die Arbeitskräfte zu kostenwirtschaftlichem Handeln veranlassen. Sie werden auf den (bewerteten) Verbrauch von Einzelmaterial, Energie, Hilfsstoffen oder Werkzeugen berechnet. Ersparnisprämien werden sowohl mit Zeit- als auch mit Akkordlöhnen kombiniert. Nutzungsprämien sollen dazu beitragen, die Auslastung von Betriebsmitteln und Anlagen zu verbessern. Mit ihrer Hilfe soll insbesondere der rechtzeitige Transport zur Auslieferung von Material und Vorprodukten, die rechtzeitige und zügige Beschickung von Maschinen, die Verringerung von Brach- und Leerlaufzeiten sowie die Reduzierung von Wartungszeiten erreicht werden. Als Bemessungsgrundlage für Nutzungsprämien dienen entweder die Nutzungszeit oder die Brachzeit.

Die oben genannten Prämienlohnarten können zu kombinierten Prämien zusammengefasst werden. Die Abhängigkeit der Prämienbeträge pro Einheit von der Höhe der Bemessungsgrundlage kann linear, degressiv und progressiv gestaltet werden, je nachdem, ob man eine gleichbleibende, abnehmende oder steigende Wirkung auf die Lohnhöhe anstrebt.

Weiterhin sind Einzel- und Kollektivprämien zu unterscheiden. Im ersten Fall werden die Prämienbemessungsgrundlagen für jede Arbeitskraft gesondert erfasst, im zweiten Fall erfolgt dagegen eine gruppenweise Erfassung.

3. Prämienlöhne können als eine Ergänzung von Zeit- oder Akkordlöhnen aufgefasst werden. Hieraus folgt, dass in jedem Fall die Planung von Arbeitszeiten als Grundlage der Einzellohnplanung anzusehen ist. Die Planung der Arbeitszeiten erfolgt differenziert nach Produktarten, Einzelteilen und Arbeitsgängen. Gehören z. B. zum Produktionsprogramm eines Industriebetriebes 450 Produktarten, und wird jede Produktart nacheinander in 4 Fertigungsstellen bearbeitet, so sind insgesamt 1.800 Einzelzeiten pro Einheit zu planen. Werden Prämien vergütet, so tritt neben die Zeitplanung die Planung von Prämienbemessungsgrundlagen.

Die Planung von Arbeitszeiten ist in einer Plankostenrechnung sowohl bei Anwendung von Akkordlohnsystemen als auch bei Zeitlohn erforderlich. Hierbei bestehen aber folgende Unterschiede.

Die Anwendung von Akkordlohnsystemen setzt exakte Verfahren für die Bestimmung geplanter Arbeitszeiten voraus, weil diese nicht nur für Planungszwecke dienen, sondern zugleich die Grundlage der Lohnberechnung sind. Die hierfür in Frage kommenden Verfahren sind so mannigfaltig, dass wir auf die Spezialliteratur über Arbeitszeitstudien verweisen müssen[14]. Wir wollen uns lediglich auf einen Überblick beschränken.

Bei den analytischen Verfahren der Vorgabezeitermittlung, wozu z. B. das REFA-Verfahren zählt, werden die Grundzeiten wie folgt bestimmt[15]:

- Messen von Istzeiten am Arbeitsplatz (je Arbeitsgang und Arbeitsabschnitt im Rahmen der Arbeitsaufgabe)
- Beurteilung des Ist-Leistungsgrades (bezogen auf eine Bezugsleistung, die bei REFA als Normalleistung bezeichnet wird)
- Auswertung der Ist-Zeiten und der Ist-Leistungsgrade und Errechnung der Vorgabezeiten (durch Multiplikation der durchschnittlichen Ist-Zeiten mit den zugehörigen durchschnittlichen Ist-Leistungsgraden).

Wird z. B. für einen bestimmten Arbeitsgang eine durchschnittliche Ist-Zeit von 4,2 Min. ermittelt und der Leistungsgrad mit 125 % angesetzt, so erhält man als Vorgabe- oder Soll-Zeit 5,25 Min.

Das Hauptproblem der analytischen Verfahren ist die richtige Beurteilung der Leistungsgrade. Die richtige Beurteilung der Leistungsgrade auf der Basis der Normalleistung setzt eine intensive Schulung der Zeitstudieningenieure voraus. Sie ist nur bei Bewegungsabläufen möglich.

Mithilfe der synthetischen Verfahren, wozu z. B. das MTM- und das Work-factor-Verfahren zählen, werden die Vorgabezeiten wie folgt ermittelt:

- Mithilfe einer Ablaufanalyse erfolgt eine Zerlegung des Arbeitsablaufs in (relativ kleine) Bewegungsgrundelemente (z. B. Hinlangen, Bringen, Greifen, Vorrichten, Fügen, Loslassen usw.).
- Den Bewegungsgrundelementen werden zusätzliche Einflussgrößen (z. B. Weglänge, transportiertes Gewicht usw.) zugeordnet.
- Für die Bewegungsgrundelemente liegen (überbetrieblich ermittelte) vorbestimmte Arbeitszeiten vor, die sich aus so genannten Bewegungszeittabellen ablesen lassen. Bei der Zeitzuordnung mithilfe der Bewegungszeittabellen werden die quantitativen und qualitativen Einflussgrößen der Bewegungselemente berücksichtigt.
- Additives Zusammenfassen der vorbestimmten Einzelzeiten der Bewegungsgrundelemente zur gesamten Vorgabezeit eines Arbeitsablaufes.

Ein wesentlicher Vorteil der synthetischen Verfahren besteht darin, dass sie nicht auf die Erfassung von Ist-Zeiten angewiesen sind und dass die betriebsinterne Leistungsgradbeurteilung entfällt. Zu beachten ist aber, dass auch in die überbetrieblich bestimmten Vorgabezeiten der Bewegungsgrundelemente Leistungsnormen eingehen. Kritisch wird gegen die synthetischen Verfahren eingewandt, dass sie auf der Additivitätsprämisse basieren, also voraussetzen, dass sich die Teilzeiten der Bewegungsgrundelemente additiv zusammenfassen lassen.

Bei Anwendung eines Akkordlohnsystems ist darauf zu achten, dass sich die Vorgabezeiten von den Planarbeitszeiten unterscheiden, da in den meisten Fällen der erwartete Leistungsgrad der Arbeitskräfte höher als der Normalleistungsgrad ist. Zwischen der Planarbeitszeit und der Vorgabe- bzw. Soll-Zeit besteht folgende Beziehung:

$$\text{(3-10)} \qquad \text{Planarbeitszeit} = \frac{\text{Vorgabezeit}}{\text{Planleistungsgrad}}$$

Beträgt z. B. die Vorgabezeit bei Normalleistung 4,42 Min./Stück und wird ein Planleistungsgrad von 130 % erwartet, so liegt die geplante Arbeitszeit nur bei 3,40 Min./Stück. Für die Bezugsgrößenerfassung in der Plankostenrechnung und die kalkulatorische Verrechnung der Fertigungskosten in den Plankalkulationen werden in der Regel die Vorgabezeiten verwendet; die Termin- und Arbeitszeitplanung muss aber von den Planarbeitszeiten ausgehen.

Erfolgt die Vergütung der Arbeitskräfte im Zeitlohn, so sind für die Lohnabrechnung keine geplanten Arbeitszeiten erforderlich. Dennoch müssen bei Anwendung einer Plankostenrechnung für die Kontrolle der Lohnkosten und den Aufbau der Plankalkulationen geplante Arbeitszeiten ermittelt werden[16]. Zur Abgrenzung gegenüber den Vorgabezeiten des Akkordlohns bezeichnet man diese Zeiten in der Praxis meistens als Standardzeiten. Diese Bezeichnung soll zum Ausdruck bringen, dass diese Zeiten den Arbeitskräften nicht als Leistungsnorm vorgegeben werden können, sondern nur kalkulationsorientierte Durchschnittszeiten sind. Für die Bestimmung von Standardzeiten lassen sich sowohl analytische als auch synthetische Verfahren anwenden. Häufig reichen aber vereinfachte Verfahren, z. B. Multimomentstudien, aus. Sind Bearbeitungszeiten nur vom Betriebsmittel abhängig, so lassen sich die Standardzeiten meistens durch Berechnung bestimmen. Das gleiche gilt für Fertigungsstellen mit Fließfertigung, der bestimmte Taktzeiten zugrunde liegen. Schwieriger ist die Ermittlung der Standardzeiten in Fertigungsstellen, in denen die Arbeitszeiten durch zufallsbedingte Schwankungen beeinflusst werden. In diesen Fällen müssen mithilfe statistischer Verfahren Mittelwerte ermittelt werden, die den Zwecken der Planung genügen.

Des weiteren sind für repetitive Abläufe in den indirekten Bereichen und insbesondere im gesamten Dienstleistungsbereich entsprechende Verfahren zur Ermittlung derartiger Standardwerte entwickelt worden[17].

4. Bei der Entwicklung neuer Produkte, die nach Ablauf einer Einführungsphase vom Markt in stark wachsenden Stückzahlen verlangt werden, führen Lernprozesse dazu, dass sich der Zeitbedarf für viele Arbeitsprozesse im Zeitablauf vermindert. Typische Beispiele hierfür sind die Flugzeugindustrie und die Hersteller elektronischer Erzeugnisse. In Fällen dieser Art muss bei der Zeitplanung berücksichtigt werden, dass der Zeitbedarf mit zunehmender Stückzahl abnimmt und „akkordfähige“ Arbeitsprozesse erst nach Ablauf einer bestimmten Lernphase vorliegen.

In der anglo-amerikanischen Literatur wurden so genannte Lernkurven für die Arbeitszeitplanung (= learning curves) entwickelt[18]. Die Theorie der Lernkurven geht von der Annahme aus, dass der Zeitbedarf für Arbeitsgänge der Fertigung mit zunehmenden Gesamtstückzahlen infolge eines Lerneffektes degressiv fällt. Hierbei wird als Lernprozentsatz häufig 80 % angegeben.

Der Lerneffekt beeinflusst zwar im Zeitablauf infolge verminderter Fertigungszeiten überwiegend die Lohnkosten, zugleich verringern sich aber auch alle übrigen zeitproportionalen Fertigungskosten. In manchen Fällen ist auch eine Verringerung des Materialbedarfs infolge des Lerneffektes beobachtet worden. Somit führt der Lerneffekt insgesamt im Zeitablauf zu einer Senkung der Grenzselbstkosten[19].
Führen wir folgende Kurzzeichen ein:

x = kumulierte Gesamtproduktmenge
t_1 = Vorgabezeit für die erste Produkteinheit
t_x = Vorgabezeit für die x-te Produkteinheit
γ = prozentuale Abnahme der Vorgabezeit für Verdopplung der kumulierten Produktion (dividiert durch 100),

so gilt für den Zeitbedarf der x-ten Produkteinheit folgende Bestimmungsgleichung[20]:

$$(3\text{-}11) \qquad t_x = t_1 x^{\frac{\log(1-\gamma)}{\log 2}}$$

Da $(1 - \gamma) < 1$ und daher $\log (1 - \gamma) < 0$ ist, muss der Exponent in Gleichung (3-11) stets negativ sein, sodass die Lernkurve degressiv verläuft. Für t_1 = 10 Min./Stück und γ = 15 % gilt:

(3-12) $t_x = 10x^{-0,23446525}$

In Abbildung 3-1 haben wir die durch Gleichung (3-12) bestimmte Lernkurve grafisch dargestellt. Abbildung 4-4 lässt erkennen, dass bei neuen Produkten zunächst eine relativ starke Verringerung der erforderlichen Fertigungszeiten zu erwarten ist.

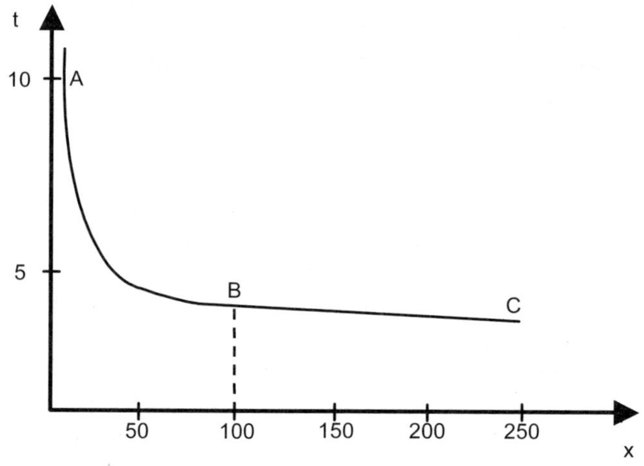

Abbildung 3-1: Beispiel einer Lernkurve

Problematisch an der Theorie der Lernkurven ist die „Linearitätshypothese", worunter man die Konstanz des Lerneffektes im Zeitablauf versteht. Dennoch scheint die These gleichbleibender Lerngrade für die Praxis brauchbar zu sein.

Es wurde auch darauf hingewiesen, dass Lerneffekte nicht nur auf lohnintensive Verfahren beschränkt sind, sondern auch bei höheren Mechanisierungsgraden auftreten können[21]. Weiterhin sind auch in Leitungsstellen der Fertigung Lerneffekte beobachtet worden[22].

5. Für die Planung von Arbeitszeiten hat es sich als notwendig erwiesen, die Arbeitszeiten weitgehend zu unterteilen. Dies gilt nicht nur für die synthetischen, sondern auch für die analytischen Verfahren.

In der Praxis besonders bewährt hat sich das Zeitgliederungsschema nach REFA[23]. Dieses Schema ist nicht nur eine geeignete Grundlage für die Bestimmung von Vorgabezeiten. Die darin enthaltenen Zeitkategorien sind vielmehr auch für die Bezugsgrößenerfassung in einer Plankostenrechnung von Bedeutung.

REFA gliedert den Einsatz von Arbeitskräften und Betriebsmitteln in Rüsten und Ausführen[24]. Der Schwerpunkt der Ablauf- und Zeitgliederung liegt nach REFA auf der Art des Zusammenwirkens der Arbeitskräfte und der Betriebsmittel bei der Bearbeitung der Arbeitsgegenstände. Es werden daher Ablaufgliederungen, bezogen auf den Menschen, das Betriebsmittel und den Arbeitsgegenstand, angegeben[25].

Bei der Zeitgliederung werden Grundzeiten, Erholungszeiten und Verteilzeiten unterschieden; bei den Betriebsmitteln können nur Grund- und Verteilzeiten auftreten[26] Grundzeiten fallen für die planmäßige Ausführung von Arbeitsabläufen an; sie machen im Allgemeinen den wesentlichen Anteil der Vorgabezeiten aus. Erholungszeiten sind Bestandteile der Vorgabezeiten für das infolge der Tätigkeit notwendige Erholen des Menschen. „Ihr Anteil an den Vorgabezeiten hängt von Höhe und Dauer der Beanspruchung des Menschen durch die Arbeit ab[27].“ Verteilzeiten bestehen aus Vorgabezeiten, die zusätzlich zur planmäßigen Ausführung anfallen. Sie können persönlich und sachlich bedingt sein. „Die Verteilzeiten treten während des Ablaufes mit unterschiedlicher Dauer und Häufigkeit auf. Sie entstehen zum Teil als Folge der Erfüllung der Arbeitsaufgabe (diese gehen in die sachlichen Verteilzeiten ein), haben aber zum Teil auch keinen Zusammenhang mit der Arbeitsaufgabe (das gilt im Wesentlichen für die persönlichen Verteilzeiten)[28].“

Für die Auftragszeit T, in der alle Vorgabezeiten zusammengefasst werden, die für die Bearbeitung eines Fertigungsauftrages anfallen, gilt nach REFA das in Abbildung 3-2 dargestellte Gliederungsschema.

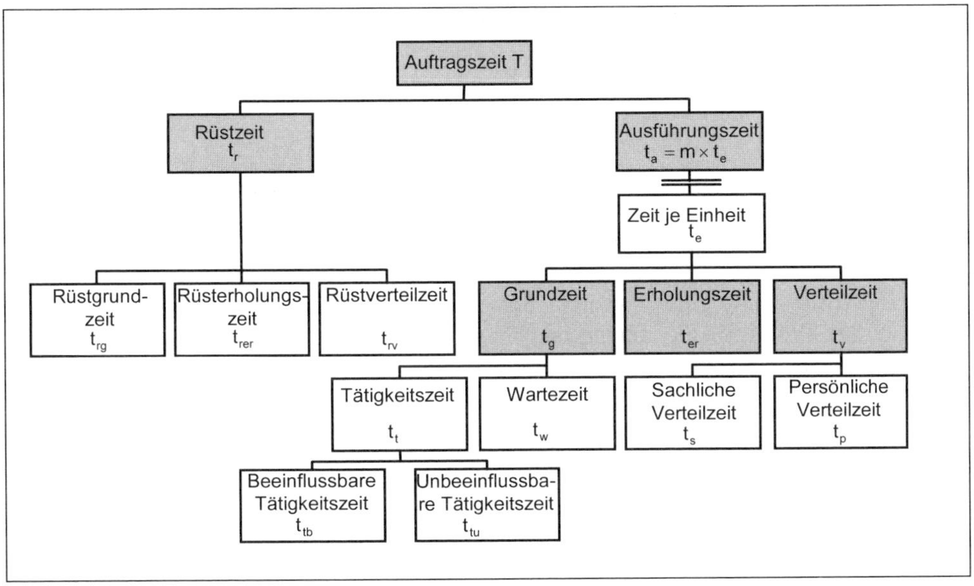

Abbildung 3-2: Zeitgliederung für die Auftragszeit nach REFA

Bezeichnen wir die Rüstzeit mit $t_e^{(p)}$, so gilt für die Auftragszeit $T^{(p)}$ folgende Bestimmungsgleichung:

$$(3\text{-}13) \qquad T^{(p)} = t_R^{(p)} + s\, t_e^{(p)}$$

Das Zeitgliederungsschema nach REFA geht von der Serienproduktion aus; bei Fertigungsabläufen ohne Rüstprozesse entfällt die Rüstzeit. Die Ausführungszeit pro Einheit besteht zum überwiegenden Teil aus der Grundzeit, die nach REFA in die Tätigkeits- und Wartezeit unterteilt wird. Die Tätigkeitszeit besteht aus der Summe der Vorgabezeiten aller Ablaufabschnitte, die für die planmäßige Ausführung eines Ablaufs durch den Menschen erforderlich sind[29]. Es werden beeinflussbare und unbeeinflussbare Tätigkeiten unterschieden.

Liegen die Vorgabe- bzw. Standardzeiten fest, so erhält man durch Bewerten mit den geplanten Lohnsätzen die nach Erzeugnissen und Arbeitsgängen differenzierten Plan-Einzellohnkosten pro Auftrag.

Bezeichnen wir den geplanten Lohnsatz für das Rüsten mit $l_r^{(p)}$ und den Planlohnsatz für das Ausführen mit $l_A^{(p)}$, so erhält man für j = 1, ..., n Erzeugnisarten und i = 1, ..., m Arbeitsgänge für die Planeinzellohnkosten pro Auftrag und Arbeitsgang folgende Bestimmungsgleichung:

$$(3\text{-}14) \qquad K_{Lij}^{(p)} = t_{Rij}^{(p)}\, l_{Rij}^{(p)} + s_{ij}^{(p)}\, t_{eij}^{(p)}\, l_{Ai}^{(p)} \qquad \begin{matrix}(j = 1, ..., n)\\(i = 1, ..., n)\end{matrix}$$

Dividiert man die Plan-Einzellohnkosten pro Auftrag durch die Seriengröße, so erhält man die auf eine Erzeugniseinheit entfallenden Planeinzellohnkosten:

$$(3\text{-}15) \qquad k_{Lij}^{(p)} = \frac{t_{Rij}^{(p)}\, l_{Rij}^{(p)}}{s_{ij}^{(p)}} + t_{eij}^{(p)}\, l_{Ai}^{(p)} \qquad \begin{matrix}(j = 1, ..., n)\\(i = 1, ..., n)\end{matrix}$$

Die mithilfe der Gleichungen (3-14) und (3-15) bestimmten Planlohnkosten dienen als Grundlage für die Lohnkostenkontrolle; sie gehen zusammen mit den Fertigungsgemeinkosten in die Plankalkulationen ein.

6. Bei Anwendung eines Prämienlohnsystems ist die Arbeitszeitplanung durch eine Planung der Prämienbemessungsgrundlagen zu ergänzen. Prämienbemessungsgrundlagen sind so mannigfaltig, dass bei jeder Prämienart gesondert überprüft werden muss, wie sie sich am zweckmäßigsten in das System der Plankostenrechnung einordnen lässt. Die meisten Prämienarten werden zwar über Kostenstellen abgerechnet. Es gibt aber auch Prämien, die bestimmten Kostenarten als Ergänzungsbeträge zuzuordnen sind oder als Sondereinzelkosten direkt auf die betrieblichen Erzeugnisse verrechnet werden sollten. Für die über Kostenstellen abzurechnenden Prämien müssen beim Aufbau der Kostenplanung planmäßige Beziehungen zwischen den geplanten Prämienbemessungsgrundlagen und den Planbezugsgrößen der Kostenstellen festgelegt werden.

Da Quantitäts- und Nutzungsprämien dazu dienen, die quantitative Ausbringung und die Betriebsmittelnutzung von Kostenstellen zu erhöhen, werden diese Prämien stets über Kostenstellen abgerechnet.

Bei überwiegend manueller Tätigkeit dient meistens der prozentuale Zeitverbrauch als Bemessungsgrundlage der Quantitätsprämie[30]:

$$\text{(3-16)} \qquad \text{Zeitverbrauch in \%} = \frac{\text{gebrauchte Zeit}}{\text{kalkulierte Zeit}} \cdot 100$$

Diese Art der Prämienberechnung „ist typisch für eine umgangene Akkordentlohnung“[31]. In Abbildung 3-3 haben wir ein Beispiel für eine zeitbezogene Quantitätsprämie wiedergegeben.

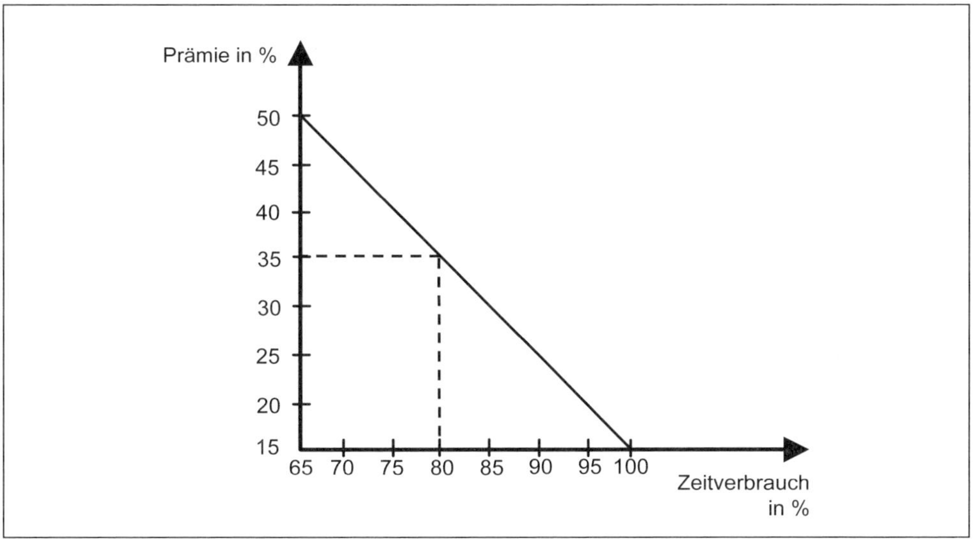

Abbildung 3-3: Beispiel einer zeitbezogenen Quantitätsprämie

Der „vorkalkulierten Zeit“, die der Vorgabezeit des Akkordlohns entspricht, liegt eine bestimmte Normalleistung (= 100 %) zugrunde. Die dieser Leistung entsprechenden Arbeitszeiten werden im Falle von Zeitproportionalität als Bezugsgröße verwendet. Bei der Lohnkostenplanung muss ein planmäßig erwarteter durchschnittlicher Leistungsgrad festgelegt werden. Beträgt dieser z. B. 125 %, so entsprechen 1.000 vorkalkulierten 800 effektive Arbeitsstunden. Im Beispiel der Abbildung 3-3 gilt hierbei ein Prämiensatz von 35 %. Bei einem Tariflohn von 20 €/Stunde erhält man daher folgende Lohnkostenvorgabe:

Grundlohn	16.000 €
Prämie	5.600 €
Summe	21.600 €

Weicht die effektive Leistung von der geplanten Leistung ab, so ergeben sich Prämienabweichungen.

In vielen Fällen werden die Quantitätsprämien auf Mengengrößen bezogen, z. B. t/Schicht oder Stück/Schicht. In Abbildung 3-4 haben wir als Beispiel eine nichtlineare, mengenbezogene Quantitätsprämie wiedergegeben.

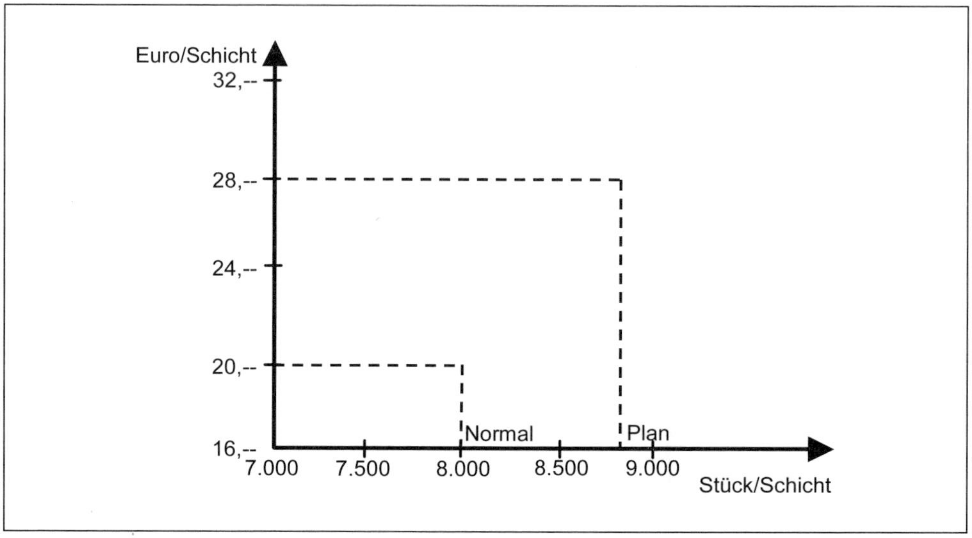

Abbildung 3-4: Beispiel einer nichtlinearen, mengenbezogenen Quantitätsprämie

Im Beispiel der Abbildung 3-4 ist die Untergrenze von 7.000 Stück/Schicht so niedrig angesetzt, dass sie praktisch nicht unterschritten wird. Die Normalleistung liegt im Beispiel bei 8.000 Stück/Schicht. Rechnet man (unter Berücksichtigung von Stillstandszeiten) mit 460 Ftg.Min./Schicht, so erhält man eine Vorgabezeit von 0,0575 Min./Stück. Bei durchschnittlich 45 Schichten/Monat und 10 Arbeitsplätzen erhält man eine Planbezugsgröße von 3.450 Vorgabestunden/Monat bzw. 4,6 Mio. Stück/Monat. Die geplante Leistung beträgt 110 % bzw. 8.800 Stück/Schicht. Ihr entspricht eine Prämie von 28 €/Schicht. Bei einem Grundlohn von 20 €/Stunde erhält man folgende geplanten Lohnbeträge:

Grundlohn	69.000 €
Prämie (450 Mannschichten · 28 €/Schicht)	12.600 €
Summe	81.600 €

Weicht die effektive Schichtleistung von 8.000 Stück/Schicht ab, so entstehen Prämienabweichungen.

Als Bemessungsgrundlage von Nutzungsprämien wird entweder der Maschinen-Nutzungsgrad oder der Brachzeitgrad verwendet[32]. Hierfür gelten folgende Bestimmungsgleichungen:

$$\text{Maschinen-Nutzungsgrad} = \frac{\text{Istzeit}}{\text{Vorgabezeit}} \cdot 100 \tag{3-17}$$

$$\text{Brachzeitgrad} = \frac{\text{Stillstandszeit pro Schicht}}{\text{Schichtzeit}} \cdot 100 \tag{3-18}$$

Dient der Maschinen-Nutzungsgrad als Bemessungsgrundlage einer Prämie, so gelten für die Lohnplanung unsere Ausführungen über zeitbezogene Quantitätsprämien analog. In Abbildung 3-5 haben wir das Beispiel einer nichtlinearen, brachzeitbezogenen Nutzungsprämie wiedergegeben.

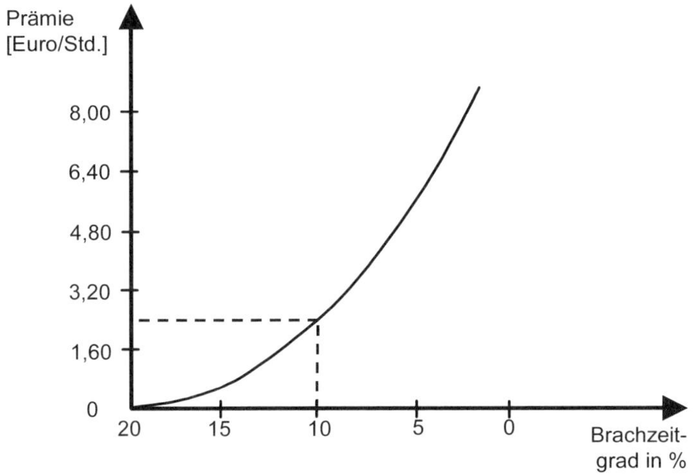

Abbildung 3-5: Beispiel einer brachzeitbezogenen Nutzungsprämie

Der geplante Brachzeitgrad beträgt 10 %, ihm entspricht eine Prämie von 2,40 €/Stunde. Wir wollen annehmen, dass in der betreffenden Fertigungskostenstelle Akkordlohn vergütet wird und der durchschnittliche geplante Leistungsgrad 125 % beträgt. Bei 10 Arbeitsplätzen und 45 Schichten/Monat erhält man eine geplante Schichtzeit von 3.600 Stunden/Monat. Dieser Schichtzeit entsprechen 360 Stunden/Monat Brachzeit. Es bleiben daher 3.240 Stunden/Monat produktive Arbeitszeit übrig, denen bei einem Leistungsgrad von 125 % 4.050 Vorgabestunden/Monat entsprechen. Bei einem Tarifsatz von 20 €/Stunde erhält man folgende geplanten Lohnbeträge:

Fertigungslohn	81.000 €
Brachzeitprämie (3.600 Std. · 2,40 €/Std.)	8.640 €
Summe	89.640 €

Auch die meisten Qualitätsprämien werden über Kostenstellen abgerechnet[33]; für sie kann aber auch eine Verrechnung als Sondereinzelkosten der Fertigung in Frage kommen.

Werden z. B. Ausschuss- oder Bruchquoten als Prämienbemessungsgrundlagen verwendet, so hängt es von der Art der Ausschussverrechnung ab, ob diese Prämien über Kostenstellen oder als Sondereinzelkosten der Fertigung verrechnet werden. Werden die Ausschuss- oder Bruchkosten den verursachenden Kostenstellen belastet, so werden auch die zugehörigen Prämien über Kostenstellen abgerechnet. Verrechnet man dagegen den Ausschuss als Sondereinzelkosten der Fertigung, so sollten die zugehörigen Prämien in gleicher Weise verrechnet werden. In jedem Fall ist es erforderlich, Planausschussquoten festzulegen, denen bestimmte Planprämiensätze entsprechen.

Werden Qualitätsprämien der oben beschriebenen Art nicht nach Erzeugnisarten differenziert, so werden sie über Kostenstellen abgerechnet. Erfolgt dagegen eine Differenzierung nach Erzeugnisarten, so hängt es von den gewählten Bezugsgrößen und von der Prämienhöhe ab, ob eine Verrechnung über Kostenstellen erfolgen kann. Sind die produktindividuellen Unterschiede hoch und lassen sie sich durch das Bezugsgrößensystem der Kostenplanung nicht erfassen, so müssen die betreffenden Qualitätsprämien als Sondereinzelkosten der Fertigung den Erzeugnissen direkt zugerechnet werden.

Bei den Ersparnisprämien lassen sich Gemeinkosten- und Einzelmaterial-Ersparnisprämien unterscheiden[34]. Dienen Einsparungen bei Gemeinkostenarten, z. B. bei Hilfsstoffen, Energie oder Werkzeugen, als Prämienbemessungsgrundlage, so werden die Prämien stets über die betreffenden Kostenstellen abgerechnet. Bei der Kostenplanung werden Planeinsparungen festgelegt, denen bestimmte geplante Prämienbeträge entsprechen. Die Einzelmaterial-Ersparnisprämien beziehen sich auf Kostenarten, die nicht über Kostenstellen abgerechnet werden. Sie sollten daher ebenfalls nicht in die Kostenstellenrechnung einbezogen werden. Da die Einzelmaterial-Ersparnisprämien die erzielten positiven Einzelmaterial-Verbrauchsabweichungen vermindern, ist es am zweckmäßigsten, sie im System der Plankostenrechnung mit den zugehörigen Abweichungen zu saldieren.

3.2.2 Die Kontrolle der Einzellohnkosten

1. Da die Einzellohnkosten zusammen mit allen übrigen Personalkosten über die Kostenstellen abgerechnet werden, ist die Einzellohnkontrolle Bestandteil des kostenstellenweisen Soll-Ist-Kostenvergleichs, den wir in Kapitel 4.7 ausführlich beschreiben werden. Eine weitergehende Analyse der Abweichungen zwischen den Ist- und den Soll-Einzellohnkosten und eine spezielle Leistungskontrolle der Fertigungsarbeiter muss darüber hinaus aber in Form von Sonderrechnungen durchgeführt werden. Aus diesem Grunde wollen wir bereits hier die Kontrolle der Einzellohnkosten behandeln.

Die Kontrolle der Einzellohnkosten geht von den mithilfe der Brutto-Lohnabrechnung erfassten Ist-Einzellohnkosten aus[35]. Die Ist-Lohnbelege geben neben den Arbeiternummern und den zur Lohnberechnung erforderlichen Daten die zu belastenden Kostenstellen und die Nummern der bearbeiteten Erzeugnisse an.

Die mithilfe der Lohnbelege erfassten Arbeitszeiten und sonstigen Lohnbemessungsgrundlagen werden in der Lohnabrechnung zum Zwecke der Lohnzahlung mit den jeweiligen Ist-Lohnsätzen bewertet. Für die Kostenkontrolle erfolgt eine Umwertung auf die geplanten Lohnsätze, indem nach dem von uns in Kapitel 2.4.3 beschriebenen Verfahren die Lohnsatzabweichungen eliminiert werden.

Bei der Lohnkostenkontrolle ist zu berücksichtigen, dass neben Lohnkostenabweichungen stets anteilige Abweichungen der kalkulatorischen Sozialkosten entstehen. Zu einer Lohnkostenabweichung von z. B. 1.000 € gehört bei einem kalkulatorischen Sozialkostenverrechnungssatz auf Lohn von 75 % eine anteilige Sozialkostenabweichung von 750 €.

Die Kontrolle der Einzellohnkosten unterscheidet sich wesentlich bei Akkord- und Zeitlohn. Werden Prämien vergütet, so entstehen spezielle Prämienabweichungen.

2. Wir wollen zunächst die Kontrolle der Einzellohnkosten für Fertigungsstellen beschreiben, in denen Akkordlohn vergütet wird. Hierbei wird zunächst unterstellt, dass keine Rüstprozesse ausgeführt werden, also keine Rüstlöhne anfallen. Weiterhin wird davon ausgegangen, dass alle Arbeitsgänge stets von Arbeitskräften der gleichen Lohngruppe ausgeführt werden. Es lässt sich leicht zeigen, dass unter diesen Voraussetzungen die Istlohnkosten mit den Solllohnkosten übereinstimmen müssen, also bei den Einzellöhnen keine Kostenabweichungen anfallen können. Führen wir folgende Kurzzeichen ein:

$t_j^{(p)}$ = geplante Vorgabezeit, die für die Bearbeitung einer Einheit der Produkt art j erforderlich ist
$x_j^{(p)}$ = Stückzahl einer Produktart j
$l^{(p)}$ = geplanter Lohnsatz in i pro Minute
$B^{(i)}$ = Istbezugsgröße der Kostenstelle
$B^{(p)}$ = Planbezugsgröße der Kostenstelle
$K_L^{(p)}$ = Plankostenbetrag der Einzellohnkosten.

Unter Verwendung dieser Kurzzeichen gilt folgende Identität:

$$\text{(3-19)} \qquad \underbrace{\left[\sum_{j=1}^{n} t_j^{(p)}\, x_j^{(i)}\right] l^{(p)}}_{\text{Ist-Einzellohnkosten}} = \underbrace{\frac{B^{(i)}}{B^{(p)}}\, K_L^{(p)}}_{\text{Soll-Einzellohnkosten}}$$

Wird die Vorgabezeit als Bezugsgröße verwendet, so stimmt die eckige Klammer in Gleichung (3-19) mit $B^{(i)}$ überein. Da $K_L^{(p)} = B^{(p)}\, l^{(p)}$ ist, wird die Identität hier besonders deutlich. Die Tatsache, dass bei Akkordlohnvergütung bei der Kostenart Fertigungslohn keine Abweichungen auftreten können, ist auf die Leistungsproportionalität dieser Lohnform zurückzuführen.

Obwohl bei Akkordlöhnen die Lohnkosten durch Abweichungen zwischen den Ist- und den Sollarbeitszeiten nicht beeinflusst werden, ist eine laufende Gegenüberstellung der Ist- und der Sollarbeitszeiten keineswegs überflüssig; denn der Quotient beider Größen gibt Aufschluss über den durchschnittlichen Leistungsgrad einer Kostenstelle und über das Verhältnis zwischen der effektiven und der geplanten zeitlichen Belastung der Arbeitsplätze und Betriebsmittel. An die Stelle der wegfallenden Abweichungsanalyse tritt daher eine Leistungsgradanalyse.

Hierzu dividiert man in jeder Fertigungsstelle die während eines Monats erarbeiteten Vorgabeminuten durch die zugehörige Istarbeitszeit.

Die Istarbeitszeit wird dadurch ermittelt, dass man zunächst mithilfe von Zeiterfassungseinrichtungen die Isteinsatzzeiten der im Akkord eingesetzte Arbeitskräfte erfasst und hiervon die Pausenzeiten, Zeitlohn- und Zusatzlohnstunden subtrahiert.

Bezeichnen wir den durchschnittlichen Istleistungsgrad mit $\lambda_{\phi}^{(i)}$, die Summe der Vorgabezeiten mit $T^{(s)}$ und die Summe der Istzeiten mit $T^{(i)}$, so gilt:

$$(3\text{-}20) \qquad \lambda_{\phi}^{(i)} = \frac{T^{(s)}}{T^{(i)}} \cdot 100$$

Enthalten die Vorgabezeiten Teilzeiten, die vom Arbeiter nicht beeinflusst werden können, so sollte man diese Zeiten bei der Leistungsgradanalyse eliminieren. Die statistische Auswertung der Istleistungsgrade gibt Aufschluss darüber, wie sich die Leistungsgrade im Zeitablauf verändert haben. Weichen die Ist-Leistungsgrade von den erwarteten Durchschnittswerten ab, so muss überprüft werden, ob die Vorgabezeiten noch den ursprünglichen Bedingungen am Arbeitsplatz entsprechen oder ob sonstige Gründe wirksam geworden sind, welche die Leistungsgradentwicklung ungünstig beeinflusst haben.

Werden in einer Kostenstelle Rüstprozesse ausgeführt, so enthalten die Vorgabezeiten Rüstzeiten, die von den Seriengrößen unabhängig sind. In der Lohnabrechnung werden den Arbeitern jeweils die geleisteten Rüstprozesse bzw. die diesen entsprechenden Vorgabezeiten vergütet. In der Kostenplanung dagegen werden geplante Seriengrößen bzw. geplante Auflegungshäufigkeiten berücksichtigt. Hierdurch entstehen Rüstzeitabweichungen der Einzellöhne, bei deren Kontrolle zwei Fälle zu unterscheiden sind.

Wirkt sich der Einfluss von Seriengrößenschwankungen auf die Fertigungskosten nur relativ wenig aus, so wird man bei der Kostenplanung darauf verzichten, die Rüstzeiten als gesonderte Bezugsgrößen anzusetzen. In diesen Fällen wird man meistens die Vorgabestunden (ohne Rüstzeiten) als Bezugsgröße verwenden. Bei der Planung der Einzellohnkosten müssen daher zusätzliche Rüstzeiten vorgegeben werden. Hierbei wird ein durchschnittlich erwarteter Rüstzeitanteil geplant, dem geplante Seriengrößen und eine erwartete Auftragszusammensetzung zugrunde liegen. Für die Rüstzeitplanung wollen wir folgende Kurzzeichen einführen:

$K_{LR}^{(p)}$ = geplante Rüstlohnkosten einer Fertigungsstelle pro Monat

$x_j^{(p)}$ = geplante Jahresmenge einer Produktart j

$s_j^{(p)}$ = geplante Seriengröße einer Produktart j

$t_{Rj}^{(p)}$ = geplante Vorgabezeit für das Rüsten einer Produktart j

$l^{(p)}$ = geplanter Lohnsatz in i pro Zeiteinheit.

Gehen wir davon aus, dass keine folgeabhängigen Rüstprozesse anfallen und sich aufgrund der Absatzplanung die jährlichen Produktmengen im Voraus bestimmen lassen, so gilt für die durchschnittlichen monatlichen Planrüstlohnkosten folgende Bestimmungsgleichung:

$$(3\text{-}21) \qquad K_{RL}^{(p)} = \frac{1}{12} \sum_{j=1}^{n} \frac{x_j^{(p)}}{s_j^{(p)}} t_{Rj}^{(p)} l^{(p)}$$

Die Rüstlohnkosten werden in voller Höhe den proportionalen Kosten zugeordnet. Die Quotienten $x_j^{(p)} / s_j^{(p)}$ entsprechen den geplanten Auflegungshäufigkeiten $v_j^{(p)}$.

In den einzelnen Abrechnungsperioden werden den Arbeitskräften die effektiv ausgeführten Rüstvorgänge vergütet, die wir mit v_j^i bezeichnen wollen. Ändert sich die durchschnittliche Zusammensetzung der Produktion oder werden die geplanten Seriengrößen nicht eingehalten, so entstehen bei den Rüstlöhnen folgende Rüstzeitabweichungen der Einzellöhne, die im Soll-Ist-Kostenvergleich unter der Kostenart Rüstlohn ausgewiesen werden:

$$(3\text{-}22) \qquad \Delta K_{LR} = \underbrace{\sum_{j=1}^{n} v_j^{(i)} t_{Rj}^{(p)} l^{(p)}}_{\text{Ist-Rüstlöhne}} - \underbrace{K_{LR}^{(p)} \frac{B^{(i)}}{B^{(p)}}}_{\text{Soll-Rüstlöhne}}$$

Durch eine besondere Rechnung lässt sich die Rüstzeitabweichung der Einzellöhne in zwei Komponenten zerlegen, von denen eine auf die Zusammensetzung der Produktion und die zweite auf außerplanmäßige Seriengrößen zurückzuführen ist. Bezeichnen wir die den geplanten Seriengrößen und Istproduktionsmengen $x_j^{(i)}$ entsprechenden Soll-Auflegungshäufigkeiten mit $v_j^{(s)}$ so gilt:

$$(3\text{-}22) \qquad \Delta K_{LR} = \underbrace{\sum_{j=1}^{n} \left(v_j^{(i)} - v_j^{(s)} \right) t_{Rj}^{(p)} l^{(p)}}_{\substack{\text{Anteil Serien-} \\ \text{größenabweichung}}} + \underbrace{\sum_{j=1}^{n} v_j^{(s)} t_{Rj}^{(p)} l^{(p)} - K_{LR}^{(p)} \frac{B^{(i)}}{B^{(p)}}}_{\substack{\text{Anteil Produktions-} \\ \text{zusammensetzung}}}$$

Fallen die Rüstkosten relativ stark ins Gewicht, so müssen für eine Fertigungsstelle die Ausführungs- und die Rüstzeiten als gesonderte Bezugsgrößen verwendet werden. In diesen Fällen werden die Rüstlöhne der Rüstzeitbezugsgröße und die Fertigungslöhne der Ausführung der Fertigungszeitbezugsgröße zugeordnet. Hierbei fallen in den betreffenden Fertigungsstellen keine Rüstzeitabweichungen der Einzellöhne an, da den Arbeitern die effektiv ausgeführten Rüstprozesse vergütet und der Kostenstelle die betreffenden Rüstzeiten als Istbezugsgröße gutgeschrieben werden.

Außerplanmäßige Seriengrößen führen in diesen Fällen aber zu Rüstkostenabweichungen zwischen der Kostenstellen- und der Kostenträgerrechnung, die wir in Kapitel 4.7 beschreiben werden.

Werden in einer Fertigungsstelle gleichartige Arbeitsgänge von Arbeitskräften mit unterschiedlichen Lohnsätzen ausgeführt, so wird bei der Kostenplanung der Einzellöhne eine Mischrelation festgelegt. Ändert sich diese, so treten im Soll-Ist-Kostenvergleich auch bei Akkordlöhnen Abweichungen der Einzellöhne auf, die als Lohnsatzmischungsabweichungen bezeichnet werden. In der angelsächsischen Literatur spricht man von „mixture sub-variance for labour" oder „labour mix variances"[36]. Lohnsatzmischungsabweichungen treten insbesondere auf, wenn personenbezogene Leistungszulagen in die Lohnsätze einbezogen werden.

In der Praxis müssen Akkordlohnsysteme stets durch Zusatzlöhne ergänzt werden, da das Betriebsgeschehen immer wieder zu Situationen führt, in denen Akkordarbeiter aus Gründen, die sie nicht zu vertreten haben, ihre angestrebte Akkordleistung nicht erreichen können. Hierfür werden von den Kostenstellenleitern Zusatzlohnscheine ausgestellt. Da Zusatzlöhne in gewissem Umfang unvermeidbar sind, werden für sie beim Aufbau der Kostenplanung Vorlagen festgelegt. Hierbei handelt es sich um geplante Abweichungen der Fertigungslöhne. Im Einzelnen lassen sich die folgenden Gruppen von Zusatzlöhnen unterscheiden.

- Auftragsbedingte Zusatzlöhne: Hierzu gehören insbesondere Vorgabezeitüberschreitungen infolge von Konstruktionsänderungen, die vor allem in der Einzel- und Kleinserienfertigung des Maschinenbaus einen großen Prozentsatz der gesamten Einzellohnzeitabweichungen ausmachen.
- Materialbedingte Zusatzlöhne: Die Vorgabezeiten basieren auf planmäßigen Materialabmessungen und planmäßigen Materialeigenschaften. Stimmen diese mit den entsprechenden Ist-Größen nicht überein, so können meistens die Bearbeitungszeiten nicht eingehalten werden.
- Ablaufbedingte Zusatzlöhne: Diese treten auf, wenn ein gestörter Arbeitsablauf dazu führt, dass die Akkordarbeiter auf Aufträge warten müssen.
- Kostenstellenbedingte Zusatzlöhne: Hierzu gehören sämtliche nicht von den Arbeitern zu vertretenden Verzögerungen, die aus Betriebsstörungen, Maschinenschäden und Fehldispositionen innerhalb der Kostenstelle resultieren. Auch Arbeitsverzögerungen, die dadurch auftreten, dass neue Arbeitskräfte angelernt werden müssen, zählen zu den kostenstellenbedingten Zusatzlöhnen.
- Zusatzlöhne infolge fehlerhafter Vorgabezeiten: Es ist nicht in allen Fällen möglich, die Akkordzeiten durch genaue Zeitstudien zu erfassen; in der Einzel- und Kleinserienfertigung muss ein großer Teil der Vorgabezeiten durch Schätzungen ermittelt werden, was zu fehlerhaften Vorgabezeiten führen kann (oft wird in diesen Fällen daher auf Akkordlohn von vornherein verzichtet). Erweisen sich Vorgabezeiten später als fehlerhaft, so müssen sie durch entsprechende Zusatzlöhne ausgeglichen werden.

D. Ellinger schlägt vor, sämtliche Einzellohnabweichungen einer Abrechnungsperiode statistisch auszuwerten[37]. Hierbei sollten die Einzellohnabweichungen nach Kostenstellen, Lohnarten, Kostenträgerarten und insbesondere nach Entstehungsursachen gegliedert und entsprechend ausgewertet werden.

3. Werden in einer Fertigungsstelle Zeitlöhne vergütet, so werden für die Kostenkontrolle und den Aufbau der Plankalkulationen dennoch nach Arbeitsgängen und Erzeugnisarten differenzierte Sollzeiten festgelegt. Da den Arbeitskräften die Ist-Zeiten vergütet, der Kostenstelle aber die den Soll-Zeiten entsprechenden Kosten vorgegeben werden, entstehen bei Zeitlohn Fertigungslohnabweichungen, die wir als Arbeitszeitabweichungen oder als Arbeitsleistungsabweichungen bezeichnen wollen. In der amerikanischen Literatur spricht man von „labor efficiency variance“[38].

Bezeichnen wir die Zeitlohnstunden einer Kostenstelle mit $T^{(i)}$, die Anzahl der bearbeiteten Produktmengen mit $x_j^{(i)}$, die geplanten Arbeitszeiten pro Einheit mit $t_j^{(p)}$ und den Lohnsatz mit $l^{(p)}$, so gilt für die Arbeitszeitabweichung folgende Bestimmungsgleichung:

$$(3\text{-}24) \qquad \Delta K_L = \left[T^{(i)} - \underbrace{\sum_{j=1}^{n} x_j^{(i)}\, t_j^{(p)}}_{\text{Soll-Arbeitszeit}} \right] l^{(p)}$$

Da bei Zeitlohn in der Regel die geplanten Arbeitszeiten überschritten werden, hat die Arbeitszeitabweichung meistens ein positives Vorzeichen. Wurden z. B. 2.482 Ist-Stunden vergütet und entsprechen der Ist-Produktion nur 2.160 Stunden, so entsteht bei einem Lohnsatz von 19,20 €/Stunde eine Arbeitszeitabweichung von 6.182 €.

In die Fertigungslohnabweichungen bei Ist-Lohn gehen sowohl die von den Arbeitern zu vertretenden als auch die von ihnen nicht zu vertretenden Überschreitungen der Planarbeitszeiten ein. Eine Isolierung der nicht zu vertretenden Arbeitszeitüberschreitungen, wie sie bei Anwendung eines Akkordlohnsystems möglich ist, kann bei der Anwendung von Zeitlohn nicht durchgeführt werden, wodurch die Kontrolle der Einzellohnkosten beeinträchtigt wird.

4. Werden in einer Fertigungsstelle Prämien vergütet, so treten Abweichungen zwischen den Ist- und den Sollwerten der Prämienbemessungsgrundlagen auf, die zu Prämienabweichungen führen.

Bei Quantitätsprämien resultieren die Prämienabweichungen daraus, dass der Soll-Zeitverbrauch bzw. die geplante Leistung nicht eingehalten worden ist. Da Quantitätsprämien stets mit Zeitlohn kombiniert werden, fallen zugleich mit den Prämienabweichungen Arbeitszeitabweichungen an, wie wir sie bereits für den Zeitlohn beschrieben haben.

Führen wir folgende Kurzzeichen ein:

$T^{(i)}$ = Istarbeitszeit, die im Zeitlohn vergütet wird
$T^{(s)}$ = Sollarbeitszeit, die der Istbeschäftigung entspricht

$l^{(p)}$ = geplanter Lohnsatz

$p_r^{(p)}$ = geplanter Prämienprozentsatz, welcher der Sollleistung entspricht

$p_r^{(i)}$ = Istprämiensatz, der der Istleistung entspricht

$K_L^{(p)}$ = geplanter Fertigungslohn bei Planbeschäftigung (der voll den proportionalen Kosten zugerechnet wird)

$B^{(i)}$ = Istbezugsgröße

$B^{(p)}$ = Planbezugsgröße

so erhält man folgende Abweichungen der Fertigungslöhne:

$$\text{(3-25)} \qquad \Delta K_L = \underbrace{\left(T^{(i)} - T^{(s)}\right) l^{(p)}}_{\text{Arbeitszeitabweichung}} + \underbrace{T^{(i)}\, l^{(p)} \frac{p_r^{(i)}}{100} - K_L^{(p)} \frac{p_r^{(p)}}{100} \frac{B^{(i)}}{B^{(p)}}}_{\text{Prämienabweichung}}$$

Werden die Sollarbeitszeiten als Bezugsgröße verwendet, so lässt sich $B^{(p)}$ durch $T^{(p)}$ und $B^{(i)}$ durch $T^{(s)}$ ersetzen. Hierdurch verändert sich die Gleichung (3-25) wie folgt:

$$\text{(3-26)} \qquad \Delta K_L = \left[\left(T^{(i)} - T^{(s)}\right) + \left(T^{(i)} \frac{p_r^{(i)}}{100} - T^{(s)} \frac{p_r^{(p)}}{100}\right)\right] l^{(p)}$$

Durch Umformen erhält man hieraus

$$\text{(3-27)} \qquad \Delta K_L = \left[T^{(i)} \left(1 + \frac{p_r^{(i)}}{100}\right) - T^{(s)} \left(1 + \frac{p_r^{(p)}}{100}\right)\right] l^{(p)}$$

Bei mengenbezogenen Quantitätsprämien lassen sich die Lohn- und Prämienabweichungen analog ermitteln.

Alle übrigen Prämien können mit Zeit- oder Akkordlöhnen kombiniert werden. Im ersten Fall entstehen neben den Prämienabweichungen stets auch Arbeitszeitabweichungen, wie wir sie bereits für die Quantitätsprämie beschrieben haben. Werden dagegen Akkordlöhne vergütet, so gilt für die Prämienabweichungen folgende generelle Bestimmungsgleichung:

$$\text{(3-28)} \qquad \Delta K_{pr} = K_L^{(s)} \left(p_r^{(i)} - p_r^{(p)}\right) \frac{1}{100}$$

Der Istprämiensatz $p^{(i)}$ wird jeweils aus den Istprämienbemessungsgrundlagen abgeleitet.

3.3 Die Planung und Kontrolle der Sondereinzelkosten

3.3.1 Sondereinzelkosten als Vorleistungskosten

1. Der Grundsatz, möglichst viele Kostenarten als Einzelkosten zu verrechnen, hat dazu geführt, neben den Einzelmaterial- und den Einzellohnkosten einige weitere Kostenarten in die Einzelkosten einzubeziehen. Diese Kostenarten werden als Sondereinzelkosten bezeichnet.

Dabei ist zu beachten, dass einige wichtige Sondereinzelkostenarten zu den Vorleistungskosten gehören und somit nicht in die kurzfristigen Grenzkosten einer Grenzplankostenrechnung einzubeziehen sind.

Vorleistungskosten sind Kosten, die dazu dienen, zeitungebundene Nutzungspotenziale zu schaffen, welche die Voraussetzungen dafür bilden, dass in zukünftigen Perioden die Stellung einer Unternehmung im Markt verbessert wird oder sich zumindest nicht verschlechtert. Wir haben an anderer Stelle die Vorleistungskosten als eine dritte Kostenkategorie bezeichnet, da die Vorleistungskosten weder zu den proportionalen noch zu den fixen Kosten zählen[39]. Typische Beispiele für Vorleistungskosten sind Erschließungskosten in Gewinnungsbetrieben, Forschungs- und Entwicklungskosten, Kosten für Werbung und Öffentlichkeitsarbeit, Ausbildungskosten und Kosten für organisatorische Verbesserungen. Auch Kosten für Lehren, Modelle und Spezialwerkzeuge sind in vielen Fällen Vorleistungskosten.

Bei den Vorleistungskosten lassen sich im System einer Grenzplankostenrechnung „projektvariable" und „projektfixe" Kosten unterscheiden. Die projektvariablen Kosten lassen sich nach dem Verursachungsprinzip einzelnen Vorleistungsprojekten zurechnen; sie „entstehen und entfallen mit den Projekten"[40]. Bei den projektvariablen Kosten kann es sich um Projekteinzelkosten oder um variable Kosten betrieblicher Teilbereiche handeln, in denen Vorleistungsprojekte bearbeitet werden. Hierzu zählen z. B. Labors sowie Konstruktions- und Entwicklungsabteilungen. Die projektfixen Kosten fallen als Bereitschaftskosten von Kostenstellen an, deren Aufgabe in der Bearbeitung von Vorleistungsprojekten besteht. Die Planung und Kontrolle der in Kostenstellen anfallenden Vorleistungskosten erfolgt primär in der Kostenstellenrechnung, sodass wir auf unsere Ausführungen im 4. Teil verweisen können.

2. Darüber hinaus muss die Planung und Kontrolle der projektvariablen Kosten stets auch projektbezogen erfolgen[41]. Hierzu wird für jedes Vorleistungsprojekt zunächst eine Auftragsnummer festgelegt. Weiterhin ist für jedes Vorleistungsprojekt eine Vorkalkulation zu erstellen, die alle dem Projekt direkt zurechenbaren Kosten erfasst. Hierzu zählen z. B. bei Forschungs- und Entwicklungsaufträgen in Chemiebetrieben Chemikalien- und Materialkosten, Kosten für Fremdleistungen, Kosten für Versuche in der Fertigung und die Kosten der ausführenden Labors. Den geplanten Kosten werden später die angefallenen Ist-Kosten gegenübergestellt. Die hierbei anfallenden Kostenabweichungen werden analysiert und auf ihre Ursachen zurückgeführt.

Bei der projektbezogenen Planung und Kontrolle der Personalkosten sind die beiden folgenden Probleme zu lösen.

Erstens erfordert die projektbezogene Verrechnung von Personalkosten Stundenaufschreibungen von Chemikern, Physikern, Entwicklungsingenieuren, Konstrukteuren usw., die normalerweise an solche Aufschreibungen nicht gewöhnt sind. Um die hierbei auftretenden Widerstände überwinden zu können, sollte man darauf hinweisen, dass die Stundenaufschreibungen nicht zur individuellen Leistungskontrolle, sondern lediglich zur richtigen Kostenerfassung dienen sollen.

Zweitens ist die schwierige Frage zu klären, welche Personalkosten den projektproportionalen Vorleistungskosten zuzurechnen sind und welche Personalkosten zu den fixen Bereitschaftskosten zählen. Da Vorleistungskosten zeitungebundene Nutzungspotenziale schaffen, deren Wirkung sich auf längere Zeiträume erstreckt, sollte man bei der Aufteilung in projektvariable und projektfixe Personalkosten einen höheren Fristigkeitsgrad zugrunde legen, als er normalerweise für die laufenden Kostenarten zugrunde gelegt wird. Da die Vorleistungskosten nicht in die Grenzselbstkosten einbezogen werden, beeinflusst der Fristigkeitsgrad der Vorleistungskosten im Übrigen die Kalkulation der relevanten Kosten nicht.

Dient ein Vorleistungsprojekt ausschließlich einer Produktart, so werden die projektvariablen Vorleistungskosten als Sondereinzelkosten verrechnet. Hierzu werden die geplanten bzw. effektiv angefallenen projektvariablen Kosten eines Vorleistungsprojektes durch die Summe der geplanten bzw. realisierten Nutzungseinheiten dividiert, die sich diesem Vorleistungsprojekt zuordnen lassen. Für die Vorleistungskosten pro Einheit gilt:

$$(3\text{-}29) \quad \begin{array}{l}\text{Vorleistungskosten}\\ \text{pro Einheit}\end{array} = \frac{\text{Projektvariable Kosten pro Vorleistungsprojekt}}{\text{Gesamte Nutzungseinheiten}}$$

In den meisten Fällen wird es sich bei den Nutzungseinheiten um realisierbare Absatzmengen handeln. In diesen Fällen haben die Vorleistungskosten pro Einheit formal die gleiche Dimension wie die Grenzselbstkosten der Erzeugnisse. Dennoch handelt es sich bei den Vorleistungskosten pro Einheit keineswegs um entscheidungsrelevante Grenzkosten. Nach der Entscheidung über die Durchführung eines Vorleistungsprojektes zählen vielmehr die projektvariablen Kosten zu den „sunk costs“[42]. Werden die Vorleistungskosten pro Einheit in die laufenden Plankalkulationen einbezogen, so ist darauf zu achten, dass es sich bei ihnen um eine gesonderte Kostenkategorie handelt, die bei der Bestimmung von Preisuntergrenzen und der Verkaufssteuerung mithilfe von Deckungsbeiträgen wie fixe Kosten zu behandeln ist.

Die Planung und kalkulatorische Verrechnung von Vorleistungskosten pro Einheit dient daher nicht den dispositiven Aufgaben der Kostenrechnung; ihr Zweck ist vielmehr lediglich eine „kalkulatorische Deckungskontrolle“ der Vorleistungskosten. Hierzu wird in der Betriebsabrechnung für jedes Vorleistungsprojekt ein statistisches Konto im Rahmen der Auftragsabrechnung geführt. Diesem Konto werden die angefallenen Istbeträge belastet und die mit den Vorleistungskosten pro Einheit bewerteten Istmengen gutgeschrieben. Auf diese Weise erkennt man, ob die realisierten Nutzungseinheiten insgesamt zu einer Unter- oder Überdeckung der angefallenen projektvariablen Vorleistungskosten geführt haben. Ist die Nutzungsmöglichkeit erloschen, so wird der Saldo des Vorleistungskontos in die Betriebsergebnisrechnung ausgebucht.

Lassen sich projektvariable Vorleistungskosten nicht einer bestimmten Produktart zuordnen, da sie Nutzungspotenziale schaffen, die mehreren Erzeugnisarten gleichzeitig dienen, so werden sie in der Praxis meistens mithilfe prozentualer Zuschläge auf die Herstellkosten dieser Erzeugnisse verrechnet oder der entsprechenden Deckungsstufe einer höheren Hierarchie der Deckungsbeitragsrechnung zugeordnet. Hierbei wird die kalkulatorische Deckungskontrolle analog durchgeführt.

Lassen sich projektvariable Vorleistungskosten keinen betrieblichen Erzeugnissen zurechnen, so z. B., weil sie nicht zu ökonomisch verwertbaren Ergebnissen geführt haben, oder weil man auf die Auswertung der Nutzungsmöglichkeiten verzichtet, so sind sie als Unternehmensfixkosten der Betriebsergebnisrechnung zu belasten.

3. Typische Beispiele projektvariabler Vorleistungskosten sind neben den Forschungs- und Entwicklungskosten in vielen Industriebetrieben die Kosten für Spezialwerkzeuge, die auch als Sondereinzelkosten der Fertigung verrechnet werden. Typische Beispiele hierfür sind Modelle, Lehren und Spezialwerkzeuge im Maschinenbau, Spritzgussformen für die Erzeugnisse von Kunststoffspritzgussartikeln und Druckwalzen für die Tapetenfabrikation. Das charakteristische Merkmal dieser Spezialwerkzeuge besteht darin, dass sie jeweils nur für spezielle Einzelerzeugnisse eingesetzt werden können. Hierbei sind die Spezialwerkzeuge dem Gebrauchsverschleiß ausgesetzt. Jedes Werkzeug reicht maximal für die Herstellung einer bestimmten Produktmenge aus. Es sind zwei Fälle zu unterscheiden.

Liegt die planmäßig zu erwartende Absatzmenge unter der mithilfe eines Spezialwerkzeuges maximal realisierbaren Produktmenge, so wird das Werkzeug nur einmal angeschafft, wodurch ein (meistens nicht voll ausgeschöpftes) Nutzungspotenzial geschaffen wird; die Kosten des Spezialwerkzeuges sollten in diesem Falle zu den Vorleistungskosten gerechnet werden. Für sie wird die gleiche kalkulatorische Deckungskontrolle durchgeführt, wie wir sie für Forschungs- und Entwicklungskosten beschrieben haben.

Liegt dagegen die geplante Absatzmenge weit über dem Leistungspotenzial eines Spezialwerkzeuges, so muss dieses Werkzeug während eines längeren Zeitraumes in bestimmten Abständen immer wieder angeschafft werden. In diesem Fall sind die verschleißabhängigen Werkzeugkosten in die Grenzselbstkosten der Erzeugnisse einzubeziehen.

Ist z. B. für einen bestimmten Spritzgussartikel eine Spritzgussform erforderlich, die 6.600 € kostet und für die Bearbeitung von 120.000 Stück ausreicht, so wird bei einer erwarteten Gesamtabsatzmenge von 40.000 Stück der Verrechnungssatz von 0,165 €/Stück zu den Vorleistungskosten gezählt und nicht in die Grenzselbstkosten einbezogen. Ist dagegen damit zu rechnen, dass der betreffende Spritzgussartikel während eines längeren Zeitraumes zum Produktionsprogramm gehören wird und die Stückzahlen weit über 120.000 hinausgehen, so ist der Verrechnungssatz in Höhe von 0,055 €/Stück in die proportionalen Fertigungskosten einzubeziehen.

Auch für die im Vertriebsbereich anfallenden Vorleistungskosten lässt sich die von uns beschriebene kalkulatorische Deckungskontrolle durchführen. Dies gilt z. B. für die durch Werbefeldzüge oder die Einführung neuer Produkte verursachten Kosten. Auch bei diesen Kosten ist aber darauf zu achten, dass sie nicht zu den Grenzkosten der laufenden Produktion zählen.

4. Eine ähnliche Verrechnung, wie wir sie für Vorleistungskosten beschrieben haben, sollte für Pauschallizenzen erfolgen, die für die Produktion bestimmter Erzeugnisse bezahlt werden müssen. Solche Pauschallizenzen sind zwar im strengen Sinne keine Vorleistungskosten, sie gehören vielmehr zu den erzeugnisfixen Kosten. Für sie sollte aber die gleiche kalkulatorische Deckungskontrolle wie bei den Vorleistungskosten erfolgen. Hierfür werden die in den einzelnen Abrechnungsperioden zu zahlenden Lizenzbeträge einem statistischen Konto im Rahmen der Auftragsabrechnung belastet. Für die Gesamtlaufzeit des Lizenzvertrages wird die Summe der Lizenzgebühren durch die geplante Gesamtabsatzmenge dividiert. Mit dem auf diese Weise erhaltenen Planverrechnungssatz werden die realisierten Istmengen der einzelnen Abrechnungsperioden multipliziert. Die Deckungsbeträge werden dem Verrechnungskonto gutgeschrieben. Auf diese Weise erkennt man, ob im Zeitablauf die realisierten Istabsatzmengen zu einer kalkulatorischen Deckung der Pauschallizenzen führen. In den Kalkulationen ist darauf zu achten, dass die Lizenzkosten pro Einheit nicht zu den Grenzkosten zählen. Bei Durchführung einer stufenweisen Fixkostendeckungsrechnung lassen sich die Pauschallizenzen spezieller Erzeugnisse als Erzeugnisfixkosten ausweisen. In diesem Fall werden die Unter- und Überdeckungen der kalkulatorischen Deckungskontrolle in die Betriebsergebnisrechnung der betreffenden Erzeugnisse übernommen.

3.3.2 Sondereinzelkosten als Grenzkosten

3.3.2.1 Die Planung und Kontrolle der Sondereinzelkosten der Fertigung

1. Im Gegensatz zu den Vorleistungskosten sind solche Sondereinzelkosten in die Grenzkosten der betrieblichen Erzeugnisse zu integrieren, die für jede einzelne Produktart gesondert anfallen und im Falle der Produktionseinstellung vermieden werden. Die Planung und Kontrolle dieser Kosten erfolgt in ähnlicher Weise wie die Planung und Kontrolle der Einzelmaterialkosten. Hierzu zählen im Produktionsbereich folgende Sondereinzelkosten der Fertigung.

2. Bei Fertigungsprozessen, die hohe Energiekosten verursachen, lassen sich die Energiekosten als Sondereinzelkosten der Fertigung verrechnen. Die Verrechung der Energiekosten als Sondereinzelkosten ist insbesondere in solchen Fällen erforderlich, in denen die bearbeiteten Erzeugnisse sich in ihrer Energiekosteninanspruchnahme unterscheiden. Ist dagegen der Energieverbrauch pro Bezugsgrößeneinheit konstant, so wird auch bei sehr hohen Energiekosten weder die Kostenkontrolle noch die Kalkulationsgenauigkeit durch eine Einbeziehung der Energiekosten in die Gemeinkosten beeinträchtigt. Insbesondere bei manchen Prozessen der chemischen Industrie, so z. B. bei Schmelzvorgängen, ist jedoch diese Voraussetzung nicht erfüllt. Es ist daher zweckmäßig, Strom- und Dampfkosten als Sondereinzelkosten der Fertigung zu verrechnen. Die Planung und Kontrolle der Energiekosten erfolgt bei einer Einbeziehung in die Sondereinzelkosten in gleicher Weise wie wir das für die als Gemeinkosten verrechneten Energiekosten in Kapitel 4.4.3 beschreiben werden.

3. Fallen Kosten für Spezialwerkzeuge bei bestimmten Erzeugnissen nicht nur einmalig, sondern laufend an, so werden sie als Sondereinzelkosten der Fertigung verrechnet. Dies gilt insbesondere, wenn sich die betreffenden Werkzeugkosten bei den einzelnen Erzeugnissen stark voneinander unterscheiden. Ist das nicht der Fall, so wird man es meistens vorziehen, die Werkzeugkosten über Kostenstellen abzurechnen. Typische Beispiele für Spezialwerkzeuge, deren Kosten als Sondereinzelkosten der Fertigung abgerechnet werden sollten, sind Formen und Druckwalzen für Erzeugnisse mit großen Stückzahlen, die für längere Zeit zum Produktionsprogramm einer Unternehmung gehören.

Da die Nutzungsdauern von Spezialwerkzeugen nicht exakt vorherbestimmt werden können, wird für die als Sondereinzelkosten der Fertigung verrechneten Werkzeugkosten die gleiche kalkulatorische Deckungskontrolle durchgeführt, die wir bereits für die Vorleistungskosten beschrieben haben.

4. Werden für die Produktion bestimmter Erzeugnisse Quotenlizenzen bezahlt, so gehören diese ebenfalls zu den Sondereinzelkosten der Fertigung.

Eine weit verbreitete Form der Quotenlizenz ist die Stücklizenz. Hierbei werden die Lizenzgebühren pro Ausbringungseinheit berechnet, sodass sie unmittelbar als Grenzkosten in die Kalkulationen übernommen werden können.

Weitere Formen der Quotenlizenz sind die Umsatz- und die Gewinnlizenz. Bei der Umsatzlizenz wird die Lizenzgebühr auf den Verkaufspreis und bei der Gewinnlizenz auf den erzielten Stückgewinn (der hierbei meistens als Vollkostengewinn berechnet wird) bezogen. Als Produktionslizenzen findet man aber die Umsatz- und Gewinnlizenzen selten. Meistens werden diese Lizenzarten auf die Absatzmengen bezogen, sodass sie zu den Sondereinzelkosten des Vertriebs zu rechnen sind.

3.3.2.2 Die Planung und Kontrolle der Sondereinzelkosten des Vertriebs

1. Auch im Vertriebsbereich sollten alle Kosten als Sondereinzelkosten verrechnet werden, die sich den betrieblichen Erzeugnissen direkt zurechnen lassen. Hierbei sind die Sondereinzelkosten von den Erlösschmälerungen abzugrenzen, die nicht zu den Kosten gehören, sondern in der Kostenträgerzeitrechnung unmittelbar von den Verkaufserlösen abgezogen werden[43]. Zu den Erlösschmälerungen gehören z. B. Rabatte, Preisnachlässe, Reklamationen, Rücksendungen und Kundenskonti.

Die wichtigsten Sondereinzelkosten des Vertriebs sind Verpackungsmaterialkosten, absatzbezogene Quotenlizenzen, Vertreterprovisionen und Ausgangsfrachten.

Die Sondereinzelkosten des Vertriebs sind zwar stets Grenzkosten der betrieblichen Erzeugnisse. Sie sind aber in vielen Fällen nicht eindeutig, da sie nicht nur von erzeugnisspezifischen Vertriebskostenunterschieden, sondern häufig auch von abnehmer- und absatzwegespezifischen Vertriebskostenunterschieden beeinflusst werden. Zu den abnehmerspezifischen Vertriebskostenunterschieden gehören z. B. branchen-, betriebsgrößen- und standortbedingte Einflüsse. Die absatzwegespezifischen Vertriebskostenunterschiede hängen von der Vertriebsorganisation ab. Abnehmer- und absatzwegespezifische Kostenunterschiede werden insbesondere bei den Verkaufsprovisionen und den Ausgangsfrachten wirksam. Aber auch die Verpackungskosten können von solchen Einflüssen abhängig sein, so z. B., wenn für den Auslandsabsatz eine andere Verpackung gewählt wird als für den Inlandsabsatz.

Sind die Sondereinzelkosten des Vertriebs von abnehmer- und absatzwegespezifischen Einflussgrößen abhängig, so gibt es für den Aufbau der Plankalkulationen folgende Möglichkeiten (vgl. hierzu unsere Ausführungen in Kapitel 5.1.1.2.1). Erstens kann man in der Kalkulation erwartete Durchschnittssätze berücksichtigen. Diese Lösung wird man wählen, wenn die Kostenunterschiede nur relativ gering sind. Zweitens besteht die Möglichkeit, die Plankalkulationen nach Ermittlung der Herstellkosten nach abnehmer- und absatzwegespezifischen Merkmalen zu differenzieren. Drittens kann man darauf verzichten, die Sondereinzelkosten des Vertriebs überhaupt in die Plankalkulationen einzubeziehen und sie jeweils erst fallweise in der Ergebnisrechnung zu berücksichtigen. Dieses Verfahren hat sich in der Praxis bestens bewährt.

2. Zu den Verpackungsmaterialkosten zählen alle Materialkosten, die zur versandfertigen Verpackung betrieblicher Erzeugnisse dienen, so z. B. Kosten für Versandkosten, Pappkartons, Verpackungsfolien usw. Nicht zu den Verpackungsmaterialkosten, sondern zu den Herstellkosten, zählen dagegen Gefäße, die bereits für den innerbetrieblichen Transport und die Lagerung fertiger Erzeugnisse erforderlich sind. Die hierfür anfallenden Kosten zählen zu den Einzelmaterialkosten. Für ihre Planung und Kontrolle gelten aber unsere Ausführungen über die Verpackungsmaterialkosten analog.

Die Verpackungsmaterialkosten werden zunächst für eine Verpackungseinheit bestimmt, z. B. für eine Kiste oder einen Karton. Dividiert man die Kosten der Verpackungseinheit durch die hierauf entfallenden Mengeneinheiten, so erhält man die Verpackungskosten pro Erzeugniseinheit. Diese gehen als Sondereinzelkosten des Vertriebs in die Plankalkulationen ein. Kommen für eine Erzeugnisart aufgrund kundenbedingter Einflüsse mehrere Verpackungen in Frage, so sind entsprechende Alternativkalkulationen zu erstellen oder die entsprechenden Quoten in der Ergebnisrechnung zu berücksichtigen.

Die monatlichen Istkosten für Verpackungsmaterial werden in gleicher Weise wie die Einzelmaterialkosten durch die Materialabrechnung erfasst. In der Betriebsabrechnung werden die monatlichen Istkosten für Verpackungsmaterial mit den zugehörigen Sollkoten verglichen. Diese erhält man durch Multiplikation der Ist-Versandmengen mit den zugehörigen Plan-Verpackungsmaterialkosten pro Einheit. Die Verbrauchsabweichungen der Verpackungsmaterialkosten werden analysiert und gehen später in die Kostenträgerzeitrechnung ein. In Abbildung 3-6 haben wir ein einfaches Beispiel für die Kontrolle der Verpackungsmaterialkosten wiedergegeben.

Ergänzend sei darauf hingewiesen, dass die Verpackungslöhne bislang häufig zusammen mit den Gemeinkosten der Kostenstelle „Packerei und Versand“ in die Vertriebsgemeinkostenzuschläge einbezogen werden. Eine genauere Verrechnung lässt sich aber erreichen, indem man die Kostenstellen Packerei und Versand mit einer Stundenbezugsgröße abrechnet. Hierbei werden für die einzelnen Verpackungsvorschriften Standardzeiten pro Verpackungseinheit festgelegt. Bewertet man diese mit dem Stundensatz der Kostenstellen „Packerei und Versand“, so erhält man die auf die einzelnen Verpackungseinheiten entfallenden Kosten dieser Kostenstelle. Diese werden zusammen mit den Verpackungsmaterialkosten auf die Erzeugniseinheiten umgerechnet, indem man durch die Anzahl der auf eine Verpackungseinheit entfallenden Erzeugnismengen dividiert.

Kontrolle von Verpackungsmaterialkosten

Verpackungsart	Absatzmenge in 100 m	Plankosten Euro/100 m	Sollkosten Euro/Monat
I	8.450	3,80	32.110
II	12.320	5,77	71.086
III	3.715	18,63	69.210
Summe Sollkosten			172.406
Summe Istkosten lt. Materialabrechnung			175.337
Verbrauchsabweichung Euro/Monat			2.931
Verbrauchsabweichung in % der Sollkosten			1,7 %

Abbildung 3-6: Beispiel zur Kontrolle von Verpackungsmaterialkosten

3. Werden absatzbezogene Quotenlizenzen bezahlt, so kann es sich um Stück-, Umsatz- oder Gewinnlizenzen handeln. Stücklizenzen lassen sich unmittelbar als Grenzkosten in die Plankalkulationen bzw. in die Ergebnisrechnung übernehmen. Umsatzlizenzen werden immer nur in der Ergebnisrechnung berücksichtigt. Für Gewinnlizenzen kann entweder der in der Ergebnisrechnung ausgewiesene Vollkostengewinn oder der Deckungsbeitrag als Bezugsgrundlage verwendet werden. Gewinnlizenzen sind in der Praxis aber relativ selten.

4. Die Vertreterprovisionen werden in den meisten Unternehmungen prozentual auf die Verkaufserlöse bezogen. Hierbei hängt die Höhe der Provisionssätze von der Art der Erzeugnisse, den während einer Periode erreichten Gesamtumsätzen der Vertreter und den erzielten Verkaufspreisen (unter Berücksichtigung der gewährten Rabatte) ab. Die Provisionsberechnung legt die Daten der monatlichen Umsatzberechnung (Fakturierung) zugrunde.

Gegen die umsatzbezogene Provisionsberechnung ist kritisch einzuwenden, dass hierbei die Deckungsbeiträge der betrieblichen Erzeugnisse nicht berücksichtigt werden. Das Interesse der Verkäufer wird hierdurch einseitig auf die Umsätze gelenkt, Anreize zu einer gewinnorientierten Verkaufssteuerung werden nicht wirksam. Dieser Mangel lässt sich am besten beseitigen indem man die erwirtschafteten Deckungsbeiträge als Bezugsgrundlage der Provisionsberechnung verwendet. Hiermit ist aber der Nachteil verbunden, dass man den Vertretern die Deckungsbeiträge bekannt geben muss, damit sie ihre Provisionsabrechnungen kontrollieren können. Dies kann man vermeiden, indem man die Erzeugnisse in Deckungsbeitragsklassen einteilt und die umsatzbezogenen Provisionssätze nach der Höhe der Deckungsbeiträge differenziert.

Da die gleichen Erzeugnisse meistens in unterschiedlichen Vertreterbezirken verkauft werden, gelten für sie unterschiedliche Provisionssätze. Daher sollte man die Verkaufsprovisionen nicht in die Plankalkulationen einbeziehen, sondern sie in der Ergebnisrechnung berücksichtigen. Hierbei ist eine kalkulatorische Deckungskontrolle im Rahmen der Auftragsabrechnung erforderlich, bei der die Istkostenbeträge der Verkaufsprovisionen mit den kalkulatorisch verrechneten Provisionen verglichen werden. Letztere erhält man, indem man die erzielten Umsätze mit den jeweiligen Provisionssätzen multipliziert. Die hierbei auftretenden Provisionsabweichungen werden monatlich in die Betriebsergebnisrechnung ausgebucht.

5. Als weitere Sondereinzelkostenart des Vertriebs sind die Frachtkosten anzusehen. Die Frachtkosten sind aber nur dann in die Kalkulationen einzubeziehen, wenn sie den Kunden nicht direkt in Rechnung gestellt werden. Da die gleichen Erzeugnisse je nach Lieferort mit recht unterschiedlichen Frachtkosten belastet werden, lassen sich in den Plankalkulationen lediglich durchschnittliche Frachtkosten pro Erzeugniseinheit angeben. Da der Aussagewert durchschnittlicher Frachtkosten pro Erzeugniseinheit relativ gering ist, werden die Frachtkosten meistens aus den Plankalkulationen herausgelassen und in der Ergebnisrechnung berücksichtigt. Lediglich bei relativ geringfügigen Frachtkostenunterschieden kommt die kalkulatorische Verrechnung von Durchschnittsbeträgen in Frage. In diesen Fällen erfolgt die gleiche kalkulatorische Deckungskontrolle, die wir bereits für die übrigen Sondereinzelkostenarten des Vertriebs beschrieben haben.

3.4 Die Planung und Kontrolle der Ausschusskosten

1. Unter Ausschuss versteht man Produktmengen, die infolge von Mängeln nicht ihrem planmäßigen Verwendungszweck zugeführt werden können.

Die Planung, Kontrolle und Verrechnung der Ausschusskosten zählt zu den kompliziertesten Spezialproblemen der Kostenrechnung[44]. Je nach den fertigungstechnischen Besonderheiten eines Industriebetriebes lassen sich für die Erfassung und

Verrechnung der Ausschusskosten mehrere Grundtypen unterscheiden. Da hierzu auch die Verrechnung der Ausschusskosten als Sondereinzelkosten der Fertigung gehört, behandeln wir die Ausschusskosten bereits an dieser Stelle. Hierbei gehen wir aber auch auf Verfahren ein, bei denen die Ausschusskosten über Kostenstellen abgerechnet werden.

Der Ausschuss ist von folgenden ähnlichen Begriffen abzugrenzen[45]:

- Abfälle
- Produktmengen mit Mängeln, die durch Nacharbeit beseitigt werden können
- wertverminderte Produktmengen (so genannte 2. und 3. Wahl).

Unter Abfall versteht man Einzelmaterialmengen, die nicht in die Endprodukte eingehen, aber während des Produktionsprozesses verbraucht werden. Die Abfallmengen und die auf sie entfallenden Kosten werden durch die Planung und Kontrolle der Einzelmaterialkosten erfasst. Im Gegensatz zum Abfall enthält der Ausschuss neben den Materialkosten stets auch Fertigungskosten. In der Praxis ist eine genaue Abgrenzung zwischen Abfall und Ausschuss oft schwierig; dies gilt insbesondere für die Produktion von Fließgütern.

Unter Nacharbeit versteht man zusätzliche Arbeitsgänge, die dazu dienen, Produktmengen mit Mängeln zu verwertbaren Erzeugnissen zu machen. Die hierfür anfallenden Kosten werden als Nacharbeitskosten bezeichnet. Es ist zweckmäßig, Ausschuss- und Nacharbeitskosten in der Kostenrechnung zusammenzufassen, da sie auf die gleichen Ursachen zurückzuführen sind. In beiden Fällen entstehen zunächst Erzeugnismengen mit Mängeln. Im Ausschussfall lassen sich diese Mängel nicht beseitigen, sodass allenfalls eine Veräußerung als Schrott in Frage kommt. Im Falle der Nacharbeit dagegen werden die Ausschussmengen durch Aufwendung zusätzlicher Kosten in verwertbare Produktmengen umgewandelt.

Weiterhin ist der Ausschuss von solchen Erzeugnismengen abzugrenzen, die infolge qualitativer Mängel auf den Absatzmärkten nur als wertverminderte Ware (so genannte 2. und 3. Wahl) verkauft werden können.

2. Ausschuss- und Nacharbeitskosten bestehen aus Einzelmaterial-, Materialgemein-, Fertigungslohn- und Fertigungsgemeinkosten. In Abbildung 3-7 haben wir ein Beispiel wiedergegeben, das erkennen lässt, wie sich die Herstellkosten im Zeitablauf kumulieren; Material wird nur zu Beginn der Arbeitsgänge 1 und 2 eingesetzt. Im Beispiel der Abbildung 3-7 entsteht der Ausschuss bereits beim Arbeitsgang 1, er wird aber erst nach Durchführung des Arbeitsganges 3 erkannt. Hätte man den Ausschuss rechtzeitig wahrgenommen, so wäre der Ausschussbetrag AB vermeidbar gewesen. Aus diesem Grunde sollten in den Fertigungsablauf ausschussgefährdeter Produktionsprozesse möglichst viele Zwischenkontrollen eingeschaltet werden.

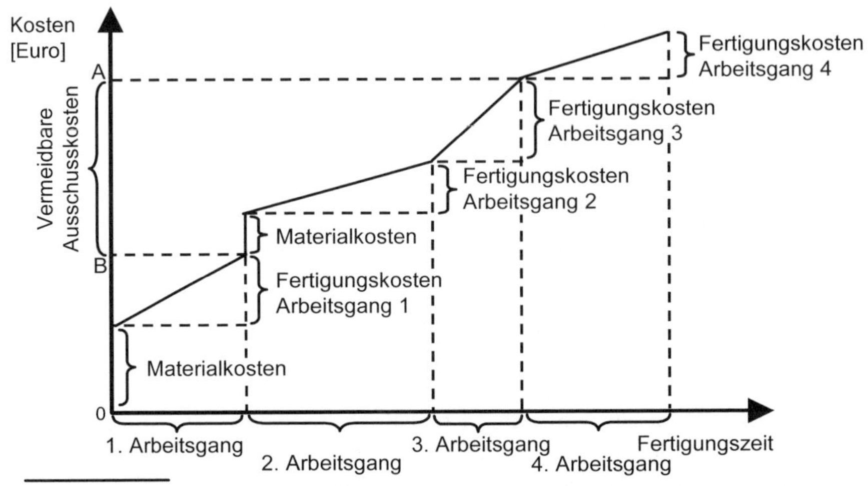

Abbildung 3-7: Beispiel zur Entstehung von Ausschusskosten

Seit langem hat sich die Ansicht durchgesetzt, dass auch für Ausschuss und Nacharbeit Plankosten vorgegeben werden müssen, wenn ein gewisser Mindest-Ausschuss unvermeidbar ist[46]. Durch die Ausschussplanung ist der bei wirtschaftlichem Handeln und bei einer vertretbaren Aufmerksamkeitsleistung aller beteiligten Arbeitskräfte unvermeidbare Mindest-Ausschuss festzulegen. Die hierauf entfallenden Plankosten gehen entweder über die Kostensätze der Fertigungsstellen oder als Sondereinzelkosten der Fertigung in die Plankalkulationen ein.

Die für Ausschuss und Nacharbeit anfallenden Istkosten sollten durch den Soll-Istkostenvergleich laufend mit den entsprechenden Sollkosten verglichen werden. Hierbei sind die Ausschussursachen systematisch zu erfassen und zu analysieren.

Für die Erfassung der Ausschuss- und Nacharbeitskosten gibt es zwei verschiedene Grundverfahren:

- die auftragsweise Erfassung der Ausschuss- und Nacharbeitskosten und
- die Erfassung von Mengenverlusten mithilfe von Einsatzfaktoren.

Wie die Abbildung 3-8 erkennen lässt, gibt es für diese Grundverfahren mehrere Ausgestaltungsmöglichkeiten.

Bei der auftragsweisen Erfassung der Ausschuss- und Nacharbeitskosten geht man von den Ausschussmengen einzelner Produktionsaufträge, Serien oder Partien aus. Diese werden mit den zugehörigen Kosten bewertet und als gesonderte Kostenarten ausgewiesen. G. Buchinger bezeichnet dieses Verfahren daher als: „Verrechnung des Ausschusses als besondere Kostenart[47].“ Dieses Verfahren wird insbesondere in Industriebetrieben angewandt, die mehrteilige Stückgüter in Auftrags- oder Kleinserienfertigung herstellen.

Hierzu zählen neben dem Maschinen- und Apparatebau der Fahrzeugbau, die Elektroindustrie und artverwandte Branchen.

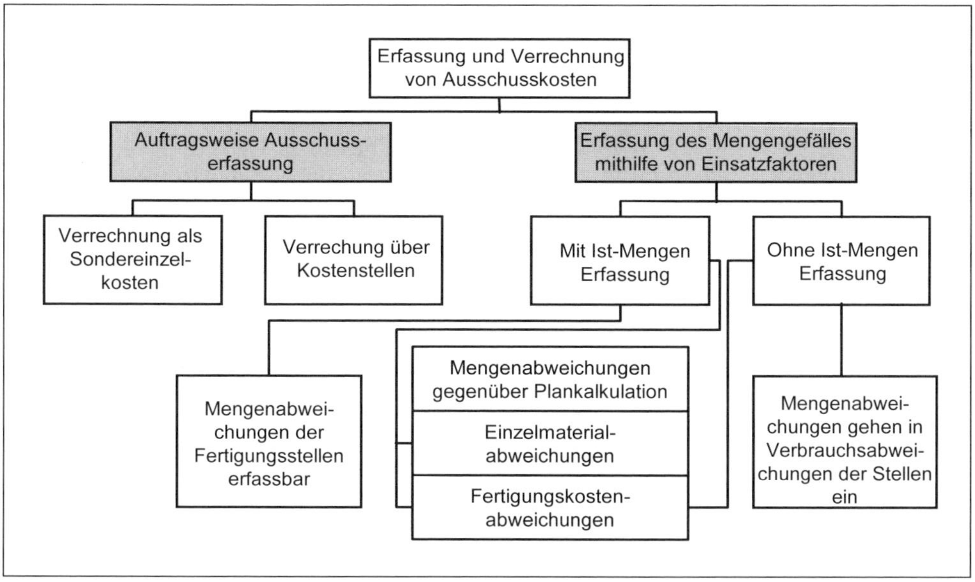

Abbildung 3-8: Verfahren zur Erfassung und Verrechnung von Ausschuss und Nacharbeitskosten

Stellt die Fertigungskontrolle Ausschussmengen fest, so wird zunächst überprüft, ob Nacharbeit in Frage kommt oder nicht. Hierfür sind in manchen Fällen Wirtschaftlichkeitsrechnungen erforderlich, bei denen die auf Grenzkostenbasis ermittelten Nacharbeitskosten mit den Deckungsbeiträgen (ohne Berücksichtigung der Nacharbeitskosten) der Endprodukte verglichen werden.

Wird keine Nacharbeit durchgeführt, so wird für die erfassten Ausschussmengen eine Bewertung durchgeführt. Hierbei werden alle bis zum Erkennen des Ausschusses angefallenen Materialkosten (einschließlich der zugehörigen Materialgemeinkosten) und die Fertigungskosten der ausgeführten Arbeitsgänge zusammengefasst. In der Grenzplankostenrechnung werden nur die proportionalen Kosten berücksichtigt.

Der Ausschuss wird über einen Ausschussbeleg erfasst und durch eine Ursachenanalyse ergänzt, die erkennen lässt, von welcher Kostenstelle und von welchen Arbeitskräften der Ausschuss verursacht worden ist.

Werden die erfassten Ausschussmengen durch Nacharbeit aufgebessert, so werden die hierdurch verursachten Kosten mithilfe einer Nacharbeitskosten-Nachkalkulation erfasst, welche die Kosten für zusätzliche Materialmengen und die Fertigungskosten der erforderlichen Arbeitsgänge enthält.

Im Falle der auftragsweisen Erfassung der Ausschuss- und Nacharbeitskosten gibt es für die Weiterverrechnung die folgenden beiden Möglichkeiten.

Erstens kann die Weiterverrechnung als Sondereinzelkosten der Fertigung erfolgen. Dieses Verfahren ist zwingend für die Auftrags- und Einzelfertigung, da hier auftragsspezifische Ausschusskosten entstehen. Es kommt aber auch für die Serienproduktion in Frage, wenn sich die Ausschusskosten der Erzeugnisse bzw. Erzeugnisgruppen relativ stark voneinander unterscheiden. Da sich aber eine Bezugsgrößendifferenzierung, die ausschließlich den Zwecken einer richtigen Verrechnung der Ausschuss- und Nacharbeitskosten dient, in der Regel nicht lohnt, sollte man in diesen Fällen die Ausschuss- und Nacharbeitskosten als Sondereinzelkosten der Fertigung verrechnen. Hierzu werden für Einzelprodukte bzw. für bestimmte Erzeugnisgruppen die jährlichen Ausschuss- und Nacharbeitskosten geplant und durch die geplanten jährlichen Produktionsmengen bzw. die diesen entsprechenden Herstellkosten dividiert. Die Istkosten für Ausschuss und Nacharbeit werden in der Betriebsabrechnung mit den zugehörigen Sollkosten verglichen; letztere erhält man durch Multiplikation der hergestellten Produktmengen mit den Planverrechnungssätzen für Ausschuss und Nacharbeit. Die hierbei ermittelten Abweichungen werden analysiert und in der Kostenträgerzeitrechnung auf die zugehörigen Kostenträgergruppen weiterverrechnet. Werden die Ausschuss- und Nacharbeitskosten als Sondereinzelkosten der Fertigung verrechnet, so erscheinen sie in der Kostenstellenrechnung nicht. Dennoch muss bei der Abweichungsanalyse aus Kontrollgründen eine statistische Zuordnung auf die verursachenden Kostenstellen vorgenommen werden.

Zweitens können die Ausschuss- und Nacharbeitskosten über Sollkosten verrechnet werden[48]. Dieses Verfahren ist insbesondere für die Serienproduktion zu empfehlen, wenn die Ausschuss- und Nacharbeitskosten der Erzeugnisse sich nicht stark voneinander unterscheiden oder die auftretenden Unterschiede lediglich zufallsbedingt sind. Bei diesem Abrechnungsverfahren werden den Fertigungskostenstellen (in manchen Fällen auch anderen Kostenstellen, die Ausschuss verursachen können) bei der Kostenplanung unter einer besonderen Kostenart „Ausschuss- und Nacharbeitskosten" Planvorgaben vorgegeben, die dem bei wirtschaftlichem Handeln unvermeidbaren Mindestausschuss entsprechen. Diese Kostenart wird in voller Höhe den proportionalen Kosten zugerechnet, da die Entstehung von Ausschuss (nach Eliminierung von Zufallsschwankungen) sich proportional zum Produktionsvolumen verhält. Die Istkosten für Ausschuss und Nacharbeit werden belegmäßig erfasst und den verursachenden Kostenstellen belastet; bei der kalkulatorischen Ermittlung dieser Kosten werden in einer Grenzplankostenrechnung nur proportionale Kosten berücksichtigt. Im Soll-Istkostenvergleich werden die Kostenstellenabweichungen der Kostenart Ausschuss- und Nacharbeitskosten ermittelt und analysiert. Bei der Verrechnung über Kostenstellen gehen die geplanten Ausschuss- und Nacharbeitskosten über die Planverrechnungssätze der Kostenstellen in die Plankalkulationen ein. Die Mehrkosten werden zusammen mit den übrigen Kostenstellenabweichungen in der Kostenträgerzeitrechnung weiterverrechnet.

3. Das zweite Verfahren zur Berücksichtigung von Mengenverlusten der Produktion besteht darin, die Ausbringungsmengen in den Kalkulationen mit Einsatzfaktoren zu multiplizieren. G. Buchinger bezeichnet dieses Verfahren als die „Berücksichtigung des Ausschusses im Mengengerüst" oder vereinfachend als „Ausbringungsrechnung"[49].

Dieses Verfahren wird in Industriebetrieben angewandt, in denen ein belegmäßige Ausschusserfassung pro Produktionsauftrag wegen zu großer Erfassungsschwierigkeiten nicht durchführbar ist. Hierzu gehören vor allem Betriebe, die Fließgüter in Massen- oder Großserienproduktion herstellen.

Die Planung der Ausschusskosten bzw. der Mengenverluste wird so durchgeführt, dass für alle Erzeugnisse pro Arbeitsgang Plan-Einsatzfaktoren festgelegt werden, für die folgende Bestimmungsgleichung gilt:

$$\text{(3-30)} \quad \text{Planeinsatzfaktor} = \frac{\text{Plan-Einsatzmenge}}{\text{Plan-Ausbringungsmenge}}$$

Ein Einsatzfaktor von 1,05 bedeutet z. B., dass von der betreffenden Produktart in einer Fertigungsstelle 105 Mengeneinheiten eingesetzt werden müssen, wenn letztlich 100 verwertbare ausgebracht werden sollen. Der reziproke Wert des Einsatzfaktors wird als prozentuale Ausbringung bezeichnet; sie beträgt im obigen Beispiel 95,24 %. Es gibt auch Fälle, in denen Mengengewinne auftreten, so z. B. in Befeuchtungsanlagen der Textilindustrie. In diesen Fällen sind die Plan-Einsatzfaktoren kleiner als 1.

Die Planung der Einsatzfaktoren sollte auf einer sorgfältigen Analyse des Mengengefälles basieren. In vielen Fällen wird man hierbei feststellen, dass sich für Erzeugnisgruppen, die aus ähnlichen Artikeln bestehen, die gleichen Plan-Einsatzfaktoren verwenden lassen.

Werden die Erzeugnisse nacheinander in mehreren Fertigungsstellen bearbeitet, in denen Mengenverluste (oder Mengengewinne) eintreten, so müssen die Plan-Einsatzfaktoren der einzelnen Fertigungsstellen miteinander multipliziert werden, um die Kumulation der Mengenverluste erfassen zu können. Folgen z. B. sechs Arbeitsgänge aufeinander, für welche die Plan-Einsatzfaktoren $f_1' \; ... \; f_6'$ festgelegt werden, gelten für die betreffenden Fertigungsstellen die folgenden kumulierten Plan-Einsatzfaktoren:

$$\begin{aligned}
f_1 &= f_1' f_2' f_3' f_4' f_5' f_6' \\
f_2 &= f_2' f_3' f_4' f_5' f_6' \\
f_3 &= f_3' f_4' f_5' f_6' \\
f_4 &= f_4' f_5' f_6' \\
f_5 &= f_5' f_6' \\
f_6 &= f_6'
\end{aligned}$$

In Abbildung 3-9 haben wir hierfür ein Zahlenbeispiel wiedergegeben.

Die Tabelle lässt erkennen, welche Stückzahlen in den einzelnen Kostenstellen eingesetzt bzw. ausgebracht werden müssen, wenn die Ausbringungsmenge der letzten Fertigungsstelle 100.000 Stück betragen soll.

Die Plan-Einsatzfaktoren dienen in der Plankostenrechnung in erster Linie dazu, in den Plankalkulationen Mengenverluste zu berücksichtigen. Darüber hinaus sind sie auch für die retrograde Bezugsgrößenerfassung von Bedeutung.

Planung von Einsatzfaktoren

Arbeitsgang	Fertigungsstelle	Plan-Mengen [kg/Monat]		Plan-Einsatzfaktoren	
		Einsatz	Ausbringung	der Fertigungsstelle	Kumuliert
1	A	140.000	138.000	1,01449	1,4000
2	B	138.000	125.000	1,10400	1,3800
3	C	125.000	125.000	1,00000	1,2500
4	D	125.000	110.000	1,13636	1,2500
5	E	110.000	104.000	1,05769	1,1000
6	F	104.000	100.000	1,04000	1,0400

Abbildung 3-9: Beispiel für die Planung von Einsatzfaktoren

Beim Aufbau der Plankalkulationen werden die geplanten Mengenverluste in der Weise berücksichtigt, dass man das Einzelmaterial und die Fertigungskosten jeweils mit den zugehörigen kumulativen Plan- und Einsatzfaktoren multipliziert. Beansprucht z. B. eine Produktart in einer Fertigungsstelle eine Bearbeitungszeit von 6 Ftg. Min./Stck. und beträgt der Grenzfertigungskostensatz 0,40 €/Ftg. Min., so werden bei einem kumulativen Plan-Einsatzfaktor von 1,15 folgende Fertigungskosten kalkuliert:

$$\text{Fertigungskosten pro Stück} = 6 \cdot 1{,}15 \cdot 0{,}40 = 2{,}76 \text{ €/Stück}$$

Schwierigkeiten bereitet beim Rechnen mit Einsatzfaktoren die Erfassung und Kontrolle der Ist-Ausschusskosten. Eine laufende Kontrolle des Mengengefälles setzt voraus, dass in jeder Kostenstelle monatlich die Ist-Einsatzmengen und die Ist-Ausbringungsmengen erfasst und hieraus die Ist-Einsatzfaktoren errechnet werden. Der hiermit verbundene Erfassungsaufwand ist aber in den meisten Fällen so hoch, dass man auf eine laufende Kontrolle des Mengengefälles verzichten muss. Dies gilt insbesondere, wenn zwischen den Fertigungsstellen eine Lagerung halbfertiger Erzeugnisse erfolgt.

Die Erfassung und Kontrolle des Mengengefälles und der Ist-Ausschusskosten mithilfe von Einsatzfaktoren ist relativ kompliziert, sodass wir sie zunächst für vereinfachende Prämissen darstellen wollen. Im Einzelnen wollen wir von folgenden Annahmen ausgehen.

Der zu kontrollierende Produktionsbereich möge aus $i = 1, ..., m$ Fertigungsstellen bestehen, in denen Mengenverluste auftreten. Insgesamt werden die Fertigungsstellen von $j = 1, ..., n$ Produktarten beansprucht, welche die Fertigungsstellen nacheinander durchlaufen. Für die Fertigungsstellen gelten die Plan-Einsatzfaktoren $f_i^{(p)}$, denen die kumulierten Plan-Einsatzfaktoren $f_i^{(p)}$ entsprechen. Zur Vereinfachung wird unterstellt, dass die Einsatzfaktoren für alle Produktarten gleich sind. Der Materialeinsatz erfolgt nur zu Beginn der Produktion in der Fertigungsstelle 1. Zwischen den Fertigungsstellen treten keine Halbfabrikatebestandsveränderungen auf, d. h. die Ausbringungsmengen der jeweils vorangegangenen Stellen stimmen mit den Einsatzmengen der im Arbeitsablauf anschließenden Stelle überein. Den Produktmengen x_{ij} entsprechen die Bezugsgrößen pro Einheit $b_{ij}^{(p)}$. Hierbei kann es sich z. B. um die Stückgewichte oder die Bearbeitungszeiten pro Stück handeln; mehrere Bezugsgrößen pro Stelle seien nicht erforderlich.

Bei der Abweichungsanalyse in Produktionsbereichen mit einem Mengengefälle in mehreren aufeinander folgenden Fertigungsstellen sind zwei Gruppen von Abweichungen zu unterscheiden:

- Abweichungen, die darauf zurückzuführen sind, dass sich die Ist-Einsatzfaktoren von den Plan-Einsatzfaktoren der Fertigungsstellen unterscheiden. Diese Abweichungen wollen wir als Mengenabweichungen der Fertigungsstellen bezeichnen.
- Abweichungen, die darauf zurückzuführen sind, dass sich die kumulierten Ist-Einsatzfaktoren von den kumulierten Plan-Einsatzfaktoren unterscheiden. Diese Abweichungen wollen wir als Mengenabweichungen gegenüber der Plankalkulation bezeichnen.

Wie wir im Einzelnen noch zeigen werden, stimmen aufgrund der interdependenten Beziehungen im Mengenfluss die Mengenabweichungen der Stellen nicht mit den Mengenabweichungen gegenüber der Plankalkulation überein.

Die Kontrollmöglichkeiten eines Mengengefälles hängen wesentlich davon ab, ob sich die Ist-Einsatzmengen und die Ist-Ausbringungsmengen der einzelnen Fertigungsstellen erfassen lassen oder nicht. Wir wollen zunächst annehmen, dass diese Voraussetzung erfüllt ist. Da Bestandsbildung zwischen den Fertigungsstellen ausgeschlossen sind, müssen die Ist-Ausbringungsmengen $x_{Aij}^{(i)}$ der vorangegangenen Stellen jeweils mit den Ist-Einsatzmengen $x_{Eij}^{(i)}$ der folgenden Stellen übereinstimmen. Mithilfe der Plan-Einsatzfaktoren lassen sich folgende Soll-Ausbringungsmengen der Fertigungsstellen bestimmen:

(3-31) $$x_{Aij}^{(si)} = \frac{x_{Eij}^{(i)}}{f_i^{(p)'}} \qquad (i = 1, ..., m) \quad (j = 1, ..., n)$$

Der Doppelindex (si) soll ausdrücken, dass es sich um Soll-Ausbringungsmengen handelt, die den Ist-Einsatzmengen der Fertigungsstellen entsprechen. Mithilfe der nach Gleichung (83) errechneten Soll-Ausbringungsmengen lassen sich folgende Mengenabweichungen der Fertigungsstellen (auch Ausbringungsabweichungen, Fehlstückabweichungen oder Ausbeuteabweichungen genannt) errechnen[50]:

(3-32) $$\Delta x_{ij} = x_{Aij}^{(si)} - x_{Aij}^{(i)} \qquad (i = 1, ..., m) \quad (j = 1, ..., n)$$

Da sich $x_{Aij}^{(si)}$ durch $x_{Eij}^{(i)} / f_i^{(p)}$, und $x_{Aij}^{(i)}$ durch $x_{Eij}^{(i)} / f_i^{(i)}$ ersetzen lässt, kann man hierfür auch schreiben:

$$\text{(3-33)} \qquad \Delta x_{ij} = \left[\frac{1}{f_i^{(p)'}} - \frac{1}{f_i^{(i)'}} \right] x_{Eij}^{(i)} \qquad \begin{matrix} (i = 1, \ldots, m) \\ (j = 1, \ldots, n) \end{matrix}$$

Die Klammer (multipliziert mit 100) gibt die Differenz aus der prozentualen Soll- und der prozentualen Ist-Ausbeute an. Liegen die Ist-Ausbringungsmengen unter den Soll-Ausbringungsmengen, so erhält man nach den Gleichungen (3-32) und (3-33) positive Mengenabweichungen, d. h. Abweichungen, die sich kostenerhöhend auswirken, und umgekehrt.

Die Mengenabweichungen der Kostenstellen haben eine zweifache Wirkung auf die Kosten. Erstens führen sie dazu, dass die bis zur Vollendung des vorangegangenen Arbeitsganges angefallenen Grenzherstellkosten verloren gehen (bzw. im Falle von Mengengewinnen eingespart werden). Zweitens werden die Grenzfertigungskosten derjenigen Stelle beeinflusst, in welcher der Mengenverlust eingetreten ist. Tritt der Mengenverlust erst am Ende der Bearbeitungszeit auf, so ist einer verlorengegangenen Produkteinheit eine Abweichung in Höhe der gesamten Grenzfertigungskosten zuzurechnen. Entsteht der Mengenverlust dagegen kontinuierlich zur Fertigungszeit, wie das z. B. bei Abrieb, Verdunsten und ähnlichen Verlustursachen der Fall ist, so kann man näherungsweise davon ausgehen, dass etwa die Hälfte der Grenzfertigungskosten der bearbeitenden Stelle auf eine verlorengegangene Mengeneinheit entfällt. Das gleiche gilt, wenn die zeitliche Verteilung der Mengenverluste zufallsabhängig ist. Im Folgenden wollen wir davon ausgehen, dass einer verlorengegangenen Einheit die Hälfte der Grenzfertigungskosten der ausführenden Fertigungsstelle zuzuordnen ist.

Bezeichnen wir die vom Arbeitsgang 1 bis zum Arbeitsgang i – 1 planmäßig anfallenden Grenzherstellkosten mit $k_{Hi-1j}^{(p)}$ und die geplanten Grenzfertigungskosten pro Einheit mit $b_{ij}^{(p)}\, d_i^{(p)}$, wobei $b_{ij}^{(p)}$ die Stückbezugsgrößen und $d_i^{(p)}$ den geplanten Grenzfertigungskostensatz angeben, so erhalten wir die Kostenabweichungen der Fertigungskostenstellen infolge außerplanmäßiger Mengenverluste folgenden Ausdruck:

$$\text{(3-34)} \qquad \Delta K_{Ftgi}^{(si)} = \sum_{j=1}^{n} \left(x_{Aij}^{(si)} - x_{Aij}^{(i)} \right) \left(k_{Hi-1j}^{(p)} + 0{,}5\, b_{ij}^{(p)}\, d_i^{(p)} \right) \qquad (i = 1, \ldots, m)$$

Diese Abweichungen geben für jede Stelle isoliert an, welche Mehrkosten dadurch verursacht worden sind, dass die Stelle statt der ihrem Ist-Einsatz entsprechenden Soll-Ausbringungsmenge die Ist-Ausbringungsmenge realisiert hat. Dieser Tatbestand wird durch den Doppelindex (si) an der Abweichung $\Delta K_{Ftgi}^{(si)}$ ausgedrückt. Die nach Gleichung (3-34) errechneten Abweichungen können lediglich zur Kontrolle der Kostenstelle dienen; infolge der Interdependenz der Mengenabweichungen handelt es sich bei ihnen nicht um Abweichungen gegenüber der Plankalkulation.

Zur Errechnung der Mengenabweichungen gegenüber den Plankalkulationen müssen die kumulierten Plan-Einsatzfaktoren herangezogen werden.

Multipliziert man die Ist-Ausbringung der letzten Fertigungsstelle m nacheinander mit den kumulierten Plan-Einsatzfaktoren der im Arbeitsablauf vorangegangenen Fertigungsstellen, so erhält man die Soll-Ausbringungsmengen gemäß Plankalkulation, die wir als $x_{Aij}^{(sp)}$ bezeichnen wollen:

$$\text{(3-35)} \qquad x_{Aij}^{(sp)} = f_{i+1j}^{(p)} \, x_{Amj}^{(i)} \qquad \begin{matrix} (i = 1, ..., m-1) \\ (j = 1, ..., n)) \end{matrix}$$

Der Doppelindex (sp) gibt an, dass es sich um Soll-Ausbringungsmengen handelt, die nicht den Ist-Einsatzmengen der Fertigungsstellen entsprechen, sondern dem geplanten Mengengefälle, das beim Aufbau der Plankalkulation berücksichtigt wurde.

Multipliziert man die Ist-Ausbringungsmengen der letzten Fertigungsstelle m mit dem kumulierten Plan-Einsatzfaktor der Fertigungsstelle 1, so erhält man die Soll-Einsatzmengen der ersten Stelle, die dem geplanten kumulierten Mengengefälle der Fertigungsstellen 1 bis m entsprechen. Subtrahiert man diese Soll-Einsatzmengen von den Ist-Einsatzmengen, so erhält man die kumulierten Mengenabweichungen gegenüber der Plankalkulation. Mit ihrer Hilfe lassen sich Einzelmaterial-Kostenabweichungen und Fertigungskostenabweichungen gegenüber der Plankalkulation ermitteln.

Bezeichnen wir den Plan-Mengenverbrauch pro Einheit mit $m_j^{(p)}$ und den zugehörigen Planpreis mit $q^{(p)}$, so lässt sich folgende Einzelmaterial-Kostenabweichung ausweisen:

$$\text{(3-36)} \qquad \Delta K_m = \sum_{j=1}^{n} \left(x_{E1j}^{(i)} - x_{Amj}^{(i)} \, f_{1j}^{(p)} \right) m_j^{(p)} \, q^{(p)}$$

Die Abweichung ΔK_m gibt an, welche Kostenabweichungen beim Einzelmaterial dadurch entstanden sind, dass in den Fertigungsstellen 1 bis m die planmäßigen Mengenverluste nicht eingehalten worden sind. In der Gleichung (3-36) wird vorausgesetzt, dass der Summenausdruck $\sum_{j=1}^{n} x_{E1j}^{(i)} \, m_j^{(p)} \, q^{(p)}$ den Ist-Materialkosten entspricht. Das ist aber nur der Fall, wenn die Einzelmaterial-Kostenabweichungen ausschließlich auf Abweichungen des Mengengefälles zurückzuführen sind. Ist diese Voraussetzung nicht erfüllt, so müssen in der ersten Fertigungsstelle die Ist-Einsatzmaterialkosten gesondert erfasst werden. Subtrahiert man von den Ist-Einzelmaterialkosten den obigen Summenausdruck, so erhält man denjenigen Teil der Einzelmaterial-Kostenabweichungen, der auf sonstige Einflüsse zurückzuführen ist.

Die Fertigungskosten-Abweichungen gegenüber den Plankalkulationen, die wir als $\Delta K_{Ftgi}^{(p)}$ bezeichnen wollen, hängen davon ab, wie die Ist-Bezugsgrößen der Fertigungsstellen erfasst werden.

Unter der Voraussetzung, dass in jeder Abrechnungsperiode die Ist-Einsatzmengen der Fertigungsstellen bekannt sind, ist es am zweckmäßigsten, die Ist-Bezugsgrößen der Fertigungsstellen aus den Soll-Ausbringungsmengen abzuleiten, die den Ist-Einsatzmengen entsprechen. Diese Art der Bezugsgrößenerfassung entspricht der effektiven

Stellenbeanspruchung am besten. Als Fertigungskostenabweichungen der Fertigungsstellen, die auf außerplanmäßige Mengenverluste zurückzuführen sind, erhält man hierbei folgenden Ausdruck:

$$(3\text{-}37) \qquad \Delta K_{Ftgi}^{(p)} = \sum_{j=1}^{n} \left(x_{Aij}^{(si)} - x_{Aij}^{(sp)} \right) b_{ij}^{(p)} \, d_i^{(p)} \qquad (i = 1, ..., m)$$

Multipliziert man die Grenzfertigungskosten $b_{ij}^{(p)} \, d_i^{(p)}$ mit den Soll-Ausbringungsmengen $x_{Aij}^{(si)}$, so erhält man die Soll-Fertigungskosten, die den Kostenstellen im Soll-Ist-Kostenvergleich gutgeschrieben werden. Die Produkte aus den Soll-Ausbringungsmengen gemäß Plankalkulation $x_{Aij}^{(sp)}$ und den Grenzfertigungskosten $b_{ij}^{(p)} \, d_i^{(p)}$ geben dagegen die geplanten Fertigungskosten an, die in die Kostenträgerrechnung eingehen.

Würde man die Ist-Bezugsgrößen der Fertigungsstellen aus den Ist-Ausbringungsmengen ableiten, so müsste in Gleichung (3-37) $x_{Aij}^{(si)}$ durch $x_{Aij}^{(i)}$ ersetzt werden.

Wir wollen nunmehr untersuchen, welche Konsequenzen sich für die Kontrolle des Mengengefälles ergeben, wenn wir einige der bisher unterstellten Prämissen aufheben.

Lassen sich die Ist-Einsatzmengen und die Ist-Ausbringungsmengen nicht in allen Fertigungsstellen laufend erfassen, sondern stehen lediglich die Ist-Ausbringungsmengen der letzten Fertigungsstelle m zur Verfügung, so werden hierdurch die Möglichkeiten der Kostenanalyse erheblich eingeschränkt. In diesen Fällen müssen die Ist-Bezugsgrößen der Fertigungsstellen aus den Soll-Ausbringungsmengen gemäß Plankalkulation abgeleitet werden. Da hierbei in Gleichung (3-37) $x_{Aij}^{(si)}$ durch $x_{Aij}^{(sp)}$ ersetzt werden muss, fallen keine Fertigungskostenabweichungen gegenüber den Plankalkulationen an; diese gehen vielmehr in die Verbrauchsabweichungen der Fertigungskostenstellen ein. Weiterhin lassen sich keine Kostenabweichungen der Fertigungsstellen infolge außerplanmäßiger Mengenverluste nach Gleichung (3-34) ermitteln.

Bisher haben wir angenommen, dass die Planeinsatzfaktoren für alle Produktarten gleich groß sind. Die von uns beschriebene Analyse des Mengengefälles lässt sich aber leicht für den Fall erweitern, dass für einzelne Produkte oder Produktgruppen unterschiedliche Einsatzfaktoren gelten.

Erfolgt der Materialeinsatz nicht nur in der ersten Fertigungsstelle, sondern wird auch bei späteren Arbeitsgängen noch Material eingesetzt, so lässt sich für die betreffenden Fertigungsstellen die Bestimmungsgleichung der Einzelmaterial-Kostenabweichung (88) analog anwenden, indem man $x_{A1j}^{(i)}$ und $f_{1j}^{(p)}$ durch die entsprechenden Größen der Materialeinsatzstellen ersetzt.

Erhebliche Schwierigkeiten treten bei der Analyse des Mengengefälles auf, wenn infolge von Zwischenlagerbeständen die Ist-Ausbringungsmengen der vorangegangenen Fertigungsstellen nicht mit den Ist-Einsatzmengen der nachgelagerten Fertigungsstellen übereinstimmen. In diesen Fällen lassen sich zwar die Mengenabweichungen der Fertigungsstellen und die daraus abgeleiteten Kostenabweichungen der Fertigungsstellen infolge außerplanmäßiger Mengenverluste ermitteln, soweit die Ist-Einsatz- und die Ist-Ausbringungsmengen der Fertigungsstellen zur Verfügung stehen. In die Abweichungen gegenüber den Plankalkulationen gehen aber anteilige Abweichungen ein, die den Bestandsveränderungen zwischen den Fertigungsstellen entsprechen. Diese können nur dadurch eliminiert werden, dass man die Bestandsbewegungen zwischen den Fertigungsstellen genau erfasst. Dieser Weg ist aber für die praktische Durchführung zu aufwändig. Hieraus folgt, dass sich in der Praxis eine kurzfristige Kontrolle des Mengengefälles und der daraus resultierenden Kostenabweichungen nicht durchführen lässt, wenn zwischen den Fertigungsstellen Bestandsveränderungen wirksam werden.

4. Wir wollen die Kontrolle des Mengengefälles durch ein Zahlenbeispiel verdeutlichen, dem die Plan-Einsatzfaktoren in Abbildung 3-9 zugrunde liegen.

In Abbildung 3-10 sind die Ist-Einsatzmengen und die Ist-Ausbringungsmengen für sechs Fertigungsstellen angegeben, die im Arbeitsverlauf aufeinander folgen. Bestandsbildungen zwischen den Fertigungsstellen treten nicht auf.

Kontrolle des Mengengefälles mithilfe von Einsatzfaktoren

Arbeitsgang	Fertigungsstelle	Ist-Mengen [kg/Monat]		Plan-Einsatzfaktoren		Soll-Ausbringung [kg/Monat]		Mengenabweichungen [kg/Monat]	
		Einsatz	Ausbringung	der Fertigungsstelle	Kumuliert	der Fertigungsstelle	gemäß Plankalkulation	der Fertigungsstelle	gemäß Plankalkulation
1	A	120.000	116.800	1,01449	1,4000	118.286	112.656	1.486	5.630
2	B	116.800	103.831	1,10400	1,3800	105.797	102.044	1.966	3.753
3	C	103.831	103.831	1,00000	1,2500	103.831	102.044	–	1.787
4	D	103.831	89.757	1,13636	1,2500	91.371	89.799	1.614	1.572
5	E	89.757	82.917	1,05769	1,1000	84.861	84.900	1.944	./. 39
6	F	82.917	81.635	1,04000	1,0400	79.728	81.635	./. 1.907	./. 1.907

Abbildung 3-10: Beispiel für die Kontrolle des Mengengefälles mithilfe von Einsatzfaktoren (Mengenabweichungen)

Dividiert man die Ist-Einsatzmengen durch die Plan-Einsatzfaktoren der Fertigungsstellen, so erhält man die Soll-Ausbringungsmengen der Fertigungsstellen. Für die Fertigungsstelle A ergibt sich hierbei z. B.: 120.000 kg/Monat : 1,01449 = 118.286 kg/Monat Als Mengenabweichung dieser Stelle erhält man:

118.286 kg/Monat ./. 116.800 kg/Monat = 1.486 kg/Monat.

In der Fertigungsstelle A werden 120.000 kg/Monat eingesetzt. Wenn das geplante Mengengefälle eingehalten worden wäre, so müsste die Ist-Ausbringung der Fertigungsstelle F 120.000 kg/Monat : 1,40 = 85.714 kg/Monat betragen. Da nur 81.635 kg/Monat ausgebracht worden sind, beträgt die gesamte Mengenabweichung 4.079 kg/Monat.

Diese Abweichung stimmt nicht mit der Summe der Mengenabweichungen der Fertigungsstellen überein, die 5.103 kg/Monat beträgt. Diese Tatsache ist auf die Interdependenz des Mengengefälles zurückzuführen. Die Differenzen lassen sich wie folgt erklären. Die Fertigungsstelle A produziert 1.486 kg/Monat zu wenig. Hieraus wären bei planmäßigen Mengenverlusten in den folgenden Fertigungsstellen 1.077 kg/Monat verwertbare Endprodukte geworden. Analog lässt sich für die übrigen Fertigungsstellen ausrechen, zu welchen Endproduktmengen die in ihnen entstandenen Mengenabweichungen geführt hätten. Die folgende Rechnung zeigt, dass man hierbei zu einer Summe von 4.079 kg/Monat gelangt:

A	1.486 : 1,38	=		1.077 kg/Monat
B	1.966 : 1,25	=		1.573 kg/Monat
D	1.614 : 1,10	=		1.467 kg/Monat
E	1.944 : 1,04	=		1.869 kg/Monat
F	1.907 : 1,00	=	./.	1.907 kg/Monat
	Summe	=		4.079 kg/Monat

Unter der Voraussetzung, dass die Istbezugsgrößen der Fertigungsstellen aus ihren Soll-Ausbringungsmengen abgeleitet werden, erhält man die in der letzten Spalte der Abbildung 3-10 ausgewiesenen Mengenabweichungen gegenüber der Plankalkulation. Für die Fertigungsstelle E erhält man z. B. 84.861 kg/Monat ./. 84.900 kg/Monat = ./. 39 kg/ Monat.

Die Einzelmaterialkosten betragen im Beispiel 4,50 €/kg. Die dritte Spalte der Abbildung 3-11 gibt die Fertigungskosten in €/kg an. In der vierten Spalte haben wir kumulierte Herstellkosten pro kg errechnet, bei denen jeweils die Hälfte der Fertigungskosten der letzten Fertigungsstelle berücksichtigt wird. Für die Fertigungsstelle D erhält man zum Beispiel:

$$4{,}50 + 0{,}28 + 0{,}64 + 0{,}20 + 0{,}5 \cdot 0{,}42 = 5{,}83 \text{ €/kg}$$

Multipliziert man die in Abbildung 3-10 ausgewiesenen Mengenabweichungen der Fertigungsstellen mit den kumulierten Herstellkosten, so erhält man die zugehörigen Kostenabweichungen der Fertigungsstellen.

Werden die Mengenabweichungen gegenüber der Plankalkulation mit den Fertigungskosten pro kg multipliziert, so ergeben sich die in der letzten Spalte der Abbildung 3-11 ausgewiesenen Fertigungskostenabweichungen. Es lässt sich leicht zeigen, dass es sich hierbei um Abweichungen handelt, die zwischen der Kostenstellen- und der Kostenträgerrechnung auftreten. Wird z. B. der Fertigungsstelle A ihre Soll-Ausbringungsmenge als Ist-Bezugsgröße gutgeschrieben, so müssen ihre Soll-Kosten 118.286 kg/Monat · 0,28 €/kg = 33.120 €/Monat betragen. In die Kostenträgerrechnung gehen aber im gleichen Monat nur Soll-Fertigungskosten in Höhe von 112.656 kg/Monat 0,28 €/kg = 31.544 €/Monat ein, sodass eine Fertigungskostenabweichung von 1.576 €/Monat entsteht. Insgesamt entstehen Fertigungskostenabweichungen in Höhe von 4.643 €/Monat. Dazu kommt noch die Einzelmaterialkostenabweichung, die sich im Beispiel wie folgt errechnen lässt. Einer Ist-Ausbringungsmenge der letzten Fertigungsstelle von 81.635 kg/Monat entspricht eine Soll-Einsatzmenge der ersten Fertigungsstelle von 1,40 · 81.635 kg/Monat = 114.289 kg/Monat. Da effektiv 120.000 kg/Monat eingesetzt worden sind, beträgt der Mehreinsatz infolge des Mengengefälles 5.711 kg/Monat. Bewertet man diesen Mehreinsatz mit 4,50 €/kg, so erhält man als Einzelmaterialkostenabweichung 25.700 €/Monat.

Kontrolle des Mengengefälles mithilfe von Einsatzfaktoren

Arbeitsgang	Fertigungsstelle	Fertigungskosten [Euro/kg]	Kumulierte Herstellkosten [Euro/kg]	Kostenabweichungen	
				der Fertigungsstellen	gegenüber Plankalkulation
1	A	0,28	4,64	6.895	1.576
2	B	0,64	5,10	10.027	2.402
3	C	0,20	5,52	–	357
4	D	0,42	5,83	9.410	660
5	E	0,24	6,16	11.975	./. 9
6	F	0,18	6,37	./. 12.148	./. 343
Summe				26.159	4.643
Summe Istkosten lt. Materialabrechnung					25.700
Verbrauchsabweichung Euro/Monat					30.343

Abbildung 3-11: Beispiel für die Kontrolle des Mengengefälles mithilfe von Einsatzfaktoren (Kostenabweichungen)

Anmerkungen zum 3. Kapitel

1 Vgl. W. Kilger, Einführung in die Kostenrechnung, 1976, S. 14 ff.

2 Vgl. hierzu unsere Ausführungen in Kapitel 1.1.3.

3 Vgl. W. Rocker, Grundsätzliches zur Plankosten-Abrechnung, 1952, S. 137: „Das Schwergewicht liegt in der Edelstahlindustrie bei der Vorgabe des Werkstoffeinsatzes für die Erschmelzung der einzelnen Blöcke." I. W. Keller, The Critical Areas of Material Cost Control, 1948, S. 1420: "Material is cash in another form. It should have the same care and control as cash."

4 Vgl. K. Käfer, Standardkostenrechnung, 1964, S. 138.

5 Vgl. R. Franke, Betriebsmodelle, 1972, S. 18 und S. 120 ff.

6 Vgl. H. G. Plaut, Die Plankostenrechnung, 1951, S. 540.

7 Hierauf hat schon E. A. Camman, Basic Standard Costs, 1932, auf S. 87 hingewiesen. „The material used may not be exactly the size, kind or grade specified in the basic standard costs."

8 Zu den Kalkulationsarten bei standardisierten Erzeugnissen und Auftragsfertigung vgl. W. Kilger, Einführung in die Kostenrechnung, 1976, S. 289 ff. Im Übrigen vgl. unsere Ausführungen in Kapitel 5.

9 Vgl. T. Ellinger, Rationalisierung durch Standardkostenrechnung, 1954, S. 52.

10 Vgl. zur Planung der Fertigungslohnkosten K. Agthe, Kostenplanung und Kostenkontrolle im Industriebetrieb, 1963, S. 121 ff.; H. C. Heiser, Budgetierung, 1964, S. 278 ff.; K. Käfer, Standardkostenrechnung, 1964, S. 165 ff.; I. W. Keller, Management Accounting for Profit Control, 1957, S. 173 ff.; A. Matz, M. F. Usry, Cost Accounting, 1976, S. 397 ff.

11 Hierauf weist auch K. Käfer, Standardkostenrechnung, 1964, S. 82, 107 und 165 hin.

12 Vgl. H. Wiesner, Der Prämienlohn, 1972, S. 55; H. Wiesner, Der Prämienlohn 1969, S. 27; generell zum Prämienlohn F. Baierl, Lohnanreizsysteme, S. 170 ff.

13 H. Wiesner, Der Prämienlohn, 1972, S. 55.

14 Vgl. H.-J. Brink, P. Fabry, Die Planung von Arbeitszeiten, 1974; G. Kaminsky, Praktikum der Arbeitswissenschaft 1971, S. 175 ff.; E. R. Meyenschein-Juen, Der arbeitswissenschaftlich ermittelte Zeitakkord, 1962; H. Pornschlegel, Verfahren vorbestimmter Zeiten, 1968; R. Schott, Möglichkeiten und Grenzen der Systeme vorbestimmter Zeiten, 1974, S. 113 ff.; REFA, Methodenlehre des Arbeitsstudiums, Teil 2, 1975, S. 41 ff.

15 Vgl. REFA, Methodenlehre des Arbeitsstudiums, Teil 2, 1975, S. 79 ff.

16 Bereits K. Käfer, Standardkostenrechnung, 1964, S. 171 hat darauf hingewiesen, dass ein Akkordlohnsystem keine Vorbedingung für die Plankostenrechnung ist, sondern auch „sehr sorgfältig ermittelte Standardzeiten" verwendet werden können, die „nicht gleichzeitig Entlöhnungsgrundlage" zu sein brauchen.

17 Vgl. u. a. K. Vikas, Neue Konzepte für das Kostenmanagement, 2001, S. 231 ff.

18 Vgl. u. a. G.-B. Ihde, Lernprozesse, 1970, S. 451 ff.; W. J. Morse, Reporting Production Costs That Follow the Learning, 1972, S. 761 ff.; D. Schneider, „Lernkurven", 1965, S. 501 ff.; R. Steffen, Die Bestimmung von Taktzeiten und Stationenzahl bei Fließbandfertigung, 1973, S. 99 ff.

19 Vgl. W. J. Morse, Reporting Production Costs That Follow the Learning, S. 764 und D. Schneider, „Lernkurven", 1965, S. 503 f.

20 Wir beschränken uns auf die so genannte „Einheitskurve", neben der es auch die so genannte „Durchschnittslernkurve" gibt, die wir jedoch nicht behandeln wollen. Vgl. D. Schneider, „Lernkurven", 1965, S. 505 f. Weiterhin behandeln wir nicht die Lernkurven nach de Jong; vgl. dazu J. R. de Jong, The effects of increasing skill, 1957.

21 Vgl. E. A. Bump, Effects of Learning, 1974, S. 21.

22 Vgl. E. A. Bump, Effects of Learning, 1974, S. 21.

23 Vgl. REFA, Methodenlehre des Arbeitsstudiums, Teil 2, 1975, S. 42 f.

24 REFA, Methodenlehre des Arbeitsstudiums, Teil 2, 1975, S. 21.

25 Vgl. REFA, Methodenlehre des Arbeitsstudiums, Teil 2, 1975, S. 22 f.

26 Vgl. REFA, Methodenlehre des Arbeitsstudiums, Teil 2, 1975, S. 44 f.

27 Vgl. REFA, Methodenlehre des Arbeitsstudiums, Teil 2, 1975, S. 44.

28 Vgl. REFA, Methodenlehre des Arbeitsstudiums, Teil 2, 1975, S. 44.

29 Vgl. REFA, Verband für Arbeitsstudien, Methodenlehre ..., Teil 2, a. a. O., S. 46.

30 Vgl. H. Wiesner, Der Prämienlohn in Theorie und Praxis, a. a. O., S. 38 ff.

31 Vgl. H. Wiesner, Der Prämienlohn in Theorie und Praxis, a. a. O., S. 47.

32 Vgl. H. Wiesner, Der Prämienlohn in Theorie und Praxis, a. a. O., S. 64 ff.

33 Zur Berechnung von Qualitätsprämien vgl. H. Wiesner, Der Prämienlohn, 1969., S. 47 ff.

34 Zur Berechnung von Ersparnisprämien vgl. H. Wiesner, Der Prämienlohn, 1969, S. 58 ff.

35 Vgl. W. Kilger, Einführung in die Kostenrechnung, 1976, S. 95 ff.

36 Vgl. K. Käfer, Standardkostenrechnung, 1964, S. 177 und 191; J. Batty, Standard Costing, 1962, S. 46, wo eine "mixture sub-variance for labor" beschrieben wird; G. Shillinglaw, Cost Accouting, Analysis and Control, 1972, S. 470.

37 Vgl. hierzu T. Ellinger, Rationalisierung durch Standardkostenrechnung, 1954, S. 29 ff., wo die Entstehung und Auswertung von Einzellohnabweichungen ausführlich behandelt wird.

38 Vgl. C. Gillespie, Standard and Direct Costing, 1962; S. B. Henrici, Standard Costs for Manufacturing, London 1960, S. 272; K. Käfer, Standardkostenrechnung, 1964, S. 183, bezeichnet diese Abweichung als "Arbeitsleistungsabweichung".

39 Vgl. W. Kilger, Einführung in die Kostenrechnung, 1976, S. 52 und die dort angegebene Literatur. Mit Recht hat K. Hax darauf hingewiesen, dass Vorleistungskosten aus Investitionen resultieren. Das schließt aber nicht aus, dass hierfür in der Kostenrechnung entsprechende Kosten verrechnet werden müssen. Vgl. K. Hax, Besprechung von W. Kilger, Einführung in die Kostenrechnung, 1977, S. 560 ff.

40 Vgl. S. Unterguggenberger, Forschungs- und Entwicklungskosten, 1972, S. 267.

41 Insbesondere für die Forschungs- und Entwicklungskosten wird in der Literatur seit langem eine auftragsweise Planung und Kontrolle empfohlen. Vgl. hierzu H. C. Heiser, 1964, S. 318 ff. und insbesondere S. 332; F. L. Heuser, Direct-Labor Control in Research and Development, 1964, S. 7 ff.; E. Kosiol, Verrechnung innerbetrieblicher Leistungen, 1951, S. 35: „Versuchs- und Entwicklungskosten werden ebenfalls möglichst nach Aufträgen abgerechnet." K. Raasch, Die Konstruktions- und Entwicklungskosten, 1940; S. Unterguggenberger, Forschungs- und Entwicklungskosten, 1972, S. 267 ff.

42 F. Wille hat bereits 1959 darauf hingewiesen, dass Entwicklungs- und Versuchskosten weder Periodennoch Grenzkosten sind, sodass sie bei der Berechnung von Preisuntergrenzen nicht berücksichtigt werden sollten. Vgl. F. Wille, Direktkostenrechnung mit stufenweiser Fixkostendeckung?, 1959, S. 741. Vgl. auch H. Peterek, Forschungs- und Entwicklungskosten, 1969, S. 146.

43 Die hiermit verbundenen Abgrenzungsschwierigkeiten hat insbesondere W. Männel untersucht. Vgl. Erlösschmälerungen, 1975; W. Männel, Kundenskonti im Rechnungswesen, 1971.

44 Die Ermittlung von Ausschusskosten hat eine inzwischen hohe Relevanz im Rahmen von Umweltkostenrechnungen. Siehe zur Entwicklung einer Umweltplankostenrechnung M. Keilus, Umweltplankostenrechnung, 1992.

45 Vgl. G. Buchinger, Ausschusskostenrechnungssysteme, 1971, S. 78; W. Müller, Ausschuss und Nacharbeit, 1969, S. 701.

46 Diese Ansicht wurde bereits von C. Gillespie, Accounting Procedure for Standard Costs, 1935, S. 160, vertreten. Vgl. ferner S. B. Henrici, Standard Costs for Manufacturing, 1960, S. 179; K. Käfer, Standardkostenrechnung, 1964, S. 159 ff., 343 ff. und 449; F. K. Patterson, Die Ermittlung der Planzahlen für die Plankostenrechnung, 1961, S. 57.

47 Vgl. G. Buchinger, Ausschusskostenrechnungssysteme, 1971, S. 85.

48 Vgl. C. Gillespie, Accounting Procedure for Standard Costs, 1935, S. 160; K. Käfer, Standardkostenrechnung, 1964, S. 344; K. Traub, Die Grenzplankostenrechnung in Gießereibetrieben, 1964, S. 143.

49 Vgl. G. Buchinger, Ausschusskostenrechnungssysteme, 1971, S. 83.

50 Vgl. K. Käfer, Standardkostenrechnung, 1964, S. 159 f., wo die Bezeichnungen „Produktmengenabweichungen" und „Fehlstückabweichungen" verwendet werden.

4 Die Planung und Kontrolle der Kostenstellenkosten

4.1 Allgemeine Grundsätze für die Durchführung der Kostenplanung

1. Die Aufgabe der Kostenplanung besteht darin, für einen bestimmten Planungszeitraum die über Kostenstellen verrechneten Kostenarten in Form von Plankosten vorzugeben. Hierzu gehören auch die Einzellöhne, deren Planung und Kontrolle wir bereits in Kapitel 3.2 beschrieben haben.

Als Planungszeitraum der Kostenplanung wird meistens das Kalenderjahr zugrunde gelegt. Hierbei können aber die Plankosten der Kostenstellen auf einen Durchschnittsmonat bezogen werden, dem eine durchschnittliche Planbeschäftigung entspricht.

Als Kontrollzeitraum für die über Kostenstellen abgerechneten Kostenarten wird in der Regel der Kalendermonat verwendet. Die Wirksamkeit der Kostenkontrolle könnte zwar verbessert werden, wenn man kürzere Kontrollzeiträume (z. B. Dekaden oder Wochen) wählen würde; hierbei treten aber in der Praxis zu große Erfassungs- und Abgrenzungsschwierigkeiten auf. Dies gilt insbesondere für die Personalkosten, die fast ausschließlich monatlich abgerechnet werden.

Bei der Durchführung der Kostenplanung ist zwischen einer Erstplanung und den Folgeplanungen zu unterscheiden. Von einer Erstplanung spricht man bei der erstmaligen Einführung einer Plankostenrechnung. Die jährlichen Anpassungen der Kostenplanung an veränderte Ausgangsdaten werden als Folgeplanungen bezeichnet. Dabei werden die Bezugsgrößen sowie die Mengen- und Zeitvorgaben aller Kostenstellen revidiert und die Kostenplanung an veränderte Preise und Löhne angepasst. Diese jährlichen Folgeplanungen werden heute mit DV-unterstützten Planungshilfen erheblich erleichtert.

2. Ein wichtiger Grundsatz der Kostenplanung besteht darin, dass die Kosten der Kostenstellen nach Kostenarten – oder zumindest nach Kostenartengruppen – differenziert geplant werden müssen. Eine „globale Kostenplanung", bei der man versucht, die Kosten einer Kostenstelle en bloc zu planen und ohne Differenzierung nach Kostenarten Kalkulationssätze festzulegen, kann nicht zu genauen Ergebnissen führen.

Ein weiterer Grundsatz der Kostenplanung besteht darin, dass die geplanten Kosten genau dem Kostenartenplan und den Kontierungsvorschriften entsprechen müssen. Nur so wird erreicht, dass die Istkostenbelege den Kostenstellen unter den gleichen Kostenartennummern belastet werden, für die sie geplant worden sind.

Bei Kostenarten, die im Zeitablauf saisonbedingten oder zufallsabhängigen Schwankungen ausgesetzt sind, werden zunächst Jahresbeträge geplant und hieraus monatliche Durchschnittsbeträge abgeleitet. Dies gilt z. B. für Heizungskosten, Lichtstrom, saisonbedingten Reisekosten sowie für Reparatur- und Instandhaltungskosten.

In Kostenstellen mit heterogener Kostenverursachung wird für jede Bezugsgröße ein gesonderter Kostenplan erstellt. Da sich aber die Istkosten nicht nach Bezugsgrößen differenzieren lassen, müssen im Soll-Istkostenvergleich die Sollkosten der verschiedenen Bezugsgrößen (vor Errechnung der Kostenstellenabweichungen) zusammengefasst werden.

Grundsätzlich sollte man bei der Durchführung einer Kostenplanung nicht vom Istzustand der Kostenverursachung ausgehen, sondern sich weitgehend von den Istkosten vergangener Perioden lösen. Bei der gründlichen „Durchleuchtung" der Kostenstellen, die bei einer analytischen Kostenplanung erfolgt, lassen sich in fast allen Unternehmungen Unwirtschaftlichkeiten der Kostenstruktur aufdecken, deren Beseitigung zu erheblichen Einsparungen führt[1].

Als weiteres Problem wird die Festlegung des Anspannungs- oder Planwirtschaftlichkeitsgrades der Kostenplanung angesehen. Hierunter versteht man den Grad der Anstrengung, mit dem es möglich sein soll, die vorgegebenen Kosten einzuhalten. Inzwischen hat sich die Ansicht durchgesetzt, dass die Vorgaben so festgesetzt werden müssen, dass sie mit normaler Anstrengung erreichbar sind.

A. G. Coenenberg hat mithilfe der Anspruchsniveau-Theorie untersucht, welche „Anreizwirkungen" von der Höhe der Kostenvorgaben ausgehen[2]. Er vertritt die Ansicht, dass die psychologische Anspruchsniveau-Theorie zur Beschreibung des Leistungsverhaltens der Kostenstellenleiter in Bezug auf die Kostenkontrolle herangezogen werden kann. Mithilfe dieser Theorie wird die Existenz einer „optimalen Kostenvorgabe" nachgewiesen. „Zu hohe Kostenvorgaben tragen infolge des fehlenden Risikos ihrer Nichterreichung keinen Leistungsimpuls in sich" und auch eine „Normalkostenvorgabe, die sich an Durchschnittswerten der Vergangenheit orientiert", ist für die Plankostenrechnung ungeeignet[3]. Sinkende Kostenvorgaben führen zwar nach der Anspruchsniveau-Theorie zu „sinkenden Kostenanspruchsniveaus und damit zu sinkenden Istkosten", aber „jenseits eines nur individuell bestimmbaren Entmutigungspunktes verlieren sinkende Kostenvorgaben ihre Leistungswirksamkeit".

Aktuelle Diskussionen[4] zu diesem Thema werden auf Basis der Principal-Agents Beziehungen geführt, deren Ziel die Verhaltenssteuerung von dezentralen Entscheidungsträgern ist.

In der Praxis dürfte der Anspannungsgrad der Kostenplanung nur schwer quantifizierbar sein; er wurzelt letztlich im „Kostenempfinden" erfahrener Kostenplaner.

3. Weiterhin ist die Frage wichtig, welcher Personenkreis für die Durchführung der Kostenplanung eingesetzt werden soll.

Früher wurde häufig darüber diskutiert, ob technisch oder betriebswirtschaftlich ausgebildete Kostenplaner vorzuziehen sind. Da der Schwerpunkt der Plankostenrechnung zunächst auf dem Produktionsbereich lag, wurde von vielen Kostenfachleuten die Ansicht vertreten, dass die Plankostenrechnung eine Angelegenheit des Technikers sei. Dies gilt sicher für die technischen Kostenstellen eines Industriebetriebes, die von Kosteningenieuren geplant werden sollten, da hier physikalische, chemische und technologische Kenntnisse erforderlich sind, um richtige Vorgaben zu ermitteln und Rationalisierungsmöglichkeiten zu erkennen[5]. Die Kosteningenieure müssen aber zugleich auch über betriebswirtschaftliche Grundkenntnisse verfügen, damit sie die Wirkung überschauen können, die ihre Entscheidungen beim Aufbau der Kostenplanung im System des

Rechnungswesens auslösen. Bereits K. Rummel hat auf die Notwendigkeit hingewiesen, dass für die Durchführung der Kostenrechnung Ingenieure kaufmännisches und die Kaufleute mathematisch-technisch-naturwissenschaftliches Denken lernen müssen[6]. Die administrativen Kostenstellen insbesondere im Dienstleistungsbereich können nur von kaufmännischen Kostenplanern geplant werden, da hier betriebswirtschaftlich-organisatorische Zusammenhänge bekannt sein müssen und eine genaue Kenntnis der Prozesse erforderlich ist. Weiterhin ist zu entscheiden, ob betriebseigene Mitarbeiter oder Unternehmensberater die Kostenplanung durchführen sollen. Bei der Erstplanung sprechen folgende Argumente für den Einsatz von Unternehmensberatern: Erstens verfügt ein als Unternehmensberater tätiger Kostenplaner über größere Erfahrungen, sodass er die Kostenvorgaben zuverlässiger und schneller festlegen kann als ein betriebseigener Mitarbeiter. Zweitens werden aus psychologischen Gründen Plansätze außerbetrieblicher Kostenfachleute von den Kostenstellenleitern leichter akzeptiert als Vorgaben von Mitarbeitern der eigenen Unternehmung. Drittens ist die Erstplanung zeitaufwändig[7], sodass sie sich in einer vertretbaren Mindestzeit nur durchführen lässt, wenn eine entsprechend große Anzahl von Kostenplanern gleichzeitig eingesetzt wird. Eine so große Anzahl entsprechend geschulter Mitarbeiter steht aber in einer Unternehmung nicht zur Verfügung. Hieraus folgt, dass die Durchführung der Kostenplanung entweder zu lange dauert oder von nicht hinreichend qualifizierten Mitarbeitern ausgeführt werden muss, wenn man sich auf betriebseigene Kräfte beschränkt.

Die Folgeplanungen hingegen gehören zum regulären Aufgabenbereich des Controllings, da hier der Schwierigkeitsgrad der Vorgabebestimmung weitaus geringer ist. Bei der Durchführung einer jährlichen Folgeplanung entfällt der überwiegende Teil des Arbeitsaufwandes auf Rechen- und Abstimmarbeiten, die maschinell durch entsprechende Standardsoftwareprogramme unterstützt werden[8].

Unabhängig davon, ob die Kostenplanung von eigenen oder außerbetrieblichen Kostenplanern durchgeführt wird, gilt als weiterer Grundsatz, dass die Durchführung der Kostenplanung in enger Zusammenarbeit mit den verantwortlichen Kostenstellenleitern erfolgen muss[9]. Auf diese Weise kann man auf die Erfahrungen der Kostenstellenleiter zurückgreifen und zugleich subjektive Widerstände vermeiden, die aus dem Eindruck resultieren, bei der Festlegung von Vorgaben würde über die „Köpfe hinweg disponiert"[10]. Nur ein Kostenstellenleiter, der an der Kostenplanung mitgewirkt hat, wird später den Soll-Istkostenvergleich akzeptieren. Das Mitwirken der verantwortlichen Kostenstellenleiter soll nach außen dadurch dokumentiert werden, dass sie die in ihren Zuständigkeitsbereich fallenden Kostenpläne unterschreiben.

4. Von großer Bedeutung ist weiterhin, dass der organisatorische Ablauf der Kostenplanung richtig gestaltet wird. Folgende Maßnahmen müssen dem Aufbau der Kostenplanung vorgeschaltet werden, damit diese ohne Zeitverluste durchgeführt werden kann: Der Raumverteilungsplan gibt an, welche Nutzflächen den Kostenstellen zur Verfügung stehen; er dient als Grundlage für die Planung der kalkulatorischen Raumkosten. Der Betriebsmitteleinsatzplan aus der Anlagenbuchhaltung gibt an, welche Betriebsmittel in den Kostenstellen eingesetzt sind. Er dient zur Abstimmung der Planbezugsgrößen mit der Kapazitätsplanung und als Grundlage für die Planung der kalkulatorischen Abschreibungen, der kalkulatorischen Zinsen auf das Anlagevermögen und die Planung der Reparatur- und Instandhaltungskosten. Der Personalbestandsplan soll erkennen lassen, welche Arbeiter und Angestellte für den Einsatz in den einzelnen Kostenstellen vorgesehen sind. Er soll die Planung der Personalkosten erleichtern, wobei aber keine „Verteilung" der vorhandenen Arbeitskräfte auf die Kostenstellen erfolgen darf. In jeder Kostenstelle ist vielmehr der notwendige Personalbedarf erneut zu überprüfen. Die Preis- und Lohnsatzplanung muss abgeschlossen sein, damit eine zügige Bewertung der Vorgaben erfolgen kann. Weiterhin muss die Kostenstelleneinteilung einer Unternehmung vorliegen, sodass Bezugsgrößen gewählt und Planbezugsgrößen festgelegt werden können.

Die Planung von Bemessungsgrundlagen der Kostenartengruppe „Verschiedene Gemeinkosten" ist insbesondere für die Kostenstellen des Verwaltungs- und Vertriebsbereichs von Bedeutung. Hier fallen Kostenarten an, die auf Verträgen beruhen oder aus behördlich festgelegten Bemessungsgrundlagen resultieren. Solche Kostenarten sind z. B. Gebühren, Beiträge, Versicherungsprämien, Mieten, Pachten, Abgaben an die öffentliche Hand und Steuern. Die Planung der Bemessungsgrundlagen dieser Kostenarten erfordert in der Regel eine enge Zusammenarbeit mit der Finanzabteilung. Bei der Erarbeitung der Bemessungsgrundlagen muss der Kostenplaner zugleich die Frage entscheiden, welchen Kostenstellen die betreffenden Kostenarten vorzugeben sind.

Sind die vorbereitenden Maßnahmen abgeschlossen, erfolgt der eigentliche Aufbau der Kostenplanung. Dabei ist die Reihenfolge, in der man die Kostenstellen plant, völlig frei, da die Abstimmung der innerbetrieblichen Leistungsverrechnung mit ihren Interdependenzen durch die heute häufig eingesetzte Standard-Software systemintern abgedeckt wird. Dies gilt auch für die automatische Verteilung der Fixkosten sekundärer Stellen.

Die Übernahme der Daten in das DV-System erfolgt heute in der Regel bereits während des Planungsprozesses. In der Praxis entwickelte maschinelle Planungshilfen können die Mengen- und Rechenarbeit erheblich reduzieren. Abschließend erfolgt eine systeminterne Abstimmung der Kostenplanung, bei der die rechnerische Richtigkeit überprüft wird.

5. Wir wollen nun zu der Frage Stellung nehmen, ob in allen Unternehmungen die Durchführung einer Kostenplanung möglich ist. In den ersten Entwicklungsphasen der Plankostenrechnung wurde häufig die Ansicht vertreten, dass eine Plankostenrechnung nur für Betriebe mit Massen-, Sorten- und Serienfertigung anwendbar sei. Bald erkannte man jedoch, dass auch bei extremer Einzelfertigung eine Planung der Kostenstellenkosten möglich ist. Inzwischen wird die Durchführbarkeit einer Kostenplanung in Betrieben mit Einzel- und Kleinserienfertigung nicht mehr bezweifelt. Entscheidend für die Durchführbarkeit einer Kostenplanung ist nicht der Differenzierungsgrad des Produktionsprogramms, sondern die Möglichkeit, für die Aktivitäten der Kostenstellen Bezugsgrößen zu finden. Inzwischen halten wir in nahezu allen Unternehmungen eine nach Kostenstellen differenzierte Kostenplanung für durchführbar. Selbst im Dienstleistungsbereich konnten in den letzten Jahren umfangreiche analytische Kostenplanungen erfolgreich abgeschlossen werden[11]. Lediglich der Aufbau von Plankalkulationen ist auf Betriebe mit standardisierten Erzeugnissen beschränkt, da sich bei Auftrags- und Einzelfertigung das Mengengerüst der Aufträge nicht für bestimmte Planungszeiträume im Voraus festlegen lässt.

4.2 Kostenstelleneinteilung und Bezugsgrößenplanung als Grundlage der Kostenplanung

4.2.1 Grundsätze für die Bildung von Kostenstellen

1. Von entscheidender Bedeutung für die Durchführung der Kostenplanung und das Funktionieren einer flexiblen Plankostenrechnung ist die Einteilung einer Unternehmung in Kostenstellen. Im Grunde gelten für die Kostenstelleneinteilung einer Plankostenrechnung zwar die gleichen Regeln wie für traditionelle Verfahren der Kostenrechnung, die beiden folgenden Grundsätze haben aber in einer Plankostenrechnung besonderes Gewicht.

Erstens dürfen in einer Kostenstelle nur Maschinen und Arbeitsplätze zusammengefasst werden, deren Kostenverursachung keine wesentlichen Unterschiede aufweist[12]. Nur unter dieser Voraussetzung kann es gelingen, für die Kostenstellen Bezugsgrößen der Kostenverursachung zu finden, die echte Proportionalitätsbeziehungen zwischen den beschäftigungsabhängigen Kosten und den erstellten Leistungen ausdrücken. Wählt man die Kostenstelleneinteilung zu grob, so werden den Bezugsgrößen der Kostenstellen proportionale Kostensätze zugeordnet, die für einen Teil der erstellten Leistungen zu hoch und für einen anderen zu niedrig sind. Hierdurch wird sowohl die Kalkulationsgenauigkeit als auch der Aussagewert der Kostenkontrolle beeinträchtigt. In der Praxis wird als Toleranz meistens ein Unterschied von ± 5 % des proportionalen Kostensatzes angesehen[13].

Eine Ausnahme des obigen Grundsatzes liegt bei Fließfertigung mit vorgegebenen Taktzeiten vor. Hier können auch Maschinen und Arbeitsplätze mit unterschiedlicher Kostenstruktur, die zu einer geschlossenen Fließstrecke gehören, zu einer Kostenstelle zusammengefasst werden, da sie von allen Erzeugnissen stets in der gleichen Relation beansprucht werden. Die neuere Entwicklung der organisierten Fließfertigung hat aber dazu geführt, dass oftmals auch Erzeugnisse über eine Fließstrecke laufen, welche die einzelnen Arbeitsplätze in unterschiedlicher Weise beanspruchen. In diesen Fällen müssen auch bei Fließfertigung für die einzelnen Maschinengruppen und Arbeitsplätze eines Fließbandes gesonderte Kostenstellen oder zumindest getrennte Bezugsgrößen gebildet werden.

Zweitens sind die Kostenstellen so zu bilden, dass sie selbständige Verantwortungsbereiche sind. Für jede Kostenstelle muss ein Abteilungsleiter oder Meister als Kostenstellenleiter für die Kosten verantwortlich sein. Er wirkt beim Aufbau der Kostenplanung mit und verantwortet die Kostenstellenabweichungen des Soll-Ist-Kostenvergleichs. Einem Kostenstellenleiter können zwar mehrere Kostenstellen unterstehen, in einer Kostenstelle dürfen aber nicht gleichzeitig mehrere Kostenstellenleiter für die Kostenverursachung zuständig sein. Arbeitet eine Kostenstelle im Mehrschichtbetrieb, so ist einem Meister oder Abteilungsleiter die Kostenverantwortung zu übertragen.

2. Die Genauigkeit der Kalkulation und der Kostenkontrolle erfordern in den meisten Unternehmungen eine weitgehende Differenzierung der Kostenstelleneinteilung, die bei der Kontierung der Istkosten zu Kontierungsschwierigkeiten führen kann. Um diese zu vermeiden, sind in der Plankostenrechnung die beiden folgenden Verfahren vorgeschlagen worden:

Der erste Vorschlag besteht darin, die Plankostenrechnung als Kostenplatzrechnung durchzuführen. Dieses Verfahren geht davon aus, dass ein Substitutionsverhältnis zwischen dem Differenzierungsgrad der Kostenstelleneinteilung und der Bezugsgrößendifferenzierung besteht. Fasst man mehrere Maschinengruppen mit unterschiedlicher Kostenstruktur zu einer Kostenstelle zusammen, so kann der Genauigkeit der Kalkulation und der Kostenkontrolle dadurch entsprochen werden, dass man für jede Maschinengruppe eine gesonderte Bezugsgröße wählt. Die Kostenplanung erfolgt für jede Bezugsgröße bzw. Maschinengruppe gesondert, und für jede Maschinengruppe wird ein eigener Kalkulationssatz gebildet. Im Soll-Ist-Kostenvergleich werden die Sollkosten der einzelnen Bezugsgrößen aber zusammengefasst und global den auf die Kostenstelle kontierten Istkosten gegenübergestellt. Das Kostenplatzprinzip ist in der Literatur vor allem von W. W. Neumayer, H. Diercks und F. Petzold vorgeschlagen worden[14]. Typisch für dieses Verfahren ist, dass die Identität von Planungs- und Kontrollbereich aufgegeben wird. Bei der Kostenplanung kann beliebig weit nach Arbeitsplätzen und Maschinengruppen differenziert werden, der späteren Kostenkontrolle liegt aber eine weitaus gröbere Einteilung zugrunde.

Kritisch ist gegen die Kostenplatzrechnung einzuwenden, dass im Soll-Ist-Kostenvergleich Saldierungen von Kosteneinflüssen auftreten können, und nicht erkennbar wird, wie die Kostenstellenabweichungen die Kalkulationssätze beeinflussen[15]. Weiterhin ist bei diesem Verfahren nicht möglich, „etwa auftretende Planungsfehler ... zu erkennen und auszumerzen“[16].

Zweitens ist zur Vermeidung von Kontierungsschwierigkeiten die Bildung von Bereichskostenstellen vorgeschlagen worden. Nach diesem, von H. G. Plaut entwickelten Verfahren wird der Differenzierungsgrad der Kostenstelleneinteilung stets so gewählt, wie es die Genauigkeit der Kalkulationssätze und der Kostenkontrolle erfordert. Zur Vermeidung von Kontierungsschwierigkeiten ordnet man aber jeweils den zu einem bestimmten Meister- oder Abteilungsleiterbereich gehörenden Kostenstellen eine so genannte Bereichskostenstelle zu[17]. Den Bereichskostenstellen werden solche Kostenarten vorgegeben und in der laufenden Abrechnung als Istkosten belastet, die sich bei der Istkostenerfassung nur schwer den verbrauchenden Kostenstellen zuordnen lassen. Hierzu gehören z. B. das Meistergehalt, Löhne für Werkstattschreiber, Kosten für Messwerkzeug, Kosten für Reinigungsstoffe und Putzmaterial sowie für alle Maschinengruppen anfallende Schmieröl- und Fettkosten. Die Bereichskostenstellen werden als sekundäre Kostenstellen abgerechnet und gehören zur Gruppe der Leitungskostenstellen. Ihre proportionalen Plankosten werden in der Kostenplanung mithilfe der so genannten „kalkulatorischen Leitungskosten“ den betreuten Kostenstellen zugeordnet.

Im Beispiel der Abbildung 4-1 sind für die Maschinentypen A, B und C die Fertigungskostenstellen 431, 432 und 434 gebildet worden. Diesen Stellen wird die gemeinsame Meisterbereichs-Kostenstelle 430 vorgeschaltet.

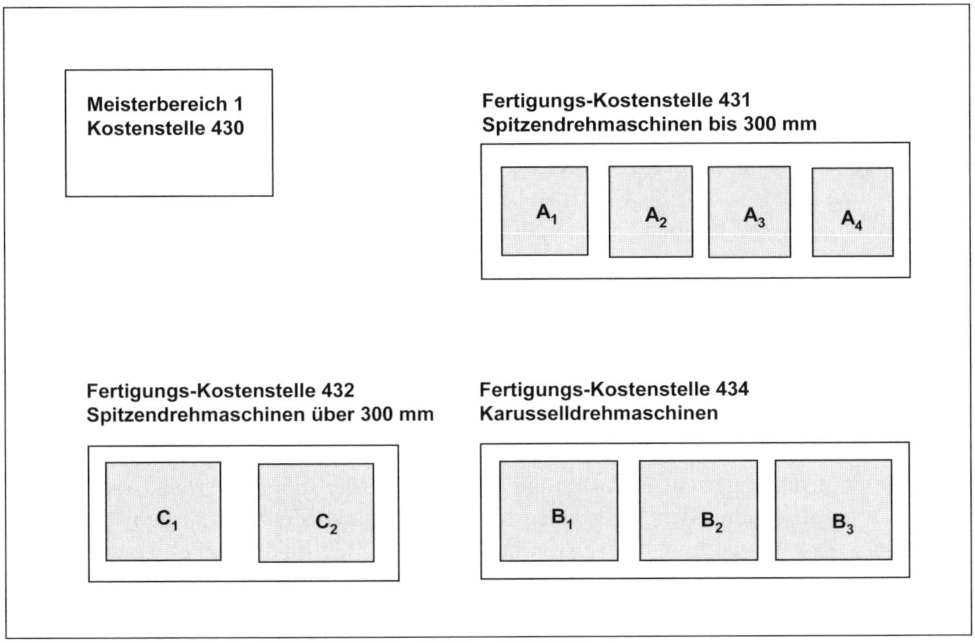

Abbildung 4-1: Beispiel zur Bildung von Bereichskostenstellen

Das Bereichsstellenprinzip hat den Vorteil, dass an der Identität von Planungs- und Kontrolleinheit festgehalten wird, sodass jede Stelle mit unterschiedlicher Kostenstruktur im Soll-Ist-Kostenvergleich gesondert erfasst werden kann. Hierdurch lassen sich Planungsfehler, Fehlkontierungen und Unwirtschaftlichkeiten erkennen, die bei Anwendung des Kostenplatzprinzips nicht transparent werden. Mit Recht weist H. G. Plaut darauf hin, dass es „unökonomisch" wäre, wenn man den Differenzierungsgrad der Kostenplanung für die Kostenkontrolle nicht nutzen würde[18].

3. Vor Durchführung der Kostenplanung werden die Stammdaten in Form eines Kostenstellenverzeichnisses angelegt, in dem jeder Kostenstelle eine Kostenstellen-Nummer und eine Kostenstellen-Bezeichnung zugeordnet wird.

Der Kosten-Nummernschlüssel ist meistens 3- bis 6-stellig, die Nummerierung ist freibleibend, häufig aber nach der betrieblichen Aufbauorganisation strukturiert. Ein Beispiel für eine praxisgerechte Kostenstelleneinteilung haben wir in Kapitel 4.11.1, Abbildung 4-37 dargestellt.

4.2.2 Die Bezugsgrößenwahl

4.2.2.1 Grundsätze der Bezugsgrößenwahl

1. Liegt die Einteilung der Kostenstellen fest, so besteht die nächste Aufgabe der Kostenplanung darin, für alle Kostenstellen Bezugsgrößen als Maßgrößen der Kostenverursachung zu bestimmen. Die richtige Bezugsgrößenwahl ist eine notwendige Voraussetzung für die Ermittlung genauer Kalkulationssätze und die Bestimmung richtiger Sollkosten für die Kostenkontrolle. Hierauf wird in nahezu allen Veröffentlichungen zur Kostenplanung hingewiesen[19].

Bei der Bezugsgrößenwahl lassen sich statistische und analytische Verfahren unterscheiden.

Die statistischen Verfahren der Bezugsgrößenwahl setzen voraus, dass für die Kostenstellen, deren Kostenbestimmungsfaktoren statistisch untersucht werden sollen, die (nach Kostenarten differenzierten) Istkosten und die Istwerte der möglicherweise als Bezugsgrößen in Frage kommenden Maßgrößen für einen längeren Zeitraum bekannt sind. Vor der statistischen Auswertung müssen die Istkosten von Zufälligkeiten, Fehlkontierungen, Kostenremanenzen, Kostensprüngen und den Einflüssen innerbetrieblicher Unwirtschaftlichkeiten bereinigt werden. Weiterhin muss die Umrechnung auf ein einheitliches Preis- und Lohnniveau erfolgen. Die Auswertung erfolgt mithilfe der Regressionsanalyse oder der Korrelationsrechnung, wobei die Höhe der Korrelationskoeffizienten erkennen lässt, welche Einflussgrößen am besten als Bezugsgrößen geeignet sind[20]. In der Praxis besteht ein schwerwiegender Nachteil der statistischen Verfahren zur Bezugsgrößenwahl darin, dass die erforderlichen Kostenbereinigungen nur unvollkommen gelingen; insbesondere dispositive Einflüsse und strukturelle Unwirtschaftlichkeiten lassen sich nicht erkennen. Die statistische Bezugsgrößenanalyse sollte auf Kostenarten beschränkt werden, denen naturgesetzliche funktionale Beziehungen zugrunde liegen, die stochastischen Einflüssen ausgesetzt sind. Hierzu können z. B. die Energiekosten bestimmter Produktionsprozesse gehören[21].

Die analytischen Verfahren der Bezugsgrößenwahl basieren auf einer sorgfältigen technisch-kostenwirtschaftlichen Einflussgrößenanalyse, bei der die Produktionsprozesse der Kostenstellen darauf untersucht werden, welche funktionalen oder dispositiven Beziehungen zwischen den Aktivitäten der Leistungserstellung und dem bei wirtschaftlicher Handlungsweise erforderlichen Verbrauch an beschäftigungs- und verfahrensabhängigen Produktionsfaktoren bestehen. Dieses Verfahren hat gegenüber der statistischen Einflussgrößenanalyse den Vorteil, dass es unabhängig von den Istkosten der Vergangenheit ist, keine statistischen Auswertungen erfordert und eine große Flexibilität in Bezug auf die Berücksichtigung kostenbestimmender Einflussgrößen aufweist. Insbesondere wird vermieden, dass sich dispositive Einflüsse früherer Perioden, z. B. in Form von Kostenremanenzen und strukturelle Unwirtschaftlichkeiten auf die der Kostenplanung zugrunde gelegten funktionalen Beziehungen auswirken.

2. Wie unsere Ausführungen in Kapitel 2.1.1 gezeigt haben, sind es sehr viele Kostenbestimmungsfaktoren, die auf die beschäftigungsabhängigen Kosten einer

Kostenstelle einwirken. Theoretisch ist in nahezu allen Kostenstellen der Tatbestand der heterogenen Kostenverursachung erfüllt, da qualitative Eigenschaften der erstellten Leistungen und Maßnahmen des Produktionsvollzugs die beschäftigungsabhängigen Kosten beeinflussen. Durch eine entsprechend große Anzahl von Bezugsgrößen ist es theoretisch zwar in allen Fällen möglich, sämtliche relevanten Kosteneinflüsse richtig zu erfassen; die Plankostenrechnung ist aber nicht nur ein kostentheoretisches System, sondern ein Verfahren der Kostenrechnung, das in der Praxis funktionieren muss[22]. Hieraus folgt, dass eine zu weitgehende Bezugsgrößendifferenzierung zu vermeiden ist, weil sonst die Erfassung der Istbezugsgrößen zu schwierig wird und die Erfassungskosten in keinem wirtschaftlichen Verhältnis mehr zur Erhöhung der Genauigkeit einer Plankostenrechnung stehen.

3. In Abbildung 4-2 haben wir ein Ablaufschema der Bezugsgrößenwahl wiedergegeben, das erkennen lässt, wie man in der Praxis zu richtigen Bezugsgrößen gelangt.

Wird von einer Kostenstelle nur eine Leistungsart erstellt und ist der Produktionsvollzug konstant, so kann die Leistungsmenge unmittelbar als Bezugsgröße verwendet werden. Das Gleiche gilt, wenn der Produktionsvollzug zwar variabel ist, die Kostenhöhe aber hierdurch nur unwesentlich beeinflusst wird. Produziert die Kostenstelle ihre Leistungen unter variablen Produktionsbedingungen und wird hierdurch die Kostenhöhe wesentlich beeinflusst, so sind mehrere, nach Aktivitäten des Produktionsvollzugs differenzierte Bezugsgrößen erforderlich.

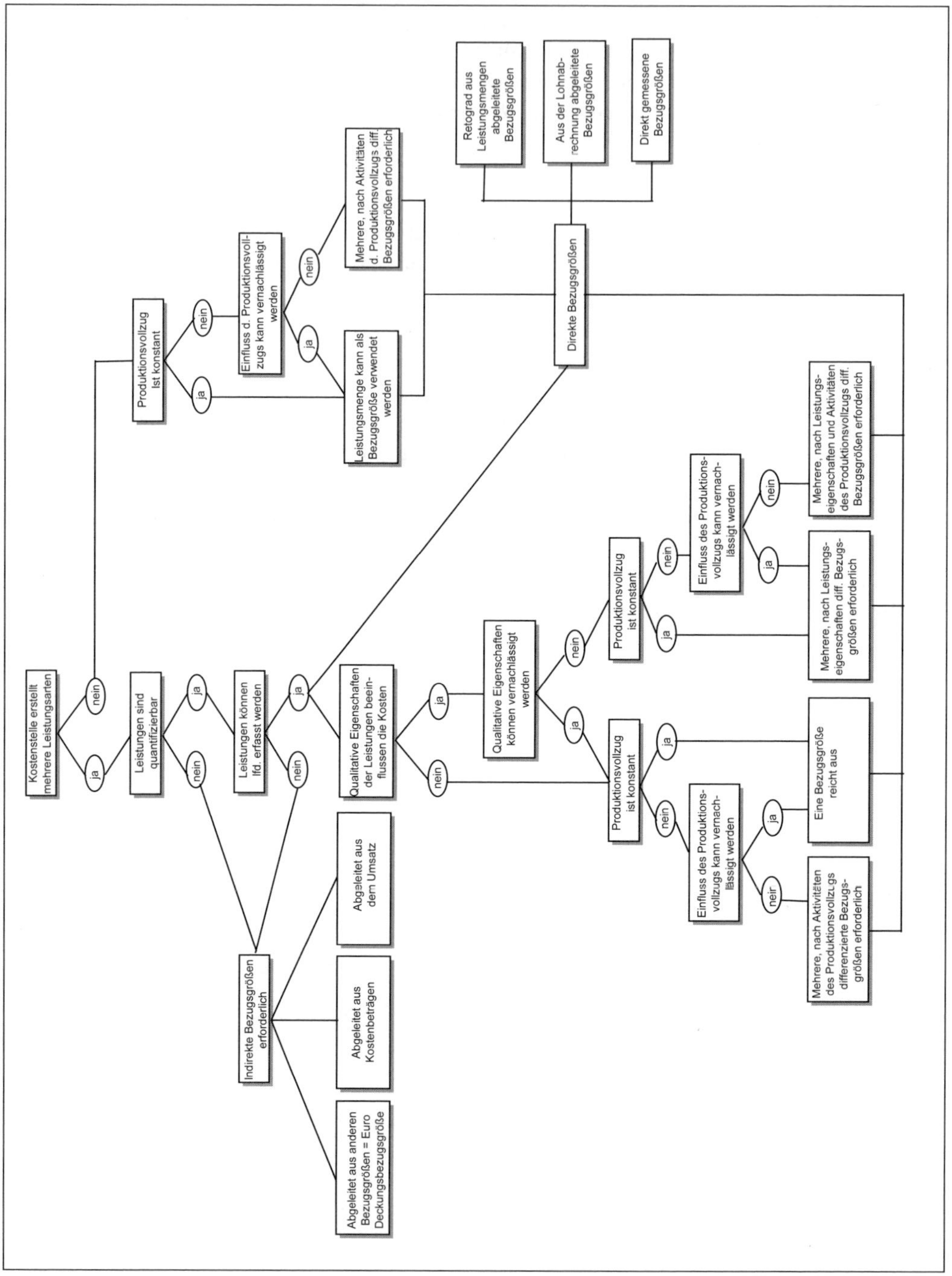

Abbildung 4-2: Ablaufschema zur Bezugsgrößenwahl

Werden von einer Kostenstelle mehrere Leistungsarten erstellt, so ist zu prüfen, ob sich diese Leistungen quantifizieren lassen und ob sich die in Frage kommenden Maßgrößen mit wirtschaftlich vertretbaren Kosten monatlich als Istbezugsgrößen erfassen lassen.

Sind beide Voraussetzungen erfüllt, so können für eine Kostenstelle quantitative Maßgrößen der Kostenverursachung verwendet werden, die wir als direkte Bezugsgrößen bezeichnen wollen. Der nächste Schritt der Bezugsgrößenwahl besteht in der Überprüfung, ob es Eigenschaften der erstellten Leistungen (z. B. Materialqualität, Gewicht, Zeitbedarf, Oberflächengestaltung usw.) gibt, durch welche die Kostenhöhe beeinflusst wird. Ist das nicht der Fall, so wird durch eine Analyse des Produktionsablaufs ermittelt, ob Aktivitäten der Produktionsvollzugsplanung wirksam werden, die eine entsprechende Bezugsgrößendifferenzierung erforderlich machen. Ist auch das nicht der Fall, so liegt homogene Kostenverursachung vor, sodass in der betreffenden Kostenstelle die Verwendung einer Bezugsgröße genügt. Werden die Kosten einer Kostenstelle nicht (oder nur unwesentlich) durch qualitative Eigenschaften der Leistungen beeinflusst, muss aber der Einfluss des Produktionsvollzugs berücksichtigt werden, so liegt verfahrensbedingte Heterogenität der Kostenverursachung vor. In diesen Fällen sind mehrere, nach Aktivitäten des Produktionsvollzugs differenzierte Bezugsgrößen erforderlich. Beeinflussen qualitative Eigenschaften der Leistungen die Kosten so stark, dass eine Bezugsgrößendifferenzierung erforderlich ist, so liegt produktbedingte Heterogenität der Kostenverursachung vor. In diesen Fällen sind mehrere, nach Leistungseigenschaften differenzierte Bezugsgrößen erforderlich. Schließlich sind Fälle denkbar, in denen sowohl qualitative Eigenschaften der Leistungen als auch die Aktivitäten des Produktionsvollzugs die Kosten so stark beeinflussen, dass eine entsprechende Bezugsgrößendifferenzierung erforderlich ist. In diesen Fällen liegt eine Kombination der produktbedingten und der verfahrensbedingten Heterogenität der Kostenverursachung vor. Die Bezugsgrößen müssen sowohl nach Leistungseigenschaften als auch nach den Aktivitäten des Produktionsvollzugs gegliedert werden.

Lassen sich die erstellten Leistungen einer Kostenstelle nicht quantifizieren, oder ist die Erfassung von Istbezugsgrößen mit wirtschaftlich vertretbaren Kosten nicht möglich, so können für die betreffende Kostenstelle in der Praxis keine exakten Maßgrößen der Kostenverursachung verwendet werden. In diesen Fällen ist man vielmehr auf indirekte Bezugsgrößen angewiesen, die auch als Hilfs- oder Verrechnungsbezugsgrößen bezeichnet werden. Trotz der fehlenden unmittelbaren Beziehungen zu den erstellten Leistungseinheiten orientieren sich auch die indirekten Bezugsgrößen am Verursachungsprinzip. Hierdurch unterscheiden sie sich wesentlich von den „Umlageschlüsseln" traditioneller Verfahren der Kostenrechnung. Wie unsere späteren Ausführungen zeigen werden, kann bei der Verwendung indirekter Bezugsgrößen eine verbesserte Genauigkeit der Kostenrechnung dadurch herbeigeführt werden, dass man bei der Kostenplanung eine weitgehende Differenzierung der auf die indirekten Bezugsgrößen bezogenen Kalkulationssätze vornimmt[23].

In der Praxis lassen sich die drei in Abbildung 4-2 angegebenen indirekten Bezugsgrößen-Arten unterscheiden. Die erste Gruppe indirekter Bezugsgrößen wird retrograd aus den Bezugsgrößen anderer Kostenstellen abgeleitet; sie werden meistens als (Wert-) Deckungsbezugsgrößen bezeichnet. Die zweite Gruppe indirekter Bezugsgrößen wird aus geplanten Kostenartenbeträgen (z. B. den Material- oder Lohnkosten) abgeleitet. Bei der dritten Gruppe indirekter Bezugsgrößen handelt es sich meistens um die aus dem Umsatz abgeleiteten Herstellkosten der verkauften Erzeugnisse.

Die Verwendung indirekter Bezugsgrößen sollte in der flexiblen Plankostenrechnung stets auf das unvermeidliche Mindestmaß beschränkt bleiben.

Der Strukturwandel in der industriellen Fertigung, der sich in kapitalintensiven, computergesteuerten, menschenarmen und daher vorleistungsintensiven Kapazitäten ausdrückt[24], verleitet dagegen zu einer Ausweitung der Verwendung indirekter Bezugsgrößen. Damit kann die Aussagefähigkeit einer Grenzplankostenrechnung stark eingeschränkt werden, worauf die Vertreter der Prozesskostenrechnung (siehe Kapitel 0.4.2) mit Recht hinweisen. Geht man hier jedoch den prozessorientierten Weg der Vorgangskalkulation auf der Basis von Leistungsstandards für administrative Prozesse[25], werden brauchbare Ergebnisse als Bestandteil eines integrierten Zahlenflusses erzielt.

Zugleich mit der Bezugsgrößenwahl muss festgelegt werden, wie die spätere Erfassung der Istbezugsgrößen erfolgen soll. Wie die Abbildung 4-2 erkennen lässt, können die direkten Bezugsgrößen nach drei Verfahren erfasst werden. Geht man von den erstellten Ist-Leistungsmengen aus und multipliziert man diese mit Stückbezugsgrößen, so spricht man von einer retrograden Bezugsgrößenerfassung. Werden Fertigungszeiten als Bezugsgröße verwendet, so lassen sich die Istbezugsgrößen meistens aus der Lohnabrechnung oder einem Betriebsdatenerfassungssystem ableiten. Von direkt gemessenen Bezugsgrößen spricht man, wenn die Istbezugsgrößen mit Messgeräten (z. B. Tourenzählern, Schreibgeräten oder Messuhren) unmittelbar in der Kostenstelle erfasst werden, ein Verfahren, das zunehmend an Bedeutung gewinnt.

4.2.2.2 Die Bezugsgrößenwahl für primäre Kostenstellen

4.2.2.2.1 Die Bezugsgrößenwahl für Fertigungskostenstellen

1. In den primären Kostenstellen des Produktionsbereichs, die in vielen Branchen als Fertigungskostenstellen bezeichnet werden, lassen sich die Produktionsbeiträge in nahezu allen Fällen mithilfe direkter Bezugsgrößen erfassen. Um beurteilen zu können, ob eine Bezugsgröße ausreicht oder mehrere Bezugsgrößen erforderlich sind, sollten zunächst folgende Fragen überprüft werden:

- Beeinflussen unterschiedliche Produkteigenschaften bei wechselndem Produktionsprogramm die beschäftigungsabhängigen Kosten so stark, dass mehrere Bezugsgrößen erforderlich sind?
- Beeinflussen Maßnahmen des laufenden Produktionsvollzugs die beschäftigungsabhängigen Kosten so stark, dass mehrere Bezugsgrößen erforderlich sind?

Im ersten Fall liegt produktbedingte und im zweiten Fall verfahrensbedingte Heterogenität der Kostenverursachung vor; sind beide Tatbestände erfüllt, so handelt es sich um eine Kombination von produkt- und verfahrensbedingter Heterogenität der Kostenverursachung.

Produktbedingte Heterogenität scheidet von vornherein für Fertigungskostenstellen aus, die homogene Produktionsbeiträge leisten (= Einproduktfall). Fälle dieser Art findet man insbesondere bei Massenproduktion, so z. B. in der Grundstoffindustrie, der Zementherstellung und in Brauereien, sofern nur eine Produktart hergestellt wird. Werden in diesen Fällen Stückgüter erzeugt, so kann die „produzierte Stückzahl" als Bezugsgröße verwendet werden. Im Falle von Fließgütern lassen sich Gewichtseinheiten (kg, 100 kg, t), Hohlmaße (ltr. hl., m^3) oder Längeneinheiten (m, 100 m, km) als Bezugsgrößen verwenden.

In Fertigungskostenstellen, die heterogene Produktionsbeiträge leisten (= Mehrproduktfall), muss zunächst überprüft werden, ob produktbedingte Heterogenität der Kostenverursachung vorliegt. Dies ist nicht der Fall, wenn Materialunterschiede und sonstige qualitative Produkteigenschaften die beschäftigungsabhängigen Kosten nicht beeinflussen, sondern die Höhe der variablen Kosten entweder nur von der Fertigungszeit oder nur vom Durchsatzgewicht abhängig ist. Hängen die beschäftigungsabhängigen Kosten zugleich von der Fertigungszeit und vom Durchsatzgewicht ab, so kann die produktbedingte Heterogenität nur ausgeschlossen werden, wenn für alle Erzeugnisse die Relation der Stückgewichte zu den Stückarbeitszeiten gleich ist oder die Unterschiede vernachlässigt werden. Unter dieser Voraussetzung kann entweder die Fertigungszeit oder das Durchsatzgewicht als Bezugsgröße gewählt werden. Bei Fließgüterproduktion wird man das Durchsatzgewicht bevorzugen. Bei der Herstellung von Stückgütern ist dagegen meistens die Fertigungszeit als Bezugsgröße besser geeignet; hierbei kann es sich je nach der Art des Produktionsprozesses um Vorgabestunden der Fertigungsarbeiter oder um Maschinen- bzw. Apparatestunden handeln.

In der Literatur wird darauf hingewiesen, dass für sehr viele Fertigungskostenstellen die Fertigungszeit als einzige Bezugsgröße ausreicht, um die Einflüsse einer wechselnden Auftragszusammensetzung zu erfassen[26]. Dies gilt natürlich nur, sofern keine verfahrensbedingte Heterogenität der Kostenverursachung vorliegt. Hinweise, dass man nach Möglichkeit mit einer Bezugsgröße pro Fertigungsstelle auskommen sollte, um die laufende Durchführung der flexiblen Plankostenrechnung zu vereinfachen, können heute unter Berücksichtigung der intensiven DV-Unterstützung in allen Organisationsbereichen als überholt betrachtet werden.

2. Wird produktbedingte Heterogenität der Kostenverursachung festgestellt, so lassen sich die folgenden drei Fälle unterscheiden.

Erstens können für bestimmte Erzeugnisgruppen unterschiedliche Materialarten oder Materialmischungen eingesetzt und hierdurch die beschäftigungsabhängigen Fertigungskosten wesentlich beeinflusst werden. In diesen Fällen lässt sich meistens eine begrenzte Zahl von Produktgruppen bilden, die das gleiche Material bzw. die gleiche Materialmischung erfordern. So lässt sich z. B. das Sortiment einer Spinnerei in Baumwoll- und Zellwollartikel unterteilen und sich bei der Herstellung von NE-Metall-Erzeugnissen eine Unterteilung in Kupfer- und Aluminium-Produkte vornehmen. Innerhalb solcher Produktgruppen liegt dann keine produktbedingte Heterogenität der Kostenverursachung mehr vor. Für jede Produktgruppe wird eine gesonderte Fertigungszeit- bzw. Gewichtsbezugsgröße verwendet.

Zweitens können sich die von einer Fertigungskostenstelle bearbeiteten Erzeugnisse in ihren Gewichts-Fertigungszeit-Relationen pro Einheit unterscheiden, sodass relativ schwere Erzeugnisse verhältnismäßig wenig Fertigungszeit pro Einheit beanspruchen und umgekehrt. Verhält sich in einer solchen Fertigungskostenstelle ein Teil der Kosten zeit- und ein anderer gewichtsabhängig, so müssen die Bezugsgrößen „Fertigungsstunden" und „Durchsatzgewicht" nebeneinander verwendet werden. Diese Bezugsgrößendifferenzierung wäre nicht erforderlich, wenn sich die Stückgewichte zu den Bearbeitungszeiten pro Stück bei allen Erzeugnisarten etwa proportional zueinander verhalten würden. In diesem Fall könnte man nach dem Gesetz von der Austauschbarkeit der Maßgrößen eine der beiden Bezugsgrößen wählen, ohne hierdurch die Kalkulationsgenauigkeit und die Richtigkeit des Soll-Ist-Kostenvergleichs zu beeinträchtigen.

Drittens können die Relationen sonstiger Produkteigenschaften zum Fertigungszeitbedarf die Verwendung mehrerer Bezugsgrößen erforderlich machen. Dies gilt z. B. für eine Fertigungskostenstelle, in der neben zeitabhängigen Kosten weitere proportionale Kosten anfallen, die von der Oberfläche oder dem Volumen der bearbeiteten Erzeugnisse abhängig sind. Typische Beispiele volumenabhängiger Kosten sind die „Kernherstellung" und die „Formherstellung" in Gießereien. Ein ähnlicher Fall liegt in der Kostenstelle „Glüh-Tunnelofen" einer Porzellanfabrik vor. Hier wirkt sich die Sperrigkeit der Erzeugnisse derart auf die Fertigungskosten aus, dass nebeneinander die Bezugsgrößen „m^3 Ofenraum" und „kg Durchsatzgewicht" verwendet werden müssen.

3. Liegt in einer Fertigungskostenstelle verfahrensbedingte Heterogenität der Kostenverursachung vor, so ist das meistens auf folgende Gründe zurückzuführen.

In Fertigungskostenstellen mit Serienproduktion müssen nebeneinander die Bezugsgrößen „Rüststunden" und „Fertigungsstunden" verwendet werden, sofern sich die proportionalen Kostensätze der Rüstzeit und der Fertigungszeit wesentlich voneinander unterscheiden und bei den Erzeugnissen größere Unterschiede der Rüstzeit-Fertigungszeit-Relationen auftreten[27].

Typische Beispiele, in denen auf Rüstbezugsgrößen nicht verzichtet werden kann, sind Fertigungskostenstellen mit spezialisierter Automatenfertigung, in denen hohe Rüstzeiten anfallen und die Seriengrößen der Erzeugnisse stark voneinander abweichen. Hier entfallen auf die Rüstzeiten meistens nur Personalkosten und eventuell noch Kosten für Probeläufe. In der Fertigungszeit fallen dagegen die weitaus höheren betriebs- und verschleißabhängigen Maschinenkosten an. Bei weniger stark mechanisierten Fertigungskostenstellen des Maschinenbaus dagegen, so z. B. bei Drehereien, Bohrwerken oder sonstigen Einzelaggregaten der spanabhebenden Fertigung kann man meistens auf gesonderte Rüstzeitbezugsgrößen verzichten, da das Bedienungspersonal die Maschinen selbst einrichtet und die Seriengrößen sich nicht so stark voneinander unterscheiden wie bei der Automatenfertigung.

In Fertigungskostenstellen mit Mehrstellenarbeit müssen nebeneinander die Bezugsgrößen „Fertigungsstunden der Arbeiter" und „Maschinenstunden" verwendet werden, sofern die Bedienungsrelationen (= Anzahl Maschinen pro Arbeiter) in Abhängigkeit von Produktionsprogramm oder aus dispositiven Gründen geändert werden[28]. Der Fertigungszeit-Bezugsgröße werden die Fertigungslöhne und die Lohnnebenkosten zugeordnet. Auf die Maschinenzeit-Bezugsgröße entfallen alle betriebsmittelabhängigen Kosten.

Eine weitere Form verfahrensbedingter Heterogenität tritt in Fertigungskostenstellen auf, in denen die Prozessbedingungen häufig geändert werden. Hier sind nebeneinander mehrere „nach Prozessbedingungen differenzierte Zeitbezugsgrößen" erforderlich, um Ungenauigkeiten in der Kalkulation und bei der Sollkostenermittlung zu vermeiden. Typische Beispiele für Fertigungsstellen, in denen wechselnde Prozessbedingungen eine Bezugsgrößendifferenzierung erfordern, findet man in der chemischen Industrie, Raffinerien, der Eisen- und Stahlindustrie und bei Verhüttungsprozessen[29].

Ein Sonderfall prozessabhängiger Fertigungskosten liegt vor, wenn nur die Energiekosten prozessabhängig sind. Hier kann die Bezugsgrößentechnik dadurch vereinfacht werden, dass man die Energiekosten nicht in die Zeitbezugsgröße der Betriebsmittel einbezieht, sondern für jede Energieart eine Deckungsbezugsgröße „verfahrensabhängige Energiekosten" wählt[30]. Dieses Verfahren hat den Vorteil, dass es beliebig viele Prozess- und Verfahrensarten berücksichtigen lässt.

Kalkulatorische Dampf-Bezugsgröße			
Prozess- oder Verfahrensart	Planproduktion 100 kg/Monat	Plan-Dampfverbrauch	
		Gigajoule/100 kg	Gigajoule/Monat
1	80	0,20	16,00
2	40	0,27	10,80
3	20	0,46	9,20
4	60	0,10	6,00
5	55	0,34	18,70
6	45	0,10	4,50
7	30	0,32	9,60
8	10	0,52	5,20
9	40	0,26	10,40
10	20	0,08	1,60
Summe	**400**	**Ø 0,23**	**92,00**

Abbildung 4-3: Beispiel einer kalkulatorischen Dampf-Bezugsgröße

In Abbildung 4-3 haben wir hierfür ein einfaches Zahlenbeispiel wiedergegeben, in welchem die Dampfkosten für zehn Prozess- oder Verfahrensarten angegeben sind. Die übrigen Energiekostenarten spielen im Beispiel nur eine untergeordnete Rolle; sie werden der Maschinenzeit-Bezugsgröße zugeordnet. Mithilfe der Verfahrensplanung wird zunächst der Plan-Dampfverbrauch in Gigajoule/100 kg ermittelt. Multipliziert man hiermit die zugehörigen Planproduktmengen, so erhält man den nach Prozess- oder Verfahrensarten differenzierten Dampfverbrauch. Dieser beträgt für alle Produktarten zusammen 92 Gigajoule/Monat. Der Fertigungsstelle wird daher neben ihrer Maschinenzeit-Bezugsgröße die weitere Bezugsgröße „92 Gigajoule kalkulatorische Dampfkosten" zugeordnet. Hierdurch wird eine zehnfache Unterteilung der Maschinenzeitbezugsgröße vermieden. Analog würde man vorgehen, wenn weitere prozessabhängige Energiekosten (z. B. Strom- oder Wasserkosten) anfallen würden. Die Istbezugsgrößenerfassung der Energiebezugsgrößen erfolgt retrograd in der Weise, dass man die nach Prozess- oder Verfahrensarten differenzierten Istproduktionsmengen mit dem zugehörigen Plan-Energieverbrauch pro Einheit multipliziert.

Werden in einer Fertigungsstelle Überstunden eingesetzt, so lassen sich die hieraus resultierenden Kosteneinflüsse dadurch erfassen, dass man „nach Arbeitszeitkategorien differenzierte Fertigungszeitbezugsgrößen" wählt[31]. In den meisten Fertigungskostenstellen ist heute der Mechanisierungsgrad aber so weit fortgeschritten, dass die Mehrarbeitszeitzuschläge die Grenzkostensätze nur geringfügig beeinflussen. Auf eine nach Arbeitszeitkategorien differenzierte Bezugsgrößenwahl wird daher in der Praxis weitgehend verzichtet; sie kommt lediglich für lohnintensive Fertigungsstellen, insbesondere im Bereich der Reparaturbetriebe, in Frage.

4. Wird in einer Fertigungsstelle zugleich produkt- und verfahrensbedingte Heterogenität der Kostenverursachung wirksam, so lassen sich zwei Fälle unterscheiden.

Erstens können die produkt- und die verfahrensbedingten Einflüsse unabhängig voneinander sein. Dies ist z. B. bei Serienproduktion qualitativ unterschiedlicher Erzeugnisse der Fall. Hierbei tritt die verfahrenswahlabhängige Bezugsgrößendifferenzierung ergänzend neben die produktabhängige Bezugsgrößendifferenzierung; unsere Ausführungen in den vorangegangenen Abschnitten gelten analog.

Zweitens können die produkt- und verfahrensbedingten Kosteneinflüsse funktional voneinander abhängig sein. Dies ist z. B. der Fall, wenn die Materialart, das Durchsatzgewicht oder sonstige qualitative Produkteigenschaften bestimmte Verfahrensweisen oder Bedienungsrelationen erfordern. In diesen Fällen ist zu überprüfen, ob eine Bezugsgrößendifferenzierung nach Erzeugnis- oder Verfahrensmerkmalen ausreicht.

Typische Beispiele für Fertigungskosten, die zugleich von Produkteigenschaften und der Art des Produktionsvollzuges abhängig sind, findet man in der Textilindustrie. So fallen z. B. in der Ringspinnerei arbeitszeit-, maschinenzeit- und gewichtsabhängige Fertigungskosten an. Daher sind nebeneinander die Bezugsgrößen „10^3 Spindelstunden", „Fertigungsstunden" und „100 kg Ausbringung" erforderlich. Dies ist darauf zurückzuführen, dass grobe Garne mehr Bedienungszeit erfordern als feine Garne, weil die Spulen in kürzeren Abständen gewechselt werden müssen.

Für komplizierte Fälle der Stahlproduktion, „z. B. beim Guss verschiedener Stahlsorten mit einem großen Elektroofen", sind für den Ofenbetrieb folgende Bezugsgrößen erforderlich, um produkt- und verfahrensbedingte Einflüsse zu erfassen[32]:

- t gute Ausbringung,
- Ofenstunden,
- Anzahl Chargen,

- kWh Stromverbrauch für Einschmelzen (höhere Leistung) sowie
- kWh Stromverbrauch für Kochen (kleinere Leistung).

Bei den beiden zuletzt genannten Bezugsgrößen handelt es sich um Deckungsbezugsgrößen für verfahrensabhängige Stromkosten.

Unsere Ausführungen haben gezeigt, dass sich für die Fertigungskostenstellen industrieller Betriebe auch in komplizierten Fällen geeignete Bezugsgrößen finden lassen. Mit einer zunehmenden Bezugsgrößendifferenzierung erhöht sich aber der Aufwand für die Erfassung der Istbezugsgrößen. Weiterhin führt eine verfahrensabhängige Bezugsgrößendifferenzierung zu Problemen beim Aufbau der Plankalkulationen. Man sollte sich daher in der Praxis bei der Bezugsgrößendifferenzierung auf das notwendige Mindestmaß beschränken.

4.2.2.2.2 Die Bezugsgrößenwahl für sonstige primäre Kostenstellen

1. Zu den sonstigen primären Kostenstellen zählen die Kostenstellen folgender Bereiche:

- Forschung, Entwicklung und Konstruktion,
- Einkauf und Materialwirtschaft,
- Kaufmännische Verwaltung sowie
- Verkauf (einschließlich Lagerung von Fertigerzeugnissen).

Die Probleme der Bezugsgrößenwahl unterscheiden sich hier wesentlich vom Fertigungsbereich, da die Stellen der oben aufgeführten Bereiche nicht unmittelbar der Herstellung oder Bearbeitung von Erzeugnissen dienen, sondern entweder Vorleistungen erbringen oder dispositive, planende, organisatorische und verwaltende Tätigkeiten ausüben. Bei der Bezugsgrößenwahl der oben genannten Bereiche lassen sich zwei Gruppen von Kostenstellen unterscheiden.

Zur ersten Gruppe gehören Kostenstellen, in denen überwiegend dispositive, planende oder organisatorische Tätigkeiten ausgeübt werden. Hierbei unterscheiden sich die zu verrichtenden Tätigkeiten in der Regel von Fall zu Fall so stark. dass die Leistungen dieser Stellen sich nicht quantifizieren lassen[33]. Daher kommen für diese Stellen nur indirekte Bezugsgrößen in Frage. Da die Personalkosten und auch der überwiegende Teil der sonstigen Kostenarten in diesen Stellen zu den fixen Kosten zählen, wirken sich die Bezugsgrößenschwierigkeiten dieser Stellen in einer Grenzplankostenrechnung nicht störend aus. Durch funktionsanalytische Untersuchungen ist jedoch auch in diesen Bereichen kritisch festzustellen, ob die zu planenden Ressourcen wirtschaftlich eingesetzt sind und welcher Ebene bzw. Hierarchie einer stufenweisen, mehrdimensionalen Deckungsbeitragsrechnung diese Kosten zuzuordnen sind[34].

Zur zweiten Gruppe gehören Kostenstellen, in denen überwiegend verwaltende Tätigkeiten ausgeübt werden, die sich häufig wiederholen. Für diese Stellen besteht grundsätzlich die Möglichkeit, mithilfe arbeitswissenschaftlicher Funktionsanalysen direkte Bezugsgrößen zu finden. Zu diesen Bezugsgrößen verhalten sich ein großer Teil der

Personalkosten, der Verbrauch an Formularen und Büromaterial sowie sonstige Kostenarten proportional. Die Funktionsanalyse dient zugleich zur Planung des erforderlichen Personalbedarfs.

Werden völlig gleichartige Verrichtungen ausgeübt, so liegt homogene Kostenverursachung vor. In diesen seltenen Fällen lässt sich die „Anzahl der Bearbeitungsfälle" unmittelbar als Bezugsgröße verwenden. Meistens fallen aber auch in verwaltenden Kostenstellen mehrere Verrichtungsarten an, sodass heterogene Kostenverursachung vorliegt. In diesen Fällen kann man entweder mehrere Bezugsgrößen verwenden oder die verschiedenen Verrichtungsarten mithilfe von Äquivalenzziffern bzw. Punktbewertungsverfahren gleichnamig machen. In manchen Fällen lassen sich auch die geleisteten Arbeitsstunden als Bezugsgrößen verwenden.

Direkte Bezugsgrößen außerhalb des Fertigungsbereichs	
Art der Kostenstelle	**Art der Bezugsgröße**
Laboratorien	Anzahl Proben
	Anzahl Analysen
Einkauf	Anzahl bearbeitete Angebote
	Anzahl Bestellungen
	Anzahl geprüfte Rechnungen
Materiallager oder Fertigwarenlager	Anzahl Zugänge
	Anzahl Abgänge
	Mengenmäßiger durchschnittlicher Lagerbestand
	Wertmäßiger durchschnittlicher Lagerbestand
	Beanspruchte Lagerfläche in m^2
	Beanspruchte Lagerraum in m^3, l oder hl
Materialprüfung	Anzahl Proben
	Anzahl Analysen
Finanzbuchhaltung	Anzahl Buchungen
Verkaufsabwicklung	Anzahl bearbeiteter Kundenaufträge
Versand	Anzahl Versandaufträge
Fakturierung	Anzahl Rechnungen
	Anzahl Rechnungspositionen

Abbildung 4-4: Beispiele für direkte Bezugsgrößen primärer Kostenstellen, die nicht zum Fertigungsbereich gehören

Schon in den ersten Anfängen der Plankostenrechnung hat man versucht, für die nicht zum Fertigungsbereich gehörenden primären Kostenstellen direkte Bezugsgrößen zu finden[35]. Hierbei konnte man später auf die „arbeitswissenschaftliche Erfassung der Büroarbeit" zurückgreifen[36]. In Abbildung 4-4 haben wir die wichtigsten direkten Bezugsgrößen zusammengefasst, die für diese Kostenstellen in Frage kommen. Dabei ist allerdings zu berücksichtigen, dass wegen der in diesen Bereichen fast immer anzutreffenden heterogenen Kostenverursachung aus diesen Leistungsdaten (z. B. Anzahl Bestellungen) mithilfe von Äquivalenzziffern (Standardzeit je Bearbeitungseinheit) gleichnamige Bezugsgrößenarten zu bilden sind.

Die konsequente Fortsetzung dieser Entwicklung war die Anwendung entsprechender Methoden im Dienstleistungsbereich, wo das Instrument der flexiblen Plankostenrechnung für alle Bereiche mit repetitiven Tätigkeiten als Grundlage der Personalsteuerung und zur Ermittlung entscheidungsrelevanter Stückkosten zunehmend an Bedeutung gewinnt[37].

2. Bei der Verwendung direkter Bezugsgrößen für primäre Kostenstellen, die nicht zum Fertigungsbereich gehören, ist ein wesentlicher Unterschied zum Fertigungsbereich zu beachten. Für diese Stellen gilt nicht die für den Fertigungsbereich typische Identität zwischen Kostenverursachungsmaßstab und Kalkulationsbezugsgröße. Da diese Stellen in der Regel nicht unmittelbar erzeugnisbezogen tätig werden, sind ihre Bezugsgrößen zwar zur Leistungsmessung und daher für die Durchführung des Soll-Ist-Kostenvergleichs geeignet, nicht aber für die unmittelbare kalkulatorische Weiterverrechnung auf die betrieblichen Erzeugnisse. So kann man z. B. in einer Einkaufsabteilung, in der sich die „Anzahl Bestellungen" als Bezugsgröße verwenden lässt, nicht ohne weiteres erkennen, für welche Erzeugnismengen diese Bestellungen erfolgen. Das Gleiche gilt für die Bezugsgröße „Anzahl Buchungen" einer Finanzbuchhaltung, die Bezugsgröße „Anzahl Anschläge" eines Schreibbüros und für die meisten sonstigen direkten Bezugsgrößen, die für verwaltende Kostenstellen in Frage kommen.

Weiterhin ist bei der kalkulatorischen Weiterverrechnung zu beachten, dass für die nicht zum Fertigungsbereich gehörenden primären Kostenstellen eine zeitliche Phasenverschiebung zwischen der Leistungserstellung und der Ergebniswirksamkeit typisch ist. So werden z. B. die Bestellungen durch den Einkauf meistens viele Monate vor dem Verbrauch des eingekauften Materials in der Fertigung durchgeführt. Auch die Verkaufsaktivitäten einer Vertriebsabteilung liegen zeitlich meistens mehrere Monate vor den daraus resultierenden Umsätzen. Bei Zugrundelegung einer einjährigen Planungsperiode kann man aber bei den meisten Kostenstellen der oben genannten Bereiche davon ausgehen, dass das Volumen ihrer Jahresaktivitäten in etwa den geplanten jährlichen Produktmengen und Umsätzen entspricht. Ist diese Voraussetzung erfüllt, so ist trotz vorübergehender zeitlicher Phasenverschiebungen eine Verrechnung der betreffenden Kosten in die monatliche Ergebnisrechnung möglich.

Wegen des fehlenden Bezugs zu den betrieblichen Erzeugnissen müssen zur kalkulatorischen Weiterverrechnung auch für diejenigen Kostenstellen indirekte „Verrechnungsbezugsgrößen" verwendet werden, für die sich zum Zwecke der Kostenkontrolle direkte Bezugsgrößen finden lassen. Die Verrechnungsbezugsgrößen lassen sich aber nicht als Maßgrößen der Kostenverursachung verwenden; stehen keine direkten Bezugsgrößen zur Verfügung, so muss man auf eine flexible Ausgestaltung des Soll-Ist-Kostenvergleichs verzichten.

Die Verwendung von „Verrechnungsbezugsgrößen" bedeutet, dass man zwangsläufig zu einer geringeren Kalkulationsgenauigkeit gelangt. Diese lässt sich allerdings verbessern, indem man die Verrechnungsbezugsgrößen weitgehend nach Kostenträgergruppen differenziert, die sich in ihrer Kostenverursachung unterscheiden. Beim Aufbau der Kostenplanung wird für jede dieser Gruppen ein gesonderter Kalkulationssatz gebildet. Dies gilt insbesondere für den Material- und den Vertriebsbereich[38].

Mit Hilfe der Verfahren der Prozesskostenrechnung und der prozessorientierten Vorgangskalkulation[39] lassen sich – mit entsprechendem Aufwand – Lösungen mit erhöhter Kostentransparenz und effizienter Kostenkontrolle entwickeln.

3. In den Kostenstellen des Forschungs-, Entwicklungs- und Konstruktionsbereichs lässt sich das Leistungsvolumen in den meisten Fällen mithilfe der „geleisteten Arbeitsstunden" messen, da der größte Teil der (über Kostenstellen abgerechneten) Kosten in diesen Bereichen auf die Personalkosten entfällt. Hier werden daher z. B. Chemiker-, Physiker-, Laboranten-, Konstrukteur- und Zeichnerstunden verwendet.

Lediglich für Betriebslaboratorien, die im Wesentlichen Servicefunktionen für die Produktion ausüben, lässt sich die Anzahl der ausgeübten Arbeiten unmittelbar als Bezugsgröße verwenden.

Mithilfe der Stundenaufschreibungen lassen sich die Kosten zunächst projektweise erfassen und anschließend bestimmten Kostenträgergruppen zuordnen. Für die Durchführung des Soll-Ist-Kostenvergleichs sind die Stundenaufschreibungen wegen der fehlenden Leistungsmessung nur begrenzt verwendbar.

4. In den Kostenstellen des Einkaufs- und Materialbereichs lassen sich in vielen Fällen für die Kostenkontrolle direkte Bezugsgrößen verwenden, wie wir sie in der Abbildung 4-4 angegeben haben. Zur kalkulatorischen Weiterverrechnung dient aber in der Praxis häufig noch die indirekte Bezugsgröße „€-Materialkosten". Hierauf werden beim Aufbau der Kostenplanung die geplanten Materialgemeinkosten prozentual bezogen, wobei zur Erhöhung der Kalkulationsgenauigkeit eine weitgehende Differenzierung nach Materialgruppen erfolgt. Durch Zwischenschalten eines Kostenträgers für Logistik-Vorgänge können jedoch auch Kostensätze für differenzierte Abläufe, z. B. unter Berücksichtigung der Beschaffungskomplexität, ermittelt werden, die dann als Quote (ähnlich der Rüstkostenkalkulation) mit getrenntem Ausweis in die Erzeugniskalkulation eingehen[40].

5. Auch für die Kostenstellen des Verwaltungs- und Vertriebsbereichs lassen sich in vielen Fällen direkte Bezugsgrößen finden, wenn die Kosten einer entsprechenden arbeitswissenschaftlichen Funktionsanalyse in Kauf genommen werden. Hier sind die Schwierigkeiten der Bezugsgrößenwahl aber besonders groß. Die kalkulatorische Verrechnung in der Plankalkulation erfolgt daher häufig in der Praxis noch mithilfe indirekter Bezugsgrößen. Besonders häufig wird die Verrechnungsbezugsgröße „€-Grenzherstellkosten des Umsatzes" verwendet; in Unternehmungen, deren Erzeugnisse stark voneinander abweichende Materialkostenanteile enthalten, werden gelegentlich aber auch die „€-Grenzfertigungskosten des Umsatzes" als Verrechnungsbasis der Verwaltungs- und Vertriebskosten gewählt. Hierauf werden beim Aufbau der Kostenplanung die geplanten Verwaltungs- und Vertriebsgemeinkosten prozentual bezogen, wobei zur Erhöhung der Kalkulationsgenauigkeit (insbesondere für die Vertriebskosten) eine weitgehende Differenzierung nach Erzeugnisgruppen und Vertriebswegen erfolgt. Da sich heute jedoch in zunehmendem Maße die Erkenntnis durchsetzt, dass indirekte Bezugsgrößen der genannten Qualität zu ebenso falschen Ergebnissen führen, wie der längst abqualifizierte Fertigungslohn als Basis für Gemeinkostenzuschläge, gehen immer mehr Unternehmen dazu über, auch Verwaltungs- und vor allem Vertriebsbereiche nach repetitiven Tätigkeiten zu untersuchen, deren Kosten man als Vorgangskalkulation einzelner Prozesse planen, steuern und abrechnen kann[41]. Die Kosten jener Bereiche, für die keine quantifizierbare Leistung festgestellt werden kann, gehen als Periodenkosten in die mehrstufige, mehrdimensionale Deckungsbeitragsrechnung der entsprechenden Auswertungshierarchie ein.

4.2.2.2.3 Die Bezugsgrößenwahl für sekundäre Kostenstellen

1. Bei der Bezugsgrößenwahl in sekundären Kostenstellen lassen sich die folgenden drei Fälle unterscheiden:

- Sekundäre Kostenstellen, deren Leistungen quantitativ messbar sind und in den verbrauchenden Kostenstellen als Verbrauchsmengen erfasst werden können.
- Sekundäre Kostenstellen, deren Leistungen zwar quantitativ messbar sind, die sich in den verbrauchenden Stellen aber nicht oder nur mit großem Aufwand als Verbrauchsmengen erfassen lassen.
- Sekundäre Kostenstellen, deren Leistungen nicht quantitativ messbar sind und die sich daher in den verbrauchenden Stellen auch nicht als Verbrauchsmengen erfassen lassen.

Nur für die erste Gruppe sekundärer Kostenstellen lassen sich direkte Bezugsgrößen verwenden. Für die beiden übrigen Gruppen sind dagegen indirekte Bezugsgrößen erforderlich; hier werden in den meisten Fällen so genannte „Deckungsbezugsgrößen" verwendet[42], heute auch oft als „Wertdeckungs-Bezugsgrößen" bezeichnet.

Eine Sonderstellung innerhalb der sekundären Kostenstellen nehmen die Raum-Kostenstellen ein. Bei diesen Stellen handelt es sich um reine Bereitschaftsstellen, die anderen Kostenstellen Raumkapazitäten zur Verfügung stellen. Auf den Raumkostenstellen werden sämtliche Plankosten den fixen Kosten zugeordnet, sodass für sie eine flexible Bezugsgröße entfällt. In der Praxis der flexiblen Plankostenrechnung werden zwar die Raumkosten aufgrund der in Anspruch genommenen Nutzflächen (m^2) auf die verbrauchenden Stellen weiterverrechnet, bei der Nutzfläche handelt es sich aber nicht um eine flexible Bezugsgröße, sondern lediglich um eine Verteilungsgrundlage für die Weiterverrechnung fixer Kosten.

2. Zu den sekundären Kostenstellen, für die sich direkte Bezugsgrößen verwenden lassen, gehören die Kostenstellen der Betriebshandwerker. Die Leistungen dieser Stellen können mithilfe der Bezugsgröße „Fertigungsstunden" erfasst werden. Hierbei handelt es sich im Regelfall um „Zeitlohnstunden", da für die Betriebshandwerker nur in Ausnahmefällen Akkordvorgaben sinnvoll sind.

Meistens liegt in den Kostenstellen der Betriebshandwerker homogene Kostenverursachung vor, sodass eine Zeitbezugsgröße ausreicht. Gelegentlich kommt aber auch heterogene Kostenverursachung vor, z. B. wenn neben Schlossereiarbeiten auch Schweißarbeiten verrichtet werden und hierbei auf die Fertigungsstunde unterschiedliche Kosten entfallen.

3. Weiterhin lassen sich für die Energiekostenstellen direkte Bezugsgrößen verwenden. Dies gilt sowohl für Kostenstellen, die Energie erzeugen und zugleich verteilen, als auch für reine Verteilungsstellen.

Werden von einer Energiekostenstelle homogene Energieeinheiten zur Verfügung gestellt, z. B. „kWh Strom“, „Gigajoule Wärmeenergie“, „m^3 Wasser“ oder „m^3 Pressluft“, so können diese unmittelbar als Bezugsgrößen verwendet werden. Häufig ist in Energiekostenstellen aber der Tatbestand der heterogenen Kostenverursachung erfüllt. Dies ist z. B. der Fall, wenn Energie nach mehreren Verfahren hergestellt oder von verschiedenen Bezugsquellen bezogen wird. In diesen Fällen sind mehrere Bezugsgrößen nebeneinander erforderlich.

Die Verwendung direkter Bezugsgrößen für Energiekostenstellen setzt grundsätzlich voraus, dass in allen verbrauchenden Kostenstellen der Energieverbrauch monatlich gemessen werden kann. Die hierfür erforderlichen Messgeräte stehen aber in den meisten Kostenstellen nicht zur Verfügung, da sich die Anschaffung der Geräte und die laufenden Ablesekosten nur für Kostenstellen mit hohem Energieverbrauch lohnen. Lässt sich der Energieverbrauch nicht in den verbrauchenden Kostenstellen erfassen, so müssen für die Energiekostenstellen indirekte Bezugsgrößen in Form von „Wertdeckungsbezugsgrößen“ verwendet werden.

In der Praxis treten bei den Energiekostenstellen häufig Mischformen auf, da sich in Kostenstellen mit hohem Energieverbrauch der Istverbrauch messen lässt, in anderen Kostenstellen aber keine Messgeräte zur Verfügung stehen. Die bei den einzelnen Verbraucherkostenstellen gemessenen Energieverbrauchsmengen werden mit den zugehörigen proportionalen Kostensätzen bewertet und als Istkosten belastet. Der nach Abzug dieser Verbrauchsmengen von der ebenfalls gemessenen Erzeugungsmenge verbleibende Rest wird einer so genannten Energieverrechnungsstelle belastet, die ihrerseits nach dem Verfahren der Deckungsrechnung mit der indirekten Bezugsgröße „Wertdeckung“ auf die entsprechenden Verbraucher kalkulatorisch weiterverrechnet wird. Hierfür haben wir in Abbildung 4-5 ein Zahlenbeispiel aus unserem Modellbetrieb, der Getriebebau AG (vgl. Kapitel 4.11) wiedergegeben und im Folgenden kommentiert.

Die Stromstelle stellt 450.000 kWh/Monat zur Verfügung, wenn alle stromverbrauchenden Kostenstellen ihre Planbezugsgröße realisieren. Hierfür sind 58.500 €/Monat proportionale Kosten vorgegeben; der proportionale Kostensatz beträgt 0,13 €/kWh. Könnte der Stromverbrauch in allen Kostenstellen gemessen werden, so würde man als Bezugsgröße der Stromversorgungsstelle die zur Verfügung gestellten kWh/Monat verwenden.

Diese Voraussetzung ist in unserem Beispiel aber nicht erfüllt. Daher wird die indirekte Bezugsgröße „58.500 € Deckung prop. Kosten“ verwendet. Bei Planbeschäftigung muss dieser Betrag mit der Summe der Stromkostenvorgaben aller verbrauchenden Kostenstellen übereinstimmen. Die Spalte 8 in Abbildung 4-5 führt daher zu einer Summe von 58.500 €/Monat. Die Spalten 6 und 7 lassen erkennen, wie die Stromkosten in den verbrauchenden Kostenstellen in fixe und proportionale Bestandteile aufgeteilt worden sind. Die Spalte 9 gibt die proportionalen Stromkosten pro Bezugsgrößeneinheit der verbrauchenden Kostenstelle an. Werden die in Spalte 5 angegebenen Istbezugsgrößen realisiert, so werden die proportionalen Stromkosten an die Istbeschäftigung angepasst.

Hierdurch erhält man die in Spalte 10 ausgewiesenen proportionalen Sollkosten, deren Summe 58.669 €/Monat beträgt. Addiert man hierzu die 6.298,5 €/Monat fixen Stromkosten, so erhält man als Sollkostensumme bei Istbeschäftigung einen Betrag von 64.968 €/Monat. Da sich auf den stromverbrauchenden Kostenstellen der Istverbrauch nicht messen lässt, werden die Stromkosten Soll = Ist verrechnet, d. h. den verbrauchenden Stellen werden ihre Sollkosten als Istkosten belastet. Kostenstellenabweichungen können daher bei den Stromkosten der verbrauchenden Stellen nicht ausgewiesen werden; sie fallen vielmehr global auf der Stromversorgungsstelle an. Der im Zuge der innerbetrieblichen Leistungsverrechnung „gedeckte" Sollkostenbetrag in Höhe von 64.968 €/Monat wird als „Istbezugsgröße" der Stromstelle verwendet, deren Istbeschäftigungsgrad daher 111,1 % beträgt.

Belastete Kostenstellen		Bezugsgröße			Planstromverbrauch in kWh			Prop. Stromkosten pro Bezgr. Einh.	Prop. Sollstromkosten bei Istbeschäftigung
NR.	Bezeichnung	Bezeichnung	Plan	Ist	Prop.	Fix	Gesamt	Euro/Mon.	Euro/Mon.
1	2	3	4	5	6	Indirekte Bezugsgrößen	8	9	10
110	Grundstücke und Gebäude	QMB	1.700	1.700		9.250	9.250	0,0000	0
110	Grundstücke und Gebäude	QMF	6.000	6.000		18.100	18.100	0,0000	0
110	Grundstücke und Gebäude	QMH	6.600	6.600		5.150	5.150	0,0000	0
122	Küche/Kantine	PRS	382	379		9.100	9.100	0,0000	0
210	Betriebshandwerker	HST	1.480	1.574	500		500	0,0001	72
301	Rohmateriallager	SFM	530	546		500	500	0,0000	0
302	AbSägerei	SAM	130	141	650		650	0,6500	92
303	Wareneingangsprüfung	SAM	60	66	250		250	0,5417	35
409	Werkzeugausgabe/-lager	VEL	100	106		450	450	0,0000	0
415	Qualitätssicherung	SAQ	150	133	1.250		1.250	1,0833	144
419	Innerbetrieblicher Transport	ANF	280	307	1.600		1.600	0,7429	228
421	NC-Drehmaschine	VST	4.200	4.620	76.000		76.000	2,3524	10.868
431	Spitzendrehmaschinen bis 300	VST	1.900	1.865	7.100		7.100	0,4858	906
432	Spitzendrehmaschinen über 300	VST	3.600	3.952	25.600		25.600	0,9118	3.603
434	Karusselldrehmaschinen	VST	5.960	6.841	135.700		135.700	2,9599	20.249
441	Bohrwerke	VST	2.480	2.915	21.200		21.200	1,1113	3.239
442	Schleifmaschinen	MST	1.950	2.130	9.100		9.100	0,6067	1.292
451	Bohrmaschinen	VST	800	812	4.000		4.000	0,6500	527
453	Zahnradfräsmaschinen	VST	3.000	3.478	46.800		46.800	2,0280	7.054
454	Fräsmaschinen	VST	1.560	1.674	15.000		15.000	1,2500	2.092
521	Elektroschweißerei	VST	1.400	1.573	11.500		11.500	1,0679	1.680
551	Glüherei/Härterei	OS1	160	176	9.700		9.700	7,8813	1.389
551	Glüherei/Härterei	OS2	135	152	18.800		18.800	18,1037	2.746
551	Glüherei/Härterei	OS3	245	279	15.200		15.200	8,0653	2.248
621	Montage	VST	2.550	2.520	1.600		1.600	0,0816	206
873	CPU	CPU	9.000	8.835		2.300	2.300	0,0000	0
874	Platte/Band	GBD	900	870		2.500	2.500	0,0000	0
930	Versand	SFV	550	594		1.100	1.100	0,0000	0
Summe in MWh					401.550	48.450	450.000	–	58.869
Summe in Euro					52201,5	6298,5	58500		
Gesamte Sollkosten bei Istbeschäftigung						→			64.[illegible]
Istbeschäftigungsgrad = 64.[illegible] : 58.[illegible]									111,1 %

Abbildung 4-5: Beispiel für die indirekte Bezugsgröße (= Deckungsbezugsgröße) einer Stromversorgungskostenstelle

4. Auch für Sozialkostenstellen können in einigen Fällen direkte Bezugsgrößen verwendet werden. So sind z. B. für die Kostenstelle „Sozialdienst allgemein" die Bezugsgrößen „Anzahl Arbeitskräfte" und „geleistete Schichten pro Monat" vorgeschlagen worden. Für Werksküchen besteht die Möglichkeit, die „Anzahl Essen" als Bezugsgröße zu verwenden. Weiterhin gibt es Sozialkostenstellen, die reine Bereitschaftsstellen sind und daher ähnlich wie die Raumkostenstellen keine flexiblen Bezugsgrößen erhalten. Hierzu gehören z. B. die Kosten von Werkswohnungen.

5. In Transportkostenstellen lassen sich in vielen Fällen direkte Bezugsgrößen verwenden. Dies gilt insbesondere für die Kostenstellen des Außentransportes, wozu die Kostenstellen Pkw-Dienst, Lkw-Dienst (unterteilt nach Werksnah- und Werksfernverkehr), Werksbahnen sowie betriebseigene Schiffe und Flugzeuge gehören können. Werden nur gleichartige Transportmittel in einer Transportkostenstelle zusammengefasst, so reicht meistens eine Bezugsgröße aus, z. B. die „zurückgelegten Kilometer". Werden dagegen Transportmittel mit unterschiedlicher Kostenstruktur in einer Transportkostenstelle zusammengefasst, so muss eine Bezugsgrößendifferenzierung nach Transportmittelarten erfolgen, z. B. nach Pkw-Typen.

Auch für die Kostenstellen des innerbetrieblichen Transports, wozu vor allem der Gabelstapler- und Elektrokarrendienst gehören, sollte man nach Möglichkeit direkte Bezugsgrößen verwenden. In der Praxis scheitert das aber meistens an den Schwierigkeiten der Istbezugsgrößen-Erfassung, sodass indirekte Bezugsgrößen verwendet werden müssen. Hierbei werden die proportionalen Plankosten der Transportkostenstellen als „Deckungsbezugsgrößen" angesetzt. Beim Aufbau der Kostenplanung erfolgt für alle Kostenstellen, die innerbetriebliche Transportleistungen in Anspruch nehmen, eine sorgfältige Planung ihres Transportbedarfs. Hiernach werden diesen Stellen entsprechende Plankostenbeträge zugeordnet. Im Übrigen wird für die Bezugsgrößenerfassung das gleiche Verfahren angewendet, das wir oben bei den Energiekostenstellen beschrieben haben.

6. Zu den sekundären Kostenstellen, deren Leistungen sich quantitativ nicht erfassen lassen, gehören die Leitungskostenstellen des Produktionsbereichs. Hierzu zählen die Kostenstellen Betriebsleitung, Arbeitsvorbereitung und die Meisterbereichsstellen. Für diese Kostenstellen werden in den meisten Fällen „Deckungsbezugsgrößen" verwendet.

Auch hier kann das Verfahren der prozessorientierten Vorgangskalkulation auf der Basis von Leistungsstandards und Prozessfolgen mit Erfolg eingesetzt werden, da bei verstärkten Logistikaufwendungen einer CIM-orientierten Fertigung eine kalkulatorische Verrechnung zu falschen Ergebnissen führen kann.

Abschließend sei darauf hingewiesen, dass die Verwendung indirekter Bezugsgrößen für die sekundären Kostenstellen im System der flexiblen Plankostenrechnung als „Notlösung" anzusehen ist. Wo immer die Möglichkeit dazu besteht, sollten direkte Bezugsgrößen verwendet werden[43].

4.2.3 Die Bestimmung von Planbezugsgrößen

4.2.3.1 Die Bestimmung von Planbezugsgrößen mithilfe der Kapazitätsplanung

1. Nachdem für alle Kostenstellen die Bezugsgrößenarten festgelegt worden sind, besteht der nächste Schritt der Kostenplanung in der Bestimmung von Planbezugsgrößen. Unter einer Planbezugsgröße versteht man den numerischen Wert einer Bezugsgröße, der als Grundlage der Kostenplanung dienen soll. Da sich die Kostenplanung auf den Durchschnittsmonat eines Jahres bezieht, sind Planbezugseinheiten monatliche Durchschnittswerte; sie haben die Dimension „Bezugsgrößeneinheiten pro Monat". Die Bestimmung von Planbezugsgrößen wird auch als Beschäftigungsplanung bezeichnet, weil Bezugsgrößen angeben, wie die Kostenstellen „beschäftigt" sind.

Solange die flexible Plankostenrechnung ausschließlich als Vollkostenrechnung durchgeführt wurde, war die Bestimmung der Planbezugsgrößen von großer Bedeutung für die Kalkulation, da sich in den Vollkostensätzen die Fixkostendegression auswirkt. Daher wurden die Verfahren zur Bestimmung der Planbezugsgrößen früher in der Literatur heftig diskutiert[44]. Hierbei wurden zwei gegensätzliche Ansichten vertreten. Erstens wurde vorgeschlagen, die Planbezugsgrößen aus den Kapazitäten der Kostenstellen abzuleiten, um zu vermeiden, dass sich der Einfluss von Beschäftigungsschwankungen auf die Kalkulationssätze auswirkt. Dieses Verfahren wird als Kapazitätsplanung bezeichnet. Zweitens wurde vorgeschlagen, bei der Bestimmung der Planbezugsgrößen von den geplanten Absatz- und Produktionsmengen auszugehen. Dieses Verfahren wurde zunächst als Absatzplanung und später als Engpassplanung bezeichnet.

Nachdem sich die flexible Plankostenrechnung zur Grenzkostenrechnung weiterentwickelt hat, haben die Verfahren zur Bestimmung der Planbezugsgrößen ihre Bedeutung für die Kalkulation weitgehend verloren, da die Grenzkostensätze (bei linearem Kostenverlauf) von der Beschäftigung unabhängig sind. Heute werden jedoch in vielen Unternehmungen mit einer Grenzplankostenrechnung die Grenzkostenkalkulationen durch Vollkostenkalkulationen ergänzt, wobei dann die Höhe der Planbezugsgrößen die Kalkulationsergebnisse wieder beeinflusst.

2. Die Bestimmung von Planbezugsgrößen mithilfe der Kapazitätsplanung ist von vornherein mit dem Problem belastet, wie sich die Kapazität einer Kostenstelle messen lässt[45]. Wie wir bereits in Kapitel 2.1.1 gezeigt haben, hängt die Kapazität einer Kostenstelle von folgenden Einflussgrößen ab:

- Anzahl Betriebsmittel oder Arbeitsplätze,
- Realisierbare Schichtzahl pro Monat (= personelle Betriebsbereitschaft),
- Arbeitsstunden pro Schicht,
- Fertigungszeitgrad (= Relation der Fertigungszeit zur Schichtarbeit) und
- Intensität oder Leistungsgrad.

Bei den Versuchen, Planbezugsgrößen aus Kapazitäten abzuleiten, werden folgende Kapazitätsbegriffe unterschieden:

- Theoretische oder technische Maximalkapazität
- Kostenoptimale Kapazität
- Normalkapazität

Der theoretischen oder technischen Maximalkapazität liegen durchschnittlich 30 Arbeitstage pro Monat und Vierschichtbetrieb zugrunde. Sie kommt daher nur für Kostenstellen in Frage, in denen in Folge kontinuierlicher Produktionsprozesse keine zeitlichen Unterbrechungen möglich sind. In allen anderen Fällen führen die gesetzlichen und tariflichen Arbeitszeitregelungen häufig dazu, dass bei der realisierbaren Arbeitszeit Sonn- und Feiertage ausscheiden.

Für die meisten Kostenstellen ist es daher zweckmäßig, von der kostenoptimalen Kapazität auszugehen, die wir in Kapitel 2.1.1 als Kapazität bei Zweischichtbetrieb (ohne Überstundeneinsatz) und optimaler Intensität definiert haben. Hiervon zu unterscheiden ist die in den ersten Entwicklungsstadien der Plankostenrechnung vorgeschlagene Optimalkapazität, worunter die kostenoptimale Auslastung in Kostenstellen mit nichtlinearen Kostenfunktionen zu verstehen ist[46].

Als man in der Praxis erkannte, dass die theoretische oder technische Maximalkapazität in den meisten Fällen als Planbezugsgröße nicht in Frage kommt, weil sie weit über der realisierbaren Beschäftigung liegt, wurde vorgeschlagen, die so genannte „Normalkapazität“ zu wählen. Wie H. G. Plaut nachgewiesen hat, ist dieser Begriff aber problematisch; denn „normal“ kann zwar die beschäftigungsmäßige Auslastung einer Kostenstelle, nicht aber ihre Kapazität sein[47].

3. Kritisch ist gegen die Bestimmung von Planbezugsgrößen mithilfe der Kapazitätsplanung einzuwenden, dass man sich bei diesem Verfahren letztlich doch an Absatzerwartungen orientieren muss.

4.2.3.2 Die Bestimmung von Planbezugsgrößen mithilfe der Engpassplanung

1. Die Bestimmung von Planbezugsgrößen mithilfe der Engpassplanung basiert auf der These, dass die Plankostenrechnung „Bestandteil einer umfassenden Planungsrechnung“ sein sollte[48]. Nach diesem Verfahren werden daher die Planbezugsgrößen aus der gesamtbetrieblichen Jahresplanung abgeleitet. Da hierbei alle Teilpläne und damit auch die Beschäftigungsplanung auf den „Minimumsektor der Planung“ ausgerichtet werden müssen[49], der alle übrigen Aktivitäten der Planung als „Engpassplan“ restriktiv begrenzt, wurde die Bezeichnung Engpassplanung vorgeschlagen[50]. Die nicht nur in den USA weit verbreitete Ableitung der Planbezugsgrößen aus erwarteten Absatzmengen ist eine Form der Engpassplanung für den Fall, dass der Absatzplan als Engpassplan wirksam wird. Analog lässt sich auch die in Kapitel 4.2.3.1 beschriebene Kapazitätsplanung als Sonderfall der Engpassplanung auffassen, wenn die Kapazitätsengpässe der Fertigungsstellen zum Minimumsektor der Planung werden.

Generell kann bei der Engpassplanung jeder Teil, so z. B. auch der Beschaffungsplan für Werkstoffe, der Bereitstellungsplan für Arbeitskräfte oder der Finanzplan, zu einem

Engpassplan werden, auf den die Planbezugsgrößen auszurichten sind. Bei der Durchführung der Engpassplanung muss man zwischen Unternehmungen mit standardisierten Erzeugnissen und Unternehmungen mit Auftrags- oder Einzelfertigung unterscheiden.

2. Werden in einer Unternehmung standardisierte Produkte hergestellt, so liegen zum Zeitpunkt der Kostenplanung die Erzeugnisarten, der Produktaufbau und die für die Bearbeitung erforderlichen Fertigungsstellen grundsätzlich fest. Liegt weiterhin eine nach Erzeugnisarten gegliederte Absatzmengenplanung vor, so lassen sich die Planbezugsgrößen rechnerisch aus der jährlichen Gesamtplanung retrograd über die Datenstrukturen der Stücklisten und Arbeitspläne ableiten.

Beim Aufbau der Absatzplanung werden meistens zunächst die Jahresmengen geplant und hieraus mithilfe geplanter Saisonkoeffizienten die monatlichen Absatzmengen abgeleitet. Anschließend wird die Produktionsprogrammplanung durchgeführt, bei der die geplanten Produktionsmengen festgelegt werden. Hierbei berücksichtigt man die zu erwartenden Mengenverluste der Produktion mithilfe von Einsatzfaktoren oder durch geplante Ausschussmengen. Liegen die Jahresproduktionsmengen fest, so lassen sich hieraus monatliche Durchschnittsmengen errechnen.

Besonders einfach ist die Planung durchschnittlicher Produktionsmengen bei Fließgütern und einteiligen Endprodukten. Bei mehrteiligen Erzeugnissen muss mithilfe der Stücklisten eine nach (selbsterstellten) Einzelteilen differenzierte Produktionsmengenplanung durchgeführt werden. Da aufgrund der Produktionsvollzugsplanung bekannt ist, in welchen Fertigungskostenstellen die Erzeugnisarten bzw. -teile bearbeitet werden, lassen sich in den Fertigungskostenstellen die Planbezugsgrößen unmittelbar aus den geplanten monatlichen Durchschnittsmengen ableiten. Hierzu müssen die geplanten Erzeugnismengen mit geplanten Stückbezugsgrößen multipliziert werden.

Bezeichnen wir die durchschnittlichen Produktionsmengen mit $x_{ij}^{(p)}$, wobei der Index i die Fertigungskostenstelle und der Index j die Produkt- bzw. Teileart bezeichnet, die Anzahl der Erzeugnis- bzw. Teilearten mit n, die Anzahl Fertigungsstellen mit m und die geplanten Bezugsgrößen pro Einheit mit $b_{ij}^{(p)}$, so gilt für die Planbezugsgröße einer beliebigen Fertigungsstelle i folgende Bestimmungsgleichung:

$$(4\text{-}1) \qquad B_i^{(p)} = \sum_{j=1}^{n} x_{ij}^{(p)}\, b_{ij}^{(p)} \qquad (i = 1, ..., m)$$

Bei heterogener Kostenverursachung ist die Gleichung (4-1) für jede Bezugsgrößenart gesondert anzuwenden. Liegt produktbedingte Heterogenität vor, so müssen die Erzeugnismengen entweder in Gruppen aufgeteilt werden oder mehrere Bezugsgrößenarten pro Erzeugniseinheit vorgegeben werden.

In Betrieben mit Auftrags- oder Einzelfertigung lassen sich die Planbezugsgrößen nicht rechnerisch aus der jährlichen Gesamtplanung ableiten. Hierfür sind folgende Gründe maßgebend. Bei Auftrags- und Einzelfertigung liegt jeweils ein bestimmter Auftragsbestand vor. Darüber hinaus ist keine nach Produktarten differenzierte Produktions- und Absatzplanung möglich. Der Auftragsbestand kann bei guter Konjunkturlage zwar größer als eine Jahresproduktion sein, heute ist er aber bei den meisten Unternehmungen mit Auftrags- und Einzelfertigung deutlich niedriger. Auf jeden Fall aber ist derjenige Teil des Auftragsbestandes geringer als die Jahresproduktion, für den bereits genaue Planungsunterlagen (= Stücklisten, Konstruktionszeichnungen, Materialbedarfsberechnungen, Arbeitsablaufpläne, Vorgabezeiten usw.) zur Verfügung stehen. Hieraus folgt, dass eine rechnerische Abstimmung der Planbezugsgrößen mit der Produktionsplanung nicht möglich ist. Man ist daher bei der Festlegung von Planbezugsgrößen auf „Näherungsverfahren" angewiesen.

3. Auch für primäre Kostenstellen mit indirekten Bezugsgrößen lassen sich bei Anwendung der Engpassplanung die Planbezugsgrößen rechnerisch bestimmen.

Bei den Kostenstellen des Einkaufs- und Materialbereichs lassen sich die Planansätze für die Bezugsgrößen „€-Materialkosten" aus der Materialkostenplanung ableiten. Beim Einzelmaterial kann man hierbei unmittelbar auf die nach Erzeugnissen und Materialarten differenzierte Planung der Einzelmaterialkosten zurückgreifen. Beim Gemeinkostenmaterial kennt man dagegen die genauen Planbezugsgrößen erst, wenn der geplante Materialverbrauch sämtlicher Kostenstellen vorliegt. Diese Kostenstellen werden daher häufig sekundär verrechnet.

Wenn für die Kostenstellen des Verwaltungs- und Vertriebsbereichs die Planansätze der Verrechnungsbezugsgrößen „€-Plangrenzherstellkosten des Umsatzes" gewählt wurde, dann kann diese erst festgelegt werden, wenn die Kostenplanung in den übrigen Bereichen abgeschlossen ist. Hierzu werden die geplanten monatlichen Durchschnittsbeträge folgender Kosten addiert:

	Planeinzelmaterialkosten (einschließlich Kosten für fremdbezogene Teile)
+	proportionale Plankosten der primären Kostenstellen des Materialbereichs
+	proportionale Plankosten der primären Kostenstellen des Fertigungsbereichs
+	Plan-Sondereinzelkosten der Fertigung
=	Plan-Grenzherstellkosten

Zu beachten ist, dass die monatlichen Plan-Grenzherstellkosten der Kostenplanung nur dann mit den geplanten Grenzherstellkosten des Umsatzes übereinstimmen, wenn in der jährlichen Produktions- und Absatzplanung keine Lagerbestandsveränderungen (über das Jahr hinaus) vorgesehen sind. Anderenfalls müssen die Grenzherstellkosten der Kostenplanung um die Grenzherstellkosten der geplanten Lagerbestandsveränderungen korrigiert werden.

4. Bei der Engpassplanung nimmt die Bestimmung der Planbezugsgrößen für sekundäre Kostenstellen eine Sonderstellung ein. Während sich die Kapazitäten dieser Stellen unabhängig von den geplanten Verbrauchsmengen der leistungsempfangenden Stellen bestimmen lassen, tritt bei der Engpassplanung eine Interdependenz der Planbezugsgrößen sekundärer Kostenstellen auf. Dies ist darauf zurückzuführen, dass sich die Planbezugsgröße einer sekundären Kostenstelle erst bestimmen lässt, wenn die geplanten Verbrauchsmengen in allen primären und sekundären Kostenstellen festliegen. Die Verbrauchsmengen der sekundären Kostenstellen hängen aber wiederum von deren Planbezugsgrößen ab. Daher lassen sich die Planbezugsgrößen der sekundären Kostenstellen exakt nur mithilfe eines linearen Gleichungssystems bestimmen. Hierfür wollen wir folgende Kurzzeichen einführen:

i	=	Index der primären Kostenstellen
m	=	Anzahl der primären Kostenstellen
ν	=	Index der sekundären Kostenstellen (als leistende Stelle)
μ	=	Index der sekundären Kostenstellen (als verbrauchende Stelle)
v	=	Anzahl der sekundären Kostenstelle
$B_{\nu}^{(p)}$	=	Planbezugsgröße der sekundären Kostenstelle ν
$r_{\nu i}^{(p)}$	=	Gesamter Planverbrauch der primären Kostenstellen i für die innerbetriebliche Leistungsart ν
$r_{F\nu\mu}^{(p)}$	=	Fixer Planverbrauch der Kostenstelle μ für innerbetriebliche Leistungen von der Kostenstelle ν
$\rho_{\nu\mu}^{(p)}$	=	Proportionaler Planverbrauch pro Bezugsgrößeneinheit der Kostenstelle μ für innerbetriebliche Leistungen von der Kostenstelle ν.

Mithilfe dieser Kurzzeichen lässt sich das folgende lineare Gleichungssystem aufbauen, bei dem die Anzahl der Gleichungen der Anzahl der sekundären Kostenstellen entspricht:

(4-2) $$B_{\nu}^{(p)} = \sum_{i=1}^{m} r_{\nu i}^{(p)} + \sum_{\mu=1}^{v} \left(r_{F\nu\mu}^{(p)} + \rho_{\nu\mu}^{(p)} B_{\mu}^{(p)} \right) \qquad (\nu = 1, ..., v)$$

Die Planbezugsgrößen $B_{\nu}^{(p)}$ sind die zu bestimmenden Unbekannten.

Da dieses Verfahren reichlich kompliziert ist, kann man in der Praxis auf die Anwendung des obigen Gleichungssystems verzichten und sich bei der Festlegung von Planbezugsgrößen für sekundäre Kostenstellen auf das folgende Näherungsverfahren beschränken. Bei Beginn der Kostenplanung werden die Planbezugsgrößen der sekundären Kostenstellen zunächst aufgrund der erwarteten Beschäftigungslage geschätzt. Hierbei geht man in der Regel von den durchschnittlichen Istbeschäftigungen des Vorjahres aus und passt diese global an die erwarteten Beschäftigungsveränderungen an. War z. B. die Iststromerzeugung im Vorjahr durchschnittlich 6,5 Mio. kWh/Monat und wird global mit einer 20%igen Zunahme der Beschäftigung gerechnet, so setzt man 7,8 Mio. kWh/Monat als „vorläufige Planbezugsgröße" der Stromkostenstelle an. Später werden beim Aufbau der Kostenstellenpläne die Planverbrauchsmengen aller stromverbrauchenden Kostenstellen festgelegt. Die Summe dieser Vorgaben weicht mehr oder weniger stark von den zu Beginn der Planung geschätzten (vorläufigen) Planbezugsgrößen ab. Die Abweichungen gegenüber den Vorgaben werden analysiert, wobei man häufig strukturelle Kostenunwirtschaftlichkeiten erkennt. Werden Fehler bei den Kostenvorgaben sichtbar, so werden die entsprechenden Vorgaben korrigiert, anderenfalls werden die Planbezugsgrößen der sekundären Kostenstellen an den geplanten Mengenverbrauch angepasst.

5. Als Nachteil der Engpassplanung wird gelegentlich die Tatsache angesehen, dass dieses Verfahren mit den Unsicherheiten der Absatzplanung belastet ist. Heute hat sich aber die Ansicht durchgesetzt, dass Unternehmungen mit standardisierten Erzeugnissen auf eine nach Erzeugnisarten und Monaten differenzierte Jahresplanung ihrer Absatzmengen nicht verzichten können.

Weiterhin ist gegen die Engpassplanung kritisch hervorgehoben worden, dass sie bei Unterbeschäftigung zu „überhöhten Vollkostensätzen“ führt. So schreiben z. B. H. Diercks und F. Petzold: „Sind nun einzelne Abteilungen oder Betriebsteile in Folge Absatzstockungen schlecht beschäftigt, so ergeben sich für die hier gefertigten Erzeugnisse unnatürlich hohe Kosten. Das ist ein durchaus unerwünschtes Ergebnis.“[51] Inzwischen ist jedoch davon auszugehen, dass gerade bei Unterbeschäftigung die Grenzkosten der Erzeugnisse entscheidungsrelevant und die Vollkosten nur noch von sekundärer Bedeutung sind. Der entscheidende Vorteil der Engpassplanung gegenüber der Kapazitätsplanung besteht darin, dass bei diesem Verfahren die Grenzplankostenrechnung voll in die betriebliche Jahresplanung integriert wird.

4.3 Die Verfahren der Kostenplanung

4.3.1 Die statistischen Verfahren der Kostenplanung

1. Bei der Planung der über Kostenstellen abgerechneten Kosten werden zwei Verfahren angewandt. Zunächst versuchte man in vielen Unternehmungen, die Plankosten mithilfe statistischer Auswertungen aus den Istkosten vergangener Perioden abzuleiten. Diese Methode zur Bestimmung von Kostenvorgaben wird als statistisches Verfahren der Kostenplanung bezeichnet. Im Gegensatz hierzu spricht man von analytischen Verfahren der Kostenplanung, wenn die Mengen- und Zeitvorgaben über technisch-kostenwirtschaftlicher Analysen bestimmt werden.

Die statistischen Verfahren der Kostenplanung haben insbesondere in den USA eine weite Verbreitung gefunden und wurden auch in Deutschland immer wieder vorgeschlagen[52].

2. Der erste Schritt der statistischen Kostenplanung ist die Erfassung der Istdaten. Hierzu zählen die nach Kostenarten differenzierten Istkosten und die Istbezugsgrößen sämtlicher Kostenstellen, für die eine Kostenplanung durchgeführt werden soll. Um jahreszeitlich und saisonal bedingte Einflüsse auszuschalten, müssen diese Daten für mindestens zwölf Monate zur Verfügung stehen; die Sicherheit der statistischen Auswertung wird aber erhöht, wenn man einen längeren Bezugszeitraum wählt.

Der zweite Schritt besteht in der Bereinigung der Istkosten. Hierbei wird das Mengengerüst der Istkosten daraufhin untersucht, ob folgende Einflüsse wirksam geworden sind:

- Fehlkontierungen
- In größeren Abständen anfallende Kostenbeträge (= Kostenstöße), welche die statistische Auswertung beeinträchtigen.

- Kostenremanenzen, die während der Bezugsperiode bei sinkender Beschäftigung zu überhöhten fixen Kosten geführt haben.
- Sprungkosten, die während des Betrachtungszeitraumes bei steigender Beschäftigung zu Fixkostensprüngen geführt haben.
- Veränderungen der Kostenstruktur, die auf organisatorische Umstellungen, Rationalisierungsmaßnahmen oder Verfahrensänderungen zurückzuführen sind, die während des Bezugszeitraumes durchgeführt wurden.
- Unwirtschaftlichkeiten, die während des Bezugszeitraums zu überhöhten Kosten geführt haben und sich in Zukunft vermeiden lassen.

Der dritte Schritt der statistischen Kostenplanung besteht in einer Umrechnung der Istkosten auf ein einheitliches Preis- und Lohnniveau. Hierbei kann man mit Preis- und Lohnindizes arbeiten. Zweckmäßigerweise wertet man die Istkosten auf die geplanten Preise und Löhne um, die dem Planungszeitraum der Kostenplanung entsprechen.

Schwierigkeiten bei der Erfassung der Istdaten treten auf, wenn die Kostenstelleneinteilung oder die Bezugsgrößen der Kostenstellen beim Aufbau der Kostenplanung geändert werden müssen. Im Falle einer Kostenstellenänderung stehen keine Istkosten zur Verfügung, die der neuen Kostenstelleneinteilung entsprechen. Eine nachträgliche Anpassung der Istkosten an eine neue Kostenstelleneinteilung stößt in der Praxis aber meistens auf unüberwindbare Schwierigkeiten. Werden bei der Kostenplanung neue Bezugsgrößen festgelegt, so fehlen die für die statistische Auswertung erforderlichen Istbezugsgrößen. Auch hier ist eine nachträgliche Erfassung nur in seltenen Fällen möglich.

3. Liegen die bereinigten Istkosten und die Istbezugsgrößen des Bezugszeitraumes fest, so besteht die Aufgabe der statistischen Auswertung darin, Sollkostenfunktionen zu bestimmen.

Das einfachste statistische Auswertungsverfahren ist das so genannte Streupunktdiagramm[53]. Ein Streupunktdiagramm enthält auf der Abszisse die Istbezugsgrößen und auf der Ordinate die bereinigten Istkosten. Da die Kostenplanung nach Kostenarten differenziert erfolgen muss, ist für jede Kostenart ein gesondertes Streupunktdiagramm erforderlich.

Aus den Streupunktdiagrammen werden die Sollkostenfunktionen in der Weise abgeleitet, dass man durch die Streubänder der Kostenpunkte eine gerade Linie legt, welche die Streuung nach dem „Augenmaß" möglichst gut ausgleicht. Die mithilfe der Streupunktdiagramme ermittelten linearen Kostenfunktionen werden entweder unmittelbar als Sollkostenfunktionen vorgegeben oder zuvor um vermutete Unwirtschaftlichkeiten korrigiert, die bei der Bereinigung der Istkosten nicht erfasst werden konnten.

Als Beispiel für die statistische Kostenplanung mithilfe eines Streupunktdiagramms wollen wir die Kokskosten der Kostenstelle „Schmelzbetrieb" einer Eisengießerei betrachten. Der Koksverbrauch dieser Kostenstelle fällt als Schmelz- und Füllkoks an. Hierbei verhält sich der Schmelzkoksverbrauch rein tonnenproportional, während der Füllkoksverbrauch auch fixe Bestandteile enthält. Die Abbildung 4-6 gibt für zwölf Monate die bereinigten monatlichen Kokskosten und die zugehörigen Istbezugsgrößen an.

Durch die Streupunkte wurde eine Ausgleichsgerade gelegt, deren Fixkostenbetrag bei 21.500 €/Monat liegt. Da dem Kostenplaner dieser Betrag überhöht erschien, senkte er ihn auf 20.000 €/Monat. Bei der Planbeschäftigung von 2.000 t/Monat führt die Ausgleichsgerade zu einem Gesamtkostenbetrag von 72.150 €/Monat. Subtrahiert man hiervon die (ursprünglichen) fixen Kosten in Höhe von 21.500 €/Monat, so bleiben 50.650 €/Monat proportionale Kokskosten übrig. Als proportionalen Kostensatz erhält man daher (abgerundet) 25 €/t. Wir erhalten daher die folgende Sollkostenfunktion:

(4-3) $K^{(s)} = 20.000 + 25\ B$

Hierbei gibt die Größe B die monatliche Ausbringung in t an. (Vgl. Abbildung 4-7 und 4-8).

Entwicklung Kokskosten		
Monat	Flüssiges Gusseisen in T	Kokskosten €
Januar	2.130	75.340
Februar	2.410	78.580
März	2.330	80.930
April	1.920	70.920
Mai	1.630	61.480
Juni	1.120	47.020
Juli	1.250	52.290
August	1.450	60.530
September	1.830	69.500
Oktober	2.010	72.920
November	2.350	81.010
Dezember	2.260	76.320

Abbildung 4-6: Zeitliche Entwicklung der Kokskosten und der Ausbringung in der Kostenstelle „Schmelzbetrieb" einer Eisengießerei

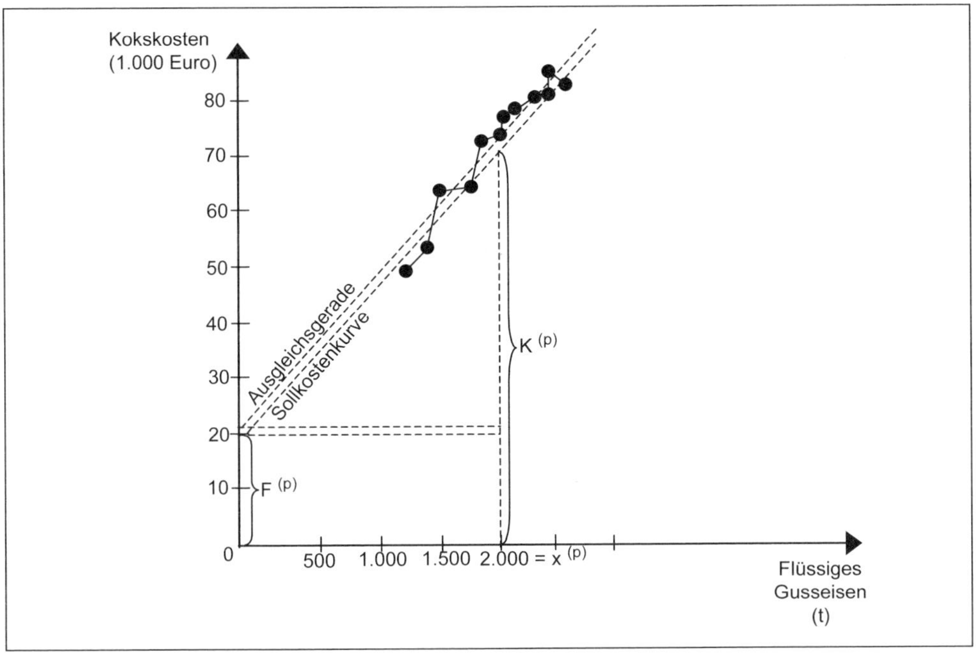

Abbildung 4-7: Streupunktdiagramm für die Kokskosten der Kostenstellen „Schmelzbetrieb" einer Eisengießerei

4. Als weiteres statistisches Auswertungsverfahren wird in der amerikanischen Literatur die so genannte „High-Low-Points-Method" beschrieben[54]. Dieses Verfahren entspricht der von E. Schmalenbach vorgeschlagenen mathematischen Kostenauflösung[55]. Hiernach werden von den Istkosten und den zugehörigen Istbezugsgrößen zwei Paare ausgewählt, deren Istbezugsgrößen möglichst weit auseinander liegen. Bezeichnen wir die Koordinaten dieser Punkte mit K_1, B_1 und K_2, B_2, so lassen sich die proportionalen Kosten pro Bezugsgrößeneinheit wie folgt berechnen:

$$(4\text{-}4) \qquad d = \frac{K_2 - K_1}{B_2 - B_1} = \frac{\Delta K}{\Delta B}$$

E. Schmalenbach hat die Größe d als „proportionalen Satz" bezeichnet. Die fixen Kosten K_F lassen sich alternativ wie folgt bestimmen:

$$(4\text{-}5) \qquad K_F = K_1 - dB_1$$
$$K_F = K_2 - dB_2$$

Wie die Abbildung 4-8 erkennen lässt, ist durch die Größen K_F und d ein linearer Sollkostenverlauf determiniert.

Das Zwei-Punkt-Verfahren hat zwar gegenüber der Ausgleichsgeraden eines Streupunktdiagramms den Vorteil, dass man nur zwei Punkte benötigt, dafür sind aber die Ergebnisse weitaus zufallsabhängiger.

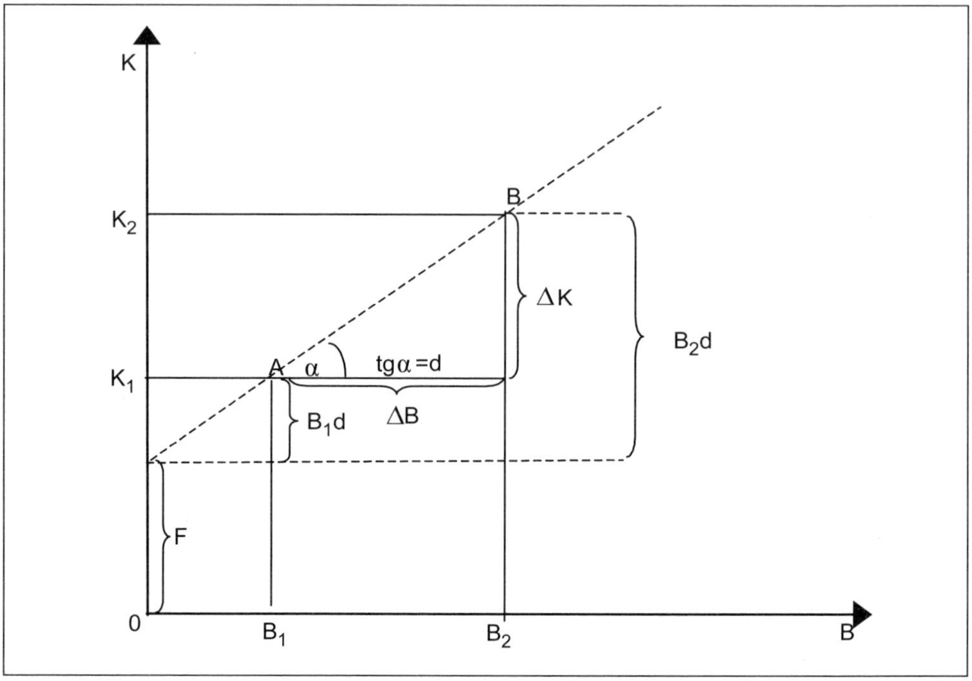

Abbildung 4-8: Grafische Darstellung des Zwei-Punkt-Verfahrens

Würde man z. B. in Abbildung 4-6 die Daten der Monate März und August als Ausgangswerte der Zwei-Punkt-Methode wählen, so würde man als proportionale Stückkosten 20.400 €/Monat : 880 t/Monat = 23,18 €/t erhalten. Die fixen Kosten würden 80.930 €/Monat ./. 2.330 t/Monat • 23,18 €/t = 26.920 €/t betragen. Dieses Ergebnis weicht erheblich von der mithilfe des Streupunktdiagramms der Abbildung 4-7 gefundenen Ausgleichsgeraden ab.

5. Genauere Ergebnisse lassen sich mithilfe der linearen Regressionsberechnung erzielen[56]. In den seltenen Fällen, in denen nichtlineare Sollkostenfunktionen zu planen sind, ist die nichtlineare Trendberechnung erforderlich.

Nach der Methode der kleinsten Quadrate gelten für die Koeffizienten K_F und d für $t = 1, ..., z$ Beobachtungswerte K_t und B_t folgende Bestimmungsgleichungen[57]:

$$(4\text{-}6)\qquad \begin{aligned} nK_F + d\sum_{t=1}^{z} B_t &= \sum_{t=1}^{z} K_t \\ K_F \sum_{t=1}^{z} B_t + d\sum_{t=1}^{z} B_t^2 &= \sum_{t=1}^{z} B_t\, K_t \end{aligned}$$

Die durch K_F und d bestimmte Ausgleichsgerade wird entweder unverändert oder nach der Eliminierung vermuteter Unwirtschaftlichkeiten, die bei der Bereinigung der Istkosten nicht erfasst werden konnten, als Sollkostenfunktion vorgegeben.

In Abbildung 4-9 haben wir für das gleiche Beispiel, das wir bereits beim Streupunktverfahren betrachtet haben, die Hilfsgrößen der Trendberechnung zusammengefasst.

Aus den Hilfsgrößen in Abbildung 4-9 ergeben sich als Bestimmungsgleichungen für K_F und d:

$$\begin{aligned} 12\, K_F + 22.690\, d &= 826.840 \\ 22.690\, K_F + 45.055.700\, d &= 1.617.202.000 \end{aligned}$$

Durch Auflösung dieser Gleichungen erhält man d = 24,99 €/t und K_F = 21.651 €/Monat. Werden auch hier die fixen Kosten auf 20.000 €/Monat gesenkt und der proportionale Kostensatz auf volle i gerundet, so erhält man die in Gleichung (4-3) angegebene Sollkostenfunktion. Diese Identität ist zwar Zufall, wenn sich die Punktstreuung optisch relativ gut ausgleichen lässt, gelangt man aber oft zu Ergebnissen, die sich wenig voneinander unterscheiden.

6. Als Vorteil der statistischen Kostenplanung wird in der Praxis die Tatsache angesehen, dass keine detaillierte Planung von Verbrauchsmengen und Arbeitszeiten erforderlich ist. Daher ist der Zeitbedarf geringer als bei der analytischen Kostenplanung. Dennoch hat sich die Ansicht durchgesetzt, dass die statistischen Verfahren der Kostenplanung als Grundlage einer flexiblen Plankostenrechnung ungeeignet sind[58].

Dies vor allem, weil die Bereinigung der Istkosten in den meisten Fällen weitaus schwieriger ist, als die Befürworter statistischer Verfahren der Kostenplanung annehmen; oftmals erweist sie sich sogar als undurchführbar. Dies gilt insbesondere, wenn während des Bezugszeitraumes Einflüsse von Kostenremanenzen, organisatorischen Umstellungen, Rationalisierungsmaßnahmen, Verfahrenswechseln oder Kapazitätserhöhungen wirksam geworden sind. Ein besonders schwerwiegender Nachteil der statistischen Kostenplanung besteht darin, dass die Istkosten in vielen Fällen die Einflüsse struktureller Unwirtschaftlichkeiten enthalten, die sich bei der Bereinigung nicht erkennen lassen.

Trendberechnung der Kokskosten				
Monat	x_i	x_i^2	K_i	x_iK_i
Januar	2.130	4.536.900	75.340	160.474.200
Februar	2.410	5.808.100	78.580	189.377.800
März	2.330	5.428.900	80.930	188.566.900
April	1.920	3.686.400	70.920	136.166.400
Mai	1.630	2.656.900	61.480	100.212.400
Juni	1.120	1.254.400	47.020	52.662.400
Juli	1.250	1.562.500	52.290	65.362.500
August	1.450	2.102.500	60.530	87.768.500
September	1.830	3.348.900	69.500	127.185.000
Oktober	2.010	4.040.100	72.920	146.569.200
November	2.350	5.522.500	81.010	190.373.500
Dezember	2.260	5.107.600	76.320	172.483.200
Summe	**22.690**	**45.055.700**	**826.840**	**1.617.202.000**

Abbildung 4-9: Hilfswerte für die Trendberechnung der Kokskosten der Kostenstellen „Schmelzbetrieb" einer Eisengießerei

Zusammenfassend kommen wir zu dem Ergebnis, dass die Kostenplanung einer flexiblen Plankostenrechnung nicht auf statistischen Verfahren basieren darf. Auf jeden Fall ist bei der Einführung einer Plankostenrechnung die Durchführung einer analytischen Kostenplanung erforderlich.

4.3.2 Die analytischen Verfahren der Kostenplanung

4.3.2.1 Die mehrstufige analytische Kostenplanung

1. Bei den analytischen Verfahren der Kostenplanung werden die Mengen- und Zeitvorgaben der Kostenstellen mithilfe einer technisch-kostenwirtschaftlichen Analyse des Produktionsprozesses festgelegt. Hierbei gilt der Grundsatz, nicht von den Istkosten der Vergangenheit auszugehen[59].

Bei der Durchführung einer analytischen Kostenplanung lassen sich die folgenden Methoden unterscheiden[60]:

- Berechnungen
- Messungen
- Funktionsanalysen
- Schätzungen
- Rückgriff auf Erfahrungswerte
- Internes und externes Vergleichen.

Am genauesten werden die Ergebnisse der Kostenplanung, wenn man auf Berechnungen und Messungen zurückgreifen kann. Diese Möglichkeit besteht aber erfahrungsgemäß nur bei höchstens 20 % der zu planenden Kostenarten, die jedoch meistens schon 80 % des Kostenvolumens abdecken. Berechnungen und Messungen sind durchführbar, wenn der Faktorverbrauch aus naturwissenschaftlich oder technisch determinierten funktionalen Zusammenhängen resultiert. Dies ist z. B. beim Energieverbrauch der Fall, wo die Berechnungen zusätzlich durch Messungen überprüft werden können. Bedarfsberechnungen sind aber auch bei der Inanspruchnahme von Transportleistungen möglich. Sie können hier durch Multimomentaufnahmen ergänzt werden. Auch bei Kostenarten, die aus Verträgen oder genauen gesetzlichen Vorschriften abgeleitet werden können, lassen sich die Vorgaben oft mithilfe von Berechnungen bestimmen. Funktionsanalysen werden insbesondere für die Planung des Personaleinsatzes eingesetzt. Bei Kostenarten, die größeren Zufallsschwankungen ausgesetzt sind, muss häufig auf Schätzungen oder Erfahrungswerte zurückgegriffen werden. Dies ist z. B. bei den Werkzeugkosten, dem Verbrauch an Schmiermitteln, Ölen und Putzstoffen sowie insbesondere bei den Reparatur- und Instandhaltungskosten der Fall. In jedem Fall müssen aus Aufwandsgründen die Regeln der ABC-Analyse beachtet werden, wonach ein unangemessen hoher Planungsaufwand bei unbedeutendem Kostenvolumen zu vermeiden ist.

2. In den ersten Entwicklungsstadien der Plankostenrechnung wurde die analytische Kostenplanung in der Weise durchgeführt, dass man für möglichst viele alternative Beschäftigungsgrade gesonderte Mengen- und Zeitvorgaben festlegte. Hierbei ging man von der Planbeschäftigung aus und wählte für die übrigen Kostenpläne Beschäftigungsabstände von 10 bis 20 % der Planbeschäftigung. Dieses Verfahren wollen wir als mehrstufige analytische Kostenplanung bezeichnen.

Als besonderer Vorteil der mehrstufigen Kostenplanung wird die Tatsache angesehen, dass sich mit diesem Verfahren auch nicht-lineare oder unstetige Sollkostenfunktionen vorgeben lassen[61].

Nachdem sich aber die Erkenntnis durchgesetzt hat, dass sich in der überwiegenden Mehrzahl der Fälle die Kostenverursachung bei entsprechender Bezugsgrößenwahl mithilfe linearer Sollkostenfunktionen genügend genau erfassen lässt, hat dieser Vorteil seine Bedeutung verloren. Sie wird daher heute nicht mehr angewandt, da es bei linearen Sollkostenfunktionen im Grunde überflüssig ist, Mengen- und Zeitvorgaben für mehr als eine Beschäftigung festzulegen.

4.3.2.2 Die einstufige analytische Kostenplanung

4.3.2.2.1 Die planmäßige Kostenauflösung als Grundlage der einstufigen analytischen Kostenplanung

1. Bei der einstufigen Kostenplanung werden die Mengen- und Zeitvorgaben nur für eine Beschäftigung geplant, die der Planbezugsgröße entspricht. Zugleich werden die für die Planbezugsgröße festgelegten Plankosten in fixe und proportionale Bestandteile aufgelöst. Durch die fixen Plankosten sind die Ordinatenabschnitte der Sollkostenfunktionen festgelegt. Verbindet man diese mit den zugehörigen Kostenpunkten der Planbezugsgröße, so erhält man lineare Sollkostenfunktionen, deren Anstiege den proportionalen Plankosten pro Bezugsgrößeneinheit entsprechen. Die einstufige analytische Kostenplanung setzt eine Linearität der Sollkostenfunktionen voraus.

In Abbildung 4-10 haben wir die einstufige analytische Kostenplanung grafisch dargestellt. Der Planbezugsgröße $B^{(p)}$ entsprechen die gesamten Plankosten $K^{(p)}$. Hierdurch ist der Punkt B der Sollkostenfunktion bestimmt. Die gesamten Plankosten werden in die fixen Plankosten $K_F^{(p)}$ und die proportionalen Plankosten $K_P^{(p)}$ aufgelöst. Überträgt man die fixen Kosten auf die Ordinate, so erhält man den Punkt A der Sollkostenkurve. Da zwei Punkte eine Gerade bestimmen, liegt hiermit der gesamte Sollkostenverlauf fest. Er ist gültig bis zur Kapazitätsgrenze B_{max}, der in der Abbildung 4-10 der Punkt C entspricht.

Bei heterogener Kostenverursachung ist für jede Bezugsgröße eine gesonderte lineare Sollkostenfunktion zu planen.

Die einstufige Kostenplanung wurde in der deutschen Literatur zuerst von W. Lorch und F. Sommer beschrieben[62]. Auch E. Michel hat dieses Verfahren bereits angewandt, allerdings noch kombiniert mit der Stufenplanung[63].

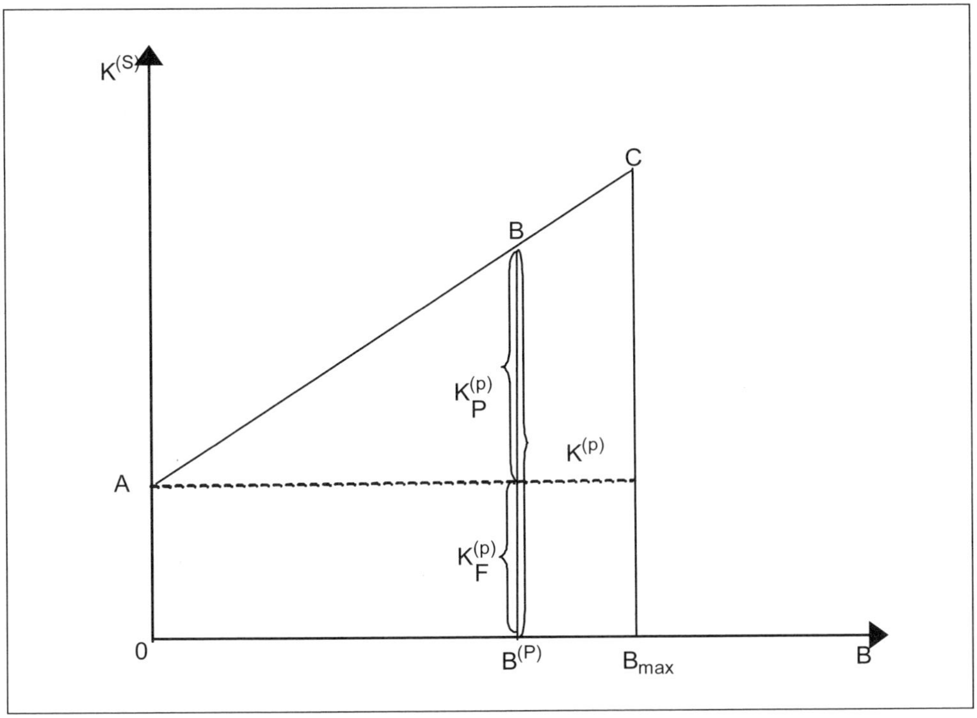

Abbildung 4-10: Grafische Darstellung der einstufigen analytischen Kostenplanung

2. Die Grundlage der einstufigen Kostenplanung ist eine Aufteilung der Plankosten in fixe und proportionale Bestandteile, die als Kostenauflösung bezeichnet wird. Hierfür werden in der Literatur folgende Verfahren beschrieben[64]:

- buchtechnische Kostenauflösung
- mathematische Kostenauflösung
- planmäßige Kostenauflösung.

Bei der buchtechnischen Kostenauflösung werden bereits in der Kostenartenrechnung die Kostenartenbelege daraufhin untersucht, ob sich die Kosten bei Beschäftigungsschwankungen fix oder proportional verhalten. Die buchtechnische Kostenauflösung wurde ursprünglich für die Istkostenrechnung entwickelt und ist später auf die Plankostenrechnung übertragen worden. Sie ist aber für die Kostenplanung ungeeignet, da sich viele Kostenarten nicht alternativ den fixen oder proportionalen Kosten zuordnen lassen, sondern Bestandteile beider Kostenkategorien enthalten.

Die mathematische Kostenauflösung geht auf E. Schmalenbach zurück und wurde zunächst ebenfalls für die Istkostenrechnung entwickelt. Später wurde sie als Hoch-Tief-Punkt-Verfahren der statistischen Kostenplanung in der Plankostenrechnung übernommen. Da dieses Verfahren von Istkosten ausgeht, ist es für die analytische Kostenplanung ungeeignet.

Für die analytische Kostenplanung kommt daher nur die planmäßige Kostenauflösung in Frage. Bei diesem Verfahren wird für jede Kostenart einer Kostenstelle gesondert darüber entschieden, wie sie sich bei Beschäftigungsschwankungen verändert. Hierbei geht man so vor, dass diejenigen Plankosten den fixen Kosten zugeordnet werden, die auch dann noch anfallen sollen, wenn die Beschäftigung einer Kostenstelle gegen Null tendiert, die Betriebsbereitschaft zur Realisierung der Planbezugsgröße aber beibehalten wird.

Die Bezeichnung planmäßige Kostenauflösung wurde gewählt, weil wegen der Dispositionsbestimmtheit vieler Kostenarten eine betriebswirtschaftlich sinnvolle Aufteilung in fixe und proportionale Kosten stets nur in Verbindung mit einer Kostenplanung möglich ist[65]. Kostenfunktionen sind keine naturwissenschaftlich determinierten Gesetzmäßigkeiten, sondern Funktionen, die weitgehend von Entscheidungen abhängig sind. Daher wird durch die Kostenauflösung nicht festgelegt, wie sich die Kostenarten verhalten werden, sondern wie sie sich unter Zugrundelegung bestimmter Dispositionen verhalten sollen[66]: „Costs are not inherently direct or period in nature, but acquire these characteristics as the result of managerial decisions with respect to organization and control of cost factors.“

3. Früher hat man versucht, die Kostenauflösung durch die Verwendung von Kennzahlen zu erleichtern, die angeben, wie sich die Kostenarten in Bezug auf Beschäftigungsschwankungen verhalten. Hierbei handelt es sich um Prozentzahlen, die angeben, welcher Anteil der Plankosten beschäftigungsabhängig ist. Kostenarten, die sich voll proportional verhalten, wird die Kennzahl 100 zugeordnet. Analog wird die Kennzahl 0 für absolut fixe Kosten verwendet. Die Kennzahl 70 gibt z. B. an, dass sich 70 % der Plankosten an die Beschäftigung anpassen sollen und 30 % fix sind.

In Deutschland wurden diese Veränderungsfaktoren als Variatoren bezeichnet[67]. Hierbei wurden die Prozentzahlen aber durch die „Zehner-Form“ ersetzt, die sich wahrscheinlich aus der früher üblichen stufenförmigen Kostenplanung ergeben hat. Dies wird z. B. durch die folgende Variatordefinition von F. Petzold verdeutlicht[68]: „Der ‚Variator‘ kennzeichnet den Proportionalitätsgrad von Kosten, z. B.: Variator 10 = proportionale Kosten: Variator 0 = feste Kosten; Variator 8 = 8 % Kostenänderung bei 10 % Beschäftigungsänderung.“ Der letzte Teil dieser Definition zeigt, dass die Variatoren die prozentualen Veränderungen der Sollkosten erkennen lassen, die eintreten, wenn sich die Beschäftigung um jeweils 10 % ändert. Dies gilt aber nur, wenn man als Basis stets die Plankosten der Planbeschäftigung zugrunde legt.

Mathematisch betrachtet ist der in Zehnerform ausgedrückte Variator gleich dem mit 10 multiplizierten Koeffizienten aus den proportionalen Plankosten $K_p^{(p)}$ und den gesamten Plankosten $K^{(p)}$ bei Planbeschäftigung. Bezeichnen wir den Variator mit $\rho^{(p)}$, so gilt:

$$(4\text{-}7) \qquad \rho^{(p)} = \frac{K_p^{(p)}}{K^{(p)}} 10$$

Für jede Kostenart einer Kostenstelle gilt ein gesonderter Variator; auf die Angabe eines Kostenstellenindex haben wir aber aus Vereinfachungsgründen verzichtet.

Ersetzt man in Gleichung (4-7) $K_P^{(p)}$ durch $d^{(p)}\ B^{(p)}$ und $K^{(p)}$ durch $K_F^{(p)} + d^{(p)}\ B^{(p)}$, so lässt sich der Variator wie folgt ausdrücken:

$$\text{(4-8)} \qquad \rho^{(p)} = \frac{10}{1 + \dfrac{K_F^{(p)}}{d^{(p)}\ B^{(p)}}}$$

Hiermit wird deutlich, dass die Variatoren von insgesamt drei Einflussgrößen abhängig sind, und zwar von den geplanten fixen Kosten, den proportionalen Kosten pro Bezugsgrößeneinheit und der Planbeschäftigung. Die Beschäftigungsabhängigkeit der Variatoren macht sie als Kennziffern für die Kostenauflösung unbrauchbar[69]. Die Verwendung von Variatoren verleitet bei der Kostenauflösung zu einem schematischen Vorgehen, das den individuellen Kostenverhältnissen der zu planenden Kostenstellen nicht gerecht wird. Heute werden daher Variatoren beim Aufbau der Kostenplanung nicht mehr verwendet.

4. Zum Vergleich mit der statistischen Kostenplanung wollen wir als Beispiel wiederum die Planung der Kokskosten der Kostenstelle „Schmelzbetrieb“ einer Eisengießerei betrachten. Bei der analytischen Kostenplanung werden die in Abbildung 4-6 angegebenen Istdaten nicht berücksichtigt. Der Kostenplaner bestimmt vielmehr durch Berechnungen oder Messungen zunächst den mengenmäßigen Koksverbrauch für das Schmelzen. Hierbei stellt er fest, dass 8 % der Mengenausbringung erforderlich sind, was bei einer Planbezugsgröße von 2.000 t/Monat einem Verbrauch von 160 t/Monat entspricht. Der Koksverbrauch für das Schmelzen wird rein proportional vorgegeben. Bei der Planung des Füllkoksverbrauchs wird durch Messungen und Schätzungen eine Vorgabe von 72 t/Monat ermittelt. Hiervon werden 80 % als fix angesetzt, weil wegen der Sortendifferenzierung auch bei relativ geringer Beschäftigung Neufüllungen erforderlich sind. Bewertet man den Fixkostenanteil in Höhe von 57,6 t/Monat mit dem Planpreis für Gießereikoks in Höhe von 295 €/t, so erhält man einen (aufgerundeten) Fixkostenbetrag von 17.000 €/Monat. Der proportionale Koksverbrauch beträgt 174,4 t/Monat, woraus sich 51.448 €/Monat proportionale Kosten ergeben. Der proportionale Kostensatz beträgt daher im Beispiel 25,72 €/t. Ein Vergleich mit den Ergebnissen der statistischen Kostenplanung zeigt eine geringfügige Verringerung der Sollkostenvorgabe und eine Verschiebung von den fixen zu den proportionalen Kosten.

5. Der wesentliche Vorteil der einstufigen Kostenplanung gegenüber der Stufenplanung besteht darin, dass die Kostenvorgaben jeweils nur für eine Planbezugsgröße zu bestimmen sind.

Kritisch ist gegen die einstufige Kostenplanung eingewandt worden, sie würde der „betrieblichen Wirklichkeit nicht gerecht“, weil bei diesem Verfahren nichtlineare Sollkostenfunktionen und Kostensprünge nicht berücksichtigt werden können. Dieser Einwand ist aber nicht stichhaltig, weil sich mithilfe einer entsprechenden Bezugsgrößenwahl auch komplizierte Kostenstrukturen durch ein System linearer Sollkostenfunktionen erfassen lassen.

4.3.2.2.2 Der Fristigkeitsgrad der Kostenplanung

1. Wie bereits unsere Ausführungen in den Kapiteln 1.344.4 und 2.123 gezeigt haben, hängen die Ergebnisse der planmäßigen Kostenauflösung wesentlich davon ab, welchen Fristigkeitsgrad man der Kostenplanung zugrunde legt[70].

Beim Aufbau der Kostenplanung muss zunächst die Entscheidung getroffen werden, ob man sich auf eine Grenzplankostenrechnung mit einem Fristigkeitsgrad beschränken will, oder ob eine dynamische Grenzplankostenrechnung durchgeführt werden soll, bei der alternative Kostenpläne mit unterschiedlichen Fristigkeitsgraden erforderlich sind.

Für die Kostenplanung reicht ein Fristigkeitsgrad aus, wenn Entscheidungen der Produktions- und Absatzplanung überwiegen, die sich auf in etwa gleich lange Planungsperioden beziehen. Die Beschränkung auf einen Fristigkeitsgrad vereinfacht sowohl den Aufbau der Kostenplanung als auch die laufende Abrechnung so sehr, dass in der Praxis bisher nur flexible Plankostenrechnungen eingesetzt wurden, denen ein Fristigkeitsgrad zugrunde liegt.

2. Bei einer Grenzplankostenrechnung mit einem Fristigkeitsgrad sollten bei der Festlegung des Fristigkeitsgrades folgende Grundsätze beachtet werden.

Erstens gibt es in einer Grenzplankostenrechnung eine Obergrenze des Fristigkeitsgrades, die dort liegt, wo die Anpassung an eine erhöhte bzw. verringerte Beschäftigung nur mithilfe von Investitionen bzw. Desinvestitionen realisierbar ist. Kosten, deren Höhe sich nur durch Baumaßnahmen, die Veränderung des Betriebsmittelbestandes oder durch den Abschluss bzw. die Kündigung langfristiger Verträge verändern lassen, gehören im System der Grenzplankostenrechnung grundsätzlich zu den fixen Kosten.

Zweitens sollte der Fristigkeitsgrad der Kostenplanung so gewählt werden, dass er mit der Planungsperiode der kurzfristigen Produktions- und Absatzplanung übereinstimmt.

In den meisten Unternehmungen mit standardisierten Erzeugnissen wird das Sortiment für jeweils ein Jahr im Voraus geplant. Hier sollte man daher den Fristigkeitsgrad so wählen, dass alle Kosten, die sich innerhalb eines Jahres (oder in kürzeren Zeiträumen) an Beschäftigungsschwankungen anpassen lassen, den beschäftigungsabhängigen Kosten zugeordnet werden.

In Unternehmungen mit Auftrags- und Einzelfertigung kann man bei der Festlegung des Fristigkeitsgrades zwei Strategien wählen. Die erste Strategie besteht darin, den Fristigkeitsgrad unabhängig vom Auftragsbestand festzulegen, wobei ein jahresbezogener Fristigkeitsgrad zu empfehlen ist. Die zweite Strategie besteht darin, den Fristigkeitsgrad bei Durchführung der Kostenplanung jeweils an den erwarteten Auftragsbestand anzupassen. Auf diese Weise würde man in Jahren mit einer schlechten Beschäftigung niedrigere Grenzkosten festlegen als in Jahren mit einer guten Beschäftigungslage.

Drittens sollte man in Zweifelsfällen den Fristigkeitsgrad der Kostenplanung möglichst hoch wählen, um der Tendenz entgegenzuwirken, einen relativ großen Teil der Kosten als fix zu planen. Auf diese Weise wird ein Absinken der Preisuntergrenzen vermieden und den Kostenstellenleitern eine möglichst hohe Anpassungsflexibilität vorgegeben. In wechselnden Wirtschaftslagen zwingen relativ hohe Fristigkeitsgrade die Unternehmung zur Anpassung.

3. Bei der praktischen Durchführung der Kostenplanung wird das Fristigkeitsproblem dadurch erleichtert, dass jeweils nur bestimmte Kostenartengruppen vom Fristigkeitsgrad abhängig sind[71]. Hierzu gehören insbesondere

- die Personalkosten und
- sonstige Kostenarten, die aus Verträgen mit zeitlich begrenzten Laufzeiten resultieren.

Andere Kostenartengruppen verhalten sich dagegen (innerhalb der für den Fristigkeitsgrad der Kostenplanung in Frage kommenden Bereiche) davon unabhängig. Hierzu gehören alle fixen Kosten, deren Höhe nur durch Investitions- oder Stilllegungsentscheidungen beeinflusst werden. Weiterhin gibt es viele Kostenarten, die bei jedem Fristigkeitsgrad den proportionalen Kosten zuzuordnen sind. Hierzu gehören neben den Einzelkosten die meisten Hilfs- und Betriebsstoffkosten, die Werkzeugkosten sowie große Teile der Energie- und der verschleißabhängigen Reparaturkosten.

Bei den Personalkosten bestehen folgende Möglichkeiten zur Anpassung an Beschäftigungsschwankungen, deren Realisierbarkeit vom Fristigkeitsgrad der Kostenplanung abhängig ist:

- Bei rückläufiger Beschäftigung
  - Abgabe von Arbeitskräften an andere Kostenstellen
  - Beantragung von Kurzarbeit
  - Verzicht auf den Ersatz ausscheidender Arbeitskräfte
  - Entlassung von Arbeitskräften, Rückgabe von Leiharbeitern
- Bei steigender Beschäftigung
  - Übernahme von Arbeitskräften von anderen Kostenstellen
  - Einsatz von Überstunden und Zusatzschichten
  - Verlängerung von Arbeitsverhältnissen
  - Einstellung neuer Arbeitskräfte, Aufnahme von Leiharbeitern

Der Austausch von Arbeitskräften zwischen Kostenstellen kann als Anpassungsmaßnahme nur realisiert werden, wenn Arbeitskräfte zur Verfügung stehen, die entsprechend vielseitig einsetzbar sind, und es Kostenstellen mit gegenläufigen Beschäftigungsschwankungen gibt. Bei vorübergehenden Beschäftigungsschwankungen erfolgt eine Anpassung des Personaleinsatzes mithilfe von Überstunden bzw. durch Beantragung von Kurzarbeit.

Die bisher beschriebenen Maßnahmen lassen sich kurzfristig realisieren und haben für die Kostenplanung die Konsequenz, dass ein nicht unerheblicher Teil der Plankosten innerhalb des gewählten Fristigkeitsgrades an Beschäftigungsschwankungen angepasst werden kann.

Ist mit einer länger andauernden Veränderung der Beschäftigung zu rechnen, so muss eine Anpassung des Personalbestandes erfolgen.

Bei rückläufiger Beschäftigung wird man zunächst versuchen, die Verringerung des Personalbestandes durch den Verzicht auf den Ersatz ausscheidender Arbeitskräfte herbeizuführen. Welche Anpassungsspielräume hierbei zur Verfügung stehen, hängt wesentlich vom Altersaufbau und der Fluktuationsrate der Arbeitskräfte ab.

Bei der Entlassung von Arbeitskräften führen sowohl die gesetzlichen und tariflichen Kündigungsfristen als auch soziale und gesellschaftspolitische Aspekte dazu, dass diese

Maßnahmen nur bei höheren Fristigkeitsgraden der Kostenplanung zu beschäftigungsabhängigen Personalkosten führen können.

Stärker als die gesetzlichen und tariflichen Bestimmungen wirken heute aber soziale und gesellschaftspolitische Aspekte einer Verringerung des Personalbestandes entgegen. Solche Aspekte sollten aber beim Aufbau der Kostenplanung nicht berücksichtigt werden, da ihnen der Leistungsbezug fehlt. Das schließt nicht aus, dass die Geschäftsleitung bei ihren Entscheidungen über den Personalbestand soziale und gesellschaftspolitische Aspekte berücksichtigen kann. Die hieraus resultierenden Personalkostenabweichungen sollten aber im Soll-Ist-Kostenvergleich einer Plankostenrechnung transparent werden. Wird dieser Gesichtspunkt konsequent weiterverfolgt, so kann man – wie von manchen Autoren massiv vertreten[72] – bei der planmäßigen Kostenauflösung die Fristigkeit der Beeinflussung der Kosten bei Beschäftigungsschwankungen völlig außer Betracht lassen und nur die funktionale Abhängigkeit des Ressourcenverbrauches vom Einflussfaktor „Beschäftigung“ als Grundlage der Kostenauflösung gelten lassen. Erst unter Beachtung dieser These ist im Dienstleistungsbereich der Einsatz flexibler Plankostenrechnungssysteme möglich geworden[73].

Bei den sonstigen Kostenarten, die aus Verträgen mit zeitlich begrenzten Laufzeiten resultieren, hängt es von den Kündigungsfristen und den Vertragsdauern ab, bei welchen Fristigkeitsgraden der Kostenplanung sie beschäftigungsabhängig vorzugeben sind. Dies gilt z. B. für Mieten, Pachten und Dienstleistungsverträge. Bei Vertragsdauern von mehr als sechs Monaten erfolgt bei allen Fristigkeitsgraden eine Zuordnung zu den fixen Kosten. Verträge, die monatlich gekündigt werden können und Verträge, deren Umfang sich an Beschäftigungsschwankungen anpassen lässt, wie das z. B. bei Dienstleistungsverträgen der Fall sein kann, führen zu Kosten, die beschäftigungsabhängig geplant werden können.

Werden bei einem bestimmten Fristigkeitsgrad Kosten, die aus dem Einsatz von Potenzialfaktoren resultieren, beschäftigungsabhängig vorgegeben, so gibt es hierfür die beiden in Kapitel 2.1.2.3 aufgezeigten Möglichkeiten. Entweder kann eine Proportionalisierung der sprungfixen Kosten erfolgen oder die sprungfixen Kosten können mithilfe einer besonderen Bezugsgröße als Fixkostentreppe geplant werden. In der Praxis wird meistens aus Vereinfachungsgründen der erste Weg gewählt[74].

4.4 Die Planung der wichtigsten Kostenarten

Bevor wir den Aufbau der einzelnen Kostenpläne behandeln, wollen wir die Planungsprobleme der wichtigsten Kostenarten beschreiben, da die Planung der einzelnen Kostenarten in allen Kostenstellen nach den gleichen Grundsätzen und Verfahren erfolgt. Dabei wird immer wieder auf die praktischen Beispiele des Modellbetriebes der Getriebebau AG (vgl. Kapitel 4.11) verwiesen. Zur Einstimmung in dieses Thema wäre z.B. das Studium des dort dargestellten Kostenartenplanes (vgl. Abbildung 4-39) nützlich.

4.4.1 Die Planung der Personalkosten

4.4.1.1 Die Planung der Lohnkosten

1. Wir beginnen mit den Personalkosten, zu denen folgende Kostenartengruppen gehören:

- Personalkosten für Lohnempfänger
  - Fertigungslöhne
  - Zusatzlöhne
  - Hilfslöhne
  - Zulagen und Mehrarbeitszuschläge für Lohnempfänger
  - Sozialkosten für Lohnempfänger.
- Personalkosten für Gehaltsempfänger
  - Gehälter
  - Zulagen und Mehrarbeitszuschläge für Gehaltsempfänger
  - Sozialkosten für Gehaltsempfänger.

2. Wie wir bereits in Kapitel 3.2 gezeigt haben, werden die Fertigungslöhne trotz ihrer Eigenschaft als Einzelkosten in der Plankostenrechnung über Kostenstellen abgerechnet. Als Einzelkosten werden die Fertigungslöhne mithilfe der in Kapitel 3.2.1 beschriebenen Verfahren geplant, und zwar differenziert nach Arbeitsgängen und bezogen auf die Mengeneinheiten der Erzeugnisse. Bei der Planung der Kostenstellenkosten müssen aus den stückbezogenen Fertigungslöhnen stellenbezogene Lohnvorgaben abgeleitet werden. Hierbei ist von entscheidender Bedeutung, welche funktionalen Beziehungen zwischen den geplanten Fertigungszeiten der Arbeitskräfte und den Bezugsgrößen der Kostenstellen bestehen.

Wird in einer Kostenstelle eine Zeitbezugsgröße verwendet, so lassen sich die folgenden Fälle unterscheiden.

Dienen die Vorgabestunden als Bezugsgröße, so stimmt die Planbezugsgröße mit der Summe der Zeitvorgaben für die Fertigungslöhne überein. Ist z. B. für die Kostenstelle „Drehmaschinen“ einer Maschinenfabrik eine Planbezugsgröße von 4.600 Fertigungsstunden festgelegt, so werden dieser Stelle 4.600 Fertigungsstunden für die Dreher vorgegeben; hierin sind meistens geringfügige Rüstzeiten enthalten. Sind die Rüstzeiten in den Fertigungszeiten nicht enthalten, wird aber wegen ihrer geringen Höhe auf eine gesonderte Rüstzeitbezugsgröße verzichtet, so werden die Rüstlöhne zusätzlich geplant. Sind im obigen Beispiel planmäßig 3 % Rüstzeiten zu erwarten, die nicht in die Planbezugsgröße einbezogen werden, so sind unter der Kostenart „Fertigungslohn“ Rüstlöhne in Höhe von 138 Stunden zusätzlich zu planen.

Werden nebeneinander die Vorgabestunden für Rüsten und Fertigen als Bezugsgrößen verwendet, so stimmen in den Kostenplänen beider Bezugsgrößen die Zeitvorgaben der Fertigungslöhne mit den Planbezugsgrößen überein.

Dienen in einer Kostenstelle die Maschinenstunden als Bezugsgröße, so muss bei der Planung der Fertigungslohnkosten festgelegt werden, welche planmäßig zu erwartenden Beziehungen zwischen den Maschinen- und den Vorgabestunden der Arbeitskräfte bestehen. Wie unsere Ausführungen über die Bezugsgrößenwahl in Kapitel 4.2.2 gezeigt haben, setzt die ausschließliche Verwendung der Maschinenstunden als Bezugsgröße konstante Bedienungsrelationen voraus. Hierbei gilt:

$$(4\text{-}9) \quad \text{Vorgabestunden für Maschinenbedienung} = \frac{\text{Maschinenstunden}}{\text{Bedienungsrelation}}$$

Sind z. B. als Planbezugsgröße 6.600 Maschinenstunden festgelegt und werden 3 Maschinen von jeweils einem Arbeiter bedient, so werden für die Maschinenbedienung 2.200 Fertigungsstunden vorgegeben. Kommen hierzu noch 5 % Rüstzeiten, für die keine gesonderte Rüstzeitbezugsgröße angesetzt wird, so erhöht sich die Vorgabe auf 2.310 Fertigungsstunden.

Werden bei wechselnden Bedienungsrelationen die Bezugsgrößen Maschinenstunden und Fertigungsstunden nebeneinander verwendet, so sind die Fertigungslöhne im Kostenplan der Fertigungszeitbezugsgröße vorzugeben. Hierbei gelten unsere Ausführungen über die Lohnkostenplanung bei der Verwendung von Vorgabestunden als Bezugsgröße analog. Das Gleiche gilt, wenn zusätzlich eine Rüstzeitbezugsgröße verwendet wird.

Wird in einer Kostenstelle eine Mengenbezugsgröße verwendet, so muss bei der Planung der Fertigungslohnkosten festgelegt werden, welche planmäßig zu erwartenden Beziehungen zwischen der Bezugsgröße und den Fertigungsstunden der Arbeiter bestehen. Unsere Ausführungen in Kapitel 4.2.2 haben gezeigt, dass neben einer Mengenbezugsgröße nur dann keine Zeitbezugsgröße erforderlich ist, wenn zwischen der Mengengröße und der Fertigungszeit eine konstante Relation besteht. In diesem Fall gilt:

$$(4\text{-}10) \quad \text{Vorgabestunden} = \text{Mengenbezugsgröße} \cdot \text{Zeitbedarf pro ME}$$

Ist z. B. für die Kostenstelle „Schmelzbetrieb" einer Eisengießerei eine Planbezugsgröße von 2.400 t flüssiges Eisen festgelegt worden und erhält die Ofenmannschaft einen Gruppenakkord von 120 Vorgabeminuten pro 600 kg, so liegt der Zeitbedarf pro t bei 200 Vorgabeminuten. Unter der Kostenart Fertigungslohn werden daher 8.000 Fertigungsstunden geplant.

Werden bei heterogener Kostenverursachung Mengen- und Zeitbezugsgrößen nebeneinander verwendet, so gelten unsere Ausführungen über die Planung der Fertigungslöhne bei Zeitbezugsgrößen analog.

In Kostenstellen, in denen Prämienlöhne vergütet werden und neben der Fertigungszeit andere Prämienbemessungsgrundlagen Verwendung finden, müssen planmäßige Relationen zwischen den Bezugsgrößen und den Prämienbemessungsgrundlagen festgelegt werden.

Im Normalfall werden die Fertigungslöhne in voller Höhe den proportionalen Kosten zugeordnet[75]. Lediglich in Fällen, in denen die Fertigungsarbeiter überwiegend Bereitschaftsleistungen erbringen, sollten sie ganz oder teilweise als fixe Kosten geplant werden. Dies gilt z. B. für viele Fertigungskostenstellen in der chemischen Industrie[76]. Auch hier wird aber bezweifelt, ob die Löhne „generell unter den Bereitschaftskosten ausgewiesen werden sollten"[77]. Zumindest sollte dafür eine eigene Kostenart „Hilfslohn für Anlagenbedienung" eingeführt werden.

3. In Kostenstellen mit Akkordlohn werden den Fertigungsarbeitern für Zeitüberschreitungen, die sie nicht zu vertreten haben, Zusatzlöhne vergütet. Die wichtigsten Gründe für Zusatzlöhne sind:

- Maschinenstörungen,
- Störungen des Arbeitsablaufs oder des Materialflusses,
- außerplanmäßige Materialeigenschaften,
- zu geringe Seriengrößen und
- das Anlernen neuer Arbeitskräfte.

Die Zusatzlöhne sind ihrer Art nach „bezahlte Fertigungszeit-Abweichungen". Hieraus könnte man schließen, dass für sie keine Plankosten vorgegeben werden sollten. In den meisten Fertigungskostenstellen, in denen im Akkord gearbeitet wird, sind aber Zusatzlöhne nicht zu vermeiden. Sie werden daher im System der Plankostenrechnung als planmäßig zu erwartende Globalkorrekturen des Akkordlohnsystems aufgefasst und als solche in die Planvorgaben einbezogen. Die Plankosten für Zusatzlöhne sollten aber auf das unvermeidbare Mindestmaß beschränkt werden, das bei Durchführung der Kostenplanung durch eine sorgfältige Ursachenanalyse zu bestimmen ist. Auf keinen Fall darf man sich beim Ansatz der Zusatzlöhne an den Istbeträgen vergangener Perioden orientieren, da diese meistens überhöht sind. Die Vorgabe der Zusatzlöhne erfolgt durch Festlegung eines planmäßigen Prozentsatzes der Fertigungslöhne, der im Regelfall 4 % nicht überschreiten sollte. Die Zusatzlöhne werden in voller Höhe den proportionalen Kosten zugeordnet.

4. Zu den Hilfslöhnen zählen alle Lohnkosten, welche für Arbeitsverrichtungen anfallen, die nicht in unmittelbarer Beziehung zur Leistungserstellung einer Kostenstelle stehen. Hierzu zählen z. B. Reinigungsarbeiten, Transportleistungen, Schreib- und Kontrollarbeiten. Bei der Planung der Hilfslöhne ist festzulegen, welche Hilfslohnarbeiten in einer Kostenstelle anfallen und wie viele Stunden bei wirtschaftlichem Personaleinsatz zur Realisierung der Planbezugsgröße erforderlich sind. In vielen Fällen kann die erforderliche Stundenzahl quantitativ aus der Planbezugsgröße abgeleitet werden. Dies gilt z. B. bei Transport- oder Kontrollarbeiten, die in einer funktionalen Beziehung zu den hergestellten Stückzahlen stehen. Das Gleiche gilt für Reinigungsarbeiten, deren Umfang von der Anzahl der geleisteten Maschinenschichten abhängig ist.

Auch hier ist eine Orientierung an den Istkosten früherer Perioden zu vermeiden, da gerade die Hilfslöhne wegen unzureichender Kontrollmöglichkeiten infolge unwirtschaftlichen Personaleinsatzes und durch das Wirksamwerden von Kostenremanenzen überhöht sein können.

Die Ergebnisse der Kostenauflösung fallen bei den Hilfslöhnen recht unterschiedlich aus. Es gibt Hilfslöhne, die für reine Bereitschaftsleistungen anfallen, sodass sie in voller Höhe den fixen Kosten zuzuordnen sind. Hierzu zählen z. B. Hilfslöhne für Heizer und Wachpersonal. Andere Hilfslöhne verhalten sich rein proportional zur Beschäftigung. Dies ist z. B. häufig bei den Hilfslöhnen für Transport- und Kontrollarbeiten der Fall, wenn ein mittelbarer Zusammenhang zur Ausbringung besteht. Bei den meisten Hilfslohnarten muss jedoch ein bestimmter Anteil Bereitschaftszeit berücksichtigt werden, sodass eine Aufteilung in fixe und proportionale Bestandteile erforderlich ist. Dies gilt z. B. für die Hilfslöhne von Werkstattschreibern, Kranführern, Transportarbeitern und des Reinigungspersonals. Welche prozentualen Anteile der geplanten Hilfslohnstunden auf Bereitschaftsleistungen entfallen, kann nur jeweils im konkreten Einzelfall entschieden werden.

5. Lässt sich die Planbeschäftigung einer Kostenstelle nur durch Einsatz von Überstunden erreichen, oder sind Beschäftigungsschwankungen zu erwarten, die den vorübergehenden Einsatz von Überstunden erforderlich machen, so sind bei der Kostenplanung entsprechende Mehrarbeitszeitkosten vorzugeben.

Wie unsere Ausführungen in Kapitel 2.1.2.2 gezeigt haben, liegt beim Einsatz von Überstunden heterogene Kostenverursachung vor, sodass an sich mehrere Bezugsgrößen erforderlich sind. Hierauf wird aber in der Praxis aus Vereinfachungsgründen meistens verzichtet. Bei der Planung der Lohnkosten wird daher zunächst nicht zwischen normaler tariflicher Arbeitszeit und Überstunden unterschieden. Die insgesamt geplanten Lohnstunden werden mit den Planlohnsätzen (ohne Mehrarbeitszeitzuschläge) bewertet. Anschließend erfolgt eine Zerlegung in diejenigen Arbeitsstunden, die auf die normale tarifliche Arbeitszeit entfallen, und Mehrarbeitszeiten. Die Zuschläge für regelmäßige Schicht- und Nachtarbeit sind zusätzlich zu berücksichtigen.

Die Zulagen und Mehrarbeitskosten werden unter einer besonderen Kostenart vorgegeben, damit sie sich im Soll-Ist-Kostenvergleich gesondert kontrollieren lassen. Sie werden normalerweise in voller Höhe den proportionalen Kosten zugeordnet. In manchen Fällen treten aber auch Zulagen und Zuschläge für Bereitschaftsleistungen auf.

Erfolgt eine Bezugsgrößendifferenzierung nach Arbeitszeitkategorien, so werden die Lohnkosten in den betreffenden Kostenplänen der einzelnen Bezugsgrößen gesondert vorgegeben.

6. Neben den Bruttolöhnen zählen die Sozialkosten für Lohnempfänger zu den Personalkosten der Arbeiter. Wie wir bereits in Kapitel 2.4.1.2 gezeigt haben, werden in einer Plankostenrechnung die Sozialkosten mithilfe geplanter Sozialkosten-Verrechnungssätze verrechnet. Illustriert wird dieses Verfahren im Modellbetrieb, Kapitel 4.11. (Vgl. dazu Abbildung 4-40 und 4-41). Zu den primären Personalnebenkosten zählen alle gesetzlichen und freiwilligen Kosten, welche unmittelbar für die soziale Betreuung der Belegschaft aufgewendet werden. Da die hierin enthaltenen Soziallöhne (Urlaubs- und Feiertagslöhne) jahreszeitlich bedingten Schwankungen ausgesetzt sind, wird für die primären Personalnebenkosten stets zunächst eine Jahresplanung durchgeführt. Kostenrechnerisch ist es nicht richtig, während der Urlaubszeit und in Monaten mit vielen gesetzlichen Feiertagen den Kostenstellen entsprechend hohe Personalnebenkosten zu belasten. Daher werden die Istbeträge der primären Personalnebenkosten in der Betriebsabrechnung einem statistisch geführten Abgrenzungskonto im Rahmen der Werksauftragsabrechnung belastet und in der Kostenstellenrechnung durch entsprechende kalkulatorische Personalnebenkosten ersetzt. Diese erhält man, indem man die den Kostenstellen belasteten Personalkosten mit den zugehörigen geplanten Verrechnungssätzen der Personalnebenkosten multipliziert. Am Jahresende wird die Differenz zwischen den Istkosten und den kalkulatorisch verrechneten Personalnebenkosten in die Betriebsergebnisrechnung ausgebucht.

Bei der Bildung der Verrechnungssätze für die Personalnebenkosten wird die folgende Differenzierung vorgenommen:

- Personalnebenkosten für Lohnempfänger
- Personalnebenkosten für Angestellte
- Personalnebenkosten, die gemeinsam für Lohnempfänger und Angestellte anfallen.

Die Differenzierung der Personalnebenkosten nach Lohnempfängern und Angestellten ist erforderlich, weil bei den Angestellten, soweit sie nicht nach Anwesenheitsstunden kalkulatorisch verrechnet werden, die Urlaubs- und Feiertagslöhne entfallen, und die prozentuale Belastung mit gesetzlichen Personalnebenkosten geringer ist. Bei der Bildung der Verrechnungssätze für die Personalnebenkosten muss berücksichtigt werden, dass bei der Kranken- und Rentenversicherung Obergrenzen für die Pflichtversicherung und die Höhe der Beiträge wirksam werden. Streng genommen müsste für leitende Angestellte ein gesonderter Verrechnungssatz der Personalnebenkosten gebildet werden, hierauf wird aber in der Praxis meistens verzichtet. In Betrieben mit einem hohen Anteil an Frauenarbeit kann es erforderlich sein, für männliche und weibliche Arbeitskräfte gesonderte Verrechnungssätze zu planen. Besteht eine Unternehmung aus mehreren Zweigwerken mit unterschiedlichen Standorten, so sollten für jedes Zweigwerk gesonderte Verrechnungssätze der Personalnebenkosten geplant werden.

Bei Durchführung der Kostenplanung sollte man versuchen, den überwiegenden Teil der Personalnebenkosten nach Lohnempfängern und Angestellten zu differenzieren. Nur diejenigen Personalnebenkosten, für die eine solche Differenzierung nicht möglich ist oder durch die die Genauigkeit der Kostenrechnung nicht wesentlich verbessert würde, werden den Lohnempfängern und Angestellten gemeinsam zugeordnet. Hierzu zählen vor allem Teile der freiwilligen Sozialkosten.

Die Planung der Verrechnungssätze der Personalnebenkosten setzt voraus, dass sich bereits zu Beginn der Kostenplanung die jährliche Lohn- und Gehaltssumme planen lässt. Hierbei kann es sich aber nur um eine angenäherte Planung handeln, da die endgültigen Personalkostenvorgaben erst in den einzelnen Kostenplänen festgelegt werden.

Liegen die Verrechnungssätze für die Personalnebenkosten fest, so erfolgt die Weiterverrechnung in der Weise, dass man den geplanten Lohn- und Gehaltskosten der Kostenstellen unter den Kostenarten „Personalnebenkosten für Arbeiter“ und „Personalnebenkosten für Angestellte“ die den Verrechnungssätzen entsprechenden kalkulatorischen Beträge zuordnet. Hierbei wird die Aufteilung in fixe und proportionale Kosten in der gleichen Weise durchgeführt wie bei den zugehörigen Lohn- und Gehaltskosten der betreffenden Kostenstellen. Diese Rechnung wird bei zeitgemäßer Standardsoftware systemintern vorgenommen.

Die Personalnebenkosten sind in den letzten Jahren stärker gestiegen als das Entgelt für geleistete Arbeit. Zugleich hat die Anzahl der gesetzlich oder tariflich vergüteten Personalnebenkostenarten zugenommen. Hieraus muss der Schluss gezogen werden, dass der Planung der Personalnebenkosten nahezu die gleiche Bedeutung zuzumessen ist wie der Planung der Lohn- und Gehaltskosten.

4.4.1.2 Die Planung der Gehaltskosten

1. Die Arbeitsleistungen von Angestellten entfallen zum überwiegenden Teil auf Verwaltungs-, Planungs-, Führungs- und Verkaufsaufgaben, denen zum Teil der unmittelbare Bezug zum Produktions- und Absatzvolumen einer Unternehmung fehlt. Daher ist es beim Aufbau der Kostenplanung schwierig, den Personalbedarf so vorzugeben, dass er dem planmäßig zu erwartenden Leistungsvolumen entspricht. Um zu betriebswirtschaftlich richtigen Vorgaben der Gehaltskosten zu gelangen, sind folgende Fragen zu beantworten:

- Ist die Durchführung der Angestelltenarbeit in einer Kostenstelle rationell?
  - Welche Tätigkeiten werden ausgeübt?
  - Sind die ausgeübten Tätigkeiten wirklich erforderlich?
  - Wird vermeidbare Doppelarbeit in mehreren Kostenstellen geleistet?
  - Sind der Arbeitsablauf und die Verfahrenstechnik wirtschaftlich (Eingabe, Ausführung, Weitergabe)?
- Wie lassen sich erkannte Mängel beseitigen?
- Wie lässt sich die Angestelltenarbeit in einer Kostenstelle messen?
- Wie groß ist das in der Planungsperiode zu erwartende durchschnittliche Arbeitsvolumen pro Monat?
- Wie groß ist der hierfür erforderliche Personaleinsatz?

Um die obigen Fragen exakt beantworten zu können, ist eine nach Abteilungen, Arbeitsgruppen und Arbeitsplätzen differenzierte Funktionsanalyse erforderlich, die im Rahmen einer umfassenden Organisationsprüfung durchgeführt werden kann. Diese Analyse geht von schriftlich festgehaltenen Stellenbeschreibungen der einzelnen Arbeitsplätze aus, wobei die verrichteten Tätigkeiten analysiert werden. Hierbei lassen sich strukturelle und ablaufbedingte organisatorische Mängel feststellen, die zu überflüssigen oder doppelt verrichteten Tätigkeiten führen; zugleich kann man eine ungenügende Auslastung der Arbeitskräfte erkennen. Die Arbeitsplatzanalyse und Organisationsprüfung kann entweder durch externe Berater oder betriebseigene Teams durchgeführt werden.

Von dieser Form der Funktionsanalyse ausgehend, wurde das Verfahren der Gemeinkostenwertanalyse entwickelt, nach dem zahlreiche Projekte in den administrativen Bereichen von Industriebetrieben und insbesondere im Dienstleistungsbereich zu umfassenden Rationalisierungen führten. Eine konsequente Fortsetzung fanden diese Verfahren im Prozesskostenmanagement[78].

Da der Arbeitsaufwand für eine solche Organisationsprüfung relativ hoch ist, kommt dieses Verfahren für die Durchführung einer Kostenplanung besonders dann in Frage, wenn man sich in Kostenstellen mit repetitiven Tätigkeiten für ein leistungsbezogenes Planungs- und Steuerungssystem auf der Basis von Leistungsstandards[79] entschließt. Auf diese Weise ist es dann möglich, die stets wachsenden indirekten Bereiche einem wirkungsvollen Controlling zu unterziehen. Früher hatte man sich bei der Planung der Gehaltskosten weitgehend am vorhandenen Personalbestand orientiert, obwohl das den Grundsätzen der analytischen Kostenplanung zuwiderläuft.

2. Liegen die auszuführenden Tätigkeiten, der Arbeitsablauf und die Verfahrenstechnik der Angestelltenarbeit einer Kostenstelle fest, so besteht der nächste Schritt darin, Maßgrößen der Angestelltenarbeit festzulegen. Dies ist umso leichter möglich, desto höher der Anteil von Verrichtungen ist, die sich häufig in gleicher oder ähnlicher

Art wiederholen. Lediglich bei rein kreativen Tätigkeiten ist keine „Messung“, sondern nur eine „Budgetierung“ möglich.

Die Messung der Angestelltenarbeit erfolgt entweder „aufgrund von externen Kennzahlen“ oder mithilfe geschätzter Standardarbeitszeiten; in der Literatur werden hierzu Beispiele angegeben, die aber jeweils an die betriebsindividuellen Gegebenheiten angepasst werden müssen[80].

3. Liegen die Maßgrößen der Angestelltenarbeit in Form von Kennziffern oder Standardzeiten fest, so lässt sich der erforderliche Personalbedarf wie folgt ermitteln: Zunächst ist das jährlich zu erwartende Leistungsvolumen einer Kostenstelle zu bestimmen. Hierbei kann man vielfach auf entsprechende Daten der Gesamtplanung zurückgreifen. Dies ist z. B. im Einkaufs- und Materialbereich, der Fertigungsdisposition und bei der Kundenauftragsabwicklung im Vertriebsbereich der Fall.

Dividiert man das geplante Gesamtvolumen durch 12, so erhält man die monatliche Durchschnittsbeschäftigung der betreffenden Angestelltengruppe.

Werden in einer Kostenstelle Angestellte eingesetzt, deren Leistung sich mithilfe einer Maßgröße erfassen lässt, so kann man den erforderlichen Personalbestand wie folgt ermitteln:

$$\text{(4-11)} \quad \text{Anzahl Angestellte} = \frac{\begin{array}{c}\varnothing \text{ Anzahl Bearbeitungsfälle} \\ \text{pro Monat}\end{array}}{\begin{array}{c}\varnothing \text{ Anzahl Bearbeitungsfälle} \\ \text{pro Person und Monat}\end{array}} \left(1 + \frac{z_v + z_R}{100}\right)$$

Hierbei dient der prozentuale Zuschlagssatz z_v zur Berücksichtigung sachlicher und persönlicher Verteilzeiten und der Zuschlagssatz z_R für die Berücksichtigung von Personalreserven. Der Einfluss der gesetzlichen Feiertage, der Urlaubszeit und der Krankheitstage wird entweder bei der durchschnittlichen Monatsleistung oder mithilfe des Reserveprozentsatzes berücksichtigt.

Wird eine begrenzte Anzahl unterschiedlicher Leistungen erbracht, so kann man den Personalbedarf mithilfe der Gleichung (4-11) für jede Leistungsart gesondert errechnen und die ermittelten Angestelltenzahlen addieren.

Wird in einer Kostenstelle eine größere Anzahl von Tätigkeiten mit unterschiedlichem Zeitbedarf ausgeübt, so ist es zweckmäßiger, den erforderlichen Personalbedarf mithilfe von Standard-Arbeitszeiten festzulegen. Bezeichnen wir die Art der Verrichtungen mit dem Index $\nu = 1, ..., v$, die durchschnittlich geplante Anzahl der Arbeitsverrichtungen mit $V_\nu^{(p)}$ und die Standardzeit pro Verrichtung mit $t_\nu^{(p)}$, so erhalten wir folgende Bestimmungsgleichung des Personalbedarfs:

$$\text{(4-12)} \quad \text{Anzahl Angestellte} = \frac{\sum_{\nu=1}^{v} V_\nu^{(p)}\, t_\nu^{(p)} \left(1 + \frac{z_V + z_R}{100}\right)}{\varnothing \text{ Arbeitszeit pro Person und Monat}}$$

4. Bei der Planung der Gehaltskosten kann es vorkommen, dass Angestellte gleichzeitig für mehrere Kostenstellen tätig sind. Solche Fälle treten insbesondere in kleineren Unternehmungen auf. In solchen Fällen werden die Gehälter entsprechend der planmäßigen durchschnittlichen Arbeitsaufteilung auf die betreuten Kostenstellen verteilt. Im Fertigungsbereich treten solche Fälle nur selten auf, da hier den Fertigungsstellen Meisterbereichsstellen vorgeschaltet werden.

Die Kosten vieler Kostenstellen mit Angestelltentätigkeit gehen gleichzeitig in mehrere Kalkulationssätze ein. So werden z. B. für die Kostenstellen des Einkaufs- und Materialbereichs nach Materialgruppen differenzierte und für die Kostenstellen des Vertriebsbereichs nach Kostenträgergruppen differenzierte Kalkulationssätze gebildet. In diesen Fällen müssen die Gehaltskosten der betreffenden Kostenstellen beim Aufbau der Kostenplanung den Material- oder Kostenträgergruppen zugeteilt werden, wie es der planmäßig zu erwartenden durchschnittlichen Inanspruchnahme entspricht. Hierbei kann man auf die Ergebnisse der Arbeitsanalyse zurückgreifen.

Sind für eine Planungsperiode Überstunden zu erwarten, die gesondert vergütet werden, so sind entsprechende Mehrarbeitskosten für Angestellte zu planen.

Bei der Kostenauflösung der Gehaltskosten gilt der Grundsatz, dass die „Entlohnungsform Gehalt" kein Grund dafür ist, die Personalkosten für Angestellte ausschließlich den fixen Kosten zuzuordnen[81]. Ab einer bestimmten Betriebsgröße lassen sich in vielen Abteilungen Teile der Gehälter in gleicher Weise an Beschäftigungsschwankungen anpassen wie die Hilfslöhne im Fertigungsbereich. Auch im Dienstleistungsbereich wird darauf hingewiesen, dass durch „neue organisatorisch-technische Lösungen der Gleitzeit und Teilzeit" große Teile der „bisher als fix betrachteten Faktoren mindestens stufenweise variabilisiert" werden[82]. Lediglich Gehälter, die für überwiegend dispositive Aufgaben oder reine Bereitschaftsleistungen anfallen, sind in voller Höhe den fixen Kosten zuzuordnen.

4.4.2 Die Planung der Hilfs- und Betriebsstoffkosten

1. Zu den Hilfs- und Betriebsstoffkosten zählen alle Materialkosten, die nicht direkt auf die betrieblichen Erzeugnisse verrechnet, sondern über Kostenstellen abgerechnet werden.

Grundsätzlich sollten die Kosten für alle Materialarten, die unmittelbar in die betrieblichen Erzeugnisse eingehen, als Einzelmaterialkosten verrechnet werden. Es gibt aber Fälle, in denen solche Kosten die Kalkulationsergebnisse nur so unwesentlich beeinflussen, dass man sie zur Vereinfachung der Kalkulation und der laufenden Abrechnung in die Hilfs- und Betriebsstoffkosten der Kostenstellenrechnung einbezieht. Typische Beispiele hierfür sind Kosten für geringwertige Kleinteile (z. B. Stifte, Nägel, kleine Schrauben usw.) sowie für Materialien, die der Oberflächenbehandlung dienen und nur in relativ geringen Mengen eingesetzt werden (z. B. Firnis, Beize, geringwertige Farben usw.). Ausgefeilte Materialbewirtschaftungssysteme enthalten für Dispositions- und Steuerungszwecke alle, selbst die geringsten produktbezogenen Materialbedarfsinformationen in den technischen Daten der Erzeugnisstückliste.

Zu den Betriebsstoffen zählen die Kosten für Materialien, die zwar unmittelbar bei der Bearbeitung der betrieblichen Erzeugnisse anfallen, aber nicht in dieselben eingehen.

Typische Beispiele hierfür sind Härtemittel in einer Härterei, Formhilfsstoffe einer Formerei und alle Materialarten, die dem „Betrieb“ von Maschinen und Anlagen dienen. Hierzu gehören z. B.:

- Schmieröl- und Fettkosten
- Bohröl- und Schneidölkosten
- Kosten für Hydrauliköl
- Kraftstoffkosten für Fahrzeuge
- Kosten für Heizmaterial
- Kosten für Reinigungsstoffe
- Kosten für Arbeitskleidung.

In manchen Kostenstellen fallen spezielle Betriebsstoffkosten an. Beispiele hierfür sind die Fettstoffkosten in einem Drahtwalzwerk, die beim Walzen von Aluminiumdrähten das „Kleben“ der Drähte an den Walzen verhindern sollen oder die Kosten für das Schweißmaterial in der Kostenstelle „Schweißerei“ einer Maschinenfabrik, sofern dieses nicht als Einzelmaterial direkt dem Kostenträger zugeordnet werden kann.

2. Die Planung der Hilfs- und Betriebsstoffkosten erfolgt in der Weise, dass man den Verbrauch pro Bezugsgrößeneinheit bestimmt und zugleich überprüft, ob Hilfs- und Betriebsstoffe zur Aufrechterhaltung der Betriebsbereitschaft erforderlich sind. Die einzelnen Hilfs- und Betriebsstoffarten sind in die Materialwirtschaft integriert; die geplanten Mengen werden mit den zugehörigen Planpreisen des Festpreissystems bewertet.

Bei der Kostenauflösung lassen sich die Hilfsstoffkosten in nahezu allen Fällen in voller Höhe den proportionalen Kostenarten zuordnen. Auch die Betriebsstoffkosten zählen überwiegend zu den beschäftigungsabhängigen Kosten, hier fallen aber auch Kosten der Betriebsbereitschaft an.

Die Hilfs- und Betriebsstoffkosten lassen sich in vielen Fällen durch Berechnungen oder Messungen ermitteln.

Dies ist z. B. bei den Schmieröl- und Fettkosten der Fall, wenn in Schmier- und Ölplänen festgelegt ist, in welchen Beschäftigungsintervallen die Betriebsmittel zu schmieren oder mit neuem Öl zu versehen sind, und durch Verbrauchsanalysen die erforderlichen Mengen bestimmt werden. Das gleiche gilt für Kühlmittel in der spanabhebenden Fertigung und für Hydrauliköl. Ein, wenn auch nur geringfügiger Anteil der Schmieröl- und Fettkosten dient zur Aufrechterhaltung der Betriebsbereitschaft. Er sollte bei der Kostenauflösung vernachlässigt werden.

Auch die Kraftstoffkosten für Transportfahrzeuge oder sonstige Benzin- oder Dieselmotoren lassen sich durch Messungen und Verbrauchsanalysen bestimmen. Sie sind in voller Höhe den proportionalen Kosten zuzuordnen.

Bei anderen Hilfs- und Betriebsstoffarten muss man bei der Planung auf Erfahrungswerte zurückgreifen.

Dies ist z. B. bei den Kosten für Heizstoffe der Fall, deren Höhe witterungsabhängig ist. Weiterhin ist bei den Heizstoffkosten zu beachten, dass sie jahreszeitlichen Schwankungen ausgesetzt sind. Da sich die Kostenplanung auf einen Durchschnittsmonat bezieht, sind die im Jahresdurchschnitt erwarteten Verbrauchsmengen vorzugeben. Die Heizstoffkosten gehören zu den fixen Kosten.

Auch bei den Kosten für Reinigungsmaterial sowie den Kosten für Arbeitsschutzkleidung ist man weitgehend auf Erfahrungswerte angewiesen; in einigen Fällen sind aber auch Messungen und Verbrauchsanalysen möglich. Dabei sind allerdings die Gesichtspunkte der ABC-Analyse zu berücksichtigen, wonach umfangreiche und aufwändige Berechnungen für unbedeutende Planpositionen zu vermeiden sind.

4.4.3 Die Planung der Energiekosten

1. In den meisten Industriebetrieben werden folgende Energiearten eingesetzt, deren Verbrauchsmengen überwiegend auf den Fertigungsbereich entfallen:

- Elektrische Energie
- Wärme-Energie
  - Dampf
  - Warmwasser
  - Heizluft
- Kälte-Energie
- Wasser
- Gas
- Acetylen
- Pressluft.

Nicht bei allen diesen Positionen handelt es sich zwar im physikalischen Sinne um Energie, kostenrechnerisch werden die hierfür anfallenden Kosten aber zu den Energiekosten gezählt, da für ihre abrechnungstechnische Behandlung die gleichen Grundsätze gelten.

Bei der Planung der Energiekosten ist zwischen fremdbezogener und selbst erstellter Energie zu unterscheiden. Elektrische Energie wird überwiegend fremdbezogen. Insbesondere in größeren Industriebetrieben findet man aber auch häufig eigene Stromerzeugungsanlagen. Wasser wird je nach Standort mithilfe eigener Brunnen gewonnen oder vom kommunalen Leitungsnetz bezogen. Wärme-Energie, Kälte-Energie und Pressluft werden fast ausschließlich selbsterstellt. Eine eigene Gas- oder Acetylenproduktion findet man dagegen selten. Eigengas wird in der Regel nur verwendet, wenn es als Kuppelprodukt anfällt.

Wird Energie von außen bezogen, so fallen hierfür primäre Energiekosten in Form von Lieferantenrechnungen an. Fremdbezogene Energie wird nur dann direkt auf der verbrauchenden Kostenstelle geplant, wenn sie ausschließlich in einer Stelle verbraucht wird. Im Regelfall werden fremdbezogene Energiearten aber von einer größeren Anzahl von Kostenstellen verbraucht, sodass es erforderlich ist, sie über Energie-Verteilungsstellen zu verrechnen[83]. Auf diesen Stellen werden neben den Fremdbezugskosten für Energie auch die Verteilungskosten geplant. Bei selbsterstellter Energie werden alle zur Energieerzeugung erforderlichen Kostenarten auf Energie-Erzeugungsstellen geplant. Für die über Verteilungs- oder Erzeugungsstellen abgerechneten Energiearten werden beim Aufbau der Kostenplanung geplante Energiekostensätze gebildet, mit denen in der Kostenplanung die verbrauchten Energiemengen bewertet werden. In den verbrauchenden Kostenstellen werden diese Kosten als sekundäre Energiekosten geplant.

2. Bei der Planung primärer Energiekostenarten, die überwiegend auf Energie-Verteilungsstellen erfolgt, sind folgende Schritte zu unterscheiden:

- Planung der Gesamtbezugsmenge pro Jahr,
- Planung der zeitlichen Verteilung des Energiebezugs, sofern dieser die Bezugskosten beeinflusst,
- Planung der Bezugsquellen und der Vertragsgestaltung, sofern hierfür Wahlmöglichkeiten bestehen.

Die Planung des Gesamtbedarfs pro Jahr ist identisch mit der Festlegung der Planbezugsgröße der betreffenden Energie-Verteilungsstelle. Da sich der genaue Energieverbrauch erst ermitteln lässt, wenn die Kostenpläne aller verbrauchenden Kostenstellen festliegen, muss man sich zunächst auf globale Schätzungen beschränken. Diese werden meistens in der Weise durchgeführt, dass man den Jahresverbrauch des Vorjahres mithilfe von Zu- oder Abschlägen an die erwartete Beschäftigungslage der Planungsperiode anpasst. Spielen für die Bezugskosten einer Energieart bestimmte Belastungsgrenzen eine Rolle, so besteht der nächste Schritt der Energiekostenplanung darin, die zeitliche Verteilung des Energieverbrauchs zu planen. Dies ist insbesondere für die Planung der Fremdstromkosten von Bedeutung. Bestehen Entscheidungsspielräume für die Bezugsquellen und die Art des Liefervertrages, so sind diese optimal zu planen. Da jedoch die meisten Energie-Bezugsverträge mehrjährige Laufzeiten haben, ist hier nicht bei jeder Kostenplanung eine Anpassung möglich.

3. Einige Besonderheiten sind bei der Planung der Fremdbezugskosten für elektrische Energie zu beachten. Nach der weitgehenden Liberalisierung der Energiemärkte zählen Industriebetriebe mit großen Strombezügen und hohen Benutzungsdauern zu den Sonderabnehmern mit individuellen Abnahmeverträgen. Diese enthalten meist folgende Regelungen:

- Stromart und bereitzustellende Leistung
- Anschlusskosten und Netzkostenbeitrag
- Verwendungsbeschränkungen
- Duldungs- und Gestattungspflichten
- Freizeichnungsklausel
- Vertragsdauer.

Dazu kommt die Preisregelung, die im Wesentlichen folgende Bestimmungen enthält:

- Tarifart
  - Leistungspreis
  - Arbeitspreis
- Preisstellung
- Tarifzeiten
- Preisänderungsklauseln
- Mindestabnahmeverpflichtungen
- Benutzungsdauerrabatte (fallweise)
- Jahreszeitenausgleich (fallweise).

Für die Kostenplanung sind insbesondere die Preisregelungen von Bedeutung. Hierbei ist bei den meisten Verträgen zwischen dem Jahresleistungspreis und dem Arbeitspreis zu unterscheiden.

Der Jahresleistungspreis bezieht sich auf die beanspruchte Jahreshöchstleistung, worunter ein Mittelwert aus den höchsten im Abrechnungsjahr aufgetretenen Monatshöchstleistungen zu verstehen ist. Häufig werden die drei höchsten Monatsmaxima zur Mittelwertbildung herangezogen. Als Monatshöchstleistung gilt die höchste innerhalb eines Abrechnungsmonats während der Tagzeiten im viertelstündigen Mittel gemessene Leistung. Der Jahresleistungspreis stellt die vom Kraftwerk in Anspruch genommene Spitzenbelastung (als Äquivalent für die hierfür erforderliche Betriebsbereitschaft) in Rechnung.

Der Arbeitspreis dagegen bezieht sich auf die während der Abrechnungszeit bezogene Strommenge. Hierbei wird zwischen Tag- und Nachtzeiten unterschieden. Die Nachtzeiten werden häufig nach Sommer- und Winterzeit unterschiedlich festgelegt.

Bei der Planung der Fremdstromkosten beginnt man mit der Planung der Jahreshöchstleistung. Hierbei kann man zwei Wege beschreiten. Erstens kann man so vorgehen, dass für alle Kostenstellen die kW-Anschlusswerte ermittelt werden und mithilfe einer nach Monaten differenzierten Beschäftigungsanalyse festgestellt wird, welche monatlichen Spitzenbelastungen zu erwarten sind. Hierbei besteht die Möglichkeit, durch eine geschickte Schicht- und Ablaufplanung das zeitliche Zusammentreffen von Belastungsspitzen zu vermeiden, um die Jahreshöchstleistung niedrig zu halten. In der Praxis ist aber die detaillierte Planung der Jahreshöchstleistung meistens zu aufwändig. Zweitens lässt sich die zu erwartende Jahreshöchstleistung aus empirisch ermittelten Belastungskurven (für Kostenstellen, Betriebsbereiche und die Gesamtunternehmung) ableiten. Diese Belastungskurven werden mithilfe von Schreibgeräten erfasst und geben für vergangene Zeiträume die wirksam gewordenen Spitzenbelastungen an. In Abbildung 4-11 haben wir die typische Tagesbelastungskurve bei Zweischichtbetrieb angegeben. Aus den Tagesbelastungskurven lassen sich entsprechende Monatsbelastungskurven ableiten.

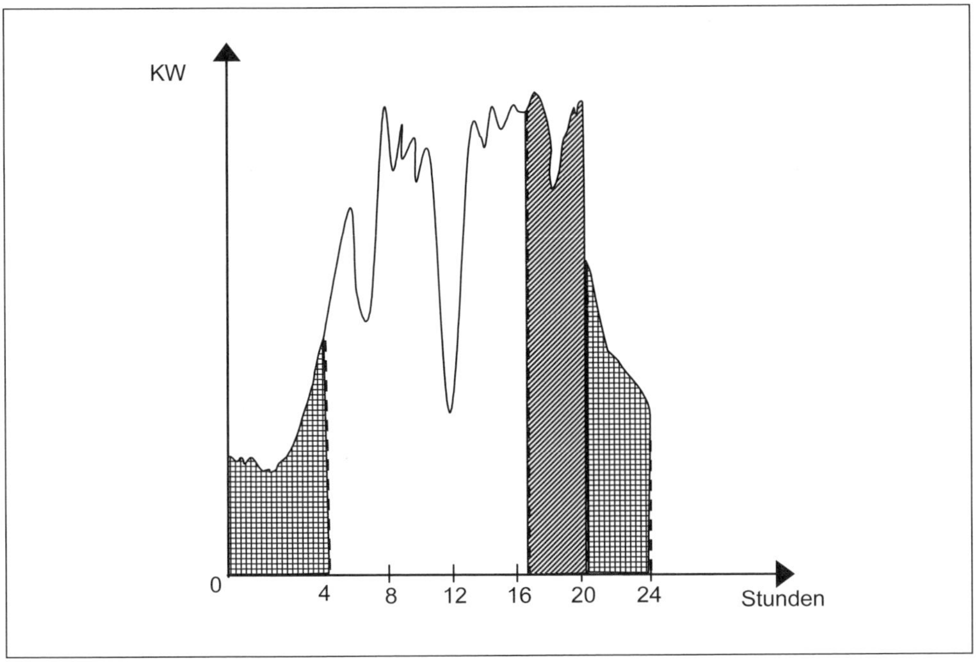

Abbildung 4-11: Beispiel einer Tagesbelastungskurve bei Zweischichtbetrieb

Da die Belastungskurven Vergangenheitswerte angeben, müssen sie mithilfe geplanter Zu- oder Abschläge an die erwartete Beschäftigungssituation der Planungsperiode angepasst werden.

Wird zugleich Fremd- und Eigenstrom verwendet, so lassen sich die Belastungsspitzen beim Fremdbezug teilweise durch erhöhte Eigenerzeugung vermeiden.

4. Die Planung der Fremdbezugskosten für Gas und Wasser lässt sich in gleicher Weise durchführen, wie wir das für die Stromkostenplanung beschrieben haben. Auch hier ist eine Aufspaltung in Arbeits- und Leistungspreise zu beachten. Häufig werden auch Mindestbezugsmengen vereinbart.

Bei den übrigen fremdbezogenen Energiearten verhalten sich die Kosten meistens rein proportional zur Bezugsmenge.

5. Die Planung der sekundären Energiekostenarten erfolgt beim Aufbau der Kostenplanung der verbrauchenden Stellen. Sie wird in folgenden Schritten durchgeführt, die wir am Beispiel der Stromkostenplanung erläutern wollen.

Der erste Schritt besteht darin, dass alle stromverbrauchenden Aggregate einer Kostenstelle unter Angabe der installierten kW erfasst werden. Hierbei werden Beleuchtungskörper, die der allgemeinen Raumbeleuchtung dienen, nicht berücksichtigt, da der Lichtstrom zweckmäßigerweise über die Raumkostenstellen verrechnet wird. Dies gilt jedoch nicht für spezielle Arbeitsplatzbeleuchtungen, die produktionsbedingt sind und über die allgemeine Raumbeleuchtung hinausgehen.

Beim zweiten Schritt werden die Benutzungszeiten der stromverbrauchenden Aggregate geplant und ihre funktionalen Beziehungen zur Planbezugsgröße untersucht. Hierbei sind folgende Fälle zu unterscheiden:

- Stromverbrauchende Aggregate mit bezugsgrößenabhängigen Einsatzzeiten
  - mit dauerndem Einsatz
  - mit zeitweiligem Einsatz,
- stromverbrauchende Aggregate, die Bereitschaftsleistungen erfüllen,
- Mischformen.

Zu den stromverbrauchenden Aggregaten mit bezugsgrößenabhängigen Einsatzzeiten und dauerndem Einsatz gehören vor allem die Antriebsmotoren von Fertigungsmaschinen. Werden in einer Kostenstelle die Maschinenzeiten als Bezugsgröße verwendet, so stimmt die planende Einsatzzeit der stromverbrauchenden Aggregate mit der Planbezugsgröße überein. Bei Mengenbezugsgrößen muss dagegen eine Umrechnung mithilfe der Einsatzzeiten pro Mengeneinheit erfolgen.

Zu den stromverbrauchenden Aggregaten mit bezugsgrößenabhängigen Einsatzzeiten und zeitweiligem Einsatz gehören z. B. Transport- und Fördereinrichtungen. Weiterhin gehören hierzu Antriebsaggregate von Fertigungsmaschinen, die nur zeitweilig in den Produktionsprozess eingeschaltet werden. Bei zeitweiligem Einsatz von stromverbrauchenden Aggregaten müssen Einsatzzeitfaktoren geplant werden, die angeben, wie groß der durchschnittliche Anteil der Benutzungszeit der betreffenden Aggregate an der gesamten Fertigungszeit ist.

Bei der Stromverbrauchsplanung für Aggregate mit bezugsgrößenabhängigen Einsatzzeiten ist zu beachten, dass die installierten kW-Leistungen Maximalwerte sind, die nur bei Spitzenbelastungen erreicht werden. Es müssen daher Verbrauchsfaktoren geplant werden, die angeben, wie viel Prozent der Höchstleistung bei planmäßiger durchschnittlicher Belastung in Anspruch genommen werden. Während der Anlaufphase wird dieser Durchschnittswert meistens erheblich überschritten. Es gibt Fälle, in denen darüber hinaus produktionsbedingte Belastungsschwankungen auftreten.

Bezeichnen wir die installierte Leistung eines Aggregates mit kW, die Planbezugsgröße der zugehörigen Kostenstelle mit $B^{(p)}$, den geplanten Einsatzzeitfaktor mit $\tau^{(p)}$, so gilt für den Plan-Stromverbrauch dieses Aggregates folgende Bestimmungsgleichung:

(4-13) Plan-Stromverbrauch des Aggregates $= kW \cdot B^{(p)} \cdot \tau^{(p)} \cdot v^{(p)}$

Das Produkt aus $B^{(p)}$ und $\tau^{(p)}$ gibt die geplante Laufzeit des betreffenden Aggregates an. Wird die Planbezugsgröße in Maschinenstunden gemessen, und ist das betreffende Aggregat dauernd eingesetzt, so ist der Einsatzzeitfaktor gleich 1; bei nicht dauerndem Einsatz gilt dagegen $\tau^{(p)} < 1$. Bei Mengenbezugsgrößen gibt $\tau^{(p)}$ an, wie groß der Stromverbrauch unter Berücksichtigung der Einsatzzeit pro Mengeneinheit ist. Werden Vorgabestunden als Bezugsgröße verwendet, so muss $B^{(p)}$ durch den durchschnittlichen Zeitgrad dividiert werden.

Betragen z. B. in einer Fertigungsstelle die Anschlusswerte der Antriebsaggregate 110 kW und ist die Planbezugsgröße auf 20.000 kg/Monat festgelegt, so muss zunächst ermittelt werden, wie groß die Laufzeit pro kg ist. Beträgt diese 3 Min./kg und wird der Verbrauchsfaktor auf 60 % geschätzt, so erhält man für den Plan-Stromverbrauch:

$110 \cdot 20.000 \cdot (3/60) \cdot 0{,}60 = 66.000$ kWh/Monat.

Nach Gleichung (4-13) wird der Stromverbrauch für sämtliche Aggregate einer Kostenstelle geplant, deren Stromverbrauch beschäftigungsabhängig ist. Die Bewertung erfolgt mithilfe der Stromkosten-Verrechnungssätze, die beim Aufbau der Kostenplanung der Stromverteilungs- bzw. Stromerzeugungskostenstellen in der Regel durch das Standard Softwaresystem ermittelt werden.

Die Stromkosten für Aggregate mit bezugsgrößenabhängigen Einsatzzeiten werden ganz den proportionalen Kosten zugeordnet.

Zu den stromverbrauchenden Aggregaten, die Bereitschaftsleistungen dienen, gehören z. B. Heizeinrichtungen, Ventilatoren, Klimaanlagen und Beleuchtungskörper. Der Stromverbrauch hierfür wird pro Schicht und Monat ermittelt. Die Stromkosten solcher Aggregate werden den fixen Kosten zugeordnet.

In den Fertigungsstellen industrieller Betriebe findet man häufig Aggregate, deren Stromverbrauch teilweise bezugsgrößenabhängig ist, zum Teil aber auch auf Bereitschaftsleistungen entfällt. Fälle dieser Art liegen stets dann vor, wenn Produktionsprozesse eine bestimmte Dauertemperatur erfordern oder die betrieblichen Erzeugnisse „vorgewärmt“ werden müssen. Ein typisches Beispiel hierfür ist die Kostenstelle Feuerverzinkung, bei der das Zinkbad für drei Schichten heißgehalten werden muss, weil bei Unterbrechungen die Anheizkosten zu hoch sein würden. Um das Zinkbad auf Temperatur zu halten, sind etwa 80 % der Energiekosten erforderlich, die auf Abstrahlungswärme entfallen. Dieser Anteil ist den fixen Kosten zuzuordnen. Nur 20 % der elektrischen Wärmeenergie entfallen auf den Energieverbrauch beim Eintauchen der zu verzinkenden Teile. Ähnliche Fälle treten in der Eisen- und Stahlindustrie auf. In den oben beschriebenen Mischformen lässt sich die Gleichung (4-13) nicht anwenden. Hier sind vielmehr spezielle Rechnungen und Messungen erforderlich.

Die Planung der übrigen sekundären Energiekostenarten erfolgt analog. Auch hier werden zunächst alle Aggregate und Arbeitsplätze einer Kostenstelle ermittelt, welche die betreffenden Energiearten verbrauchen. Anschließend werden die Verbrauchsmengen pro Bezugsgrößeneinheit durch Berechnungen oder Messungen ermittelt sowie diejenigen Verbrauchsmengen bestimmt, die zur Aufrechterhaltung der Betriebsbereitschaft dienen. Auch hier erfolgt die Bewertung mithilfe der Verrechnungssätze, die beim Aufbau der Kostenplanung der betreffenden Energiekostenstelle festgelegt werden.

4.4.4 Die Planung der Werkzeugkosten

1. In vielen Industriebetrieben werden zahlreiche Werkzeuge und Kleingeräte eingesetzt, deren bewerteten Verschleiß man als Werkzeugkosten bezeichnet. Die wichtigsten Werkzeugarten lassen sich zu folgenden Gruppen zusammenfassen:

- Handwerkzeuge;
- Messwerkzeuge;
- Maschinenwerkzeuge
  - Spezialwerkzeuge für bestimmte Erzeugnisse
  - Mehrzweckwerkzeuge;
- werkzeugähnliche Geräte, die dem Transport von Halbfabrikaten dienen.

Hiervon werden die Spezialwerkzeuge als Sondereinzelkosten der Fertigung verrechnet, sodass wir auf unsere Ausführungen in Kapitel 3.3.2.1 verweisen können. Im Übrigen gelten für die Spezialwerkzeuge die gleichen Einflussgrößen und Planungsverfahren wie für die Mehrzweckwerkzeuge.

2. Für die Hand- und Messwerkzeuge hat sich bei der Kostenplanung folgendes Verfahren bewährt: Man ermittelt zunächst, welche Werkzeugarten und -mengen bei Planbeschäftigung an den einzelnen Arbeitsplätzen einer Kostenstelle vorhanden sein müssen. Zugleich werden die zu erwartenden Nutzungsdauern geschätzt. Für eine bestimmte Werkzeugart erhält man folgenden Plankostenbetrag:

$$\text{(4-14)} \quad \text{Planwerkzeugkosten einer Werkzeugart} = \frac{\text{Planstückzahl} \cdot \text{Planpreis}}{\text{Nutzungsdauer in Monaten}}$$

Summiert man die nach Gleichung (4-14) ermittelten Beträge, so erhält man die Plankostensumme für Hand- und Messwerkzeuge einer Kostenstelle. Die Auflösung in fixe und proportionale Kosten hängt davon ab, inwieweit bei den betreffenden Werkzeugen der Zeit- oder der Gebrauchsverschleiß überwiegt. Ein einfacherer, bewährter Ansatz besteht jedoch in der Anwendung von Erfahrungswerten in Form von Kennzahlen in i je Bezugsgrößeneinheit, so genannten „Relativziffern".

3. Für die Kostenplanung der Maschinenwerkzeuge sind sorgfältige Verbrauchsanalysen und Berechnungen erforderlich. Dabei ist zu beachten, dass verschlissene Werkzeuge in den meisten Fällen durch wiederholte Aufarbeitungen wieder einsatzfähig gemacht werden können, bevor sie durch neue Werkzeuge ersetzt werden. In diesen Fällen bestehen die Werkzeugkosten nicht nur aus primären Kostenarten, sie enthalten vielmehr auch sekundäre Aufarbeitungskosten.

Die Planung der Kosten für Maschinenwerkzeuge setzt eine gründliche Analyse der Verschleißursachen und Verschleißwirkungen voraus. Diese hängen weitgehend von der Art des Fertigungsprozesses ab.

Bei Schneid- und Zerspannungsvorgängen sind die Standzeiten der Werkzeuge von entscheidender Bedeutung für die Planung der Werkzeugkosten. Als Standzeit wird die Zeit vom ersten Einsatz eines neuen bzw. aufgearbeiteten Werkzeuges bis zum nächsten Nachschleifen bzw. zur Ausmusterung bezeichnet. Die Standzeiten hängen von den Verschleißwirkungen und der höchstzulässigen Abstumpfung eines Werkzeuges ab.

Von Fertigungsingenieuren ist ein Verfahren zur Bestimmung optimaler Schnittgeschwindigkeiten entwickelt worden, für dessen Darstellung wir folgende Kurzzeichen verwenden wollen[84]:

q_A = Anschaffungswert eines Werkzeugs in i
q_u = Wert des unbrauchbaren Werkzeugs in i
T = Standzeit des Werkzeugs in Minuten
n_s = Anzahl möglicher Nachschliffe
d_s = proportionale Fertigungskosten eines Nachschliffs
t_w = Zeit für einen Werkzeugwechsel in Minuten
d_w = proportionaler Fertigungskostensatz für das Werkzeugswechseln in €/Min.
t_h = Hauptbearbeitungszeit (= Zerspannungszeit) in Min./Stück
t_n = Nebenbearbeitungszeit in Min./Stück
d_h = proportionaler Fertigungskostensatz für die Hauptbearbeitungszeit in €/Min.
d_n = proportionaler Fertigungskostensatz für die Nebenbearbeitungszeit in €/Min.
v = Schnittgeschwindigkeit in m/Min.
K_w = werkzeuggebundene Kosten für eine Standzeit
k_w = werkzeuggebundene Kosten für eine Produkteinheit in €/Stück
k_{Ftg} = Fertigungskosten für eine Produkteinheit in €/Stück

Unter Verwendung der obigen Kurzzeichen erhält man für die werkzeuggebundenen Kosten der Standzeit T:

$$(4\text{-}15) \quad K_w = \frac{(q_A - q_u) + n_s\, d_s}{n_s + 1} + t_w\, d_w$$

Hierbei wird vorausgesetzt, dass die Zahl der Nachschliffe und die Schleifkosten konstant sind. In Gleichung (4-15) gibt der erste Summand die Werkzeugkosten der Standzeit unter Berücksichtigung von n_s Nachschliffen und der zweite Summand die Werkzeugwechselkosten an. Berücksichtigt man, dass während der Standzeit T/t_h Produkteinheiten ausgebracht werden, so erhält man für die werkzeuggebundenen Kosten pro Einheit:

$$(4\text{-}16) \quad k_w = \left[\frac{(q_A - q_u) + n_s\, d_s}{n_s + 1} + t_w\, d_w\right]\frac{t_h}{T}$$

Die Bearbeitungszeit t_h verhält sich reziprok zur Schnittgeschwindigkeit v. Für die Abhängigkeit der Standzeit von der Schnittgeschwindigkeit wurden durch empirische Untersuchungen Funktionen vom Typ $\sim v^c$ mit $c < -1$ ermittelt[85]. Hierbei ist c ein empirisch zu bestimmender Parameter. Der Quotient t_h/T verhält sich daher wie $1/v^{c+1}$.

Da wegen $c < -1$ gelten muss $c + 1 < 0$, kann $1/v^{c+1}$ durch v^α ersetzt werden, wobei $\alpha > 0$ gilt. Für die werkzeuggebundenen Kosten pro Einheit gilt also die folgende Funktion:

$$(4\text{-}17) \quad k_w = \left[\frac{(q_A - q_u) + n_s\, d_s}{n_s + 1} + t_w\, d_w\right] g_1^{v^\alpha}$$

Hierbei hat für z. B. $\alpha = 1$ der Proportionalitätsfaktor g_1 die Dimension [Min./Stück · m]. Wegen $\alpha > 0$ muss diese Funktion mit der Schnittgeschwindigkeit v steigen. Im Normalfall verläuft die Steigung progressiv, da $\alpha > 1$ ist.

Da die Nebenbearbeitungszeit von v unabhängig ist, und sich die Hauptbearbeitungszeit reziprok zur Schnittgeschwindigkeit verhält, erhält man für die Fertigungskosten (ohne werkzeuggebundene Kosten):

$$(4\text{-}18) \quad k_{Ftg} = t_n\, d_n + g_2 \frac{d_h}{v}$$

wobei der Proportionalitätsfaktor g_2 die Dimension [m/Stück] hat.

Diese Kosten fallen degressiv mit der Schnittgeschwindigkeit. Addiert man die Gleichungen (4-17) und (4-18), so erhält man eine u-förmige Stückkostenfunktion, wie wir sie in Abbildung 4-12 dargestellt haben. Mithilfe dieser Funktion lassen sich nach den Regeln der Differenzialrechnung die optimalen Schnittgeschwindigkeiten bzw. die optimalen Standzeiten der Werkzeuge bestimmen.

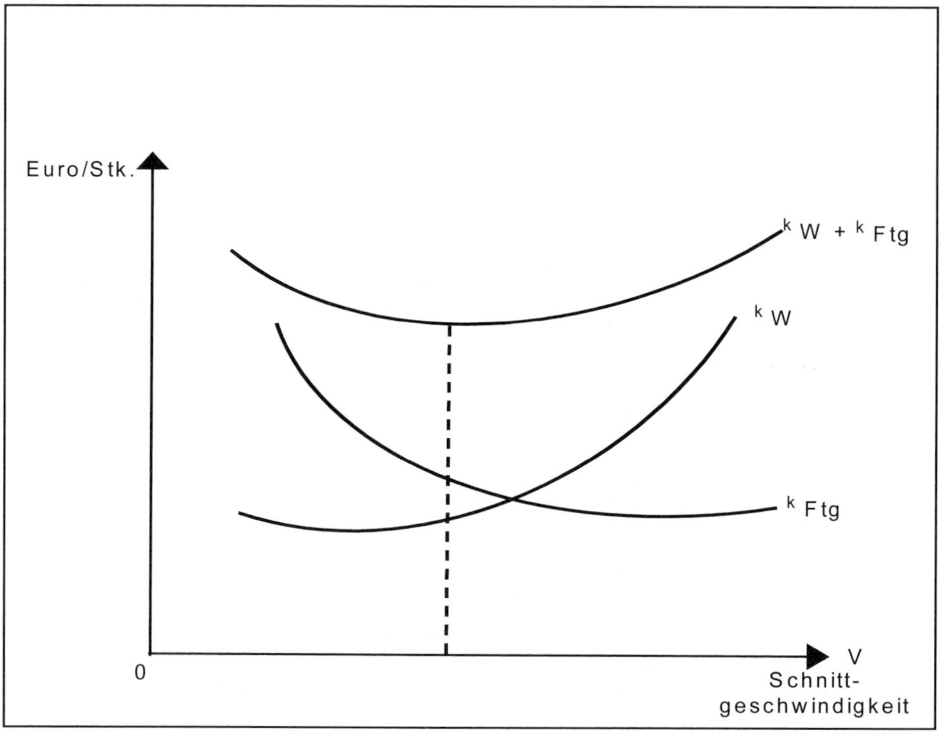

Abbildung 4-12: Beispiel zur Bestimmung optimaler Schnittgeschwindigkeiten

Liegen die geplanten Schnittgeschwindigkeiten und Standzeiten fest, so lassen sich die Werkzeugkosten wie folgt planen.

Nehmen wir zur Vereinfachung zunächst an, dass in einer Fertigungsstelle nur ein Produkt bearbeitet wird und hierfür nur ein Werkzeug erforderlich ist, so gelten für die Werkzeugkostenplanung folgende Bestimmungsgleichungen:

(4-19) $$\text{Anzahl Werkzeugeinsätze} = \frac{\text{Plan-Maschinenstunden} \cdot 60}{\text{Standzeit in Minuten}}$$

(4-20) $$\text{Anzahl neuer Werkzeuge} = \frac{\text{Anzahl Werkzeugeinsätze}}{\text{Anzahl geplanter Nachschliffe pro Werkzeug} + 1}$$

(4-21) $$\text{Anzahl Nachschliffe} = \text{Anzahl neuer Werkzeuge} \cdot \text{Anzahl geplanter Nachschliffe pro Werkzeug}$$

Die geplanten neuen Werkzeuge werden mit dem zugehörigen Planpreis und die Anzahl der Nachschliffe mit den geplanten Grenzfertigungskosten pro Nachschliff bewertet.

Werden in einer Fertigungsstelle mehrere Erzeugnisse bearbeitet und hierfür unterschiedliche Werkzeuge eingesetzt, so muss die obige Rechnung für jede Werkzeugart gesondert durchgeführt werden. Hierzu muss bekannt sein, wie die geplante Maschinenzeit sich auf die einzelnen Werkzeuge verteilt. Unterscheidet sich der Werkzeugverschleiß darüber hinaus bei den einzelnen Produktarten, so werden diese Unterschiede meistens mithilfe entsprechender Äquivalenzziffern berücksichtigt.

In der Praxis wird häufig aus Vereinfachungsgründen auf eine nach Werkzeug- und Produktarten differenzierte Detailplanung der Werkzeugkosten verzichtet. In diesen Fällen werden Erfahrungswerte in Form von Kennziffern pro Maschinenstunde verwendet, der Genauigkeitsgrad einer detaillierten Verbrauchsplanung kann hierbei aber nicht erreicht werden. Den Gesichtspunkten der ABC-Analyse wird damit jedoch Rechnung getragen.

Da die Kosten für Maschinenwerkzeuge in voller Höhe verschleißabhängig sind, werden sie ausschließlich den proportionalen Kosten zugeordnet.

4. Ähnlich wie die Planung der Werkzeugkosten wird die Kostenplanung für werkzeugähnliche Geräte durchgeführt, die dem Transport von Halbfabrikaten dienen. Hierzu zählen z. B. Transportbehälter, Spulen und Hülsen. In der Praxis werden solche Geräte häufig als „umlaufendes Betriebsmaterial" bezeichnet, da sie mit den Halbfabrikaten von Fertigungsstelle zu Fertigungsstelle transportiert werden. Ein typisches Beispiel hierfür sind die Garnhülsen in einer Spinnerei, auf die an den Ringspinnmaschinen Garn gesponnen wird, um dann in die folgenden Abteilungen, z. B. „Kreuzspulerei", weitergeleitet zu werden.

Die Kosten für das umlaufende Betriebsmaterial lassen sich mithilfe von Verschleißanalysen zwar beim Aufbau der Kostenplanung den beteiligten Kostenstellen zuordnen, eine Erfassung der entsprechenden Istkosten ist aber nicht möglich. Um die Kontierungsschwierigkeiten der Istkosten zu vermeiden, geht man daher so vor, dass man im Soll-Istkostenvergleich den Kostenstellen die den Istbeschäftigungsgraden entsprechenden Sollkosten als fiktive „Istkosten" belastet, die wirklichen Istkosten aber außerhalb der Kostenstellenrechnung bestimmten Werksauftragsnummern belastet. Diesen Auftragsnummern werden die betreffenden Sollkosten der beteiligten Kostenstellen monatlich gutgeschrieben. Die Kostenkontrolle wird auf diese Weise von der Kostenstellenrechnung auf die Werksauftragsabrechnung verlagert, wodurch die Schwierigkeiten einer nach Kostenstellen differenzierten Istkosten-Kontierung vermieden werden.

4.4.5 Die Planung der Abschreibungen, Reparatur- und Instandhaltungskosten

1. Die kalkulatorischen Abschreibungen sind kostenmäßige Äquivalente für die Entwertung langfristig nutzbarer Betriebsmittel[86]. Der Wertverzehr von Betriebsmitteln hängt von folgenden Entwertungsursachen ab:

- Nutzungsabhängige Entwertungsursachen (= Gebrauchsverschleiß)
- Nutzungsunabhängige Entwertungsursachen (= Zeitverschleiß)
  - Korrosion, Witterungseinflüsse, Materialermüdung
  - Wegfall der Nutzungsmöglichkeiten
  - Technisch-wirtschaftliches Veralten.

Der Gebrauchsverschleiß hängt von den geleisteten Betriebsstunden ab und ist daher beschäftigungsabhängig. Weiterhin wird der Gebrauchsverschleiß durch die Prozessbedingungen, so z. B. durch die Intensität, beeinflusst. Bewegliche Teile der Betriebsmittel, z. B. Antriebsaggregate, Getriebeteile, Zahnräder usw., sind dem Gebrauchsverschleiß besonders stark ausgesetzt. Der Gebrauchsverschleiß führt zu beschäftigungsabhängigen kalkulatorischen Abschreibungen.

Der Zeitverschleiß ist von der Nutzung eines Betriebsmittels unabhängig; er wird mit Ablauf der Kalenderzeit wirksam. Zeitverschleiß durch Korrosion und Witterungseinflüsse tritt insbesondere bei Anlagen im Freien, z. B. Gleisanlagen, Kränen, Verladeeinrichtungen, Silos usw. auf. Von zeitlicher Entwertung infolge wegfallender Nutzungsmöglichkeiten spricht man, wenn ein Betriebsmittel nicht mehr eingesetzt werden kann, weil sich die mit ihm herstellbaren Erzeugnisse nicht mehr veräußern lassen. Dieser Fall tritt insbesondere bei Spezialaggregaten für modische Produkte auf. Der Zeitverschleiß infolge technisch-wirtschaftlichen Veraltens wird stets dann wirksam, wenn der technische Fortschritt zu neuen Betriebsmitteln und Verfahren führt, die wirtschaftlicher als bereits vorhandene Betriebsmittel sind, sodass ein vorzeitiger Ersatz vorgenommen werden muss. Da der Zeitverschleiß nutzungsunabhängig ist, führt er zu beschäftigungsunabhängigen kalkulatorischen Abschreibungen.

2. Die Planung der kalkulatorischen Abschreibungen zählt vom theoretischen Standpunkt zu den schwierigsten Teilaufgaben der Kostenplanung. Dieser Tatbestand ist darauf zurückzuführen, dass die kalkulatorische Abschreibung ein wichtiges Bindeglied zwischen der (langfristigen) Investitions- und der (kurzfristigen) Kostenrechnung ist[87]. Entscheidungsprobleme, bei denen der Betriebsmittelbestand verändert wird, lassen sich theoretisch richtig nur mithilfe mehrperiodiger Investitionsrechnungen lösen. Hierbei werden die Anschaffungsauszahlungen für neue und die Liquidationseinzahlungen für ausscheidende Betriebsmittel im Zeitpunkt ihres Auftretens in Kapitalwertformeln integriert, wobei sich das Problem der periodischen Abgrenzung nicht stellt. Dieses Problem tritt vielmehr erst in der jahresbezogenen und nach Monaten untergliederten Kostenrechnung auf. Erst hier stellt sich die Frage, welche Kostenäquivalente in den einzelnen Monaten für die Betriebsmittelnutzung zu berechnen sind. In flexiblen Formen der Kostenrechnung und insbesondere unter den Aspekten einer entscheidungsorientierten Kostenrechnung tritt hierzu die weitere Frage auf, welche Abschreibungsbeträge bei unveränderten Betriebsmittelbeständen entscheidungsrelevant sind. Es ist G. Lassmann zuzustimmen, wenn er darauf hinweist, dass beim Abschreibungsproblem „die Problematik einer periodenbezogenen Rechnung für ein auf Dauerbestand eingerichtetes Unternehmen" besonders deutlich hervortritt und die Schwierigkeiten der Abschreibungsberechnung letztlich „Grenzen betriebswirtschaftlicher Rechenbarkeit schlechthin" aufzeigen[88].

Zu dem Problem, ob und in welcher Weise sich in der Kostenrechnung Abschreibungen in Form entscheidungsrelevanter Kosten den Bezugsgrößen der Kostenstellen und damit den betrieblichen Erzeugnissen zurechnen lassen, werden die folgenden Standpunkte vertreten:

- Abschreibungen sind keine entscheidungsrelevanten Kosten.
- Abschreibungen sind zwar entscheidungsrelevante Kosten, so weit sie auf Gebrauchsverschleiß zurückzuführen sind; ihre richtige Berechnung ist aber zu schwierig, sodass in der laufenden Kostenrechnung auf eine Berücksichtigung entscheidungsrelevanter Abschreibungsbeträge verzichtet werden muss.
- Abschreibungen bestehen aus fixen und proportionalen Kosten, wobei die fixen Kosten dem Zeitverschleiß und die proportionalen Kosten dem Gebrauchsverschleiß entsprechen. Wenn theoretisch richtige Verfahren der Kostenauflösung nicht anwendbar sind, ist die Anwendung von Näherungsverfahren besser als die Eliminierung der Abschreibungen aus dem System der Kostenrechnung.

Die zuerst genannte Position wird u. a. von P. Riebel vertreten. In seiner streng am Identitätsprinzip ausgerichteten Einzelkosten- und Deckungsbeitragsrechnung lassen sich die für Betriebsmittel getätigten Auszahlungen nur als Einzelkosten der erst im nachhinein bekannten Gesamtnutzungsdauer bzw. der Gesamtheit von Leistungen auffassen; Abschreibungen sind für P. Riebel daher als „Gemeinkosten offener Perioden" aufzufassen[89]. Er lehnt jede Zurechnung von Abschreibungen auf einzelne Leistungseinheiten oder auch auf einzelne Perioden ab, weil sie „zwangsläufig mehr oder weniger willkürlich ist"[90]. Im System seiner Deckungsbeitragsrechnung werden daher statt kalkulatorischer Abschreibungen „Amortisations- oder Rückstellungsraten" verrechnet, die vom Gesamtdeckungsbeitrag gedeckt werden müssen[91]. Diese Art der Verrechnung hat die Konsequenz, dass weder in der Kostenstellen- noch in der Kostenträgerstückrechnung Kostenäquivalente für die Betriebsmittelnutzung erscheinen. Gegen diesen Vorschlag sprechen folgende Gründe: Erstens sollte jeder Kostenstellenleiter seine Abschreibungsbelastung kennen, und zwar auch dann, wenn es sich nicht um entscheidungsrelevante Kosten handelt. Zweitens wird die Grenzplankostenrechnung in der Praxis meistens durch eine Vollkostenrechnung ergänzt, die ohne kalkulatorische Abschreibungen unvollständig wäre. Drittens führt ein eventueller Gebrauchsverschleiß zu kalkulatorischen Abschreibungen, die vom Standpunkt einer praxisorientierten Kostenrechnung als beschäftigungsabhängige Kosten anzusehen sind.

Bei vielen Fachleuten hat sich daher die Ansicht durchgesetzt, dass die auf Gebrauchsverschleiß zurückzuführenden Kosten der Betriebsmittelnutzung zu den entscheidungsrelevanten, beschäftigungsabhängigen Kosten zählen. So hat bereits D. Schneider gezeigt, dass Abschreibungen Grenzkosten sein können, „... wenn eine zusätzliche oder wegfallende Leistung zusätzliche oder wegfallende Abschreibungen erzwingt“[92]. Die theoretisch einwandfreie Berechnung entscheidungsrelevanter Abschreibungen ist aber außerordentlich schwierig, wie die auf diesem Gebiet grundlegende Arbeit von A. Mahlert gezeigt hat[93]. Hier wird nachgewiesen, dass beschäftigungsabhängige Abschreibungen stets dann auftreten, wenn durch die Inanspruchnahme eines Betriebsmittels in irgendeiner Form die spätere Leistungsfähigkeit vermindert wird. Es ist das Verdienst von A. Mahlert, die Problematik einer entscheidungsorientierten Bewertung der Betriebsmittelnutzung „mit seltener Klarheit und Gründlichkeit“ untersucht zu haben[94]. Zu operablen Formen der Abschreibungsberechnung hat seine Arbeit aber nicht geführt; denn die quantitativen Beziehungen zwischen den kurzfristigen Betriebsmittelnutzungen und den durch sie ausgelösten Zahlungsstromveränderungen langfristiger Rahmenpläne lassen sich wegen der Kompliziertheit der Zusammenhänge und der Unsicherheit der relevanten Daten in der Praxis nicht mit genügender Genauigkeit bestimmen.

Hieraus zieht G. Franke den Schluss, dass in der laufenden Kostenrechnung auf die Berechnung entscheidungsrelevanter Abschreibungen verzichtet werden sollte. Er schlägt vor, „die durch den Verbrauch von Kapazitätseinheiten verursachte Vermögensminderung“ von Fall zu Fall „in einer gesonderten Nebenrechnung“ zu bestimmen[95].

Dieser Ansicht steht jedoch der praxisorientierte Vorschlag entgegen, entscheidungsrelevante Abschreibungen in der Kostenrechnung auch dann zu berücksichtigen, wenn sie sich nicht theoretisch genau, sondern nur mithilfe von Näherungsverfahren ermitteln lassen. Solche Verfahren werden in der Literatur zur Kostenrechnung seit längerer Zeit unter der Bezeichnung „gebrochene Abschreibung“ diskutiert[96].

3. Um die kalkulatorischen Abschreibungen aus ihrem investitionstheoretischen Verbund zu lösen und im System der Grenzplankostenrechnung eine näherungsweise Auflösung in fixe und proportionale Abschreibungen vornehmen zu können, muss man von folgenden interdependenten Beziehungen abstrahieren.

Erstens muss die Tatsache vernachlässigt werden, dass bei den meisten Betriebsmitteln die Entwertungsursachen des Zeit- und des Gebrauchsverschleißes simultan wirken und sich nicht voneinander trennen lassen. Man muss daher abschätzen, von welcher Entwertungsursache die stärkere Wirkung ausgeht. Diese wollen wir als dominierende Abschreibungsursache bezeichnen. Bei technisch ausgereiften Betriebsmitteln, die vielseitig verwendbar sind, ist das in der Regel der Gebrauchsverschleiß. Bei korrosionsgefährdeten Anlagen kann aber auch der auf korrodierende Einflüsse zurückzuführende Zeitverschleiß dominant sein. Ist in rascher Folge mit technischen Neuerungen zu rechnen, die zu einem vorzeitigen Ersatz vorhandener Betriebsmittel führen, so wird meistens der Zeitverschleiß infolge technisch-wirtschaftlichen Veraltens zur dominierenden Abschreibungsursache. Bei Anlagen für Produkte mit kurzem Lebenszyklus ist häufig der Wegfall der Nutzungsmöglichkeiten die dominierende Abschreibungsursache. Davon sind heute die Elektronik-, Telekommunikations- aber auch die Kraftfahrzeugindustrie betroffen.

Zweitens müssen die interdependenten Beziehungen zwischen den verschleißbedingten Abschreibungsursachen und der Aufwendung von Reparatur- und Instandhaltungskosten ausgeschaltet werden, indem man von einer gegebenen Reparatur- und Instandhaltungsstrategie ausgeht. Insbesondere die dem Gebrauchsverschleiß unterliegenden Teile eines Betriebsmittels lassen sich beliebig oft ersetzen, wodurch der Betriebsmittelentwertung entgegengewirkt wird. D. Schneider führt hierzu aus: „Durch eine ausreichende Wartung und Instandhaltung lässt sich die ‚technische‘ Nutzungsdauer praktisch bis ins Unendliche verlängern[97].“ Meistens sind im Zeitverlauf progressiv steigende Reparatur- und Instandhaltungskosten erforderlich, um die Betriebsmittel einsatzbereit zu halten. Hierdurch ergibt sich das mithilfe der Investitionsrechnung lösbare Problem des optimalen Ersatzzeitpunktes. Erst wenn im Rahmen der Reparatur- und Instandhaltungsplanung entschieden worden ist, wie lange durch entsprechende Wartungsleistungen dem Gebrauchsverschleiß und dem korrosionsbedingten Zeitverschleiß entgegengewirkt werden soll, lassen sich die für die Planung kalkulatorischer Abschreibungen erforderlichen Nutzungsdauern festlegen.

Für die Planung und Kostenauflösung kalkulatorischer Abschreibungen wurde erstmals von J. S. Bain das folgende Näherungsverfahren[98] entwickelt, das in der Praxis eine gewisse Verbreitung gefunden hat:

Zur Verdeutlichung dieses Verfahrens wollen wir zunächst davon ausgehen, dass die Entwertung eines Betriebsmittels nur auf Zeitverschleiß zurückzuführen ist. Aufgrund unserer Ausführungen in Kapitel 3.22 verwenden wir als Abschreibungsbasis den (leistungsbereinigten) jährlichen Wiederbeschaffungspreis, der mit $W^{(p)}$ bezeichnet wird. Die Analyse der kalenderzeitabhängigen Entwertungsursachen führt zu einer geplanten Nutzungsdauer des Zeitverschleißes von $t_{NZ}^{(p)}$ Jahren. Als geplanten monatlichen Abschreibungsbetrag (für reinen Zeitverschleiß) erhält man:

$$(4\text{-}22) \qquad K_{AZ}^{(p)} = \frac{W^{(p)}}{12\, t_{NZ}^{(p)}}$$

Dieser Betrag ist in voller Höhe den fixen Kosten zuzuordnen.

Ist die Entwertung eines Betriebsmittels nur auf Gebrauchsverschleiß zurückzuführen, so sind zunächst die maximal realisierbaren Nutzungs- und Beschäftigungseinheiten zu planen. Bezeichnen wir diese mit B*, so erhält man bei einer beliebigen monatlichen Planbeschäftigung $B^{(p)}$ als monatlichen Planbetrag der kalkulatorischen Abschreibung (bei reinem Gebrauchsverschleiß) folgenden Ausdruck:

$$(4\text{-}23) \qquad K_{AG}^{(p)} = \frac{W^{(p)}}{B^{*}}\, B^{(p)}$$

Dieser Betrag ist in voller Höhe den proportionalen Kosten zuzuordnen.

Für die Abschreibungsplanung nach Gleichung (4-23) ist keine Schätzung einer bestimmten Nutzungsdauer erforderlich. Die realisierbare Nutzungsdauer des Gebrauchsverschleißes t_{NG} ist vielmehr beschäftigungsabhängig. Hierbei gilt für beliebige monatliche Beschäftigungen $B_{t\tau}$, wobei der erste Index die Jahre und der zweite Index die Monate kennzeichnet, folgende Restriktion:

$$(4\text{-}24) \quad B^* \geq \sum_{t=1}^{t_{NG}} \sum_{\tau=1}^{12} B_{t\tau}$$

Geht man von einer konstanten monatlichen Planbeschäftigung $B^{(p)}$ aus, so lässt sich hieraus folgende geplante Nutzungsdauer des Gebrauchsverschleißes ableiten:

$$(4\text{-}25) \quad t_{NG}^{(p)} = \frac{B^*}{12\, B^{(p)}}$$

Ersetzt man in Gleichung (4-23) B* durch $12\, B^{(p)}\, t_{NG}^{(p)}$, so erhält man für den der Planbeschäftigung entsprechenden monatlichen Abschreibungsbetrag:

$$(4\text{-}26) \quad K_{AG}^{(p)} = \frac{W^{(p)}}{12\, t_{NG}^{(p)}}$$

Für eine beliebige Istbeschäftigung $B^{(i)}$ erhält man daher den folgenden Sollkostenbetrag der kalkulatorischen Abschreibungen:

$$(4\text{-}27) \quad K_{AG}^{(s)} = \frac{W^{(p)}}{12\, t_{NG}^{(p)}} \frac{B^{(i)}}{B^{(p)}}$$

Wirken Zeitverschleiß und Gebrauchsverschleiß simultan, so sind nach J. S. Bain die obigen beiden Abschreibungsverfahren miteinander zu kombinieren. Hierbei lässt sich eine kritische Beschäftigung errechnen, bis zu der die kalkulatorischen Abschreibungen in voller Höhe fixe Kosten sind. Erst bei einer Beschäftigung, die über der kritischen Beschäftigung liegt, treten proportionale Abschreibungen auf[99].

Setzt man die mithilfe der Gleichungen (4-22) und (4-27) ermittelten Abschreibungsbeträge einander gleich, so erhält man für die kritische Beschäftigung folgenden Ausdruck:

$$(4\text{-}28) \quad B_k = \frac{t_{NG}^{(p)}}{t_{NZ}^{(p)}} B^{(p)}$$

Hierbei ist $B^{(p)}$ eine konstante, geplante Durchschnittsbeschäftigung. Die Gleichung (4-28) lässt erkennen, dass die Kostenauflösung der kalkulatorischen Abschreibungen davon abhängig ist, wie sich die (isoliert voneinander geschätzten) Nutzungsdauern des Gebrauchs- und des Zeitverschleißes zueinander verhalten. Zugleich ist die kritische Beschäftigung von der planmäßig erwarteten Durchschnittsbeschäftigung $B^{(p)}$ abhängig. Bei der Kostenauflösung kalkulatorischer Abschreibungen lassen sich die beiden folgenden Fälle unterscheiden.

Wirkt der Zeitverschleiß stärker als der Gebrauchsverschleiß, so ist die Nutzungsdauer des Gebrauchsverschleißes größer als die Nutzungsdauer des Zeitverschleißes. Diese Fälle treten auf, wenn starke Korrosionseinflüsse wirksam werden, der technische Fortschritt in schneller Folge zu neuen Verfahren führt oder in relativ kurzer Zeit mit einem Wegfall der Nutzungsmöglichkeiten zu rechnen ist. Nach Gleichung (4-28) muss in diesen Fällen die kritische Beschäftigung größer als die durchschnittliche Planbeschäftigung sein. Da bei Beschäftigungen zwischen 0 und B_k die kalkulatorischen Abschreibungen in voller Höhe fixe Kosten sind, gilt das auch für den Bereich der planmäßig erwarteten Beschäftigung. Lediglich wenn infolge starker Beschäftigungsschwankungen Istbeschäftigungen auftreten können, die oberhalb von B_k liegen, müssten nach dem Verfahren von J. S. Bain proportionale Abschreibungen verrechnet werden.

Da jedoch die Abschreibungsberechnung ihrer Art nach eine langfristige Rechnung ist, die von einer langfristigen Beschäftigungsplanung ausgehen sollte, ist es zu empfehlen, bei überwiegendem Zeitverschleiß die kalkulatorischen Abschreibungen auch dann in voller Höhe den fixen Kosten zuzuordnen, wenn gelegentlich Istbeschäftigungen zu erwarten sind, die oberhalb von B_k liegen.

Wirkt der Gebrauchsverschleiß stärker als der Zeitverschleiß, so ist die Nutzungsdauer des Gebrauchsverschleißes kleiner als die Nutzungsdauer des Zeitverschleißes. Dieser Fall tritt vor allem bei technisch ausgereiften Betriebsmitteln auf, die nur schwachen Korrosionseinflüssen ausgesetzt sind und sich vielseitig verwenden lassen. Nach Gleichung (4-28) muss in diesen Fällen die kritische Beschäftigung kleiner als die durchschnittliche Planbeschäftigung sein. Wie die Abbildung 4-13 erkennen lässt, fällt daher der gebrochene Teil des Abschreibungsverlaufs in den für die Kostenplanung relevanten Beschäftigungsbereich.

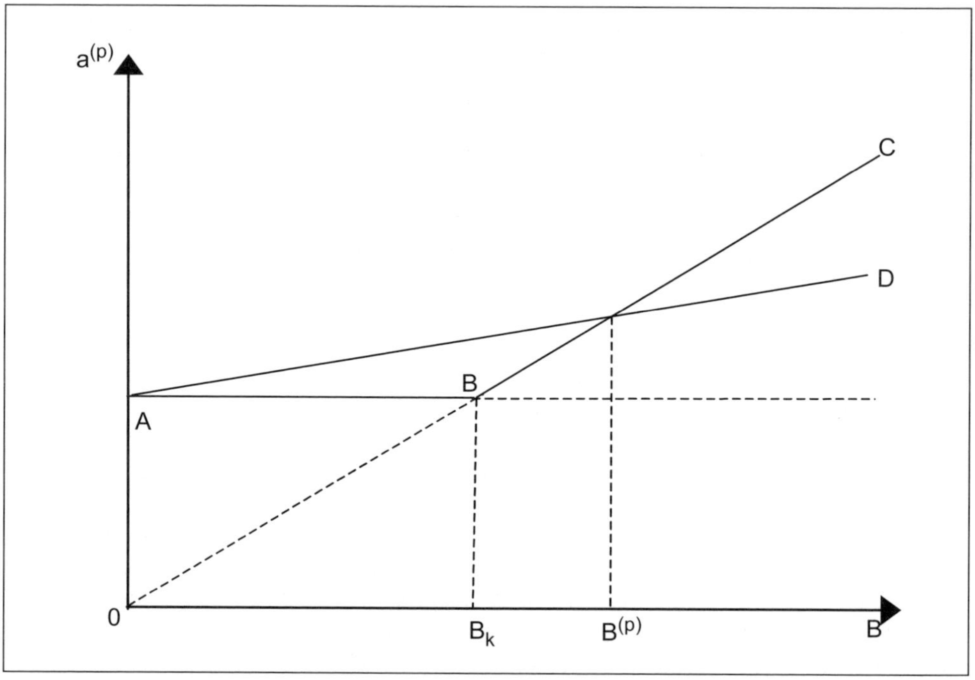

Abbildung 4-13: Sollkostenverlauf kalkulatorischer Abschreibungen bei überwiegendem Gebrauchsverschleiß

Um den gebrochenen Sollkostenverlauf zu vermeiden, wird in der Praxis der Grenzplankostenrechnung der Linienzug ABC meistens durch die Gerade AD ersetzt. Wie die Abbildung 4-13 erkennen lässt, ist der hierbei entstehende Fehler relativ gering, wenn die Istbeschäftigung nicht zu stark von der geplanten Durchschnittsbeschäftigung abweicht. Für die Sollkosten der kalkulatorischen Abschreibungen gilt nach dem oben beschriebenen Näherungsverfahren folgende Bestimmungsgleichung:

$$(4\text{-}29) \quad K_{At}^{(s)} = \frac{W^{(p)}}{12\, t_{NZ}^{(p)}} + \left[\frac{W^{(p)}}{12\, t_{NG}^{(p)}} - \frac{W^{(p)}}{12\, t_{NZ}^{(p)}} \right] \frac{B^{(i)}}{B^{(p)}}$$

Der Ausdruck in der eckigen Klammer entspricht der Differenz zwischen den (isoliert ermittelten) monatlichen Abschreibungsbeträgen des Gebrauchs- und des Zeitverschleißes. Nur dieser Betrag wird den proportionalen Kosten zugeordnet. Für $t_{NG}^{(p)} > t_{NZ}^{(p)}$ also bei Überwiegen des Zeitverschleißes, würde der Ausdruck in der eckigen Klammer negativ; die Formel wird aber so gehandhabt, dass in diesen Fällen der Ausdruck in der eckigen Klammer gleich 0 gesetzt wird; hierdurch werden die gesamten Abschreibungen zu fixen Kosten.

Beträgt der Wiederbeschaffungspreis z. B. 240.000 € und wird die Nutzungsdauer des Gebrauchsverschleißes (bei Planbeschäftigung) auf 5 Jahre und die Nutzungsdauer des

Zeitverschleißes auf 15 Jahre geschätzt, so erhält man folgende monatliche Plankostenbeträge der kalkulatorischen Abschreibungen:

	Abschreibung für Gebrauchsverschleiß	=	$\frac{240.00}{60}$	=	4.000 €/Monat
./.	Abschreibung für Zeitverschleiß	=	$\frac{240.00}{180}$	=	./. 1.333 €/Monat
=	proportionale Abschreibungen			=	2.667 €/Monat

Der Kostenstelle werden daher bei diesem Verfahren 1.333 €/Monat als fixe und 2.667 €/Monat als proportionale Abschreibungen vorgegeben; als Gesamtkostenbetrag der Abschreibungen werden bei Planbeschäftigung 4.000 €/Monat angesetzt.

Dem oben beschriebenen Verfahren der Kostenauflösung kalkulatorischer Abschreibungen liegt die Prämisse zugrunde, „dass die jeweils stärkste Ursache über die Abschreibungshöhe entscheide"; mithilfe investitionstheoretischer Überlegungen lässt sich aber zeigen, „dass die wirtschaftliche Nutzungsdauer einer Anlage nicht durch die ‚stärkste' Abschreibungsursache begrenzt wird, sondern durch das Zusammenwirken aller Ursachen"[100].

Heute wird die Planung und Verrechnung kalkulatorischer Abschreibungen in den meisten Betrieben datenmaschinell durchgeführt. Leistungsfähige Systeme der Standardsoftware bieten viele Möglichkeiten der Abschreibungsermittlung, auch die nach dem oben dargestellten Näherungsverfahren. Ungeachtet aller hier angeführten Argumente verzichten allerdings heute viele, insbesondere global tätige Unternehmen, auf den Ansatz kalkulatorischer Abschreibungen, nicht zuletzt, um die Ergebnisüberleitung zwischen externem und internen Rechnungswesen zu erleichtern[101].

4. Neben den Abschreibungen verursacht der Einsatz von Betriebsmitteln Reparatur- und Instandhaltungskosten. Hierzu zählen alle Kosten, die der Wartung, Überholung und Wiederinstandsetzung von Betriebsmitteln dienen. Von Reparaturkosten, auch Instandsetzungskosten genannt, spricht man, wenn bereits eingetretene Schäden oder Mängel beseitigt werden. Instandhaltungsleistungen haben dagegen überwiegend vorbeugenden Charakter; sie sollen die Betriebsmittel einsatzbereit halten und insbesondere unvorhergesehene Störungen des Betriebablaufs verhindern.

Die Reparatur- und Instandhaltungskosten setzen sich aus folgenden Kostenarten zusammen:

- Kosten für Reparaturmaterial und Ersatzteile;
- Kosten für Leistungen fremder Betriebe;
- Kosten für Leistungen eigener Betriebshandwerker.

Bei den ersten beiden Kostengruppen handelt es sich um primäre, bei der zuletzt genannten Kostenartengruppe um sekundäre Kostenarten. Die Kosten für Leistungen eigener Handwerkerbetriebe setzen sich aus den geleisteten Stunden und den Verrechnungssätzen der entsprechenden Handwerkerkostenstellen zusammen. Die oben genannten Kostenarten werden in der Kostenplanung und auch bei Durchführung des Soll-Ist-Kostenvergleichs zu einer Berichtszeile „Reparatur- und Instandhaltungskosten" zusammengefasst, da sich in vielen Fällen Substitutionsmöglichkeiten zwischen Eigen- und Fremdleistungen ergeben. Die Kosten kleinerer Reparatur- und Instandhaltungsmaßnahmen werden den Kostenstellen direkt belastet. Bei mittleren und größeren Reparatur- und Instandhaltungsmaßnahmen erfolgt dagegen zunächst eine Kontierung auf Werksauftragsnummern. Die auf den Werksauftragsnummern gesammelten Reparatur- und Instandhaltungskosten werden je nach ihren Wirkungsdauern in zeitlich abgegrenzter Form oder direkt den leistungsempfangenden Kostenstellen belastet.

Die Planung der Reparatur- und Instandhaltungskosten setzt fundierte technische Erfahrung voraus. Im Einzelnen hängen die Reparatur- und Instandhaltungskosten von folgenden Einflussgrößen ab[102]:

- Technologische Eigenschaften,
- Alter,
- Beschäftigung,
- Prozessbedingungen, z. B. Intensität,
- Wartung und Pflege,
- Behandlung durch die Arbeitskräfte.

Bei der Planung der Reparatur- und Instandhaltungskosten geht man zweckmäßigerweise wie folgt vor. Zunächst werden für alle in einer Kostenstelle eingesetzten Betriebsmittel die im Zeitablauf auftretenden Reparatur- und Instandhaltungsfälle ermittelt. Hierbei wird zugleich geplant, welche Wirkungsdauern in Monaten diesen Maßnahmen zuzuordnen sind. Dabei kann man vielfach auf die Angaben von Wartungsplänen der vorbeugenden Instandhaltung zurückgreifen. Für jede erfasste Reparatur- und Instandhaltungsmaßnahme wird eine gesonderte Kostenplanung durchgeführt. Dividiert man die hierbei ermittelten Plankosten durch die Wirkungsdauer in Monaten, so erhält man die zugehörigen Monatsbeträge. Ist es nicht möglich, alle Reparatur- und Instandhaltungsmaßnahmen detailliert zu erfassen, so müssen die Kosten der noch nicht berücksichtigten Reparatur- und Instandhaltungsmaßnahmen mithilfe geschätzter Zuschlagssätze geplant werden.

Zur Kontrolle sollte man die geplanten Reparatur- und Instandhaltungskosten mit Erfahrungswerten vergleichen. Diese werden häufig als Prozentsätze der Anschaffungswerte angegeben. Zweckmäßiger ist die Verwendung von Relativziffern, mit deren Hilfe die Reparatur- und Instandhaltungskosten auf die geleisteten Maschinenstunden bezogen werden.

Die Auflösung der Reparatur- und Instandhaltungskosten in fixe und proportionale Beträge wird ähnlich durchgeführt wie die Kostenauflösung der kalkulatorischen Abschreibungen. Auch hier geht man von der Frage aus, inwieweit die einzelnen Reparatur- und Instandhaltungsfälle auf Gebrauchs- oder Zeitverschleiß zurückzuführen sind. Kosten für Reparatur- und Instandhaltungsmaßnahmen, die ausschließlich durch Gebrauchsverschleiß ausgelöst werden, sind in voller Höhe den proportionalen Kosten zuzuordnen. Dies gilt insbesondere für Reparaturen, die planmäßig nach Ablauf einer bestimmten Zahl von Betriebsstunden vorgenommen werden. Kosten, die ausschließlich durch Zeitverschleiß, z. B. Korrosionseinflüsse, ausgelöst werden, sind in voller Höhe den fixen Kosten zuzuordnen. Hierzu gehören z. B. die Reparatur- und Instandhaltungskosten für Gebäude. Schwieriger ist die Kostenauflösung in Mischfällen, in denen Reparatur- und Instandhaltungsmaßnahmen simultan auf Gebrauchs- und Zeitverschleiß zurückzuführen sind. Hier muss der Kostenplaner die anteiligen Wirkungen schätzen.

Zu den proportional vorgegebenen Reparatur- und Instandhaltungskosten ist zu bemerken, dass es sich hier nicht in gleicher Weise um kurzfristig wirksame Proportionalitätsbeziehungen handelt wie bei den meisten anderen beschäftigungsabhängigen Kosten. Dies ist darauf zurückzuführen, dass Reparatur- und Instandhaltungsmaßnahmen nicht auf einen kontinuierlichen Faktorverbrauch zurückzuführen sind, sondern stochastischen Einflussgrößen unterliegen. Dennoch ist bei Betrachtung eines längeren Zeitraums deutlich erkennbar, dass sich die auf Gebrauchsverschleiß zurückzuführenden Reparatur- und Instandhaltungskosten zu den Bezugsgrößen der Kostenstellen proportional verhalten[103]: „Machine maintenance costs are reasonably variable when compared to production on a yearly basis, but not from month to month." Hierauf ist bei der Auswertung des Soll-Ist-Kostenvergleichs zu achten.

4.4.6 Die Planung der kalkulatorischen Zinsen

1. Die kalkulatorischen Zinsen sind das kostenmäßige Äquivalent für die Kapitalbindung in der Unternehmung. Die Frage, ob und in welchem Umfang Zinsen als Kosten zu verrechnen sind, wird in der Betriebswirtschaftslehre seit langem diskutiert und ist immer noch umstritten. Hierbei lassen sich die folgenden Ansichten unterscheiden[104]:

- Weder Fremd- noch Eigenkapitalzinsen werden als Kosten angesehen
- Nur die Fremdkapitalzinsen werden als Kosten angesehen
- Zinsen für das gesamte betriebsnotwendige Kapital werden als Kosten angesehen.

Die erste Ansicht wird von Kostenfachleuten vertreten, welche die finanzielle Sphäre von der Kostenrechnung abgrenzen und sie ausschließlich der Investitionsrechnung zuordnen.

Die zweite Ansicht ist typisch für die Vertreter des pagatorischen Kostenbegriffs, der nur Kosten zulässt, die mit Auszahlungen verbunden sind. Dies ist aber nur bei den Fremdkapitalzinsen der Fall; Zinsen auf das Eigenkapital können für die Vertreter des pagatorischen Kostenbegriffs nur Gewinnanteile darstellen[105].

Zu der dritten Ansicht neigen die meisten Vertreter des wertmäßigen Kostenbegriffs. Für sie sind die auf das Eigenkapital entfallenden kalkulatorischen Zinsen Opportunitätskosten, da sie „nicht in der positiven Form" der Auszahlung, sondern lediglich „in der negativen Form des Nutzenentganges" anfallen[106].

Neu angefacht wurde die Diskussion durch die Verfahren der wertorientierten Unternehmensführung – value based management – und die Orientierung der Investoren am Shareholder Value[107]. So zielt das in der Praxis gut angenommene Konzept des

Economic Value Added[108] auf die Vorgabe eines Mehrgewinns ab, der nach Deckung vorgegebener Kapitalkosten auf das Eigen- und Fremdkapital ermittelt wird[109].

Es würde im Rahmen dieses Buches zu weit führen, auf die Diskussion über den Kostencharakter kalkulatorischer Zinsen im Einzelnen einzugehen. Wir wollen uns vielmehr auf die folgenden Hinweise beschränken.

Die Verrechnung kalkulatorischer Zinsen in der Kostenrechnung ist unter den beiden folgenden Aspekten zu betrachten:

- Kontrolle der Kapitalbindung in den Kostenstellen
- Bestimmung entscheidungsrelevanter Kosten.

Unter dem Aspekt der Kostenkontrolle ist es zweifellos zweckmäßig, in den Kostenstellen kalkulatorische Zinsen auszuweisen, die der Höhe des gebundenen Anlage- und Umlaufvermögens entsprechen. Die auf das Anlagevermögen entfallenden kalkulatorischen Zinsen sind zwar von den Kostenstellenleitern in der Regel nicht beeinflussbar, trotzdem sollte ihnen aber gezeigt werden, welche Kapitalbelastung aus den Sachinvestitionen ihrer Kostenstellen resultiert. Die in den Kostenstellen gebundenen Positionen des Umlaufvermögens sollten bei richtiger Bestandsdisposition überwiegend beschäftigungsabhängig sein. Aus Gründen der Kostenkontrolle ist es daher erforderlich, den Kostenstellenleitern Plankostenbeträge für kalkulatorische Zinsen des Umlaufvermögens vorzugeben und die entsprechenden Istkostenbeträge im Soll-Ist-Kostenvergleich zu kontrollieren.

Sehr viel schwerer ist die Frage zu beantworten, ob und in welchem Umfang kalkulatorische Zinsen im System der Grenzplankostenrechnung zu den entscheidungsrelevanten Kosten gehören. Für die auf das Anlagevermögen entfallenden kalkulatorischen Zinsen ist das zweifellos nicht der Fall; sie gehören in voller Höhe zu den fixen Kosten. Die Positionen des Umlaufvermögens dagegen hängen weitgehend von beschäftigungsabhängigen Aktionsparametern ab. Dies gilt z. B. für die Werkstoff-, Halbfabrikate-, Fertigfabrikate- und die Debitorenbestände. Über diese Bestände sollte stets so disponiert werden, dass eine möglichst schnelle Anpassung an die Beschäftigungssituation der Unternehmung erfolgt. So gesehen gehört ein großer Teil der kalkulatorischen Zinsen für das Umlaufvermögen zu den entscheidungsrelevanten Kosten. Hiergegen spricht auch nicht die Tatsache, dass die kalkulatorischen Zinsen, soweit sie auf das Eigenkapital entfallen, Opportunitätskostencharakter haben[110]. Da der „jeweils letzte" Kapitalbedarf in den meisten Fällen mit Fremdkapital finanziert wird, sind die „Grenzkosten der Finanzierung" stets auch ausgabewirksame Kosten. Insgesamt gesehen halten wir es daher für richtig, diejenigen Teile der kalkulatorischen Zinsen des Umlaufvermögens, die auf beschäftigungsabhängig disponierbare Bestände entfallen, in die entscheidungsrelevanten Kosten einer Grenzplankostenrechnung zu integrieren. Hierbei darf man aber nicht verkennen, dass sich die entscheidungsrelevanten Auswirkungen der Finanzierung letztlich nur in den Ein- und Auszahlungsströmen der Finanzplanung und -kontrolle richtig erfassen lassen.

Als kalkulatorischer Zinssatz wird heute meistens der gleiche Zinssatz gewählt, der in der Investitionsrechnung als Kalkulationszinssatz verwendet wird. Dieser Zinssatz liegt über dem Kapitalkostensatz der teuersten Finanzierungsart und entspricht der von der Geschäftsleitung festgesetzten Mindestrendite für Investitionen[111].

Ein weiteres Problem besteht darin, von welchen Wertsätzen der Vermögensgegenstände man bei der Berechnung kalkulatorischer Zinsen ausgehen soll. Die meisten Unternehmungen verwenden zwar Buchwerte als Basis der Zinsberechnung, man kann sich aber auch auf den Standpunkt stellen, dass die jährlichen Wiederbeschaffungswerte als Wertansätze anzusetzen sind.

Die Erfassung und Verrechnung kalkulatorischer Zinsen kann global oder positionsweise erfolgen. Das Globalverfahren geht von der Bilanz aus und verteilt das betriebsnotwendige Vermögen mithilfe von „Kapitalverteilungsschlüssel" auf die Kostenstellen. Bei der positionsweisen Erfassung und Verrechnung kalkulatorischer Zinsen geht man dagegen von den einzelnen Vermögenspositionen der Kostenstellen aus. Dieses Verfahren ist in einer Plankostenrechnung vorzuziehen.

2. Bei der Planung der kalkulatorischen Zinsen für das Anlagevermögen kann man unmittelbar von den Ausgangsdaten der Anlagenwirtschaft ausgehen, aus der ersichtlich ist, in welchen Kostenstellen die einzelnen Betriebsmittel eingesetzt sind. Da die Betriebsmittel dem Verschleiß unterliegen und die hierfür verrechneten kalkulatorischen Abschreibungen in den Kosten des Umsatzes enthalten sind, vermindert sich im Zeitablauf die Kapitalbindung. Dieser Tatbestand lässt sich durch eines der beiden folgenden Verfahren berücksichtigen. Bei der Darstellung dieser Verfahren wollen wir zunächst unterstellen, dass sich das Preisniveau für Betriebsmittel nicht verändert.

Bei der Restwertverzinsung werden die auf ein Betriebsmittel entfallenden kalkulatorischen Zinsen stets auf den durchschnittlichen Restwert der laufenden Planungsperiode bezogen. Bezeichnen wir den Restwert am Ende der Vorperiode mit R_{r-1}, die geplanten monatlichen Abschreibungen der laufenden Planungsperiode mit $K_{At}^{(p)}$ und den geplanten Jahreszinssatz mit i, so erhalten wir für die kalkulatorischen Zinsen folgenden Monatsbetrag:

$$\text{(4-30)} \quad K_Z = \left(R_{t-1} - 6K_{At}^{(p)}\right)\frac{i}{12}$$

Entsprechend geht man in den folgenden Jahren vor. Da sich bei allen dem Verschleiß unterliegenden Betriebsmitteln die Restwerte von Jahr zu Jahr um die (an die Istbeschäftigung angepassten) jährlichen Abschreibungsbeträge verringern, nimmt die Zinsbelastung beim Restwertverfahren im Zeitablauf ab. Lediglich bei kapitalbindenden Objekten, die nicht dem Verschleiß unterliegen, wie z. B. Grundstücken, verändert sich die Zinsbelastung im Zeitablauf nicht. Die Restwertverzinsung hat den Vorteil, dass sie der effektiven Kapitalbindung des Anlagenvermögens weitgehend entspricht und zu einer ähnlichen Zinsbelastung führt wie das Annuitätenverfahren der Investitionsrechnung. Unmittelbar nach der Durchführung von Investitionen werden die Kostenstellen mit relativ hohen Zinsbeträgen belastet; Kostenstellen mit alten Betriebsmitteln dagegen erhalten nur noch relativ geringe Zinsbelastungen. Als Nachteil wird von manchen Kostenfachleuten die Tatsache angesehen, dass sich beim Restwertverfahren die Kalkulationssätze infolge der im Zeitablauf abnehmenden Zinsbelastungen verändern. Da jedoch die kalkulatorischen Zinsen auf Anlagevermögen in voller Höhe den fixen Kosten zugeteilt werden, verändern sich lediglich die Vollkostensätze; die entscheidungsrelevanten Grenzkosten werden hiervon nicht betroffen.

Beim Verfahren der Durchschnittsverzinsung wird das während der gesamten Lebensdauer eines Betriebsmittels „im Durchschnitt gebundene Kapital" verzinst. Bezeichnen wir den Anschaffungswert eines Betriebsmittels mit A und den erwarteten Netto-Liquidationserlös am Ende der Nutzungsdauer mit L, so erhalten wir für die kalkulatorischen Zinsen pro Monat folgenden Ausdruck:

$$(4\text{-}31)\quad K_Z = \left[\frac{A-L}{2} + L\right]\frac{i}{12} = \frac{A+L}{2}\,\frac{i}{12}$$

Die Gleichung (4-31) lässt erkennen, dass der Nettoliquidationserlös während der gesamten Nutzungszeit verzinst werden muss, da er nicht dem Verschleiß unterliegt. Kritisch ist gegen das Verfahren der Durchschnittsverzinsung einzuwenden, dass die Zinsberechnung nicht einmal annähernd mit der wirklichen Kapitalbindung übereinstimmt, allerdings sind Kostensatzvergleiche auf Vollkostenbasis damit möglich.

Geht man bei der Abschreibungsberechnung von jährlichen Wiederbeschaffungspreisen aus, so sollte man auch die Zinsberechnung an die (leistungsbereinigten) jährlichen Wiederbeschaffungspreise anpassen.

3. Die Planung der kalkulatorischen Zinsen auf das Umlaufvermögen setzt eine nach Kostenstellen differenzierte Bestandsplanung des Umlaufvermögens voraus. Zum Umlaufvermögen zählen insbesondere die folgenden Bestandspositionen:

- Rohstoffe
- Hilfs- und Betriebsstoffe
- Ersatzteile
- Halbfabrikate
- Fertigfabrikate
- Debitoren.

Für diese Positionen müssen beim Aufbau der Kostenplanung monatliche Durchschnittsbestände festgelegt werden, die der geplanten Beschäftigung entsprechen. Zugleich ist festzulegen, wie die Bestände an Beschäftigungsschwankungen angepasst werden sollen.

Relativ leicht lassen sich die kalkulatorischen Zinsen für Rohstoffbestände planen. Werden die Bestellungen in gleichen Abständen vorgenommen und ist der Verbrauch pro Zeiteinheit konstant, so gilt für den Durchschnittsbestand ohne Berücksichtigung von Bestandsreserven folgende Bestimmungsgleichung:

$$(4\text{-}32)\quad \text{Durchschnittsbestand ohne Bestandsreserve} = \frac{\text{Jahresverbrauch}}{2 \cdot \text{Bestellhäufigkeit}}$$

Hierzu kommt noch ein Reservebestand, dessen Höhe insbesondere von der Länge der Beschaffungsdauer, der Beschaffungsunsicherheit und den Schwankungen des Tagesverbrauchs abhängig ist. Werden z. B. von einem Rohstoff 360.000 kg/Jahr benötigt und wird viermal im Jahr bestellt, so erhält man einen Durchschnittsbestand ohne Bestandsreserve von 45.000 kg. Wird eine Bestandsreserve von 15.000 kg geplant, so beträgt der gesamte Planbestand 60.000 kg. Für ungleiche Bestellabstände und variablen Verbrauch pro Zeiteinheit lassen sich entsprechende Bestandsverläufe ermitteln, aus denen man mithilfe einer grafischen Analyse die zugehörigen Durchschnittsbestände ableiten kann.

In Rohstofflagern mit mehreren Werkstoffen wird die Bestandsplanung für jede Rohstoffart gesondert durchgeführt. Die ermittelten Durchschnittsbestände werden mit den Planpreisen der Planungsperiode bewertet. Bei dem heute, insbesondere im Automobilbau fabrizierten „Just in time"-Verfahren werden die benötigten Einsatzstoffe direkt bei Bedarf an das Montageband angeliefert. In diesem Fall ist die Bestellhäufigkeit gleich dem Verbrauch, sodass sich kein zu verzinsender Bestand mehr ergibt.

Die Planung der kalkulatorischen Zinsen für Hilfsstoff-, Betriebsstoff- und Ersatzteilbestände wird dadurch erschwert, dass bei diesen Beständen die Anzahl der Materialpositionen meistens so groß ist, dass sich eine positionsweise Bestandsplanung nicht durchführen lässt. Hier geht man daher zweckmäßigerweise von den Plankosten pro Monat aus und multipliziert diese mit den durchschnittlichen Lagerdauern in Monaten. Hierbei sollte eine Differenzierung nach Materialgruppen mit etwa gleich langen durchschnittlichen Lagerdauern vorgenommen werden. Die durchschnittlichen Lagerdauern erhält man, indem man unter Berücksichtigung der Bestellhäufigkeit und der zeitlichen Verteilung des Verbrauchs die durchschnittlichen Umschlagshäufigkeiten ermittelt und hierdurch die Jahreskosten dividiert. Für laufend benötigte Hilfs- und Betriebsstoffe, die sich kurzfristig beschaffen lasen, liegen die durchschnittlichen Lagerdauern relativ niedrig, z. B. zwischen 0,5 und 1,5 Monaten. Materialpositionen, die zwar vorrätig sein müssen, aber nur relativ selten verbraucht und daher in relativ großen Abständen beschafft werden, haben dagegen häufig Lagerdauern von 6 bis 12 Monaten und darüber. Dies gilt insbesondere für Ersatzteile, die zwar relativ selten benötigt werden, aber aus Sicherheitsgründen am Ersatzteillager vorrätig sein müssen.

Die kalkulatorischen Zinsen für Roh-, Hilfs- und Betriebsstoffe lassen sich ohne Schwierigkeiten den zugehörigen Lagerkostenstellen zuordnen.

Besonders schwierig ist die Planung der kalkulatorischen Zinsen für Halbfabrikatebestände. Dies liegt daran, dass die Halbfabrikatebestände beim Durchlauf durch zahlreiche Fertigungsstellen entstehen und sich hierbei ihr Reifegrad ständig verändert. Daraus folgt, dass sich die Halbfabrikatebestände nicht für einzelne Fertigungsstellen, sondern jeweils nur für größere Betriebsbereiche planen und kontrollieren lassen. Daher plant man die Halbfabrikatebestände in einer Plankostenrechnung für Produktionsbereiche und ordnet die hierauf entfallenden kalkulatorischen Zinsen den entsprechenden Leitungskostenstellen zu. Die Bestandsplanung erfolgt in der Weise, dass man die durchschnittlichen proportionalen Planherstellkosten der betreffenden Produktionsbereiche mit Faktoren multipliziert, die angeben, wie viele Monate bei planmäßigem Ablauf der Fertigung die Halbfabrikate durchschnittlich in der Fertigung gebunden sind. Hierbei wird zugleich der Maschinenbelag und der Halbfabrikatebestand in Zwischenlagern berücksichtigt. Bei der Kostenauflösung ist zu beachten, inwieweit die Halbfabrikatebestände durch Beschäftigungsschwankungen beeinflusst werden. Zeitgemäße Fertigungssteuerungssysteme erlauben einen minimalen, eher konstanten Halbfabrikatebestand, sodass die darauf entfallenden Zinsen zu den fixen Kosten tendieren.

Die Planung der kalkulatorischen Zinsen für Fertigfabrikatebestände erfolgt in enger Zusammenarbeit mit der Produktions- und Absatzplanung. Bezeichnen wir die Absatzmengen mit x_A, die Produktionsmengen mit x_p, den Anfangsbestand mit x_{L0} und den Zeitindex der Monate mit t bzw. τ, so gilt für die Monatsendbestände der Fertigfabrikate $j = 1, ..., n$ folgende Bestimmungsgleichung:

$$(4\text{-}33) \quad x_{Lj\tau} = x_{L0j} + \sum_{t=1}^{\tau} \left(x_{Pjt} - x_{Ajt} \right) \qquad \begin{matrix} (j = 1, ..., n) \\ (\tau = 1, ..., z) \end{matrix}$$

Hieraus lassen sich die jährlichen Durchschnittsbestände als arithmetische Mittelwerte ableiten.

Die Bewertung der durchschnittlichen Fertigfabrikatebestände erfolgt zu den proportionalen Planherstellkosten, die mithilfe der Plankalkulationen ermittelt werden.

Die kalkulatorischen Zinsen für Fertigfabrikatebestände werden der Kostenstelle Fertigwarenlager zugeordnet, die zum Vertriebsbereich gehört. Bei der Aufteilung in fixe und proportionale Kosten sind die Sortimentsdifferenzierung und die Erfordernisse der Vorratshaltung zu berücksichtigen. Bei großer Sortimentsbreite kann es erforderlich sein, dass größere Anteile der kalkulatorischen Zinsen für Fertigfabrikatebestände den fixen Kosten zuzuordnen sind.

Die Planung der kalkulatorischen Zinsen für die Debitorenbestände geht vom geplanten Jahresumsatz aus. Die Höhe der Debitorenbestände hängt von den Zahlungsbedingungen und den in Anspruch genommenen Zahlungszielen ab. Wie H. Langen empirisch nachgewiesen hat, lassen sich unter Berücksichtigung der jeweiligen Zahlungskonditionen „Liquidationsspektren" ermitteln, die Häufigkeitsverteilungen für die „Verweildauern der getilgten Forderungen" angeben[112]. Hierfür haben wir in Abbildung 4-14 ein Beispiel wiedergegeben.

Wie sich aus dieser erkennen lässt, tritt zur Skontofrist eine Häufung der Zahlungseingänge auf. Die Kurve ist gegenüber der Skontofrist etwas nach rechts verschoben, weil ein größerer Teil der Kunden die Skontofrist „mehr oder weniger überschreitet und danach, streng genommen vertragswidrig, das Skonto beansprucht", was von den Lieferfirmen stillschweigend toleriert wird.

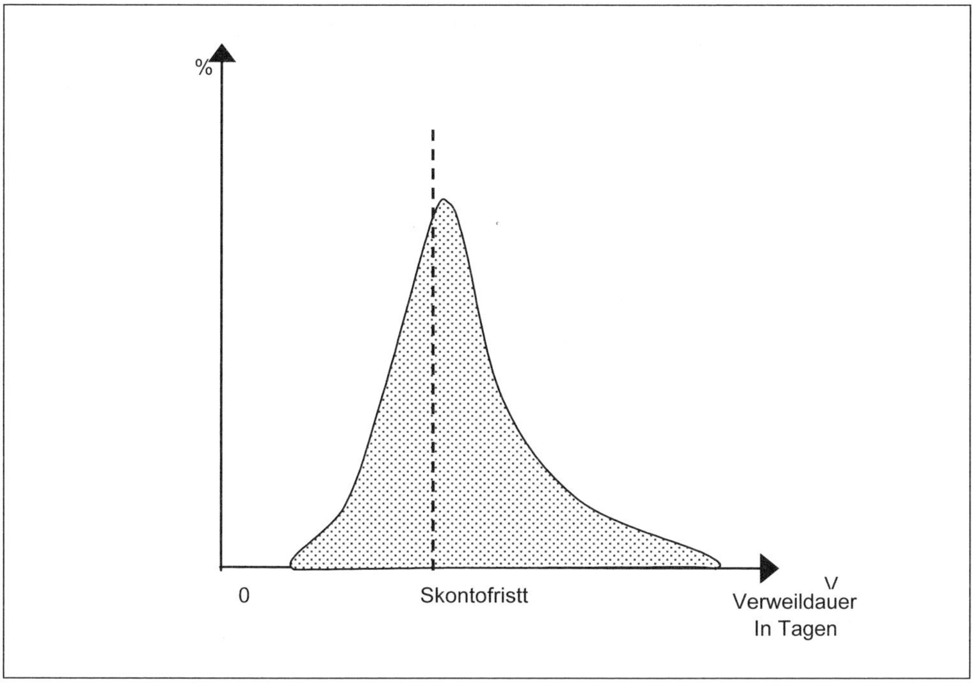

Abbildung 4-14: Beispiel einer Häufigkeitsverteilung für die Verweildauern von Forderungen

Gewichtet man die Verweildauern der Forderungen mit ihren relativen Häufigkeiten, so erhält man die durchschnittliche Verweildauer in Tagen. Hieraus lässt sich der durchschnittliche Debitorenbestand wie folgt ableiten:

$$\text{(4-34)} \quad \text{Durchschnittlicher Debitorenbestand} = \text{Jahresumsatz} \frac{\varnothing \text{ Verweilzeit}}{365}$$

Die kalkulatorischen Zinsen für die Debitorenbestände sind im Vertriebsbereich zu planen. Für die Zuordnung auf den Vertrieb spricht, dass hier die Zahlungsbedingungen festgelegt werden. Da die Liefer- und Zahlungstermine zeitlich phasenverschoben sind, bestehen zwar keine unmittelbaren Proportionalitätsbeziehungen zwischen den monatlichen Umsätzen und der Höhe der Debitorenbestände; mit einer gewissen zeitlichen Phasenverschiebung verhalten sich die Debitorenbestände aber weitgehend proportional zu den Umsätzen. Daher werden die kalkulatorischen Zinsen für Debitorenbestände den proportionalen Kosten zugeordnet (vgl. dazu Kapitel 4.11.1, Abbildung 4-42).

4.4.7 Die Planung der „Verschiedenen Gemeinkosten“

1. Die meisten Kostenartenpläne enthalten eine Kostenartengruppe, die bei der Kostenplanung unter dem Oberbegriff „Verschiedene Gemeinkosten“ zusammengefasst werden können. Hierzu zählen insbesondere die folgenden Kostenartenkategorien:

- Kostensteuern,
- Gebühren, Beiträge und Abgaben,
- Versicherungsprämien,
- Mieten und Pachten,
- Post- und Telekommunikationskosten,
- Kosten für Büromaterial, Drucksachen, Zeitschriften und Bücher,
- Reisekosten,
- Werbemittel- und Repräsentationskosten sowie
- Kosten für Beratungsleistungen.

Die Planungsprobleme der „Verschiedenen Gemeinkosten“ lassen sich wie folgt zusammenfassen.

Erstens liegen diesen Kosten in vielen Fällen vertragliche oder rechtliche Bemessungsgrundlagen zugrunde, aus denen sich die Plandaten der Kostenvorgaben ableiten lassen.

Zweitens beziehen sich die Auszahlungen für viele dieser Kostenarten auf das Rechnungsjahr oder andere vom Monat abweichende Bezugsperioden, sodass für die Kostenplanung und die spätere monatliche Abrechnung entsprechende zeitliche Abgrenzungen erforderlich sind.

Drittens fällt ein Teil dieser Kostenarten für Bemessungsgrundlagen an, die sich nur der gesamten Unternehmung, nicht aber einzelnen Teilbereichen oder Kostenstellen zuordnen lassen. Diese Kostenarten werden entweder der Kostenstelle „Kaufmännische Leitung“ oder einer gesonderten „Verrechnungsstelle Allgemeine Verwaltung“ belastet.

Viertens gehören zu den „Verschiedenen Gemeinkosten“ Kostenarten, deren Höhe rein dispositionsbestimmt ist, sodass sich keine funktionalen Beziehungen zwischen der Kostenhöhe und der Beschäftigung oder der Betriebsbereitschaft nachweisen lassen. Hierzu gehören z. B. die Werbemittel- und Repräsentationskosten. Bei diesen Kostenarten muss die analytische Kostenplanung durch eine Budgetierung ersetzt werden.

2. Wir wollen nunmehr zu den wichtigsten Planungsproblemen der einzelnen Kostenartengruppen der „Verschiedenen Gemeinkosten“ Stellung nehmen.

Zu den Kostensteuern zählen alle vom Betrieb zu zahlenden Steuern mit Ausnahme der ertragsabhängigen Steuern und der Mehrwertsteuer, sofern ihre Bemessungsgrundlagen nicht aus betriebsfremden Einrichtungen, nicht betriebsnotwendigen Vermögenswerten oder neutralen Erträgen resultieren[113]. Die Körperschaftsteuer wird als ertragsabhängige Steuer überwiegend als „Gewinnverwendung“ angesehen. Die Mehrwertsteuer ist für den Betrieb ein „durchlaufender Posten“, der seine Kosten nicht erhöht, soweit das Unternehmen der Regelbesteuerung unterliegt.

Die Planung der Kostensteuern besteht aus der Planung der Steuerbemessungsgrundlagen und der Planung der Steuersätze. Sie erfolgt in Zusammenarbeit mit der Steuerabteilung. Die geplanten Beträge der Kostensteuern stimmen in vielen Fällen nicht mit den vom Finanzamt festgesetzten Vorauszahlungen überein, da diese sich überwiegend an den Steuerzahlungen der Vergangenheit orientieren. Weiterhin sind die Zahlungstermine der Steuern für die Planung der Kostensteuern ohne Bedeutung. Die Kostenplanung ermittelt zunächst die Jahresbeträge und belastet denjenigen Kostenstellen monatliche Durchschnittsbeträge der Kostensteuern, deren Betriebsbereitschaft oder Beschäftigung zur Auslösung der betreffenden Steuern geführt hat. Hierbei treten bei einigen Kostensteuern Zurechnungsprobleme auf. Die Aufteilung in fixe und proportionale Kosten richtet sich auch bei den Kostensteuern danach, ob die Steuerbemessungsgrundlagen aus der Beschäftigung oder der Betriebsbereitschaft resultieren.

Relativ einfach ist die Planung der Kraftfahrzeugsteuern. Hier liegen von den Finanzbehörden festgelegte Steuerbeträge pro Fahrzeug vor, die unmittelbar in die Kostenplanung übernommen werden können. Die Kraftfahrzeugsteuern werden auf den Einsatzstellen der Fahrzeuge geplant; der überwiegende Teil entfällt auf Transportkostenstellen. Sie werden in voller Höhe den fixen Kosten zugeordnet.

Die Grundsteuer lässt sich leicht mithilfe der Einheitswertbescheide planen. Grundsteuerbeträge für ungenutzte Grundstücke werden als neutraler Aufwand abgegrenzt. Die geplanten Grundsteuerbeträge werden den Raumkostenstellen als fixe Kosten zugeordnet.

Die Vermögensteuer wurde in Deutschland mit Wirkung zum 01.01.1997 abgeschafft. Infolge ihres Fixkostencharakters gehörte sie ohnehin nicht zu den entscheidungsrelevanten Kosten.

Die Gewerbesteuer ist eine Realsteuer, mit der das Objekt Gewerbebetrieb besteuert wird. Seit dem 01.01.1998 wird die Gewerbesteuer nur mehr in Form der Gewerbeertragsteuer erhoben. Die Gewerbekapitalsteuer wurde hingegen abgeschafft. Auch bei der Gewerbesteuer sind diejenigen Teile als neutraler Aufwand abzugrenzen, die aus Steuerbemessungsgrundlagen resultieren, die nicht dem eigentlichen Betriebszweck dienen.

Für die Gewerbeertragsteuer dient der Gewerbeertrag als Bemessungsgrundlage, der sich aus dem steuerlichen Jahresgewinn durch Hinzurechnungen und Kürzungen ableiten lässt. Wegen der Gewinnabhängigkeit der Gewerbeertragsteuer ist ihr Kostencharakter umstritten, sodass die meisten Unternehmen auf ihre Berücksichtigung in der Kostenrechnung verzichten; als Realsteuer wird sie aber von einigen Kostenfachleuten dennoch zu den Kostensteuern gezählt[114].

Bei der Planung von Gebühren, Beiträgen und Abgaben kann man meistens auf vertraglich oder gesetzlich festgelegte Bemessungsgrundlagen zurückgreifen. Viele dieser Kostenarten belasten die „Unternehmung als Ganzes“. Dies gilt z. B. für die Beiträge der Industrie- und Handelskammer, der Arbeitgeberverbände und sonstiger Fachverbände sowie für die Gebühren der Abschlussprüfung, die Kosten der Hauptversammlung und die Vergütungen des Aufsichtsrates. Solche Kostenarten werden entweder der Kostenstelle „Kaufmännische Leitung“ oder einer „Verrechnungsstelle Allgemeine Verwaltung“ zugeordnet. Gebühren, Beiträge und Abgaben für spezielle Nutzungen einzelner Kostenstellen werden dagegen den verursachenden Stellen vorgegeben. Die Aufteilung in fixe und proportionale Kosten richtet sich nach den Bemessungsgrundlagen. So sind z. B. umsatzabhängige Beiträge zu den proportionalen Kosten zu zählen.

Die Planung der Versicherungsprämien erfolgt auf Grund der abgeschlossenen Versicherungsverträge, wobei man aber in regelmäßigen Abständen überprüfen sollte, ob die Prämiensätze noch der Marktlage entsprechen.

Die Prämien der Kraftfahrzeugversicherung werden den Kostenstellen zugeordnet, in denen die betreffenden Fahrzeuge eingesetzt sind. Hierbei handelt es sich meistens um Transportkostenstellen. Die Prämien der Kraftfahrzeugversicherung werden in voller Höhe den fixen Kosten zugeordnet.

Die Prämien der Betriebshaftpflichtversicherung gehören zu denjenigen Kostenarten, welche die „Unternehmung als Ganzes“ betreffen. Sie werden als fixe Kosten der Kostenstelle „Kaufmännische Leitung“ oder einer „Verrechnungsstelle Allgemeine Verwaltung“ zugeordnet.

Die Prämien für die Einbruch-, Sturmschäden- und Leitungswasserschäden-Versicherung werden den Raumkostenstellen zugeordnet; auch sie sind in voller Höhe fixe Kosten.

Bei der Betriebsunterbrechungsversicherung sind die Feuer-Betriebsunterbrechungsversicherung (FBUV) und die Maschinen-Betriebsunterbrechungsversicherung (MBUV) zu unterscheiden.

Die Planung der Prämien für die Feuerversicherung geht von den Beträgen aus, die in den Versicherungsverträgen positionsweise aufgeführt sind. Bei der Versicherung der Vorräte sind das Festwert-Verfahren und das Stichtags-Verfahren zu unterscheiden. Da die auf die Vorräte entfallenden Prämien der Feuerversicherung an laufende Bestandsveränderungen angepasst werden, sind sie nach den gleichen Grundsätzen in fixe und proportionale Kosten aufzuteilen, wie wir sie für die kalkulatorischen Zinsen auf das Umlaufvermögen beschrieben haben.

Streng genommen müssten nahezu allen Kostenstellen anteilige Prämien der Feuerversicherung zugeordnet werden, da abgesehen von reinen Verrechnungsstellen in allen Stellen Vermögenswerte eingesetzt werden, die der Gefahr eines Feuerschadens ausgesetzt sind. Während sich jedoch die Gebäudewerte ohne Schwierigkeiten den Raumkostenstellen zuordnen und sich die anteiligen Prämien der Vorräte auf den entsprechenden Lagerkostenstellenplanen lassen, ist eine detaillierte Aufteilung der Betriebsmittelwerte für die praktische Durchführung meistens zu kompliziert. Man beschränkt sich daher darauf, die Prämienbeträge der Feuerversicherung auf vorgeschaltete Leitungsstellen der Hauptfunktionsbereiche zu konzentrieren. Die entscheidungsrelevanten Kosten werden hierdurch nicht beeinflusst, weil die auf das Anlagevermögen entfallenden Prämienbestandteile der Feuerversicherung zu den fixen Kosten gehören.

Bei der Planung von Mieten, Pachten und Leasing-Beträgen bilden die zugehörigen Verträge die Planungsgrundlage. Raummieten werden auf den betreffenden Raumkostenstellen geplant. Maschinenmieten fallen überwiegend auf Fertigungskostenstellen und den Kostenstellen der Datenverarbeitung an. Im Regelfall sind Mieten, Pachten und Leasing-Beträge den fixen Kosten zuzuordnen; Ausnahmen bilden nutzungsabhängige Beträge.

Zu den Postkosten zählen insbesondere Gebühren für Postsendungen, Telefonverbindungen und den Telefaxverkehr. Sie entfallen zum überwiegenden Teil auf den Verwaltungs- und Vertriebsbereich und den Einkaufssektor einer Unternehmung. Eine detaillierte Planung der Postkosten setzt eine genaue Funktionsanalyse der in den Kostenstellen ausgeübten Tätigkeiten voraus. Da diese jedoch in den meisten Fällen zu aufwändig ist, wird man sich mit einer Schätzung begnügen. Weiterhin ist beim Aufbau der Kostenplanung festzulegen, ob jeder Kostenstelle die von ihr verursachten Postkosten vorzugeben und als Istkosten zu belasten sind. In Bereichen, in denen die einzelnen Kostenstellen nur geringfügige Postkosten verursachen, sollte man sich darauf beschränken, die Postkosten auf der zugehörigen Leitungsstelle zu konzentrieren. Dies gilt insbesondere für die Kosten des Briefverkehrs, weil hier der Erfassungsaufwand relativ hoch ist. Die Telefonkosten lassen sich heute in den meisten Unternehmungen aufgrund elektronischer Aufzeichnungen der Telefonanlage ohne Schwierigkeiten einzelnen Kostenstellen zuordnen. Auch die Auflösung der Postkosten in fixe und proportionale Bestandteile setzt eine Funktionsanalyse voraus. Eindeutig umsatzproportionale Postkosten, wie sie z. B. bei den Ausgangsrechnungen auftreten, sind in voller Höhe den proportionalen Kosten zuzuordnen. In den meisten Fällen muss jedoch ein nicht unerheblicher Teil den fixen Kosten zugeordnet werden, da keine Beziehungen zwischen den Postkosten und der Beschäftigung nachweisbar sind. Telekommunikationskosten, wie z. B. jene der Internet-, Intranet- und E-Mail-Nutzung stellen eine aktuelle Herausforderung für die Planung und Steuerung dar.

Bei der Planung der Kosten für Büromaterial und Drucksachen lässt sich in den meisten Fällen eine Verbrauchsanalyse durchführen, die sich an den ausgeübten Funktionen der Kostenstellen orientiert. Dies gilt insbesondere für den Verbrauch an Formularen und sonstigen Drucksachen. Die Kosten für den Formularverbrauch lassen sich in vielen Fällen den proportionalen Kosten zuordnen. Dies gilt z. B. für die Kosten für Rechnungsformulare, Materialentnahmescheine, Akkordlohnscheine. Für den allgemeinen Büromaterialbedarf lohnen sich in der Praxis genaue Verbrauchsanalysen meistens nicht; hier beschränkt man sich auf eine Schätzung.

Bei der Planung der Kosten für Bücher und Zeitschriften ist zwischen regelmäßig und unregelmäßig anfallenden Kosten zu unterscheiden. Zu den regelmäßig anfallenden Kosten zählen die Kosten für Zeitschriften. Sie werden denjenigen Stellen vorgegeben, von denen die betreffenden Zeitschriften bestellt worden sind. Im Falle mehrerer Nutznießer muss entweder eine Aufteilung der Kosten erfolgen oder eine Belastung der übergeordneten Leitungsstelle vorgenommen werden. Die Kosten für den unregelmäßigen Bezug von Büchern lassen sich lediglich budgetieren.

Die Planung der Reisekosten lässt sich relativ leicht durchführen, soweit es sich um regelmäßig wiederkehrende Reisen (z. B. Messebesuche, Inspektionsreisen, Kundenbesuche usw.) handelt. Hier lässt sich in der Regel für ein Jahr im Voraus angeben, welche Fahrtkosten, Übernachtungskosten und Spesen für die einzelnen Reisen zu erwarten sind. Der geplante Jahresbetrag der Reisekosten wird in einen monatlichen Durchschnittsbetrag umgerechnet. Schwieriger ist die Kostenplanung für Reisen, die unregelmäßig anfallen und deren Ziele nicht im Voraus festliegen. Hier muss man sich beim Aufbau der Kostenplanung auf die budgetmäßige Vorgabe geschätzter Beträge beschränken. Die Aufteilung der Reisekosten in fixe und proportionale Bestandteile ist sehr schwierig, da viele Reisen rein dispositionsabhängig sind. In diesen Fällen sollte eine Zuordnung zu den fixen Kosten vorgenommen werden.

Die Planung der Werbemittelkosten ist Bestandteil der Absatzplanung. Hier wird im Werbebudget im Einzelnen festgelegt, welche Werbemittel eingesetzt werden sollen und welche Kostenträgergruppen Gegenstand der Werbung sind. Die Höhe der Werbemittelkosten ist rein dispositionsbestimmt. Die Werbemittelkosten werden in der Regel der Kostenstelle „Werbung" vorgegeben. Auch die Aufteilung in fixe und proportionale Kosten ist rein dispositionsabhängig. Wird durch die mittelfristige Werbeplanung ein konstantes Werbebudget festgelegt, dessen Höhe nicht an Umatzschwankungen angepasst werden soll, so gehören die Werbemittelkosten in voller Höhe zu den fixen Kosten. Wird dagegen entschieden, dass jeweils ein bestimmter Prozentsatz des Umsatzes für den Werbemitteleinsatz aufgewendet werden soll, so sind die Werbemittelkosten in voller Höhe proportional.

Auch die Repräsentationskosten sind rein dispositionsabhängig, sodass die Kostenplanung auf geschätzte Vorgaben angewiesen ist. Für die Kostenauflösung der Repräsentationskosten gelten unsere Ausführungen über die Kostenauflösung der Werbemittelkosten analog. Sie werden häufig als Fixkosten betrachtet.

Bei den Kosten für Beratungsleistungen sind regelmäßig und unregelmäßig anfallende Beträge zu unterscheiden. Zu den regelmäßig in Anspruch genommenen Beratungsleistungen gehören z. B. die Steuerberatung, Wirtschaftsprüfung und die Werbeberatung. Unregelmäßig anfallende Beratungsleistungen können im Rahmen der Strategiefindung, der Einführung neuer Vergütungssysteme, der Verbesserung der Prozessabläufe, der Verfahrensplanung im Produktionsbereich, der Einführung neuer Datenverarbeitungssysteme, der Einführung neuer Verfahren der Unternehmensplanung und Steuerung usw. dienen. Bei der Planung laufend anfallender Beratungskosten kann man auf entsprechende Erfahrungswerte zurückgreifen. Problematischer ist die Kostenplanung für fallweise Beratungsleistungen für die nur ein Budgetrahmen festgelegt werden kann. Weiterhin ist zu beachten, dass die Auszahlungen für größere Beratungsaufträge, die zu langfristigen Nutzungspotenzialen führen, immaterielle Investitionen sind, sodass an sich eine entsprechende zeitliche Abgrenzung erfolgen müsste. Da aber eine Aktivierung nicht zulässig ist, werden die betreffenden Beträge in die laufende Kostenrechnung übernommen. Die Beratungskosten werden den Leitungskostenstellen derjenigen Bereiche zugeordnet, die Nutznießer der Beratungsleistungen sind. Die Kosten für Beratungsleistungen sind in voller Höhe den fixen Kosten zuzuordnen.

4.5 Der Aufbau von Kostenplänen

4.5.1 Kostenpläne für sekundäre Kostenstellen

4.5.1.1 Die innerbetriebliche Leistungsverrechnung in der Grenzplankostenrechnung

1. Die Aufgabe der innerbetrieblichen Leistungsverrechnung besteht darin, für die Leistungen der sekundären Kostenstellen Verrechnungssätze zu bilden und hiermit die von den verbrauchenden Kostenstellen in Anspruch genommenen Leistungseinheiten zu bewerten. Während bei den traditionellen Verfahren der Kostenrechnung die innerbetrieblichen Leistungen mithilfe von Ist- oder Normalkostensätzen abgerechnet werden, erfolgt in einer Plankostenrechnung grundsätzlich eine Bewertung mit geplanten Verrechnungssätzen. Da nahezu alle Kostenstellen innerbetriebliche Leistungen beanspruchen, mussten vor dem Einsatz von Standard-Software mit integrierten Verteilungs- und Bewertungsalgorithmen die sekundären Kostenstellen beim Aufbau der Kostenplanung zuerst geplant werden, damit bei der Planung der primären Kostenstellen die erforderlichen Verrechnungssätze zur Verfügung standen. Diese Forderung ist inzwischen überholt, da in einem ersten Schritt zunächst die Mengenbeziehungen zwischen Sender- und Empfängerkostenstellen festgelegt werden müssen und erst beim Planungsabschluss die Bewertung dieser Mengen nach einem Iterationsverfahren, das alle wechselseitigen Leistungsbeziehungen berücksichtigt, systemintern voll maschinell durchgeführt wird.

Nachdem sich die flexible Plankostenrechnung zur Grenzplankostenrechnung weiterentwickelt hat, werden für die Leistungen der sekundären Kostenstellen grundsätzlich nur proportionale Kostensätze gebildet. Nur so wird erreicht, dass in die proportionalen Kosten der leistungsempfangenden Stellen keine proportionalisierten fixen Kosten der sekundären Kostenstellen eingehen. Die fixen Kosten der Sekundärstellen werden in einer reinen Grenzplankostenrechnung zusammen mit den übrigen fixen Kosten monatlich in die kurzfristige Erfolgsrechnung ausgebucht. Wird dagegen die Grenzplankostenrechnung durch eine parallel durchgeführte Vollkostenrechnung ergänzt, wie das heute in den meisten Unternehmungen der Fall ist, so muss im Anschluss an die Kostenplanung eine sekundäre Fixkostenverteilung durchgeführt werden. Hierbei werden die fixen Kosten der sekundären Kostenstellen nachträglich den leistungsempfangenden Kostenstellen zugeteilt, und zwar im Verhältnis ihrer Leistungsinanspruchnahme. Die sekundären fixen Kosten werden auf den empfangenden Stellen getrennt ausgewiesen und in voller Höhe den fixen Kosten zugeordnet, sodass sie das Grenzkostenprinzip nicht stören können. Im Übrigen vgl. unsere Ausführungen zur sekundären Fixkostenverteilung in Kapitel 4.5.1.8.

2. Bei der Planung der Verrechnungssätze für innerbetriebliche Leistungen wird die gleiche Interdependenz des innerbetrieblichen Leistungsaustausches wirksam, die bereits in der Istkostenrechnung erkannt wurde und dort zur Anwendung des Gleichungsverfahrens der innerbetrieblichen Leistungsverrechnung geführt hat[115].

Da die sekundären Kostenstellen ihre Leistungen nicht nur an die Hauptkostenstellen weiterleiten, sondern auch im gegenseitigen Leistungsaustausch stehen, kann der Kostenplan einer Sekundärstelle x erst abgeschlossen werden, wenn die geplanten Verrechnungssätze aller übrigen Sekundärstellen bekannt sind, von denen diese Stelle Leistungen bezieht. Diese Sätze lassen sich aber wiederum erst planen, wenn die Planung der Sekundärstelle x abgeschlossen ist, sofern sie von den übrigen Sekundärstellen Leistungen bezieht. Dieses Problem lässt sich exakt nur simultan mithilfe eines linearen Gleichungssystems lösen.

Hierfür wollen wir folgende Kurzzeichen einführen:

ν = Index der sekundären Stellen (als leistende Stelle)

μ = Index der sekundären Stellen (als empfangende Stelle)

v = Anzahl der sekundären Kostenstellen

$B_{\mu}^{(p)}$ = Planbezugsgröße der sekundären Kostenstelle μ

$\rho_{\nu\mu}^{(p)}$ = Proportionaler Planverbrauch pro Bezugsgrößeneinheit der Kostenstelle μ für innerbetriebliche Leistungen von der Kostenstelle ν

$d_{\mu}^{(p)}$ = Proportionaler Planverrechnungssatz der sekundären Kostenstelle μ

$K_{PR\mu}^{(p)}$ = Summe der proportionalen primären Plankosten der Kostenstelle μ

Mithilfe dieser Kurzzeichen lässt sich das folgende lineare Gleichungssystem formulieren:

$$(4\text{-}35) \quad K_{PR\mu}^{(p)} + \sum_{\nu=1}^{v} \rho_{\nu\mu}^{(p)}\, B_{\mu}^{(p)}\, d_{\nu}^{(p)} = B_{\mu}^{(p)}\, d_{\mu}^{(p)} \qquad (\mu = 1, ..., v)$$

Der zweite Summand in Gleichung (4-35) gibt die Summe der proportionalen sekundären Plankosten an, deren Höhe von den unbekannten Verrechnungssätzen $d_{\nu}^{(p)}$ abhängig ist; wobei sich diese durch Auflösung des Gleichungssystems bestimmen lassen.

Bei der praktischen Durchführung der Kostenplanung war man lange darauf angewiesen, ein Näherungsverfahren anzuwenden. Ähnlich wie nach dem bekannten Stufenleiterverfahren der innerbetrieblichen Leitungsverrechnung einer Istkostenrechnung versuchte man, die Reihenfolge der sekundären Kostenstellen nach Möglichkeit so zu wählen, dass man zuerst Kostenstellen plant, die keine bzw. nur sehr wenige innerbetriebliche Leistungen von anderen Kostenstellen beziehen oder bei denen die empfangenden Leistungen nur zu einem geringen Teil in die variablen Kosten eingehen bzw. ganz fix sind; denn nur die proportionalen Kosten beeinflussen die Grenzkostensätze der Sekundärstellen. Weiterhin schätzte man bei der Kostenplanung einer sekundären Kostenstelle jeweils die noch nicht festliegenden innerbetrieblichen Verrechnungssätze. Mit diesen geschätzten Sätzen wurde zunächst ein „vorläufiger“ Kostenplan aufgebaut. Wurden später diejenigen sekundären Kostenstellen abgeschlossen, deren Kostensätze zunächst geschätzt werden mussten, so mussten die vorläufigen Kostenpläne entsprechend revidiert werden. Dies geschah in der Weise, dass man die nunmehr endgültigen innerbetrieblichen Verrechnungssätze in die vorläufigen Kostenpläne einbezog. Hierbei änderte sich die Summe der proportionalen Kosten. War diese Veränderung gering, so konnte man sie ohne Änderung der Kostenpläne berücksichtigen, indem man bei anderen Kostenarten die Relationen zwischen fixen und proportionalen Planvorgaben geringfügig veränderte, sodass der ursprüngliche Gesamtbetrag der proportionalen Kosten erhalten blieb. Traten größere Unterschiede auf, war eine Korrektur der vorläufig abgeschlossenen Kostenpläne erforderlich. Diese umständliche und zeitaufwändige Verfahrensweise ist heute beim Einsatz leistungsfähiger Standard-Software nicht mehr erforderlich[116], da die beschriebene Aufgabenstellung der Interdependenz des innerbetrieblichen Leistungsaustausches in den Programmen bereits gelöst ist.

3. Wir werden in den nachfolgenden Kapiteln zunächst die Kostenplanung für die sekundären und anschließend für die primären Kostenstellen beschreiben. Zur Illustration und zum besseren Verständnis empfehlen wir die Ausführungen in Kapitel 4.10 – Unternehmensmodell QUATTRO - und insbesondere 4.11 – Modellbetrieb Getriebebau AG –begleitend zu studieren.

4.5.1.2 Kostenpläne für Raumkostenstellen

1. Die Aufgabe der Raumkostenstellen besteht darin, allen Abteilungen einer Unternehmung den erforderlichen Raum in einsatzbereitem Zustand zur Verfügung zu stellen. In kleineren Unternehmungen reicht hierfür in der Regel eine Raumkostenstelle aus. In größeren Unternehmungen sind dagegen meistens mehrere Raumkostenstellen erforderlich, die sich wie folgt gliedern lassen:

- Gebäude-Kostenstellen
- Heizungs-, Klimatisierungs- und Luftbefeuchtungsanlagen
- Allgemeine Raumbetreuungsstellen.

Die Gebäude-Kostenstellen werden nach der Bauweise gegliedert, wobei jeweils zusammenhängende Gebäudekomplexe zu einer Kostenstelle zusammengefasst werden. So wird z. B. in vielen Unternehmungen eine Unterteilung in Fabrik-, Verwaltungs- und Lagergebäude vorgenommen. Auch freie Lagerflächen werden zu Raumkostenstellen zusammengefasst. Ungenutzte Grundstücke erscheinen dagegen auf den Raumkostenstellen nicht; sie werden als nicht betriebsnotwendiges Vermögen abgegrenzt.

Von den Heizungs-, Klimatisierungs- und Luftbefeuchtungsanlagen wird in der Regel nur ein Teil der Kostenstellen mit Leistungen versorgt. Daher ist es erforderlich, für diese Anlagen gesonderte Raumkostenstellen mit eigenen Verrechnungssätzen zu bilden. Werden alle Räume beheizt, so kann man die Heizungsanlagen mit der Gebäudekostenstelle zusammenfassen. Dienen Klima- und Luftbefeuchtungsanlagen jeweils nur einer Kostenstelle, so werden sie nicht in die Raumkostenstellen integriert, sondern der leistungsempfangenden Kostenstelle zugeordnet.

Weiterhin zählen zu den Raumkostenstellen die allgemeinen Raumbetreuungsstellen, wozu der Pförtner- und Anmeldedienst, der Werksschutz und die Werksfeuerwehr gehören können. Da die Leistungen dieser Stellen allen übrigen Teilbereichen einer Unternehmung dienen, ist es zweckmäßig, ihre Kosten in den Raumkostenverrechnungssatz einzubeziehen.

Bei der Planung der Raumkostenstellen sind bei einigen Kostenarten Abgrenzungen erforderlich. So muss z. B. festgelegt werden, welche Reinigungskosten auf die Raumkostenstellen gehören und wie diese von der speziellen Arbeitsplatzreinigung der Kostenstellen abzugrenzen sind. Weiterhin ist bei den Stromkosten zu entscheiden, ob der Lichtstrom den verbrauchenden Kostenstellen belastet werden soll oder ob man ihn in die Raumkosten einbezieht. Da es in der Regel zu kostspielig ist, den Istverbrauch an Lichtstrom auf den verbrauchenden Kostenstellen zu erfassen, halten wir es für zweckmäßiger, den gesamten Lichtstrom auf den Raumkostenstellen zu planen. Lediglich wenn in Kostenstellen eine produktionsbedingte Arbeitsplatzbeleuchtung mit relativ hohem Stromverbrauch erforderlich ist, sollte der Lichtstrom der verbrauchenden Kostenstelle vorgegeben werden.

Da bei unveränderten betrieblichen Teilkapazitäten die Raumnutzung konstant ist, sind die Raumkostenstellen reine Bereitschaftsstellen, für die es keine flexiblen Bezugsgrößen gibt. Hieraus folgt, dass alle geplanten Kosten den fixen Kosten zuzuordnen sind. In einer Grenzplankostenrechnung wäre es daher konsequent, die Raumnutzung mit dem Verrechnungssatz „Null" zu bewerten. In der Praxis ist es aber üblich, auch bei Anwendung einer Grenzplankostenrechnung die Raumkosten auf die genutzten Flächen (m^2) zu beziehen und sie im Verhältnis der Nutzflächen auf die in Anspruch nehmenden Kostenstellen zu verteilen. Da die Raumkosten auf den empfangenen Stellen in voller Höhe den fixen Kosten zugeordnet werden, wird hierdurch das Grenzkostenprinzip nicht gestört.

4.5.1.3 Kostenpläne für Sozialkostenstellen

1. Zu den Sozialkostenstellen zählen alle Betriebsbereiche, die der sozialen Betreuung der Arbeitskräfte dienen. Hierzu gehören der allgemeine Sozialdienst (Umkleide-, Wasch-, Dusch- und Aufenthaltsräume), die Werksküche und Kantine, das Betriebsratsbüro, Belegschafts-Bibliotheken, Werks-Kindergärten, Werks-Wohnungen und Einrichtungen der medizinischen Betreuung (Werks-Arzt, Erholungsheime). Für jede dieser Stellen wird ein gesonderter Kostenplan aufgebaut. Als Bezugsgrößen sind Mengenbezugsgrößen, wie Kopfzahl, Anzahl Essen usw., geeignet.

Die Kosten der Sozialstellen werden wie alle anderen sekundären Kostenstellen geplant und verrechnet. Fallen in Sozialkostenstellen Erlöse an, wie das z. B. bei Werkswohnungen und der Kantine der Fall ist, so werden diese in den jeweiligen Kostenstellen in Abzug gebracht.

4.5.1.4 Kostenpläne für Energiekostenstellen

1. Zu den Energiekostenstellen zählen alle Betriebsbereiche, die der Erzeugung und Verteilung selbsterstellter oder der Verteilung fremdbezogener Energie dienen; vgl. hierzu die in Kapitel 4.4.3 angegebenen Energiearten.

Als Planbezugsgrößen der Energiekostenstellen werden die durchschnittlichen geplanten Energiemengen pro Monat verwendet. Hierbei muss die geplante Erzeugungs- oder Bezugsmenge einer Energieart mit der Summe der Verbrauchsmengen aller verbrauchenden Kostenstellen übereinstimmen. Da jedoch im Zeitpunkt, zu dem eine Energiekostenstelle geplant wird, diese Mengen noch nicht bekannt sind, können die Planbezugsgrößen der Energiekostenstellen hieraus nicht abgeleitet werden. Man muss daher zunächst mithilfe gröberer Planungsverfahren „vorläufige Planbezugsgrößen" der Energiekostenstellen festlegen. Hierbei geht man von den Ist-Erzeugungs- bzw. Bezugsmengen des Vorjahres aus und passt diese mithilfe von Korrekturfaktoren an die erwartete Beschäftigungssituation der Planungsperiode an. Nach Abschluss der Kostenplanung werden die „vorläufigen Planbezugsgrößen" mit den Summen der zugehörigen Planverbrauchsmengen der Kostenstellen verglichen. Liegen die hierbei ermittelten Abweichungen im Toleranzbereich von ±5 %, so werden die Planbezugsgrößen an die Verbrauchsmengen angepasst. Größere Abweichungen machen dagegen eine Überprüfung der Energieplanung erforderlich. Hierbei werden häufig Unwirtschaftlichkeiten des Energieverbrauchs oder Planungsfehler in den Kostenstellen aufgedeckt.

Eine Besonderheit der Energiekostenplanung besteht darin, dass zwischen Energiearten Verbundbeziehungen bestehen können. Dies gilt insbesondere, wenn Wärmeenergie in Form von Dampf dazu verwendet wird, elektrische Energie zu erzeugen und der Dampf anschließend als Produktions- oder Heizdampf Verwendung findet. In diesen Fällen ist eine „technische Systemanalyse des gesamten Wärmeversorgungssystems" erforderlich, die von entsprechend qualifizierten Kosteningenieuren durchzuführen ist[117]. Hierbei dienen Wärmeflussbilder als Grundlage. Bei der Planung der Wärmeenergie sind das Dampfgewicht und der physikalische Zustand des Dampfes (Druck und Temperatur) zu unterscheiden. Weiterhin ist eine sorgfältige Planung der Wärmeverluste (Kessel-, Abschlämm- und Strahlungsverluste) erforderlich. Entsprechende Energieverluste sind bei den übrigen Energiearten zu berücksichtigen.

Bei der Planung der Energiestellen wird zugleich festgelegt, in welchen verbrauchenden Kostenstellen der Istverbrauch mithilfe von Messgeräten erfasst werden kann. Meistens besteht diese Möglichkeit nur in Kostenstellen mit einem relativ hohen Verbrauch, da sowohl die Kosten für die Messgeräte als auch die Personalkosten für das Ablesen in Kostenstellen mit geringen Verbrauchsmengen wirtschaftlich nicht vertretbar sind. Wird der überwiegende Teil des Energieverbrauchs nicht durch Messgeräte erfasst, so wird der Energiekostenstelle eine „Deckungsbezugsgröße" zugeordnet. In diesen Fällen konzentrieren sich alle Verbrauchsabweichungen der betreffenden Energieart auf der Energiekostenstelle.

4.5.1.5 Kostenpläne für Hilfsbetriebe

1. Als Hilfsbetriebe werden Kostenstellen bezeichnet, in denen Betriebshandwerker eingesetzt werden, die Reparatur- und Instandhaltungsleistungen für andere Kostenstellen erbringen. Hierbei kann es sich um Schlosser, Elektriker, Schreiner und sonstige Handwerker handeln. In manchen Industriebetrieben gibt es Spezialwerkstätten, die spezielle Leistungen für Fertigungsstellen erbringen. Hierzu gehören z. B. Zylindermachereien in Spinnereien, Walzenstechereien in Tapetenfabriken oder Werkzeugmachereien im Maschinenbau.

Als Planungsbezugsgröße der Hilfsbetriebe dienen stets die geleisteten Fertigungsstunden für innerbetriebliche Leistungen. In Ausnahmefällen kann es erforderlich sein, zwei Bezugsgrößen, so z. B. in einer Schlosserei „Schlosserstunden" und „Schweißerstunden", nebeneinander zu verwenden. Eine Besonderheit der Bezugsgrößenplanung von Hilfsbetrieben besteht darin, dass die Planbezugsgrößen nicht mit den unter der Kostenart Instandhaltungs- und Reparaturkosten vorgegebenen Handwerkerstunden übereinstimmen, da ein nicht unerheblicher Teil der Handwerkerleistungen auf Werksaufträge entfällt, die zum Teil auch aktiviert werden.

Einer der wichtigsten Grundsätze bei der Planung von Hilfsbetrieben besteht darin, dass auf keinen Fall der Istbestand an Handwerkern ohne Überprüfung in die Kostenplanung einbezogen werden darf. Gerade in den Hilfsbetrieben, deren Leistungen nur schwer quantitativ erfasst und kontrolliert werden können, findet man vielfach erhebliche personelle Überbesetzungen. Mithilfe von Kennziffern für die Relation zwischen Fertigungsstunden und Handwerkerstunden muss in den betrieblichen Teilbereichen überprüft werden, ob der Bestand an Betriebshandwerkern vertretbar ist.

Weiterhin ist zu beachten, dass in die Kostenpläne der Hilfsbetriebe kein Einzelmaterial, auch kein Reparaturmaterial, einbezogen werden darf. Die Materialkosten werden vielmehr den Werksaufträgen für Instandhaltungsarbeiten und Reparaturen direkt belastet. Das Gleiche gilt für in Anspruch genommene Fremdleistungen. Auf den Hilfsbetrieben dürfen lediglich Hilfs- und Betriebsstoffe geplant werden, die für den laufenden Betrieb erforderlich sind (Kleinmaterialien).

Wird ein Hilfsbetrieb für typische Reparatur- und Instandhaltungsarbeiten eingesetzt, bei denen die einzelnen Reparaturfälle sich stark voneinander unterscheiden, so sollte man auf die Anwendung von Leistungslohnsystemen verzichten. Lediglich für Hilfsbetriebe, bei denen gleichartige Reparaturen in großer Anzahl verrichtet werden, wie das z. B. bei der Werkzeugschleiferei im Maschinenbau der Fall ist, ist es betriebswirtschaftlich vertretbar, Vorgabezeiten oder Richtzeiten festzulegen.

4.5.1.6 Kostenpläne für Transportkostenstellen

1. In den Transportkostenstellen einer Unternehmung werden mobile oder stationäre Betriebsmittel zusammengefasst, die dem Transport von Sachgütern oder Personen dienen. Hierbei kann man zwischen innerbetrieblichem und außerbetrieblichem Transport unterscheiden.

Zu den Kostenstellen des innerbetrieblichen Transportes zählen insbesondere Elektrokarren und Gabelstapler oder andere mobile Transportmittel, die primär Material, Teile, Halb- und Fertigfabrikate zwischen Lager- und Fertigungskostenstellen transportieren. Weiterhin zählen hierzu Deckenkrananlagen, die in größeren Werkräumen mehrere Kostenstellen mit Transportleistungen versorgen. Auch Lastenaufzüge können in die Transportkostenstellen einbezogen werden, sofern ihre Leistungen über den normalen Service hinausgehen, der im Bereich der Raumkostenstellen erwartet werden kann. Bestehen Unternehmungen aus mehreren Werken oder Produktionsstufen, zwischen denen in größerem Umfang Transportleistungen erbracht werden müssen, wie das z. B. in gemischten Hüttenwerken der Fall ist, so gehören auch die Werksbahnen zu den innerbetrieblichen Transportkostenstellen.

Als Kostenstellen des außerbetrieblichen Transportes findet man in fast allen Unternehmungen die Kostenstelle „PKW-Dienst“. Weiterhin werden in vielen Unternehmungen Lastkraftwagen im Güternah- oder Güterfernverkehr eingesetzt. Gelegentlich findet man auch betriebseigene Schiffe oder Flugzeuge, für die spezielle Transportkostenstellen einzurichten sind.

Grundsätzlich sollte man versuchen, Transportkostenstellen mit direkten Bezugsgrößen abzurechnen, so z. B. mit Kilometern, Tonnen oder anderen quantitativen Maßstäben der Transportleistung. Dies setzt aber voraus, dass sich die betreffenden Ist-Bezugsgrößen mit vertretbarem Aufwand erfassen lassen. Für die Kostenstellen des außerbetrieblichen Transportes ist diese Voraussetzung in den meisten Fällen erfüllt. Hier lassen sich die gefahrenen Kilometer, das transportierte Gewicht sowie die Fahrt-, Lade- und Wartezeiten belegmäßig festhalten. Zugleich kann angegeben werden, für welche Kostenstellen oder (beim Außentransport) für welchen Kostenträger die betreffenden Transportleistungen erbracht worden sind. Beim innerbetrieblichen Transport dagegen ist der Erfassungsaufwand für direkte Bezugsgrößen meistens zu hoch. Hier werden in schneller Folge auf „Rundfahrten“ mehrere Kostenstellen mit Transportleistungen versorgt, sodass die erforderlichen Schreibarbeiten zu umfangreich sind. Zugleich führt das Rundfahrtprinzip zu unlösbaren Zurechnungsproblemen. Bei den innerbetrieblichen Transportabteilungen wird daher meistens auf die Verwendung direkter Bezugsgrößen verzichtet. Man verwendet indirekte Bezugsgrößen in Form von „Deckung-Bezugsgrößen“. Hierbei wird mithilfe einer sorgfältigen Analyse der Transportleistungen für jede Kostenstelle eine planmäßige durchschnittliche Belastung mit Transportleistungen festgelegt, die ihrer Planbezugsgröße entspricht. Aufgrund dieses Transportleistungsplans werden die proportionalen Plankosten der Transportkostenstellen den leistungsempfangenden Stellen zugeordnet. Diese Zuordnung kann entweder nach dem „Hol-“ oder dem „Bring-Prinzip“ erfolgen. Im ersten Fall werden die Transportkosten den empfangenden und im zweiten den abgebenden Kostenstellen zugeordnet. Das Ergebnis der planmäßigen Verteilung der innerbetrieblichen Transportkosten geht in die Planung der innerbetrieblichen Leistungsbeziehungen ein. In der laufenden Abrechnung werden die Soll-Transportkosten der leistungsempfangenden Stellen mit den Istkosten gleichgesetzt, sodass eine Abweichungskontrolle der Kostenart „kalkulatorische Transportkosten“ nicht möglich ist. Die Abweichungssummen der innerbetrieblichen Transportkosten konzentrieren sich bei der Verwendung von „Deckung-Bezugsgrößen“ auf den Transportkostenstellen.

4.5.1.7 Kostenpläne für Leitungskostenstellen

1. Zu den Leitungskostenstellen zählen alle Abteilungen, die der Leitung, Planung und dispositiven Betreuung des Produktionsablaufs dienen, wie z. B. die Fertigungsleitung, Arbeitsvorbereitung oder Fertigungsdisposition und die Meisterbereichsstellen. Theoretisch lassen sich zwar auch für diese Kostenstellen in vielen Fällen direkte Bezugsgrößen ermitteln, so z. B. die nach Kostenträgergruppen differenzierte „Anzahl der disponierten Fertigungsaufträge“, in der Praxis ist der Erfassungsaufwand hierfür aber meistens zu hoch. Daher werden für die Leitungskostenstellen Deckung-Bezugsgrößen verwendet. Wegen der, durch strukturelle Veränderungen der Rahmenbedingungen in der industriellen Fertigung stark steigenden Kostenanteile gerade in diesen Bereichen setzt in der Praxis ein Umdenken ein. Dies kann durch das vielfältige Interesse, das dem Themenkreis „Prozesskostenrechnung“ entgegengebracht wird, untermauert werden. Das traditionelle Planungsverfahren der Deckungsrechnung, wie es im Folgenden ausführlich beschrieben wird, tritt daher gegenüber dem leistungsorientierten Verfahren der Vorgangskalkulation für repetitive Teilprozesse zurück. Eine Zwischenlösung stellt das Verfahren von leistungsorientierten Standardbezugsgrößen zur Wirtschaftlichkeitskontrolle der Kostenstellen in Verbindung mit differenzierten Kalkulationszuschlägen (z. B. für Fertigungsunterstützung) dar. Neben einer verbesserten Kalkulationsgenauigkeit wird auf jeden Fall die Transparenz der Kalkulationsergebnisse dadurch entschieden erhöht.

Beim traditionellen Verfahren der Deckungsrechnung wird durch eine sorgfältige Funktionsanalyse für jede Leistungskostenstelle festgelegt, welche Anteile ihrer proportionalen Plankosten durchschnittlich auf die betreuten Fertigungskostenstellen entfallen. Diese planmäßige Kostenverteilung erfolgt in enger Zusammenarbeit mit den Abteilungsleitern und den zugehörigen Sachbearbeitern der Leistungskostenstellen. Hierbei muss darauf geachtet werden, dass diese ihre Angaben nicht darauf abstellen, inwieweit sie „gerade im Augenblick“ mit Problemen der einen oder anderen Fertigungskostenstellen beschäftigt sind. Die planmäßige Verteilung der Leitungskosten soll vielmehr so erfolgen, dass sie der im Durchschnitt der Planungsperiode bei Planbeschäftigung zu erwartenden Belastung entspricht. Die den Fertigungskostenstellen zugeordneten Plankostenbeträge werden als Bestandteil der innerbetrieblichen Leistungsbeziehungen im Planungssystem hinterlegt. Hierbei werden die absoluten Beträge auf die Planbezugsgrößen der belasteten Stellen bezogen, um die Belastungsunterschiede kontrollieren zu können.

4.5.1.8 Die Verteilung der sekundären Fixkosten

1. Wie wir bereits in Kapitel 4.5.1.1 gezeigt haben, wird die innerbetriebliche Leistungsverrechnung der Grenzplankostenrechnung heute in den meisten Unternehmungen durch eine Verteilung der sekundären Fixkosten ergänzt, damit sich für die primären Kostenstellen neben den Grenzkosten- auch Vollkostensätze bestimmen lassen.

Hierbei geht man häufig so vor, dass die fixen Kosten der Sekundärstellen den leistungsempfangenden Stellen im Verhältnis ihrer planmäßigen proportionalen Leistungsinanspruchnahme belastet werden. Abgesehen von der grundsätzlichen Problematik einer derartigen Schlüsselung von Fixkosten sollte jedoch bei dieser Vorgehensweise beachtet werden, dass die Gefahr einer unzutreffenden Verteilung in jenen Fällen besteht, wo geringe proportionale Kostenanteile als Verteilungsbasis mächtiger Fixkostenblöcke verwendet werden. Dies ist z. B. bei Leitungsstellen oft der Fall. Durch getrennte Bezugsgrößen für diese Fixkosten kann hier entgegengesteuert werden, um plausible Vollkostensätze, z. B. für die Bestandsbewertung, zu erhalten.

Bei der Verteilung sekundärer Fixkosten wird die gleiche Interdependenz des innerbetrieblichen Leistungsaustausches wirksam, die in der Istkostenrechnung zur Anwendung des Gleichungsverfahrens geführt hat und die sich auch bei der Bezugsgrößenplanung der sekundären Kostenstellen auswirkt[118]. Der auf eine Bezugsgrößeneinheit einer Sekundärstelle entfallende Fixkostenbetrag lässt sich erst bestimmen, wenn man die Fixkostenverrechnungssätze aller übrigen Sekundärstellen kennt und umgekehrt, sofern ein gegenseitiger Leistungsaustausch erfolgt.

Das Interdependenzproblem der sekundären Fixkostenverteilung lässt sich mithilfe eines linearen Gleichungssystems lösen, für das wir die folgenden Kurzzeichen einführen wollen:

ν, μ	=	Indizes der sekundären Stellen (die jeweils als leistende und empfangende Kostenstelle auftreten können)
v	=	Anzahl der sekundären Kostenstellen
$B_{\nu}^{(p)}$	=	Geplante Leistungsmenge der sekundären Kostenstelle ν (Planbezugsgröße)
$K_{FPR\nu}^{(p)}$	=	Summe der primären fixen Plankosten der sekundären Kostenstelle ν
$r_{\nu\mu}^{(p)}$	=	Planverbrauch der Sekundärstelle ν an Leistungseinheiten der Sekundärstelle μ [ME/Monat]
$c_{F\nu}^{(p)}$	=	Fixe Plankosten pro Bezugsgrößeneinheit der Sekundärstelle ν.

Für die zu bestimmenden Fixkosten-Verrechnungssätze $c_{F\nu}^{(p)}$ gilt das folgende lineare Gleichungssystem:

(4-36) $$B_{\nu}^{(p)} c_{F\nu}^{(p)} = K_{FPR\nu}^{(p)} + \sum_{\mu=1}^{v} r_{\nu\mu}^{(p)} c_{F\mu}^{(p)} \qquad (\nu = 1, ..., v)$$

Der zweite Summand in Gleichung (4-36) gibt die sekundären Fixkosten an, die auf die Sekundärstelle ν entfallen.

Bei der praktischen Anwendung des Gleichungssystems (4-36) kann man sich zunächst auf diejenigen Sekundärstellen beschränken, zwischen denen ein gegenseitiger Leistungsaustausch besteht, jedoch ist heute beim Einsatz leistungsfähiger Standardsoftware diese Aufgabenstellung als Iterationsrechnung in den Programmen bereits gelöst.

Liegen die Fixkosten-Verrechnungssätze aller Sekundärstellen fest, so werden hiermit die entsprechenden Planverbrauchsmengen der primären Kostenstellen bewertet. Hierbei erhält man die auf die einzelnen innerbetrieblichen Leistungsarten entfallenden sekundären Fixkosten der primären Kostenstellen. Diese werden nach Sender-Kostenstellen getrennt den primären Kostenstellen unter der jeweiligen Kostenart der innerbetrieblichen Leistungsverrechnung belastet. Sie werden in voller Höhe den fixen Kosten zugeordnet, sodass sie das Grenzkostenprinzip nicht stören.

4.5.2 Kostenpläne für primäre Kostenstellen

4.5.2.1 Kostenpläne für Kostenstellen des Fertigungsbereichs

1. Zu den Fertigungskostenstellen zählen alle Kostenstellen einer Unternehmung, die unmittelbar dazu dienen, Vor-, Zwischen- oder Endprodukte zu bearbeiten, herzustellen oder zu montieren.

Für die Planung der Fertigungskostenstellen ist charakteristisch, dass hier die Bezugsgrößentechnik der Grenzplankostenrechnung in besonders ausgeprägter Form angewandt wird. Weiterhin lässt sich ein relativ hoher Anteil der Kostenvorgaben durch Berechnen und Messen bestimmen.

In der Praxis wird man zwar zunächst versuchen, pro Fertigungskostenstelle mit einer Bezugsgröße auszukommen. Häufig ist aber der Tatbestand der heterogenen Kostenverursachung erfüllt, sodass mehrere Bezugsgrößen verwendet werden müssen. In diesen Fällen wird für jede Bezugsgröße ein gesonderter Kostenplan erstellt. Hierbei lassen sich die proportionalen Plankosten den einzelnen Bezugsgrößen ohne Schwierigkeiten zuordnen. Bei den fixen Plankosten treten aber in vielen Fällen Zuordnungsprobleme auf. Hierbei lassen sich folgende Fälle unterscheiden.

Besteht die Bezugsgrößendifferenzierung in der Zerlegung einer Grundbezugsgröße, so lassen sich die fixen Plankosten den Kostenplänen der Bezugsgrößen in der Regel im Verhältnis der zugehörigen Planbezugsgrößen zuordnen. Typische Beispiele hierfür sind Kostenstellen, in denen die Maschinenlaufzeit nach Erzeugnisgruppen (z. B. Aluminium- und Kupfererzeugnisse) oder nach Verfahrensweisen (z. B. Druck, Temperatur oder sonstige Prozessbedingungen) differenziert wird.

Erfolgt die Bezugsgrößendifferenzierung in der Weise, dass unterschiedliche Einflussgrößen, z. B. Vorgabestunden, Maschinenstunden, Rüststunden, Durchsatzgewichte, Längen oder Flächen als Bezugsgrößen einer Fertigungsstelle verwendet werden, so treten bei der Fixkostenzuordnung häufig Schwierigkeiten auf. Wird die Grenzplankostenrechnung in ihrer ursprünglichen Form, d. h. ohne Ergänzung zur Vollkostenrechnung, praktiziert, so kann man die fixen Kosten in diesen Fällen einfach einer „Hauptbezugsgröße“, so z. B. der Maschinenlaufzeit, zuordnen. Heute wird die Grenzplankostenrechnung aber meistens durch eine parallel durchgeführte Vollkostenrechnung ergänzt, sodass für sämtliche Bezugsgrößen Vollkostensätze ermittelt werden müssen. Hierbei lassen sich die fixen Kosten den Bezugsgrößen meistens nur mithilfe willkürlicher Annahmen zuordnen. Werden z. B. in einer Fertigungsstelle mit Serienproduktion die Bezugsgrößen „Rüststunden" und „Fertigungsstunden" verwendet, so lassen sich die Raumkosten diesen Bezugsgrößen nicht sinnvoll zuordnen. Man kann sowohl bei den Rüststunden auf eine Belastung mit Raumkosten verzichten als auch eine Aufteilung im Verhältnis der Planbezugsgrößen der Rüst- und der Fertigungszeitbezugsgröße vornehmen. Das gleiche Zuordnungsproblem der Raumkosten tritt auf, wenn in einer Fertigungsstelle eine Zeitbezugsgröße durch eine oder mehrere Mengenbezugsgrößen ergänzt wird. Auch in diesen Fällen gibt es Fixkostenarten, die sich ohne Schwierigkeiten zuordnen lassen. Hierzu gehören z. B. die fixen Anteile der kalkulatorischen Abschreibungen und die kalkulatorischen Zinsen, die sich meistens eindeutig der Bezugsgröße „Maschinenstunden" zuordnen lassen.

Das Zuordnungsproblem der fixen Kosten lässt noch einmal die Vollkostenproblematik transparent werden. Die hieraus resultierenden Probleme belasten aber nicht die Grenzplankostenrechnung als solche, sondern nur ihre Ergänzung zur Vollkostenrechnung.

4.5.2.2 Kostenpläne für Kostenstellen des Forschungs- und Entwicklungsbereichs

1. Zu den Kostenstellen des Forschungs- und Entwicklungsbereichs zählen alle Abteilungen einer Unternehmung, die Forschungsprojekte der Grundlagen- und Zweckforschung bearbeiten oder der Entwicklung neuer Erzeugnisse und Verfahrenstechniken dienen. Wie wir bereits in Kapitel 3.3.1 gezeigt haben, lassen sich im Forschungs- und Entwicklungsbereich projektfixe und projektvariable Kosten unterscheiden. Die projektfixen Kosten dienen der Aufrechterhaltung von Forschungs- und Entwicklungskapazitäten und werden stets über Kostenstellen abgerechnet. Die projektvariablen Kosten lassen sich einzelnen Forschungs- und Entwicklungsprojekten verursachungsgerecht zuordnen. Hierbei sind Einzel- und Kostenstellenkosten zu unterscheiden. Ein möglichst großer Teil der projektvariablen Kosten sollte den Projekten als Projekteinzelkosten zugeordnet werden. Dies gilt z. B. für den Materialverbrauch, die Kosten für Spezialeinrichtungen, Fremdleistungen und Versuche in der Fertigung. In der Kostenstellenrechnung sind daher neben den fixen Kosten der betrieblichen Bereitschaft nur solche projektvariablen Kosten zu erfassen, bei denen eine direkte Projektzuordnung nicht möglich ist. Hierzu zählen insbesondere die Personalkosten.

Als Bezugsgrößen werden für die Kostenstellen des Forschungs- und Entwicklungsbereichs in den meisten Fällen die geleisteten „Arbeitsstunden" verwendet. Die entsprechenden Ist-Bezugsgrößen müssen durch Stundenaufschreibungen erfasst werden. Die geleisteten Arbeitszeiten werden mithilfe von Stundensätzen, z. B. für Chemiker-, Physiker-, Konstrukteur- und Zeichnerstunden, auf die Projekte weiterverrechnet. Unsere Ausführungen in Kapitel 3.3.1 haben aber bereits deutlich werden lassen, dass es sich hierbei nicht um „erzeugnisvariable Kosten" handelt. Die projektvariablen Kosten des Forschungs- und Entwicklungsbereichs gehören vielmehr in die besondere Kategorie der Vorleistungskosten. Selbst wenn sie in die Kalkulationen der betrieblichen Erzeugnisse einbezogen werden, gehören sie nicht zu den entscheidungsrelevanten Kosten der Grenzplankosten- und Deckungsbeitragsrechnung.

Bei der Planung der Kostenstellen des Forschungs- und Entwicklungsbereichs liegt der Schwerpunkt auf der Vorgabe von Personalkosten und der Kosten für Forschungseinrichtungen. Hierbei weist die Personalkostenplanung Parallelen zu den Leitungskostenstellen des Fertigungsbereichs auf.

2. Ob und in welcher Weise eine kalkulatorische Verrechnung der Forschungs- und Entwicklungskosten in der Plankalkulation erfolgt, hängt davon ab, inwieweit zwischen den Vorleistungsprojekten und den Erzeugnissen des laufenden Produktionsprogramms Beziehungen bestehen, die eine verursachungsgerechte Zuordnung ermöglichen. Dienen Forschungs- und Entwicklungsprojekte der Grundlagenforschung oder der Entwicklung neuer Produkte und Verfahren, so sollten die hierauf entfallenden Kosten nicht kalkulatorisch weiterverrechnet, sondern direkt den entsprechenden Bezugsobjekten der Deckungsbeitragsrechnung belastet werden.

Eine kalkulatorische Verrechnung der Forschungs- und Entwicklungskosten in der Plankalkulation kann nur dann in Frage kommen, wenn diese Kosten dafür aufgewendet werden, Erzeugnisse oder Erzeugnisgruppen des laufenden Produktionsprogramms permanent oder in bestimmten Zeitabständen an die technische Entwicklung anzupassen. Dies ist z. B. der Fall, wenn der Produktaufbau eines Sortimentes von Angebots- zu Angebotsperiode technisch verbessert wird. In der Praxis ist hierbei allerdings die Grenze zur Neuentwicklung oftmals schwer zu ziehen. Weiterhin wird die kalkulatorische Verrechnung dadurch erschwert, dass eine zeitliche Phasenverschiebung zwischen den Aktivitäten des Forschungs- und Entwicklungsbereichs und der hierdurch ausgelösten Beeinflussung des Produktionsprogramms besteht. Die Forschungs- und Entwicklungskosten einer Planungsperiode kommen stets erst den Erzeugnissen späterer Planungsperioden zugute. Hieraus folgt, dass sich die für eine bestimmte Planungsperiode geplanten Forschungs- und Entwicklungskosten dem Produktionsprogramm dieser Periode ohne zeitliche Abgrenzungen nur zuordnen lassen, wenn sich der Umfang der Forschungs- und Entwicklungstätigkeit im Zeitablauf nicht wesentlich ändert. Auf diese Problematik gehen verschiedene Veröffentlichungen unter dem Stichwort „life cycle costing“ in letzter Zeit verstärkt ein[119].

Liegen die Voraussetzungen für eine kalkulatorische Weiterverrechnung von Forschungs- und Entwicklungskosten vor, so werden in der Plankostenrechnung die geplanten Forschungs- und Entwicklungskosten den Erzeugnisgruppen verursachungsgerecht zugeordnet und prozentual auf die geplanten Herstellkosten bezogen.

4.5.2.3 Kostenpläne für Kostenstellen des Materialbereichs

1. Zu den Kostenstellen des Materialbereichs zählen alle Abteilungen, die der Beschaffung, Lagerung und Auslieferung von Werkstoffen dienen, so z. B. die Einkaufsleitung, die nach Werkstoffgruppen differenzierten Einkaufsabteilungen, Materialprüfstellen, Warenannahmen sowie die Lager für Werkstoffe und Zukaufsteile.

Wie bereits unsere Ausführungen in Kapitel 4.2.2.2.2 gezeigt haben, entspricht es den Grundsätzen der flexiblen Plankostenrechnung am besten, wenn für die Kostenstellen des Materialbereichs direkte Bezugsgrößen verwendet werden. Da in vielen Materialstellen Heterogenität der Kostenverursachung vorliegt, müssten hierbei mehrere Bezugsgrößen pro Stelle verwendet werden. In der Praxis verzichtet man aber meistens auf die Verwendung direkter Bezugsgrößen, weil ihre laufende Erfassung zu aufwändig und ihre kalkulatorische Verrechnung zu schwierig ist. Man verwendet daher im Materialbereich als indirekte Bezugsgröße die Planmaterialkosten. Hierauf werden die geplanten Kosten der Materialstellen prozentual bezogen. Im Gegensatz zu den Verfahren der Ist- und Vollkostenrechnung, wo vielfach nur ein globaler Materialgemeinkosten-Verrechnungssatz gebildet wurde, nimmt man aber in der Plankostenrechnung eine weitgehende Differenzierung nach Materialgruppen vor[120]. Hierdurch lässt sich trotz des Verzichts auf direkte Bezugsgrößen die Kalkulationsgenauigkeit erheblich verbessern.

Zur Bildung der Materialgemeinkosten-Verrechnungssätze werden die Plankosten der Materialkostenstellen bei Durchführung der analytischen Kostenplanung verursachungsgemäß denjenigen Materialgruppen zugeordnet, für welche die betreffende Kostenstelle die Funktionen Beschaffung, Lagerung Annahme, Ausgabe oder Kontrolle ausübt. Bei den Personalkosten dient die Funktionsanalyse und bei den bestandsabhängigen Kostenarten die nach Materialgruppen differenzierte Bestandsplanung als Grundlage.

Gerade die Kostenstellen des Materialbereiches werden aber von den Vertretern der Prozesskostenrechnung als geeignetes Beispiel für die Anwendung leistungsbezogener direkter Bezugsgrößen genannt[121].

4.5.2.4 Kostenpläne für Kostenstellen des Verwaltungsbereichs

1. Zu den Kostenstellen des Verwaltungsbereichs zählen alle Abteilungen einer Unternehmung, die zum Geschäftsbereich der Kaufmännischen Leitung gehören und betriebswirtschaftliche Aufgaben der Planung und Kontrolle, der Organisation, des betrieblichen Rechnungswesens, der Finanzierung oder sonstige kaufmännische Verwaltungsaufgaben erfüllen.

An der Spitze dieses Bereiches steht die Kostenstelle „Kaufmännische Unternehmensleitung“. Neben den eigentlichen Stellenkosten werden auf dieser Stelle meistens auch solche Kosten geplant, welche die „Unternehmung als Einheit“ belasten. Hierzu gehören z. B. die Beiträge zur Industrie- und Handelskammer sowie zu sonstigen Körperschaften und Verbänden, die Gebühren der Abschlussprüfung, die Kosten der jährlichen Hauptversammlung usw. Man kann diese Kosten aber auch einer besonderen Kostenstelle „Allgemeine Verwaltung“ zuordnen. Dieser Weg wurde auch im Modellbetrieb beschritten. In fast allen Unternehmungen gehören zu den Kostenstellen des Verwaltungsbereichs die Abteilungen Finanzbuchhaltung, Kostenrechnung, Personalwesen und Rechtsberatung. Im Einzelnen hängt die Stellengliederung weitgehend davon ab, wie der Verwaltungsbereich organisatorisch gegliedert ist. Große Bedeutung hat auch die Planung und Verrechnung der Kosten für die Informationsverarbeitung gewonnen.

Wie unsere Ausführungen in Kapitel 4.2.2.2.2 gezeigt haben, sind auch für die Verwaltungskostenstellen direkte Bezugsgrößen zur Leistungsmessung vorgeschlagen worden. In der Praxis der Plankostenrechnung wurden diese Vorschläge bisher aber nur selten realisiert, weil der Planungs- und Erfassungsaufwand solcher Bezugsgrößen relativ hoch ist, und ihnen die unmittelbare Beziehung zu den betrieblichen Erzeugnissen fehlt, sodass sie für die kalkulatorische Weiterverrechnung der Verwaltungskosten nicht geeignet sind. Man verwendet daher für die Verwaltungskostenstellen als indirekte Bezugsgrößen entweder die „Plan-Herstellkosten" oder die „Plan-Fertigungskosten" des Umsatzes. Da diese jedoch wieder zu falschen Kalkulationsergebnissen führen können, werden diese Kosten häufig als reine Fixkosten nach funktionsanalytischer Differenzierung den einzelnen Stufen und Hierarchien der Deckungsbeitragsrechnung zugeordnet.

In vielen Unternehmungen werden dennoch immer noch die Herstellkosten des Umsatzes als Bezugsgrundlage der Verwaltungskosten gewählt. Da die Verwaltungskosten überwiegend aus fixen Kosten bestehen, wird hierbei weitgehend auf eine Differenzierung der Verrechnungssätze nach Kostenträgergruppen verzichtet.

Bei der Planung der Kostenstellen des Verwaltungsbereichs entfällt der überwiegende Teil des Planungsaufwandes auf die Personalkosten und die Verschiedenen Gemeinkosten. Bei der Planung der Personalkosten sollte mithilfe von Funktionsanalysen überprüft werden, ob der vorhandene Personalbestand dem planmäßig zu erwartenden Leistungsvolumen der betreffenden Verwaltungsstelle entspricht. Hierbei ist zugleich zu überprüfen, ob die Belastung durch die Aktivitäten des Verwaltungsbereichs bei den einzelnen Kostenträgergruppen unterschiedlich ist, um eine gezielte Verrechnung in die Deckungsbeitragsrechnung zu ermöglichen. Auch für die Planung der Verschiedenen Gemeinkosten kann zum Teil auf die Ergebnisse der Funktionsanalyse zurückgegriffen werden, so z. B. bei der Planung der Büromaterial-, Post- und Telekommunikationskosten. Im Übrigen vgl. zur Planung der Verschiedenen Gemeinkosten unsere Ausführungen in Kapitel 4.4.7.

4.5.2.5 Kostenpläne für Kostenstellen des Vertriebsbereichs

1. Zu den Kostenstellen des Vertriebsbereichs zählen die Vertriebsleitung, die (nach Erzeugnisgruppen oder Absatzgebieten gegliederten) Verkaufsabteilungen, die Werbung und das Marketing, die Fertigwarenlager, der Versand und die Fakturierung. In manchen Unternehmungen kommen hierzu noch spezielle Abteilungen, die der Herstellung von Mustermaterial dienen, so z. B. in der Textil- und der Tapetenindustrie.

Wie unsere Ausführungen in Kapitel 4.2.2.2.2 gezeigt haben, treten bei der Bezugsgrößenwahl der Vertriebskostenstellen die gleichen Schwierigkeiten auf wie im Material- und Verwaltungsbereich. In den meisten Fällen werden daher wie bei den Verwaltungskostenstellen die Herstellkosten des Umsatzes als indirekte Verrechnungsbezugsgröße gewählt. Bei stark unterschiedlichen Materialanteilen der Erzeugnisse werden gelegentlich auch die Fertigungskosten als Bezugsgrundlage verwendet. In manchen Branchen bezieht man die Vertriebskosten unmittelbar auf Mengengrößen. So werden z. B. in der Textilindustrie Verrechnungssätze pro 100 m Gewebe und in der Automobilindustrie Verrechnungssätze pro Fahrzeug gebildet.

Für die umfangreichen Bereiche mit repetitiven Tätigkeiten, z. B. in der Auftragsabwicklung, kann wieder mit Erfolg das Verfahren der prozessorientierten Vorgangskalkulation eingesetzt werden. Bei Stellen mit kreativen Tätigkeiten, z. B. in der Werbung und im Marketing, bietet sich das Verfahren der Funktionsanalyse mit fixer Zuordnung der Kostenblöcke zu differenzierten Stufen und Hierarchien der Deckungsbeitragsrechnung an.

Unabhängig von der gewählten Bezugsgrundlage gilt bei der Planung der Vertriebskosten der wichtige Grundsatz, dass eine weitgehende Differenzierung der Verrechnungssätze nach Kostenträgergruppen und Vertriebswegen erfolgen muss. Nur auf diese Weise lässt sich trotz der problematischen Verrechnungsgrundlage eine kalkulatorische Verrechnung der Vertriebskosten erreichen, bei der wesentlichen Unterschiede der Kostenverursachung berücksichtigt werden können. Im Vertriebsbereich sind die Unterschiede der Kostenverursachung der Erzeugnisgruppen stets erheblich größer als bei den Verwaltungskosten. Die Bildung eines einheitlichen Zuschlagsatzes, würde daher zu erheblichen Kalkulationsfehlern führen. Für die Grenzplankostenrechnung hat insbesondere H. G. Plaut eine weitgehende Differenzierung der Vertriebskostensätze nach Erzeugnisgruppen vorgeschlagen und in der Praxis eingeführt; für einen Textilbetrieb gibt er z. B. „nicht weniger als 22 Verwaltungs- und Vertriebskostenzuschläge“ an, die zwischen 7 % und 46 % der Herstellkosten betragen[122].

Im Vertriebsbereich lassen sich erzeugnisspezifische, abnehmerspezifische und absatzwegespezifische Unterschiede der Kostenverursachung unterscheiden, die eine differenzierte Planung der Vertriebskostensätze erforderlich machen. Eine mehrdimensional ausgelegte Deckungsbeitragsrechnung stellt daher das geeignete Instrumentarium für ein effizientes Vertriebs-Controlling dar[123].

Zu den erzeugnisspezifischen Vertriebskostenunterschieden gehören z. B. Kostenunterschiede, die sich daraus ergeben, ob es sich um Konsum- oder industrielle Verbrauchsgüter handelt. Bei Konsumgütern sind in der Regel die Werbekosten und die Kosten der Auftragsabwicklung höher. Weiterhin werden viele Vertriebskostenarten durch die Anzahl der Erzeugnisse (= Sortimentsbreiten) und die durchschnittlichen Herstellkosten pro Einheit der Erzeugnisgruppen beeinflusst. Dies gilt z. B. für die Kosten der Auftragsabwicklung bzw. der Lagerkosten.

Die abnehmerspezifischen Vertriebskostenunterschiede lassen sich nach branchen-, betriebsgrößen- und standortbedingten Einflussgrößen unterteilen. Werden die gleichen Erzeugnisse zum Teil an weiterverarbeitende Betriebe und an den Handel bzw. die Endverbraucher geliefert, so entstehen in beiden Fällen recht unterschiedliche Verkaufs- und Lagerkosten. Ein typisches Beispiel hierfür ist die Reifenindustrie, die ihre Erzeugnisse im „Erstgeschäft“ an Automobilfabriken und im „Ersatzgeschäft“ an den Reifenhandel liefert. Von der Betriebsgröße des Abnehmers hängt meistens die Höhe des Gesamtbedarfs und damit die Größe der georderten Auftragsmengen ab. Da ein erheblicher Teil der Vertriebskosten auf die Abwicklung von Verkaufsaufträgen entfällt, wird dem Einfluss der Auftragsgrößen in der Literatur besondere Beachtung geschenkt[124]. Gerade dieser Gesichtspunkt sollte in einer prozessorientierten Vorgehensweise berücksichtigt werden. Weiterhin ergeben sich abnehmerspezifische Kostenunterschiede aus den Standorten der Abnehmer. Hierdurch können die Reise- und Kommunikationskosten, aber auch die Kosten der Auftragsabwicklung erheblich beeinflusst werden. Insbesondere ist darauf zu achten, dass in der Regel im Exportgeschäft mit höheren Vertriebskosten gerechnet werden muss.

Die absatzwegespezifischen Vertriebskostenunterschiede hängen weitgehend von der Vertriebsorganisation ab. Sie wirken sich nur aus, wenn die gleichen Erzeugnisse auf unterschiedlichen Vertriebswegen an die Abnehmer geliefert werden, so z. B. mit oder ohne Einschaltung des Groß- bzw. Einzelhandels, direkt ab Werk, über ein Zentrallager oder über mehrere Filialläger bzw. Verkaufsniederlassungen. Hierdurch können die Lagerkosten und die Kosten der Auftragsabwicklung erheblich beeinflusst werden.

Liegen die Kostenpläne der Vertriebskostenstellen und die Einteilung in Kostenträgergruppen fest, so werden die Plankosten der Vertriebskostenstellen den Kostenträgergruppen planmäßig zugeordnet. Hierbei werden für die einzelnen Kostenartengruppen des Vertriebsbereichs häufig unterschiedliche Zuordnungskriterien gewählt. Die Plan-Vertriebskosten-Verrechnungssätze werden in der Weise gebildet, dass man die Summe der auf die einzelnen Kostenträgergruppen entfallenden Plankostenbeträge durch die zugehörigen Planherstellkosten des Umsatzes dividiert. Hierbei werden in einer reinen Grenzplankostenrechnung nur die proportionalen Vertriebskosten berücksichtigt und auf die proportionalen Herstellkosten des Umsatzes bezogen. Wird die Grenzplankostenrechnung zu einer parallelen Vollkostenrechnung ergänzt, so werden auch die gesamten Plankosten den Kostenträgergruppen zugeordnet. Die Vollkostensätze werden dann in der Weise gebildet, dass man die gesamten Plankosten durch die vollen Herstellkosten des Umsatzes dividiert.

In den meisten Unternehmungen unterscheiden sich die nach Kostenträgergruppen differenzierten Vertriebskosten-Verrechnungssätze relativ stark voneinander. Bei der Auswertung der Ergebnisse ist aber darauf zu achten, dass die Vertriebskostensätze davon abhängig sein können, „in welcher Phase des Lebenszyklus sich ein Produkt bzw. eine Produktgruppe befindet“[125]. In der Einführungsphase werden häufig Vertriebskosten aufgewandt, bei denen es sich um Vorleistungskosten handelt, deren Wirkung über die laufende Planungsperiode hinausragt. Dies kann z. B. bei den Kosten einer aufwändigen Einführungswerbung der Fall sein. In solchen Fällen ist es erforderlich, die auf eine neue Produktgruppe entfallenden Vertriebskosten zeitlich abzugrenzen.

4.5.3 Die Weiterentwicklung der Kostenstellenplanung zu einer Primärkostenrechnung

1. Wie unsere bisherigen Ausführungen über den Aufbau der Kostenplanung gezeigt haben, werden in der Grenzplankostenrechnung für die Leistungen der Sekundärstellen Verrechnungssätze gebildet, die nicht erkennen lassen, welche Anteile primärer Kostenarten in ihnen enthalten sind. Weiterhin werden auch für die primären Kostenstellen komplexe Kalkulationssätze geplant, die keine unmittelbaren Rückschlüsse auf die darin enthaltenen primären Kostenarten zulassen.

Diese Eigenschaft ist allen Kostenrechnungsverfahren gemein, in denen die Kostenarten-, die Kostenstellen- und die Kostenträgerstückrechnung als Abrechnungsstufen aufeinanderfolgen. Erfolgt weder in der innerbetrieblichen Leistungsverrechnung noch bei der Bildung von Kalkulationssätzen ein expliziter Ausweis primärer Kostenarten, so kann man auch in den Kalkulationen nicht erkennen, wie viele Primärkosten der einzelnen Primärkostenarten in den Selbstkosten der betrieblichen Erzeugnisse enthalten sind. Dieser Tatbestand hat die folgenden beiden Nachteile. Erstens lassen sich die Kalkulationsergebnisse nicht ohne eine komplizierte Umwertung sämtlicher Kostenpläne, bei der alle interdependenten Beziehungen des innerbetrieblichen Leistungsaustausches zu berücksichtigen sind, an ein verändertes Preisniveau der Primärkostenarten anpassen. Zweitens fehlt für viele Entscheidungen im Vertriebsbereich die angestrebte Transparenz der Kostenstruktur.

Um diese Mängel zu beseitigen, wurde eine Ergänzung der Kostenrechnung vorgeschlagen, die man als Primärkostenrechnung bezeichnet[126]. Hierunter versteht man Ausgestaltungsformen der Kostenrechnung, bei denen die innerbetrieblichen Leistungen nicht mit komplexen Verrechnungssätzen bewertet, sondern so abgerechnet werden, dass die Primärkosten pro Leistungseinheit erkennbar sind und zugleich die Primärkostenanteile der Kalkulationssätze transparent werden.

Die Primärkostenrechnung ist kein selbständiges Kostenrechnungssystem sondern eine Zusatzrechnung, die im Grund unabhängig davon ist, ob ein Betrieb mit einer Ist-, Normal- oder Plankostenrechnung bzw. mit einer Voll- oder Grenzkostenrechnung arbeitet[127].

2. Wir wollen nunmehr zeigen, wie sich die Kostenplanung der Grenzplankostenrechnung zu einer Primärkostenrechnung ergänzen lässt. Hierbei beschränken wir uns darauf, die proportionalen Verrechnungssätze der Kostenstellen in Primärkostenarten aufzulösen. Das von uns beschriebene Verfahren lässt sich aber analog auf die sekundäre Fixkostenverrechnung einer zur Vollkostenrechnung ergänzten Grenzplankostenrechnung übertragen, sofern auch die Vollkostensätze in Primärkostenarten aufgelöst werden sollen.

Das Problem der Primärkostenrechnung besteht zunächst darin, die Verrechnungssätze der sekundären Kostenstellen in Primärkostenarten aufzulösen und dabei die Interdependenz des gegenseitigen Leistungsaustausches richtig zu berücksichtigen. Hierfür ist ein lineares Gleichungssystem erforderlich, für welches wir die folgenden Kurzzeichen einführen:

ξ	=	Index der Primärkostenarten
z	=	Anzahl der Primärkostenarten
ν, μ	=	Index der Sekundärkostenstellen (hier sind zwei Indizes erforderlich, da die Sekundärkostenstellen als leistende und empfangende Kostenstellen in Erscheinung treten)
v	=	Anzahl der Sekundärkostenstellen bzw. Sekundärkostenarten
d_ν	=	Proportionaler Verrechnungssatz der Sekundärkostenstelle ν
$d_{PR\nu\xi}$	=	Anteil der primären Kosten der Primärkostenart ξ am Verrechnungssatz der Sekundärstelle ν
$d_{\nu\xi}$	=	Anteil der Primärkostenart ξ am Verrechnungssatz der Sekundärstelle ν
$\rho_{\nu\mu\xi}$	=	Proportionale Verbrauchsmenge pro Bezugsgrößeneinheit der Kostenstelle ν an Leistungseinheiten der Kostenstelle μ.

Die Größen d_v und $d_{PRv\xi}$ lassen sich unmittelbar den Kostenstellenplänen der Sekundärstellen entnehmen. Die Größen $d_{v\xi}$ sind unbekannt, sie lassen sich mithilfe des folgenden Gleichungssystems bestimmen:

$$(4\text{-}37) \quad d_{\nu\xi} = d_{PR\nu\xi} + \sum_{\mu=1}^{\nu} \rho_{\nu\mu\xi}\, d_{\mu\xi} \qquad (\nu = 1, ..., v) \quad (\xi = 1, ..., z)$$

Summiert man die Größen $d_{v\xi}$ über alle Primärkostenarten, so müssen die Summen mit den geplanten Verrechnungssätzen der entsprechenden Sekundärstellen übereinstimmen:

$$(4\text{-}38) \quad d_{\nu} = \sum_{\xi=1}^{z} d_{\nu\xi} \qquad (i = 1, ..., v)$$

Liegen die Primärkostenbestandteile der Verrechnungssätze für innerbetriebliche Leistungen fest, so lassen sich die proportionalen Verrechnungssätze der Primärstellen rechnerisch in ihre Primärkostenbestandteile zerlegen. Kennzeichnen wir die Primärstellen mit dem Index i und bezeichnen wir die Anzahl der Primärstellen mit m, so gilt analog zu Gleichung (134):

$$(4\text{-}39) \quad d_{i\xi} = d_{PRi\xi} + \sum_{\mu=1}^{\nu} \rho_{i\mu\xi}\, d_{\mu\xi} \qquad (i = 1, ..., m) \quad (\xi = 1, ..., z)$$

Summiert man die Größen $d_{i\xi}$ über alle Primärkostenarten, so stimmen die Summen mit den geplanten proportionalen Verrechnungssätzen der Primärkostenstellen überein:

$$(4\text{-}40) \quad d_{i} = \sum_{\xi=1}^{z} d_{i\xi} \qquad (i = 1, ..., m)$$

Ändert sich das Preisniveau der Primärkostenarten um den Änderungsfaktor $q_{\xi}/ q_{\xi}^{(p)}$, so lassen sich die Kostensätze der Primärstellen unter Berücksichtigung aller Interdependenzen des innerbetrieblichen Leitungsaustauschs wie folgt an ein beliebiges Faktorpreisniveau im Zeitpunkt t anpassen:

$$(4\text{-}41) \quad d_{it} = \sum_{\xi=1}^{z} d_{i\xi} \left(1 + \frac{q_{\xi t}}{q_{\xi}^{(p)}} \right) \qquad (i = 1, ..., m)$$

Ein weiterer Ausbau der Primärkostenrechnung in Richtung auf ein Plankalkulations-Informationssystem ist dann möglich, wenn man die Gruppierung der Kostenarten nach bestimmten Auswertungskriterien variiert. Damit können zusätzlich zu den Grenz- und Vollkosteninformationen weitere Gesichtspunkte, wie z. B. die Abbaubarkeit oder die Ausgabenwirksamkeit von Kosten, in den Plankalkulationen dargestellt werden[128].

4.6 Die Abstimmung der Kostenplanung

Liegen die Kostenpläne aller Kostenstellen vor, so erfolgt eine Abstimmung der Kostenplanung, die einer abschließenden Plausibilitätsprüfung dient. Fehlerhafte Vorgaben und Fehler bei der Kostenauflösung kann man mithilfe der Abstimmung jedoch nur begrenzt erkennen.

Die Abstimmung erfolgt heute ausschließlich datenmaschinell, da ohnehin alle relevanten Daten (Kostenstellennummern, Bezugsgrößennummern, Planbezugsgrößen und sämtliche nach Kostenarten und Kostenstellen differenzierten Plankostenbeträge) auf Datenträger übernommen worden sind.

Bei der Abstimmung wird zwar von den Plankostenbeträgen aller Kostenstellen einzeln ausgegangen, es erfolgt aber zugleich eine Verdichtung zu Bereichen und schließlich eine Zusammenfassung der Gesamtkosten der Unternehmung. Hierbei müssen die doppelt verrechneten sekundären Kostenarten abgezogen werden.

Gerade auf dem Gebiet der Planungsabstimmung haben die Möglichkeiten moderner Standardsoftware gegenüber den traditionellen manuellen Verfahren große Vorteile gebracht.

Nach Abschluss der Kostenabstimmung werden die Kostenpläne vervielfältigt und vom Controlling den zuständigen Kostenstellen- und Bereichsleitern zugeleitet. Weiterhin wird eine Zusammenstellung der Kalkulationssätze angefertigt.

4.7 Die Kontrolle der Kostenstellenkosten durch den Soll-Ist-Kostenvergleich

4.7.1 Grundsätze und Verfahren des Soll-Ist-Kostenvergleichs

1. Der Soll-Ist-Kostenvergleich der Kostenstellen basiert darauf, dass den monatlichen Ist-Kosten Sollkosten gegenübergestellt werden, die in Abhängigkeit von der erbrachten Leistung aus den Plankosten abgeleitet werden. Dabei kommt heute nur das Verfahren des geschlossenen Soll-Ist-Kostenvergleichs in Frage.

Von einem geschlossenen Soll-Ist-Kostenvergleich spricht man, wenn alle Kostenarten in die Abweichungs-Analyse einbezogen werden, und zwar auch solche, die durch die Kostenstellenleiter nicht beeinflusst werden können und die „Soll = Ist" abgerechnet werden müssen, da sie als Istkosten der Stelle nicht erfasst werden können. Der Nachteil dieses Verfahrens besteht darin, dass den Kostenstellenleitern die von ihnen beeinflussbaren Kosten und deren Abweichungen im Verhältnis zum Gesamtkostenvolumen ihrer Kostenstelle relativ geringfügig erscheinen können. Andererseits gibt dieses Verfahren aber den Kostenstellenleitern stets einen Überblick über die gesamten Kosten ihrer Kostenstellen. Weiterhin hat der geschlossene Soll-Ist-Kostenvergleich den Vorteil, dass er dem „Grundsatz von der Vollständigkeit der Kostenstellenrechnung" entspricht[129].

Beim partiellen Soll-Ist-Kostenvergleich beschränkte man die laufende Kostenkontrolle auf die von den Kostenstellenleitern beeinflussbaren Kostenarten. Er entspricht dem amerikanischen „responsibility accounting“[130], nach dem Grundsatz, nur beeinflussbare Größen in die Kontrollrechnung einzubeziehen. Der Nachteil besteht aber darin, dass die laufende Kostenstellenrechnung ihre „Geschlossenheit“ verliert.

Eine spezielle Form des partiellen Soll-Ist-Kostenvergleichs wurde in der Eisen- und Stahlindustrie angewandt und von G. Lassmann und R. Franke als „operative Kontrollrechnung“ bezeichnet[131]. Bei diesem Verfahren, bei dem sowohl Kennziffern als auch Abweichungen ermittelt werden, sind nicht die nach Kostenarten differenzierten Kosten der Kostenstellen Gegenstand der Kontrolle, sondern die Kosten bestimmter Einzelaktivitäten. Hierbei kann es sich z. B. um Produktionsschichten, Chargen, Betriebsaufträge oder größere Fertigungslose handeln. Solche Kontrollen sind äußerst flexibel und lassen sich in sehr kurzen Abständen durchführen. Sie sind daher zur Ergänzung des periodischen Soll-Ist-Kostenvergleichs gut geeignet, können diesen aber nicht ersetzen, weil bei „operativen Kontrollen“ jeweils nur ein Teil der Kostenabweichungen erfasst wird[132].

2. Für die Durchführung des Soll-Ist-Kostenvergleichs in Form einer periodischen Abweichungs-Analyse gelten folgende Grundsätze.

Ein wichtiger Grundsatz besteht darin, dass die Ergebnisse der Kostenkontrolle möglichst schnell vorliegen sollen. Je später die Kostenkontrolle durchgeführt wird, desto unwirksamer ist sie, weil das Erinnerungsvermögen der Kostenstellenleiter an die Ursachen der Kostenüberschreitungen im Zeitablauf nachlässt, und die erforderlichen Maßnahmen zur Verbesserung der Kostenstruktur erst relativ spät einsetzen.

In engem Zusammenhang mit der Schnelligkeit der Kostenkontrolle steht das Problem, welche Kontrollperiode der Kostenkontrolle man wählen soll. Wählt man die Kontrollperiode kurz, so setzt die Kostenkontrolle entsprechend schnell ein, wodurch ihre Wirksamkeit erhöht wird. Zugleich wird aber die Erfassung der Istkosten und der Istbezugsgrößen schwieriger und aufwändiger. Bei der Istkostenerfassung treten mit abnehmenden Kontrollperioden zunehmend zeitliche Abgrenzungsprobleme und Erfassungsfehler auf. Elektronische Betriebsdatenerfassungssysteme unterstützen zunehmend die Gewinnung aktueller Leistungsdaten.

Trotzdem wird in den meisten Unternehmungen der Kalendermonat als Kontrollperiode verwendet. Diese Tatsache ist darauf zurückzuführen, dass bei einer monatlichen Istkostenerfassung die Abgrenzungs- und Erfassungsschwierigkeiten weit geringer sind als bei kürzeren Kontrollperioden.

In Bezug auf den Differenzierungsgrad der Kostenkontrolle gelten folgende Grundsätze. Bei älteren Verfahren der Plankostenrechnung beschränkte man sich darauf, den Ist-Kostensummen der Kostenstellen die entsprechenden Gesamtbeträge der Sollkosten gegenüberzustellen. Man erkannte aber schon relativ früh, dass diese globale Gegenüberstellung keine wirksame Kostenkontrolle ermöglicht[133]. Heute gilt daher der generelle Grundsatz, dass die Abweichungs-Analyse der Kostenstellen nach Kostenartengruppen gegliedert sein muss. Deren Differenzierungsgrad wird beim Aufbau der Kostenplanung festgelegt.

In Kostenstellen mit heterogener Kostenverursachung werden die Sollkosten für jede Bezugsgrößenart gesondert ermittelt. Da jedoch eine nach Bezugsgrößen differenzierte Istkostenerfassung nicht möglich ist, müssen die Sollkosten der einzelnen Bezugsgrößen vor Durchführung des Soll-Ist-Kostenvergleichs zusammengefasst werden.

Weiterhin lassen sich bei den Istkosten im Regelfall keine fixen und proportionalen Bestandteile unterscheiden, da die Kostenauflösung dispositionsabhängig ist. In der Praxis der Plankostenrechnung hat sich die Arbeitshypothese bewährt, dass die Istkosten im selben Verhältnis wie die zugehörigen Sollkosten nach einzelnen Bezugsgrößen und proportionalen bzw. fixen Kostenelementen systemintern aufgeteilt werden können.

3. Vor Durchführung des Soll-Ist-Kostenvergleichs der Kostenstellen ist die Frage zu klären, welche Kostenabweichungen Gegenstand der Abweichungs-Analyse sein sollen. Wie unsere Ausführungen in Kapitel 2.4 gezeigt haben, werden in der Plankostenrechnung Preis- und Tarifabweichungen durch das Festpreissystem eliminiert, weil die Kostenstellenleiter lediglich den Mengen- und Zeitverbrauch, nicht aber das Preis- und Lohnniveau zu verantworten haben. Früher wurden die Preisabweichungen daher vor Durchführung des Soll-Ist-Kostenvergleichs eliminiert, ohne in der Kostenstellenrechnung in Erscheinung zu treten; sie wurden unmittelbar in die Erfolgsrechnung übernommen. Heute ist man dazu übergegangen, die Errechnung der kostenstellenbezogenen Preis- und Tarifabweichungen in den Soll-Ist-Kostenvergleich zu integrieren[134]. Hierbei geht man aber so vor, dass die Preis- und Tarifabweichungen erst im Anschluss an die eigentliche Abweichungs-Analyse in Erscheinung treten. Die Integration der Preis- und Tarifabweichungen in die Kostenstellenrechnung soll zeigen, wie diese Abweichungen die Höhe der Kalkulationssätze beeinflussen.

Ein weiteres Problem der Abweichungs-Analyse der Kostenstellen besteht darin, ob und inwieweit die Kostenstellenleiter die Einflüsse eines vom Plan abweichenden Produktionsvollzugs zu verantworten haben. Hierbei lassen sich die folgenden drei Fälle unterscheiden.

Besteht die Abweichung darin, dass Aufträge einer anderen als der aufgrund der Produktionsvollzugsplanung vorgesehenen Kostenstelle zugeteilt werden, so sind die betreffenden Bezugsgrößeneinheiten grundsätzlich der ausführenden Kostenstelle gutzuschreiben. Hierbei entstehen keine Kostenabweichungen innerhalb der Kostenstellenrechnung, sondern Abweichungen zwischen der Kostenstellen- und der Kostenträgerzeitrechnung. Diese Abweichungen werden als Verfahrensabweichungen bezeichnet; vgl. hierzu unsere Ausführungen in Kapitel 4.8.2.

Besteht die Abweichung des Produktionsvollzugs darin, dass innerhalb der planmäßig vorgesehenen Kostenstelle andere als die geplanten Aktivitäten des Produktionsvollzugs (z. B. Seriengrößen, Bedienungsrelationen, Prozessbedingungen usw.) wirksam werden, so müssen den Kostenstellen diejenigen Bezugsgrößeneinheiten und Sollkosten gutgeschrieben werden, die dem Ist-Produktionsvollzug entsprechen. Würde man anders verfahren, so würde der Soll-Ist-Kostenvergleich seine Aussagefähigkeit verlieren. Wir werden in den Kapiteln 4.8.3.1 bis 4.8.3.5 zeigen, dass in diesen Fällen spezielle Kostenabweichungen entstehen, die ebenfalls als Abweichungen zwischen der Kostenstellen- und der Kostenträgerzeitrechnung zu interpretieren sind.

Besteht die Abweichung des Produktionsvollzugs darin, dass in einer Kostenstelle die durchschnittliche Ausbringung pro Zeiteinheit, die auch als „Leistung“ bezeichnet wird, vom Plan abweicht, so sind zwei Fälle zu unterscheiden. Sind die Leistungsschwankungen relativ geringfügig und vom Kostenstellenleiter zu verantworten, so werden seiner Kostenstelle diejenigen Istbezugsgrößen und Sollkosten gutgeschrieben, die der Standard- oder Planleistung entsprechen. Hierbei geht der Einfluss einer vom Plan abweichenden Durchschnittsleistung in die allgemeinen Kostenstellenabweichungen ein, ohne transparent zu werden. Treten dagegen größere Leistungsschwankungen auf, die der Kostenstellenleiter nicht zu verantworten hat, wie dies z. B. bei besonders komplizierten und störungsanfälligen Produktionsprozessen der Fall sein kann, so werden seiner Kostenstelle Istbezugsgrößeneinheiten und Sollkosten gutgeschrieben, die der Istleistung entsprechen. Wie wir in Kapitel 4.8.3.3 zeigen werden, wird der Leistungseinfluss in diesem Fall durch eine besondere Leistungs- oder Ausbeuteabweichung erfasst, bei der es sich ebenfalls um eine Abweichung zwischen der Kostenstellen- und der Kostenträgerzeitrechnung handelt.

Bei der von uns vorgeschlagenen Behandlung der Kosteneinflüsse eines außerplanmäßigen Produktionsvollzugs wird im Soll-Ist-Kostenvergleich stets nur eine Abweichungsart ausgewiesen, deren Beträge als Differenzen aus den (zu geplanten Löhnen und Preisen bewerteten) Istkosten und den zugehörigen Sollkosten ermittelt werden. Da hierzu in einer auf Vollkosten basierenden Plankostenrechnung noch die Beschäftigungsabweichungen kommen, wurde dieses Verfahren früher in Anlehnung an die angloamerikanische Literatur als die „Zwei-Abweichungs-Methode“ bezeichnet[135]. Der Grenzplankostenrechnung, bei der die Beschäftigungsabweichungen entfallen, würde die Bezeichnung „Ein-Abweichungs-Methode“ besser entsprechen.

Für den Fall größerer Leistungsschwankungen, auf den wir bereits weiter oben hingewiesen haben, wird in der angloamerikanischen Literatur eine erweiterte Abweichungs-Analyse der Kostenstellenrechnung vorgeschlagen, die als „Drei-“ bzw. „Vier-Abweichungs-Methode“ bezeichnet wird. Da diese Verfahren in engem Zusammenhang mit der von uns vorgeschlagenen Leistungs- und Ausbeuteabweichung stehen, werden wir sie erst in Kapitel 4.8.3.3 ausführlich behandeln.

Die wegfallenden Beschäftigungsabweichungen können in der Grenzplankostenrechnung durch so genannte „Fixkosten-Deckungsabweichungen“ ersetzt werden, die sich durch Gegenüberstellung der Planfixkosten zu den, durch Multiplikation der geplanten fixen Kosten mit dem Beschäftigungsgrad ermittelten, gedeckten Fixkosten errechnen lassen. Hier handelt es sich aber nicht um echte Kostenabweichungen, sondern nur um Kennziffern, die Rückschlüsse auf die Kapazitätsauslastung zulassen.

4.7.2 Die Durchführung des Soll-Ist-Kostenvergleichs

1. Die Durchführung des Soll-Ist-Kostenvergleichs erfordert eine konsequente Abfolge einzelner Arbeitsgänge, die heute in allen Unternehmungen der Datenverarbeitung übertragen werden; vgl. hierzu unsere Ausführungen in Kapitel 4.9.

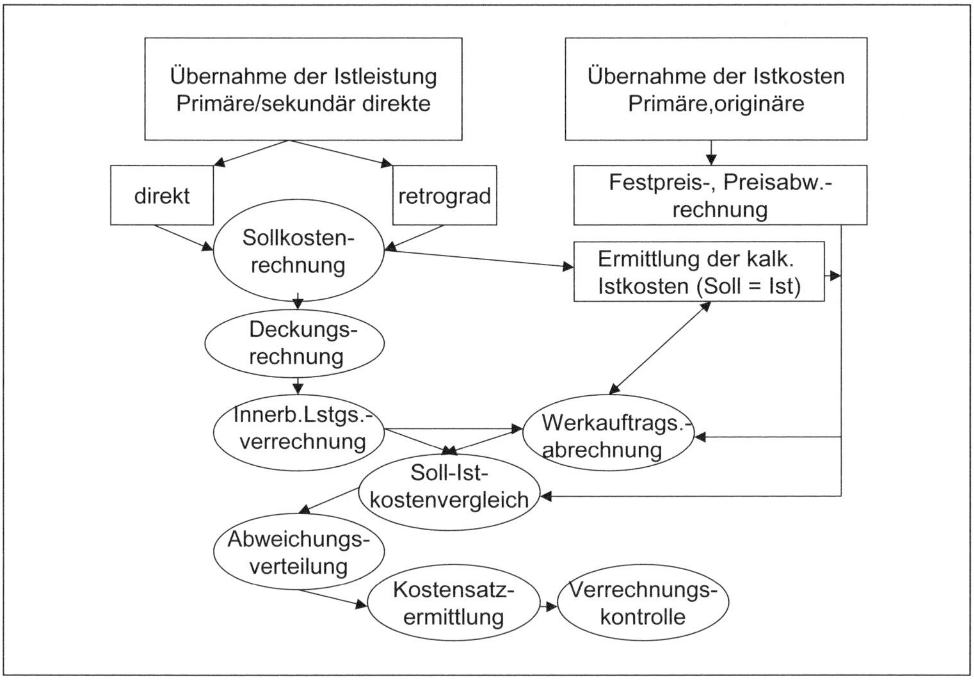

Abbildung 4-15: Abrechnungsschritte der monatlichen Abrechnung

Die nach Kostenstellen bzw. Werkaufträgen und Kostenarten differenzierte Istkostenerfassung erfolgt in der flexiblen Plankostenrechnung ganz ähnlich wie bei traditionellen Verfahren der Kostenrechnung. Ein wesentlicher Unterschied gegenüber der Istkostenrechnung besteht aber darin, dass alle in das Planpreissystem einbezogenen Faktormengen zusätzlich mit geplanten Lohnsätzen bzw. geplanten Preisen bewertet werden. Dies gilt auch für innerbetriebliche Leistungen, die in der Grenzplankostenrechnung mit den durch die Kostenplanung ermittelten proportionalen Verrechnungssätzen bewertet werden. Bei nicht in das Planpreissystem einbezogenen Leistungen erfolgt die Bewertung nur zu Istpreisen. Kostenarten, die einer zeitlichen Abgrenzung bedürfen, werden bei der Istkostenerfassung nach den gleichen Grundsätzen wie in der Kostenplanung abgegrenzt. Eine Aufteilung in fixe und proportionale Istkosten ist nicht erforderlich, da im Soll-Ist-Kostenvergleich Gesamtkostenbeträge verglichen werden. Kostenarten, deren Istkosten sich einzelnen Kostenstellen nicht zuordnen lassen, werden in der Plankostenrechnung nicht mithilfe von „Verteilungsschlüsseln" auf die Kostenstellen verteilt, sondern „Soll = Ist" verrechnet, d. h. den betreffenden Kostenstellen werden die Sollkosten als „Istkosten" belastet. Hierbei lassen sich die zugehörigen Kostenabweichungen jeweils nur auf übergeordneten Bereichen erfassen. Typische Beispiele solcher Kostenarten sind Energie-, Transport- und Leitungskosten.

Die Personalkosten werden den Kostenstellen mithilfe der Lohn- und Gehaltsabrechnung zugeordnet, die heute ausschließlich maschinell durchgeführt wird. Die Bruttolohn- und -gehaltsverteilung gibt an, welche Bruttobeträge (ohne Urlaubs- und

Feiertagslöhne, die als Personalnebenkosten abgegrenzt werden) auf die einzelnen Kostenstellen entfallen, und unter welcher Kostenart sie dort auszuweisen sind. Hierbei dienen Zeit- und Akkordlohnscheine bzw. monatliche Gehaltslisten, evtl. in Verbindung mit Fehlzeitstatistiken – bei Anwesenheitsgehaltsverrechnung – als Grundlage. Sind gegenüber der Kostenplanung Tarif- oder sonstige Lohnsatzabweichungen eingetreten, so müssen diese vor Durchführung des Soll-Ist-Kostenvergleichs eliminiert werden. Welche Verfahren hierfür in Frage kommen, haben wir bereits in Kapitel 2.4 beschrieben. Wie wir dort gezeigt haben, geht man in der Praxis meistens so vor, dass man die den Istvergütungen entsprechenden Bruttobeträge der Kostenstellen durch die zugehörigen Erhöhungsfaktoren dividiert, um die Istlöhne und Istgehälter zu erhalten, die im Soll -Ist-Kostenvergleich den Sollkosten entsprechen. Subtrahiert man diese von den Bruttolöhnen und -gehältern, die den Istvergütungen entsprechen, so erhält man die auf die Kostenstellen entfallenen Lohnsatzabweichungen ohne Personalnebenkosten.

Multipliziert man die auf das geplante Lohn- und Gehaltsniveau umgerechneten Ist-Personalkosten mit den zugehörigen Planverrechnungssätzen der Personalnebenkosten, so erhält man die entsprechenden Istbeträge der Personalnebenkosten, die den Kostenstellen im Soll-Ist-Kostenvergleich zu belasten sind. Sind Lohnsatz- und Tarifabweichungen eingetreten, so werden die hierauf entfallenden Personalnebenkosten ebenfalls durch Multiplikation mit den zugehörigen Verrechnungssätzen ermittelt. Insgesamt entfallen daher auf die Kostenstellen folgende Lohnsatzabweichungen:

$$\begin{matrix}\text{Lohnsatz-}\\ \text{abweichung}\end{matrix} = \begin{matrix}\text{Lohnsatzabweichung ohne}\\ \text{Personalnebenkosten}\end{matrix} \cdot \left(1 + \begin{matrix}\text{Planverrechnungssatz für}\\ \text{die Personalnebenkosten}\end{matrix}\right)$$

Diese Abweichungen werden in den Soll-Ist-Kostenvergleich der Kostenstellen übernommen, jedoch getrennt „unter dem Strich“ ausgewiesen.

Die Istkosten der über Kostenstellen abzurechnenden Materialkosten werden mithilfe der Materialabrechnung erfasst, die ebenfalls maschinell durchgeführt wird. Hierbei dienen Materialentnahmescheine als Verteilungsgrundlage. Die Bewertung erfolgt zu Planpreisen, wobei zugleich die zugehörigen Preisabweichungen erfasst werden; vgl. hierzu unsere Ausführungen in Kapitel 2.4.

Die Erfassung der Istkosten für Werkzeuge und Geräte erfolgt in gleicher Weise wie die Erfassung der Materialkosten.

Eine nach Kostenstellen differenzierte Erfassung der Ist-Energiekosten ist nur dann möglich, wenn in den einzelnen Kostenstellen Messgeräte installiert sind. Dies ist jedoch nur für Kostenstellen wirtschaftlich, die größere Energiemengen verbrauchen. In allen übrigen Kostenstellen lassen sich dagegen die Ist-Verbrauchsmengen an Energie nicht erfassen. Hier werden die Energiekosten nach dem Prinzip „Soll = Ist“ abgerechnet. Den Kostenstellen werden die Sollkostenbeträge der Energiekosten zugleich als „Istkosten“ belastet. In diesen Fällen konzentrieren sich die Energiekostenabweichungen auf den Energieversorgungsstellen.

Da sich der Betriebsmittelverschleiß nicht messen lässt, liegen den kalkulatorischen Abschreibungen stets geplante Nutzungsdauern zugrunde, sodass auch hier die Istkosten den Sollkosten entsprechen.

Auch bei den kalkulatorischen Zinsen auf das Anlagevermögen gibt es keinen Unterschied zwischen Ist- und Sollkosten. Die Istkostenbeträge der kalkulatorischen Zinsen auf das Umlaufvermögen sollten dagegen aus den jeweiligen durchschnittlichen Istbeständen abgeleitet werden.

Die Erfassung der Istbeträge für die Reparatur- und Instandhaltungskosten erfolgt mithilfe der Werksauftragsabrechnung. Hierbei werden allen größeren Reparatur- und Instandhaltungsaufträgen Werksauftragsnummern zugeordnet, auf denen die angefallenen Istkostenbeträge für Material, Fremdleistungen und Leistungen eigener Hilfsbetriebe gesammelt werden. Letztere werden zu den geplanten proportionalen Verrechnungssätzen der betreffenden Kostenstellen bewertet. Ist ein Reparatur- und Instandhaltungsauftrag abgeschlossen so werden seine Kosten entweder unmittelbar oder mithilfe zeitlich abgegrenzter Raten in die Kostenstellenrechnung übernommen, sofern es sich nicht um aktivierungspflichtige Aufwendungen handelt. Die Kosten von Werksaufträgen für zu aktivierende Großreparaturen und für selbsterstellte Anlagen gehen nicht in die Kostenstellenrechnung ein, sondern werden in die Anlagenbuchhaltung übernommen. Die Kosten der noch nicht abgerechneten Werksaufträge werden in der Betriebsabrechnung als Bestände gespeichert. Die Abrechnung und bestandsmäßige Führung der Werksaufträge für Reparatur- und Instandhaltungsarbeiten wird heute in den meisten Betrieben maschinell, im Programmablauf der Kostenstellenrechnung integriert, durchgeführt. Neben den erwähnten Einzelaufträgen sind die so genannten Standardaufträge im Rahmen der Werksauftragsabrechnung von größter Bedeutung. Sie dienen der Abgrenzung aperiodisch anfallender Kosten und deren Soll = Ist-Verrechnung in der Kostenstellenrechnung und Deckungsbeitragsrechnung.

Die Erfassung der Istkosten für die Verschiedenen Gemeinkosten erfordert eine enge Zusammenarbeit mit der Finanzbuchhaltung. Dies gilt z. B. für Versicherungsprämien, Kostensteuern, Gebühren und Beiträge. Sofern diese Kostenarten zeitlich abgegrenzt werden müssen, setzt man zweckmäßigerweise so lange die geplanten Monatsbeiträge als Istkosten an, bis erkennbar wird, dass entsprechende Korrekturen erforderlich sind. Für die nicht zeitlich abzugrenzenden Verschiedenen Gemeinkosten werden in der Finanzbuchhaltung die entsprechenden Istkostenbelege bei der Verbuchung den verursachenden Kostenstellen zugeordnet.

Bei den kalkulatorischen Leitungskosten handelt es sich um Kostenarten, denen sich kein eindeutig bestimmbares Mengengerüst zuordnen lässt, und deren Höhe von den Kostenstellenleitern nicht beeinflusst werden kann. Aus diesem Grunde verzichtet man hier auf eine Erfassung von Istkostenbeträgen und setzt die Sollkosten als „Istkosten" an.

Das Gleiche gilt für die kalkulatorischen Transportkosten, sofern die leistenden Transportkostenstellen nicht mit direkten Bezugsgrößen abrechnen. Bei der Verwendung direkter Bezugsgrößen dagegen werden die in Anspruch genommenen Transportleistungen belegmäßig erfasst und den betreffenden Kostenstellen belastet.

Bei den kalkulatorischen sekundären Fixkosten handelt es sich um eine reine Verrechnungskostenart, die auf jeden Fall „Plan = Ist" abzurechnen ist.

2. Bevor sich im nächsten Schritt die Sollkosten berechnen lassen, muss für alle Kostenstellen eine nach Bezugsgrößenarten differenzierte Erfassung der Ist-Bezugsgrößen erfolgen. Wie unsere Ausführungen in Kapitel 4.221 gezeigt haben, sind hierbei direkte und indirekte Bezugsgrößen zu unterscheiden.

Bei der Verwendung direkter Bezugsgrößen, wie man sie insbesondere im Fertigungsbereich und bei vielen Sekundärstellen findet, können die Ist-Bezugsgrößen durch eines der folgenden Verfahren ermittelt werden:

- Retrograde Ist-Bezugsgrößen-Erfassung
- Ableitung der Ist-Bezugsgrößen aus der Lohnabrechnung
- Direkte Messung der Ist-Bezugsgrößen in der Kostenstelle.

Hat eine Kostenstelle während des Kontrollzeitraums die Erzeugnismengen $x_j^{(i)}$ bearbeitet, und bezeichnen wir die Planbezugsgrößen pro Ausbringungseinheit mit $b_j^{(p)}$, so gilt für die retrograde Bezugsgrößenerfassung folgende Gleichung:

(4-42) $$B^{(i)} = \sum_{j=1}^{n} x_j^{(i)} \, b_j^{(p)}$$

W. Medicke bezeichnet retrograd erfasste Bezugsgrößen als „Bezugsgrößen mit zwangsläufiger Übereinstimmung zwischen Soll-Istkosten-Vergleich, Plankalkulation und Kostenträgerrechnung ..."[136]. Bei heterogener Kostenverursachung wird die Gleichung (4-42) für jede Bezugsgröße gesondert angesetzt.

In Kostenstellen, in denen Vorgabezeiten als Bezugsgrößen verwendet werden, ist das Verfahren der retrograden Bezugsgrößenerfassung zwar anwendbar – die Koeffizienten $b_j^{(p)}$ entsprechen hierbei den Vorgabeminuten pro Einheit –, meistens ist es in diesen Kostenstellen aber zweckmäßiger, die Ist-Bezugsgrößen aus der Lohnabrechnung abzuleiten, da in dieser die zu vergütenden Vorgabezeiten ohnehin zur Verfügung stehen. Das gilt auch, wenn Rüst- und Ausführungszeiten nebeneinander als Bezugsgrößen verwendet werden. Auch Maschinenstunden-Bezugsgrößen lassen sich meistens aus den Zeitgrundlagen der Akkordlohnberechnung ableiten, da sie in den Vorgabezeiten als Teilzeiten enthalten sind.

Die direkte Messung der Ist-Bezugsgrößen wird insbesondere in Kostenstellen angewandt, in denen Maschinenstunden als Bezugsgrößen verwendet werden und deren Produktionsprozesse besonders störungsanfällig sind. In Kostenstellen dieser Art können größere Unterschiede zwischen den effektiv gefahrenen Maschinenstunden und den Soll-Maschinenstunden, die den bearbeiteten Erzeugnismengen entsprechen, auftreten. Diese Unterschiede sind darauf zurückzuführen, dass Probeläufe und Maschinenzeiten, in denen fehlerhafte Erzeugnisse produziert werden, unvermeidlich sind. Würde man diesen Kostenstellen als Ist-Bezugsgrößen die aus dem Produktionsvolumen retrograd abgeleiteten Maschinenstunden gutschreiben, so würde der Soll-Ist-Kostenvergleich seine Aussagefähigkeit verlieren. Hier ist es daher erforderlich, die geleisteten Maschinenstunden durch direkte Erfassung in den Kostenstellen zu ermitteln.

In allen Fällen, in denen keine konstanten proportionalen Beziehungen zwischen den bearbeiteten Stückzahlen und den Ist-Bezugsgrößen bestehen, spricht W. Medicke von „Bezugsgrößen ohne zwangsläufige Übereinstimmung zwischen Soll-Istkosten-Vergleich, Plankalkulation und Kostenträgerrechnung"[137].

In den Kostenstellen, die mit indirekten Bezugsgrößen abgerechnet werden, lassen sich folgende Erfassungsarten unterscheiden:

- Ableitung der Ist-Bezugsgrößen aus den Ist-Bezugsgrößen anderer Kostenstellen
- Ableitung der Ist-Bezugsgrößen aus Kostenartenbeträgen
- Ableitung der Ist-Bezugsgrößen aus dem Umsatz.

Das zuerst genannte Verfahren wird für Kostenstellen mit „Deckung-Bezugsgrößen" angewandt. Dies gilt insbesondere für Leitungs- und Transportkostenstellen, aber auch für Kostenstellen der Energieversorgung, deren Abgabemengen in den verbrauchenden Kostenstellen nicht gemessen werden können. Hier werden die betreffenden Leistungen daher „Soll = Ist" abgerechnet. Summiert man die Sollkostenbeträge der empfangenden Kostenstellen, so erhält man den Istbetrag der „Deckungs-Bezugsgröße" der leistenden Kostenstelle. Dividiert man diesen durch die zugehörige Planbezugsgröße, so gibt der Quotient den Ist-Beschäftigungsgrad der betreffenden Sekundärstelle an. Dasselbe Verfahren kann allerdings auch mit Mengendaten, z. B. Energieeinheiten, angewandt werden.

Aus Kostenarten abgeleitete Ist-Bezugsgrößen werden insbesondere für die Kostenstellen des Materialbereichs verwendet, sofern man sich nicht bereits für das Verfahren der prozessorientierten Planung und Abrechnung auf Basis von Leistungsstandards entschieden hat. Hier sind zwei Fälle zu unterscheiden. Gehen die Kosten einer Kostenstelle des Materialbereichs nur in den Materialgemeinkosten-Verrechnungssatz für eine Materialart ein, so lassen sich die betreffenden Ist-Materialkosten der Kontrollperiode als Ist-Bezugsgröße verwenden. In diesem Fall erhält man den Ist-Beschäftigungsgrad, indem man die Ist-Materialkosten durch die zugehörigen Plan-Materialkosten dividiert. Werden bei der Planung der Materialgemeinkosten-Verrechnungssätze die Kosten einer Kostenstelle des Materialbereichs mehreren Materialgruppen zugeordnet, so wird für diese Stelle in der Regel eine „Deckungs-Bezugsgröße" verwendet.

Für die Kostenstellen des Verwaltungs- und Vertriebsbereichs sind die Herstell- oder Fertigungskosten des Umsatzes als Bezugsgröße völlig ungeeignet. Wenn man nicht bei Kostenstellen mit repetitiven Leistungen das Verfahren der prozessorientierten Planung und Abrechnung anwendet und über Verkehrsmengen und Leistungsstandards zu flexiblen Bezugsgrößenwerten kommt, sollte man, wie auch bei Kostenstellen mit kreativen Leistungen überhaupt auf eine flexible Bezugsgröße verzichten, da diese Kosten rein periodenabhängig sind.

Abschließend sei darauf hingewiesen, dass die richtige Erfassung der Ist-Bezugsgrößen eine notwendige Voraussetzung für die richtige Ermittlung der Sollkosten ist. Fehler bei der Bezugsgrößenerfassung führen zwangsläufig zu fehlerhaften Ergebnissen im Soll-Ist-Kostenvergleich.

3. Liegen die Ist-Bezugsgrößen der Kostenstellen fest, so besteht der nächste Schritt der monatlichen Abrechnung in der nach Kostenstellen, Bezugsgrößen und Kostenarten differenzierten Errechnung der Sollkosten. Hierzu werden die proportionalen Plankosten der Kostenstellenpläne mit den Ist-Beschäftigungsgraden $B^{(i)}/B^{(p)}$ multipliziert, wodurch man die proportionalen Sollkosten der Istbeschäftigung erhält. Diese lassen sich auch dadurch ermitteln, dass man die proportionalen Plankosten pro Bezugsgrößeneinheit mit den zugehörigen Ist-Bezugsgrößen multipliziert. Addiert man zu den proportionalen Sollkosten die zugehörigen Fixkostenbeträge, so erhält man die gesamten Sollkosten der Ist-Beschäftigung. In Kostenstellen mit mehreren Bezugsgrößen werden die Sollkosten der Beschäftigung zunächst für jede Bezugsgröße gesondert ermittelt; vor Durchführung der Kostenkontrolle werden aber die auf die einzelnen Bezugsgrößen entfallenden Sollkostenbeträge kostenartenweise zusammengefasst.

Subtrahiert man die Sollkosten der Istbeschäftigung von den zugehörigen Istkosten, so erhält man die nach Kostenstellen und Kostenarten differenzierten Kostenstellen-Abweichungen. Da diese wegen der Eliminierung der Preis- und Lohnsatzschwankungen ausschließlich auf Mengenabweichungen des Faktorverbrauchs zurückzuführen sind, bezeichnet man sie auch als Verbrauchsabweichungen.

Die Durchführung des Soll-Ist-Kostenvergleichs erfolgt datenmaschinell. Hierbei erfolgt eine Auflösung der Kostenstellenrechnung in Einzelblätter, die je Kostenstelle als Bericht ausgedruckt werden können.

Die Kostenstellenabweichungen werden im Soll-Ist-Kostenvergleich nicht nur als absolute Beträge ausgewiesen, sondern zugleich prozentual auf die Sollkosten bezogen. Um zu erkennen, bei welchen Kostenarten sich die Kostenstellenabweichungen im Zeitablauf ausgleichen und bei welchen Kostenarten permanent Abweichungen auftreten, werden auch die „kumulierten Kostenstellenabweichungen von Jahresbeginn an" ausgewiesen. Weiterhin erfolgt eine Verdichtung der wichtigsten Kostenartengruppen, so z. B. der Personalkosten, der Hilfs-, Betriebsstoff- und Werkzeugkosten, der Energiekosten, der Betriebsmittelkosten, der Verschiedenen Gemeinkosten und sonstiger Kostenartengruppen.

Nach Errechnung der Kostenstellenabweichungen werden die auf die Kostenstellen entfallenden Preis- und Lohnsatzabweichungen zu den Istkosten addiert, wodurch diese an das aktuelle Preis- und Lohnniveau angepasst werden. Dividiert man die proportionalen Istkosten einer Kostenstelle (einschließlich der Preis- und Lohnsatzabweichungen) durch die Ist-Bezugsgröße, so erhält man den Ist-Kalkulationssatz. Diese Rechnung ist aber nur bei homogener Kostenverursachung möglich, da sich bei heterogener Kostenverursachung die Istkosten nicht ohne eine willkürliche Verteilung der Abweichungen den einzelnen Bezugsgrößen zuordnen lassen. Um die proportionalen Ist-Kostensätze der einzelnen Bezugsgrößen der Kostenstellen zu kontrollieren, werden die Istkosten systemintern im Verhältnis der Sollkosten je Kostenart bzw. je Zeile des Soll-Ist-Kostenvergleiches auf die einzelnen Bezugsgrößen verteilt.

4. Die Praxis der Plankostenrechnung hat gezeigt, dass der Soll-Ist-Kostenvergleich sich nicht auf eine rechnerische Ermittlung der Kostenstellenabweichungen beschränken darf. Der Ausweis der Kostenstellenabweichungen muss vielmehr durch Abweichungs-Analysen, Kostenberichte und Kostendurchsprachen ergänzt werden, wenn die Kostenkontrolle wirksam sein soll. Bereits S. B. Henrici schrieb hierzu: „The variance itself is not a control, for costs are not controlled by compiling statistics about them."[138]

Mithilfe der Abweichungsanalyse sollen insbesondere alle größeren und im Zeitablauf wiederkehrenden Kostenabweichungen auf ihre Ursachen zurückgeführt und diese möglichst schnell beseitigt werden. Zugleich sind solche Abweichungen kenntlich zu machen, die von den Kostenstellenleitern nicht zu verantworten sind. Im Fertigungsbereich sollte die Abweichungsanalyse durch entsprechend geschulte Kosteningenieure durchgeführt werden. Auch bei sorgfältiger Durchführung der analytischen Kostenplanung und der Anwendung eines differenzierten Bezugsgrößensystems lässt es sich nicht vermeiden, dass zeitlich unregelmäßig anfallende Kostenarten, Kontierungsfehler,

Erfassungsfehler der Istbezugsgrößen, organisatorische oder technische Änderungen in den Kostenstellen und sonstige Einflüsse zu Kostenabweichungen führen, die von den Kostenstellenleitern nicht zu verantworten sind.

Da in den Berichten der Kostenstellenrechnung nur eine beschränkte Anzahl der Kostenartenzeilen ausgewiesen werden kann, reicht diese für die Durchführung der Abweichungs-Analyse in der Regel nicht aus. Hierzu ist vielmehr ein Rückgriff auf die zugrunde liegenden Einzelbelege erforderlich. Mit einer „drill down"-Funktion lassen sich in den aktuellen Standard Softwaresystemen von der Kostenartengruppe über die Kostenart bis hin zum Einzelbeleg alle erforderlichen Informationen am Bildschirm nachweisen.

Die Ergebnisse der Abweichungs-Analyse werden in Kostenberichten zusammengefasst, die den verantwortlichen Stellen zugeleitet werden. Diese Berichte sollten nach dem Grundsatz des „management by exception" aufgebaut werden[139]. Sie sollten keine vollständigen „Kostenübersichten" sein, sondern sich auf die Hervorhebung und Erläuterung der wichtigsten Kostenabweichungen beschränken. Neben den monatlichen Kostenberichten ist die Anfertigung langfristiger, auch grafischer Kostenberichte zu empfehlen, aus denen Rückschlüsse auf die Veränderungen der Kostenstruktur im Zeitablauf gezogen werden können.

Die Kostenberichte dienen als Grundlage für monatliche Kostendurchsprachen mit den verantwortlichen Meistern und Abteilungsleitern. Um den Kostendurchsprachen das notwendige Gewicht zu verleihen, sollten hieran auch die zuständigen Vorgesetzten oder Mitglieder der Geschäftsleitung teilnehmen. Der Schwerpunkt der Kostendurchsprachen sollte auf einer sachlichen Erörterung der Kostenabweichungen und der zur Verbesserung der Kostenstruktur vorgesehenen Maßnahmen liegen.

Früher ist in der Literatur zur Plankostenrechnung häufig vorgeschlagen worden, die zu verantwortenden Teile der Kostenstellenabweichungen durch Prämienzahlungen zu honorieren[140]. Hierbei gelangten die Prämierungsverfahren zur Anwendung, die wir in Kapitel 2.23 beschrieben haben. Dort haben wir aber auch bereits darauf hingewiesen, aus welchen. Gründen sich in der Praxis die Prämierung der Kostenstellen-Abweichungen nicht bewährt hat. Heute wird in den meisten Betrieben mit einer Plankostenrechnung auf die Prämierung der Kostenstellen-Abweichungen verzichtet.

4.8 Die Errechnung und Analyse spezieller Kostenabweichungen zwischen der Kostenstellen- und der Kostenträgerrechnung

4.8.1 Der Grundsatz von der Kostenidentität

1. Dem System der flexiblen Plankostenrechnung liegt die Hypothese zugrunde, dass die Bezugsgrößen, mit deren Hilfe im Soll-Ist-Kostenvergleich die Sollkosten bestimmt werden, genau mit den Bezugsgrößen übereinstimmen, die über die Plankalkulationen in die Kostenträgerzeitrechnung eingehen. Ist diese Voraussetzung erfüllt, so muss die Summe der in der Kostenstellenrechnung ermittelten proportionalen Sollkosten stets genau mit der Summe derjenigen proportionalen Sollkosten übereinstimmen, die über die Plankalkulationen in die Kostenträgerzeitrechnung eingehen. Diese Übereinstimmung hat W. Medicke als Kostenidentität bezeichnet[141].

Der Grundsatz von der Kostenidentität gilt nicht nur für die über Kostenstellen verrechneten Kosten, sondern analog auch für die Einzelkosten.

Zur quantitativen Darstellung der Kostenidentität führen wir folgende Kurzzeichen ein:

B	=	Bezugsgrößen der Kostenstellen [ME/Monat]
b	=	Bezugsgröße pro Erzeugniseinheit [ME/Stück]
x	=	Erzeugnismengen [Stück/Monat]
i	=	Index der Kostenstellen
m	=	Anzahl der Kostenstellen
β	=	Index der Bezugsgrößenarten innerhalb der Kostenstellen
s_i	=	Anzahl der Bezugsgrößenarten der Kostenstellen i
j	=	Index der Erzeugnisarten
n	=	Anzahl Erzeugnisarten
d	=	Proportionale Kostensätze der Kostenstellen [€/ME]
k_{pst}	=	Summe der über Kostenstellen abgerechneten proportionalen Stückkosten [€/Stück].

Stimmen die Bezugsgrößen der Kostenstellenrechnung mit denen der Plankalkulationen überein, so muss für jede Kostenstelle i und (im Falle heterogener Kostenverursachung) für jede Bezugsgröße β innerhalb dieser Kostenstelle folgende Identität gelten:

$$(4\text{-}43)\quad B_{i\beta}\, d_{i\beta} = \sum_{j=1}^{n} \left[b_{i\beta j}\, d_{i\beta} \right] x_j \qquad \begin{matrix}(i = 1, ..., m)\\(\beta = 1, ..., s_i)\end{matrix}$$

Die linke Seite dieser Gleichung gibt die proportionalen Sollkosten an, die der Kostenstelle i für ihre Bezugsgröße β im Soll-Ist-Kostenvergleich gutgeschrieben werden. Auf der rechten Seite entspricht der Ausdruck in der eckigen Klammer den proportionalen Kosten, die einer Erzeugniseinheit j für die Bezugsgröße β der Kostenstelle i in der

Plankalkulation belastet werden; er gibt den Inhalt einer Zeile der Plankalkulation wieder. Multipliziert man die proportionalen Sollkosten pro Einheit mit der Stückzahl x_j, so erhält man die proportionalen Sollkosten, die dem jeweiligen Produktionsvolumen entsprechen. Da bei retrograder Bezugsgrößenerfassung $B_{i\beta}$ wie folgt bestimmt wird,

$$(4\text{-}44) \quad B_{i\beta} = \sum_{j=1}^{n} b_{i\beta j}\, x_j \qquad \begin{matrix}(i = 1, \ldots, m)\\ (\beta = 1, \ldots, s_i)\end{matrix}$$

müssen beide Seiten der Gleichung (4-43) übereinstimmen.

Summiert man beide Seiten der Gleichung (4-43) über alle Kostenstellen und Bezugsgrößenarten, so gibt die linke Seite die Summe aller über Kostenstellen abgerechneten proportionalen Sollkosten an. Auf der rechten Seite lässt sich der Ausdruck $\sum_{i=1}^{m}\sum_{\beta=1}^{s_i} b_{i\beta j}\, d_{i\beta}$ durch die Summen der über Kostenstellen abgerechneten proportionalen Stückkosten k_{pstj} ersetzen. Man erhält daher folgende Übereinstimmung, die den Grundsatz von der Kostenidentität mathematisch ausdrückt:

$$(4\text{-}45) \quad \sum_{i=1}^{m}\sum_{\beta=1}^{s_i} B_{i\beta}\, d_{i\beta} = \sum_{j=1}^{n} k_{pstj}\, x_j$$

Der Ausdruck auf der linken Seite gibt die Summe der über Kostenstellen abgerechneten proportionalen Sollkosten an, die rechte Seite gliedert den gleichen Betrag nach Erzeugnisarten.

2. In der Kostenplanung ist die Kostenidentität in der Regel erfüllt, da bei der Festlegung der Planbezugsgrößen und dem Aufbau der Plankalkulationen der gleiche geplante Produktionsvollzug zugrunde gelegt wird.

In der laufenden Abrechnung treten dagegen häufig Fälle auf, in denen die Kostenidentität nicht von vornherein gewahrt ist. Dies ist immer dann der Fall, wenn der im Ist realisierte Produktionsvollzug nicht dem geplanten Produktionsvollzug entspricht. Wie wir bereits in Kapitel 4.71 gezeigt haben, müssen in diesen Fällen die Sollkosten der Kostenstellenrechnung an den realisierten Produktionsvollzug angepasst werden, damit der Soll-Ist-Kostenvergleich nicht falsch wird. Würde diese Anpassung unterbleiben, so wäre der Grundsatz von der Kostenidentität zwar formal erfüllt, aber nur auf Kosten der Richtigkeit des Soll-Ist-Kostenvergleichs. Werden dagegen die Sollkosten so ermittelt, dass sie dem realisierten Produktionsvollzug entsprechen, so wird hierdurch die Kostenidentität gestört, da über die Plankalkulationen in die Kostenträgerzeitrechnung Sollkosten eingehen, die dem geplanten Produktionsvollzug entsprechen. Die Kostenidentität lässt sich in diesen Fällen nur dadurch wiederherstellen, dass die aus dem veränderten Produktionsvollzug resultierenden Kostenabweichungen erfasst und in der Kostenträgerzeitrechnung ausgewiesen werden. Hierbei gilt:

(4-46) Sollkosten des Soll-Ist-Kostenvergleichs = Sollkosten, die über die Plankalkulationen in die Kostenträgerzeitrechnung eingehen + Σ spezielle Kostenabweichungen

Die speziellen Kostenabweichungen zwischen der Kostenstellen- und der Kostenträgerzeitrechnung können auf die folgenden Ursachen zurückzuführen sein:

- Veränderter Produktionsvollzug durch Einsatz anderer Verfahren
  - Einsatz anderer Fertigungsstellen der eigenen Unternehmung
  - Veränderte Relationen zwischen Eigenerstellung und Fremdbezug
    - Lohnarbeit
    - Zukauf von Teilen.
- Veränderter Produktionsvollzug in der geplanten Fertigungsstelle
  - Veränderte Seriengrößen
  - Veränderte Bedienungsrelationen
  - Veränderte Leistung (z.B. Qualität) oder Ausbeute
  - Veränderte Intensität
  - Veränderte sonstige Prozessbedingungen.
- Strukturelle Veränderungen in der geplanten Fertigungsstelle
  - Technologische Veränderungen
  - Organisatorische Veränderungen.

Wir werden in den folgenden Kapiteln zeigen, wie sich die speziellen Kostenabweichungen der oben aufgezeigten Maßnahmen erfassen lassen[142].

4.8.2 Kostenabweichungen bei Einsatz außerplanmäßiger Verfahren

1. In den meisten Betrieben treten beim Aufbau der Produktionsvollzugsplanung Wahlprobleme auf, da jeweils mehrere Fertigungsverfahren zur Verfügung stehen, die technologisch in der Lage sind, die erforderlichen Arbeitsgänge auszuführen.

Die Produktionsvollzugsplanung hat so zu erfolgen, dass die erforderlichen Arbeitsgänge den jeweils kostengünstigsten Verfahren zugeordnet werden. Welche Entscheidungskriterien hierbei anzuwenden sind, haben wir an anderer Stelle ausführlich beschrieben[143]. Die mithilfe dieser Kriterien geplanten Fertigungsstellen werden sowohl bei der Durchführung der Kostenplanung als auch beim Aufbau der Plankalkulationen zugrunde gelegt.

Bei der späteren Durchführung können Engpasssituationen, Maschinenstörungen oder Terminprobleme dazu führen, dass Produktionsaufträge nicht den geplanten, sondern anderen Fertigungsstellen zugeordnet werden. Da hierbei die Plankalkulationen nicht geändert werden, treten spezielle Kostenabweichungen zwischen der Kostenstellen- und der Kostenträgerzeitrechnung auf, die als Verfahrensabweichungen bezeichnet werden[144]. Bereits S. B. Henrici hat erkannt, dass durch diese Abweichungen der Grundastz von der Kostenidentität gestört wird: „When the necessities of day-to-day shop scheduling require the use of nonstandard operations, the equality of total work in process standard costs and standard unit product costs is destroyed.“[145]

2. Werden Fertigungsaufträge in anderen als in der Produktionsvollzugsplanung vorgesehenen Fertigungsstellen bearbeitet, und wird dieser Tatbestand in der laufenden Abrechnung nicht berücksichtigt, so entstehen Fehler im System der Plankostenrechnung. Diese hängen davon ab, wie in den betreffenden Kostenstellen die Bezugsgrößen erfasst werden. Welche Fälle hierbei auftreten können, gibt die Abbildung 4-16 an.

Fehlermöglichkeiten bei Verfahrensabweichungen

Bezugsgrößen-Erfassung		Soll-Ist-Kostenvergleich		Inventur-differenzen
Geplante Stelle	Ausführende Stelle	Geplante Stelle	Ausführende Stelle	
retrograd	retrograd	falsch	falsch	nein
retrograd	direkt	falsch	richtig	ja
direkt	retrograd	richtig	falsch	ja
direkt	direkt	richtig	richtig	ja

Abbildung 4-16: Fehlermöglichkeiten bei Nichtberücksichtigung von Verfahrensabweichungen

Wie die Abbildung 4-16 erkennen lässt, werden die Sollkosten des Soll-Ist-Kostenvergleichs bei Nicht-Berücksichtigung eingetretener Verfahrensabweichungen stets dann falsch, wenn die Istbezugsgrößen retrograd aus den Erzeugnissen abgeleitet werden, da hierbei der geplante Produktionsvollzug zugrunde gelegt wird. Werden die Istbezugsgrößen dagegen direkt erfasst oder aus dem Lohn abgeleitet, so entstehen bei der Sollkostenberechnung keine Fehler.

Unter Inventurdifferenzen versteht man Abweichungen zwischen den inventurmäßig erfassten und den in der Kostenträgerzeitrechnung rechnerisch ermittelten Beständen der Halb- und Fertigerzeugnisse. Solche Differenzen entstehen, wenn in den rechnerischen Bestand Zugänge eingehen, denen proportionale Herstellkosten entsprechen, die an einen veränderten Produktionsvollzug angepasst worden sind; denn die Abgänge werden in der Kostenträgerzeitrechnung mit den proportionalen Planherstellkosten der Plankalkulationen bewertet. Wie die Abbildung 4-16 erkennen lässt, führt die Nichtberücksichtigung von Verfahrensabweichungen nur dann nicht zu Inventurdifferenzen, wenn sowohl in der geplanten als auch in der ausführenden Stelle das Verfahren der retrograden Bezugsgrößenerfassung angewendet wird. In diesen Fällen gleichen sich die Fehler der Sollkostenberechnung genau aus; die Wirkungen der Verfahrensabweichungen gehen in voller Höhe in die Kostenstellenabweichungen ein.

In der Praxis werden nicht gemeldete Verfahrensabweichungen meistens erst bei der Auswertung des Soll-Ist-Kostenvergleichs an überhöhten Kostenstellenabweichungen erkannt. In Engpassstellen, die durch Einsatz anderer Stellen entlastet werden müssen, erkennt man die nicht gemeldeten Verfahrensabweichungen oftmals auch daran, dass die retrograde Bezugsgrößenerfassung zu Istbezugsgrößen führt, die oberhalb der Kapazitätsgrenze liegen.

Zur Ableitung einer Bestimmungsgleichung für Verfahrensabweichungen wollen wir folgende Kurzzeichen einführen:

j = Index der Erzeugnisarten
n = Anzahl Erzeugnisarten
$s^{(i)}$ = Ist-Seriengröße, für die ein anderes Verfahren angewandt wird
$t_A^{(p)}$ = Planfertigungszeit in der ausführenden Fertigungsstelle [Min./Stück]
$d_A^{(p)}$ = proportionaler Plankostensatz der ausführenden Fertigungsstelle [€/Min.]
$t_P^{(p)}$ = Planfertigungszeit in der geplanten Fertigungsstelle [Min./Stück]
$d_P^{(p)}$ = proportionaler Plankostensatz der geplanten Fertigungsstelle [€/Min.].

Mithilfe dieser Kurzzeichen lässt sich für die Verfahrensabweichung folgende Bestimmungsgleichung formulieren:

$$\text{(4-47)} \quad \Delta K_{Vj} = s_j^{(i)} \left(t_{Aj}^{(p)} \, d_A^{(p)} - t_{Pj}^{(p)} \, d_P^{(p)} \right) \qquad (j = 1, ..., n)$$

Da normalerweise die kostengünstigsten Verfahren geplant werden, können die Verfahrensabweichungen im Regelfall nur positiv sein. Die Gleichung (4-47) gilt nur für den Fall, dass Verfahrensabweichungen zwischen zwei Fertigungsstellen auftreten; sie lässt sich aber analog anwenden, wenn Abweichungen zwischen Verfahrenskombinationen wirksam werden. Weiterhin gilt die Gleichung (4-47) auch dann, wenn man die Zeitbezugsgrößen durch Mengenbezugsgrößen ersetzt.

Die Gleichung (4-47) lässt sich wie folgt erweitern:

$$\text{(4-48)} \quad \Delta K_{Vj} = s_j^{(i)} \left[t_{Aj}^{(p)} \left(d_A^{(p)} - d_P^{(p)} \right) + d_P^{(p)} \left(t_{Aj}^{(p)} - t_{Pj}^{(p)} \right) \right] \qquad (j = 1, ..., n)$$

Hierbei wird deutlich, dass Verfahrensabweichungen im Regelfall aus Kosten- und Fertigungszeitabweichungen bestehen.

Verfahrensabweichungen entstehen nicht nur, wenn ein Austausch zwischen innerbetrieblichen Fertigungsstellen stattfindet, sondern auch dann, wenn Arbeitsgänge in eigenen Fertigungsstellen durch Lohnarbeit ersetzt werden und umgekehrt. Das Gleiche gilt, wenn die geplanten Relationen zwischen eigenerstellten und fremdbezogenen Teilen geändert werden. In diesen Fällen treten aber nicht nur Verfahrensabweichungen der Fertigungskosten, sondern zugleich auch Verfahrensabweichungen der Einzelmaterialkosten auf.

3. In Abbildung 4-17 haben wir ein Beispiel der Errechnung von Verfahrensabweichungen wiedergegeben. Die Tabelle lässt erkennen, dass für 5 Produktarten andere Fertigungsstellen, als in der Planung vorgesehen, eingesetzt wurden. Da die Fertigungsstelle 602 während der betreffenden Abrechnungsperiode zum Engpass geworden ist, wurden die angegebenen Stückzahlen den Fertigungsstellen 601 und 603 zugeordnet. Gegenüber der retrograden Bezugsgrößenerfassung leistet die Fertigungsstelle 602 insgesamt 8.140 Min./Mon. weniger; von den Stellen 601 und 603 werden dagegen 2.865 bzw. 4.854 Min./Mon. mehr geleistet. Die bewerteten Verfahrensabweichungen betragen insgesamt 1.029 €/Monat. Dieser Betrag wird, nach Erzeugnisgruppen differenziert, in die Kostenträgerzeitrechnung übernommen.

Verfahrensabweichung												
Artikel-Nr.	Plan-menge	Geplante Kostenstelle					Ausführende Kostenstelle					Verfahrensabweichung
		KO-St. Nr.	Bezugsgröße		Fertigungskosten		KO-St. Nr.	Bezugsgröße		Fertigungskosten		
	Stk.		Min./Stk	Min./Mon.	€/ Stk.	€/ Mon.		Min./Stk	Min./Mon.	€/ Stk.	€/ Mon.	€/ Mon.
21	350	602	4,00	1.400	1,544	540	601	3,5	1.225	1,799	630	89
22	200	602	9,00	1.800	3,474	695	601	8,2	1.640	4,215	843	148
Zwischensumme				3.200		1.235	601		2.865		1473	237
31	100	602	9,30	930	3,590	359	603	9,0	900	5,004	500	141
33	380	602	7,50	2.850	2,895	1.100	603	7,2	2.736	4,003	1521	421
34	145	602	8,00	1.160	3,088	448	603	8,4	1.218	4,670	677	229
Zwischensumme				4.940		1.907	603		4.854		2.699	792
Summe				**8.140**		**3.142**					**4.171**	**1.029**

Abbildung 4-17: Beispiel zur Errechnung von Verfahrensabweichungen

4.8.3 Kostenabweichungen bei außerplanmäßigem Produktionsvollzug innerhalb geplanter Fertigungsstellen

4.8.3.1 Kostenabweichungen infolge außerplanmäßiger Seriengrößen

1. In Unternehmungen mit Serienproduktion machen es die auflagefixen Rüstkosten erforderlich, bei der Produktionsvollzugsplanung für alle Erzeugnisarten Plan-Seriengrößen festzulegen. Die optimale Bestimmung von Seriengrößen zählt zu den schwierigsten Problemen der industriellen Planung, sodass wir die hierfür entwickelten Entscheidungsmodelle und Lösungsverfahren hier nicht behandeln können[146].

Bei Durchführung der Kostenplanung sollten die Plan-Seriengrößen der Erzeugnisse vorliegen, um die Planbezugsgrößen ermitteln zu können. Spätestens beim Aufbau der Plankalkulationen müssen aber für jede Erzeugnisart die Plan-Seriengrößen der

Planungsperiode vorliegen. Werden im Zeitablauf unterschiedliche Plan-Seriengrößen festgelegt, wie das z. B. bei Saisonschwankungen der Absatzmengen der Fall sein kann, so ist in der Kostenplanung von durchschnittlichen Plan-Seriengrößen auszugehen.

Im Soll-Ist-Kostenvergleich werden Kostenstellen mit Serienproduktion grundsätzlich die Plan-Rüstzeiten der von ihnen effektiv ausgeführten Rüstvorgänge als Ist-Bezugsgrößen gutgeschrieben. Über die Plankalkulationen gehen in die Kostenträgerzeitrechnung aber die Rüstzeiten und -kosten ein, die den geplanten Seriengrößen entsprechen. Hieraus entstehen Abweichungen zwischen der Kostenstellen- und der Kostenträgerzeitrechnung, die als Seriengrößenabweichungen bezeichnet werden[147]. Zu dieser Bezeichnung ist zu bemerken, dass durch Seriengrößenschwankungen nicht nur die Rüstkosten, sondern auch die Lagerkosten für Halb- und Fertigerzeugnisse beeinflusst werden. Im System der Plankostenrechnung beschränkt man sich aber darauf, die Kosteneinflüsse zu erfassen, die schwankende Seriengrößen auf die Rüstkosten ausüben. Die Kostenwirkungen im Lagerbereich lassen sich in der Regel nicht erfassen, da die hierfür erforderlichen Bezugsgrößen nicht zur Verfügung stehen und die Lagerbestände nicht nur von den Seriengrößen, sondern auch von anderen Einflüssen (z. B. Absatzentwicklung, Saisonschwankungen usw.) abhängig sind. Es wäre daher richtiger, die Bezeichnung Rüstkostenabweichung zu verwenden.

Für die quantitative Bestimmung der durch Seriengrößenschwankungen ausgelösten Rüstkostenabweichungen wollen wir folgende Kurzzeichen einführen:

$a^{(i)}$ = Ist-Auflegungshäufigkeit einer Erzeugnisart [Anzahl Serien pro Monat]
$x^{(i)}$ = Ist-Ausbringung einer Erzeugnisart [Stück/Monat]
$s^{(p)}$ = Plan-Seriengröße [Stück/Serie]
$t_R^{(p)}$ = Plan-Rüstzeit [Min./Serie]
$d_R^{(p)}$ = proportionaler Plankostensatz pro Einheit der Rüstzeit [€/Min.].

Für die Seriengrößen- bzw. Rüstkostenabweichungen der Erzeugnisse j = 1, ..., n gilt folgende Bestimmungsgleichung:

$$\text{(4-49)} \qquad \Delta K_{Sj} = \left[a_j^{(i)} \, t_{Rj}^{(p)} - \frac{t_{Rj}^{(p)}}{s_j^{(p)}} x_j^{(i)} \right] d_R^{(p)} \qquad (j = 1, ..., n)$$

Der erste Ausdruck in der eckigen Klammer gibt die Summe der Rüstzeiten an, die der betreffenden Kostenstelle für das Erzeugnis j gutgeschrieben wird. Als Ist-Bezugsgröße für das Rüsten erhält man:

$$\text{(4-50)} \qquad B_R^{(i)} = \sum_{j=1}^{n} a_j^{(i)} \, t_{Rj}^{(p)}$$

Multipliziert man die Ist-Bezugsgröße $B_R^{(i)}$ mit dem Rüstkostensatz $d_R^{(p)}$, so erhält man die Soll-Rüstkosten der betreffenden Kostenstelle.

Der Quotient $t_{Rj}^{(p)} / s_j^{(p)}$ gibt an, wie viele Rüstminuten bei Einhaltung der geplanten Seriengrößen auf eine Erzeugniseinheit entfallen. Bewertet man diese mit dem Rüstkostensatz, so erhält man die Rüstkosten pro Stück, die den Erzeugnissen in den

Plankalkulationen belastet werden. Der rechte Ausdruck in der eckigen Klammer gibt die Rüstzeit an, die in die Kostenträgerzeitrechnung eingeht; insgesamt enthält die eckige Klammer daher die Rüstzeitabweichungen. Multipliziert man diese mit dem Rüstkostensatz, so erhält man die Seriengrößen- bzw. Rüstkostenabweichungen. Ein Beispiel dazu haben wir in den folgenden Abbildungen dargestellt:

Seriengrößenabweichungen

Artikel-Nr.	Plan Serien-größe	Plan Rüstzeit		Ist Produktion		Rüstzeiten Min./Mon.		Rüstkosten €/Mon.		Seriengrößen abweichungen
	Stk./Serie	Min./Serie	Min./Stk.	Serien/Mon.	Stk./Mon.	Ist	Soll	Ist	Soll	€/Mon.
1	7.500	150	0,0200	4	22.450	600	449	180	135	45
2	7.500	200	0,0267	1	9.800	200	261	60	79	– 19
3	8.000	240	0,0300	3	18.600	720	558	216	167	49
4	10.000	180	0,0180	4	25.420	720	458	216	137	79
5	7.500	300	0,0400	1	7.300	300	292	90	88	2
6	5.000	300	0,0600	2	6.320	600	379	180	114	66
Summe						3.140	2.397	942	720	222

Abbildung 4-18: Beispiel zur Errechnung von Seriengrößenabweichungen

Die in der zweiten Spalte angegebenen Plan-Seriengrößen wurden durch die Arbeitsvorbereitung bestimmt. Dividiert man die Plan-Rüstzeiten pro Serie durch die Plan-Seriengrößen, so erhält man die in der dritten Spalte ausgewiesenen Rüstzeiten pro Erzeugniseinheit. Der geplante proportionale Rüstkostensatz beträgt im Beispiel 0,30 €/Min. Multipliziert man hiermit die Rüstzeiten pro Erzeugniseinheit, so erhält man die Rüstkosten, die in den Plankalkulationen pro Erzeugniseinheit kalkuliert werden. So wird z. B. die Produktart 1 mit Rüstkosten in Höhe von 0,006 €/Stück belastet. Die Ist-Auflegungszahlen werden mit den Plan-Rüstzeiten multipliziert, um die in der siebten Spalte ausgewiesenen Ist-Bezugsgrößen zu erhalten, deren Summe 3.140 Min./Monat beträgt. Multipliziert man die Plan-Rüstzeiten pro Einheit mit den Ist-Erzeugnismengen, so erhält man die Soll-Rüstzeiten in Spalte 8. Durch Bewerten mit dem Rüstkostensatz erhält man die Ist- bzw. Soll-Rüstzeiten in den Spalten 9 und 10, deren Differenzen den Seriengrößenabweichungen in der letzten Spalte entsprechen. Bei der Produktart 2 wird eine negative Seriengrößenabweichung ausgewiesen, weil hier die Ist-Seriengröße über der Plan-Seriengröße liegt. Insgesamt sind im Beispiel Seriengrößenabweichungen in Höhe von 222 €/Monat angefallen.

4.8.3.2 Kostenabweichungen infolge außerplanmäßiger Bedienungsrelationen bei Mehrstellenarbeit

1. In Unternehmungen mit Mehrstellenarbeit müssen beim Aufbau der Produktionsvollzugsplanung für alle Erzeugnisarten Plan-Bedienungsrelationen festgelegt werden, die angeben, wie viele Maschinen einem Arbeiter bei planmäßigem Ablauf der Fertigung zugeteilt werden.

Bei Durchführung der Kostenplanung sollten die Plan-Bedienungsrelationen vorliegen, um die Planbezugsgrößenmengen ermitteln zu können. Spätestens beim Aufbau der Plankalkulationen müssen aber die geplanten Bedienungsrelationen der Erzeugnisse bekannt sein.

Im Soll-Ist-Kostenvergleich werden Kostenstellen mit Mehrstellenarbeit grundsätzlich die den Ist-Maschinenzuteilungen entsprechenden Vorgabezeiten der Arbeiter als Ist-Bezugsgrößen gutgeschrieben. Über die Plankalkulationen gehen aber in die Kostenträgerzeitrechnung Fertigungszeiten ein, die den geplanten Bedienungsrelationen entsprechen. Hieraus entstehen Abweichungen zwischen der Kostenstellen- und der Kostenträgerzeitrechnung, die als Kostenabweichungen infolge außerplanmäßiger Bedienungsrelationen bezeichnet werden.

Für die quantitative Bestimmung dieser Abweichungen wollen wir folgende Kurzzeichen einführen:

$t_M^{(p)}$ = Plan-Maschinenzeit pro Erzeugniseinheit [Min./Stück]
$m^{(p)}$ = Plan-Maschinenzahl pro Arbeiter
$m^{(i)}$ = Ist-Maschinenzahl pro Arbeiter
$d_F^{(p)}$ = proportionaler Plankostensatz pro Einheit der Fertigungszeit [€/Min.]
$s^{(i)}$ = Ist-Seriengröße, die mit einer außerplanmäßigen Bedienungsrelation bearbeitet wird.

Für eine Serie der Produktart j, die mit einer außerplanmäßigen Bedienungsrelation bearbeitet wird, lässt sich die entsprechende Kostenabweichung wie folgt ermitteln:

$$\text{(4-51)} \quad \Delta K_{MBj} = \left[\frac{t_{Mj}^{(p)}}{m_j^{(i)}} - \frac{t_{Mj}^{(p)}}{m_j^{(p)}} \right] d_F^{(p)} \, s_j^{(i)} \qquad (j = 1, \ldots, n)$$

Der Ausdruck in der eckigen Klammer gibt den zusätzlichen Zeitbedarf pro Erzeugniseinheit an, der durch die veränderte Maschinenzuteilung verursacht wird. Beträgt z. B. die Maschinenzeit 9 Min./Stück und sind 3 Maschinen pro Arbeiter geplant, werden aber nur 2 Maschinen effektiv zugeteilt, so entfallen auf eine Erzeugniseinheit (4,5 – 3,0) = 1,5 zusätzliche Fertigungsminuten der Bedienungsarbeiter.

2. In Abbildung 4-19 haben wir ein Zahlenbeispiel zur Errechnung von Fertigungskostenabweichungen infolge außerplanmäßiger Bedienungsrelationen wiedergegeben.

Die Fertigungszeiten pro Erzeugniseinheit in den Spalten 6 und 7 erhält man, indem man die Maschinenzeiten in der Spalte 3 durch die Maschinenzahlen in den Spalten 4 und 5 dividiert. Die Fertigungszeiten pro Monat erhält man, indem man die Fertigungszeiten pro Stück mit den Stückzahlen in Spalte 2 multipliziert. Die vorletzte Spalte in Abbildung 4-19 gibt die Fertigungszeitabweichungen an, deren Summe 9.891 Min./Mon. beträgt.

Bedienungsrelationsabweichung										
Artikel-Nr.	Plan-menge	Maschinenzeit	Anzahl Maschinen pro Arbeiter		Fertigungszeit Min./Stk.		Fertigungszeit Min/Mon.		Abweichungen	
	Stk.	Min./Stk.	Ist	Plan	Ist	Plan	Ist	Soll	Min./Mon.	€/ Mon.
11	920	9,90	2	3	4,95	3,30	4.554	3.036	1.518	607
11	400	9,90	1	3	9,90	3,30	3.960	1.320	2.640	1.056
12	350	12,00	2	3	6,00	4,00	2.100	1.400	700	280
12	180	12,00	1	3	12,00	4,00	2.160	720	1.440	576
21	420	8,80	1	2	8,80	4,40	3.696	1.848	1.848	739
22	300	15,00	2	3	7,50	5,00	2.250	1.500	750	300
31	200	12,00	2	3	6,00	4,00	1.200	800	400	160
34	350	10,20	2	3	5,10	3,40	1.785	1.190	595	238
Summe									9.891	3.956

Abbildung 4-19: Beispiel zur Errechnung von Fertigungskostenabweichungen infolge außerplanmäßiger Bedienungsrelationen

Bewertet man die Zeitabweichungen mit dem proportionalen Plankostensatz der Fertigungszeitbezugsgröße der Kostenstelle von 24,00 €/Std., so erhält man die Abweichungsbeiträge in der letzten Spalte. Insgesamt fallen Fertigungskostenabweichungen infolge außerplanmäßiger Bedienungsrelationen in Höhe von 3.956 €/Mon. an.

4.8.3.3 Kostenabweichungen infolge außerplanmäßiger Leistung

1. Wir haben bereits in Kapitel 4.7.2 darauf hingewiesen, dass es in Kostenstellen mit störungsanfälligen Produktionsprozessen erforderlich ist, die effektiv geleisteten Maschinenstunden als Ist-Bezugsgrößen zu verwenden. Dies gilt insbesondere, wenn längere Probeläufe erforderlich sind, die der Kostenstellenleiter nicht zu verantworten hat. Würden ihm für die hierfür erforderlichen Maschinenzeiten keine Sollkosten gutgeschrieben, so würde der Soll-Ist-Kostenvergleich seine Aussagefähigkeit verlieren.

Für den Aufbau der Plankalkulationen werden in diesen Fällen Standard-Maschinenzeiten pro Erzeugniseinheit festgelegt, die der durchschnittlich zu erwartenden Leistung oder Ausbeute entsprechen. Hierdurch entstehen Abweichungen zwischen der

Kostenstellen- und der Kostenträgerzeitrechnung, die als Leistungsabweichungen bezeichnet werden[148]. Die Leistungsabweichungen sind von den Intensitätsabweichungen abzugrenzen, die wir im Kapitel 4.8.3.4 behandeln werden. Intensitätsabweichungen gehen darauf zurück, dass die Maschinenlaufgeschwindigkeiten variiert werden. Leistungsabweichungen können dagegen auch bei konstanten Laufgeschwindigkeiten entstehen, weil die Ausbeute verwertbarer Erzeugnisse im Zeitablauf variiert. In der Praxis sind Intensitäts- und Leistungsabweichungen daher oftmals schwer voneinander abzugrenzen.

Zur quantitativen Bestimmung der Leistungsabweichung wollen wir folgende Kurzzeichen einführen:

$T_M^{(s)}$ = Soll-Maschinenlaufzeit [Stunden/Monat]

$T_M^{(i)}$ = Direkt erfasste Ist-Maschinenlaufzeit [Stunden/Monat]

$t_M^{(p)}$ = Plan-Maschinenlaufzeit pro Erzeugniseinheit [Min./Stück]

$x_j^{(i)}$ = Ist-Erzeugnismenge [Stück/Monat]

$d_M^{(p)}$ = proportionaler Plankostensatz pro Einheit der Maschinenlaufzeit [€/Stunde].

Mithilfe dieser Kurzzeichen lässt sich für die Leistungsabweichung folgende Bestimmungsgleichung formulieren:

$$\text{(4-52)} \quad \Delta K_L = \left[T_M^{(i)} - \sum_{j=1}^{n} t_{Mj}^{(p)} \, x_j^{(i)} \, \frac{1}{60} \right] d_M^{(p)}$$

Die Ist-Maschinenstunden $T_M^{(i)}$ werden als Ist-Bezugsgröße der betreffenden Kostenstelle verwendet. Der Summenausdruck in der eckigen Klammer gibt die Soll-Maschinen-
laufzeit $T_M^{(s)}$ an, deren proportionale Kosten über die Plankalkulation in die Kostenträgerzeitrechnung eingehen.

2. Werden in einer Fertigungskostenstelle die Ist-Maschinenstunden als Bezugsgröße verwendet, da der Produktionsprozess störungsanfällig ist, kann folgendes Beispiel angenommen werden: Im Abrechnungsmonat hat diese Stelle 3.877 Maschinen-Std./Monat gearbeitet. Die retrograde Bezugsgrößenerfassung führt zu 222.581 Soll-Maschinenminuten/Mon. Hieraus ergibt sich eine Zeitdifferenz von 10.016 Min./Monat, der bei einem proportionalen Plankostensatz von 0,183 €/Min. eine Leistungsabweichung von 1.833 €/Monat entspricht.

3. Vielfach werden die Leistungsabweichungen nicht als Abweichungen zwischen der Kostenstellen- und der Kostenträgerzeitrechnung interpretiert, sondern unmittelbar in den Kostenstellen ausgewiesen.

Wird in einer Kostenstelle die Soll-Maschinenzeit als Bezugsgröße verwendet, so geht der Einfluss von Leistungsschwankungen in voller Höhe in die Verbrauchsabweichungen ein. Vergleiche hierzu die Abweichung ΔV_1 in Abbildung 4-20.

Wir haben bereits in Kapitel 4.71 darauf hingewiesen, dass dieses Verfahren in der angloamerikanischen Literatur als die „Zwei-Abweichungs-Methode“ bezeichnet wird;

bei der zweiten Abweichung handelt es sich um die Beschäftigungsabweichung ΔB_1, die in einer Grenzplankostenrechnung entfällt.

Soll der Leistungseinfluss in der Kostenstelle sichtbar gemacht werden, so werden die Soll-Maschinenzeit $T_M^{(s)}$ und die Ist-Maschinenzeit $T_M^{(i)}$ nebeneinander als Bezugsgrößen verwendet und hierdurch die Kostenstellenabweichung ΔV_1 in die Verbrauchsabweichung ΔV_2 und die Leistungsabweichung ΔK_L zerlegt; vergleiche hierzu Abbildung 4-20.

In der anglo-amerikanischen Literatur wird dieses Verfahren der Abweichungsanalyse als die „Drei-Abweichungs-Methode“ bezeichnet, sofern die zeitliche Leistungsabweichung mit dem Vollkostensatz der betreffenden Kostenstelle bewertet wird[149]. In der Abbildung 4-20 wird hierbei eine „Leistungsabweichung“ ausgewiesen, die gleich der Summe der Abweichungen ΔK_L und ΔB_{21} ist. Dieses Verfahren entspricht aber nicht dem Grenzkostenprinzip und wurde daher bereits von C. T. Horngren kritisiert[150]: „... total fixed costs incurred are not changed by efficiency changes ...“.

Bei der „Vier-Abweichungs-Methode“ wird die echte Leistungsabweichung ΔK_L ausgewiesen, indem man die zeitliche Leistungsabweichung mit dem proportionalen Kostensatz bewertet und die gesamte Beschäftigungsabweichung ΔB_1 in die Komponenten ΔB_{21} und ΔB_{22} zerlegt; vergleiche hierzu Abbildung 4-20.

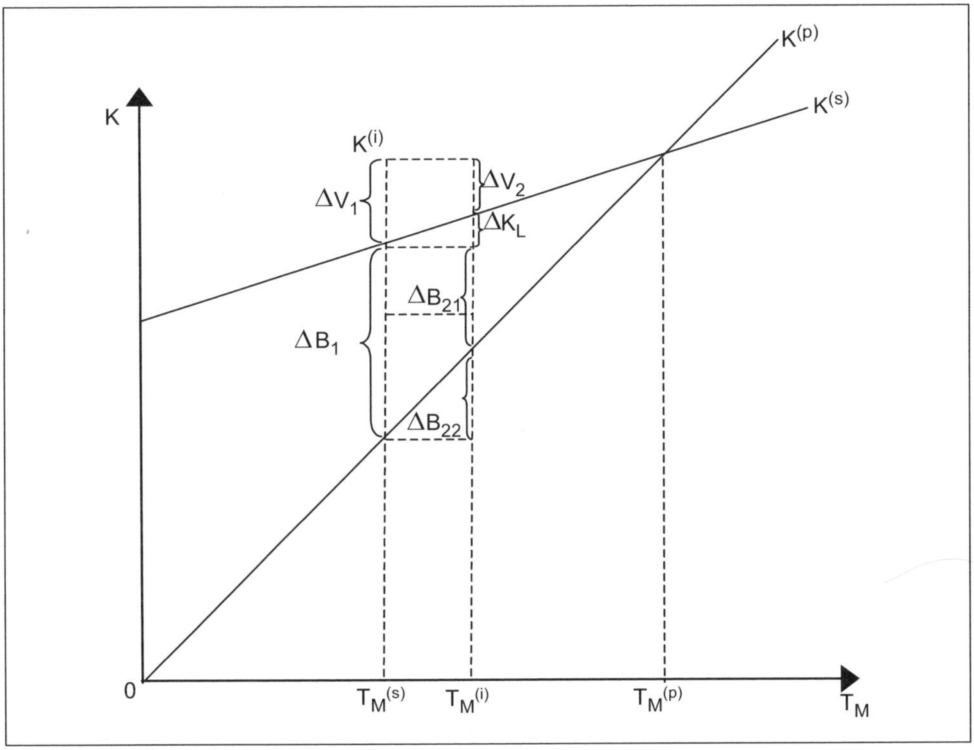

Abbildung 4-20: Der Ausweis von Leistungsabweichungen in der Kostenstelle nach der „Drei-“ und „Vier-Abweichungs-Methode“

In der Grenzplankostenrechnung wird dieses Verfahren aus folgenden Gründen nicht mehr angewandt: Hat der Kostenstellenleiter die Leistungsschwankungen zu verantworten, so sollten die hierdurch verursachten Abweichungen in die regulären Kostenstellenabweichungen eingehen. Ist er dagegen für die Leistungsschwankungen einer Kostenstelle nicht verantwortlich, so sollte die Leistungsabweichung aus der Kostenstelle eliminiert werden.

4.8.3.4 Kostenabweichungen bei intensitätsmäßigen Anpassungsprozessen

1. Werden in Fertigungsstellen Betriebsmittel eingesetzt, die aus technologischen Gründen kontinuierlich „durchproduzieren" müssen, so lassen sich unterschiedliche Ausbringungsmengen nur mithilfe intensitätsmäßiger Anpassungsprozesse realisieren. Wie unsere Ausführungen in Kapitel 2.1.2.2 gezeigt haben, ist bei intensitätsmäßiger Anpassung die Vorgabe nicht-linearer Sollkostenfunktionen erforderlich, denen u-förmige Funktionen der variablen Durchschnittskosten entsprechen. Da beim Aufbau der Plankalkulationen konstante Durchschnittskosten angesetzt werden, die in der Regel der optimalen Intensität entsprechen, entstehen Kostenabweichungen zwischen der Kostenstellen- und der Kostenträgerzeitrechnung. Diese Abweichungen werden als Intensitätsabweichungen bezeichnet[151].

Da sich der Intensitätseinfluss auf die Kostenarten einer Kostenstelle unterschiedlich auswirkt, ist für jede intensitätsabhängige Kostenart eine gesonderte nicht-lineare Sollkostenfunktion vorzugeben. Daher muss auch die im Folgenden dargestellte Errechnung von Intensitätsabweichungen für jede Kostenart gesondert erfolgen. Aus Vereinfachungsgründen werden wir aber auf eine Kostenartenindizierung verzichten.

Die Berücksichtigung nicht-linearer Sollkostenfunktionen bei der Kostenkontrolle kann entweder voll in den Soll-Ist-Kostenvergleich integriert werden oder mithilfe einer nachträglichen Kostenanalyse erfolgen. Bei dem zuletzt genannten Verfahren werden im Soll-Ist-Kostenvergleich zunächst lineare Sollkostenfunktionen zugrunde gelegt, die der optimalen Intensität entsprechen. Anschließend erfolgt eine Bereinigung der Kostenstellenabweichungen, bei denen die Nichtlinearität der Sollkosten berücksichtigt wird.

Bei der Errechnung von Intensitätsabweichungen lassen sich mehrere Fälle unterscheiden, je nachdem, ob Intensitätssplitting erfolgt oder nicht.

Zunächst wollen wir annehmen, dass während des Kontrollzeitraums die Ausbringung oberhalb der Splittinggrenze gelegen hat und mit einer konstanten Durchschnittsintensität produziert wurde. Unter diesen Voraussetzungen muss die Intensität dem Quotienten aus der Istausbringung $B^{(i)}$ und der (in Betriebsstunden gemessenen) Periodenlänge T entsprechen:

(4-53) $$\lambda_{\phi}^{(i)} = \frac{B^{(i)}}{T}$$ [ME/Stunde]

Der Kostenstelle werden im Soll-Ist-Kostenvergleich (neben den fixen Kosten) nicht-lineare variable Sollkosten gutgeschrieben, die wir als $K_V^{(s)}\left(\lambda^{(i)}\right)$ bezeichnen wollen. In der Kostenträgerzeitrechnung gehen dagegen verrechnete Plankosten ein, die der optimalen Intensität entsprechen. Hierdurch entsteht eine Kostenabweichung, die wir als Abweichung gegenüber der Optimalintensität bezeichnen wollen. Hierfür gilt folgende Bestimmungsgleichung:

$$\text{(4-54)} \quad \Delta K_{I0} = K_V^{(s)}\left(\lambda_{\phi}^{(i)}\right) - B^{(i)}\, d^{(p)}\left(\lambda_{opt}\right)$$

In der Gleichung (4-54) gibt $d^{(p)}$ (λ_{opt}) die variablen Durchschnittskosten pro Ausbringungseinheit an, die der optimalen Intensität entsprechen.

Die kalkulatorisch verrechneten Plankosten $B^{(i)}$ $d^{(p)}$ (λ_{opt}) sind in Abbildung 4-21 durch die Gerade 0C dargestellt. Im Beispiel dieser Abbildung fallen für die Ausbringung $B_1^{(i)}$ die Istkosten $K_1^{(i)}$ an. Der Kostenstelle wird die Verbrauchsabweichung $\Delta V^{(i)}$ belastet, die Abweichung ΔK_{I01} wird dagegen als Abweichung gegenüber der Optimalintensität erfasst und in die Kostenträgerzeitrechnung übernommen.

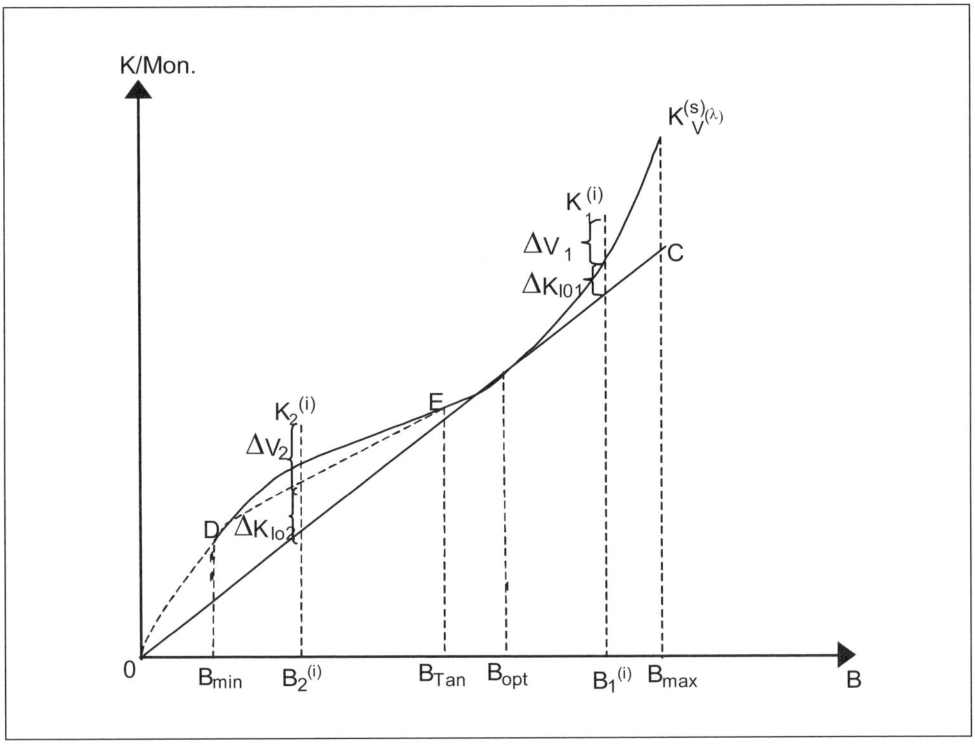

Abbildung 4-21: Beispiel zur Errechnung von Intensitätsabweichungen

Ist die angestrebte Ausbringung einer Produktionsperiode im Voraus nicht genau bekannt, so muss die Intensität im Zeitablauf verändert werden, obwohl es bei Ausbringungsmengen oberhalb der Splittinggrenze wirtschaftlicher wäre, mit der entsprechenden Durchschnittsintensität zu produzieren. Die hieraus resultierenden zusätzlichen Kosten wollen wir als Abweichungen infolge von außerplanmäßigem Intensitätssplitting bezeichnen. Finden insgesamt t = 1, ..., z Intensitätswechsel statt, und bezeichnen wir die Teilperioden mit jeweils konstanter Intensität als T_t, so lässt sich für diese Abweichung folgende Bestimmungsgleichung formulieren:

$$(4\text{-}55) \quad \Delta K_{IS} = \left(\sum_{t=1}^{z} K_{Vt}^{(s)} \left(\lambda_t^{(i)} \right) \frac{T_t}{T} \right) - K_V^{(s)} \left(\lambda_\phi^{(i)} \right)$$

Die mithilfe der Gleichung (4-55) ermittelten Abweichungen fallen zusätzlich zu den Abweichungen gegenüber der optimalen Intensität an. Da die Kostenstellenleiter in der Regel den Intensitätswechsel nicht zu verantworten haben, werden ihnen im Soll-Ist-Kostenvergleich Sollkosten gutgeschrieben, die dem Klammerausdruck in Gleichung (4-55) entsprechen.

Liegt während einer Periode die Produktion unterhalb der Splittinggrenze, und würde dennoch kein Intensitätssplitting durchgeführt, so würde sich an der bisher dargestellten Errechnung von Intensitätsabweichungen nichts ändern. Untersuchungen von K. Dellmann und L. Nastansky haben aber gezeigt, dass es unterhalb einer bestimmten Ausbringung kostengünstiger ist, die Planungsperiode T in zwei Teilperioden T_1 und T_2 zu zerlegen, von denen in der ersten Teilperiode mit der Mindestintensität λ^{Min} und in der zweiten Teilperiode mit der Intensität λ_{Tan} zu produzieren ist[152]. Hierbei gilt für die Intensität λ_{Tan} folgende Bestimmungsgleichung:

$$(4\text{-}56) \quad \lambda_{Tan} = \lambda_{opt} - \frac{1}{2} \lambda_{Min}$$

Grafisch lässt sich diese Intensität bestimmen, indem man vom Kostenpunkt der minimalen Intensität eine Tangente an die Gesamtkostenfunktion legt[153]. Die Länge der Teilperioden T_1 und T_2 lässt sich wie folgt bestimmen:

$$(4\text{-}57) \quad T_1 \quad \frac{B_{Tan} - B^{(i)}}{B_{Tan} - B_{Min}} T \qquad \text{mit} \qquad B_1^{(i)} = \lambda_{Min} T_1$$

$$(4\text{-}58) \quad T_2 = \frac{B^{(i)} - B_{Min}}{B_{Tan} - B_{Min}} T \qquad \text{mit} \qquad B_2^{(i)} = \lambda_{Min} T_2$$

Unterhalb der Splittinggrenze B_{Tan} fallen beim Intensitätssplitting nach den Gleichungen (4-57) und (4-58) variable Sollkosten an, die sich mithilfe der folgenden Gleichung ermitteln lassen:

$$(4\text{-}59) \quad K_V^{(s)} \left(B^{(i)} \right) = d^{(p)} \left(\lambda_{Min} \right) B_1^{(i)} + d^{(p)} \left(\lambda_{Tan} \right) B_2^{(i)}$$

Diese Kosten sind niedriger als die Kosten des nicht-linearen Sollkostenverlaufs. Sie entsprechen in Abbildung 4-21 der Geraden DE. Im Splittingbereich sind bei der Errechnung von Abweichungen gegenüber der Optimalintensität nach Gleichung (4-54) die mithilfe der Gleichung (4-59) ermittelten variablen Sollkosten zu berücksichtigen. Vergleiche hierzu die in Abbildung 4-21 für die Ausbringung $B_2^{(i)}$ angegebenen Abweichungen ΔK_{102} und ΔV_2.

Lässt sich im Splittingbereich die Produktmenge zu Beginn der Produktionsperiode noch nicht genau festlegen, so müssen die Splittingperioden T_1 und T_2 gegebenenfalls nachträglich korrigiert werden. Hierbei treten Kostenabweichungen auf, die wir als Abweichungen infolge nichtoptimalen Intensitätssplittings bezeichnen wollen. Ähnliche Abweichungen treten auf, wenn zunächst angenommen wurde, dass die erforderliche Gesamtausbringung im Splittingbereich liegt, sich jedoch während der Produktionsperiode herausstellt, dass eine oberhalb der Splittinggrenze liegende Ausbringung erforderlich ist. Auf eine formelmäßige Darstellung dieser Abweichungen sei hier verzichtet.

4.8.3.5 Sonstige Kostenabweichungen zwischen der Kostenstellen- und der Kostenträgerzeitrechnung

1. Neben den bisher behandelten Kostenabweichungen zwischen der Kostenstellen- und der Kostenträgerzeitrechnung können weitere spezielle Kostenabweichungen anfallen, wenn durch das Bezugsgrößensystem sonstige Einflussgrößen des Produktionsvollzugs erfasst werden.

In Kapitel 2.1.2.2 haben wir gezeigt, dass sich der Einsatz von Mehrarbeitszeiten im Soll-Ist-Kostenvergleich explizit berücksichtigen lässt, wenn man nach Arbeitszeitkategorien differenzierte Bezugsgrößen verwendet. In den Plankalkulationen wird hierbei entweder der Kalkulationssatz bei tariflicher Arbeitszeit (ohne Überstundeneinsatz) oder ein gewogener Mittelwert der proportionalen Plankostensätze der geplanten Arbeitszeitkategorien zugrunde gelegt. Hierdurch entstehen Abweichungen zwischen der Kostenstellen- und der Kostenträgerzeitrechnung, die wir als Kostenabweichungen infolge außerplanmäßiger Mehrarbeitszeiten bezeichnen wollen. Diese Abweichungen lassen sich analog wie die in den vorangegangenen Kapiteln beschriebenen Abweichungen erfassen. In der Praxis ist der Einfluss der Mehrarbeitszeitkosten in den meisten Fällen so gering, dass man auf eine Bezugsgrößendifferenzierung nach Arbeitszeitkategorien verzichten kann.

2. Weiterhin haben wir in Kapitel 2.1.2.2 gezeigt, dass es insbesondere in der chemischen Industrie Fertigungsstellen gibt, in denen die Prozessbedingungen (z. B. Druck, Temperatur, Katalysatoren usw.) als Aktionsparameter des Produktionsvollzugs verändert werden. Will man die hieraus resultierenden Kosteneinflüsse im Soll-Ist-Kostenvergleich erfassen, so ist eine Differenzierung der Bezugsgrößen nach Prozessbedingungen erforderlich. Den Kostenstellen werden im Soll-Ist-Kostenvergleich stets die den Ist-Prozessbedingungen entsprechenden Sollkosten gutgeschrieben. Ob hieraus Kostenabweichungen gegenüber der Kostenträgerzeitrechnung resultieren, hängt davon ab, ob es sich um erzeugnisspezifische oder um nicht erzeugnisspezifische Variationen der Prozessbedingungen handelt. Im ersten Fall werden bestimmte Erzeugnisse stets mit den gleichen Prozessbedingungen produziert, wobei sich aber die für die einzelnen Erzeugnisarten erforderlichen Prozessbedingungen voneinander unterscheiden. In zweiten Fall dagegen können je nach den Produktionsverhältnissen die gleichen Erzeugnisarten mit unterschiedlichen Prozessbedingungen produziert werden. In diesen Fällen werden in den Plankalkulationen bestimmte Standard-Prozessbedingungen zugrunde gelegt, sodass Abweichungen zwischen der Kostenstellen- und der Kostenträgerzeitrechnung entstehen. Diese Abweichungen wollen wir als Kostenabweichungen infolge außerplanmäßiger Prozessbedingungen bezeichnen.

3. Werden in einer Kostenstelle organisatorische oder technische Veränderungen vorgenommen, welche die Kostenstruktur wesentlich beeinflussen, so muss der Kostenplan entsprechend geändert werden, damit der Soll-Ist-Kostenvergleich auch in den Folgeperioden seine Aussagefähigkeit behält. Werden in diesen Fällen zum gleichen Zeitpunkt die Plankalkulationen an den neuen Kalkulationssatz der geänderten Kostenstelle angepasst, so bleibt die Kostenidentität gewahrt. Bei maschineller Erstellung der Kalkulationen ist diese Anpassung zwar grundsätzlich durchführbar, dennoch wird sie aber in der Praxis in den meisten Fällen unterlassen, weil der Einfluss einzelner Kalkulationssätze auf die Kalkulationsergebnisse meistens nur relativ gering ist, und im Übrigen Kalkulationsänderungen während der laufenden Planungsperiode Abrechnungsschwierigkeiten in der Bestandsrechnung verursachen.

Verzichtet man im Falle veränderter Kostenpläne auf eine Anpassung der Plankalkulationen, so entstehen Abweichungen zwischen der Kostenstellen- und der Kostenträgerzeitrechnung, die meistens als Verrechnungsabweichungen bezeichnet werden. Da diese Abweichungen meistens die Folge von Rationalisierungsmaßnahmen sind, kann man sie auch als Rationalisierungsabweichungen bezeichnen.

4. Wie wir bereits in Kapitel 4.7.2 gezeigt haben, können auch im Bereich der sekundären Kostenstellen Verrechnungsabweichungen anfallen. Dies ist der Fall, wenn für sekundäre Kostenstellen direkt erfasste Bezugsgrößen verwendet werden, sich der Istverbrauch in den empfangenden Kostenstellen aber nicht messen lässt. In diesen Fällen stimmen die Sollkosten der Sekundärstellen nicht mit den Summen der zugehörigen sekundären Kostenarten der empfangenden Stellen überein. Die Differenzen wollen wir als sekundäre Verrechnungsabweichungen bezeichnen.

Zur quantitativen Erfassung dieser Abweichungen wollen wir folgende Kurzzeichen einführen:

$B_\nu^{(i)}$	=	Direkt erfasste Istbezugsgröße der Sekundärstelle v
i	=	Index der empfangenden Kostenstellen
m	=	Anzahl der empfangenden Kostenstellen
$r_{Fi\nu}^{(p)}$	=	Fixe Plan-Verbrauchsmenge der Kostenstelle i an Leistungseinheiten der Kostenstelle v
$r_{Pi\nu}^{(p)}$	=	Proportionale Plan-Verbrauchsmenge der Kostenstelle i an Leistungseinheiten der Kostenstelle v
$B_i^{(i)} / B_i^{(p)}$	=	Ist-Beschäftigungsgrad der Kostenstelle i
d_v	=	Proportionaler Plankostensatz der Sekundärstelle v.

Mithilfe dieser Kurzzeichen lässt sich für die sekundäre Verrechnungsabweichung einer Sekundärstelle v folgende Bestimmungsgleichung formulieren:

$$(4\text{-}60) \quad \Delta K_{VR\nu} = \left[B_{\nu}^{(i)} - \sum_{i=1}^{m} \left(r_{Fi\nu}^{(p)} + r_{Pi\nu}^{(p)} \frac{B_i^{(i)}}{B_i^{(p)}} \right) \right] d_{\nu}$$

Die mithilfe der Gleichung (4-60) bestimmten Abweichungen sind zwar unmittelbar nur Abweichungen zwischen sekundären und primären Kostenstellen. Da aber die proportionalen Sollkosten der primären Kostenstellen über die Plankalkulationen in die Kostenträgerzeitrechnung eingehen, handelt es sich auch hier um Kostenabweichungen zwischen der Kostenstellen- und der Kostenträgerzeitrechnung[154].

Durch die Zwischenschaltung einer Energie-Verrechnungsstelle, die diese Abweichungen ausweist und ggf. nachverrechnet, kann dieses Problem allerdings gelöst werden.

4.8.4 Fixkostenabweichungen im System der flexiblen Plankostenrechnung

1. In einer nach dem Vollkostenprinzip aufgebauten flexiblen Plankostenrechnung werden die den Planbeschäftigungen entsprechenden fixen Kosten in die Kalkulationssätze einbezogen; hierdurch werden die fixen Kosten „rechnerisch proportionalisiert“. Da den Kostenstellen im Soll-Ist-Kostenvergleich unabhängig von der Beschäftigung die geplanten fixen Kosten belastet werden, entstehen Fixkosten-Verrechnungsabweichungen gegenüber der Kostenträgerzeitrechnung, die als Beschäftigungsabweichungen bezeichnet werden[155]. Die Entstehung von Beschäftigungsabweichungen haben wir bereits in Kapitel 1.331 beschrieben.

Die Beschäftigungsabweichungen einer nach dem Vollkostenprinzip aufgebauten flexiblen Plankostenrechnung sind kalkulatorische Verrechnungsabweichungen zwischen der Kostenstellen- und der Kostenträgerzeitrechnung. Sie lassen sich auf vierfache Weise interpretieren:

$$(4\text{-}61) \quad \Delta B = \text{Sollkosten ./. verrechnete Plankosten}$$

$$(4\text{-}62) \quad \Delta B = \text{Fixe Plankosten} \left(1 - \frac{\text{Istbezugsgröße}}{\text{Planbezugsgröße}} \right)$$

$$(4\text{-}63) \quad \Delta B = \left(\begin{array}{l}\text{Kalkulationssatz bei} \\ \text{Istbeschäftigung}\end{array} \text{./.} \begin{array}{l}\text{Kalkulationssatz bei} \\ \text{Planbeschäftigung}\end{array} \right) \cdot \text{Istbezugsgröße}$$

$$(4\text{-}64) \quad \Delta B = \begin{array}{l}\text{Fixe Kosten pro Bezugsgrößen-} \\ \text{einheit bei Planbeschäftigung}\end{array} \left(\text{Planbezugsgröße ./. Istbezugsgröße} \right)$$

Mithilfe der Gleichungen (4-61) bis (4-64) lässt sich die Beschäftigungsabweichung einer Kostenstelle für jede beliebige Istbeschäftigung im Voraus berechnen. Vorhersehbare Beschäftigungsabweichungen fallen an, wenn die Planbezugsgröße einer Kostenstelle niedriger als die Kapazität festgelegt wird.

Sind z. B. für eine Kostenstelle die folgenden Plandaten gegeben:

fixe Plandaten	=	48.000 €/Monat,
proportionale Plankosten	=	78.000 €/Monat,
gesamte Plankosten	=	126.000 €/Monat,
Planbezugsgröße	=	3.000 Std./Monat,
Vollkostensatz	=	42 €/Stunde,

so erhält man aufgrund der Gleichungen (4-61) bis (4-64) für eine Istbeschäftigung von 2.400 Std./Mon. folgende Beschäftigungsabweichung:

$$\Delta B = (48.000 + 78.000 \cdot 0{,}8) \text{ ./. } 2.400 \cdot 42 = 110.400 \text{ ./. } 100.800 \qquad = 9.600 \text{ €/Monat}$$

$$\Delta B = 48.000\,(1 - 0{,}80) \qquad = 9.600 \text{ €/Monat}$$

$$\Delta B = \left(\frac{110.400}{2.400} - 42\right) 2.400 = (46 - 42)\, 2.400 \qquad = 9.600 \text{ €/Monat}$$

$$\Delta B = \frac{48.000}{3.000}\left(3.000 \text{ ./. } 2.400\right) = 16 \cdot 600 \qquad = 9.600 \text{ €/Monat}$$

Die Beschäftigungsabweichungen unterscheiden sich von den übrigen Kostenabweichungen der Plankostenrechnung dadurch, dass sie keine echten Mehr- oder Minderkosten sind, sondern die bei Unterbeschäftigung „zu wenig" oder bei Überbeschäftigung „zu viel" kalkulatorisch verrechneten fixen Kosten.

2. Zur Analyse der Fixkostenauslastung hat O. Bredt den Begriff Leerkosten eingeführt, den E. Gutenberg später in die Kostentheorie übernahm und durch den komplementären Begriff Nutzkosten ergänzte[156].

In Abbildung 4-22 gibt die Gerade CD die Leerkosten an; diese stimmen bei einer Beschäftigung von Null mit den Fixkosten überein und nehmen mit zunehmender Beschäftigung linear ab. An der Kapazitätsgrenze B_{Max} sind die Leerkosten gleich Null. Oberhalb der Geraden CD liegen die Nutzkosten, die man erhält, wenn man von den fixen Kosten die Leerkosten subtrahiert.

Wie die Abbildung 4-22 erkennen lässt, stimmen die Beschäftigungsabweichungen der flexiblen Plankostenrechnung mit den Leerkosten nur überein, wenn die Planbeschäftigung an die Kapazitätsgrenze gelegt wird. Ist diese Voraussetzung nicht erfüllt, so treten Abweichungen auf; vgl. hierzu den gestrichelten Bereich zwischen den Geraden CD und CE in Abbildung 4-22.

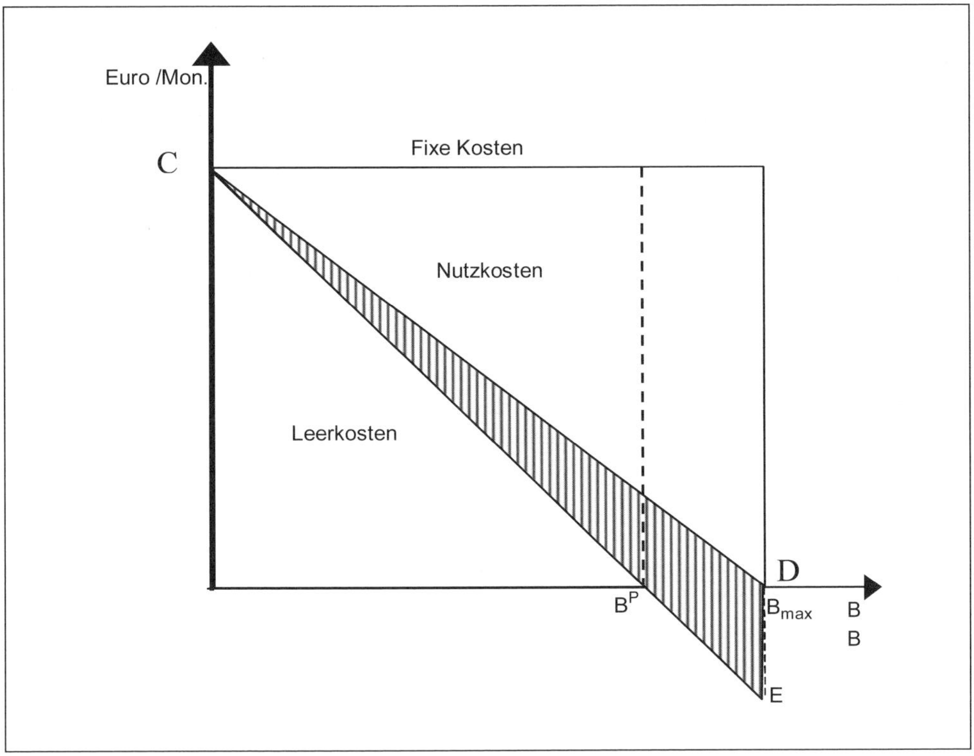

Abbildung 4-22: Nutz- und Leerkostenanalyse nach E. Gutenberg

3. In einer nach dem Grenzkostenprinzip aufgebauten flexiblen Plankostenrechnung werden keine fixen Kosten in die Kalkulationssätze einbezogen. Wie bereits unsere Ausführungen in Kapitel 1.3.4.1 gezeigt haben, gehen die fixen Kosten in der Grenzplankostenrechnung als Periodenkosten in die kurzfristige Erfolgsrechnung ein, sodass keine Beschäftigungsabweichungen mehr auftreten.

Dennoch besteht auch bei Anwendung einer Grenzplankostenrechnung das Bedürfnis, die Auslastung der fixen Kosten zu überwachen. Bereits E. Schneider hat darauf hingewiesen, dass die Betriebe stets ihre „Leerkosten" kennen sollten; denn: „Die Kenntnis der Leerkosten ist für die Leitung ein ständiger Antrieb, die Größe der Erzeugungsanlagen (die Produktionskapazität) dem erzielbaren Absatz anzupassen" (und umgekehrt)[157].

Es ist daher vorgeschlagen worden, und wird in den meisten Betrieben mit einer Grenzplankostenrechnung praktiziert, im Soll-Ist-Kostenvergleich eine „Deckungskontrolle der fixen Kosten" vorzunehmen. Hierzu werden die geplanten fixen Kosten jeder Kostenstelle mit dem zugehörigen Ist-Beschäftigungsgrad multipliziert. Der auf diese Weise errechnete Betrag wird als „gedeckte fixe Kosten" bezeichnet. Subtrahiert man diesen Betrag von den fixen Kosten oder werden die geplanten fixen Kosten mit dem Faktor (1 – Istbeschäftigungsgrad) multipliziert, so erhält man die „nicht gedeckten fixen Kosten". Diese entsprechen den Beschäftigungsabweichungen der nach dem Vollkostenprinzip durchgeführten flexiblen Plankostenrechnung. Ein wesentlicher Unterschied besteht aber darin, dass es sich nicht mehr um Kalkulationsabweichungen gegenüber der Kostenträgerzeitrechnung handelt. Die „nicht gedeckten fixen Kosten" sind in der Grenzplankostenrechnung vielmehr „statistische Größen", die im Soll-Ist-Kostenvergleich einen Einblick in die Kapazitätsauslastung geben sollen.

Hierzu ist aber kritisch anzumerken, dass die Bezeichnung „Deckung" hier im Sinne einer „kalkulatorischen Deckung" verwendet wird, der nicht den Grundprinzipien der Grenzplankosten- und Deckungsbeitragsrechnung entspricht. Ob die fixen Kosten einer Unternehmung „gedeckt" sind, kann man nicht in der Kostenstellenrechnung feststellen, sondern erst in der Kostenträgerzeitrechnung, wo sich die Deckungsbeträge mit den fixen Kosten vergleichen lassen.

Addiert man die „gedeckten fixen Kosten" mehrerer Kostenstellen, die zu einem betrieblichen Teilbereich gehören, und setzt man sie prozentual in Beziehung zur Summe der fixen Kosten, so lässt sich für den betreffenden Teilbereich ein gewogener Auslastungsprozentsatz angeben. Für i = 1, ..., m Kostenstellen gilt:

$$\text{(4-65)} \quad \text{Auslastungsprozentsatz} = \frac{\sum_{i=1}^{m} K_{Fi}^{(p)} \dfrac{B_i^{(i)}}{B_i^{(p)}}}{\sum_{i=1}^{m} K_{Fi}^{(p)}} 100$$

Errechnet man diese Auslastungsprozentsätze für Meisterbereiche, Betriebe, Zweigwerke usw., so erhält man einen guten Einblick in die beschäftigungsmäßige Auslastung der fixkostenverursachenden Potenzialfaktoren einer Unternehmung. Die Auslastungsprozentsätze sollten im Zeitablauf beobachtet werden. Für betriebliche Teilbereiche, deren Auslastungsprozentsätze längere Zeit hindurch unter 100 % liegen, sollte überprüft werden, ob es wirtschaftlich ist, ihre Kapazitäten entsprechend zu verringern.

4.9 Die Kostenstellenrechnung der Grenzplankostenrechnung als maschinell abgerechnetes Planungs- und Kontrollmodell

1. Durch die Kostenstellenplanung der Grenzplankostenrechnung wird ein System linearer Sollkostenfunktionen festgelegt, das angibt, wie sich die nach Kostenarten differenzierten Kosten der Kostenstellen in Abhängigkeit von ihren Bezugsgrößen planmäßig verändern[158]. Hierbei werden alle interdependenten Beziehungen des innerbetrieblichen Leistungsaustausches berücksichtigt.

Um die Kostenstellenplanung als System linearer Sollkostenfunktionen algebraisch darzustellen, wollen wir folgende Kurzzeichen einführen:

K = Sollkosten [€/Periode]
β = Index der Bezugsgrößen bei heterogener Kostenverursachung
s = Anzahl Bezugsgrößen bei heterogener Kostenverursachung
i = Index der primären Kostenstellen
m = Anzahl der primären Kostenstellen
ξ = Index der primären Kostenarten
z = Anzahl der primären Kostenarten
ν = Index der sekundären Kostenstellen (als leistende Stellen)
μ = Index der sekundären Kostenarten
v = Anzahl der sekundären Kostenarten und Kostenstellen
r_F = Geplanter fixer Faktorverbrauch [ME/Periode]
ρ = Geplanter proportionaler Faktorverbrauch pro Bezugsgrößeneinheit [ME/ME]
B = Bezugsgröße [ME/Periode]
d = Proportionaler Plankostensatz [€/ME]
q = Faktorpreis für primäre Kostenarten [€/ME].

Ohne Berücksichtigung einer sekundären Fixkostenverteilung lässt sich das Gesamtsystem der Kostenstellenplanung durch die folgenden linearen Gleichungen beschreiben:

Sollkostenfunktionen der primären Kostenstellen:

$$\text{(4-66)} \qquad K_i = \sum_{\beta=1}^{s_i} \left[\underbrace{\sum_{\xi=1}^{z} \left(r_{F\xi i} + \rho_{\beta\xi i}\, B_{\beta i} \right) q_\xi}_{\text{primäre Kostenarten}} + \underbrace{\sum_{\mu=1}^{v} \left(r_{F\mu i} + \rho_{\beta\mu i}\, B_{\beta i} \right) d_\mu}_{\text{sekundäre Kostenarten}} \right] \qquad (i = 1, ..., m)$$

Sollkostenfunktionen der sekundären Kostenstellen:

$$\text{(4-67)} \qquad K_\nu = \underbrace{\sum_{\xi=1}^{z} \left(r_{F\xi\nu} + \rho_{\xi\nu}\, B_\nu \right) q_\xi}_{\text{primäre Kostenarten}} + \underbrace{\sum_{\mu=1}^{v} \left(r_{F\mu\nu} + \rho_{\nu\mu}\, B_\nu \right) d_\mu}_{\text{sekundäre Kostenarten}} \qquad (\nu = 1, ..., v)$$

Für sekundäre Kostenstellen mit indirekten Bezugsgrößen gilt:

$$\text{(4-68)} \qquad B_\mu = \left[\underbrace{\sum_{i=1}^{m} \sum_{\beta=1}^{s_i} \left(r_{F\mu i} + \rho_{\beta\mu i}\, B_{\beta i} \right) q_\xi}_{\text{primäre Kostenarten}} + \underbrace{\sum_{\nu=1}^{v} \left(r_{F\nu\mu} + \rho_{\nu\mu}\, B_\nu \right)}_{\text{sekundäre Kostenarten}} \right] d_\mu \qquad (\mu = 1, ..., v)$$

Dividiert man die durch die Gleichung (4-67) bestimmten proportionalen Sollkosten der Planbeschäftigung durch die zugehörigen Planbezugsgrößen, so erhält man die Verrechnungssätze d_{μ}, die zur Verrechnung der proportionalen Kosten der Sekundärstellen auf die primären Kostenstellen dienen. Hierbei werden alle interdependenten Beziehungen des innerbetrieblichen Leistungsaustausches berücksichtigt. Bei Durchführung einer sekundären Fixkostenverteilung werden (ebenfalls unter Berücksichtigung aller Interdependenzen) auch die fixen Kosten der Sekundärstellen auf die primären Kostenstellen übernommen; hierauf wurde aber in den Gleichungen (4-66) bis (4-68) verzichtet.

Die Gleichung (4-68) gilt nur für sekundäre Kostenstellen, die mithilfe von indirekten Bezugsgrößen abgerechnet werden, so z. B. für die Leitungskostenstellen. Hier stimmen aufgrund der Deckungsrechnung die Bezugsgrößen der Sekundärstellen mit der Summe der proportionalen Sollkosten der auf alle übrigen Kostenstellen verrechneten Kosten der betreffenden Sekundärkostenart überein; wie die Gleichung (4-68) erkennen lässt, werden diese Kosten auf den empfangenen Stellen zum Teil zu fixen Kosten.

Das Gleichungssystem (4-66) bis (4-68) macht deutlich, dass durch die Kostenstellenplanung ein System linearer Sollkostenfunktionen festgelegt wird, das die geplanten Kosten einer Unternehmung unabhängig von der Zusammensetzung des Produktionsprogramms und den Entscheidungen des Produktionsvollzugs darstellt. Werden z. B. in einer Fertigungsstelle mit homogener Kostenverursachung die Maschinenstunden als Bezugsgröße verwendet, so geben die geplanten Sollkostenfunktionen an, wie hoch die Sollkosten planmäßig sind, wenn eine bestimmte Stundenzahl realisiert wird. Hierbei ist es unerheblich, für welche Aufträge oder Erzeugnisarten diese Maschinenzeit eingesetzt wird. Liegt verfahrensbedingte Heterogenität der Kostenverursachung vor, so gelten die geplanten Sollkostenfunktionen für jeden beliebigen Produktionsvollzug. Werden z. B. in einer Fertigungsstelle mit Serienproduktion die Bezugsgrößen Rüst- und Fertigungszeit verwendet, so lassen sich die Sollkosten für beliebige Relationen dieser Bezugsgrößen ermitteln, ohne dass man hierzu detaillierte Entscheidungen über die Seriengrößen oder die Auflegungshäufigkeiten erkennen muss.

Die Kostenplanung der Grenzplankostenrechnung lässt sich daher als ein produktions- und verfahrensneutrales Kostenermittlungsmodell bezeichnen. Von den in der Eisen- und Stahlindustrie entwickelten „Betriebsmodellen“, die wir in Kapitel 1.344.3 dargestellt haben, unterscheiden sich die linearen Sollkostenfunktionen der Grenzplankostenrechnung dadurch, dass die Abhängigkeit der Kosten von der Zusammensetzung des Produktionsprogramms und den Aktionsparametern des Produktionsvollzugs zunächst bewusst offengelassen wird. Diese Eigenschaft der Kostenplanung hat folgende Vorteile:

Erstens lässt sich die Kostenplanung bereits zu einem Zeitpunkt durchführen, zu dem weder die Zusammensetzung des Produktionsprogramms noch die Entscheidungen des Produktionsvollzugs bekannt zu sein brauchen. Daher lässt sich die Kostenplanung auch in Unternehmungen durchführen, die nicht über eine detaillierte Absatzplanung verfügen. Insbesondere aber ist die Unabhängigkeit der Kostenplanung von der Auftragszusammensetzung für Unternehmungen mit Auftrags- und Einzelfertigung von Bedeutung, da hier aufgrund der Heterogenität der Einzelaufträge keine detaillierte Absatzplanung realisierbar ist.

Zweitens wird durch das mithilfe der Kostenplanung aufgebaute System linearer Sollkostenfunktionen die Möglichkeit geschaffen, die geplanten Kostenstellenkosten unter Berücksichtigung aller interdependenten Beziehungen des Produktionsvollzugs an jedes (innerhalb der Kapazitätsgrenzen) realisierbare Produktionsprogramm und alle denkbaren Maßnahmen des Produktionsvollzugs, die sich mithilfe des Bezugsgrößensystems erfassen lassen, anzupassen.

Drittens ist hervorzuheben, dass durch die Kostenplanung noch keine endgültigen Entscheidungen über die Erzeugnis-Grenzkosten getroffen werden. Es werden lediglich Bezugsgrößen-Grenzkosten geplant, deren Höhe ebenfalls unabhängig vom Produktionsprogramm und vom Produktionsvollzug ist.

Viertens ermöglicht das Gleichungssystem (4-66) bis (4-68) eine Anpassung der Kostenplanung an veränderte Preise und Lohnsätze. Hierbei lassen sich ebenfalls alle Interdependenzen des innerbetrieblichen Leistungsaustausches berücksichtigen.

Die oben genannten Eigenschaften der Kostenstellenplanung machen die Kostenstellenrechnung der Grenzplankostenrechnung zu einem flexiblen Planungs- und Kontrollmodell. Als Planungsmodell ist die Kostenstellenrechnung in der Lage, die über Kostenstellen abgerechneten Kosten einer Unternehmung an alternative Entscheidungen der Produktionsprogramm- und der Produktionsvollzugsplanung anzupassen. Als Kontrollmodell dient die Kostenstellenrechnung zur Ermittlung der Sollkosten der Istbeschäftigung; vgl. hierzu unsere Ausführungen in Kapitel 4.7.2.

2. Wie wir bereits in Kapitel 1.3.4.3.2 gezeigt haben, hat die Entwicklung der Informationsverarbeitung dazu geführt, dass heute alle Teilgebiete der Grenzplankostenrechnung maschinell durchgeführt werden. Für die Kostenstellenrechnung der flexiblen Plankostenrechnung wurde der erste „vollmaschinell geschriebene Soll-Ist-Kostenvergleich" bereits 1949 von Dörken und Plaut entwickelt[159]. In den Folgejahren wurde die maschinelle Durchführung der Kostenstellenrechnung systematisch an die verbesserten Möglichkeiten der Computertechnik angepasst[160]. Hierbei lösten etwa von 1970 an progressiv gestiegene Programmierungskosten die Tendenz aus, für die maschinelle Durchführung der Kostenrechnung Standard-Software einzusetzen.

3. Als erstes Standard-Softwaresystem für Grenzplankostenrechnung standen ab 1974 die von der Plaut-Gruppe entwickelten Modularprogrammfamilien M 100 und M 110 zur Verfügung.

Die in den folgenden Jahren zielstrebig aufgebaute enge Kooperation zwischen der Plaut-Gruppe und der SAP AG hat sichergestellt, dass alle betriebswirtschaftlich wichtigen Kostenrechnungsfunktionen auch Bestandteil der heute marktführenden Standard-Software der SAP AG geworden sind[161].

4.10 Die Kostenstellenrechnung der Grenzplankostenrechnung im Unternehmensmodell „QUATTRO“

1. Um der angestrebten Zielsetzung eines „Lehrbuches“ zur Kostenrechnung noch besser zu entsprechen und auch der konstruktiven Kritik von Fachleuten folgend[162], wurden ab der 12. Auflage die theoretischen Ausführungen einerseits durch ein geschlossenes Anwendungsbeispiel, andererseits durch Illustrationen aus einem Modellbetrieb ergänzt. Dabei werden, der bisherigen Gliederung folgend, die jeweiligen Abschnitte durch Zahlenbeispiele erläutert. Als geschlossenes Anwendungsbeispiel kommt das in der Lehre bewährte Unternehmensmodell „QUATTRO“[163] zum Einsatz.

2. Es darf an dieser Stelle nicht versäumt werden darauf hinzuweisen, dass dieses Modell in der Vergangenheit bereits Thema einer recht kontroversen Auseinandersetzung zweier Experten war[164], in der keine Annäherung der Standpunkte zu erreichen war. Zu unnahbar standen sich die Vertreter einer mathematisch fundierten Betriebswirtschaft (Glaser) und einer praxisorientierten, controllingbewährten Vorgehensweise (Vikas) gegenüber.

3. Das Unternehmensmodell "QUATTRO" wurde nämlich mit der Zielsetzung entwickelt, die komplexen Zusammenhänge eines integrierten Planungs- und Abrechnungssystems, wie es in Unternehmen der industriellen Sachgüterindustrie im deutschsprachigem Raum heute zum Industriestandard zählt, auf didaktisch optimiete Weise transparent zu machen. Die technische Grundlage der Zahlenbeispiele bildet ein auf der Basis der PC-Software MS-Excel entwickeltes Modell. Der Name "QUATTRO" wurde gewählt, weil das Modell nur aus - im Wesentlichen - vier Kostenstellen und vier Produkten besteht. Die Trennung in ein "Planungssystem" und ein "Abrechnungssystem" entspricht dem heutigen Stand der DV-technischen Auslegung.

4.10.1 Kostenstelleneinteilung und Bezugsgrößenplanung

Trotz des bewusst aus didaktischen Gründen geringen Umfanges dokumentiert das Modell die wichtigsten Ausprägungen einer Grenzplankostenrechnung. Dieser Grundsatz wird erstmals bei der Kostenstelleneinteilung eingehalten. Folgende Kostenstellen sind vorgesehen:

Kostenstellenplan		
Nr.	**Bezeichnung**	**Kategorie**
A	Energiestelle	Indirekte Sekundärstelle
B	Hilfsbetrieb	Direkte Sekundärstelle
C	Fertigungsstelle 1	Direkte, primäre Fertigungsstelle
D	Fertigungsstelle 2	Direkte, primäre Fertigungsstelle
E	Vertrieb Produkt-Management 1	Primäre Vertriebsstelle, Fixkosten
F	Vertrieb Produkt-Management 2	Primäre Vertriebsstelle, Fixkosten
G	Verwaltung	Primäre Verwaltungsstelle, Fixkosten

Abbildung 4-23: Kostenstelleneinteilung QUATTRO

Ebenso werden bei der Bezugsgrössenwahl die wichtigsten Kategorien der Leistungsverrechnung, wie indirekte, direkte, retrograde und Fixkostenverrechnung berücksichtigt.

Bezugsgrössenwahl		
Nr.	**Bezeichnung**	**Bezugsgröße(n)**
A	Energiestelle	Kilowattstunden, retrograd aus Deckungsrechung Verrechnungseinheiten für die Fixkosten
B	Hilfsbetrieb	Handwerkerstunden, direkt ermittelt
C	Fertigungsstelle 1	Maschinenstunden, direkt ermittelt
D	Fertigungsstelle 2	Fertigungsstunden, retrograd ermittelt
E	Vertrieb Produkt-Management 1	Verrechnungseinheiten für die Fixkosten
F	Vertrieb Produkt-Management 2	Verrechnungseinheiten für die Fixkosten
G	Verwaltung	Verrechnungseinheiten für die Fixkosten

Abbildung 4-24: Bezugsgrössenwahl QUATTRO

Ausgangspunkt der Bezugsgrößenplanung ist bekanntlich der Absatzplan, der für die vier Produkte P 1 bis P 4 aus den Ausgangsdaten der Abbildung 4-27 ersichtlich ist. Da die Zahlen des Produktionsplanes mit jenen des Absatzplanes identisch sind, werden keine Bestandsveränderungen geplant. Aus diesen Daten lassen sich zunächst die Planbezugsgrößenmengen der Fertigungsstellen wie folgt ermitteln:

Planbezugsgrößenermittlung der Fertigungskostenstellen						
Produktionsplan		Std./Stk.	Std./Stk.	Std./Monat	Std./Monat
Produkt	Plan Stk./Monat	Kost. C	Kost. D	Kost. C	Kost. D
P 1	1.200	0.75		900	
P 2	400		1,50		600
P 3	200	0.50	1,25	100	250
P 4	460		2,50		1.150
Summe				**1000**	**2000**

Abbildung 4-25: Ermittlung der Planbezugsgrößenmengen der Fertigungsstellen

Für die beiden Hilfskostenstellen kann nun die Planleistung retrograd aus den Planleistungen der beiden Fertigungsstellen ermittelt werden. Dazu ist einerseits erforderlich, den spezifischen Bedarf an z.B. Energie pro Fertigungsstunde zu planen, andererseits aber auch zu berücksichtigen, dass die beiden Hilfskostenstellen auch gegenseitige Lieferverpflichtungen haben. Die folgende Abbildung 4-26 zeigt diese Ermittlung, wobei angenommen wird, dass die Kostenstellen E bis G weder Enerige noch Handwerkerstunden benötigen:

Planbezugsgrößenermittlung der Hilfskostenstellen					
Plan		KWh./Std.	HW-Std./Bz.Gr.	Bedarf kWh	Bedarf HW-Std.
Kostenstelle	Bz.Gr./Monat	Kost. A	Kost. B	von Kost. A	von Kost. B
A	**398**	-	0,025	-	10
B	**160**	0,050	-	8	-
C	1.000	0,150	0,05	150	50
D	2.000	0,120	0,05	240	100
Summe				**398**	**160**

Abbildung 4-26: Ermittlung der Planbezugsgrößenmengen der Hilfskostenstellen

Die gegenseitige Lieferverpflichtung führt zu einer gewissen Komplexität: Während der Bedarf der Empfänger-Kostenstellen C und D einfach zu ermitteln ist, fehlen für die beiden Hilfskostenstellen ja noch die Planbezugsgrößenmengen! Nur ein simultaner Ansatz oder – in der Praxis der Standardsoftwareentwicklung mit Erfolg eingesetzt – eine Iterationsrechnung kann dieses Problem lösen.

Da dieses Problem in weiterer Folge immer wieder auftritt, soll im Folgenden die Lösung mittels eines Gleichungssystems dargestellt werden, wobei x für die Planbezugsgrößenmenge der Energiestelle A und y für die Planbezugsgrößenmenge der Hilfsbetriebsstelle B steht:

(4-69) $x = 150 + 240 + 0{,}050\ y$

(4-70) $\underline{y = 50 + 100 + 0{,}025\ x}$ daraus folgt :

$y = 150 + 0{,}025 * (390 + 0{,}050\ y)$

$\underline{y = 150 + 9{,}75 + 0{,}00125\ y}$ mit dem Ergebnis:

$y = 160$ HW-Std./Monat

$\underline{x = 398 \text{ kWh / Monat}}$

Eine Besonderheit bei der Bezugsgrößenwahl bietet die Kostenstelle A – Energiestelle. Hier wurde für die geplanten fixen Kosten eine eigene Bezugsgröße, genannt VE (Verrechnungseinheiten) definiert. Dies erlaubt eine vom proportionalen Leistungsgeflecht völlig unabhängige Verteilung der Fixkosten auf die Empfängerkostenstellen.

Wie bereits dargestellt (vgl. Abschnitt 4.5.1.8), werden die Fixkosten sekundärer Kostenstellen, wenn überhaupt, im Normalfall nach der Inanspruchnahme der proportional bewerteten Leistungen auf die abnehmenden Stellen verteilt. Soll dies verhindert werden und eine andere Verteilung notwendig werden, dann muss eine zweite Bezugsgröße für die Fixkosten gebildet werden. Ein Blick in die Kostenplanung (vgl. Abb. 4-28) zeigt, dass die Verteilungsmengen der ersten und zweiten Bezugsgröße – alles natürlich angenommene Werte – völlig unabhängig voneinander gebildet wurden.

Bei der Kostenstelle B – Hilfsbetrieb wurde auf eine eigene Bezugsgröße für die Fixkosten, schon allein wegen der geringen Höhe derselben, verzichtet. In diesem Fall folgen die Fixkosten der geplanten Leistungsverteilung und damit den proportionalen Kosten der Senderstelle.

Ausgangsdaten „Quattro“ (PLAN)					
		Produkt 1	Produkt 2	Produkt 3	Produkt 4
Absatzplan					
Kunde 1		100		60	120
Kunde 2		150	100		180
Kunde 3		150	300	140	
Kunde 4					160
Absatz in Stk./Monat		**400**	**400**	**200**	**460**
Produktionsplan					
Wiedereinsatz von P1 in P2		800			
Produktion in Stk./Monat		**1200**	**400**	**200**	**460**
Arbeitsplan					
von Fertigungsstelle C	Std./Stk.	0,75		0,50	
von Fertigungsstelle D	Std./Stk.		1,50	1,25	2,50
Stückliste	**Planpreise**				
Rohstoff 11	1,45 €/kg	20,00 kg	10,00 kg		
Rohstoff 22	11,50 €/Stk.			2,00 Stk.	4,00 Stk.
Rohstoff 33	0,90 €{kg	40,00 kg			
Rohstoff 44	1,10 €/Stk.		15,00 Stk.		
Rohstoff 55	0,95 €/m			40,00 m	
Wiedereinsatz P1 in P2	Stk.		2,00 Stk.		

Abbildung 4-27: Ausgangsdaten „QUATTRO“ - PLAN

4.10.2 Kostenplanung der primären und sekundären Kostenstellen

Nachdem für alle vier betrachteten Kostenstellen die gewünschte Leistung in Form der Planbezugsgrößenmengen ermittelt wurde, kann nun die Planung der primären Kosten, also aller benötigten externen Ressourcen durchgeführt werden (vgl. Abbildung 4-28). Unter Beachtung der gebotenen Wirtschaftlichkeit werden zunächst – wo immer das möglich ist – die Einsatzmengen geplant und anschließend mit Festpreisen (Standardpreisen) bewertet.

Unter der Annahme, dass auf der Fertigungskostenstelle C ein Werker zwei Maschinen bedient, würde der Ansatz für den Fertigungslohn lauten:

1.000 Masch. Std. / 2 Masch. je Werker * 14,12 EUR / Std. = 7.060 EUR

oder für die Fertigungskostenstelle D, die eine Montagestelle verkörpert:

2.000 Ftg. Std. / 1 Werker je Arbeitsplatz * 12,94 EUR / Std. = 25.880 EUR.

Für Lohnnebenkosten, Urlaub und Krankheit wird eine kalkulatorische Quote von 70 % auf den Anwesenheitslohn gerechnet, die (gerundet) bei

Kostenstelle C 4.960 EUR

und bei

Kostenstelle D 18.120 EUR

beträgt.

Da die Fertigungslöhne nur gerechtfertigt sind, wenn entsprechende Stunden geleistet werden, sind sie voll proportional zur Bezugsgröße geplant. Der Sozialaufwand folgt diesem Grundsatz.

Die weiteren Planpositionen an primären Kosten für SBK (Sonstige Betriebskosten) und Kapitalkosten, wie auch die ausgewiesenen Lohnsätze sind angenommene Werte, die auch einer Kostenauflösung nach proportionalen und fixen Bestandteilen unterzogen werden. Für die Planung der sekundären Kosten, also der Leistungen, die von anderen Kostenstellen in Anspruch genommen werden, liegen die Leistungsdaten ja schon vor (siehe oben). Dem strikten Prinzipien einer Grenzplankostenrechnung - mit Parallelrechnung der fixen Kosten - folgend, werden sie getrennt nach proportionalen und fixen Kostenbestandteilen der sendenden Kostenstelle bewertet. Daher finden wir bei den Leistungsempfängern vier Planpositionen vor, nämlich je zwei für die jeweilige Herkunftskostenstelle und je zwei für die beiden Kostenelemente proportional und fix. Die Kostenauflösung folgt hier den bereits definierten Strukturen, fix muss fix bleiben, proportionale Kosten könnten auch fix werden, bleiben hier aber proportional. Allerdings müssen die Plankostensätze für die Bewertung erst ermittelt werden.

Grundsätzlich werden die Kostensätze durch Division der geplanten proportionalen und fixen Kosten durch die gewählte Bezugsgröße ermittelt. Auch hier müssen allerdings die Interdependenzen der innerbetrieblichen Leistungsverrechnung berücksichtigt werden. Bevor nicht die Kostensätze der sekundären Hilfskostenstellen ermittelt sind, können jene der primären Kostenstellen nicht dargestellt werden.

Zur Ermittlung der Kostensätze der Hilfskostenstellen wird wieder ein simultaner Ansatz benötigt, bzw. in der Praxis der Standardsoftwareentwicklung mithilfe einer Iterationsrechnung das gewünschte Ergebnis erzielt:

Zunächst sind die bereits geplanten primären Kostenarten der Hilfskostenstellen zu addieren. Diese Rechnung ergibt

- für die Kostenstelle A 7.690 € an proportionalen und 18.410 € an fixen Kosten,
- für die Kostenstelle B 4.160 € an proportionalen und 240 € an fixen Kosten.

Der jeweilige proportionale Kostensatz der beiden Hilfskostenstellen errechnet sich nun nach folgender Formel, wobei x für den proportionalen Kostensatz der Kostenstelle A und y für den prop. Kostensatz der Kostenstelle B steht:

(4-71) $x = (7.690 + 10\,y) / 398$

(4-72) $\underline{y = (4.160 + 8\,x) / 160}$ daraus folgt :

$y = [4.160 + 8 * (7.690 + 10y) / 398] / 160$

$y = 26{,}0 + 0{,}9660804 + 0{,}00125628\,y$

$\underline{y = 27{,}00}$

$x = 19{,}321608 + 0{,}67839$

$\underline{x = 20{,}00}$

Die Ermittlung der Fixkostensätze der Hilfskostenstellen folgt den oben dargestellten Schritten und bringt das folgende Ergebnis, wobei nun x für den fixen Kostensatz der Kostenstelle A und y für den fixen Kostensatz der Kostenstelle B steht:

$\underline{y = \;\; 3{,}00}$

$\underline{x = 40{,}00}$

Die Kostensätze der primären Fertigungskostenstellen können nun einfach errechnet werden. Dies kann in der Abbildung 4-28 verfolgt werden.

Kostenplanung „Quattro“								
Modellbetrieb QUATTRO	Menge	Ges.Ko.	Prop.Ko.	Fixe Ko.	Menge	Ges.Ko.	Prop.Ko.	Fixe Ko.
Kostenstelle		A Energiestelle				B Hilfsbetrieb		
Planbezugsgröße 1		398	kwh prop.			160	Handw.Std.	
Planbezugsgröße 2		461	VE fix					
Kostenarten:								
Ftg.Lohn								
Rep.Lohn						2350	2350	
Gehalt		17000	5240	11760				
Sozialaufw. Lohn						1650	1650	
Sozialaufw. Gehalt		6800	2096	4704				
SBK		2225	354	1871		240	80	160
Kap.Ko		75	0	75		160	80	80
I-Lstg.KOST A prop.					8	160	160	
I-Lstg.KOST A fix					6	240		240
I-Lstg.KOST B prop.	10	270	270					
I-Lstg.KOST B fix	10	30		30				
Summe Kostenstelle		26400	7960	18440		4800	4320	480
Kostensatz		Nicht addierbar	20,00	40,00		30,00	27,00	3,00
Primärkostensätze:								
KOSA Pers.Sek.		Nicht	19,0843	35,7427		27,2946	25,9542	1,3404
KOSA SBK Sek.		Addier-	0,9031	4,0836		1,6983	0,5452	1,1531
KOSA Kap.Ko.Sek.		bar	0,0126	0,1737		1,0071	0,5006	0,5065
Kostenstelle		C Fertigung 1				D Fertigung 2		
Planbezugsgröße		1000	Masch.Std.			2000	Ftg.Std.	
Kostenarten:								
Ftg.Lohn		7060	7060			25880	25880	
Rep.Lohn								
Gehalt								
Sozialaufw. Lohn		4940	4940			18120	18120	
Sozialaufw. Gehalt								
SBK		7000	6000	1000		14000	11000	3000
Kap.Ko		3500	1500	2000		5000	3000	2000
I-Lstg.KOST A prop.	150	3000	3000		240	4800	4800	
I-Lstg.KOST A fix	175	7000		7000	280	11200		11200
I-Lstg.KOST B prop.	50	1350	1350		100	2700	2700	
I-Lstg.KOST B fix	50	150		150	100	300		300
Summe Kostenstelle		34000	23850	10150		82000	65500	16500
Kostensatz		34,00	23,85	10,15		41,00	32,75	8,25
Primärkostensätze:								
KOSA Pers.		22,4823	16,1604	6,3220		30,6588	25,5878	5,0710
KOSA SBK		7,9350	6,1627	1,7723		7,7650	5,6356	2,1294
KOSA Kap.		3,5826	1,5269	2,0557		2,5762	1,5265	1,0496

Abbildung 4-28: Kostenplanung

4.10.3 Primärkostenrechnung

Wir wollen nunmehr die in Kapitel 4.5.3 dargestellte Ergänzung der Kostenplanung zu einer Primärkostenrechnung anhand eines überschaubaren Zahlenmodells erläutern. Hierbei gehen wir von einer partiellen Primärkostenrechnung aus, die sich im Bereich der Sekundärstellen auf eine Differenzierung nach folgenden Primärkostenartengruppen beschränkt:

- Personalkosten einschließlich Personalnebenkosten
- Sonstige Betriebskosten
- Kapitalkosten.

Ausgangspunkt ist wieder die in Abbildung 4-28 abgebildete Kostenplanung des Unternehmensmodells QUATTRO. Die beiden sekundären Kostenstellen – A-Energie und B-Hilfsbetrieb – erbringen sowohl gegenseitige Leistungen, als auch Leistungen für die beiden Fertigungsstellen C und D. Gefragt ist nun die Auflösung der Kostensätze der beiden Fertigungsstellen nach den oben dargestellten Primärkostenartengruppen.

Folgender iterativer Ansatz führt zur Lösung (vgl. Abbildung 4-29).

Partieller Kostensatz für Personalkosten:

Zunächst werden die primären Personalkostenarten der Fertigungsstellen berücksichtigt:

C:	7.060	+	4.940	=	12.000
D:	25.880	+	18.120	=	44.000

Die innerbetriebliche Leistungsverrechnung der Senderkostenstelle A erbringt bei einer Ausgangssumme an proportionalen Personalkosten von 5.240 + 2.096 = 7.336 für

$$C: \frac{7.336}{398} \cdot 150 = 2.765,$$

$$D: \frac{7.336}{398} \cdot 240 = 4.425,$$

$$B: \frac{7.336}{398} \cdot 8 = 146$$

und an fixen Personalkosten von 11.760 + 4.704 = 16.464

für

$$C: \frac{16.464}{461} \cdot 175 = 6.250,$$

$$D: \frac{16.464}{461} \cdot 280 = 10.000 \text{ und}$$

$$B: \frac{16.464}{461} \cdot 6 = 214.$$

Primärkostenrechnung „Quattro"				
	A-Energie	B-Hilfsbetr.	C-Fert. 1	D-Fert.2
Personal	17.000	2.350	7.060	25.880
	6.800	1.650	4.940	18.120
SBK	2.225	240	7.000	14.000
KAP	75	160	3.500	5.000
Summe Prim. KOA	**26.100**	**4.400**	**22.500**	**63.000**
I-LST. A	–26.400	400	10.000	16.000
I-LST. B	300	–4.800	1.500	3.000
Summe	**0**	**0**	**34.000**	**82.000**
Personal			7.060	25.880
			4.940	18.120
von KOST A	–23.800	360	9.015	14.425
von KOST B		4.000		
inkl. KOST B	273	–4.360	1.362	2.725
Rest KOST A	–273		105	168
Summe Pers.	**0**	**0**	**22.482**	**61.318**
Part. KOSA			22.482	30.659

Abbildung 4-29: Primärkostenrechnung

Die innerbetriebliche Leistungsverrechnung der Senderkostenstelle B erbringt bei einer Ausgangssumme an Personalkosten von 2.350 + 1.650 = 4.000 zuzüglich der von A empfangene Personalkosten (s. o.) von 146 + 214 = 360

$$C: \frac{4.000 + 360}{160} \cdot 50 = 1.362$$

$$D: \frac{4.000 + 360}{160} \cdot 100 = 2.725$$

$$A: \frac{4.000 + 360}{160} \cdot 10 = 273$$

Eine Nachverteilung der auf A empfangenen Personalkosten von B (s. o.) erbringt für

$$C: \frac{273}{390} \cdot 150 = 105$$

$$D: \frac{273}{390} \cdot 240 = 168$$

Die partiellen Personalkostensätze errechnen sich daher für

$$C: \frac{12.000 + 2.765 + 6.250 + 1.362 + 105}{1.000} = 22,482$$

$$D: \frac{44.000 + 4.425 + 10.000 + 2.725 + 168}{2.000} = 30,659$$

In der Abbildung 4-28 sind in den letzten drei Zeilen die partiellen Kostensätze der beiden Fertigungsstellen abgebildet.

4.10.4 Soll-Ist-Kostenvergleich

Den in der Abbildung 4-15 dargestellten Abrechnungsschritten der monatlichen Abrechnung folgend, wird nun unter Zugrundelegung der oben entwickelten Kostenplanung der Soll-Istkostenvergleich der Kostenstellen im QUATTRO durchgeführt.

Für drei der vier Kostenstellen ist eine direkte Istbezugsgrößenerfassung vorgesehen. Dabei kommt sowohl das Verfahren über Aufzeichnungen oder Betriebsdatenerfassungssysteme für die Kostenstellen B-Hilfsbetrieb, C-Fertigungsstelle 1 als auch das Verfahren der retrograden Bezugsgrößenermittlung für die D – Fertigungsstelle 2 zum Einsatz. Die jeweiligen Ausgangsdaten sind aus der Abbildung 4-30 ersichtlich:

Ausgangsdaten „Quattro“ (IST)					
		Produkt 1	Produkt 2	Produkt 3	Produkt 4
Absatzplan					
Kunde 1		80		70	60
Kunde 2		280	210		170
Kunde 3		180	300	190	
Kunde 4					110
Absatz in Stk./Monat		**540**	**510**	**260**	**340**
Produktionsplan					
Wiedereinsatz von P1 in P2		730			
Ausschuss		60	30	30	30
Gute Produktion in Stk./Monat		**1.100**	**320**	**120**	**450**
Betriebsdatenerfassung:					
von Fertigungsstelle C	Std./Auftrag	1.100		100	
von Fertigungsstelle D	Std./Auftrag		540	150	1.250
Stückliste	**Istpreise**				
Rohstoff 11	1,40 €/kg	24.360	3360		
Rohstoff 22	11,00 €/Stk.			420	1950
Rohstoff 33	0,92 €{kg	48.960			
Rohstoff 44	1,13 €/Stk.		4.944		
Rohstoff 55	0,98 €/m			7840	
Wiedereinsatz P1 in P2	Stk.		730		

Abbildung 4-30: Ausgangsdaten „QUATTRO“ - IST

Unter Berücksichtigung der direkten Leistungsmessung der Kostenstelle C, die als Istleistung 1.300 Stunden erbringt und der Aufzeichnungen der Handwerker, die 200 Stunden verrechnen konnten, liegen die monatlichen Istbezugsgrößenmengen nun vor:

Kostenstelle B mit 200 Stunden, direkt erfasst, zu Lasten anderer Kostenstellen
Kostenstelle C mit 1.300 Stunden, direkt erfasst, retrograd wären es nur 1.200 (s.o.)
Kostenstelle D mit 1.940 Stunden, retrograd ermittelt, siehe oben

Nach Durchführung der Sollkostenrechnung steht der Bedarf an sekundären Leistungen der Kostenstelle A – Energiestelle fest, da die Deckungsrechnung folgendes Ergebnis erbringt:

Istbezugsgrößenermittlung der Hilfskostenstelle			
Produktionsplan		KWh./Std.	Bedarf kWh
Kostenstelle	Bz.Gr./Monat	von Kost. A	von Kost. A
A	**437,8**		
B	200	0,050	10,0
C	1.300	0.150	195,0
D	1.940	0,120	232,8
Summe			**437,8**

Abbildung 4-31: Ermittlung der Istbezugsgrößenmengen der Energiestelle

Da es im QUATTRO nur eine einzige sekundäre Kostenstelle mit indirekter Bezugsgröße gibt, ist hier ausnahmsweise keine Iterations- bzw. Gleichungslösung erforderlich.

Der nächste Schritt gilt der Erfassung der Istkosten. Dazu werden in den entsprechenden Feldern des Soll-Istkostenvergleiches, vgl. Abbildung 4-32, in den meisten Fällen angenommene Werte eingetragen. Dies gilt z.B. für die Kostenarten des Fertigungslohnes, des Reparaturlohnes, des Gehalts und der sonstigen Betriebskosten. Die Beträge in der Kostenart Sozialaufwand auf Lohn und Gehalt jedoch werden kalkulatorisch von den eingegebenen Personalkosten der Kostenstelle mit der jeweiligen Planquote abgeleitet, da die tatsächlichen Istkosten ja einer periodengerechten Abgrenzung bedürfen. Diese tatsächlichen Kosten fließen auf Abgrenzungsaufträge der Werks- (auch Innen-)auftragsabrechnung ein. Die Kapitalkosten werden nach dem bewährten Verfahren „Soll gleich Ist" verrechnet und leiten sich aus der Kostenplanung unter Berücksichtigung der jeweiligen Beschäftigung ab. Die Beträge in den zwei Kostenarten für die innerbetriebliche Leistungsverrechnung der proportionalen Kosten werden auf Grund der gemeldeten Handwerkerstunden bzw. der über die Deckungsrechnung retrograd ermittelten Soll-Verbrauchsmengen, bewertet mit den geplanten Proportionalkostensätzen der ausführenden Kostenstellen ermittelt. Die fixen Kosten der sekundären Leistungen gelten als „eingefroren" und werden wie im Plan verteilt.

Die erwähnte Werks- (Innen-)auftragsabrechung wird hier nur für die Abgrenzung der Personalnebenkosten eingesetzt. Nachdem die angenommenen Istwerte des Monats den abgegrenzten Werten entsprechen (Annahme) gibt es keinen Abgrenzungssaldo.

Der Durchführung des Soll-Istkostenvergleiches steht nun nichts mehr im Wege. Das Ergebnis zeigt die folgende Abbildung:

KOSTENSTELLEN SOLL-IST-VERGLEICH								
	Menge	Ist	Soll	Abw.	Menge	Ist	Soll	Abw.
Kostenstelle		A Energiest.				B Hilfsbetr.		
Istbezugsgröße 1		438	kwh prop.			200	Handw.Std	
Istbezugsgröße 2		461	VE fix					
Beschäftigungsgrad		1,10				1,25		
Kostenarten:								
Ftg.Lohn								
Rep.Lohn						3.015	2.938	78
Gehalt		17.690	17.524	166				
Sozialaufw. Lohn						2.110	2.063	48
Sozialaufw. Gehalt		7.074	7.010	64				
SBK		2.600	2.260	340		234	260	-26
Kap.Ko		75	75	0		180	180	0
I-Lstg.KOST A prop.					10	200	200	0
I-Lstg.KOST A fix					6	240	240	0
I-Lstg.KOST B prop.	5	135	297	-162				
I-Lstg.KOST B fix	10	30	30	0				
Summe KOST (ohne Abw.)		27.604	27.196	408		5.979	5.880	99
Tarifabw.		618		618		128		128
Preisabw.		78		78		6		6
Abw. sek. KOST		6		6		16		16
Summe KOST (incl. Abw.)		28.306	27.196	1.110		6.129	5.880	249
Abw. KOSA € /BzGr 1				0,44593				1,24684
€ /BzGr 2				1,98482				
Kostenstelle		C Fertigung 1				D Fertigung 2		
Istbezugsgröße		1.300	Masch.Std			1.940	Ftg.Std	
Beschäftigungsgrad		1,30				0,97		
Kostenarten:								
Ftg.Lohn		9.195	9.178	17		25.304	25.104	200
Rep.Lohn								
Gehalt								
Sozialaufw. Lohn		6.437	6.422	15		17.713	17.576	137
Sozialaufw. Gehalt								
SBK		9.135	8.800	335		14.695	13.670	1.025
Kap.Ko		3.950	3.950	0		4.910	4.910	0
I-Lstg.KOST A prop.	195	3.900	3.900	0	233	4.656	4.656	0
I-Lstg.KOST A fix	175	7.000	7.000	0	280	11.200	11.200	0
I-Lstg.KOST B prop.	70	1.890	1.755	135	125	3.375	2.619	756
I-Lstg.KOST B fix	50	150	150	0	100	300	300	0
Summe KOST (ohne Abw.)		41.657	41.155	502		82.153	80.035	2.118
Tarifabw.		393		393		1.172		1.172
Preisabw.		273		273		367		367
Abw. sek. KOST		522		522		815		815
Summe KOST (incl. Abw.)		42.845	41.155	1.690		84.507	80.035	4.472
Abw. KOSA € /BzGr				1,29968				2,30537

Abbildung 4-32: Soll-Istkostenvergleich der Kostenstellen

Da angenommen wird, dass sich die Istpreise gegenüber dem Planansatz verändert haben, werden nach Bildung einer ersten Summe aller zu Festpreisen bewerteten Kosten – („Summe KOST ohne Abw.“) -, nun die Tarifabweichungen, Preisabweichungen und Abweichungen sekundärer Kostenstellen ausgewiesen. Während es sich bei den ersten beiden wieder um angenommene Werte handelt, sind die Abweichungen sekundärer

Kostenstellen das Ergebnis einer iterativen Abweichungsnachverteilung, indem die Leistungsmengen mit dem jeweiligen Abweichungskostensatz der leistenden sekundären Kostenstelle bewertet werden. Dessen Ermittlung für die Kostenstelle A – Energiestelle mit ihren zwei Bezugsgrößen, zeigt die folgende Abbildung:

Verteilung der Abweichungen						
Kostenart Bezeichung	Sollkosten			Abweichungen		
	prop	fix	Gesamt	Gesamt	prop	fix
Gehalt	5.764	11.760	17.524	166	55	111
Soz.Aw.Geh.	2.306	4.704	7.010	64	21	43
SBK	389	1.871	2.260	340	59	281
Kap.Ko.		75	75	0		
Tarifabw.			0	618	203	415
Preisabw.				78	13	65
I-Lstg. B prop	297		297	-162	-162	
I-Lstg.B fix		30	30	0		0
Abw. sek.KOST				6	6	
Summe KOST	8.756	18.440	27.196	1.110	195	915
Istbezugsgröße					438	461
Abw.Kostensatz					**0,445**	**1,985**

Abbildung 4-33: Ermittlung der Abweichungskostensätze für die Kostenstelle A

Demnach werden die bei den einzelnen Kostenarten entstehenden Abweichungen im Verhältnis der Sollkosten auf die beiden Bezugsgrößen verteilt. Ohne auf diese komplexe Rechnung hier weiter eingehen zu wollen, soll im Folgenden nur der Nachweis der restlosen Abweichungsverteilung erbracht werden:

Kostenstellen	Angefallene sek. Abweichungen	Verrechnete sek. Abweichungen
KOST A	1.110	6
KOST B	249	16
KOST C		522
KOST D		815
SUMME	**1359**	**1359**

Abbildung 4-34: Nachweis der Abweichungsverteilung sekundärer Stellen

Nun können auch die für die spätere Kostenträgerrechnung (Nachkalkulation) wichtigen Abweichungskostensätze der primären Fertigungskostenstellen errechnet werden:

	Kostenstelle C	Kostenstelle D
Summe der monatlichen Abweichungen	1.690	4.472
Istbezugsgröße	1.300	1.940
Abw.-Kostensatz	1,30	2,30

Abbildung 4-35: Ermittlung der Abweichungskostensätze der primären Fertigungskostenstellen

Mit diesen Abweichungskostensätzen und den Plankostensätzen können die den einzelnen Fertigungsaufträgen zugeordneten Istbezugsgrößenmengen in der Nachkalkulation bewertet und damit die Abweichungen in die Kostenträgerrechnung weiterverrechnet werden.

Als Nachweis für die Schlüssigkeit des Verfahrens werden in einer abschließenden Verrechnungskontrolle (siehe Abbildung 4-36) die in der Kostenstellenrechnung angefallenen Kosten den weiterverrechneten Kosten gegenübergestellt und die einzelnen Abweichungen ausgewiesen. Unter „Kostenanfall" werden zunächst für jede Kostenstelle die Istbezugsgrößenmenge und die Summe der angefallenen Istkosten ausgewiesen, die nach Gegenüberstellung zu den proportionalen Sollkosten und den Planfixkosten zu einer Abweichung der Kostenstelle führen. In der nächsten Zeile werden die Verrechnungen dargestellt, die bei den beiden sekundären Kostenstellen auf Grund der durchgeführten Abweichungsnachverteilung zu einem Saldo von Null führen (vgl. auch Abbildung 4-34 – Nachweis der Abweichungsnachverteilung). Derselbe Vorgang bei den beiden primären Fertigungskostenstellen zeigt auf, dass bei der Kostenstelle D – Fertigung 2 der Grundsatz der Bezugsgrößenidentität eingehalten wurde. Die gemessenen 1.940 Stunden der Istbezugsgröße wurden unverändert auf die Aufträge der Kostenträgerrechung weiterverrechnet. Bei der Kostenstelle C – Fertigung 1 wurden von den gemessenen 1.300 Stunden nur 1.200 Stunden auf Aufträge verrechnet. Die bewertete Differenz von 100 Stunden bildet eine controllingrelevante Leistungsabweichung. Darüber hinaus verbleiben in der Kostenstellenrechnung noch die, auf Grund der gewählten Form der Parallelrechnung zu viel bzw. zu wenig weiterverrechneten Fixkosten in Form der ausgewiesenen Beschäftigungsabweichung. Die Fertigungsstelle C mit ihren 300 Stunden über der Planbeschäftigung, bewertet mit dem Planfixkostensatz von 10,15 € verrechnet 3.045 € zu viel Fixkosten auf die Aufträge, während auf der Fertigungsstelle D mit ihren 60 Stunden unter Plan, bewertet mit dem Planfixkostensatz von 8,25 € der Betrag von 495 € an Fixkosten hängen bleibt.

VERRECHNUNGSKONTROLLE	Menge	Ist	Soll prop.	Plan fix	Abw.	Menge	Ist	Soll prop.	Plan fix	Abw.
Kostenstelle	A Energiestelle					B Hilfsbetrieb				
Kostenanfall	438	28.306	8.756	18.440	1.110	200	6.129	5.400	480	249
Verr. KOST	438	28.306	8.756	18.440	1.110	200	6.129	5.400	480	249
Verr. KOTR										
Verrechnungssaldo	0	0	0	0	0	0	0	0	0	0
Davon										
Leistungsabw.										
Beschäftigungsabw.										
Kostenstelle	C Fertigung 1					D Fertigung 2				
Kostenanfall	1.300	42.845	31.005	10.150	1.690	1.940	84.507	63.535	16.500	4.472
Verr. KOST										
Verr. KOTR	1.200	42.360	28.620	12.180	1.560	1.940	84.012	63.535	16.005	4.472
Verrechnungssaldo	100	485	2.385	-2.030	130	0	495	0	495	0
Davon										
Leistungsabw.	100	3.530	2.385	1.015	130	0	0	0	0	0
Beschäftigungsabw.	-3.045			-3.045			495		495	

Abbildung 4-36: Verrechnungskontrolle der Kostenstellenrechnung

Zusammenfassend kann man festhalten, dass damit der Zahlenfluss von der Kostenartenrechnung über die Kostenstellenrechnung bis hin zur Kostenträgerrechnung lückenlos und revisionsfähig dokumentiert werden kann.

4.11 Die Kostenstellenrechnung der Grenzplankostenrechnung im Modellbetrieb der „Getriebebau AG"

1. Mit dem Unternehmensmodell QUATTRO (vgl. Kapitel 4.10) haben wir ein geschlossenes, durchgängiges und nachvollziehbares Modell der Grenzplankostenrechnung mit Parallelrechnung der Fixkosten gezeigt, das allerdings einen hohen Abstraktionsgrad aufweist. Um diesen Nachteil zu kompensieren, soll in diesem Kapitel ein sehr praxisnah entwickeltes Modell, nämlich das der sogenannten „Getriebebau AG" vorgestellt werden. Es stammt aus dem Entwicklungsfundus der Plaut Gruppe[165] und wird dort seit vielen Jahren als Schulungsmodell im Rahmen des traditionsreichen „Plankostenseminars" [166] eingesetzt.

2. Das Unternehmensmodell "Getriebebau AG" wurde mit der Zielsetzung entwickelt, die Einführung und Anwendung einer Grenzplankostenrechnung in einem mittelständischen Unternehmen der Metallindustrie zu dokumentieren. Angenommen wurde ein Industriebetrieb, der pro Jahr ca. 5500 Getriebe, 400 Druck- und 200 Wasserbehälter sowie die dazugehörigen Ersatzteile erzeugt. Der jährliche Umsatz von ca. 90 Mio. € wird zu 40 % im Ausland erzielt. Es werden ca. 400 Mitarbeiter beschäftigt. Von der Kostenstellenrechnung bis hin zur Ergebnisrechnung werden die wichtigsten Schritte anhand von praxisnahen Abbildungen illustriert. Die technische Grundlage der Zahlenbeispiele bildet die Standardsoftware R/3 CO der SAP[167]. Wegen des wirklichkeitsnahen Umfanges musste auf eine lückenlose Darstellung verzichtet werden. Zur Illustration einer praktischen Lösung sind die Auswertungen jedoch äußerst wertvoll.

4.11.1 Kostenstelleneinteilung und Bezugsgrößenplanung

In Abbildung 4-37 haben wir die Kostenstelleneinteilung der Getriebebau AG wiedergegeben, wie sie für viele Industriebetriebe typisch ist[168].

Nr.	Bezeichnung	Nr.	Bezeichnung
1	**Allgemeine Stellen**	**4–6**	**Fertigungsstellen**
100	Technische Unternehmensleitung	450	Bereichsstelle Meisterbereich 2
110	Grundstücke und Gebäude	451	Bohrmaschinen
121	Sozialdienst/Betriebsrat	453	Zahnradfräsmaschinen
122	Küche/Kantine	454	Fräsmaschinen
130	Stromversorgung	521	Elektroschweißerei
2	**Hilfs- und Nebenstellen**	551	Glüherei/Härterei
210	Betriebshandwerker	621	Montage
250	Lkw-Transporte	**7**	**Konstruktion/Entwicklung**
3	**Materialstellen**	710	Konstruktionsbüro
300	Beschaffung	**8**	**Verwaltungsstellen**
301	Rohmateriallager	800	Kaufmännische Unternehmensleitung
302	Absägerei	810	Finanzbuchhaltung
303	Wareneingangsprüfung	820	Innerbetriebliches Rechnungswesen
305	Hilfs- und Betriebstofflager	840	Personalwesen
4–6	**Fertigungsstellen**	850	Allgemeine Verwaltung
40	Fertigungsleitungsstellen	870	Leitung ORG/DV
400	Fertigungsleitung	871	Personalpool/DV
409	Werkzeugausgabe/ Werkzeuglager	873	CPU
41	Fertigungsunterstützung	874	Platte/Band
411	Arbeitsvorbereitung	876	Terminals, PC, Bürokommunikation
412	NC-Programmierung	877	SAP
415	Qualitätssicherung	878	PAISY
419	Innerbetrieblicher Transport	**9**	**Vertriebsstellen**
42	Fertigungsstellen	900	Vertriebsleitung
421	NC-Drehmaschinen	911	Verkauf Inland
430	Bereichsstelle Meisterbereich 1	912	Verkauf Ausland
431	Spitzendrehmaschinen bis 300 mm	915	Vertriebs-DV-Stelle
432	Spitzendrehmaschinen über 300 mm	920	Fertigwarenlager
434	Karusselldrehmaschinen	930	Versand
441	Bohrwerke	950	Werbung und Marketing
442	Schleifmaschinen	999	(Ausgliederungsstelle Betriebshandwerker)

Abbildung 4-37 Kostenstelleneinteilung (Modellbetrieb)

- Die Kostenstellengruppe 1 enthält die allgemeinen Stellen, die – mit Ausnahme der „Technischen Unternehmensleitung“ – zu den sekundären Kostenstellen gehören, weil sie alle anderen Kostenstellen betreuen.
- Die Gruppe 2 enthält die Hilfs- und Nebenstellen, insbesondere die Betriebshandwerker, eine Sekundärstelle mit direkter Verrechnung.
- Die Gruppe 3 enthält die Materialstellen. Die Gliederung ist sowohl für eine traditionelle Verrechnung dieser Kosten in Form eines Materialgemeinkostenzuschlages als auch als Vorgangskalkulation für Prozesse geeignet.
- Die Gruppen 4–6 umfassen die eigentlichen Fertigungsstellen. Hierbei werden den Fertigungsstellen jeweils Betriebsleitungen und Meisterbereichsstellen vorgeschaltet.
- Die Gruppe 7 enthält die Konstruktions- und Entwicklungsstellen zur Planung und Verrechnung von Vorleistungen.
- Die Gruppe 8 enthält die Kostenstellen der kaufmännischen Verwaltung.
- Die Gruppe 9 enthält die Kostenstellen des Vertriebsbereichs.
- Die Verkaufsabteilungen, Fertigwarenläger und Versandabteilungen werden nach Produktgruppen oder regionalen Merkmalen unterteilt.

Als weitere Orientierungshilfe haben wir in Abbildung 4-39 den Kostenartenplan des Modellbetriebs „Getriebebau AG“ dargestellt. Neben den beispielhaft angeführten Nummern und der Bezeichnung wird in der Spalte „Typ“ eine Kategorisierung nach folgenden Verrechnungswegen vorgenommen:

Typ	Bezeichnung	Verrechnung in der
PEK	Primäre Einzelkosten	Kostenträgerrechnung
POGK	Primäre, originäre Gemeinkosten	Kostenstellenrechnung
PKGK	Primäre, kalkulatorische Gemeinkosten	Kostenstellenrechnung
SDGK	Sekundäre, direkte Gemeinkosten	Kostenstellenrechnung
SKGK	Sekundäre, kalkulatorische Gemeinkosten	Kostenstellenrechnung
VKA	Verrechnungskostenart Werk-(Innen-) auftrag	Werkauftragsabrechnung
VKF	Verrechnungskostenart Fertigungsauftrag	Kostenträgerrechnung
VKP	Verrechnungskostenart Prozess	Kostenträgerrechnung
VKZ	Verrechnungskostenart mit Zuschlag	Kostenträgerrechnung
VKDB	Verrechnungskostenart direkt in die DB-Rechnung	Deckungsbeitragsrechnung

Abbildung 4-38 Kostenartenplan (Modellbetrieb), Kategorisierung

Kostenartenplan

Nr.	Bezeichnung	Typ	Nr.	Bezeichnung	Typ
4.0	**Einzelmaterial**		4349	Sonstige bezahlte Fehlzeiten Lohn	POGK
	(als Einzelmaterial direkt in Kalkulation/ Kostenträgerrechnung übernommen)		4350	Gesetzliche Sozialabgaben Gehalt	POGK
			4360	Urlaubsgeld Gehalt	POGK
4010	Grauguss	PEK	4370	Freiwillige Sozialleistungen Gehalt	POGK
4020	Stahlguss	PEK	4381	Urlaubsgehalt	POGK
4030	Stahlguss	PEK	4382	Feiertagsgehalt	POGK
4050	Kaufteile	PEK	4384	Bezahlte Fehlzeiten Krankheit Gehalt	POGK
4.1	**Löhne**		4389	Sonstige bezahlte Fehlzeiten Gehalt	POGK
4101	Fertigungslohn Akkord	POGK	4390	Freiwillige Sozialleistungen Gehalt & Lohn	POGK
4102	Fertigungslohn Zeitlohn	POGK	4395	Personaltransport	POGK
4104	Fertigungslohn Akkorddurchschnitt	POGK	**4.4**	**Hilfs- & Betriebstoffe**	
4105	Fertigungslohn Nacharbeit	POGK	4410	Heizöl	POGK
4106	Rüstlohn Akkord	POGK	4430	Treibstoffe	POGK
4107	Rüstlohn Zeitlohn	POGK	4441	Handwerkzeuge	POGK
4109	Fertigungslohn innerbetr. Leistung	POGK	4442	Messwerkzeuge	POGK
4110	Zusatzlohn allgemein (Planung)	POGK	4443	Maschinenwerkzeuge	POGK
4111	Wartezeit fehlendes Material	POGK	4445	Schleifmittel	POGK
4112	Wartezeit fehlendes Werkzeug	POGK	4448	Verr. Werkzeugaufträge (prim. Kostenarten)	VKA
4113	Wartezeit fehlendes Transportmittel	POGK	4449	Verr. Werkzeugaufträge (sek- Kostenarten)	VKA
4115	Wartezeit Materialmängel	POGK	4451	Chemikalien	POGK
4116	Wartezeit Werkzeugmängel	POGK	4453	Reinigungs-/Schmiermittel	POGK
4117	Wartezeit Maschinenstillstand	POGK	4455	Arbeitskleidung	POGK
4119	Hilfslohn für Anlernen	POGK	4457	Verpackungsmaterial (Gemeinkosten)	POGK
4121	Hilfslohn Vorarbeiter	POGK	4459	Sonst. Hilfs- & Betriebsstoffe	POGK
4122	Hilfslohn Transport/Lager	POGK	**4.5**	**Instandhaltung/Reparaturen/Wartung**	
4123	Hilfslohn Reinigung	POGK	4561	Eigenleistungen Betriebshandwerker	SDGK
4129	Sonstiger Hilfslohn	POGK	4562	Ersatzteile	POGK
4131	Zulagen	POGK	4565	Reparaturmaterial vom Lager	POGK
4132	Zuschläge	POGK	4567	Fremdreparaturen	POGK
4199	Monatslohn	POGK	4568	Verr. Reparaturaufträge (prim. Kostenarten)	VKA
4.2	**Gehälter**		4569	Verr. Reparaturaufträge (sekundäre Kostenarten)	VKA
4200	Anwesenheits-Gehalt	POGK	4575	Wartung DV-Hardware	POGK
4210	Überstundengehalt	POGK	4576	Wartung DV-Software	POGK
4299	Monatsgehalt	VKA	**4.6**	**Sonstige Fremdkosten/Eigenleistungen**	
4.3	**Personalnebenkosten**		4630	Fremdstrom	POGK
4310	Gesetzliche Sozialabgaben Lohn	POGK	4640	Fremdwasser	POGK
4320	Urlaubsgeld Lohn	POGK	4650	Fremdreinigung	POGK
4330	Freiwillige Sozialleistungen Lohn	POGK	4660	Fremdbewachung	POGK
4341	Urlaubslohn	POGK	4670	Sonstige Fremdleistungen	POGK
4342	Feiertagslohn	POGK	4690	Innerbetriebliche Transportleistungen	SDGK
4344	Bezahlte Fehlzeiten Krankheit Lohn	POGK	4692	Dir. verr. DV Leistungen, DV-Intern	SDGK

Kostenartenplan					
Nr.	**Bezeichnung**	**Typ**	**Nr.**	**Bezeichnung**	**Typ**
4693	Dir. verr. DV Leistungen, betrieblich	SDGK	4832	Kalk. Sozialaufwand auf Gehalt	VKA
4.7.	**Verschiedene Gemeinkosten**		4840	Kalk. Sozialstellenkosten	SKGK
4700	Grundsteuer	POGK	4850	Kalk. Raumkosten	SKGK
4701	Gewerbesteuer	POGK	4860	Kalk. Stromkosten	SKGK
4702	Kraftfahrzeugsteuer	POGK	4870	Kalk. Leitungskosten	SKGK
4705	Sonstige Steuern	POGK	4872	Kalk. DV-Kosten, DV-intern	SKGK
4710	Feuerversicherung	POGK	4873	Kalk. DV-Kosten, betrieblich	SKGK
4711	Betriebsunterbrechungs-Vers.	POGK	4880	Kalk. Transportkosten	SKGK
4712	DV-Versicherung	POGK	**4.9.**	**Sondereinzelkosten/ Verrechnungskostenarten**	
4713	Haftpflichtversicherung	POGK		(direkte Verrechnung in Kalkulation und Kostenträgerrechnung)	
4714	Kraftfahrzeugversicherung	POGK	491	Sondereinzelkosten Fertigung	
4715	Sonstige Versicherungen	POGK	4910	Sonderbetriebsmittel	PEK
4720	Beiträge IHK	POGK	494	Sondereinzelkosten Vertrieb	
4721	Beiträge Arbeitgeberverband	POGK	4941	Frachten	PEK
4723	Beiträge Fachverband	POGK	4943	Verpackung	PEK
4725	Sonstige Beiträge	POGK	4945	Transportversicherung	PEK
4730	Gebühren und Abgaben	POGK	4947	Provision	PEK
4732	DFÜ-Gebühren	POGK	496	Zuschlagskostenarten	
4733	Seminar-/Kursgebühren	POGK	4961	Kalk. Materialbereitstellungskosten	VKZ
4735	Telefon/FS	POGK	4962	Kalk. Fertigungsunterstützungskosten	VKZ
4737	Porti/Postgebühren	POGK	4964	Kalk. Ausschuss-/Nacharbeitskosten	VKZ
4740	Raummieten	POGK	4967	Kalk. Verwaltungskosten	VKZ
4741	Mieten Maschinen und Anlagen	POGK	4968	Kalk. Vertriebskosten, direkt	VKP
4742	Miete DV-Hardware	POGK	4969	Kalk. Vertriebskosten, allg.	VKZ
4743	Miete DV-Software	POGK	497/499	Verrechnungskostenarten, primär	
4750	Büromaterial	POGK	4971	Fertigungsstunden	VKF
4755	Bücher/Zeitschriften	POGK	4972	Vorgabestunden	VKF
4760	Reisespesen	POGK	4973	Maschinenstunden	VKF
4761	Bewirtungskosten	POGK	4974	Rüststunden	VKF
4765	Reisespesen Seminare/Kurse	POGK	4976	Ofenstunden	VKF
4770	Rechts- und Beratungskosten	POGK	4977	Fertigungsstunden Ofenbetrieb	VKF
4780	Werbekosten	POGK	4981	Konstruktionsleistungen	VKF
4.8.	**Kalkulatorische Kostenarten**		4982	Materialwirtschafts-Leistungen	VKP
4810	Kalk. Abschreibungen	PKGK	4983	Fertigungs-Unterstützungs-Leistungen	VKP
4815	Kalk. Zinsen Anlagevermögen	PKGK	4985	Transportleistungen	VKP
4816	Kalk. Zinsen Umlaufvermögen	PKGK	4987	Vertriebsleistungen	VKP
4821	Kalk. verr. Hilfs- und Betriebsstoffe	VKA	4989	DV-Leistungen	VKP
4822	Kalk. verr. Betriebsmittel	VKA	4991	Materialwirtschaftskosten	VKP
4823	Kalk. verr. Messwerkzeuge	VKA	4993	Verwaltungskosten	VKZ
4825	Kalk. Instandhaltungskosten	VKA	4995	Vertriebskosten	VKZ
4831	Kalk. Sozialaufwand auf Lohn	VKA	4997	Unternehmens-Leitungs-Kosten	VKDB

Abbildung 4-39 Kostenartenplan (Modellbetrieb)

Zu den wichtigen Vorarbeiten vor Beginn der Kostenplanung gehört u.a. die Ermittlung der Verrechnungssätze für Personalkosten (vgl. Kapitel 4.411).

In Abbildung 4-40 werden die lohnbezogenen Personalnebenkosten des Modellbetriebes geplant. Die unter 2.2 ausgewiesene Zwischensumme von 17,0 % der Bruttolohnsumme, dient dazu, den weiter unten ausgewiesenen Zuschlag auf die Soziallöhne zu berechnen. Insgesamt beträgt die Belastung bei den lohnbezogenen Personalnebenkosten 74,3 %.

Unter 2.4 werden die lohn- und gehaltsbezogenen Personalnebenkosten geplant. Wie die Zusammenfassung unter 3 erkennen lässt, erhält man für die Personalnebenkosten des Modellbetriebes einen Verrechnungssatz auf Lohn von gerundet 75 %. In aktuellen Projekten werden inzwischen Verrechnungssätze von 100 % und darüber ermittelt.

Kalk. Sozialaufwand (Lohn)			
Nr.	**Bezeichnung**	**€/Jahr**	**%**
1	Basis		
	Planbetrag Anwesenheitslöhne	**10.577.150**	**100,0 %**
2	Kalk. Sozialaufwendungen		
2.1.	Soziallöhne		
	4341 Urlaubslohn	1.512.530	14,3 %
	4342 Feiertagslohn	550.010	5,2 %
	4344 Lohnfortzahlung Krankheitsfall	518.280	4,9 %
	4349 Sonstige Soziallöhne	31.730	0,3 %
	Zwischensumme	**2.612.550**	**24,7 %**
2.2.	Gesetzl. Sozialaufwendungen		
	4310 Rentenversicherung	988.960	9,3 %
	4310 Arbeitslosenversicherung	227.410	2,2 %
	4310 Krankenversicherung	581.740	5,5 %
	Zwischensumme		**17,0 %**
	Gesetzl. Sozialaufwand auf Soziallohn (17 % von 24,7 %)	444.240	4,2 %
	4320 Urlaubsgeld	920.210	8,7 %
	4320 Weihnachtsgeld	983.680	9,3 %
	4320 Berufsgenossenschaftsbeiträge	200.970	1,9 %
	4330 Vermögenswirksame Leistungen	327.890	3,1 %
	Zwischensumme	**4.675.100**	**44,2 %**
2.3.	Freiwillige Sozialaufwendungen		
	4395 Personaltransport, Fahrtgelder	179.810	1,7 %
	Freiwillige Altersversorgung	264.430	2,5 %
	4330 Sonst. Freiw. Sozial- Aufw. Lohn (Essenzuschüsse etc.)	126.930	1,2 %
	Zwischensumme	**571.170**	**5,4 %**
2.4.	Lohn- und gehaltsbez. Sozialaufwendungen		
	4390 Sonst. Freiw. Sozial- Aufwendungen	63.460	0,6 %
	Zwischensumme	**63.460**	**0,6 %**
3	**Summe Sozialaufwendungen Lohn**	**7.922.280**	**74,9 %**
4	**Plan Kalk. Sozialaufwand auf Lohn**	**7.932.860**	**75,0 %**

Abbildung 4-40: Ermittlung des kalk. Sozialaufwandes (Lohn)

Die Abbildung 4-41 zeigt die Planung der gehaltsbezogenen Personalnebenkosten des Modellbetriebs. Da in dem durchgängigen Zahlenbeispiel einige indirekte Bereiche nach dem Verfahren der Vorgangskalkulation mit Leistungsstandards für repetitive Tätigkeiten abgebildet werden, musste konsequenterweise die Planung und Verrechnung der Gehaltskosten nach dem Prinzip der kalkulatorischen Anwesenheitsbewertung erfolgen. Dies wirkt sich hier bei der Ermittlung der gehaltsbezogenen Personalnebenkosten insofern aus, als die Basis – wie bei den lohnbezogenen Personalnebenkosten – die Abwesenheitsgehälter für Urlaub, Krankheit usw. nicht enthält.

Trotz der geringeren gesetzlichen Sozialaufwendungen beträgt der Verrechnungssatz für Gehalt infolge erhöhter Aufwendungen für eine betriebliche Altersversorgung im Modellbetrieb 80,0 %, ein Wert der bei aktuellen Projekten meist über 100 % liegt.

Kalk. Sozialaufwand (Gehalt)			
Nr.	**Bezeichnung**	**€/Jahr**	**%**
1	Basis		
	Planbetrag Anwesenheitsgehalt	**5.943.615**	**100,0 %**
2	Kalk. Sozialaufwendungen		
2.1.	Sozialgehälter		
	4381 Urlaubsgehalt	849.930	14,3 %
	4382 Feiertagsgehalt	309.070	5,2 %
	4384 Gehaltsfortzahlung Krankheitsfall	225.860	3,8 %
	4389 Sonstige Sozialgehälter	11.890	0,2 %
	Zwischensumme	**1.396.750**	**23,5 %**
2.2.	Gesetzl. Sozialaufwendungen		
	4350 Rentenversicherung	520.070	8,8 %
	4350 Arbeitslosenversicherung	115.900	1,9 %
	4350 Krankenversicherung	300.150	5,0 %
	Zwischensumme		**15,8 %**
	Gesetzl. Sozialaufwand auf Sozialgehalt (15,8 % von 23,5 %)	219.910	3,7 %
	4360 Urlaubsgeld	528.980	8,9 %
	4360 Weihnachtsgeld	564.640	9,5 %
	4360 Berufsgenossenschaftsbeiträge	65.380	1,1 %
	4370 Vermögenswirksame Leistungen	142.650	2,4 %
	Zwischensumme	**2.457.680**	**41,3 %**
2.3.	Freiwillige Sozialaufwendungen		
	4395 Personaltransport, Fahrtgelder	71.330	1,2 %
	4370 Freiwillige Altersversorgung	588.420	9,9 %
	4370 Unfallversicherung	136.700	2,3 %
	4370 Sonst. Freiw. Sozial- Aufw. Gehalt (Essenzuschüsse etc.)	53.490	0,9 %
	Zwischensumme	**849.940**	**14,3 %**
2.4.	Lohn- und gehaltsbez. Sozialaufwendungen		
	4390 Sonst. Freiw. Sozial-Aufwendungen	35.660	0,6 %
	Zwischensumme	**35.660**	**0,6 %**
3	**Summe Sozialaufwendungen Gehalt**	**4.740.030**	**79,7 %**
4	**Plan Kalk. Sozialaufwand auf Gehalt**	**4.754.890**	**80,0 %**

Abbildung 4-41: Ermittlung des kalk. Sozialaufwandes (Gehalt)

Ebenso zu den Vorarbeiten gehört eine Bestandsplanung, die u.a. für die allfällige Ermittlung kalkulatorischer Zinsen benötigt wird.

In Abbildung 4-42 haben wir als Beispiel die Bestandsplanung zur Ermittlung der kalkulatorischen Zinsen für den Modellbetrieb wiedergegeben.

Die erste Wertspalte enthält die Anschaffungswerte des Anlagen- und Umlaufvermögens, die zweite Wertspalte enthält die Restbuchwerte des Anlagenvermögens gemäß interner Rechnung, die dritte Wertspalte enthält Tageswerte des Anlagevermögens und Umlaufvermögens und die vierte Wertspalte gibt die Einheitswerte der Finanzbuchhaltung an.

Kalk. Zinsen Umlaufvermögen						
Kostenstelle		Umlaufvermögen	Anschaffungswert	Restbuchwert	Tageswert	Einheitswert
Nr.	Bezeichnung	Art	Tausend €	Tausend €	Tausend €	Tausend €
100	Technische Unternehmensleitung	Anlagen des Fertigungsbereiches	50.810	28.770	60.970	22.500
110	Grundstücke und Gebäude	Grundstücke	420	420	920	130
110	Grundstücke und Gebäude	Gebäude und Außenanlagen	8.200	6.490	10.620	2.200
300	Beschaffung	Anlagen des Materialbereiches	560	370	780	240
301	Rohmateriallager	Bestand an Fertigungsmaterial	1.390		1.390	1.390
305	Hilfs- und Betriebsstofflager	Bestand an H&B-Stoffen	700		700	700
400	Fertigungsleitung	Halbfabrikatebestand	5.040		5.040	5.040
850	Allgemeine Verwaltung	Anlagen des Verw./ Vertr.bereiches	1.640	1.240	1.890	530
911	Verkauf Inland	Debitoren	1.540		1.540	1.540
912	Verkauf Ausland	Debitoren	2.240		2.240	2.240
920	Fertigwarenlager	Fertigwarenbestand	2.200		2.200	2.200
Summe			**74.740**	**37.290**	**88.290**	**38.710**

Abbildung 4-42: Beispiel zur Bestandsplanung

In der dritten Wertspalte sind unter anderem die Tageswerte der Bestände enthalten, wobei die Halb- und Fertigfabrikatebestände zu den Planherstellkosten laut Plankalkulation bewertet werden. Die Wertansätze der Bestände für Roh-, Hilfs- und Betriebsstoffe entsprechen den Planpreisen. Analog werden die Debitoren zu geplanten

Verkaufspreisen (abzüglich der planmäßig zu erwartenden Erlösschmälerungen) bewertet. Die der Kostenstelle 400 zugeordneten Halbfabrikatebestände betragen etwa 138 % der monatlichen Herstellkosten. Die Fertigerzeugnisbestände der Kostenstelle 920 wurden auf 60 % der monatlichen Herstellkosten geschätzt. Die der Kostenstelle 301 zugeordneten Rohstoffbestände entsprechen ca. 107 % der geplanten Einzelmaterialkosten. Die Hilfs- und Betriebsstoffbestände wurden mit dem dreifachen Monatsverbrauch angesetzt. Die den Kostenstellen 911 und 912 zugeordneten Debitorenbestände entsprechen etwa 63 % des geplanten monatlichen Nettoerlöses.

Die in der letzten Spalte angeführten Einheitswerte haben nach der Abschaffung der Gewerbekapital- und der Vermögensteuer nur mehr statistische Bedeutung.

Alle in der Abbildung 4-42 zusammengefassten Bestandswerte werden zur Planung der betreffenden Kostenarten in die Kostenpläne übernommen.

Der erste Schritt zum Aufbau der Kostenplanung muss immer die Leistungsplanung sein, d.h. die Ermittlung der Planbezugsgrößenmengen der einzelnen Kostenstellen. In unserem Modellbetrieb gibt es einen Absatzplan, der aus der Abbildung 4-43 ersichtlich ist. Daraus geht hervor, dass in 4 Produktgruppen jeweils 6 verkaufsfähige Erzeugnisse (P für Produkt) und 6 Ersatzteile (T für Teil, B für Baugruppe) sowohl in Inland als auch im Ausland abgesetzt werden. Da keine Bestandsveränderungen geplant sind, gelten diese Werte gleichermaßen für den Produktionsplan. Anhand der Stücklisten-Struktur, wie sie beispielhaft für das Produkt P 10101 in Abbildung 4-44 dargestellt ist, kann eine Auflösung der Planproduktion nach dem erforderlichen Baugruppen- und Teilebedarf durchgeführt werden (vgl. Abbildung 4-45). Aus der Summe des hier errechneten Bedarfs kann unter Heranziehung der einzelnen Arbeitspläne die Planbeschäftigung der Fertigungsstellen ermittelt werden, indem die planmäßigen Stückzahlen mit den jeweiligen Vorgabeminuten/Einheit multipliziert werden (Abbildungen 4-46 bis 4-48). Zum dadurch ermittelten Nettobetrag an retrograd ermittelten Bezugsgrößemengen werden noch Zuschläge für erwarteten Ausschuss und Nacharbeit gerechnet. Die nun gerundeten Planbezugsgrößenmengen je Kostenstelle werden in Abbildung 4-49 den vorhandenen Kapazitäten gegenübergestellt. Abbildungen 4-50 bis 4-52 enthalten nun alle Kostenstellen des Modellbetriebs mit ihren jeweiligen Planbezugsgrößenmengen. Die Planbezugsgrößenmengen der Fertigungsstellen lassen sich aus der Abbildung 4-46 entnehmen, auf die Ermittlung der übrigen Planbezugsgrößenmengen können wir erst später eingehen.

Absatzplan					
Erzeugnis			durchschnittliche Stück/Monat		
Gruppe	Nr.	Benennung	Inland	Ausland	Summe
P 10	P 10100	Getriebe MAG 2 : 1	125	30	155
	P 10101	Getriebe SGW 2,5 : 1	45	35	80
	P 10102	Getriebe HAG 3 : 1	70	150	220
		Summe	240	215	455
P 30	P 30100	Druckbehälter 1	10	–	10
	P 30101	Druckbehälter 2	25	–	25
	P 30200	Wasserbehälter	15	–	15
		Summe	50	–	50
T 10	T 01000	Gehäuse A	25	25	50
	T 01001	Gehäuse B	10	5	15
		Summe	35	30	65
B 06	B 06710	Welle m. Zahnrad Modul A	90	60	150
	B 06730	Welle m. Zahnrad Modul A/1	25	5	30
	B 06740	Welle m. Zahnrad Modul A/2	15	15	30
	B 06750	Welle m. Zahnrad Modul A/3	35	45	80
		Summe	165	125	290

Abbildung 4-43: Absatzplan

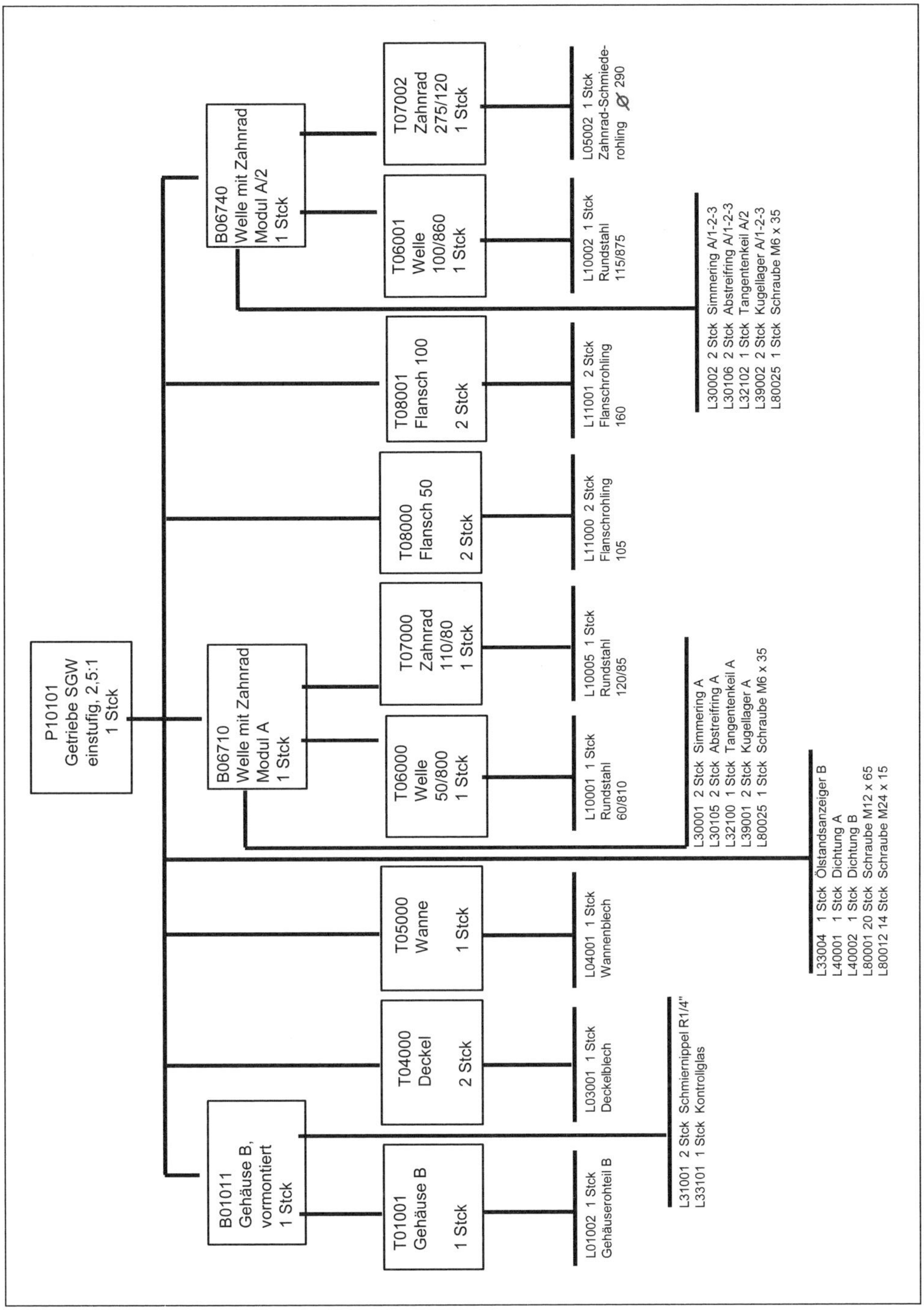

Abbildung 4-44: Struktur-Stückliste Endprodukte

Planproduktionsauflösung

Produktgruppe		Produktgruppe P10						Produktgruppe P30						Produktgruppe T 10				Produktgruppe B 06								Gesamtmengen	
Produkt / PLAN-Produktionsmengen		P 10100 155		P 10101 80		P 10102 220		P 30100 10		P 30101 25		P 30200 15		T 01000 50		T 01001 15		B 06710 150		B 06730 30		B 06740 30		B 06750 80		Bedarf, rechn.	Produktion, effektiv
Erzeugnis NR	Bezeichnung	M/E	Stk./Mo.	M/E	Stk./Mo.	M/E	Stk./Mo.	M/E	Stk./Mo.	M/E	Stk./Mo.	M/E	Stk./Mo.	M/E	St./Mo.	M/E	St./Mo.	M/E	Stk./Mo.	M/E	Stk./Mo.	M/E	Stk./Mo.	M/E	Stk./Mo.	Stk./Mo.	Stk./Mo.
B 01010	Gehäuse A, vormontiert	1	155			1	220																			375	
B 01011	Gehäuse B, vormontiert			1	80																					80	
B 06710	Welle m. Zahnrad A	1	155	1	80	1	220											1	150							605	
B 06730	Welle m. Zahnrad A1	1	155																	1	30					185	
B 06740	Welle m. Zahnrad A2			1	80																	1	30			110	
B 06750	Welle m. Zahnrad A3					1	220																	1	80	300	
T 01000	Gehäuse A	1	155			1	220							1	50											425	
T 01001	Gehäuse B			1	80											1	15									95	
T 03000	Behälter A							1	10	1	25															35	
T 03001	Behälter B											1	15													15	
T 04000	Deckel	2	310	1	80	2	440	1	10	1	25	1	15													880	
T 05000	Wanne	1	155	1	80	1	220	1	10	1	25	1	15													505	
T 06000	Welle 50/800	1	155	1	80	1	220											1	150							605	
T 06001	Welle 100/860	1	155	1	80	1	220													1	30	1	30	1	80	595	
T 07000	Zahnrad 110/80	1	155	1	80	1	220											1	150							605	
T 07001	Zahnrad 220/120	1	155																	1	30					185	
T 07002	Zahnrad 275/120			1	80																	1	30			110	
T 07003	Zahnrad 330/120					1	220																	1	80	300	
T 08000	Flansch 50	2	310	2	160	2	440																			910	
T 08001	Flansch 100	2	310	2	160	2	440																			910	
T 08002	Flansch 130							6	60	6	150	4	60													270	

Abbildung 4-45: Planproduktions-Auflösung

Planbeschäftigung der Fertigungsstellen – 1

Kostenstellen			NC-Drehmaschinen		Spitzendrehm. bis 300		Spitzendrehm. über 300		Karusselldrehmaschinen						Bohrwerke					
Nr./BZ-Größe			421/VST		431/VST		432/VST		Rüstzeit 434/VRS				Vorgabezeit 434/VST		Rüstzeit 441/RST				Vorgabezeit 441/VST	
Erzeugnis NR	Bezeichnung	Stk./Mo.	Min./E	V-Min./Mo.	Min./E	V-Min./Mo.	Min./E	V-Min./Mo.	Los	Rüst. Vorg.	Rüst. Min./V	V-Min. Mo.	Min./E	V-Min./Mo.	Los	Rüst. Vorg.	Rüst. Min./V	V-Min. Mo.	Min./E	V-Min./Mo.
T 01000	Gehäuse A	425							15	29	620	17.980	665	282.625	10	43	540	23.220	271	115.175
T 01001	Gehäuse B	95							15	7	620	4.340	499	47.405	10	10	540	5.400	233	22.135
T 03000	Behälter A	35							10	4	550	2.200	187	6.545	5	7	420	2.940	68	2.380
T 03001	Behälter B	15							10	2	550	1.100	215	3.225	10	3	420	1.260	92	1.380
T 04000	Deckel	880					119	104.720												
T 05000	Wanne	505					182	91.910												
T 06000	Welle 50/800	605	94	56.870			4	2.420												
T 06001	Welle 100/860	595	158	94.010			12	7.140												
T 07000	Zahnrad 110/80	605	34	20.570																
T 07001	Zahnrad 220/120	185	71	13.135																
T 07002	Zahnrad 275/120	110	85	9.350																
T 07003	Zahnrad 330/120	300	132	39.600																
T 08000	Flansch 50	910			32	29.120														
T 08001	Flansch 100	910			68	61.880														
T 08002	Flansch 130	270			68	18.360														
Zwischensumme				233.535		109.360		206.190				25.620		339.800				32.820		141.070
+ Ausschuss/Nacharbeit			7,9 %	18.449	4,4 %	4.812	6,2 %	12.784					5,2 %	17.670				–	5,5 %	7.759
Bedarf Minuten/Monat				251.984		114.172		218.974				25.620		357.470				32.820		148.829
Bedarf Stunden/Monat				4.199,74		1.902,86		3.649,56				427,00		5.957,83				547,00		2.480,48
Planbezugsgrößenmenge in Stunden				4.200		1.900		3.650				430		5.960				550		2.480

Abbildung 4-46: Planbeschäftigung der Fertigungsstellen

Planbeschäftigung der Fertigungsstellen – 2

Kostenstellen			Schleifmaschinen				Bohrmaschinen		Zahnrad-fräsmasch.		Fräsmaschinen		Glüherei/Härterei							
Nr/BZ-Größe			442/VST		442/MST		451/VST		453/VST		454/VST		551/OS1		551/OS2		551/OS3		551/SFO	
Erzeugnis NR	Bezeichnung	Stk./ Mo.	Min./E	V-Min./ Mo.	Min./E	V-Min./ Mo.	Min./E	V-Min./ Mo.	Min./E	V-Min./ Mo.	Min./E	V-Min./ Mo.	Min./E	Min./Mo.	Min./E	Min./Mo.	Min./E	Min./Mo.	Min./E	Min./Mo.
T 01000	Gehäuse A	425									95	40.375								
T 01001	Gehäuse B	95									62	5.890								
T 03000	Behälter A	35									25	875								
T 03001	Behälter B	15									21	315								
T 04000	Deckel	880	22	19.360	31	27.280	36	31.680			29	25.520								
T 05000	Wanne	505	27	13.635	36	18.180	27	13.635			23	11.615	7	3.535					8	4.040
T 06000	Welle 50/800	605	13	7.865	18	10.890					3	1.815	4	2.118	5	3.025			7/9	9.680
T 06001	Welle 100/860	595	21	12.495	28	16.660					7	4.165	6	3.332	8	4.760			12/13	14.875
T 07000	Zahnrad 110/80	605	11	6.655	17	10.285			49	29.645							5	2.723	4	2.420
T 07001	Zahnrad 220/120	185	25	4.625	33	6.105			152	28.120							11	2.035	10	1.860
T 07002	Zahnrad 275/120	110	32	3.520	42	4.620			215	23.650							16	1.760	14	1.540
T 07003	Zahnrad 330/120	300	44	13.200	61	18.300			302	90.600							24	7.200	15	4.600
T 08000	Flansch 50	910																		
T 08001	Flansch 100	910																		
T 08002	Flansch 130	270																		
Zwischensumme				81.355		112.320		45.315		172.015		90.570		8.985		7.785		13.718		39.015
+ Ausschuss/Nacharbeit			5,5 %	4.475	4,1 %	4.605	5,6 %	2.538	4,6 %	7.913	3,2 %	2.898	6,8 %	611	4,0 %	311	7,1 %	974	3,3 %	1.287
Bedarf Minuten/Monat				85.830		116.925		47.853		179.928		93.468		9.595		8.096		14.691		40.302
Bedarf Stunden/Monat				1.430,49		1.948,75		797,54		2.998,79		1.557,80		159,92		134,94		244,86		671,71
Planbezugsgrößenmenge in Stunden				1.430		1.950		800		3.000		1.560		160		135		245		670

Abbildung 4-47: Planbeschäftigung der Fertigungsstellen - 2

Planbeschäftigung der Fertigungsstellen – 3						
Kostenstellen			Elektroschweißerei		Montage	
Nr./BZ-Größe			521/VST		621/VST	
Erzeugnis NR	Bezeichnung	Stk./Mo.	Min./E	Min./Mo.	Min./E	Min./Mo.
P 10100	Getriebe MAG 2 : 1	155	140	21.700	145	22.475
P 10101	Getriebe SGW 2,5 : 1	80	140	11.200	170	13.600
P 10102	Getriebe HAG 3 : 1	220	140	30.800	205	45.100
P 30100	Druckbehälter 1	10	353	3.530	105	1.050
P 30101	Druckbehälter 2	25	275	6.875	105	2.625
P 30200	Wasserbehälter	15	353	5.295	135	2.025
B 01010	Gehäuse A, vormontiert	375			22	8.250
B 01011	Gehäuse B, vormontiert	80			22	1.760
B 06710	Welle m. Zahnrad A	605			39	23.595
B 06730	Welle m. Zahnrad A1	185			44	8.140
B 06740	Welle m. Zahnrad A2	110			47	5.170
B 06750	Welle m. Zahnrad A3	300			49	14.700
Zwischensumme				79.400		148.490
+ Ausschuss/Nacharbeit			5,8 %	4.605	3,0 %	4.455
Bedarf Minuten/Monat				84.005		152.945
Bedarf Stunden/Monat				1.400,09		2.549,08
Planbezugsgrößenmenge in Stunden				1.400		2.550

Abbildung 4-48: Planbeschäftigung der Fertigungsstellen - 3

Kapazitätsplanung der Fertigungsstellen

Kostenstellen		Bezugsgrößen		Maschinen	Verfügbare Kapazität 1)	Fertigungs-zeitgrad	Leistungs-grad	Mögliche Kapaz. Ausl.	Plan-beschäftigung	Theo-retische Kapaz. Ausl.	Plan-schichten	Aus-lastung
Nr.	Bezeichnung	KZ	Bezeichnung	Anzahl	Std./Monat		in %	Std./Monat	Std./Monat	in %	Anzahl	In %
421	NC-Drehmaschine	VST	Vorg. Std.	13	4.040	0,85	127	4.362	4.200	96	2	96
431	Spitzendrehmasch. bis 300 mm	VST	Vorg. Std.	11	3.419	0,89	136	4.138	1.900	46	1	92
432	Spitzendrehmasch. über 300 mm	VST	Vorg. Std.	21	6.527	0,88	132	7.582	3.600	48	1	96
434	Karusselldrehmaschinen	VST	Vorg. Std.	19	5.905	0,84 2)	130	6.448	5.960	92	2	92
441	Bohrwerke	VST	Vorg. Std.	15	4.662	0,82 2)	132	5.046	2.480	49	1	98
442	Schleifmaschinen	MST	Vorg. Ma.- Std.	11	3.419	0,90	130	4.000	1.950	49	1	98
451	Bohrmaschinen	VST	Vorg. Std.	4	1.243	0,92	134	1.532	800	52	1	104
453	Zahnradfräsmaschinen	VST	Vorg. Std.	10	3.108	0,86	129	3.448	3.000	87	2	87
454	Fräsmaschinen	VST	Vorg. Std.	10	3.108	0,86	123	3.288	1.560	47	1	95
521	Elektroschweisserei	VST	Vorg. Std.	10	3.108	0,87	126	3.407	1.400	41	1	82
551	Glüherei/Härterei	OS1	St.-Ofen-Std. bis 800°	1	355	0,85 3)	–	302	295	98	2	98
551	Glüherei/Härterei	OS2	St.-Ofen-Std. über 800°									
551	Glüherei/Härterei	OS3	St.-Std. Härten	1	345	0,85 3)	–	293	245	84	2	84
621	Montage	VST	Vorg. Std.	14	4.351	0,95	132	5.456	2.550	47	1	93

1) Bei der Ermittlung der verfügbaren Kapazität wurde von durchschnittlich 21 Arbeitstagen, 7,4 Std./Schicht und 2-Schicht-Betrieb ausgegangen

2) Der durchschnittliche Fertigungszeitgrad berücksichtigt bei diesen Kostenstellen auch die über eigene Rüstgrößen geplanten Rüststunden (bei den übrigen Maschinen in den Nebenzeiten enthalten)

3) Faktor stellt den durchschnittlichen Nutzungsgrad des Ofens dar.

Abbildung 4-49: Kapazitätsplanung Fertigungsstellen

Plan-Bezugsgrößenliste – 1

Kostenstellen		Bezugsgrößen		Planbezugsgrößen		Verrechnungsmodus
Nr.	Bezeichnung	KZ	Bezeichnung	Menge	Mengeneinheit	Bezeichnung
100	Techn. Unternehmensleitung	VEU	VE Unternehmensleitung	100	VE	Ergebnisrechnung
110	Grundstücke und Gebäude	QMB	QM Bürogebäude	1.700	QM	Kalk. Raumkosten
		QMF	QM Fabrikgebäude	6.000	QM	Kalk. Raumkosten
		QMH	QM Beheizt	6.600	QM	Kalk. Raumkosten
121	Sozialdienst/Betriebsrat	PRS	Anzahl Personen	382	PRS	Kalk. Sozialstellenkosten
122	Küche/Kantine	PRS	Anzahl Personen	382	PRS	Kalk. Sozialstellenkosten
130	Stromversorgung	KWH	Kilowattstunden	450.000	KWH	Kalk. Stromkosten
210	Betriebshandwerker	HST	Handwerker- Stunden	1.480	STD	Eigenleistungen Betriebshandwerker
250	Lkw-Transporte	KM	Kilometer	7000	KM	Innerbetriebl. Transport-Leistungen
300	Beschaffung	SGM	Stand-Gruppenführer-Stunden MW	200	STD	Dir. verr. MW-Leistungen
		SMM	Stand-Mitarbeiter-Stunden MW	210	STD	Dir. verr. MW-Leistungen
		SSM	Stand-Sachbearbeiter-Stunden MW	300	STD	Dir. verr. MW-Leistungen
301	Rohmateriallager	QMM	QM-Flächenbedarf MW	345	QM	Dir. verr. MW-Leistungen
		SFM	Stand-Fertigungw-Stunden MW	530	STD	Dir. verr. MW-Leistungen
		TEU	T-€ Umlaufvermögen MW	1.392	TDM	Dir. verr. MW-Leistungen
302	Absägerei	SAM	Stand-Anlage-Stunden MW	130	STD	Dir. verr. MW-Leistungen
		SFM	Stand-Fertigungs-Stunden MW	200	STD	Dir. verr. MW-Leistungen
303	Wareneingangsprüfung	SAM	Stand-Anlage-Stunden MW	60	STD	Dir. verr. MW-Leistungen
		SFM	Stand-Fertigungw-Stunden MW	300	STD	Dir. verr. MW-Leistungen
305	Hilfs- und Betriebsstofflager	VEL	VE Leitungsstellen	100	VE	Dir. verr. MW-Leistungen
400	Fertigungsleitung	VEL	VE Leitungsstellen	100	VE	Kalk. Leitungskosten
409	Werkzeugausgabe/Werkzeuglager	VEL	VE Leitungsstellen	100	VE	Kalk. Leitungskosten
411	Arbeitsvorbereitung	SGF	Stand-Gruppenführer-Stunden FU	580	STD	Dir. verr. FU-Leistungen
		SSF	Stand-Sachbearbeiter-Stunden FU	450	STD	Dir. verr. FU-Leistungen
412	NC-Programmierung	SNF	Stand-NC-Programmier-Stunden FU	380	STD	Dir. verr. FU-Leistungen
415	Qualitätssicherung	SAQ	Stand-QS-Anlagen-Stunden FU	150	STD	Dir. verr. FU-Leistungen
		SFQ	Stand-QS-Fertigungs-Stunden FU	1.100	STD	Dir. verr. FU-Leistungen

Abbildung 4-50: Plan-Bezugsgrößen-Liste - 1

Plan-Bezugsgrößenliste – 2

Kostenstellen		Bezugsgrößen		Planbezugsgrößen		Verrechnungsmodus
Nr.	Bezeichnung	KZ	Bezeichnung	Menge	Mengeneinheit	Bezeichnung
419	Innerbetrieblicher Transport	ANF	Anfahrten E-Karren	280	ANF	Kalk. Transportkosten
		SPF	Stand-Stapler-Stunden FU	450	STD	Dir. verr. FU-Leistungen
		STF	Stand-Transport-Stunden FU	525	STD	Dir. verr. FU-Leistungen
421	NC-Drehmaschinen	VST	Vorgabestunden	4.200	STD	Kostenträger
430	Bereichsstelle Meisterbereich 1	VEL	VE Leitungsstellen	100	VE	Kalk. Leitungskosten
431	Spitzendrehmaschinen bis 300 mm	VST	Vorgabestunden	1.900	STD	Kostenträger
432	Spitzendrehmaschinen über 300 mm	VST	Vorgabestunden	3.600	STD	Kostenträger
434	Karusselldrehmaschinen	VRS	Vorgabe-Rüststunden	430	STD	Kostenträger
		VST	Vorgabestunden	5.960	STD	Kostenträger
441	Bohrwerke	RST	Rüststunden	550	STD	Kostenträger
		VST	Vorgabestunden	2.480	STD	Kostenträger
442	Schleifmaschinen	MST	Vorgabe-Maschinenstunden	1.950	STD	Kostenträger
		VST	Vorgabestunden	1.430	STD	Kostenträger
450	Bereichsstelle Meisterbereich 2	VEL	VE Leitungsstellen	100	VE	Kalk. Leitungskosten
451	Bohrmaschinen	VST	Vorgabestunden	800	STD	Kostenträger
453	Zahnradfräsmaschinen	VST	Vorgabestunden	3.000	STD	Kostenträger
454	Fräsmaschinen	VST	Vorgabestunden	1.560	STD	Kostenträger
521	Elektroschweisserei	VST	Vorgabestunden	1.400	STD	Kostenträger
551	Glüherei/Härterei	OS1	Stand-Ofen-Stunden bis 800°	160	STD	Kostenträger
		OS2	Stand-Ofen-Stunden über 800°	135	STD	Kostenträger
		OS3	Stand-Stunden Härten	245	STD	Kostenträger
		SFO	Stand-Fertigungs-Stunden Ofenbetrieb	670	STD	Kostenträger
621	Montage	VST	Vorgabestunden	2.550	STD	Kostenträger
710	Konstruktionsbüro	KST	Konstruktions-Stunden	600	STD	Aufträge/Projekte
		ZST	Zeichner-Stunden	325	STD	Aufträge/Projekte
800	Kaufm. Unternehmensleitung	VEU	VE Unternehmensleitung	100	VE	Ergebnisrechung
810	Finanzbuchhaltung	VEW	VE Verwaltung	100	VE	Ergebnisrechung

Abbildung 4-51: Plan-Bezugsgrößen-Liste - 2

Plan-Bezugsgrößenliste – 3						
Kostenstellen		Bezugsgrößen		Planbezugsgrößen		Verrechnungsmodus
Nr.	Bezeichnung	KZ	Bezeichnung	Menge	Mengeneinheit	Bezeichnung
820	Innerbetriebl. Rechnungswesen	VEW	VE Verwaltung	100	VE	Ergebnisrechung
840	Personalwesen	VEW	VE Verwaltung	100	VE	Ergebnisrechung
850	Allg. Verwaltung	VEW	VE Verwaltung	100	VE	Ergebnisrechung
870	Leitung ORG/DV	VED	VE Verwaltung	100	VE	Kalk.DV-Kosten, DV-Intern
871	Personalpool/DV	VEP	VE Personalpool DV	100	VE	Kalk.DV-Kosten, DV-Intern
873	CPU	CPU	CPU-Minuten	9.000	MIN	Dir. Verr. DV-Leistungen, DV intern
874	Platte/Band	GBD	Gig-Byye-Days	900	EH	Dir. Verr. DV-Leistungen, DV intern
876	Term./PC/Bürokomm.	ANZ	Anzahl Anschlüsse	120	STK	Dir. Verr. DV-Leistungen, DV betriebl.
877	SAP	STA	Stand-Transaktionen primär	1.550	TA	Dir. Verr. DV-Leistungen, DV betriebl.
		TAS	Transaktionen sekundär	1.600	TA	Dir. Verr. DV-Leistungen, DV betriebl.
878	PAISY	VEY	VE Personalabrechnung	100	VE	Kalk.DV-Kosten, betriebl.
900	Vertriebsleitung	VEV	VE Vertrieb	100	VE	Ergebnisrechnung
911	Verkauf Inland	SMV	Stand-Mitarbeiter-Stunden VT	300	STD	Dir. Verr. VT-Leistungen
		SSV	Stand-Sachbearbeiter-Stunden VT	700	STD	Dir. Verr. VT-Leistungen
		VEV	VE Vertrieb	100	VE	Ergebnisrechnung
912	Verkauf Ausland	SMV	Stand-Mitarbeiter-Stunden VT	300	STD	Dir. Verr. VT-Leistungen
		SSV	Stand-Sachbearbeiter-Stunden VT	550	STD	Dir. Verr. VT-Leistungen
		VEV	VE Vertrieb	100	VE	Ergebnisrechnung
915	Vertriebs-DV-Stelle	SMV	Stand-Mitarbeiter-Stunden VT	370	STD	Dir. Verr. VT-Leistungen
920	Fertigwarenlager	QMV	QM Flächenbedarf VT	520	QM	Dir. Verr. VT-Leistungen
		SFV	Stand-Fertigungs-Stunden VT	600	STD	Dir. Verr. VT-Leistungen
		TDV	T-€ Umlaufvermögen VT	1.600	TEU	Dir. Verr. VT-Leistungen
930	Versand	SFV	Stand-Fertigungs-Stunden VT	550	STD	Dir. Verr. VT-Leistungen
		SSV	Stand-Sachbearbeiter-Stunden VT	450	STD	Dir. Verr. VT-Leistungen
950	Werbung und Marketing	VEV	VE Vertrieb	100	VE	Ergebnisrechnung

Abbildung 4-52: Plan-Bezugsgrößen-Liste - 3

4.11.2 Kostenplanung der sekundären Kostenstellen

Im folgenden Kapitel werden Beispiele für Kostenpläne der „Getriebebau AG" gebracht, die als Illustration der Ausführungen im Kapitel 4.5.1 dienen sollen. Die Reihenfolge der Abbildungen entspricht der dortigen Beschreibung.

So beginnen wir mit den Kostenplänen der Raumkostenstellen: In den Abbildungen 4-53 bis 4-55 haben wir die Planung der Raumverteilung des Modellbetriebs wiedergegeben. Insgesamt stehen den Kostenstellen 1.700 m^2 Bürofläche und 6.000 m^2 Fabrikfläche zur Verfügung, von denen 6.600 m^2 beheizt sind. Allgemeine Verbindungs- und Zwischenflächen sind hierin nicht enthalten.

Leistungsartenanalyse			
Getriebebau AG		Ko-Stelle	110
		BZ-Größe	QMB
Kostenstellen-Benennung Grundstück und Gebäude		KO-Stellen-Leiter Herr Klein	
Bezugsgrößenart		Plan-BZ-Menge	1.700
		Mengeneinheit	m^2
		Tarif Fix	17,99
Quadratmeter Bürogebäude		Tarif prop.	0
		Verr. KoA	4850
Empfänger	Kostenstelle	Leistungsart	Leistungsmenge
100	Technische Unternehmensleitung	VEU	85
121	Sozialdienst/Betriebsrat	PRS	22
122	Küche/Kantine	PRS	229
300	Beschaffung	SGM	18
300	Beschaffung	SMM	14
300	Beschaffung	SSM	58
400	Fertigungsleitung	VEL	91
411	Arbeitsvorbereitung	SGF	37
411	Arbeitsvorbereitung	SSF	89
412	NC-Programmierung	SNF	32
415	Qualitätssicherung	SFQ	50
710	Konstruktionsbüro	KST	22
710	Konstruktionsbüro	ZST	78
800	Kaufmännische Unternehmensleitung	VEU	90
810	Finanzbuchhaltung	VEW	40
820	Innerbetriebliches Rechnungswesen	VEW	32
840	Personalwesen	VEW	50
850	Allgemeine Verwaltung	VEW	70
870	Leitung ORG/DV	VED	45
871	Personalpool/ DV	VEP	140
873	CPU	CPU	42
874	Platte/Band	GBD	58
900	Vertriebsleitung	VEV	80
911	Verkauf Inland	SMV	40
911	Verkauf Inland	SSV	35
911	Verkauf Inland	VEV	18
912	Verkauf Ausland	SMV	40
912	Verkauf Ausland	SSV	30
912	Verkauf Ausland	VEV	20
915	Vertriebs-DV-Stelle	SMV	25
950	Werbung, Marketing	VEV	20
Plan-Leistung			**1.700**

Abbildung 4-53: Raumverteilung (Bürofläche)

Leistungsartenanalyse

Getriebebau AG		Ko-Stelle	110
		BZ-Größe	QMF
Kostenstellen-Benennung Grundstück und Gebäude		KO-Stellen-Leiter Herr Klein	
Bezugsgrößenart Quadratmeter Fabrikgebäude		Plan-BZ-Menge	6.000
		Mengeneinheit	m^2
		Tarif Fix	15,30
		Tarif prop.	0
		Verr. KoA	4850
Empfänger	Kostenstelle	Leistungsart	Leistungsmenge
100	Technische Unternehmensleitung	VEU	–
121	Sozialdienst/Betriebsrat	PRS	220
122	Küche/Kantine	PRS	56
210	Betriebshandwerker	HST	166
250	Lkw-Transporte	KM	35
301	Rohmateriallager	QMM	345
301	Rohmateriallager	SFM	12
302	Absägerei	SAM	48
302	Absägerei	SFM	11
303	Wareneingangsprüfung	SAM	32
303	Wareneingangsprüfung	SFM	28
305	Hilfs- und Betriebstofflager	VEL	120
409	Werkzeugausgabe/Werkzeuglager	VEL	180
415	Qualitätssicherung	SAQ	150
419	Innerbetrieblicher Transport	STF	30
421	NC-Drehmaschinen	VST	460
430	Bereichsstelle Meisterbereich 1	VEL	46
431	Spitzendrehmaschinen bis 300 mm	VST	240
432	Spitzendrehmaschinen über 300 mm	VST	495
434	Karusselldrehmaschinen	VST	558
441	Bohrwerke	VST	394
442	Schleifmaschinen	MST	202
450	Bereichsstelle Meisterbereich 2	VEL	34
451	Bohrmaschinen	VST	60
453	Zahnradfräsmaschinen	VST	204
454	Fräsmaschinen	VST	192
521	Elektroschweißerei	VST	214
551	Glüherei/Härterei	OS1	48
551	Glüherei/Härterei	OS2	41
551	Glüherei/Härterei	OS3	81
621	Montage	VST	240
810	Finanzbuchhaltung	VEW	100
920	Fertigwarenlager	QMV	620
930	Versand	SSV	30
930	Versand	SFV	184
950	Werbung, Marketing	VEV	124
Plan-Leistung			**6.000**

Abbildung 4-54: Raumverteilung (Fabrikfläche)

Leistungsartenanalyse

Getriebebau AG		Ko-Stelle	110
		BZ-Größe	QMH
Kostenstellen-Benennung Grundstück und Gebäude		KO-Stellen-Leiter Herr Klein	
Bezugsgrößenart		Plan-BZ-Menge	6.600
		Mengeneinheit	m^2
		Tarif Fix	2,274
Quadratmeter Beheizt		Tarif prop.	0
		Verr. KoA	4850
Empfänger	Kostenarten	Leistungsart	Leistungsmenge
100	Technische Unternehmensleitung	VEU	85
121	Sozialdienst/Betriebsrat	PRS	242
122	Küche/Kantine	PRS	253
210	Betriebshandwerker	HST	166
300	Beschaffung	SSM	18
300	Beschaffung	SMM	14
300	Beschaffung	SGM	58
301	Rohmateriallager	SFM	12
301	Rohmateriallager	QMM	106
302	Absägerei	SFM	11
302	Absägerei	SAM	48
303	Wareneingangsprüfung	SFM	28
303	Wareneingangsprüfung	SAM	32
305	Hilfs- und Betriebstofflager	VEL	120
400	Fertigungsleitung	VEL	91
409	Werkzeugausgabe/Werkzeuglager	VEL	180
411	Arbeitsvorbereitung	SSF	37
411	Arbeitsvorbereitung	SGF	89
412	NC-Programmierung	SNF	32
415	Qualitätssicherung	SFQ	50
415	Qualitätssicherung	SAQ	150
419	Innerbetrieblicher Transport	STF	30
421	NC-Drehmaschinen	VST	460
430	Bereichsstelle Meisterbereich 1	VEL	46
431	Spitzendrehmaschinen bis 300 mm	VST	240
432	Spitzendrehmaschinen über 300 mm	VST	495
434	Karusselldrehmaschinen	VST	558
441	Bohrwerke	VST	394
442	Schleifmaschinen	MST	202
450	Bereichsstelle Meisterbereich 2	VEL	34
451	Bohrmaschinen	VST	60
453	Zahnradfräsmaschinen	VST	204
454	Fräsmaschinen	VST	192
521	Elektroschweißerei	VST	214
621	Montage	VST	240
710	Konstruktionsbüro	ZST	22
710	Konstruktionsbüro	KST	78
800	Kaufmännische Unternehmensleitung	VEU	90
810	Finanzbuchhaltung	VEW	40
820	Innerbetriebliches Rechnungswesen	VEW	32
840	Personalwesen	VEW	50
850	Allgemeine Verwaltung	VEW	70
...	...	...	...

Leistungsartenanalyse			
Getriebebau AG		Ko-Stelle	110
		BZ-Größe	QMH
Kostenstellen-Benennung Grundstück und Gebäude		KO-Stellen-Leiter Herr Klein	
Bezugsgrößenart Quadratmeter Beheizt		Plan-BZ-Menge	6.600
		Mengeneinheit	m^2
		Tarif Fix	2,274
		Tarif prop.	0
		Verr. KoA	4850
...	...	...	...
870	Leitung ORG/DV	VED	45
871	Personalpool DV	VEP	140
900	Vertriebsleitung	VEV	80
911	Verkauf Inland	VEV	40
911	Verkauf Inland	SSV	35
911	Verkauf Inland	SMV	18
912	Verkauf Ausland	VEV	40
912	Verkauf Ausland	SSV	30
912	Verkauf Ausland	SMV	20
915	Vertriebs-DV-Stelle	SMV	25
920	Fertigwarenlager	QMV	290
930	Versand	SFV	90
930	Versand	SSV	30
950	Werbung, Marketing	VEV	144
Plan-Leistung			**6.600**

Abbildung 4-55: Raumverteilung (Beheizt)

Für den Modellbetrieb reicht eine Raumkostenstelle aus, der aber drei Teilpläne für getrennte Bezugsgrößen zugeordnet werden. Die Abbildung 4-56[169] enthält die Planung der Raumkosten für Bürogebäude ohne Heizkosten. Insgesamt betragen die Raumkosten für Bürogebäude ohne Heizung 30.589 €/Monat. Dividiert man diesen Betrag durch die gesamte Nutzfläche von 1.700 m², so erhält man einen Verrechnungssatz von 17,99 €/m². Die Abbildung 4-57 enthält die Planung der Raumkosten für Fabrikgebäude ohne Heizkosten. Insgesamt betragen die Raumkosten für Fabrikgebäude ohne Heizung 91.798 €/ Monat. Dividiert man diesen Betrag durch die gesamte Nutzfläche von 6.000 m², so erhält man einen Verrechnungssatz von 15,30 €/ m². In Abbildung 4-50 ist die Planung der Heizungskosten wiedergegeben. Die Planung der Heizungskosten wurde zunächst für 1 Jahr durchgeführt, um die witterungsbedingten Schwankungen auszugleichen. Die in Abbildung 4-58 angegebenen Vorgaben sind Monatsdurchschnitte. Dividiert man die Gesamtplankosten von 15.013 €/Monat durch die beheizte Fläche von 6.600 m², so erhält man als Verrechnungssatz 2,274 €/m². Dieser Heizkostenverrechnungssatz wird zum Raumkostenverrechnungssatz ohne Heizung addiert, sodass man 20,26 €/m² für beheizte Bürogebäude und 17,57 €/m² für beheizte Fabrikfläche erhält.

Werden in den Abbildungen 4-53 bis 4-55 die Nutzflächen mit den zugehörigen Kostensätzen multipliziert, so lässt sich erkennen, dass die insgesamt verrechneten Raumkosten mit den Summen der Abbildungen 4-56 bis 4-58 übereinstimmen.

Die Raumkosten werden den übrigen Kostenstellen unter der Kostenart 4850 belastet.

Kostenstellen-Planung							
Getriebebau AG					Ko-Stelle		110
					BZ-Größe		QMB
Kostenstellen-Benennung Grundstücke und Gebäude					KO-Stellen-Leiter Herr Klein		
Bezugsgrößenart Quadratmeter Bürogebäude					Plan-BZ-Menge		1.700
					Mengeneinheit		QM
Kostenarten		Plankosten EUR			Relativ-Ziffer EUR		
NR	Bezeichnung	Prop	Fix	Gesamt	Prop	Fix	Gesamt
4123	HL Reinigung	–	510,00	510,00	–	0,30	0,30
4129	sonst. Hilfslohn	–	570,00	570,00	–	0,34	0,34
4831	Kalk. S-Auf. Lohn	–	810,00	810,00	–	0,48	0,48
4459	sonst. H+B Stoffe	–	110,00	110,00	–	0,06	0,06
4561	Eigenl. Betr. Handw.	–	5.093,96	5.093,96	–	3,00	3,00
4562	Ersatzteile	–	270,00	270,00	–	0,16	0,16
4565	Rep.-Mat. V. Lager	–	600,00	600,00	–	0,35	0,35
4567	Fremdreparaturen	–	840,00	840,00	–	0,49	0,49
4825	Kalk. Instandhaltung	–	2.800,00	2.800,00	–	1,65	1,65
4650	Fremdreinigung	–	3.700,00	3.700,00	–	2,18	2,18
4660	Fremdbewachung	–	2.650,00	2.650,00	–	1,56	1,56
4690	Innerbetr. Transport-Lstg.	–	109,11	109,11	–	0,06	0,06
4700	Grundsteuer	–	350,00	350,00	–	0,21	0,21
4705	sonstige Steuern	–	130,00	130,00	–	0,08	0,08
4710	Feuerversicherung	–	260,00	260,00	–	0,15	0,15
4810	Kalk. Abschreibungen	–	4.083,80	4.083,80	–	2,40	2,40
4815	Kalk. Zinsen AnlVe	–	6.736,80	6.736,80	–	3,96	3,96
4840	Kalk. Sozialst.kosten	–	69,77	69,77	–	0,04	0,04
4860	Kalk. Stromkosten	–	895,59	895,59	–	0,53	0,53
Summe		**–**	**30.589,03**	**30.589,03**	**–**	**17,99**	**17,99**

Abbildung 4-56: Kostenplan der Raumkostenstelle (Bürogebäude ohne Heizung)

Kostenstellen-Planung							
Getriebebau AG					Ko-Stelle		110
					BZ-Größe		QMF
Kostenstellen-Benennung Grundstücke und Gebäude					KO-Stellen-Leiter Herr Klein		
Bezugsgrößenart Quadratmeter Fabrikgebäude					Plan-BZ-Menge		6.000
					Mengeneinheit		QM
Kostenarten		Plankosten EUR			Relativ-Ziffer EUR		
NR	Bezeichnung	Prop	Fix	Gesamt	Prop	Fix	Gesamt
4123	HL Reinigung	–	1.700,00	1.700,00	–	0,28	0,28
4129	sonst. Hilfslohn	–	1.900,00	1.900,00	–	0,32	0,32
4831	Kalk. S-Auf. Lohn	–	2.700,00	2.700,00	–	0,45	0,45
4441	Handwerkzeuge	–	30,00	30,00	–	0,01	0,01
4459	sonst. H+B Stoffe	–	350,00	350,00	–	0,06	0,06
4561	Eigenl. Betr. Handw.	–	8.596,06	8.596,06	–	1,43	1,43
4562	Ersatzteile	–	950,00	950,00	–	0,16	0,16
4565	Rep.-Mat. V. Lager	–	1.900,00	1.900,00	–	0,32	0,32
4567	Fremdreparaturen	–	2.250,00	2.250,00	–	0,38	0,38
4825	Kalk. Instandhaltung	–	6.300,00	6.300,00	–	1,05	1,05
4650	Fremdreinigung	–	10.900,00	10.900,00	–	1,82	1,82
4660	Fremdbewachung	–	10.500,00	10.500,00	–	1,75	1,75
4690	Innerbetr. Transport-Lstg.	–	363,69	363,69	–	0,06	0,06
4700	Grundsteuer	–	1.200,00	1.200,00	–	0,20	0,20
4705	sonstige Steuern	–	460,00	460,00	–	0,08	0,08
4710	Feuerversicherung	–	890,00	890,00	–	0,15	0,15
4730	Gebühren u. Abg.	–	70,00	70,00	–	0,01	0,01
4810	Kalk. Abschreibungen	–	13.953,80	13.953,80	–	2,33	2,33
4815	Kalk. Zinsen AnlVe	–	23.427,60	23.427,60	–	3,90	3,90
4840	Kalk. Sozialst.kosten	–	209,29	209,29	–	0,03	0,03
4860	Kalk. Stromkosten	–	3.147,59	3.147,59	–	0,52	0,52
Summe		**–**	**91.798,03**	**91.798,03**	**–**	**15,30**	**15,30**

Abbildung 4-57: Kostenplan der Raumkostenstelle (Fabrikgebäude ohne Heizung)

Kostenstellen-Planung							
Getriebebau AG					Ko-Stelle		110
					BZ-Größe		QMH
Kostenstellen-Benennung Grundstücke und Gebäude					KO-Stellen-Leiter Herr Klein		
Bezugsgrößenart Quadratmeter beheizt					Plan-BZ-Menge		6.600
					Mengeneinheit		QM
Kostenarten		Plankosten EUR			Relativ-Ziffer EUR		
Nr.	Bezeichnung	Prop	Fix	Gesamt	Prop	Fix	Gesamt
4410	Heizöl	–	7.177,50	7.177,50	–	1,09	1,09
4561	Eigenl. Betr. Handw.	–	2.546,98	2.546,98	–	0,39	0,39
4562	Ersatzteile	–	280,00	280,00	–	0,04	0,04
4565	Rep.-Mat. V. Lager	–	180,00	180,00	–	0,03	0,03
4567	Fremdreparaturen	–	500,00	500,00	–	0,08	0,08
4730	Gebühren u. Abg.	–	200,00	200,00	–	0,03	0,03
4810	Kalk. Abschreibungen	–	1.575,00	1.575,00	–	0,24	0,24
4815	Kalk. Zinsen AnlVe	–	945,00	945,00	–	0,14	0,14
4860	Kalk. Stromkosten	–	1.608,58	1.608,58	–	0,24	0,24
Summe		**–**	**15.013,06**	**15.013,06**	**–**	**2,27**	**2,27**

Abbildung 4-58: Kostenplan der Raumkostenstelle (Heizung)

Die Kostenplanungen der Sozialstellen des Modellbetriebes sind in Abbildung 4-59 und 4-60 dokumentiert.

Kostenstellen-Planung							
Getriebebau AG					Ko-Stelle		121
					BZ-Größe		PRS
Kostenstellen-Benennung Sozialdienst/Betriebsrat					KO-Stellen-Leiter Herr Bachmann		
Bezugsgrößenart Anzahl Personen					Plan-BZ-Menge		381,5
					Mengeneinheit		PRS
Kostenarten		Plankosten EUR			Relativ-Ziffer EUR		
NR	Bezeichnung	Prop	Fix	Gesamt	Prop	Fix	Gesamt
4129	Sonst. Hilfslohn	2.200,00	3.950,00	6.150,00	5,77	10,35	16,12
4831	Kalk. S.-Aufw. Lohn	1.650,00	2.962,50	4.612,50	4,33	7,77	12,09
4200	Anwes. Gehalt	–	406,25	406,25	–	1,06	1,06
4832	Kalk. S.-Aufw. Gehalt	–	325,00	325,00	–	0,85	0,85
4459	Sonst. H&B Stoffe	210,00	70,00	280,00	0,55	0,18	0,73
4561	Eigenl. Betr. Handw.	1.037,19	873,01	1.910,20	2,72	2,29	5,01
4562	Ersatzteile	–	40,00	40,00	–	0,10	0,10
4565	Rep. Mat. v. Lage	–	100,00	100,00	–	0,26	0,26
4567	Fremdreparaturen	160,00	50,00	210,00	0,42	0,13	0,55
4640	Fremdwasser	950,00	280,00	1.230,00	2,49	0,73	3,22
4650	Fremdreinigung	–	1.850,00	1.850,00	–	4,85	4,85
4670	Sonst. Fremdlstg.	–	2.250,00	2.250,00	–	5,90	5,90
4735	Telefon/FS	–	59,80	59,80	–	0,16	0,16
4760	Reisespesen	–	100,00	100,00	–	0,26	0,26
4750	Büromaterial	–	70,00	70,00	–	0,18	0,18
4810	Kalk. Abschreibungen	–	254,80	254,80	–	0,67	0,67
4815	Kalk. Zinsen AnlVe	–	92,40	92,40	–	0,24	0,24
4850	Kalk. Raumkosten	–	4.312,27	4.312,27	–	11,30	11,30
Summe		**6.207,19**	**18.046,03**	**24.253,22**	**16,27**	**47,30**	**63,57**

Abbildung 4-59: Kostenplan der Sozialkostenstelle (Sozialdienst)

Kostenstellen-Planung

Getriebebau AG					Ko-Stelle		122
					BZ-Größe		PRS
Kostenstellen-Benennung Küche/Kantine					KO-Stellen-Leiter Herr Huber		
Bezugsgrößenart Anzahl Personen					Plan-BZ-Menge		381,5
					Mengeneinheit		PRS
Kostenarten		Plankosten EUR			Relativ-Ziffer EUR		
NR	Bezeichnung	Prop	Fix	Gesamt	Prop	Fix	Gesamt
4129	Sonst. Hilfslohn	5.300,00	4.920,00	10.220,00	13,89	12,90	26,79
4132	Zuschläge	70,00	–	70,00	0,18	–	0,18
4831	Kalk. S-Aufw. Lohn	4.027,50	3.690,00	7.717,50	10,56	9,67	20,23
4453	Reinig./Schmierm.	110,00	60,00	170,00	0,29	0,16	0,45
4455	Arbeitskleidung	60,00	60,00	120,00	0,16	0,16	0,31
4561	Eigenl. Betr. Handw.	256,83	252,56	509,39	0,67	0,66	1,34
4562	Ersatzteile	30,00	20,00	50,00	0,08	0,05	0,13
4565	Rep. Mat. v. Lage	–	40,00	40,00	–	0,10	0,10
4567	Fremdreparaturen	110,00	60,00	170,00	0,29	0,16	0,45
4640	Fremdwasser	170,00	40,00	210,00	0,45	0,10	0,55
4650	Fremdreinigung	–	90,00	90,00	–	0,24	0,24
4670	Sonst. Fremdlstg.	320,00	370,00	690,00	0,84	0,97	1,81
4750	Büromaterial	–	40,00	40,00	–	0,10	0,10
4810	Kalk. Abschreibungen	–	1.212,40	1.212,40	–	3,18	3,18
4815	Kalk. Zinsen AnlVe	–	530,60	530,60	–	1,39	1,39
4850	Kalk. Raumkosten	–	5.552,80	5.552,80	–	14,56	14,56
4860	Kalk. Stromkosten	828,10	754,39	1.582,49	2,17	1,98	4,15
Summe		**11.282,43**	**17.692,75**	**28.975,18**	**29,57**	**46,38**	**75,95**

Abbildung 4-60: Kostenplan der Sozialkostenstelle (Kantine)

Die Sozialstellenkosten werden den übrigen Kostenstellen unter der Kostenart 4840 belastet.

Bei der Planung der Energiestellen ist zu beachten, dass im Modellbetrieb nur die Energieart Strom eingesetzt wird. Die Abbildung 4-61 enthält die (bereits mit der Kostenplanung abgestimmten) Planverbrauchsmengen der Kostenstellen. Der Gesamtverbrauch liegt bei 450.000 kWh/Monat. Diese Menge dient zur Planung der Arbeitskosten, wobei berücksichtigt wird, dass 92,4 % auf Tagstrom und 7,6 % auf Nachtstrom entfallen. Auf diese Ermittlung wird unten eingegangen.

Weiters gehen wir davon aus, dass eine geplante Jahreshöchstleistung von 1.050 kW ermittelt wurde. Aufgrund des Vertrages lassen sich folgende Leistungskosten für Fremdstrom planen:

100 · 235 €/kWh	=	23.500 €/Jahr
300 · 190 €/kWh	=	57.000 €/Jahr
650 · 194 €/kWh	=	106.600 €/Jahr
Summe Leistungsstrom		187.100 €/Jahr
+ 7,8 % Ausgleichsabgabe		14.594 €/Jahr
Insgesamt		201.694 €/Jahr
Leistungspreis je Monat:		
$\frac{201.694 \text{ €/ Jahr}}{12 \text{ Monate / Jahr}}$	=	16.808 €/Monat
PLAN:		16.810 €/Monat

Die Verträge enthalten meistens die Regelung, dass sich die Leistungskosten verringern, wenn die geplante Jahreshöchstleistung nicht erreicht wird, wobei aber eine bestimmte Untergrenze, z. B. 80 %, nicht unterschritten werden kann. Damit ergibt sich für die Kostenauflösung das Problem, ob die geplanten Leistungskosten in voller Höhe oder nur zu 80 % als fixe Kosten zu planen sind. Da selbst bei rückläufiger Beschäftigung eine Unterschreitung nicht in jedem Fall erwartet werden kann, da infolge von Beschäftigungsschwankungen in einzelnen Monaten die gleichen Spitzen wirksam werden können, schlagen wir vor, die Leistungskosten in voller Höhe den fixen Kosten zuzuordnen.

Der geplante Stromverbrauch beträgt 5.400.000 kWh/Jahr. Mithilfe der Schicht-Belastungskurven lässt sich ermitteln, wie viel hiervon auf Tag- und auf Nachtstrom entfällt. In Abbildung 4-11 (vgl. Kapitel 4.4.3) haben wir die im Winter- und Sommerhalbjahr als Nachtzeiten anfallenden Benutzungszeiten kariert hinterlegt; die nur im Winterhalbjahr auf Nachtzeiten entfallenden Zeiten wurden schraffiert hinterlegt. Eine Flächenanalyse führt zu folgendem Ergebnis:

Jahresverbrauch

Winter

Tagstrom	(HT)	424.000 kWh/Monat · 5 Monate	=	2.120.000 kWh/Jahr
Nachtstrom	(NT)	40.000 kWh/Monat · 5 Monate	=	200.000 kWh/Jahr
Sommer				
Tagstrom	(HT)	410.000 kWh/Monat · 7 Monate	=	2.870.000 kWh/Jahr
Nachtstrom	(NT)	30.000 kWh/Monat · 7 Monate	=	210.000 kWh/Jahr
		insgesamt	=	5.400.000 kWh/Jahr
				450.000 kWh/Monat

Jahresarbeitspreis

2.120.000 kWh/Jahr · 0,128 €/kWh	=	271.360 €/Jahr
200.000 kWh/Jahr · 0,098 €/kWh	=	19.600 €/Jahr
2.870.000 kWh/Jahr · 0,119 €/kWh	=	341.530 €/Jahr
210.000 kWh/Jahr · 0,089 €/kWh	=	18.690 €/Jahr
Arbeitspreis, gesamt		651.180 €/Jahr
+ 7,8 % Ausgleichsabgabe		50.792 €/Jahr
Insgesamt		701.972 €/Jahr

Arbeitspreis je Monat:

$$\frac{701.972\ \text{€/Jahr}}{12\ \text{Monate/Jahr}} = 58.498\ \text{€/Monat}$$

PLAN: 58.500 €/Monat

Die Arbeitsstromkosten werden auf der Kostenstelle Stromverteilung als Monatsbetrag in Höhe von 58.500 € vorgegeben. Enthält der Strombezugsvertrag keine Mindestgrenze der Stromabnahme, so ist dieser Betrag in voller Höhe den proportionalen Kosten zuzuordnen.

Leistungsartenanalyse			
Getriebebau AG		Ko-Stelle	130
		BZ-Größe	kWh
Kostenstellen-Benennung Stromversorgung		KO-Stellen-Leiter Herr Klein	
Bezugsgrößenart Kilowattstunden		Plan-BZ-Menge	450.000
		Mengeneinheit	kWh
		Tarif Fix	0,044
		Tarif prop.	0,13
		Verr. KoA	4860
Empfänger	Kostenstelle	Leistungsart	Leistungsmenge
110	Grundstücke und Gebäude	QMH	9.250
110	Grundstücke und Gebäude	QMF	18.100
110	Grundstücke und Gebäude	QMB	5.150
122	Küche/Kantine	PRS	9.100
210	Betriebshandwerker	HST	500
301	Rohmateriallager	SFM	500
302	Absägerei	SAM	650
303	Wareneingangsprüfung	SAM	250
409	Werkzeugausgabe/Werkzeuglager	VEL	450
415	Qualitätssicherung	SAQ	1.250
419	Innerbetrieblicher Transport	SPF	1.000
419	Innerbetrieblicher Transport	ANF	600
421	NC-Drehmaschinen	VST	76.000
431	Spitzendrehmaschinen bis 300 mm	VST	7.100
432	Spitzendrehmaschinen über 300 mm	VST	25.600
434	Karusselldrehmaschinen	VST	135.700
441	Bohrwerke	VST	21.200
442	Schleifmaschinen	MST	9.100
451	Bohrmaschinen	VST	4.000
453	Zahnradfräsmaschinen	VST	46.800
454	Fräsmaschinen	VST	15.000
521	Elektroschweißerei	VST	11.500
551	Glüherei/Härterei	OS1	15.200
551	Glüherei/Härterei	OS2	18.800
551	Glüherei/Härterei	OS3	9.700
621	Montage	VST	1.600
873	CPU	CPU	2.300
874	Platte/Band	GBD	2.500
930	Versand	SFV	1.100
Plan-Leistung			**450.000**

Abbildung 4-61: Stromverteilung

Die Abbildung 4-62[170] stellt den Kostenplan der Kostenstelle „Stromversorgung" dar. Der überwiegende Teil der Kosten entfällt auf die Kostenart 4630 – Fremdstrom. Der Planung dieser Kostenart liegen die Planangaben der Abbildung 4-61 zugrunde, die

Bewertung erfolgt aufgrund des Vertrages mit dem Elektrizitätswerk. Der proportionale Stromkostensatz beträgt 0,13 €/kWh. Multipliziert man hiermit die in Abbildung 4-61 angegebenen Planverbrauchsmengen, so erhält man die zugehörigen Stromkosten in €/Monat je empfangender Kostenstelle.

Getriebebau AG	Kostenplan	Ko-Stelle	130
		BZ-Größe	KWH
Kostenstellen-Benennung: Stromversorgung		Ko-Stellen-Leiter: Herr Zänker	
Bezugsgrößenart: Kilowattstunden		Plan-BZ-Menge	450.000
		Mengeneinheit	KWH

Kostenarten NR	Bezeichnung	Herkunft	ME	Menge	€/ME	Plankosten EUR Prop	Fix	Gesamt
4561	Eigenl. Betr. Handw.					–		
	Betriebshandwerker	210	HST	9	49,39	–	445	445
	Sek. Fixkosten	210	HST	9	14,28	–	128	128
4562	Ersatzteile							
	Trafo- und Verteilerstationen		€				220	220
4562	Rep.-Mat. V. Lager					–		–
	Schalter, Sicherungen		€				160	160
4567	Fremdreparaturen							
	Stromverteilungsnetz		€			–	360	360
24	**Instandhaltung**					**–**	**1.313**	**1.313**
4630	Fremdstrom							
	Leistungspreis		€			–	16.810	16.810
	Arbeitspreis		€			58.500		58.500
27	**Fremdenergie**					**58.500**	**16.810**	**75.310**
4810	Kalk. Abschreibungen							
	Trafo, Verteilerstation TW 302.960		€			–	876	876
37	**Kalk. Abschreibungen**					**–**	**876**	**876**
4815	Kalk. Zinsen AnlVe							
	TW 302.960 * 6/ (100 * 2 * 12)		€			–	757	757
38	**Kalk. Zinsen**					**–**	**757**	**757**

Weiterverrechnung KoA 4860 Kalk. Stromkosten		**Summe**	**58.500**	**19.756**	**78.256**
Stellenleiter	Kostenplaner	**Plankostensätze**	**0,13**	**0,04**	**0,17**
Unterschrift	Unterschrift				

Abbildung 4-62: Kostenplan der Energiestelle (Stromversorgung)

In Abbildung 4-63 haben wir den Kostenplan der Kostenstelle Betriebshandwerker des Modellbetriebs wiedergegeben. Die Planbezugsgröße beträgt 1.480 Ftg. Std./Monat. Hiervon entfallen 300 Ftg. Std./Monat auf aktivierungspflichtige Werksaufträge, die im Zuge der Planungsabstimmung als aktivierte Eigenleistung berücksichtigt werden. Der Kostenplan lässt erkennen, dass der größte Teil der Kosten auf Personalkosten entfällt. Der proportionale Verrechnungssatz beträgt 49,39 €/Ftg. Std. Die Kosten für die geleisteten Reparaturstunden werden den empfangenden Kostenstellen und Werksaufträgen unter der Kostenart 4561 - Eigenleistung Betriebshandwerker - belastet. Dabei wird von einer monatlichen direkten Bezugsgrößenerfassung in Form von Stundenerfassungen ausgegangen.

Getriebebau AG			Kostenplan			Ko-Stelle		210
						BZ-Größe		HST
Kostenstellen-Benennung Betriebshandwerker						KO-Stellen-Leiter Seeger		
Bezugsgrößenart Handwerkerstunden						Plan-BZ-Menge		1.480
						Mengeneinheit		STD
Kostenarten		Her-kunft	ME	Menge	€/ME	Plankosten EUR		
NR	Bezeichnung					Prop	Fix	Gesamt
4109	Fertigungslohn innerbetr. Leistungen							
	4 Schlosser	HL 1	STD	570	24	13.680	–	13.680
	3 Elektriker	HL 1	STD	435	24	10.440	–	10.440
	1 Dreher/Fräser	HL 1	STD	140	24	3.360	–	3.360
	1 Bauhandwerker	HL 1	STD	145	24	3.480	–	3.480
	1 Springer	HL 1	STD	60	24	1.440	–	1.440
	1 Hilfsschlosser	HL 1	STD	130	20	2.600	–	2.600
09	***Fertigungslohn***		**€**			***35.000***	**–**	***35.000***
4123	Hilfslohn Reinigung							
	Werkstatt- & Maschinenreinigung	HL 2	STD	20	20	–	400	400
13	***Hilfslohn Reinigung***					**–**	***400***	***400***
4129	Reparaturen in eigener Stelle							
	Handwerker	HL 1	STD	40	24	528	432	960
	Hilfsschlosser	HL 2	STD	10	20	120	80	200
14	***Sonstiger Hilfslohn***					***648***	***512***	***1.160***
4131	Zulagen							
	Erschwerniszulage etc.		€			790	–	790
15	***Zulagen***					***790***	**–**	***790***
4132	Zuschläge							
	Mehrarbeitszuschlag		€			1.540		1.540
	Sonn- und Feiertagszuschlag		€			240		240
16	***Zuschläge***					***1.780***	**–**	***1.780***
4831	Kalk. Sozialaufwand Lohn							
	Sozialkostenzuschlag Lohn	99430	€	39.130	0,75	28.664	684	29.348
17	***Kalk. Sozialaufwand Lohn***					***28.664***	***684***	***29.348***
4200	Gehalt							
	1 Meister Kategorie 3	GEH 03	€			–	4.063	4.063
4210	Überstundengehalt							
	Mehrarbeitspauschale		€			–	400	400
18	***Gehalt***					**–**	***4.463***	***4.463***
4832	Kalk. Sozialaufwand Gehalt							
	Sozialkostenzuschlag Gehalt	99431	€	4.463	0,80	–	3.570	3.570
19	***Kalk. Sozialaufwand Gehalt***					**–**	***3.570***	***3.570***
4441	Handwerkzeuge							
	Hämmer, Zangen		STD	1.480	0,2	300	–	300
4442	Messwerkzeuge							
	Schieblehren etc.		STD	1.480	0,02	30	–	30
4443	Maschinenwerkzeuge							
	Drehstähle etc.		STK	335	2	670	–	670
4445	Schleifmittel							
	Schleifscheiben etc.		€			70	–	70
21	***Werkzeuge***		€			***1.070***	**–**	***1.070***
4453	Reinigungs- und Schmiermittel							
	Öle etc.		€			525	120	645
4455	Arbeitskleidung							
	Arbeitsanzüge etc.		€			140	–	140
4459	Sonstige Hilfs- und Betriebstoffe							
	Lötmaterialien etc.		€			790	–	790
23	***Hilfs- und Betriebstoffe***					***1.455***	***120***	***1.575***

Getriebebau AG		Kostenplan				Ko-Stelle		210
						BZ-Größe		HST
Kostenstellen-Benennung Betriebshandwerker						KO-Stellen-Leiter Seeger		
Bezugsgrößenart Handwerkerstunden						Plan-BZ-Menge		1.480
						Mengeneinheit		STD
Kostenarten		Her-kunft	ME	Menge	€/ME	Plankosten EUR		
NR	Bezeichnung					Prop	Fix	Gesamt
4562	Ersatzteile							
	Eigener Maschinenpark		€			190	50	240
4565	Rep. Mat. v. Lager							
	Bearbeitungsmaschinen		€			50	–	50
4567	Fremdreparaturen							
	Bearbeitungsmaschinen		€			250	80	330
24	***Instandhaltung***					***490***	***130***	***620***
4690	Innerbetriebl. Transportleistung							
	LKW-Transporte	250	KM	350	2,34	696	123	819
	Sek. Fixkosten	250	KM	350	1,30	–	455	455
29	***Sonstige Eigenleistungen***					***696***	***578***	***1.274***
4735	Telefonkosten							
	Telefoneinheiten	TEL EH	EH	150	0,23	–	35	35
32	***Porti/Telefon/FS***					***–***	***35***	***35***
4750	Büromaterial							
	Drucksachen		€			40	20	60
36	***Sonstige Verwaltungskosten***					***40***	***20***	***60***
4810	Kalk. Abschreibung							
	Werkstatteinrichtung TW 1.116.640		€			1.264	2.615	3.879
37	***Kalk. Abschreibung***					***1.264***	***2.615***	***3.879***
4815	Kalk. Zinsen AnlVe							
	TW 1.116.640 ∗ 6/(100 ∗ 2 ∗ 12)		€			–	2.792	2.792
38	***Kalk. Zinsen***					***–***	***2.792***	***2.792***
4840	Kalk. Sozialstellenkosten							
	Sozialdienst/Betriebsrat	121	PRS	11	16,27	163	16	179
	Sek. Fixkosten	121	PRS	11	47,3	–	520	520
	Küche/Kantine	122	PRS	11	29,57	296	29	325
	Sek. Fixkosten	122	PRS	11	46,38	–	510	510
39	***Kalk. Sozialstellenkosten***					***459***	***1.075***	***1.534***
4850	Kalk. Raumkosten							
	Fabrikgebäude	110	QMF	166	15,3	–	2.540	2.540
	Beheizt	110	QMH	166	2,27	–	377	377
40	***Kalk. Raumkosten***					***–***	***2.917***	***2.917***
4860	Kalk. Stromkosten							
	Stromversorgung	130	kWh	500	0,13	65	–	65
	Sek. Fixkosten	130	kWh	500	0,04	–	20	20
41	***Kalk. Energiekosten***					***65***	***20***	***85***
4880	Kalk. Transportkosten							
	Innerbetr. Transport	419	ANF	4	50,26	–	201	201
	Sek. Fixkosten	419	ANF	4	10,5	–	42	42
42	***Kalk. Transportkosten***					***–***	***243***	***243***
4870	Kalk. Leitungskosten							
	Hilfs- und Betriebsstoffe	305	VEL	7,5	84,29	632	–	632
	Sek. Fixkosten	305	VEL	7,5	121,43	–	912	912
	Werkzeugausgabe/-lager	409	VEL	0,3	161,76	49	–	49
	Sek. Fixkosten	409	VEL	0,3	171,04	–	51	51
43	***Kalk. Leitungskosten***					***681***	***963***	***1.644***
Weiterverrechnung Direkt, über I-Leistungen				**Summe**		**73.102**	**21.137**	**94.239**
Stellenleiter Unterschrift		Kostenplaner Unterschrift		**Plankostensätze**		**49,39**	**14,28**	**63,68**

Abbildung 4-63: Kostenplan der Betriebshandwerker

Wenden wir uns nun der Kostenplanung der Transportkostenstellen zu: Im Modellbetrieb gibt es zwei Transportkostenstellen; in den Abbildungen 4-65 bis 4-67 ist der Kostenplan der Kostenstelle „innerbetrieblicher Transport" und in den Abbildungen 4-68 und 4-69 die Leistungsverteilung und der Kostenplan der Kostenstelle „Lkw-Transporte" wiedergegeben.

Bei der Planung der Kostenstelle „Innerbetrieblicher Transport" wird ein prozessorientiertes Verfahren der Planung und Abrechnung derartiger Leistungen dargestellt. Dazu sind drei Bezugsgrößen erforderlich. Die erste lautet „Anfahrten E-Karren". Ihre Abrechnung entspricht den bisherigen Ausführungen, d. h. kalkulatorische Verrechnung zu Lasten der Empfänger-Kostenstellen nach geplanter Inanspruchnahme. Die Verrechnungs-Kostenart lautet 4880 – kalkulatorische Transportkosten, im Rahmen der Deckungsrechnung. Für die Tätigkeiten der Stapler und Transportarbeiter wird unterstellt, dass nach den Grundsätzen einer prozessorientierten Abrechnung bereits Leistungsstandards für diese Vorgänge in Abhängigkeit messbarer Einflussparameter, wie z. B. Anzahl Fertigungslose, Ausbringungsgewicht usw. vorliegen. Darauf beruhen die beiden anderen Bezugsgrößen „Standard-Stunden". Damit ist einerseits eine Wirtschaftlichkeitskontrolle der Transportleistungen möglich, andererseits eine gezielte Überleitung der Kosten für die Stunden dieser Vorgänge in die Ergebnisrechnung erleichtert. Als erster Schritt, die Kosten dieser Transportvorgänge in der Plankalkulation transparent zu zeigen, wird im Modellbetrieb allerdings ein Kalkulationszuschlag für Fertigungsunterstützung eingerichtet. Dieser soll die geplanten Kosten aller, „die Fertigung unterstützenden" Kostenstellen abdecken, wie sie in den Abbildungen 4-50 bis 4-52 Plan-Bezugsgrößenliste unter dem Verrechnungsmodus „Dir. verr. FU-Leistungen" aufscheinen. Seine Ermittlung zeigt die folgende Abbildung (vgl. auch Abbildung 4-106):

Kalkulationszuschlag für Fertigungsunterstützung

	Prop.	Fix	Gesamt
Basis: Plan Fertigungskosten (Summe aller primären Kostenstellen mit Produktbezug)	**1.783.298**	**652.901**	**2.436.198**
Zuschlagswerte:			
Kostenstellenkosten: Fertigungsunterstützung Summe aller „FU-Kostenstellen/Bezugsgrößen"	**198.749**	**65.076**	**263.825**
Zuschlagssätze	**8,16 %**	**2,67 %**	**10,83 %**

Abbildung 4-64: Kalkulationszuschlag für fertigungsunterstützende Kostenstellen

Eine weitere Fortentwicklung würde eine Vorgangskalkulation für produktorientierte Einzelprozesse sein, wie sie bei den Materialbereitstellungskosten im Modellbetrieb später im Detail erläutert wird.

Kostenstellen-Planung							
Getriebebau AG				Ko-Stelle		419	
				BZ-Größe		ANF	
Kostenstellen-Benennung Innerbetrieblicher Transport				KO-Stellen-Leiter Herr Müller			
Bezugsgrößenart Anfahrten E-Karren				Plan-BZ-Menge		280	
				Mengeneinheit		ANF	
Kostenarten		Plankosten EUR			Relativ-Ziffer EUR		
NR	Bezeichnung	Prop	Fix	Gesamt	Prop	Fix	Gesamt
4121	HL Vorarbeiter	–	858,00	858,00	–	3,06	3,06
4122	HL Transp./Lager	6.600,00	–	6.600,00	23,57	–	23,57
4131	Zulagen	500,00	–	500,00	1,79	–	1,79
4132	Zuschläge	340,00	–	340,00	1,21	–	1,21
4831	Kalk. S.-Aufw. Lohn	5.580,00	643,50	6.223,50	19,93	2,30	22,23
4441	Handwerkzeuge	40,00	–	40,00	0,14	–	0,14
4453	Reinig./Schmierm.	–	30,00	30,00	–	0,11	0,11
4455	Arbeitskleidung	60,00	40,00	100,00	0,21	0,14	0,36
4459	sonst. H+B Stoffe	–	20,00	20,00	–	0,07	0,07
4561	Eigenl. Betr. Handw.	185,21	133,15	318,36	0,66	0,48	1,14
4562	Ersatzteile	200,00	100,00	300,00	0,71	0,36	1,07
4565	Rep.-Mat. v. Lager	20,00	10,00	30,00	0,07	0,04	0,11
4567	Fremdreparaturen	60,00	60,00	120,00	0,21	0,21	0,43
4810	Kalk. Abschreibungen	198,80	274,40	473,20	0,71	0,98	1,69
4815	Kalk. Zinsen AnlVe	–	165,20	165,20	–	0,59	0,59
4840	Kalk. Sozialst.kosten	92,85	221,09	313,94	0,33	0,79	1,12
4860	Kalk. Stromkosten	78,00	26,34	104,34	0,28	0,09	0,37
4870	Kalk. Leitungskosten	117,77	357,35	475,12	0,42	1,28	1,70
Summe		**14.072,63**	**2.939,03**	**17.011,66**	**50,26**	**10,50**	**60,76**

Abbildung 4-65: Kostenplan des innerbetrieblichen Transports (Anfahrten E-Karren)

Kostenstellen-Planung							
Getriebebau AG					Ko-Stelle		419
					BZ-Größe		SPF
Kostenstellen-Benennung Innerbetrieblicher Transport					KO-Stellen-Leiter Herr Müller		
Bezugsgrößenart Stand. Stapler Stunden FU					Plan-BZ-Menge		450
					Mengeneinheit		STD
Kostenarten		Plankosten EUR			Relativ-Ziffer EUR		
NR	Bezeichnung	Prop	Fix	Gesamt	Prop	Fix	Gesamt
4121	HL Vorarbeiter	–	858,00	858,00	–	1,91	1,91
4122	HL Transp./Lager	9.900,00	–	9.900,00	22,00	–	22,00
4129	Sonst. Hilfslohn	–	330,00	330,00	–	0,73	0,73
4131	Zulagen	570,00	–	570,00	1,27	–	1,27
4132	Zuschläge	780,00	–	780,00	1,73	–	1,73
4831	Kalk. S.-Aufw. Lohn	8.437,50	891,00	9.328,50	18,75	1,98	20,73
4441	Handwerkzeuge	60,00	–	60,00	0,13	–	0,13
4453	Reinig./Schmierm.	–	40,00	40,00	–	0,09	0,09
4455	Arbeitskleidung	90,00	50,00	140,00	0,20	0,11	0,31
4459	sonst. H+B Stoffe	280,00	100,00	380,00	0,62	0,22	0,84
4561	Eigenl. Betr. Handw.	740,85	532,61	1.273,46	1,65	1,18	2,83
4562	Ersatzteile	250,00	110,00	360,00	0,56	0,24	0,80
4565	Rep.-Mat. v. Lager	70,00	30,00	100,00	0,16	0,07	0,22
4567	Fremdreparaturen	330,00	200,00	530,00	0,73	0,44	1,18
4810	Kalk. Abschreibungen	1.519,00	1.495,20	3.014,20	3,38	3,32	6,70
4815	Kalk. Zinsen AnlVe	–	760,20	760,20	–	1,69	1,69
4840	Kalk. Sozialst.kosten	134,11	319,35	453,46	0,30	0,71	1,01
4860	Kalk. Stromkosten	130,00	43,90	173,90	0,29	0,10	0,39
4870	Kalk. Leitungskosten	50,57	72,86	123,43	0,11	0,16	0,27
Summe		**23.342,03**	**5.833,12**	**29.175,15**	**51,87**	**12,96**	**64,83**

Abbildung 4-66: Kostenplan des innerbetrieblichen Transports (Stand. Stapler Stunden FU)

Kostenstellen-Planung							
Getriebebau AG					Ko-Stelle		419
					BZ-Größe		STF
Kostenstellen-Benennung Innerbetrieblicher Transport					KO-Stellen-Leiter Herr Müller		
Bezugsgrößenart Stand. Transport - Stunden FU					Plan-BZ-Menge		525
					Mengeneinheit		STD
Kostenarten		Plankosten EUR			Relativ-Ziffer EUR		
NR	Bezeichnung	Prop	Fix	Gesamt	Prop	Fix	Gesamt
4121	HL Vorarbeiter	1.560,00	910,00	2.470,00	2,97	1,73	4,70
4122	HL Transp./Lager	8.835,00	–	8.835,00	16,83	–	16,83
4131	Zulagen	490,00	–	490,00	0,93	–	0,93
4132	Zuschläge	1.150,00	–	1.150,00	2,19	–	2,19
4831	Kalk. S.-Aufw. Lohn	9.026,25	682,50	9.708,75	17,19	1,30	18,49
4441	Handwerkzeuge	30,00	–	30,00	0,06	–	0,06
4455	Arbeitskleidung	100,00	60,00	160,00	0,19	0,11	0,30
4459	sonst. H+B Stoffe	–	40,00	40,00	–	0,08	0,08
4562	Ersatzteile	140,00	70,00	210,00	0,27	0,13	0,40
4565	Rep.-Mat. v. Lager	30,00	20,00	50,00	0,06	0,04	0,10
4567	Fremdreparaturen	40,00	30,00	70,00	0,08	0,06	0,13
4810	Kalk. Abschreibungen	303,80	1.212,40	1.516,20	0,58	2,31	2,89
4815	Kalk. Zinsen AnlVe	–	228,20	228,20	–	0,43	0,43
4840	Kalk. Sozialst.kosten	149,21	339,12	488,33	0,28	0,65	0,93
4860	Kalk. Stromkosten	–	527,23	527,23	–	1,00	1,00
4870	Kalk. Leitungskosten	63,01	231,59	294,60	0,12	0,44	0,56
Summe		**21.917,27**	**4.351,04**	**26.268,31**	**41,75**	**8,29**	**50,03**

Abbildung 4-67: Kostenplan des innerbetrieblichen Transports (Stand. Transport-Stunden FU)

Die Planbezugsgröße der Kostenstelle „Lkw-Transport" beträgt 7.000 km/Monat. Diese Fahrleistung entfällt planmäßig auf folgende Kostenstellen:

Nr.	Empfangende Kostenstelle	km/Monat	prop. Kosten/Monat
110	Grundstücke u. Gebäude	130	304
210	Betriebshandwerker	350	817
301	Rohmateriallager	600	1.401
305	Hilfs- und Betriebsstofflager	200	467
400	Fertigungsleitung	300	701
930	Versand	5.420	12.659
		7.000	16.349

Abbildung 4-68: Leistungsverteilung der LKW-Transporte

Kostenstellen-Planung							
Getriebebau AG					Ko-Stelle	250	
					BZ-Größe	KM	
Kostenstellen-Benennung LKW -Transporte					KO-Stellen-Leiter Herr Dietrich		
Bezugsgrößenart Kilometer					Plan-BZ-Menge	7.000	
					Mengeneinheit	KM	
Kostenarten		Plankosten EUR			Relativ-Ziffer EUR		
NR	Bezeichnung	Prop	Fix	Gesamt	Prop	Fix	Gesamt
4122	HL Transp./Lager	5.000,00	2.020,00	7.020,00	0,71	0,29	1,00
4132	Zuschläge	140,00	–	140,00	0,02	–	0,02
4831	Kalk. S.Aufw. Lohn	3.855,00	1.515,00	5.370,00	0,55	0,22	0,77
4430	Treibstoffe	1.774,50	–	1.774,50	0,25	–	0,25
4441	Handwerkzeuge	–	50,00	50,00	–	0,01	0,01
4453	Reinig./Schmierm	40,00	30,00	70,00	0,01	0,00	0,01
4455	Arbeitskleidung	30,00	30,00	60,00	0,00	0,00	0,01
4459	sonst. H+B Stoffe	30,00	40,00	70,00	0,00	0,01	0,01
4567	Fremdreparaturen	2.900,00	480,00	3.380,00	0,41	0,07	0,48
4825	Kalk. Instandhaltung	1.150,00	–	1.150,00	0,16	–	0,16
4702	KfZ-Steuer	–	360,00	360,00	–	0,05	0,05
4714	KfZ-Versicherung	–	620,00	620,00	–	0,09	0,09
4723	Beitr. Fachverband	–	80,00	80,00	–	0,01	0,01
4730	Gebühren u. Abgaben	–	50,00	50,00	–	0,01	0,01
4810	Kalk. Abschreibungen	1.362,20	2.004,80	3.367,00	0,19	0,29	0,48
4815	Kalk. Zinsen AnlVe	–	1.068,20	1.068,20	–	0,15	0,15
4840	Kalk. Sozialst.kosten	67,40	225,61	293,01	0,01	0,03	0,04
4850	Kalk. Raumkosten	–	535,49	535,49	–	0,08	0,08
Summe		**16.349,10**	**9.109,10**	**25.458,20**	**2,34**	**1,30**	**3,64**

Abbildung 4-69: Kostenplan der LKW-Transporte

Als proportionalen Verrechnungssatz der Kostenstelle Lkw-Transport erhält man 2,34 €/km.

Die Kosten für die gefahrenen Kilometer werden den empfangenden Kostenstellen unter der Kostenart 4690 – innerbetriebliche Transportleistungen – belastet. Dabei wird von einer monatlichen direkten Bezugsgrößenerfassung ausgegangen (Fahrtenbuch).

Zu den Leitungskostenstellen im Modellbetrieb zählen nur die folgenden Kostenstellen:

400 Fertigungsleitung
430 Meisterbereich 1
450 Meisterbereich 2

Die traditionell typischen Leitungskostenstellen, wie Arbeitsvorbereitung oder NC-Programmierung werden hier bereits – wie oben dargestellt, vgl Abb. 4-64 und die zugehörigen Erläuterungen – nach dem alternativen Verfahren der Zuschlagsbildung für Fertigungsunterstützung geplant und abgerechnet. Die Kosten anderer Kostenstellen mit ähnlicher Struktur werden direkt als Fixkosten in die stufenweise Deckungsbeitragsrechnung übernommen (z. B. jene der Kostenstelle „Technische Unternehmensleitung").

Die Kostenpläne dieser Leitungskostenstellen haben wir in den Abbildungen 4-58 bis 4-72 wiedergegeben. Weiterhin werden im Modellbetrieb aus abrechnungstechnischen Gründen die Kostenstelle Hilfs- und Betriebsstofflager und die Kostenstelle Werkzeugausgabe/-lager in die Leitungskostenverteilung einbezogen; vgl. hierzu unsere Ausführungen in Kapitel 4.5.2.3. Die Kosten dieser Leitungsanteile werden den empfangenden Kostenstellen unter der Kostenart 4870 – kalkulatorische Leitungskosten belastet und monatlich systemintern Soll = Ist verrechnet.

Kostenstellen-Planung			
Getriebebau AG		Ko-Stelle	400
		BZ-Größe	VEL
Kostenstellen-Benennung Fertigungsleitung		KO-Stellen-Leiter Herr Horvath	
Bezugsgrößenart VE Leitungsstellen		Plan-BZ-Menge	100
		Mengeneinheit	VE

Kostenarten		Plankosten EUR			Relativ-Ziffer EUR		
NR	Bezeichnung	Prop	Fix	Gesamt	Prop	Fix	Gesamt
4123	HL Reinigung	–	2.890,00	2.890,00	–	28,90	28,90
4831	Kalk. S-Aufw. Lohn	–	2.167,50	2.167,50	–	21,68	21,68
200	Anwes. -Gehalt	5.362,50	17.387,50	22.750,00	53,63	173,88	227,50
4832	Kalk. S-Aufw. Lohn	4.290,00	13.910,00	18.200,00	42,90	139,10	182,00
4453	Reinig./Schmierm	100,00	100,00	200,00	1,00	1,00	2,00
4459	sonst. H+B Stoffe	–	30,00	30,00	–	0,30	0,30
4561	Eigenl.Betr. Hand.	592,68	1.954,28	2.546,96	5,93	19,54	25,47
4565	Rep.-Mat. v. Lager	130,00	330,00	460,00	1,30	3,30	4,60
4567	Fremdreparaturen	–	180,00	180,00	–	1,80	1,80
4690	Sonst.I-Lstg.	561,60	530,52	1.092,12	5,62	5,31	10,92
4693	DV-Lstg. Betriebl.	–	1.686,40	1.686,40	–	16,86	16,86
4705	Sonstige Steuern	120,00	180,00	300,00	1,20	1,80	3,00
4710	Feuerversicherung	240,00	350,00	590,00	2,40	3,50	5,90
4741	Mieten Masch. u. Anl.	2.500,00	3.800,00	6.300,00	25,00	38,00	63,00
4735	Telefon/FS	268,50	268,50	537,00	2,69	2,69	5,37
4760	Reisespesen	–	420,00	420,00	–	4,20	4,20
4761	Bewirtungskosten	–	180,00	180,00	–	1,80	1,80
4750	Büromaterial	100,00	180,00	280,00	1,00	1,80	2,80
4755	Bücher/Zeitschriften	–	50,00	50,00	–	0,50	0,50
4770	Rechts- und Berat. Ks	–	700,00	700,00	–	7,00	7,00
4810	Kalk. Abschreibungen	–	257,60	257,60	–	2,58	2,58
4815	Kalk. Zinsen AnlVe	–	68,60	68,60	–	0,69	0,69
4816	Kalk. Zinsen UmlVe	6.720,00	26.880,00	33.600,00	67,20	268,80	336,00
4840	Kalk. Sozialst.kosten	28,88	850,12	879,00	0,29	8,50	8,79
4850	Kalk. Raumkosten	–	1.844,41	1.844,41	–	18,44	18,44
Summe		**21.014,16**	**77.195,43**	**98.209,59**	**210,14**	**771,95**	**982,10**

Abbildung 4-70: Kostenplan der Fertigungsleitung

Kostenstellen-Planung							
Getriebebau AG					Ko-Stelle		430
					BZ-Größe		VEL
Kostenstellen-Benennung Bereichsstelle Meisterbereich 1					KO-Stellen-Leiter Herr Henrich		
Bezugsgrößenart VE Leitungsstellen					Plan-BZ-Menge		100
					Mengeneinheit		VE
Kostenarten		Plankosten EUR			Relativ-Ziffer EUR		
NR	Bezeichnung	Prop	Fix	Gesamt	Prop	Fix	Gesamt
4121	HL Vorarbeiter	10.400,00	4.160,00	14.560,00	104,00	41,60	145,60
4131	Zulagen	1.100,00	–	1.100,00	11,00	–	11,00
4132	Zuschläge	260,00	–	260,00	2,60	–	2,60
4831	Kalk. S.-Aufw. Lohn	8.820,00	3.120,00	11.940,00	88,20	31,20	119,40
4200	Anwes. Gehalt	2.275,00	10.725,00	13.000,00	22,75	107,25	130,00
4832	Kalk. S.-Aufw. Gehalt	1.820,00	8.580,00	10.400,00	18,20	85,80	104,00
4441	Handwerkzeuge	40,00	30,00	70,00	0,40	0,30	0,70
4442	Messwerkzeuge	–	70,00	70,00	–	0,70	0,70
4453	Reinig./Schmierm.	656,00	194,00	850,00	6,56	1,94	8,50
4455	Arbeitskleidung	270,00	40,00	310,00	2,70	0,40	3,10
4459	Sonst. H&B Stoffe	80,00	80,00	160,00	0,80	0,80	1,60
4565	Rep. Mat. v. Lager	30,00	30,00	60,00	0,30	0,30	0,60
4567	Fremdreparaturen	60,00	60,00	120,00	0,60	0,60	1,20
4735	Telefon/FS	46,00	23,00	69,00	0,46	0,23	0,69
4810	Kalk. Abschreibungen	–	112,00	112,00	–	1,12	1,12
4815	Kalk. Zinsen AnlVe	–	28,00	28,00	–	0,28	0,28
4840	Kalk. Sozialst.kosten	192,52	784,13	976,65	1,93	7,84	9,77
4860	Kalk. Raumkosten	–	808,43	808,43	–	8,08	8,08
Summe		**26.049,52**	**28.844,56**	**54.894,08**	**260,50**	**288,45**	**548,94**

Abbildung 4-71: Kostenplan des Meisterbereichs 1

Kostenstellen-Planung							
Getriebebau AG					Ko-Stelle		450
					BZ-Größe		VEL
Kostenstellen-Benennung Bereichsstelle Meisterbereich 2					KO-Stellen-Leiter Herr Fricke		
Bezugsgrößenart VE Leitungsstellen					Plan-BZ-Menge		100
					Mengeneinheit		VE
Kostenarten		Plankosten EUR			Relativ-Ziffer EUR		
NR	Bezeichnung	Prop	Fix	Gesamt	Prop	Fix	Gesamt
4121	HL Vorarbeiter	4.550,00	4.160,00	8.710,00	45,50	41,60	87,10
4131	Zulagen	670,00	–	670,00	6,70	–	6,70
4132	Zuschläge	100,00	–	100,00	1,00	–	1,00
4831	Kalk. S.-Aufw. Lohn	3.990,00	3.120,00	7.110,00	39,90	31,20	71,10
4200	Anwes. Gehalt	–	4.062,50	4.062,50	–	40,63	40,63
4832	Kalk. S.-Aufw. Gehalt	–	3.250,00	3.250,00	–	32,50	32,50
4441	Handwerkzeuge	20,00	30,00	50,00	0,20	0,30	0,50
4453	Reinig./Schmierm.	570,00	130,00	700,00	5,70	1,30	7,00
4455	Arbeitskleidung	250,00	40,00	290,00	2,50	0,40	2,90
4459	Sonst. H&B Stoffe	210,00	40,00	250,00	2,10	0,40	2,50
4565	Eigenl. Betr. Handw.	–	63,67	63,67	–	0,64	0,64
4567	Rep. Mat. v. Lage	–	40,00	40,00	–	0,40	0,40
4735	Telefon/FS	–	46,00	46,00	–	0,46	0,46
4810	Kalk. Abschreibungen	–	25,20	25,20	–	0,25	0,25
4815	Kalk. Zinsen AnlVe	–	8,40	8,40	–	0,08	0,08
4840	Kalk. Sozialst.kos	92,14	326,43	418,57	0,92	3,26	4,19
4860	Kalk. Raumkosten	–	597,53	597,53	–	5,98	5,98
Summe		**10.452,14**	**15.939,73**	**26.391,87**	**104,52**	**159,40**	**263,92**

Abbildung 4-72: Kostenplan des Meisterbereichs 2

Um später (vgl. Kapitel 4.11.4) die Ermittlung der Istbezugsgröße dieser indirekten Kostenstelle nachvollziehbar zu machen, sei im Folgenden die geplante Verteilung dieser Leitungskosten dargestellt:

Plan - Leitungskostenverteilung					
Empfängerkostenstelle		Senderkostenstelle		450 Bereichsstelle Meisterbereich 2	
Nr.	Bezeichnung	Bezugsgröße		Bezugsgröße	
		PLAN	IST	PLAN	IST
451	Bohrmaschinen	800		16	
453	Zahnradfräsmaschinen	3.000		64	
454	Fräsmaschinen	1.560		20	
	Summe			100	

Abbildung 4-73: Leitungskostenverteilung einer kalkulatorisch abgerechneten Bereichstelle

Zum Abschluss der Kostenplanung wollen wir nunmehr die Nachverteilung der sekundären Fixkosten anhand eines Beispiels des Modellbetriebes illustrieren.

Die Kostenplanung der sekundären Kostenstelle „Lkw-Transporte" (siehe Abbildung 4-69) brachte ein Planungsergebnis von

	proportional	fix	Gesamt
Plankosten	16.349,10	9.109,10	25.458,20
Kostensatz/km	2,34	1,30	3,64

Die Verteilung der Fahrleistungen, bewertet mit dem proportionalen Verrechnungssatz, auf die Empfänger-Kostenstellen haben wir bereits dargestellt (vgl. Abbildung 4-68).

Eine Kontrollrechnung der bei den Empfängern ausgewiesenen „nachverteilten" Fixkosten zeigt folgendes Bild (vgl. die entsprechenden Kostenplanungen, z. B. der Kostenstelle 210 auf Abbildung 4-63)

	Empfänger-Kostenstelle	nachverteilte Fixkosten
110-QMB	Grundstücke und Gebäude	39,04
110-QMF	Grundstücke und Gebäude	130,13
210-HST	Betriebshandwerker	455,46
301-SFM	Rohmateriallager	780,78
305-VEL	Hilfs- und Betriebsstofflager	260,26
400-VEL	Fertigungsleitung	390,39
930-SFV	Versand	7.053,05
		9.109,11

Die Fixkosten dieser Stelle (s. o.) werden demnach vollständig verteilt. Zu beachten ist, dass von den sechs empfangenden Kostenstellen nur zwei (Rohmateriallager und Versand) als primäre gelten. Zur Ermittlung der Fixkosten der sekundären Stellen musste daher ein umfangreicher Iterationslauf des Standard-Software-Systems angestoßen werden.

4.11.3 Kostenplanung der primären Kostenstellen

In den Abbildungen 4-74 bis 4-79 haben wir die Kostenpläne für drei ausgewählte Fertigungskostenstellen des Modellbetriebs wiedergegeben. In der Kostenstelle „NC-Drehmaschinen" liegt homogene Kostenverursachung vor, sodass nur für eine Bezugsgröße ein Kostenplan erforderlich ist.

Getriebebau AG		Kostenplan				Ko-Stelle		421
						BZ-Größe		VST
Kostenstellen-Benennung NC - Drehmaschinen						Ko-Stellen-Leiter Klammer		
Bezugsgrößenart Vorgabestunden						Plan-BZ-Menge		4.200
						Mengeneinheit		STD
Kostenarten		Her-kunft	ME	Menge	€/ME	Plankosten EUR		
NR	Bezeichnung					Prop	Fix	Gesamt
4101	Fertigungslohn Akkord							
	Akkordlohngruppe 3	LG 3	STD	4.200	15,1	63.420	–	63.420
09	***Fertigungslohn***		€			***63.420***	–	***63.420***
4110	Zusatzlohn, allgemein							
	4 % vom Fertigungslohn	LG 3	STD	168	15,1	2.537	–	2.537
10	***Zusatzlohn***		€			***2.537***	–	***2.537***
4121	HL Vorarbeiter							
	2 Vorarbeiter	ZL 1	STD	320	26	4.290	4.030	8.320
	4 Einrichter	ZL 1	STD	640	26	16.640	–	16.640
11	***Hilfslohn Vorarbeiter***		€			***20.930***	***4.030***	***24.960***
4123	HL Reinigung							
	Maschinenreinigung. Fert.-Personal		STD	60	19,18	730	420	1.150
13	***Hilfslohn Reinigung***		€			***730***	***420***	***1.150***
4131	Zulagen							
	Schichtzulage 7,5 %					6.910	–	6.910
15	***Lohnzulagen***		€			***6.910***	–	***6.910***
4132	Zuschläge							
	Überstunden Vorarbeiter					840	–	840
16	***Lohnzuschläge***		€			***840***	–	***840***
4831	Kalk. Sozialaufwand Lohn							
	Sozialkostenzuschlag Lohn	99430	€	99.817	0,75	71.525	3.338	74.863
17	***Kalk. Sozialaufwand Lohn***		€			***71.525***	***3.338***	***74.863***
4200	Gehalt							
	1 Meister Kategorie 3	GEH 03	STD	117	31,25	731	2.925	3.656
18	***Gehalt***		€			***731***	***2.925***	***3.656***
4832	Kalk. Sozialaufwand Gehalt							
	Sozialkostenzuschlag Gehalt	99431	€	3.656	0,8	585	2.340	2.925
19	***Kalk. Sozialaufwand Gehalt***		€			***585***	***2.340***	***2.925***
4443	Maschinenwerkzeuge							
	Wendeplatten Nr. 3	67001	STK	1.710	11,70	20.007	–	20.007
	Wendeplatten Nr. 5	67002	STK	400	6,30	2.520	–	2.520
	Steinhalter	67401	STK	50	25,30	1.265	–	1.265
	Sonstige Schneidewerkzeuge		€			560	–	560
21	***Werkzeuge***		€			***24.352***	–	***24.352***
4822	Kalk. Verr. Masch.-Werkzeuge							
	Werkzeugaufnahmen	93421	€			4.683	–	4.683
4823	Kalk. Verr. Messwerkzeuge							
	Messwerkzeuge	93000	€			3.080	–	3.080
22	***Kalk. verr. Betriebsmittel***		€			***7.763***	–	***7.763***
4453	Reinigungs- und Schmiermittel							
	Kühlemulsion	66201	LTR	300	1,1	176	154	330
	Getriebeöl	66220	LTR	90	9,8	784	98	882
	Sonstige Reinigungsmittel		€			140	80	220
4455	Arbeitskleidung							
	Arbeitsanzüge etc.		€			630	20	650
4459	Sonstige Hilfs- und Betriebstoffe							
	Lötmaterialien etc.		€			300	70	370
23	***Hilfs- und Betriebstoffe***					***2.030***	***422***	***2.452***

Getriebebau AG		Kostenplan				Ko-Stelle		421
						BZ-Größe		VST
Kostenstellen-Benennung NC-Drehmaschinen						Ko-Stellen-Leiter Klammer		
Bezugsgrößenart Vorgabestunden						Plan-BZ-Menge		4.200
						Mengeneinheit		STD
Kostenarten		Her-kunft	ME	Menge	€/ME	Plankosten EUR		
NR	Bezeichnung					Prop	Fix	Gesamt
4561	Eigenleistungen Betriebshandwerker							
	Betriebshandwerker	210	HST	210	49,39	8.816	1.556	10.372
	Sek. Fixkosten	210	HST	210	14,28	–	2.999	2.999
4562	Ersatzteile							
	Bearbeitungsmaschinen		€			3.150	350	3.500
4565	Rep. Mat. v. Lager							
	Bearbeitungsmaschinen		€			2.500	280	2.780
4567	Fremdreparaturen							
	Bearbeitungsmaschinen		€			9.100	–	9.100
24	***Instandhaltung***					***23.566***	***5.185***	***28.751***
4690	Kalk. Instandhaltungskosten							
	Großrep. NC-Drehmaschinen	97421	€			13.440	–	13.440
29	***Kalk. Instandhaltungskosten***					***13.440***	***–***	***13.440***
4810	Kalk. Abschreibung							
	Werkstatteinrichtung TW 6.522.700		€			43.652	26.943	70.595
37	***Kalk. Abschreibung***					***43.652***	***26.943***	***70.595***
4815	Kalk. Zinsen AnlVe							
	TW 6.522.700 * 6/(100 * 2 * 12)		€			–	16.307	16.307
38	***Kalk. Zinsen***					***–***	***16.307***	***16.307***
4840	Kalk. Sozialstellenkosten							
	Sozialdienst/Betriebsrat	121	PRS	33,5	16,27	507	38	545
	Sek. Fixkosten	121	PRS	33,5	47,3	–	1.585	1.585
	Küche/Kantine	122	PRS	33,5	29,57	921	69	990
	Sek. Fixkosten	122	PRS	33,5	46,38	–	1.554	1.554
39	***Kalk. Sozialstellenkosten***					***1.428***	***3.246***	***4.674***
4850	Kalk. Raumkosten							
	Fabrikgebäude	110	QMF	460	15,3	–	7.038	7.038
	Beheizt	110	QMH	460	2,274	–	1.046	1.046
40	***Kalk. Raumkosten***					***–***	***8.084***	***8.084***
4860	Kalk. Stromkosten							
	Stromversorgung	130	kWh	76000	0,13	9.880	–	9.880
	Sek. Fixkosten	130	kWh	76000	0,0439	–	3.336	3.336
41	***Kalk. Energiekosten***					***9.880***	***3.336***	***13.216***
4870	Kalk. Leitungskosten							
	Hilfs- und Betriebsstoffe	305	VEL	12	84,29	1.011	–	1.011
	Sek. Fixkosten	305	VEL	12	121,43	–	1.457	1.457
	Fertigungsleitung	400	VEL	12	210,13	2.522	–	2.522
	Sek. Fixkosten	400	VEL	12	771,95	–	9.263	9.263
	Werkzeugausgabe/-lager	409	VEL	27	161,76	4.368	–	4.368
	Sek. Fixkosten	409	VEL	27	171,04	–	4.618	4.618
43	***Kalk. Leitungskosten***					***7.901***	***15.338***	***23.239***
Weiterverrechnung Direkt auf Kostenträger				**Summe**		**302.220**	**91.914**	**394.134**
Stellenleiter Unterschrift		Kostenplaner Unterschrift		**Plankostensätze**		**71,96**	**21,88**	**93,84**

Abbildung 4-74: Kostenplan der NC-Drehmaschinen

In den Kostenstellen „Schleifmaschinen“ und „Glüherei und Härterei“ liegt heterogene Kostenverursachung vor, und zwar verfahrensbedingte Heterogenität bei den Schleifmaschinen, bedingt durch wechselndes Bedienungsverhältnis, und produktbedingte Heterogenität bei der Glüherei und Härterei, bedingt durch unterschiedlich energieintensive Wärmebehandlungen. Daher sind in diesen Fällen mehrere Kostenpläne je Kostenstelle aufzubauen.

Die Planbezugsgrößenmengen lassen sich den Abbildungen 4-46 bis 4-48 entnehmen. Die Verrechnungssätze für die kalkulatorischen Personalnebenkosten werden den Abbildungen 4-40 und 4-41 entnommen. Die Reparaturstunden innerhalb der Kostenart 4561 – Eigenleistungen Betriebshandwerker werden mit dem proportionalen Verrechnungssatz der Betriebshandwerker bewertet, deren Kostenplan aus Abbildung 4-63 zu ersehen ist. Die kalkulatorischen Raumkostensätze lassen sich den Kostenplanungen in den Abbildungen 4-57 und 4-58 entnehmen. Der analytisch geplante Stromverbrauch ist mit dem Verrechnungssatz aus Abbildung 4-62 bewertet. Bei jeder Kostenart der innerbetrieblichen Leistungsverrechnung, sind die nachverteilten Fixkosten getrennt ausgewiesen.

Für alle Fertigungskostenstellen des Modellbetriebes werden sowohl Grenz- als auch Vollkostensätze gebildet, die später als Grundlage für den Aufbau der Plankalkulationen dienen.

Kostenstellen-Planung

Getriebebau AG					Ko-Stelle		442
					BZ-Größe		VST
Kostenstellen-Benennung: Schleifmaschinen					KO-Stellen-Leiter: Herr Meier		
Bezugsgrößenart: Vorgabestunden					Plan-BZ-Menge		1.430
					Mengeneinheit		STD
Kostenarten		Plankosten EUR			Relativ-Ziffer EUR		
NR	Bezeichnung	Prop	Fix	Gesamt	Prop	Fix	Gesamt
4101	F-Lohn Akkord	23.738,00	–	23.738,00	16,60	–	16,60
4110	Zusatzl. Allgemein	597,60	–	597,60	0,42	–	0,42
4831	Kalk. S-Aufw. Lohn	18.251,70	–	18.251,70	12,76	–	12,76
4200	Anwes. – Gehalt	–	812,50	812,50	–	0,57	0,57
4832	Kalk. S-Aufw. Gehalt	–	650,00	650,00	–	0,45	0,45
4441	Handwerkzeuge	30,00	–	30,00	0,02	–	0,02
4455	Arbeitskleidung	350,00	–	350,00	0,24	–	0,24
4840	Kalk. Sozialst.kosten	412,61	843,12	1.255,73	0,29	0,59	0,88
4870	Kalk. Leitungskosten	630,39	2.315,86	2.946,25	0,44	1,62	2,06
Summe		**44.010,30**	**4.621,48**	**48.631,78**	**30,78**	**3,23**	**34,01**

Kostenstellen-Planung							
Getriebebau AG					Ko-Stelle		442
					BZ-Größe		MST
Kostenstellen-Benennung: Schleifmaschinen					KO-Stellen-Leiter: Herr Meier		
Bezugsgrößenart: Maschinenstunden					Plan-BZ-Menge		1.950
					Mengeneinheit		STD
Kostenarten		Plankosten EUR			Relativ-Ziffer EUR		
NR	Bezeichnung	Prop	Fix	Gesamt	Prop	Fix	Gesamt
4123	HL Reinigung	310,00	140,00	450,00	0,16	0,07	0,23
4831	Kalk. S-Aufw. Lohn	232,50	105,00	337,50	0,12	0,05	0,17
4200	Anwes. – Gehalt	–	812,50	812,50	–	0,42	0,42
4832	Kalk. S-Aufw. Gehalt	–	650,00	650,00	–	0,33	0,33
4445	Schleifmittel	4.090,00	–	4.090,00	2,10	–	2,10
4823	Kalk. Verr. Mess-WZ	322,00	–	322,00	0,17	–	0,17
4453	Reinig./Schmierm.	594,00	66,00	660,00	0,30	0,03	0,34
4455	Arbeitskleidung	180,00	30,00	210,00	0,09	0,02	0,11
4459	sonst. H+B Stoffe	60,00	30,00	90,00	0,03	0,02	0,05
4561	Eigenl. Betr. Handw.	987,80	604,02	1.591,82	0,51	0,31	0,82
4562	Ersatzteile	350,00	70,00	420,00	0,18	0,04	0,22
4565	Rep.-Mat. v. Lager	630,00	210,00	840,00	0,32	0,11	0,43
4567	Fremdreparaturen	420,00	–	420,00	0,22	–	0,22
4825	Kalk. Instand-haltungskosten	2.170,00	–	2.170,00	1,11	–	1,11
4810	Kalk. Abschreibungen	16.544,00	18.453,00	34.997,00	8,48	9,46	17,95
4815	Kalk. Zinsen AnlVe		13.650,00	13.650,00	–	7,00	7,00
4840	Kalk. Sozialst.kosten		27,90	27,90	–	0,01	0,01
4850	Kalk. Raumkosten		3.550,03	3.550,03	–	1,82	1,82
4860	Kalk. Stromkosten	1.183,00	399,49	1.582,49	0,61	0,20	0,81
4870	Kalk. Leitungskosten	2.399,52	6.524,49	8.924,01	1,23	3,35	4,58
Summe		**30.472,82**	**45.322,43**	**75.795,25**	**15,63**	**23,24**	**38,87**

Abbildung 4-75: Kostenplan der Schleifmaschinen

Getriebebau AG		Kostenplan				Ko-Stelle		551
						BZ-Größe		OS 1
Kostenstellen-Benennung: Glüherei/Härterei						KO-Stellen-Leiter: Siebel		
Bezugsgrößenart: Stand.-Ofen-Std. bis 800°						Plan-BZ-Menge		160
						Mengeneinheit		STD
Kostenarten		Her-kunft	ME	Menge	€/ME	Plankosten EUR		
NR	Bezeichnung					Prop	Fix	Gesamt
4453	Reinigungs- und Schmiermittel							
	Sonstige Reinigungsmittel		€			–	40	40
4459	Sonstige Hilfs- und Betriebstoffe							
	Lötmaterialien etc.		€			–	50	50
23	***Hilfs- und Betriebstoffe***					**–**	***90***	***90***
4561	Eigenleistungen Betriebshandwerker							
	Betriebshandwerker	210	HST	20	49,39	592	395	987
	Sek. Fixkosten	210	HST	20	14,28	–	286	286
4562	Ersatzteile							
	Ofenverkleidung und Zubehör		€			100	65	165
4565	Rep. Mat. v. Lager							
	Ausmauerungsmaterial		€			300	80	380
4567	Fremdreparaturen							
	Ofenelektrik		€			325	215	540
24	***Instandhaltung***					***1.317***	***1.041***	***2.358***
4825	Kalk. Instandhaltungskosten							
	Großrep. Glühofen	97551	€			680	–	680
29	***Kalk. Instandhaltungskosten***					***680***	**–**	***680***
4810	Kalk. Abschreibung							
	Glühofen TW 325.400		€			814	542	1.356
37	***Kalk. Abschreibung***					***814***	***542***	***1.356***
4815	Kalk. Zinsen AnlVe							
	TW 325.400 * 6/(100 * 2 * 12)		€			–	814	814
38	***Kalk. Zinsen***					**–**	***814***	***814***
4850	Kalk. Raumkosten							
	Fabrikgebäude	110	QMF	48	15,3	–	734	734
40	***Kalk. Raumkosten***					**–**	***734***	***734***
4860	Kalk. Stromkosten							
	Stromversorgung	130	kWh	15.200	0,13	1.522	454	1.976
	Sek. Fixkosten	130	kWh	15.200	0,04	–	667	667
41	***Kalk. Energiekosten***					***1.522***	***1.121***	***2.643***
4870	Kalk. Leitungskosten							
	Hilfs- und Betriebsstoffe	305	VEL	3,2	84,29	270	–	270
	Sek. Fixkosten	305	VEL	3,2	121,43	–	389	389
	Fertigungsleitung	400	VEL	0,6	210,13	126	–	126
	Sek. Fixkosten	400	VEL	0,6	771,95	–	463	463
43	***Kalk. Leitungskosten***					***396***	***852***	***1.248***
Weiterverrechnung Direkt auf Kostenträger				**Summe**		**4.729**	**5.194**	**9.923**
Stellenleiter		Kostenplaner		**Plankostensätze**		**29,56**	**32,46**	**62,02**
Unterschrift		Unterschrift						

Abbildung 4-76: Kostenplan der Glüherei und Härterei (Stand.-Ofen-Std. bis 800°)

Getriebebau AG			Kostenplan			Ko-Stelle		551
						BZ-Größe		OS 2
Kostenstellen-Benennung Glüherei/Härterei						KO-Stellen-Leiter Siebel		
Bezugsgrößenart Stand.-Ofen-Std. über 800°						Plan-BZ-Menge		135
						Mengeneinheit		STD
Kostenarten		Her-kunft	ME	Menge	€/ME	Plankosten EUR		
NR	Bezeichnung					Prop	Fix	Gesamt
4453	Reinigungs- und Schmiermittel							
	Sonstige Reinigungsmittel		€			–	30	30
4459	Sonstige Hilfs- und Betriebstoffe							
	Allg. Betriebsstoffe		€			–	40	40
	Härteöle		€			175	–	175
23	***Hilfs- und Betriebstoffe***					***175***	***70***	***245***
4561	Eigenleistungen Betriebshandwerker							
	Betriebshandwerker	210	HST	17	49,39	504	335	839
	Sek. Fixkosten	210	HST	17	14,28	–	243	243
4562	Ersatzteile							
	Ofenverkleidung und Zubehör		€			85	55	140
4565	Rep. Mat. v. Lager							
	Ausmauerungsmaterial		€			255	65	320
4567	Fremdreparaturen							
	Ofenelektrik		€			325	220	545
24	***Instandhaltung***					***1.169***	***918***	***2.087***
4825	Kalk. Instandhaltungskosten							
	Großrep. Glühofen	97551	€			570	–	570
29	***Kalk. Instandhaltungskosten***					***570***	***–***	***570***
4810	Kalk. Abschreibung							
	Tauchbad TW 70.000		€			686	458	1.144
	Glühofen TW 274.600		€			233	156	389
37	***Kalk. Abschreibung***					***919***	***614***	***1.533***
4815	Kalk. Zinsen AnlVe							
	TW 344.600 * 6/(100 * 2 * 12)		€			–	887	887
38	***Kalk. Zinsen***					***–***	***887***	***887***
4850	Kalk. Raumkosten							
	Fabrikgebäude	110	QMF	41	15,3	–	627	627
40	***Kalk. Raumkosten***					***–***	***627***	***627***
4860	Kalk. Stromkosten							
	Stromversorgung	130	kWh	18.800	0,13	1.955	489	2.444
	Sek. Fixkosten	130	kWh	18.800	0,0439	–	825	825
41	***Kalk. Energiekosten***					***1.955***	***1.314***	***3.269***
4870	Kalk. Leitungskosten							
	Hilfs- und Betriebsstoffe	305	VEL	2,7	84,29	228	–	228
	Sek. Fixkosten	305	VEL	2,7	121,43	–	328	328
	Fertigungsleitung	400	VEL	0,5	210,13	105	–	105
	Sek. Fixkosten	400	VEL	0,5	771,95	–	386	386
43	***Kalk. Leitungskosten***					***333***	***714***	***1.047***
Weiterverrechnung Direkt auf Kostenträger				**Summe**		**5.121**	**5.144**	**10.265**
Stellenleiter		Kostenplaner		**Plankostensätze**		**37,93**	**38,10**	**76,04**
Unterschrift		Unterschrift						

Abbildung 4-77: Kostenplan der Glüherei und Härterei (Stand.-Ofen-Std. über 800°)

Getriebebau AG		Kostenplan				Ko-Stelle		551
						BZ-Größe		OS 3
Kostenstellen-Benennung Glüherei/Härterei						KO-Stellen-Leiter Siebel		
Bezugsgrößenart Stand.-Ofen-Std. Härten						Plan-BZ-Menge		245
						Mengeneinheit		STD
Kostenarten		Her-kunft	ME	Menge	€/ME	Plankosten EUR		
NR	Bezeichnung					Prop	Fix	Gesamt
4453	Reinigungs- und Schmiermittel							
	Sonstige Reinigungsmittel		€			–	50	50
4459	Sonstige Hilfs- und Betriebstoffe							
	Allg. Betriebsstoffe		€			–	60	60
	Härteöle		€			600	–	600
23	***Hilfs- und Betriebstoffe***					***600***	***110***	***710***
4561	Eigenleistungen Betriebshandwerker							
	Betriebshandwerker	210	HST	40	49,39	1.185	791	1.976
	Sek. Fixkosten	210	HST	40	14,28	–	571	571
4562	Ersatzteile							
	Ofenteile		€			30	20	50
4565	Rep. Mat. v. Lager							
	Tiegel					87	25	112
	Ausmauerungsmaterial		€			858	–	858
4567	Fremdreparaturen							
	Ofen und Vorrichtungen		€			90	65	155
24	***Instandhaltung***					***2.250***	***1.472***	***3.722***
4825	Kalk. Instandhaltungskosten							
	Großrep. Salzbadofen	97551	€			250	–	250
29	***Kalk. Instandhaltungskosten***					***250***	***–***	***250***
4810	Kalk. Abschreibung							
	Salzbadofen TW 150.000		€			375	250	625
37	***Kalk. Abschreibung***					***375***	***250***	***625***
4815	Kalk. Zinsen AnlVe							
	TW 150.000 * 6/(100 * 2 * 12)		€			–	375	375
38	***Kalk. Zinsen***					***–***	***375***	***375***
4850	Kalk. Raumkosten							
	Fabrikgebäude	110	QMF	81	15,3	–	1.239	1.239
40	***Kalk. Raumkosten***					***–***	***1.239***	***1.239***
4860	Kalk. Stromkosten							
	Stromversorgung	130	kWh	9.700	0,13	706	555	1.261
	Sek. Fixkosten	130	kWh	9.700	0,04	–	426	426
41	***Kalk. Energiekosten***					***706***	***981***	***1.687***
4870	Kalk. Leitungskosten							
	Hilfs- und Betriebsstoffe	305	VEL	10,9	84,29	919	–	919
	Sek. Fixkosten	305	VEL	10,9	121,43	–	1.323	1.323
	Fertigungsleitung	400	VEL	0,9	210,13	189	–	189
	Sek. Fixkosten	400	VEL	0,9	771,95	–	695	695
43	***Kalk. Leitungskosten***					***1.108***	***2.018***	***3.126***
Weiterverrechnung Direkt auf Kostenträger				**Summe**		**5.289**	**6.445**	**11.734**
Stellenleiter		Kostenplaner		**Plankostensätze**		**21,59**	**26,31**	**47,89**
Unterschrift		Unterschrift						

Abbildung 4-78: Kostenplan der Glüherei und Härterei (Stand.-Ofen-Std. Härten)

Getriebebau AG			Kostenplan			Ko-Stelle		551
						BZ-Größe		SFO
Kostenstellen-Benennung: Glüherei/Härterei						KO-Stellen-Leiter: Klammer		
Bezugsgrößenart: Stand. Fert. -Std. Ofenbetrieb						Plan-BZ-Menge		670
						Mengeneinheit		STD
Kostenarten		Her-kunft	ME	Menge	€/ME	Plankosten EUR		
NR	Bezeichnung					Prop	Fix	Gesamt
4102	Fertigungslohn Zeitlohn							
	Zeitlohngruppe 3	ZL3	STD	670	19	12.730	–	12.730
09	***Fertigungslohn***		€			***12.730***	***–***	***12.730***
4131	Zulagen							
	Ofenzulage		STD	670	0,45	302	–	302
	Nachtzulage 10 %		STD	670	1,425	955	–	955
	Schichtzulage 7,5 %		STD	35	1,9	67	–	67
15	***Lohnzulagen***		€			***1.324***	***–***	***1.324***
4132	Zuschläge							
	Überstunden 25 %		STD	40	4,75	190	–	190
	Überstunden 50 %		STD	40	9,5	380	–	380
	Sonn-/Feiertagsstunden 100 %		STD	20	19	380	–	380
16	***Lohnzuschläge***		€			***950***	***–***	***950***
4831	Kalk. Sozialaufwand Lohn							
	Sozialkostenzuschlag Lohn	99430	€	15.004	0,75	11.253	–	11.253
17	***Kalk. Sozialaufwand Lohn***		€			***11.253***	***–***	***11.253***
4441	Handwerkzeuge							
	Zangen etc.		€			80	–	80
21	***Werkzeuge***		€			***80***	***–***	***80***
4455	Arbeitskleidung							
	Arbeitsanzüge etc.		€			150	100	250
23	***Hilfs- und Betriebstoffe***		€			***150***	***100***	***250***
4840	Kalk. Sozialstellenkosten							
	Sozialdienst/Betriebsrat	121	PRS	4,5	16,27	73	–	73
	Sek. Fixkosten	121	PRS	4,5	47,3	–	213	213
	Küche/Kantine	122	PRS	4,5	29,57	133	–	133
	Sek. Fixkosten	122	PRS	4,5	46,38	–	209	209
39	***Kalk. Sozialstellenkosten***					***206***	***422***	***628***
4870	Kalk. Leitungskosten							
	Hilfs- und Betriebsstoffe	305	VEL	0,4	84,29	34	–	34
	Sek. Fixkosten	305	VEL	0,4	121,43	–	48	48
	Fertigungsleitung	400	VEL	0,8	210,13	168	–	168
	Sek. Fixkosten	400	VEL	0,8	771,95	–	618	618
43	***Kalk. Leitungskosten***					***202***	***666***	***868***
Weiterverrechnung Direkt auf Kostenträger				**Summe**		**26.895**	**1.188**	**28.083**
Stellenleiter		Kostenplaner		**Plankostensätze**		**40,14**	**1,77**	**41,91**
Unterschrift		Unterschrift						

Abbildung 4-79: Kostenplan der Glüherei und Härterei

Die Kosten dieser Kostenstellen gehen unter den Verrechnungskostenarten 4971 bis 4977 direkt zu Lasten der einzelnen Produktionsaufträge in die Kostenträgerrechnung ein.

Da der Modellbetrieb auch über eine Forschungs- und Entwicklungsabteilung verfügt, haben wir in den Abbildungen 4-79 bis 4-89 als Beispiel den Kostenplan für diese Konstruktionsabteilung wiedergegeben. Da die Gehälter der technischen Zeichner niedriger sind als die Gehälter der Konstrukteure, ist es erforderlich, die projektbezogene Arbeitszeit nach Konstrukteur- und Zeichnerstunden zu differenzieren und zwei getrennte Kostenpläne zu erstellen. Wie der Kostenplan in Abbildung 4-79 erkennen lässt, betragen die projektbezogenen Kosten der Konstrukteure 62,49 €/Stunde. Berücksichtigt man anteilig die fixen Kosten, so erhält man einen Vollkostensatz von 99,10 €/Stunde, während die entsprechenden Verrechnungssätze für Zeichner 47,55 €/Stunde bzw. 56,99 €/Stunde betragen (Abb. 4-80).

Von den unterschiedlichen Verfahren der Kalkulation von Forschungs- und Entwicklungskosten haben wir uns im Modellbetrieb für eine – problematische – Zuschlagskalkulation entschieden. Als Beispiel für den Modellbetrieb sehen wir in Abbildung 4-81 die Zuschlagsermittlung, in die die Kosten des in den Abbildungen 4-79 und 4-80 dargestellten Kostenplans der Konstruktionsabteilung eingehen. Zu beachten ist, dass sich die in Abbildung 4-81 angegebene Unterteilung in fixe und proportionale Kosten nicht auf das Produktions- oder Absatzvolumen der Erzeugnisse, sondern auf die Aktivitäten des Konstruktions- und Entwicklungsbereichs bezieht; es handelt sich nicht um erzeugnis-, sondern um projektbezogene fixe und proportionale Kosten. Die in die Kalkulationen eingehenden Beträge sind Vorleistungskosten und zählen nicht zu den entscheidungsrelevanten Grenzkosten.

In Abbildung 4-81 werden die projektproportionalen Kosten auf die proportionalen Herstellkosten der Erzeugnisgruppen bezogen. Diese können erst nach Abschluss der Gesamtplanung ermittelt werden (vgl. auch Abbildung 4-87 und 4-102).

Getriebebau AG		Kostenplan				Ko-Stelle		710
						BZ-Größe		KST
Kostenstellen-Benennung Konstruktionsbüro						KO-Stellen-Leiter Lederer		
Bezugsgrößenart Konstruktions - Stunden						Plan-BZ-Menge		600
						Mengeneinheit		STD
Kostenarten		Her-kunft	ME	Menge	€/ ME	Plankosten EUR		
NR	Bezeichnung					Prop	Fix	Gesamt
4200	Gehalt							
	1 Leiter Konstruktion	GEH 05	STD	130	50,00	3.250	3.250	6.500
	1 Hauptkonstrukteur	GEH 04	STD	130	37,50	4.500	375	4.875
	3 Konstrukteure	GEH 02	STD	390	31,25	11.563	625	12.188
	1 Sekretärin (50 %)	GEH 02	STD	65	25,00	–	1.625	1.625
4210	Überstundengehalt							
	Überstunden Konstrukteure					550	–	550
18	***Gehalt***					***19.863***	***5.875***	***25.738***
4832	Kalk. Sozialaufwand Gehalt							
	Sozialkostenzuschlag Gehalt	99431	€	25.738	0,80	15.890	4.700	20.590
19	***Kalk. Sozialaufwand Gehalt***					***15.890***	***4.700***	***20.590***
4455	Arbeitskleidung							
	Arbeitsmäntel		€			–	15	15
4459	Sonstige Hilfs- und Betriebsstoffe							
	Betriebstoffe Kopierer		€			–	30	30
23	***Hilfs- und Betriebsstoffe***					**–**	***45***	***45***
4567	Fremdreparaturen							
	Kopierer		€			–	280	280
24	***Instandhaltung***					**–**	***280***	***280***
4693	Direkt verr. DV-Leistungen, betriebl.							
	Anzahl PCs	876	ANZ	6	562,13	–	3.373	3.373
29	***Sonstige Eigenleistungen***					**–**	***3.373***	***3.373***
4723	Beiträge Fachverband							
	Verband deut. Konstrukteure		€			–	40	40
4733	Seminar-/Kursgebühren							
	CAD- und techn. Seminare		€			100	100	200
31	***Beiträge/Gebühren***					***100***	***140***	***240***
4735	Telefon/FS							
	Telefoneinheiten	TEL EH	EH	5.500	0,23	805	460	1.265
32	***Porti/Telefon/FS***					***805***	***460***	***1.265***
4741	Mieten Maschinen und Anlagen							
	Miete Kopierer		€			–	340	340
4743	Miete Software							
	Miete CAD Software		€			–	3500	3.500
33	***Mieten***					**–**	***3.840***	***3.840***
4760	Reisespesen							
	Messen., Kunden und Kongresse		€			140	140	280
4761	Bewirtungskosten							
	Bewirtung im Haus		€			110	–	110
4765	Reisespesen Seminare-/Kurse							
	Softwareseminare		€			50	50	100
34	***Reise-/Bewirtungskosten***					***300***	***190***	***490***
4750	Büromaterial							
	Drucksachen		€			340	100	440
4755	Bücher, Zeitschriften							
	Fachzeitschriften		€i			–	80	80
36	***Sonstigen Verwaltungskosten***					***340***	***180***	***520***
4810	Kalk. Abschreibung							
	Büroeinrichtung TW 63.280		€			–	574	574
37	***Kalk. Abschreibung***					**–**	***574***	***574***
4815	Kalk. Zinsen AnlVe							
	TW 63.280 * 6/(100 * 2 * 12)		€			–	158	158
38	***Kalk. Zinsen***					**–**	***158***	***158***
4840	Kalk. Sozialstellenkosten							
	Sozialdienst/Betriebsrat	121	PRS	5,5	16,27	69	20	89
	Sek. Fixkosten	121	PRS	5,5	47,30	–	260	260
	Küche/Kantine	122	PRS	5,5	29,57	126	37	163
	Sek. Fixkosten	122	PRS	5,5	46,38	–	255	255
39	***Kalk. Sozialstellenkosten***					***195***	***572***	***767***
4850	Kalk. Raumkosten							
	Bürogebäude	110	QMB	78,00	17,99	–	1.403	1.403
	Beheizt	110	QMH	78,00	2,27	–	177	177
40	***Kalk. Raumkosten***					**–**	***1.580***	***1.580***
Weiterverrechnung Direkt, auf Aufträge und Projekte				**Summe**		**37.493**	**21.967**	**59.460**
Stellenleiter Unterschrift		Kostenplaner Unterschrift		**Plankostensätze**		**62,49**	**36,61**	**99,10**

Abbildung 4-79: Kostenplan des Konstruktionsbüros (Konstruktions-Stunden)

Getriebebau AG		Kostenplan				Ko-Stelle		710
						BZ-Größe		ZST
Kostenstellen-Benennung						KO-Stellen-Leiter		
Konstruktionsbüro						Lederer		
Bezugsgrößenart						Plan-BZ-Menge		325
Zeichner – Stunden						Mengeneinheit		STD
Kostenarten		Herkunft	ME	Menge	€/ ME	Plankosten EUR		
NR	Bezeichnung					Prop	Fix	Gesamt
4200	Gehalt							
	2 Zeichner	GEH 05	STD	260	50,00	6.500	–	6.500
	1 Datentypistin (50 %)	GEH 04	STD	65	37,50	1.625	–	1.625
18	***Gehalt***					***8.125***	***–***	***8.125***
4832	Kalk. Sozialaufwand Gehalt							
	Sozialkostenzuschlag Gehalt	99431	€	8.125	0,80	6.500	–	6.500
19	***Kalk. Sozialaufwand Gehalt***					***6.500***	***–***	***6.500***
4455	Arbeitskleidung							
	Arbeitsmäntel		€			–	10	10
23	***Hilfs- und Betriebsstoffe***					***–***	***10***	***10***
4567	Fremdreparaturen							
	Instandhaltung/Wartung		€			–	140	140
24	***Instandhaltung***					***–***	***140***	***140***
4693	Direkt verr. DV-Leistungen, betriebl.							
	Anzahl PCs	876	ANZ	3	562,13	–	1686,39	1.686
29	***Sonstige Eigenleistungen***					***–***	***1.686***	***1.686***
4733	Seminar-/Kursgebühren							
	CAD- und techn. Seminare		€			50	0	50
31	***Beiträge/Gebühren***					***50***	***–***	***50***
4735	Telefon/FS							
	Telefoneinheiten	TEL EH	EH	2.000	0,23	460	0	460
32	***Porti/Telefon/FS***					***460***	–	***460***
4741	Mieten Maschinen und Anlagen							
	Miete Kopierer		€			–	150	150
33	***Mieten***					***–***	***150***	***150***
4765	Reisespesen Seminare-/Kurse							
	Softwareseminare		€			25	0	25
34	***Reise-/Bewirtungskosten***					***25***	***–***	***25***
4750	Büromaterial							
	Spez. Büromaterial		€			180	40	220
36	***Sonstigen Verwaltungskosten***					***180***	***40***	***220***
4810	Kalk. Abschreibung							
	Büroeinrichtung TW 30.240		€			–	284	284
37	***Kalk. Abschreibung***					***–***	***284***	***284***
4815	Kalk. Zinsen AnlVe							
	TW 30.240 * 6/(100 * 2 * 12)		€			–	76	76
38	***Kalk. Zinsen***					***–***	***76***	***76***
4840	Kalk. Sozialstellenkosten							
	Sozialdienst/Betriebsrat	121	PRS	2,5	16,27	41	–	41
	Sek. Fixkosten	121	PRS	2,5	47,30	–	118	118
	Küche/Kantine	122	PRS	2,5	29,57	74	–	74
	Sek. Fixkosten	122	PRS	2,5	46,38	–	116	116
39	***Kalk. Sozialstellenkosten***					***115***	***234***	***349***
4850	Kalk. Raumkosten							
	Bürogebäude	110	QMB	22,00	17,99	–	396	396
	Beheizt	110	QMH	22,00	2,27	–	50	50
40	***Kalk. Raumkosten***					***–***	***446***	***446***
Weiterverrechnung Direkt, auf Aufträge und Projekte				**Summe**		**15.455**	**3.066**	**18.521**
Stellenleiter		Kostenplaner		**Plankostensätze**		**47,55**	**9,43**	**56,99**
Unterschrift		Unterschrift						

Abbildung 4-80: Kostenplan des Konstruktionsbüros (Zeichner-Stunden)

Entwicklungskostenzuschläge			
	Prop.	Fix	Gesamt
Herstellkosten I	3.507.260	761.167	4.268.427
+ Ausschuss/Nacharbeit	142.700	42.800	185.500
Herstellkosten II	**3.649.960**	**803.967**	**4.453.927**
Zuschlagswerte:			
Kostenstellenkosten: Konstruktion/Entwicklung	52.948	25.034	77.982
Zuschlagssätze	**1,45 %**	**3,11 %**	**1,75 %**

Abbildung 4-81: Entwicklungskostenzuschlag

Die Abbildungen 4-82 bis 4-84 geben beispielhaft die Kostenpläne einer Kostenstelle des Materialbereichs wieder; das Hilfs- und Betriebsstofflager wurde bereits unter den Leitungskostenstellen erfasst. Für die Kostenstelle „Beschaffung“ (siehe Abbildungen 4-82 bis 4-84) werden Standard-Stunden als direkte Bezugsgröße gewählt, die nach drei verschiedenen Gehaltskategorien differenziert werden. Die Ermittlung der Planbezugsgrößen ist aus Abbildung 4-85 ersichtlich. Eine detaillierte Leistungsplanung wird zugrunde gelegt. Die geplante Anzahl der Beschaffungsvorgänge, wie sie in der Spalte „Anzahl Vorgänge ersichtlich ist, wurde aus der Planbeschäftigung des Unternehmens abgeleitet, die monatlichen Istdaten werden vom DV-gestützten Materialwirtschaftssystem bereitgestellt. Die Kostenauflösung wird nur nach der funktionalen Abhängigkeit des Ressourcenverbrauchs durchgeführt. Anpassungsmöglichkeiten und -fristen werden dem betrieblichen Management überlassen. Remanenzen im Ist stellen controllingrelevante Abweichungen dar.

Nach den gleichen Gesichtspunkten werden auch die Kostenstellen des Rohmateriallagers, der Absägerei und der Wareneingangsprüfung geplant.

Für die Kontrolle der Kostenwirtschaftlichkeit ist die monatliche Erfassung der Istkosten je Kostenstelle (Anwesenheitsgehaltsverrechnung!) und der Istmengen an abgewickelten Vorgängen ausreichend. Ein leistungsbezogener Soll-Ist-Kostenvergleich (siehe Kapitel 4.7) kann damit erstellt werden.

Besondere Probleme sind allerdings mit dem Übergang dieser Kosten in die Plankalkulation verbunden. Wir zeigen die Lösungsansätze in Kapitel 5.11.2.

Getriebebau AG		Kostenplan				Ko-Stelle		300
						BZ-Größe		SGM
Kostenstellen-Benennung Beschaffung						KO-Stellen-Leiter Ernst		
Bezugsgrößenart Stand.-Gruppenführer-Stunden MW						Plan-BZ-Menge		200
						Mengeneinheit		STD
Kostenarten		Herkunft	ME	Menge	€/ ME	Plankosten EUR		
NR	Bezeichnung					Prop	Fix	Gesamt
4200	Gehalt							
	1 Leiter Beschaffung Kat. 06	GEH 06	STD	130	62,50	4.063	4.062	8.125
	1 Gruppenleiter Kat. 04	GEH 04	STD	130	37,50	4.875	–	4.875
	1 Sekretärin Kat. 02	GEH 02	STD	130	25,00	–	1.625	1.625
	Überstundengehalt							
	Überstundenpauschale Gruppenl.					900	–	900
18	***Gehalt***					***9.838***	***5.687***	***15.525***
4832	Kalk. Sozialaufwand Gehalt							
	Sozialkostenzuschlag Gehalt	99431	€	15.525	0,80	7.870	4.550	12.420
19	***Kalk. Sozialaufwand Gehalt***					***7.870***	***4.550***	***12.420***
4459	Sonstige Hilf- und Betriebsstoffe							
	Betriebstoffe Kopierer		€			–	40	40
23	***Hilfs- und Betriebsstoffe***					***–***	***40***	***40***
4561	Eigenleistung Betriebshandwerker							
	Betriebshandwerker	210	HAST	2	49,39	–	99	99
	Sek. Fixkosten	210	HAST	2	14,28	–	28	28
4567	Fremdreparaturen							
	Büroeinrichtung Kopierer		€			–	70	70
24	***Instandhaltung***					***–***	***197***	***197***
4693	Direkt verr. DV-Leistungen, betriebl.							
	Anzahl PCs	876	ANZ	4	562,13	–	2.249	2.249
29	***Sonstige Eigenleistungen***					***–***	***2.249***	***2.249***
4723	Beiträge Fachverband							
	Beschaffung Metall		€			–	70	70
4733	Seminar-/Kursgebühren							
	Materialwirtschafts-Seminare		€			–	70	70
31	***Beiträge/Gebühren***					***–***	***140***	***140***
4735	Telefon/FS							
	Telefoneinheiten	TEL EH	EH	1.950	0,23	288	161	449
	Telefax, FS-Gebühren		€			50	–	50
32	***Porti/Telefon/FS***					***338***	***161***	***499***
4741	Mieten Maschinen und Anlagen							
	Miete Kopierer		€			–	280	280
33	***Mieten***					***–***	***280***	***280***
4760	Reisespesen							
	Leiter Beschaffung		€			40	40	80
4761	Bewirtungskosten							
	Bewirtung im Haus		€			–	70	70
4765	Reisespesen Seminare-/Kurse							
	Softwareseminare		€			–	60	60
34	***Reise-/Bewirtungskosten***					***40***	***170***	***210***
4750	Büromaterial							
	Drucksachen		€			100	60	160
4755	Bücher, Zeitschriften							
	Fachzeitschriften		€			–	60	60
36	***Sonstigen Verwaltungskosten***					***100***	***120***	***220***
4810	Kalk. Abschreibung							
	Büroeinrichtung TW 39.200		€			–	361	361
37	***Kalk. Abschreibung***					***–***	***361***	***361***
4815	Kalk. Zinsen AnlVe							
	TW 39.200 * 6/(100 * 2 * 12)		€			–	98	98
38	***Kalk. Zinsen***					***–***	***98***	***98***
4840	Kalk. Sozialstellenkosten							
	Sozialdienst/Betriebsrat	121	PRS	2,5	16,27	27	13	40
	Sek. Fixkosten	121	PRS	2,5	47,30	–	118	118
	Küche/Kantine	122	PRS	2,5	29,57	49	25	74
	Sek. Fixkosten	122	PRS	2,5	46,38	–	116	116
39	***Kalk. Sozialstellenkosten***					***76***	***272***	***348***
4850	Kalk. Raumkosten							
	Bürogebäude	110	QMB	58,00	17,99	–	1.044	1.044
	Beheizt	110	QMH	58,00	2,27	–	132	132
40	***Kalk. Raumkosten***					***–***	***1.176***	***1.176***
Weiterverrechnung Mat.-Bereits.-Ko. Auf Kostenträger				**Summe**		**18.262**	**15.501**	**33.763**
Stellenleiter Unterschrift		Kostenplaner Unterschrift		**Plankostensätze**		**91,31**	**77,51**	**168,82**

Abbildung 4-82: Kostenplan der Beschaffung (Stand.-Gruppenführer Stunden MW)

Getriebebau AG				Kostenplan		Ko-Stelle		300
						BZ-Größe		SSM
Kostenstellen-Benennung Beschaffung						KO-Stellen-Leiter Ernst		
Bezugsgrößenart Stand.-Sachbearbeiter-Stunden MW						Plan-BZ-Menge		300
						Mengeneinheit		STD
Kostenarten		Her-kunft	ME	Menge	€/ ME	Plankosten EUR		
NR	Bezeichnung					Prop	Fix	Gesamt
4200	Gehalt							
	2 Sachbearbeiter Kat. 03	GEH 03	STD	260	31,25	8.125	–	8.125
4210	Überstundengehalt							
	Überstundenpauschale					1.450	–	1.450
18	***Gehalt***		€			***9.575***	***–***	***9.575***
4832	Kalk. Sozialaufwand Gehalt							
	Sozialkostenzuschlag Gehalt	99431	€	9.575	0,80	7.660	–	7.660
19	***Kalk. Sozialaufwand Gehalt***					***7.660***	***–***	***7.660***
4693	Direkt verr. DV-Leistungen, betriebl.							
	Anzahl PCs	876	ANZ	3	562,13	–	1.686	1.686
29	***Sonstige Eigenleistungen***					***–***	***1.686***	***1.686***
4733	Seminar-/Kursgebühren							
	Software-Fortbildungskurse MW	93421	€			90	–	90
32	***Beiträge/Gebühren***					***90***	***–***	***90***
4735	Telefon/FS							
	Telefoneinheiten	TEL EH	EH	1.300	0,23	230	69	299
	Telefax, FS-Gebühren		€			30	–	30
32	***Porti/Telefon/FS***					***260***	***69***	***329***
4741	Mieten Maschinen und Anlagen							
	Miete Kopierer		€i			–	150	150
33	***Mieten***					***–***	***150***	***150***
4760	Reisespesen							
	Fahrten zu Lieferanten		€			60	30	90
4765	Reisespesen Seminare-/Kurse							
	Softwareseminare		€			60	–	60
34	***Reise-/Bewirtungskosten***					***120***	***30***	***150***
4750	Büromaterial							
	Drucksachen		€			70	40	110
36	***Sonstigen Verwaltungskosten***					***70***	***40***	***110***
4810	Kalk. Abschreibung							
	Büroeinrichtung TW 16.240		€				151	151
37	***Kalk. Abschreibung***					***–***	***151***	***151***
4815	Kalk. Zinsen AnlVe							
	TW 16.240 * 6/(100 * 2 * 12)		€			–	41	41
38	***Kalk. Zinsen***					***–***	***41***	***41***
4840	Kalk. Sozialstellenkosten							
	Sozialdienst/Betriebsrat	121	PRS	2	16,27	33	–	33
	Sek. Fixkosten	121	PRS	2	47,30	–	94	94
	Küche/Kantine	122	PRS	2	29,57	59	–	59
	Sek. Fixkosten	122	PRS	2	46,38	–	93	93
39	***Kalk. Sozialstellenkosten***					***92***	***187***	***279***
4850	Kalk. Raumkosten							
	Bürogebäude	110	QMB	18	17,99	–	324	324
	Beheizt	110	QMH	18	2,27	–	41	41
40	***Kalk. Raumkosten***					***–***	***365***	***365***
Weiterverrechnung Mat.-Bereits.-Ko. auf Kostenträger				**Summe**		**17.867**	**2.719**	**20.586**
Stellenleiter		Kostenplaner		**Plankostensätze**		**59,56**	**9,06**	**68,62**
Unterschrift		Unterschrift						

Abbildung 4-83: Kostenplan der Beschaffung (Stand.-Sachbearbeiter Stunden MW)

Getriebebau AG		Kostenplan				Ko-Stelle		300
						BZ-Größe		SMM
Kostenstellen-Benennung: Beschaffung						KO-Stellen-Leiter: Ernst		
Bezugsgrößenart: Stand.-Mitarbeiter-Stunden MW						Plan-BZ-Menge		210
						Mengeneinheit		STD
Kostenarten		Herkunft	ME	Menge	€/ ME	Plankosten EUR		
NR	Bezeichnung					Prop	Fix	Gesamt
4200	Gehalt							
	1,5 Mitarbeiter Kat. 02	GEH 03	STD	195	25	4.875	–	4.875
	Überstundengehalt							
	Überstundenpauschale					420	–	420
18	***Gehalt***					***5.295***	***–***	***5.295***
4832	Kalk. Sozialaufwand Gehalt							
	Sozialkostenzuschlag Gehalt	99431	€	5.295	0,80	4.236	–	4.236
19	***Kalk. Sozialaufwand Gehalt***					***4.236***	***–***	***4.236***
4693	Direkt verr. DV-Leistungen, betriebl.							
	Anzahl PCs	876	ANZ	2	562,13	–	1.124	1.124
29	***Sonstige Eigenleistungen***					***–***	***1.124***	***1.124***
4733	Seminar-/Kursgebühren							
	Software-Fortbildungskurse MW	93421	€			40	–	40
32	***Beiträge/Gebühren***					***40***	***–***	***40***
4735	Telefon/FS							
	Telefoneinheiten	TEL EH	EH	800	0,23	138	46	184
	Telefax, FS-Gebühren		€			20	–	20
32	***Porti/Telefon/FS***					***158***	***46***	***204***
4741	Mieten Maschinen und Anlagen							
	Miete Kopierer		€			–	100	100
33	***Mieten***					***–***	***100***	***100***
4760	Reisespesen							
	Allg. Reisekosten		€			–	30	30
4765	Reisespesen Seminare-/Kurse							
	Softwareseminare		€			40	–	40
34	***Reise-/Bewirtungskosten***					***40***	***30***	***70***
4750	Büromaterial							
	Drucksachen		€			40	30	70
36	***Sonstigen Verwaltungskosten***					***40***	***30***	***70***
4810	Kalk. Abschreibung							
	Büroeinrichtung TW 10.080		€				94	94
37	***Kalk. Abschreibung***					***–***	***94***	***94***
4815	Kalk. Zinsen AnlVe							
	TW 10.080 * 6/(100 * 2 * 12)		€i			–	25	25
38	***Kalk. Zinsen***					***–***	***25***	***25***
4840	Kalk. Sozialstellenkosten							
	Sozialdienst/Betriebsrat	121	PRS	1,5	16,27	24	–	24
	Sek. Fixkosten	121	PRS	1,5	47,30	–	71	71
	Küche/Kantine	122	PRS	1,5	29,57	44	–	44
	Sek. Fixkosten	122	PRS	1,5	46,38	–	70	70
39	***Kalk. Sozialstellenkosten***					***68***	***141***	***209***
4850	Kalk. Raumkosten							
	Bürogebäude	110	QMB	14	17,99	–	252	252
	Beheizt	110	QMH	14	2,27	–	32	32
40	***Kalk. Raumkosten***					***–***	***284***	***284***
Weiterverrechnung Mat.-Bereits.-Ko. auf Kostenträger				**Summe**		**9.877**	**1.874**	**11.751**
Stellenleiter		Kostenplaner		**Plankostensätze**		**47,03**	**8,92**	**55,96**
Unterschrift		Unterschrift						

Abbildung 4-84: Kostenplan der Beschaffung

Die mit einer Zuschlagsverrechnung erzielten Fehlaussagen stellen in Zeiten steigender Logistikkosten eine Gefahr für die Aussagefähigkeit der im Fertigungsbereich ja immer schon prozesskonformen Kalkulation der Grenzplankostenrechnung dar.

Daher werden im Modellbetrieb die Kosten der Materialstellen mit direkten Bezugsgrößen geplant und abgerechnet.

Planbezugsgrößenermittlung Beschaffung									
Zeitbedarf in Minuten / Funktionen	SGM-Gruppenführer			SSM Sachbearbeiter			SMM Mitarbeiter		
	Anzahl Vorgänge	Zeit/ Vorgang	Ges.-zeit	Anzahl Vorgänge	Zeit/ Vorgang	Ges.-zeit	Anzahl Vorgänge	Zeit/ Vorgang	Ges.-zeit
Anfragen/Angebotsabwicklung									
Anfragen/Angebotsbearbeitung									
Einsatzmaterialien	25	0,60	15,00	10	0,75	7,50	–		
Kaufteile/Verp.-Material	20	0,50	10,00	10	0,67	6,70	–		
DIN-Teile	5	0,40	2,00	10	0,33	3,30	10	0,42	4,20
Hilfs- u. Betriebstoffe	10	0,33	3,30	10	0,42	4,20	25	0,50	12,50
Nicht-Lagermaterial	15	0,75	11,25	20	0,50	10,00	15	0,50	7,50
Anfragen/Angebotskorrespondenz									
Einsatzmaterialien							30	0,25	7,50
Kaufteile/Verp.-Material							25	0,25	6,25
DIN-Teile							15	0,20	3,00
Hilfs- u. Betriebstoffe							35	0,20	7,00
Nicht-Lagermaterial							30	0,25	7,50
Angebotsprüfung									
Einsatzmaterialien	25	0,30	7,50	20	0,50	10,00	–		
Kaufteile/Verp.-Material	20	0,25	5,00	15	0,42	6,30	–		
DIN-Teile	5	0,17	0,85	10	0,20	2,00	10	0,25	2,50
Hilfs- u. Betriebstoffe	10	0,17	1,70	25	0,20	5,00	30	0,25	7,50
Nicht-Lagermaterial	15	0,40	6,00	15	0,40	6,00	10	0,50	5,00
Angebotsnachbearbeitung									
Einsatzmaterialien	5	0,50	2,50	15	0,50	7,50	5	0,20	1,00
Kaufteile/Verp.-Material	5	0,40	2,00	10	0,40	4,00	5	0,20	1,00
DIN-Teile				5	0,25	1,25	5	0,30	1,50
Hilfs- u. Betriebstoffe				10	0,25	2,5	10	0,33	3,30
Nicht-Lagermaterial				10	0,33	3,3	5	0,33	1,65
Preisdateipflege									
Einsatzmaterialien				30	0,2	6	–		
Kaufteile/Verp.-Material				25	0,2	5	–		
DIN-Teile				5	0,15	0,75	10	0,150	1,50
Hilfs- u. Betriebstoffe				10	0,15	1,5	25	0,150	3,75
Nicht-Lagermaterial				15	0,17	2,55	15	0,200	3,00
Anfr.-/Angeb. Abw., ges.			67,10			95,35			87,15
Materialbeschaffung, ges.			131,85			178,55			81,80
Wareneingang									
Materialbestandsführung						9,90			11,25
Warenausgang									
Materialabrechnung						17,50			27,65
Zeitbedarf/Monat			**198,95**			**301,30**			**207,85**
Plan-BZ-Mengen			**200,00**			**300,00**			**210,00**

Abbildung 4-85: Ermittlung der Planbezugsgrößen „Beschaffung"

In Abbildung 4-86 haben wir den Kostenplan einer ausgewählten Verwaltungsstelle des Modellbetriebs wiedergegeben. Bei Betrachtung dieser Kostenstelle „Innerbetriebliches Rechnungswesen“ wird offensichtlich, dass die Nutzung der Leistungen der Informationsverarbeitung neben den Personalkosten zu den wichtigsten Positionen gehört.

Wir wollen daher im Folgenden einige Grundsätze zur Planung und Verrechnung von DV-Kosten anführen, wie sie im zunehmenden Maß in der Praxis beachtet werden. Im Hinblick auf den stets steigenden Kostenanteil für Leistungen der Informationsverarbeitung werden direkte Leistungsverrechnungen an die Nutzer vordringlich[171]. Wegen der ausgesprochenen Fixkostenstruktur dieses Bereiches kann die reine Grenzplankostenrechnung dafür keine Lösung anbieten. Durch die Ausgestaltung als Parallelrechnung – fixe Kosten werden hier proportionalisiert – kann jedoch das System der innerbetrieblichen Leistungsverrechnung trotzdem zum Einsatz kommen. Alle direkten Bezugsgrößen, wie CPU-Minuten für die Zentraleinheit, Giga-byte-Days für die Platten- und Bandstationen, Anzahl von Anschlüssen für die Kosten der Endgeräte, Transaktionsanzahlen, differenziert nach den einzelnen Gebieten der Anwendungssoftware, werden mit entsprechenden Kosten geplant und Verrechnungssätze, als reine Fixkostensätze, ermittelt. Da die monatlichen Istmengen der Inanspruchnahme vorliegen, können auch monatliche Kostenverrechnungen durchgeführt werden. Die aus schwankender Nutzung der fest installierten Kapazitäten entstehenden Abweichungen in Form von Fixkosten-Über- oder -Unterdeckungen scheinen auf den leistenden Kostenstellen auf und müssen entweder global im Betriebsergebnis berücksichtigt werden oder in Form einer Nachverrechnung saldiert werden. Grundsätzlich sollte zwischen dem – internen oder externen – IT-Dienstleister und dem IT-Nutzer eine Kunden-Lieferanten-Beziehung angestrebt werden, deren Regeln in einem Service Level Agreement niedergelegt sind. Der nächste Schritt, der z. B. bei Finanzdienstleistern bereits praktiziert wird, ist die Einbeziehung der DV-Kosten auch in produktbezogene Stückkostenrechnungen nach dem Verfahren der prozessorientierten Vorgangskalkulation[172].

Getriebebau AG		Kostenplan				Ko-Stelle		820
						BZ-Größe		VEW
Kostenstellen-Benennung Innerbetriebliches Rechnungswesen						KO-Stellen-Leiter Langen		
Bezugsgrößenart VE Verwaltung						Plan-BZ-Menge		100
						Mengeneinheit		VE
Kostenarten		Her-kunft	ME	Menge	€/ ME	Plankosten EUR		
NR	Bezeichnung					Prop	Fix	Gesamt
4200	Gehalt							
		GEH 03	STD	260	31,25	–	8.125	8.125
		GEH 04	STD	130	37,50	–	4.875	4.875
		GEH 06	STD	130	62,50	–	8.125	8.125
18	***Gehalt***					**–**	***21.125***	***21.125***
4832	Kalk. Sozialaufwand Gehalt							
	Sozialkostenzuschl. Gehalt						16.900	16.900
19	***Kalk. Sozialaufwand Gehalt***					**–**	***16.900***	***16.900***
4567	Fremdreparaturen							
	Büroeinrichtung Kopierer		€			–	40	40
24	***Instandhaltung***					**–**	***40***	***40***
4693	Direkt verr. DV-Leistungen, betriebl.							
	Anzahl PCs	5	ANZ	4	562,13	–	2.811	2.811
	Anzahl Transaktionen	850	TA		57,92		49.232	49.232
29	***Sonstige Eigenleistungen***					**–**	***52.043***	***52.043***
4733	Seminar-/Kursgebühren							
	Controlling-Seminare		€			–	1.000	1.000
31	***Beiträge/Gebühren***					**–**	***1.000***	***1.000***
4735	Telefon/FS							
	Telefoneinheiten	TEL EH	EH	700	0,23		161	161
	Telefax, FS-Gebühren		€				80	80
32	***Porti/Telefon/FS***					**–**	***241***	***241***
4760	Reisespesen							
	Leiter Rechnungswesen		€			–	170	170
4761	Bewirtungskosten							
	Bewirtung im Haus		€			–	50	50
4765	Reisespesen Seminare-/Kurse							
	Softwareseminare		€			–	450	450
34	***Reise-/Bewirtungskosten***					**–**	***670***	***670***
4750	Büromaterial							
	Drucksachen		€			–	210	210
4755	Bücher, Zeitschriften							
	Fachzeitschriften		€			–	25	25
36	***Sonst. Verwaltungskosten***					**–**	***235***	***235***
4810	Kalk. Abschreibung							
	Büroeinrichtung		€			–	199	199
37	***Kalk. Abschreibung***					**–**	***199***	***199***
4815	Kalk. Zinsen AnlVe		€			–	45	45
38	***Kalk. Zinsen***					**–**	***45***	***45***
4840	Kalk. Sozialstellenkosten							
	Sozialdienst/Betriebsrat	121	PRS	4,0	16,27		65	65
	Sek. Fixkosten	121	PRS	4,0	47,30		189	189
	Küche/Kantine	122	PRS	4,0	29,57		118	118
	Sek. Fixkosten	122	PRS	4,0	46,38		186	186
39	***Kalk. Sozialstellenkosten***					**–**	***558***	***558***
4850	Kalk. Raumkosten							
	Bürogebäude	110	QMB	32,00	17,99	–	576	576
	Beheizt	110	QMH	32,00	2,27	–	73	73
40	***Kalk. Raumkosten***					**–**	***649***	***649***
Weiterverrechnung Direkt in die Ergebnisrechnung				**Summe**		**–**	**93.705**	**93.705**
Stellenleiter		Kostenplaner		**Plankostensätze**		**0,00**	**937,05**	**937,05**
Unterschrift		Unterschrift						

Abbildung 4-86: Kostenplan des Innerbetrieblichen Rechnungswesens

Die Ergebnisse der folgenden traditionellen Ermittlung eines Verwaltungsgemeinkostenzuschlages am Beispiel des Modellbetriebes soll nur als Richtwert für Angebotskalkulationen dienen. In der Abbildung 4-87 werden die gesamten Verwaltungskosten auf die Basis der Herstellkosten II (vgl. auch Abbildung 4-81) bezogen und auf diese Weise der Zuschlag ermittelt. Aus Platzgründen wurde auf die Darstellung der Kostenpläne aller Verwaltungskostenstellen verzichtet. Eine im Detail nachvollziehbare Zuschlagermittlung haben wir für den Vertriebsbereich (siehe unten) vorgesehen.

Verwaltungskostenzuschläge			
	Prop.	Fix	Gesamt
Herstellkosten II	**3.649.960**	**803.967**	**4.453.927**
Zuschlagswerte:			
810 Finanzbuchhaltung		82.795	82.795
820 Innerbetriebliches Rechnungswesen		93.705	93.705
840 Personalwesen		69.246	69.246
850 Allgemeine Verwaltung		62.308	62.308
Kostenstellenkosten der Verwaltung		308.054	308.054
Zuschlagssätze			**6,92 %**

Abbildung 4-87: Verwaltungskostenzuschlag

2. In den Abbildungen 4-88 bis 4-98 haben wir ausgewählte Kostenpläne von Vertriebskostenstellen des Modellbetriebes wiedergegeben. Diese Pläne lassen erkennen, dass der überwiegende Teil der Kosten auf die Personalkosten, verrechnete DV-Leistungen und die Verschiedenen Gemeinkosten entfällt.

Im Kostenplan der Kostenstelle Werbung und Marketing fallen neben den Personalkosten insbesondere die Kosten für Werbemittel ins Gewicht. Sie werden durch den Werbemitteleinsatzplan für die drei Erzeugnisgruppen und für das Inland- und Auslandgeschäft gesondert festgelegt. Die Werbemittelkosten lassen sich nur dispositiv in fixe und proportionale Bestandteile zerlegen. Im Beispiel wurden sie zur Gänze den fixen Kosten zugeordnet.

Die Personalkosten der Kostenstelle Fertigwarenlager sind mithilfe einer Funktionsanalyse geplant worden, wobei zugleich eine Differenzierung nach Erzeugnisgruppen erfolgte, die später für die Ermittlung detaillierter Kalkulationszuschläge dienen soll (Vgl. Abb. 4-102). Die Verschiedenen Gemeinkosten bestehen aus den bestandsabhängigen Kostensteuern und den Versicherungskosten für die Fertigwarenbestände. Für diese Kostenarten dienen die zu vollen Herstellkosten bewerteten Bestände als Grundlage. Zur Bestandsplanung vgl. unsere Ausführungen in Kapitel 4.4.6 und die Angaben in Abbildung 4-42. Die bestandsabhängigen Kosten des Fertigwarenlagers werden auf einer eigenen Bezugsgröße „1000-€ Umlaufvermögen“ geplant und daher zu 100 % den proportionalen Kosten zugeordnet.

Die Vertriebskostenstellen des Modellbetriebs rechnen z. T. mit Verrechnungsbezugsgrößen (VE-Vertrieb), z. T. mit Standard-Stunden ab, um damit die Voraussetzungen für eine leistungsorientierte Wirtschaftlichkeitskontrolle und in späterer Folge auch für eine prozessorientierte Vorgangskalkulation zu schaffen.

Dennoch wird im Folgenden der traditionelle Ansatz der Bildung differenzierter Vertriebszuschläge auch für den Modellbetrieb demonstriert. Dabei wurde allerdings die für die Wirtschaftlichkeitskontrolle erforderliche rein funktionale Kostenauflösung nicht berücksichtigt, sondern auf Vollkostenbasis gerechnet. Diese Ergebnisse dienen ohnehin nur als Richtwerte für Angebotskalkulationen traditioneller Art, während ein zeitgemäßes Vertriebs-Controlling auf den Aussagen des Deckungsbeitrags-Plan-Istvergleiches basiert.

Kostenstellen-Planung							
Getriebebau AG					Ko-Stelle		900
					BZ-Größe		VEV
Kostenstellen-Benennung Vertriebsleitung					KO-Stellen-Leiter Herr Meier		
Bezugsgrößenart VE Vertrieb					Plan-BZ-Menge		100
					Mengeneinheit		VE
Kostenarten		Plankosten EUR			Relativ-Ziffer EUR		
NR	Bezeichnung	Prop	Fix	Gesamt	Prop	Fix	Gesamt
4200	Anwes.-Gehalt	–	12.187,50	12.187,50	–	121,88	121,88
4832	Kalk. S.-Auf. Geh.	–	9.750,00	9.750,00	–	97,50	97,50
4430	Treibstoffe	–	392,00	392,00	–	3,92	3,92
4453	Reinigung/Schmierm.	–	20,00	20,00	–	0,20	0,20
4561	Eigenl. Betr. Handw.	–	318,37	318,37	–	3,18	3,18
4567	Fremdreparaturen	–	180,00	180,00	–	1,80	1,80
4693	DV-Lstg. Betriebl.	–	15.603,80	15.603,80	–	156,04	156,04
4702	Kfz-Steuer	–	35,00	35,00	–	0,35	0,35
4714	Kfz-Versicherung	–	155,00	155,00	–	1,55	1,55
4735	Telefon/PS	–	2.375,00	2.375,00	–	23,75	23,75
4741	Mieten Masch. u. Anl.	–	1.050,00	1.050,00	–	10,50	10,50
4760	Reisespesen	–	3.500,00	3.500,00	–	35,00	35,00
4761	Bewirtungskosten	–	1.120,00	1.120,00	–	11,20	11,20
4750	Büromaterial	–	140,00	140,00	–	1,40	1,40
4755	Bücher/Zeitschf.	–	70,00	70,00	–	0,70	0,70
4810	Kalk. Abschreibung	–	1.171,80	1.171,80	–	11,72	11,72
4815	Kalk. Zinsen AnlVe	–	277,20	277,20	–	2,77	2,77
4840	Kalk. Sozialst.kosten	–	279,05	279,05	–	2,79	2,79
4850	Kalk. Raumkosten	–	1.621,46	1.621,46	–	16,21	16,21
Summe		**–**	**50.246,18**	**50.246,18**	**–**	**502,46**	**502,46**

Abbildung 4-88: Kostenplan Vertriebsleitung

Kostenstellen-Planung							
Getriebebau AG				Ko-Stelle		911	
				BZ-Größe		SMV	
Kostenstellen-Benennung Verkauf Inland				KO-Stellen-Leiter Herr Huber			
Bezugsgrößenart Stand. Mitarbeiter Stunden VT				Plan-BZ-Menge		300	
				Mengeneinheit		STD	
Kostenarten		Plankosten EUR			Relativ-Ziffer EUR		
NR	Bezeichnung	Prop	Fix	Gesamt	Prop	Fix	Gesamt
4200	Anwes.-Gehalt	7.500,00	–	7.500,00	25,00	–	25,00
4832	Kalk. S.-Aufw. Gehalt	6.000,00	–	6.000,00	20,00	–	20,00
4693	DV-Lstg. Betriebl.	–	1.686,40	1.686,40	–	5,62	5,62
4733	Seminar-/Kursgeb.	–	330,00	330,00	–	1,10	1,10
4735	Telefon/FS	520,00	66,00	586,00	1,73	0,22	1,95
4765	Reisesp. Sem./Kurs	–	180,00	180,00	–	0,60	0,60
4810	Kalk. Abschreibungen	–	100,80	100,80	–	0,34	0,34
4815	Kalk. Zinsen AnlVe	–	25,20	25,20	–	0,08	0,08
4840	Kalk. Sozials. Kosten	105,44	215,47	320,91	0,35	0,72	1,07
4850	Kalk. Raumkosten	–	364,82	364,82	–	1,22	1,22
Summe		**14.125,44**	**2.968,69**	**17.094,13**	**47,08**	**9,90**	**56,98**

Abbildung 4-89: Kostenplan Verkauf Inland (Stamd. Mitarbeiter Stunden VT)

Kostenstellen-Planung							
Getriebebau AG				Ko-Stelle		911	
				BZ-Größe		SSV	
Kostenstellen-Benennung Verkauf Inland				KO-Stellen-Leiter Herr Huber			
Bezugsgrößenart Stand. Sachbearbeiter Stunden VT				Plan-BZ-Menge		700,0	
				Mengeneinheit		STD	
Kostenarten		Plankosten EUR			Relativ-Ziffer EUR		
NR	Bezeichnung	Prop	Fix	Gesamt	Prop	Fix	Gesamt
4200	Anwes.-Gehalt	19.656,25	1.468,75	21.125,00	28,08	2,10	30,18
4210	Geh. Zul./-Zuschl.	3.300,00	–	3.300,00	4,71	–	4,71
4832	Kalk. S.-Aufw. Gehalt	18.365,00	1.175,00	19.540,00	26,24	1,68	27,91
4693	DV-Lstg. Betriebl.	–	2.810,67	2.810,67	–	4,02	4,02
4733	Seminar-/Kursgeb.	–	950,00	950,00	–	1,36	1,36
4735	Telefon/FS	1.450,00	330,00	1.780,00	2,07	0,47	2,54
4760	Reisespesen	4.900,00	530,00	5.430,00	7,00	0,76	7,76
4761	Bewirtungskosten	1.170,00	–	1.170,00	1,67	–	1,67
4765	Reisesp. Sem./Kurs	–	500,00	500,00	–	0,71	0,71
4750	Büromaterial	–	70,00	70,00	–	0,10	0,10
4810	Kalk. Abschreibungen	–	225,40	225,40	–	0,32	0,32
4815	Kalk. Zinsen AnlVe	–	63,00	63,00	–	0,09	0,09
4840	Kalk. Sozials. Kosten	215,45	482,14	697,59	0,31	0,69	1,00
4850	Kalk. Raumkosten	–	709,38	709,38	–	1,01	1,01
Summe		**49.056,70**	**9.314,34**	**58.371,04**	**70,08**	**13,31**	**83,39**

Abbildung 4-90: Kostenplan Verkauf Inland (Stand. Schbearbeiter Stunden VT)

Kostenstellen-Planung							
Getriebebau AG					Ko-Stelle		911
					BZ-Größe		VEV
Kostenstellen-Benennung Verkauf Inland					KO-Stellen-Leiter Herr Huber		
Bezugsgrößenart VE Vertrieb					Plan-BZ-Menge		100
					Mengeneinheit		VE
Kostenarten		Plankosten EUR			Relativ-Ziffer EUR		
NR	Bezeichnung	Prop	Fix	Gesamt	Prop	Fix	Gesamt
4200	Anwes.-Gehalt	–	8.775,00	8.775,00	–	87,75	87,75
4832	Kalk. S.-Aufw. Gehalt	–	7.020,00	7.020,00	–	70,20	70,20
4561	Eigenl. Betr. Handw.	–	127,35	127,35	–	1,27	1,27
4693	DV-Lstg. betriebl.	–	1.124,27	1.124,27	–	11,24	11,24
4733	Seminar-/Kursgeb.	–	200,00	200,00	–	2,00	2,00
4765	Telefon/FS	–	810,00	810,00	–	8,10	8,10
4760	Reisespesen	–	3.200,00	3.200,00	–	32,00	32,00
4761	Bewirtungskosten	–	1.330,00	1.330,00	–	13,30	13,30
4765	Reisesp. Sem./Kurs	–	150,00	150,00	–	1,50	1,50
4750	Büromaterial	–	110,00	110,00	–	1,10	1,10
4755	Bücher/Zeitschriften	–	110,00	110,00	–	1,10	1,10
4810	Kalk. Abschreibungen	–	162,40	162,40	–	1,62	1,62
4815	Kalk. Zinsen AnlVe	–	40,60	40,60	–	0,41	0,41
4816	Kalk. Zinsen UmlIVe	–	10.266,20	10.266,20	–	102,66	102,66
4840	Kalk. Sozials. Kosten	–	237,19	237,19	–	2,37	2,37
4850	Kalk. Raumkosten	–	810,73	810,73	–	8,11	8,11
Summe		**–**	**34.473,74**	**34.473,74**	**–**	**344,74**	**344,74**

Abbildung 4-91: Kostenplan Verkauf Inland (VE Vertrieb)

Kostenstellen-Planung							
Getriebebau AG					Ko-Stelle		912
					BZ-Größe		SMV
Kostenstellen-Benennung Verkauf Ausland					KO-Stellen-Leiter Herr Abel		
Bezugsgrößenart Stand. Mitarbeiter Stunden VT					Plan-BZ-Menge		300
					Mengeneinheit		STD
Kostenarten		Plankosten EUR			Relativ-Ziffer EUR		
NR	Bezeichnung	Prop	Fix	Gesamt	Prop	Fix	Gesamt
4200	Anwes.-Gehalt	7.687,50	–	7.687,50	25,63	–	25,63
4210	Geh. Zul./Zuschl.	480,00	–	480,00	1,60	–	1,60
4832	Kalk. S.-Aufw. Gehalt	6.534,00	–	6.534,00	21,78	–	21,78
4693	DV-Lstg. betriebl.	–	1.686,40	1.686,40	–	5,62	5,62
4733	Seminar-/Kursgeb.	–	250,00	250,00	–	0,83	0,83
4735	Telefon/FS	741,00	99,00	840,00	2,47	0,33	2,80
4765	Reisesp. Sem./Kurs	–	150,00	150,00	–	0,50	0,50
4810	Kalk. Abschreibungen	–	117,60	117,60	–	0,39	0,39
4815	Kalk. Zinsen AnlVe	–	28,00	28,00	–	0,09	0,09
4840	Kalk. Sozials. Kosten	100,86	206,10	306,96	0,34	0,69	1,02
4850	Kalk. Raumkosten	–	405,36	405,36	–	1,35	1,35
Summe		**15.543,36**	**2.942,46**	**18.485,82**	**51,81**	**9,81**	**61,62**

Abbildung 4-92: Kostenplan Verkauf Ausland (Stand. Mitarbeiter Stunden VT)

Kostenstellen-Planung							
Getriebebau AG					Ko-Stelle		912
					BZ-Größe		SSV
Kostenstellen-Benennung Verkauf Ausland					KO-Stellen-Leiter Herr Abel		
Bezugsgrößenart Stand. Sachbearbeiter Stunden VT					Plan-BZ-Menge		550
					Mengeneinheit		STD
Kostenarten		Plankosten EUR			Relativ-Ziffer EUR		
NR	Bezeichnung	Prop	Fix	Gesamt	Prop	Fix	Gesamt
4200	Anwes.-Gehalt	15.406,25	1.656,25	17.062,50	28,01	3,01	31,02
4210	Geh. Zul./-Zuschl.	2.700,00	–	2.700,00	4,91	–	4,91
4832	Kalk. S.-Aufw. Gehalt	14.485,00	1.325,00	15.810,00	26,34	2,41	28,75
4693	DV–Lstg. Betriebl.	–	2.248,54	2.248,54	–	4,09	4,09
4733	Seminar-/Kursgeb.	–	750,00	750,00	–	1,36	1,36
4735	Telefon/FS	2.980,00	280,00	3.260,00	5,42	0,51	5,93
4760	Reisespesen	4.400,00	490,00	4.890,00	8,00	0,89	8,89
4761	Bewirtungskosten	1.190,00	–	1.190,00	2,16	–	2,16
4765	Reisesp. Sem./Kurs	–	400,00	400,00	–	0,73	0,73
4750	Büromaterial	–	70,00	70,00	–	0,13	0,13
4810	Kalk. Abschreibungen	–	191,80	191,80	–	0,35	0,35
4815	Kalk. Zinsen AnlVe	–	53,20	53,20	–	0,10	0,10
4840	Kalk. Sozials. Kosten	169,65	388,47	558,12	0,31	0,71	1,01
4850	Kalk. Raumkosten	–	608,05	608,05	–	1,11	1,11
Summe		**41.330,90**	**8.461,31**	**49.792,21**	**75,15**	**15,38**	**90,53**

Abbildung 4-93: Kostenplan Verkauf Ausland (Stand Sachbearbeiter Stunden VT)

Kostenstellen-Planung							
Getriebebau AG					Ko-Stelle		912
					BZ-Größe		VEV
Kostenstellen-Benennung Verkauf Ausland					KO-Stellen-Leiter Herr Huber		
Bezugsgrößenart VE Vertrieb					Plan-BZ-Menge		100
					Mengeneinheit		VE
Kostenarten		Plankosten EUR			Relativ-Ziffer EUR		
NR	Bezeichnung	Prop	Fix	Gesamt	Prop	Fix	Gesamt
4200	Anwes.-Gehalt	–	9.343,75	9.343,75	–	93,44	93,44
4832	Kalk. S.- Aufw. Gehalt	–	7.475,00	7.475,00	–	74,75	74,75
4561	Eigenl. Betr. Handw.	–	127,35	127,35	–	1,27	1,27
4670	Sonst. Fremdlstg.	–	7.700,00	7.700,00	–	77,00	77,00
4693	DV-Lstg. betriebl.	–	1.124,27	1.124,27	–	11,24	11,24
4733	Seminar-/Kursgeb.	–	250,00	250,00	–	2,50	2,50
4765	Telefon/FS	–	1.266,00	1.266,00	–	12,66	12,66
4760	Reisespesen	–	9.000,00	9.000,00	–	90,00	90,00
4761	Bewirtungskosten	–	1.050,00	1.050,00	–	10,50	10,50
4765	Reisesp. Sem./Kurs	–	200,00	200,00	–	2,00	2,00
4750	Büromaterial	–	110,00	110,00	–	1,10	1,10
4755	Bücher/Zeitschriften	–	80,00	80,00	–	0,80	0,80
4810	Kalk. Abschreibungen	–	117,60	117,60	–	1,18	1,18
4815	Kalk. Zinsen AnlVe	–	29,40	29,40	–	0,29	0,29
4816	Kalk. Zinsen UmlVe	–	14.933,80	14.933,80	–	149,34	149,34
4840	Kalk. Sozials. Kosten	–	251,15	251,15	–	2,51	2,51
4850	Kalk. Raumkosten	–	810,73	810,73	–	8,11	8,11
Summe		**–**	**53.869,05**	**53.869,05**	**–**	**538,69**	**538,69**

Abbildung 4-94: Kostenplan Verkauf Ausland (VE Vertrieb)

Kostenstellen-Planung							
Getriebebau AG					Ko-Stelle		950
					BZ-Größe		VEV
Kostenstellen-Benennung Werbung und Marketing					KO-Stellen-Leiter Herr Kreativ		
Bezugsgrößenart VE Vertrieb					Plan-BZ-Menge		100
					Mengeneinheit		VE
Kostenarten		Plankosten EUR			Relativ-Ziffer EUR		
NR	Bezeichnung	Prop	Fix	Gesamt	Prop	Fix	Gesamt
4200	Anwes.-Gehalt	–	9.750,00	9.750,00	–	97,50	97,50
4832	Kalk. S.-Aufw. Gehalt	–	7.800,00	7.800,00	–	78,00	78,00
4441	Handwerkzeuge	–	30,00	30,00	–	0,30	0,30
4459	Sonst. H+B Stoffe	–	70,00	70,00	–	0,70	0,70
4561	Eigenl. Betr. Handw.	–	254,70	254,70	–	2,55	2,55
4565	Rep.-Mat. V. Lager	–	100,00	100,00	–	1,00	1,00
4567	Fremdreparaturen	–	290,00	290,00	–	2,90	2,90
4693	DV-Lstg. betriebl.	–	1.686,40	1.686,40	–	16,86	16,86
4735	Telefon/FS	–	475,50	475,50	–	4,76	4,76
4760	Reisespesen	–	210,00	210,00	–	2,10	2,10
4761	Bewirtungskosten	–	50,00	50,00	–	0,50	0,50
4780	Werbekosten	–	5.500,00	5.500,00	–	55,00	55,00
4750	Büromaterial	–	180,00	180,00	–	1,80	1,80
4770	Rechts- u. Berat. Ks	–	2.500,00	2.500,00	–	25,00	25,00
4810	Kalk. Abschreibungen	–	805,00	805,00	–	8,05	8,05
4815	Kalk. Zinsen AnlVe	–	120,00	120,00	–	1,20	1,20
4840	Kalk. Sozials. Kosten	–	279,05	279,05	–	2,79	2,79
4850	Kalk. Raumkosten	–	2.584,59	2.584,59	–	25,85	25,85
4880	Kalk. Transportkos	–	243,03	243,03	–	2,43	2,43
Summe		**–**	**32.928,27**	**32.928,27**	**–**	**329,28**	**329,28**

Abbildung 4-95: Kostenplan Werbung und Marketing

Kostenstellen-Planung							
Getriebebau AG					Ko-Stelle		920
					BZ-Größe		TDV
Kostenstellen-Benennung Fertigwarenlager					KO-Stellen-Leiter Herr Beuter		
Bezugsgrößenart T-€ Umlaufvermögen VT					Plan-BZ-Menge		1.600
					Mengeneinheit		TEU
Kostenarten		Plankosten EUR			Relativ-Ziffer EUR		
NR	Bezeichnung	Prop	Fix	Gesamt	Prop	Fix	Gesamt
4705	Sonstige Steuern	1.310,00		1.310,00	0,82	–	0,82
4711	Betriebsunterbr.-Vers.	3.066,00		3.066,00	1,92	–	1,92
4710	Feuerversicherung	260,00		260,00	0,16	–	0,16
4816	Kalk. Zinsen UmlVe	14.667,00		14.667,00	9,17	–	9,17
Summe		**19.303,00**	**–**	**19.303,00**	**12,06**	**–**	**12,06**

Abbildung 4-96: Kostenplan Fertigwarenlager (T-€ Umlaufvermögen VT)

Kostenstellen-Planung							
Getriebebau AG				Ko-Stelle			920
				BZ-Größe			QMV
Kostenstellen-Benennung Fertigwarenlager				KO-Stellen-Leiter Herr Beuter			
Bezugsgrößenart QM Flächenbedarf VT				Plan-BZ-Menge			520
				Mengeneinheit			QM
Kostenarten		Plankosten EUR			Relativ-Ziffer EUR		
NR	Bezeichnung	Prop	Fix	Gesamt	Prop	Fix	Gesamt
4850	Kalk. Raumkosten	–	9.485,80	9.485,80	–	18,24	18,24
4850	Kalk. Raumkosten	–	659,67	659,67	–	1,27	1,27
Summe		**–**	**10.145,47**	**10.145,47**	**–**	**19,51**	**19.51**

Abbildung 4-97: Kostenplan Fertigwarenlager (QM Flächenbedarf VT)

Kostenstellen- Planung							
Getriebebau AG				Ko-Stelle			920
				BZ-Größe			SFV
Kostenstellen-Benennung Fertigwarenlager				KO-Stellen-Leiter Herr Beuter			
Bezugsgrößenart Stand-Fertigungs-Stunden VT				Plan-BZ-Menge			600
				Mengeneinheit			STD
Kostenarten		Plankosten EUR			Relativ-Ziffer EUR		
NR	Bezeichnung	Prop	Fix	Gesamt	Prop	Fix	Gesamt
4121	HL Vorarbeiter	–	1.560,00	1.560,00	–	2,60	2,60
4122	HL Transp./Lager	12.300,00	–	12.300,00	20,50	–	20,50
4131	Lohnzulagen	180,00	–	180,00	0,30	–	0,30
4132	Lohnzuschläge	630,00	–	630,00	1,05	–	1,05
4831	Kalk. S-Aufw. Lohn	9.832,50	1.170,00	11.002,50	16,39	1,95	18,34
4200	Anwes.-Gehalt	–	1.343,75	1.343,75	–	2,24	2,24
4210	Geh.Zul./Zuschl.	230,00	–	230,00	0,38	–	0,38
4832	Kalk. S-Aufw. Gehalt	184,00	1.075,00	1.259,00	0,31	1,79	2,10
4441	Handwerkzeuge	60,00	–	60,00	0,10	–	0,10
4453	Reinig./Schmierm.	50,00	–	50,00	0,08	–	0,08
4455	Arbeitskleidung	40,00	30,00	70,00	0,07	0,05	0,12
4459	Sonst. H+B Stoffe	–	40,00	40,00	–	0,07	0,07
4561	Eigenl. Betr. Handw.	–	191,03	191,03	–	0,32	0,32
4567	Fremdreparaturen	–	70,00	70,00	–	0,12	0,12
4693	DV-Lstg. Betriebl.	–	562,13	562,13	–	0,94	0,94
4735	Telefon FS	23,00	23,00	46,00	0,04	0,04	0,08
4810	Kalk. Abschreibungen	–	410,20	410,20	–	0,68	0,68
4815	Kalk. Zinsen AnlVe	–	239,40	239,40	–	0,40	0,40
4840	Kalk. Sozials. Kos.	196,10	445,68	641,78	0,33	0,74	1,07
4880	Kalk. Transportkos.	5.832,17	1.458,62	7.290,79	9,72	2,43	12,15
4870	Kalk. Leitungskos.	8,43	12,14	20,57	0,01	0,02	0,03
Summe		**29.566,20**	**8.630,95**	**38.197,15**	**49,28**	**14,38**	**63,66**

Abbildung 4-98: Kostenplan Fertigwarenlager (Stand-Fertigungs-Stunden VT)

Kostenstellen- Planung							
Getriebebau AG					Ko-Stelle		930
					BZ-Größe		SFV
Kostenstellen-Bennenung					KO-Stellen-Leiter		
Versand					Herr Beuter		
Bezugsgrößenart					Plan-BZ-Menge		550
Stand-Fertigungs-Stunden VT					Mengeneinheit		STD
Kostenarten		Plankosten EUR			Relativ - Ziffer EUR		
NR	Bezeichnung	Prop	Fix	Gesamt	Prop	Fix	Gesamt
4121	HL Vorarbeiter	-	1.040,00	1.040,00	-	1,89	1,89
4122	HL Transp./Lager	11.490,00	-	11.490,00	20,89	-	20,89
4131	Lohnzulagen	150,00	12,00	162,00	0,27	0,02	0,29
4132	Lohnzuschläge	1.250,00	-	1.250,00	2,27	-	2,27
4831	Kalk. S-Aufw. Lohn	9.667,50	789,00	10.456,50	17,58	1,43	19,01
4200	Anwes.-Gehalt	-	2.718,75	2.718,75	-	4,94	4,94
4210	Geh.Zul./Zuschl.	450,00	-	450,00	0,82	-	0,82
4832	Kalk. S-Aufw. Gehalt	360,00	2.175,00	2.535,00	0,65	3,95	4,61
4441	Handwerkzeuge	100,00		100,00	0,18	-	0,18
4453	Reinigungs/Schmiermat.		30,00	30,00	-	0,05	0,05
4455	Arbeitskleidung	-	80,00	80,00	-	0,15	0,15
4457	Verpackungsmaterial	1.050,00	-	1.050,00	1,91	-	1,91
4459	Sonst. H+B Stoffe	-	-	-	-	-	-
4561	Eigenl. Betr. Handw.	237,07	527,00	764,07	0,43	0,96	1,39
4562	Ersatzteile	140,00	110,00	250,00	0,25	0,20	0,45
4567	Fremdreparaturen	420,00	140,00	560,00	0,76	0,25	1,02
4690	Sonst. Eigenleistungen	8.861,19	10.850,64	19.711,83	16,11	19,73	35,84
4730	Gebühren und Abgaben	-	110,00	110,00	-	0,20	0,20
4735	Telefon/FS	23,00	23,00	46,00	0,04	0,04	0,08
4810	Kalk. Abschreibungen	-	1.289,40	1.289,40	-	2,34	2,34
4815	Kalk. Zinsen AnlVe	-	981,40	981,40	-	1,78	1,78
4840	Kalk.Sozialstellenkosten	141,20	472,71	613,91	0,26	0,86	1,12
				-			
4850	Kalk. Raumkosten	-	3.019,86	3.019,86	-	5,49	5,49
4860	kalk. Stromkosten	100,10	91,19	191,29	0,18	0,17	0,35
4870	Kalk. Leitungskos.	842,90	1.214,34	2.057,24	1,53	2,21	3,74
Summe		**35.282,96**	**25.674,29**	**60.957,25**	**64,15**	**46,68**	**110,83**

Abbildung 4-99: Kostenplan Versand (Stand-Fertigungs-Stunden VT) SFV

Kostenstellen- Planung							
Getriebebau AG					Ko-Stelle		930
					BZ-Größe		SSV
Kostenstellen-Bennenung					KO-Stellen-Leiter		
Versand					Herr Beuter		
Bezugsgrößenart					Plan-BZ-Menge		450
Stand-Fertigungs-Stunden VT					Mengeneinheit		STD
Kostenarten		Plankosten EUR			Relativ - Ziffer EUR		
NR	Bezeichnung	Prop	Fix	Gesamt	Prop	Fix	Gesamt
4200	Anwes.-Gehalt	12.062,50	937,50	13.000,00	26,81	2,08	28,89
4210	Geh.Zul./Zuschl.	3.950,00	-	3.950,00	8,78	-	8,78
4832	Kalk. S-Aufw. Gehalt	12.810,00	750,00	13.560,00	28,47	1,67	30,13
4693	DV-Leistungen betr.	-	2.248,54	2.248,54	-	5,00	5,00
4735	Telefon/FS	360,00	46,00	406,00	0,80	0,10	0,90
4760	Reisespesen	70,00	70,00	140,00	0,16	0,16	0,31
4761	Bewirtungskosten	70,00	-	70,00	0,16	-	0,16
4750	Büromaterial	150,00	50,00	200,00	0,33	0,11	0,44
				-	-	-	-
4810	Kalk. Abschreibungen	-	149,80	149,80	-	0,33	0,33
4815	Kalk. Zinsen AnlVe	-	37,80	37,80	-	0,08	0,08
4840	Kalk.Sozialstellenkosten	126,53	292,04	418,57	0,28	0,65	0,93
				-			
4850	Kalk. Raumkosten	-	527,23	527,23	-	1,17	1,17
Summe		**29.599,03**	**5.108,91**	**34.707,94**	**65,78**	**11,35**	**77,13**

Abbildung 4-100: Kostenplan Versand (Stand-Fertigungs-Stunden VT) SSV

Im Modellbetrieb werden für drei Erzeugnisgruppen gesonderte Vertriebskostensätze gebildet, wobei zugleich zwischen Inland- und Auslandverkäufen unterschieden wird. Hierbei ist es erforderlich, die in Abbildung 4-87 ausgewiesenen Plan-Herstellkosten in Teilbeträge zu zerlegen, die den o. g. Erzeugnisgruppen bzw. Absatzwegen entsprechen. Eine genaue Zerlegung ist aber nur möglich, wenn die durchschnittlichen monatlichen Absatzmengen und die (nach Voll- und Grenzkosten differenzierten) Plan-Herstellkosten pro Erzeugniseinheit bekannt sind. Letztere setzen voraus, dass im Zeitpunkt der Planung der Vertriebskostensätze die Plankalkulationen bis zu den Herstellkosten bereits vorliegen. Diese Voraussetzung ist in der Praxis meistens nicht erfüllt, sodass man auf entsprechende Schätzungen angewiesen ist. Für den Modellbetrieb dagegen wollen wir unterstellen, dass sowohl die geplanten Absatzmengen als auch die Planherstellkosten pro Erzeugniseinheit zur Verfügung stehen. Dabei wird eine kleine Unschärfe bei der Basis der Plan-Herstellkosten, die sich durch die beiden Ermittlungsverfahren – bottom up für die Verwaltungs- und Entwicklungszuschläge, retrograd für die Vertriebszuschläge – bewusst in Kauf genommen. Mithilfe dieser Daten wird die Aufteilung der Plan-Herstellkosten auf die Erzeugnisgruppen in Abbildung 4-101 durchgeführt. In Abbildung 4-102 werden zunächst die Plankosten der Vertriebsstellen, sowie die als Sondereinzelkosten des Vertriebes geplanten Werbungskosten in der Höhe von 30.000 €, den drei Erzeugnisgruppen[173], nach Inland und Ausland getrennt, zugeordnet. Wie die Verteilung erfolgt, lässt sich der jeweiligen Verteilungsbasis entnehmen. Daneben werden die ermittelten Verteilungsprozentsätze angegeben. In den jeweils letzten Zeilen der Abbildung 4-103 werden die Plan-Vertriebsgemeinkostenzuschläge ausgewiesen. Sie dienen in den Angebotskalkulationen als Richtwert für die über Kostenstellen abgerechneten Vertriebskosten.

Plan-Herstellkosten nach Erzeugnisgruppen									
Erzeugnis			Gesamtabsatz			Absatz Inland		Absatz Ausland	
Gruppe	Nr.	Benennung	Stk./ Mon.	€/ Stk.	€/ Mon.	Stk./ Mon.	€/ Mon.	Stk./ Mon.	€/ Mon.
P 10	P 10100	Getriebe MAG 2 : 1	155	7.425	1.150.889	125	928.136	30	222.753
	P 10101	Getriebe SGW 2, 5 :1	80	6.826	546.085	45	307.173	35	238.912
	P 10102	Getriebe HAG 3 : 1	220	8.282	1.821.943	70	579.709	150	1.242.234
		Summe	455	–	3.518.917	240	1.815.018	215	1.703.899
P 30	P 30100	Druckbehälter 1	10	3.042	30.415	10	30.415	–	–
	P 30101	Druckbehälter 2	25	2.921	73.019	25	73.019	–	–
	P 30200	Wasserbehälter	15	2.877	43.149	15	43.149	–	–
		Summe	50	–	146.584	50	146.584	–	–
T 10	T 01000	Gehäuse A	50	2.831	141.549	25	70.775	25	70.775
	T 01001	Gehäuse B	15	2.240	33.600	10	22.400	5	11.200
		Summe	65	–	175.149	35	93.174	30	81.974
B 06	B 06710	Welle m. Zahnrad Modul A	150	880	131.931	90	79.159	60	52.772
	B 06730	Welle m. Zahnrad Modul A/1	30	2.108	63.229	25	52.691	5	10.538
	B 06740	Welle m. Zahnrad Modul A/2	30	2.406	72.177	15	36.089	15	36.089
	B 06750	Welle m. Zahnrad Modul A/3	80	2.914	233.107	35	101.984	45	131.123
		Summe	290	–	500.445	165	269.923	125	230.522
Summe Plan Herstellkosten des Absatzplanes					**4.341.094**		**2.324.699**		**2.016.395**

Abbildung 4-101: Plan-Herstellkosten nach Erzeugnissen

Plan-Vertriebskosten nach Erzeugnisgruppen

Kostenstelle		900 Vertriebsleitung	Verteilungsbasis:			Indizierte Plan-Herstellkosten Absatz	
Erzeugnis Gruppe	Benennung		Basis T€	Index	Index Basis T €	% ind. Basiswert	Plankosten Gesamt
P 10	Getriebe	Inland	1.815	1,00	1.815	44,90	22.561
		Ausland	1.704	1,20	2.045	50,60	25.424
P 30	Druck- und Wasserbehälter	Inland	147	0,80	117	2,90	1.457
		Ausland	–	–	–	–	–
T 10/ B 06	Getr. Ersatzteile	Inland	363	–	–	–	–
		Ausland	313	0,20	63	1,60	804
Summe			**4.341**		**4.039**		**50.246**

Kostenstelle		911 Verkauf Inland	Verteilungsbasis:			Indizierte Plan-Herstellkosten Absatz	
Erzeugnis Gruppe	Benennung		Basis T€	Index	Index Basis T €	% ind. Basiswert	Plankosten Gesamt
P 10	Getriebe	Inland	1.815	1,00	1.815	83,50	91.799
		Ausland	–	–	–	–	–
P 30	Druck- und Wasserbehälter	Inland	147	1,20	176	8,10	8.905
		Ausland	–	–	–	–	–
T10/ B 06	Getr. Ersatzteile	Inland	363	0,50	182	8,40	9.235
		Ausland	–	–	–	–	–
Summe			**2.325**		**2.172**		**109.939**

Kostenstelle		912 Verkauf Ausland	Verteilungsbasis:			Indizierte Plan-Herstellkosten Absatz	
Erzeugnis Gruppe	Benennung		Basis T€	Index	Index Basis T €	% ind. Basiswert	Plankosten Gesamt
P 10	Getriebe	Inland					
		Ausland	1.704	1,00	1.704	93,20	113.840
P 30	Druck- und Wasserbehälter	Inland					
		Ausland					
T10/ B 06	Getr. Ersatzteile	Inland					
		Ausland	313	0,40	125	6,80	8.306
Summe			**2.016**		**1.829**		**122.146**

Plan-Vertriebskosten nach Erzeugnisgruppen

Kostenstelle		915 Vertriebs-DV-Stelle	Verteilungsbasis:			Anzahl Fakturen	
Erzeugnis Gruppe	Benennung		Basis Stück	Index	Index Basis Stk.	% ind. Basiswert	Plankosten Gesamt
P 10	Getriebe	Inland	125	1,00	125	24,20	4.418
		Ausland	130	2,20	286	55,20	10.077
P 30	Druck- und Wasserbehälter	Inland	35	0,90	32	6,10	1.113
		Ausland					
T10/ B 06	Getr. Ersatzteile	Inland	70	0,60	42	8,10	1.479
		Ausland	30	1,10	33	6,40	1.168
Summe					**518**		**18.255**

Kostenstelle		920 Fertigwarenlager	Verteilungsbasis:			50 % nach indizierte Absatzmengen	
Erzeugnis Gruppe	Benennung		Basis Stück	Index	Index Basis Stk.	% ind. Basiswert	Plankosten Gesamt
P 10	Getriebe	Inland	240	1,00	240	37,10	12.549
		Ausland	215	1,00	215	33,20	11.229
P 30	Druck- und Wasserbehälter	Inland	50	1,00	50	7,70	2.604
		Ausland					
T10/ B 06	Getr. Ersatzteile	Inland	200	0,40	80	12,40	4.194
		Ausland	155	0,40	62	9,60	3.247
Summe			**860**		**647**		**33.823**

Kostenstelle		920 Fertigwarenlager	Verteilungsbasis:			50 % nach Plan-HK Absatz	
Erzeugnis Gruppe	Benennung		Basis T €	Index	Index Basis T €	% ind. Basiswert	Plankosten Gesamt
P 10	Getriebe	Inland	1.815	1,00	1.815	41,80	14.138
		Ausland	1.704	1,00	1.704	39,20	13.259
P 30	Druck- und Wasserbehälter	Inland	147	1,00	147	3,40	1.150
		Ausland					
T10/ B 06	Getr. Ersatzteile	Inland	363	1,00	363	8,40	2.841
		Ausland	313	1,00	313	7,20	2.435
Summe			**4.341**		**4.341**		**33.823**

Plan-Vertriebskosten nach Erzeugnisgruppen

Kostenstelle		930 Versand	Verteilungsbasis:			30 % nach indizierter Absatzmenge	
Erzeugnis Gruppe	Benennung		Basis Stk.	Index	Index Basis Stk.	% ind. Basiswert	Plankosten Gesamt
P 10	Getriebe	Inland	240	1,00	240	35,20	10.104
		Ausland	215	1,00	215	31,50	9.042
P 30	Druck- und Wasserbehälter	Inland	50	1,00	50	7,30	2.095
		Ausland					
T10/ B 06	Getr. Ersatzteile	Inland	200	0,50	100	14,70	4.219
		Ausland	155	0,50	77	11,30	3.244
Summe			**860**		**682**		**28.704**

Kostenstelle		930 Versand	Verteilungsbasis:			70 % nach indizierten Plan-HK Absatz	
Erzeugnis Gruppe	Benennung		Basis T €	Index	Index Basis T €	% ind. Basiswert	Plankosten Gesamt
P 10	Getriebe	Inland	1.815	1,00	1.815	41,80	27.996
		Ausland	1.704	1,00	1.704	39,20	26.255
P 30	Druck- und Wasserbehälter	Inland	147	1,00	147	3,40	2.277
		Ausland					
T10/ B 06	Getr. Ersatzteile	Inland	363	1,00	363	8,40	5.626
		Ausland	313	1,00	313	7,20	4.823
Summe			**4.341**		**4.341**		**66.977**

Kostenstelle		950 Werbung, Marketing	Verteilungsbasis:			Plan- Herstellkosten Absatz	
Erzeugnis Gruppe	Benennung		Basis T €	Index	Index Basis T €	% ind. Basiswert	Plankosten Gesamt
P 10	Getriebe	Inland	1.815	1,00	1.815	65,20	41.030
		Ausland	1.704	0,40	682	24,50	15.418
P 30	Druck- und Wasserbehälter	Inland	147	1,50	220	7,90	4.971
		Ausland					
T10/ B 06	Getr. Ersatzteile	Inland	363	0,10	36	1,30	818
		Ausland	313	0,10	31	1,10	692
Summe			**4.341**		**2.784**		**62.929**

Abbildung 4-102: Vertriebskosten, Plankosten nach Erzeugnisgruppen

Vertriebskostenzuschläge

Inland				
Vertriebskostenstellen		P 10 Getriebe	P 30 Druck-/ Wasserbehälter	T01/B06 Getr. Ersatzteile
Nr.	Benennung	Gesamt	Gesamt	Gesamt
Zuschlagswerte: anteilige Kostenstellenkosten: Vertrieb				
900	Vertriebsleitung	22.561	1.457	
911	Verkauf Inland	91.799	8.905	9.235
912	Verkauf Ausland			
915	Vertriebs-DV-Stelle	4.418	1.113	1.479
920	Fertigwarenlager	26.687	3.754	7.035
930	Versand	38.100	4.372	9.845
950	Werbung, Marketing	41.030	4.971	818
Summe Plankosten		224.595	24.572	28.412
Summe Plan-Vollherstellkosten		1.815.018	146.584	363.096
Zuschlagssätze		**12,37 %**	**16,76 %**	**7,82 %**

Ausland				
Vertriebskostenstellen		P 10 Getriebe	P 30 Druck-/ Wasserbehälter	T01/B06 Getr. Ersatzteile
Nr.	Benennung	Gesamt	Gesamt	Gesamt
Zuschlagswerte: anteilige Kostenstellenkosten: Vertrieb				
900	Vertriebsleitung	25.424		804
911	Verkauf Inland			
912	Verkauf Ausland	113.840		8.306
915	Vertriebs-DV-Stelle	10.077		1.168
920	Fertigwarenlager	24.488		5.682
930	Versand	35.297		8.067
950	Werbung, Marketing	15.418		692
Summe Plankosten		224.544		24.719
Summe Plan-Vollherstellkosten		1.703.899		312.496
Zuschlagssätze		**13,18 %**		**7,91 %**

Abbildung 4-103: Vertriebskostenzuschläge

Zum Abschluss sollen noch die Ergebnisse der Primärkostenauflösung im Modellbetrieb dargestellt werden, wie sie in Kapitel 4.10.3 anhand des QUATTRO-Modells eingehend erläutert wurde.

Diese Ermittlung wird in der Praxis durch entsprechende Funktionen der Standardsoftware nach einem Iterationsverfahren durchgeführt. Eine Durchrechnung der Daten des Modellbetriebes nach den Kostenartengruppen Personalkosten, Sachkosten und Kapitalkosten erbringt die in den Abbildungen 4-104 und 4-105 dargestellten Ergebnisse für eine Reihe von Fertigungsstellen getrennt nach Gesamt- und Proportionalkosten.

Primärkostensätze Fertigung – Gesamtkosten

KO-Stellen/ BZ-Gr. / KOA – Gruppen	421/VST	432/VST	454/VST	551/OS2	551/OS1	551/SFO	442/VST	442/MST
Fertigungslohn	16,45	17,99	17,85	3,30	3,25	19,04	16,65	0,42
Hilfslohn	8,47	3,05	2,95	1,71	1,71	0,37	0,77	0,82
Zulagen/Zuschläge	1,97	0,17	0,22	0,25	0,25	3,40	0,00	0,04
Personalnebenkosten Lohn	20,17	15,91	15,77	3,94	3,90	17,11	13,07	0,97
Gehalt	1,73	1,78	1,22	1,32	1,32	0,29	1,07	1,31
Personalnebenkosten Gehalt	1,39	1,43	0,97	1,06	1,06	0,23	0,86	1,05
PERSONALKOSTEN	**50,18**	**40,33**	**38,98**	**11,58**	**11,49**	**40,44**	**32,42**	**4,61**
Material vom Lager	7,32	3,77	1,46	4,86	3,60	0,53	0,30	3,16
Fremdinstandhaltung	6,57	1,07	3,78	10,18	9,48	0,04	0,04	1,79
Sonst. Fremdleistungen	3,37	1,53	1,96	23,57	16,16	0,07	0,07	1,00
Versch. Gemeinkosten	2,95	1,50	7,82	2,16	2,14	0,27	0,34	1,05
SACHKOSTEN	**20,21**	**7,87**	**15,02**	**40,77**	**31,38**	**0,91**	**0,75**	**7,00**
Kalk. Abschreibung	17,62	7,43	12,90	12,98	10,00	0,07	0,07	18,40
Kalk. Zinsen	5,83	4,43	6,63	10,71	9,15	0,49	0,77	8,86
KAPITALKOSTEN	**23,45**	**11,86**	**19,53**	**23,69**	**19,15**	**0,56**	**0,84**	**27,26**
KOSTENSATZ – SUMMEN	**93,84**	**60,06**	**73,53**	**76,04**	**62,02**	**41,91**	**34,01**	**38,87**

Abbildung 4-104: Primärkostensätze „Modellbetrieb" (Gesamt)

Primärkostensätze Fertigung – proportionale Kosten								
KO-Stellen/ BZ-Gr. / KOA – Gruppen	421/VST	432/VST	454/VST	551/OS2	551/OS1	551/SFO	442/VST	442/MST
Fertigungslohn	16,45	17,99	17,85	3,30	3,25	19,04	16,65	0,42
Hilfslohn	6,58	2,10	1,76	0,72	0,72	0,15	0,55	0,40
Zulagen/Zuschläge	1,97	0,17	0,22	0,25	0,25	3,40	0,00	0,04
Personalnebenkosten Lohn	18,76	15,20	14,88	3,20	3,17	16,94	12,90	0,65
Gehalt	0,33	0,33	0,12	0,20	0,20	0,06	0,11	0,19
Personalnebenkosten Gehalt	0,26	0,27	0,10	0,16	0,16	0,05	0,09	0,15
PERSONALKOSTEN	**44,35**	**36,06**	**34,93**	**7,83**	**7,75**	**39,64**	**30,30**	**1,85**
Material vom Lager	7,04	3,62	1,17	3,60	2,29	0,36	0,28	2,92
Fremdinstandhaltung	6,18	0,75	3,15	7,37	7,01	0,01	0,01	1,53
Sonst. Fremdleistungen	2,50	1,05	1,39	11,26	6,35	0,05	0,05	0,68
Versch. Gemeinkosten	1,99	0,55	6,91	0,25	0,25	0,05	0,07	0,30
SACHKOSTEN	**17,71**	**5,97**	**12,62**	**22,48**	**15,90**	**0,47**	**0,41**	**5,43**
Kalk. Abschreibung	9,64	3,18	5,58	6,94	5,22	0,00	0,00	8,06
Kalk. Zinsen	0,26	0,20	0,17	0,68	0,69	0,03	0,07	0,29
KAPITALKOSTEN	**9,90**	**3,38**	**5,75**	**7,62**	**5,91**	**0,03**	**0,07**	**8,35**
KOSTENSATZ – SUMMEN	**71,96**	**45,41**	**53,30**	**37,93**	**29,56**	**40,14**	**30,78**	**15,63**

Abbildung 4-105: Primärkostensätze „Modellbetrieb" (Proportional)

Das Beispiel lässt erkennen, dass die Bedeutung der Primärkostenrechnung umso größer ist, je höher der Anteil der sekundären Kostenarten ist. Insbesondere in Kostenstellen der chemischen Industrie, in denen die Fertigungslöhne oftmals nur eine untergeordnete Rolle spielen, dafür aber die sekundären Kostenarten stark ins Gewicht fallen, ist der Informationsgehalt der Primärkostenrechnung besonders groß.

In der Abbildung 4-106 sind die Ergebnisse der Abstimmung des Modellbetriebes einschließlich der doppelt verrechneten sekundären Kostenarten dargestellt.

Kostenartenbericht W1 München			
	prop.	fix	Gesamt
Belastungen			
Gesamtkosten W1	**2.656.327**	**2.447.732**	**5.104.059**
Verrechnung			
Auf Kostenträger, via Plan-/Nachkalkulation	1.783.298	652.901	2.436.199
Auf Kostenträger, via Fertigungs-Unterstützungs-Zuschlag in Plan- und Nachkalkulation	198.749	65.076	263.825
Auf Bezugsobjekte (Produkte, Vertriebswege, Kunden) in der Deckungsbeitragsrechnung	344.884	207.557	552.441
Als Fixkosten in der stufenweise DBR	–	624.210	624.210
Auf Entwicklungsprojekte via Autragsabrechnung	52.948	25.034	77.982
Summe verr. Primärkosten	**2.379.879**	**1.574.778**	**3.954.657**
Dir. verr. sek. KOA	89.449	348.625	438.075
Kalk. verr. sek. KOA	172.182	520.043	692.225
Summe verr. sek. KOA	**261.631**	**868.668**	**1.130.300**
Ausgliederung	14.818	4.285	19.103
Gesamtverrechnung	**2.656.328**	**2.447.731**	**5.104.060**

Abbildung 4-106: Abstimmung Kostenplanung (Endergebnis)

Demnach betragen die monatlichen Gesamtkosten dieser Kostenplanung 5.104.060 €, mit entsprechender Aufteilung nach proportionalen und fixen Bestandteilen. Davon müssen allerdings die doppelt verrechneten sekundären Kostenarten der innerbetrieblichen Leistungsverrechnung in Höhe von 1.130.300 €/Monat abgezogen werden, sodass sich ein tatsächliches Gemeinkostenvolumen von 3.973.760 €/Monat ergibt.

Der weitere Zahlenfluss ist durch die Verrechnungskostenarten (vgl. Abbildungen 4-50 bis 4-52, Plan-Bezugsgrößenliste, Spalte„Verrechnungsmodus" und Abbildung 4-39, Kostenartenplan Modellbetrieb, Spalte"Typ") definiert, demnach werden

2.436.199 €/Monat	als Fertigungskosten der Produkte in der Plankalkulation unter den Kostenarten 4971 bis 4977
263.825 €/Monat	als Zuschlagskosten für Fertigungsunterstützung unter der Kostenart 4983
552.441 €/Monat	als Prozesskosten der Produkte und Aufträge in der Vorgangskalkulation (Material- und Vertriebsbereich) unter den Kostenarten 4961, 4985 und 4987
624.210 €/Monat	als Fixkosten in der stufenweisen Deckungsbeitragsrechnung unter der Kostenart 4997
77.982 €/Monat	als projektorientierte Kosten (vgl. Entwicklungskostenzuschlag) unter der Kostenart 4981 und
19.102 €/Monat	als auszugliedernde aktivierte Eigenleistung der Handwerker

planmäßig zu verrechnen sein.

Die Zusammenstellung der Kalkulationssätze der Fertigungsstellen des Modellbetriebs ist in Abbildung 4-107 wiedergegeben.

Plan-Kostensätze Fertigung									
Kostenstellen		Bezugsgrößen		Stundensätze			Minutensätze		
Nr.	Bezeichnung	KZ	Bezeichnung	Prop.	Fix	Gesamt	Prop.	Fix	Gesamt
421	NC-Drehmaschine	VST	Vorgabestunden	71,96	21,88	93,84	1,199	0,365	1,564
431	Spitzendrehmaschinen bis 300 mm	VST	Vorgabestunden	40,80	12,27	53,07	0,680	0,205	0,885
432	Spitzendrehmaschinen über 300 mm	VST	Vorgabestunden	45,41	14,65	60,06	0,757	0,244	1,001
434	Karusselldrehmaschinen	VRS	Vorgabe-Rüststunden	34,95	19,09	54,04	0,583	0,318	0,901
		VST	Vorgabestunden	62,53	25,95	88,48	1,042	0,433	1,475
441	Bohrwerke	RST	Rüststunden	46,75	38,39	85,14	0,779	0,640	1,419
		VST	Vorgabestunden	67,21	38,08	105,29	1,120	0,635	1,755
442	Schleifmaschinen	VST	Vorgabestunden	30,78	3,23	34,01	0,513	0,054	0,567
		MST	Vorgabe-Maschinenstunden	15,63	23,24	38,87	0,261	0,387	0,648
451	Bohrmaschinen	VST	Vorgabestunden	39,50	11,38	50,88	0,658	0,190	0,848
453	Zahnradfräsmaschinen	VST	Vorgabestunden	93,42	19,69	113,11	1,557	0,328	1,885
454	Fräsmaschinen	VST	Vorgabestunden	53,30	20,23	73,53	0,888	0,337	1,226
521	Elektroschweißerei	VST	Vorgabestunden	41,02	12,28	53,30	0,684	0,205	0,888
551	Glüherei/Härterei	OS1	Stand-Ofen-Stunden bis 800°	29,56	32,46	62,02	0,493	0,541	1,034
		OS2	Stand-Ofen-Stunden über 800°	37,93	38,11	76,04	0,632	0,635	1,267
		OS3	Stand-Stunden Härten	21,59	26,31	47,90	0,360	0,439	0,798
		SFO	Stand-Fertigungs-Stunden Ofenbetrieb	40,14	1,77	41,91	0,669	0,030	0,699
621	Montage	VST	Vorgabestunden	34,79	8,23	43,02	0,580	0,137	0,717

Abbildung 4-107: Plan-Kostensätze „Modellbetrieb

4.11.4 Soll-Ist-Kostenvergleich

Wir wollen nunmehr die Durchführung des Soll-Ist-Kostenvergleichs für den Modellbetrieb der „Getriebebau AG“ beschreiben, dessen Kostenpläne wir in den Kapiteln 4.11.2 und 4.11.3 dargestellt haben. Auch hier folgen wir den Abrechnungsschritten, wie wir sie in Abbildung 4-15 dargestellt und erläutert haben.

Wir beginnen mit der Leistungsermittlung: In Abbildung 4-108 wird die mengenmäßige Grundlage der Ist-Bezugsgrößenerfassung der Fertigungskostenstellen wiedergegeben. Alle Ist-Bezugsgrößen werden retrograd aus den bearbeiteten Stückzahlen abgeleitet. Die in Abbildung 4-108 angegebenen Erzeugnismengen enthalten nicht die Ausschussmengen.

Die Zwischensumme in den Abbildungen 4-109 bis 4-111 gibt diejenigen Ist-Bezugsgrößen an, die bei planmäßigem Produktionsvollzug zu erwarten gewesen wären. Über getrennte Ausschuss- und Nacharbeitsbelege erfasst, werden entsprechende Istbezugsgrößen in den folgenden Zeilen berücksichtigt. Ebenfalls über getrennte Leistungsbelege werden Verfahrensabweichungen berücksichtigt, indem z. B. Drehoperationen von der Kostenstelle „NC-Drehmaschinen“ übernommen werden, die auf Spitzendrehmaschinen vorgesehen waren. Die insgesamt errechneten Fertigungsminuten/Monat werden durch 60 Min./Std. dividiert, um die monatlichen Istbezugsgrößen in Stunden zu erhalten.

In der Abbildung 4-112 wird für die Kostenstelle „Bereichstelle Meisterbereich 2“ beispielhaft die indirekte Ist-Bezugsgrößenerfassung nach dem Verfahren der Deckungsrechnung durchgeführt. Die Ausgangsdaten des Planes finden wir in Abbildung 4-73. Die Istbezugsgrößenmengen der drei Empfängerkostenstellen führen zu individuellen Beschäftigungsgraden, die, mit der jeweiligen Plan-Inanspruchnahme der Senderkostenstelle multipliziert, die Gesamtdeckung derselben von 111,9 ergeben.

In den Abbildungen 4-113 bis 4-115 ist eine Bezugsgrößenübersicht der Kostenstellen des Modellbetriebes für den Zeitraum Januar bis April abgebildet, der dem Soll-Ist-Kostenvergleich der Kostenstellenrechnung zugrunde liegt. Neben dem dargestellten Ermittlungsverfahren für die primären Kostenstellen der Fertigung und für die indirekten sekundären Kostenstellen werden weitere Ist-Bezugsgrößen (z. B. für Küche/Kantine, Lkw-Transport, Betriebshandwerker, Konstruktionsbüro usw.) direkt durch Aufschreibung erfasst und die Istbezugsgrößen für prozessorientierte Kostenstellen (z. B. Beschaffung, Rohmateriallager, Absägerei, Wareneingangsprüfung usw.) retrograd aus den gemeldeten Zählgrößen unter Verwendung von Leistungsstandards ermittelt.

Istproduktionsauflösung

Produktgruppe		Produktgruppe P10						Produktgruppe P30						Produktgruppe T 01				Produktgruppe B 06								Gesamtmengen	
Produkt		P 10100		P 10101		P 10102		P 30100		P 30101		P 30200		T 01000		T 01001		B 06710		B 06730		B 06740		B 06750			
Produktionsmengen Absatzplan		200		60		190		25		45		25		70		25		170		35		20		100		Bedarf, rechn.	Pro-dukion, effektiv
Erzeugnis NR	Bezeichnung	M/E	Stk./Mo.	M/E	Stk./Mo.	M/E	Stk./Mo.	M/E	Stk./Mo.	M/E	Stk./Mo.	M/E	Stk./Mo.	M/E	Stk./Mo.	M/E	Stk./Mo.	M/E	Stk./Mo.	M/E	Stk./Mo.	M/E	Stk./Mo.	M/E	Stk./Mo.	Stk./Mo.	Stk./Mo.
B01010	Gehäuse A, vormontiert	1	200	1	190																					390	410
B01011	Gehäuse B, vormontiert			1	60																					60	45
B06710	Welle m. Zahnrad A	1	200	1	60	1	190											1	170							620	640
B06730	Welle m. Zahnrad A1	1	200																	1	35					235	230
B06740	Welle m. Zahnrad A2			1	60																	1	20			80	70
B06750	Welle m. Zahnrad A3					1	190																	1	100	290	250
T01000	Gehäuse A	1	200			1	190							1	70											460	510
T01001	Gehäuse B			1	60											1	25									85	75
T03000	Behälter A							1	25	1	45															70	85
T03001	Behälter B											1	25													25	15
T04000	Deckel	2	400	1	60	2	380	1	25	1	45	1	25													935	900
T05000	Wanne	1	200	1	60	1	190	1	25	1	45	1	25													545	520
T06000	Welle 50/800	1	200	1	60	1	190											1	170							620	660
T06001	Welle 100/860	1	200	1	60	1	190													1	35	1	20	1	100	605	700
T07000	Zahnrad 110/80	1	200	1	60	1	190											1	170							620	600
T07001	Zahnrad 220/120	1	200																	1	35					235	240
T07002	Zahnrad 275/120		-	1	60																	1	20			80	70
T07003	Zahnrad 330/120		-			1	190																	1	100	290	390
T08000	Flansch 50	2	400	2	120	2	380																			900	1.100
T08001	Flansch 100	2	400	2	120	2	380																			900	850
T08002	Flansch 130							6	150	6	270	4	100													520	450

Abbildung 4-108: Istproduktionsauflösung

Istbeschäftigung Fertigungsstellen – 1

Kostenstellen		NC-Drehmaschinen		Spitzendrehm. bis 300		Spitzendrehm. über 300		Karusselldrehmaschinen						Bohrwerke					
Nr./BZ-Größe		421/VST		431/VST		432/VST		Rüstzeit 434/VRS				Vorgabezeit 434/VST		Rüstzeit 441/RST				Vorgabezeit 441/VST	
Erzeugnis NR Bezeichnung	Stk./ Mo.	Min./E	V-Min./ Mo.	Min./E	V-Min./ Mo.	Min./E	V-Min./ Mo.	Los	Rüst. Vorg.	Rüst. Min./V	V-Min. Mo.	Min./E	V-Min./ Mo.	Los	Rüst. Vorg.	Rüst. Min./V	V-Min. Mo.	Min./E	V-Min./ Mo.
T01000 Gehäuse A	510							12,8	40	620	24.800	665	339.150	9,3	55	540	29.700	271	138.210
T01001 Gehäuse B	75							15,0	5	620	3.100	499	37.425	8,3	9	540	4.860	233	17.475
T03000 Behälter A	85							10,8	8	550	4.400	187	15.895	5,0	17	420	7.140	68	5.780
T03001 Behälter B	15							5,0	3	550	1.650	215	3.225	7,5	2	420	840	92	1.380
T04000 Deckel	900					119	107.100												
T05000 Wanne	520					182	94.640												
T06000 Welle 50/800	660	94	62.040			4	2.640												
T06001 Welle 100/860	700	158	110.600			12	8.400												
T07000 Zahnrad 110/80	600	34	20.400																
T07001 Zahnrad 220/120	240	71	17.040																
T07002 Zahnrad 275/120	70	85	5.950																
T07003 Zahnrad 330/120	390	132	51.480																
T08000 Flansch 50	1100			32	35.200														
T08001 Flansch 100	850			68	57.800														
T08002 Flansch 130	450			68	30.600														
Zwischensumme			267.510		123.600		212.780				33.950		395.695				42.540		162.845
+ Ausschuss			3.508		1.020		8.531						10.185						1.835
+ Nacharbeit			2.232		4.250		3.010						4.625						4.215
Verfahrensabw. (gepl. Kost)					– 17.000		– 5.950												
Verfahrensabw. (ausf. Kost)			3.950				18.750										720		6.000
Fertigungsminuten/Monat			277.200		111.870		237.121				33.950		410.505				43.260		174.895
Istbeschäftigung Stunden			4.620		1.865		3.952				566		6.842				721		2.915

Abbildung 4-109: Istbeschäftigung der Fertigungsstellen

Istbeschäftigung Fertigungsstellen – 2

Kostenstellen			Schleifmaschinen				Bohrmaschinen		Zahnrad-fräsmasch.		Fräsmaschinen		Glüherei/Härterei							
Nr./BZ-Größe			442/VST		442/MST		451 VST		453/VST		454/VST		551/OS1		551/OS2		551/OS3		551/SFO	
Erzeugnis NR	Bezeichnung	Stk./ Mo.	Min./E	V-Min./ Mo.	Min./E	V-Min./ Mo.	Min./E	V-Min./ Mo.	Min./E	V-Min./ Mo.	Min./E	V-Min./ Mo.	Min./E	Min./ Mo.	Min./E	Min./ Mo.	Min./E	Min./ Mo.	Min./E	Min./ Mo.
T 01000	Gehäuse A	510									95	48.450								
T 01001	Gehäuse B	75									62	4.650								
T 03000	Behälter A	85									25	2.125								
T 03001	Behälter B	15									21	315								
T 04000	Deckel	900	22	19.800	31	27.900	36	32.400			29	26.100								
T 05000	Wanne	520	27	14.040	36	18.720	27	14.040			23	11.960	7	3.640					8	4.160
T 06000	Welle 50/800	660	13	8.580	18	11.880					3	1.980	4	2.310	5	3.300			7/9	10.560
T 06001	Welle 100/860	700	21	14.700	28	19.600					7	4.900	6	3.920	8	5.600			12/13	17.500
T 07000	Zahnrad 110/80	600	11	6.600	17	10.200			49	29.400							5	2.700	4	2.400
T 07001	Zahnrad 220/120	240	25	6.000	33	7.920			152	36.480							11	2.640	10	2.400
T 07002	Zahnrad 275/120	70	32	2.240	42	2.940			215	15.050							16	1.120	14	980
T 07003	Zahnrad 330/120	390	44	17.160	61	23.790			302	117.780							24	9.360	15	5.850
T 08000	Flansch 50	1100																		
T 08001	Flansch 100	850																		
T 08002	Flansch 130	450																		
Zwischensumme				89.120		122.950		46.440		198.710		100.480		9.870		8.900		15.820		43.850
+ Ausschuss				2.765		3.870		1.710		8.000		1.956		550		99		660		1.090
+ Nacharbeit				1.360		950		540		1.990		740		150		100		240		440
Verfahrensabw. (gepl. Kost)				2.200								– 2.760								
Verfahrensabw. (ausf. Kost)				2.800																
Fertigungsminuten/Monat				93.845		127.770		48.690		208.700		100.416		10.570		9.099		16.720		45.380
Istbeschäftigung Stunden				1.564		2.130		812		3.478		1.674		176		152		279		756

Abbildung 4-110: Istbeschäftigung der Fertigungsstellen

Istbeschäftigung Fertigungsstellen – 3						
Kostenstellen			Schweißerei		Montage	
Nr./BZ-Größe			521/VST		621/VST	
Erzeugnis NR	Bezeichnung	Stk./Mo.	Min./E	Min./Mo.	Min./E	Min./Mo.
P 10100	Getriebe MAG 2 : 1	200	140	28.000	145	29.000
P 10101	Getriebe SGW 2,5 : 1	60	140	8.400	170	10.200
P 10102	Getriebe HAG 3 : 1	190	140	26.600	205	38.950
P 30100	Druckbehälter 1	25	353	8.825	105	2.625
P 30101	Druckbehälter 2	45	275	12.375	105	4.725
P 30200	Wasserbehälter	25	353	8.825	135	3.375
B 01010	Gehäuse A, vormontiert	410			22	9.020
B 01011	Gehäuse B, vormontiert	45			22	990
B 06710	Welle m. Zahnrad A	640			39	24.960
B 06730	Welle m. Zahnrad A1	230			44	10.120
B 06740	Welle m. Zahnrad A2	70			47	3.290
B 06750	Welle m. Zahnrad A3	250			49	12.250
Zwischensumme				93.025		149.505
+ Ausschuss						
+ Nacharbeit				1.355		1.669
Verfahrensabw. (gepl. Kost)						
Verfahrensabw. (ausf. Kost)						
Fertigungsminuten/Monat				94.380		151.174
Istbeschäftigung Stunden				1.573		2.520

Abbildung 4-111: Istbeschäftigung der Fertigungsstellen

IBG-Erfassung durch Deckungsrechnung					
Empfängerkostenstelle / Senderkostenstelle				450 Bereichsstelle Meisterbereich 2	
Nr.	Bezeichnung	Bezugsgröße		Bezugsgröße	
		PLAN	IST	PLAN	IST
451	Bohrmaschinen	800	811,50	16	16,23
453	Zahnradfräsmaschinen	3.000	3.478,30	64	74,20
454	Fräsmaschinen	1.560	1.673,60	20	21,46
	Summe			100	111,89

Abbildung 4-112: Ist-Bezugsgrößenermittlung der kalkulatorisch abgerechneten Bereichstelle

Bezugsgrößenübersicht Januar – April – 1

Kostenstellen		Bezugsgrößen		Einzelmonat				Kumuliert			
Nr.	Bezeichnung	KZ	Bezeichnung	Planmenge	Istmenge	Abw.	BG %	Planmenge	Istmenge	Abw.	BG %
100	Technische Unternehmensleitung	VE	Unternehmensleitung	100,0	100,0	0,0	100,00 %	400,0	400,0	0,0	100,00 %
110	Grundstücke und Gebäude	QMB	Bürogebäude	1.700,0	1.700,0	0,0	100,00 %	6.800,0	6.800,0	0,0	100,00 %
		QMF	Fabrikgebäude	6.000,0	6.000,0	0,0	100,00 %	24.000,0	24.000,0	0,0	100,00 %
		QMH	Beheizt	6.600,0	6.600,0	0,0	100,00 %	26.400,0	26.400,0	0,0	100,00 %
121	Sozialdienst/Betriebsrat	PRS	Anzahl Personen	381,5	379,0	-2,5	99,34 %	1.526,0	1.514,0	-12,0	99,21 %
122	Küche/Kantine	PRS	Anzahl Personen	381,5	379,0	-2,5	99,34 %	1.526,0	1.514,0	-12,0	99,21 %
130	Stromversorgung	KWH	Kilowattstunden	450.000,0	497.350,0	47.350,0	110,52 %	1.800.000,0	1.840.117,0	40.117,0	102,23 %
210	Betriebshandwerker	HST	Handwerker-Stunden	1.480,0	1.574,3	94,3	106,37 %	5.920,0	6.236,6	316,6	105,35 %
250	Lkw-Transport	KM	Kilometer	7.000,0	6.837,0	-163,0	97,67 %	28.000,0	28.115,0	115,0	100,41 %
300	Beschaffung	SGM	Stand-Gruppenführer-Stunden MW	200,0	197,2	-2,8	98,60 %	800,0	804,9	4,9	100,61 %
		SMM	Stand-Mitarbeiter-Stunden MW	210,0	216,0	6,0	102,86 %	840,0	850,5	10,5	101,25 %
		SSM	Stand-Sachbearbeiter-Stunden MW	300,0	304,5	4,5	101,50 %	1.200,0	1.184,0	-16,0	98,67 %
301	Rohmateriallager	QMM	QM-Flächenbedarf MW	345,0	336,0	-9,0	97,39 %	1.380,0	1.324,0	-56,0	95,94 %
		SFM	Stand-Fertigungw-Stunden MW	530,0	546,1	16,1	103,04 %	2.120,0	2.157,0	37,0	101,75 %
		TEU	T-€ Umlaufvermögen MW	1.390,0	1.458,0	68,0	104,89 %	5.560,0	5.635,0	75,0	101,35 %
302	Absägerei	SAM	Stand-Anlage-Stunden MW	130,0	141,4	11,4	108,77 %	520,0	535,1	15,1	102,90 %
		SFM	Stand-Fertigungs-Stunden MW	200,0	218,3	18,3	109,15 %	800,0	825,7	25,7	103,21 %
303	Wareneingangsprüfung	SAM	Stand-Anlage-Stunden MW	60,0	65,5	5,5	109,17 %	240,0	248,1	8,1	103,38 %
		SFM	Stand-Fertigungs-Stunden MW	300,0	324,7	24,7	108,23 %	1.200,0	1.238,0	38,0	103,17 %
305	Hilfs- und Betriebsstofflager	VEL	VE Leitungsstellen	100,0	105,5	5,5	105,50 %	400,0	405,0	5,0	101,25 %
400	Fertigungsleitung	VEL	VE Leitungsstellen	100,0	103,7	3,7	103,70 %	400,0	403,7	3,7	100,93 %
409	Werkzeugausgabe/Werkzeuglager	VEL	VE Leitungsstellen	100,0	106,4	6,4	106,40 %	400,0	409,5	9,5	102,38 %
411	Arbeitsvorbereitung	SGF	Stand-Gruppenführer-Stunden FU	580,0	602,5	22,5	103,88 %	2.320,0	2.369,5	49,5	102,13 %
		SSF	Stand-Sachbearbeiter-Stunden FU	450,0	478,5	28,5	106,33 %	1.800,0	1.892,0	92,0	105,11 %
412	NC-Programmierung	SNF	Stand-NC-Programmier-Stunden FU	380,0	425,5	45,5	111,97 %	1.520,0	1.626,0	106,0	106,97 %
415	Qualitätssicherung	SAQ	Stand-QS-Anlagen-Stunden FU	150,0	132,5	-17,5	88,33 %	600,0	555,7	-44,3	92,62 %
		SFQ	Stand-QS-Fertigungs-Stunden FU	1.100,0	1.132,7	32,7	102,97 %	4.400,0	4.467,3	67,3	101,53 %

Abbildung 4-113: Bezugsgrößen-Übersicht

Bezugsgrößenübersicht Januar – April – 2											
Kostenstellen		Bezugsgrößen		Einzelmonat				Kumuliert			
Nr.	Bezeichnung	KZ	Bezeichnung	Planmenge	Istmenge	Abw.	BG %	Planmenge	Istmenge	Abw.	BG %
419	Innerbetrieblicher Transport	ANF	Anfahrten E-Karren	280,0	307,2	27,2	109,71 %	1.120,0	1.148,0	28,0	102,50 %
		SPF	Stand-Stapler-Stunden FU	450,0	477,3	27,3	106,07 %	1.800,0	1.818,7	18,7	101,04 %
		STF	Stand-Transport-Stunden FU	525,0	562,4	37,4	107,12 %	2.100,0	2.126,4	26,4	101,26 %
421	NC-Drehmaschinen	VST	Vorgabestunden	4.200,0	4.620,0	420,0	110,00 %	16.800,0	17.396,4	496,4	102,95 %
430	Bereichsstelle Meisterbereich 1	VEL	VE Leitungsstellen	100,0	110,5	10,5	110,50 %	400,0	410,6	10,6	102,65 %
431	Spitzendrehmaschinen bis 300 mm	VST	Vorgabestunden	1.900,0	1.864,5	-35,5	98,13 %	7.600,0	7.565,7	-34,3	99,55 %
432	Spitzendrehmaschinen über 300 mm	VST	Vorgabestunden	3.650,0	3.952,0	302,0	108,27 %	14.600,0	14.870,3	270,3	101,85 %
434	Karusselldrehmaschinen	VRS	Vorgabe-Rüststunden	430,0	565,8	135,8	131,58 %	1.720,0	1.787,4	67,4	103,92 %
		VST	Vorgabestunden	5.960,0	6.841,8	881,8	114,80 %	23.840,0	24.722,2	882,2	103,70 %
441	Bohrwerke	RST	Rüststunden	550,0	721,0	171,0	131,09 %	2.200,0	2.392,6	192,6	108,75 %
		VST	Vorgabestunden	2.480,0	2.914,9	434,9	117,54 %	9.920,0	10.352,3	432,3	104,36 %
442	Schleifmaschinen	MST	Vorgabe-Maschinenstunden	1.950,0	2.129,5	179,5	109,21 %	7.800,0	7.983,4	183,4	102,35 %
		VST	Vorgabestunden	1.430,0	1.564,1	134,1	109,38 %	5.720,0	5.867,6	147,6	102,58 %
450	Bereichsstelle Meisterbereich 2	VEL	VE Leitungsstellen	100,0	111,9	11,9	111,90 %	400,0	413,1	13,1	103,28 %
451	Bohrmaschinen	VST	Vorgabestunden	800,0	811,5	11,5	101,44 %	3.200,0	3.367,2	167,2	105,23 %
453	Zahnradfräsmaschinen	VST	Vorgabestunden	3.000,0	3.478,3	478,3	115,94 %	12.000,0	12.349,4	349,4	102,91 %
454	Fräsmaschinen	VST	Vorgabestunden	1.560,0	1.673,6	113,6	107,28 %	6.240,0	6.419,3	179,3	102,87 %
521	Elektroschweißerei	VST	Vorgabestunden	1.400,0	1.573,0	173,0	112,36 %	5.600,0	5.801,6	201,6	103,60 %
551	Glüherei/Härterei	OS1	Stand-Ofen-Stunden bis 800°	160,0	176,2	16,2	110,13 %	640,0	658,3	18,3	102,86 %
		OS2	Stand-Ofen-Stunden über 800°	135,0	151,7	16,7	112,37 %	540,0	560,7	20,7	103,83 %
		OS3	Stand-Stunden Härten	245,0	278,7	33,7	113,76 %	980,0	1.011,2	31,2	103,18 %
		SFO	Stand-Fertigungs-Stunden Ofenbetrieb	670,0	756,3	86,3	112,88 %	2.680,0	2.776,5	96,5	103,60 %
621	Montage	VST	Vorgabestunden	2.550,0	2.519,6	-30,4	98,81 %	10.200,0	10.392,7	192,7	101,89 %
710	Konstruktionsbüro	KST	Konstruktions-Stunden	600,0	583,5	-16,5	97,25 %	2.400,0	2.434,5	34,5	101,44 %
		ZST	Zeichner-Stunden	325,0	337,0	12,0	103,69 %	1.300,0	1.355,7	55,7	104,28 %
800	Kaufm. Unternehmensleitung	VEU	VE Unternehmensleitung	100,0	100,0	0,0	100,00 %	400,0	400,0	0,0	100,00 %
810	Finanzbuchhaltung	VEW	VE Verwaltung	100,0	100,0	0,0	100,00 %	400,0	400,0	0,0	100,00 %

Abbildung 4-114: Bezugsgrößen-Übersicht

Bezugsgrößenübersicht Januar – April – 3

Kostenstellen		Bezugsgrößen		Einzelmonat				Kumuliert			
Nr.	Bezeichnung	KZ	Bezeichnung	Planmenge	Istmenge	Abw.	BG %	Planmenge	Istmenge	Abw.	BG %
820	Innerbetriebl. Rechnungswesen	VEW	VE Verwaltung	100,0	100,0	0,0	100,00 %	400,0	400,0	0,0	100,00 %
840	Personalwesen	VEW	VE Verwaltung	100,0	100,0	0,0	100,00 %	400,0	400,0	0,0	100,00 %
850	Allg. Verwaltung	VEW	VE Verwaltung	100,0	100,0	0,0	100,00 %	400,0	400,0	0,0	100,00 %
870	Leitung ORG/DV	VED	VE Verwaltung	100,0	100,0	0,0	100,00 %	400,0	400,0	0,0	100,00 %
871	Personalpool/DV	VEP	VE Personalpool DV	100,0	100,0	0,0	100,00 %	400,0	400,0	0,0	100,00 %
873	CPU	CPU	CPU-Minuten	9.000,0	8.835,2	-164,8	98,17 %	36.000,0	37.660,0	1.660,0	104,61 %
874	Platte/Band	GBD	Giga-Byte-Days	900,0	870,0	-30,0	96,67 %	3.600,0	3.560,0	-40,0	98,89 %
876	Term./PC/Bürokomm.	ANZ	Anzahl Anschlüsse	120,0	128,0	8,0	106,67 %	480,0	487,0	7,0	101,46 %
877	SAP	STA	Stand-Transaktionen primär	1.550,0	1.593,0	43,0	102,77 %	6.200,0	6.453,0	253,0	104,08 %
		TAS	Transaktionen sekundär	1.600,0	1.583,0	-17,0	98,94 %	6.400,0	6.522,0	122,0	101,91 %
878	PAISY	VEY	VE Personalabrechnung	100,0	100,0	0,0	100,00 %	400,0	400,0	0,0	100,00 %
900	Vertriebsleitung	VEV	VE Vertrieb	100,0	100,0	0,0	100,00 %	400,0	400,0	0,0	100,00 %
911	Verkauf Inland	SMV	Stand-Mitarbeiter-Stunden VT	300,0	334,5	34,5	111,50 %	1.200,0	1.234,9	34,9	102,91 %
		SSV	Stand-Sachbearbeiter-Stunden VT	700,0	751,5	51,5	107,36 %	2.800,0	2.860,5	60,5	102,16 %
		VEV	VE Vertrieb	100,0	100,0	0,0	100,00 %	400,0	400,0	0,0	100,00 %
912	Verkauf Ausland	SMV	Stand-Mitarbeiter-Stunden VT	300,0	328,0	28,0	109,33 %	1.200,0	1.261,4	61,4	105,12 %
		SSV	Stand-Sachbearbeiter-Stunden VT	550,0	606,5	56,5	110,27 %	2.200,0	2.339,0	139,0	106,32 %
		VEV	VE Vertrieb	100,0	100,0	0,0	100,00 %	400,0	400,0	0,0	100,00 %
915	Vertriebs-DV-Stelle	SMV	Stand-Mitarbeiter-Stunden VT	370,0	392,9	22,9	106,19 %	1.480,0	1.541,0	61,0	104,12 %
920	Fertigwarenlager	QMV	QM Flächenbedarf VT	620,0	635,0	15,0	102,42 %	2.480,0	2.457,0	-23,0	99,07 %
		SFV	Stand-Fertigungs-Stunden VT	600,0	637,5	37,5	106,25 %	2.400,0	2.446,0	46,0	101,92 %
		TEU	T-€ Umlaufvermögen VT	2.200,0	2.360,0	160,0	107,27 %	8.800,0	9.065,0	265,0	103,01 %
930	Versand	SFV	Stand-Fertigungs-Stunden VT	550,0	593,5	43,5	107,91 %	2.200,0	2.219,7	19,7	100,90 %
		SSV	Stand-Sachbearbeiter-Stunden VT	450,0	469,0	19,0	104,22 %	1.800,0	1.795,5	-4,5	99,75 %
950	Werbung und Marketing	VEV	VE Vertrieb	100,0	100,0	0,0	100,00 %	400,0	400,0	0,0	100,00 %

Abbildung 4-115: Bezugsgrößen-Übersicht

SOLL – ISTKOSTEN – VERGLEICH

6	Soll – Istkosten-Vergleich nach Kostenarten		Einzelmonat				Kumuliert		
8	Nr.	Kostenarten	Ist-kosten	Soll-kosten	Abw.	In %	Istkosten kum.	Abw. kum.	In %
9		Fertigungslohn	71.015	69.762	1.253	2 %	265.312	2.627	1 %
10		Zusatzlohn	2.931	2.790	141	5 %	11.242	735	7 %
11		Hilfslohn Vorarbeiter/Einrichter	24.992	27.053	– 2.061	– 8 %	100.756	– 2.056	– 2 %
12		Hilfslohn Transport/Lager							
13		Hilfslohn Reinigung	1.178	1.223	– 46	– 4 %	5.101	146	3 %
14	1	Sonstiger Hilfslohn	29		29	100 %	116	116	
15		Zulagen	7.308	7.601	– 293	– 4 %	28.907	286	1 %
16		Mehrarbeitszuschläge	969	924	45	5 %	3.683	452	14 %
17		Kalk. Sozialaufwand Lohn	81.316	82.015	– 699	–1 %	307.187	1.645	1 %
18		Gehalt	3.954	3.729	225	6 %	14.876	147	1 %
19		Kalk. Sozialaufwand Gehalt	3.163	2.984	179	6 %	11.901	118	1 %
20		Heizöl/Treibstoffe							
21	2	Werkzeuge	28.671	26.787	1.884	7 %	105.909	5.043	5 %
22		Kalk. verr. Betriebsmittel	8.539	8.539	–	0 %	32.154	–	
23		Sonstige Hilfs- u. Betriebsstoffe	3.142	2.655	487	15 %	9.894	– 202	–2 %
24	3	Instandhaltung	24.955	31.108	– 6.153	– 25 %	121.904	3.551	3 %
25		Kalk. Instandhaltungskosten	14.784	14.784	–	0 %	55.668	–	0 %
26		Ausschuss/Nacharbeit							
27	4	Fremdenergie							
28		Sonst. Eigen- und Fremdleistungen							
29		Steuern/Versicherungen							
30		Beiträge/Gebühren							
31	5	Porti/Telefon/FS							
32		Werbung/Marketing							
33		Reise- u. Bewirtungskosten							
34		Sonst. Verwaltungskosten							
35	6	Kalk. Abschreibungen	74.960	74.960	–	0 %	288.579	–	0 %
36		Kalk. Zinsen	16.307	16.307	–	0 %	65.228	–	0 %
37		Kalk. Sozialkosten	4.817	4.817	–	0 %	15.761	–	0 %
38		Kalk. Raumkosten	8.084	8.084	–	0 %	32.337	–	0 %
39	7	Kalk. Energiekosten	14.204	14.204	–	0 %	34.051	–	0 %
40		Kalk. Transportkosten							
41		Kalk. Leitungskosten	24.029	24.029	–	0 %	77.912	–	0 %
43		Gesamtkosten	419.347	424.355	– 5.008	–1,18 %	1.588.478	12.608	0,80 %

45	Kostenarten – Gruppen und Abweichungen		Einzelmonat				Kumuliert		
46	Nr.	Kostenarten	Ist-kosten	Soll-kosten	Abw.	In %	Istkosten kum.	Abw. kum.	In %
47	1	Personalkosten	196.855	198.081	– 1.226	–1 %	749.081	4.219	1 %
48	2	Hilfs- und Betriebskosten	40.352	37.981	2.371	6 %	147.957	4.841	3 %
49	3	Instandhaltungskosten	39.739	45.892	– 6.153	–15 %	177.572	3.551	2 %
50	4	Sonst. Gemeinkosten							
51	5	Versch. Gemeinkosten							
52	6	Kalk. Kapitalkosten	91.267	91.267		0 %	353.807		
53	7	Sonst. kalk. Kosten	51.134	51.134		0 %	160.061		–20 %
54		Gesamtkosten I	419.347	424.355	– 5.008	–1,18 %	1.588.478	12.611	0,80 %
55		Tarifabw. Lohn einschl. Soz.-Aufw.	9.487		9.487		9.487	9.487	
56		Tarifabw. Gehalt einschl. Soz.-Aufw.	356		356		356	356	
57		Preisdifferenzen	1.074		1.074		2.103	2.103	
58		Abw. sekundärer Stellen	266		266		1.117	1.117	
59		Gesamtkosten II	430.530	424.355	6.175	1,46 %	1.601.541	25.674	1,63 %

61	Fixkostendeckung	Plan-fixkosten	Gedeckte Fixkosten	Besch.-Abw.	In %	Ged. Fixkosten kum.	Besch. Abw. Kum.	In %
62		91.915	101.107	–9.192	10 %	380.712	–13.052	–4 %
63	Deckung Standardaufträge	Ist-kosten	Verr. Kosten	Über/ Unterdeckg.	In %	Istkosten kum.	Über/ Unterdeckg.	In %
64		–	23.323	–23.323	100 %	61.356	–25.958	–23 %
65	Bezugsgrößen und Kostensätze	Ist-BZ-Menge	Plan-BZ-menge	Beschäftigungsgrad		Prop. Plankosten-satz	Prop. Istkosten-satz	Prop. Ist-kostensatz
66				Monat	kum.	Plan	Monat	Kum.
67		4.620	4.200	110 %	103 %	71,96	73,12	73,24

Abbildung 4-116: Soll-Ist-Kostenvergleich der NC-Drehmaschinen

In Abbildung 4-11 haben wir als Beispiel den monatlichen Soll-Ist-Kostenvergleich der Fertigungskostenstelle NC-Drehmaschinen in tabellarischer Form wiedergegeben. Die tabellarische Form entspricht dem traditionellen Prinzip, nach dem der Kostenstellenleiter – von denen ja noch nicht alle über Bildschirmanschlüsse verfügen – eine hardcopy als Bericht über seine Kostenstellen erhält.

In den einzelnen Berichtszeilen werden der besseren Lesbarkeit halber Kostenarten zusammengefasst. Bei der Istkostenaufbereitung sind die Istmengen mit Planpreisen (soweit vorhanden) bewertet, sodass die Gesamtkosten in Zeile 43 auf der gleichen

Wertbasis beruhen wie der Plan, und die ausgewiesene Abweichung als echte, preisbereinigte Verbrauchsabweichung zu betrachten ist.

Nach einer Verdichtung der wichtigsten Kostenartengruppen werden ab Zeile 55 die Lohnsatz-(Tarif-) und Preisabweichungen summarisch dargestellt, sodass in Zeile 59 die tatsächlichen Kosten der Kostenstelle ausgewiesen sind. Die Gesamtweichung setzt sich aus Verbrauchs- und Preisabweichungen zusammen. Details zu den Istkosten stellt das Standard Softwaresystem bis hin zum Einzelbeleg online zur Verfügung.

Insgesamt betragen in diesem Beispiel die vom Kostenstellenleiter beeinflussbaren Kostenstellenabweichungen im Kontrollmonat –1,18 % der Sollkosten, die kumulierten Kostenstellenabweichungen liegen bei 0,80 %.

Die Tarifabweichungen gehen auf eine 5 %ige Lohnerhöhung zurück; bezogen auf die den neuen Tarifen entsprechenden Löhne beträgt die Lohnerhöhung 4,76 %.

Als Preisdifferenzen werden die entsprechenden (angenommen) Beträge aus der Materialwirtschaft, in der ja eine Festpreis- (Standardpreis-) Bewertung auch für Gemeinkostenmaterial vorgesehen ist, ausgewiesen.

Unter „Abweichungen sekundärer Stellen" werden die Abweichungs-Kostensätze von leistungserbringenden Hilfskostenstellen mit den in der empfangenden Kostenstelle abgenommenen Leistungsmengen multipliziert und damit dorthin „nachverrechnet" (Vgl. auch Kapitel 4.10.5)

In der Zeile „Deckung Standardaufträge" wird rein informell über den Saldo der zu dieser Kostenstelle gehörenden Standardaufträge (Vgl. Kapitel 4.7.2) für Betriebsmittel und Großreparaturen berichtet. Demnach sind im Monat April keine Kosten angefallen, währende seit Jahresbeginn bereits 61.356 € einer kalkulatorischen Deckung von 87.314 € gegenüberstehen. Dieser Betrag kann durch die Addition der Istkosten mit der (Über-) deckung von 25.958 € oder durch Multiplikation des Planbetrages (vgl. Abbildung 4-74 Kostenplanung der NC-Drehmaschinen) der Kostenarten 4822, 4823 und 4690 in der Höhe von 21.203 €/Monat mit dem kumulativen Beschäftigungsgrad laut Abbildung 4-115 Bezugsgrößen-Übersicht von 102,95 ermittelt werden.

Zum Abschluss dieses Kapitels wollen wir nunmehr am Beispiel der Fertigungsstelle NC-Drehmaschinen des Modellbetriebs die Probleme aufzeigen, die bei der Umsetzung des Grundsatzes der Kostenidentität (vgl. Kapitel 4.8.1) in der Praxis zu beachten sind. Die Daten der Kostenplanung lassen sich der Abbildung 4-74, die Daten der Bezugsgrößenerfassung den Abbildungen 4-46 bis 4-48 (Plan) und 4-109 bis 4-111 (Ist) entnehmen.

Die erste Tabelle in Abbildung 4-117 enthält die retrograde Bezugsgrößenerfassung, bei der die Plan- bzw. Istbezugsgröße aus den geplanten bzw. realisierten Erzeugnismengen abgeleitet werden. Würde mit den Ergebnissen dieser Zwischensumme weiter gearbeitet, wäre der Grundsatz der Kostenidentität erfüllt. Auf Grund vorliegender Erfahrungswerte wird in unserem Fall jedoch bereits im Plan ein Wert für – zwingend erforderliche – Nacharbeit geplant, um die endgültige Planbezugsgrößenmenge zu bestimmen. Im Ist kommen dann noch – vermeidbarer – Ausschuss und Verfahrensabweichungen hinzu, was die Istbezugsgrößenmenge weiter gegenüber dem Soll erhöht.

Die zweite Tabelle gibt die Summenzeile der Kostenplanung wieder, die erkennen lässt, dass der Planbezugsgröße von 4.200 Fertigungsstunden/Monat proportionale Plankosten von insgesamt 302.220 €/Monat entsprechen. Hieraus ergibt sich ein Fertigungskostensatz von 1,20 €/Min. Die dritte Tabelle zeigt, dass der Istbeschäftigung von 110,0 % proportionale Sollkosten in Höhe von 302.220 · 1,10 = 332.443 €/Monat entsprechen, von denen jedoch nur 321.012 (vgl. vierte Tabelle, Zwischensumme) dem Grundsatz der Kostenidentität entsprechen. Die Differenz muss als spezielle Kostenabweichung in der Kostenträgerzeitrechnung berücksichtigt werden (vgl. Kapitel 4.8.1)

In der zweiten Spalte der vierten Tabelle sind die Fertigungskosten pro Stück ausgewiesen, die den Zeilen der Fertigungskostenstelle NC-Drehmaschinen in den Plankalkulationen entsprechen. Sie lassen sich errechnen, indem man die Min./Stck. in der ersten Tabelle mit dem proportionalen Kostensatz von 1,20 €/Min. multipliziert. Durch Multiplikation der geplanten bzw. realisierten Erzeugnismengen erhält man die proportionalen Fertigungskosten der Stelle NC-Drehmaschinen, die über die Plankalkulationen in die Kostenträgerzeitrechnung eingehen. Die Zwischensummenzeile der vierten Tabelle lässt erkennen, dass die gleichen proportionalen Sollkosten in die Kostenstellen- und die Kostenträgerzeitrechnung eingehen würden, gäbe es die erwähnten Abweichungen nicht. Da sich der Produktionsvollzug gegenüber der Planung jedoch verändert hat, indem z. B. im Ist Verfahrensabweichungen von 3.950 Minuten ausgelöst wurden, indem Arbeiten anderer Kostenstellen übernommen wurden und auch der getrennt erfasste Ausschuss- und Nacharbeitsanteil berücksichtigt werden muss, ist diese Nachverrechnung spezieller Abweichungen nicht zu vermeiden.

Retrograde Bezugsgrößenerfassung

Erzeugnis	Min./Stk.	Planung		Ist	
Nr.		Stk./Mon.	Min./Mon.	Stk./Mon.	Min./Mon.
T 06000	94	605	56.870	660	62.040
T 06001	158	595	94.010	700	110.600
T 07000	34	605	20.570	600	20.400
T 07001	71	185	13.135	240	17.040
T 07002	85	110	9.350	70	5.950
T 07003	132	300	39.600	390	51.480
Zwischensumme			233.535		267.510
+ Ausschuss					3,508
+ Nacharbeit			18.449		2.232
+ Verfahrensabweichung					3.950
Summe in Minuten			251.984		277.200
Summe in Stunden			4.200		4.620
Beschäftigungsgrad			100 %		110 %

Kostenplanung der Kostenstelle 421				
		Prop.	Fix	Gesamt
Plankosten	€/Mon.	302.220	91.914	394.134
Planbezugs-größe	Ftg. Std./Mon.	4.200		
Kostensatz	€/Min.	1,20		

Soll-Ist-Vergleich der Kostenstelle 421				
		Prop.	Fix	Gesamt
Sollkosten	€/Mon.	332.443	91.914	424.357
Istbezugs-größe	Ftg. Std./Mon.	4.620		
Istbeschäftigungsgrad		110 %		

Kostenträgerzeitrechnung					
Erzeugnis	€/Stk.	Planung		Ist	
Nr.		Stk./Mon.	€/Mon.	Stk./Mon.	€/Mon.
T 06000	113	605	68.244	660	74.448
T 06001	190	595	112.812	700	132.720
T 07000	41	605	24.684	600	24.480
T 07001	85	185	15.762	240	20.448
T 07002	102	110	11.220	70	7.140
T 07003	158	300	47.520	390	61.776
Zwischensumme			280.242		321.012
+ Ausschuss		308	22.140		4.210
+ Nacharbeit					2.678
+ Verfahrensabweichung					4.740
Summe			302.382		332.640
Abstimmdifferenz			– 162		– 197

Abbildung 4-117: Beispiel zum Nachweis der Kostenidentität

Alle nach der „Zwischensumme“ ausgewiesenen Differenzbeträge sind als spezielle Abweichungen in der Kostenträger- bzw. Ergebnisrechnung zu berücksichtigen.

Anmerkungen zum 4. Kapitel

1 Vgl. E. Michel, Handbuch der Plankostenrechnung, 1937, S. 277; H. G. Plaut, Die Plankostenrechnung als Hilfsmittel zur rationellen Betriebsgestaltung, 1949, S. 352; H. G. Plaut, Entwicklungsformen der Plankostenrechnung, 1976, S. 21.

2 Vgl. A. G. Coenenberg, Zur Bedeutung der Anspruchsniveau-Theorie für die Ermittlung von Vorgabekosten, 1970, S. 1138 ff.

3 Vgl. A. G. Coenenberg, Zur Bedeutung der Anspruchsniveau-Theorie für die Ermittlung von Vorgabekosten, 1970, S. 1141.

4 Vgl. R. Ewert, A. Wagenhofer: Interne Unternehmensrechnung, 2008, S. 367 ff.

5 Zu den Anforderungen an Kosteningenieure vgl. H. G. Plaut, H. Müller, W. Medicke, Grenzplankostenrechnung und Datenverarbeitung, 1973, S. 31.

6 Vgl. K. Rummel, Ingenieur und Kaufmann, 1935, S. 86; H. Kreis, Das Zusammenwirken von Ingenieur und Kaufmann bei der Aufstellung und Auswertung der monatlichen Kosten- und Erfolgsrechnung, 1937, S. 514.

7 Der in den Anfängen der Grenzplankostenrechnung genannte Aufwand von 1,5 bis 4 Tagen pro Kostenstelle – vgl. Konrad, E.: Kostenplanung und -kontrolle, 1970, S. 1099 ff. – wird inzwischen durch konsequente Konzentration auf die wenigen wichtigsten Kostenarten einer Kostenstelle deutlich unterboten.

8 H. G. Plaut gibt an, dass für jährliche Folgeplanungen je nach Umfang der Änderungen zwischen 10 % und 50 % einer Erstplanung benötigt werden. Er weist zugleich darauf hin, dass „ein sehr großer Teil der Arbeit auf die Abstimmung der sekundären Kosten und auf die Rechenarbeit entfällt, sodass für Planungsüberholungen der Einsatz eines Modularprogramms zu empfehlen ist". Vgl. Entwicklungsformen der Plankostenrechnung, 1976, S. 23.

9 Vgl. H. G. Plaut, H. Müller, W. Medicke, Grenzplankostenrechnung und Datenverarbeitung, 1973, S. 33.

10 Vgl. A. Matz, Plankostenrechnung, 1954, S. 39.

11 Vgl. K. Vikas, Besonderheiten der Kosten-, Leistungs-, Erlös- und Ergebnisrechnung in Dienstleistungsbetrieben, 1992, S. 1943 ff. und die dort angegebene Literatur.

12 Vgl. H. Diercks und F. Petzold, Betriebsüberwachung durch Plankostenrechnung, 1951, S. 491; H. G. Plaut, Entwicklungsformen der Plankostenrechnung, 1976, S. 11; F. Wille, Plan- und Standardkostenrechnung, 1963, S. 28 ff. und insbesondere die Beispiele auf den S. 29 f.

13 Vgl. H. G. Plaut, Entwicklungsformen der Plankostenrechnung, 1976, S. 11.

14 Vgl. W. W. Neumayer, Berücksichtigung des „Auftrags"- und „Verfahrens"-Wechsels in der Fertigung durch „doppelt-flexible" Plankostenrechnung, 1950, S. 403 ff.; H. Diercks und F. Petzold, Betriebsüberwachung durch Plankostenrechnung, 1951, S. 491 ff.;

15 Vgl. K. Käfer, Standardkostenrechnung, 1964, S. 319.

16 Vgl. H. G. Plaut, Die Grenz-Plankostenrechnung, 1953, S. 349. Zur Kritik an der Kostenplatzrechnung vgl. auch H. G. Plaut, Entwicklungsformen der Plankostenrechnung, 1976, S. 12.

17 Vgl. H. G. Plaut, Die Grenz-Plankostenrechnung, 1953, S. 349.

18 Vgl. H. G. Plaut, Die Grenz-Plankostenrechnung, 1953, S. 349.

19 Wir wollen uns auf folgende Literaturhinweise beschränken: K. Agthe, Kostenplanung ..., 1963, S. 39 ff.; K. Käfer, Standardkostenrechnung, 1964, S. 214 ff.; W. Medicke, Grenzplankostenrechnung, 1970, S. 302; H. G. Plaut, Die Plankostenrechnung ..., 1951, S. 352; H. G. Plaut, Die Grenz-Plankostenrechnung, 1953, S. 349 ff.; K. Rummel, Einheitliche Kostenrechnung, 1967, S. 10 ff.; F. Wille, Plan- und Standardkostenrechnung, 1963, S. 36 ff.

20 Vgl. G. J. Benston, Multiple Regression Analysis of Cost Behavior, 1966, S. 658 ff., wo die Anwendungsmöglichkeiten der multiplen Regressionsanalyse beschrieben werden; W. Bindemann, Kostensynthese, 1951, S. 392 ff.; zu den Grundlagen der Korrelationsrechnung vgl. H. Stevens, Einflussgrößenrechnung, 1939.

21 So beschreibt z. B. G. Lassmann, Die Kosten- und Erlösrechnung ..., 1968, die Erfassung verschiedener Funktionstypen mithilfe der Regressionsanalyse, so z. B. den Heizölverbrauch von Siemens-Martin-Stahlwerken. Vgl. S. 90 ff. Weiterhin weist er mithilfe der Regressionsanalyse einen strammen Zusammenhang zwischen Schmelzstunden und Betriebslohnstunden nach. Vgl. S. 97.

22 Dieser Tatbestand wird von Kritikern der Grenzplankostenrechnung oftmals übersehen. Vgl. z. B. G. Lassmann, Die Kosten- und Erlösrechnung ..., 1968, S. 63; P. Riebel, Systemimmanente und anwendungsbedingte Gefahren von Differenzkosten- und Deckungsbeitragsrechnungen, 1974, S. 501.

23 Dies gilt insbesondere für die Verrechnungssätze des Material- und des Vertriebsbereichs.

24 Vgl. A.-W. Scheer, CIM – Der computergesteuerte Industriebetrieb, 1987.

25 Vgl. K. Vikas, Planung und Abrechnung administrativer Prozesse ..., 1990, S. 20 ff.

26 Vgl. C. T. Horngren, Cost Accounting ..., 1963, S. 289: „Most overhead costs are more closely related to time expirations than to any other factor.“; K. Käfer, Standardkostenrechnung, 1955, S. 166 f.; H. G. Plaut, Entwicklungsformen der Plankostenrechnung, 1976, S. 14; K. Rummel, Kostenrechnung auf Zeitgrundlage, 1929/30, S. 787; F. Wille, Plan- und Standardkostenrechnung, 1963, S. 36.

27 Vgl. K. Agthe, Kostenplanung ..., 1963, S. 72 ff.; K. Käfer, Standardkostenrechnung, 1964, S. 244; H. G. Plaut, Entwicklungsformen der Plankostenrechnung 1976, S. 14; auch K. Rummel hat bereits die Einflussgrößen Rüst- und Ausführungszeit voneinander getrennt. Vgl. Kostenrechnung ..., 1929/30 S. 792: „Eine Bestimmung derjenigen Kosten z. B., die nur der Einrichtzeit proportional sind, ermöglicht eine Ausschaltung des Einflusses der wechselnden Größen der Aufträge bei Reihen- und Sortenfertigung.“

28 Hierauf hat bereits K. Rummel, Einheitliche Kostenrechnung, 1967, S. 161 hingewiesen: „Man kommt hier mit einem Sollwert der Platzkosten für jeden Arbeitsplatz nicht aus und muss unterscheiden zwischen den Maßgrößen der Maschinenzeit und der Arbeitszeit.“

29 Vgl. H. G. Plaut, Die Grenz-Plankostenrechnung, 1953, S. 350.

30 Dieses Verfahren wurde von Kosteningenieuren der Plaut Unternehmensberatung entwickelt. Vgl. E. Konrad, Kostenplanung und -kontrolle ..., 1970, S. 1110, der dieses Verfahren für Textilbetriebe und die Stahlproduktion vorschlägt.

31 Vgl. W. Kilger, Die Entstehung und Weiterentwicklung der Grenzplankostenrechnung als entscheidungsorientiertes System der Kostenrechnung, 1976, S. 35 sowie unsere diesbezüglichen Ausführungen in Kapitel 2.122.

32 Vgl. E. Konrad, Kostenplanung und -kontrolle ..., 1970, S. 1110.

33 Vgl. C. T. Horngren, Cost Accounting ..., 1963, S. 517: „... measurement problems are extremely troublesome“; im übrigen vgl. K. Agthe, Kostenplanung ..., 1963, S. 167; K. Käfer, Standardkostenrechnung, 1964, S. 320; E. Kosiol, Neuere Ziele und Methoden der Kostenplanung, 1954, S. 669; H. G. Plaut, Entwicklungsformen der Plankostenrechnung, 1976, S. 24; F. Wille, Plan- und Standardkostenrechnung, 1963, S. 37.

34 Vgl. K. Vikas, Neue Konzepte, 2001, S. 74.

35 In der deutschen Literatur zur Plankostenrechnung hat als erster W. Auler die Bezugsgrößenwahl bei Büroarbeiten beschrieben, vgl. Die Plankostenrechnung in den Bereichen der Beschaffung und des Absatzes der industriellen Unternehmung, 1951, S. 416 ff.

36 Zu den ersten Versuchen der arbeitswissenschaftlichen Erfassung der Büroarbeit zählen folgende Arbeiten: H. Böhrs, Rationalisierung für Büroarbeit, 1950, S. 525 ff.; W. Bos, Leistungssteigerung in der Bürowirtschaft, 1951, S. 626 ff.; B. Falk, Kostenplanung und Kostenkontrolle im amerikanischen Bürobetrieb, 1956, S. 631 ff. .

37 Vgl. K. Vikas, Neue Konzepte, 2001 und Controlling im Dienstleistungsbereich ..., 1988.

38 Vgl. hierzu unsere Ausführungen in den Kapiteln 4.523 und 4.525.

39 Vgl. hierzu unsere Ausführungen in der Einführung.

40 Vgl. E. Herzog, Entscheidungsrelevante Kalkulationsmethoden, 1991, S. 119 ff.

41 Vgl. K. Vikas, Planung und Abrechnung administrativer Prozesse, 1990.

42 Die Verwendung von „DM-Deckungs-Bezugsgrößen“ für Leitungskostenstellen wurde erstmals von E. Michel in die Plankostenrechnung eingeführt. Vgl. E. Michel, Handbuch der Plankostenrechnung, 1951, S. 94. Später wurde dieses Verfahren insbesondere von H. G. Plaut weiterentwickelt.

43 Diese Aussage lässt sich bis in die 8. Auflage des Buches (1981) zurück verfolgen!

44 Vgl. K. Agthe, Kostenplanung ..., 1963, S. 49; W. Bos, Die Praxis der Plankostenrechnung, 1950, S. 407; H. Diercks und F. Petzold, Betriebsüberwachung ..., 1951, S. 493; J. Fuchs, Die Plankostenrechnung ..., 1954, S. 317 ff.; K. Käfer, Standardkostenrechnung, 1964, S. 225 ff.; E. Kosiol, Plankostenrechnung ...,

1956, S. 31 und S. 114 ff.; P. Kreuzer, Kapazität, Beschäftigungsgrad und Plankosten, 1951, S. 656; A. Matz, Plankosten, Deckungsbeiträge und Budgets, 1975, S. 77; A. Matz, M. F. Usry, Cost Accounting, 1976, S. 219 ff.; W. Medicke, Die Gemeinkosten ..., 1956, S. 27 ff.; W. W. Neumayer, Vollkommenheitsgrade der Plankostenrechnung, 1951, S. 592; H. G. Plaut, Die Plankostenrechnung, 1951, S. 533; H. G. Plaut, Die Grenz-Plankostenrechnung, 1953, S. 353; H. G. Plaut, Unternehmenssteuerung ..., 1961, S. 477 ff.; H. G. Plaut, Entwicklungsformen der Plankostenrechnung, 1976, S. 15–17; F. Wille, Plan- und Standardkostenrechnung, 1963, S. 40 ff.

45 Zu den Problemen der Kapazitätsmessung vgl. M. Kern, Die Messung industrieller Fertigungskapazitäten und ihre Ausnutzung, 1962; W. Kilger, Optimale Produktions- und Absatzplanung, 1973, S. 46 f.;

46 Vgl. W. Auler, Die Kostenkehren in der Optimalkalkulation, 1930, S. 895 ff.; H. Koch, Aufbau der Unternehmensplanung, 1977, schreibt auf S. 153 hierzu: „Der in früheren Jahren gängige Gedanke der Optimal-Beschäftigung (Beschäftigung im Bereich des Stückkosten-Minimums) ist veraltet und in der Praxis fallengelassen worden."

47 Vgl. H. G. Plaut, Die Grenz-Plankostenrechnung, 1953, S. 354; H. G. Plaut, die Grenz-Plankostenrechnung, 1955, S. 30 ff.

48 Vgl. K. Käfer, Standardkostenrechnung, 1964, S. 45 und S. 70; K. Mellerowicz, Planung und Plankostenrechnung, Bd. 1, 1979, S. 461.

49 Vgl. E. Gutenberg, Grundlagen der Betriebswirtschaftslehre, 1. Bd., Die Produktion, 1984, S. 163 ff.; zum System der betrieblichen Teilpläne vgl. W. Kilger, Optimale Produktions- und Absatzplanung, 1973, S. 22 und die dort angegebene Literatur.

50 Vgl. H. G. Plaut, Die Plankostenrechnung ..., 1951, S. 534; H. G. Plaut, Die Grenz-Plankostenrechnung, 1953, S. 355; H. G. Plaut, Die Grenzplankostenrechnung, 1955, S. 31; H. G. Plaut, Entwicklungsformen der Plankostenrechnung, 1976, S. 15–17; F. Wille, Plan- und Standardkostenrechnung, 1963, S. 41.

51 Vgl. H. Diercks und F. Petzold, Betriebsüberwachung ..., 1951, S. 493.

52 Vgl. H. Beckmann, Plankostenrechnung in der chemischen Industrie, 1953, S. 46; H. Bierman, Th. R. Dyckman, Managerial Cost Accounting, 1971, S. 56 ff.; R. Büttner, Praktische Durchführung der Kostenplanung..., 1974, S. 653; R. E. Jensen, A Multiple Regression Model für Cost Control, 1967, S. 265 bis 273; C. Nebelung, Statistische Ermittlung der fixen und variablen Kosten in Betrieben der Großserienfertigung, 1950, S. 415 ff.; A. Matz, Plankosten, Deckungsbeiträge und Budgets, 1975, S. 82 ff.; A. Matz und M. F. Usry, Cost Accounting, Planning and Control, 1976, S. 546 ff.

53 Vgl. insbesondere H. Beckmann, Plankostenrechnung ..., 1953, S. 46; C. Nebelung, Statistische Ermittlung ..., 1950, S. 416; im Übrigen werden in fast allen amerikanischen Lehrbüchern der Standardkostenrechnung Streupunktdiagramme beschrieben, vgl. z. B. A. Matz und M. F. Usry, Cost Accounting ..., 1976, S. 546.

54 Dieses Verfahren wird in vielen amerikanischen Lehrbüchern beschrieben. Vgl. z. B. H. Bierman und Th. R. Dyckman, Managerial Cost Accounting, 1971, S. 57; A. Matz, Plankosten, Deckungsbeiträge ..., 1975, S. 82; A. Matz und M. F. Usry, Cost Accounting ..., 1976, S. 546.

55 Vgl. E. Schmalenbach, Selbstkostenrechnung und Preispolitik, 1934, S. 44; E. Heinen, Kosten und Kostenrechnung, 1975, S. 70 ff.; im Übrigen vgl. hierzu W. Kilger, Schmalenbachs Beitrag zur Kostenlehre, 1973, S. 531 und die dort angegebene Literatur.

56 Vgl. K. Ballendat, Plankosten im Stahlwerk, 1954, S. 345, wo für die Kostenstelle „Ofenbetrieb" eines Stahlwerkes ein der Trendberechnung ähnliches Verfahren beschrieben wird, bei dem der Verfasser jedoch von einer Ausgleichskurve zweiten Grades ausgeht; R. Gächter, Die Standardkostenrechnung ..., 1954, S. 34; A. Matz und M. F. Usry, Cost Accounting ..., 1976, S. 551; R. E. Williams, Converting to a Direct Costing System, 1968, S. 25; W. Wright Direct Standard Costs for Decision making and Control, 1962, S. 62.

57 Vgl. zur Darstellung und Ableitung dieses Verfahrens die einschlägigen Lehrbücher der Statistik sowie z. B. E. Kreyszig, Statistische Methoden und ihre Anwendung, 1965, S. 258 ff.; E. Schaich, D. Köhle, W. Schweitzer, F. Wegner, Statistik II, 1978, S. 134 ff.

58 Zur Kritik an der statistischen Kostenplanung vgl. R. Büttner, Praktische Durchführung der Kostenplanung ..., 1974, S. 654; R. Gächter, Die Standardkostenrechnung ..., 1954, S. 32 ff.; J. A. de Haas, Standard Costs as a Basis of Management and Industrial Control, 1927, S. 32; K. W. Hennig, Betriebs-

wirtschaftslehre der industriellen Fertigung, 1946, S. 139: „Bisherige Kostenaufzeichnungen können nur einen bedingten Wert haben, da man ja gerade einen Standard schaffen, also von den Istkosten loskommen will.“ C. T. Horngren, Cost Accounting ..., 1963, S. 208: “Management wants to plan what costs should be, not what costs have been.“ H. G. Plaut, Entwicklungsformen der Plankostenrechnung, 1976, S. 21: „In manchen Betrieben glaubt man, auf die zweifellos aufwändige und zeitraubende analytische Kostenplanung verzichten zu können und legt die Plankosten aufgrund bereinigter Istkosten der Vergangenheit fest.“ Hierbei fehlt aber „der objektive Leistungsmaßstab.“ G. Shillinglaw, Cost Accounting, Analysis and Control, 1972; S. 56 f.; F. Wille, Plan- und Standardkostenrechnung, 1963, S. 45.

59 Vgl. H. G. Plaut, Entwicklungsformen der Plankostenrechnung, 1976, S. 20–22. Diese Form der Kostenplanung erlebte ihren Höhepunkt um 1970 und wurde seit damals zunehmend durch einfachere Schätzverfahren abgelöst.

60 Vgl. R. Büttner, Praktische Durchführung der Kostenplanung ..., 1974, S. 649; E. Konrad, Kostenplanung und -kontrolle ..., 1970, S. 1104; A. Matz und M. F. Usry, Cost Accounting ..., 1976, S. 555 f. Hier wird dieses Verfahren als „analytical approach“ bezeichnet: „Industrial engineers and operating personel working with the controller’s staff study each function (activitiy job) to determine (1) the necessity of the function, (2) the most efficient method to do the job, and (3) the proper cost of performing the work at various levels of production.“; H. G. Plaut, Entwicklungsformen der Plankostenrechnung, 1976, S. 20 f.

61 C. T. Horngren, Cost Accounting ..., 1963, S. 204 und 206, schreibt hierüber: “Its chief advantage is that irregular or curvilinear cost patterns may be portrayed more effectively.“ Auch K. Käfer hat in der ersten Auflage seines Buches Standardkostenrechnung, 1955, auf S. 158 hervorgehoben, dass es mithilfe der mehrstufigen Kostenplanung möglich sei, „... Kosten jeden Charakters, mit beliebigen Depressionen und Progressionen oder Sprüngen, zu berücksichtigen“.

62 Vgl. W. Lorch und F. Sommer, Rechnungswesen und technischer Betrieb, 1929, S. 164.

63 Vgl. E. Michel, Handbuch der Plankostenrechnung, 1937, S. 133 ff.

64 Vgl. E. Heinen, Kosten und Kostenrechnung, 1975, S. 70 ff.; H. E. Kalischer, Der Widerspruch zwischen mathematischer und buchtechnischer Kostenauflösung, 1930, S. 56; H. Kürpick, Die Lehre von den fixen Kosten ..., 1965, S. 64 ff.; G. Munzel, Die fixen Kosten in der Kostenträgerrechnung, 1966, S. 42.

65 Vgl. W. Medicke, Der Mythos von den fixen Kosten ..., 1963, S. 104: „Die Aufteilung der Kosten in fixe und proportionale Bestandteile ist immer eine Frage der *Kostenplanung,* niemals der Istkostenkontierung!“ Auch H. E. Kalischer, Der Widerspruch ..., 1930, hat auf S. 54 die Ansicht vertreten, dass die Kostenauflösung stets zu *geplanten* fixen Kosten führt. In ähnlicher Weise hat K. Rummel hervorgehoben, dass „feste Kosten im wesentlichen Sollkosten“ sind, vgl. K. Rummel, Proportionale Abschreibung, 1937/38, S. 637.

66 Vgl. NAA-Research Report 37, 1961, S. 11.

67 Vgl. zum Variatorbegriff K. Agthe, Kostenplanung, 1963, S. 104 ff.; K. Käfer, Standardkostenrechnung, 1964, S. 259 ff.; E. Kosiol, Kostenrechnung, 1972., S. 240 f.; F. Petzold, Prinzipien der Plankostenrechnung und Ergänzungen zu Begriffsbestimmungen, 1950, S. 398; H. G. Plaut, die Plankostenrechnung ..., 1951, S. 537; H. G. Plaut, Unternehmenssteuerung mithilfe der Voll- oder Grenzplankostenrechnung, 1961, S. 464 f. und S. 481 f.; G. Seicht, Die Grenzbetrachtung ..., 1977, S. 74 f.; H. Tigges, Betriebsüberwachung durch Plankostenrechnung, 1951, S. 199; F. Wille, Plan- und Standardkostenrechnung, 1963, S. 67 ff.

68 Vgl. F. Petzold, Prinzipien der Plankostenrechnung ..., 1950, S. 398.

69 Vgl. H. G. Plaut, Entwicklungsformen der Plankostenrechnung, 1976, S. 10 und insbesondere die Abbildung auf S. 11. G. Seicht, Die Grenzbetrachtung ..., 1977, S. 75, schreibt hierzu: „Bei wechselnder Beschäftigung verändert sich somit das Verhältnis der Grenzkosten zu den variablen Kosten.“ Der Verfasser weist darauf hin, dass Kostenplaner leicht zum „starren Festhalten an bestimmten Variatoren“ neigen.

70 Vgl. W. Kilger, Die Entstehung und Weiterentwicklung der Grenzplankostenrechnung ..., 1976, S. 18 ff.; H. G. Plaut, Entwicklungsformen der Plankostenrechnung, 1976, S. 22; G. Seicht, Zur Deckungsbeitragsrechnung ..., 1963, S. 13 ff.; Auch in der amerikanischen Literatur wird darauf hingewiesen, dass die Ergebnisse der Kostenauflösung vom Fristigkeitsgrad abhängen. Vgl. z. B. A. L. Bell, Flexible Budgets and Marginal Cost Pricing, 1977, S. 34; J. E. Treacy, For Direct Costing in the Steel Industry, 1977, S. 44.

71 Vgl. hierzu auch die Beispiele, die G. Seicht, Zur Deckungsbeitragsrechnung ..., 1963, S. 15 bis 17 wiedergibt.

72 Vgl. K. Vikas, Neue Konzepte ..., 2001, S. 45 ff. und S. 234 ff.

73 So wurde in einem mehrjährigen Projekt bei der Deutschen Bundespost auf der Grundlage eines Gutachtens von W. Kilger eine flexible Plankostenrechnung unter Mitwirkung von Beratern der Plaut-Gruppe realisiert, obgleich der Großteil der Personalkosten auf Beamte entfiel, deren Status eine Anpassung an Beschäftigungsschwankungen zunächst unrealistisch erscheint.

74 C. T. Horngren schreibt hierüber: „If the Steps are very small it will be advantageous to assume the cost will vary directly with the volume and that it is linear throughout. But if the steps are large, direct labor cost must be trated as a semi-variable cost and shown as a step function." Vgl. Cost Accounting, 1963, S. 237.

75 Vgl. H. H. Böhm und F. Wille, Deckungsbeitragsrechnung, Grenzpreisrechnung und Optimierung, 1977, S. 128 f. und 172. Selbst in der Eisen- und Stahlindustrie werden aufgrund der Austauschbarkeit der Arbeitskräfte die Lohnkosten „nicht als periodenabhängige (Fix)Kosten, sondern in Form von Grenzkosten verursachenden ‚Leistungsabgabefunktionen' mit zum Teil produktionsspezifischem Charakter erfasst ...".

76 Vgl. B. Boecken, Anwendungsmöglichkeiten der Grenzplankostenrechnung in der chemischen Industrie, 1974, S. 547; P. Riebel, Einzelkosten und Deckungsbeitragsrechnung ..., 1994, S. 155; P. Riebel, Systemimmanente und anwendungsbedingte Gefahren..., 1974, S. 505.

77 Vgl. Arbeitskreis „Deckungsbeitragsrechnung" im Betriebswirtschaftlichen Ausschuss des Verbandes der Chemischen Industrie, e. V., 1972, S. 5.

78 Vgl. K. Vikas, Von der Gemeinkostenwertanalyse zum Prozesskostenmanagement, in: Chefsache Gemeinkostenmanagement, H.-D. Striening, 1995, S. 61 ff.

79 Vgl. K Vikas, Neue Konzepte..., 2001, S. 231 ff.

80 Vgl. R. Büttner, Controlling von Kosten ..., 1974, S. 66.

81 Vgl. H. Böhm, F. Wille, Deckungsbeitragsrechnung, Grenzpreisrechnung ..., 1977, S. 170.

82 Vgl. B.Tietz, Die Grundprobleme der Kosten- und Leistungsrechnung im Handel, 1978, S. 17 f.

83 Vgl. hierzu unsere Ausführungen in Kapitel 4.514, wo die Planung der Energiekostenstellen beschrieben wird.

84 Vgl. D. H. Bruins, H. J. Dräger, Werkzeuge und Werkzeugmaschinen ..., 1975, S. 56 ff.; K.-Th. Preger, Zerspantechnik ..., 1970, S. 68 ff. Die hier verwendeten Kurzzeichen wurden von uns geringfügig geändert; im Übrigen wurde die Kostenberechnung von uns an das Grenzkostenprinzip angepasst.

85 Die Funktion folgt aus der empirisch ermittelten Gesetzmäßigkeit: v . Tm = const. Sie gilt aber nicht für die Zerspanverfahren mit besonders niedrigen Schnittgeschwindigkeiten wie Räumen, Reiben und Gewindeschneiden. Vgl. hierzu W. Schilling. Der Verschleiß ..., 1966, S. 13 und 14 sowie die dort angegebene Literatur.

86 Vgl. D. Schneider, Kostentheorie und verursachungsgemäße Kostenrechnung, 1961, S. 700 ff. Eine grundlegende theoretische Analyse des Abschreibungsproblems findet man bei A. Mahlert, Die Abschreibungen in der entscheidungsorientierten Kostenrechnung, 1976.

87 Bereits D. Schneider hat auf den investitionstheoretischen Bezug der Abschreibungen hingewiesen, vgl. Kostentheorie ..., 1961, S. 704. Besonders klar herausgearbeitet wird dieser Tatbestand von A. Mahlert, Die Abschreibungen ..., 1976, S. 71 ff.

88 Vgl. G. Lassman, Die Kosten- und Erlösrechnung als Instrument der Planung und Kontrolle in Industriebetrieben, 1968, S. 105.

89 Vgl. P. Riebel, Einzelkosten- und Deckungsbeitragsrechnung, 1994, S. 78.

90 Vgl. P. Riebel, Einzelkosten- und Deckungsbeitragsrechnung, 1994, S. 25. Als Ausnahme sieht er allerdings Fälle an, in denen die „Anlagenentwertung ausschließlich durch Gebrauchsverschleiß bedingt ist"; vgl. S. 79.

91 Vgl. P. Riebel, Einzelkosten- und Deckungsbeitragsrechnung, 1994, S. 154.

92 Vgl. D. Schneider, Kostentheorie ..., 1961, S. 704.

93 Vgl. A. Mahlert, die Abschreibungen ..., 1976, S. 153 ff.

94 Vgl. B. Kronschröder, Besprechung von A. Mahlert, Die Abschreibungen in der entscheidungsorientierten Kostenrechnung, 1978, S. 586 bis 588. Vgl. auch P. Swoboda, Die Ableitung variabler Abschreibungskosten aus Modellen zur Optimierung der Investitionsdauer, 1979, S. 563 bis 580.

95 Vgl. G. Franke, Kalkulatorische Kosten, 1976, S. 188 f.

96 Vgl. hierzu J. S. Bain, Depression Pricing and the Depreciation Function, 1936/37, S. 705 ff.; E. E. Bruhn, Die Bedeutung der Potenzialfaktoren für die Unternehmenspolitik, 1965, S. 147; E. Kosiol, Kalkulatorische Buchhaltung, 1953, S. 180; V. Kube, Die Grenzplankostenrechnung, 1974, S. 107 f.; W. A. Lewis, Depreciation and Obsolescence as Factors in Costing, 1961, S. 16; H. Lintzhöft, Die Kosten für den Einsatz sachlicher Potenzialfaktoren, 1968; W. R. Lüke, Die Ermittlung kalkulatorischer Abschreibungen von Maschinen und maschinellen Anlagen, 1971; A. Mahlert, Die Abschreibungen ..., 1976, S. 126; K. Mellerowicz, Kosten und Kostenrechnung, 1968, S. 308 ff.; K. Rummel, Einheitliche Kostenrechnung, 1967, S. 123; D. Schneider, Kostentheorie ..., 1961, S. 700 ff.

97 Vgl. D. Schneider, Kostentheorie ..., 1961, S. 703 und die dort angegebene Literatur, aus der hervorgeht, dass bereits O. Schulz-Mehrin und K. Rummel auf den obigen Sachverhalt hingewiesen haben.

98 Vgl. J. S. Bain, Depression Pricing …, 1936/37, S. 705 ff.;

99 Vgl. J. S. Bain, Depression Pricing …, 1936/37, S. 713: "As long as a firm is operating at rates below its critical output, its total depreciation … is a fixed cost. When it exceeds the critical output, the estimated increment to depreciation is a variable cost and enters into the marginal cost curve."

100 Vgl. D. Schneider, Kostentheorie ..., 1961, S. 702.

101 Vgl. hierzu unsere Ausführungen in der Einführung.

102 Vgl. W. W. Neumayer, Planung und Verrechnung der Maschinenreparaturkosten, 1950, S. 55.

103 Vgl. N.A.A.-Research Report 37, 1961, S. 15.

104 Vgl. K. Mellerowicz, Kosten und Kostenrechnung, Bd. 1, 1979, S. 78 ff., E. Heinen, Zum Problem des Zinses in der industriellen Kostenrechnung, 1952; Im übrigen sei in Bezug auf die Erfassung und Verrechnung kalkulatorischer Zinsen u. a. verwiesen auf: A. G. Coenenberg, Kostenrechnung und Kostenanalyse, 2009, S. 86 ff.; M. Schweitzer, H.-U./Küpper, Kosten- und Erlösrechnung, 2011, S. 111 ff.

105 Vgl. H. Koch, Grundprobleme der Kostenrechnung, 1966, S. 9 ff.; W. Lücke, Die kalkulatorischen Zinsen ..., 1965, S. 4; H. Seischab, Demontage des Gewinns ..., 1952, S. 27.

106 Vgl. K. Mellerowicz, Kosten und Kostenrechnung, Bd. 1, 1973, S. 78.

107 Vgl. hierzu unsere Ausführungen in der Einführung

108 Vgl. G. B. Stewart, The Quest for Value, 1991.

109 Vgl. W. Männel, Retabilitätskalküle und Rentabilitätsmaße, 2001, S. 9.

110 Diese Ansicht wurde früher von uns vertreten, vgl. 7. Aufl. dieses Buches, S. 410.

111 Vgl. dazu die Ermittlung der Weighted Average Cost of Capital – WACC – im Rahmen der EVA-Methode, z. B. bei F. Reiners, Einflüsse der wertorientierten Unternehmensrechnung..., 2001, S. 26.

112 Vgl. H. Langen, Die Prognose von Zahlungseingängen, die Abhängigkeit der Bareinnahmen von Umsätzen und Auftragseingängen in dynamischer Betrachtung, 1964, S. 289 ff. und speziell S. 312; H. Langen, Betriebliche Zahlungsströme und ihre Planung in dynamischer Sicht, 1965, S. 261 ff.

113 G. Wöhe, Betriebswirtschaftliche Steuerlehre, 1965, S. 33 ff.

114 Vgl. G. Wöhe, Betriebswirtschaftliche Steuerlehre, 1965, S. 53 ff.

115 Das Gleichungsverfahren wurde zuerst von E. Schneider, Die innerbetriebliche Leistungsverrechnung in Kostenarten- und Kostenstellenrechnung, 1941, S. 260 ff. für die Istkostenrechnung entwickelt.

116 Vgl. u. a. die Produktbeschreibungen der SAP AG, Walldorf, zum ERP Programmsystem CO.

117 Vgl. H. J. Hoitsch, Die Planung und Kontrolle von Wärmeenergiekosten in der Industrie, 1974, S. 81 f.

118 Vgl. hierzu unsere Ausführungen in Kapitel 4.511.

119 Vgl. hierzu unsere Ausführungen in der Einführung.

120 Zur Verwendung differenzierter Materialgemeinkosten-Verrechnungssätze vgl. insbesondere E. Birkner, Differenzierung des Materialgemeinkosten-Zuschlages, 1968, S. 207.

121 Vgl. Kapitel 0.5 und die dort angegebene Literatur.

122 Vgl. H. G. Plaut, Entwicklungsformen der Plankostenrechnung, 1976, S. 24.

123 Vgl. K. Vikas, Neue Konzepte ..., 2001, S. 31 ff.

124 Vgl. hierzu: B. Hessenmüller, Kosten- und Erfolgsrechnung im industriellen Vertrieb ..., 1966, S. 39–43; P. Müller-Giebeler, Beitrag zum Problem der Erfassung und Auswertung industrieller Vertriebskosten ..., 1967, S. 45; L. Vörös, Auftragsabhängige Vertriebskosten , 1968, S. 237 ff.

125 Vgl. L. Mentzel, Der Einfluss strategischer Planung auf die Kalkulation mit Plankosten, 1977, S. 78 f.

126 Zum Begriff der Primärkostenrechnung vgl. K. Ebeken, Primärkostenrechnung, 1973, S. 6 ff.; W. Schubert, Kostenträgerstückrechnung als (primäre) Kostenartenrechnung? 1965, S. 358 ff.; Vgl. W. v. Ramdohr, Die Anwendung des Matrizenkalküls in der Kostenträger-Strukturrechnung, 1965, S. 38 ff.

127 Vgl. H. Müller: Grundlagen und praktische Anwendung der Primärkostenrechnung , 1980, S. 201 ff.

128 Vgl. E. Herzog, Entscheidungsrelevante Kalkulationsmethoden ..., 1991, S. 120 ff.

129 Vgl. K. Käfer, Standardkostenrechnung, 1964, S. 303.

130 Vgl. C. T. Horngren, Cost Accounting, 1963, S. 228 ff.

131 Vgl. G. Lassmann, Die Kosten- und Erlösrechnung ..., 1968, S. 35; R. Franke, Betriebsmodelle, 1972, S. 127 ff.

132 Daher fasst auch R. Franke die „operative Kontrollrechnung“ nur als eine Ergänzung globaler periodischer Kontrollen auf; vgl. R. Franke, Betriebsmodelle ..., 1972, S. 132.

133 Vgl. H. G. Plaut, Entwicklungsformen der Plankostenrechnung, 1976, S. 9.

134 Vgl. H. G. Plaut, H. Müller, W. Medicke, Grenzplankostenrechnung und Datenverarbeitung, 1973, S. 115.

135 Vgl. A. Matz, Plankosten, Deckungsbeiträge und Budgets, 1975, S. 113.

136 Vgl. W. Medicke, Geschlossene Kostenträgerrechnung ..., 1964, S. 40.

137 Vgl. W. Medicke, Geschlossene Kostenträgerrechnung ..., 1964, S. 40. Wir werden im Übrigen in Kapitel 4.83 zeigen, dass in diesen Fällen Leistungs- oder Ausbeuteabweichungen entstehen.

138 Vgl. S. B. Henrici, Standard Costs for Manufacturing, 1960, S. 253.

139 Vgl. W. Wright, Direct Standard Costs for Decision Making and Control, 1962, S. 156.

140 Vgl. zur Abweichungsprämierung: H. Beckmann, Plankostenrechnung in der chemischen Industrie, 1953, S. 50; K. W. Hennig, Betriebswirtschaftslehre der industriellen Fertigung, 1946, S. 126; K. Käfer, Standardkostenrechnung, 1964, S. 431 ff.; E. Michel, Handbuch der Plankostenrechnung, 1937, S. 300 ff.;
W. Staudinger, Die Gemeinkostenplanung in der Praxis eines elektrotechnischen Großbetriebes, 1953, S. 120; H. Tigges, Betriebsüberwachung ..., 1951, S. 222 ff.; F. Wille, Plan- und Standardkostenrechnung, 1963, S. 112 ff.

141 Vgl. W. Medicke, Geschlossene Kostenträgerrechnung ..., 1964, S. 38 ff.

142 Vgl. H. Glaser, Zur Erfassung von Teilabweichungen und Abweichungsüberschneidungen bei der Kostenkontrolle, 1986, S. 141 ff.

143 Vgl. hierzu W. Kilger, Optimale Produktions- und Absatzplanung, 1973, S. 164 ff.

144 Vgl. K. Agthe, Die Abweichungen in der Plankostenrechnung, 1958, S. 35 und 112; K. Käfer, Standardkostenrechnung, 1964, S. 406; E. Kosiol, Plankostenrechnung ..., 1956, S. 329.

145 Vgl. S. B. Henrici, Standard Costs ..., 1960, S. 112.

146 W.Kilger hat diese Verfahren an anderer Stelle ausführlich beschrieben; vgl. W. Kilger, Optimale Produktions- und Absatzplanung, 1973, S. 383 ff.

147 Vgl. K. Käfer, Standardkostenrechnung, 2. Aufl., 1964, S. 291 und S. 400 ff.; E. Kosiol, Plankostenrechnung ..., 1956, S. 291.

148 Vgl. H. Plaut, H. Müller, W. Medicke, Grenzplankostenrechnung und Datenverarbeitung, 1973, S. 315.

149 Vgl. A. Matz, Plankosten, Deckungsbeiträge und Budgets ..., 1975, S. 113; A. Matz, M. F. Usry, Cost Accounting, 1976, S. 625 f.

150 Vgl. C. T. Horngren, Cost Accounting, 1963, S. 269.

151 Zur Erfassung von Intensitätsabweichungen in der Plankostenrechnung vgl. H. H. Böhm, Dynamische Kostensenkung im Betrieb, 1960, S. 73 ff. und 177 ff.; K. Traub, Die Abweichungsanalyse in Betrieben der Gießereiindustrie, 1965, S. 294 f.; hier wird die Errechnung von Intensitätsabweichungen für den Ofenbetrieb von Gießereien beschrieben, wo die Intensität zwischen 50 % und 120 % der Normalleistung schwanken kann.

152 Vgl. K. Dellmann und L. Nastansky, Kostenminimale Produktionsplanung bei rein intensitätsmäßiger Anpassung mit differenzierten Intensitätsgraden, 1969, S. 239 ff.; W. Kilger, Optimale Produktions- und Absatzplanung, 1973, S. 259 ff. und die dort angegebene Literatur.

153 Vgl. hierzu Abbildung 2-7.

154 Im Gegensatz zu den bisher beschriebenen Abweichungen zwischen der Kostenstellen- und der Kostenträgerzeitrechnung haben die indirekten Verrechnungsabweichungen nichts mit dem Produktionsvollzug zu tun; sie sind vielmehr reine Abrechnungsdifferenzen.

155 Die Darstellung der Beschäftigungsabweichung hat in der Literatur einen relativ breiten Raum eingenommen, solange die Plankostenrechnung als Vollkostenrechnung praktiziert wurde, vgl. K. Agthe, Die Abweichungen ..., 1958, S. 29 und S. 39 ff.; K. Käfer, Standardkostenrechnung, 1964, S. 276 ff.; W. Kilger, Die Verteilung der Abweichungen auf die Kostenträger innerhalb der Plankostenrechnung, 1952, S. 507; E. Kosiol, Plankostenrechnung ..., 1956, S. 59 ff.;

156 Vgl. O. Bredt, Der endgültige Ansatz der Planung, 1939, S. 261; E. Gutenberg, Grundlagen der Betriebswirtschaftslehre, 1. Bd., 1984, S. 336 ff.; K. Schwantag, Zur Theorie und Praxis der Plankostenrechnung, 1952, S. 75; F. Zeidler, Feste Kosten oder Leerlaufkosten in der Kostenrechnung? 1953, S. 141 ff..

157 Vgl. E. Schneider, Grundsätzliches zur Planung ..., 1940, S. 247.

158 Vgl. W. Kilger, Die Grenzplankosten- und Deckungsbeitragsrechnung als geschlossenes Planungsmodell, 1979, S. 78.

159 Vgl. H. G. Plaut, Entwicklungsformen der Plankostenrechnung ..., 1976, S. 10.

160 Vgl. H. G. Plaut, H. Müller, W. Medicke, Grenzplankostenrechnung und Datenverarbeitung, 1973, S. 61 ff.; H. Jäger, Kostenstellenrechnung mit Grenzplankosten, 1975, S. 48 ff.

161 Vgl. Produktinformationen der SAP zum Modul CO des Systems mySAP Finance

162 Hier insbesondere H. Glaser: Fehlerliste der 11. Auflage des Werkes „Flexible Plankostenrechnung und Deckungsbeitragsrechnung“, unveröffentlichtes Manuskript, Saarbrücken, September 2002

163 Vgl. K. Vikas, Neue Konzepte..., 2001, S. 84 ff. und die einschlägigen Beiträge im Controlling Berater, Heft 7/02 sowie Hefte 1 bis 6/03, im Haufe Verlag, Freiburg

164 Vgl. H. Glaser, Gemeinkostencontrolling bei interdependenten Leistungstransfers auf Basis von „QUATTRO“? in krp 2/2000, S. 93 – 100, K. Vikas: Gemeinkostencontrolling bei interdependenten Leistungstransfers auf Basis von „QUATTRO“!!- Eine Entgegnung – in krp 4/2000, S. 233 – 235 und schließlich H. Glaser, Gemeinkostencontrolling auf Basis von QUATTRO – Replik zu der Entgegnung von Vikas – in krp 5/2000, S. 289 - 290

165 Plaut AG, Wien; Nachfolgerin der von H.-G. Plaut gegründeten „Organisation Plaut“

166 Die beiden wesentlichen Meilensteine in der Weiterentwicklung wurden jeweils in Form von Serienbeiträgen in der krp dokumentiert. Vgl. krp 1/1993 bis krp 6/1993, zusammengefasst in W. Männel, H. Müller, Modernes Kostenmanagement, 1995, S.91 bis 144 sowie krp 2/1999 bis krp 2/2000, zusammengefasst in Controlling Tomorrow, Sonderdruck 108, der Plaut International Management Consulting, München.

167 SAP AG, Walldorf, international führendes Softwarehaus

168 Die Abbildung 4-35 wurde wie alle Daten des folgenden „Modellbetriebs“ dem geschlossenen Unternehmensmodell „Getriebebau AG“ der Plaut AG, Wien, entnommen.

169 Alle Auswertungen der“Getriebebau AG“ wurden mit dem Standardprogramm R/3-CO der SAP AG, Walldorf, erzeugt und als MS-Excel Tabellen dargestellt.

170 Hier wird – wie bei weiteren komplexen Kostenstellen – ein Formblatt für die manuelle Erstellung der Kostenplanung verwendet, das gegenüber den EXCEL-Tabellen – vgl. u. a. Abb. 4-50 ff. die Möglichkeit zusätzlicher Erläuterungen aufweist.

171 Vgl. F. K. Jaeger, Prozessorientiertes Controlling der Informationsverarbeitung, in: krp 6/1999, S. 365 ff.

172 Vgl. K. Vikas, Neue Konzepte ..., 2001, S. 244.

173 Die Produktgruppen T 10 und B 06 werden hier zusammengefasst

5 Die Planung und Kontrolle der Kostenträgerkosten

5.1 Die Kostenträgerstückrechnung oder Kalkulation

5.1.1 Die Kalkulation standardisierter Erzeugnisse

5.1.1.1 Die Plankalkulation als kalkulatorische Grundrechnung

1. Die Aufgabe der Kostenträgerstückrechnung, die synonym als Kalkulation bezeichnet wird, besteht darin, die Herstell- und Selbstkosten pro Erzeugniseinheit oder Auftrag zu bestimmen[1]. Hierbei werden als Kalkulationsarten die Vorkalkulation, die Nachkalkulation und die Plankalkulation unterschieden.

Vorkalkulationen werden für bestimmte Aufträge oder Einzelerzeugnisse aufgrund von Kundenanfragen vor der Auftragserteilung und vor Beginn der Produktion erstellt; sie dienen meistens als Grundlage für Preisverhandlungen.

Nachkalkulationen werden für bestimmte Aufträge oder Einzelerzeugnisse während und nach Abschluss der Produktion oder nach Auslieferung an den Kunden erstellt; sie dienen der stückbezogenen Kosten- und Erfolgskontrolle.

Wie unsere Ausführungen im Abschnitt 5.1.2 zeigen werden, kann man in Unternehmungen mit Auftrags- und Einzelfertigung auf auftragsbezogene Vor- und Nachkalkulationen nicht verzichten. In Unternehmungen mit standardisierten Erzeugnissen dagegen hat die Entwicklung der Plankostenrechnung dazu geführt, dass man auf die laufende Erstellung auftragsbezogener Vor- und Nachkalkulationen verzichtet und statt dessen Plankalkulationen erstellt[2] und diese durch periodenbezogene Herstellkosten – Soll-Istvergleiche kontrolliert.

Unter Plankalkulationen versteht man Kalkulationen, bei denen für eine bestimmte Planungsperiode im Voraus geplante Herstell- und Selbstkosten pro Erzeugniseinheit ermittelt werden. Die Kostendaten der Plankalkulationen basieren auf der nach Kostenarten und Kostenstellen differenzierten Kostenplanung. Die Gültigkeitsdauer der Plankalkulationen entspricht der Planungsperiode der Kostenplanung, die in den meisten Unternehmungen ein Jahr beträgt.

2. Das charakteristische Merkmal der Plankalkulationen besteht darin, dass die Kalkulationsergebnisse während der laufenden Planungsperiode nicht geändert werden; ein „... wesentliches Merkmal der Plankalkulation ist ihre Konstanz“[3]. Die mithilfe der Plankalkulation ermittelten geplanten Herstell- und Selbstkosten der Erzeugnisse sind Standardkosten, die auf folgenden konstanten Daten der Kostenplanung basieren:

- Planpreise für alle von außen bezogenen Produktionsfaktoren.
- Geplante Lohnsätze und Gehälter.
- Planvorgaben pro Erzeugniseinheit für die Erzeugnis-Einzelkosten, insbesondere für das Einzelmaterial.
- Geplante Kostensätze der Kostenplanung, wobei
  - die Vollkostensätze den Planbezugsgrößen entsprechen
  - den proportionalen Kostensätzen ein bestimmter Fristigkeitsgrad der Kostenplanung zugrunde liegt.
- Geplante Bezugsgrößen pro Erzeugniseinheit.

Unsere Ausführungen über die Planung der Preise und Lohnsätze in Kapitel 2 haben gezeigt, dass es sich hierbei im Falle erwarteter Preis- und Lohnsatzschwankungen nur um planmäßig erwartete Durchschnittswerte handeln kann. Hieraus folgt, dass die Plankalkulationen in Bezug auf die Bewertung jahresbezogene Kalkulationen sind. Erst in der Kostenträgerzeitrechnung werden den Erzeugnissen die anteiligen Preis- und Tarifabweichungen zugerechnet.

Die Planvorgaben der Erzeugnis-Einzelkosten werden nach den Grundsätzen und Verfahren ermittelt, die wir in Kapitel 3 beschrieben haben. Bestehen beim Einzelmaterialeinsatz Wahlmöglichkeiten, so z. B. weil Preisveränderungen Substitutionsvorgänge erforderlich machen, so wird unabhängig hiervon in der Plankalkulation jeweils ein bestimmter Standard-Einzelmaterialeinsatz zugrunde gelegt. Wird der Einzelmaterialeinsatz in der laufenden Produktion geändert, so werden die hieraus resultierenden Einzelmaterial-Verbrauchsabweichungen den Erzeugnissen erst in der Kostenträgerzeitrechnung zugerechnet. Ähnlich verfährt man bei den übrigen Erzeugnis-Einzelkosten. Bei den Sondereinzelkosten des Vertriebs werden die Planvorgaben der Erzeugnisse meistens nach Absatzgebieten oder Kundengruppen differenziert, sofern sie überhaupt in die Plankalkulationen einbezogen werden. Wegen ihrer regionalen und abnehmerspezifischen Unterschiede ist es zu empfehlen, die Sondereinzelkosten des Vertriebs wie auch die Erlösschmälerungen erst in der Deckungsbeitragsrechnung (siehe Kapitel 5.23) zu berücksichtigen.

Für die über Kostenstellen abgerechneten Kosten bilden die Kalkulationssätze der Kostenplanung die Grundlage. Hierbei hängen die Vollkostensätze von den Planbezugsgrößen ab, wobei sich die Fixkostendegression auswirkt. Die Höhe der proportionalen Kostensätze wird vom Fristigkeitsgrad der Kostenplanung beeinflusst; vgl. hierzu unsere Ausführungen in Kapitel 2.1.2.3. Im Übrigen liegen den Kalkulationssätzen der Kostenstellenplanung die geplanten Preise und Lohnsätze zugrunde. Die Preis- und Tarifabweichungen werden zusammen mit den Kostenstellenabweichungen den Erzeugnissen erst in der Kostenträgerrechnung zugeordnet.

Zur kalkulatorischen Verrechnung der über Kostenstellen abgerechneten Kosten müssen Plan-Bezugsgrößen pro Erzeugniseinheit festgelegt werden, da die kalkulatorische Verrechnung dieser Kosten nach der Gleichung „Plan-Bezugsgröße pro Erzeugniseinheit x Plankostensatz pro Bezugsgrößeneinheit = Plankosten pro Erzeugniseinheit" erfolgt. Hierbei geht man von einem planmäßigen Arbeitsablauf aus.

Bestehen für die Produktionsvollzugsplanung keine Wahlmöglichkeiten, d. h. ist der Produktionsvollzug eindeutig vorprogrammiert, so ist auch die Bestimmung der Plan-

Bezugsgrößen pro Erzeugniseinheit eindeutig. Dies ist immer dann der Fall, wenn nur eine Kostenstelle für einen bestimmten Arbeitsgang in Frage kommt und keine verfahrensbedingte Heterogenität der Kostenverursachung vorliegt. Durch die produktbedingte Heterogenität der Kostenverursachung wird die Eindeutigkeit der Plan-Bezugsgrößen pro Erzeugniseinheit nicht beeinträchtigt, da die Bezugsgrößenunterschiede aus geplanten Erzeugniseigenschaften resultieren.

Bestehen beim Aufbau der Produktionsvollzugsplanung Wahlmöglichkeiten, d. h. ist der Produktionsvollzug nicht eindeutig vorprogrammiert, so ist auch die Bestimmung der Plan-Bezugsgrößen pro Erzeugniseinheit nicht eindeutig. Dies ist stets dann der Fall, wenn bestimmte Arbeitsgänge wahlweise von mehreren Kostenstellen ausgeführt werden können oder wenn verfahrensbedingte Heterogenität der Kostenverursachung vorliegt. In diesen Fällen muss man sich beim Aufbau der Plankalkulationen jeweils für ein bestimmtes Standard-Verfahren bzw. für einen Standard-Produktionsvollzug entscheiden. Hierbei wird meistens die kostengünstigste Lösung zugrunde gelegt. Ist aber bereits beim Aufbau der Plankalkulationen erkennbar, dass ein Teil der Produktion nicht kostenoptimal erstellt werden kann, so z. B. weil Engpässe auftreten, so kann man in den Plankalkulationen die gewogenen durchschnittlichen Plankosten mehrerer Verfahrensalternativen berücksichtigen (Mischkalkulation). Analog ist zu verfahren, wenn Einzelteile mehrteiliger Endprodukte wahlweise fremdbezogen oder selbst erstellt werden können. Können in einer Kostenstelle mit heterogener Kostenverursachung die Seriengrößen, die Bedienungsrelationen oder die Prozessbedingungen variiert werden, so muss man beim Aufbau der Plankalkulationen Plan-Seriengrößen, Plan-Bedienungsrelationen oder Plan-Prozessbedingungen festlegen. Werden die Standard-Verfahren oder der Standard-Produktionsvollzug bei der späteren Produktion nicht eingehalten, so entstehen die speziellen Kostenabweichungen, die wir in Kapitel 4.8 beschrieben haben. Diese werden den Erzeugnissen erst in der Kostenträgerzeitrechnung zugerechnet.

In einer nach dem Vollkostenprinzip durchgeführten Plankostenrechnung werden die Plankalkulationen als reine Vollkostenkalkulationen aufgebaut; in der Grenzplankostenrechnung werden dagegen die Plankalkulationen als reine Grenzkostenkalkulationen geführt. Heute hat sich aber in den meisten Unternehmungen mit einer Grenzplankostenrechnung das Verfahren der Parallel- oder Doppelkalkulation durchgesetzt, bei dem nebeneinander Voll- und Grenzkosten ermittelt werden[4]. Die Ergänzung der Grenzplankostenrechnung durch Vollkostenkalkulationen hat folgende Gründe[5]:

- Öffentliche Aufträge, die nach den LSP abgerechnet werden;
- Betriebsvergleiche und Berichterstattung (insbes. in Konzernbetrieben);
- Verrechnungspreisbildung in Beteiligungs-Konzernen;
- Erfolgsverantwortung bei Division- und Spartenorganisation;
- Bewertung der Halb- und Fertigfabrikate in der Handels- und Steuerbilanz sowie
- Preispolitik.

Bei Anwendung der Parallel- oder Doppelkalkulation gilt aber der Grundsatz[6]: ... „dass die Grenzkostenrechnung als Hauptrechnung und die Vollkostenrechnung als Nebenrechnung auszulegen ist“, d. h. den Entscheidungen der Produktions- und Absatzplanung sind stets die Grenzkosten zugrunde zu legen.

3. Aus der Tatsache, dass die Plankalkulationen auf den konstanten Daten der Kostenplanung und Vorabentscheidungen des Produktionsvollzugs basieren, folgt, dass Plankalkulationen jahresbezogene Durchschnittskalkulationen sind. Die mit ihrer Hilfe ermittelten Erzeugnis-Grenzkosten sind bei schwankenden Preisen und Löhnen sowie bei wechselndem Produktionsvollzug keine auf den Einzelfall bezogene Grenzkosten, sondern Grenzkosten, die während der Planungsperiode als Durchschnittswerte erwartet werden. Wie bereits unsere Ausführungen in Kapitel 1.3.4.4.4 gezeigt haben, wird hieraus von Kritikern der Grenzplankostenrechnung gelegentlich der Schluss gezogen, dass die mithilfe jahresbezogener Plankalkulationen ermittelten Erzeugnis-Grenzkosten für die Planung und Kontrolle des Periodenerfolgs nur bedingt geeignet sind.

Für den Aufbau der jährlichen Produktions- und Absatzplanung ist diese Kritik jedoch von vornherein nicht berechtigt, da hier die gleichen Kostendaten gelten, die in der jährlichen Kostenplanung und damit auch in den Plankalkulationen zugrunde gelegt werden. Für Entscheidungen der Produktions- und Absatzplanung, die sich auf kürzere Planungsperioden beziehen, sind die Erzeugnisse der jahresbezogenen Plankalkulation aber dann keine entscheidungsrelevanten Kosten mehr, wenn sich die folgenden Einflussgrößen gegenüber der jährlichen Kostenplanung wesentlich geändert haben:

- Preise
- Lohnsätze und Gehälter
- Materialeinsatz
- Produktionsvollzug
- Fristigkeitsgrad.

In diesen Fällen gibt es die beiden folgenden Möglichkeiten:

- Änderung der Plankalkulationen
- Ergänzung der Plankalkulationen durch Sonderkalkulationen.

Eine Änderung der Plankalkulationen während der laufenden Planperiode kommt grundsätzlich nur in Frage, wenn sich wesentliche Kalkulationsdaten nachhaltig verändert haben. Typische Beispiele hierfür sind konstruktive Veränderungen des Produktaufbaus, die Einführung neuer Fertigungsverfahren, der Einsatz anderer Rohstoffe oder gewichtige Preis- und Lohnveränderungen. Die Anpassung der Plankalkulationen an veränderte Daten hat den Nachteil, dass in der Kostenträgerzeitrechnung nacheinander mit „alten“ und „neuen“ Erzeugnis-Grenzkosten gerechnet werden muss, wodurch insbesondere die Bestandsrechnung der Halb- und Fertigerzeugnisse erschwert wird.

In der Praxis ändert man daher die Plankalkulationen meistens erst nach Ablauf der Planungsperiode.

Machen es die dispositiven Aufgaben der Kostenrechnung erforderlich, die Selbstkosten der Erzeugnisse an veränderte Kostendaten anzupassen, so erfolgt in der Praxis meistens eine Ergänzung der Plankalkulationen durch Sonderkalkulationen. Hierbei sind zwei Arten von Sonderkalkulationen zu unterscheiden, die wir als Sollkalkulationen und als Prognosekalkulationen bezeichnen wollen.

Unter Sollkalkulationen sind Kalkulationen zu verstehen, deren Ergebnisse für bestimmte Zeiträume gültig sind. Hierbei lassen sich wieder zwei Fälle unterscheiden.

Haben sich die Kalkulationsdaten zu einem bestimmten Zeitpunkt geändert, so sind die Sollkalkulationen für den Rest der Planungsperiode gültig. Es kann aber auch zweckmäßig sein, Sollkalkulationen für Sonderfälle, z. B. bestimmte Fertigungsaufträge, zu erstellen.

In beiden Fällen ersetzen die Sollkalkulationen faktisch die Plankalkulationen als Daten der kurzfristigen Planung. Für die Erfolgskontrolle dienen aber nach wie vor die Plankalkulationen als Grundlage. Hierbei lässt sich die Abweichungsanalyse zweistufig gestalten, indem man Kostenabweichungen zwischen den Istkosten und den Kostendaten der Sollkalkulationen sowie Kostenabweichungen zwischen den Kostendaten der Sollkalkulationen und der Plankalkulationen aufweist.

Der inzwischen erzielte Leistungsumfang der betrieblichen Steuerungssysteme erlaubt es, auftragsbezogene Sollkalkulationen zu erstellen, die, insbesondere vom Mengengerüst her, ganz aktuell dem geplanten Produktionsvollzug entsprechen. Für die Zwecke eines effizienten Produktkosten-Controlling sind diese Sollkalkulationen und die damit ermittelbaren Abweichungen zum Istproduktionsvollzug unentbehrlich.

Unter Prognosekalkulationen sind Kalkulationen zu verstehen, mit deren Hilfe die Kalkulationsergebnisse an mehrere potenziell mögliche Kostendaten, z. B. an verschiedene Rohstoffpreise, unterschiedliche Verfahren, verschieden große Serien usw. angepasst werden. Bei Prognosekalkulationen kann auch der Fristigkeitsgrad der Kostenplanung variiert werden, sofern das die Entscheidungssituation erfordert. Im Gegensatz zu den Sollkalkulationen werden Prognosekalkulationen nicht für bestimmte Zeiträume, sondern für bestimmte Entscheidungsfälle erstellt. Prognosekalkulationen dienen ausschließlich dispositiven Zwecken und werden bei der nachträglichen Erfolgsanalyse nicht berücksichtigt.

Die geplanten Herstell- und Selbstkosten der Plankalkulationen bilden auch dann einen festen Bezugspunkt für die Erfolgsanalyse, wenn eine Ergänzung durch Soll- oder Prognosekalkulationen erfolgt; denn die auf den Daten der jährlichen Kostenplanung basierenden Kalkulationsergebnisse lassen erkennen, wie die einzelnen Abweichungsursachen die Deckungsbeiträge der Erzeugnisse beeinflusst haben. Voraussetzung hierfür ist allerdings eine genaue Verteilung der Abweichungen auf die Erzeugnisgruppen bzw. die Durchführung einer „aktualisierten Istkalkulation", bei der die aktuellen Mengengerüste mit Planpreisen plus Abweichungen bewertet werden.

Insgesamt gesehen erfüllen die Plankalkulationen in Unternehmungen mit standardisierten Erzeugnissen folgende wichtige Aufgaben:

- sie geben die relevanten Erzeugnis-Grenzkosten für die Jahresplanung an und erfüllen hierbei zugleich die Aufgaben der Vorkalkulation,
- sie bilden die Grundlage für die laufenden Erfolgsanalysen,
- sie dienen als Grundlage für die fallweise Erstellung von Soll- oder Prognosekalkulationen, sofern die Plankalkulationen als relevante Kosten und für die Zwecke der Vorkalkulation nicht mehr geeignet sind,

- sie lassen sich um Kostenabweichungen ergänzen, um die „Ist-Herstellkosten" von Erzeugnissen zu ermitteln, und
- sie stellen die Ausgangsdaten für eine konstruktionsbegleitende Kalkulation als Grundlage des Kostenmanagements in den frühen Phasen der Produktentwicklung zur Verfügung.

In diesem Sinne kann daher die Gesamtheit der Plankalkulationen als eine kalkulatorische Grundrechnung aufgefasst werden.

5.1.1.2 Der Aufbau von Plankalkulationen

5.1.1.2.1 Plankalkulationen bei unverbundener Produktion

1. In der Literatur über die Kostenrechnung werden verschiedene Kalkulationsverfahren beschrieben, so z. B. die Divisions-, Äquivalenzziffern-, Zuschlags- und Bezugsgrößenkalkulation. Für den Aufbau von Plankalkulationen wird grundsätzlich die Bezugsgrößenkalkulation angewandt, da dieses Verfahren unabhängig von der Art und der Zusammensetzung des Produktionsprogramms anwendbar ist.

Wir wollen zunächst den Aufbau von Plankalkulationen unter Voraussetzung folgender Prämissen beschreiben:

- Bei allen Erzeugnissen handelt es sich um einteilige Stückgüter oder homogene Fließgüter; mehrteilige Stückgüter oder Fließgüter, die aus mehreren selbsterstellten Stoffen bestehen, sind ausgeschlossen.
- Es liegt keine Kuppelproduktion vor, sondern unverbundene Produktion.
- Die Produktion erfolgt in mehreren aufeinander folgenden Arbeitsgängen.
- Die Arbeitsgänge erfolgen nicht in Produktionsstufen, die marktgängige Vor- oder Zwischenprodukte erstellen.

Zur Ableitung einer Kalkulationsformel werden folgende Kurzzeichen eingeführt:

$m^{(p)}$ = Plan-Einzelmaterialmenge pro Erzeugniseinheit
$q^{(p)}$ = Planpreis für Einzelmaterial
ν = Index der Einzelmaterialart
z = Anzahl Einzelmaterialarten
$d_M^{(p)}$ = Proportionaler Plan-Materialgemeinkosten-Verrechnungssatz in Prozent der Plan-Einzelmaterialkosten
$b^{(p)}$ = Plan-Bezugsgrößeneinheit pro Erzeugniseinheit
$d^{(p)}$ = proportionaler Planverrechnungssatz pro Bezugsgrößeneinheit
i = Index der Fertigungsstelle bzw. des Arbeitsganges
m = Anzahl Fertigungsstellen bzw. Arbeitsgänge
β = Index der Bezugsgrößenart (bei heterogener Kostenverursachung)
s = Anzahl der Bezugsgrößenarten pro Kostenstelle (bei heterogener Kostenverursachung)

$e_{Ftg}^{(p)}$ = Plan-Sondereinzelkosten der Fertigung pro Erzeugniseinheit
$d_{Vw}^{(p)}$ = proportionaler Plan-Verwaltungskosten-Verrechnungssatz in Prozent der proportionalen Herstellkosten
$d_{Vt}^{(p)}$ = proportionaler Plan-Vertriebskosten-Verrechnungssatz in Prozent der proportionalen Herstellkosten
$k_{H}^{(p)}$ = proportionale Plan-Herstellkosten pro Erzeugniseinheit
$p^{(p)}$ = Plan-Verkaufspreis pro Erzeugniseinheit
$v^{(p)}$ = Plan-Provisionssatz in Prozent vom Umsatz
$e_{VP}^{(p)}$ = Plan-Sondereinzelkosten für Verpackungsmaterial pro Erzeugniseinheit
$e_{Fr}^{(p)}$ = Plan-Sondereinzelkosten für Frachten pro Erzeugniseinheit
$k^{(p)}$ = proportionale Plan-Selbstkosten pro Erzeugniseinheit
j = Index der Erzeugnisart
n = Anzahl Erzeugnisarten

Mithilfe dieser Kurzzeichen lässt sich unter den oben genannten Prämissen zur Bestimmung der proportionalen Plan-Herstellkosten pro Erzeugniseinheit folgende Kalkulationsformel ableiten:

$$(5\text{-}1) \qquad k_{Hj}^{(p)} = \sum_{\nu=1}^{z} m_{\nu j}^{(p)}\, q_{\nu}^{(p)} \left(1 + \frac{d_{M\nu}^{(p)}}{100}\right) + \sum_{i=1}^{m} \sum_{\beta=1}^{s_i} b_{i\beta j}^{(p)}\, d_{i\beta}^{(p)} + e_{Ftgj}^{(p)} \qquad (j = 1, ..., n)$$

Die Plan-Einzelmaterialkosten werden bei Stückgütern mithilfe von Konstruktionszeichnungen und Materialbedarfsrechnungen ermittelt; bei Fließgütern bilden häufig Rezepturen oder Mischungsanweisungen die Grundlage. Im Übrigen vergleiche hierzu unsere Ausführungen in Kapitel 3.1. Gibt es für den Materialeinsatz Alternativen, so wird beim Aufbau der Plankalkulationen jeweils ein Standard-Materialeinsatz zugrunde gelegt.

Die Verrechnungssätze der Materialgemeinkosten unterscheiden sich in der Regel nicht für alle Materialarten, sondern jeweils nur für bestimmte Materialgruppen; die Indizierung in Gleichung (5-1) enthält die Übereinstimmung der Verrechnungssätze für mehrere Materialarten als Sonderfall.

Fallen Erlöse für Materialabfälle an, so ist in der Kalkulationsformel (5-1) der erste Summenausdruck um Plan-Abfallerlöse pro Erzeugniseinheit zu verringern. Hierzu werden entweder Abfallerlösprozentsätze geplant, die sich auf den Plan-Einzelmaterialeinsatz beziehen, oder zu Planpreisen bewertete Abfallmengen pro Erzeugniseinheit festgelegt.

Bei homogener Kostenverursachung entfällt in Gleichung (5-1) bei der Kalkulation der Fertigungskosten der zweite Summenausdruck. Werden im Fertigungsbereich ausschließlich Zeitbezugsgrößen verwendet, so geben die Größen $b_{ij}^{(p)}$ die geplanten Fertigungszeiten pro Erzeugniseinheit an. In diesen Fällen wird die Bezugsgrößenkalkulation auch als Stundensatzkalkulation bezeichnet.

Bei produktbedingter Heterogenität der Kostenverursachung liegen die Relationen der Stückbezugsgrößen für jede Erzeugnisart eindeutig fest. Wird die produktbedingte Heterogenität durch alternative Produkteigenschaften ausgelöst, erfolgt z. B. eine Bezugsgrößendifferenzierung nach Aluminium- und Kupfererzeugnissen, so entfällt in Gleichung

(5-1) das zweite Summenzeichen bei der Kalkulation der Fertigungskosten, da jede Erzeugnisart nur einer Bezugsgröße zugehören kann.

Gibt es Verfahrensalternativen (zwischen mehreren Kostenstellen mit homogener Kostenverursachung), oder liegt verfahrensbedingte Heterogenität der Kostenverursachung vor, so ist die Bestimmung der Stückbezugsgrößen in Gleichung (5-1) nicht mehr eindeutig. In diesen Fällen müssen vielmehr beim Aufbau der Plankalkulationen jeweils bestimmte Standard-Verfahren bzw. Standard-Aktivitäten des Produktionsvollzugs festgelegt werden[7]. Hierbei wird in der Regel die kostengünstigste Lösung berücksichtigt, die sich bei freien Kapazitäten realisieren lässt. Bestehen z. B. Wahlmöglichkeiten zwischen mehreren Fertigungsstellen, so wird in der Plankalkulation die Stelle berücksichtigt, für welche die Grenzfertigungskosten $b_{ij}^{(p)}\ d_i^{(p)}$ am niedrigsten sind.

Bei Serienproduktion geht man beim Aufbau der Plankalkulationen nach Möglichkeit von den optimalen Seriengrößen aus. Dividiert man die Planrüstzeiten durch die geplanten Seriengrößen, so erhält man die Plan-Rüstzeiten pro Erzeugniseinheit. Bei Mehrstellenarbeit werden geplante Bedienungsrelationen festgelegt, wodurch zugleich die Relationen zwischen den Fertigungs- und den Maschinenzeiten pro Erzeugniseinheit determiniert werden. Können Arbeitsgänge mit unterschiedlichen Prozessbedingungen ausgeführt werden, so versucht man beim Aufbau der Plankalkulationen die voraussichtlich günstigsten Prozessbedingungen zu ermitteln und kalkulatorisch zu berücksichtigen.

Steht im Kalkulationszeitpunkt bereits fest, dass im Zeitablauf für die Erzeugnisse mehrere Verfahren eingesetzt und unterschiedliche Aktionsparameter des Produktionsvollzugs realisiert werden, so z. B. weil Engpässe die kostengünstigsten Verfahren blockieren, oder schwankende Absatzmengen entsprechende Anpassungsmaßnahmen erforderlich machen, so kann man beim Aufbau der Plankalkulationen für jedes Verfahren die entsprechenden Kosten ermitteln und statt der optimalen die gewogenen durchschnittlichen Fertigungskosten zugrunde legen (Mischkalkulation).

Die Sondereinzelkosten der Fertigung werden mithilfe der in Kapitel 3.3 beschriebenen Verfahren pro Erzeugniseinheit geplant; sie können daher unmittelbar vor der Einzelkostenplanung in die Plankalkulationen übernommen werden. Wie unsere Ausführungen in Kapitel 3.3.1 gezeigt haben, lassen sich hierbei zwar auch Vorleistungskosten, z. B. Forschungs- und Entwicklungskosten, berücksichtigen; diese Kosten gehören aber nicht zu den entscheidungsrelevanten Grenzkosten. Sie müssen daher in den Plankalkulationen bei Durchführung einer Parallel- oder Doppelkalkulation als Fixkosten übernommen werden.

Treten Mengenverluste in der Produktion auf, so gilt die Gleichung (5-1) nur unter der Voraussetzung, dass eine auftragsweise Ausschusserfassung erfolgt. Dieses Verfahren wird ausschließlich bei Stückgütern angewandt, deren Ausschussmengen sich für jeden Produktionsauftrag gesondert erfassen lassen. Wie unsere Ausführungen in Kapitel 3.4 gezeigt haben, gehen bei der auftragsweisen Ausschusserfassung die geplanten Ausschusskosten entweder in die Kostensätze der Fertigungsstellen ein, oder sie werden als Sondereinzelkosten der Fertigung verrechnet. Beide Möglichkeiten lassen sich in Gleichung (5-1) integrieren.

Wird das Mengengefälle der Produktion mithilfe von Einsatzfaktoren erfasst, wie das insbesondere bei Fließgütern der Fall ist, so müssen in Gleichung (5-1) die Ausdrücke

$b_{i\beta j}^{(p)} d_{i\beta}^{(p)}$ durch $f_i^{(p)} b_{i\beta j}^{(p)} d_{i\beta}^{(p)}$ ersetzt werden. Hierbei geben die Größen $f_i^{(p)}$ die kumulierten Plan-Einsatzfaktoren der Fertigungsstellen an, die wir in Kapitel 3.4 beschrieben haben.

Liegen die proportionalen Plan-Herstellkosten pro Erzeugniseinheit vor, so lassen sich die proportionalen Plan-Selbstkosten pro Einheit wie folgt bestimmen:

$$(5\text{-}2) \qquad k_j^{(p)} = k_{Hj}^{(p)} \left(1 + \frac{d_{Vwj}^{(p)}}{100} + \frac{d_{Vtj}^{(p)}}{100} \right) + p_j^{(p)} \frac{v_j^{(p)}}{100} + e_{Vpj}^{(p)} + e_{Frj}^{(p)} \qquad (j = 1, \ldots, n)$$

Die Verrechnungssätze der Verwaltungs- und Vertriebskosten unterscheiden sich nicht für alle Erzeugnisarten j, sondern stimmen jeweils mit bestimmten Erzeugnisgruppen überein, was aber in der Indizierung der Gleichung (5-2) als Sonderfall enthalten ist.

Bei den Verrechnungssätzen der Vertriebskostenstellen und den Sondereinzelkosten des Vertriebs können neben erzeugnisspezifischen Kostenunterschieden auch abnehmer- und absatzwegespezifische Kosteneinflüsse wirksam werden. In diesen Fällen reicht in Gleichung (5-2) die Indizierung nach den Erzeugnisarten j nicht aus, da bei der Vertriebskostenkalkulation darüber hinaus eine Differenzierung nach abnehmer- und absatzwegespezifischen Merkmalen erfolgen muss. Bei den Sondereinzelkosten des Vertriebs können die abnehmer- und absatzwegespezifischen Unterschiede so groß werden, dass daher in vielen Unternehmungen völlig darauf verzichtet wird, die Sondereinzelkosten des Vertriebs in die Plankalkulationen einzubeziehen. Sie werden in der so genannten „Erlösrechnung“ als Teilgebiet der Deckungsbeitragsrechnung – bei der Überleitung von Bruttoerlös zum Nettoerlös ab Werk – berücksichtigt. Dies gilt insbesondere für die Ausgangsfrachten, bei denen stets mit großen abnehmerspezifischen Unterschieden gerechnet werden muss. Im Übrigen vgl. zur Planung der Sondereinzelkosten des Vertriebs unsere Ausführungen im Abschnitt 3.3.2.2.

Wird die Grenzplankostenrechnung mithilfe der Parallel- oder Doppelkalkulation zu einer Vollkostenrechnung ergänzt, so gelten die Kalkulationsformeln (5-1) und (5-2) für die Vollkostenkalkulation analog; die proportionalen Kalkulationssätze müssen lediglich durch die entsprechenden Vollkostensätze ersetzt werden.

2. Die Kalkulationsformeln (5-1) und (5-2) gelten nur für einteilige Stückgüter und für Fließgüter, die sich nicht aus mehreren selbsterstellten Vor- oder Zwischenprodukten zusammensetzen.

Werden in einer Unternehmung mehrteilige Stückgüter hergestellt, wie das z. B. in der Kraftfahrzeugindustrie, dem Maschinen- und Apparatebau, der optischen und feinmechanischen Industrie und der Elektroindustrie der Fall ist, so gehen in die Erzeugnisse selbsterstellte und fremdbezogene Einzelteile ein, die durch Montagearbeitsgänge zunächst zu Funktions- oder Baugruppen und schließlich zu Endprodukten zusammengefügt werden. Hierbei hängt der Teilebedarf vom konstruktiven Produktaufbau der Erzeugnisse ab. Er lässt sich mithilfe von Stücklisten quantitativ bestimmen.

Beim Aufbau der Plankalkulationen werden zunächst Einzelteilkalkulationen für selbsterstellte Teile erstellt. Hierbei lassen sich die Gleichungen (5-1) und (5-2) analog anwenden; die Erzeugnisartenindizes j sind lediglich durch die Indizes der selbsterstellten

Teile zu ersetzen. Die Plan-Selbstkosten werden nur für Teile ermittelt, die (z. B. als Ersatzteile) verkauft werden. Für die übrigen selbsterstellten Teile enden die Plankalkulationen bei den Herstellkosten.

Wie man aus der Strukturstückliste eines Erzeugnisses des Modellbetriebes erkennen kann (vgl. Abbildung 4-44), gehen die selbsterstellten Einzelteile dem Produktionsablauf folgend, zunächst in die Baugruppenebene ein. Die Bewertung erfolgt mit den Kalkulationsergebnissen der ersten Stufe, wobei eine Bewertungsmatrix neben den obligatorischen Grenzkosten noch weit differenziertere Informationen enthalten kann[8]. Nach dem „Hochwälzen" dieser differenzierten Kosteninformationen steht in der letzten Stufe der Gesamtumfang der Erzeugniskosten in der gewählten Differenzierung zur Verfügung.

Damit sind alle kalkulierten Herstellkosten in den Endproduktkalkulationen zusammengefasst. Hierbei sind neben den Kosten der vorgeschalteten Zwischen- und Teilegruppenkalkulationen meistens weitere Kosten für selbsterstellte und fremdbezogene Einzelteile sowie Montagekosten zu berücksichtigen. Hierzu können noch Sondereinzelkosten der Fertigung kommen.

Liegen die proportionalen Plan-Herstellkosten des Endproduktes fest, so lassen sich mithilfe der Kalkulationsformel (5-2) die proportionalen Plan-Selbstkosten der Endprodukte in gleicher Weise bestimmen, wie wir das für einteilige Endprodukte beschrieben haben.

Auch bei mehrteiligen Enderzeugnissen muss man sich in den Plankalkulationen auf standardisierte Verfahren und standardisierte Aktivitäten des Produktionsvollzugs festlegen, sofern Wahlmöglichkeiten bestehen. Gibt es Wahlprobleme zwischen selbsterstellten und fremdbezogenen Einzelteilen, so müssen in den Plankalkulationen planmäßige Relationen zwischen selbsterstellten und fremdbezogenen Einzelteilen festgelegt werden.

Auch für mehrteilige Erzeugnisse wird heute in den meisten Unternehmungen mit einer Grenzplankostenrechnung das Verfahren der Parallel- oder Doppelkalkulation angewendet, mit dessen Hilfe sich neben den Erzeugnis-Grenzkosten auch die -Vollkosten kalkulieren lassen.

Gehen in Fließgüter mehrere Vor- und Zwischenprodukte ein, so gelten unsere Ausführungen über mehrteilige Stückgüter analog. Für jedes homogene Vor- oder Zwischenprodukt lässt sich die Kalkulationsformel (5-1) gesondert anwenden. Gemäß der geplanten Mischungsvorschriften oder Rezepturen gehen die Kosten der Vor- oder Zwischenprodukte in entsprechende Folgekalkulationen ein. Hierbei sind in der Regel zusätzlich Plan-Fertigungskosten für Mischungsvorgänge zu berücksichtigen.

3. Spezielle Probleme der Plankalkulation treten in mehrstufigen Unternehmungen auf, deren Produktionsstufen marktgängige Vor- oder Zwischenprodukte herstellen. Typische Beispiele hierfür sind Textilfabriken, Hüttenwerke und viele Unternehmungen der chemischen Industrie.

In mehrstufigen Unternehmungen ist insbesondere das Problem zu lösen, wie in den Plankalkulationen der Folgestufen weiterverarbeitete Vor- und Zwischenprodukte zu bewerten sind. Hierbei sind zwei Fälle zu unterscheiden.

Handelt es sich bei den Produktionsstufen um rechtlich selbständige Unternehmungen eines Beteiligungskonzerns, so erfolgt die Bewertung zu Konzernverrechnungspreisen. Diese haben für die Einzelunternehmungen den Charakter von Marktpreisen und entsprechen meistens auch dem jeweiligen Marktpreisniveau. Zugleich wird ihre Höhe aber auch von „konzernpolitischen Zielsetzungen“ bestimmt[9]. Beim Aufbau der Plankalkulationen werden die Konzernverrechnungspreise bei den liefernden Unternehmungen wie Verkaufs- und bei den empfangenden Unternehmungen wie Einstandspreise für von außen bezogene Produktionsfaktoren behandelt; letztere werden in das Planpreissystem einbezogen[10].

Gehören mehrere Produktionsstufen zu einer Unternehmung, so muss in einer Grenzplankostenrechnung die Bewertung grundsätzlich zu den proportionalen Plan-Herstellkosten der Vorstufenbetriebe erfolgen. Nur wenn von Stufe zu Stufe „mit Grenzkosten durchgerechnet“ wird, stehen in allen Produktionsstufen entscheidungsrelevante Grenzkosten und Deckungsbeiträge sowie Preisuntergrenzen zur Verfügung[11]. Auch in mehrstufigen Unternehmungen lassen sich aber die Plankalkulationen als Parallel- oder Doppelkalkulation aufbauen. Bei diesem Verfahren werden die Vorstufenprodukte zugleich mit den vollen Plan-Herstellkosten bewertet.

Eine Bewertung mit Marktpreisen wird häufig von den Leitern der Vorstufenbetriebe mit dem Argument gefordert, dass ihre Erzeugnisse „marktgerecht“ bewertet werden sollten, und die nachfolgenden Produktionsstufen wirtschaftlich so zu behandeln seien, „als ob“ sie die Vorprodukte als selbständige Unternehmungseinheiten auf den Märkten beziehen müssten. Weiterhin hätte die Marktpreisbewertung für die Vorstufenbetriebe den Vorteil, dass ihnen in der Erfolgsrechnung „Gewinne“ für Lieferungen und Leistungen an die Folgestufen zugerechnet würden. Hierbei wird aber verkannt, dass zwischen den Stufen einer Unternehmung keine Gewinne entstehen können. Dies ist vielmehr erst möglich, wenn Produkte auf Märkten veräußert werden. Die Marktpreisbewertung führt daher zum Ausweis nicht realisierter Gewinne in den Kalkulationen der Folgestufen und führt zugleich dazu, dass diese weder ihre relevanten Erzeugnis-Grenzkosten noch für die Verkaufssteuerung geeignete Deckungsbeiträge ausweisen können.

Die Bewertung zu Verhandlungspreisen wird häufig in Unternehmungen mit einer Sparten- oder Profit-Center-Organisation praktiziert[12]. Hierbei sollen die Verrechnungspreise zwei Aufgaben erfüllen, die Allokations- und die Motivationsfunktion. Die Allokationsfunktion entspricht der Zielsetzung, eine möglichst wirtschaftliche Verwendung der Vorstufenerzeugnisse und eine optimale Relation zwischen Eigenerstellung und Fremdbezug herbeizuführen. Mithilfe der Motivationsfunktion soll erreicht werden, dass den Vorstufen in der kurzfristigen Erfolgsrechnung ein „leistungsgerechter“ Anteil am Erfolg gemessen wird. Die Allokationsfunktion entspricht den dispositiven Aufgaben und lässt sich ausschließlich mithilfe der Grenzkostenbewertung erreichen. Der Motivationsfunktion würden Marktpreise am besten entsprechen, die aber für die Zwecke der Kalkulation ungeeignet sind.

Ein weiteres Kalkulationsproblem mehrstufiger Unternehmungen bestand darin, dass die aus Material- und Fertigungskosten zusammengesetzten Herstellkosten der Vorstufenbetriebe in den Plankalkulationen der Folgestufen zu „Materialkosten“ wurden. Man konnte daher in den Plankalkulationen der Folgestufen nicht ohne weiteres erkennen, wie viele Material- und Fertigungskosten darin enthalten waren. Dieser Mangel ist inzwischen in den meisten Standard-Software-Systemen für die Plankalkulation dadurch beseitigt, dass man die als Verrechnungspreise verwendeten Herstellkosten der Vorstufenbetriebe auch in den Plankalkulationen der Folgebetriebe in Material- und Fertigungskosten auflöst, also über alle Stufen unterteilt nach Material- und Fertigungskosten „durchrechnet". Hierdurch wird zugleich eine verbesserte Grundlage für die Zurechnung der Kostenabweichungen in der Kostenträgerzeitrechnung geschaffen. Eine noch weitergehende Differenzierung, z. B. als Primärkosten-Kalkulation (vgl. Kapitel 4.5.3) oder nach weiteren Kriterien, ist heute bereits vielfach üblich.

5.1.1.2.2 Plankalkulationen bei Kuppelproduktion

1. Unter Kuppelproduktion versteht man Produktionsprozesse, bei denen aus technologischen Gründen zwangsläufig mehrere Produktarten gleichzeitig entstehen. Hierbei können die Mengenrelationen der Kuppelprodukte konstant oder innerhalb bestimmter Intervallgrenzen variierbar sein[13]. Typische Beispiele für Kuppelproduktion sind Kokereien, Eisen- und Stahlwerke, Raffinerien sowie die meisten Betriebe der chemischen Industrie.

Entstehen nur bei einem von mehreren aufeinander folgenden Arbeitsgängen Kuppelprodukte, so spricht man von einfacher Kuppelproduktion. Fallen dagegen in mehreren aufeinander folgen Arbeitsgängen Kuppelprodukte an, bei denen die Kuppelprodukte vorgelagerter Prozesse als Einsatzstoffe in nachgelagerte Prozesse eingehen, so liegt mehrfache Kuppelproduktion vor. Treten hierbei zugleich Rückflüsse auf, so spricht man von zyklischer Kuppelproduktion.

Das spezielle Kalkulationsproblem der Kuppelproduktion besteht darin, „... dass bei Kuppelproduktion eine dem Verursachungsprinzip entsprechende und nach Einzelprodukten differenzierte Kostenträgerrechnung nicht möglich ist, und eine produktindividuelle Zurechnung der Kosten des Kuppelprozesses immer willkürlich bleibt"[14]. Für die Grenzplankostenrechnung, die sich streng am Verursachungsprinzip orientiert, folgt hieraus, dass sich in Betrieben mit Kuppelproduktion keine Plankalkulationen für die Bestimmung proportionaler Herstell- oder Selbstkosten der Erzeugnisse aufbauen lassen.

Bei Kuppelproduktion lassen sich aber Plankalkulationen für einzelne Produktionsprozesse und Arbeitsgänge aufbauen, die als Elemente der Erfolgsplanung und -kontrolle dienen können.

Wird in einer Unternehmung mit Kuppelproduktion die Grenzplankostenrechnung zu einer Vollkostenrechnung ergänzt, so gelten die Einschränkungen in Bezug auf die Anwendbarkeit des Verursachungsprinzips für die kalkulatorische Bestimmung der Vollkosten nicht. Plankalkulationen zur Bestimmung der Vollkosten lassen sich daher auch bei Kuppelproduktion aufbauen. Die hiermit ermittelten Kalkulationsergebnisse sind aber für dispositive Aufgaben unbrauchbar; sie haben insbesondere für die externe Bestandsbewertung Bedeutung.

2. Liegt einfache Kuppelproduktion vor, so lassen sich Plankalkulationen für die Kosten einzelner Kuppelprozesse aufbauen. Da bei Kuppelproduktion häufig zugleich

Chargenproduktion vorliegt, werden in der Regel die proportionalen Plan-Herstellkosten pro Charge ermittelt. Um hierfür eine Kalkulationsgleichung abzuleiten, wollen wir folgende Kurzzeichen einführen:

$K_{PH}^{(p)}$ = Proportionale Plan-Herstellkosten eines Kuppelprozesses [€/Charge]
$m^{(p)}$ = Plan-Einzelmaterialmenge eines Kuppelprozesses [ME/Charge]
$q^{(p)}$ = Planpreis für Einzelmaterial
ν = Index der Einzelmaterialart
z = Anzahl Einzelmaterialarten
$d_M^{(p)}$ = Proportionaler Plan-Materialgemeinkosten-Verrechnungssatz [%]
$t_A^{(p)}$ = Plan-Fertigungszeit zur Aufbereitung der Rohstoffmischung [Min./Charge]
$d_A^{(p)}$ = Proportionaler Planverrechnungssatz pro Fertigungszeiteinheit der Mischungsaufbereitung [€/Min.]
$t_P^{(p)}$ = Plan-Fertigungszeit eines Kuppelprozesses [Min./Charge]
$d_P^{(p)}$ = Proportionaler Planverrechnungssatz pro Fertigungszeiteinheit der Kuppelproduktion [€/Min.].

Mithilfe dieser Kurzzeichen erhält man für die proportionalen Plan-Herstellkosten eines Kuppelprozesses folgende Bestimmungsgleichung:

$$(5\text{-}3) \qquad K_{PH}^{(p)} = \sum_{\nu=1}^{z} m_{\nu}^{(p)} \, q_{\nu}^{(p)} \left(1 + \frac{d_{M\nu}^{(p)}}{100}\right) + t_A^{(p)} \, d_A^{(p)} + t_P^{(p)} \, d_p^{(p)}$$

Zugleich sind die Plan-Ausbringungsmengen der Kuppelprozesse festzulegen. Kann die Produktion mit unterschiedlichen Prozessbedingungen erfolgen, so ist eine entsprechende Bezugsgrößendifferenzierung vorzunehmen.

Werden die Kuppelprodukte in anschließenden Arbeitsgängen, bei denen es sich nicht um Kuppelproduktion handelt, weiterverarbeitet (z. B. gereinigt, gemahlen, veredelt oder verpackt), so lassen sich Plankalkulationen weiterverarbeitender Arbeitsgänge nach den üblichen Regeln der Bezugsgrößenkalkulation aufbauen. Den Verkaufsmengen der Kuppelprodukte lassen sich in gleicher Weise geplante proportionale Verwaltungs- und Vertriebskosten pro Einheit zuordnen wie den Erzeugnissen in Unternehmungen mit unverbundener Produktion. Hierbei können aber die proportionalen Plan-Herstellkosten nicht als Bezugsgrundlage dienen, da sie bei Kuppelproduktion nicht zur Verfügung stehen. Werden Kuppelprodukte vernichtet, so lassen sich Plan-Vernichtungskosten pro Einheit festlegen.

Die Kalkulationsgleichung (5-3) gilt zwar formal auch bei mehrfacher Kuppelproduktion; hier stehen aber für Kuppelprodukte, die in nachgelagerte Prozesse als Einsatzstoffe eingehen, keine proportionalen Plan-Herstellkosten als Wertansätze zur Verfügung. Diese Mengen sind daher zunächst mit Null zu bewerten, ihre Berücksichtigung muss in einer simultanen Kosten- und Mengenflussplanung erfolgen.

Unsere Ausführungen haben gezeigt, dass sich bei Kuppelproduktion zwar proportionale Plankosten von Einzelaktivitäten (z. B. Chargen mit Kuppelproduktion, weiterverarbeitende Prozesse, Vernichtungsprozesse und Verkäufe) bestimmen lassen, die

Ermittlung von Erzeugnis-Grenzkosten aber nicht möglich ist. Für Unternehmungen mit Kuppelproduktion ist daher die Forderung G. Lassmanns berechtigt, in der Produktions- und Absatzplanung Erzeugnis-Grenzkosten vollständig durch Einflussgrößen-Grenzkosten zu ersetzen[15]. Wie wir an anderer Stelle gezeigt haben, erfordert die Kosten- und Erlösplanung in Unternehmungen mit Kuppelproduktion den Einsatz simultaner Entscheidungsmodelle. Hierbei werden die variablen Kosten der Kuppelprozesse jeweils bestimmten Leiteinsatz- oder Leitausbringungsmengen zugeordnet. Durch besondere Mengenflussrestriktionen wird sichergestellt, dass die (falls erforderlich nach Prozessbedingungen differenzierten) Mengenrelationen der Kuppelprodukte eingehalten werden[16].

3. Sollen in einer Unternehmung mit Kuppelproduktion Plankalkulationen für die Bestimmung der Vollkosten aufgebaut werden, so lassen sich hierfür die traditionellen Kalkulationsverfahren für Kuppelprodukte anwenden. Da jedoch Vollkosten nur für die bilanzielle Bewertung von Halb- und Fertigfabrikatebeständen in Frage kommen, sollten die Vollkostenkalkulationen bei den Herstellkosten enden[17].

Die vollen Plan-Herstellkosten eines Kuppelprozesses lassen sich mithilfe der Gleichung (5-3) ermitteln, wenn man die proportionalen Kostensätze durch die entsprechenden Vollkostensätze ersetzt; wir wollen diese Kosten als $K_{VH}^{(p)}$ bezeichnen.

Liegt einfache Kuppelproduktion vor und lässt sich ein Kuppelprodukt eindeutig als Hauptprodukt identifizieren, so ist das Subtraktions- oder Restwertverfahren anwendbar[18]. Diesem Verfahren liegt die Konzeption zugrunde, dass die Verkaufspreise der Nebenprodukte gerade „ihre Kosten decken“, also bei den Nebenprodukten keine „Gewinne“ erzielt werden. Früher hat man hierunter zweifellos Vollkostengewinne verstanden. Wir wollen das Subtraktions- oder Restwertverfahren aber so interpretieren, dass die Deckungsbeiträge der Nebenprodukte gleich Null sein sollen. Das Problem dieses Verfahrens besteht zunächst darin, dass man für die Kuppelprodukte die anteiligen Kosten der Kuppelproduktion nicht kennt. Diese werden für die Nebenprodukte aber so definiert, dass unter Berücksichtigung eventueller Weiterverarbeitungskosten und anteiliger Verwaltungs- und Vertriebskosten die Verkaufspreise gerade zu einem Stück-Deckungsbeitrag von Null führen.

Zur formelmäßigen Darstellung der Subtraktions- oder Restwertmethode wollen wir die folgenden Kurzzeichen einführen:

$p_N^{(p)}$ = Planverkaufspreis eines Nebenproduktes
$k_{HN}^{(p)}$ = anteilige Plankosten am Kuppelprozess, die zu einem Stück-Deckungsbeitrag von Null führen [€/Einheit]
j = Index der Nebenproduktarten
n = Anzahl Nebenproduktarten
$b^{(p)}$ = Stückbezugsgrößen für die Weiterverarbeitung eines Nebenproduktes (in Arbeitsgängen mit Nichtkuppelproduktion)
$d^{(p)}$ = Proportionaler Planverrechnungssatz pro Bezugsgrößeneinheit
i = Index der weiterverarbeitenden Fertigungsstellen
m = Anzahl weiterverarbeitender Fertigungsstellen
$d_{Vw}^{(p)}$ = Proportionaler Plan-Verwaltungskosten-Verrechnungssatz [%]

$d_{Vt}^{(p)}$ = Proportionaler Plan-Vertriebskosten-Verrechnungssatz [%]
$e_{Vt}^{(p)}$ = Plan-Sondereinzelkosten des Vertriebs pro Erzeugniseinheit

Soll der Stück-Deckungsbeitrag eines Nebenproduktes gleich Null sein, so muss der Verkaufspreis mit den Stückkosten übereinstimmen:

$$(5\text{-}4) \qquad P_{Nj}^{(p)} = \left[k_{HNj}^{(p)} + \sum_{i=1}^{m} b_{Nij}^{(p)} \, d_i^{(p)} \right] \left(1 + \frac{d_{Vw}^{(p)}}{100} + \frac{d_{Vt}^{(p)}}{100} \right) + e_{Vtj}^{(p)} \qquad (j = 1, ..., n)$$

Löst man diese Gleichung nach den Unbekannten $k_{HNj}^{(p)}$ auf, so erhält man:

$$(5\text{-}5) \qquad k_{HNj}^{(p)} = \frac{p_{Nj}^{(p)} - e_{Vtj}^{(p)}}{1 + \frac{d_{Vw}^{(p)}}{100} + \frac{d_{Vt}^{(p)}}{100}} - \sum_{i=1}^{m} b_{Nij}^{(p)} \, d_i^{(p)} \qquad (j = 1, ..., n)$$

Führt der Kuppelprozess, dessen volle Plan-Herstellkosten $K_{VH}^{(p)}$ betragen, zu $X_H^{(p)}$ Mengeneinheiten des Hauptproduktes und zu $X_{Nj}^{(p)}$ Mengeneinheiten der Nebenprodukte, so lassen sich die vollen Plan-Herstellkosten pro Einheit des Hauptproduktes nach dem Subtraktions- oder Restwertverfahren wie folgt bestimmen:

$$(5\text{-}6) \qquad k_{HH}^{(p)} = \frac{K_{VH}^{(p)} - \sum_{j=1}^{n} k_{HNj}^{(p)} \, x_{Nj}^{(p)}}{x_H^{(p)}}$$

Werden Nebenprodukte vernichtet, so sind die Plan-Vernichtungskosten zu $K_{VH}^{(p)}$ zu addieren.

Liegt einfache Kuppelproduktion vor, ohne dass ein Kuppelprodukt eindeutig als Hauptprodukt bezeichnet werden kann, so muss das Äquivalenzziffern- oder Verteilungsverfahren angewendet werden[19]. Hierbei werden als Äquivalenzziffern vorgeschlagen:

- Maßgrößen chemischer oder physikalischer Eigenschaften der Kuppelprodukte (z. B. Molekulargewichte oder Heizwerte);
- Maßgrößen ökonomischer Eigenschaften der Kuppelprodukte (z. B. Marktpreise oder Verwendungsüberschüsse).

Technischen Äquivalenzziffern fehlt meistens nicht nur jede Beziehung zur Kostenverursachung, sondern auch zur ökonomischen Verwertbarkeit der Kuppelprodukte. Äquivalenzziffern, die ökonomischen Eigenschaften der Kuppelprodukte entsprechen, nehmen meistens eine Kostenzuordnung aufgrund des Tragfähigkeitsprinzips vor, sodass sie insbesondere für die Zwecke der Bestandsbewertung geeignet sind.

Schon seit langem werden in der Praxis die Marktpreise der Kuppelprodukte als Äquivalenzziffern verwendet; dieses Verfahren wird als Marktpreis-Äquivalenzziffern-Verfahren bezeichnet. Es setzt voraus, dass für alle Kuppelprodukte Marktpreise oder marktpreisähnliche Werte bekannt sind; bei letzteren kann es sich z. B. um Marktpreise ähnlicher Produkte handeln oder um Opportunitätskosten, d. h. um Kosten, die durch „Verwendung an einer Stelle des Werkes eingespart werden“[20].

Fallen j = 1, ..., n Kuppelprodukte an, deren Marktpreise $p_j^{(p)}$ betragen, so gilt nach dem Marktpreis-Äquivalenzziffern-Verfahren für die Bestimmung der vollen Plan-Herstellkosten pro Erzeugniseinheit folgende Bestimmungsgleichung:

$$(5\text{-}7) \qquad k_{Hj}^{(p)} = \frac{K_{VH}^{(p)}}{\sum_{j=1}^{n} p_j^{(p)} x_j^{(p)}} p_j^{(p)} \qquad (j = 1, ..., n)$$

Werden die Kuppelprodukte im Anschluss an den Produktionsprozess mit Kuppelproduktion in Fertigungsstellen (mit Nicht-Kuppelproduktion) weiterverarbeitet, so sind zusätzlich zu den durch die Gleichung (5-7) determinierten Kosten die vollen Plan-Fertigungskosten dieser Arbeitsgänge zu berücksichtigen. Wie wir an anderer Stelle gezeigt haben, kann man in diesen Fällen zugleich in der Kalkulationsformel (5-7) die Marktpreise durch „Verwendungsüberschüsse“ ersetzen[21].

Muss ein Kuppelprodukt vernichtet werden, so müssen die übrigen Kuppelprodukte die Vernichtungskosten mit tragen. Diese werden daher im Zähler der Gleichung (5-7) zu den Kosten des Kuppelprozesses addiert.

Bei mehrfacher Kuppelproduktion wird die Erstellung von Vollkostenkalkulationen dadurch erschwert, dass neben die Nichtanwendbarkeit des Verursachungsprinzips erhebliche Anwendungsprobleme des Tragfähigkeitsprinzips treten. Diese Tatsache ist darauf zurückzuführen, dass für viele Zwischenprodukte weder Marktpreise noch Verwendungsüberschüsse ermittelt werden können, die sich als Verrechnungsgrundlage verwenden lassen[22].

Für die Ermittlung der vollen Plan-Herstellkosten lassen sich bei mehrfacher Kuppelproduktion zwei Verfahren anwenden, denen das Tragfähigkeitsprinzip zugrunde liegt[23]:

- Verteilung mithilfe kumulierter Verwendungsüberschüsse
- Verteilung mithilfe von Opportunitätskosten.

Bei dem zuerst genannten Verfahren werden für die Kuppelprodukte vorgeschalteter Prozesse mittelbare Verwendungsüberschüsse aus den Erlösen und Kosten der Folgestufen abgeleitet. Hierbei sind komplizierte retrograde Rechnungen erforderlich. Beim zweiten Verfahren versucht man, für die Zwischenprodukte Opportunitätskosten zu bestimmen, um diese als Äquivalenzziffern zu verwenden. Dieses Verfahren ist zwar einfacher, dafür ist aber die Bestimmung der Opportunitätskosten meistens problematisch.

5.1.1.2.3 Indirekte Leistungsbereiche in der Plankalkulation

1. Die immer weiter fortschreitende Verschiebung der Kostenstruktur weg von den direkt zu kalkulierenden Fertigungsbereichen hin zu den indirekten Leistungsbereichen führte zu zahlreichen Versuchen, eine transparente, verursachungsgerechte Kalkulation auch dieser Gemeinkosten zu ermöglichen.[24] Dabei herrscht bei allen Verfahrensalternativen Einigkeit darüber, dass die traditionelle Zuschlagkalkulation nicht mehr ausreicht.

2. Gefördert durch die mächtige Systemunterstützung moderner Standardsoftwaresysteme, eröffnen sich für die Stückkostenrechnung zusätzliche Perspektiven, die in der Praxis in zunehmendem Maße genutzt werden. Dazu gehört u. a. das Verfahren der prozessorientierten Vorgangskalkulation zur gezielten Verrechnung der Kosten indirekter Leistungsbereiche. In der Abbildung 5-1 ist die traditionelle Kalkulationsstruktur dargestellt, die in der Praxis weit verbreitet ist und der auch unsere Beispiele im Modellbetrieb (vgl. Kapitel 5.5) folgen.

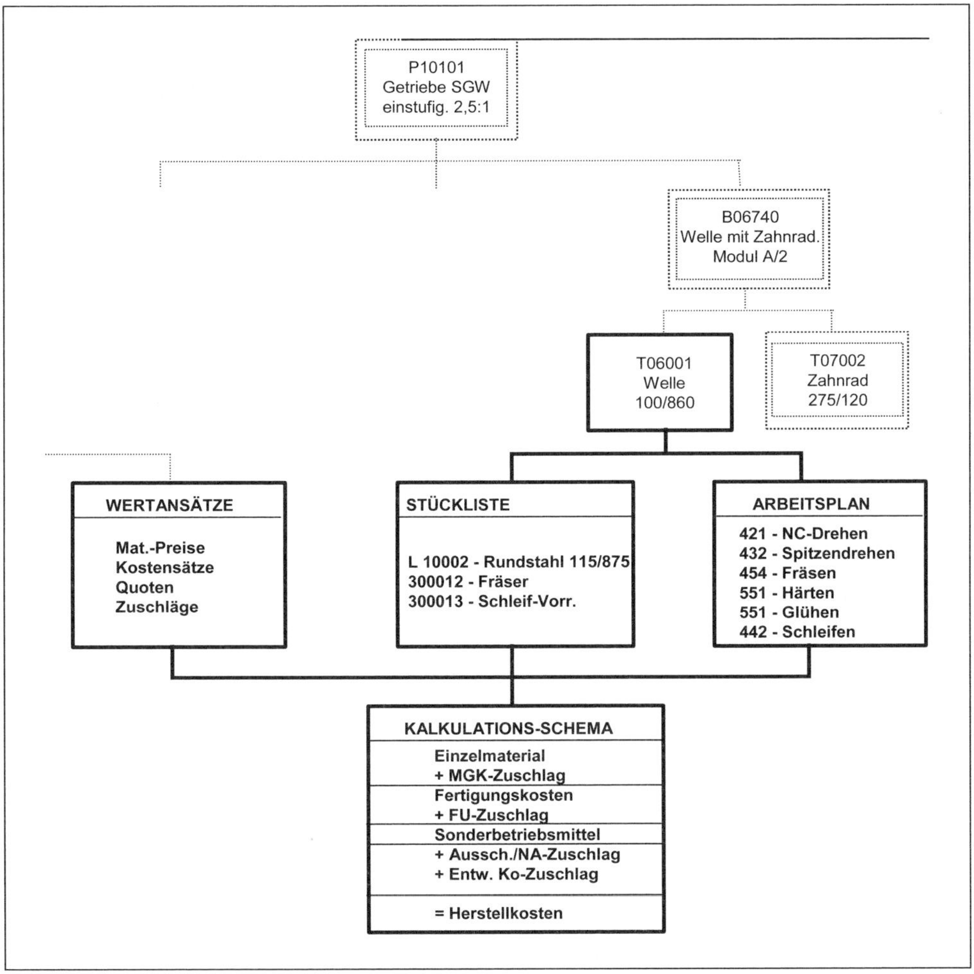

Abbildung 5-1: Kalkulationsstruktur, traditionell

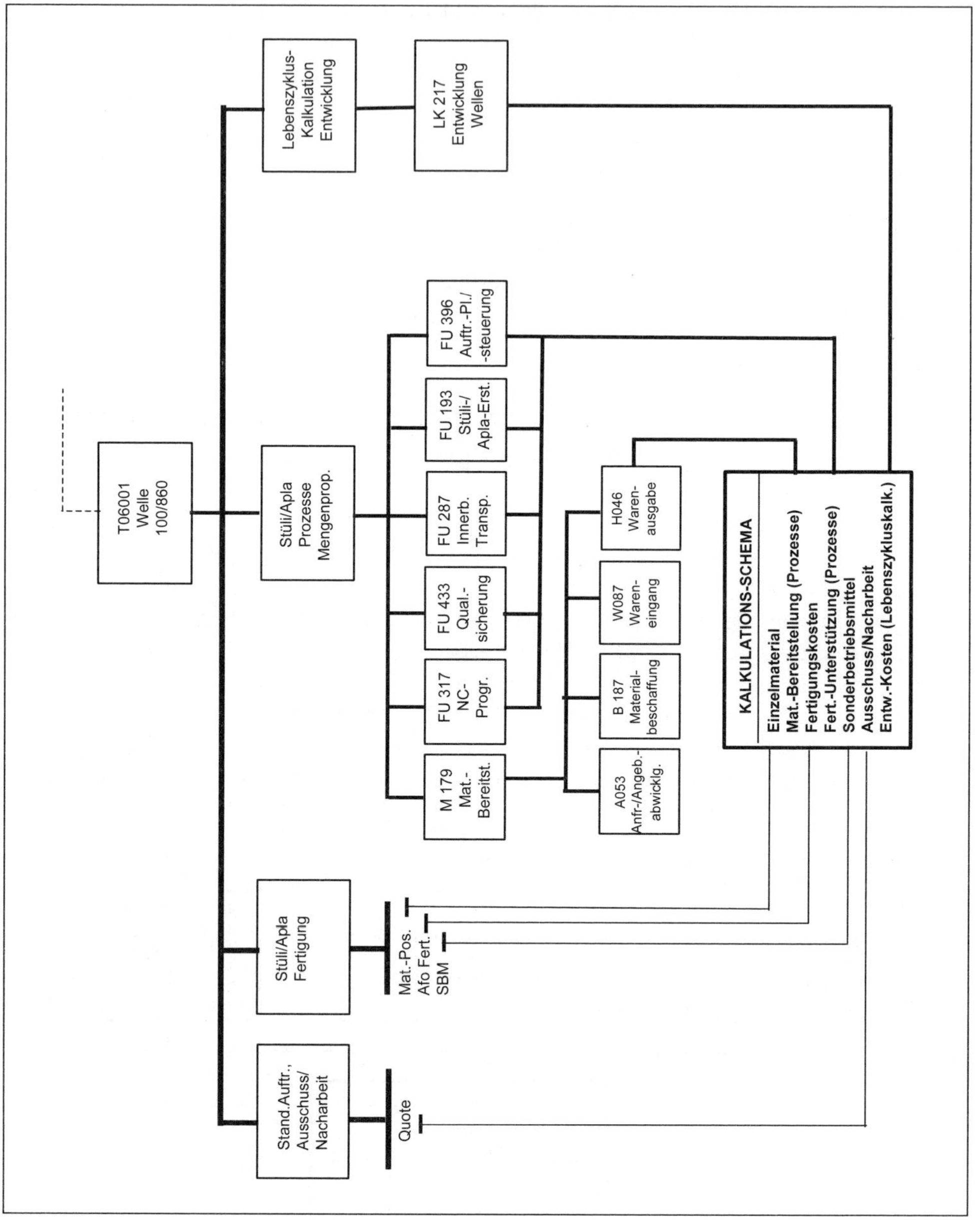

Abbildung 5-2: Kalkulationsstruktur, prozessorientiert

Zum Vergleich wird in Abbildung 5-2 eine prozessorientierte Kalkulationsstruktur gezeigt, nach der sowohl die Kosten der Materialbereitstellung als auch die der Fertigungsunterstützung über Vorgangskalkulationen geplant und abgerechnet werden[25].

5.1.1.3 Der Aufbau von Soll- und Prognosekalkulationen

1. Wir haben in Kapitel 5.1.1.1 gezeigt, dass die jahresbezogenen Plankalkulationen durch Soll- oder Prognosekalkulationen ergänzt werden müssen, wenn Entscheidungen für Teilperioden oder Einzelfälle zu treffen sind, in denen sich folgende Daten gegenüber der jährlichen Kostenplanung geändert haben:

- Preise
- Lohnsätze und Gehälter
- Materialeinsatz
- Produktionsvollzug
- Fristigkeitsgrad.

Hierbei sprechen wir von Sollkalkulationen, wenn sich diese Kalkulationen auf eine bestimmte neue Datenkonstellation beziehen, die für einen begrenzten Zeitraum als Soll vorgegeben wird. Als Prognosekalkulationen werden dagegen Kalkulationen bezeichnet, mit denen geplante Kosten pro Erzeugniseinheit für mehrere alternative Datenkonstellationen ermittelt werden. Der rechnerische Aufbau beider Kalkulationen unterscheidet sich nicht vom rechnerischen Aufbau der Plankalkulationen der betreffenden Erzeugnisse. Da diese Kalkulationen meistens nur dispositiven Zwecken dienen, wird man in der Regel auf die Grenzkostenergebnisse zurückgreifen.

2. Wir wollen zunächst untersuchen, wie sich Soll- oder Prognosekalkulationen für veränderte Faktorpreise erstellen lassen. Hierbei sind folgende Fälle zu unterscheiden:

- Anpassung an Faktorpreisveränderungen der Einzelkosten
- Anpassung an Faktorpreisveränderungen der über Kostenstellen verrechneten Kosten.

Da die Einzelkosten in den Plankalkulationen direkt ausgewiesen werden, lassen sie sich unmittelbar an veränderte Preise anpassen, indem man sie mit folgenden Preisveränderungsfaktoren multipliziert:

$$\text{(5-8)} \qquad \pi_t = \left(1 + \frac{p_t^{(p)}}{p_\phi^{(p)}} \right)$$

Hierbei gibt $p_\phi^{(p)}$ den Planpreis der Kostenplanung an, der den jahresbezogenen Plankalkulationen zugrunde liegt. Der Preis $p_t^{(p)}$ entspricht dem veränderten Planpreis, für den die Soll- oder Prognosekalkulationen erstellt werden sollen. Preisveränderungsfaktoren lassen sich nicht nur für das Einzelmaterial bilden, sondern auch für die übrigen Einzelkosten, so z. B. für die Verpackungsmaterialkosten. Bei der praktischen Durchführung werden die betreffenden Ausgangsdaten, d. h. die Planpreise, im Materialstamm nach den Gesichtspunkten der ABC-Analyse, entweder individuell oder nach Materialgruppen differenziert, mit den Preisveränderungsfaktoren geändert und dann die Plankalkulation wie gewohnt abgewickelt. Da in der flexiblen Plankostenrechnung sämtliche Personalkosten über Kostenstellen abgerechnet werden, lässt sich das oben beschriebene Verfahren für Lohn- und Gehaltserhöhungen nicht anwenden.

Werden die Einzelmaterialkosten mithilfe von Preisveränderungsfaktoren an ein verändertes Preisniveau angepasst, so ist zu überprüfen, welche kalkulatorischen Folgewirkungen hierdurch ausgelöst werden.

So muss die Frage geklärt werden, ob die Materialgemeinkosten an die Änderung der Materialpreise angepasst werden müssen. Hierbei sind mengen- und wertabhängige Materialgemeinkosten zu unterscheiden. Die Belastung der Erzeugnisse mit mengenabhängigen Materialgemeinkosten darf sich durch die Umwertung der Materialkosten nicht verändern. Wird für den Logistikbereich das Verfahren der prozessorientierten Vorgangskalkulation verwendet, tritt dieses Problem nicht auf, da anstelle der Wertbezugsgröße ja Mengenbezugsgrößen in Form von Standard-Stunden treten.

Da die Einzelmaterialkosten Bestandteil der Herstellkosten sind, ist weiterhin zu überprüfen, ob Preisveränderungen des Einzelmaterials eine Veränderung der (prozentual auf die Herstellkosten verrechneten) Verwaltungs- und Vertriebsgemeinkosten erforderlich machen. Da diese problematische Verrechnung heute ohnedies häufig durch eine direkte Berücksichtigung dieser Komponenten in der Deckungsbeitragsrechnung abgelöst wird, die Plankalkulation also bei den Herstellkosten endet, wird dieser Effekt gegenstandslos.

Erheblich schwieriger ist die Anpassung der Soll- und Prognosekalkulationen an Faktorpreisveränderungen der über Kostenstellen verrechneten Kosten. Hierzu zählen neben den Preisen für Gemeinkostenmaterial auch die Löhne und Gehälter. Die Anpassung kann mithilfe folgender Verfahren erfolgen:

- Kalkulationsanpassung ohne Berücksichtigung des Sekundärbereichs (Näherungsverfahren);
- Kalkulationsanpassung mit Berücksichtigung des Sekundärbereichs
  - Anpassung der Kalkulationssätze durch Umwertung der Kostenplanung
  - Anpassung mithilfe der Primärkostenrechnung.

Verzichtet man bei der Erstellung von Soll- oder Prognosekalkulationen aus Vereinfachungsgründen darauf, Preis- und Lohnsatzänderungen in den sekundären Kostenstellen zu berücksichtigen, so kann die Anpassung in der Weise erfolgen, dass man die von einer Lohn- oder Preisveränderung betroffenen primären proportionalen Kosten pro Bezugsgrößeneinheit mit entsprechenden Veränderungsfaktoren multipliziert. Als Beispiel hierzu wollen wir die Fertigungskostenstelle 421 – NC-Drehmaschinen betrachten, deren Kostenplan wir in Abbildung 4-74 wiedergegeben haben. Soll der proportionale Kalkulationssatz dieser Stelle in der Höhe von 71,96 €/VST an eine 7 %ige Lohnerhöhung angepasst werden, so erhält man als neuen Kalkulationssatz: $32{,}22 + 39{,}74 \cdot 1{,}07 = 74{,}74$ €/VST. Dieser Satz ist beim Aufbau der Soll- oder Prognosekalkulationen zu berücksichtigen. Analog lassen sich Wertveränderungen der übrigen Primärkosten berücksichtigen. Der Nachteil dieses Verfahrens besteht darin, dass die sekundären Kostenarten nicht angepasst werden.

Will man die Kalkulationssätze der Kostenstellen an veränderte Faktorpreise anpassen und zugleich alle entsprechenden Kostenveränderungen in den sekundären Kostenstellen berücksichtigen, so kann man dieses Ziel am genauesten durch eine Umwertung der

Kostenplanung erreichen. Diese Umwertung lässt sich bei Einsatz zeitgemäßer Standardsoftware maschinell durchführen.

Vereinfachen lässt sich die kalkulatorische Berücksichtigung von Lohn- und Preisveränderungen durch eine Primärkostenrechnung, wie wir sie in Kapitel 4.5.3 beschrieben haben. Hier werden die Kalkulationssätze der Kostenstellen unter Berücksichtigung der interdependenten Beziehungen des Sekundärbereichs in die wichtigsten primären Kostenartengruppen aufgelöst, sodass diese in den Plankalkulationen bis zu den Selbstkosten der Erzeugnisse „durchgerechnet" werden können. Mithilfe von Veränderungsfaktoren lassen sich daher die Ergebnisse der Plankalkulationen unmittelbar an jedes beliebige Preis- und Lohnniveau anpassen. So würde sich etwa eine 7,5 %igen Lohnerhöhung auf den proportionalen Kalkulationssatz der NC-Drehmaschine unter Berücksichtigung aller Lohnerhöhungen der sekundären Stellen wie folgt auswirken (vgl. Abbildungen 4-62 und 4-81): $71{,}96 - 44{,}35 + 44{,}35 \cdot 1{,}07 = 75{,}06$. Dies bedeutete gegenüber dem obigen Näherungsergebnis einen Fehler von etwa 4 %.

3. Wird während der Planungsperiode eine Veränderung des Produktaufbaus vorgenommen, so ändern sich in der Regel sowohl die Material- als auch die Fertigungskosten. Handelt es sich um eine einmalige, vorübergehende Maßnahme, so kann man auf Ergänzungskalkulationen verzichten und sich auf die Erfassung entsprechender Kostenabweichungen (Einzelmaterial-Verbrauchsabweichungen, Verfahrensabweichungen usw.) beschränken. Meistens wird aber der Produktaufbau auf Dauer geändert. Ist das der Fall so werden (für den Rest der Planungsperiode gültige) Sollkalkulationen erstellt. In diese Kalkulationen gehen neue Mengendaten des Einzelmaterialeinsatzes und neue Stückbezugsgrößen der Fertigungskostenstellen ein. Haben sich bis zum Kalkulationszeitpunkt auch die Preise und Lohnsätze gegenüber der Kostenplanung wesentlich verändert, so kann man zugleich eine wertmäßige Anpassung der Kalkulation vornehmen; hierfür gelten unsere Ausführungen im vorangegangenen Abschnitt analog.

4. Wird in Unternehmungen mit standardisierten Erzeugnissen der Produktionsvollzug nur vorübergehend geändert, so z. B. weil in Engpasssituationen kostenungünstige Verfahren eingesetzt oder infolge von Absatzschwankungen geringere Serien aufgelegt werden, so ist es in der Regel nicht erforderlich, die jahresbezogenen Plankalkulationen durch Sollkalkulationen zu ergänzen. In diesen Fällen reicht es vielmehr aus, die Kostenabweichungen des Produktionsvollzugs systematisch zu erfassen, auszuwerten und in der Kostenträgerzeitrechnung den entsprechenden Erzeugnisgruppen zuzuordnen.

Ergänzende Sollkalkulationen zur Anpassung an Veränderungen des Produktionsvollzugs sind aber erforderlich

- wenn sich der Produktionsvollzug nachhaltig geändert hat
- wenn der Produktionsvollzug infolge wechselnder Produktionsbedingungen häufig geändert werden muss, und hierdurch die proportionalen Herstellkosten der Erzeugnisse wesentlich beeinflusst werden; in diesen Fällen müssen auftragsbezogene Sollkalkulationen erstellt werden.

Der Aufbau dieser Sollkalkulationen erfolgt in der Weise, dass man die Stückbezugsgrößen der Erzeugnisse und (sofern erforderlich) die Kalkulationssätze an den veränderten Produktionsvollzug anpasst. Werden Arbeitsgänge außerplanmäßigen Fertigungsstellen zugeordnet, so ändern sich in der Regel sowohl die Stückbezugsgrößen als auch die Kalkulationssätze. Werden Arbeitsgänge, für welche die Durchführung in eigenen Fertigungsstellen geplant ist, durch Lohnarbeit ersetzt, so treten an die Stelle der wegfallenden Fertigungskosten Sondereinzelkosten der Lohnarbeit. Ändern sich bei mehrteiligen Erzeugnissen die Einsatzverhältnisse zwischen eigenerstellten und fremdbezogenen Teilen, so werden hiervon sowohl die Fertigungskosten als auch die Materialkosten betroffen. Sollen die Sollkalkulationen zur Anpassung an veränderte Seriengrößen dienen, so ändern sich hierdurch die Stückbezugsgrößen der Rüstvorgänge; die Planrüstzeiten pro Serie sind durch die vorgesehenen Seriengrößen zu dividieren. Die Ausführungszeit pro Erzeugniseinheit ändert sich nicht. Wird in einer Fertigungsstelle mit Mehrstellenarbeit die Bedienungsrelation geändert, so wird hiervon nur die Fertigungszeitbezugsgröße pro Erzeugniseinheit betroffen. Werden in einer Fertigungsstelle Prozessbedingungen (z. B. Druck und Temperatur) variiert, so müssen auf jeden Fall die Kalkulationssätze verändert werden; in vielen Fällen verändert sich zugleich auch die Stückbezugsgröße.

Die Anpassung der Mengendaten an veränderte Aktionsparameter des Produktionsvollzugs kann mit einer Anpassung an veränderte Faktorpreise kombiniert werden; hierbei gelten unsere Ausführungen über die Umwertung der Kalkulationsergebnisse analog.

Häufig ändert sich der Produktionsvollzug nicht nur bei einem Arbeitsgang, sondern zugleich bei mehreren aufeinander folgenden Arbeitsgängen. In diesen Fällen legt sich die Sollkalkulation auf eine Kombination des Produktionsvollzugs fest. Hierbei wird in der Regel diejenige Kombination gewählt, die bei den erwarteten Produktionsbedingungen zu der geringsten Fertigungskostenabweichung gegenüber der Plankalkulation führt.

Für die Anpassung der Kalkulationsergebnisse an unterschiedliche Varianten des Produktionsvollzugs wollen wir das folgende Beispiel betrachten:

Ein Erzeugnis durchläuft nacheinander 4 Arbeitsgänge. Wie die Abbildung 5-3 erkennen lässt, kann der 1. Arbeitsgang wahlweise dem Verfahren A, B oder C zugeordnet werden. Da das Verfahren B am kostengünstigsten ist, wurde es in der jahresbezogenen Plankalkulation als „Standardverfahren" zugrunde gelegt. Beim 2. Arbeitsgang kann je nach den Produktionsverhältnissen die Bedienungsrelation zwischen 1, 2 und 3 Maschinen pro Arbeiter schwanken; in der Plankalkulation wurde mit einer durchschnittlichen Zuteilung von 2 Maschinen pro Arbeiter gerechnet. Der 3. Arbeitsgang erfolgt in einer Fertigungsstelle mit Serienproduktion, in der die Seriengrößen häufig an veränderte Absatzmengen angepasst werden müssen. In der Plankalkulation wurde eine durch-
schnittlich geplante Seriengröße von 300 Stück/Serie zugrunde gelegt. In Abbildung 5-3 werden als Alternativen drei kleinere und zwei größere Serien berücksichtigt. Der 4. Arbeitsgang kann alternativ in einer eigenen Fertigungsstelle ausgeführt oder in Lohnarbeit vergeben werden; in der Plankalkulation wurde die Eigendurchführung zugrunde gelegt.

In Abbildung 5-3 haben wir die proportionalen Fertigungskosten der in der Plankalkulation berücksichtigten Verfahrensalternativen durch eine verstärkte Einrahmung gekennzeichnet. Addiert man diese Beträge, so erhält man proportionale Fertigungskosten in Höhe von 17,41 €/Stück. Würde für jeden der 4 Arbeitsgänge der jeweils ungünstigste Produktionsvollzug gewählt, so würde die Summe der proportionalen Fertigungskosten 22,31 €/Stück betragen.

Insgesamt gibt es im Beispiel der Abbildung 5-3 drei mal drei mal sechs mal zwei = 108 verschiedene proportionale Fertigungskosten pro Erzeugniseinheit, da die Möglichkeiten des Produktionsvollzugs aller Arbeitsgänge miteinander kombiniert werden können. Die Zahl der Kombinationsmöglichkeiten wird noch größer, wenn auch beim Einzelmaterialeinsatz Wahlmöglichkeiten zu berücksichtigen sind.

Wegen der großen Zahl der Kombinationsmöglichkeiten sollte man darauf verzichten, die Herstell- oder Grenzkosten aller Varianten des Produktionsvollzugs voll auszukalkulieren, und sich darauf beschränken, die jeweilige Sollkalkulation zum Zeitpunkt der Auftragserteilung an die Fertigung gemäß den, in den Arbeitspapieren fallbezogen festgelegten Produktionsabläufen, zu erstellen. Nur auf diese Weise wird die Grundlage für ein effizientes Produktkosten-Controlling geschaffen.

Verfahrensabhängige Fertigungskosten			
Arbeitsgang 1			
Verfahren	A	B	C
Ftg. Min./Stk.	10,80	11,40	14,90
€/Ftg. Min.	0,64	0,55	0,48
€/Stk.	**6,91**	**6,27**	**7,15**
Arbeitsgang 2			
Bedienungsrelation	1 : 1	1 : 2	1 : 3
Masch. Min./Stk.	15,00	15,00	15,00
x 0,14 €/Masch. Min. = €/Stk.	2,10	2,10	2,10
Ftg. Min./Stk.	15,00	7,50	5,00
x 0,22 €/Ftg. Min. = €/Stk.	3,30	1,65	1,10
Maschinen- u. Bedienungskosten €/Stk.	***5,40***	***3,75***	*3,20*
Arbeitsgang 3; Rüstzeit = 320 Min./Serie			
Seriengröße	50	100	200
Ftg. Min./Stk.	6,50	6,50	6,50
x 0,60 €/Ftg. Min. = €/Stk.	3,90	3,90	3,90
Rüst-Min./Stk.	6,40	3,20	1,60
x 0,22 €/Ftg. Min. = €/Stk.	1,41	0,70	0,35
Rüst- und Fertigungskosten €/Stk.	***5,31***	***4,60***	***4,25***
Seriengröße	300	400	500
Rüst Min./Stk.	1,07	0,80	0,64
x 0,22 €/Rüst Min. = €/Stk.	0,24	0,18	0,14
Rüst- und Fertigungskosten €/Stk.	***4,14***	***4,08***	***4,04***
Arbeitsgang 4			
Verfahren	Eigen	Lohnarbeit	–
Fertigungskosten/So. Einzelkosten der Ftg. €/Stk.	**3,25**	**4,45**	–

Abbildung 5-3: Beispiel verfahrensabhängiger Fertigungskosten für den Aufbau von Alternativkalkulationen

Nehmen wir an, dass für einen Auftrag kurzfristig folgender Produktionsvollzug geplant wird:

Arbeitsgang	Produktionsvollzug
1	Verfahren A
2	Bedienungsrelation 1:1
3	Seriengröße 100
4	Eigene Fertigungsstelle

so würde man für eine entsprechende Sollkalkulation als Summe der proportionalen Fertigungskosten 20,16 €/Stück erhalten. Werden 100 Stück pro Auftrag auf diese Weise produziert, so entsteht gegenüber der Plankalkulation folgende Kostenabweichung des Produktionsvollzugs: (20,16 ./. 17,41) · 100 = 275 €. Diese Abweichung besteht aus mehreren speziellen Kostenabweichungen, deren Berechnung wir in Kapitel 4.8 beschrieben haben:

	€/Auftrag
Verfahrensabweichung	= 64,–
Kostenabweichung infolge außerplanmäßiger Bedienungsrelation	= 165,–
Kostenabweichung infolge außerplanmäßiger Seriengröße	= 46,–
Summe	= 275,–

Wird im Ist vom Soll-Produktionsvollzug abgewichen, so verändern sich die obigen Kostenabweichungen entsprechend.

Für aktuelle Vertriebsinformationen kann die Sollkalkulation neben den Planwerten auch mit im gleitenden Durchschnitt ermittelten Abweichungen bewertet werden. Das haben wir im folgenden Punkt 5.1.1.4 ausgeführt.

5. Eine Anpassung der Kalkulationsergebnisse an veränderte Fristigkeitsgrade sollte nur in Sonderfällen vorgenommen werden, nachdem eine sorgfältige Überprüfung ergeben hat, dass in der betreffenden Entscheidungssituation wirklich eine verringerte Anpassung der Potenzialfaktoren an Beschäftigungsschwankungen betriebswirtschaftlich gerechtfertigt ist. Dies kann z. B. bei einem zeitlich begrenzten Zusatzauftrag der Fall sein, welcher der Unternehmung in einer Situation weitgehender Unterbeschäftigung angeboten wird.

Da eine nach Fristigkeitsgraden differenzierte Kostenplanung in der Regel nicht zur Verfügung steht, erfordert die Anpassung der Kalkulationsergebnisse an veränderte Fristigkeitsgrade spezielle Sonderrechnungen. Dabei kann man sich auch der Möglichkeiten der Primärkostenkalkulationen bedienen.

5.1.1.4 Der Aufbau von aktualisierten Istkalkulationen

1. Im Gegensatz zur Ist- und Normalkostenrechnung wird in Unternehmungen mit standardisierten Erzeugnissen bei Anwendung einer Plankostenrechnung bewusst auf die laufende Erstellung von auftragsbezogenen Nachkalkulationen verzichtet, da die nachträgliche Ermittlung kostenträgerbezogener Istkosten bei standardisierten Erzeugnissen nur von begrenztem Interesse ist und außerdem nur mit hohem Aufwand realisierbar wäre. An die Stelle produktindividueller Nachkalkulationen tritt in der Plankostenrechnung bei Serien- und Wiederholfertigung eine erzeugnisgruppenweise Zuordnung der Kostenabweichungen in der kurzfristigen Erfolgsrechnung, wodurch die geplanten Herstell- und Selbstkosten der Kostenträgergruppen global zu Istkosten ergänzt werden. Vgl. hierzu unsere Ausführungen in Kapitel 5.2. Die Aufgaben des Produktkosten-Controlling werden dabei durch einen retrograden Herstellkosten-Soll-Istvergleich, der nach betrieblichen Verantwortungsbereichen gegliedert ist, erfüllt[26].

2. Dennoch kann es in besonderen Fällen auch in Unternehmungen mit standardisierten Erzeugnissen von Interesse sein, fallweise näherungsweise die Istkosten einzelner Erzeugnisse zu ermitteln. Hierbei geht man zweckmäßigerweise so vor, dass man die Plankosten der zugehörigen Plankalkulationen um die während der Bezugsperiode eingetretenen Kostenabweichungen ergänzt.

(5-9)	Istkosten pro Erzeugniseinheit	=	Plankosten laut Plankalkulation	+	Σ zurechenbare Kostenabweichungen pro Erzeugniseinheit

Hierbei gilt der Grundsatz „..., dass Abweichungen als ein Bestandteil der Istkosten zuzurechnen sind, soweit ein Kausalverhältnis zwischen Abweichungen und Kostenträgern feststellbar und eine Zurechnung praktisch durchführbar ist“[27].

Streng genommen handelt es sich bei Anwendung der Gleichung (5-9) nur dann um eine echte Nachkalkulation, wenn alle Kostenabweichungen produktindividuell erfasst werden. Meistens ist diese Voraussetzung in der Praxis aber nicht erfüllt, sodass man besser von einer aktualisierten Ist-Kalkulation sprechen sollte.

Die Preisabweichungen für das Einzelmaterial lassen sich mithilfe der Preisdifferenzen zuordnen, die bei der wertmäßigen Erfassung der Abgänge in der Materialwirtschaft ermittelt werden. Die Einzelmaterial-Verbrauchsabweichungen lassen sich bei den standardisierten Erzeugnissen in der Regel nur mithilfe durchschnittlicher Abweichungsprozentsätze aus dem retrograden Herstellkosten-Soll-Istvergleich zuordnen, da keine auftragsweise Abweichungserfassung erfolgt.

Früher war es in der Plankostenrechnung relativ schwierig, die Tarifabweichungen der Personalkosten und die Preisabweichungen für Gemeinkostenmaterial nachträglich den Kostenträgern zuzuordnen. Seit diese Abweichungen aber in den monatlichen Soll-Ist-Kostenvergleich einbezogen werden, bereitet ihre nachkalkulatorische Verrechnung keine Schwierigkeiten mehr. Die Tarifabweichungen und die Preisabweichungen für das Gemeinkostenmaterial gehen zusammen mit den Kostenstellenabweichungen in die monatlich ausgewiesenen Ist-Kalkulationssätze der Kostenstellen ein. Diese stehen daher laufend für den fallweisen Aufbau von aktualisierten Istkalkulationen zur Verfügung.

Die speziellen Kostenabweichungen, so z. B. die Verfahrensabweichungen oder Kostenabeichungen infolge außerplanmäßiger Seriengrößen, werden im retrograden Herstellkosten-Soll-Istvergleich zwar meistens erzeugnisgruppenweise, aber nicht differenziert nach Aufträgen erfasst, sodass sie sich bei einer fallweisen Ergänzung der Plankalkulationen zu aktualisierten Istkalkulationen den betreffenden Erzeugnissen nur mithilfe von Durchschnittsprozentsätzen zuordnen lassen.

Von manchen Kostenfachleuten wird die Berücksichtigung kostenstellenbedingter Kostenabweichungen beim Aufbau von aktualisierten Istkalkulationen mit der Begründung abgelehnt, diese Abweichungen seien nicht von den Kostenträgern verursacht, sondern von den im Produktionsprozess eingesetzten Arbeitern; sie seien daher „innerbetriebliche Verluste“ oder „Gewinne“, die in die kurzfristige Erfolgsrechnung auszubuchen seien[28]. Diese Ansicht halten wir aber nicht für richtig, denn die Erzeugnisse durchlaufen den Betrieb mit all seinen Unwirtschaftlichkeiten, deren Wirkungen daher in die nachzukalkulierenden Istkosten einzubeziehen sind.

5.1.2 Die Kalkulation bei Auftrags- und Einzelfertigung

5.1.2.1 Die Vorkalkulation

1. In Unternehmungen mit Auftrags- und Einzelfertigung, wozu insbesondere der Großmaschinen- und Anlagenbau, der Schiffbau und die Bauindustrie zählen, werden zwei Formen der Vorkalkulation unterschieden, und zwar die Angebots- und die Auftragsvorkalkulation.

Eine Angebotskalkulation wird vor der Auftragserteilung erstellt, d. h. zu einem Zeitpunkt, in dem noch unbestimmt ist, ob eine Kundenanfrage zu einem Auftrag wird oder nicht. Angebotskalkulationen dienen insbesondere als Grundlage für die Preisverhandlungen. In den meisten Fällen lassen sich mithilfe von Angebotskalkulationen die erwarteten Selbstkosten eines Projektes nur näherungsweise bestimmen, da zum Kalkulationszeitpunkt detaillierte Angaben des Produktaufbaus noch nicht zur Verfügung stehen. Insbesondere verfügt der Kalkulator häufig noch nicht über Konstruktionszeichnungen und Stücklisten, die erkennen lassen, aus welchen Funktionselementen, Baugruppen und Einzelteilen sich das Kalkulationsobjekt zusammensetzt. Weiterhin ist meistens noch unbestimmt, welche Positionen oder Teile selbsterstellt und welche fremdbezogen werden sollen. Für die selbsterstellten Teile fehlen Materialbedarfsrechnungen, Arbeitsablaufpläne und Zeitvorgaben. Insgesamt sind die Mengenangaben für eine genaue Planung der Selbstkosten im Kalkulationszeitpunkt noch zu unbestimmt. Genauere Mengenangaben könnte man nur erhalten, wenn das Projekt bereits im Angebotsstadium „voll durchgeplant“ würde. Das ist aber aus folgenden Gründen bei langfristiger Auftrags- und Einzelfertigung nicht möglich. Erstens führen nur etwa 5 bis 15 % der Kundenanfragen zu Aufträgen; wollte man für alle Anfragen detaillierte Konstruktions- und Planungsunterlagen erstellen, so würden sich die Projektbearbeitungskosten entsprechend erhöhen, was aber wirtschaftlich nicht tragbar wäre. Zweitens würde die Auftragsbearbeitung viel zu lange dauern und aus Termingründen zum Verlust von Aufträgen führen. Lediglich in Unternehmungen mit kurzfristiger Auftrags- und Einzelfertigung gibt es Fälle, in denen sich die Mengendaten eines Kalkulationsobjektes exakt vorherbestimmen lassen. Dies gilt z. B. für einen Betrieb, der Türen- und Fensterelemente als Zulieferer für die Bauindustrie herstellt. Auch hier unterscheiden sich die Aufträge zwar erheblich; der Produktaufbau ist aber in allen Fällen ähnlich und relativ einfach, sodass bereits im Zeitpunkt der Angebotskalkulation eine ziemlich genaue Planung der Mengendaten möglich ist. Zudem werden derartige branchenspezifische Anforderungen heute durch geeignete Softwareprodukte – meist auf PC-Basis – unterstützt.

2. Der Aufbau von Angebotskalkulationen erfolgt in folgenden Schritten.

Erstens wird bereits in der Angebotsphase eine Projektgliederung nach Positionen vorgenommen, wobei das Gesamtprojekt in Funktionselemente (z. B. Fundament, Antriebsaggregate, Getriebe, elektronische Steuerung usw.) oder Bauabschnitte zerlegt wird. Hierbei ist anzustreben, die Gliederung so vorzunehmen, dass sie bei einer eventuellen späteren Ausführung beibehalten werden kann, weil hierdurch die Kalkulationskontrolle wesentlich erleichtert wird.

Zweitens wird abgeschätzt, für welche Positionen eines Projektes Fremdleistungen in Anspruch genommen werden sollen, da hierfür möglicherweise noch Angebote von Zulieferanten eingeholt werden müssen.

Drittens wird überprüft, in welchem Umfang für das Projekt standardisierte oder genormte Positionen (z. B. Antriebsaggregate, Getriebe, Einzelteile usw.) eingesetzt werden können, für die bereits genaue Kalkulationsdaten vorliegen. Durch den Einsatz standardisierter oder genormter Positionen lassen sich die Projektkosten in vielen Fällen erheblich senken. Hier liegen in Unternehmungen mit Auftrags- und Einzelfertigung wesentliche Rationalisierungsmöglichkeiten.

Viertens ist die Ausführungszeit eines Projektes zu bestimmen, da sich hiernach die kalkulatorisch zu berücksichtigenden Preisindizes und Kostenerhöhungsfaktoren richten. Bei guter Auftragslage und langen Produktionsdauern werden Projekte der Auftrags- und Einzelfertigung oftmals erst nach mehreren Jahren ausgeführt bzw. abgeschlossen, was bei den Wertansätzen entsprechend zu berücksichtigen ist.

Fünftens schließlich erfolgt die kalkulatorische Bestimmung der Projekt-Selbstkosten. Hierbei lassen sich folgende Kalkulationspositionen unterscheiden:

- Herstellkosten für selbsterstellte Positionen
- Beschaffungskosten für fremdbezogene Positionen
- Kosten der Endmontage
- Gewährleistungsrisiken
- Projektbearbeitungs-, Verwaltungs- und Vertriebskosten
- Finanzierungskosten und Währungsrisiken.

Werden für ein Projekt standardisierte Positionen eingesetzt, so ist ein Rückgriff auf vorhandene Kalkulationsdaten möglich. Handelt es sich um genormte oder standardisierte Teile, die relativ häufig verwendet und daher auf Lager produziert werden, so sollten hierfür Plankalkulationen vorliegen. Auf jeden Fall aber stehen für standardisierte Positionen Nachkalkulationen zur Verfügung. Beim Aufbau der Angebotskalkulationen werden die Herstellkosten der Plan- oder Nachkalkulationen mithilfe von Preisindizes und Kostenerhöhungsfaktoren an das Preis- und Lohnniveau der Ausführungszeit des Projektes angepasst.

Die Herstellkosten für nicht standardisierte Positionen müssen entweder geschätzt oder mithilfe von Näherungsverfahren ermittelt werden. Am besten geeignet ist das Kennziffernverfahren. Hierbei werden zunächst Einflussgrößen festgelegt, die als globale Maßgrößen der Kostenverursachung angesehen werden können, wobei es sich z. B. um das Gewicht einer Maschine, die Tragkraft eines Kranes, das Volumen eines Gebäudes oder die Anzahl Bruttoregistertonnen eines Schiffes handeln kann. Aus den Nachkalkulationen abgerechneter Aufträge werden Kostensätze pro Einheit der Einflussgrößen abgeleitet. Diese Sätze müssen weitgehend nach qualitativen Auftragsmerkmalen differenziert werden, sodass sie sich nur auf vergleichbare Projekte und Größenklassen beziehen. Weiterhin müssen die Kostensätze pro Einheit der Einflussgröße mithilfe von Kostenveränderungsfaktoren an das erwartete Preis- und Lohnniveau der Ausführungszeit des zu kalkulierenden Projektes angepasst werden. Für die Herstellkosten einer Position gilt folgende Bestimmungsgleichung:

(5-10) Vorkalkulierte HK einer Position = Geschätzte Einflussgrößen-Menge einer Position · Kosten pro Einheit · Kostenveränderungsfaktor

Die Beschaffungskosten für fremdbezogene Positionen werden entweder durch Angebote oder durch Schätzungen der Einkäufer festgelegt. Hierbei sind Beschaffungsnebenkosten (z. B. Materialgemeinkosten, Frachten oder Versicherungskosten) zu berücksichtigen.

Während die Montagekosten für selbsterstellte Einzelpositionen in den Herstellkosten dieser Positionen enthalten sind, müssen die Kosten der Endmontage gesondert kalkuliert werden. Hierbei treten häufig besondere Unsicherheitsfaktoren auf.

Besonders unsicher ist die kalkulatorische Berücksichtigung von Gewährleistungsrisiken. Bei Auftrags- und Einzelfertigung ist der Hersteller verpflichtet, solange Nacharbeit zur Beseitigung von Mängeln zu leisten, bis die gelieferten Anlagen einwandfrei funktionieren. Hierdurch können erhebliche Mehrkosten entstehen. In den Angebotskalkulationen sollten diese Kosten durch prozentuale Zuschläge auf die Herstellkosten des Gesamtprojektes berücksichtigt werden, welche der bisherigen durchschnittlichen Inanspruchnahme der betreffenden Projektgruppe entsprechen.

Die Projektbearbeitungs-, Verwaltungs- und Vertriebskosten werden in den Angebotskalkulationen ebenfalls prozentual auf die Herstellkosten des Gesamtprojektes bezogen. Hierbei werden geplante Zuschlagssätze zugrunde gelegt, bei denen es sich aber nicht um globale Durchschnittswerte handeln darf. Insbesondere bei den Projektbearbeitungs- und den Vertriebskosten sind vielmehr weitgehend projektbedingte Unterschiede zu berücksichtigen.

Bei vielen Projekten der langfristigen Auftrags- und Einzelfertigung beteiligt sich der Hersteller an der Projektfinanzierung, sodass in den Angebotskalkulationen entsprechende Finanzierungskosten berücksichtigt werden müssen. Bei Verkaufsverträgen in fremder Währung kommt hierzu noch die kalkulatorische Berücksichtigung von Währungsrisiken in Form von Kosten für entsprechende Kurssicherungsmaßnahmen.

Jede Angebotskalkulation muss laufend an Projektänderungen angepasst werden. Während der Auftragsbearbeitung, insbesondere aber während der Verkaufsverhandlungen mit dem Kunden, werden häufig Projektänderungen vorgenommen, die durch nachträgliche Kundenwünsche oder Konstruktionserfordernisse ausgelöst werden. Diese Änderungen sind in den Angebotskalkulationen möglichst schnell zu berücksichtigen, damit für die Schlussverhandlungen aktuelle Kalkulationsergebnisse vorliegen. Werden auch hier noch Änderungen vorgenommen, so sind auch diese zu berücksichtigen.

Da die Angebotskalkulationen als Grundlage für Preisverhandlungen dienen, wird oft die Ansicht vertreten, dass sie ausschließlich Vollkostenkalkulationen sein müssen. Da gerade bei Auftrags- und Einzelfertigung aber die Gefahr besteht, dass bei harten Verkaufsverhandlungen und schlechter Beschäftigungslage Preise akzeptiert werden, die sogar noch unter den Grenzselbstkosten liegen, sollten die Angebotskalkulationen als Parallel- oder Doppelkalkulationen geführt werden, damit sie nebeneinander die Grenz- und die Vollkosten erkennen lassen. Hierbei geht man häufig so vor, dass die Projektingenieure oder Vorkalkulatoren zunächst nur die Vollkosten ermitteln und erst später im Bereich der kaufmännischen Geschäftsleitung die proportionalen Sollkosten bestimmt werden.

In den Preisverhandlungen sollten dem Anbieter die um einen Soll-Vollkostengewinn ergänzten Vollkosten als Zielgröße und die um einen Mindestdeckungsbeitrag ergänzten proportionalen Selbstkosten als Preisuntergrenze zur Verfügung stehen. Im Übrigen müssen die Verkaufspreise und die Konditionen bilateral mit den Kunden ausgehandelt werden, wobei die Stellung des Anbieters im Markt, die Auftragssituation, der Liefertermin und das Interesse am Kunden letztlich die Höhe der vereinbarten Verkaufspreise bestimmen.

Moderne Softwaresysteme bieten heute die Möglichkeit, auf differenzierte Kalkulationsbausteine zuzugreifen. Dies hat sowohl den Zeitaufwand als auch den Genauigkeitsgrad der Vorkalkulation ganz erheblich verbessert.

3. Nach Auftragserteilung wird für jedes Projekt eine Auftragsvorkalkulation erstellt. Hierbei handelt es sich im Gegensatz zu den Angebotskalkulationen um exakte Kalkulationen, die auf detailliert geplanten Mengendaten basieren. Im Aufbau entsprechen Angebotskalkulationen den Plankalkulationen mehrteiliger Erzeugnisse. Auch die Angebotskalkulationen werden heute in den meisten Unternehmungen mit einer Grenzplankostenrechnung als Parallel- und Doppelkalkulationen geführt.

Die Gliederung der Angebotskalkulationen in Hauptpositionen sollte nach Möglichkeit der Gliederung in der vorgeschalteten Angebotskalkulation entsprechen, da hierdurch der Kalkulationsvergleich erleichtert wird. Im Übrigen erfolgt in den Angebotskalkulationen eine sehr viel weitergehende Untergliederung der Positionen.

Wird ein Auftrag erteilt, so beginnt die Konstruktionsabteilung damit, die erforderlichen Stücklisten und Konstruktionszeichnungen zu erstellen. Zugleich wird festgelegt, welche Positionen und Teile fremdbezogen und welche selbst hergestellt werden sollen. Für die fremdbezogenen Teile und Positionen werden zunächst Angebote von Lieferanten eingeholt und anschließend Bestellungen aufgegeben, deren Plan-Bezugskosten in die Auftragsvorkalkulationen eingehen. Werden standardisierte Teile oder Positionen eingesetzt, so sollten hierfür Plankalkulationen vorliegen; in diesem Fall erfolgt die Bewertung in der Auftragsvorkalkulation zu den Herstellkosten der entsprechenden Plankalkulationen. Für die nicht standardisierten Teile, Positionen oder Baugruppen werden entsprechende Kalkulationen erstellt.

Die Bewertung erfolgt in den Auftragsvorkalkulationen zu den jeweils gültigen Planpreisen bzw. geplanten Kalkulationssätzen der entsprechenden Ausführungsperiode.

Mit der Durchführung der Auftragsvorkalkulation kann man warten bis alle Mengendaten vorliegen. Zweckmäßiger ist es aber, sie als eine mitlaufende Vorkalkulation durchzuführen. Hierbei werden alle Teile oder Positionen eines Projektes unmittelbar kalkuliert, sobald die entsprechenden Mengendaten vorliegen. Wird ein Projekt noch während der Planungsphase geändert, so müssen die Auftragsvorkalkulationen an diese Änderungen angepasst werden.

5.1.2.2 Die Standard-Nachkalkulation

1. In Unternehmungen mit Auftrags- und Einzelfertigung, die nicht über eine Plankostenrechnung verfügen, werden die Nachkalkulationen mithilfe von Ist- oder Normalkostensätzen erstellt. Hierbei kann man nicht erkennen, wie Kostenabweichungen die Kalkulationsergebnisse beeinflussen. Weiterhin basieren traditionelle Verfahren der Nachkalkulationen meistens ausschließlich auf Vollkostensätzen, sodass sich die Deckungsbeiträge der Aufträge nicht bestimmen lassen.

Um die Mängel traditioneller Verfahren der Nachkalkulation zu beseitigen, wurde in der Plankostenrechnung das Verfahren der Standard-Nachkalkulation entwickelt[29]. Das charakteristische Merkmal dieses Verfahrens besteht darin, dass die den Aufträgen zuzurechnenden Ist-Verbrauchsmengen, Ist-Arbeitszeiten und Ist-Bezugsgrößen zunächst mit den zugehörigen Plan-Preisen und Plan-Kostensätzen bewertet werden. Parallel hierzu rechnet man den Aufträgen aber die entsprechenden Preis-, Tarif- und Kostenstellenabweichungen zu. Daher lassen Standard-Nachkalkulationen erkennen, wie Veränderungen der Wertansätze die Istkosten der Aufträge beeinflusst haben.

Der Aufbau einer Standard-Nachkalkulation entspricht weitgehend dem Aufbau der vorgeschalteten Auftragsvorkalkulation. Nach Möglichkeit sollte man die gleiche Positionsgliederung wie in der Auftragsvorkalkulation beibehalten, weil hierdurch die Abweichungs-Analyse erleichtert wird. Auch die Standard-Nachkalkulationen werden heute in den meisten Unternehmungen als Parallel- oder Doppelkalkulationen durchgeführt, d. h. es werden nebeneinander die gesamten und die proportionalen Istkosten der Aufträge ausgewiesen.

Mit der Durchführung der Standard-Nachkalkulation sollte man nicht bis zum endgültigen Abschluss eines Projektes warten; die kalkulatorische Ermittlung der Istkosten sollte vielmehr zeitlich parallel zur Auftragsabwicklung erfolgen. Dieses Verfahren wird als mitlaufende Nachkalkulation bezeichnet und hat den Vorteil, dass man bereits bei Fertigstellung einzelner Positionen Abweichungen gegenüber der Vorkalkulation erkennt, und die Kalkulationsergebnisse insgesamt früher vorliegen.

Nach Auftragseingang und zu Beginn der Auftragsbearbeitung wird jedem Projekt eine Auftragsnummer zugeordnet und damit die Standard-Nachkalkulation „eröffnet"; zugleich werden meistens Unter-Auftragsnummern für Unteraufträge und Positionsnummern für Bauabschnitte vergeben. Nach Abschluss der letzten Montagearbeiten wird der Auftrag „abgeschlossen", worauf nach Vorliegen aller Kostenbelege die Summe der Ist-Selbstkosten ermittelt werden kann. Heute wird die Standard-Nachkalkulation in fast allen Unternehmungen mit Auftrags- und Einzelfertigung maschinell erstellt. Hierbei wird für jeden Auftrag eine Evidenzfrist festgelegt, worunter man den Zeitraum versteht, für welchen die Nachkalkulation im EDV-System gespeichert bleibt. Nur während der Evidenzfrist lassen sich maschinelle Korrekturen und Ergänzungen der Nachkalkulation durchführen.

2. Die Erfassung der Istkosten in der Standard-Nachkalkulation erfolgt differenziert nach Einzelteilen oder Einzelpositionen, deren Kosten dem Arbeitsablauf entsprechend zusammengefasst werden und über Zwischen- und Gruppenkalkulationen in die Endkalkulation eingehen. Hierbei lassen sich folgende Kostenartengruppen unterscheiden.

Wird Einzelmaterial vom Lager entnommen, so werden die Ist-Verbrauchsmengen eines Auftrages mithilfe von Material-Entnahmescheinen erfasst. Die Bewertung erfolgt mit Plan-Preisen; zugleich werden den Aufträgen aber anteilige Preisabweichungen zugeordnet, die durch Gegenüberstellung der gleitenden Durchschnittssätze des Abgangs zu den Festpreisen ermittelt werden.

Fremdbezogene Teile werden in den Standard-Nachkalkulationen zunächst mit ihren Bestellwerten ausgewiesen, da die endgültigen Rechnungsbeträge noch nicht bekannt sind. Weichen die Istkosten laut Lieferantenrechnung von den Bestellwerten ab, so werden die entsprechenden Kostenabweichungen später zusätzlich in die Standard-Nachkalkulationen übernommen.

Für die Erfassung der Istkosten für standardisierte Einzelteile, die auf Vorrat hergestellt und vom Lager bezogen werden, dienen die mithilfe entsprechender Plankalkulationen ermittelten Herstellkosten als Grundlage. Diese Planherstellkosten werden um anteilige Kostenabweichungen ergänzt, die bei konsequenter Mitführung der Abweichungen aus der Bestandsrechnung wiederum nach dem Verfahren des gleitenden Durchschnitts entnommen werden können.

Werden für einen Auftrag spezielle Lieferungen und Leistungen Dritter eingesetzt, so gehen auch hier zunächst die Bestellwerte in die Standard-Nachkalkulationen ein. Weichen die Beträge der Lieferantenrechnungen hiervon ab, so werden die entsprechenden Kostenabweichungen in die Nachkalkulation übernommen. Beim Einsatz von Spezialmaterial kann es vorkommen, dass Restbestände übrigbleiben, die zu verminderten Preisen zurückgegeben oder anderen Verwendungszwecken zugeführt werden können. In diesen Fällen müssen in den Standard-Nachkalkulationen entsprechende Gutschriften ausgewiesen werden.

Die Erfassung der Fertigungskosten erfolgt in den Standard-Nachkalkulationen in der Weise, dass man zunächst für alle selbsterstellten Teile und Positionen die Ist-Bezugsgrößen pro Einheit ermittelt. Hierbei handelt es sich in Unternehmungen mit Auftrags- und Einzelfertigung meistens um Vorgabe-, Standard- oder Istzeiten. Vorgabezeiten finden Verwendung, wenn die betreffenden Arbeiten im Akkord ausgeführt werden können. Standardzeiten dagegen werden kalkuliert, wenn sich der Zeitbedarf zwar relativ genau planen lässt, aber nicht als Grundlage eines Akkordlohnsystems dient. Istzeiten werden zugrunde gelegt, wenn sich keine Vorgabe- oder Standardzeiten ermitteln lassen. Die Ist-Bezugsgrößen pro Einheit werden in den Standard-Nachkalkulationen zunächst mit den (proportionalen und gesamten) Plan-Kostensätzen pro Bezugsgrößeneinheit der betreffenden Kostenstellen bewertet. Anschließend werden mithilfe durchschnittlicher Abweichungskostensätze die zugehörigen Tarif-, Preis- und Kostenstellenabweichungen ermittelt.

Die Montagekosten werden grundsätzlich von den Fertigungskosten getrennt kalkuliert. Hierbei dienen Zeitbezugsgrößen als Grundlage. Für die innerbetriebliche Montage lassen sich häufig Vorgabe- oder Standardzeiten verwenden. Für die End- und Außenmontage dagegen dienen in der Regel die mithilfe von Aufschreibungen erfassten Istzeiten als Grundlage der Nachkalkulation. Auch die Montagezeiten werden zunächst mit den geplanten Kalkulationssätzen bewertet; anschließend erfolgt aber auch hier eine Zuordnung der anteiligen Tarif-, Preis- und Kostenstellenabweichungen.

Werden für einen Auftrag Spezialwerkzeuge eingesetzt, so dienen im Falle des Fremdbezugs die Bestellwerte und Lieferantenrechnungen als Grundlage der Nachkalkulation. Für selbsterstellte Spezialwerkzeuge dagegen müssen die Istkosten mithilfe vorgeschalteter Standard-Nachkalkulationen ermittelt werden.

In viele Projekte der Auftrags- und Einzelfertigung werden Fremdfabrikate integriert. Hierbei kann es sich z. B. um Antriebsaggregate, Getriebe oder elektronische Steuerungsanlagen handeln. In die Standard-Nachkalkulationen werden zunächst die Bestellwerte und anschließend deren Abweichungen gegenüber den Lieferantenrechnungen übernommen.

Zu den Herstellkosten zählen weiterhin die Kosten der technischen Auftragsabwicklung, wozu die Kosten der Projektplanung und der Konstruktion zählen. Diese Kosten müssen durch Stundenaufschreibungen erfasst und den einzelnen Aufträgen direkt zugerechnet werden. Hierbei werden die geleisteten Stunden zunächst mit den Plankostensätzen bewertet; anschließend erfolgt auch hier eine Ergänzung um die anteiligen Tarif- und Kostenstellenabweichungen.

Die Verwaltungsgemeinkosten werden in den Standard-Nachkalkulationen meistens prozentual auf die Herstellkosten bezogen. Sie werden erst nach Abschluss eines Projektes ermittelt. Da sich bei Auftrags- und Einzelfertigung bei den einzelnen Projekten die relativen Anteile der Material-, Fertigungs- und Fremdleistungskosten stark voneinander unterscheiden können, ist es in der Regel erforderlich, für die kalkulatorische Verrechnung der Verwaltungsgemeinkosten nach Auftragsklassen differenzierte Verrechnungssätze zu bilden.

Bei der Kalkulation der Vertriebskosten sind bei Auftrags- und Einzelfertigung die Kosten der Projektbearbeitung und die übrigen Vertriebsgemeinkosten zu unterscheiden. Zu den Kosten der Projektbearbeitung zählen die Kosten der Vorkalkulation, der Auftragsbearbeitung und der Kundenbetreuung. Diese Kosten sollten durch Stundenaufschreibungen erfasst und den einzelnen Projekten unmittelbar zugerechnet werden. Weiterhin sind (bei der Kalkulation der Vollkosten) anteilige Kosten für die Bearbeitung von Kundenanfragen zu berücksichtigen, die nicht zu Aufträgen geführt haben. Diese Kosten werden zweckmäßigerweise mithilfe prozentualer Zuschläge auf die Herstellkosten verrechnet. Die übrigen Vertriebsgemeinkosten werden mithilfe geplanter prozentualer Zuschlagssätze auf die Herstellkosten verrechnet, wobei eine weitgehende Differenzierung nach Kostenträgergruppen, Kundenklassen und Absatzgebieten erfolgt. Zugleich werden die anteiligen Tarif-, Preis- und Kostenstellenabweichungen des Vertriebsbereichs in die Nachkalkulation übernommen.

Die Sondereinzelkosten des Vertriebs lassen sich den einzelnen Aufträgen direkt zurechnen. Sie bestehen insbesondere aus Verkaufsprovisionen, Kosten für Verpackungsmaterial, Zöllen und Transportkosten. In der Praxis gehen heute viele Unternehmungen so vor, dass sie die Sondereinzelkosten des Vertriebs nicht in die Selbstkosten einbeziehen, sondern von den Erlösen absetzen. Bezieht man sie in die Standard-Nachkalkulationen ein, so werden zunächst die in den Auftragsvorkalkulationen geplanten Sondereinzelkosten des Vertriebs übernommen. Liegen die Istbeträge der Sondereinzelkosten des Vertriebs vor, so gehen die entsprechenden Mehr- oder Minderkosten in die Nachkalkulationen ein.

Die Gewährleistungskosten fallen erst nach Inbetriebnahme der betreffenden Projekte an, oftmals erst viele Monate später. In die Standard-Nachkalkulationen übernimmt man daher zunächst die vorkalkulierten Beträge. Die Ist-Gewährleistungskosten werden auf Einzel-Auftragsnummern gesammelt. Ihre Weiterverrechnung hängt davon ab, ob sie während oder nach der Evidenzfrist der betreffenden Standard-Nachkalkulation anfallen. Im ersten Fall werden die Mehr- oder Minderkosten gegenüber der Auftragsvorkalkulation der betreffenden Standard-Nachkalkulation belastet. Wurde der Auftrag bereits erfolgswirksam abgerechnet, so geht die Abweichung der Gewährleistungskosten zugleich in die Kostenträgerzeitrechnung ein. Fallen die Ist-Gewährleistungskosten dagegen erst nach der Evidenzfrist an, so kann der betreffende Auftrag im EDV-System neu eröffnet oder manuell ergänzt werden. Man kann aber auch auf eine Korrektur der Standard-Nachkalkulationen verzichten und die betreffenden Mehr- oder Minderkosten erst in der Kostenträgererfolgsrechnung ausweisen.

Die Ergebnisse der Standard-Nachkalkulationen liegen oft erst relativ spät vor, da die Summe der Ist-Selbstkosten erst ermittelt werden kann, wenn alle Istkostenbelege zur Verfügung stehen. Vorläufige Ergebnisse lassen sich in der Weise ermitteln, dass man anstelle noch fehlender Istkostenbeträge zunächst die vorkalkulierten Beträge in die Nachkalkulationen übernimmt.

Da in den Standard-Nachkalkulationen das Mengengerüst aus Istgrößen besteht und zugleich den Aufträgen sämtliche Preis-, Tarif- und Kostensatzabweichungen zugerechnet werden, münden sie automatisch in die geschlossene Form der Kostenträgerzeitrechnung; vgl. hierzu unsere Ausführungen im Abschnitt 5.2.3.2.

5.1.2.3 Die Abweichungsanalyse der Kalkulationen

1. In Unternehmungen mit Auftrags- und Einzelfertigung werden für jeden Auftrag nacheinander eine Angebotskalkulation, eine Auftragsvorkalkulation und eine Standard-Nachkalkulation erstellt, deren Kosten voneinander abweichen. Für diese Kostenarten sollte daher eine Abweichungsanalyse erfolgen, die sich wie folgt gliedern lässt:

- Kostenabweichungen innerhalb der Kalkulationsarten
  - Kostenabweichungen innerhalb der Angebotskalkulationen
  - Kostenabweichungen innerhalb der Auftragsvorkalkulationen
  - Kostenabweichungen innerhalb der Standard-Nachkalkulationen.
- Kostenabweichungen zwischen den Kalkulationsarten
  - Kostenabweichungen zwischen den Angebotskalkulationen und den Auftragsvorkalkulationen
  - Kostenabweichungen zwischen den Auftragsvorkalkulationen und den Standard-Nachkalkulationen.

Die Abweichungsanalyse der Kalkulationen lässt erkennen, wie Kalkulationsfehler, Veränderungen der Projekte, Verfahrens- und Verbrauchsabweichungen sowie veränderte Preise, Löhne und Kalkulationssätze die Kalkulationsergebnisse und damit die Deckungsbeiträge und Vollkostengewinne der Aufträge beeinflusst haben.

2. In vielen Fällen haben weder die Kunden noch die Hersteller zur Zeit der Angebotsbearbeitung detaillierte Vorstellungen über den konstruktiven Aufbau der Projekte. Daher kommt es oftmals noch vor dem Auftragseingang zu Projektänderungen, an welche die Kosten der Angebotskalkulationen angepasst werden müssen. Diese Anpassung sollte so erfolgen, dass man neben die erste Fassung der Angebotskalkulation jeweils weitere Angebotskalkulationen stellt. Auf diese Weise wird sichtbar, wie Projektänderungen die ursprünglich kalkulierten Sollkosten beeinflussen:

	Selbstkosten der geänderten Angebotskalkulation
./.	Selbstkosten der ursprünglichen Angebotskalkulation
=	Summe Kostenabweichungen der Angebotskalkulation

Die Kostenabweichungen innerhalb der Angebotskalkulation sollten so weit wie möglich differenziert werden. In der Praxis ist oft aber nur ein relativ geringer Differenzierungsgrad realisierbar, sofern die Angebotskalkulation mithilfe von Näherungsverfahren erstellt werden müssen. Auf jeden Fall sollte man versuchen, die Kostenabweichungen nach hersteller- und kundenbedingten Abweichungen zu unterteilen; hierdurch wird die Position des Herstellers in Bezug auf die Preisverhandlungen verbessert.

Auch die Auftragsvorkalkulationen werden in den meisten Fällen an Projektänderungen angepasst. Dies erweist sich insbesondere als notwendig, wenn sich während der detaillierten Projektplanung herausstellt, dass Konstruktionsänderungen notwendig sind oder die Kunden nachträglich Konstruktionsänderungen wünschen.

Für den Vergleich zwischen der Angebots- und der Auftragsvorkalkulation dient die letzte Fassung der Angebotskalkulation als Grundlage. Die realisierten Projektänderungen wirken sich in der Regel über Konstruktionsänderungen auf die Kosten aus, wobei sich folgende Abweichungen ergeben können:

- Kostenabweichungen beim Lagermaterial
- Kostenabweichungen beim Kommissionsmaterial
- Kostenabweichungen bei Fremdleistungen
- Kostenabweichungen der Fertigung
- Kostenabweichungen der Montage.

Werden die Verkaufskonditionen geändert, so können hierzu noch Kostenabweichungen des Vertriebs treten.

Für die Abweichungssumme gilt:

	Selbstkosten der revidierten Angebotskalkulation
./.	Selbstkosten der ersten Auftragsvorkalkulation
=	Gesamtabweichung gegenüber der Angebotskalkulation

Die Gesamtabweichungen zwischen den Angebots- und den Auftragsvorkalkulationen sollten möglichst weit nach Positionen und Kostenartengruppen differenziert werden. Der realisierbare Differenzierungsgrad der Abweichungsanalyse wird aber durch den Differenzierungsgrad der Angebotskalkulation begrenzt; so lässt sich die Gesamtabweichung meistens nur in Kostenabweichungen des Materials, der Fremdleistungen und der Fertigungskosten unterteilen. Wird der bei der ersten Fassung der Auftragsvorkalkulation zugrunde gelegte Projektaufbau später geändert, so muss eine Anpassung der Auftragsvorkalkulation erfolgen. Hierbei kann man entweder so vorgehen, dass man eine revidierte Fassung der Auftragsvorkalkulation erstellt oder die ursprüngliche Kalkulation durch das Hinzufügen von Kostenabweichungen (additives Verfahren) ergänzt. In der Regel beschränken sich die Änderungen innerhalb der Auftragsvorkalkulationen auf das Mengengerüst, Preis- und Tarifabweichungen sowie Abweichungen der Gewährleistungsrisiken werden meistens nicht berücksichtigt.

Die letzte Fassung der Auftragsvorkalkulation dient zum Vergleich mit der Standard-Nachkalkulation.

Beim Kalkulationsvergleich zwischen der Auftragsvorkalkulation und der Standard-Nachkalkulation ist zwischen Wert- und Mengenabweichungen zu unterscheiden.

Die Wertabweichungen gegenüber den geplanten Preisen, Löhnen und Kostensätzen der laufenden Planungsperiode werden als Preis-, Tarif- und Kostensatzabweichungen innerhalb der Standard-Nachkalkulation erfasst.

	Selbstkosten der Standard Nachkalkulation zu Planwerten
+	Summe Wertabweichungen in der Standard-Nachkalkulation
=	Selbstkosten der Standard-Nachkalkulation zu Istwerten

Da in den Standard-Nachkalkulationen die Istmengen und Istzeiten erfasst werden, gehen die Mengenabweichungen in die Abweichungen zwischen den beiden Kalkulationen ein:

	Selbstkosten der Standard Nachkalkulation zu Planwerten
./.	Selbstkosten der Auftragsvorkalkulation
=	Summe Kostenabweichungen gegenüber der Auftragsvorkalkulation

Zu den Mengenabweichungen zählen insbesondere die Abweichungen des Materialverbrauchs, der Fertigungszeiten und der Montagezeiten.

Beim Vergleich zwischen der Auftragsvorkalkulation und der Standard-Nachkalkulation kann eine nach Positionen und Kostenartengruppen differenzierte Abweichungsanalyse erfolgen, da der Differenzierungsgrad beider Kalkulationen weitgehend übereinstimmt. Nur die positionsweise Abweichungsanalyse lässt deutlich werden, wie sich die kostenverändernden Einflussgrößen im Einzelnen ausgewirkt haben. Bei gleichzeitiger Differenzierung nach Kostenartengruppen kann eine positionsweise Zuordnung der Wertabweichungen erfolgen.

Werden z. B. für eine Position in der Auftragsvorkalkulation 1.200 kg Material vorgesehen, und beträgt der Planpreis 2,50 €/kg, so erhält man vorkalkulierte Materialkosten in Höhe von 3.000 €. Ist im Zeitpunkt der Ausführung der effektive Materialpreis auf 2,75 €/kg gestiegen, und wird ein Mehrverbrauch von 120 kg ermittelt, so gehen in die Standard-Nachkalkulation der betreffenden Position als Istmaterialkosten zu Planpreisen 1.320 kg · 2,50 €/kg = 3.300 € ein; parallel hierzu wird eine Preisabweichung von 330 € ausgewiesen. Die Istkosten betragen daher insgesamt 3.630 €. Als Mengenabweichung zwischen der Angebotskalkulation und der Standard-Nachkalkulation werden 120 kg · 2,50 €/kg = 300 € ausgewiesen.

Die Abweichungen zwischen der Angebotskalkulation und der Standard-Nachkalkulation bestehen nur dann ausschließlich aus Mengenabweichungen, wenn die geplanten Wertansätze in beiden Kalkulationen übereinstimmen. Ist diese Voraussetzung nicht erfüllt, so tritt das Problem der Phasenverschiebung der geplanten Wertansätze auf. Wurde z. B. im obigen Fall die Angebotskalkulation noch in der vorigen Planungsperiode erstellt, deren Planpreis bei 2,30 €/kg gelegen hat, so gehen neben den Mengenabweichungen 1.200 kg · 0,20 €/kg = 240 € in die Kostenabweichung zwischen den Kalkulationen ein. Entsprechende Abweichungen können auch in Bezug auf die übrigen Wertansätze entstehen.

Die zwischen den Angebotskalkulationen und den Standard-Nachkalkulationen auftretenden Mengenabweichungen können auf mannigfaltige Ursachen zurückzuführen sein.

Bei den Materialkosten besteht die häufigste Abweichungsursache darin, dass die vorgegebenen Mengen nicht ausreichen, so z. B. weil der Verschnitt zu knapp geplant worden ist. Der Mehrverbrauch kann in diesen Fällen mithilfe von Zusatz-Materialentnahmescheinen erfasst und den betreffenden Standard-Nachkalkulationen belastet werden. Weiterhin kommt es oft vor, dass aufgrund von Konstruktionsänderungen andere Materialarten verwendet oder aus Termingründen Fremdteile anstelle von selbsterstellten Teilen eingesetzt werden.

Auch bei den Kosten für Fremdfabrikate können Kostenabweichungen auftreten, wenn gegenüber der Planung andere Typen oder Dimensionen eingesetzt werden, so z. B. Motoren mit stärkerer Leistung oder teurere elektronische Steuerungselemente.

Bei den Fertigungs- und Montagekosten sind Leistungs-, Verfahrens- und Kostenstellenabweichungen zu unterscheiden. Leistungsabweichungen treten insbesondere bei Arbeitsprozessen auf, die nicht im Akkord ausgeführt werden können. Dies ist z. B. bei der Endmontage der Fall. Verfahrensabweichungen entstehen, wenn die geplanten Fertigungsstellen aufgrund von Engpasssituationen nicht zur Verfügung stehen, sodass die betreffenden Arbeitsgänge anderen Stellen zugeordnet werden müssen. Häufig entstehen Verfahrensabweichungen auch dadurch, dass Arbeitsgänge, die an sich in der innerbetrieblichen Fertigung ausgeführt werden sollten, sich erst auf der Montagestelle ausführen lassen.

Die Kosten für Ausschuss und Nacharbeit werden bei Auftrags- und Einzelfertigung belegmäßig erfasst und den einzelnen Aufträgen direkt zugerechnet. In den Standard-Nachkalkulationen werden die Vorgaben und die Überschreitungen der Ausschuss- und Nacharbeitskosten gesondert ausgewiesen. Zur Erfassung größerer Ausschussfälle, können spezielle Unteraufträge eröffnet werden.

Die technischen und kaufmännischen Projektbearbeitungskosten werden den Aufträgen in den Standard-Nachkalkulationen soweit als möglich direkt mithilfe von Stundenaufschreibungen belastet.

Bei den Sondereinzelkosten des Vertriebs treten Mengenabweichungen insbesondere dann auf, wenn die Konditionen oder Verpackungsvorschriften nachträglich geändert werden.

Besonders große Mengenabweichungen treten in Unternehmungen mit Auftrags- und Einzelfertigung bei den Gewährleistungskosten auf. Diese Abweichungen sind weitgehend zufallsabhängig und auf Planungs-, Konstruktions- und Produktionsfehler zurückzuführen. Die Entstehungsgründe der Gewährleistungskosten sollten besonders sorgfältig analysiert werden.

5.2 Die Kostenträgererfolgsrechnung als Instrument der kurzfristigen Erfolgskontrolle

5.2.1 Aufgaben und Verfahren der kurzfristigen Erfolgsrechnung

1. Die Aufgabe der kurzfristigen Erfolgsrechnung besteht darin, den Periodenerfolg einer Unternehmung, monatlich oder für noch kürzere Zeiträume (Dekaden, Wochen oder Tage), zu ermitteln und in Erfolgskomponenten zu zerlegen, die einen möglichst detaillierten Einblick in den Prozess der Gewinnerzielung vermitteln. Die anschließende Erfolgsanalyse soll als Grundlage einer gewinnorientierten Planung dienen.

Für die Erfolgsanalyse kommen folgende Gliederungsmerkmale des Periodenerfolgs in Frage:

- Kostenträger (z. B. Erzeugnisse oder Erzeugnisgruppen)
- Absatzgebiete
- Abnehmer bzw. Abnehmergruppen
- Betriebliche Teilbereiche.

Die Kostenträger werden in Industriebetrieben, die Sachgüter produzieren, als Erzeugnisse, Produkte oder Artikel bezeichnet. Es sind dies die betrieblichen Leistungen, denen im Erfolgsausweis die beschäftigungs- und umsatzabhängigen Kosten zugerechnet werden.

In den meisten Industriebetrieben ist die Anzahl der Erzeugnisarten so groß, dass man auf einen Erfolgsausweis für Einzelerzeugnisse verzichten und sich auf einen Erfolgsausweis für Erzeugnisgruppen beschränken sollte. Hierbei sind die Erzeugnisgruppen so zu bilden, dass sie nach Möglichkeit nur solche Produktarten enthalten, deren Erfolgskomponenten sich nicht wesentlich voneinander unterscheiden.

Neben der Erzeugnisgliederung ist eine Gliederung des Periodenerfolgs nach Absatzgebieten erforderlich, weil häufig regionale Gewinnunterschiede auftreten. Bei exportierenden Unternehmungen wird eine Gliederung des Periodenerfolgs nach Inlands- oder Auslandsumsätzen (unterteilt nach Ländern) vorgenommen. Darüber hinaus kann eine Unterteilung nach der Aufbauorganisation des Vertriebes bis hin zu den Vertreterbezirken erfolgen, wodurch die Grundlage für ein effizientes Vertriebs-Controlling und ein gewinnorientiertes Provisionssystem geschaffen wird.

Werden die gleichen Erzeugnisse an Kunden geliefert, deren Abnahmemengen und Verkaufskonditionen sich wesentlich voneinander unterscheiden, so ist eine Gliederung des Periodenerfolgs nach Abnehmern oder Abnehmergruppen erforderlich. Dies ist z. B. der Fall, wenn nebeneinander Kunden verschiedener Größenklassen oder weiterverarbeitende Betriebe, Handelsunternehmungen und Endverbraucher beliefert werden.

Eine Gliederung des Periodenerfolgs nach betrieblichen Teilbereichen kommt nur für solche Bereiche in Frage, die dem Markt ein eigenes Produktionsprogramm anbieten. Hierbei kann es sich z. B. um Zweigwerke oder selbständig produzierende oder absetzende Betriebsabteilungen handeln. Solche Bereiche werden auch als Profit-Center bezeichnet.

Ursprünglich war die kurzfristige Erfolgsrechnung nur als eine nachträgliche Kontrollrechnung konzipiert. Die Effizienz der Erfolgskontrolle kann aber wesentlich gesteigert werden, wenn eine Erfolgsplanung vorangeht. Unter dieser Voraussetzung lässt sich die Erfolgskontrolle zu einem Soll-Ist-Vergleich des Periodenerfolgs ausbauen, der die Aussagefähigkeit der Erfolgsanalyse wesentlich erhöht.

Weiterhin kann eine antizipative Erfolgsrechnung im Zeitpunkt des Auftragseinganges durchgeführt werden, um die Auftragsentwicklung noch vor der Annahme von Kundenaufträgen günstig beeinflussen zu können.

2. Das älteste Verfahren zur Ermittlung des Periodenerfolgs ist die Gewinn- und Verlustrechnung der Finanzbuchhaltung[30]. Hiernach wird der Periodenerfolg als Differenz zwischen dem Ertrag und dem Aufwand einer Periode ermittelt. Für die kurzfristige Erfolgsanalyse ist die Gewinn- und Verlustrechnung der Finanzbuchhaltung aus folgenden Gründen nicht geeignet.

Erstens enthalten die Ertrags- und Aufwandspositionen Beträge, die auf außerordentliche, betriebsfremde oder periodenfremde Geschäftsvorfälle zurückzuführen sind. Diese überlagern den eigentlichen Leistungserfolg der Unternehmung, der durch die kurzfristige Erfolgsrechnung analysiert werden soll.

Zweitens werden in der Finanzbuchhaltung wichtige Aufwandsarten (z. B. Abschreibungen und Zinsen) aufgrund handelsrechtlicher Vorschriften anders ermittelt, als es den Erfordernissen der Kosten- und Leistungsrechnung entspricht.

Drittens lässt sich in der Finanzbuchhaltung der Ertrag nur mithilfe von Stichtagsinventuren ermitteln, da er sich aus den Erlösen und den zu Herstellkosten bewerteten Bestandsveränderungen der Halb- und Fertigerzeugnisse zusammensetzt. Da diese Inventuren in den meisten Industriebetrieben kostspielig und zeitraubend sind, lassen sie sich nur in größeren Abständen durchführen; in diesen Betrieben kann daher die Finanzbuchhaltung den Gewinn nicht aktuell ermitteln.

Viertens lässt sich im System der Finanzbuchhaltung zwar der Ertrag nach den erstellten und abgesetzten Leistungen einer Unternehmung gliedern, nicht aber der Aufwand. Der Aufwand ist vielmehr nach Produktionsfaktoren und sonstigen verbrauchten Leistungen gegliedert. Damit stehen sich aber auf der Soll- und der Habenseite des Gewinn- und Verlustkontos zwei verschiedene Gliederungsprinzipien gegenüber, die sich einander nicht zuordnen lassen. Daher ist keine Gliederung des Periodenerfolgs nach Kostenträgern, Absatzgebieten, Abnehmern und betrieblichen Teilbereichen möglich, wie sie für die kurzfristige Erfolgsanalyse erforderlich ist.

Aktuelle Entwicklungen der Rechnungslegung, insbesondere der Übergang auf die international anerkannten Verfahren der International Financial Reporting Standards (IFRS) und die von den US Börsen verlangten General Accepted Accounting Principles (US-GAAP) bewirken ein Angleichen der beiden Rechnungskreise auch im deutschsprachigen Raum.[31] So wurden die Einflüsse außerordentlicher, betriebsfremder und periodenfremder Geschäftsvorfälle in der Finanzbuchhaltung bereits relativ früh auf besondere Abgrenzungskonten als neutrale Aufwendungen und Erträge eliminiert. Zugleich wurden die nicht den Zwecken der Kosten- und Leistungsrechnung entsprechenden Aufwandspositionen durch kalkulatorische Kostenarten ersetzt und die Differenzen ebenfalls auf Abgrenzungskonten ausgewiesen.

Hierdurch wurde die Möglichkeit geschaffen, den Gesamterfolg einer Unternehmung in den Leistungserfolg, den neutralen Erfolg und eine Abstimmdifferenz zwischen der Finanzbuchhaltung und der Kosten- und Leistungsrechnung zu zerlegen. Letztere sollte sich auf möglichst wenige Fälle begrenzen[32]. Für den Leistungserfolg ergibt sich nach Durchführung dieser Abgrenzungen folgende Bestimmungsgleichung[33]:

(5-11)	Leistungserfolg	=	Gesamterlös
		+/./.	Bestandsveränderungen, bewertet zu Herstellkosten
		+	aktivierte Eigenleistungen
		./.	Gesamtkosten der Abrechnungsperiode

Die Erfolgsermittlung nach Gleichung (5-11) wird als das Gesamtkostenverfahren der Erfolgsrechnung bezeichnet. Wie die Gewinn- und Verlustrechnung der Finanzbuchhaltung erfordert auch dieses Verfahren Stichtagsinventuren zur Ermittlung der Halb- und Fertigerzeugnisbestände. Weiterhin kann auch hier keine Gliederung des Periodenerfolgs nach den Gliederungsmerkmalen der Erfolgsanalyse erfolgen, da die Gesamtkosten nach Kostenarten differenziert ausgewiesen werden und sich daher den Erträgen nicht in detaillierter Form zuordnen lassen. Das Gesamtkostenverfahren ist daher noch kein brauchbares Verfahren der kurzfristigen Erfolgsrechnung, sondern lediglich eine Zwischenform der Erfolgsermittlung, die als Grundlage für die später entwickelten Verfahren der kurzfristigen Erfolgsrechnung gedient hat und für die Abstimmung der auf andere Weise ermittelten Erfolgszahlen von großer Bedeutung ist.

3. Zerlegt man in Gleichung (5-11) mithilfe der Kostenarten-, der Kostenstellen- und der Kostenträgerstückrechnung (= Kalkulation) die Gesamtkosten in die Selbstkosten der abgesetzten Erzeugnisse und die den Lagerbestandsveränderungen der Halb- und Fertigerzeugnisse bzw. den aktivierten Eigenleistungen entsprechenden Herstellkosten, so saldieren sich letztere mit den bewerteten Bestandsveränderungen zu Null. Nach dieser Umformung erhält man für den Leistungserfolg[34]:

(5-12) Leistungserfolg = Gesamterlös ./. Selbstkosten der abgesetzten Erzeugnisse

Dieses Verfahren, das als das Umsatzkostenverfahren der kurzfristigen Erfolgsrechnung bezeichnet wird, hat gegenüber dem Gesamtkostenverfahren zwei wesentliche Vorteile.

Erstens lassen sich mithilfe der Kalkulationen die Selbstkosten der abgesetzten Erzeugnisse beliebig nach Kostenträgern und damit auch nach Absatzgebieten, Abnehmern und betrieblichen Teilbereichen gliedern und den entsprechenden Erlöspositionen gegenüberstellen. Hierdurch hat das Umsatzkostenverfahren die Grundlage für die Durchführung einer detaillierten Erfolgsanalyse geschaffen.

Zweitens lässt sich der Leistungserfolg nach der Gleichung (5-12) ohne zeitraubende Stichtagsinventur ermitteln, wodurch ein Erfolgsausweis für beliebig kurze Perioden ermöglicht wird.

Das Umsatzkostenverfahren wurde zunächst in der Weise angewandt, dass man den Erlösen die mithilfe von Vollkostenkalkulationen ermittelten Selbstkosten der abgesetzten Erzeugnisse gegenüberstellte. Dieses Verfahren wird als das Umatzkostenverfahren auf Vollkostenbasis bezeichnet. Wie bereits unsere Ausführungen in Kapitel 1.3.3.3 gezeigt haben, ist dieses Verfahren für die kurzfristige Erfolgskontrolle aber nicht geeignet, da die rechnerische Proportionalisierung der fixen Kosten zu falschen Schlüssen in der Erfolgsanalyse und damit zu Fehlentscheidungen der Verkaufssteuerung führt. In Kapitel 1.3.4.1 haben wir gezeigt, dass es nicht zuletzt die Mängel der mithilfe von Vollkosten durchgeführten Erfolgsanalyse gewesen sind, die zur Entstehung der Grenzplankosten- und Deckungsbeitragsrechnung geführt haben. Hierdurch wurde die kurzfristige Erfolgsrechnung zum Umsatzkostenverfahren auf Grenzkostenbasis, wofür heute allgemein die Bezeichnung Deckungsbeitragsrechnung verwendet wird. Der Erfolgsausweis nach dem Deckungsbeitragsprinzip lässt so mannigfaltige Gliederungs- und Auswertungsmöglichkeiten zu, dass sich keine allgemeingültige Bestimmungsgleichung des Leistungserfolgs der Deckungsbeitragsrechnung angeben lässt. Dennoch wollen wir eine Grundgleichung der Deckungsbeitragsrechnung ableiten, der folgende Prämissen zugrunde liegen.

Eine Unternehmung bietet $j = 1, ..., n$ Erzeugnisarten an, deren Deckungsbeiträge in der kurzfristigen Erfolgsrechnung gesondert ausgewiesen werden sollen. Die Ist-Absatzmengen der Kontrollperiode werden als $x_{Aj}^{(i)}$ bezeichnet. Diese Mengen lassen sich eindeutige Ist-Netto-Verkaufspreise $p_j^{(i)}$ zuordnen, die für alle belieferten Kunden gleich hoch ist. Die mithilfe von Plankalkulationen ermittelten proportionalen Plan-Selbstkosten pro Einheit betragen $k_{pj}^{(p)}$. Weiterhin wird unterstellt, dass sich ein großer Teil der im System der Grenzplankostenrechnung anfallenden Kostenabweichungen den abgesetzten Produkteinheiten nach dem Verursachungsprinzip zuordnen lässt; die Kostenabweichungen pro Einheit werden als Δk_{pj} bezeichnet. Für die Summe der nicht zurechenbaren Kostenabweichungen wird das Kurzzeichen ΔK eingeführt. Die in $i = 1, ..., m$ Kostenstellen anfallenden fixen Plankosten betragen $K_{Fi}^{(p)}$.

Mithilfe dieser Kurzzeichen lässt sich für die Zwecke der Erfolgskontrolle folgende Grundgleichung der Deckungsbeitragsrechnung formulieren:

$$(5\text{-}13) \quad G = \sum_{j=1}^{n} \left(p_j^{(i)} - k_{pj}^{(p)} - \Delta k_{pj} \right) x_{Aj}^{(i)} - \sum_{i=1}^{m} K_{Fi}^{(p)} - \Delta K$$

4. Wie unsere Ausführungen in den folgenden Kapiteln zeigen werden, lässt die praktische Anwendung der Grundgleichung der Deckungsbeitragsrechnung für die Zwecke der Erfolgskontrolle mannigfaltige Verdichtungen und Ergänzungen zu, so z. B.:

- Eine Verdichtung nach Erzeugnisgruppen, falls die Anzahl der Erzeugnisarten für den Einzelausweis der Deckungsbeiträge zu groß ist;
- Verdichtung der Deckungsbeiträge nach Absatzgebieten;
- Verdichtung der Deckungsbeiträge nach Abnehmern oder Abnehmergruppen;
- Verdichtung der Deckungsbeiträge nach betrieblichen Teilbereichen (= Profit-Center-Abrechnung);
- zeitliche Kumulation der Deckungsbeiträge;
- Ergänzung durch eine stufenweise Fixkostendeckungsrechnung sowie
- Ausbau zu einem Soll-Ist-Vergleich des Periodenerfolgs.

Die Grundgleichung (5-13) gilt (bei gleichen Prämissen) auch für die Erfolgsplanung. Hierbei sind die Ist-Netto-Verkaufspreise durch die Plan-Netto-Verkaufspreise und die Ist-Absatzmengen durch die geplanten Absatzmengen zu ersetzen. Weiterhin entfallen die Kostenabweichungen.

Wie wir bereits in Kapitel 1.3.4.1 gezeigt haben, führt die Deckungsbeitragsrechnung nicht zum gleichen Periodenerfolg wie eine nach dem Vollkostenprinzip durchgeführte Erfolgsrechnung. Dies ist vielmehr nur in Abrechnungsperioden der Fall, in denen die produzierten mit den abgesetzten Erzeugnismengen übereinstimmen. Treten dagegen Veränderungen der Halb- und Fertigerzeugnisbestände auf, so ergibt sich ein Gewinnunterschied in Höhe der mit den fixen Herstellkosten pro Einheit bewerteten mengenmäßigen Bestandsveränderungen[35].

Die Tatsache, dass man bei Anwendung einer Plankostenrechnung (bei standardisierten Erzeugnissen) auf die laufende Erstellung von Nachkalkulationen verzichtet, hat in den frühen Entwicklungsstadien der Plankostenrechnung dazu geführt, alle Kostenabweichungen im Monat ihrer Entstehung in den Periodenerfolg auszubuchen. Die auf die Herstellkosten entfallenden Kostenabweichungen entsprechen aber nicht den abgesetzten, sondern den produzierten Mengen. Sie müssen daher im Verhältnis der Veränderungen der Halb- und Fertigerzeugnisbestände zeitlich abgegrenzt werden, um zeitliche Erfolgsverlagerungen zu vermeiden, welche die Aussagefähigkeit der Erfolgskontrolle wesentlich beeinträchtigen.

Darauf haben insbesondere H. G. Plaut und W. Medicke bestanden, die ein Verfahren der kurzfristigen Erfolgsanalyse entwickelten, bei denen eine systematische bestandsmäßige Abgrenzung der Kostenabweichungen erfolgt[36].

Bei Anwendung des Umsatzkostenverfahrens sind zwar keine Stichtagsinventuren zur Ermittlung der Halb- und Fertigerzeugnisbestände erforderlich, jedoch bedeutet das nicht, dass man bei diesem Verfahren grundsätzlich auf einen Bestandsausweis der Halb- und Fertigerzeugnisse verzichten kann. Wie die Gleichungen (5-12) und (5-13) erkennen lassen, kann der Leistungserfolg nach dem Umsatzkostenverfahren formal zwar ohne Berücksichtigung der Veränderungen der Halb- und Fertigerzeugnisbestände ermittelt werden. Das Umsatzkostenverfahren lässt sich aber auch durch eine rechnerische Bestandsführung ergänzen, bei der die Bestände wie folgt ermittelt werden:

	Anfangsbestand
+	Zugänge laut Produktion (= Herstellkosten der Betriebsleistung)
./.	Abgänge laut Absatz (= Herstellkosten des Umsatzes)
=	Endbestand

Hierbei werden die mengenmäßigen Bestände der Halb- und Fertigerzeugnisse bei Anwendung einer Deckungsbeitragsrechnung mit den proportionalen Herstellkosten pro Einheit bewertet.

In der Praxis werden zwei Organisationsformen der kurzfristigen Erfolgsrechnung angewandt, die von H. G. Plaut und W. Medicke speziell für die Grenzplankostenrechnung entwickelt wurden[37]:

- Geschlossene Kostenträgererfolgsrechnung.
- Nicht geschlossene Kostenträgererfolgsrechnung (Artikelergebnisrechnung).

Bei der geschlossenen Form der kurzfristigen Erfolgsrechnung wird dem eigentlichen Erfolgsausweis eine rechnerische Bestandsführung vorgeschaltet, die bei der nicht geschlossenen Form entfällt. Im Einzelnen werden wir diese beiden Verfahren in den Kapitel 5.2.3.1 und 5.2.3.2 beschreiben.

Für die Durchführung der kurzfristigen Erfolgsrechnung stehen heute leistungsfähige Standard-Software-Systeme zur Verfügung.

5.2.2 Die Erlösrechnung als Grundlage der kurzfristigen Erfolgsrechnung

1. Die Durchführung der kurzfristigen Erfolgsrechnung setzt nicht nur eine funktionierende Grenzplankostenrechnung voraus, sondern zugleich eine nach den Gliederungsmerkmalen der Erfolgsanalyse differenzierte Erlösrechnung. Hierbei handelt es sich bei der nachträglich durchgeführten Erfolgskontrolle um eine Ist-Erlösrechnung, die auch als Erlös-Dokumentationsrechnung bezeichnet wird. Für die Erfolgsplanung ist dagegen eine Plan-Erlösrechnung erforderlich.

Die Erfassungs- und Zurechnungsprobleme der Erlösrechnung wurden gegenüber der Kostenrechnung zunächst vernachlässigt; inzwischen liegen hierzu aber mehrere grundlegende Veröffentlichungen vor[38].

Das Grundproblem der Erlösrechnung besteht darin, ob sich die Erlöse derart nach Kostenträgern, Abnehmern, Absatzgebieten und betrieblichen Teilbereichen gliedern lassen, wie es die nach dem Deckungsbeitragsprinzip aufgebaute Erfolgsrechnung fordert. Bei der Beantwortung dieser Frage ist zwischen Unternehmungen mit Auftrags- und Einzelfertigung und Unternehmungen mit standardisierten Erzeugnissen zu unterscheiden.

2. Bei Auftrags- und Einzelfertigung wird jeder einzelne Kundenauftrag als gesonderte Leistung abgerechnet, sodass hier bei der Erlöserfassung stets eine Übereinstimmung der Einteilungskriterien Kostenträger, Abnehmer und Absatzgebiet vorliegt. In Bezug auf diese Gliederungsmerkmale des Periodenerfolgs gibt es daher bei Auftrags- und Einzelfertigung keine Probleme. Problematisch ist hier allerdings die zeitliche Zuordnung der Erlöse.

Bei langfristiger Auftrags- und Einzelfertigung wird in der Regel eine Anzahlung bei Auftragserteilung geleistet, eine weitere Zahlung erfolgt bei Inbetriebnahme und der Restbetrag wird nach Ablauf der Gewährleistungsfrist beglichen. Unabhängig hiervon kann der gesamte Verkaufswert des Auftrages in der Regel erst als Erlös verrechnet werden, wenn die funktionsfähige Anlage abgeliefert bzw. vom Kunden in Betrieb genommen wird. Lediglich bei Aufträgen, die aus mehreren Teilanlagen bestehen, die unabhängig voneinander einsetzbar sind, ist eine zeitliche Aufteilung des Gesamterlöses zulässig. Im Übrigen tritt bei langfristiger Auftrags- und Einzelfertigung die Bedeutung der periodischen Erfolgskontrolle gegenüber der Bedeutung einer auftragsbezogenen Kontrolle zurück.

3. Bei standardisierten Erzeugnissen, wie sie von Unternehmungen mit Massen-, Sorten- und Serienproduktion angeboten werden, treten in der Erlösrechnung Erfassungs- und Abgrenzungsprobleme auf, die bei der Durchführung einer Deckungsbeitragsrechnung zu berücksichtigen sind. Hierbei ist zwischen folgenden Erlöskomponenten zu unterscheiden[39].

	Basiserlös
+	Erlöszuschläge
=	Bruttoerlös
./.	Erlöskorrekturen
./.	Erlösschmälerungen (Skontoabzüge, Rabatte, Sonstige)
=	Nettoerlös 1

Der Basiserlös entspricht dem Grund- oder Listenpreis eines Erzeugnisses. Er bezieht sich auf den Normalfall der Absatzleistung und berücksichtigt keinerlei Zuschläge oder Erlösschmälerungen. Bei den Erlöszuschlägen handelt es sich um Mehrerlöse für Mindermengen, Sonderausführungen, gesondert berechnete Spezialverpackung oder sonstige Zusatzleistungen. Addiert man die Erlöszuschläge zum Basiserlös, so erhält man den Bruttoerlös[40]. Die Erlöskorrekturen können z. B. aus Gewichtsdifferenzen oder Mängelrügen resultieren. Besonders vielgestaltig sind die Erlösschmälerungen, die hauptsächlich auf Skontoabzüge und Rabatte entfallen.

Die Skontoabzüge werden von den Abnehmern für die Begleichung von Lieferantenrechnungen innerhalb einer bestimmten Frist einbehalten und lassen sich bei Eingang der Zahlung für jede Warenlieferung gesondert erfassen.

Bei den Rabatten sind die folgenden Rabattarten zu unterscheiden:

- Mengenrabatte
  - Nichtkumulierte Mengenrabatte
    - Einzelauftragsrabatte
    - Perioden-Rabatte
  - Kumulierte Mengenrabatte
- Funktionsrabatte
- Sonstige Rabatte.

Die Mengenrabatte können entweder unmittelbar auf die Absatzmengen oder auf den wertmäßigen Umsatz bezogen werden; in der Praxis wird meistens die Wertbasis vorgezogen, da sie die Zusammenfassung unterschiedlicher Erzeugnisse ermöglicht.

Weiterhin ist zwischen zwei Rabatt-Berechnungsverfahren zu unterscheiden. Vom durchgerechneten Rabatt spricht man, wenn sich die Rabattsätze einer Rabattstaffel jeweils auf die Gesamtumsätze beziehen. Erzielt z. B. ein Kunde einen Jahresumsatz von 550.000 €, so erhält er beim durchgerechneten Rabatt hierauf einen einheitlichen Rabattsatz von z. B. 5 %. Beim angestoßenen Rabatt werden die Sätze der Rabattstaffel unabhängig von der Höhe der Gesamtumsätze wirksam. Einem Kunden, der einen Jahresumsatz von 550.000 € erzielt, werden hierbei z. B. für die ersten 200.000 € 2,5 %, für die zweiten 200.000 € 5,0 % und für die restlichen 150.000 € 7,5 % Mengenrabatt gewährt; dies entspricht einem gewogenen, durchschnittlichen Rabattsatz von 5,25 %.

Bei Funktionsrabatten handelt es sich um Rabatte, die Abnehmern für die Übernahme bestimmter Aufgaben (z. B. Lagerung von Waren oder die Bereitstellung von Serviceleistungen) gewährt werden. Der Rabattsatz ist in der Regel für alle Erzeugnisse gleich, für welche der Abnehmer diese Aufgaben übernimmt. Funktionsrabatte können mit Mengenrabatten kombiniert werden.

Bei den sonstigen Rabatten kann es sich z. B. um Treuerabatte für langfristige Geschäftsbeziehungen oder um Rabatte für vorzeitigen Warenbezug handeln.

Zu den sonstigen Erlösschmälerungen zählen z. B. Zollvorlagen, Währungsverluste, Debitorenausfälle, Schadenersatzzahlungen und Konventionalstrafen.

In der kurzfristigen Erfolgsrechnung ist eine klare Abgrenzung der Erlösschmälerungen von den Sondereinzelkosten des Vertriebs (vgl. Kapitel 3.3.2.2) anzustreben. Nach W. Männel darf es „weder Kosten mit Erlösschmälerungs-Charakter noch Erlösschmälerungen mit Kosten-Charakter geben“; Erlösschmälerungen sind im Gegensatz zu den Kosten „nicht mit einem Verzehr von Gütern oder Leistungen verbunden, sondern Korrektur- bzw. Abzugsposten zu den Erlösen“[41]. Dennoch gibt es Fälle, in denen Abgrenzungsschwierigkeiten auftreten, so z. B. bei Abzügen infolge von Gewährleistungsansprüchen.

Trotz dieser klaren Abgrenzung sollten die Sondereinzelkosten des Vertriebes dennoch rein technisch in die Erlösrechnung einbezogen werden, da viele Parallelen zu den Erlösschmälerungen vorliegen. Sowohl ihre Planung auf Basis von Kundenstammdaten als auch ihre meist zunächst kalkulatorische Verrechnung ist mit den entsprechenden Verfahren bei den Erlösschmälerungen identisch. Subtrahiert man alle Erlöskorrekturen und Erlösschmälerungen von den Bruttoerlösen, so erhält man die Nettoerlöse 1, nach Abzug der Sondereinzelkosten erhält man den Nettoerlös 2. Dieser wird letztlich in der kurzfristigen Erfolgsrechnung den Selbstkosten des Umsatzes gegenüberzustellen sein.

Eine nach Erzeugnisarten, Abnehmern, Absatzgebieten und betrieblichen Teilbereichen gegliederte Deckungsbeitragsrechnung ist in Unternehmungen mit standardisierten Erzeugnissen nur durchführbar, wenn es gelingt, neben den proportionalen Selbstkosten auch den überwiegenden Teil der Nettoerlöse diesen Gliederungsmerkmalen zuzuordnen. Wir wollen im Folgenden die einzelnen Erlöskomponenten daraufhin untersuchen, ob diese Möglichkeit der Zuordnung besteht. Hierbei gehen wir davon aus, dass alle Erlöskomponenten, die sich einzelnen Abnehmern zuordnen lassen, auch nach regionalen Einteilungskriterien gegliedert werden können, da jedem Abnehmer ein bestimmter Standort entspricht.

Die Basiserlöse industrieller Betriebe beziehen sich im Regelfall auf eindeutig abgrenzbare Sachgütermengen, die an bestimmte Abnehmer geliefert werden. Diese Mengen werden in den Zeilen der Ausgangsrechnung ausgewiesen und mit den zugehörigen Brutto-Verkaufspreisen (Listenpreisen) multipliziert, um die zugehörigen Basiserlöse zu erhalten. Lediglich im Falle komplexer Dienstleistungen können sich bereits bei den Basiserlösen unlösbare Zurechnungsprobleme ergeben[42].

Auch die meisten Erlöszuschläge beziehen sich auf ganz bestimmte Einzelleistungen, sodass sie sich eindeutig nach Erzeugnissen, Abnehmern und Absatzgebieten gliedern lassen. Dies gilt z. B. für Mehrerlöse für Mindermengen, Sonderausführungen oder Spezialverpackungen. Die Erlöskorrekturen werden stets von bestimmten Kunden vorgenommen und beziehen sich in den meisten Fällen auf konkrete Einzelleistungen, sodass hier keine Zurechnungsprobleme auftreten dürften. Bei den Erlösschmälerungen ergeben sich dagegen komplexe Zurechnungsprobleme, da sie meistens für mehrere Erzeugnisarten gemeinsam anfallen oder für Perioden gewährt werden, die nicht mit den Kontrollperioden der kurzfristigen Erfolgsrechnung übereinstimmen.

Die Skontoabzüge fallen jeweils für einzelne Kundenrechnungen an, sodass eine Differenzierung nach Abnehmern und Absatzgebieten ohne Schwierigkeiten erfolgen kann. Bezieht sich eine Rechnung auf mehrere Erzeugnisarten, so wird der Skontoabzug für alle Erzeugnisse prozentual in gleicher Höhe wirksam. Selbst wenn diese Erzeugnisse in der kurzfristigen Erfolgsrechnung unterschiedlichen Kostenträgergruppen zugeordnet werden, ergeben sich daher in Bezug auf den Skontoabzug keine Zurechnungsprobleme. Zu beachten ist lediglich, dass in die Erzeugnisgruppen der Erfolgsrechnung sowohl Lieferungen an Skontozahler als auch Lieferungen an Nicht-Skontozahler eingehen können. Den Netto-Erlösen der Erzeugnisgruppen liegen in diesen Fällen gewogene, durchschnittliche Skontoabzüge zugrunde.

Für Einzelauftrags-Rabatte, die übrigens in der Praxis relativ selten gewährt werden, gelten unsere Ausführungen über die Skontoabzüge analog, da auch sie sich stets auf einzelne Lieferungen beziehen.

Bei periodenbezogenen Mengenrabatten, von denen wir im Folgenden annehmen wollen, dass sie sich auf die wertmäßigen Umsätze beziehen, können dagegen mehrere Abgrenzungsprobleme auftreten. Beziehen sich die Rabattsätze auf Bezugsperioden, die nicht mit den Kontrollperioden der kurzfristigen Erfolgsrechnung übereinstimmen, so treten zeitliche Abgrenzungsprobleme der Mengenrabatte auf.

Da ein wichtiges Gliederungsmerkmal der kurzfristigen Erfolgsrechnung die Differenzierung des Periodenerfolgs nach Erzeugnisgruppen ist, würde die Durchführung der Erfolgsanalyse wesentlich beeinträchtigt, wenn in der Erlösrechnung erzeugnisspezifische Abgrenzungsprobleme der Mengenrabatte auftreten würden.

Die meisten Rabattsysteme führen zu abnehmerspezifischen Unterschieden der Netto-Erlöse. Beschränkt man sich in der kurzfristigen Erfolgsrechnung darauf, die Deckungsbeiträge nach Erzeugnisgruppen zu gliedern, so entsprechen die Netto-Erlöse einer gewogenen, durchschnittlichen Rabattbelastung, die sich je nach der Zusammensetzung des Abnehmerkreises von Periode zu Periode ändern kann. Will man in der kurzfristigen Erfolgsrechnung abnehmerspezifische Rabattunterschiede transparent machen, so muss die Gliederung der Deckungsbeiträge nach Erzeugnisgruppen durch eine Gliederung nach Abnehmergruppen ergänzt werden, was für ein effizientes Vertriebs-Controlling ohnehin erforderlich ist.

Die sonstigen Erlösschmälerungen treten meistens erst auf, nachdem die betreffenden Leistungen bereits erfolgswirksam abgerechnet wurden. Dies gilt z. B. für Debitorenausfälle, Schadensersatzzahlungen und Konventionalstrafen. Erlösschmälerungen dieser Art lassen sich meistens nicht periodengerecht erfassen, sodass man sie in der kurzfristigen Erfolgsrechnung den „nicht auf Kostenträgern verrechneten Erlösen" zuordnen sollte.

Unsere Ausführungen haben gezeigt, dass in der Praxis nur bei einem relativ geringen Teil der Erlöse die Differenzierung nach den Gliederungskriterien der kurzfristigen Erfolgsrechnung auf unlösbare Zurechnungsprobleme stößt. Daher wird die Durchführbarkeit einer nach Erzeugnissen, Abnehmern, Absatzgebieten oder betrieblichen Teilbereichen gegliederten Erfolgsanalyse mithilfe einer Deckungsbeitragsrechnung durch Zurechnungsprobleme der Erlösrechnung nicht in Frage gestellt, wobei man sich selbstverständlich kalkulatorischer Wertansätze bedienen muss.

5.2.3 Die Kostenträgererfolgsrechnung als Deckungsbeitragsrechnung

5.2.3.1 Die nicht geschlossene Kostenträgererfolgsrechnung (Artikelergebnisrechnung)

1. Als nicht geschlossene Kostenträgererfolgsrechnung wird eine kurzfristige Erfolgsrechnung bezeichnet, bei der keine laufende Abstimmung der erfolgswirksam verrechneten Kosten mit der Kostenarten- und der Kostenstellenrechnung erfolgt und keine rechnerische Bestandsführung vorgenommen wird. Da bei diesem Verfahren die erfolgswirksam verrechneten Kosten retrograd aus den Absatzmengen abgeleitet werden und hierdurch eine weitgehende Gliederung der Deckungsbeiträge nach Erzeugnissen (= Artikeln) ermöglicht wird, bezeichnet man dieses Verfahren auch als Artikelergebnisrechnung[43].

Multipliziert man die Ist-Absatzmengen einer Abrechnungsperiode mit den geplanten proportionalen Selbstkosten laut Plankalkulation, so erhält man die nach Erzeugnisarten gegliederten proportionalen Soll-Selbstkosten des Umsatzes[44]. Diese Kosten werden auch als „Standardgrenzselbstkosten des Umsatzes“ bezeichnet[45]. Neben den proportionalen Soll-Selbstkosten des Umsatzes müssen den abgesetzten Erzeugnissen in der Artikelergebnisrechnung alle Kostenabweichungen belastet werden, die sich nach dem Verursachungsprinzip zuordnen lassen. Nach Durchführung der Abweichungsverteilung erhält man die nach Kostenträgern gegliederten proportionalen Ist-Selbstkosten des Umsatzes.

Aus der Erlösplanung übernimmt die Artikelergebnisrechnung zunächst Plan-Nettoerlöse pro Einheit. Multipliziert man hiermit die Ist-Absatzmengen, so erhält man die nach Erzeugnisarten gegliederten Soll-Erlöse. Aufgrund der Fakturierung liegen die Ist-Erlöse vor; als Differenzen erhält man die Erlösabweichungen. Subtrahiert man von den Ist-Erlösen die proportionalen Ist-Selbstkosten des Umsatzes, so erhält man die Ist-Deckungsbeiträge der Erzeugnisse.

2. Bei der Abweichungsverteilung in der Artikelergebnisrechnung muss man zwischen den Abweichungen der Verwaltungs- und Vertriebskosten und den Abweichungen der Herstellkosten unterscheiden.

Da die Verwaltungs- und die Vertriebskosten nicht aktiviert werden, ist die Verrechnung der Kostenabweichungen des Verwaltungs- und Vertriebsbereichs unabhängig davon, ob eine Bestandsrechnung durchgeführt wird oder nicht. Diese Abweichungen können daher in der Artikelergebnisrechnung monatlich erfolgswirksam verrechnet werden, ohne dass dabei zeitliche Abgrenzungsprobleme auftreten.

Bei den Kostenabweichungen des Herstellbereichs ist dagegen das Problem der richtigen zeitlichen Zuordnung der Kostenabweichungen sehr viel schwerer lösbar. Denn diese Abweichungen entstehen im Zeitpunkt der Produktion, der in den meisten Fällen weit vor der Absatzperiode liegt. Die Abweichungen der Herstellkosten sind daher nicht dem Umsatz, sondern den Produktionsmengen der Entstehungsperiode zuzurechen. Gehen die produzierten Mengen als Halb- oder Fertigerzeugnisse auf Lager, so gehören die von ihnen verursachten Herstellkostenabweichungen zum Lagerbestand; erst im Umsatzzeitpunkt werden sie zu erfolgswirksamen Kosten.

Zur Verdeutlichung dieses Tatbestandes wollen wir das folgende Beispiel betrachten. In der Periode 1 werden 6.000 Stück produziert, wofür 15.600 kg Material eingesetzt werden; davon entfallen 600 kg auf Verbrauchsabweichungen. Der Planpreis des Materials liegt bei 4 €/kg, der Ist-Preis liegt 5 % höher. Gegenüber der Plankalkulation entstehen folgende Abweichungen:

Verbrauchsabweichungen	600 kg · 4 €/kg	= 2.400 €
Preisabweichungen	15.600 kg · 0,20 €/kg	= 3.120 €
Summe Abweichungen		= 5.520 €

Die in Periode 1 produzierten Mengeneinheiten werden wie folgt verkauft:

Periode	Stück	%
1	600	10
2	900	15
3	3.000	50
4	1.500	25
Summe	6.000	100

In dieser zeitlichen Verteilung müssen auch die Einzelmaterial-Kostenabweichungen erfolgswirksam verrechnet werden, wenn die Periodenerfolge richtig werden sollen:

Einzelmaterial-Kosten-Abweichung

Periode	Stück	Erfolg
1	4.968	552 €
2	4.140	828 €
3	1.380	2.760 €
4	–	1.380 €
Summe		5.520 €

Unsere Ausführungen lassen erkennen, dass eine richtige, erfolgswirksame Verrechnung der Herstellkosten-Abweichungen nur möglich ist, wenn eine rechnerische Bestandsführung der Halb- und Fertigerzeugnisse vorliegt. Da diese Voraussetzung bei Anwendung einer nicht geschlossenen Kostenträgerzeitrechnung nicht erfüllt ist, kann die erfolgswirksame Verrechnung der Kostenabweichungen des Herstellbereichs nur mithilfe von Näherungsverfahren erfolgen. Hierzu werden normalisierte oder durchschnittliche Abweichungsprozentsätze aus den Kostenabweichungen und den Bezugsgrundlagen vergangener Abrechnungsperioden gebildet; häufig wird hierbei das Verfahren der aktualisierten Istkalkulation – vgl. Abschnitt 5.1.1.4 – angewandt.

Um in der Artikelergebnisrechnung den Erzeugnissen bzw. Erzeugnisgruppen mithilfe von normalisierten oder durchschnittlichen Abweichungsprozentsätzen die auf sie entfallenden Herstellkostenabweichungen des Umsatzes zurechnen zu können, lassen sich zwei Verfahren anwenden. Erstens kann man die proportionalen Soll-Selbstkosten des Umsatzes in die wichtigsten Kostenartengruppen, z. B. die Einzelmaterial-, die Fertigungs- und die Sondereinzelkosten der Fertigung, auflösen und hierauf die zugehörigen Abweichungsprozentsätze verrechnen. Dieses Verfahren wurde insbesondere früher angewendet. Zweitens kann man die Herstellkostenabweichungen dadurch erfassen, dass man die DV-maschinell erstellten Plankalkulationen um die entsprechenden Abweichungen ergänzt, wie wir es beim Verfahren der aktualisierten Istkalkulation in Kapitel 5.1.1.4 beschrieben haben. Dieses Verfahren wird heute in vielen Unternehmungen angewandt, die ihre Plankalkulationen mithilfe der Datenverarbeitung erstellen.

In Unternehmungen mit Saisonschwankungen der Absatzmengen treten besonders große Bestandsveränderungen der Halb- und Fertigerzeugnisse auf, sodass sich hier die fehlende bestandsmäßige Abgrenzung der Herstellkostenabweichungen besonders stark auswirken würde.

In Unternehmungen mit Auftrags- und Einzelfertigung ist die Artikelergebnisrechnung nicht anwendbar, weil hier keine Plankalkulationen der Enderzeugnisse vorliegen und auf eine bestandsmäßige Abgrenzung der Herstellkostenabweichung nicht verzichtet werden kann. Im Übrigen führt in Unternehmungen mit Auftrags- und Einzelfertigung die Standard-Nachkalkulation zwangsläufig zu einem rechnerischen Ausweis der Halbfabrikatebestände (= in Arbeit befindliche Aufträge) und damit auch zu einer richtigen Abweichungsverrechnung.

3. Bei einem Vergleich mit der geschlossenen Kostenträgerzeitrechnung, die wir in Kapitel 5.2.3.2 beschreiben werden, erkennt man folgende Vorteile der Artikelergebnisrechnung[46]:

- Relativ geringer Erfassungs-, Abstimmungs- und Rechenaufwand.
- Schnelligkeit der Durchführung.
- Der Gesamtdeckungsbeitrag kann beliebig weitgehend differenziert werden nach
  - Erzeugnissen
  - Abnehmern
  - Absatzgebieten
  - Vertretern und Reisenden
  - betrieblichen Teilbereichen (die selbständig Leistungen erstellen und vertreiben).
- Die Erfolgsanalyse kann selektiv erfolgen und sich des Instruments des Plan-Istvergleiches bedienen.

Im Verhältnis zur geschlossenen Kostenträgerzeitrechnung ist der Arbeits- und Zeitaufwand der Artikelergebnisrechnung relativ gering, weil die komplizierten Rechenoperationen der Abstimmung und der Bestandsführung entfallen; hierdurch wird auch die Abweichungsverteilung (wenn auch auf Kosten der Genauigkeit) erheblich vereinfacht.

Der relativ geringe Zeitaufwand ermöglicht eine Durchführung der Artikelergebnisrechnung für beliebig kurze Zeiträume. Normalerweise wird die Artikelergebnisrechnung monatlich durchgeführt, sie kann aber ohne Schwierigkeiten wöchentlich oder in kritischen Geschäftssituationen sogar täglich erstellt werden[47]. Weiterhin ist es möglich, die Artikelergebnisrechnung nicht nur für die fakturierten Umsätze, sondern bereits für den täglichen Auftragseingang durchzuführen[48].

Für die Unternehmenssteuerung besteht der größte Vorteil der Artikelergebnisrechnung darin, dass der Gesamtdeckungsbeitrag beliebig weitgehend nach Erzeugnisarten und sonstigen Gliederungsmerkmalen differenziert werden kann. Abgesehen vom Umfang der Darstellung kann theoretisch der Deckungsbeitrag jedes einzelnen Umsatzvorganges ausgewiesen werden.

Auf jeden Fall lassen sich so kleine Kostenträgergruppen bilden, dass keine Ergebnissaldierungen auftreten, welche die Ergebnisse der Erfolgsanalyse beeinträchtigen würden. Parallel zur Kostenträgergliederung lässt sich der Gesamtdeckungsbeitrag beliebig nach Absatzgebieten (z. B. Ausland, unterteilt nach Ländern, Inland, unterteilt nach Regionen oder Vertreterbezirken usw.) und darüber hinaus nach Kunden und Kundenklassen differenzieren. Die nach Vertreterbezirken zusammengefassten Deckungsbeiträge können zugleich als Grundlage von Provisionssystemen dienen, bei denen sich die Höhe der Provisionssätze nach den erzielten Deckungsbeiträgen richtet[49].

In Unternehmungen mit vielen Erzeugnisarten und bei einer weitgehenden Differenzierung des Gesamtdeckungsbeitrages nach Absatzgebieten, Kundengruppen und sonstigen Gliederungsmerkmalen kann die Artikelergebnisrechnung so umfangreich und unübersichtlich werden, dass hierdurch die Erfolgsanalyse erschwert wird. In diesen Fällen besteht die Möglichkeit, sich auf einen selektiven Ausweis von Deckungsbeiträgen zu beschränken[50]. Hierbei geht man nach dem Grundsatz des „management by exception" vor und weist in der Erfolgsrechnung nur solche Erzeugnisse aus, deren prozentuale Deckungsbeiträge unter bzw. über bestimmten Grenzwerten liegen, z. B. unter 25 % und über 40 % der proportionalen Selbstkosten. Parallel hierzu können Mindestumsätze, z. B. 5.000 €/Monat, festgelegt werden, um Bagatellfälle zu eliminieren. Analog kann man bei der Differenzierung der Deckungsbeiträge nach Kunden oder Kundenklassen vorgehen. Je nach dem Detaillierungsgrad der Absatz- und Umsatzplanung können u. U. sogar periodisierte Plan-Istvergleiche für das Vertriebs-Controlling durchgeführt werden.

Den oben aufgezeigten Vorteilen stehen folgende Nachteile der Artikelergebnisrechnung gegenüber:

- keine Abstimmung mit der Kostenarten- und Kostenstellenrechnung,
- kein Ausweis der Halb- und Fertigerzeugnisbestände sowie
- ungenauere erfolgswirksame Verrechnung der Kostenabweichungen.

Trotz dieser Nachteile sollte aber keine Unternehmung mit standardisierten Erzeugnissen auf die laufende Durchführung einer Artikelergebnisrechnung verzichten; denn bei der Erfolgskontrolle sind die Schnelligkeit, mit der die Ergebnisse vorliegen und die Vielgestaltigkeit der Auswertungsmöglichkeiten wichtiger als ein Höchstmaß an Genauigkeit. Im Übrigen schließt die Durchführung einer Artikelergebnisrechnung nicht aus, dass parallel hierzu eine geschlossene Kostenträgererfolgsrechnung erstellt wird. Da sich beide Verfahren hervorragend ergänzen, werden sie heute in vielen Unternehmungen nebeneinander angewandt.

5.2.3.2 Die geschlossene Kostenträgererfolgsrechnung

1. Als geschlossene Kostenträgererfolgsrechnung wird eine kurzfristige Erfolgsrechnung bezeichnet, bei der eine laufende Abstimmung der erfolgswirksam verrechneten Kosten mit der Kostenarten- und der Kostenstellenrechnung erfolgt und ein rechnerischer Ausweis von Halb- und Fertigerzeugnisbeständen vorgenommen wird. Die Abstimmung und die Bestandsführung erfolgen in Form gesonderter Rechnungen, die dem Erfolgsausweis vorgeschaltet sind. Insgesamt besteht eine geschlossene Kostenträgererfolgsrechnung aus den drei folgenden Teilen[51]:

- Betriebsleistungsrechnung
- Bestandsrechnung
- Erfolgsrechnung.

In allen Teilen der Geschlossenen Kostenträgererfolgsrechnung werden den Kostenträgern die den Plankalkulationen entsprechenden Sollkosten und die zugehörigen Kostenabweichungen zugerechnet.

Da die geschlossene Kostenträgererfolgsrechnung den Prozess der Leistungserstellung und der Kostenentstehung detailliert erfasst und abbildet, sind ihre Rechenschritte weitgehend von betriebsbedingten Unterschieden abhängig. Die Standardform der geschlossenen Kostenträgererfolgsrechnung geht von der Voraussetzung aus, dass bereits im Produktionszeitpunkt eindeutig festgestellt werden kann, für welche Erzeugnisarten Materialeinsätze erfolgen und Arbeitsgänge ausgeführt werden. Nur unter dieser Voraussetzung ist eine Erfassung der Erzeugniskosten mithilfe von Einzelbelegen möglich, und damit eine eindeutige Differenzierung der Kosten nach Erzeugnisarten. Diese Voraussetzung ist in allen Unternehmungen erfüllt, die Stückgüter herstellen und eine geschlossene Stücklisten- und Arbeitsablauforganisation realisieren können. Hierzu zählen z. B. der Maschinen-, Fahrzeug- und Apparatebau.

In Abbildung 5-4 haben wir die Standardform der geschlossenen Kostenträgererfolgsrechnung als Schema dargestellt, wobei überwiegend die gleichen Kurzzeichen wie bei unseren Ausführungen über die Kalkulation und den Soll-Ist-Kostenvergleich verwendet werden; bei den Erzeugnismengen wurde der oben angesetzte Index (i) weggelassen, da es sich in allen Teilen der geschlossenen Kostenträgererfolgsrechnung um Ist-Mengen handelt.

Da der Aufbau der geschlossenen Kostenträgererfolgsrechnung relativ kompliziert ist, gehen wir in Abbildung 5-4 von folgenden vereinfachenden Prämissen aus:

- Die Unternehmung stellt $j = 1, ..., n$ einteilige Stückgüter her, für die zwei Materialarten I und II eingesetzt werden.
- Der Materialbereich besteht nur aus einer Kostenstelle; für die Materialarten I und II wird der gleiche Materialgemeinkosten-Verrechnungssatz $d_M^{(p)}$ verwendet.
- Sondereinzelkosten der Fertigung fallen nicht an.
- Die Erzeugnisse durchlaufen $i = 1, ..., m$ Fertigungsstellen mit homogener Kostenverursachung.
- Die monatlichen Produktionsmengen x_{pj} sind in allen Fertigungsstellen gleich, d. h. im Fertigungsbereich treten keine Bestandsveränderungen der Halbfabrikate auf; weiterhin ist ein Mengengefälle zwischen den Arbeitsgängen ausgeschlossen.
- Die Abweichungen der Herstellkosten werden in Abbildung 5-4 nicht nach Abweichungsarten differenziert ausgewiesen.
- Die proportionalen Verwaltungs- und Vertriebsgemeinkosten werden zusammengefasst und mithilfe eines gemeinsamen Verrechnungssatzes $d_v^{(p)}$ auf die proportionalen Herstellkosten der Kostenträger bezogen.
- Die Sondereinzelkosten des Vertriebs werden in einer Zeile zusammengefasst.
- In den Spalten 1 bis n werden die Erzeugnisarten j einzeln ausgewiesen.

2. In Abbildung 5-4 enthalten die Zeilen 1 bis 9 die Betriebsleistungsrechnung. Die Summenspalte gibt die monatlichen Gesamtbeträge an, die im Soll-Ist-Kostenvergleich der Einzel- und der Kostenstellenkosten als proportionale Sollkosten oder als Kostenabweichungen erfasst worden sind. Die Spalten 1 bis n zeigen, wie diese Beträge den Kostenträgern zugeordnet werden.

Die Zeilen 1 und 2 enthalten in der Summenspalte die Soll-Einzelmaterialkosten, wie sie im Soll-Ist-Kostenvergleich des Einzelmaterials den (zu Planpreisen bewerteten) Ist-Einzelmaterialkosten gegenüberstellt werden; vgl. hierzu unsere Ausführungen in Kapitel 3.1.1.3. Die Beträge $k_{mIj}^{(p)}$ und $k_{mIIj}^{(p)}$ entsprechen den Plan-Einzelmaterialkosten pro Einheit, die den Erzeugnisarten j = 1, ..., n in den Plankalkulationen zugeordnet werden. Multipliziert man sie mit den Ist-Erzeugnismengen $x_{pj}^{(i)}$, so erhält man die Teile der Soll-Einzelmaterialkosten, die auf die Kostenträger j = 1, ..., n entfallen; die Summenbeträge sind in Zeile 3 ausgewiesen.

Bei der Erfassung der Einzelmaterialkosten in der Betriebsleistungsrechnung sind folgende Fälle zu unterscheiden.

Geschlossene Kostenträgerrechnung

		Bezeichnung	Summe [€ /Monat]	Artikel bzw. Artikelgruppen [€ /Monat]			
				1	2	...	n
Betriebsleistungs-Rechnung	1	Soll-Einzelmaterialkosten Materialart I	$\sum_{j=1}^{n} m_{Ij}^{(p)} x_j q_I^{(p)}$	$k_{mI1}^{(p)} x_{P1}$	$k_{mI2}^{(p)} x_{P2}$	...	$k_{mIn}^{(p)} x_{Pn}$
	2	Soll-Einzelmaterialkosten Materialart II	$\sum_{j=1}^{n} m_{IIj}^{(p)} x_j q_{II}^{(p)}$	$k_{mII1}^{(p)} x_{P1}$	$k_{mII2}^{(p)} x_{P2}$	...	$k_{mIIn}^{(p)} x_{Pn}$
	3	Summe Soll-Einzelmaterialkosten (1 + 2)	$K_m^{(s)}$	$K_{m1}^{(s)}$	$K_{m2}^{(s)}$	...	$K_{mn}^{(s)}$
	4	Proportionale Soll-Materialgemeinkosten	$K_{PMG}^{(p)} \frac{B_M^{(i)}}{B_M^{(p)}} = K_{PMG}^{(s)}$	$K_{M1}^{(s)} \frac{d_M^{(p)}}{100}$	$K_{M2}^{(s)} \frac{d_M^{(p)}}{100}$	...	$K_{Mn}^{(s)} \frac{d_M^{(p)}}{100}$
	5	Summe Soll-Materialkosten (3 + 4)	$\sum_{j=1}^{n} K_{mj}^{(s)} \left(1 + \frac{d_M^{(p)}}{100}\right)$	$K_{m1}^{(s)} \left(1 + \frac{d_M^{(p)}}{100}\right)$	$K_{m2}^{(s)} \left(1 + \frac{d_M^{(p)}}{100}\right)$	...	$K_{mn}^{(s)} \left(1 + \frac{d_M^{(p)}}{100}\right)$
	6	Proportionale Sollkosten der Fertigungsstellen	$\sum_{i=1}^{m} B_i^{(i)} d_i^{(p)} = \sum_{i=1}^{m} K_{PFtg}^{(p)} \frac{B_i^{(i)}}{B_i^{(p)}} = K_{PFtg}^{(s)}$	$\left[\sum_{i=1}^{m} b_{i1}^{(p)} d_i\right] x_{P1}$	$\left[\sum_{i=1}^{m} b_{i2}^{(p)} d_i\right] x_{P2}$	...	$\left[\sum_{i=1}^{m} b_{in}^{(p)} d_i\right] x_{Pn}$
	7	Summe Proportionale Soll-Herstellkosten (5 + 6)	$K_{PH}^{(s)}$	$K_{PH1}^{(s)}$	$K_{PH2}^{(s)}$	...	$K_{PHn}^{(s)}$
	8	Summe Herstellkostenabweichungen	ΔK_{PH}	ΔK_{PH1}	ΔK_{PH2}	...	ΔK_{PHn}
	9	Summe Proportionale Ist-Herstellkosten (7 + 8)	$K_{PH}^{(i)}$	$K_{PH1}^{(i)}$	$K_{PH2}^{(i)}$	...	$K_{PHn}^{(i)}$
Bestands-Rechnung	10	AB zu Plan-GHK		$k_{H1}^{(p)} x_{LAB1}$	$k_{H2}^{(p)} x_{LAB2}$	...	$k_{Hn}^{(p)} x_{LABn}$
	11	Zugänge zu Plan-GHK	$\sum_{j=1}^{n} k_{Hj}^{(p)} x_{Pj}$	$k_{H1}^{(p)} x_{P1}$	$k_{H2}^{(p)} x_{P2}$	...	$k_{Hn}^{(p)} x_{Pn}$
	12	Abgänge zu Plan-GHK	$\sum_{j=1}^{n} k_{Hj}^{(p)} x_{Aj}$	$k_{H1}^{(p)} x_{A1}$	$k_{H2}^{(p)} x_{A2}$	...	$k_{Hn}^{(p)} x_{An}$
	13	EB zu Plan-GHK (10 + 11./.12)		$k_{H1}^{(p)} x_{LEB1}$	$k_{H2}^{(p)} x_{LEB2}$	...	$k_{Hn}^{(p)} x_{LEBn}$
	14	AB Herstellkostenabweichungen		ΔK_{PHAB1}	ΔK_{PHAB2}	...	ΔK_{PHABn}
	15	Zugänge Herstellkostenabweichungen	ΔK_{PHZ} (Zugang)	ΔK_{PHZ1}	ΔK_{PHZ2}	...	ΔK_{PHZn}
	16	Abgänge Herstellkostenabweichungen	ΔK_{PHA} (Abgang)	$\Delta k_{H1} x_{A1}$	$\Delta k_{H2} x_{A2}$	...	$\Delta k_{Hn} x_{An}$
	17	EB Herstellkostenabweichungen (14 + 15./.16)		ΔK_{PHEB1}	ΔK_{PHEB2}	...	ΔK_{PHEBn}
Erfolgs-Rechnung	18	Soll-Erlöse	$E^{(s)}$	$p_1^{(p)} x_{A1}$	$p_2^{(p)} x_{A2}$	...	$p_n^{(p)} x_{An}$
	19	Erlös-Abweichungen	ΔE	ΔE_1	ΔE_2	...	ΔE_n
	20	Ist-Erlös (18 + 19)	$E^{(i)}$	$p_1^{(i)} x_{A1}$	$p_2^{(i)} x_{A2}$	...	$p_n^{(i)} x_{An}$
	21	Proportionale Soll-Herstellkosten des Umsatzes		$k_{H1}^{(p)} x_{A1}$	$k_{H2}^{(p)} x_{A2}$	...	$k_{Hn}^{(p)} x_{An}$
	22	Proportionale Soll-Verwaltungs- u. Vertriebsgemeinkosten	$K_{PVG}^{(p)} \frac{B_V^{(i)}}{B_V^{(p)}} = K_{PVG}^{(s)}$	$k_{H1}^{(p)} x_{A1} \frac{d_V^{(p)}}{100}$	$k_{H2}^{(p)} x_{A2} \frac{d_V^{(p)}}{100}$	...	$k_{Hn}^{(p)} x_{An} \frac{d_V^{(p)}}{100}$
	23	Soll-Sondereinzelkosten des Vertriebs	$K_{SV}^{(s)}$	$e_{V1}^{(p)} x_{A1}$	$e_{V2}^{(p)} x_{A2}$	...	$e_{Vn}^{(p)} x_{An}$
	24	Proportionale Soll-Selbstkosten des Umsatzes (21 + 22 + 23)	$K_P^{(s)}$	$k_1^{(p)} x_{A1}$	$k_2^{(p)} x_{A2}$	...	$k_n^{(p)} x_{An}$
	25	Herstellkostenabweichungen des Umsatzes	ΔK_{HA} (Abgang)	$\Delta k_{H1} x_{A1}$	$\Delta k_{H2} x_{A2}$	...	$\Delta k_{Hn} x_{An}$
	26	Kostenstellenabweichungen des VuV-Bereiches	ΔK_{PVG}	ΔK_{VGK1}	ΔK_{VGK2}	...	ΔK_{VGKn}
	27	Abweichungen der Sondereinzelkosten des Vertriebs	ΔK_{SV}	ΔK_{SV1}	ΔK_{SV2}	...	ΔK_{SVn}
	28	Proportionale Ist-Selbstkosten des Umsatzes (24 + 25 + 26 + 27)	$K_P^{(i)}$	$k_1^{(i)} x_{A1}$	$k_2^{(i)} x_{A2}$	...	$k_n^{(i)} x_{An}$
	29	Soll-Deckungsbeitrag (18./.24)	$D^{(s)}$	$\left(p_1^{(p)} - k_1^{(p)}\right) x_{A1}$	$\left(p_2^{(p)} - k_2^{(p)}\right) x_{A2}$	...	$\left(p_n^{(p)} - k_n^{(p)}\right) x_{An}$
	30	Ist-Deckungsbeitrag (20./.28)	$D^{(i)}$	$\left(p_1^{(i)} - k_1^{(i)}\right) x_{A1}$	$\left(p_2^{(i)} - k_2^{(i)}\right) x_{A2}$	...	$\left(p_n^{(i)} - k_n^{(i)}\right) x_{An}$
	31	Fixe Kosten	$K_F^{(p)}$				
	32	Nicht auf Kostenträger verrechnete Abweichungen	ΔK_{NV} , ΔE_{NV}				
	33	Gesamtergebnis	G				

Abbildung 5-4: Schematische Darstellung der geschlossenen Kostenträgererfolgsrechnung

Werden Stückgüter hergestellt, so liegt in der Regel eine Stücklistenorganisation vor, bei der das Material aufgrund vorkontierter Soll-Material-Entnahmescheine vom Lager entnommen wird. Tritt ein Mehrverbrauch auf, oder werden andere Materialarten eingesetzt, so werden entsprechende Zusatz-Materialentnahmescheine ausgestellt, sodass in der Betriebsleistungsrechnung von vornherein eine Aufspaltung in Soll-Einzelmaterialkosten und Verbrauchsabweichungen erfolgen kann. Voraussetzung ist aber neben einer funktionierenden Stücklistenorganisation eine genaue Ausschusserfassung.

In Unternehmungen, die keine Stücklistenorganisation anwenden können, wozu z. B. die chemische Industrie, die Textil- und die Gummiindustrie zählen, werden die Einzelmaterial-Verbrauchsmengen mithilfe von Rezepturen oder Materialspezifikationen erfasst. Werden die Rezepturen oder Materialspezifikationen geändert, so treten Einzelmaterial-Verbrauchsabweichungen auf, die im retrograden Herstellkosten-Soll-Istvergleich gesondert erfasst werden müssen.

Fallen Abfallerlöse an, so werden die Soll-Einzelmaterialkosten in der Betriebsleistungsrechnung um Soll-Abfallerlöse verringert, die man erhält, indem man die Ist-Produktmengen mit den Plan-Abfallerlösen pro Einheit laut Plankalkulation multipliziert; in Abbildung 5-4 treten keine Abfallerlöse auf.

Die proportionalen Soll-Materialgemeinkosten, die wir in Abbildung 5-4 als $K_{PMG}^{(s)}$ bezeichnet haben, werden im Soll-Ist-Kostenvergleich ermittelt, indem man die proportionalen Plankosten der Materialstellen mit den zugehörigen Ist-Beschäftigungsgraden multipliziert. Hierbei geht man in der Regel bei der Ist-Bezugsgrößenerfassung vom Soll-Einzelmaterialverbrauch aus. In diesem Fall erhält man die den Kostenträgerspalten zuzuordnenden Beträge, indem man die Soll-Einzelmaterialkosten der Kostenträger mit den zugehörigen proportionalen Materialgemeinkosten-Verrechnungssätzen multipliziert. In Abbildung 5-4 werden die in Zeile 3 ausgewiesenen Beträge $K_{mj}^{(s)}$ mit $d_M^{(p)}/100$ multipliziert, um die Soll-Materialgemeinkosten in Zeile 4 zu erhalten. Die Ist-Bezugsgrößen $B_M^{(i)}$ der Materialstelle entspricht im Beispiel der Abbildung 5-4 der Sollkostensumme der Einzelmaterialkosten $K_m^{(s)}$. Werden die Materialgemeinkosten auf den Ist-Verbrauch bezogen, so gehen Teile der Soll-Materialgemeinkosten in die Herstellkostenabweichungen ein.

In Zeile 5 werden die Soll-Einzelmaterialkosten und die Soll-Materialgemeinkosten zu den Soll-Materialkosten zusammengefasst.

Die proportionalen Sollkosten der Fertigungsstellen $K_{PFtg}^{(s)}$ werden im Soll-Ist-Kostenvergleich durch Multiplikation der proportionalen Plankosten der Fertigungsstellen mit den Istbeschäftigungsgraden oder durch Multiplikation der proportionalen Ist-Bezugsgrößen mit den zugehörigen proportionalen Kostensätzen ermittelt; vgl. hierzu in Abbildung 5-4 die Summenspalte der Zeile 6. Die den Kostenträgern zuzuordnenden Beträge lassen sich durch eines der folgenden Verfahren ermitteln:

- Bewertung der vom Betrieb gemeldeten Ist-Leistungen (= anteilige Ist-Bezugsgrößen der Kostenträger). Dieses Verfahren wird insbesondere in Betrieben mit längeren Fertigungsdurchlaufzeiten angewandt.
- Retrograde Ableitung aus den Ist-Produktionsmengen.

In Abbildung 5-4 wird das zweite Verfahren zugrunde gelegt. Hierbei erhält man die den Kostenträgern zuzuordnenden Beträge, indem man die proportionalen Fertigungskosten pro Einheit (laut Plankalkulation) $b_{ij}^{(p)} d_i^{(p)}$ mit den Ist-Produktionsmengen x_{pj} multipliziert. Da die Ausbringungsmengen der einzelnen Fertigungsstellen infolge von Mengengefällen und Bestandsveränderungen in der Regel nicht übereinstimmen, muss die obige Rechnung für jede Fertigungskostenstelle gesondert durchgeführt werden; bei heterogener Kostenverursachung ist darüber hinaus eine Differenzierung nach Bezugsgrößenarten erforderlich. In Abbildung 5-4 konnten die Soll-Fertigungskosten der Fertigungsstellen nur deshalb zusammengefasst werden, weil angenommen wurde, dass die Ausbringungsmengen aller Fertigungsstellen übereinstimmen.

Als nächste Kostenkategorie gehen in die Betriebsleistungsrechnung die Soll-Sondereinzelkosten der Fertigung ein, die aber im Beispiel der Abbildung 5-4 entfallen. Wie unsere Ausführungen in Kapitel 3.3 gezeigt haben, kann es sich bei den Sondereinzelkosten der Fertigung um projektvariable Vorleistungskosten oder um echte Grenzkosten handeln. Da die Vorleistungskosten keine kurzfristig relevanten Kosten sind, werden sie weder in die proportionalen Stückkosten der Plankalkulationen einbezogen noch in der Kostenträgererfolgsrechnung den Kostenträgergruppen als proportionale Kosten zugeordnet. Da sie sich aber zugleich von den fixen Bereitschaftskosten unterscheiden, sollten sie im Erfolgsausweis den Kostenträgergruppen als gesonderte Kostenkategorie zugeordnet werden. In die Betriebsleistungsrechnung gehen lediglich die als echte proportionale Stückkosten anzusehenden Sondereinzelkosten der Fertigung ein, wie z. B. die Kosten für verschleißabhängige Spezialwerkzeuge, stückbezogene Produktionslizenzen oder als Sondereinzelkosten verrechnete Ausschusskosten. Hierbei werden die Sollkostenbeträge der Kostenträgergruppen ermittelt, indem man die Ist-Produktionsmengen mit den Einzelkosten pro Einheit laut Plankalkulation multipliziert.

Werden die in die Betriebsleistungsrechnung übernommenen Kosten zusammengefasst, so erhält man die proportionalen Soll-Herstellkosten der Betriebsleistung in Zeile 7 der Abbildung 5-4. Diese Kosten werden auch als „Plan-Grenzherstellkosten der Betriebsleistung“ oder als „Standardgrenzherstellkosten“ bezeichnet[52].

Wie unsere Ausführungen gezeigt haben, werden die proportionalen Soll-Herstellkosten beim retrograden Verfahren auf zweifache Weise ermittelt. Die Beträge in der Summenspalte erhält man im Soll-Ist-Kostenvergleich bei den Einzelkosten durch Multiplikation der Ist-Erzeugnismengen mit den zugehörigen proportionalen Plankosten pro Einheit und bei den Kostenstellenkosten durch Multiplikation der Ist-Bezugsgrößen mit den zugehörigen proportionalen Kostensätzen. Die auf die Kostenträger entfallenden Beträge werden dagegen ermittelt, indem man die produzierten oder bearbeiteten Erzeugnismengen mit den entsprechenden proportionalen Stückkostenbeträgen der Plankalkulationen multipliziert. Die auf diesen beiden Wegen ermittelten proportionalen Soll-Herstellkosten der Betriebsleistung müssen übereinstimmen, wenn der in Kapitel 4.8.1 postulierte Grundsatz von der Kostenidentität eingehalten wird. Dies ist der Fall, wenn alle Leistungen so erstellt worden sind, wie es beim Aufbau der Plankalkulationen angenommen wurde. Im Beispiel der Abbildung 5-4 gilt folgende Übereinstimmung[53]:

$$
(5\text{-}14)\qquad \underbrace{K_m^{(s)} + K_{MGK}^{(s)} + K_{Ftg}^{(s)}}_{\substack{\text{proportionale Soll-}\\ \text{Herstellkosten nach}\\ \text{dem Soll-Ist-Kosten-}\\ \text{vergleich}}} = \underbrace{\sum_{j=1}^{n}\left[\left(m_{Ij}^{(p)}\, q_I^{(p)} + m_{IIj}^{(p)}\, q_{II}^{(p)}\right)\left(1+\frac{d_M^{(p)}}{100}\right) + \sum_{i=1}^{m} b_{ij}^{(p)}\, d_i^{(p)}\right] x_{pj}^{(i)}}_{\substack{\text{proportionale Plan-Herstellkosten pro Einheit}\\ \text{(laut Plankalkulation)}}}
$$

Die Übereinstimmung der proportionalen Soll-Herstellkosten des Soll-Ist-Kostenvergleichs und der den Plankalkulationen entsprechenden Herstellkosten der Ist-Produktion ist eine wichtige Grundvoraussetzung für das Funktionieren der geschlossenen Kostenträgerrechnung. W. Medicke bezeichnet daher den Grundsatz der Kostenidentität als den „obersten Grundsatz der geschlossenen Kostenträgerrechnung“[54].

Wird der Materialeinsatz oder der Produktionsvollzug gegenüber den Vorgaben der Plankalkulation geändert, so müssen die in den Kapiteln 4.8.2 und 4.8.3 beschriebenen Kostenabweichungen zwischen der Kostenstellen- und der Kostenträgerrechnung erfasst und in der Betriebsleistungsrechnung ausgewiesen werden, damit die Kostenidentität wieder hergestellt wird; vgl. hierzu Gleichung (4-43). Unterbleibt der Ausweis dieser Abweichungen, so werden in der Bestandsrechnung falsche Bestände der Halb- und Fertigerzeugnisse ausgewiesen, die zu Inventurdifferenzen gegenüber den Beständen der Stichtagsinventuren führen (Vgl. hierzu Abbildung 4-16).

Neben den proportionalen Soll-Herstellkosten der Ist-Produktion gehen alle Herstellkostenabweichungen in die Betriebsleistungsrechnung ein[55]. Hierzu gehören folgende Abweichungsarten:

- Einzelmaterial-Verbrauchsabweichungen,
- Einzelmaterial-Preisabweichungen,
- Kostenstellen-Abweichungen der Material- und Fertigungsstellen
  - Verbrauchsabweichungen,
  - Tarifabweichungen,
  - Gemeinkostenmaterial-Preisabweichungen,
  - Anteilige Kostenstellen-Abweichungen sekundärer Kostenstellen,
- Abweichungen der Sondereinzelkosten der Fertigung,
- Kostenabweichungen zwischen der Kostenstellen- und der Kostenträgerrechnung
  - Verfahrensabweichungen,
  - Rüstkostenabweichungen,
  - Kostenabweichungen infolge außerplanmäßiger Bedienungsrelationen,
  - Leistungsabweichungen und
  - Sonstige.

Diese Abweichungen werden in vorgeschalteten Teilgebieten der Grenzplankostenrechnung, z. B. der Materialabrechung und der Kostenstellenrechnung, ermittelt und dort bereits den Kostenträgern zugeordnet. Auf diese Weise erhält man eine Verteilung der Herstellkostenabweichungen auf die Kostenträger. Einige Abweichungsarten, die sich nicht nach dem Verursachungsprinzip den Kostenträgern zuordnen lassen, werden in eine Spalte „nicht auf Kostenträger verrechnete Kostenabweichungen" übertragen, sodass sie global in das Ergebnis eingehen; vgl. hierzu Zeile 32 in Abbildung 5-4.

Die Tarif- und Gemeinkostenmaterial-Preisabweichungen wurden früher direkt in der Betriebsleistungsrechnung ausgewiesen. Nunmehr gehen diese Abweichungen aber (nach Durchführung der Kostenkontrolle) in die Kostenstellenrechnung ein, sodass sie sich mit den Verbrauchsabweichungen der Kostenstellen zusammenfassen lassen[56]. Bei maschineller Durchführung der Kostenstellenrechnung und Nutzung der „Abweichungs-Nachverteilung" besteht darüber hinaus die Möglichkeit, den primären Kostenstellen anteilige Kostenstellenabweichungen des Sekundärbereichs zuzuordnen. Wird diese Zuordnung nicht vorgenommen, so gehen die Kostenabweichungen der sekundären Kostenstellen in die „nicht auf Kostenträger verrechnete Abweichungen" ein. Die Kostenstellenabweichungen der Materialkostenstellen werden den Kostenträgern im Verhältnis der auf sie entfallenden proportionalen Soll-Materialgemeinkosten zugeordnet. Die Kostenstellenabweichungen des Fertigungsbereichs werden im Verhältnis der proportionalen Sollkosten der Fertigungsstellen verrechnet. Bei den speziellen Kostenabweichungen ist meistens bekannt, für welche Erzeugnisarten sie angefallen sind, sodass sich hier keine Zurechnungsprobleme ergeben.

In Abbildung 5-4 haben wir die Herstellkostenabweichungen aus Vereinfachungsgründen nicht detailliert ausgewiesen, sondern in Zeile 8 zusammengefasst. Die Beträge ΔK_{PHj} geben an, welche Anteile der Herstellkostenabweichungen auf die Kostenträger $j = 1, ..., n$ entfallen. Addiert man diese Beträge zu den proportionalen Soll-Herstellkosten, so erhält man die proportionalen Ist-Herstellkosten der Betriebsleistung in Zeile 9.

3. Die Bestandsrechnung wird in Abbildung 5-4 in den Zeilen 10 bis 17 dargestellt. Sie erfolgt in Form einer Wertfortschreibung, deren Wertansätze zunächst den Plan-Grenzherstellkosten laut Plankalkulation entsprechen und die anschließend um die zugehörigen Herstellkostenabweichungen ergänzt werden. Hierdurch erfolgt insgesamt eine Bewertung zu gewogenen Ist-Grenzherstellkosten. Die mengenmäßigen Bestände erkennt man bei der Wertfortschreibung nicht.

Wird die geschlossene Kostenträgererfolgsrechnung erstmalig eingeführt, so müssen die mengenmäßigen Anfangsbestände körperlich aufgenommen und mit den Plan-Grenzherstellkosten bewertet werden[57]. Hierbei können sich Bewertungsschwierigkeiten bei Halbfabrikatebeständen ergeben, wenn die Anarbeitungsgrade nicht genau feststellbar sind. In den Folgeperioden werden die Anfangsbestände jeweils von den Vorperioden übernommen; vgl. hierzu die Zeilen 10 und 14 in Abbildung 5-4.

Die Zugänge werden von der Betriebsleistungs- in die Bestandsrechnung umgebucht. In Abbildung 5-4 gehen die Summen der proportionalen Soll-Herstellkosten von Zeile 7 in Zeile 11 als Zugänge ein. Da die Abbildung 5-4 auf der vereinfachenden Annahme basiert, dass nur Fertigerzeugnisse gelagert werden, lassen sich die Zugangsmengen x_{pj}

in Zeile 11 mit den proportionalen Plan-Herstellkosten der Plankalkulationen $k_{Hj}^{(p)}$ bewerten. Würden auch Halbfabrikate gelagert, was in der Praxis stets der Fall ist, so gehen in Zeile 11 Erzeugnismengen ein, die unterschiedlichen Anarbeitungsgraden entsprechen. Das Gleiche gilt für die Anfangs- und Endbestände.

Die Abgänge für den Verkauf erhält man, indem man die Ist-Absatzmengen der Abrechnungsperiode mit den zugehörigen proportionalen Plan-Herstellkosten multipliziert; vgl. hierzu Zeile 12 in Abbildung 5-4. Die so bewerteten Abgänge werden in Zeile 21 als proportionale Soll-Herstellkosten des Umsatzes übertragen.

Fasst man die Zeilen 10 bis 12 zusammen, so erhält man die zu Plan-Grenzherstellkosten bewerteten Endbestände; vgl. hierzu die Zeile 13 in Abbildung 5-4.

Die Abweichungsverrechnung der Bestände wird wie folgt durchgeführt. Die Anfangsbestände der Herstellkostenabweichungen entsprechen den Endbeständen der Vorperiode. Die Zugänge werden aus der Betriebsleistungsrechnung der laufenden Abrechnungsperiode entnommen. In Abbildung 5-4 gehen die Herstellkostenabweichungen von Zeile 8 in Zeile 15 ein. Anschließend werden für jeden Kostenträger wie folgt Abweichungsprozentsätze gebildet.

$$\text{(5-15)} \quad \text{HK-Abweichungs-Prozentsatz} = \frac{\text{AB + Zugänge der HK-Abweichungen}}{\text{AB + Zugänge bewertet zu GHK}} \cdot 100$$

Multipliziert man mit diesen Prozentsätzen die zu Plan-Grenzherstellkosten bewerteten Abgänge, so erhält man die Abgänge der Herstellkostenabweichungen in Zeile 16. Fasst man die Zeilen 14 bis 16 zusammen, so ergeben sich die Endbestände der Herstellkostenabweichungen in Zeile 17.

In der Praxis treten neben den Zugängen der Betriebsleistung und den Abgängen an den Vertrieb weitere Bestandsbewegungen auf, z. B. Umbuchungen, Entnahmen für Versuche und Qualitätsprüfungen, Wiedereinsatzmengen usw.

Das Hauptproblem der Bestandsrechnung ist die Änderung von Plankalkulationen[58]. Wie unsere Ausführungen in Kapitel 5.1.1.1 gezeigt haben, werden die Plankalkulationen der Erzeugnisse während eines Jahres nur in Ausnahmefällen geändert, so z. B. wenn ein Erzeugnis konstruktiv an veränderte Marktbedingungen angepasst worden ist. Wird eine Plankalkulation geändert, so verändern sich die Plan-Grenzherstellkosten der betreffenden Erzeugnisart. Vom Änderungszeitpunkt an werden daher die Zu- und Abgänge anders bewertet als die vorhandenen Anfangsbestände. Hierdurch wird aber gegen den Grundsatz der Kostenidentität verstoßen, was zu Inventurdifferenzen führt. Um diese zu vermeiden, müssen die vorhandenen Bestände auf die neuen Plan-Grenzherstellkosten umgewertet und die Umwertungsdifferenzen in den Abweichungsbestand übernommen werden.

Für die Anforderungen der Praxis hat es sich als zweckmäßig erwiesen, es nicht bei einem gemeinsamen Bestandsausweis der Halb- und Fertigerzeugnisse zu belassen, sondern in der geschlossenen Kostenträgererfolgsrechnung folgende Differenzierung der Bestandsrechnung vorzunehmen[59]:

- Bestandsrechnung I: In Arbeit befindliche Halbfabrikate.
- Bestandsrechnung II: Fertigerzeugnisse sowie gelagerte Teile und Zwischenprodukte.
- Bestandsrechnung III: Fertigerzeugnisse im Versand.

In die Bestandsrechnung I gehen zunächst die gesamten proportionalen Soll-Herstellkosten der Betriebsleistung und die zugehörigen Herstellkostenabweichungen ein. Werden Enderzeugnisse oder Teile fertiggestellt und einem Lager zugeführt, so erfolgt eine Umbuchung in die Bestandsrechnung II. In der Bestandsrechnung I bleiben damit nur die in Arbeit befindlichen Halbfabrikate (Maschinenbelag und Bestände in der Fertigung). Werden Enderzeugnisse dem Versand zugeleitet, so gehen sie in die Bestandsrechnung III ein. Diese ist insbesondere in Unternehmungen erforderlich, in denen häufig umfangreiche Versandaufträge zusammengestellt werden müssen, wodurch sich im Versand größere Bestände ergeben. Werden Teile oder Zwischenprodukte, die zunächst in der Bestandsrechnung II gelagert wurden, im Produktionsprozess eingesetzt, so werden sie der Bestandsrechnung II als Abgänge gutgeschrieben und von dort in die Betriebsleistungsrechnung als Wiedereinsatz übernommen.

Die Differenzierung der Bestandsrechnung vermittelt einen detaillierten Einblick in die zeitliche Entwicklung der Bestände und hat zugleich den Vorteil, dass eine Trennung der nicht oder nur schwer mit Stichtagsinventuren kontrollierbaren Halbfabrikatebestände (Bestandsrechnung I) von den übrigen Beständen (Bestandsrechnung II und III) erfolgt.

Am Jahresende werden die rechnerisch ermittelten Endbestände der Bestandsrechnung mit den durch Stichtagsinventuren erfassten Istbeständen verglichen. Die hierbei festgestellten Inventurdifferenzen können auf Lagerverluste oder auf nicht durch entsprechende Kostenabweichungen ausgeglichenen Verstößen gegen den Grundsatz von der Kostenidentität (= Fehler im Abrechnungssystem) zurückzuführen sein.

4. Die eigentliche Erfolgsrechnung bildet den Abschluss der geschlossenen Kostenträgererfolgsrechnung. Sie ist im Beispiel der Abbildung 5-4 in den Zeilen 18 bis 33 dargestellt.

Die Erfolgsrechnung beginnt in unserem Beispiel mit der Erfassung der Soll-Erlöse, die man durch Multiplikation der Ist-Absatzmengen mit den Plan-Netto-Verkaufspreisen erhält. Diesen werden die mithilfe der Fakturierung erfassten Ist-Erlöse gegenübergestellt und entsprechende Erlösabweichungen ausgewiesen. Vgl. hierzu die Zeilen 18 bis 20 in Abbildung 5-4.

In den Zeilen 21 bis 24 werden die proportionalen Soll-Selbstkosten des Umsatzes ermittelt. Zunächst werden die Abgänge zu Plan-Grenzherstellkosten von der Bestandsrechnung als proportionale Soll-Herstellkosten des Umsatzes in die Erfolgsrechnung übertragen.

Die proportionalen Soll-Verwaltungs- und Vertriebskosten werden bereits im Soll-Ist-Kostenvergleich der Kostenstellenrechnung nach Kostenträgergruppen differenziert. Die auf die Kostenträger entfallenden Beträge erhält man, indem man die proportionalen Soll-Herstellkosten des Umsatzes mit den zugehörigen proportionalen Verwaltungs- und Vertriebsgemeinkosten-Verrechnungssätzen multipliziert. In Abbildung 5-4 haben wir zur Vereinfachung der Darstellung die Verwaltungs- und Vertriebskosten in einer Zeile zusammengefasst und für alle Kostenträger den gleichen Verrechnungssatz $d_V^{(p)}$ zugrunde gelegt. Zu beachten ist, dass die auf Kostenträger verrechneten Verwaltungs- und Vertriebsgemeinkosten nur dann mit den proportionalen Sollkosten der Verwaltungs- und Vertriebsstellen übereinstimmen, wenn die Plankosten dieser Stellen monatlich an die „Ist-Beschäftigung“ angepasst werden. Verzichtet man hierauf aus den in Kapitel 4.7.2 angegebenen Gründen, so ergibt sich eine Verrechnungsabweichung in Höhe von $K_{PVG}^{(p)} - K_{PVG}^{(s)}$, die in die „nicht auf Kostenträger verrechneten Abweichungen“ zu übernehmen ist.

Beim Ausweis der Sondereinzelkosten des Vertriebs in der Kostenträgererfolgsrechnung lassen sich folgende Verfahren unterscheiden. Werden in den Plankalkulationen geplante Sondereinzelkosten pro Erzeugniseinheit ausgewiesen, so werden den Ist-Sondereinzelkosten des Vertriebs Sollkostenbeträge gegenübergestellt, die man erhält, indem man die Ist-Absatzmengen mit den zugehörigen Plan-Sondereinzelkosten des Vertriebs pro Einheit multipliziert. Dieses Verfahren liegt dem Beispiel in Abbildung 5-4 zugrunde. Hier werden zur Vereinfachung der Darstellung alle Soll-Sondereinzelkostenarten in einer Zeile zusammengefasst; die Stückkostenbeträge laut Plankalkulation werden als $e_{Vj}^{(p)}$ bezeichnet.

In der Praxis wird jede Sondereinzelkostenart des Vertriebes in der Erfolgsrechnung ausgewiesen. In der Regel wird das zweite Verfahren angewandt, da infolge weitgehender absatzwege- oder abnehmerspezifischer Unterschiede in den Plankalkulationen keine Sondereinzelkosten des Vertriebs ausgewiesen werden können. In diesen Fällen lassen sich in der Kostenträgererfolgsrechnung keine Soll-, sondern nur Istbeträge der Sondereinzelkosten des Vertriebs ausweisen. Diese lassen sich entweder als reine Istkosten oder mithilfe kalkulatorischer Verrechnungssätze aus dem Artikel- bzw. Kundenstamm erfassen.

In den Zeilen 25 bis 27 werden die proportionalen Soll-Selbstkosten des Umsatzes durch Zurechnung der anteiligen Kostenabweichungen zu den proportionalen Ist-Selbstkosten des Umsatzes ergänzt. Die Herstellkostenabweichungen des Umsatzes werden aus der Bestandsrechnung übernommen; im Beispiel der Abbildung 5-4 aus Zeile 16. Die Kostenstellenabweichungen der Verwaltungs- und Vertriebskostenstellen werden den Kostenträgern nur insoweit zugerechnet, als eine dem Verursachungsprinzip entsprechende Zuordnung möglich ist. Da diese Voraussetzung meist nicht erfüllt ist, werden sie in die „nicht auf Kostenträger verrechneten Abweichungen“ übernommen. Die Abweichungen der Sondereinzelkosten des Vertriebs ergeben sich durch eine Gegenüberstellung der Ist- und der Sollkosten. Bei standardisierten Erzeugnissen werden hierfür Standard-Auftragsnummern eingerichtet, bei Auftrags- und Einzelfertigung erfolgt dagegen eine Direktverrechnung auf die einzelnen Kostenträger (= Aufträge). Da die Sondereinzelkosten des Vertriebs häufig von absatzwege- und abnehmerspezifischen Einflüssen abhängig sind, erfordert eine verursachungsgemäße Zuordnung meistens, dass die Erzeugnisgliederung der Erfolgsrechnung durch eine Gliederung nach Absatzgebieten oder Kundenklassen ergänzt wird.

In den Zeilen 29 und 30 werden die Soll- und Ist-Deckungsbeiträge der Kostenträger ausgewiesen. Subtrahiert man vom Gesamt-Deckungsbeitrag die Summe der fixen Kosten sowie die nicht auf Kostenträger verrechneten Kosten- und Erlösabweichungen, so erhält man das Gesamtergebnis der Abrechnungsperiode.

5. Im Vergleich zur Artikelergebnisrechnung lassen sich folgende Vorteile der geschlossenen Kostenträgererfolgsrechnung erkennen:

- In jeder Abrechnungsperiode erfolgt eine lückenlose Abstimmung der erfolgswirksam verrechneten Kosten mit der Kostenarten- und der Kostenstellenrechnung; hiermit wird zugleich die Grundlage für eine Abstimmung der kurzfristigen Erfolgsrechnung mit der Gewinn- und Verlustrechnung der Finanzbuchhaltung geschaffen.
- Die Bestandsrechnung zeigt die nach Kostenträgern gegliederten Halb- und Fertigerzeugnisbestände, und zwar unterteilt nach Plan-Grenzherstellkosten und Herstellkostenabweichungen.
- Aufgrund der Bestandsführung kann eine genaue Verrechnung der Herstellkostenabweichungen auf die Kostenträger erfolgen.

Diesen Vorteilen stehen folgende Nachteile der geschlossenen Kostenträgererfolgsrechnung gegenüber:

- Aufgrund der Abstimmung, der rechnerischen Bestandsführung und der genauen Abweichungsverrechnung verursacht die geschlossene Kostenträgererfolgsrechnung einen relativ hohen Erfassungs- und Rechenaufwand.
- Aufgrund ihres komplizierten Aufbaus dauert die Durchführung der geschlossenen Kostenträgererfolgsrechnung relativ lange, sodass die Ergebnisse meistens nicht vor 3 Wochen nach Ende der Kontrollperiode vorliegen.
- Auch bei maschineller Durchführung ist in der geschlossenen Kostenträgererfolgsrechnung der Differenzierungsgrad begrenzt.
- Eine selektive Auswertung ist wegen der Geschlossenheit der Rechnung nicht möglich.
- Es gibt Branchen, in denen die Standardformen der geschlossenen Kostenträgererfolgsrechnung durch komplizierte Sonderformen ersetzt werden muss oder in denen sich dieses Verfahren überhaupt nicht anwenden lässt.

Trotz der aufgezeigten Nachteile sollte nach Möglichkeit eine Unternehmung auf die Durchführung einer geschlossenen Kostenträgererfolgsrechnung nicht verzichten, da die Vorteile überwiegen[60].

Wie wir bereits in Kapitel 5.2.3.1 gezeigt haben, sind Unternehmungen mit Auftrags- und Einzelfertigung auf die Durchführung einer geschlossenen Kostenträgererfolgsrechnung angewiesen, da sich hier die Artikelergebnisrechnung nicht anwenden lässt. Da in den Standard-Nachkalkulationen den Aufträgen alle Istmengen und Istzeiten direkt zugerechnet werden, kann bei Auftrags- und Einzelfertigung das Problem der Kostenidentität nur für standardisierte Einzelteile auftreten, die mithilfe von Plankalkulationen abgerechnet werden. Bei Auftrags- und Einzelfertigung gehen die Kosten der in Arbeit befindlichen Aufträge in die Bestandsrechnung I ein, die Bestände der auf Lager befindlichen Teile werden dagegen in der Bestandsrechnung II ausgewiesen.

Um die Vorteile der Artikelergebnisrechnung und der geschlossenen Kostenträgererfolgsrechnung miteinander zu verbinden, werden heute in Unternehmungen mit standardisierten Erzeugnissen nach Möglichkeit beide Verfahren nebeneinander angewandt. Hierbei wird die Erfolgsanalyse mithilfe der Artikelergebnisrechnung kurzfristig und mit weitgehender Gliederung der Deckungsbeiträge nach Erzeugnissen, Absatzgebieten und Abnehmern durchgeführt, wobei bewusst Ungenauigkeiten in Kauf genommen werden; bei einer großen Anzahl von Erzeugnissen beschränkt man sich hierbei auf die Bildung von Summen für die Kostenträgergruppen und eine selektive Auswertung nach Artikeln. Später folgt die geschlossene Kostenträgererfolgsrechnung mit einer weitgehenden Verdichtung der Kostenträger nach Gruppen. Hierdurch wird die Abstimmung der Betriebsleistung nachgeholt und eine genaue bestandsmäßige Abgrenzung der Herstellkostenabweichungen vorgenommen. Während die Artikelergebnisrechnung auch für kürzere Perioden durchgeführt werden kann, ist für die geschlossene Kostenträgererfolgsrechnung in der Regel der Monat die kürzeste Abrechnungsperiode.

6. In Unternehmungen, in denen die Voraussetzungen für die Anwendung der Standardform der geschlossenen Kostenträgererfolgsrechnung nicht erfüllt sind, lassen sich Sonderformen der geschlossenen Kostenträgererfolgsrechnung anwenden[61].

Die Sonderformen der geschlossenen Kostenträgererfolgsrechnung unterscheiden sich von der Standardform nur in der Betriebsleistungs- und der Bestandsrechnung.

In Unternehmungen, die in mehrstufigen Produktionsprozessen mit nicht quantifizierbaren Mengengefällen und vielschichtigen Umwandlungsvorgängen eine relativ große Anzahl von Erzeugnissen herstellen, kann die geschlossene Kostenträgererfolgsrechnung so kompliziert werden, dass sie praktisch nicht mehr anwendbar ist.

7. Die komplexen Zusammenhänge der geschlossenen Kostenträgererfolgsrechnung sind inzwischen in Systemen marktführender Standard-Software soweit realisiert, dass, bei Vorliegen der organisatorischen Voraussetzungen, deren Erstellung unproblematisch ist. Die Einschränkungen in Bezug auf die Qualität der Istdatenerfassung gelten jedoch nach wie vor.

5.2.3.3 Die fixen Kosten in der Kostenträgererfolgsrechnung

1. Nach der ursprünglichen reinen Lehre der Grenzplankosten- und Deckungsbeitragsrechnung werden die fixen Kosten weder in die Kalkulationen der betrieblichen Erzeugnisse einbezogen noch in der Kostenträgererfolgsrechnung den Kostenträgergruppen zugeordnet. Die Bestandsbewertung erfolgt ausschließlich zu den proportionalen Herstellkosten; die fixen Kosten der Unternehmung werden in jeder Abrechnungsperiode vom Gesamt-Deckungsbeitrag subtrahiert. Ursprünglich beschränkte man sich darauf, die fixen Kosten im Periodenerfolg nur als Summe auszuweisen, später entstanden aber differenziertere Verfahren. Insgesamt lassen sich heute folgende Verfahren der Fixkostenverrechnung in der Kostenträgererfolgsrechnung unterscheiden:

- Fixkostenverrechnung ohne Bestandsabgrenzung
  - Globalverfahren der Fixkostenverrechnung
  - Stufenweise Fixkostendeckungsrechnung
- Fixkostenverrechnung mit Bestandsabgrenzung
  - Summarische Bestandsabgrenzung
  - Kostenträgerweise Bestandsabgrenzung.

2. Bei den Verfahren der Fixkostenverrechnung ohne Bestandsabgrenzung werden die fixen Kosten einer Unternehmung in jeder Abrechnungsperiode in voller Höhe dem

Periodenerfolg belastet, wie es der ursprünglichen Konzeption der Grenzplankosten- und Deckungsbeitragsrechnung entspricht[62].

Beim Globalverfahren der Fixkostenverrechnung, das auch als „einstufige Deckungsbeitragsrechnung" bezeichnet wird, werden die fixen Kosten in der kurzfristigen Erfolgsrechnung nur summarisch ausgewiesen; allenfalls erfolgt eine Differenzierung nach den wichtigsten Teilbereichen. Dieses Verfahren reicht aus, wenn die Teilkapazitäten einer Unternehmung von allen oder vom überwiegenden Teil der Erzeugnisse beansprucht werden. Diese Voraussetzungen sind im Modellbetrieb nicht erfüllt, sodass wir in den Beispielen zur Artikelergebnisrechnung eine stufenweise Fixkostenzuordnung vorgenommen haben.

Bei der stufenweisen Fixkostendeckungsrechnung werden die fixen Kosten in der kurzfristigen Erfolgsrechnung nach ihrer „Erzeugnisnähe" gegliedert (vgl. Kapitel 1.3.4.4.2) Die stufenweise Fixkostendeckungsrechnung kommt insbesondere für Unternehmungen in Frage, deren Teilkapazitäten jeweils nur von bestimmten Erzeugnissen oder Erzeugnisgruppen in Anspruch genommen werden.

3. Nur die Fixkostenverrechnung ohne Bestandsabgrenzung führt zu Periodenerfolgen, die der ursprünglichen Konzeption der Grenzplankosten- und Deckungsbeitragsrechnung entsprechen und in diesem Sinne „richtig" sind. In Betrieben mit Saisonschwankungen der Absatzmengen und mit langfristiger Auftrags- und Einzelfertigung führt die Deckungsbeitragsrechnung aber infolge von Bestandsveränderungen der Halb- und Fertigerzeugnisse zu großen zeitlichen Schwankungen der Periodenerfolge. Um diese Schwankungen zu glätten und Periodenerfolge zu erhalten, die dem Vollkostenprinzip entsprechen, sind in der Praxis Verfahren entstanden, bei denen die Deckungsbeitragsrechnung durch eine Fixkostenrechnung mit Bestandsabgrenzung ergänzt wird. Da diese Verfahren eine rechnerische Bestandsführung voraussetzen, sind sie nur bei Anwendung der geschlossenen Kostenträgererfolgsrechnung anwendbar.

Bei der summarischen Bestandsabgrenzung werden die fixen Herstellkosten nach Durchführung der Deckungsbeitragsrechnung in zwei Teilbeträge zerlegt, von denen der erste den Bestandsveränderungen der Halb- und Fertigerzeugnisse und der zweite den abgesetzten Erzeugnismengen entspricht. Der erste Betrag wird den Beständen zugerechnet, sodass bei der Ermittlung des Periodenerfolgs nur die zweite Komponente vom Gesamt-Deckungsbeitrag subtrahiert wird. Eine Differenzierung der fixen Herstellkosten nach Kostenträgern erfolgt bei diesem Verfahren nicht. Die kostenträgerweise Bestandsabgrenzung der fixen Herstellkosten wird im Zuge der Durchführung der Deckungsbeitragsrechnung vorgenommen, wobei die zu Plan-Grenzherstellkosten bewerteten Bestände der Kostenträgergruppen durch Rückgriff auf die vollen Plan-Herstellkosten der Plankalkulationen um anteilige Fixkostenbeträge (Parallelrechnung) ergänzt werden.

Bei allen Verfahren zur Bestandsabgrenzung der fixen Herstellkosten entstehen Beschäftigungsabweichungen, die bei der Errechnung des Gesamtergebnisses berücksichtigt werden müssen.

Vom Standpunkt der reinen Grenzplankostenrechnung halten wir die Ergänzung der kurzfristigen Erfolgsrechnung durch eine Bestandsabgrenzung der fixen Herstellkosten nicht für richtig. Wegen der angestrebten Identität der Ergebnisse des internen und externen Rechnungswesens werden diese Verfahren aber in der Praxis überwiegend angewandt.

5.2.3.4 Auswertungsverfahren der Kostenträgererfolgsrechnung

1. Die Erfolgsanalyse mithilfe der Deckungsbeitragsrechnung lässt sich durch mehrere Auswertungsverfahren ergänzen.

Wird ein Engpass wirksam, so sollte die kurzfristige Erfolgsrechnung durch den Ausweis relativer Deckungsbeiträge ergänzt werden. Diese erhält man, indem man die absoluten Stück-Deckungsbeiträge der Erzeugnisse durch die Engpassbelastung pro Einheit dividiert. In der deutschsprachigen Literatur wird der relative Deckungsbeitrag auch als „spezifischer Deckungsbeitrag“[63] bezeichnet; in den früheren Auflagen dieses Buches haben wir die Bezeichnung „Bruttogewinn pro Einheit der Engpassbelastung“ verwendet. In der amerikanischen Literatur spricht man von „contribution per unit of limiting factor“[64] „marginal incomeper the scare factor“[65] oder „marginal profit opportunity by machine-hour“[66]. Wie wir in Kapitel 6.2.2.1 zeigen werden, dienen relative Deckungsbeiträge der optimalen Verkaufssteuerung in Engpasssituationen, sofern nur ein Engpass wirksam wird.

2. In der angloamerikanischen Literatur wird seit langem[67] als Auswertungsverfahren der kurzfristigen Erfolgsrechnung die so genannte „Break-Even-Analyses“[68] beschrieben, die in der deutschsprachigen Literatur als Deckungspunkt-Analyse bezeichnet wird. Unter dem Deckungspunkt ist derjenige Umsatz zu verstehen, bei dem gerade Vollkosten-Deckung eintritt. Bei geringeren Umsätzen entstehen Verluste, bei höheren Umsätzen werden Gewinne erzielt. Die Deckungspunkt-Analyse wird sowohl bei der Erfolgskontrolle als auch bei der Erfolgsplanung angewandt. In Deutschland wurde dieses Verfahren zuerst von J. F. Schär als „Berechnung des toten Punktes“ beschrieben[69].

Die Ausgangsgleichung der Deckungspunkt-Analyse erhält man, wenn man die Gewinngleichung nach dem Umatzkostenverfahren auf Grenzkostenbasis gleich Null setzt.

Für den Sonderfall einer Einprodukt-Unternehmung lässt sich auf diese Weise der Deckungspunkt als Deckungs-Absatzmenge x_{DA} bestimmen:

(5-16) $$G = \left(p - k_p\right) x_A - K_F = 0$$

Hieraus folgt:

(5-17) $$x_{DA} = \frac{K_F}{p - k_p}$$

Kann z. B. ein Erzeugnis, dessen proportionale Selbstkosten 24 €/Stück betragen, zu einem Preis von 36 €/Stück verkauft werden, und fallen insgesamt 294.000 €/Monat fixe Kosten an, so müssen mindestens 24.500 Stück/Monat abgesetzt werden, bevor Gewinne erzielbar sind.

Multipliziert man in Gleichung (5-17) beide Seiten mit dem Verkaufspreis p, so erhält man den Deckungs-Umsatz:

$$(5\text{-}18) \qquad U_D = \frac{K_F}{1 - \frac{k_p}{p}}$$

Im Beispiel beträgt der Deckungs-Umsatz 882.000 €/Monat.

In Mehrprodukt-Unternehmungen ist die Deckungspunkt-Analyse stets mehrdeutig, d. h. es gibt bei gegebenen Verkaufspreisen und konstanten proportionalen Selbstkosten der Erzeugnisse eine große Anzahl von Absatzmengen-Kombinationen, die alle zur Kostendeckung führen. Berücksichtigt man, dass meistens auch die Verkaufspreise innerhalb bestimmter Grenzen variiert werden können, so nimmt die Vielfalt der Deckungsmöglichkeiten weiter zu. Um dennoch eine operable Deckungspunkt-Analyse zu ermöglichen, geht man neben konstanten Verkaufspreisen und konstanten proportionalen Selbstkosten der Erzeugnisse von einer konstanten Zusammensetzung des Umsatzes aus. Bezeichnen wir die gegebenen Verkaufspreise mit $\bar{p}_j$, die gegebenen proportionalen Selbstkosten der Erzeugnisse mit $\bar{k}_{pj}$ und die gegebenen Absatzmengen mit $\bar{x}_{Aj}$, so lässt sich folgender gewogener durchschnittlicher Deckungsbeitragsprozentsatz bestimmen:

$$(5\text{-}19) \qquad \varnothing \text{ DB-Prozentsatz auf den Erlös} = \frac{\sum_{j=1}^{n} \bar{p}_j \, \bar{x}_{Aj} - \sum_{j=1}^{n} \bar{k}_{pj} \, \bar{x}_{Aj}}{\sum_{j=1}^{n} \bar{p}_j \, \bar{x}_{Aj}}$$

Diese Relation wird in den USA als „profit-volume-ratio“ bezeichnet, weil sie (unter den Prämissen der Deckungspunkt-Analyse) angibt, wie sich der Gewinn in Abhängigkeit vom wertmäßigen Umsatz verändert[70]. Für den Deckungsumsatz U_D erhält man daher:

$$(5\text{-}20) \qquad U_D \, \frac{\sum_{j=1}^{n} \bar{p}_j \, \bar{x}_{Aj} - \sum_{j=1}^{n} \bar{k}_{pj} \, \bar{x}_{Aj}}{\sum_{j=1}^{n} \bar{p}_j \, \bar{x}_{Aj}} = K_F$$

Hierfür kann man schreiben:

$$(5\text{-}21) \qquad U_D = \frac{K_F}{1 - \frac{\sum_{j=1}^{n} \bar{k}_{pj} \, \bar{x}_{Aj}}{\sum_{j=1}^{n} \bar{p}_j \, \bar{x}_{Aj}}}$$

Drückt man die Differenz aus dem gegebenen wertmäßigen Umsatz (bei dem es sich um einen geplanten oder effektiven Umsatz handeln kann) und dem Deckungs-Umsatz U_D in Prozent des gegebenen Umsatzes aus, so erhält man einen Sicherheitskoeffizienten σ, der n der amerikanischen Literatur als „margin of safety" bezeichnet wird[71]:

$$(5\text{-}22) \qquad \sigma = \frac{\sum_{j=1}^{n} \bar{x}_j \, \bar{p}_j - U_D}{\sum_{j=1}^{n} \bar{x}_j \, \bar{p}_j} 100$$

Dieser Koeffizient gibt an, wie groß die prozentuale Umsatzspanne ist, um die sich der Umsatz verringern kann, bevor der Deckungspunkt unterschritten wird.

Die Deckungspunkt-Analyse wird häufig dadurch ergänzt, dass man eine Reihung der Erzeugnisse nach den erlösbezogenen Deckungsbeitrags-Prozentsätzen vornimmt. Diese Form der Deckungspunkt-Analyse wird in den USA als „hip roof P/V chart" bezeichnet[72].

In Abbildung 5-5 haben wir ein Beispiel der Deckungspunkt-Analyse wiedergegeben.

Die Gerade AF hat als Anstieg den gewogenen durchschnittlichen Quotienten aus dem Gesamt-Deckungsbeitrag und dem Gesamt-Umsatz; sie wird in der amerikanischen Literatur als „central path" bezeichnet[73]. Den gebrochenen Linienzug A B_1 C_1 D_1 E_1 F erhält man, wenn man eine Reihung der Erzeugnisse nach ihren Deckungsbeitrags-Erlös-Relationen ordnet und mit den günstigsten Werten beginnt; dieser Linienzug wird in den USA als „optimistic path" bezeichnet. Analog gibt der Linienzug A B_2 D_2 E_2 F an, wann Kostendeckung erzielt wird, wenn man die Erzeugnisse mit den niedrigsten Deckungsbeitrags-Erlös-Relationen zuerst berücksichtigt. Dieser Linienzug wird in den USA als „pessimistic path" bezeichnet.

Die Deckungspunkt-Analyse ist zwar eine recht aufschlussreiche Ergänzung der Erfolgskontrolle; bereits J. Dean hat aber darauf hingewiesen, dass ihr Informationsgehalt durch die Prämissen in Bezug auf die Verkaufspreise und die Zusammensetzung des Umsatzes stark eingeschränkt wird: „A break-even chart is an oversimplified analysis of expected profits at various levels of outputs."[74] Auch C. T. Horngren zweifelt daran, dass in einer Mehrprodukt-Unternehmung die Break-Even-Analyse ein ausreichendes Instrument der Erfolgskontrolle ist: „The modern multiproduct company's performance is influenced by so many factors that the attempt to portray all of them on a break-even chart by making assumptions is an ambitious one."[75] Die weitere Entwicklung hat daher dazu geführt, dass die Deckungspunkt-Analyse durch einen differenzierten Soll-Ist-Vergleich des Periodenerfolgs ersetzt wird, wie wir ihn in Kapitel 5.2.3.1 beschrieben haben.

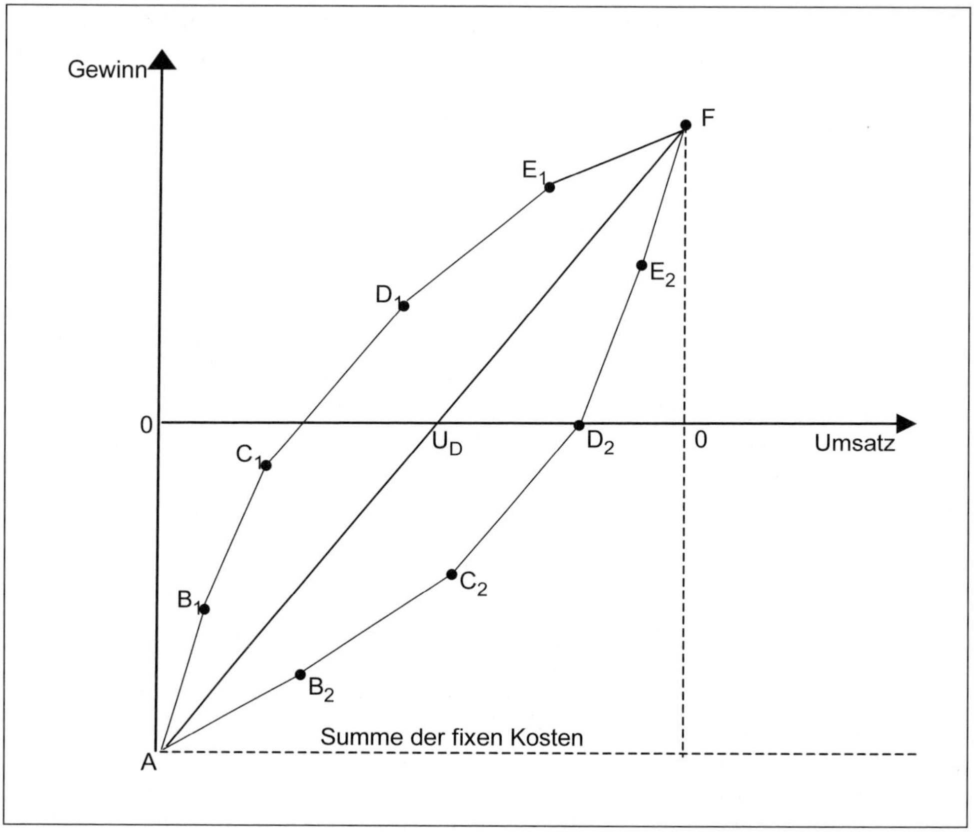

Abbildung 5-5: Beispiel einer Deckungspunkt-Analyse

3. Wie wir bereits mehrfach hervorgehoben haben, führt die Deckungsbeitragsrechnung in Betrieben mit Saisonschwankungen der Absatzmengen und bei langfristiger Auftrags- und Einzelfertigung im Zeitablauf zu relativ großen Schwankungen der Periodenerfolge. In Kapitel 5.2.3.3 haben wir gezeigt, dass viele Betriebe ihre kurzfristige Erfolgsrechnung um eine Bestandsabgrenzung der fixen Herstellkosten ergänzen, um diese Schwankungen zu glätten. Zusätzlich wird empfohlen, im Falle von Saisonschwankungen der Absatzmengen eine zeitlich kumulierte Erfolgsrechnung durchzuführen. Bei diesem Verfahren werden die monatlichen Deckungsbeiträge, die fixen Kosten und die Periodenerfolge während eines Jahres kumuliert[76].

kumulierte Erfolgsanalyse

Monat	Fixe Kosten (Kum.)	Erfolgsplanung				Erfolgskontrolle				Erfolgsabweichung	
		Deckungsbeitrag		Erfolg		Deckungsbeitrag		Erfolg			
		€/Monat	€ (kum.)	€/Monat	€ (kum.)	€/Monat	€ (kum.)	€/Monat	€ (kum.)	€/Monat	€ (kum.)
1	9.800	3.750	3.750	– 6.050	– 6.050	3.280	3.280	– 6.520	– 6.520	– 470	– 470
2	19.600	5.320	9.070	– 4.480	– 10.530	5.100	8.380	– 4.700	– 11.220	– 220	– 690
3	29.400	7.835	16.905	– 1.965	– 12.495	6.250	14.630	– 3.550	– 14.770	– 1.585	– 2.272
4	39.200	10.257	27.162	457	– 12.038	7.860	22.490	– 1.940	– 16.710	– 2.397	– 4.672
5	49.000	18.460	45.622	8.660	– 3.378	12.520	35.010	2.720	– 13.990	– 5.940	– 10.612
6	58.800	25.670	71.292	15.870	12.492	17.630	52.640	7.830	– 6.160	– 8.040	– 18.652
7	68.600	27.875	99.167	18.075	30.567	30.562	83.202	20.762	14.602	2.687	– 15.965
8	78.400	17.613	116.780	7.813	38.380	19.237	102.439	9.437	24.039	1.624	– 14.341
9	88.200	8.250	125.030	– 1.550	36.830	8.920	111.359	– 880	23.159	670	– 13.671
10	98.000	4.130	129.160	– 5.670	31.160	3.947	115.306	– 5.853	17.306	– 183	– 13.854
11	107.800	3.675	132.835	– 6.125	25.035	3.200	118.506	– 6.600	10.706	– 475	– 14.329
12	117.600	2.902	135.737	– 6.898	18.137	3.130	121.636	– 6.670	4.036	228	– 14.101
Summe		135.737		18.137		121.636		4.036		– 14.101	

Abbildung 5-6: Beispiel einer zeitlich

Durch die Kumulation erkennt man, wann die Summe der monatlichen Deckungsbeiträge die „kalenderzeitproportional steigenden“ Fixkosten erreicht hat, sodass Gewinne entstehen. Besteht in einem Saisonbetrieb die Möglichkeit, während der beschäftigungsschwachen Monate betriebliche Teilkapazitäten vorübergehend abzubauen, so nehmen die monatlichen fixen Kosten entsprechend ab. Das Verfahren der kumulierten Erfolgsanalyse sollte in Unternehmungen mit Saisonschwankungen der Absatzmengen nicht nur bei der nachträglichen Erfolgskontrolle, sondern bereits beim Aufbau der jährlichen Erfolgsplanung angewandt werden. Auf diese Weise können bei der Erfolgsanalyse die monatlichen Gewinnabweichungen im Zeitablauf verfolgt werden.

In Abbildung 5-6 und Abbildung 5-7 haben wir die kumulierte Erfolgsanalyse einer Unternehmung dargestellt, deren Saisonspitze in die Monate Mai bis August fällt. Die fixen Kosten betragen 9.800 €/Monat; sie sind in Abbildung 5-7 als kalenderzeitproportionale Gerade eingezeichnet. Die kumulierten monatlichen Plan-Deckungsbeiträge erreichen die Fixkostengerade kurz nach Eintritt der Saison im Monat Mai. Die Spalten 7 bis 9 der Abbildung 5-6 lassen aber erkennen, dass im Ist infolge ungünstiger Witterungseinflüsse die Saison erst später eingesetzt und zu geringeren Deckungsbeiträgen geführt hat.

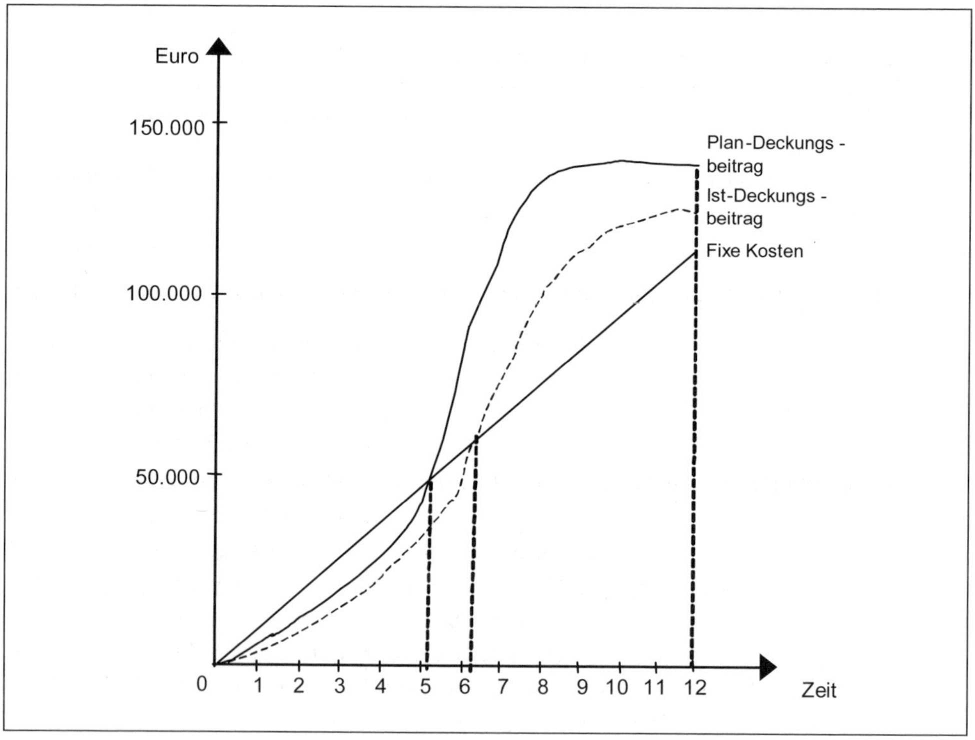

Abbildung 5-7: Grafische Darstellung einer zeitlich kumulierten Erfolgsanalyse

4. In den meisten Unternehmungen steht eine nach Monaten und Erzeugnissen differenzierte Absatz- und Erfolgsplanung zur Verfügung, sodass die Erfolgskontrolle zu einem Soll-Ist-Vergleich des Periodenerfolgs ausgebaut werden kann, mit dessen Hilfe sich die Gesamt-Abweichung des Periodenerfolgs auf Abweichungsursachen zurückführen lässt[77].

Bietet eine Unternehmung $j = 1, ..., n$ Erzeugnisarten an, und werden für eine Periode die Netto-Verkaufspreise $p_j^{(p)}$, die Absatzmengen $x_{Aj}^{(p)}$, die proportionalen Selbstkosten pro Einheit $k_{pj}^{(p)}$ und die fixen Kosten $K_F^{(p)}$ geplant, so gilt für den Plan-Gewinn dieser Periode folgender Ausdruck:

$$(5\text{-}23) \quad G^{(p)} = \sum_{j=1}^{n} \left(p_j^{(p)} - k_{pj}^{(p)}\right) x_{Aj}^{(p)} - K_F^{(p)}$$

Analog erhält man für den Ist-Gewinn[78]:

$$(5\text{-}24) \quad G^{(i)} = \sum_{j=1}^{n} \left(p_j^{(i)} - k_{pj}^{(i)}\right) x_{Aj}^{(i)} - K_F^{(i)}$$

Subtrahiert man den Plan- vom Ist-Gewinn, so erhält man die Gesamt-Abweichung des Periodenerfolgs:

$$(5\text{-}25) \quad \Delta G = \sum_{j=1}^{n} \left[\left(p_j^{(i)} - k_{pj}^{(i)}\right) x_{Aj}^{(i)} - \left(p_j^{(p)} - k_{pj}^{(p)}\right) x_{Aj}^{(p)}\right] - \left(K_F^{(i)} - K_F^{(p)}\right)$$

Die Gleichung (5-25) lässt erkennen, dass die Gesamt-Abweichung des Periodenerfolgs auf folgende Abweichungsursachen zurückzuführen ist[79]:

- Verkaufspreis-Abweichungen
- Absatzmengen-Abweichungen
- Erlös-Abweichungen (die sich aus 1 und 2 ergeben)
- Abweichungen der proportionalen Selbstkosten
- Abweichungen der fixen Kosten.

In Gleichung (5-25) gibt die eckige Klammer die Deckungsbeitrags-Abweichung der Erzeugnisart j an. Treten bei den fixen Kosten keine Abweichungen auf, so stimmt die Summe der Deckungsbeitrags-Abweichungen mit der Gesamt-Abweichung des Periodenerfolgs überein.

Bei dem Versuch, die Gesamt-Abweichung des Periodenerfolgs in Teilabweichungen zu zerlegen, tritt das gleiche Problem der Abweichungs-Interdependenz auf, das wir bereits in Kapitel 2.2.1.1 für die Kostenabweichungen beschrieben haben[80]. Weichen sowohl die Verkaufspreise als auch die Absatzmengen von den geplanten Größen ab, so sind die Preisabweichungen der Mengenabweichungen Erlösabweichungen zweiten Grades, die sich keiner der beiden Abweichungsursachen eindeutig zuordnen lassen; vgl. hierzu die Abbildung 2-16, bei der auf der Ordinate der Faktorpreis q durch den Verkaufspreis p und auf der Abszisse die Faktormenge r durch die Absatzmenge x_A ersetzt werden. Zur Lösung des Interdependenzproblems empfehlen wir, auch bei der Abweichungsanalyse zuerst die Verkaufspreis-Abweichungen, anschließend die Absatzmengen-Abweichungen und zuletzt die Kostenabweichungen des Periodenerfolgs zu ermitteln. Nach dem Verfahren der kumulativen Abweichungsanalyse lassen sich die Deckungsbeitrags-Abweichungen der Erzeugnisse wie folgt in Einzelabweichungen zerlegen. Die gesamte Deckungsbeitrags-Abweichung einer Erzeugnisart j ist gleich dem Ausdruck in der eckigen Klammer der Gleichung (5-25). Addiert man hierzu die Glieder $p_j^{(p)}\, x_{Aj}^{(p)}$ und $k_j^{(p)}\, x_{Aj}^{(p)}$ und subtrahiert sie wieder, so lässt sich die Deckungsbeitrags-Abweichung einer Erzeugnisart j, die wir als $\Delta\, D_j$ bezeichnen wollen, in folgende Komponenten zerlegen[81]:

(5-26) $$\Delta D_j = \underbrace{\underbrace{\left(p_j^{(i)} - p_j^{(p)}\right) x_{Aj}^{(i)}}_{\substack{\text{Verkaufspreis-}\\ \text{abweichung der}\\ \text{Istabsatzmengen}}} + \underbrace{\left(x_{Aj}^{(i)} - x_{Aj}^{(p)}\right) p_j^{(p)}}_{\substack{\text{Absatzmengen-}\\ \text{Abweichung zu}\\ \text{Planpreisen}}}}_{\text{Erlös-Abweichung}} + \underbrace{\underbrace{\left(k_{pj}^{(i)} - k_{pj}^{(p)}\right) x_{Aj}^{(i)}}_{\substack{\text{Kosten-Ab-}\\ \text{weichung der}\\ \text{Istabsatz-}\\ \text{mengen}}} - \underbrace{\left(x_{Aj}^{(i)} - x_{Aj}^{(p)}\right) k_{pj}^{(p)}}_{\substack{\text{Absatzmengen-}\\ \text{Abweichung}\\ \text{zu propotio-}\\ \text{nalen SK}}}}_{\text{Kosten-Abweichung}}$$

$(j = 1, ..., n)$

Bei stark schwankenden Wechselkursen kann als „Unterabweichung“ der Verkaufspreisabweichung eine gesonderte Kursabweichung ausgewiesen werden.

Die erste Teilabweichung zeigt, wie der Deckungsbeitrag durch eine Veränderung der Netto-Verkaufspreise beeinflusst wird. Hierbei wirkt sich insbesondere der Einfluss erhöhter Erlösschmälerungen, z. B. die Gewährung von Sonderrabatten, aus. Die zweite Teilabweichung gibt an, wie sich die Abweichung der Ist-Absatzmengen von den Plan-Absatzmengen auf den Periodenerfolg ausgewirkt hat, wenn man die Veränderung der Netto-Verkaufspreise abstrahiert. Beide Abweichungen sind für das Vertriebscontrolling relevant und daher immer explizit auszuweisen. Die dritte Teilabweichung lässt erkennen, wie sich eine Erhöhung oder Senkung der proportionalen Selbstkosten pro Einheit auf den Deckungsbeitrag der Erzeugnisart j ausgewirkt hat. Die vierte Teilabweichung entspricht der zu geplanten proportionalen Selbstkosten bewerteten Absatzmengen-Abweichung. Fasst man die ersten beiden Abweichungen zusammen, so erhält man die Erlöskomponente der Deckungsbeitrags-Abweichung; die beiden letzten Abweichungen ergeben zusammen die Kostenkomponente der Deckungsbeitrags-Abweichung, deren Controlling anderen Instrumenten, nämlich dem Kostenstellen-Soll-Istvergleich und dem Herstellkosten-Soll-Istvergleich, überlassen bleibt.

Werden in Gleichung (5-26) die erste und die dritte sowie die zweite und die vierte Abweichung zusammengefasst, so erhält man:

$$\text{(5-27)}\quad \Delta D_j = \underbrace{\left[\left(p_j^{(i)} - k_{pj}^{(p)}\right) - \left(p_j^{(p)} - k_{pj}^{(p)}\right)\right] x_{Aj}^{(i)}}_{\substack{\text{Deckungsbeitrags-}\\ \text{Abweichung der Istabsatz-}\\ \text{mengen}}} + \underbrace{\left(p_j^{(p)} - k_{pj}^{(p)}\right)\left(x_{Aj}^{(i)} - x_{Aj}^{(p)}\right)}_{\substack{\text{Absatzmengen-Abweichung}\\ \text{zu geplanten Stück-}\\ \text{Deckungsbeiträgen}}}$$

$(j = 1, ..., n)$

In Gleichung (5-27) gibt die erste Abweichung an, wie sich eine Veränderung der Stück-Deckungsbeiträge auf den Periodenerfolg ausgewirkt hat. Die zweite Abweichung entspricht dagegen der Absatzmengen-Abweichung, wenn sich die Netto-Verkaufspreise und die proportionalen Selbstkosten der Erzeugnisse gegenüber der Planung nicht verändert haben.

Die mithilfe der Gleichungen (5-26) und (5-27) ermittelten Teilabweichungen lassen sich nicht nur differenziert nach Erzeugnisarten ermitteln, sondern auch nach Erzeugnisgruppen verdichten. Hierbei kann ein selektiver Ausweis der Einzelabweichungen erfolgen. Weiterhin kann der Soll-Ist-Vergleich des Periodenerfolgs auch nach Absatzgebieten, Kunden oder Kundengruppen und betrieblichen Teilbereichen gegliedert werden.

Will man erkennen, wie sich eine veränderte Zusammensetzung des Umsatzes auf den Periodenerfolg ausgewirkt hat, so lässt sich eine Umsatzzusammensetzungs-Abweichung ermitteln[82], die besser als Mix- oder Strukturabweichung bekannt ist. Hierzu errechnet man zunächst den gewogenen durchschnittlichen Plan-Deckungsbeitrags-Prozentsatz auf die Erlöse, der der geplanten mengenmäßigen Zusammensetzung des Umsatzes und den geplanten Stück-Deckungsbeiträgen entspricht:

$$\text{(5-28)}\quad \alpha_{DE}^{(p)} = \frac{\sum_{j=1}^{n}\left(p_j^{(p)} - k_{pj}^{(p)}\right) x_{Aj}^{(p)}}{\sum_{j=1}^{n} p_j^{(p)}\, x_{Aj}^{(p)}}\, 100$$

Mithilfe dieses Prozentsatzes lässt sich errechnen, zu welchen Soll-Deckungsbeiträgen der zu geplanten Netto-Verkaufspreisen bewertete Umsatz geführt hätte, wenn die geplante mengenmäßige Zusammensetzung des Umsatzes eingehalten worden wäre. Für die Mix- oder Struktur-Abweichung erhält man folgenden Ausdruck:

$$\text{(5-29)}\quad \Delta D_{UMix} = \underbrace{\sum_{j=1}^{n}\left(p_j^{(p)} - k_{pj}^{(p)}\right) x_{Aj}^{(i)}}_{\substack{\text{Soll-Deckungs-}\\ \text{beitrag der}\\ \text{Istabsatzmengen}}} - \underbrace{\frac{\alpha_{DE}^{(p)}}{100} \sum_{j=1}^{n} p_j^{(p)}\, x_{A}^{(i)}}_{\substack{\text{Soll-Deckungsbeitrag}\\ \text{bei planmäßiger}\\ \text{Umsatzzusammensetzung}}}$$

Sie kann nur für Erzeugnisgruppen errechnet werden und ist nur aussagefähig, wenn in der Gruppe homogene Erzeugnisse zusammengefasst sind.

In den Abbildungen 5-8 und 5-9 haben wir ein Beispiel für einen Deckungsbeitrags-Soll-Ist-Vergleich des Periodenerfolgs für einen ausgewählten Artikel wiedergegeben. Mithilfe der in Abbildung 5-8 angegebenen Ausgangsdaten lassen sich die Deckungsbeitrags-Abweichungen in Abbildung 5-9 errechnen. Insgesamt weicht der Ist-Deckungsbeitrag des Artikels in der Kontrollperiode um ./. 9.534 €/Monat (= ./. 19 %) vom Plan-Deckungsbeitrag ab. Hierbei entfällt der überwiegende Teil auf den Auslandsumsatz, dessen Ist-Deckungsbeitrag um 47,26 % unter dem Plan-Deckungsbeitrag liegt. Im Inlandsgeschäft hat der mengenmäßige Umsatz um 11,8 % zugenommen, was bei unveränderten Verkaufspreisen und konstanten proportionalen Selbstkosten pro Stück zu einer Zunahme des Deckungsbeitrages um 3.944 €/Monat geführt hätte. Durch erhöhte Rabatte verringerten sich die Erlöse aber um 988 €/Monat; zugleich erhöhten sich die Kosten um 4.545 €/Monat. Die Erlössenkungen und die Kostenerhöhungen führten insgesamt zu einer Verringerung der Deckungsbeiträge um 5.533 €/Monat. Saldiert man diesen Betrag mit der den Plandaten entsprechenden Zunahme von 3.944 €/Monat, so ergibt sich ein negativer Saldo in Höhe von 1.589 €/Monat. Im Auslandsgeschäft war der mengenmäßige Absatz um 26,5 % niedriger als in der Planung. Erlösabweichungen und Kostenerhöhungen führten aber dazu, dass insgesamt eine Deckungsbeitragsabweichung von ./. 47,26 % entstanden ist.

Deckungsbeitrags-Soll-Ist-Vergleich (Ausgangsdaten)

Artikel 11		Absatzmenge Stk./Monat	Erlös		Prop. Selbstkosten		Deckungsbeitrag	
			Euro/Stk.	Euro/Monat	Euro/Stk.	Euro/Monat	Euro/Stk.	Euro/Monat
Plan	Inland	2.000	60,50	121.000	43,79	87.580	16,71	33.420
	Ausland	1.200	57,00	68.400	42,99	51.588	14,01	16.812
	Summe	3.200		189.400		139.168		50.232
Ist	Inland	2.236	60,05	134.290	45,82	102.459	14,23	31.831
	Ausland	882	55,08	48.587	45,03	39.720	10,05	8.867
	Summe	3.118		182.877		142.179		40.698
Abw.	Inland	236	– 0,45	13.290	2,03	14.879	– 2,48	– 1.589
	Ausland	– 318	– 1,92	– 19.813	2,04	-11.868	– 3,96	– 7.945
	Summe	**– 82**		**– 6.523**		**3.011**		**– 9.534**

Abbildung 5-8: Beispiel zum Soll-Ist-Vergleich des Periodenerfolgs (Ausgangsdaten)

Deckungsbeitrags-Soll-Ist-Vergleich (Abweichungsanalyse)				
Abweichungsart		Inland	Ausland	Gesamt
1	Verkaufspreis-Abw. der Istabsatzmengen	– 988	– 1.687	– 2.675
2	Absatzmengen-Abw. zu Planverkaufspreisen	14.278	– 18.126	– 3.848
3	*Erlös – Abweichung (1 + 2)*	*13.290*	*– 19.813*	*– 6.523*
4	Kosten-Abw. der Istabsatzmengen	– 4.545	– 1.803	– 6.348
5	Absatzmengen- Abw. zu prop. Plan- Selbstkosten	– 10.334	13.671	3.337
6	*Kosten – Abweichung (4 + 5)*	*– 14.879*	*11.868*	*– 3.011*
7	Deckungsbeitrags-Abw. der Istabsatzmengen	– 5.533	– 3.490	– 9.023
8	Absatzmengen-Abw. zu geplanten Stück-Deckungsbeiträgen	3.944	– 4.455	– 511
9	***Summe Deckungsbeitrags- Abw. (1 + 2 + 4 + 5) (3 + 6) (7 + 8)***	***– 1.589***	***– 7.945***	***– 9.534***
10	Deckungsbeitrags- Abw. in % des Plan- Deckungsbeitrags	4,75 %	– 47,26 %	19,00 %

Abbildung 5-9: Beispiel zum Soll-Ist-Vergleich des Periodenerfolgs (Abweichungsanalyse)

Da diese Deckungsbeitragsanalyse vor allem dem Vertriebscontrolling dienen soll, werden die Kostenabweichungen im Deckungsbeitrags-Plan-Istvergleich nicht ausgewiesen. Sie werden ja in anderen Systemen, wie der Kostenstellen- und Werksauftragsabrechnung sowie im Herstellkosten-Soll-Istvergleich kontrolliert.

Die für das Vertriebscontrolling relevanten Abweichungen zeigen wir im folgenden Beispiel einer Produktgruppe (vgl. Abbildung 5-10):

Die erste Analyse kommt zum Ergebnis, dass mit Zugeständnissen in der Preispolitik – negative Preisabweichung – bei allen Artikeln durch Umsatzverbesserungen zwischen 12 % (Artikel 11) und 24 % (Artikel 12) ein über dem Plan liegender Deckungsbeitrag erzielt werden konnte.

Abweichungsanalyse im Vertriebscontrolling										
Artikel	Plan					Ist				
	Absatz	Grenzk./ Stück	Erlös/ Stück	Netto- erlös	DB	Absatz	Netto- erlöse	DB	Preis- abw.	Mengen- abw.
11	2.000	43,79	60,50	121.000	33.420	2.236	134.290	36.376	– 988	3.944
12	900	64,27	95,00	85.500	27.657	1.115	104.665	33.004	– 1.260	6.607
13	1.400	51,99	72,00	100.800	28.014	1.628	115.752	31.112	– 1.464	4.562
Gesamt	**4.300**			**307.300**	**89.091**	**4.979**	**354.707**	**100.492**	**– 3.712**	**15.113**

Abbildung 5-10: Beispiel zur Abweichungsanalyse im Vertriebscontrolling

Die Analyse der Mix- oder Strukturabweichung für die gesamte Produktgruppe benötigt folgende Ausgangsdaten:

Plan-Deckungsbeitrag = 89.091 (siehe oben)

Soll-Deckungsbeitrag der Produktgruppe $= 4.979 \cdot \frac{89.091}{4.300} = 103.159$

Soll-Deckungsbeitrag der Artikel 11 bis 13 $= 2.236 \cdot \frac{33.420}{2.000} + 1.115 \cdot \frac{27.657}{900} + 1.628 \cdot \frac{28.014}{1.400} = 104.204$

Ist-Deckungsbeitrag = 100.492 (siehe oben)

Zur Ermittlung der Preisabweichung wird vom Ist-Deckungsbeitrag der Soll-Deckungsbeitrag der einzelnen Artikel abgezogen:

PA = 100.492 – 104.204 = 3.712 – (siehe oben)

Zur Ermittlung der Mixabweichung wird vom Soll-Deckungsbeitrag der einzelnen Artikel der Soll-Deckungsbeitrag der Produktgruppe abgezogen.

Mix-Abw. = 104.204 – 103.159 = 1.045

Zur Ermittlung der verbleibenden Mengenabweichung wird vom Soll-Deckungsbeitrag der Produktgruppe der Plan-Deckungsbeitrag abgezogen

MA = 103.159 – 89.091 = 14.068

Es steht daher fest, dass die Verbesserung des erzielten Deckungsbeitrages dieser Produktgruppe im Wesentlichen aus der Mengenausweitung resultiert, der überdurchschnittliche Anstieg des lukrativen Artikels 12 sich aber zusätzlich in einer positiven Mixabweichung niederschlägt.

Zu einem ähnlichen Ergebnis wäre man auch gelangt, wenn die Mixabweichung nicht auf Basis der Deckungsbeiträge/Stck. sondern in Prozent vom Umsatz (vgl. Formel 5-29) berechnet worden wäre.

5.3 Zum Problem der Bestandsbewertung in der Handels- und Steuerbilanz

1. Neben der internen Bewertung der Halb- und Fertigerzeugnisse in der kurzfristigen Erfolgsrechnung, die bei Anwendung einer Grenzplankosten- und Deckungsbeitragsrechnung zu proportionalen Herstellkosten erfolgt, gehört auch die externe Bewertung in der Handels- und Steuerbilanz zu den Aufgaben der Kostenrechnung. Während sich die intern verwendeten Wertansätze frei nach betriebswirtschaftlichen Grundsätzen bestimmen lassen, ist die bilanzielle Bewertung an handels- und steuerrechtliche Bewertungsvorschriften gebunden. Zur Unterscheidung von den Herstellkosten der Kostenrechnung bezeichnet man die den Halb- und Fertigerzeugnisbeständen aufgrund der handels- und steuerrechtlichen Bewertungsvorschriften zuzumessenden Wertansätze als Herstellungskosten.

Nach den Bestimmungen des Handelsgestzbuches (§ 255 Abs. 2 u. 3 HGB) in der Fassung des Gesetzes zur Modernisierung des Bilanzrechts (BilMoG vom 25.09.2009, BGBL I 2009, 1102) ist dieser Herstellungskostenbegriff wie folgt definiert: „Herstellungskosten sind die Aufwendungen, die durch den Verbrauch von Gütern und die Inanspruchnahme von Diensten für die Herstellung eines Vermögensgegenstandes, seine Erweiterung oder für eine über seinen ursprünglichen Zustand hinausgehende wesentliche Verbesserung entstehen. Dazu gehören die Materialkosten, die Fertigungskosten und die Sonderkosten der Fertigung sowie angemessene Teile der Materialgemeinkosten, der Fertigungsgemeinkosten und des Wertverzehrs des Anlagevermögens, soweit dieser durch die Fertigung veranlasst ist.“ Weiter wird ausdrücklich gesagt, dass Forschungs- und Vertriebskosten und nicht fertigungsbedingte Zinsen nicht eingerechnet werden dürfen, während bei Kosten der allgemeinen Verwaltung, verschiedenen sozialen Leistungen und fertigungsbedingten Zinsen ein Wahlrecht besteht, soweit diese den Herstellungszeitraum betreffen.

Anders als nach der davor geltenden, auf das Bilanzrichtliniengesetz vom 19.12.1985 zurückgehenden, Rechtslage besteht damit für die angemessenen Teile fertigungsbedingter Gemeinkosten, einschließlich des Werteverzehrs des Anlagevermögens, kein Einbeziehungswahlrecht mehr. Die betreffenden Kostenbestandteile sind vielmehr jedenfalls bei der Ermittlung der Herstellungskosten zu berücksichtigen. Nach weithin überwiegender Ansicht umfassen die einbeziehungspflichtigen Gemeinkosten dabei sowohl variable als auch fixe Gemeinkosten.

Diese Änderung der Rechtslage zieht nach sich, dass die proportionalen Herstellkosten, wie sie in der Grenzplankostenrechnung zur Bestandsbewertung verwendet werden, nicht mehr im Bereich der zulässigen Wertansätze liegen. Damit wurden auch Diskussionen über einen nach auszulegenden „Einzelkostenbegriff“ obsolet[83].

Das Handelsrecht steht damit im Widerspruch zu der in der Literatur schon lange vertretenen Position, dass die Grenzkostenbewertung in der Handelsbilanz nicht nur zulässig sein, sondern sogar gefordert werden sollte, weil sie dem Realisations- und dem Vergleichbarkeitsprinzip besser entspricht als die Vollkostenrechnung.

Nach dem Realisationsprinzip dürfen zukünftige Gewinnen bei der Bilanzbewertung noch nicht berücksichtigt werden. Wie H. Albach nachgewiesen hat, lässt sich aus diesem Grundprinzip der Bilanzierung ableiten, dass für die Bewertung der Halb- und Fertigfabrikate nach § 255 Abs. 2 HGB die proportionalen Herstellungskosten als Wertansätze zu verwenden sind, da nur sie unmittelbar der Herstellung von Halb- und Fertigerzeugnissen dienen und den Erzeugnissen nach dem Verursachungsprinzip zugerechnet werden können. Die fixen Kosten des Herstellungsbereichs sind dagegen vom Umfang und der Zusammensetzung der Produktion unabhängig. Sie „... schaffen keine materiellen Wirtschaftsgüter, hier also Halb- und Fertigfabrikate, sondern als Kosten der Betriebsbereitschaft nur ‚konkrete Möglichkeiten', diese Erzeugnisse zu fertigen"[84]. Die fixen Herstellungskosten sind im Zeitraum ihrer Entstehung „realisierte Verluste", die erst durch die Deckungsbeiträge abgesetzter Erzeugnisse in realisierte Gewinne umgewandelt werden. Eine Aktivierung fixer Herstellungskosten ist daher als Verstoß gegen das Realisationsprinzip aufzufassen.

Weiterhin wurde die These, dass die Halb- und Fertigerzeugnisbestände mit den proportionalen Herstellungskosten bewertet werden sollten, durch bewertungstheoretische Analysen gestützt, die erstmals in der amerikanischen Literatur veröffentlicht wurden[85]. Hiernach gilt als Bewertungsgrundsatz das „concept of future benefit", nach dem in die Wertansätze der Halb- und Fertigerzeugnisbestände nur solche Kostenbestandteile einzubeziehen sind, die infolge der Vorratsproduktion in einer zukünftigen Periode gespart werden. Dies gilt aber nur für die proportionalen Herstellungskosten; denn die Nutzungsmöglichkeiten der fixkostenverursachenden`Kapazitäten lassen sich nicht auf eine spätere Periode übertragen. Wird in einer zukünftigen Periode ein Engpass erwartet und dient die Vorratsproduktion dazu, wegfallende Deckungsbeiträge zu vermeiden, so werden nach dem „concept of future benefit" neben den proportionalen Herstellungskosten entsprechende Opportunitätskosten in die Wertansätze der Halb- und Fertigerzeugnisbestände einbezogen[86].

2. Für die Bewertung in der Steuerbilanz gelten die Vorschriften des Einkommenssteuer-, hilfsweise auch des Bewertungsgesetzes[87].

Auch das Steuerrecht kennt den Begriff der Herstellungskosten als zentralen Wertmaßstab für die bilanzielle Bewertung der Halb- und Fertigfabrikate. § 6 EStG enthält indessen keine eigene Definition des Herstellungskostenbegriffes. Vielmehr ist nach § 5 Abs.1 EStG bei der Bewertung grundsätzlich dem Handelsrecht zu folgen, es sei denn, im Rahmen der Ausübung eines steuerlichen Wahlrechts wird oder wurde ein anderer Ansatz gewählt. Nach dem BilMoG bedeutet das, dass steuerlich in die Herstellungskosten, wie schon davor, jedenfalls neben den Einzelkosten auch die fertigungsbedingten Gemeinkosten einzubeziehen sind. Erklärte Intention des Gesetzgebers war es, die handelsrechtliche und steuerrechtliche Untergrenze für die Herstellungskosten zu harmonisieren[88]. Umstritten ist, wie mit den in § 255Abs. 2 und 3 HGB eingeräumten Wahlrechten zu verfahren ist. Im Schreiben des BMF vom 12.03.2010 IV C6-S 2133/09/10001 wird dazu die Position vertreten, dass im Falle der wahlweisen Einbeziehung von Fremdkapitalzinsen in die Herstellungskosten nach § 255 Abs. 3 HGB grundsätzlich die Maßgeblichkeit der Handelsbilanz gilt, dem handelsrechtlichen Wertansatz somit auch steuerlich zu folgen sei. Hinsichtlich der in § 255 Abs. 2 angeführten Wahlrechte, angemessene Teil der Verwaltungskosten u. dgl., wird die Auffassung vertreten, dass es steuerlich erforderlich sei, alle Aufwendungen, die ihrer Art nach Herstellungskosten sind, einzubeziehen. Dazu gehören auch die in § 255 Abs. 2 HGB lediglich wahlweise angeführten Komponenten. Einem handelrechtlichen Einbeziehungswahlrecht steht somit eine steuerrechtliche Einbeziehungspflicht gegenüber[89].

Diese Rechtsansicht des BMF wurde indessen mit dem Schreiben vom 22.06.2010 IV C6-S 2133/09/10001 zwischenzeitlich relativiert. Demnach ist es nicht zu beanstanden, wenn in der Frage der Einbeziehung von angemessenen Teilen der Kosten der allgemeinen Verwaltung und anderer nach § 255 Abs. 2 wahlweise in die Herstellungskosten einbeziehbarer Aufwendungen vorerst noch nach R6.3 Abs. 4 EStR 2008 verfahren wird. Demnach gilt das handelsrechtliche Bewertungswahlrecht auch für die Steuerbilanz. Eine abschließende Klärung dieses Sachverhalts steht aktuell noch aus.

Obwohl durch eine einheitliche Bewertung mit den niedrigeren Wertansätzen der Handelsbilanz die Höhe der steuerlichen Gewinne langfristig nicht beeinflusst würde, weil sich im Zeitablauf die Zu- und Abnahmen der Halb- und Fertigfabrikatebestände ausgleichen, ist in absehbarer Zeit nicht damit zu rechnen, dass in der Steuerbilanz die Bewertung zu proportionalen Herstellungskosten zugelassen wird[90].

Mit Recht weist aber W. Männel darauf hin, dass es „unsinnig“ wäre, aus steuerlichen Gründen auf die Grenzkostenrechnung zu verzichten; denn für die Zwecke der Steuerbilanz genügt eine „Globalkorrektur der Bestände“, um von den proportionalen auf die vollen Herstellungskosten umzuwerten[91].

3. Stehen in einer Unternehmung, die mit einer Grenzplankosten- und Deckungsbeitragsrechnung arbeitet, am Jahresende die mithilfe der geschlossenen Kostenträgererfolgsrechnung ermittelten rechnerischen Bestände der Halb- und Fertigerzeugnisse zur Verfügung, so lassen sich hieraus die zu Vollkosten bewerteten Bilanzwerte der Halb- und Fertigerzeugnisbestände wie folgt ableiten:

- Kontrolle der rechnerischen Bestandsmengen durch eine Stichtagsinventur (= Ermittlung von Inventurdifferenzen);
- Ergänzung der zu proportionalen Herstellkosten bewerteten Bestände zu den vollen Herstellkosten, wobei folgende Verfahren gewählt werden können[92]:
  - Einzelumwertung
  - Kostenträgergruppenumwertung
  - Globalumwertung;
- Eliminierung der nicht aktivierungsfähigen kalkulatorischen Kosten und Ergänzung der Bestandswerte durch entsprechende Aufwandsbeträge der Finanzbuchhaltung.

Die Einzelumwertung setzt voraus, dass für alle Erzeugnisse mithilfe von Vollkosten durchgeführte Nachkalkulationen vorliegen. Diese Voraussetzung ist bei Anwendung einer Grenzplankostenrechnung in der Regel nur in Unternehmungen mit Auftrags- und Einzelfertigung erfüllt, wenn die Standard-Nachkalkulationen zugleich als Vollkostenkalkulationen geführt werden.

Auch in Unternehmungen mit standardisierten Erzeugnissen (Massen- oder Serienproduktion) besteht heute grundsätzlich die Möglichkeit zur Einzelumwertung, sofern die Plankalkulationen zugleich als Vollkostenkalkulationen geführt werden. Hierbei muss allerdings eine pauschale Anpassung an die handels- und steuerrechtlichen Bewertungsvorschriften erfolgen. Viele Unternehmungen mit standardisierten Erzeugnissen verzichten aber auf die Einzelumwertung und nehmen entweder eine Kostenträgergruppen- oder eine Globalumwertung vor. Bei der Kostenträgergruppenumwertung werden nach Erzeugnisgruppen differenzierte Fixkostenzuschläge gebildet. Bei der Globalumwertung wird für die gesamten Halb- und Fertigerzeugnisbestände nur ein gemeinsamer Fixkostenzuschlag gebildet.

Die in der Praxis eingesetzten Verfahren der Ableitung der Bestandswerte für die Bilanz aus der Bestandsrechnung des innerbetrieblichen Rechnungswesens sind überaus vielfältig und gehen von einfachen Abschlägen vom Verkaufs-(Listen-)preis bis zu akribischen Ermittlungsverfahren der tatsächlich angefallenen Istkosten bestimmter Perioden, z. B. der ersten neun Monate eines Jahres. Daher kann eine allgemeingültige Empfehlung zur Lösung dieser Aufgabe hier nicht gegeben werden. Wir verweisen nur auf die DV-technische Unterstützung, die ein leistungsfähiges Kalkulationsprogramm dabei bieten kann. Durch die weitaufgefächerte Bewertungsmatrix ist es unschwer möglich, für eine spezielle Inventurkalkulation die angemessenen Bewertungsansätze vorzusehen (vgl. Kapitel 6.1.1.2).

Mit dem am 9.12.2004 veröffentlichten Bilanzrechtsreformgesetz wurde nach Vorgabe der EU die Anwendung der IAS, die inzwischen um International Financial Reporting Standards (IFRS) ergänzt wurden und daher umfassend auch nur als IFRS bezeichnet werden, für die Konzernrechnungslegung kapitalmarktorientierter Unternehmen ab dem Geschäftsjahr 2005 verpflichtend vorgeschrieben. Die übrigen Unternehmen dürfen ihren Konzernabschluss ebenfalls ersetzend zum HGB nach den IFRS erstellen. Zudem darf für Zwecke der Veröffentlichung auch ein IFRS-Einzelabschluss ergänzend zum HGB-Abschluss erstellt werden.

Herstellungskosten (Cost) werden in IAS 16.6 definiert als „der zur (...) Herstellung eines Vermögenswertes entrichtete Betrag an Zahlungsmitteln oder Zahlungsmitteläquivalenten oder der beizulegende Zeitwert einer anderen Entgeltform zum Zeitpunkt (...) der Herstellung (…).“ Die Herstellungskosten von Vorräten umfassen nach IAS 2.12 „die Kosten, die den Produktionseinheiten direkt zuzurechnen sind, wie beispielsweise Fertigungslöhne. Weiterhin umfassen sie systematisch zugerechnete fixe und variable Produktionsgemeinkosten, die bei der Verarbeitung der Ausgangsstoffe zu Fertigerzeugnissen anfallen.“ Dabei werden die fixen Produktionsgemeinkosten als unabhängig vom Produktionsvolumen relativ konstant anfallend bestimmt. Dagegen wird unter variablen Produktionsgemeinkosten solche verstanden, die unmittelbar oder nahezu unmittelbar mit dem Produktionsvolumen variieren, wie beispielsweise Materialgemeinkosten und Fertigungsgemeinkosten. Die Zurechnung fixer Produktionsgemeinkosten zu den Herstellungskosten basiert auf der normalen Kapazität der Produktionsanlagen. Die normale Kapazität ist das Produktionsvolumen, das im Durchschnitt über eine Anzahl von Perioden oder Saisonen unter normalen Umständen und unter Berücksichtigung von

Ausfällen auf Grund planmäßiger Instandhaltungen erwartet werden kann. Das tatsächliche Produktionsniveau kann nur zu Grunde gelegt werden, wenn es der Normalkapazität nahe kommt. Durch diese Regelung des IAS 2.13 erhöht sich der auf die einzelne Produktionseinheit entfallende Betrag der fixen Gemeinkosten infolge eines geringen Produktionsvolumens oder eines temporären Betriebsstillstandes nicht. In Perioden mit ungewöhnlich hohem Produktionsvolumen mindert sich der auf die einzelne Produktionseinheit entfallende Betrag der fixen Gemeinkosten, so dass die Vorräte nicht über den Herstellungskosten bewertet werden. Variable Produktionsgemeinkosten sind den einzelnen Produktionseinheiten auf der Grundlage des tatsächlichen Einsatzes der Produktionsmittel zugerechnet. Bei Kuppelproduktion müssen gem. IAS 2.14 die Herstellungskosten jedes Produktes auf einer vernünftigen und sachgerechten Basis zugeordnet werden, wofür z. B. eine Verteilung auf Basis der jeweiligen Verkaufswerte der Produkte erfolgen kann. Für ihrer Art nach unbedeutende Nebenprodukte kann auch der Nettoveräußerungswert statt der Herstellungskosten angesetzt werden.

Nicht in die Herstellungskosten einbezogen werden dürfen unüblich hohe Kosten, etwa auf Grund von Ausschuss, Kosten der Lagerung, Verwaltungsgemeinkosten (mit Ausnahme bestimmter, der Fertigung zurechenbaren Kosten) und Vertriebskosten. Fremdkapitalkosten, die direkt dem Erwerb, dem Bau oder der Herstellung eines qualifizierten Vermögenswertes zugeordnet werden können, sind nach IAS 23.8 in die Herstellungskosten einzubeziehen[93]. Als qualifizierte Vermögenswerte kommen dabei u.a. Vorräte in Betracht. IAS 23.7 stellt dazu aber klar, dass Vorräte, die über einen kurzen Zeitraum gefertigt werden, grundsätzlich keine qualifizierten Vermögenswerte darstellen. Das bedeutet in Summe, dass bei der Bewertung von Halb- und Fertigerzeugnissen grundsätzlich die produktionsbezogenen Vollkosten zum Ansatz kommen.

In den US-GAAP ist die Bewertung von Halb- und Fertigerzeugnissen schwerpunktmäßig in ARB 43 geregelt. Der darin festgelegte Herstellungskostenbegriff stimmt grundsätzlich mit jenem der IAS bzw. IFRS überein. Demnach sind auch nach US-GAAP die produktionsbezogenen Vollkosten maßgebend. Dazu gehören nach SFAS No. 34 zwingend auch bestimmte herstellungsbezogene Fremdkapitalzinsen. Offene Wahlrechte im Zusammenhang mit der Ermittlung der Herstellungskosten werden in US-GAAP grundsätzlich nicht eingeräumt[94]. Eine Bewertung der Halb- und Fertigerzeugnisse lediglich mit den proportionalen Herstellungskosten ist demnach weder nach den IFRS noch nach den US-GAAP zulässig.

5.4 Die Kostenträger- und Ergebnisrechnung der Grenzplankostenrechnung im Unternehmensmodell „QUATTRO"

1. Wie bereits im Kapitel 4.10 ausgeführt, wurden ab der 12. Auflage die theoretischen Ausführungen einerseits durch ein geschlossenes Anwendungsbeispiel andererseits durch Illustrationen aus einem Modellbetrieb ergänzt. Dabei werden, der bisherigen Gliederung folgend, die jeweiligen Abschnitte durch Zahlenbeispiele erläutert. Als geschlossenes Anwendungsbeispiel kommt das in der Lehre bewährte Unternehmensmodell „QUATTRO"[95] zum Einsatz. Trotz des bewusst geringen Umfanges soll das Modell die wichtigsten Ausprägungen einer Grenzplankosten- und Deckungsbeitragsrechnung dokumentieren.

2. Für den Bereich der Kostenträger- und Ergebnisrechnung sind folgende Stammdaten vorgesehen (vlg. auch Kapitel 4.10):

Kostenträgerplan

Nr.	Bezeichnung	Kategorie
P 1	Produkt 1	Einteiliges Stückgut
P 2	Produkt 2	Mehrteiliges Stückgut
P 3	Produkt 3	Einteiliges Stückgut
P 4	Produkt 4	Einteiliges Stückgut

Abbildung 5-11: Kostenträgereinteilung „QUATTRO"

Zu beachten ist, dass im Produkt 2 laut Stückliste (vgl. Abbildung 5-14) ein Wiedereinsatz von 2 Stück des Produkte P 1 vorgesehen ist.

Profit-Centerplan

Nr.	Bezeichnung	Kategorie
PM 1	Produktmanagement 1	Zuständig für P 1 und P 2
PM 2	Produktmanagement 2	Zuständig für P 3 und P 4
U	Unternehmen Gesamt	

Abbildung 5-12: Profit-Centereinteilung „QUATTRO"

Diesen Profitcentern entsprechend wurden auch Kostenstellen festgelegt (vgl. Abbildung 4-23).

Kundenstruktur	
Nr.	**Bezeichnung**
1	Kunde 1
2	Kunde 2
3	Kunde 3
4	Kunde 4

Abbildung 5-13: Kundenstruktur „QUATTRO"

Neben der klassischen Auswertungsform einer stufenweisen Deckungsbeitragsrechnung nach Produkten ist auch eine derartige Rechung nach der Kundenhierarchie vorgesehen.

3. Zur einfacheren Handhabung werden nun die Ausgangsdaten hier nochmals dargestellt (vgl. auch Abbildung 4-27 und 4-30)

Ausgangsdaten „Quattro" (PLAN)

		Produkt 1	Produkt 2	Produkt 3	Produkt 4
Absatzplan					
Kunde 1		100		60	120
Kunde 2		150	100		180
Kunde 3		150	300	140	
Kunde 4					160
Absatz in Stk./Monat		**400**	**400**	**200**	**460**
Produktionsplan					
Wiedereinsatz von P1 in P2		800			
Produktion in Stk./Monat		**1200**	**400**	**200**	**460**
Arbeitsplan					
von Fertigungsstelle C	Std./Stk.	0,75		0,50	
von Fertigungsstelle D	Std./Stk.		1,50	1,25	2,50
Stückliste	**Planpreise**				
Rohstoff 11	1,45 €/kg	20,00	10,00		
Rohstoff 22	11,50 €/Stk.			2,00	4,00
Rohstoff 33	0,90 €{kg	40,00			
Rohstoff 44	1,10 €/Stk.		15,00		
Rohstoff 55	0,95 €/m			40,00	
Wiedereinsatz P1 in P2	Stk.		2,00		

Abbildung 5-14: Ausgangsdaten „QUATTRO" – PLAN

Ausgangsdaten „Quattro“ (IST)					
		Produkt 1	Produkt 2	Produkt 3	Produkt 4
Absatzplan					
Kunde 1		80		70	60
Kunde 2		280	210		170
Kunde 3		180	300	190	
Kunde 4					110
Absatz in Stk./Monat		**540**	**510**	**260**	**340**
Produktionsplan					
Wiedereinsatz von P1 in P2		730			
Ausschuss		60	30	30	30
Gute Produktion in Stk./Monat		**1.100**	**320**	**120**	**450**
Betriebsdatenerfassung:					
von Fertigungsstelle C	Std./Auftrag	1.100		100	
von Fertigungsstelle D	Std./Auftrag		540	150	1.250
Stückliste	**Istpreise**				
Rohstoff 11	1,40 €/kg	24.360	3360		
Rohstoff 22	11,00 €/Stk.			420	1950
Rohstoff 33	0,92 €{kg	48.960			
Rohstoff 44	1,13 €/Stk.		4.944		
Rohstoff 55	0,98 €/m			7840	
Wiedereinsatz P1 in P2	Stk.		730		

Abbildung 5-15: Ausgangsdaten „QUATTRO“ - IST

5.4.1 Plankalkulation

1. Die Planung der Kosten für die vier Produkte P 1 bis P 4 wird in der für eine Kleinserienfertigung typischen Form der Plankalkulation einmal jährlich durchgeführt. Die dafür erforderlichen Ausgangsdaten aus den Stücklisten und Arbeitsplänen (siehe Abbildung 5-14) werden direkt in das Kalkulationsprogramm übernommen und dort mit den Bewertungsdaten aus der Kostenplanung (siehe Abbildung 4 - 28) zusammengeführt. Dabei wird dem Konzept der Parallelrechnung folgend, sowohl eine Bewertung mit den proportionalen als auch mit den – proportionalisierten – fixen Kostensätzen durchgeführt.

PLANKALKULATION		ME	Menge	KOSA voll	KOSA prop	Euro voll	Euro prop
Produkt 1	Rohstoff 11	kg	20,00	1,4500	1,4500	29,0000	29,0000
	Rohstoff 33	kg	40,00	0,9000	0,9000	36,0000	36,0000
	Einsatz P1	Stk				0,0000	0,0000
	Fertigung C	Std	0,75	34,0000	23,8500	25,5000	17,8875
	Fertigung D	Std				0,0000	0,0000
	Herstellkosten					90,5000	82,8875
Produkt 2	Rohstoff 11	kg	10,00	1,4500	1,4500	14,5000	14,5000
	Rohstoff 44	Stk	15,00	1,1000	1,1000	16,5000	16,5000
	Einsatz P1	Stk	2,00	90,5000	82,8875	181,0000	165,7750
	Fertigung C	Std				0,0000	0,0000
	Fertigung D	Std	1,50	41,0000	32,7500	61,5000	49,1250
	Herstellkosten					273,5000	245,9000
Produkt 3	Rohstoff 22	Stk	2,00	11,5000	11,5000	23,0000	23,0000
	Rohstoff 55	m	40,00	0,9500	0,9500	38,0000	38,0000
	Einsatz P1	Stk				0,0000	0,0000
	Fertigung C	Std	0,50	34,0000	23,8500	17,0000	11,9250
	Fertigung D	Std	1,25	41,0000	32,7500	51,2500	40,9375
	Herstellkosten					129,2500	113,8625
Produkt 4	Rohstoff 22	Stk	4,00	11,5000	11,5000	46,0000	46,0000
	Rohstoff 33	kg				0,0000	0,0000
	Einsatz P1	Stk				0,0000	0,0000
	Fertigung C	Std				0,0000	0,0000
	Fertigung D	Std	2,50	41,0000	32,7500	102,5000	81,8750
	Herstellkosten					148,5000	127,8750
Produkt 1	Rohstoff 11	kg	20,00	1,4500	1,4500	29,0000	29,0000
(Variante)	Rohstoff 33	kg	40,00	0,9000	0,9000	36,0000	36,0000
	Einsatz P1	Stk				0,0000	0,0000
	Fertigung C	Std	1,00	34,0000	23,8500	34,0000	23,8500
	Fertigung D	Std				0,0000	0,0000
	Herstellkosten					99,0000	88,8500

Abbildung 5-16: Plankalkulation der „QUATTRO" - Produkte

In prozesskonformer Folge werden hier die einzelnen Rohstoffeinsätze aufgeführt und mit Planpreisen der Materialwirtschaft (siehe Abbildung 5-14) multipliziert. Ebenso sind die einzelnen Fertigungsoperationen des Arbeitsplanes mit den Plankostensätzen der Kostenplanung (siehe Abbildung 4-28), unterteilt nach Voll- und Proportionalkosten, bewertet. Besonders zu beachten ist die Bewertung des Wiedereinsatzes von P 1 in P 2, da hier deutlich wird, dass dafür erstens die Plankalkulation von P 1 bereits vorliegen muss (stufenweise Bewertung entsprechend der Stücklistenhierarchie) und zweitens die Bewertungsmatrix mit ihrer Trennung der Kostenelemente voll wirksam wird.

Für die Zwecke einer Planungsrechnung ohne Bedeutung, für die spätere Abrechnung jedoch aus Gründen einer gezielten Abweichungsanalyse sehr wichtig, ist die Kalkulationsvariante für das Produkt P 1 (Sollkalkulation), die sich von der ursprünglichen Kalkulation durch einen höheren Kapazitätsbedarf der ausführenden Kostenstelle "C – Fertigungsstelle 1" unterscheidet.

Die Ergebnisse dieser wichtigen „Grundrechnung“ werden sowohl für das anschließende Produktkostencontrolling im Rahmen der Nachkalkulation als auch für die spätere Deckungsbeitragsrechnung verwendet.

5.4.2 Nachkalkulation

1. Im Anschluss an die Kostenstellenrechnung (vgl. Kapitel 4.10.4) wird nun als nächster Abschnitt der monatlichen Abrechnung die Kostenträgerrechnung zunächst in der für die Kleinserienfertigung typischen Form eines Nachkalkulations-Soll-Ist-Vergleiches mit folgenden Abrechnungsschritten erstellt:

Der erste Schritt, die Sollkostenrechnung ist eng mit dem Betriebsdatenerfassungssystem verknüpft. Bei der Rückmeldung eines jeden vollzogenen Fertigungsschrittes durch Angabe der von der Qualitätssicherung als "gute Menge" anerkannten Ausbringung wird, unter Verwendung der zum Zeitpunkt der Auftragseröffnung gültigen Sollkalkulation, die Solleinsatzmenge, sei es an Rohstoffverbrauch oder Bezugsgrößenverbrauch, vorgegeben und mit den Plan- oder Festpreisen bewertet. Diesen Sollwerten werden im Zuge der Istkostenaufbereitung die (angenommenen) Istwerte aus der Materialabrechnung oder betrieblichen Leistungserfassung gegenübergestellt (Vgl. auch die Ausgangsdaten aus Abbildung 5-15). Der daraus entstehende Nachkalkulations-Soll-Ist-Vergleich wird in der folgenden Abbildung gezeigt:

Nachkalkulations - SIV **Produkt 1**	ME	Menge	Kosten-satz	Ist	Soll	Abw.	Mengen-abw.	Preis-abw.	Menge
Produktion	Stk	1.200							
Anfangsbest.	Stk	0	65,00	0	0	0			0
Rohstoff 11	kg	24.360	1,40	34.104	34.800	-696	522	-1.218	1.200
Rohstoff 22	Stk								
Rohstoff 33	kg	48.960	0,90	45.043	43.200	1.843	864	979	1.200
Rohstoff 44	Stk								
Rohstoff 55	m								
Einsatz P1	Stk								
Fertigung C	Std	1.100	35,30	38.830	37.400	1.430	0	1.430	1.100
Fertigung D	Std			0					
Betriebsleistung				117.977	115.400	2.577	1.386	1.191	
Herstellkosten				117.977	115.400	2.577			
Abgang an Lager		1.200	101,21	111.332	108.600	2.432			1.100
Abgang Ausschuss		0	66,45	3.987	3.900	87			60
Abgang sonst.									
Endbestand WIP		40		2.658	2.600	58			40

Nachkalkulations - SIV **Produkt 2**	ME	Menge	Kosten-satz	Ist	Soll	Abw.	Mengen-abw.	Preis-abw.	Menge
Produktion	Stk	320							
Anfangsbest.	Stk	40	31,00	1.240	1.240	0			40
Rohstoff 11	kg	3.360	1,40	4.704	4.640	64	232	-168	320
Rohstoff 22	Stk								
Rohstoff 33	kg								
Rohstoff 44	Stk	4.944	1,13	5.587	5.280	307	158	148	320
Rohstoff 55	m								
Einsatz P1	Stk	730	101,12	73.820	65.160	8.660	905	7.755	360
Fertigung C	Std								
Fertigung D	Std	540	43,31	23.385	21.525	1.860	615	1.245	350
Betriebsleistung				107.496	96.605	10.891	1.910	8.980	
Herstellkosten				108.736	97.845	10.891			
Abgang an Lager		320	303,94	97.262	87.520	0			320
Abgang Ausschuss		30	303,94	9.118	8.205	0			30
Abgang sonst.									
Endbestand WIP		10		2.356	2.120	0			10

Nachkalkulations - SIV									
Produkt 3	ME	Menge	Kosten-satz	Ist	Soll	Abw.	Mengen-abw.	Preis-abw.	Menge
Produktion	Stk	200							
Anfangsbest.	Stk	10	78,00	780	780	0			10
Rohstoff 11	kg								
Rohstoff 22	Stk	420	11,00	4.620	4.600	20	230	-210	200
Rohstoff 33	kg								
Rohstoff 44	Stk								
Rohstoff 55	m	7.840	0,98	7.683	7.600	83	-152	235	200
Einsatz P1	Stk								
Fertigung C	Std	100	35,30	3.530	3.400	130	0	130	200
Fertigung D	Std	150	43,31	6.496	6.150	346	0	346	120
Betriebsleistung				22.329	21.750	579	78	501	
Herstellkosten				23.109	22.530	579			
Abgang an Lager		120	132,57	15.909	15.510	399			120
Abgang Ausschuss		30	80,00	2.400	2.340	60			30
Abgang sonst.									
Endbestand WIP		60		4.800	4.680	120			60

Nachkalkulations - SIV									
Produkt 4	ME	Menge	Kosten-satz	Plan (BLR)	Plan (Kalk.)	Abw.	Mengen-abw.	Preis-abw.	Menge
Produktion	Stk	480							
Anfangsbest.	Stk	0	46,00	0	0	0			0
Rohstoff 11	kg								
Rohstoff 22	Stk	1.950	11,00	21.450	22.080	-630	345	-975	480
Rohstoff 33	kg								
Rohstoff 44	Stk								
Rohstoff 55	m								
Einsatz P1	Stk								
Fertigung C	Std								
Fertigung D	Std	1.250	43,31	54.132	49.200	4.932	2.050	2.882	480
Betriebsleistung				75.582	71.280	4.302	2.395	1.907	
Herstellkosten				75.582	71.280	4.302			
Abgang an Lager		450	157,46	70.858	66.825	4.033			450
Abgang Ausschuss		30	157,46	4.724	4.455	259			30
Abgang sonst.									
Endbestand WIP		0		0	0	0			0

Abbildung 5-17: Nachkalkulations-Soll-Ist-Vergleich der „QUATTRO" – Produkte

2. Die aus diesem wichtigsten Instrument des Produktkosten-Controlling zu entnehmenden Abweichungsarten sind die:

- Mengenabweichung, als Differenz der Isteinsatzmenge zur Solleinsatzmenge laut gültiger Sollkalkulation, bewertet mit Festpreisen bzw. Plankostensätzen. Diese errechnet sich beim Einsatz des Rohstoffes 11 für das Produkt P 1 in der Höhe von € 522 wie folgt:
  ((24.360 kg - (1.200 Stk.* 20 kg/Stk.)* 1,45 €/Stk. = 522 €

- Preisabweichung, als Bewertungsdifferenz der Istmengen mit Istpreisen bzw. Istkostensätzen zu den Festpreisen bzw. Plankostensätzen. Die Preisabweichung beim Einsatz des Rohstoffes 11 für das Produkt P 1 in der Höhe von € -1.218 wird wie folgt errechnet:
  (24.360 kg * (1,40 €/ Stk.- 1,45 €/Stk). = - 1.218 €

Zu beachten ist, dass die Sollkostenrechnung bei der Nachkalkulation des Produktes P 1 nicht auf der Plankalkulation, sondern auf der Variantenkalkulation für dieses Produkt (siehe Abbildung 5-16) basiert, da diese zum Zeitpunkt der Auftragserteilung an den Betrieb gültig war. Der Wertunterschied muss beim Zugang zum Fertigwarenlager in der Bestandsrechnung (siehe unten) berücksichtigt werden.

5.4.3 Bestandsrechnung für Halb- und Fertigfabrikate

1. Im System der Nachkalkulation werden auch die Funktionen der monatlichen Betriebsleistungsrechnung und die Bestandsrechnung für die Ware in Arbeit wahrgenommen. So weist jede Nachkalkulation einen angenommenen Anfangsbestand (= Endbestand der Vorperiode) auf. Die Summe der monatlichen Zugänge stellt die Betriebsleistung dar, die zum Anfangsbestand addiert, die Summe der Herstellkosten ergibt. Diese Zwischensumme ist für die Abgangsbewertung wesentlich, da die Abgangsmengen nach dem Durchschnittspreisverfahren mit den Planpreisen laut Plan- bzw. Sollkalkulation und den inzwischen angefallenen durchschnittlichen Abweichungen bewertet werden.

So wird zum Beispiel die Abgangsmenge von 320 Stück des Produktes P 2 an Lager wie folgt bewertet:

320 Stck. mal Herstellkosten lt. Plankalkulation von 273,50 €/Stck. ergibt 87.520 € in der Spalte "SOLL"

Der Abweichungssatz der betreffenden Herstellkostensumme beträgt

$$\frac{\text{Istherstellkosten}}{\text{Sollherstellkosten}} = \frac{108.736}{97.845} = 1{,}1113$$

320 Stck. mal Herstellkosten lt. Plankalkulation von 273,50 €/Stck. mal Abweichungssatz von 1,1113 ergibt 97.262 € in der Spalte "IST", bzw. die Differenz zwischen "IST" und "SOLL" von 9.742 € in der Spalte Abweichung ("ABW.").

Auf dieselbe Weise werden auch die gemeldeten Ausschussmengen bewertet, die direkt in die Ergebnisrechnung verrechnet werden. Eine alternative Möglichkeit wäre es, die Ausschusskosten auch als Abweichungsbestandteil über die Bestände zu führen.

Die aggegierte Bestandsrechnung für die Ware in Arbeit ist als Abbildung 5-18 dargestellt. Demnach ergibt sich im Abrechnungsmonat eine Bestandserhöhung zu Istkosten bewertet von 7.794 €, die in die Ergebnisrechnung nach dem Gesamtkostenverfahren (siehe Abbildung 5-23) übernommen wird.

BESTANDSRECHNUNG WIP

ME	Menge	Kostensatz	Ist €	Soll €	Abw. €
Anfangsbest. WiP			2.020	2.020	0
Endbestand WIP			9.814	9.400	414
Bestandsveränd. WiP			7.794	7.380	414

Abbildung 5-18: Bestandsrechnung der Ware in Produktion

2. Damit stellt der Nachkalkulations-Soll-Ist-Vergleich nicht nur das wichtigste Instrument des Produktkosten-Controlling, mit Ausweis der Mengen- und Preisabweichungen sowie der Ausschussabweichungen dar, sondern durch die Funktionen der Betriebsleistungs- und Bestandsrechnung für die Ware in Arbeit auch einen unverzichtbaren Bestandteil der geschlossenen, mit den Zahlen des externen Rechnungswesens abstimmbaren Abrechnung.

3. Die Bestandsrechnung des Fertigwarenlagers, d.h. aller auf Lager geführten Teile, Bauteile und Produkte, schließt die Kostenträgerrechnung ab. Während die Bestandsveränderungen der Ware in Arbeit bereits aus der Nachkalkulation (siehe oben) in Form der verdichteten Betriebsleistungsrechnung zur Verfügung steht (Abbildung 5-18), muss die Bestandsrechnung der Fertigfabrikate noch gezeigt werden. Für diese Aufgabe wird das System der Materialwirtschaft herangezogen. Als Bewertungsverfahren wird – wie in der Praxis häufig üblich - das Festpreisverfahren mit gleichzeitigem Ausweis des gleitenden Durchschnittspreises gewählt:

Bestandsrechung des Fertigwarenlagers						
		Produkt 1			Produkt 2	
	Menge	Festwert	Abw.	Menge	Festwert	Abw.
		€	€		€	€
Anfangsbest. Lager	200	18.100	2.029	200	54.700	0
Zugang Lager	1.100	99.550	11.782	320	87.520	9.742
Zwischensumme	1.300	117.650	13.811	520	142.220	9.742
Abgang Lager						
Wiedereinsatz	730	66.065	7.755			
Umsatz	540	48.870	5.737	510	139.485	9.554
Endbestand Lager	30	2.715	319	10	2.735	187
Bestandsveränd. Lager	-170	-15.385	-1.710	-190	-51.965	187
		Produkt 3			Produkt 4	
	Menge	Festwert	Abw.	Menge	Festwert	Abw.
		€	€		€	€
Anfangsbest. Lager	140	18.095	0	50	7.425	0
Zugang Lager	120	15.510	399	450	66.825	4.033
Zwischensumme	260	33.605	399	500	74.250	4.033
Abgang Lager						
Wiedereinsatz						
Umsatz	260	33.605	399	340	50.490	2.742
Endbestand Lager	0	0	0	160	23.760	1.291
Bestandsveränd. Lager	-140	-18.095	0	110	16.335	1.291
Summe					**-69.110**	**-232**

Abbildung 5-19: Bestandsrechnung des Fertigwarenlagers

Zu einem angenommenen Anfangsbestand wird der Zugang des Monats aufgrund der Nachkalkulation (siehe Abbildung 5-17) hinzugefügt. Während bei den Produkten P 2 bis P 4 die Bewertung des Zuganges aus der Zeile "Abgang an Lager" und der Spalte "SOLL" und "ABW" der entsprechenden Nachkalkulation zu entnehmen ist, muss beim Produkt P 1 eine Korrektur der Sollkosten bei der Übernahme in den Bestand zu Festwerten vorgenommen werden. Während die Sollkosten der Nachkalkulation auf der Plankalkulationsvariante VAR. 1 basieren, werden die Bestände mit den Festwerten der ursprünglichen Plankalkulation des Produktes P 1 geführt. Die Istkosten des Lagerzuganges von 111.332 € werden daher in Festwert und Abweichungen ("MA/PA") geteilt, indem die Zugangsmenge von 1.100 Stck. mal dem Plankalkulationswert des Produktes P 1 von 90,50 €/Stck., das sind 99.550 € als Festwert und die Differenz zum

Istwert, das sind 11.782 € als Abweichung betrachtet werden. Bei der Bewertung der jeweiligen Abgänge kommt wieder - wie auch bei der Bewertung der Ware in Arbeit - das Verfahren der gleitenden Durchschnittspreisbildung zum Einsatz, nach dem die Abgänge mit dem Festwert und dem aktuellen Abweichungssatz multipliziert werden.

5.4.4 Deckungsbeitragsrechnung

1. Als kurzfristige Ergebnisrechung, die aktuellste Informationen bieten kann, wird der nun folgende **Deckungsbeitrags-Plan-Ist-Vergleich** zum wichtigsten Instrument des Vertriebs-Controlling.

DECKUNGSBEITRAG PLAN-IST-VERGLEICH

		Produkt 1			Produkt 2			Produkt 3			Produkt 4			Gesamt		
		Ist	Plan	Abw.	Ist	Plan	Abw.	Ist	Plan	Abw.	Ist	Plan	Abw.	Ist	Plan	Abw.
Bruttoerlös	€ /Stk	190,00	170,00		500,00	455,00		230,00	205,00		250,00	215,00				
Absatz	Stk /Mo	540	400		510	400		260	200		340	460				
Bruttoerlös		102.600	68.000		255.000	182.000		59.800	41.000		85.000	98.900		502.400	389.900	
Erlösmind.		7.020	5.200		11.220	8.800		3.757	2.890		2.040	2.760		24.037	19.650	
SEKoV		3.510	2.600		4.845	3.800		1.638	1.260		3.570	4.830		13.563	12.490	
Nettoerlös		92.070	60.200		238.935	169.400		54.405	36.850		79.390	91.310		464.800	357.760	
Stand.Herstellkosten prop.		44.759	33.155		125.409	98.360		29.604	22.773		43.478	58.823		243.250	213.110	
Deckungsbeitrag I		47.311	27.045	20.266	113.526	71.040	42.486	24.801	14.078	10.723	35.913	32.488	3.425	221.550	144.650	76.900
Stand.-DB I		36.511			90.576			18.301			24.013			169.400		
Preisabw.				10.800			22.950			6.500			11.900			52.150
Mengenabw.				9.466			19.536			4.223			-8.475			24.750
DB I /Stk		87,61	67,61		222,60	177,60		95,39	70,39		105,63	70,63				
DB I /Engpass-Std		116,82	90,15		148,40	118,40		190,78	140,78							
Stand.Herstellkosten fix		4.111	3.045		14.076	11.040		4.001	3.078		7.013	9.488		29.200	26.650	
Deckungsbeitrag II		43.200	24.000	19.200	99.450	60.000	39.450	20.800	11.000	9.800	28.900	23.000	5.900	192.350	118.000	74.350
Verk.förd		11.850	10.760		22.150	22.000		1.750	1.400		4.300	4.600		40.050	38.760	

DECKUNGSBEITRAG PLAN-IST-VERGLEICH	Produkt 1			Produkt 2			Produkt 3			Produkt 4			Gesamt		
	Ist	Plan	Abw.	Ist	Plan	Abw.	Ist	Plan	Abw.	Ist	Plan	Abw.	Ist	Plan	Abw.
Deckungsbeitrag III	31.350	13.240	18.110	77.300	38.000	39.300	19.050	9.600	9.450	24.600	18.400	6.200	152.300	79.240	73.060
					Produktmanagement 1						Produktmanagement 2				
Vertr.GK.					31.027	30.840					16.795	16.700	47.822	47.541	
Deckungsbeitrag IV				77.623	20.400	57.223			26.85 5		11.300	15.555	104.478	31.699	72.779
Stand.-DB I					128.737						42.332				
Preisabw.						33.750						18.400			
Mengenabw.						30.652						-4.233			
Mixabw.						-1.650						-19			
Verw.GK.													21.110	20.630	
STANDARDERGEBNIS													83.368	11.069	72.299
Herstellkostenabw.													18.432	0	
Ausschuß													20.229	0	
KOST-Abweichungen													980	0	
Abw.Sozialaufw.LuG													0	0	
Abw. Erlösmind./SEKoV													-1.220	0	
BETRIEBSERGEBNIS													44.947	11.069	33.878

Abbildung 5-20: Deckungsbeitrags-Plan-Ist-Vergleich nach Produkten

Als erster Abrechnungsschritt werden in der Erlösübernahme die Bruttoerlöse aus den Ausgangsdaten (siehe Abbildung 5-15) durch Multiplikation der Ist-Absatzmengen mit den erzielten Preisen / Stck. ermittelt.

In der folgenden Erlösrechnung werden die Erlösschmälerungen und Sondereinzelkosten des Vertriebes anhand der gespeicherten kalkulatorischen Daten (siehe Abbildung 5-15) vorweg zum Ansatz gebracht, um nicht auf den meist verspäteten Rechnungseingang dieser Beträge warten zu müssen. Dem auf diese Weise errechneten Nettoerlös werden nun die zu berücksichtigenden Kosten in einem stufenweisen Verfahren der Deckungsbeitragsrechnung zugeordnet, und zwar zuerst die proportionalen Standardherstellkosten des Umsatzes aufgrund der Plankalkulation der einzelnen Produkte P 1 bis P 4 (siehe Abbildung 5-16), wonach sich der Deckungsbeitrag I ergibt. Dieser Deckungsbeitrag wird, nachdem einige statistische Kennzahlen (DB I / Stück, DB I / Stunde Engpass, angenommen mit Kostenstelle C) errechnet wurden, um die parallel in der Plankalkulation mitgeführten Fixkostenanteile reduziert. Auf die Problematik der in diesem Beispiel vorgenommenen Proportionalisierung der fixen Herstellkosten wurde schon unter dem Stichwort der „Parallelrechnung“ eingegangen. Für Fragen der Sortimentspolitik, der Preisuntergrenze oder der Verfahrenswahl sind selbstverständlich nur die Werte des Deckungsbeitrags I zu verwenden.

Der ausgewiesene Deckungsbeitrag II wird anschließend um die periodenabhängigen, jedoch den einzelnen Produkten – nicht den einzelnen Produkteinheiten! - verursachungsgerecht zuordenbaren periodischen Verkaufsförderungskosten reduziert, woraus der Deckungsbeitrag III entsteht. Zum Unterschied vom oben dargestellten Deckungsbeitrag I oder II, der jederzeit nach allen Auswertungskriterien des Vertriebsinformationssystems, wie Produkthierarchie, regionale Hierarchie und Kundenhierarchie sortiert werden kann, sind ab dem Deckungsbeitrag III nur mehr getrennte Auswertungen für die einzelnen Hierarchien im monatlichen Abrechnungsrhythmus möglich.

Im nächsten Schritt werden die, von den einzelnen Profit Centers zu vertretenden Kosten der jeweiligen Vertriebsbereiche abgezogen, womit die Zielgröße für das Vertriebsergebnis der beiden Profitcenter in Form des Deckungsbeitrags IV vorliegt. Nach Abzug der Verwaltungskosten des Gesamtunternehmens wird das Standardbetriebsergebnis als Deckungsbeitrag V ausgewiesen.

2. Durch Gegenüberstellung der erzielten Deckungsbeiträge zu den Plan-Deckungsbeiträgen, die aus dem Planungssystem übernommen wurden, werden im Deckungsbeitrags-Plan-Ist-Vergleich die für die Vertriebssteuerung relevanten Informationen gezeigt.

Die einzelnen Abweichungsarten auf der Ebene des Deckungsbeitrages I sind z. B. eine ergebnisverbessernde Gesamtabweichung beim Produkt P 1 in der Höhe von 20.266, die sich in eine, durch den verbesserten Nettoerlös bewirkte Preisabweichung von 10.800 und eine durch die erhöhte Absatzmenge bewirkte Mengenabweichung von 9.466 aufteilt. Dabei stellt der errechnete Standard- bzw. Soll-Deckungsbeitrag von 36.511, ermittelt aus Istabsatzmenge mal Plan-DB1/Stk., eine Schlüsselgröße dar:

Die Preisabweichung ermittelt sich aus Ist-Deckungsbeitrag minus Standard- / Soll-Deckungsbeitrag, also 47.311 € minus 36.511 € und beträgt 10.800 € während die

Mengenabweichung als Differenz des Standard- / Soll-Deckungsbeitrags zum Plandeckungsbeitrag eine Betrag von 36.511 € minus 27.045 € und damit 9.466 € ergibt.

Von besonderer Bedeutung ist diese Abweichungsanalyse auf der Ebene der beiden Profit-Centers, wo neben der Preis- und der Mengenabweichung auch noch die Mixabweichung des Deckungsbeitrages I als Hinweis für die Auswirkungen eingetretener Änderungen in der Sortimentsstruktur ausgewiesen wird. So zeigt die ergebnisverschlechternde Mixabweichung des Profit Centers PM 1 in der Höhe von minus 1.650 € die Folgen der relativ höheren Absatzsteigerung des deckungsbeitragsschwächeren Produktes P 1 gegenüber P 2. Zu deren Ermittlung ist neben den Standard-Deckungsbeiträgen der einzelnen Produkte auch ein durchschnittlicher Standard-Deckungsbeitrag der Produktgruppe erforderlich. (Vgl. dazu auch Kapitel 5.2.3.4, insbes. Abbildung 5-10)

3. Für das ausgewiesene Standardergebnis sind nur in geringem Maße Istkosten der Abrechnungsperiode zum Ansatz gebracht worden. Damit ist eine überaus aktuelle Vertriebsinformation – praktisch real time - möglich.

Dies muss nach Abschluss aller Abrechnungsgebiete des Gesamtsystems um die dort ermittelten Verrechnungsabweichungen korrigiert werden. Dies ist Aufgabe einer geschlossenen Ergebnisrechnung (siehe Kapitel 5.5.5), die in der Regel erst gegen Ende des Folgemonats - für ein wirkungsvolles Vertriebs-Controlling viel zu spät - vorliegt. Die aus Gründen der Abstimmbarkeit der Ergebnisse hier angeführten Verrechnungsabweichungen stammen einerseits aus Deckungsdifferenzen zwischen den kalkulatorisch verrechneten Erlösminderungen und Sondereinzelkosten des Vertriebes, andererseits aus der Ermittlung der Istherstellkosten (Kostenstellenrechnung und Nachkalkulation). Auf beide Gebiete wird in Kapitel 5.5.5 noch eingegangen.

4. Nach dem gleichen stufenweisen Rechenschema kann in der folgenden Kundenergebnisrechnung in Form eines Deckungsbeitrags-Soll-Ist-Vergleichs das Istergebnis der einzelnen Kundenbeziehungen dargestellt werden.

KUNDENERGEBNIS-RECHNUNG	Kunde 1			Kunde 2			Kunde 3			Kunde 4			Gesamt		
	Ist	Plan	Abw.	Ist	Plan	Abw.	Ist	Plan	Abw.	Ist	Plan	Abw.	Ist	Plan	Abw.
Bruttoerlös	46.300	55.100		200.700	109.700		227.900	190.700		27.500	34.400		502.400	389.900	
Erlösmind.	2.412	2.887		9.280	5.230		11.686	10.573		660	960		24.037	19.650	
SEKoV	1.591	2.288		5.600	3.815		5.217	4.707		1.155	1.680		13.563	12.490	
Nettoerlös	42.298	49.925		185.820	100.655		210.998	175.420		25.685	31.760		464.800	357.760	
Deckungsbeitrag I	20.024	19.460	564	89.234	40.614	48.619	100.674	73.276	27.398	11.619	11.300	319	221.550	144.650	76.900
Preisabw.			5.450			21.000			21.850			3.850			52.150
Mengenabw.			- 4.886			27.619			5.548			-3.531			24.750
Stand.Herstellkosten fix	2.924	4.160		11.434	7.614		12.574	11.576		2.269	3.300		29.200	26.650	
Deckungsbeitrag II	17.100	15.300	1.800	77.800	33.000	44.800	88.100	61.700	26.400	9.350	8.000	1.350	192.350	118.000	74.350
Verk.förd													40.050	38.760	
Deckungsbeitrag III													152.300	79.240	73.060
Vertr.GK.													47.822	47.541	
Deckungsbeitrag IV													104.478	31.699	72.779
Verw.GK.													21.110	20.630	
STANDARDERGEBNIS													83.368	11.069	72.299
Herstellkostenabw.													18.432	0	
Ausschuss													20.229	0	
KOST-Abweichungen													980	0	
Abw.Sozialaufw.LuG													0	0	
Abw. Erlösmind./SEKoV													-1.220	0	
BETRIEBSERGEBNIS													44.947	11.069	33.878

Abbildung 5-21: Deckungsbeitrags-Plan-Ist-Vergleich nach Kunden

Die Deckungsbeiträge I und II und die einzelnen Abweichungen werden darin auf die einzelnen Kunden verteilt, sie bleiben in Summe aber natürlich gleich. Diese Analyse gewinnt zusätzlich an Bedeutung, wenn mithilfe prozessorientierter Verrechnungen die Komplexitätskosten einzelner Kundenbeziehungen deutlich gemacht werden können. [96]

5.4.5 Betriebsergebnisrechnung

1. Um eine geschlossene Ergebnisrechnung nach dem Umsatz- oder Gesamtkostenverfahren durchführen zu können, müssen zunächst alle anderen monatlichen Abrechnungsgebiete abgeschlossen werden.

Die Ergebnisrechnung nach dem Umsatzkostenverfahren entspricht in ihrem Aufbau weitgehend der Deckungsbeitragsrechnung (vgl. Abbildung 5-20), wird aber mehr nach abrechnungstechnischen als nach controllingorientierten Gesichtspunkten gestaltet.

ERGEBNISRECHNUNG
UMSATZKOSTENVERFAHREN

	Produkt 1	Produkt 2	PM 1	Produkt 3	Produkt 4	PM 2	Gesamt
Bruttoerlös	102.600	255.000	357.600	59.800	85.000	144.800	502.400
Erlösmind.	7.020	11.220	18.240	3.757	2.040	5.797	24.037
Nettoumsatz I	95.580	243.780	339.360	56.043	82.960	139.003	478.363
SEKoV	3.510	4.845	8.355	1.638	3.570	5.208	13.563
Nettoumsatz II	92.070	238.935	331.005	54.405	79.390	133.795	464.800
Stand.Herstellkosten prop.	44.759	125.409	170.168	29.604	43.478	73.082	243.250
Deckungsbeitrag I	47.311	113.526	160.837	24.801	35.913	60.713	221.550
Stand.Herstellkosten fix	4.111	14.076	18.187	4.001	7.013	11.013	29.200
Deckungsbeitrag II	43.200	99.450	142.650	20.800	28.900	49.700	192.350
Verk.förd	11.850	22.150	34.000	1.750	4.300	6.050	40.050
Herstellkostenabw.	5.737	9.554	15.291	399	2.742	3.141	18.432
Ausschuss	3.987	9.118	13.105	2.400	4.724	7.124	20.229
Deckungsbeitrag III	21.626	58.627	80.254	16.251	17.134	33.385	113.639
Vertr.GK.			31.027			16.795	47.822
Deckungsbeitrag IV			49.227			16.590	65.817
Verw.GK.							21.110
Deckungsbeitrag V							44.707
KOST-Abweichungen							980
Abw.Sozialaufw.LuG							0
Abw. Erlösmind./SEKoV							-1.220
BETRIEBSERGEBNIS							44.947

Abbildung 5-22: Ergebnisrechnung nach dem Umsatzkostenverfahren

2. Zusätzliche Erkenntnisse lassen sich dadurch gewinnen, dass in dieser Auswertung die Abweichungen aus dem Herstellkostenbereich (vgl. Abbildungen 5-17 und 5-19) bei den einzelnen Produkten ausgewiesen werden können. Die Quellen dieser Daten sind die einzelnen Nachkalkulations-Soll-Istvergleiche von P1 bis P 4, die jedoch erst über die Bestandsrechnung des Fertigwarenlagers ergebniswirksam werden. Diese Abweichungen werden erst beim Verkauf des Produktes ergebniswirksam! Dagegen werden die Ausschusskosten hier direkt im Monat des Anfalls in die Ergebnisrechnung verrechnet.

Die als Abweichungen der Kostenstellenrechnung („KOST-Abweichungen") definierten Beträge stammen aus der Verrechnungskontrolle der Kostenstellenrechnung (vgl. Abbildung 4-35), darin ist auch die durch die Parallelrechnung bewirkte Beschäftigungsabweichung enthalten.

Die Deckungsdifferenzen aus Abgrenzungsaufträgen aperiodischer Kosten, wie Sonderzahlungen bei Lohn und Gehalt oder die abgegrenzten Erlösminderungen und Sondereinzelkosten des Vertriebes (SEKoV) führen zu einem, mit der externen Unternehmungsrechnung abstimmbaren Betriebsergebnis.

3. Die Ergebnisrechnung nach dem Gesamtkostenverfahren schließt nun den Kreis vollständig, da sie im Aufbau einer Gewinn- und Verlustrechnung ähnlich gestaltet ist:

ERGEBNISRECHNUNG **GESAMTKOSTENVERFAHREN**

KOSTEN

	A Energiest.	B Hilfsbetr.	C Fertigung 1	D Fertigung 2	Summe
Ftg.Lohn			9.195	25.304	34.499
Rep.Lohn		3.015			3.015
Gehalt	17.690				17.690
Sozialaufw. Lohn					26.260
Sozialaufw. Gehalt					7.074
SBK	2.600	234	9.135	14.695	26.664
Kap.Ko	75	180	3.950	4.910	9.115
Tarifabw.	618	128	393	1.172	2.311
Preisabw.	78	6	273	367	724
	Produkt 1	Produkt 2	Produkt 3	Produkt 4	
Rohstoff 11	34.104	4.704			38.808
Rohstoff 22			4.620	21.450	26.070
Rohstoff 33	45.043				45.043
Rohstoff 44		5.587			5.587
Rohstoff 55			7.683		7.683
SEKoV					14.530
Verk.förd	11.850	22.150	1.750	4.300	40.050
Vertr.GK.					47.822
Verw.GK.					21.110
BETRIEBSERGEBNIS					44.947
Summe					419.002

ERLÖSE

	Produkt 1	Produkt 2	Produkt 3	Produkt 4	Summe
Bruttoerlös	102.600	255.000	59.800	85.000	502.400
Erlösmind.					-21.850
BV WiP	2.658	1.116	4.020	0	7.794
BV Lager	-17.095	-51.778	-18.095	17.626	-69.342
					0
Summe					419.002

Abbildung 5-23: Ergebnisrechnung nach dem Gesamtkostenverfahren

Auf der Sollseite sind die in die Abrechnung eingegangenen Kosten verbucht. Zur Verdeutlichung ihrer Herkunft sind auch die Vorspalten – wenn möglich – ausgefüllt. Alle Zahlen können aus den bereits vorliegenden Abbildungen entnommen werden. So stammen die Gemeinkosten vom Lohn bis zu den Preisabweichungen aus dem Soll-Istkostenvergleich der Kostenstellen (vgl. Abbildung 4-32), während die Einzelkosten von den Rohstoffen bis zu den Verkaufsförderungskosten aus dem Nachkalkulations-Soll-Istvergleich (vgl. Abbildung 5-17) bzw. der Deckungsbeitragsrechnung (vgl. Abbildung 5-20) stammen.

Auf der Habenseite sind die Erlöse nach Produkten aufgelistet, die tatsächlich angefallenen – nicht die abgegrenzten – Erlösminderungen berücksichtigt und die Bestandsveränderungen der halbfertigen und fertigen Produkte (vgl. Abbildungen 5-18 und 5-19) ausgewiesen.

Der Saldo des Kontos stellt das Betriebsergebnis in Höhe von 44.947 € dar, einen Betrag den wir auch nach dem Umsatzkostenverfahren (Abbildung 5-22) und – nach Berücksichtigung der Verrechnungsabweichungen – im Deckungsbeitrags-Plan-Istvergleich nach Produkten und Kunden (vgl. Abbildungen 5-20 und 5-21) gezeigt haben.

5.5 Die Kostenträger- und Ergebnisrechnung der Grenzplankostenrechnung im Modellbetrieb der „Getriebebau AG"

5.5.1 Plankalkulation

1. Wir wollen zunächst ein geschlossenes Beispiel der Plankalkulation anhand der Erzeugnisstruktur des Modellbetriebes, wie wir ihn in Kapitel 4.11 vorgestellt haben, wiedergeben[97]. Dabei handelt es sich bei der Teile-Ebene um einteilige Stückgüter, während ab der Bauteile-Ebene die Kalkulation mehrteiliger Stückgüter gezeigt werden kann.

Wie bereits bekannt, stellt der Modellbetrieb in 4 Produktgruppen 6 verkaufsfähige Erzeugnisse und 6 Ersatzteile her (vgl. Abbildung 4-43). Die Stücklistenstruktur ist beispielhaft in Abbildung 4-42 für das Erzeugnis P10101-Getriebe SGW dargestellt. Daraus ist ersichtlich, dass u. a. das selbstgefertigte Teil T07002 – Zahnrad (einteiliges Stückgut) in die Baugruppe B 06740 – Welle mit Zahnrad – (mehrteiliges Stückgut) eingeht, und diese mit anderen ein- und mehrteiligen Stückgütern zum Fertigerzeugnis P10101 – Getriebe SGW zusammenmontiert wird. Auf der Basis dieses Mengengerüstes, wozu noch die Arbeitsplandaten (zu entnehmen aus Abbildung 4-46 bis 4-48) gehören, kann nun durch Bewertung mit den Plankostensätzen der Kostenplanung die Plankalkulation maschinell erstellt werden. Diese Aufgabe, die eine enge Integration zwischen technischem Mengengerüst und betriebswirtschaftlichen Bewertungsgesichtspunkten erfordert, wird heute überwiegend mit leistungsfähiger Standard-Software gelöst. Aus den Daten des Modellbetriebes zeigen wir nun eine Auswahl des umfassenden Informationsangebots für die Plankalkulationen der drei angeführten Produkte.

Plankalkulation – Teil

NR	Artikel	Mengeneinheit	Disp. Menge
T07002	Zahnrad 275/120	STK	1

Kostenelement	Prop	Fix	Gesamt
Gussteil	330,00		330,00
Fertigungsmaterial			–
Zukaufteile			–
Mat. Bereitstellung	29,04	10,96	40,00
Halbfabrikate			–
Materialgutschrift			–
Seko. d. Fertigung			–
Fert. Unterstützung	51,89	13,75	65,64
Rüstkosten			–
Fertigungskosten	464,05	119,53	583,58
Ofenkosten	15,11	7,42	22,53
Ausschuss/Nacharbeit	32,37	3,06	35,43
Summe	**922,46**	**154,72**	**1.077,18**

Kostenherkunft – Fertigungskosten					
NR			**Artikel**	**Mengeneinheit**	**Disp. Menge**
T07002			Zahnrad 275/120	STK	1
AVO	KOST	BZG- Art	Einsatz	ME	Euro
0010	421 – 1	VST	85	M	101,93
0020	453 – 1	VST	215	M	334,77
0040	442 – 1	VST	32	M	16,42
0040	442 – 2	MST	42	M	10,93
Summe					**464,05**

Abbildung 5-24: Plankalkulation T 07002

Die erste Tabelle zeigt die verdichtete Plankalkulation, bewertet nach dem Verfahren der Parallelkalkulation mit proportionalen und fixen Plankostensätzen. Die ausgewiesenen Gesamtherstellkosten betragen 1.077,18 €/Stück.

Neben dem Rohstoffeinsatz werden hier traditionelle Materialgemeinkostenzuschläge in Prozent des Materialeinsatzes berechnet. Auf eine mögliche prozessorientierte Verrechnung der Logistikkosten gehen wir später noch ein. Der Kalkulationszuschlag für Fertigungsunterstützung dient zur Deckung von Kosten des indirekten Bereiches (vgl. Abbildung 4-64).

Eine Analyse der Fertigungskosten zeigt die zweite Tabelle, wo die einzelnen Arbeitsgänge, die ausführenden Kostenstellen und die Bezugsgrößeneinheit pro Kalkulationseinheit sowie die anschließende Bewertung mit den proportionalen Plankostensätzen dargestellt sind. Der Arbeitsvorgang (AVO) 0010 dauert planmäßig 85 Minuten (vgl. Abbildung 4-46) und wird mit einem proportionalen Kostensatz von 71,96 €/Stunde (vgl. Abbildung 4-74) bewertet, woraus sich ein proportionaler Stückkostenanteil von 101,93 € ergibt. Die Summe der proportionalen Fertigungskosten von 464,05 € findet sich in der entsprechenden Zeile der ersten Tabelle wieder.

Eine Weiterrechnung von den Herstellkosten zu den Selbstkosten wäre für die Gewinnung von Richtwerten für die Angebotskalkulation selbstverständlich möglich, wird aber hier nicht genutzt.

Die erste Tabelle der Abbildung 5-25 zeigt für die Baugruppe B06740 in verdichteter Form die gesamten Herstellkosten in Höhe von 2.405,91€/Stück, die Grenzherstellkosten sind mit 2.126,92 €/Stück ausgewiesen. Wie aus der zweiten Tabelle ersichtlich, gehen darin in der Zeile Halbfabrikate die beiden Teile T06001 und T07002 ein, wobei die Bewertung von T07002 aus der oben dargestellten Plankalkulation (vgl. Abbildung 5-24) entnommen werden kann. Neben den hier ausgewiesenen Vollkosten von 1.077,18 €/Stück werden stets auch die Grenzkosten (u. a.) im System mitgeführt, was aus der ersten Tabelle (Zeile „Halbfabrikate“) ersichtlich ist.

Das fertige Erzeugnis P10101 wurde laut Abbildung 5-26 mit Gesamt-Herstellkosten von 6.826,06 €/Stück (erste Tabelle) kalkuliert, wovon 5.646,08 €/Stück auf die Grenzkosten entfallen. In der ersten Tabelle ist nur die Wertschöpfung dieser letzten Kalkulationsstufe ersichtlich, der größte Kostenanteil steckt in der Zeile der wiedereingesetzten Halbfabrikate. In der zweiten Tabelle sind die Grenzkosten aller Stufen nach den ausgewählten Kostenelementen differenziert abgebildet, d.h. die Zeile „Halbfabrikate“ ist hier nach Elementen aufgelöst.

Plankalkulation – Baugruppe			
NR	**Artikel**	**Mengeneinheit**	**Disp. Menge**
B06740	Welle m. Zahnrad, A1	STK	1

Kostenelement	**Prop**	**Fix**	**Gesamt**
Gussteil	–	–	–
Fertigungsmaterial	–	–	–
Zukaufteile	397,95	–	397,95
Mat. Bereitstellung	35,02	13,21	48,23
Halbfabrikate	1.637,64	257,86	1.895,50
Materialgutschrift			–
Seko. d. Fertigung			–
Fert. Unterstützung	3,04	0,64	3,68
Rüstkosten			–
Fertigungskosten	27,24	6,45	33,69
Ofenkosten	–	–	–
Ausschuss/Nacharbeit	26,03	0,83	26,86
Summe	**2.126,92**	**278,99**	**2.405,91**

Kostenherkunft – Halbfabrikat				
NR		**Artikel**	**Mengeneinheit**	**Disp. Menge**
B06740		Welle m. Zahnrad, A1	STK	1
Material	Bezeichnung	Losgröße	ME	Euro
T06001	Welle 100/860	1	STK	818,32
T07002	Zahnrad 275/120	1	STK	1.077,18
Summe				**1.895,50**

Abbildung 5-25: Plankalkulation B06740

Plankalkulation – Erzeugnis/letzte Stufe			
NR	**Artikel**	**Mengeneinheit**	**Disp. Menge**
P10101	Getriebe SGW, einstufig 2,5 : 1	STK	1 Euro
Kostenelement	**Prop**	**Fix**	**Gesamt**
Gussteil	–	–	–
Fertigungsmaterial	–	–	–
Zukaufteile	48,80	–	48,80
Mat. Bereitstellung	4,29	1,62	5,91
Halbfabrikate	5.361,94	1.118,81	6.480,75
Materialgutschrift			–
Seko. D. Fertigung			–
Fert. Unterstützung	21,66	5,19	26,85
Rüstkosten	–		–
Fertigungskosten	194,27	51,97	246,24
Ofenkosten	–	–	–
Ausschuss/Nacharbeit	15,12	2,39	17,51
Summe	**5.646,08**	**1.179,98**	**6.826,06**

Plankalkulation – Erzeugnis/alle Stufen			
NR	**Artikel**	**Mengeneinheit**	**Disp. Menge**
P10101	Getriebe SGW, einstufig 2,5 : 1	STK	1 Euro
Kostenelement	**Prop**	**Fix**	**Gesamt**
Gussteil	997,40	–	997,40
Fertigungsmaterial	402,00	–	402,00
Zukaufteile	667,30	–	667,30
Mat. Bereitstellung	181,86	68,62	250,48
Halbfabrikate	–	–	–
Summe Materialkosten	2.248,56	68,62	2.317,18
Seko. d. Fertigung	175,50	–	175,50
Fert. Unterstützung	294,02	96,66	390,68
Rüstkosten	66,14	47,68	113,82
Fertigungskosten	2.502,49	892,99	3.395,48
Ofenkosten	68,27	27,87	96,14
Ausschuss/Nacharbeit	291,10	46,16	337,26
Summe	**5.646,08**	**1.179,98**	**6.826,06**

Abbildung 5-26: Plankalkulation P 10101

Aus diesen Wertansätzen werden in der Deckungsbeitragsrechnung (vgl. Abbildungen 5-50 und 5-54) die Herstellkosten für die Ermittlung der Deckungsbeiträge 1 bis 3 gewonnen. Die Gestaltungs- und Auswertungsmöglichkeiten derartiger Berichte sind heute in der Praxis äußerst vielfältig und gehen über das hier ausgewählte Spektrum weit hinaus.

2. Wie wir bereits mehrfach angemerkt haben, stellt die verursachungsgerechte Planung und Verrechnung der Kosten der indirekten Leistungsbereiche eine wachsende Herausforderung dar. Für einen prozessorientierten Ansatz im Beschaffungsbereich haben wir bereits in Kapitel 4.1.1.3 die Grundlage in Form einer analytischen Kostenplanung (vgl. Abbildung 4-67) gelegt. Für die Weiterverrechnung dieser Kosten in die Kostenträgerrechnung sind folgende Voraussetzungen zu schaffen:

In Abbildung 5-27 wird eine Vorgangskalkulation aus dem Beschaffungsbereich – Materialbereitstellung – gezeigt. Die Kalkulationseinheit – der „Cost Driver“ – ist der Fertigungsauftrag, der 5.041,22 € an proportionalen Kosten auslöst. In Abbildung 5-28 sieht man, wie, unter Berücksichtigung einer Planlosgröße von 160 Stück je Fertigungsauftrag, diese Kosten in Höhe von 31,51 € quotiert und in einer separaten Spalte – d. h. auch im DV-System getrennt darstellbar – als auftragsbezogene Kosten in die Plankalkulation des betreffenden Teils eingehen. Mit diesem Verfahren kann eine erhöhte Transparenz der Komplexitätskosten erreicht werden, vorausgesetzt die organisatorischen Voraussetzungen dazu (Tätigkeitsanalyse, Leistungsstandards, Zählgrößenermittlung) können wirtschaftlich geschaffen werden. Im Übrigen zeigt die Abbildung 5-28 die prozessorientierte Bewertung der einzelnen Fertigungsschritte (vgl. wieder Abbildung 4-46 bis 4-48 und 4-107). Der Unterschied im Ergebnis der Herstellkosten im Vergleich zu Abbildung 5-25, wo diese Welle auch aufscheint, liegt in der unterschiedlichen Verrechnung der Kosten für Materialbereitstellung und Fertigungsunterstützung.

Vorgangskalkulation Materialbereitstellung			
NR	M179	**Kalk. Mengeneinheit**	Fertigungsauftrag
Vorgang	Materialbereitstellung	**Kalk. Menge**	1
Klasse	Kaufteile Kat. A, Lager	**Gruppe**	Stangenmaterial

Bezeichnung	KST	Bezugsgrößen			Menge/ Vorg.	Eins.- Fakt	Kostensatz		Kosten	
		Benennung	ME	Menge			Prop.	Gesamt	Prop.	Gesamt
Anfragen-/ Angebots-bearbeitung	A053	Vorgänge	VRG	1	250	0,64	186,34	260,00	119,26	166,40
Material-beschaffung	B187	Vorgänge	VRG	1	250	0,64	265,75	405,71	170,08	259,65
Waren-eingang	W087	Vorgänge	VRG	1	125	1,28	1.803,23	2.410,18	2.308,13	3.085,03
Waren-ausgang	H046	Vorgänge	VRG	1	160	1,00	2.443,75	3.371,91	2.443,75	3.371,91
					Kosten je Fertigungsauftrag				**5.041,22**	**6.882,99**

Abbildung 5-27: Vorgangskalkulation Materialbereitstellung

Plankalkulation mit Prozesskosten			
Artikelnummer	T 06001	**Mengeneinheit**	Stück
Artikelbezeichnung	Welle 100/860	**Kalk. Menge**	1
Artikelgruppe	Teile	**Plan-Losgröße**	160

Bezeichnung	Herkunft	Kosten		davon				
				mengenprop.		auftragsbezogen		lebenszykl. bezogen
		Prop.	Gesamt	Prop.	Gesamt	Prop.	Gesamt	
Rundstahl	L10002	290,00	290,00	290,00	290,00			
Materialbereitstellung	M179	31,51	43,02			31,51	43,02	
NC-Programmierung	FU317		0,39					0,39
Qualitätssicherung	FU433	7,19	10,76	7,19	10,76			
Innerbetriebl. Transport	FU287	7,77	9,52	7,77	9,52			
Stücklisten-/ Arbeitsplanerstellung	FU193		0,42					0,42
Auftragsplanung/ -steuerung	FU396	3,95	5,02			3,95	5,02	
NC-Drehen	421	189,47	247,08	189,47	247,08			
Spitzendrehen	432	9,08	12,01	9,08	12,01			
Fräsen	454	6,24	8,60	6,24	8,60			
Fräser (SBM)	300012	33,10	33,10	33,10	33,10			
Glühen/Härten	551	5,04	10,11	5,04	10,11			
Glühen/Härten	551	8,71	9,09	8,71	9,09			
Glühen/Härten	551	2,75	5,76	2,75	5,76			
Glühen/Härten	551	8,03	8,38	8,03	8,38			
Schleifen Personal	442	10,77	11,90	10,77	11,90			
Schleifen Maschinen	442	7,31	18,15	7,31	18,15			
Schleifvorrichtung	300013	65,75	65,75	65,75	65,75			
Ausschuss/Nacharbeit	800009	33,20	37,37	33,20	37,37			
Entwicklungskosten	LK217	0,00	12,65					12,65
Materialkosten		290,00	290,00	290,00	290,00			
Materialbereitstellung		31,51	43,02			43,02	31,51	
Fertigungs-unterstützung		18,91	26,11	14,96	20,28	5,02	3,95	0,81
Fertigungskosten		222,87	297,74	222,87	297,74			
Ofenkosten		24,53	33,34	24,53	33,34			
Sonder-Betriebsmittel		98,85	98,85	98,85	98,85			
Ausschuss/Nacharbeit		33,20	37,37	33,20	37,37			
Entwicklungskosten			12,65					12,65
Summe Herstellkosten		**719,87**	**839,08**	**684,41**	**777,58**	**48,04**	**35,46**	**13,46**

Abbildung 5-28: Plankalkulation mit Prozesskosten

3. Als nächsten Schritt wollen wir den Aufbau von Soll- und Prognosekalkulationen im Modellbetrieb nachzeichnen (vgl. Kapitel 5.1.1.3). Die abrechnungstechnische Konzeption sowohl bei dauerhafter Veränderung des Produktaufbaus, als auch eine nur vorübergehende, auftragsbezogene Änderung des Produktionsvollzugs, wird im Modellbetrieb wie folgt realisiert:

Für das bekannte Teilespektrum T07002 (siehe Abbildung 5-24), B06740 (siehe Abbildung 5-25) und das fertige Erzeugnis P10101 (siehe Abbildung 5-26) werden Änderungen im Mengengerüst vollzogen. Durch Änderungen im Einsatzmaterial (siehe Abbildung 5-29) wird auch der Fertigungsablauf beeinflusst (siehe Abbildung 5-30). Als Ergebnis liegen neue Sollkalkulationen vor (siehe Abbildungen 5-31, 5-32 und 5-33), wobei jeweils die Voll- und die Grenzkostenkalkulationen gezeigt werden. Die Bewertung erfolgt immer noch mit Plankostensätzen. Sie dienen einerseits als Grundlage für ein effizientes Produktkosten-Controlling und andererseits als aktualisierte Kosteninformation für den Vertrieb.

Sollkalkulation (Änderung der Stückliste)

NR	Artikel	Mengeneinheit	Disp. Menge
T07002	Zahnrad 275/120	STK	1 Euro

Herkunft	Kostenelement	Plankosten – 1	Plankosten – 2	Abw.	Abw. In %
L05002	Zahnrad-Schmiederohling D 290	330,00		– 330,00	
L05004	Zahnrad-Schmiederohling D 300		360,00	360,00	
	Summe Gussteile	**330,00**	**360,00**	**30,00**	**9 %**

Abbildung 5-29 Sollkalkulation (Änderung der Stückliste)

Sollkalkulation (Änderung des Arbeitsplanes)			
NR	**Artikel**	**Mengeneinheit**	**Disp. Menge**
T07002	Zahnrad 275/120	STK	1
			Euro

Kosten-stelle	**Kostenelement**	**Plankosten – 1**	**Plankosten – 2**	**Abw.**	**Abw. In %**
421	Vorgabestunden	132,93	117,29	– 15,64	–11,8 %
432	Vorgabestunden	–	25,01	25,01	
442	Maschinenstunden	27,19	27,19	–	
442	Vorgabestunden	18,14	20,39	2,25	12,4 %
453	Vorgabestunden	405,30	405,30	–	
551	St- Ofenstd. Härten	12,76	12,76	–	
551	St- Ofenstd. Härten	9,77	9,77	–	
	Fertigungskosten	**606,09**	**617,71**	**11,62**	**1,9 %**

Abbildung 5-30: Sollkalkulation (Änderung des Arbeitsplans)

Sollkalkulation – Teil			
NR	**Artikel**	**Mengeneinheit**	**Disp. Menge**
T07002	Zahnrad 275/120	STK	1
			Euro

Kostenelement	**Prop**	**Fix**	**Gesamt**
Gussteil	360,00	–	360,00
Fertigungsmaterial	–	–	–
Zukaufteile	–	–	–
Mat. Bereitstellung	31,68	11,95	43,63
Halbfabrikate	–	–	–
Materialgutschrift	–	–	–
Seko. d. Fertigung	–	–	–
Fert. Unterstützung	52,87	14,04	66,91
Rüstkosten	–	–	–
Fertigungskosten	473,01	122,17	595,18
Ofenkosten	15,11	7,42	22,53
Ausschuss/Nacharbeit	54,05	5,18	59,23
Summe	**986,72**	**160,76**	**1.147,48**

Abbildung 5-31: Sollkalkulation T07002

Sollkalkulation – Baugruppe			
NR	**Artikel**	**Mengeneinheit**	**Disp. Menge**
B06740	Welle mit Zahnrad, A1	STK	1 Euro
Kostenelement	**Prop**	**Fix**	**Gesamt**
Gussteil	–	–	–
Fertigungsmaterial	–	–	–
Zukaufteile	398,35	–	398,35
Mat. Bereitstellung	35,05	13,23	48,28
Halbfabrikate	1.701,90	263,90	1.965,80
Materialgutschrift	–	–	–
Seko. d. Fertigung	–	–	–
Fert. Unterstützung	5,30	1,12	6,42
Rüstkosten	–	–	–
Fertigungskosten	47,53	11,25	58,78
Ofenkosten	–	–	–
Ausschuss/Nacharbeit	27,33	1,04	28,37
Summe	**2.215,46**	**290,54**	**2.506,00**

Abbildung 5-32: Sollkalkulation B06740

Neben weiteren angenommen Änderungen bei der Herstellung der Baugruppe selbst, kann man hier die Veränderung im Halbfabrikateeinsatz nachvollziehen (vgl. die Wertdifferenz zwischen Plan- und Sollkalkulation des Teiles T 07002). Die folgende Sollkalkulation für das Erzeugnis erlaubt keine detaillierte Nachrechnung mehr.

Sollkalkulation – Erzeugnis			
NR	**Artikel**	**Mengeneinheit**	**Disp. Menge**
P10101	Getriebe SGW, einstufig 2,5 : 1	STK	1 Euro

Kostenelement	**Prop**	**Fix**	**Gesamt**
Gussteil	–	–	–
Fertigungsmaterial	–	–	–
Zukaufteile	59,50	–	59,50
Mat. Bereitstellung	5,24	1,98	7,22
Halbfabrikate	5.466,06	1.131,32	6.597,38
Materialgutschrift	–	–	–
Seko. d. Fertigung	–	–	–
Fert. Unterstützung	20,14	4,78	24,92
Rüstkosten	–	–	–
Fertigungskosten	180,59	47,88	228,47
Ofenkosten	–	–	–
Ausschuss/Nacharbeit	14,92	2,22	17,14
Summe	**5.746,45**	**1.188,18**	**6.934,63**

Abbildung 5-33: Sollkalkulation P10101

Neben diesen Sollkalkulationen bei dauerhafter Veränderung des Produktaufbaus können für das Produktkosten-Controlling – entsprechenden Organisationsstand der Produktionssteuerungssysteme vorausgesetzt – auftragsbezogene Sollkalkulationen erstellt werden. So geht ein bestimmter Auftrag des Modellbetriebes über 30 Stück (siehe Abbildung 5-34) mit neuerlich geänderten Vorgaben in die Fertigung. An dieser auftragsbezogenen Sollkalkulation (siehe Abbildung 5-35) wird später (vgl. Abbildung 5-41) das hier auftragsweise erfassbare Ist gemessen, sodass eine detaillierte Abweichungsanalyse durchgeführt werden kann.

Sollkalkulation (auftr. bez. Mengengerüst)			
NR		**Artikel**	**Mengeneinheit**
T07002		Zahnrad 275/120	STK
Auftr. Nr.		**AVO**	**Losgröße**
09175440		10	30
Herkunft		**Kostenelement**	**Einsatzmenge**
L05002		Zahnrad-Schmiederohling D 290	20
L05004		Zahnrad-Schmiederohling D 300	10
		Summe	**30**
AVO	**KOST**	**Kostenelement**	**Vgb.-Min**
0010	421	NC-Drehen	75
0015	432	Spitzendrehen	25
0020	454	Fräsen	390
0030	551	Härten	16
0030	551	Härten	14
0040	442-1	Schleifen	40
0040	442-2	Schleifen	50

Abbildung 5-34: Sollkalkulation, auftragsbezogenes Mengengerüst

Sollkalkulation – auftragsbezogene Bewertung				
NR	**Artikel**	**Mengeneinheit**	**Disp. Menge**	**Auftrag**
T07002	Zahnrad 275/120	STK	30 Euro	09175440

Kostenart	Kostenelement	Sollkosten	Istkosten	Preis-Abw.	Mengen-Abw.
	Gussteil	10.200			
	Fertigungsmaterial	–			
	Zukaufteile	–			
	Mat. Bereitstellung	1.236			
	Summe Mat. Kosten	***11.436***			
	Seko. d. Fertigung	–			
	Fert. Unterstützung	2.267			
	Rüstkosten	–			
	Fertigungskosten	20.255			
	Ofenkosten	677			
	Summe Fert. Kosten	***23.199***			
	Ausschuss/Nacharbeit	1.145			
	Herstellkosten	**35.780**			
	Herstellkosten pro Stk.	**1.193**			
	Abgerechnete Kosten				
	Sollkalkulation – Analyse				
Kostenart	**Kostenelement**	**Sollkosten**	**Istkosten**	**Preis-Abw.**	**Mengen-Abw.**
4020	Stahlguss	10.200			
	Summe Gussteil	*10.200*			
4961	Mat. Bereitstellung	1.236			
	Mat. Bereitstellung	*1.236*			
	Summe Mat. Kosten	***11.436***			
	Seko. d. Fertigung				
4962	Fert. Unterstützung	2.267			
	Fert. Unterstützung	*2.267*			
	Rüstkosten	–			
4972	Verr. Fertigungsstd.	19.283			
4973	Verr. Maschinenstd.	972			
4976	Verr. Ofenstd.	383			
4977	Verr. Fst. Ofenbetr.	293			
	Fertigungskosten	*20.932*			
	Summe Fert. Kosten	***23.199***			
4964	Ausschuss/Nacharbeit	1.145			
	Herstellkosten	**35.780**			
	Herstellkosten pro Stk.	**1.193**			
	Abgerechnete Kosten				

Abbildung 5-35: Sollkalkulation, auftragsbezogene Bewertung

4. Als nächsten Schritt wollen wir den Aufbau von aktualisierten Istkalkulationen im Modellbetrieb illustrieren (vgl. Kapitel 5.1.1.4). Da dabei die Plankostensätze um die inzwischen aufgetretenen Abweichungen ergänzt werden, kann es sich nur um angenommen Werte handeln, die mit den jeweiligen Stufen der Plankalkulation verglichen werden können. Daher wird hier wieder das bereits bekannte Teilespektrum gezeigt: Zur Bewertung werden die – angenommenen – Preisabweichungen für Einsatzstoffe bzw. geglättete (dispositive) Abweichungskostensätze der Fertigungsstellen verwendet (vgl. Abbildungen 5-36, 5-37 und 5-38). Diese Ergebnisse können dazu dienen, dem Vertrieb für die Preispolitik den aktuellen Stand der Erzeugniskosten zu zeigen (besonders bedeutsam bei gravierenden Änderungen im Preisniveau der Einsatzstoffe), und die Ergebnisse der kurzfristigen Artikelergebnisrechnung (siehe Kapitel 5.2.3.1) durch Berücksichtigung der aktuellen Abweichungssituation zu verifizieren.

Istkalkulation – Teil			
NR	**Artikel**	**Mengeneinheit**	**Disp. Menge**
T07002	Zahnrad 275/120	STK	1
			Euro
Kostenelement	**Prop**	**Fix**	**Gesamt**
Gussteil	358,30	–	358,30
Fertigungsmaterial	–	–	–
Zukaufteile	–	–	–
Mat. Bereitstellung	31,53	11,90	43,43
Halbfabrikate	–	–	–
Materialgutschrift	–	–	–
Seko. d. Fertigung	–	–	–
Fert. Unterstützung	54,43	14,46	68,89
Rüstkosten	–	–	–
Fertigungskosten	487,05	125,91	612,96
Ofenkosten	15,57	7,64	23,21
Ausschuss/Nacharbeit	54,93	5,31	60,24
Summe	**1.001,81**	**165,22**	**1.167,03**

Abbildung 5-36: Aktualisierte Istkalkulation, T07002

Istkalkulation – Baugruppe			
NR	**Artikel**	**Mengeneinheit**	**Disp. Menge**
B06740	Welle mit Zahnrad, A1	STK	1
			Euro
Kostenelement	**Prop**	**Fix**	**Gesamt**
Gussteil	–	–	–
Fertigungsmaterial	–	–	–
Zukaufteile	407,41	–	407,41
Mat. Bereitstellung	35,85	13,53	49,38
Halbfabrikate	1.730,41	271,34	2.001,75
Materialgutschrift	–	–	–
Seko. d. Fertigung	–	–	–
Fert. Unterstützung	5,30	1,25	6,55
Rüstkosten	–	–	–
Fertigungskosten	48,95	11,58	60,53
Ofenkosten	–	–	–
Ausschuss/Nacharbeit	28,12	0,97	29,09
Summe	**2.256,04**	**298,67**	**2.554,71**

Abbildung 5-37: Aktualisierte Istkalkulation, B06740

Istkalkulation – Erzeugnis			
NR	**Artikel**	**Mengeneinheit**	**Disp. Menge**
P10101	Getriebe SGW, einstufig 2,5 :1	STK	1
			Euro
Kostenelement	**Prop**	**Fix**	**Gesamt**
Gussteil	–	–	–
Fertigungsmaterial	–	–	–
Zukaufteile	59,97	–	59,97
Mat. Bereitstellung	5,28	1,99	7,27
Halbfabrikate	5.646,13	1.152,00	6.798,13
Materialgutschrift	–	–	–
Seko. d. Fertigung	–	–	–
Fert. Unterstützung	20,14	5,34	25,48
Rüstkosten	–	–	–
Fertigungskosten	186,00	49,32	235,32
Ofenkosten	–	–	–
Ausschuss/Nacharbeit	15,89	1,87	17,76
Summe	**5.933,41**	**1.210,52**	**7.143,93**

Abbildung 5-38: Aktualisierte Istkalkulation, P10101

5.5.2 Nachkalkulation

1. Der Modellbetrieb verfügt über eine geschlossene Kostenträgererfolgsrechnung, da er in der Lage ist, alle Kosten- und Leistungsdaten auftragsbezogen in Form einer Nachkalkulation zu erfassen.

Bei Auftragserteilung an die Fertigung wird eine, dem aktuellen Stand des geplanten Produktionsvollzuges entsprechende Sollkalkulation erstellt, wie wir sie in Abbildung 5-35 dargestellt haben. Da in der Zwischenzeit jedoch eine permanent gültige, aktuelle Sollkalkulation gilt, kann man durch Vergleich dieser Kosten mit jenen der Plan- bzw. aktuellen Sollkalkulation (Abbildung 5-39 bzw. Abbildung 5-40) die planmäßig vorgegebenen Abweichungen ermitteln.

Plan – Sollkalkulation – Vergleich

NR	Artikel	Mengeneinheit	Disp. Menge	
T07002	Zahnrad 275/120	STK	1	
			Euro	
Kostenelement	**Plan**	**aktuelles Soll**	**Abw.**	**Abw. in %**
Gussteil	330,00	360,00	30,00	9,09 %
Fertigungsmaterial	–	–	–	
Zukaufteile	–	–	–	
Mat. Bereitstellung	40,00	43,63	3,63	9,08 %
Halbfabrikate	–	–	–	
Materialgutschrift	–	–	–	
Seko. d. Fertigung	–	–	–	
Fert. Unterstützung	65,64	66,91	1,27	1,93 %
Rüstkosten	–	–	–	
Fertigungskosten	583,58	595,18	11,60	1,99 %
Ofenkosten	22,53	22,53	–	
Ausschuss/Nacharbeit	35,43	59,23	23,80	67,17 %
Herstellkosten pro Stück	**1.077,18**	**1.147,48**	**70,30**	**6,53 %**

Abbildung 5-39: Vergleich der Plan- mit der aktuellen Sollkalkulation

Soll – Sollkalkulation – Vergleich				
NR	**Artikel**	**Mengeneinheit**	**Disp. Menge**	**Auftrag**
T07002	Zahnrad 275/120	STK	30 Euro	09175440

Kostenelement	**Aktuelles Soll**	**Auftrags-Soll**	**Abw.**	**Abw. In %**
Gussteil	10.800,00	10200,00	– 600,00	– 6 %
Mat. Bereitstellung	1.309,00	1.236,00	– 73,00	– 6 %
Summe Mat. Kosten	12.109,00	11.436,00	– 673,00	– 6 %
Seko. d. Fertigung	–	–	–	
Fert. Unterstützung	2.008,00	2.267,00	259,00	13 %
Rüstkosten	–	–	–	
Fertigungs-/+Ofenkosten	18.531,00	20.932,00	2.401,00	13 %
Summe Fert. Kosten	20.539,00	23.199,00	2.660,00	13 %
Ausschuss/Nacharbeit	1.776,00	1.145,00	– 631,00	– 36 %
Herstellkosten	**34.424,00**	**35.780,00**	**1.356,00**	**4 %**
Herstellkosten pro Stk.	**1.147**	**1.193**	**45,20**	**4 %**

Abbildung 5-40: Vergleich der aktuellen Soll- mit der Fertigungsauftrags-Sollkalkulation

2. Nach Abschluss eines Fertigungsauftrages kann der Nachkalkulations-Soll-Istvergleich (Abbildung 5-41) erstellt werden, der über die aktuell entstandenen Abweichungen und deren Ursachen Auskunft gibt. Dabei werden Mengen- und Preisabweichungen getrennt ausgewiesen. Beim Vergleich der Auftrags-Sollkosten mit der Sollkalkulation (Abbildung 5-35) ist zu beachten, dass die gute Ausbringung nur 28 anstatt der geplanten 30 Stück beträgt. Dementsprechend wurden die Sollkosten nochmals angepasst. Offensichtlich sind zwei der Gussteile zu Ausschuss geworden, was man aus der Mengenabweichung ableiten kann. Die Istkosten sind angenommene Werte, allerdings sind die Zuschlagskostenarten für Materialbeistellung und Fertigungsunterstützung mit den geplanten Prozentsätzen errechnet. Dieser Bericht ist das wichtigste Instrument des Produktkostencontrolling.

Nachkalkulation Soll-Ist-Vergleich

NR	Artikel	Mengen-einheit	Disp. Menge	Auftrag
T07002	Zahnrad 275/120	STK	28 Euro	09175440

Kostenart	Kostenelement	Auftrags-Soll	Ist-kosten	Gesamt-Abw.	Preis-Abw.	Mengen-Abw.
	Gussteil	9.520,00	10.129,00	609,00	– 51,00	660,00
	Fertigungsmaterial	–	–	–		
	Zukaufteile	–	–	–	–	
	Mat. Bereitstellung	1.154,00	1.228,00	74,00	– 6,00	80,00
	Summe Mat. Kosten	***10.674,00***	***11.357,00***	**683,00**	– ***57,00***	***740,00***
	Seko. d. Fertigung	–	–	–	–	
	Fert. Unterstützung	2.116,00	2.162,00	47,00	–	47,00
	Rüstkosten	–	–	–	–	
	Fertigungskosten	18.904,00	19.967,00	1063,00	–	1.063,00
	Ofenkosten	632,00	–	– 632,00	–	– 632,00
	Summe Fert. Kosten	***21.652,00***	***22.129,00***	**477,00**	**–**	***478,00***
	Ausschuss/Nacharbeit	1.068,00	1.783,00	714,00	–	714,00
	Herstellkosten	**33.394,00**	**35.269,00**	**1.875,00**	**57,00**	**1.932,00**
	Herstellkosten pro Stück	**1.193**	**1.260**	**67**	**2**	**69**
	Abgerechnete Kosten		– 35.269,00			

Abbildung 5-41: Nachkalkulations-Soll-Istvergleich

Der Vermerk in der letzten Zeile „Abgerechnete Kosten" besagt, dass sämtliche Kosten der Auftrages – also auch die Abweichungen – nach Abschluss aus dem Bestand der Ware in Arbeit in die Bestandsrechnung für Halbfabrikate (vgl. Abbildung 5-46) verbucht wurden.

5.5.3 Bestandsrechnung für Halb- und Fertigfabrikate

1. Wie in Kapitel 5.2.3.2 ausführlich erläutert, besteht eine geschlossene Kostenträgerrechnung aus den drei Teilbereichen der Betriebsleistungs- der Bestands- und der Erfolgsrechnung. Die systemtechnische Lösung dieser Anforderungen wird heute in den Standardsoftwaresystemen einerseits durch die Nachkalkulation und andererseits durch die Bestandsrechnung der Materialwirtschaft angeboten. Im Modellbetrieb wurde diese geschlossene Kostenträgerrechnung zwar realisiert, das umfangreiche Datenvolumen erlaubt allerdings keine detaillierte Nachrechnung. So stellen die folgenden Abbildungen nur Illustrationen zum in der Praxis üblichen Ablauf dar.

2. Als Betriebsleistung wird der gesamte monatliche Zugang an Kosten und Leistungen zur betrieblichen Wertschöpfung bezeichnet. Sie wird aus der Summe aller Nachkalkulationen (vgl. z.B. Abbildung 5-41) gewonnen und zunächst auf einem Betriebsleistungskonto (vgl. Abbildung 5-42) kumuliert dargestellt, und zwar getrennt nach Plankosten und Abweichungen sowie nach Kostenartengruppen (z. B. Materialkosten). Eine weitere Analyse nach Kostenträgergruppen und Untergruppen (vgl. Abbildung 5-43) ist ebenso möglich.

Betriebsleistungsrechnung, kostenartenbezogen

Kostenart	Kostenelement	Plankosten	Istkosten	Abw.
	Materialkosten	4.563.320,00	4.636.377,00	73.057,00
	Fertigungskosten	8.103.882,00	8.016.361,00	– 87.521,00
	SEKF	336.072,00	324.524,00	– 11.548,00
	Ausschuss/Nacharbeit	676.336,00	675.854,00	– 482,00
	Betriebsleistung	**13.679.610,00**	**13.653.116,00**	**– 26.494,00**

Kostenart	Kostenelement	Plankosten	Istkosten	Abw.
4010	Grauguss	1.332.401,00	1.399.043,00	66.642,00
4020	Stahlguss	706.120,00	710.640,00	4.520,00
4030	Stahl	733.352,00	727.962,00	– 5.390,00
4050	Kaufteile	1.298.159,00	1.297.546,00	– 613,00
4961	Mat. Bereitstellung	493.288,00	501.185,00	7.897,00
	Materialkosten	*4.563.320,00*	*4.636.376,00*	*73.056,00*
4962	Fert. Unterstützung	792.275,00	783.720,00	– 8.555,00
4972	Verr. Fertigungstd.	6.680.388,00	6.601.641,00	– 78.747,00
4973	Verr. Maschinenstd.	229.422,00	221.729,00	– 7.693,00
4974	Verr. Rüststd.	222.420,00	241.386,00	18.966,00
4976	Verr. Ofenstd.	95.034,00	91.524,00	– 3.510,00
4977	Verr. FST. Ofenbetr.	84.344,00	76.361,00	– 7.983,00
	Fertigungskosten	*8.103.883,00*	*8.016.361,00*	*– 87.522,00*
4910	Sonderbetriebsmittel	336.072,00	324.524,00	– 11.548,00
	SEKF	*336.072,00*	*324.524,00*	*– 11.548,00*
4964	Ausschuss/Nacharbeit	676.336,00	675.854,00	– 482,00
	Ausschuss/Nacharbeit	*676.336,00*	*675.854,00*	*– 482,00*
	Betriebsleistung	**13.679.611,00**	**13.653.115,00**	**– 26.496,00**

Abbildung 5-42: Betriebsleistungsrechnung, kumulierter Zugang (kostenartenbezogen)

Betriebsleistungsrechnung, kostenträgerbezogen				
	Kostenelement	**Plankosten**	**Istkosten**	**Abw.**
	Materialkosten	4.563.320,00	4.636.377,00	73.057,00
Herkunft				
2.B	Baugruppen	1.334.980,00	1.342.754,00	7.774,00
2.P	Endprodukte	120.516,00	112.055,00	– 8.461,00
2.T	Teile	3.107.824,00	3.181.568,00	73.744,00

	Kostenelement	**Plankosten**	**Istkosten**	**Abw.**
	Materialkosten	3.107.824,00	3.181.567,00	73.743,00
Herkunft				
2.T01	Teilegruppe 01	1.173.190,00	1.263.990,00	90.800,00
2.T03	Teilegruppe 03	88.967,00	79.667,00	– 9.300,00
2.T04	Teilegruppe 04	112.250,00	110.253,00	– 1.997,00
2.T05	Teilegruppe 05	54.928,00	51.027,00	– 3.901,00
2.T06	Teilegruppe 06	749.267,00	739.129,00	– 10.138,00
2.T07	Teilegruppe 07	864.669,00	873.833,00	9.164,00
2.T08	Teilegruppe 08	64.553,00	63.668,00	– 885,00

Abbildung 5-43: Betriebsleistungsrechnung, Analyse (kostenträgerbezogen)

Diesem kumulierten Zugang (seit Geschäftsjahresbeginn) wird der entsprechende Wiedereinsatz halbfertiger und fertiger Produkte sowie der Abgang ans Lager gegenübergestellt und damit der rechnerische Endbestand an Ware in Produktion (Work in Progress , WIP) ermittelt (vgl. Abbildung 5-44, oberer Teil).

Bestandsrechnung „Work in Progress“				
Kostenart	**Kostenelement**	**Plankosten**	**Istkosten**	**Abw.**
	Materialkosten	4.563.320,00	4.636.377,00	73.057,00
	Fertigungskosten	8.103.882,00	8.016.361,00	– 87.521,00
	SEKF	336.072,00	324.524,00	– 11.548,00
	Ausschuss/Nacharbeit	676.336,00	675.854,00	– 482,00
	Betriebsleistung	**13.679.610,00**	**13.653.116,00**	**– 26.494,00**
	Wiedereinsatz	20.122.773,00	20.443.321,00	320.548,00
	Summe der Zugänge	**33.802.383,00**	**34.096.437,00**	**294.054,00**
	Abgang Lager		– 33.602.525,00	
	Work in Progress		**493.912,00**	

Kostenart	**Kostenelement**	**Vorperioden**	**Lfd. Periode**	**Endbestand**
	Materialkosten	2.915.416,00	1.720.961,00	4.636.377,00
	Fertigungskosten	5.076.673,00	2.939.688,00	8.016.361,00
	SEKF	203.152,00	121.372,00	324.524,00
	Ausschuss/Nacharbeit	426.799,00	249.055,00	675.854,00
	Betriebsleistung	8.622.040,00	5.031.076,00	13.653.116,00
	Wiedereinsatz	13.393.594,00	7.049.727,00	20.443.321,00
	BL + WE	22.015.634,00	12.080.803,00	34.096.437,00
	Abgang Lager	– 21.739.500,00	– 11.863.025,00	–33.602.525,00
	Work in Progress	**276.134,00**	**217.778,00**	**493.912,00**

Abbildung 5-44: Bestandsrechnung „Work in Progress“

Im unteren Teil der Abbildung 5-44 wird dieses Konto nach Perioden aufgelöst. Hier sieht man die Betriebsleistung der laufenden Periode, den Anfangsbestand aus Vorperioden und den Endbestand der laufenden Periode und zwar mit Istkosten bewertet.

2. Während die Bestandsrechnung der Ware in Arbeit sich auf eine reine wertmäßige Rechnung beschränken muss, können die fertigen Teile, Baugruppen und Endprodukte im System der Materialwirtschaft mengen- und wertmäßig geführt werden. Jedem Abgang aus der Betriebsleistungsrechnung (siehe oben) entspricht ein mengen- und wertmäßiger Zugang in der Bestandsrechnung. Diese bietet eine Fülle von Detailinformationen, aus denen hier eine typische Anzeige zu einer Baugruppe ausgewählt wurde:

Anzeigen aus Mat.-Stamm und -Bewegungen			
Artikel Nr.	**Bezeichnung**	**Wert**	**Menge**
B06740	Welle mit Zahnrad, A1	Euro	Stück
Gleitender Durchschnittspreis		2.477,75	
Standardpreis		2.405,91	
Vorheriger Preis		2.380,75	
Gesamt bewerteter Bestand		133.798,42	54
Gesamte Zugänge im laufenden Jahr		1.065.726,70	429
Anfangsbestand		0,00	0
Endbestand		133.798,42	54

Belegart	Kontierung	Beleg Nr.	Datum	Menge
Wareneingang	F 09175272	608	29.2.	30
Warenausgang	F 09175283	610	5.3.	– 5
Warenausgang	F 09175186	612	6.3.	– 15
Wareneingang	F 09175272	619	6.3.	5
Wareneingang	F 09175313	709	13.3.	40
Warenausgang	F 09175125	710	14.3.	– 30
Wareneingang	F 09175313	711	14.3.	40
Wareneingang	F 09175314	800	18.3.	40
Warenausgang	F 09175326	842	19.3.	– 40
Warenausgang	F 09175314	956	21.3.	– 40
Wareneingang	F 09175315	957	25.3.	40
Wareneingang	F 09175315	964	25.3.	40
Warenausgang	F 09175327	966	26.3.	– 90
Wareneingang	F 09175316	989	31.3.	39
Neuer Werksbestand				**54**

Abbildung 5-45: Bestandsrechnung des Halbfabrikates B06740

Da die Bestandsrechnung von mengen- und wertmäßig geführten Erzeugnissen gemeinsam mit den Einsatzstoffen innerhalb der Materialwirtschaft abgewickelt wird, sind die Bewertungsprinzipien, d. h. gleitender Durchschnittspreis und Planpreis dieselben, allerdings ist die Bewertungsmatrix weiter gefächert. Wie Abbildung 5-45 beispielhaft zeigt, wird die Baugruppe B06740 mit einem Standardpreis bewertet, der dem Ergebnis der Plankalkulation (vgl. Abbildung 5-25) entspricht. Zum Anfangsbestand werden die

Zugänge aus der Fertigung, bewertet mit den Istkosten der jeweiligen Fertigungsaufträge (Spalte „Kontierung“) zugebucht; Die Abgänge werden analog mit dem Standardpreis und anteiligen Abweichungen bewertet. Damit ist eine durchgängige Abweichungsverrechnung bis in die Erfolgsrechnung sichergestellt.

5.5.4 Deckungsbeitragsrechnung

1. Im Modellbetrieb wird die kurzfristige Artikelergebnisrechnung als effizientes Werkzeug des Vertriebscontrollings realisiert.

Die Grundlage bildet ein detaillierter Absatz- und Umsatzplan, der für alle verkaufsfähigen Erzeugnisse, unterteilt nach Kunden und Perioden (Monat) aufgestellt wird. Dieses Ziel wird heute von vielen Unternehmen schon erreicht, wenn auch häufig zusammengefasste Prognoseeinheiten oder Bezugsobjekte – nach dem Gesichtspunkt der ABC-Analyse – den manuellen Planungsaufwand reduzieren[98]. Die Systemunterstützung leistungsfähiger Standard-Software trägt ihren Teil zur Realisierung bei.

Absatzplan – kalendarisiert					
Erstes Quartal					
Artikel-Nr.	Bezeichnung	Plan 1–1	Plan 2–2	Plan 3–3	Plan 1–3
B06710	Welle mit Zahnrad, A	131	135	146	412
B06730	Welle mit Zahnrad, A1	30	30	30	90
B06740	Welle mit Zahnrad, A2	34	35	36	105
B06750	Welle mit Zahnrad, A3	76	79	83	238
P10100	Getriebe MAG 2 : 1	137	134	155	426
P10101	Getriebe SGW 2,5 : 1	81	85	93	259
P10102	Getriebe HAG 3 : 1	191	209	238	638
P30100	Druckbehälter 1	10	5	10	25
P30101	Druckbehälter 2	25	25	25	75
P30200	Wasserbehälter	15	15	15	45
T01000	Gehäuse A	48	50	52	150
T01001	Gehäuse B	15	15	15	45
	Summe	**793**	**817**	**898**	**2.508**

Alle vier Quartale						
Artikel-Nr.	Bezeichnung	Plan 1–3	Plan 4–6	Plan 7–9	Plan 10–12	Jahres-summe
B06710	Welle mit Zahnrad, A	412	461	447	480	1.800
B06730	Welle mit Zahnrad, A1	90	90	89	91	360
B06740	Welle mit Zahnrad, A2	105	91	82	82	360
B06750	Welle mit Zahnrad, A3	238	244	230	248	960
P10100	Getriebe MAG 2 : 1	426	451	490	493	1.860
P10101	Getriebe SGW 2,5 : 1	**259**	230	236	235	960
P10102	Getriebe HAG 3 : 1	638	691	625	686	2.640
P30100	Druckbehälter 1	25	30	30	35	120
P30101	Druckbehälter 2	75	75	75	75	300
P30200	Wasserbehälter	45	45	45	45	180
T01000	Gehäuse A	150	152	146	152	600
T01001	Gehäuse B	45	45	45	45	180
	Summe	**2.508**	**2.605**	**2.540**	**2.667**	**10.320**

Abbildung 5-46: Absatzplan

Dieser Absatzplan entspricht inhaltlich jenem, den wir schon in Abbildung 4-43 zur Ermittlung der Planbeschäftigung der primären Kostenstellen vorgestellt haben. Abbildung 5-46 zeigt jedoch die maschinelle Planung der einzelnen Monate und ihre Verdichtung nach Quartalen. Abbildung 5-47 zeigt die erzeugnis- und kundenbezogene Absatz- und Umsatzplanung für das Produkt P10101.

Absatzplan (kunden- & erzeugnisbezogen)			
Erzeugnisgruppe	P 10	Getriebe	Getriebebau AG
Artikelnummer	P 10101	Getriebe SGW	

Kunden	Menge Plan 1–3	Erlöse 1–3
Bielmeyer	**15**	**168.383**
Engler	3	32.750
Funk	18	196.499
Geist	15	163.749
Hutter	6	67.353
Klinger	6	65.500
Ploch	18	196.499
Priebe	24	261.999
Schmied	6	67.353
Sperrle	58	633.164
Wachter	18	202.059
Wolfer	57	639.854
Zügl	15	163.749
Summe	**259**	2.858.911

Abbildung 5-47: Absatzplan (erzeugnis- und kundenbezogen)

2. Als erster Schritt der monatlichen Deckungsbeitragsrechnung wird in Abbildung 5-48 die Erlösrechnung für einen bestimmten Kunden „Bielmeyer“ und das Erzeugnis P 10101gezeigt. Die Überleitung vom Bruttoerlös über Erlösschmälerungen und Sondereinzelkosten des Vertriebes zum Nettoerlös übernimmt das DV-System auf Grund der im Kunden- und Artikelstamm gespeicherten Informationen vollmaschinell. Diese Informationen werden ja auch in der laufenden Abrechnung benötigt, da aus bekannten Gründen die Istdaten in der gewünschten Differenzierung und Aktualität nicht zur Verfügung stehen (vgl. Kapitel 5.22).

Erlösrechnung (kunden- & erzeugnisbezogen)			
Erzeugnisgruppe	P 10	Getriebe	Getriebebau AG
Artikelnummer	P 10101	Getriebe SGW	
Kunde		Bielmeyer	
Zeitraum	Plan 1–3		
Gewicht	4683		
Disp. Menge	15		

Bruttoumsatz	**168.382,50**
Rabatte	28.625,04
Bruttoerlös	139.757,46
Bonus	2.104,77
Skonto	505,14
Nettoerlös 1	**137.147,55**
Frachten	2.341,50
Provisionen	10.102,95
Transport	1.683,84
Verpackung	3.030,90
Exp. Förderung	– 8.419,14
Nettoerlös 2	**128.407,50**

Abbildung 5-48: Erlösrechnung (kunden- und erzeugnisbezogen)

3. Im weiteren Ablauf werden nun in Abbildung 5-49 den Erlösen die entsprechenden Kosten dieser Planungseinheit zugeordnet, indem aus den Daten der Plankalkulation (vgl. Abbildung 5-26) die entsprechenden Felder gefüllt werden. Daraus entsteht eine mehrstufige Deckungsbeitragsrechnung dieser Planungseinheit, indem vom Nettoerlös 2 nach Abzug der mengenproportionalen Herstellkosten ein Deckungsbeitrag 1, nach Abzug der auftragsproportionalen Herstellkosten ein Deckungsbeitrag 2 und nach Abzug der fixen Kosten, als Ergebnis der Parallelkalkulation, der Deckungsbeitrag 3 als Vollkostenergebnis ermittelt wird.

Für dieselbe Planungseinheit wird in Abbildung 5-50 der Ergebnisbericht kalendarisiert für die einzelnen Monate des ersten Quartals dargestellt. Diese Zahlen bilden die Basis für das laufende Vertriebscontrolling.

Deckungsbeitragsrechnung (kunden- & erzeugnisbezogen)			
Erzeugnisgruppe	P 10	Getriebe	Getriebebau AG
Artikelnummer	P 10101	Getriebe SGW	
Kunde		Bielmeyer	
Zeitraum	Plan 1–3		
Gewicht	4683		
Disp. Menge	15		

Bruttoumsatz	**168.382,50**
Rabatte	28.625,04
Bruttoerlös	139.757,46
Bonus	2.104,77
Skonto	505,14
Nettoerlös 1	**137.147,55**
Frachten	2.341,50
Provisionen	10.102,95
Transport	1.683,84
Verpackung	3.030,90
Exp. Förderung	– 8.419,14
Nettoerlös 2	**128.407,50**
HK prop. mengenproportional	
Materialkosten	31.000,50
Fertigungskosten	39.553,50
Sondereinzelkosten Fertigung	2.632,50
Ausschuss/Nacharbeit	4.366,50
Deckungsbeitrag 1	**50.854,50**
HK prop. auftragspropotional	
Mat. Bereitstellung	2.727,90
Fertigungsunterstützung	4.410,30
Summe HK prop.	*84.691,20*
Deckungsbeitrag 2	**43.716,30**
HK fix	
Fertigung	14.528,10
Sondereinzelkosten Fertigung	–
Mat. Bereitstellung	1.029,30
Fertigungsunterstützung	1.449,90
Ausschuss/Nacharbeit	692,40
Summe HK fix	*17.699,70*
Summe Herstellkosten	*102.390,90*
Deckungsbeitrag 3	**26.016,60**

Abbildung 5-49: Erlös- und Umsatzkosten (kunden- und erzeugnisbezogen)

Ergebnisbericht (kunden- & erzeugnisbezogen) – kalendarisiert					
Erzeugnisgruppe	P 10	Getriebe	Getriebebau AG		
Artikelnummer	P 10101	Getriebe SGW			
Kunde		Bielmeyer			
Zeitraum		Plan 1–1	Plan 2–2	Plan 3–3	Plan 1–3
Gewicht		1.561	1.561	1.561	4.683
Disponierte Mengen		5	5	5	15
Bruttoumsatz		**56.128**	**56.128**	**56.128**	**168.384**
Rabatte		9.542	9.542	9.542	28.626
Bruttoerlös		46.586	46.586	46.586	139.758
Bonus		702	702	702	2.106
Skonto		168	168	168	504
Nettoerlös 1		**45.716**	**45.716**	**45.716**	**137.148**
Frachten		781	781	781	2.343
Provisionen		3.368	3.368	3.368	10.104
Transport		561	561	561	1.683
Verpackung		1.010	1.010	1.010	3.030
Exp. Förderung		– 2.806	– 2.806	– 2.806	– 8.418
Nettoerlös 2		**42.802**	**42.802**	**42.802**	**128.406**
HK prop. MP					
Materialkosten		10.334	10.334	10.334	31.002
Fertigungskosten und Ausschuss		14.640	14.640	14.640	43.920
Sondereinzelkosten Fertigung		878	878	878	2.634
Deckungsbeitrag 1		**16.950**	**16.950**	**16.950**	**50.850**
HK prop. AP					
Mat. Bereitstellung		909	909	909	2.727
Fertigungsunterstützung		1.470	1.470	1.470	4.410
Deckungsbeitrag 2		**14.572**	**14.572**	**14.572**	**43.716**
HK fix					
Fertigung		4.817	4.817	4.817	14.451
Sek. Fertigungskosten		–	–	–	–
Mat. Bereitstellung		343	343	343	1.029
Fertigungsunterstützung		483	483	483	1.449
Lebenszykl. Kosten		257	257	257	771
Deckungsbeitrag 3		**8.672**	**8.672**	**8.672**	**26.016**
Kennzahlen					
Materialkosten/dispo. Menge		2.067	2.067	2.067	6.200
Fert. Prop./dispo. Menge		2.928	2.928	2.928	8.784
Sek. Fert. Prop./dispo. Menge		176	176	176	527
DB1/dispo. Menge		3.390	3.390	3.390	10.170
DB in % vom Umsatz		30 %	30 %	30 %	30 %
DB in % vom NE 2		40 %	40 %	40 %	40 %

Abbildung 5-50: Plan-Ergebnisrechnung (kunden- und erzeugnisbezogen)

Bei den in den letzten Zeilen dieser Abbildung ausgewiesenen Kennzahlen fehlt noch eine von großer Bedeutung: Wäre eine der am Produktionsvollzug beteiligten Kostenstellen als Engpass-Kostenstelle gekennzeichnet, könnte neben den angeführten Deckungsbeiträgen je Mengeneinheit bzw. in % vom Umsatz oder Nettoerlös 2 hier auch die wichtige Kennzahl des Deckungsbeitrags je Engpasseinheit zur Vertriebssteuerung ausgewiesen werden. Um den Vertrieb nach diesen Erkenntnissen wirksam zu beeinflussen, haben sich gestaffelte Provisionssätze je nach Höhe dieser Kennzahl in der Praxis bewährt.

Abbildung 5-51 zeigt die aggregierte Entwicklung des Deckungsbeitrages 3 für alle Getriebe P10101 im Inland sowie das entsprechende Inlands-Ergebnis der Erzeugnisgruppe P10 im ersten Quartal. Der Erzeugnisgruppe können direkt die Entwicklungs-, Marketing- und Fertigwarenlagerkosten zugerechnet werden (Funktionsanalyse), sodass ein Deckungsbeitrag 4 ausgewiesen werden kann, dem Inlandsmarkt können Vertriebsabwicklungs- und Versandkosten direkt zugerechnet werden, was zum Deckungsbeitrag 5 führt.

Abbildung 5-52 zeigt die vollständige Plan-Deckungsbeitragsrechnung des Gesamtunternehmens, wo nach Berücksichtigung der restlichen Fixkosten des Unternehmens das Plan-Betriebsergebnis in Form des Deckungsbeitrages 6 erscheint.

Ergebnisbericht (erzeugnisgruppenbezogen)					
Erzeugnisgruppe	P 10	Getriebe	Getriebebau AG		
Artikelnummer	P 10101	Getriebe SGW			
Region		Inland			
Zeitraum		Plan 1–3	Plan 1–3	Plan 1–3	

	P 10101	P 10	Inland
Bruttoumsatz	**1.713.909**	**8.478.609**	**10.675.615**
Rabatte	158.837	770.987	958.026
Bruttoerlös	1.555.072	7.707.622	9.717.589
Bonus	7.434	48.534	58.273
Skonto	21.424	105.983	133.445
Nettoerlös 1	**1.526.214**	**7.553.105**	**9.525.871**
Frachten	17.577	78.108	102.979
Provisionen	94.265	500.147	614.922
Transport	8.570	42.393	53.378
Verpackung	25.709	127.179	160.134
Exp. Förderung	–	–	–
Nettoerlös 2	**1.380.093**	**6.805.278**	**8.594.458**
HK prop. MP		–	
Materialkosten	324.472	1.538.038	2.019.513
Fertigungskosten und Ausschuss	459.696	2.520.033	3.203.135
Sek. Fertigungskosten	27.554	129.992	172.939
Deckungsbeitrag 1	**568.371**	**2.617.215**	**3.198.871**
HK prop. AP			
Mat. Bereitstellung	28.553	142.897	186.512
Fertigungsunterstützung	46.158	258.508	326.773
Deckungsbeitrag 2	**493.660**	**2.215.810**	**2.685.586**
HK fix			
Fertigung	151.243	880.394	1.111.778
Sek. Fertigungskosten	–	–	–
Mat. Bereitstellung	10.770	64.691	86.233
Fertigungsunterstützung	15.177	88.102	113.746
Lebenszykl. Kosten	8.070	102.712	127.168
Deckungsbeitrag 3	**308.400**	**1.079.911**	**1.246.661**
Konstruktion/ Entwicklung allg.		31.672	39.112
Marketing		110.487	127.543
Marketing, auftr.		62.319	74.612
Fertigwarenlager		89.044	117.850
Deckungsbeitrag 4		**786.389**	**887.544**
Vertriebsabwicklung			354.212
Versand			150.076
Deckungsbeitrag 5			**383.256**
Vertriebsleitung			
Verwaltung/DV			
Unternehmensleitung			
Deckungsbeitrag 6			

Abbildung 5-51: Plan-Ergebnisrechnung (erzeugnisgruppenbezogen)

Ergebnisbericht (Gesamtunternehmen)				
Erzeugnisgruppe	P 10	Getriebe	Getriebebau AG	
Artikelnummer	P 10101	Getriebe SGW		
Region		Gesamt		
Zeitraum		Plan 1–3	Plan 1–3	Plan 1–3
		P 10101	P 10	Gesamt
Bruttoumsatz		**2.858.910**	**16.647.915**	**20.328.756**
Rabatte		352.814	2.146.347	2.554.198
Bruttoerlös		2.506.096	14.501.568	17.774.558
Bonus		11.290	93.162	107.549
Skonto		24.859	130.491	162.405
Nettoerlös 1		**2.469.947**	**14.277.915**	**17.504.604**
Frachten		32.516	179.348	227.831
Provisionen		162.965	990.305	1.194.110
Transport		20.020	124.086	149.910
Verpackung		46.319	274.227	333.891
Exp. Förderung		– 57.250	– 408.465	– 482.657
Nettoerlös 2		**2.265.377**	**13.118.414**	**16.081.519**
HK prop. MP				
Materialkosten		535.275	2.983.435	3.806.044
Fertigungskosten		758.352	4.901.542	5.987.982
Sondereinzelkosten Fertigung		45.455	246.923	318.792
Deckungsbeitrag 1		**926.295**	**4.986.514**	**5.968.701**
HK prop. AP				
Mat. Bereitstellung		47.103	277.447	352.059
Fertigungsunterstützung		76.146	503.921	611.464
Deckungsbeitrag 2		**803.046**	**4.205.146**	**5.005.178**
HK fix				
Fertigung		249.503	1.702.747	2.063.978
Sek. Fertigungskosten		–	–	–
Mat. Bereitstellung		17.767	125.627	162.983
Fertigungsunterstützung		25.037	172.189	212.826
Lebenszykl. Kosten		13.313	205.914	254.592
Deckungsbeitrag 3		**497.426**	**1.998.669**	**2.310.799**
Konstruktion / Entwicklung allg.			55.821	70.236
Marketing			165.038	188.786
Marketing, auftr.			92.776	111.000
Fertigwarenlager			154.655	202.938
Deckungsbeitrag 4			**1.530.379**	**1.737.839**
Vertriebsabwicklung				751.023
Versand				287.046
Deckungsbeitrag 5				**699.770**
Vertriebsleitung				150.738
Verwaltung/DV				848.562
Unternehmensleitung				509.517
Deckungsbeitrag 6				**– 809.047**

Abbildung 5-52: Plan-Ergebnisrechnung (Gesamtunternehmen)

4. Die laufende Abrechnung folgt den durch die Planung vorgegebenen Strukturen. So zeigt Abbildung 5-53 den Deckungsbeitrags-Plan-Istvergleich für den Artikel P10101 des Kunden Bielmeyer für das erste Quartal. Da alle Kosten hier mit den Ansätzen der Plankalkulation eingehen, kann man zwar sehr klar den Vertriebserfolg messen (Absatz der geplanten Menge zu etwas höheren Preisen), hat aber keine Information über die effektive Kostensituation. Da aber die Daten der aktualisierten Istkalkulation im System vorliegen (vgl. Kapitel 5.1.1.4 bzw. Abbildung 5-38), wäre ein entsprechender Ausweis gleichermaßen möglich. Da in unserem Beispiel die Zwecke des Vertriebscontrollings herausgestellt werden sollen, verzichten wir auf diese Darstellung. Auf die Ermittlung eines mit dem externen Rechnungswesen abstimmbaren Ergebnisses gehen wir im folgenden Kapitel ein.

DB – Plan – Istvergleich (kunden- & erzeugnisbezogen)					
Erzeugnisgruppe	P 10	Getriebe	Getriebebau AG		
Artikelnummer	P 10101	Getriebe SGW			
Kunde		Bielmeyer			
Gewicht	4683				
Disponierte Mengen	15				
Zeitraum		Plan 1–3	IST 1–3	Abw. (abs.)	Abw. (%)
Bruttoumsatz		**168.384**	**170.216**	**– 1.832**	**– 1 %**
Rabatte		28.626	28.937	– 311	– 1 %
Bruttoerlös		139.758	141.279	– 1.521	– 1 %
Bonus		2.106	2.128	– 22	– 1 %
Skonto		504	511	– 7	– 1 %
Nettoerlös 1		**137.148**	**138.640**	**– 1.492**	**– 1 %**
Frachten		2.343	2.342	1	0 %
Provisionen		10.104	10.213	– 109	– 1 %
Transport		1.683	1.702	– 19	– 1 %
Verpackung		3.030	3.064	– 34	– 1 %
Exp. Förderung		– 8.418	– 8.511	93	– 1 %
Nettoerlös 2		**128.406**	**129.830**	**– 1.424**	**– 1 %**
HK prop. MP					
Materialkosten		31.001	31.001	–	0 %
Fertigungskosten		43.920	43.920	–	0 %
Sondereinzelkosten Fertigung		2.634	2.634	–	0 %
Deckungsbeitrag 1		**50.851**	**52.275**	**– 1.424**	**– 3 %**
HK prop. AP					
Mat. Bereitstellung		2.727	2.727	–	0 %
Fertigungsunterstützung		4.410	4.410	–	0 %
Deckungsbeitrag 2		**43.714**	**45.138**	**– 1.424**	**– 3 %**
HK fix					
Fertigung		14.451	14.451	–	0 %
Sek. Fertigungskosten					
Mat. Bereitstellung		1.029	1.029	–	0 %
Fertigungsunterstützung		1.449	1.449	–	0 %
Lebenszykl. Kosten		771	771	–	0 %
Deckungsbeitrag 3		**26.014**	**27.438**	**– 1.424**	**– 5 %**

Abbildung 5-53: Deckungsbeitrags-Plan-Istvergleich (kundenbezogen)

DB – Plan – Istvergleich (Gesamtunternehmen)					
Erzeugnisgruppe	P 10	Getriebe	Getriebebau AG		
Artikelnummer	P 10101	Getriebe SGW			
Region		Gesamt			
Zeitraum		Plan 1–3	IST 1–3	Abw. (abs.)	Abw. (%)
Bruttoumsatz		**20.328.756**	**19.371.291**	**957.465**	**5 %**
Rabatte		2.554.198	2.422.405	131.793	5 %
Bruttoerlös		17.774.558	16.948.886	825.672	5 %
Bonus		107.549	102.516	5.033	5 %
Skonto		162.405	158.962	3.443	2 %
Nettoerlös 1		**17.504.604**	**16.687.408**	**817.196**	**5 %**
Frachten		227.831	214.016	13.815	6 %
Provisionen		1.194.110	1.128.571	65.539	5 %
Transport		149.910	140.635	9.275	6 %
Verpackung		333.891	316.837	17.054	5 %
Exp. Förderung		– 482.657	– 437.786	– 44.871	9 %
Nettoerlös 2		**16.081.519**	**15.325.135**	**756.384**	**5 %**
HK prop. MP					
Materialkosten		3.806.044	3.598.439	207.605	5 %
Fertigungskosten		5.987.982	5.676.863	311.119	5 %
Sek. Fertigungskosten		318.792	301.908	16.884	5 %
Deckungsbeitrag 1		**5.968.701**	**5.747.925**	**220.776**	**4 %**
HK prop. AP					
Mat. Bereitstellung		352.059	342.637	9.422	3 %
Fertigungsunterstützung		611.464	594.751	16.713	3 %
Deckungsbeitrag 2		**5.005.178**	**4.810.537**	**194.641**	**4 %**
HK fix					
Fertigung		2.063.978	1.961.256	102.722	5 %
Sek. Fertigungskosten		–	–	–	–
Mat. Bereitstellung		162.983	158.559	4.424	3 %
Fertigungsunterstützung		212.826	206.944	5.882	3 %
Lebenszykl. Kosten		254.592	247.213	7.379	3 %
Deckungsbeitrag 3		**2.310.799**	**2.236.565**	**74.234**	**3 %**
Konstruktion / Entwicklung allg.		70.236	65.389	4.847	7 %
Marketing		188.786	167.252	21.534	11 %
Marketing, auftr.		111.000	72.538	38.462	35 %
Fertigwarenlager		202.938	199.416	3.522	2 %
Deckungsbeitrag 4		**1.737.839**	**1.731.970**	**5.869**	**0 %**
Vertriebsabwicklung		751.023	731.679	19.344	3 %
Versand		287.046	285.184	1.862	1 %
Deckungsbeitrag 5		**699.770**	**715.107**	**– 15.337**	**– 2 %**
Vertriebsleitung		150.738	162.845	– 12.107	– 8 %
Verwaltung/DV		848.562	831.117	17.445	2 %
Unternehmensleitung		509.517	512.626	– 3.109	– 1 %
Deckungsbeitrag 6		**– 809.047**	**– 791.481**	**– 17.566**	**2 %**

Abbildung 5-54: Deckungsbeitrags-Plan-Istvergleich (Gesamtunternehmen)

Von den vielfältigen Auswertungsmöglichkeiten einer zeitgemäßen Standard-Software haben wir nur noch in Abbildung 5-54 die konsolidierte Deckungsbeitragsrechnung des Modellbetriebes im ersten Quartal gezeigt. Alle Istdaten bis zum Deckungsbeitrag 3 sind aus den Absatz- bzw. Umsatzzahlen abgeleitet, in dem die kalkulatorischen Quoten aus dem Artikel- bzw. Kundenstamm sowie die Plankalkulationsergebnisse verwendet werden. Diese Informationen stehen äußerst zeitnah – d. h. sofort bei Fakturierung – zur Verfügung.

Die Istkosten der restlichen Bereiche stammen aus der Kostenstellen- bzw. Werkauftragsabrechnung und gehen im Zuge der monatlichen Abrechnung (ab 8. Arbeitstag des Folgemonats) ein.

In der Praxis werden die Deckungsbeiträge der Artikelergebnisrechnung systematisch ausgewertet und die Auswertungsergebnisse zu monatlichen Erfolgsberichten zusammengefasst, in denen die einzelnen für das Vertriebscontrolling relevanten Abweichungen kommentiert werden – vgl. Kapitel 5.2.3.4.

5.5.5 Betriebsergebnisrechnung

1. Die Aktualität der Ergebnisse der kurzfristigen Erfolgsrechnung in Form der eben dargestellten Deckungsbeitragsrechnung hat ihren Preis. Ihre Ermittlung beruht in vielen Fällen ja nicht auf echten Istkosten sondern auf Standardwerten oder Kalkulationsquoten. Umso wichtiger ist es für die Akzeptanz des Rechenwerkes, eine lückenlose Abstimmung mit den Daten des externen Rechnungswesens zu gewährleisten. Dass diese Ergebnisse im Zeitablauf erst später vorliegen, muss dabei in Kauf genommen werden.

2. Im Modellbetrieb können wir auf unsere geschlossene Kostenträgerrechnung verweisen, deren erste Abschnitt, die Betriebsleistungs- und Bestandsrechnung wir ja schon kennen (vgl. Kapitel 5.52). Dieses Instrument kann nach Abschluss aller monatlichen Abrechnungsschritte (Nachkalkulation, Bestandsrechnung) im Rahmen der Erfolgsrechnung ein effektives Betriebsergebnis ausweisen, das mit jenem des externen Rechnungswesens – eventuell über eine Abstimmbrücke (Berücksichtigung kalkulatorischer Wertunterschiede, z. B. bei den Kapitalkosten) – übereinstimmen sein muss. Für die Lösung dieser Aufgabe soll hier nur der rote Faden aufgezeigt werden, der durch dieses Labyrinth führen kann. Eine gesamthafte Darstellung würde den Rahmen unserer Möglichkeiten sprengen.

Dabei gehen wir zunächst von der monatlichen kurzfristigen Erfolgsrechnung eines bekannten Kunden aus:

Deckungsbeitrags-Plan-Istvergleich					
Erzeugnisgruppe	P 10	Getriebe	Getriebebau AG		
Artikelnummer	P 10101	Getriebe SGW			
Kunde		Bielmeyer			
Gewicht	1561				
Disponierte Mengen	5				
Zeitraum		Plan 3–3	IST 3–3	Abw. (abs.)	Abw. (%)
Bruttoumsatz		**56.128**	**57.962**	**– 1.834**	**– 3 %**
Rabatte		9.542	9.854	– 312	– 3 %
Bruttoerlös		46.586	48.108	– 1.522	– 3 %
Bonus		702	725	– 23	– 3 %
Skonto		168	174	– 6	– 4 %
Nettoerlös 1		**45.716**	**47.209**	**– 1.493**	**– 3 %**
Frachten		781	781	–	0 %
Provisionen		3.368	3.478	– 110	– 3 %
Transport		561	579	– 18	– 3 %
Verpackung		1.010	1.043	– 33	– 3 %
Exp. Förderung		– 2.806	– 2.878	72	– 3 %
Nettoerlös 2		**42.802**	**44.206**	**– 1.404**	**– 3 %**
HK prop. MP					
Materialkosten		10.334	10.334	–	0 %
Fertigungskosten		13.185	13.185	–	0 %
Sondereinzelkosten Fertigung		878	878	–	0 %
Deckungsbeitrag 1		**18.405**	**19.809**	**– 1.404**	**– 8 %**
HK prop. AP					
Mat. Bereitstellung		909	909	–	0 %
Fertigungsunterstützung		1.470	1.470	–	0 %
Ausschuss/Nacharbeit		1.456	1.456	–	0 %
Deckungsbeitrag 2		**14.570**	**15.974**	**– 1.404**	**– 10 %**
HK fix					
Fertigung		4.843	4.843	–	0 %
Sondereinzelkosten Fertigung					
Mat. Bereitstellung		343	343	–	0 %
Fertigungsunterstützung		483	483	–	0 %
Ausschuss/Nacharbeit		231	231	–	0 %
Deckungsbeitrag 3		**8.670**	**10.074**	**– 1.404**	**– 16 %**

Abbildung 5-55: Deckungsbeitrags-Plan-Istvergleich „Bielmeyer"

Dieser Deckungsbeitrags-Plan-Istvergleich für den Monat März enthält eine Fakturenposition über 5 Stück des bekannten Getriebes P 10101. Sie sind dort bekanntlich mit den differenzierten Standard-Herstellkosten der Plankalkulation (6.826,06 €, vgl. Abbildung 5-26) bewertet. Dieser Abgang an den Umsatz kann unter Beleg Nr. 603 in der entsprechenden Bestandsrechnung (Abbildung 5-57) nachgewiesen werden. Der Buchungssatz ist in den letzten beiden Zeilen dargestellt. Die Abgangsbewertung ist hier allerdings, wie bereits bei Abbildung 5-45 beschrieben, mit dem gleitenden Durchschnittspreis (7.192,23 €) erfolgt. Diese Durchrechnung der Abweichungen bis zum Umsatzzeitpunkt erlaubt nun eine Ergebnisrechnung, die einer Istkostenrechnung ganz nahe kommt. Nur die Beschäftigungsabweichung der Kostenstellenrechnung ist hier aus guten Gründen nicht enthalten. Der ausgewiesene Deckungsbeitrag 3 von 10.074 € würde sich daher nach Berücksichtigung der Abweichung in Höhe von 366,33 € je Stück um 1.831 € vermindern. Nach diesem Verfahren kann der Standard-Deckungsbeitrag 3 des Gesamtunternehmens (vgl. Abbildung 5-55) zum Ist-Deckungsbeitrag 3 modifiziert werden.

Anzeigen aus Mat.-Stamm und -Bewegungen

Artikel Nr.	**Bezeichung**	**Wert**	**Menge**
P10101	Getriebe SGW	Euro	Stück
Gleitender durchschn. Preis		7.192,33	
Standardpreis		6.826,06	
Vorheriger Preis		6.775,23	
Ges. bewerteter Bestand		280.500,72	39
Ges. Zugänge laufd. Jahr		1.907.416,88	270
Anfangsbestand		0,00	0
Endbestand		280.500,72	39

Belegart	**Kontierung**	**Beleg Nr.**	**Datum**	**Preis**	**Menge**	**Wert**
Wareneingang	49000102	561	30.3.	7192,33	49	352.424,17
Warenausgang	49000103	601	31.3.	7192,33	– 5	35.961,65
Warenausgang	**49000104**	**603**	31.3.	7192,33	– 5	35.961,65
Neuer Werksbestand				7192,33	39	280.500,87

Konto	**Kontobezeichnung**	**Soll**	**Haben**
893010	Kosten des Umsatzes	35.961,65	
792000	Fertige Erzeugnisse		35.961,65

Abbildung 5-56: Bestandsrechnung P10101

Nur zu Illustration dieser Zusammenhänge scheint diese bewertete Position in der folgenden Fakturierung als Verrechnungswert (siehe Abbildung 5-57) auf, womit der geschlossene Zahlenfluss auch im System dokumentiert wäre.

Fakturierung „Bielmeyer“				
An		Von		
Firma Bielmeyer		Firma Getriebebau AG		
Erlengasse 45		Max von Eythstrasse		
CH-8010 Zürich		D-85737 Ismaning		
Datum	31. Mrz 02	Telefon	0800 111 111	
Kundennr.	123456	Fax	0800 111 112	
Rechungsnr.	5432	Internet	http://www.getriebebau.com	
	Rechnung			
Artikelnr.	**Bezeichnung**	**Menge**	**Preis in i**	**Netto**
P10101	Getriebe SGW, einstufig 2,5 : 1	5	11.592,30	57.961,50
	Rabatt in %	5	1.970,70	9.853,50
	Nettoerlös			**48.108,00**
Nur interne Information:				
	Verrechnungswert (gltd. Durchschnitt)			35.961,65

Abbildung 5-57: Fakturierung „Bielmeyer“

Anmerkungen zum 5. Kapitel

1 Vgl. W. Kilger, Die Kostenträgerrechnung ..., 1986, S. 3 ff.

2 H. G. Plaut, H. Müller, W. Medicke, Grenzplankostenrechnung und Datenverarbeitung, 1973, S. 219: „Die Plankalkulation ist das Kalkulationsverfahren der Klein-, Mittel- und Großserienfertigung, nicht der Einzelfertigung."

3 H. G. Plaut, H. Müller, W. Medicke, Grenzplankostenrechnung und Datenverarbeitung, 1973, S. 204.

4 Vgl. hierzu H. G. Plaut, Entwicklungsformen der Plankostenrechnung, 1976, S. 20; G. Schäfer, Parallel-Kalkulation nach Voll- und Grenzkosten mit DB-Ermittlung, 1974, S. 151 f.; H. K. Weber, Betriebswirtschaftliches Rechnungswesen, 1974, S. 262 f.

5 Vgl. H. G. Plaut, Entwicklungsformen ..., 1976, S. 20; H. G. Plaut, H. Müller, W. Medicke, Grenzplankostenrechnung und Datenverarbeitung, 1973, S. 318.

6 Vgl. H. G. Plaut, Entwicklungsformen ..., 1976, S. 20.

7 Vgl. hierzu auch unsere Ausführungen in Kapitel 2.13 über den Grenzkostenbegriff in der Grenzplankosten- und Deckungsbeitragsrechnung.

8 Vgl. E. Herzog, Entscheidungsrelevante Kalkulationsmethoden, 1991, S. 120 ff.

9 Vgl. A. Moxter, Offene Probleme der Rechnungslegung bei Konzernunternehmen, 1961, S. 641 und K. Hax, Konzernprobleme und Aktienrechtsreform in theoretischer Sicht, 1959, S. 57 sowie ausführlich in R. Ewert, A. Wagenhofer: Interne Unternehmensrechnung, 2008, S. 573 ff.

10 Allerdings wird für eine effiziente Konzernsteuerung heute auch der Nachweis von Grenzkosten auf den einzelnen Stufen der konzernalen Wertschöpfung verlangt, vgl. Müller, H., Konzern-Kostenrechnung, 1995, S. 193–231.

11 Vgl. H. J. Brink, Die Bedeutung der Kostenrechnung für die Steuerung mehrstufiger Unternehmungen, 1970, S. 845 f., H. J. Brink, Die Grenzplankostenrechnung – ein Steuerungsinstrument bei dezentraler Unternehmensorganisation, 1974, S. 257 und W. Medicke, Geschlossene Kostenträgerrechnung, 1964, S. 54.

12 Vgl. H. Albach, Innerbetriebliche Lenkpreise als Instrument dezentraler Unternehmensführung, 1974, S. 216 ff. und die dort angegebene Literatur.

13 Vgl. W. Kilger, Optimale Produktions- und Absatzplanung, 1973, S. 340 und die dort angegebene Literatur.

14 Vgl. H. J. Brink, Zur Planung des optimalen Fertigungsprogramms, 1966, S. 32.

15 Vgl. hierzu unsere Ausführungen in Kapitel 1.344.4.

16 Vgl. W. Kilger, Optimale Produktions- und Absatzplanung, 1973, S. 358 ff.

17 Wie sich die Verwaltungs- und Vertriebskosten in Kalkulationen für Kuppelprodukte einbeziehen lassen, haben wir an anderer Stelle gezeigt, vgl. W. Kilger, Einführung in die Kostenrechnung, 1976, S. 357 ff.

18 Vgl. W. Kilger, Einführung in die Kostenrechnung, 1976, S. 356 f. und die dort angegebene Literatur.

19 Vgl. W. Kilger, Einführung in die Kostenrechnung, 1976, S. 361 f. und die dort angegebene Literatur.

20 Vgl. K. H. Tillmann, Die Bewertung von marktpreislosen Kuppelprodukten in der Kostenrechnung der chemischen Industrie, 1954, S. 164.

21 Vgl. W. Kilger, Einführung in die Kostenrechnung, 1976, S. 363.

22 Vgl. W. Kilger, Einführung in die Kostenrechnung 1976, S. 365 f.

23 Das erste Verfahren wird von P. Riebel vorgeschlagen, das zweite geht auf K. H. Tillmann zurück; vgl. P. Riebel, Kalkulation der Kuppelprodukte, 1970, Sp. 999; P. Riebel, H. Paudke, W. Zscherlich, Verrechnungspreise für Zwischenprodukte, 1973 und K. H. Tillmann, Die Bewertung, 1954, S. 164.

24 Vgl. Kaplan et al. mit dem Activity Based Costing, Horvath et al. mit der Prozesskostenrechnung, Vikas mit der Vorgangs- /Dienstleistungskalkulation

25 Vgl. auch E. Herzog, Entscheidungsrelevante Kalkulationsmethoden, 1991, S.120 ff.

26 Vgl. W. Medicke, Produktkosten-Controlling in Unternehmen mit Einzel-, Serien-, Sorten- und Massenfertigung, 1988, S. 287–315

27 Vgl. W. Medicke, Geschlossene Kostenträgerrechnung, 1964, S. 40, dieser Grundsatz gilt zugleich für die Abweichungsverrechnung in der Kostenträgerrechnung.

28 Vgl. H. Diercks und F. Petzold, Plankostenrechnung, 1951, S. 497.

29 Vgl. W. Medicke, Geschlossene Kostenträgerrechnung, 1964, S. 43 sowie H. G. Plaut, H. Müller, W. Medicke, Grenzplankostenrechnung und Datenverarbeitung, 1973, S. 215.

30 Zur Entstehung der kurzfristigen Erfolgsrechnung vgl. W. Kilger, Kurzfristige Erfolgsrechnung, 1962, S. 24 ff., zu den Aufgaben der kurzfristigen Erfolgsrechnung und ihre Stellung im System des betrieblichen Rechnungswesens vgl. K. Lüder, L. Streitferdt, Die kurzfristige Erfolgsrechnung als Kontrollinstrument der Unternehmensführung, 1978, S. 545 ff.

31 Vgl. S. Müller, J. Pampel, T. Ordemann, Handlungsempfehlungen, 2005, S. 2119-2125.

32 So können z. B. die nach dem Verfahren der degressiven Abschreibung ermittelten Beträge für eine aussagefähige Produktkalkulation nicht relevant sein.

33 Vgl. W. Kilger, Einführung in die Kostenrechnung, 1976, S. 34. Die Begriffe Erlös und Umsatz werden synonym verwendet.

34 Zur Ableitung dieser Umformung vgl. W. Kilger, Einführung in die Kostenrechnung, 1976, S. 423.

35 Zur Ableitung dieses Gewinnunterschiedes vgl. W. Kilger, Einführung in die Kostenrechnung, 1976, S. 427.

36 Vgl. H. G. Plaut, Die Grenz-Plankostenrechnung, 1953, S. 359; H. G. Plaut, Wo steht die Plankostenrechnung in der Praxis? 1952, S. 402 ff.: W. Medicke, Geschlossene Kostenträgerrechnung ..., 1964, S. 40 ff.

37 Vgl. W. Medicke, Geschlossene Kostenträgerrechnung, 1964, S. 37.

38 Vgl. J. Kolb, Industrielle Erlösrechnung – Grundlagen und Anwendung, 1978; G. Lassmann, Erlösrechnung und Erlösanalyse bei Großserien- und Sortenfertigung, 1979, S. 135 ff. W. Männel, Erlösschmälerungen, 1975; P. Riebel, Beiträge zur betriebswirtschaftlichen Ertragslehre, 1971;

39 Ein weitaus detailliertes Schema hat W. Männel entwickelt; Vgl. Zur Gestaltung der Erlösrechnung, 1979, Abb. 5, S. 15; vgl. auch G. Lassmann, Erlösrechnung, 1979, S. 137.

40 Diese Bezeichnung ist nicht mit dem Bruttoerlös im Sinne des Umsatzsteuergesetztes zu verwechseln. In der von uns dargestellten Erlösrechnung wird die Umsatzsteuer nicht berücksichtigt, sodass alle Erlöspositionen Nettoumsätze im Sinne des Umsatzsteuergesetzes sind.

41 Vgl. W. Männel, Erlösschmälerungen, 1975, S. 14 und S. 16.

42 Vgl. K. Vikas, Controlling im Dienstleistungsbereich, 1988, S. 71 ff.

43 Vgl. M. Medicke, Geschlossene Kostenträgerrechnung, 1964, S. 46.

44 Diese Beziehung entspricht der in der Kostenstellenrechnung der flexiblen Plankostenrechnung üblichen Terminologie, nach der die an die Ist-Bezugsgrößen angepassten Plankosten als Sollkosten bezeichnet werden.

45 Vgl. H. G. Plaut, H. Müller, W. Medicke, Grenzplankostenrechnung und Datenverarbeitung, 1973, S. 331.

46 Zu den Vor- und Nachteilen der Artikelergebnisrechnung vgl. W. Medicke, Geschlossene Kostenträgerrechnung, 1964, S. 74 ff.; H. G. Plaut, H. Müller, W. Medicke, Grenzplankostenrechnung und Datenverarbeitung 1973, S. 332 ff.;

47 Vgl. H. G. Plaut, Die Grenzplankostenrechnung in der Diskussion und ihre weitere Entwicklung, 1958, S. 266.

48 Vgl. H. G. Plaut, H. Müller, W. Medicke, Grenzplankostenrechnung und Datenverarbeitung, 1973, S. 334.

49 Vgl. A. Deyhle, Gewinn-Management, 1985, S. 347 ff. und S. Unterguggenberger, Kybernetik und Deckungsbeitragsrechnung, 1974, S. 173.

50 Vgl. H. G. Plaut, H. Müller, W. Medicke, Grenzplankostenrechnung und Datenverarbeitung, 1973, S. 334.

51 Zum Aufbau der geschlossenen Kostenträgererfolgsrechnung vgl. W. Medicke, Geschlossene Kostenträgerrechnung, 1964, S. 38 ff.; H. G. Plaut, H. Müller und W. Medicke, Grenzplankostenrechnung und Datenverarbeitung, 1973, S. 307 ff.;

52 Vgl. H. G. Plaut, H. Müller und W. Medicke, Grenzplankostenrechnung und Datenverarbeitung, 1973, S. 309.

53 Vgl. auch Gleichung (4-40).

54 Vgl. H. G. Plaut, H. Müller und W. Medicke, Grenzplankostenrechnung und Datenverarbeitung, 1973, S. 308.

55 Zur kostenträgerweisen Verrechnung der Abweichungen vgl. W. Medicke, Geschlossene Kostenträgerrechnung, 1964, S. 40 ff.

56 Vgl. H. G. Plaut, H. Müller, W. Medicke, Grenzplankostenrechnung und Datenverarbeitung, 1973, S. 309, Anm. 44.

57 Vgl. H. G. Plaut, H. Müller. W. Medicke, Grenzplankostenrechnung und Datenverarbeitung, 1973, S. 321 ff.

58 Vgl. H. G. Plaut, H. Müller, W. Medicke, Grenzplankostenrechnung und Datenverarbeitung, 1973, S. 323.

59 vgl. W. Medicke, Die geschlossene Kostenträgerrechnung im System der Grenzplankostenrechnung, 1992, S. 691–694.

60 Hierauf hat H. G. Plaut bereits 1953 hingewiesen, vgl. Die Grenz-Plankostenrechnung, 1953, S. 339.

61 Diese Verfahren wurden von W. Medicke entwickelt, der die material- und arbeitsgangweise und die retrograde Kostenträgerrechnung unterscheidet; vgl. H. G. Plaut, H. Müller, W. Medicke, Grenzplankostenrechnung und Datenverarbeitung, 1973, S. 325 ff.

62 Vgl. H. G. Plaut, H. Müller, W. Medicke, Grenzplankostenrechnung und Datenverarbeitung, 1973, S. 317 bis 320.

63 Vgl. P. Riebel, Das Rechnen mit relativen, 1961, S. 147; P. Riebel, Die Preiskalkulation, 1964, S. 592.

64 Vgl. The Institute of Cost and Works Accountants, 1965, S. 14.

65 Vgl. R. K. Jaedicke, Improving B-E Analysis by Linear Programming Technique, 1961, Section 1, S. 9.

66 Vgl. H. Gunders, Better Profit Planning , 1965, Section 1, S. 9.

67 In der angloamerikanischen Literatur ist dieses Verfahren spätestens seit 1904 bekannt, vgl. Encyclopaedia of Accounting, 1904, S. 217.

68 Vgl. L. K. Anderson, Expanded Breakeven Analysis for A Multi-Product Company, 1975, S. 30 ff.; J. Dean, Methods and Potentialities of Break-Even Analysis, 1952, S. 227 ff.; R. K. Jaedicke, Improving B-E Analysis, 1961, S. 5 ff.; A. Matz, M. F. Usry, Cost Accounting, 1976, S. 741 bis 765; N.A.C.A. Research Series, The Analysis of Cost-Volume-Profit-Relationships, 1949, S. 536; S. A. Tucker, Break-Even-Analyse, 1966, S. 36 ff.; W. Wright, Direct Standard Costs, 1962, S. 16 ff.

69 Vgl. J. F. Schär, Allgemeine Handelsbetriebslehre, 1923, S. 169.

70 Vgl. W. Wright, Direct Standard Costs, 1962, S. 20.

71 Vgl. S. A. Tucker, Break-Even-Analyse, 1966, S. 87 ; W. Wright, Direct Standard Costs, 1962, S. 20.

72 Vgl. L. K. Anderson, Expanded Breakeven Analysis, 1975, S. 30; S. A. Tucker, Break-Even-Analyse, 1966, S. 119; W. Wright, Direct Standard Costs, 1962, S. 30 f.

73 Vgl. L. K. Anderson, Expanded Breakeven Analysis, 1975, S. 30 f.

74 Vgl. J. Dean, Methods and Potentialities of Break-Even-Analysis, 1952, S. 249.

75 Vgl. C. T. Horngren, Cost Accounting, 1963, S. 57.

76 Vgl. W. Medicke, Geschlossene Kostenträgerrechnung, 1964, S. 54 f.

77 Vgl. A. Deyhle, Gewinn-Management, 1985, S. 347 ff.; S. Unterguggenberger, Kybernetik und Deckungsbeitragsrechnung, 1974, S. 173.

78 Aus Vereinfachungsgründen wurde angenommen, dass keine nicht auf Kostenträger zurechenbare Kosten- und Erlösabweichungen auftreten.

79 Vgl. K. H. Groll, Die Bruttogewinnanalyse, 1969, S. 447.

80 Hierauf hat bereits J. Link, Die automatisierte Deckungsbeitrags-Flussrechnung, 1979, S. 271 hingewiesen.

81 Vgl. K. H. Groll, Die Bruttogewinnanalyse, 1969, S. 451 f.

82 Vgl. K. H. Groll, Die Bruttogewinnanalyse, 1969, S. 454 f., der jedoch statt eines durchschnittlichen Plan-Deckungsbeitrags-Prozentsatzes auf den Erlös eines durchschnittlichen Plan-Stück-Deckungsbeitrag zur Ableitung der Umsatzzusammensetzungsabweichung verwendet.

83 Vgl. K. Küting, Die Auswirkungen des BLR-Gesetzes auf das interne Rechnungswesen, 1986, S. 457 ff.

84 Vgl. H. Albach, Bewertungsprobleme, 1966, S. 380.

85 Vgl. H. Bierman, A Way of Using Direct Costing in Financial Reporting, 1959, Section 1, S. 14; C. T. Horngren und G. H. Sorter, Direct Costing for External Reporting, 1961, S. 86, G. L. Battista und G. R. Crowningshield, Absorption, Direct or Relevant Costing? 1964, Section 1, S. 13 ff.; W. L. Ferrara, Relevant Costing, 1970, S. 46 ff.

86 Vgl. W. L. Ferrara, Relevant Costing, 1970, S. 46–47.

87 Vgl. K. Tiepke, J. Lang, Steuerrecht, 1998, § 9 Rz. 374; M. Daumke, Grundriss des deutschen Steuerrechts, 2000, S. 106

88 Vgl. K. Tiepke, J. Lang, Steuerrecht, 1998, § 9 Rz. 376

89 Vgl. K. Tiepke, J. Lang, Steuerrecht, 1998, § 9 Rz. 376; A.G. Coenenberg, Jahresabschluss und Jahresabschlussanalyse, 2009, S. 97. f.

90 Vgl. M. Layer, Die Herstellkosten der Deckungsbeitragsrechnung, 1969, S. 152–153; H. K. Weber, Fixe und variable Kosten, 1972, S. 57.

91 Vgl. W. Männel, Stehen die handels- und steuerrechtlichen Bestandsbewertungsvorschriften, 1969, S. 174.

92 Vgl. H. H. Böhm und F. Wille, Deckungsbeitragsrechnung, Grenzpreisrechnung und Optimierung, 1977, S. 361 ff.

93 Vgl. H. Ammann, S. Müller: IFRS, 2006, S. 148; H. Ellrott, D. Schmidt-Wendt, Beck'scher Bilanzkommentar, 1999, § 255, Anm. 585 ff; G. T. Bailey, K. Wild, International Accounting Standards, 2001; W.-D. Hoffmann, in: Lüdenbach, Hoffmann (Hrsg.): Haufe IFRS-Kommentar, 4. Aufl., 2006, § 9. Rz. 12ff..

94 Vgl. B. Pellens, R. U. Fülbier, J. Gassen, Internationale Rechnungslegung, 2006, S. 388f.; A.G. Coenenberg; Jahresabschluss und Jahresabschlussanalyse, 2009, S. 95 f.; T. Schildbach, US-GAAP, 2000, S. 90 ff.

95 Vgl. K. Vikas, Neue Konzepte..., 1996, S. 84 ff. und die einschlägigen Beiträge im Controlling Berater, Heft 7/02 sowie Hefte 1 bis 6/03, im Haufe Verlag, Freiburg

96 Vgl. K. Vikas, Neue Konzepte.....,1996, S.118

97 Vgl. auch E. Herzog, Entscheidungsrelevante Kalkulationsmethoden, 1991, S. 120 ff.

98 Vgl. K. Vikas, Integration von Systemen der Plankostenrechnung mit der Planungsrechnung, 1990, S. 249 ff.

6 Die Grenzplankosten- und Deckungsbeitragsrechnung als Grundlage der betrieblichen Planung

6.1 Grundlagen und Entscheidungskriterien der betrieblichen Planung

1. Als kurzfristige oder operative Planung wird der Aufbau von Plänen bezeichnet, bei denen ausschließlich über Aktionsparameter entschieden wird, die das Betriebsgeschehen nicht für längere Zeiträume festlegen und sich daher ohne Kapitalverluste an veränderte Situationen anpassen lassen[1]. Bei der kurzfristigen Planung werden folgende Größen als konstant (= vorgegebene Daten) angesehen:

- Betriebsmittelkapazitäten
- langfristige Personalkapazitäten
- Grundstruktur des Produktions- und Absatzprogramms
- Verpflichtungen aufgrund langfristiger Lieferverträge.

Da hierdurch alle langfristigen Entscheidungen ausgeschlossen sind, die in größerem Umfang Kapital binden, lässt sich in der kurzfristigen Planung der Periodengewinn als Zielgröße verwenden. Hierbei muss der Erfolgsausweis nach dem Deckungsbeitragsprinzip erfolgen, da von den Aktionsparametern der kurzfristigen Planung nur die zu den Produktmengen und den Bezugsgrößen der Kostenstellen proportionalen Kosten beeinflusst werden. Die aus den langfristigen Entscheidungen resultierenden fixen Bereitschafts- und Vorleistungskosten sind für die Entscheidungen der kurzfristigen Planung nicht relevant und müssen daher im Erfolg gesondert ausgewiesen werden. Unsere Ausführungen in den Kapiteln 1.3.3.3, 1.3.4.2 und 1.3.4.3 haben gezeigt, dass die Weiterentwicklung der Kostenrechnung zur Grenzplankosten- und Deckungsbeitragsrechnung insbesondere deshalb erfolgte, weil die Verfahren der Vollkostenrechnung keinen Ausweis der für die kurzfristige Planung relevanten Kosten ermöglichen[2].

Im Gegensatz zur kurzfristigen Planung erfordern die Entscheidungen der langfristigen oder strategischen Planung die Anwendung der auf diskontierten Ein- und Auszahlungen basierenden Investitionsrechnung[3].

Zu beachten ist aber, dass die Abgrenzung zwischen der kurzfristigen und der langfristigen Planung vorwiegend „planungstechnische“ Bedeutung hat und nicht zu einer Vernachlässigung der Interdependenzen zwischen beiden Planungssystemen führen darf. Einerseits lassen sich wesentliche Bestandteile der für langfristige Entscheidungen erforderlichen Kapitalwerte aus der Grenzplankosten- und Deckungsbeitragsrechnung ableiten und andererseits sollte bei den Entscheidungen der kurzfristigen Planung stets der Deckungsbedarf transparent bleiben, der aus den langfristigen Entscheidungen einer

Unternehmung resultiert. Unsere weiteren Ausführungen werden zeigen, dass Soll-Deckungsbeiträge als Bindeglieder zwischen der kurzfristigen und der langfristigen Planung wesentlich dazu beitragen können, Planungsfehler zu vermeiden, die aus einer mangelnden Abstimmung zwischen der kurz- und der langfristigen Planung resultieren.

2. Der Aufbau der kurzfristigen Planung erfolgt in der Regel für eine einjährige Planungsperiode, wobei eine Kalendarisierung nach Monaten vorgenommen wird.

Da sich in der Praxis die kurzfristige Planung nicht simultan aufbauen lässt, muss eine Zerlegung in Teilpläne erfolgen. Jeder Teilplan wird zunächst gesondert geplant, wobei die Daten vorgeschalteter Pläne geschätzt werden müssen. Im Zuge mehrerer Planungsdurchgänge werden die geschätzten Daten durch Planwerte ersetzt, sodass im Endstadium der Planung alle interdependenten Beziehungen der Teilpläne berücksichtigt werden[4].

Die kurzfristige Planung beginnt in der Regel mit der Absatzplanung, die aus der Sortiments-, der Werbemitteleinsatz- und der Verkaufspreis-Planung besteht; für die Absatzwege und die Absatzmethoden bestehen in der kurzfristigen Planung meistens keine Entscheidungsspielräume. Parallel zur Planung des absatzpolitischen Instrumentariums werden die Absatzmengen der Erzeugnisse geplant und zwar differenziert nach Absatzgebieten, Absatzwegen und Kunden bzw. Kundenklassen. Bei der Absatzmengenplanung werden zunächst die Jahresmengen geplant und hieraus mithilfe von Saisonfaktoren die monatlichen Absatzmengen abgeleitet. Durch Multiplikation der geplanten Netto-Verkaufspreise mit den geplanten Absatzmengen erhält man die Plan-Erlöse.

In der Produktionsprogrammplanung werden aus den geplanten Absatzmengen unter Berücksichtigung von Ausschuss und Mengenverlusten die nach Monaten differenzierten Plan-Produktionsmengen festgelegt. Hierbei werden zugleich die Lagerbestände für Halb- und Fertigerzeugnisse geplant, die zum Ausgleich von Saisonschwankungen der Absatzmengen erforderlich sind.

Der nächste Schritt der kurzfristigen Planung besteht in der Produktionsvollzugsplanung, durch die alle Entscheidungen getroffen werden, die zur optimalen Herstellung der geplanten Erzeugnismengen erforderlich sind. Hierzu gehören Entscheidungen über Eigenerstellung und Fremdbezug von Teilen und Vormaterial, die Festlegung von Arbeitsabläufen, die Wahl der einzusetzenden Verfahren und die Planung von Bedienungsrelationen, Seriengrößen und Prozessbedingungen.

In der Bereitstellungsplanung wird aus den geplanten Erzeugnismengen abgeleitet, welche Arbeitskräfte und Werkstoffmengen erforderlich sind. Zugleich werden die Planbeschäftigungen aller primären Fertigungskostenstellen ermittelt und mit den vorhandenen Kapazitäten abgestimmt. Treten hierbei Kapazitätsengpässe auf, so müssen entweder die geplanten Erzeugnismengen revidiert oder in der Produktionsvollzugsplanung kapazitätserhöhende bzw. kapazitätsumgehende Anpassungsprozesse (z. B. Einsatz anderer Verfahren, „verlängerte Werkbank“) vorgesehen werden.

Aus den Daten der Bereitstellungsplanung wird schließlich die Beschaffungsplanung abgeleitet, in der die Bestellmengen und Beschaffungszeitpunkte der von außen bezogenen Produktionsfaktoren festgelegt werden. Hierbei wird für die lagerfähigen Produktionsfaktoren zugleich eine Lagerbestandsplanung durchgeführt.

Die geplanten Ein- und Auszahlungen aller betrieblichen Teilpläne gehen in die Finanzplanung ein und werden dort mit den Finanzierungsmöglichkeiten abgestimmt.

Den Abschluss der kurzfristigen Planung bildet die Erfolgsplanung. Die Plan-Erlöse werden aus der Absatzplanung übernommen. Bewertet man die geplanten Absatzmengen mit den geplanten proportionalen Selbstkosten der Plankalkulationen, so erhält man die proportionalen Selbstkosten des Planumsatzes. Subtrahiert man diese von den Plan-Erlösen, so erhält man die Plan-Deckungsbeiträge. Hiervon werden die mithilfe der Kostenplanung aller Kostenstellen ermittelten geplanten fixen Kosten und eventuelle Plan-Vorleistungskosten subtrahiert, um den Plan-Erfolg zu erhalten.

3. Beim Aufbau der kurzfristigen Planung sind zahlreiche Entscheidungen zu treffen, welche die Kosten und Erlöse und damit den Gewinn einer Unternehmung beeinflussen. Hierbei lassen sich in der Praxis die folgenden beiden Entscheidungsebenen unterscheiden[5]:

- Verfahrenswahlentscheidungen bei gegebenen Produktionsmengen
- Absatzentscheidungen (Verkaufssteuerung) bei gegebenen Verkaufspreisen.

Theoretisch gibt es zwar noch weitere Entscheidungsebenen, bei denen simultan über die Absatzmengen und die Verkaufspreise bzw. über die Absatzmengen und den Gesamteinsatz des absatzpolitischen Instrumentariums (Verkaufspreise, Sortimentsgestaltung, Werbemitteleinsatz), der als Marketing-Mix bezeichnet wird, entschieden wird. Da jedoch hierfür keine operablen Entscheidungskriterien zur Verfügung stehen, wollen wir sie im Folgenden nicht behandeln.

Neben der Entscheidungsebene hängen die Entscheidungskriterien der kurzfristigen Planung von der Beschäftigungssituation einer Unternehmung ab. Diese lässt sich dadurch charakterisieren, dass entweder in allen betrieblichen Teilbereichen freie Kapazitäten zur Verfügung stehen oder Engpässe wirksam werden. Im Engpassfall hängen die Entscheidungskriterien der kurzfristigen Planung wesentlich davon ab, ob nur ein Engpass wirksam wird oder ob gleichzeitig mehrere Engpässe auftreten.

Insgesamt lassen sich die in Abbildung 6-1 zusammengefassten Entscheidungskriterien der kurzfristigen Planung unterscheiden. Wir werden in den folgenden Kapiteln zeigen, wie sich diese Entscheidungskriterien mithilfe der Grenzplankosten- und Deckungsbeitragsrechnung in der Praxis anwenden lassen.

Beschäftigungssituation / Planung	Kein Engpass	Ein Engpass	Mehrere Engpässe
Verfahrensplanung erfolgt mithilfe von	absolut minimalen proportionalen Stückkosten	relative minimalen proportionalen Stückkosten	Kostenminimierungsmodellen der linearen Programmierung
Verkaufsteuerung erfolgt mithilfe von	absoluten Stück-Deckungsbeträgen	relativen Stück-Deckungsbeträgen	Gewinnmaximierungsmodellen der linearen Programmierung

Abbildung 6-1: Entscheidungskriterien der kurzfristigen Planung

6.2 Grenzkosten und Deckungsbeiträge als Parameter der kurzfristigen Planung

6.2.1 Die kurzfristige Verfahrenswahlentscheidung der Produktionsvollzugsplanung mithilfe von Grenzkosten

1. Die Verfahrenswahlentscheidungen der Produktionsvollzugsplanung sind in der betrieblichen Praxis so vielgestaltig, dass wir hier auf eine systematische Darstellung verzichten müssen[6]. Wir wollen uns darauf beschränken, die in Abbildung 6-1 angegebenen Entscheidungskriterien für die Wahl zwischen mehreren Fertigungsstellen darzustellen.

In vielen Industriebetrieben stehen beim Aufbau der Produktionsvollzugsplanung für die Ausführung bestimmter Arbeitsgänge wahlweise mehrere Fertigungsstellen (= Verfahren) mit unterschiedlichen Kosten- und Leistungsdaten zur Verfügung. Das charakteristische Merkmal der kurzfristigen Verfahrenswahl besteht darin, dass die Kapazitäten der wählbaren Verfahren in einer Unternehmung bereits zur Verfügung stehen, d. h. nicht erst durch Investitionsentscheidungen geschaffen werden müssen.

In der Praxis unterscheiden sich die verfügbaren Verfahren meistens durch folgende Merkmale:

- Verfahrenstechnik
- Mechanisierungsgrad
- Qualitative Merkmale
  - Genauigkeitstoleranzen
  - Dimensionen
  - Alter und Zustand.

Diese Merkmale beeinflussen sowohl die Kosten pro Bezugsgrößeneinheit als insbesondere auch die Ausbringungsgeschwindigkeit bzw. den Zeitbedarf pro Einheit. Mit zunehmendem Mechanisierungsgrad verändert sich die Kostenstruktur einer Maschine in der Regel derart, dass die proportionalen Kosten pro Bezugsgrößeneinheit ab- und die fixen Kosten dafür zunehmen; zugleich steigt die Leistungsfähigkeit, wodurch der Zeitbedarf pro Ausbringungseinheit sinkt. Häufig stehen in Industriebetrieben technologisch gleichartige, aber unterschiedlich dimensionierte Maschinen zur Verfügung. In diesen Fällen lassen sich die Maschinen mit den größeren Dimensionen meistens auch für Erzeugnisse einsetzen, für die geringer dimensionierte Maschinen ausreichen würden.

Häufig besteht das Verfahrenswahlproblem darin, dass ein Arbeitsgang alternativ zwei Fertigungsstellen mit unterschiedlichen Maschinentypen zugeordnet werden kann. Es gibt aber auch Fälle, in denen zwischen einem Automaten, der mehrere Arbeitsgänge simultan ausführen kann, und einer Kombination von Einzelaggregaten zu wählen ist, bei deren Einsatz die gleichen Arbeitsgänge nacheinander ausgeführt werden.

Wie wir bereits im Kapitel 1.3.3.3 mithilfe der Abbildungen 1-5 und 1-6 gezeigt haben, treten Fehlentscheidungen auf, wenn man versucht, kurzfristige Verfahrenswahlentscheidungen mithilfe von Vollkosten zu lösen. Richtige Entscheidungen über Verfahrenswahlprobleme der kurzfristigen Planung lassen sich nur treffen, indem man die proportionalen Kosten der Alternativen vergleicht.

2. Tritt beim Aufbau der Produktionsplanung kein Engpass auf, so lässt sich das Problem der kurzfristigen Verfahrenswahl durch eine Vergleichsrechnung der proportionalen Fertigungskosten lösen. Hierbei werden für alle in Frage kommenden Verfahren proportionale Fertigungskosten pro Einheit ermittelt und das Verfahren gewählt, das zu den absolut minimalen Stückkosten führt. Werden durch die Verfahrenswahl neben den Fertigungskosten auch die Einzelmaterialkosten beeinflusst, so z. B. weil verfahrensabhängige Ausschussmengen oder Einsatzfaktoren auftreten, so ist die Kostenvergleichsrechnung mithilfe von proportionalen Herstellkosten durchzuführen.

Die Verfahrenswahl bei freien Kapazitäten hat den Vorteil, dass man bei ihr keine interdependenten Beziehungen der Erzeugnisse zu berücksichtigen braucht. Alle Erzeugnisse und Produktionsaufträge lassen sich isoliert den jeweils kostengünstigsten Lösungen zuordnen, da sie nicht um die Kapazitäten von Engpassstellen konkurrieren.

Der einfachste Fall der Verfahrenswahl liegt vor, wenn für einen Arbeitsgang an j = 1, ..., n Erzeugnisarten alternativ zwei Maschinentypen A und B eingesetzt werden können, wobei weder Rüstkosten anfallen noch ein Mengengefälle wirksam wird. Bezeichnen wir die Maschinenzeiten pro Einheit mit t_j und die proportionalen Fertigungskosten pro Maschinenminute mit d, so lässt sich die Verfahrenswahl durch den Vergleich der proportionalen Fertigungskosten pro Einheit lösen:

$$\text{(6-1)} \qquad \text{Min}\left\{t_{Aj}\, d_A,\, t_{Bj}\, d_B\right\} \qquad (j = 1, ..., n)$$

Die Erzeugnisarten j = 1, ..., n werden jeweils dem Verfahren zugeordnet, für das die Fertigungskosten pro Erzeugniseinheit am niedrigsten sind. Analog verfährt man, wenn zwischen mehr als zwei Verfahren gewählt werden kann oder wenn Wahlmöglichkeiten zwischen Verfahrenskombinationen bestehen. Treten bei einem oder mehreren Verfahren Rüstkosten auf, so hängt die Zuordnung von den Seriengrößen ab[7]; hierbei lassen sich kritische Seriengrößen als Grenzwerte berechnen, die angeben, bei welchen Seriengrößen gerade Verfahrensindifferenz besteht.

In Abbildung 6-2 haben wir die Ausgangsdaten eines Beispiels zur Verfahrenswahl bei freien Kapazitäten wiedergegeben. Die Produktarten 1 bis 6 durchlaufen nacheinander 3 Arbeitsgänge. Für den Arbeitsgang 1 stehen zwei, für den Arbeitsgang 2 drei und für den Arbeitsgang 3 zwei Verfahren zur Verfügung. Die angegebenen Stückzahlen pro Monat sind von der Produktionsprogrammplanung vorgegeben. In Abbildung 6-3 haben wir für alle Erzeugnisse und Verfahrenswahlmöglichkeiten die Fertigungskosten pro Einheit errechnet und die kostengünstigsten Werte mit einem grauem Hintergrund gekennzeichnet. In Abbildung 6-4 wird errechnet, wie viele Maschinenminuten pro Monat die Verfahren leisten müssen, wenn eine Zuordnung nach den absolut minimalen Stückkosten erfolgt. Die drittletzte Zeile der Abbildung 6-4 lässt erkennen, dass in allen Fertigungsstellen eine Leerkapazität übrig bleibt, also kein Engpass wirksam wird.

Multipliziert man die in Abbildung 6-4 errechneten Minuten/Monat mit den in Abbildung 6-2 angegebenen Kostensätzen, so erhält man für das geplante Produktionsprogramm optimale proportionale Fertigungskosten in Höhe von insgesamt 605.360 €/Monat.

Analog kann bei freien Kapazitäten eine Wahl zwischen betriebseigenen Verfahren und Lohnarbeit sowie eine Wahl zwischen Eigenerstellung und Fremdbezug von Vormaterial und Teilen getroffen werden[8]. Auch hier sind jeweils die Alternativen zu wählen, deren Fertigungs- bzw. Herstellkosten am niedrigsten sind. Auch bei Serienproduktion lassen sich jeweils die Seriengrößen wählen, bei denen pro Erzeugnisart die Summe aus den relevanten Rüst- und Lagerkosten pro Einheit ihr absolutes Minimum erreicht.

Verfahrenswahl bei freien Kapazitäten (Ausgangsdaten)

Produktart	Menge (Stk./Mon.)	Arbeitsgang 1 (Min./Stk.)		Arbeitsgang 2 (Min./Stk.)			Arbeitsgang 3 (Min./Stk.)	
		1	2	1	2	3	1	2
1	10.000	5	4	8	5	3	12	12
2	12.000	5	3	5	5	3	12	12
3	8.000	7	6	5	5	4	10	9
4	17.000	8	6	6	6	4	10	9
5	16.000	11	7	7	4	5	16	12
6	8.000	12	10	8	5	5	16	12
Kapazitäten (Min./Mon.)		220.000	270.000	300.000	110.000	80.000	520.000	295.000
Kostensätze (€/Min.)		0,35	0,45	0,20	0,34	0,40	0,40	0,45

Abbildung 6-2: Beispiel zur Verfahrenswahl bei freien Kapazitäten (Ausgangsdaten)

Verfahrenswahl bei freien Kapazitäten (Fertigungskosten)

Produktart	Arbeitsgang 1 (Euro/Stück)		Arbeitsgang 2 (Euro/Stück)			Arbeitsgang 3 (Euro/Stück)	
	1	2	1	2	3	1	2
1	7,15	1,80	1,60	1,75	1,20	4,80	5,40
2	1,75	1,35	1,00	1,75	1,20	4,80	5,40
3	2,45	2,70	1,00	1,75	1,60	4,00	4,05
4	2,80	2,70	1,20	2,10	1,60	4,00	4,05
5	3,85	3,15	1,40	1,40	2,00	6,40	5,40
6	4,20	4,50	1,60	1,75	2,00	6,40	5,40

Abbildung 6-3: Beispiel zur Verfahrenswahl bei freien Kapazitäten (Berechnung der Fertigungskosten)

Verfahrenswahl bei freien Kapazitäten (Abstimmung)							
Produktart	Arbeitsgang 1 (Min./Mon.)		Arbeitsgang 2 (Min./Mon.)			Arbeitsgang 3 (Min./Mon.)	
	1	2	1	2	3	1	2
1	50.000				30.000	120.000	
2		36.000	60.000			144.000	
3	56.000		40.000			80.000	
4		102.000	102.000			170.000	
5		112.000		64.000			192.000
6	96.000		64.000				96.000
Beschäftigung	202.000	250.000	266.000	64.000	30.000	514.000	288.000
Kapazität	220.000	270.000	300.000	110.000	80.000	520.000	295.000
Leerkapazität	18.000	20.000	34.000	46.000	50.000	6.000	7.000
Opt. Fert. Kosten i	70.700	112.500	53.200	21.760	12.000	205.600	129.600
Σ Opt. Fert. Kosten in i	**605.360**						

Abbildung 6-4: Beispiel zur Verfahrenswahl bei freien Kapazitäten (Abstimmung zwischen Kapazität und Beschäftigung)

3. Tritt beim Aufbau der Produktionsplanung ein Engpass auf, so lassen sich in der Produktionsvollzugsplanung nicht mehr in allen Fällen die Alternativen mit den absolut niedrigsten Fertigungs- oder Herstellkosten realisieren. Einige Erzeugnisse oder Produktionsaufträge müssen vielmehr jeweils dem nächstgünstigen Verfahren zugeordnet werden. Hierbei ist so vorzugehen, dass möglichst geringe Verfahrensabweichungen entstehen, also ein Zustand der relativen Kostenminimierung erreicht wird. Hierbei werden zunächst für alle Erzeugnisarten die Verfahrensabweichungen pro Einheit errechnet, die entstehen, wenn eine Zuordnung zu dem nächstgünstigen Verfahren erfolgt. Dividiert man die Verfahrensabweichungen pro Einheit durch die Stückzeiten im Engpass, so erhält man die relativen Verfahrensabweichungen.

Gehen wir von den gleichen Prämissen wie bei Gleichung (6-1) aus, wobei aber nunmehr die Fertigungsstelle A zum Engpass werden möge, so gilt für die relativen Verfahrensabweichungen, die wir als w_j bezeichnen wollen, folgende Bestimmungsgleichung:

$$(6\text{-}2) \qquad w_j = \frac{t_{Bj}\, d_B - t_{Aj}\, d_A}{t_{Aj}} \qquad (j = 1, ..., n)$$

Der Zähler des Bruches gibt die Verfahrensabweichung an, die entsteht, wenn eine Einheit der Erzeugnisart j statt der Fertigungsstelle A der Fertigungsstelle B zugeordnet wird. Die Koeffizienten w_j sind nur für diejenigen Produktarten zu bilden, für die $t_{Aj}d_A < t_{Bj}d_B$ gilt, deren Produktion also nicht von vornherein bei Verfahren B zu geringeren Kosten führt. Für diese Produktarten ist das Verfahren B das jeweils nächstgünstigste, da für den betreffenden Arbeitsgang kein weiteres Verfahren zur Verfügung steht.

Die optimale Verfahrensplanung lässt sich auf zwei Wegen erreichen. Erstens kann man die Erzeugnisse nach der Höhe ihrer relativen Verfahrensabweichungen ordnen, wobei man mit den höchsten Werten beginnt, und sie in dieser Reihenfolge der Engpassstelle zuordnet, bis die Kapazitätsgrenze erreicht ist. Die übrigbleibenden Mengen werden dem Verfahren B zugeordnet. Zweitens kann man zunächst alle Erzeugnismengen dem Engpass zuordnen, für welche dieser am kostengünstigsten ist. Anschließend nimmt man eine Entlastung des Engpasses vor, wobei man mit den Erzeugnisarten beginnt, deren relative Verfahrensabweichungen am niedrigsten sind. Diese ordnet man solange dem nächstgünstigsten Verfahren zu, bis die Fehlkapazität des Engpasses abgebaut ist.

Nehmen wir im Beispiel der Abbildung 6-2 an, dass beim Arbeitsgang 2 für das Verfahren 1 die Kapazität nur 136.000 Min./Monat beträgt, so wird diese Stelle zum Engpass. Bei einer Verfahrenssteuerung nach absolut minimalen Stückkosten würde eine Fehlkapazität von 130.000 Min./Monat auftreten. Wie Abbildung 6-4 erkennen lässt, werden von der Engpasswirkung nur die Produktarten 2, 3, 4 und 6 betroffen. Beim Engpassverfahren 1 muss eine Entlastung um 130.000 Min./Monat erfolgen, indem Erzeugnismengen dieser Produktarten den Verfahren 2 und 3 zugeordnet werden. Hierzu haben wir die folgenden relativen Verfahrensabweichungen gebildet:

	Relative Verfahrensabweichungen Euro/Min.			
Produktart	Verfahren 2 statt 1		Verfahren 3 statt 1	
2	0,150		0,040	2
3	0,150		0,120	4
4	0,150		0,067	3
6	0,019	1	0,050	

Die Ziffern hinter den relativen Verfahrensabweichungen geben die Rangfolge an, in der die Erzeugnisse vom Engpassverfahren auf das nächstgünstige Verfahren verlagert werden müssen. Zunächst werden 8.000 Stück/Monat der Produktart 6 dem Verfahren 2 zugeordnet. Hierdurch wird der Engpass um 64.000 Min./Monat entlastet. Anschließend folgen 12.000 Stück pro Monat der Produktart 2, die dem Verfahren 3 zugeordnet werden. Hierdurch nimmt die Engpassbelastung um weitere 60.000 Min./Monat ab, also insgesamt 124.000 Min./Monat. Um die restliche Fehlkapazität in Höhe von 6.000 Min./Monat abzubauen, werden 1.000 Stück/Monat der Produktart 4 dem Verfahren 3 zugeordnet. Damit ist die optimale Zuteilung erreicht.

Die letzte Zeile der Abbildung 6-5 lässt erkennen, dass die Kapazität des Verfahrens 1 ausgelastet ist und bei den Verfahren 2 und 3 keine weiteren Engpässe entstehen. Die Engpassbelastung führt im Beispiel zu folgenden Verfahrensabweichungen:

		Verfahrensabweichungen	
Produktart	Stück/Monat	Euro/Stück	€/Monat
2	12.000	0,20	2.400
4	1.000	0,40	400
6	8.000	0,15	1.200
Summe			4.000

Verfahrenswahl bei einem Engpass						
Produktart	Arbeitsgang 2 (Min./Mon.)			Arbeitsgang 2 (Stück/Mon.)		
	1	2	3	1	2	3
1			10.000			30.000
2			12.000			36.000
3	8.000			40.000		
4	16.000		10.000	96.000		4.000
5		16.000			64.000	
6		8.000			40.000	
Beschäftigung				136.000	104.000	70.000
Kapazität				136.000	110.000	80.000
Leerkapazität				–	6.000	10.000

Abbildung 6-5: Beispiel zur Verfahrenswahl bei einem Engpass (Lösungswerte)

Analog kann man bei allen übrigen Entscheidungen der Produktionsvollzugsplanung verfahren. Dies gilt insbesondere für die Wahl zwischen Eigenerstellung und Fremdbezug. Lassen sich Vorprodukte oder Teile in einem Vorstufenbetrieb bzw. in einer speziellen Teilefertigung herstellen oder fremdbeziehen, und tritt im Falle der Selbsterstellung ein Engpass auf, so werden zunächst die Mehrkosten des Fremdbezugs pro Einheit gebildet. Dividiert man diese durch die Engpassbelastung, so erhält man die relativen Mehrkosten des Fremdbezugs. Diese werden der Größe nach geordnet, wobei man mit den höchsten Werten beginnt. In dieser Reihenfolge werden die geplanten Vorprodukt- oder Teilemengen dem Engpass zugeordnet, bis die Kapazitätsgrenze erreicht ist. Die übrigbleibenden Mengen werden fremdbezogen. Das oben beschriebene Reihungsverfahren der Verfahrenswahl lässt sich auch anwenden, wenn die Möglichkeit besteht, die Engpasskapazität durch den Einsatz von Überstunden zu erhöhen; denn die Reihenfolge der relativen Verfahrensabweichungen wird hierdurch nicht beeinflusst.

4. Werden beim Aufbau der Produktionsplanung mehrere Engpässe wirksam, so lassen sich die Wahlprobleme der Produktionsvollzugsplanung exakt nur noch mithilfe simultaner Planungsmodelle, insbesondere der linearen Programmierung, lösen. Werden hierbei die Produktmengen vorgegeben, so sind für die Produktionsvollzugsplanung simultane Kosten-Minimierungs-Modelle erforderlich. Meistens ist die Engpasswirkung aber so groß, dass sie sich durch den Einsatz kostenungünstigerer Verfahren nicht ausgleichen lässt, sondern zugleich den Verzicht auf Absatzmengen erforderlich macht. Bei mehreren Engpässen sollte daher simultan über die Produktions- und Absatzmengen und Aktionsparameter des Produktionsvollzugs entschieden werden. Hierfür sind Gewinn-Maximierungs-Modelle erforderlich, deren Zielfunktionen nach dem Deckungsbeitragsprinzip aufgebaut sind. Da wir diese Modelle an anderer Stelle ausführlich beschrieben haben, wollen wir sie hier nicht weiter behandeln[9].

6.2.2 Die kurzfristige Absatzplanung und Verkaufssteuerung mithilfe von Deckungsbeiträgen

6.2.2.1 Der optimale Aufbau der kurzfristigen Absatzplanung

1. Bei der kurzfristigen Absatzplanung ist zwischen Unternehmungen mit standardisierten Erzeugnissen und Unternehmungen mit Auftrags- und Einzelfertigung zu unterscheiden, weil hier wesentliche Unterschiede bei der Verkaufspreisbestimmung, der Absatzmengenplanung und der Verkaufssteuerung mithilfe von Deckungsbeiträgen bestehen.

In Abbildung 6-6 haben wir den Aufbau der kurzfristigen Absatzplanung für Unternehmungen mit standardisierten Erzeugnissen als Schema dargestellt, um zu zeigen, welche Möglichkeiten die Grenzplankosten- und Deckungsbeitragsrechnung für die optimale Gestaltung der kurzfristigen Absatzplanung bietet.

Wie die Abbildung 6-6 erkennen lässt, besteht eine wichtige Aufgabe der kurzfristigen Absatzplanung zunächst darin, den Einsatz des absatzpolitischen Instrumentariums zu planen, wobei sich die Präferenz- und die Preispolitik unterscheiden lassen.

Durch die Präferenzpolitik wird im Rahmen der durch die langfristige Absatzplanung determinierten Grenzen zunächst die Zusammensetzung des vorgegebenen Absatzprogramms (= Anzahl Erzeugnisarten, Differenzierung nach Formen, Farben, Mustern, Dessins, Dimensionen usw.) festgelegt. Die hierbei zu treffenden Entscheidungen werden unter dem Oberbegriff der Sortimentspolitik zusammengefasst. Weiterhin wird im Rahmen der Präferenzpolitik über die Art und den Umfang des Werbemitteleinsatzes und über die Verkaufskonditionen entschieden. Da es in der Praxis nicht möglich ist, die Wirkungszusammenhänge zwischen den Aktionsparametern der Präferenzpolitik und den Abatzmengen quantitativ zu erfassen, gibt es keine operablen Planungsmodelle, mit deren Hilfe sich die Entscheidungen der Präferenzpolitik optimal bestimmen lassen[10]. Auf dem Gebiet der Präferenzpolitik ist die Praxis daher nach wie vor auf Erfahrung, Intuition und die Anwendung qualitativer Entscheidungskriterien angewiesen.

Die Deckungsbeitragsrechnung kann hierbei nur indirekte Hilfestellung leisten, indem sie erkennen lässt, welche Erzeugnisse und Ausführungsarten erfahrungsgemäß zu guten, mittleren oder schlechten Deckungsbeiträgen führen.

Durch die Preispolitik werden die Brutto-Verkaufspreise der Erzeugnisse und das Rabattsystem festgelegt; hierdurch sind zugleich die Netto-Verkaufspreise der Erzeugnisse fixiert. In der Theorie werden zwar Entscheidungsmodelle zur optimalen Verkaufspreisbestimmung beschrieben, die sich aber in der Praxis nicht anwenden lassen[11]. Dieser Tatbestand ist darauf zurückzuführen, dass für die Modellanalyse erforderliche Preisabsatzfunktionen empirisch nicht mit genügender Genauigkeit ermittelt werden können. In der Praxis ist man daher weitgehend darauf angewiesen, marktgerechte Preise aufgrund von Intuition und Erfahrung festzulegen. Wir werden aber in Kapitel 6.2.3 zeigen, dass bei Anwendung einer Grenzplankosten- und Deckungsbeitragsrechnung die Möglichkeit besteht, marktgerechte Verkaufspreise mithilfe von Soll-Deckungsbeiträgen zu approximieren.

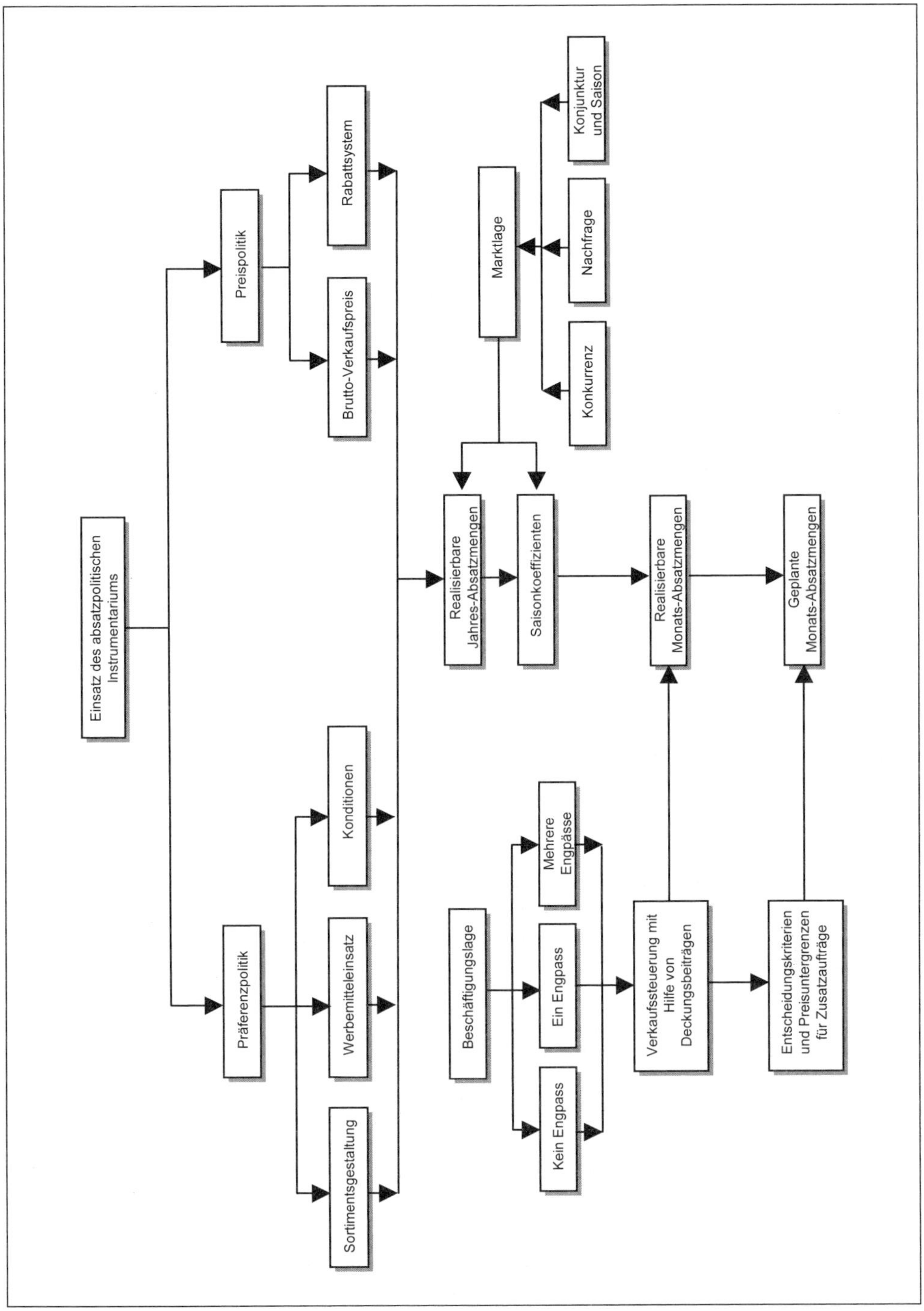

Abbildung 6-6: Aufbau der kurzfristigen Absatzplanung und Verkaufssteuerung

Sind die Entscheidungen der Präferenzpolitik getroffen und die Verkaufspreise der Erzeugnisse festgelegt, so werden in einer Unternehmung mit standardisierten Erzeugnissen zunächst die realisierbaren Jahres-Absatzmengen geplant. Hierbei werden die dem Marketing zur Verfügung stehenden Instrumente der Absatzprognose eingesetzt. Die realisierbaren Jahres-Absatzmengen hängen weitgehend von der Angebots- und Nachfragesituation auf den betreffenden Märkten und der Konjunkturlage ab. Sie werden zugleich durch die Entscheidungen der Präferenz- und der Preispolitik beeinflusst. Werden Saisonschwankungen erwartet, so werden nach Erzeugnisarten differenzierte Saisonkoeffizienten geplant, die angeben, wie viel Prozent der Jahres-Absatzmengen der betreffenden Erzeugnisarten voraussichtlich auf die Kalendermonate entfallen. Auf diese Weise lassen sich die realisierbaren Monats-Absatzmengen der Erzeugnisse ermitteln.

Liegt in Unternehmungen mit standardisierten Erzeugnissen die Planung der realisierbaren Absatzmengen vor, so setzt ein Selektionsprozess ein, der als Verkaufssteuerung mithilfe von Deckungsbeiträgen bezeichnet wird. Hierdurch wird eine optimale Abstimmung der realisierbaren Absatzmengen mit den verfügbaren Kapazitäten angestrebt.

Wie wir im Folgenden zeigen werden, hängen die Entscheidungskriterien der Verkaufssteuerung wesentlich von der Beschäftigungssituation einer Unternehmung ab.

2. Treten in einer Unternehmung keine Engpässe auf, so können alle realisierbaren Absatzmengen als Plan-Absatzmengen angesetzt werden. Die Verkaufssteuerung beschränkt sich in diesem Fall auf die Überprüfung, ob die Deckungsbeiträge positiv sind. Erzeugnisse mit negativen Deckungsbeiträgen werden im Regelfall aus dem Sortiment ausgeschieden. Sie sind nur dann im Absatzprogramm zu belassen, wenn produktions- oder absatzbedingte Verbundbeziehungen zu anderen Erzeugnissen bestehen, deren Deckungsbeiträge positiv sind. Werden bei der Abstimmung der Absatzplanung mit der Produktionsplanung größere Kapazitätsreserven festgestellt, so ist zu überprüfen, ob durch eine Senkung der Verkaufspreise, erhöhte Rabatte oder veränderte Aktionsparameter der Präferenzpolitik erhöhte Absatzmengen erzielt werden können, die zu einer Erhöhung des Gesamt-Deckungsbeitrages führen.

In Unternehmungen mit Saisonschwankungen der Absatzmengen treten häufig zeitlich begrenzte Engpässe auf, die sich durch Vorratsproduktion umgehen lassen. Auch in diesen Fällen kann eine Verkaufssteuerung nach dem Prinzip der positiven Deckungsbeiträge erfolgen, sofern sich infolge der Vorratsproduktion die realisierbaren Jahres-Absatzmengen herstellen lassen.

3. Wird in einer Unternehmung ein Engpass wirksam, der sich nicht durch Vorratsproduktion ausschalten lässt, so können nicht alle realisierbaren Absatzmengen in die endgültige Absatzplanung aufgenommen werden. In diesen Fällen ist vielmehr eine Verkaufssteuerung mithilfe relativer Deckungsbeiträge vorzunehmen; vgl. hierzu unsere Ausführungen in Kapitel 1.3.4.1. Die relativen Deckungsbeiträge der Erzeugnisse erhält man, indem man die geplanten Stück-Deckungsbeiträge durch die zugehörigen Stück-Bearbeitungszeiten im Engpass dividiert. Anschließend werden die Erzeugnisse nach der Höhe ihrer relativen Deckungsbeiträge geordnet, wobei man mit dem größten relativen Deckungsbeitrag beginnt. In dieser Reihenfolge werden die realisierbaren Absatzmengen der Erzeugnisse dem Engpass zugeordnet, bis die Kapazitätsgrenze erreicht ist. Die übrigbleibenden Produktmengen werden zunächst zu Fehlmengen. Bevor man jedoch den Verzicht auf Absatzmengen akzeptiert, ist zu überprüfen, ob sich die Produktionsmöglichkeiten durch kapazitätserhöhende oder durch kapazitätsumgehende Maßnahmen der Produktionsvollzugsplanung erweitern lassen. Zu den kapazitätserhöhenden Maßnahmen der Produktionsvollzugsplanung gehören der Einsatz von Überstunden und Zusatzschichten; in manchen Fällen lässt sich auch die Intensität im Engpass erhöhen. Als kapazitätsumgehende Maßnahmen der Produktionsvollzugsplanung kommen der Einsatz anderer Verfahren, die Vergabe von Arbeitsgängen in Lohnarbeit und ein erhöhter Fremdbezug von Vormaterial oder Einzelteilen in Frage. Sämtliche Maßnahmen dieser Art führen zu einer Erhöhung der variablen Kosten; sie sind nur wirtschaftlich, sofern der Kostenanstieg nicht zu negativen Stück-Deckungsbeiträgen führt.

Verkaufsteuerung bei einem Engpass

Artikel Nr.	Max. Absatzmenge	Engpassbelastung Min./Stück	Plan-Deckungsbeitrag		Rangfolge	Planabsatz Stück/Mon.	Beschäftigung Min./Mon.		Plan DB Euro/Mon.
			Euro/ Stück	Euro/Min.			Pro Artikel	Kum.	
11	2.800	5,80	16,71	2,88	11	2.800	16.240	94.486	46.788
12	1.260	3,50	30,73	8,78	1	1.260	4.410	4.410	38.720
13	1.960	5,60	20,01	3,57	10	1.960	10.976	78.246	39.220
21	1.400	,70	28,12	4,20	9	1.400	9.380	67.270	39.368
22	3.640	10,40	29,55	2,84	13	3.640	37.856	143.598	107.562
23	1.400	11,60	26,50	2,28	19	640	7.426	204.000	16.960
24	1.540	12,80	34,11	2,66	14	1.540	19.712	163.310	52.529
31	700	8,70	42,53	4,89	6	700	6.090	44.940	29.771
32	1.960	7,90	45,44	5,75	3	1.960	15.484	30.086	89.062
33	1.540	10,40	27,48	2,64	15	1.540	16.016	179.326	42.319
34	1.960	5,20	31,33	6,03	2	1.960	10.192	14.602	61.407
Summe Inland-Verkäufe									563.706
11	1.680	5,80	14,01	2,42	17	1.680	9.744	192.206	23.537
12	840	3,50	19,12	5,46	4	840	2.940	33.026	16.061
13	560	5,60	14,49	2,59	16	560	3.136	182.462	8.144
21	1.680	6,70	19,15	2,86	12	1.680	11.256	105.742	32.172
22	1.120	10,40	21,18	2,04	20	–	–	–	–
23	980	11,60	19,67	1,70	22	–	–	–	–
24	1.260	12,80	23,79	1,86	21	–	–	–	–
31	980	8,70	37,02	4,26	8	980	8.526	57.890	36.280
32	560	7,90	36,48	4,62	7	560	4.424	49.364	20.429
33	420	10,40	24,33	2,34	18	420	4.368	196.574	10.219
34	1.120	5,20	28,21	5,43	5	1.120	5.824	38.850	31.595
Summe Ausland-Verkäufe									178.437
Summe Gesamt									**742.143**

Abbildung 6-7: Beispiel zur Verkaufssteuerung mithilfe relativer Deckungsbeiträge bei einem Engpass

In Abbildung 6-7 haben wir ein Beispiel für die Verkaufssteuerung mithilfe relativer Deckungsbeiträge wiedergegeben. Hierbei gehen wir davon aus, dass nur eine bestimmte Fertigungsstelle als Engpass wirksam wird, deren Kapazität 204.000 Ftg.-Min./Monat betragen möge.

Die Artikel werden in der Reihenfolge ihrer relativen Deckungsbeiträge, deren Rangfolgeziffern in Abbildung 6-7 angegeben werden, in das Produktionsprogramm aufgenommen. Hierbei ist es für die Zuordnung unerheblich, ob es sich um einen Inlands- oder einen Auslands-Verkauf handelt. Die Spalte der kumulierten Beschäftigung lässt erkennen, dass beim Inland-Verkauf des Artikels 23 die Kapazitätsgrenze erreicht wird. Von diesem Artikel können noch (204.000 ./. 196.574) : 11,6 = 640 Stück/Monat in das Produktionsprogramm aufgenommen werden. Die Artikel 22, 23 und 24 lassen sich bei den Auslands-Verkäufen zunächst nicht berücksichtigen.

Wir wollen aber annehmen, dass die Möglichkeit besteht, die Kapazität der Fertigungsstelle durch den Einsatz von Überstunden um 24.000 Min./Monat zu erhöhen. Hierdurch steigen die Fertigungslöhne einschließlich der Personalnebenkosten um 25 %, wobei der Überstundeneinsatz den proportionalen Kostensatz um 0,10 €/Min. erhöht. Da die relativen Deckungsbeiträge bei allen Artikeln höher liegen, führt der Überstundeneinsatz nicht zu negativen Deckungsbeiträgen. In Abbildung 6-8 wird daher das Reihungsverfahren fortgesetzt, wobei die Artikel 23 (Inland) und 22 (Ausland) vollständig und der Artikel 24 (Ausland) noch teilweise in die Absatzplanung übernommen werden; lediglich der Auslands-Absatz des Artikels 23 ist vollständig aus dem Verkaufsprogramm zu eliminieren. Die drei letzten Zeilen der Abbildung 6-8 lassen erkennen, dass der Überstundeneinsatz den Gesamtdeckungsbeitrag um insgesamt 48.028 €/Monat erhöht.

Verkaufsteuerung bei einem Engpass (Überstunden)

Artikel Nr.		Rangfolge	Engpassbelastung Min./Stück	Zusätzl. Plan-Absatz Stück/Mon.	Plan-Überstd. Min./Mon.		Plan-Deckungsbeitrag	
					Pro Artikel	Kum.	Euro/Stück	Euro/Min.
23	Inland	19	11,60	760	8.816	8.816	26,50	20.140
22	Ausland	20	10,40	1.120	11.648	20.464	21,18	23.722
24	Ausland	21	12,80	276	3.536	24.000	23,79	6.566
23	Ausland	22	11,60	–	–	–	19,67	–
Summe ohne Berücksichtigung von Mehrarbeitskosten								50.428
Mehrarbeitskosten 24.000 Min./Mon. x 0,10 €/Min.								2.400
Summe mit Berücksichtigung von Mehrarbeitskosten								48.028

Abbildung 6-8: Beispiel zur Verkaufssteuerung mithilfe relativer Deckungsbeiträge bei einem Engpass (Überstundeneinsatz)

4. Werden in einer Unternehmung mit standardisierten Erzeugnissen beim Aufbau der Produktions- und Absatzplanung mehrere Engpässe wirksam, so lassen sich exakte Lösungen nur durch eine Verkaufssteuerung mithilfe mathematischer Planungsmodelle erzielen. Hierfür sind in den letzten Jahren zahlreiche Modelle der linearen Programmierung entwickelt worden, die sich auf unterschiedliche Anwendungsfälle beziehen. So lassen sich z. B. ein- und mehrperiodige Planungsmodelle unterscheiden, wobei letztere insbesondere bei Saisonschwankungen der Absatzmengen anzuwenden sind. Weiterhin gibt es spezielle Planungsmodelle für Unternehmungen mit Kuppel- oder Serienproduktion. Weitere Modellunterschiede ergeben sich daraus, ob und inwieweit mithilfe der Modellanalyse simultan über die Zusammensetzung des Produktionsprogramms und Entscheidungen der Produktionsvollzugsplanung (Wahl zwischen mehreren Fertigungsstellen, Wahl zwischen Eigenerstellung und Fremdbezug, Einsatz kapazitätserhöhender Anpassungsprozesse usw.) entschieden werden soll. Weiterhin gibt es Modelle, die simultan mit der Produktions- und Absatzplanung räumliche Verteilungs- und Transportprobleme lösen.

Da wir die für die Produktions- und Absatzplanung in Frage kommenden Optimierungsmodelle an anderer Stelle ausführlich dargestellt haben[12], wollen wir sie hier nicht weiter behandeln. In der Praxis konnten derartige Modelle nur in sehr bescheidenem Umfang umgesetzt werden.

5. In Unternehmungen mit Auftrags- und Einzelfertigung werden Enderzeugnisse hergestellt, die sich in nahezu jedem Einzelfall voneinander unterscheiden. Daher lassen sich weder die Verkaufspreise noch die Absatzmengen für bestimmte Planungsperioden im Voraus festlegen. Hieraus folgt aber, dass die Verfahren der zeitraumbezogenen Verkaufssteuerung, wie wir sie für standardisierte Erzeugnisse beschrieben haben, bei Auftrags- und Einzelfertigung nicht anwendbar sind. An ihre Stelle tritt in Unternehmungen mit Auftrags- und Einzelfertigung eine projektbezogene Verkaufssteuerung. Da diese simultan mit der Festlegung der Angebotspreise erfolgen muss, werden wir sie erst in Kapitel 6.2.3 behandeln.

6.2.2.2 Preisuntergrenzen als kritische Werte der kurzfristigen Absatzplanung

1. Unsere Ausführungen in Kapitel 6.2.2.1 haben gezeigt, dass die Verkaufssteuerung mithilfe von Deckungsbeiträgen geplante Verkaufspreise der betrieblichen Erzeugnisse voraussetzt. Da die Bestimmung marktgerechter Verkaufspreise aber in starkem Maße von unsicheren Marktdaten abhängig ist, kann der Verkauf in vielen Fällen beim Aufbau der kurzfristigen Absatzplanung zunächst nur geschätzte Preise angeben. Dies gilt insbesondere für Verkaufspreise, deren endgültige Höhe erst durch Verhandlungen mit den Kunden bestimmt werden kann; bei Auftrags- und Einzelfertigung gilt das für nahezu alle Enderzeugnisse. Weiterhin kommt es häufig vor, dass einer Unternehmung während des laufenden Geschäftsjahres Zusatzaufträge angeboten werden, für die eine gesonderte Preisbestimmung erforderlich ist.

In allen Fällen, in denen die Verkaufspreise unsichere Daten oder Aktionsparameter der Absatzplanung sind, sollten Preisuntergrenzen bestimmt werden. Hierunter sind kritische Werte der Verkaufspreise zu verstehen, bei deren Unterschreiten die betreffenden Absatzmengen nicht in das Produktions- und Absatzprogramm einer Unternehmung aufgenommen werden. Die Bestimmung von Preisuntergrenzen hängt wesentlich von der Zielsetzung und der Fragestellung des Entscheidungsproblems ab. In der Literatur werden folgende Arten betrieblicher Preisuntergrenzen unterschieden[13]:

- Erfolgsbezogene Preisuntergrenzen
  - der kurzfristigen Planung
  - der langfristigen Planung
- Liquiditätsbezogene Preisuntergrenzen

Die erfolgsbezogenen Preisuntergrenzen geben Grenzwerte der Verkaufspreise an, bei denen die zugehörigen Absatzmengen den Gewinn einer Unternehmung nicht verändern; bei niedrigeren Preisen würde eine Gewinnabnahme, bei höheren Preisen dagegen eine Gewinnzunahme eintreten. Für den kritischen Preis ist daher der Zusatzgewinn gerade gleich Null.

Werden kritische Verkaufspreise unter den Prämissen der kurzfristigen Planung ermittelt, so bezeichnet man sie als kurzfristige Preisuntergrenzen; ihre Berechnung erfolgt mithilfe von Kosten und Erlösen. Von langfristigen Preisuntergrenzen spricht man dagegen, wenn kritische Verkaufspreise beim Aufbau der langfristigen Planung bestimmt werden. Da langfristige Entscheidungen mithilfe der Investitionsrechnung zu treffen sind, werden langfristige Preisuntergrenzen so definiert, dass für sie der Kapitalwert der auf die betreffende Entscheidung zurückzuführenden zusätzlichen Aus- und Einzahlungen gerade gleich Null wird; vgl. hierzu unsere Ausführungen in Kapitel 6.3. Da die Zielsetzung der Erfolgsmaximierung stets durch die Nebenbedingungen der Aufrechterhaltung des finanziellen Gleichgewichts ergänzt werden muss, wird in der betriebswirtschaftlichen Literatur die Bildung liquiditätsbezogener Preisuntergrenzen vorgeschlagen. Hierunter sind kritische Verkaufspreise zu verstehen, bei denen die betreffenden Entscheidungen den Bestand an liquiden Mitteln nicht verändern. Bei niedrigeren Verkaufspreisen würde sich die Liquiditätssituation verschlechtern, bei höheren Verkaufspreisen dagegen verbessern.

Theoretisch richtig würde es sein, erfolgs- und finanzwirtschaftliche Aspekte bei der Bestimmung von Preisuntergrenzen simultan zu berücksichtigen; hierfür stehen aber keine operablen Lösungsverfahren zur Verfügung[14].

Die meisten Autoren wollen liquiditätsbezogene Preisuntergrenzen aus den Kalkulationen der betrieblichen Erzeugnisse ableiten und nehmen hierzu eine Differenzierung der Kosten in ausgabewirksame und nicht-ausgabewirksame Beträge vor[15]. Wir glauben aber nicht, dass sich auf diese Weise liquiditätsbezogene Preisuntergrenzen ermitteln lassen, die den Anforderungen einer wirksamen Liquiditätskontrolle genügen. Denn in der finanziellen Sphäre einer Unternehmung werden so vielschichtige Verbundbeziehungen wirksam, dass der Zustand der Illiquidität niemals auf eine bestimmte Einzelentscheidung zurückgeführt werden kann. Wir halten daher die Berechnung liquiditätsbezogener Preisuntergrenzen zwar für praktikabel, aber aus den genannten Gründen für nicht zielführend. Das schließt aber nicht aus, dass in finanziell kritischen Situationen für jeden zusätzlichen Auftrag überprüft wird, zu welchen Zeitpunkten er Zahlungsvorgänge auslöst und wie hierdurch die Liquiditätslage beeinflusst wird. Zusatzaufträge mit relativ niedrigen Preisen, die nur geringe zusätzliche Auszahlungen auslösen und deren Aus- und Einzahlungstermine im System der Finanzplanung günstig platziert sind, können vom Standpunkt der Liquidität günstiger sein als Aufträge mit relativ hohen Preisen, die zu großen zusätzlichen Auszahlungen zu ungünstigen Terminen führen.

Die Bestimmung erfolgsbezogener Preisuntergrenzen führt nur für solche Entscheidungen zu eindeutigen Ergebnissen, die sich auf eine einzelne Erzeugnisart beziehen. Gehören dagegen zu den Aktionsparametern einer Entscheidung die Absatzmengen mehrerer Produktarten oder Aufträge, so lassen sich lediglich kritische Verkaufspreis-Kombinationen bestimmen, für die es zahlreiche Lösungsmöglichkeiten gibt. Eindeutige Preisuntergrenzen lassen sich in diesen Fällen nur mithilfe zusätzlicher Prämissen bestimmen, so z. B. durch die Annahme, dass zwischen den Verkaufspreisen der betreffenden Erzeugnisse konstante Relationen bestehen. Häufig ist es in diesen Fällen aber zweckmäßiger, die Konzeption produktbezogener Preisuntergrenzen aufzugeben und statt dessen Erlösuntergrenzen oder kritische Erlöse zu berechnen.

2. In Unternehmungen mit standardisierten Erzeugnissen ist das Problem der Bestimmung von Preisuntergrenzen beim Aufbau der jährlichen Absatzplanung nur von untergeordneter Bedeutung. Wie unsere Ausführungen in Kapitel 6.2.2.1 gezeigt haben, plant der Verkauf für alle in das Absatzprogramm aufgenommenen Erzeugnisse Verkaufspreise, die der erwarteten Marktlage entsprechen. Anschließend wird die Absatzmengenplanung durchgeführt, wobei je nach der Beschäftigungslage die beschriebenen Verfahren der Verkaufssteuerung eingesetzt werden. Hierbei dienen die geplanten proportionalen Selbstkosten der Erzeugnisse als absolute Preisuntergrenzen, denn (von Ausnahmen abgesehen) werden alle Erzeugnisse aus der Programmplanung eliminiert, deren Verkaufspreise niedriger als die proportionalen Selbstkosten sind. Im Engpassfall führt entweder das Reihungsverfahren mithilfe relativer Deckungsbeiträge oder der Einsatz linearer Planungsmodelle dazu, dass die ungünstigsten Erzeugnisse aus dem Produktions- und Absatzprogramm eliminiert werden. Eine Bestimmung von Preisuntergrenzen ist hierbei nicht erforderlich; durch die relativen Deckungsbeiträge der gerade noch in die Absatzplanung aufgenommenen Grenzprodukte werden aber Opportunitätskosten bestimmbar, die in Engpasssituationen für die Berechnung von Preisuntergrenzen von Bedeutung sind.

In Unternehmungen mit standardisierten Erzeugnissen erfolgt eine Bestimmung von Preisuntergrenzen insbesondere für Zusatzaufträge[16]. Hierunter sind Aufträge zu verstehen, die nach der Festlegung der jährlichen Absatzplanung eingehen und wesentliche Unterschiedsmerkmale gegenüber den in die Jahresplanung aufgenommenen Absatzmengen aufweisen. Hierbei kann es sich z. B. um qualitative Produktionsunterschiede handeln. In diesen Fällen beziehen sich die Zusatzaufträge auf Produktausführungen, die im geplanten Produktionsprogramm in dieser Form nicht vorgesehen sind, sich aber kurzfristig in das laufende Produktionsprogramm eingliedern lassen. Besonders häufig sind Zusatzaufträge durch marktspezifische Unterschiede gekennzeichnet. Dies ist z. B.

der Fall, wenn die Zusatzaufträge auf Märkte, Absatzgebiete oder Kundengruppen entfallen, die normalerweise von der betreffenden Unternehmung nicht beliefert werden. Weiterhin muss es sich bei Zusatzaufträgen um zeitlich begrenzte Lieferungen handeln, da eine anhaltende Nachfrage dazu führt, dass die betreffenden Erzeugnisse in die jährliche Absatzplanung eingehen und damit die Eigenschaft des „Zusätzlichen" verlieren.

Ein wichtiger Grundsatz bei der Entscheidung über die Annahme oder Ablehnung von Zusatzaufträgen besteht darin, dass die Zusatzaufträge nicht „isoliert" betrachtet werden dürfen, sondern stets zu überprüfen ist, ob zwischen ihnen und den in die jährliche Absatzplanung aufgenommenen Erzeugnissen interdependente Beziehungen wirksam werden können. Insbesondere ist der Fehler zu vermeiden, in jeder Situation die Grenzselbstkosten als Preisuntergrenze anzusehen und jeden Zusatzauftrag anzunehmen, dessen Deckungsbeitrag positiv ist.

Bei Entscheidungen über Zusatzaufträge sind die beiden folgenden Fragen zu prüfen:

- Welche zusätzlichen Kosten verursacht der Zusatzauftrag und wie lässt er sich in die Produktionsplanung einordnen?
  - Kann der Zusatzauftrag ausschließlich von Fertigungsstellen mit freien Kapazitäten bearbeitet werden?
  - Führt die Bearbeitung des Zusatzauftrages zu Engpässen?
    - Kann die Engpasswirkung durch kapazitätsumgehende oder kapazitätserhöhende Anpassungsmaßnahmen beseitigt werden?
    - Ist im Falle der Annahme des Zusatzauftrages eine Verdrängung anderer Produktarten erforderlich?
- Beeinflusst der Zusatzauftrag die Absatzmengen oder Verkaufspreise der in die jährliche Absatzplanung aufgenommenen Produktarten?
  Hierbei sind folgende Unterfragen zu unterscheiden:
  - Konkurriert der Nachfrager des Zusatzauftrages mit den übrigen Kunden der liefernden Unternehmung?
  - Verkauft der Nachfrager des Zusatzauftrages die nachgefragten Erzeugnisse auf den gleichen Absatzmärkten wie die liefernde Unternehmung?

Relativ leicht lässt sich die Frage beantworten, welche zusätzlichen Kosten durch einen Zusatzauftrag verursacht werden. Wird ein Erzeugnis nachgefragt, das zum regulären Sortiment der Unternehmung gehört, so dienen hierbei die mithilfe der Plankalkulation ermittelten proportionalen Selbstkosten als Grundlage. Haben sich die Preise, Löhne und Kostensätze inzwischen verändert, so sind die Werte der aktualisierten Istkalkulation zu berücksichtigen. Wird eine Produktausführung nachgefragt, die nicht zum regulären Sortiment gehört, so sind die zu erwartenden proportionalen Selbstkosten durch eine Sonderkalkulation zu ermitteln, die dem Kostenniveau der Produktionsperiode des Zusatzauftrages entspricht.

Führt die Überprüfung der Frage, wie sich der Zusatzauftrag in die Produktionsprogramm- und Absatzplanung einordnen lässt, zu dem Ergebnis, dass für alle erforderlichen Arbeitsgänge freie Kapazitäten verfügbar sind, so brauchen keine weiteren Kosten berücksichtigt werden. Müssen zur Bearbeitung des Zusatzauftrages aber kapazitätsumgehende oder kapazitätserhöhende Anpassungsmaßnahmen der Produktionsvollzugsplanung vorgesehen werden, so sind die hierdurch verursachten Mehrkosten zu berücksichtigen. Hierbei kann es sich um erzeugnismengenproportionale oder sprungfixe Kosten handeln. Erzeugnismengenproportionale Mehrkosten treten z. B. in folgenden Fällen auf:

- Einsatz kostenungünstigerer Verfahren
- Einsatz von Lohnarbeit
- Fremdbezug von Teilen oder Vormaterial
- Einsatz von Überstunden.

Kostensprünge können z. B. auftreten, wenn zur Abwicklung des Zusatzauftrages vorübergehend ein Lagerraum gemietet oder eine zeitlich begrenzte Dienstleistung (z. B. Leihpersonal) in Anspruch genommen werden muss.

Kann ein Zusatzauftrag so in die Produktionsprogrammplanung eingeordnet werden, dass keine Verdrängung anderer Produktmengen erfolgt und kann weiterhin unterstellt werden, dass der Zusatzauftrag die Absatzmengen und Verkaufspreise der in die jährliche Absatzplanung aufgenommenen Produktarten nicht beeinflusst, so lässt sich eine Preisuntergrenze ausschließlich mithilfe von Kostendaten bestimmen. Hierzu wollen wir die folgenden Kurzzeichen einführen:

k_{pz} = proportionale Plan-Selbstkosten pro Einheit (ohne die Mehrkosten kapazitätsumgehender oder kapazitätserhöhender Anpassungsprozesse)

Δk_{pz}= Mehrkosten kapazitätsumgehender oder kapazitätserhöhender Anpassungsprozesse pro Einheit

Δk_{Fz}= zusätzliche fixe Kosten des Zusatzauftrages pro Monat

T_z = Anzahl Monate, für die die zusätzlichen fixen Kosten des Zusatzauftrages anfallen

Δx_z = Gesamtmenge des Zusatzauftrages

Mithilfe dieser Kurzzeichen lässt sich für die Bestimmung der Preisuntergrenze eines Zusatzauftrages folgende Gleichung formulieren:

$$(6\text{-}3) \qquad PUG_Z = k_{pz} + \Delta k_{pz} + \frac{\Delta K_{Fz}\, T_z}{\Delta x_z}$$

Sind keine Mehrkosten kapazitätsumgehender oder kapazitätserhöhender Anpassungsprozesse erforderlich und fallen keine sprungfixen Kosten an, so stimmt die Preisuntergrenze des Zusatzauftrages mit den proportionalen Selbstkosten pro Einheit überein.

Fallen für einen Zusatzauftrag erlösabhängige Sondereinzelkosten des Vertriebs an, z. B. umsatzproportionale Verkaufsprovisionen, so muss die Bestimmung der Preisuntergrenze nach Gleichung (6-3) entsprechend modifiziert werden. Da erlösabhängige Sondereinzelkosten des Vertriebs von der Höhe der Preisuntergrenze abhängig sind, werden sie nicht in die proportionalen Selbstkosten einbezogen, sondern durch einen entsprechenden Faktor berücksichtigt. Betragen die erlösabhängigen Sondereinzelkosten des Vertriebs v % des Umsatzes, so ist in Gleichung (6-3) die rechte Seite durch den Faktor $\left(1-\frac{v}{100}\right)$ zu dividieren.

Der mithilfe der Gleichung (6-3) bestimmte Preis pro Einheit ist der niedrigste Wert, den der Anbieter gerade noch akzeptieren könnte; er wird daher als absolute Preisuntergrenze bezeichnet.

Für die Berechnung einer absoluten Preisuntergrenze wollen wir das folgende Beispiel betrachten:

proportionale Selbstkosten bei optimalem Produktionsvollzug (ohne Verkaufsprovision)	=	125,60 €/Stück
Verfahrensabweichungen infolge kapazitätsumgehender Anpassungsprozesse	=	14,25 €/Stück
Zusätzliche Mietkosten für einen Lagerraum	=	800,00 €/Monat
Dauer des Mietvertrages	=	4 Monate
Verkaufsprovision in % vom Umsatz	=	4 %
Absatzmenge des Zusatzauftrags	=	360 Stück

Für diese Daten erhält man folgende Preisuntergrenze:

$$PUG = \frac{1}{0{,}96}\left[125{,}60 + 14{,}25 + \frac{3.200}{360}\right] = \underline{\underline{154{,}94 \text{ € / Stück}}}$$

Ohne die Verfahrensabweichungen und zusätzliche Mietkosten würde die Preisuntergrenze nur 130,83 €/Stck. betragen.

Komplexer wird das Entscheidungsproblem, wenn ein Engpass wirksam wird, der sich durch kapazitätsumgehende oder kapazitätserhöhende Anpassungsmaßnahmen nicht beseitigen lässt. In diesem Fall kann ein Zusatzauftrag nur angenommen werden, wenn Verkaufsmengen anderer Erzeugnisse aus dem Produktionsprogramm eliminiert werden. Hierbei wird man nach Möglichkeit die Erzeugnisart wählen, deren Deckungsbeitrag pro Einheit der Engpassbelastung am niedrigsten ist. Voraussetzung hierfür ist allerdings, dass die Absatzsituation eine entsprechende Verringerung der Absatzmenge dieses Erzeugnisses zulässt. Ist das nicht der Fall, weil z. B. feste Lieferverpflichtungen bestehen, so wird das Erzeugnis mit dem nächstniedrigen relativen Deckungsbeitrag verdrängt.

Nehmen wir an, dass die Verdrängung einer Produktart j* ausreicht, um den Zusatzauftrag annehmen zu können, und bezeichnen wir den Verkaufspreis der verdrängten Produktart mit p_{j*}, die proportionalen Grenzselbstkosten dieses Erzeugnisses mit k_{pj*}, die Engpassbelastung pro Einheit des verdrängten Produktes mit t_{Ej*} und die Engpassbelastung pro Einheit des Zusatzauftrages mit t_{EZ}, so gilt für die Bestimmung der Preisuntergrenze des Zusatzauftrages folgende Gleichung:

$$\text{(6-4)} \qquad PUG_Z = k_{pz} + \Delta k_{pz} + \frac{\Delta K_{FZ}\, T_Z}{\Delta x_Z} + \frac{p_{j*} - k_{pj*}}{t_{Ej*}}\, t_{EZ}$$

Das letzte Glied in Gleichung (6-4) gibt die Opportunitätskosten pro Einheit an, die der Zusatzauftrag tragen muss, weil er die Erzeugnisart j* ganz oder teilweise aus dem Absatzprogramm verdrängt.

Verdrängt z. B. ein Zusatzauftrag eine Produktart, deren Stück-Deckungsbeitrag 42,70 €/Stück beträgt, und die 10 Min./Stück im Engpass bearbeiten wird, so werden ihm Opportunitätskosten in Höhe von 4,27 €/Min. belastet. Nehmen wir im Beispiel zu Gleichung (6-3) an, dass die Bearbeitung des Zusatzauftrages im Engpass 5 Min./Stück erfordert, so erhöht sich die Preisuntergrenze um 21,35 €/Stück, also auf 176,29 €/Stück.

Fallen keine Mehrkosten an, so entfallen in der Gleichung (6-4) das zweite und dritte Glied.

Insgesamt verändert die Annahme eines Zusatzauftrages bei einem Verkaufspreis von p_z den Gesamt-Deckungsbeitrag einer Unternehmung wie folgt:

$$\text{(6-5)} \qquad \Delta DB_z = \left[p_z - \left(k_{pz} + \Delta k_{pz}\right)\right] \Delta x_z - \Delta K_{Fz}\, T_z - \left(p_{j*} - k_{pj*}\right) \frac{\Delta x_z\, t_{Ez}}{t_{Ej*}}$$

Der Quotient $\frac{\Delta x_z\, t_{Ez}}{t_{Ej*}}$ gibt an, wie viele Mengeneinheiten der Produktart j* vom Zusatzauftrag verdrängt werden.

Im obigen Beispiel werden 180 Stück verdrängt, wodurch ein Deckungsbeitrag von 7.686 € verloren geht. Der Deckungsbeitrag des Zusatzauftrages beträgt bei einem Preis von 195 €/Stück unter Berücksichtigung der 4 %igen Verkaufsprovision 13.846 €, sodass sich der Gewinn der Unternehmung um 6.160 € erhöht.

Muss neben der Erzeugnisart j* eine weitere Erzeugnisart (ganz oder teilweise) aus dem Produktionsprogramm eliminiert werden, die wir als j** bezeichnen wollen, so ist das letzte Glied in Gleichung (6-4) durch folgenden Ausdruck zu ersetzen:

$$\text{(6-6)} \qquad \frac{\left(p_{j*} - k_{pj*}\right) x_{j*} + \left(p_{j**} - k_{pj**}\right) x_{j**}}{x_{j*}\, t_{Ej*} + x_{j**}\, t_{Ej**}}\, t_{EZ}$$

Der Quotient in Gleichung (6-6) gibt den gewogenen durchschnittlichen Deckungsbeitrag der verdrängten Erzeugnisse pro Einheit der Engpassbelastung an. Da die Gleichung (6-4) errechnete Preisuntergrenze jeweils nur für eine bestimmte Engpasssituation gilt und zugleich davon abhängt, welches Erzeugnis verdrängt wird, wird sie als relative Preisuntergrenze bezeichnet.

Werden mehrere Engpässe wirksam, so ist eine exakte Bestimmung der für die Berechnung von Preisuntergrenzen erforderlichen Opportunitätskosten der knappen Kapazitäten nur mithilfe der Dualitätsbeziehungen der linearen Programmierung möglich[17]. Die Dualsätze linearer Programme stehen aber stets erst zur Verfügung, wenn die optimalen Produktions- und Absatzmengen durch ein entsprechendes Primalmodell bestimmt worden sind, und haben nur für die Ausgangsdaten des Modells Gültigkeit. Durch die spätere Annahme eines Zusatzauftrages können sich die Engpassrelationen derart verschieben, dass sich die Opportunitätskostensätze verändern. Berechnet man die Preisuntergrenze eines Zusatzauftrages dennoch mithilfe der Opportunitätskostensätze des Ausgangsmodells, so gibt es zwei Möglichkeiten. Erhält man einen Wert, der über dem Preis pro Einheit des Zusatzauftrages liegt, so scheidet der Zusatzauftrag von vornherein aus. Erhält man dagegen einen niedrigeren Wert, so muss das Planungsmodell unter Berücksichtigung des Zusatzauftrages neu gelöst werden.

Die den Gleichungen (6-3) und (6-4) zugrunde liegende Bedingung, dass ein Zusatzauftrag die Absatzmengen und Verkaufspreise der übrigen Erzeugnisse einer Unternehmung nicht beeinflusst, ist in der Regel nur erfüllt, wenn der Nachfrager des Zusatzauftrages weder mit den übrigen Kunden der anbietenden Unternehmung noch mit dieser selbst konkurriert. Typische Zusatzaufträge, die sich völlig vom „regulären" Geschäft isolieren lassen, sind z. B. Exportaufträge, bei denen schon die Transportkosten den Rückfluss auf die einheimischen Märkte verhindern.

Bei der Berechnung einer Preisuntergrenze ist daher stets die Frage zu prüfen, ob und inwieweit ein Zusatzauftrag die Absatzmengen und Verkaufspreise der übrigen zum Sortiment gehörenden Produktarten beeinflusst. Werden interdependente Beziehungen wirksam, die zu Mengen- oder Preiseinbußen bei anderen Erzeugnissen bzw. bei Umsätzen mit anderen Kunden führen, so muss dieser Tatbestand bei der Beurteilung eines Zusatzauftrages berücksichtigt werden. Hierbei lassen sich folgende Fälle unterscheiden:

Erstens kann es sich bei dem Nachfrager eines Zusatzauftrages um einen Betrieb handeln, der mit anderen Kunden der Unternehmung konkurriert, da er das nachgefragte Produkt zu ähnlichen Erzeugnissen verarbeitet oder auf den gleichen Märkten verkauft. Hierbei hängt es von folgenden Einflussgrößen ab, ob und in welchem Umfang ein Zusatzauftrag Erlösinterdependenzen auslöst:

- Markttransparenz
- Grad der Konkurrenzbeziehungen zwischen dem Nachfrager des Zusatzauftrages und den übrigen Kunden der anbietenden Unternehmung
- Marktstellung der übrigen Kunden gegenüber der anbietenden Unternehmung.

Je geringer die Markttransparenz auf dem betreffenden Markt ist, desto eher kann damit gerechnet werden, dass der betreffende Zusatzauftrag unerkannt bleibt und sich isoliert durchführen lässt. Wird er den übrigen Kunden bekannt, so hängt ihre Reaktion davon ab, wie stark sie mit dem Nachfrager des Zusatzauftrages konkurrieren. Unterscheidet sich dessen Sortiment wesentlich vom Produktionsprogramm der übrigen Anbieter, so wird der Zusatzauftrag entsprechend geringe Reaktionen auslösen und umgekehrt. Ob und in welchem Umfang die übrigen Kunden ihre Reaktionen gegenüber der anbietenden Unternehmung durchsetzen können, hängt im Übrigen von ihrer Marktstellung ab. Können sie leicht zu anderen Anbietern übergehen, und ist der Wettbewerb auf dem betreffenden Markt stark, so besteht die Gefahr, dass sie die anbietende Unternehmung aufgrund des Zusatzauftrages zwingen, auch ihnen gegenüber die Preise zu senken, oder dass sie zu anderen Anbietern abwandern. Im umgekehrten Fall dagegen ist mit schwachen oder sogar mit keinen Reaktionen zu rechnen.

Zweitens kann es sich bei dem Nachfrager des Zusatzauftrages um einen Betrieb handeln, der die nachgefragten Erzeugnisse auf den gleichen Absatzmärkten wie die anbietende Unternehmung verkauft. Hier hängt es von den Produktunterschieden ab, ob und in welchem Umfang Erlösinterdependenzen wirksam werden. Nur wenn es sich um ein spezielles Produkt handelt, das die anbietende Unternehmung nicht in ihr Sortiment aufgenommen hat, oder das auf bestimmten Teilmärkten verkauft wird, die von der anbietenden Unternehmung nicht beliefert werden, liegt ein „isoliert“ durchführbarer Zusatzauftrag vor. In allen anderen Fällen ist damit zu rechnen, dass die Erzeugnismengen, die dem Nachfrager des Zusatzauftrages geliefert werden, auf den Märkten Absatzmengen der anbietenden Unternehmung verdrängen und daher zu entsprechenden Deckungsbeitragseinbußen führen.

Theoretisch lassen sich die Erlösinterdependenzen von Zusatzaufträgen dadurch berücksichtigen, dass man die wegfallenden Deckungsbeiträge derjenigen Erzeugnisse schätzt, deren Absatzmengen und Preise von den Zusatzaufträgen nachteilig beeinflusst werden[18]. Nehmen wir an, dass ein Zusatzauftrag innerhalb des Gesamtsortiments einer Unternehmung, das aus $j = 1, ..., n$ Erzeugnisarten bestehen möge, die Deckungsbeiträge einer Erzeugnisgruppe mit den Erzeugnisarten $\xi = 1, ..., v$ um ΔDB_ξ vermindert, so ist in den Bestimmungsgleichungen für die Preisuntergrenzen (6-3) und (6-4) der Ausdruck

$$\frac{\sum_{\xi=1}^{v} \Delta DB_\xi}{\Delta x_z}$$ zu addieren.

Fallen keine Kosten für kapazitätsumgehende oder kapazitätserhöhende Anpassungsmaßnahmen an und werden keine Engpässe wirksam, so gilt:

$$\text{(6-7)} \qquad PUG_z = k_{pz} + \frac{\sum_{\xi=1}^{v} \Delta DB_\xi}{\Delta x_z}$$

In Gleichung (6-5), die den zusätzlichen Deckungsbeitrag eines Zusatzauftrages angibt, ist auf der rechten Seite $\sum_{\xi=1}^{v} \Delta DB_\xi$ zu subtrahieren. Nur wenn ΔDB_z dennoch positiv bleibt, ist der Zusatzauftrag anzunehmen.

Häufig wird damit zu rechnen sein, dass die wegfallenden Deckungsbeiträge erst im Zeitablauf wirksam werden. In diesen Fällen müssen sie nach Teilperioden differenziert geplant und durch Diskontieren auf den Kalkulationszeitpunkt bezogen werden[19].

In der Praxis lassen sich die auf Zusatzaufträge zurückzuführenden wegfallenden Deckungsbeiträge oftmals nur schwer quantifizieren. Der vorsichtige Verkäufer wird daher von vorneherein auf alle Zusatzaufträge verzichten, bei denen er mit wesentlichen Erlösinterdependenzen rechnet.

Kann angenommen werden, dass ein Zusatzauftrag ausschließlich über Mengenabnahmen zu verringerten Deckungsbeiträgen anderer Erzeugnisse führt, so wird aus Gleichung (6-7):

$$\text{(6-8)} \qquad PUG_z = k_{pz} + \frac{\sum_{\xi=1}^{v} \left(p_\xi - k_{p\xi}\right) \Delta x_\xi}{\Delta x_z}$$

Für den gewogenen durchschnittlichen Deckungsbeitrags-Prozentsatz der verdrängten Erzeugnismengen (bezogen auf die proportionalen Selbstkosten) gilt:

$$(6\text{-}9) \quad \alpha_D = k_{pz} + \frac{\sum_{\xi=1}^{v}\left(p_\xi - k_{p\xi}\right)\Delta x_\xi}{\sum_{\xi=1}^{v}\Delta x_\xi \, k_{p\xi}} 100$$

Kennt man die verdrängten Erzeugnismengen Δx_ξ nicht genau, kann aber unterstellt werden, dass sich die Mengenabnahmen proportional zu den bisher erzielten Absatzmengen verhalten, so lässt sich α_D der kurzfristigen Erfolgsrechnung entnehmen.

Setzt man Gleichung (6-8) in Gleichung (6-9) ein, so erhält man:

$$(6\text{-}10) \quad PUG_z = k_{pz} + \frac{\frac{\alpha_D}{100}\sum_{\xi=1}^{v}\Delta x_\xi \, k_{p\xi}}{\Delta x_z}$$

Durch Ausklammern von k_{pz} wird hieraus:

$$(6\text{-}11) \quad PUG_z = k_{pz}\left(1 + \frac{\alpha_D}{100}\,\frac{\sum_{\xi=1}^{v}\Delta x_\xi \, k_{p\xi}}{\Delta x_z \, k_{pz}}\right)$$

Unterstellt man, dass es sich bei den Erzeugnissen $\xi = 1, ..., v$ um ähnliche Produkte handelt, und setzt man die durchschnittlichen proportionalen Selbstkosten:

$$(6\text{-}12) \quad k_{p\phi} = \frac{\sum_{\xi=1}^{v}\Delta x_\xi \, k_{p\xi}}{\sum_{\xi=1}^{v}\Delta x_\xi}$$

in Gleichung (6-11) ein, so erhält man:

$$(6\text{-}13) \quad PUG_z = k_{pz}\left(1 + \frac{\alpha_D}{100}\,\frac{\sum_{\xi=1}^{v}\Delta x_\xi \, k_{p\phi}}{\Delta x_z \, k_{pz}}\right)$$

Die Gleichung (6-13) lässt erkennen, dass die Preisuntergrenze des Zusatzauftrages vom durchschnittlichen Deckungsbeitragsprozentsatz der verdrängten Erzeugnisse, dem Verdrängungsumfang und dem Verhältnis der durchschnittlichen Grenzselbstkosten der verdrängten Erzeugnisse zu den Grenzkosten des Zusatzauftrages abhängig ist. Wird in etwa die gleiche Menge der Erzeugnisse $\xi = 1, ..., v$ verdrängt, so gilt $\sum_{\xi=1}^{v}\Delta x_\xi \approx \Delta x_z$, und die Gleichung (6-13) lässt sich wie folgt vereinfachen:

(6-14) $$\text{PUG}_z = k_{pz}\left(1+\frac{\alpha_D\, k_{p\phi}}{100\, k_{pz}}\right)$$

Entspricht die Summe der proportionalen Selbstkosten der verdrängten Erzeugnisse in etwa den proportionalen Selbstkosten des Zusatzauftrages, so lässt sich für die Gleichung (214) schreiben:

(6-15) $$\text{PUG}_z = k_{pz}\left(1+\frac{\alpha_D}{100}\right)$$

Wird durch einen Zusatzauftrag nur die Menge eines zum regulären Absatzprogramm der anbietenden Unternehmung gehörenden Erzeugnisses vermindert, und entspricht die Menge des Zusatzauftrages gerade der Mengenabnahme dieses Produktes, so muss nach Gleichung (6-8) für den Zusatzauftrag mindestens ein Verkaufspreis verlangt werden, der sich vom Verkaufspreis des verdrängten Produktes um die Kostendifferenz $k_{pz} - k_{p\xi}$ unterscheidet.

Statt des mithilfe der Gleichung (6-9) bestimmten gewogenen durchschnittlichen Deckungsbeitrags-Prozentsatzes kann man auch den gewogenen durchschnittlichen Stück-Deckungsbeitrag der verdrängten Erzeugnismengen berechnen:

(6-16) $$\text{St-DB}_\phi = \frac{\sum_{\xi=1}^{v}\left(p_\xi - k_{p\xi}\right)\Delta x_\xi}{\sum_{\xi=1}^{v}\Delta x_\xi}$$

Als Preisuntergrenze des Zusatzauftrages erhält man hierbei:

(6-17) $$\text{PUG}_z = k_{pz} + \text{St-DB}_\phi\,\frac{\sum_{\xi=1}^{v}\Delta x_\xi}{\Delta x_z}$$

Gilt näherungsweise

$$\sum_{\xi=1}^{v}\Delta x_\xi \approx \Delta x_z\,,$$

so muss der Verkaufspreis des Zusatzauftrages mindestens gleich der Summe aus den proportionalen Selbstkosten und dem gewogenen durchschnittlichen Stück-Deckungsbeitrag sein.

Unsere Ausführungen haben gezeigt, dass sich Fehlentscheidungen über Zusatzaufträge, bei denen Erlösinterdependenzen zu den übrigen Erzeugnissen einer Unternehmung wirksam werden, nur vermeiden lassen, indem man bei der Bestimmung von Preisuntergrenzen Mindest-Deckungsbeiträge berücksichtigt, die zum Ausgleich der erwarteten Deckungsbeitrags-Verringerungen führen. Je stärker die erwarteten Abnahmen der Absatzmengen und Verkaufspreise bei den übrigen Erzeugnissen sind, desto näher rückt die Preisuntergrenze eines Zusatzauftrages an das Preisniveau der verdrängten Erzeugnisse, wodurch der Mindest-Deckungsbeitrag zum durchschnittlichen Soll-Deckungsbeitrag der betreffenden Erzeugnisgruppe wird.

3. In Unternehmungen mit Auftrags- und Einzelfertigung werden die Verkaufspreise für jeden Auftrag durch Preisverhandlungen mit dem Kunden neu bestimmt. Da sich die Einzelaufträge in der Regel wesentlich voneinander unterscheiden, tritt das Problem des Zusatzauftrages hier nicht auf. Bei den Preisverhandlungen mit den Kunden dienen die mithilfe der in Kapitel 5.1.2.1 beschriebenen Angebotskalkulationen bestimmten proportionalen Selbstkosten als absolute Preisuntergrenze; da die Ergebnisse dieser Kalkulationen jedoch unsicher sind, sollte man die vorkalkulierten proportionalen Selbstkosten durch Risikozuschläge erhöhen.

Wie unsere Ausführungen in Kapitel 6.2.3 zeigen, sollten in Unternehmungen mit Auftrags- und Einzelfertigung den vorkalkulierten Projekten neben den proportionalen Selbstkosten Soll-Deckungsbeiträge zugeordnet werden, die zu marktgerechten Verkaufspreisen führen.

Zwingt die Marktlage dazu, Aufträge zu relativ niedrigen Preisen anzunehmen, so hat das bei Auftrags- und Einzelfertigung in der Regel keine negativen Auswirkungen auf andere Aufträge. Die für standardisierte Erzeugnisse beschriebenen Erlösinterdependenzen treten wegen der Unabhängigkeit der Einzelaufträge hier nicht auf. Unternehmungen mit Auftrags- und Einzelfertigung können daher ihre preispolitischen Entscheidungen viel leichter korrigieren als Unternehmungen mit Massen- und Serienproduktion. Zu beachten ist aber, dass infolge der langen Produktionsdauern die Ausführung von Aufträgen, die in schlechten Zeiten zu relativ niedrigen Preisen angenommen wurden, auf Perioden entfallen kann, in denen sich die Konjunkturlage erheblich verbessert hat.

6.2.3 Die Bestimmung von Verkaufspreisen mithilfe von Soll-Deckungsbeiträgen

1. Die Bestimmung von Verkaufspreisen zählt zu den schwierigsten Aufgaben der betrieblichen Absatzpolitik, weil zugleich Kosteneinflüsse und Marktreaktionen zu berücksichtigen sind; oftmals müssen darüber hinaus auch soziale und politische Wirkungen der Preisfestsetzung beachtet werden. Weiterhin wird die Preispolitik dadurch erschwert, dass die Verkaufspreise zwar Aktionsparameter der kurzfristigen Absatzplanung sind, ihre Höhe aber stets zugleich langfristige Wirkungen hat, da sich ein „falsches“ Preisniveau nur während eines längeren Zeitraums korrigieren lässt.

In der Praxis wurde früher immer wieder versucht, die schwierigen Probleme der Preispolitik überwiegend von der Kostenseite her zu lösen, indem man die Verkaufspreise wie folgt aus vorkalkulierten Selbstkosten (= Vollkosten) ableitet:

$$\text{(6-18)}\quad \text{Verkaufspreis} = \text{vorkalkulierte Selbstkosten}\left(1 + \frac{\text{Gewinnzuschlag in \%}}{100}\right)$$

Um die Anwendungsmöglichkeiten dieses Verfahrens beurteilen zu können, müssen wir verschiedene Fälle der Preisbestimmung unterscheiden.

Zu eindeutigen Verkaufspreisen führt die Gleichung (6-18) nur, wenn Selbstkostenpreise aufgrund staatlicher Anordnungen festgelegt werden. Dies gilt jedoch nur für Erzeugnisse einer Zentralverwaltungswirtschaft, da hier der Marktpreismechanismus und damit die freie Preisbildung durch Angebot und Nachfrage ausgeschaltet sind. In marktwirtschaftlich orientierten Volkswirtschaften beschränkt sich dagegen der Anwendungsbereich von Selbstkostenpreisen auf öffentliche Aufträge (z. B. des militärischen Bereichs); er wird hier in der Regel auf Erzeugnisse beschränkt, für die keine Marktpreise oder marktpreisähnliche Preise existieren.

Fordert der Staat für bestimmte Erzeugnisse Selbstkostenpreise, so muss er die Kalkulationsfreiheit der Betriebe durch den Erlass von Kalkulationsvorschriften aufheben und zugleich Vorschriften für die Berechnung der prozentualen Gewinnzuschläge erlassen.

In einer Unternehmung mit einer Grenzplankostenrechnung muss daher in diesem Fall eine parallele Ermittlung von Vollkostensätzen erfolgen und eine genaue kalkulatorische Verrechnung der Kostenabweichungen vorgenommen werden; weiterhin sind einige kalkulatorische Kostenarten an die staatlichen Kalkulationsvorschriften anzupassen[20]. Diese Voraussetzungen lassen sich jedoch beim Einsatz aktueller Standardsoftwaresysteme zur Erstellung der Kalkulationen erfüllen.

2. Erfolgt die Preisbildung durch Angebot und Nachfrage, was in marktwirtschaftlich ausgerichteten Volkswirtschaften als Regelfall anzusehen ist, so besteht zwischen den Selbstkosten der betrieblichen Erzeugnisse und den in der jeweiligen Marktsituation erzielbaren oder gar optimalen Verkaufspreisen kein Zusammenhang.

Werden die Verkaufspreise dennoch mithilfe der Gleichung (6-18) aus vorkalkulierten Vollkosten abgeleitet, so ergeben sich hieraus für die betriebliche Preispolitik folgende Probleme und Gefahren.

Da sich die fixen Kosten und große Teile der Vorleistungskosten den betrieblichen Erzeugnissen nicht nach dem Verursachungsprinzip zurechnen lassen, wird die Verkaufspreisbestimmung bei Anwendung des Vollkostenprinzips von vornherein auf eine problematische Grundlage gestellt; denn ohne willkürliche Verteilungsschlüssel lassen sich die Vollkosten nicht ermitteln. Besonders problematisch wirkt sich hierbei die Tatsache aus, dass sich die Fixkostenbelastung der Erzeugnisse bei rückläufiger Beschäftigung infolge der Fixkostendegression erhöht. Daher führt die Anwendung der Gleichung 6-18) zu Verkaufspreisen, die sich antizyklisch zum Konjunkturverlauf verhalten[21]. Hierdurch werden im Konjunkturaufschwung zu niedrige und in der Krise zu hohe Verkaufspreise festgesetzt, sodass sich die konjunkturell bedingten Absatzschwankungen noch verstärken. Im Konjunkturaufschwung entstehen hierdurch oftmals Fehlmengen, weil die Kapazitäten für die durch zu niedrige Preise zusätzlich erhöhte Nachfrage nicht ausreichen. Den ungünstigen konjunkturellen Wirkungen der Vollkostenkalkulation kann man zwar entgegenwirken, indem man bei der Bildung der Kalkulationssätze von der „Normalbeschäftigung“ ausgeht; hierdurch lassen sich die Nachteile der Vollkostenkalkulation aber nicht völlig ausschließen.

Werden die Verkaufspreise mithilfe „durchschnittlicher“ oder „normalisierter“ Gewinnzuschläge aus vorkalkulierten Vollkosten abgeleitet[22], so besteht die Gefahr, dass hierdurch die Preispolitik in einer Weise schematisiert wird, bei der die Flexibilität des kalkulatorischen Ausgleichs verloren geht. In fast allen Unternehmungen gehören Erzeugnisse zum Sortiment, die auf Märkten mit ungünstigen Wettbewerbsbedingungen angeboten werden und daher nur relativ niedrige Preise erzielen können, die häufig sogar unter den Vollkosten liegen. Dafür gibt es andere Produktgruppen, deren marktgerechte Preise nicht unerheblich über den Vollkosten liegen. Werden die Verkaufspreise schematisch aus den Vollkosten abgeleitet, so kalkuliert man sich bei ungünstigen Produktgruppen meistens völlig aus dem Markt, während man bei den günstigen Produktgruppen auf realisierbare Gewinnchancen verzichtet.

Mithilfe des Modells der Preisabsatzfunktion lässt sich zeigen, dass selbst auf Märkten mit relativ großen Preisspielräumen die Preispolitik auf der Basis von Vollkosten zu Fehlentscheidungen führt[23]. In Abbildung 6-9 wird angenommen, dass für ein Erzeugnis auf dem Markt die lineare Preisabsatzfunktion p(x) wirksam wird, die anbietende Unternehmung diese Funktion aber nicht kennt. Sie geht daher bei ihrer Preispolitik so vor, dass sie die Preise jeweils aus den vollen Selbstkosten k* durch Multiplikation mit dem Gewinnfaktor $\left(1+\frac{g}{100}\right)$ ableitet.

Beginnt die Unternehmung mit einem Preis unterhalb des Schnittpunktes S zwischen der Preisabsatzfunktion und der Hyperbel

$$k^*\left(1+\frac{g}{100}\right),$$

und passt sie die Kalkulationsergebnisse und damit die Verkaufspreise an die zeitliche Entwicklung der Beschäftigung an, so wird nach einigen Perioden der Gleichgewichtspunkt G erreicht; vgl. hierzu den durch Pfeile gekennzeichneten Linienzug in Abbildung 6-9, der vom Punkt $A(p_A, x_A)$ zum Punkt G (p_G, x_G) führt. Der gewinnmaximale Verkaufspreis liegt aber im Cournotschen Punkt C, in dem die Grenzkosten k dem Grenzerlös E′(x) entsprechen. Die Preispolitik auf der Basis von Vollkosten führt daher im Beispiel zu einem Gleichgewichtspunkt, der relativ weit vom Gewinnmaximum entfernt ist. Würde die Unternehmung in Unkenntnis der Preisabsatzfunktion bei Einführung des Produktes in den Markt einen Verkaufspreis oberhalb des Punktes S setzen, so würde sie sich bei konsequenter Anwendung der Preisbildung auf der Basis von Vollkosten im Zeitablauf aus dem Markt kalkulieren.

Besonders groß sind die Gefahren der Kostenpreiskalkulation, wenn statt der in Abbildung 6-9 unterstellten monopolistischen Preisabsatzfunktion für die Erzeugnisse einer Unternehmung polypolistische Preisabsatzfunktionen wirksam werden, die beim Verlassen bestimmter „Preisklassen“ zu starken Nachfragereaktionen führen, oder wenn eine Unternehmung auf oligopolistischen Märkten konkurriert[24].

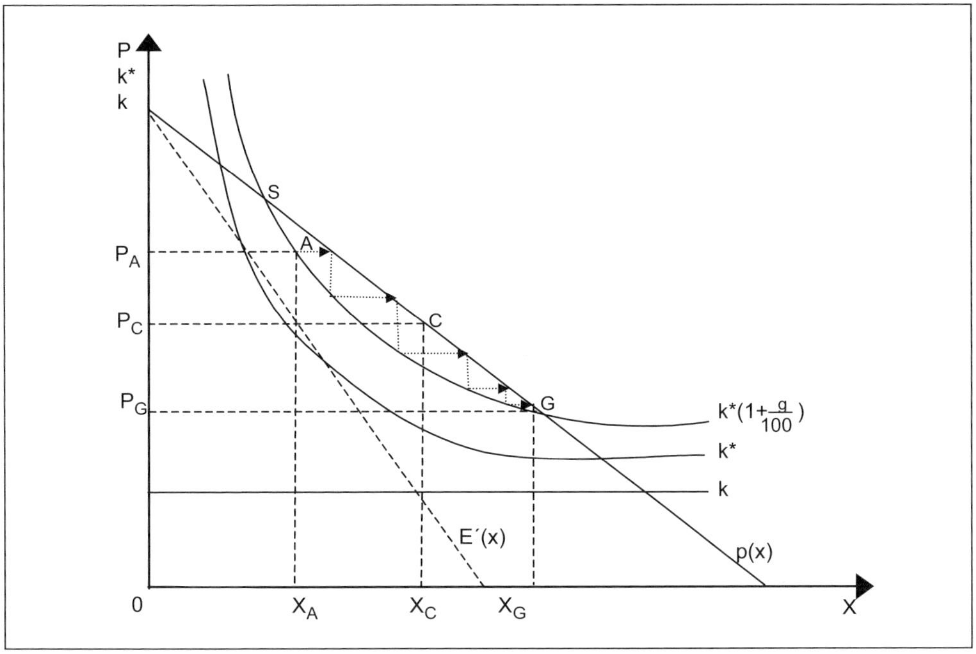

Abbildung 6-9: Beispiel zur Kostenpreiskalkulation bei einer linearen Preisabsatzfunktion

Eine theoretisch exakte Bestimmung gewinnmaximaler Verkaufspreise würde möglich sein, wenn für alle Erzeugnisse Preisabsatzfunktionen ermittelt werden könnten. Diese Funktionen sind aber eine Abstraktion der betrieblichen Absatztheorie, bei der unterstellt wird, dass die Absatzmengen ausschließlich von den Verkaufspreisen abhängig sind. Auf den Märkten werden die Absatzmengen aber zugleich unter anderem vom Werbemitteleinsatz, den Verkaufskonditionen und der qualitativen Produktgestaltung beeinflusst. Auf oligopolistischen Märkten hängen sie darüber hinaus unmittelbar von Konkurrenzreaktionen ab. Weiterhin führen Nachfrage- und Einkommensveränderungen sowie konjunkturelle Einflüsse dazu, dass sich die Parameter der Preisabsatzfunktionen im Zeitablauf ständig ändern. Aus diesen Gründen ist es in der Praxis unmöglich, die Preisabsatzfunktionen empirisch zu ermitteln. Allenfalls dürfte in manchen Fällen eine stückweise Erfassung von Preisabsatzfunktionen gelingen. Für die überwiegende Mehrzahl der Erzeugnisse kommt aber eine Verkaufspreisbestimmung mithilfe von Preisabsatzfunktionen nicht in Frage[25].

Das Dilemma der betrieblichen Preispolitik besteht darin, dass sich in marktwirtschaftlich ausgerichteten Volkswirtschaften zwar weder durch Vollkostenkalkulationen noch mithilfe von Preisabsatzfunktionen marktgerechte Verkaufspreise bestimmen lassen, dennoch aber keine Unternehmung auf die Dauer existieren kann, wenn die Verkaufspreise ihrer Erzeugnisse nicht zur Vollkostendeckung führen[26]. Dieses Grundproblem der betrieblichen Preispolitik lässt sich weder mit der Vollkosten- noch mit der Grenzkostenrechnung lösen. Die Grenzplankostenrechnung ist aber aus folgenden Gründen eine bessere Grundlage der betrieblichen Preispolitik als kostenrechnerische Verfahren auf Vollkostenbasis.

Da der Erfolgsausweis in der Grenzplankostenrechnung nach dem Deckungsbeitragsprinzip erfolgt, verändert sich die Bestimmungsgleichung der Verkaufspreise gegenüber der Gleichung (6-18) wie folgt:

$$\text{(6-19)} \qquad \text{Verkaufspreis} = \begin{matrix}\text{vorkalkulierte} \\ \text{proportionale Selbstkosten}\end{matrix} \left(1 + \frac{\text{DB-Zuschlag in \%}}{100}\right)$$

Wird die Grenzplankostenrechnung zu einer Vollkostenrechnung ergänzt, so lassen sich die Gleichungen(6-18) und (6-19) parallel anwenden.

Die proportionalen Selbstkosten in Gleichung (6-19) haben als Basis für die Verkaufspreisbestimmung gegenüber den Vollkosten den Vorteil, dass sie sich mithilfe des Verursachungsprinzips ohne willkürliche Kostenschlüsselungen ermitteln lassen. Sie sind darüber hinaus von Beschäftigungsschwankungen und damit von Konjunktureinflüssen unabhängig.

In Gleichung (6-19) lassen sich die proportionalen Selbstkosten mithilfe von Vor- oder Plankalkulationen eindeutig bestimmen. Die realisierbaren Deckungsbeitragsprozentsätze hängen dagegen weitgehend von der jeweiligen Marktsituation ab. Damit ist zwar die Bestimmungsgleichung (6-19) genauso wenig determiniert wie die Bestimmung von Selbstkostenpreisen nach Gleichung (6-18); bei Anwendung des Grenzkostenprinzips wird aber der Fehler vermieden, die Erzeugnisse von vornherein mit „... der schematischen Vorgabe des Deckungsbedarfs“ in Höhe rechnerisch proportionalisierter Fix- und Vorleistungskosten zu belasten[27]. Hierdurch bleibt der Preispolitik die Flexibilität des kalkulatorischen Ausgleichs erhalten. Die Grenzplankostenrechnung ermöglicht daher eine bewegliche Preispolitik, bei der sich die Verkaufspreise an die jeweilige Marktsituation anpassen lassen. Eine solche Preispolitik ist aber erheblich schwieriger als das schematische Kalkulieren von Selbstkostenpreisen[28], sie ist zugleich mit der Gefahr verbunden, dass bei falscher Anwendung die Notwendigkeit der Vollkostendeckung nicht genügend beachtet wird.

Gegen die Grenzplankostenrechnung ist daher immer wieder der kritische Einwand erhoben worden, dass sie für die Bestimmung von Verkaufspreisen ungeeignet sei. Ihr wird vorgeworfen, dass sie eine „gefährliche Lücke“[29] in die Kostenrechnung trägt, die im Zeitablauf zu „ruinöser Konkurrenz“ und damit zu „ungerechtfertigten Preissenkungen“ führt. Bereits E. Schmalenbach hat vorhergesehen, dass die Grenzkostenrechnung in der Praxis Furcht vor „ruinösen Preissenkungen“ auslösen wird. Er hat hierin aber nur eine Übergangserscheinung gesehen, weil er hoffte, dass die Praxis das richtige Rechnen mit Grenzkosten und Deckungsbeiträgen im Zeitablauf lernen würde: „Ist nach einiger Zeit das Umdenken vollzogen, ist es nicht mehr schwer, in dem Überschuss der Preise über die Selbstkosten nicht mehr ‚Reingewinn‘ sondern ‚Bruttogewinn‘ oder, wie man es in der Praxis vielfach nennt, ‚Deckung‘ zu sehen“ und ... „wer mit Betriebswerten (= Grenzkosten) rechnet, schlägt nicht einen Rohgewinnprozentsatz, sondern einen Bruttogewinnprozentsatz zu“, dessen Höhe sich nach dem Markt richtet[30]. Auch in den USA haben die angeblichen Mängel des Grenzkostenprinzips auf dem Gebiet der Preispolitik von Anfang an zu den Haupteinwänden gegenüber dem Direct Costing gezählt: „One of the criticisms most frequently levelled against direct costing is that it may lead to disregard for the need to recover fixed costs in pricing“[31]. Sowohl in den USA als auch in Deutschland wird die Ansicht, dass die Anwendung einer Grenzkostenrechnung die Verkaufspreise ungünstig beeinflusst, auch heute immer wieder vertreten.

Es lässt sich aber leicht zeigen, dass nur eine falsche Anwendung des Grenzkostenprinzips zu ungerechtfertigten Preissenkungen führt[32]. Der Hauptanwendungsfehler besteht darin, dass den Erzeugnissen und Erzeugnisgruppen neben ihren proportionalen Selbstkosten keine Soll-Deckungsbeiträge zugeordnet werden, die ihrer Stellung im Markt entsprechen und die mit dem Deckungsbedarf der Unternehmung abgestimmt sind. Dieser Mangel verleitet den Verkauf leicht zu dem Fehler, die proportionalen Selbstkosten der Erzeugnisse generell als Preisuntergrenzen anzusehen und Deckungsbeiträge mit Gewinnen zu verwechseln[33]. Diese falsche Betrachtungsweise muss im Zeitablauf zu ungerechtfertigten Preissenkungen und zu ruinöser Konkurrenz führen, wie sie die Gegner der Grenzplankosten- und Deckungsbeitragsrechnung befürchten.

Insbesondere in den USA haben aber die Vertreter des Direct Costing nachdrücklich darauf hingewiesen, dass bei der Verkaufspreisbestimmung nach Gleichung (6-19) die Deckungsbeitragszuschläge so zu bemessen sind, dass sie den akquisitorischen Möglichkeiten der Erzeugnisse in der jeweiligen Marktsituation entsprechen[34]. Offen blieb hierbei aber zunächst, wie sich dieses Ziel praktisch erreichen lässt.

Inzwischen hat man erkannt, dass sich eine falsche Anwendung des Grenzkostenprinzips auf dem Gebiet der Preispolitik nur vermeiden lässt, wenn man die Bestimmung der Verkaufspreise in den Gesamtzusammenhang der Absatzplanung integriert und den Erzeugnissen und Erzeugnisgruppen innerhalb der einzelnen Vertriebswege marktgerechte Soll-Deckungsbeiträge zuordnet. Hierbei ist die Summe der Soll-Deckungsbeiträge mit den Gesamtbeträgen der nicht auf Kostenträger verrechneten Fix- und Vorleistungskosten und dem Gewinnanspruch der Unternehmung abzustimmen[35].

Zugleich sollte die Vorgabe von Soll-Deckungsbeiträgen durch folgende Maßnahmen ergänzt werden, durch die sich die Gefahren einer fehlerhaften Preispolitik weiter verringern lassen.

Erstens sollte durch eine intensive Verkäuferschulung allen Mitarbeitern des Verkaufsbereichs das richtige Rechnen mit Grenzkosten und Deckungsbeiträgen erläutert werden.

Zweitens muss im Rahmen des Vertriebscontrolling durch einen laufenden Deckungsbeitrags-Soll-Istvergleich die Entwicklung der Ist-Deckungsbeiträge gegenüber dem in der Planung festgelegten Soll-Deckungsbeitrag überprüft werden.

Drittens sollten die proportionalen Selbstkosten und die Deckungsbeiträge nur den oberen Instanzen des Vertriebsbereichs bekannt gegeben werden. Den übrigen Instanzen sind Solldeckungsbeiträge für ihr Planungssegment vorzugeben, die sich aus den Soll-Deckungsbeiträgen der geplanten Erzeugnisse zusammensetzen.

Viertens sollten die bisher üblichen Umsatzprovisionen durch Verkaufsprovisionen ersetzt werden, deren Höhe sich nach den erwirtschafteten Deckungsbeiträgen richtet. Hierbei werden die Erzeugnisse je nach der Höhe ihrer auf die proportionalen Selbstkosten bezogenen Deckungsbeitragsprozentsätze (oder in Engpasssituationen gemäß ihrer relativen Deckungsbeiträge) mehreren Provisionssatzklassen zugeordnet. Die Provisionssätze werden hierbei nach wie vor auf die Umsätze bezogen, damit in der Provisionsabrechnung keine Deckungsbeiträge ausgewiesen zu werden brauchen. Auf Deckungsbeiträgen basierende Verkaufsprovisionen tragen wesentlich zum Gelingen einer gewinnorientierten Absatzpolitik bei.

3. In Abbildung 6-10 haben wir dargestellt, wie sich die Planung von Soll-Deckungsbeiträgen in Unternehmungen mit standardisierten Erzeugnissen durchführen lässt[36].

Der erste Schritt besteht darin, einen Gesamt-Deckungsbeitrag der Unternehmung zu planen, der (zunächst unabhängig von der Absatzplanung) der langfristig angestrebten Plan-Rentabilität einer Unternehmung entspricht[37]. Diesen Deckungsbeitrag wollen wir als den Soll-Deckungsbeitrag der Zielplanung bezeichnen. Seine Ermittlung erfordert zunächst die Bestimmung des durchschnittlichen Kapitaleinsatzes der Planungsperiode, wobei nach Eigen- und Fremdkapital zu differenzieren ist und nicht betriebsnotwendige Vermögenspositionen zu eliminieren sind. Die Plan-Rentabilität kann entweder auf das Eigen- oder das Gesamtkapital angesetzt werden. Weiterhin kann man von einem Rentabilitätssatz vor oder nach Berücksichtigung der Ertragsteuern ausgehen. Im letzten Fall ist die Abzugsfähigkeit der Gewerbesteuer und der Fremdkapitalzinsen sowie die Höhe des Ertragsteuersatzes zu berücksichtigen. In allen Fällen erhält man als Ergebnis den Plan-Gewinn vor Ertragsteuern. Dieser Gewinn entspricht den handels- und steuerrechtlichen Vorschriften. Er muss an den kalkulatorischen Gewinn der Kostenrechnung angepasst werden, da den Deckungsbeiträgen der Erzeugnisse die Kalkulationsergebnisse der Kostenrechnung zugrunde liegen. Hierzu sind neutrale Erträge und Aufwendungen zu eliminieren und einige Aufwandspositionen der Finanzbuchhaltung durch kalkulatorische Kostenarten der Kostenrechnung zu ersetzen. Insbesondere sind die steuerliche AfA durch die kalkulatorischen Abschreibungen und die pagatorischen Fremdkapitalzinsen durch die kalkulatorischen Zinsen der Kostenrechnung zu ersetzen.

Nach Durchführung dieser Korrekturen werden zum Plan-Gewinn vor Ertragsteuern die Summen der Plan-Vorleistungskosten und der Plan-Fixkosten addiert. Auf diese Weise erhält man den Gesamt-Soll-Deckungsbeitrag der Zielplanung.

Die Plan-Vorleistungskosten, bei denen es sich z. B. um Forschungs- und Entwicklungskosten für neue Produkte oder um Erschließungskosten in Gewinnungsbetrieben handeln kann, sollten nicht aus Ist-Beträgen der Vergangenheit, sondern aus Vorgaben der langfristigen Planung abgeleitet werden. Ist z. B. für eine Produktgruppe vorgesehen, dass für sie im Abstand von etwa 5 Jahren neue Modelle auf den Markt gebracht werden sollen, so sind die für die nächsten Modelle erforderlichen Auszahlungsbeträge für Forschungs- und Entwicklungsleistungen nach Jahren differenziert zu planen und auf den gegenwärtigen Planungszeitpunkt zu diskontieren. Der so errechnete Gegenwartswert wird entweder gleichmäßig oder entsprechend der erwarteten Deckungsmöglichkeiten den jährlichen Planungsperioden zugeordnet. Ein Teil der auf diese Weise geplanten Vorleistungskosten lässt sich einzelnen Erzeugnissen oder Erzeugnisgruppen des laufenden Programms zuordnen, die übrigen Vorleistungskosten gehen undifferenziert in die Deckungsbeitragsplanung ein.

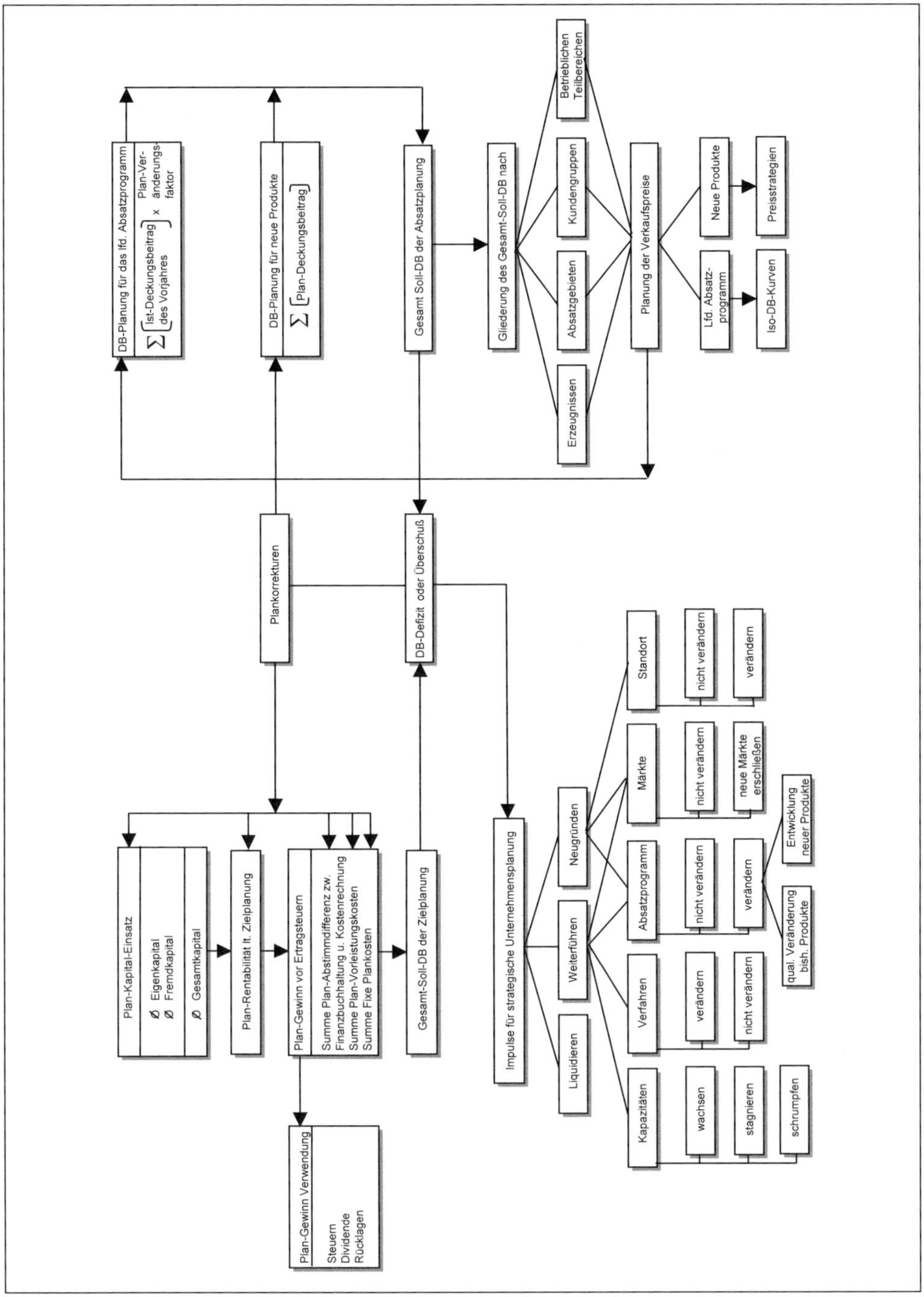

Abbildung 6-10: Soll-Deckungsbeiträge als Grundlage für die Verkaufspreisbestimmung standardisierter Produkte

Der Gesamt-Soll-Deckungsbeitrag der Zielplanung entspricht Zielvorstellungen der langfristigen Unternehmungsplanung in Bezug auf die Rentabilität und die Ausschüttungspolitik. Er ist aber noch nicht mit den Absatzmöglichkeiten der Unternehmung abgestimmt („top-down-Planung“). Um diese Abstimmung herbeizuführen, wird unabhängig vom Gesamt-Soll-Deckungsbeitrag der Zielplanung der Gesamt-Soll-Deckungsbeitrag der Absatzplanung ermittelt („bottom-up-Planung“). Hierbei ist zwischen Erzeugnissen des laufenden Absatzprogramms und neuen Produkten zu unterscheiden.

Bei der Deckungsbeitragsplanung für das laufende Absatzprogramm kann man auf Erfahrungswerte der Vergangenheit zurückgreifen, die sich aus der kurzfristigen Erfolgsrechnung ableiten lassen. Hier wird für die seit längerer Zeit zum Absatzprogramm einer Unternehmung gehörenden Erzeugnisse und Erzeugnisgruppen die zeitliche Entwicklung der Ist-Deckungsbeiträge ausgewiesen. Weiterhin sollten dem Verkauf aufgrund von Marktbeobachtungen und Absatzprognosen Informationen zur Verfügung stehen, die Rückschlüsse auf die zukünftige Entwicklung der Deckungsbeiträge der Erzeugnisgruppen zulassen; eventuell können hierzu Prognosemodelle eingesetzt werden. Auf diese Weise lassen sich für Einzelerzeugnisse oder Erzeugnisgruppen Plan-Veränderungsfaktoren der Deckungsbeiträge festlegen, mit denen die Ist-Deckungsbeiträge des Vorjahres zu multiplizieren sind, um den Soll-Deckungsbeitrag der Planungsperioden zu erhalten.

Schwieriger ist die Deckungsbeitragsplanung für neue Produkte, da hier noch keine Erfahrungswerte vorliegen. In der langfristigen Planung werden aber für neue Produkte erwartete Absatzmengen angesetzt, die auf entsprechenden Bedarfsanalysen basieren. Hierauf kann man bei der kurzfristigen Planung zurückgreifen.

Werden die geplanten Vorleistungs- oder Fixkosten z. T. nach Erzeugnissen, Erzeugnisgruppen oder betrieblichen Teilbereichen (z. B. Profit-Centers) gegliedert, so sollten die betreffenden Teilbeträge den zugehörigen Deckungsbeiträgen nach dem Prinzip der stufenweisen Fixkostendeckung zugeordnet werden, damit man beim Aufbau der Deckungsbeitrags-Planung erkennt, ob und bei welchen Erzeugnissen, Abatzgebieten oder Teilbereichen die Deckungsfähigkeit nicht einmal zur Deckung dieser speziell zurechenbaren Beträge ausreicht. Hieraus ergeben sich Konsequenzen für die langfristige Planung.

Liegt der (vorläufige) Gesamt-Deckungsbeitrag der Absatzplanung fest, so wird er mit dem Gesamt-Soll-Deckungsbeitrag der Zielplanung verglichen („Gegenstromprinzip“).

Ergibt sich hierbei ein Deckungsbeitrags-Überschuss, so kann man die Plan-Rentabilität heraufsetzen.

Liegt ein Deckungsbeitrags-Defizit vor, so sind u. a. folgende Fragen zu prüfen[38]:

- Bei welchen Erzeugnissen lassen sich die Deckungsbeiträge durch akquisitorische Maßnahmen (z. B. Werbeeinsatz, vermehrte Kundenbesuche, verbesserte Konditionen oder Maßnahmen der Preis- und Rabattpolitik) kurzfristig erhöhen?
- Bei welchen Erzeugnisgruppen lassen sich die Deckungsbeiträge kurzfristig durch eine veränderte Produktgestaltung (z. B. Neumusterung, veränderte Verpackung usw.) erhöhen?

- Bei welchen Erzeugnisgruppen lassen sich die Deckungsbeiträge mithilfe kurzfristig realisierbarer Rationalisierungsmaßnahmen (z. B. Einsparungen beim Materialeinsatz oder rationellere Fertigungsverfahren) erhöhen?
- In welchen Bereichen lassen sich kurzfristig fixe Kosten (z. B. durch Kurzarbeit oder vorübergehende Stilllegungen) abbauen?
- Für welche Erzeugnisgruppen lassen sich die Plan-Vorleistungskosten (z. B. durch Verzicht auf Forschungs- und Entwicklungsaktivitäten oder Verschiebung in eine spätere Periode) kurzfristig verringern?
- Lässt sich der Kapitaleinsatz (z. B. durch Reduzierung der Vorräte) kurzfristig verringern?

Sind alle Möglichkeiten der Deckungsbeitragserhöhung ausgeschöpft und liegt der Soll-Deckungsbeitrag der Absatzplanung immer noch unter dem (eventuell korrigierten) Soll-Deckungsbeitrag der Zielplanung, so muss entweder die Plan-Rentabilität gesenkt oder ein entsprechendes Deckungsbeitrags-Defizit ausgewiesen werden.

Die nach Erzeugnisgruppen, Absatzgebieten, Kundengruppen und betrieblichen Teilbereichen durchgeführte Analyse eines Deckungsbeitrags-Defizits führt zu wichtigen Informationen für die langfristige Unternehmensplanung, deren mögliche Konsequenzen wir in Abbildung 6-10 angegeben haben. Auf diese Weise wird in der Praxis die oft als störend empfundene Lücke zwischen der lang- und der kurzfristigen Planung geschlossen und die Gefahr von Anwendungsfehlern der Grenzplankosten- und Deckungsbeitragsrechnung erheblich reduziert.

4. Bei der bisher beschriebenen Planung der Soll-Deckungsbeiträge ist die endgültige Bestimmung der Verkaufspreise zunächst bewusst offengelassen. Die den einzelnen Erzeugnissen zugeordneten Soll-Deckungsbeiträge lassen sich unter Berücksichtigung der geplanten proportionalen Selbstkosten jeweils mit verschiedenen Preis-Mengen-Kombinationen realisieren. Bezeichnen wir den Soll-Deckungsbeitrag einer Erzeugnisart j mit $D_j^{(s)}$, die proportionalen Selbstkosten mit $k_{pj}^{(p)}$, die Absatzmengen mit x_{Aj} und den Verkaufspreis mit p_j, so gilt:

$$(6\text{-}20) \qquad D_j^{(s)} = \left(p_j - k_{pj}^{(p)}\right) x_{Aj} \qquad (j = 1, ..., n)$$

Löst man die Gleichung (6-20) nach dem Verkaufspreis p_j auf, so erhält man:

$$(6\text{-}21) \qquad p_j = \frac{D_j^{(s)}}{x_{Aj}} + k_{pj}^{(p)} \qquad (j = 1, ..., n)$$

Diese Funktion gibt alle Preis-Mengen-Kombinationen an, die bei den geplanten proportionalen Kosten zum vorgegebenen Soll-Deckungsbeitrag führen. Sie wird daher als Iso-Deckungsbeitragskurve bezeichnet[39]. Grafisch dargestellt sind die Iso-Deckungsbeitragskurven Hyperbeln, die sich asymptotisch den proportionalen Selbstkosten, d. h. der absoluten Preisuntergrenze, nähern; vgl. hierzu Abbildung 6-11.

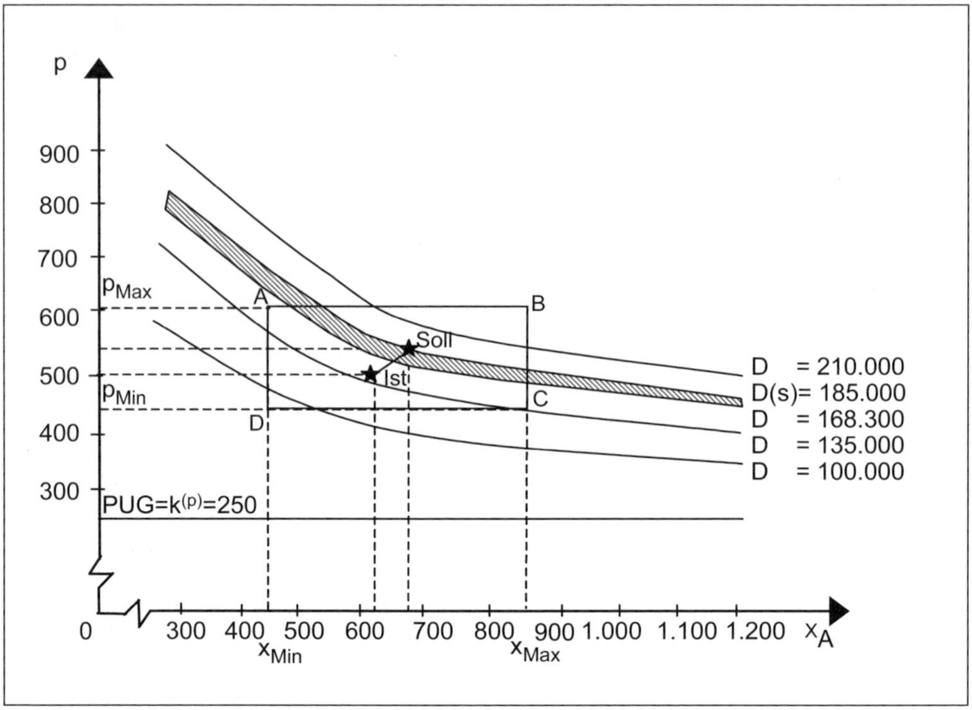

Abbildung 6-11: Verkaufspreisbestimmung mithilfe von Iso-Deckungsbeitragskurven

Für standardisierte Erzeugnisse des laufenden Produktionsprogramms können die Iso-Deckungsbeitragskurven als Grundlage der Verkaufspreisbestimmungen herangezogen werden[40].

In Abbildung 6-11 gibt die Kurve $D^{(s)}$ für ein Produkt alle Preis-Mengen-Kombinationen an, die bei geplanten proportionalen Selbstkosten in Höhe von 250 €/Stück zu dem in der Absatzplanung (nach Durchführung der Korrekturen) festgelegten Soll-Deckungsbetrag von 185.000 €/Jahr führen. Der gestrichelte Bereich lässt die Wirkung von Deckungsbeitrags-Korrekturen bei der Planabstimmung erkennen, die mit 16.700 €/Jahr angenommen werden. Um flexibel gegenüber weiteren Änderungen der Deckungsbeitrags-Planung zu sein, sind in Abbildung 6-11 drei weitere Iso-Deckungsbeitragskurven eingezeichnet. Weiterhin ist die Ist-Preis-Mengenkombination des Vorjahres angegeben; im Vorjahr wurden 620 Stück/Jahr zu einem durchschnittlichen Netto-Verkaufspreis von 498,15 €/Stück bei proportionalen Selbstkosten von 239,62 €/Stück abgesetzt.

Zur Einengung des zulässigen Bereichs besteht der nächste Schritt der Preisplanung darin, dass der Verkauf die Preisklasse eines Erzeugnisses schätzt, indem er einen oberen und einen unteren Grenzpreis (p_{max} und p_{min}) festlegt. Dieses Preisintervall ist so definiert, dass ein höherer Preis mit großer Wahrscheinlichkeit zu unvertretbar hohen Mengenverlusten führt und ein niedrigerer Preis als erkennbare Preisunterbietung empfunden wird. Mit zunehmender Heterogenität der Erzeugnisse, die sich in persönlichen und standortbedingten Kundenpräferenzen auswirkt, nimmt das Preisintervall zu und umgekehrt. Bei scharfem Wettbewerb nahezu homogener Produkte kann der Abstand der Preise p_{max} und p_{min} gegen Null konvergieren; in diesem Fall wird der Verkaufspreis eines Produktes ausschließlich vom Markt bestimmt.

Im Beispiel der Abbildung 6-11 liegen die zulässigen Verkaufspreise zwischen 440 und 600 €/Stück. Parallel zum Preisintervall werden vom Verkauf die Mindest- und Höchstmengen (x_{min} und x_{max}) geschätzt, von denen angenommen werden kann, dass sie auch bei unsicheren Konjunktureinflüssen und Bedarfsverschiebungen eingehalten werden können, wenn der mittlere Verkaufspreis der Preisklasse gewählt wird. Im Beispiel liegen die zulässigen Absatzmengen zwischen 450 und 850 Stück/Jahr. Durch die Ober- und Untergrenzen der Preis- und Absatzmengen wird das Rechteck ABCD bestimmt, das die zulässigen Bereiche der Iso-Deckungsbeitragskurven abgrenzt. Welche Preis-Mengen-Kombinationen der Iso-Deckungsbeitragskurve des Soll-Deckungsbeitrags man letztlich in die Absatzplanung aufnimmt, lässt sich mit exakten Verfahren nicht bestimmen, da man die Preisabsatzfunktion des betreffenden Erzeugnisses nicht kennt. Die Gerade AC zerlegt das Rechteck ABCD aber in das Dreieck ABC, das man als den optimistischen Bereich, und das Dreieck ADC, das man als den pessimistischen Bereich der Absatzplanung bezeichnen kann. Sind Engpasssituationen zu erwarten oder bereits erkennbar, so wird man den Verkaufspreis eher in die Nähe des oberen Grenzpreises legen und umgekehrt. Rechnet man mit einer relativ starken Nachfrageelastizität, so sind dagegen Preise im unteren Bereich vorzuziehen. Im Beispiel wurde ein Verkaufspreis in Höhe von 525 €/Stück festgelegt, dem eine Plan-Absatzmenge von 675 Stück/Jahr entspricht. Hieraus ergibt sich der vorgesehene Soll-Deckungsbeitrag von 185.000 €/Jahr.

Verläuft die Iso-Deckungsbeitragskurve des Soll-Deckungsbeitrags der Absatzplanung durch die untere linke bzw. die obere rechte Ecke des Rechtecks ABCD oder liegt sie völlig außerhalb des Bereichs der zulässigen Preis-Mengen-Kombinationen, so hat sich der Verkauf entweder bei der Schätzung der Mengen- und Preisintervalle oder bei der Festlegung des Soll-Deckungsbeitrags geirrt und muss daher seine Angaben überprüfen und entsprechend revidieren.

Das in Abbildung 6-11 dargestellte Verfahren der Verkaufspreisbestimmung ist ein Näherungsverfahren; es lässt sich durch eine exakte Verkaufspreisbestimmung nur unter der Voraussetzung ersetzen, dass eine stückweise Planung der Preisabsatzfunktion möglich ist[41]. Kann der Verkauf z. B. für die Planungsperiode zwei alternativ realisierbare Preis-Mengen-Kombinationen angeben, und unterstellt man, dass die Preisabsatzfunktion im relevanten Bereich linear verläuft, so kann mithilfe dieser Angaben der gewinnmaximale Preis wie folgt berechnet werden. Schätzt der Verkauf z. B. für das der Abbildung 6-11 zugrunde liegende Erzeugnis folgende Punkte der Preisabsatzfunktion:

	€/Stück	Stück/Jahr
Punkt 1	593	620
Punkt 2	558	720

So gilt im relevanten Bereich folgende Preisabsatzfunktion:

(6-22) $p = 810 - 0{,}35\ x_A$

Setzt man die Grenzerlösfunktion $810 - 0{,}70\ x_A$ gleich den Grenzkosten von 250 €/Stück, so erhält man als gewinnmaximale Absatzmenge 800 Stück/Jahr, der ein Preis von 530 €/Stück und ein Deckungsbeitrag von 224.000 €/Jahr entspricht. In der Praxis stößt dieses Verfahren aber in der Regel auf unüberwindliche Schwierigkeiten der Datenbeschaffung.

In Abbildung 6-12 sind die zurechenbaren geplanten Fix- und Vorleistungskosten der Produktart 21 in Höhe von 55.800 €/Jahr auf die abgesetzten Mengeneinheiten bezogen.

Liegt die Kurve der zurechenbaren Fix- und Vorleistungskosten und der geplanten proportionalen Selbstkosten im relevanten Bereich vollständig unter der Iso-Deckungsbeitragskurve des Soll-Deckungsbeitrages, wie das in Abbildung 6-12 der Fall ist, so sind die speziellen Fix- und Vorleistungskosten der betreffenden Produktart bei jeder Preis-Mengen-Kombination des relevanten Bereichs gedeckt. Weiterhin werden in Abbildung 6-12 die vollen Selbstkosten laut Plankalkulation (= VSK) angegeben, deren Höhe den Plan-Beschäftigungen der Kostenplanung entspricht. Auf diese Weise kann man erkennen, ob der gewählte Verkaufspreis zur Vollkostendeckung führt.

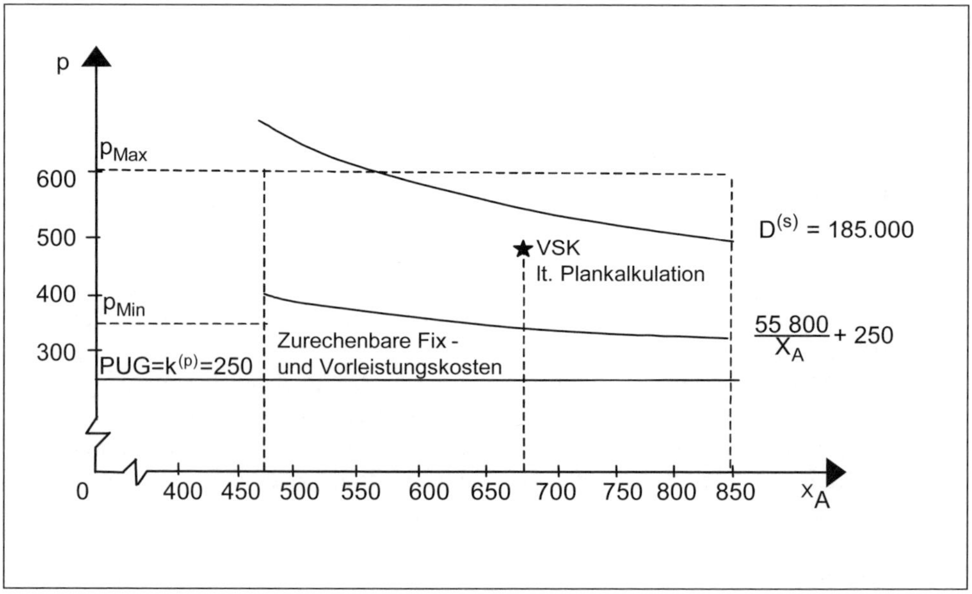

Abbildung 6-12: Ergänzung der Iso-Deckungsbeitragskurven durch Fix- und Vorleistungskosten und durch die vollen Selbstkosten der Plankalkulation

5. Bei der Verkaufspreisbestimmung für neue Erzeugnisse muss man folgende Fälle unterscheiden:

Handelt es sich lediglich um eine neue Produktgestaltung von Grunderzeugnissen, die bereits seit längerer Zeit zum Produktions- und Absatzprogramm einer Unternehmung gehören, so lässt sich die Preisbestimmung mithilfe der Iso-Deckungsbeitrags-Kurven analog anwenden. Dies ist z. B. der Fall, wenn lediglich Produktformen, Muster oder Farbstellungen geändert werden. Da sich aber eine veränderte Produktgestaltung sowohl auf die Höhe der realisierbaren Verkaufspreise als auch auf die erzielbaren Absatzmengen auswirkt, ist die Festlegung des relevanten Bereichs der Iso-Deckungsbeitrags-Kurve entsprechend schwieriger.

Werden absolut neue Erzeugnisse in das Produktions- und Absatzprogramm einer Unternehmung eingeführt, so können die Iso-Deckungsbeitrags-Kurven in der Regel nicht mehr als Grundlage der Verkaufspreisbestimmung dienen[42].

Die laufende Kostenrechnung kann für die Preisstrategien neuer Produkte unmittelbar keine Daten zur Verfügung stellen, sondern lediglich die proportionalen Selbstkosten als absolute Preisuntergrenzen angeben. Wird vor Einführung eines neuen Produktes eine Investitionsrechnung durchgeführt, um die Wirtschaftlichkeit dieser Maßnahme zu überprüfen, so lassen sich für neue Produkte langfristige Preisuntergrenzen angeben, die zur Deckung der zusätzlichen Fix- und Vorleistungskosten führen. Wir werden in Kapitel 6.3 zeigen, dass sich hierbei Mindest-Deckungsbeiträge für neue Produkte bestimmen lassen. Diese sind zwar für Entscheidungen der kurzfristigen Planung nicht mehr relevant, lassen aber erkennen, dass bei Unterschreiten bestimmter Verkaufspreise oder Deckungsbeitrags-Prozentsätze die Erlöse im Zeitablauf eine Wiederholung entsprechender Forschungs- und Entwicklungsaktivitäten nicht mehr decken.

6. Für die Verkaufspreisbestimmung bei Auftrags- und Einzelfertigung können weder Preisabsatzfunktionen noch Iso-Deckungsbeitrags-Kurven herangezogen werden. Hier beruht die Verkaufspreisbestimmung vielmehr ausschließlich auf Angebotsvorkalkulationen und bilateralen Preisverhandlungen zwischen Anbieter und Nachfrager.

Wir haben bereits in Kapitel 5.1.2.1, wo der Aufbau von Angebotsvorkalkulationen detailliert beschrieben wird, darauf hingewiesen, dass bei Auftrags- und Einzelfertigung sowohl die proportionalen als auch die vollen Selbstkosten vorzukalkulieren sind. Die proportionalen Selbstkosten dienen als absolute Preisuntergrenze und sollen verhindern, dass bei schwierigen Preisverhandlungen Preise akzeptiert werden, die unter den proportionalen Selbstkosten liegen. Die vollen Selbstkosten sollen zeigen, welcher Preis mindestens erzielt werden muss, damit Vollkostendeckung erreicht wird.

Vor Beginn der Preisverhandlung mit dem Kunden sollten die vorkalkulierten proportionalen Selbstkosten nach Gleichung (6-19) um einen Soll-Deckungsbeitrag und die vorkalkulierten gesamten Selbstkosten nach Gleichung (6-18) um einen Soll-Vollkosten-Gewinn erhöht werden. Hierbei geht man von durchschnittlichen prozentualen Deckungsbeitrags- bzw. Vollkostengewinn-Zuschlägen aus, die sich aus der Erfolgskontrolle ähnlicher Projekte ableiten lassen.

Ob und inwieweit der mithilfe der durchschnittlichen bisherigen Gewinn- und Deckungsbeitragszuschläge errechnete Soll-Verkaufspreis über- oder unterschritten wird, muss für jedes Projekt und in jeder Marktsituation gesondert entschieden werden. Hierbei hängt die Preishöhe von folgenden Einflussgrößen ab:

- Auftragsbestand und Beschäftigungssituation
- Erwartete Konjunkturentwicklung
- Stellung des Herstellers im Markt
- Liefertermin
- Besonderes Interesse des Herstellers am Kunden.

Bei schlechter Beschäftigung und einem geringen Auftragsbestand wird der Hersteller eher dazu neigen, den Soll-Verkaufspreis zu unterschreiten und eventuell sogar auf Vollkostendeckung zu verzichten als bei guter Beschäftigung und einem großen Auftragsbestand. Zu beachten ist aber zugleich die erwartete Konjunkturentwicklung. Erstreckt sich ein Auftrag über einige Jahre, so kann sich bis dahin die Beschäftigungssituation grundlegend geändert haben. Das kann dazu führen, dass Aufträge, die in schlechten Zeiten zu niedrigen Preisen angenommen worden sind, später die Hereinnahme günstigerer Aufträge verhindern. Schätzt der Hersteller bei einem Auftrag seine Stellung im Markt aufgrund von Patenten, einer besonders guten technischen Leistungsfähigkeit und eines renommierten Reparatur- und Wartungsdienstes überdurchschnittlich gut ein, so spricht das für einen entsprechend hohen Preisansatz und umgekehrt. Weiterhin sind der Liefertermin und die übrigen Verkaufskonditionen, insbesondere die Zahlungsbedingungen, bei der Festsetzung des Verkaufspreises zu berücksichtigen. Besteht ein besonderes Interesse an einem Kunden, der bisher vorzugsweise bei der Konkurrenz gekauft hat, so spricht das für einen relativ niedrigen Ansatz des Verkaufspreises.

Unsere Ausführungen machen deutlich, dass die Kosten- und Leistungsrechnung zwar wichtige Daten für die Verkaufspreisbestimmung bei Auftrags- und Einzelfertigung zur Verfügung stellen kann, letztlich aber Markteinflüsse für die Höhe der Verkaufspreise entscheidend sind.

6.3 Grenzkosten und Deckungsbeiträge als Daten der langfristigen Planung

1. Die Grenzplankosten- und Deckungsbeitragsrechnung ist als eine kurzfristige Rechnung auf der Basis vorhandener Kapazitäten konzipiert und dient daher primär den Belangen der kurzfristigen Planung. Die Entscheidungen der langfristigen Planung, die fast immer mit Investitionen verbunden sind, erfordern dagegen die Anwendung der Investitionsrechnung. Da hier die Kapitalbindung genau erfasst werden muss, geht die Investitionsrechnung nicht von Kosten und Erlösen, sondern von Ein- und Auszahlungen aus. Mithilfe einer Zahlungsstromanalyse werden für die Investitionsprojekte Kapitalwerte, interne Zinssätze, Amortisationsdauern und sonstige für die wirtschaftliche Beurteilung bedeutsame Größen ermittelt. Hierbei gilt analog zum Grenzkostenprinzip der

Grundsatz, dass einem Investitionsobjekt stets nur die von ihm verursachten zusätzlichen Ein- und Auszahlungen als entscheidungsrelevante Größen zugeordnet werden.

Bei vielen Investitionen enthalten die relevanten Ein- und Auszahlungen auszahlungswirksame Grenzkosten- und Deckungsbeiträge, wodurch das Deckungsbeitragsprinzip auch für Investitionsentscheidungen relevant wird. Die auszahlungswirksamen Grenzkosten unterscheiden sich von den proportionalen Selbstkosten der Kostenrechnung insbesondere dadurch, dass sie keine kalkulatorischen Abschreibungen und keine kalkulatorischen Zinsen enthalten, da die Äquivalente dieser Kostenarten in der Investitionsrechnung explizit ausgewiesen werden. Die Erlöse als zweite Komponente des Deckungsbeitrages unterscheiden sich dagegen in der Regel von der Erlösberechnung in der Kostenrechnung nicht.

2. Wir wollen am Beispiel einer Erweiterungsinvestition, die für die Einführung neuer Produkte dient, zeigen, welche Bedeutung proportionale Selbstkosten und Deckungsbeiträge als Daten der langfristigen Planung haben.

Wir gehen davon aus, dass in den Perioden 0 und 1 die Auszahlungsbeträge AE_0 und AE_1 für die Entwicklung der neuen Produkte anfallen. In der Periode 2 fällt der Investitionsbetrag AP_2 an, der zur Schaffung der erforderlichen Betriebsmittelkapazitäten dient. Die Investitionslaufzeit beträgt insgesamt z Jahre. In der Periode 3 beginnt die Produktion der $j = 1, ..., n$ Erzeugnisse, von denen die Mengen x_{Ajt} zu den Netto-Verkaufspreisen p_{jt} abgesetzt werden können; die auszahlungswirksamen proportionalen Selbstkosten betragen a_{pjt}. Die Erweiterungsinvestition führt zu einem Anstieg der auszahlungswirksamen fixen Kosten um ΔA_{Ft}.

Gewinnabhängige Steuern sollen in der Investitionsrechnung nicht explizit ausgewiesen werden. Der Kalkulationszinssatz i wird so gewählt, dass er die Steuerwirkungen berücksichtigt. Für den Kapitalwert der oben beschriebenen Investition gilt folgende Bestimmungsgleichung:

$$(6\text{-}23)\quad C = -AE_0 - \frac{AE_1}{(1+i)} - \frac{AP_2}{(1+i)^2} + \sum_{t=3}^{z} \frac{\sum_{j=1}^{n} (p_{jt} - a_{pjt})\, x_{Ajt} - \Delta A_{Ft}}{(1+i)^t}$$

Die Investition ist wirtschaftlich, wenn der Kapitalwert größer als Null ist.

Bezeichnet man die Deckungsbeitrags-Prozentsätze der Erzeugnisse in Bezug auf die proportionalen (auszahlungswirksamen) Selbstkosten mit α_{Djt}, so gilt[43]:

$$(6\text{-}24)\quad p_{jt} = a_{Pjt}\left(1 + \frac{\alpha_{Djt}}{100}\right) \qquad \begin{matrix}(j = 1, ..., n)\\(t = 1, ..., z)\end{matrix}$$

Setzt man diesen Ausdruck in die Kapitalwertgleichung (6-23) ein, so erhält man:

$$(6\text{-}25)\quad C = - AE_0 - \frac{AE_1}{(1+i)} - \frac{AP_2}{(1+i)^2} + \sum_{t=3}^{z} \frac{\sum_{j=1}^{n} \alpha_{Pjt} \frac{\alpha_{Djt}}{100} x_{Ajt} - \Delta A_{Ft}}{(1+i)^t}$$

Mit dieser Gleichung lässt sich bestimmen, wie hoch ein im Zeitablauf und für alle Erzeugnisse gleich großer Deckungsbeitrags-Prozentsatz α_D (bezogen auf die proportionalen Selbstkosten) sein muss, damit die Investition gerade noch wirtschaftlich ist. Für diesen Mindest-Deckungsbeitrags-Prozentsatz ist der Kapitalwert gerade Null, sodass man erhält:

$$(6\text{-}26)\quad \alpha_{D\,Min} = \frac{AE_0 - \frac{AE_1}{(1+i)} - \frac{AP_2}{(1+i)^2} \sum_{t=3}^{z} \frac{\Delta A_{Ft}}{(1+i)^t}}{\sum_{t=3}^{z} \frac{\sum_{j=1}^{n} a_{Pjt}\, x_{Ajt}}{(1+i)^t}} \, 100$$

Setzt man $\alpha_{D\,Min}$ in Gleichung (6-23) ein, so erhält man die langfristigen Preisuntergrenzen der Erzeugnisse j = 1, ..., n, die der Prämisse eines einheitlichen Deckungsbeitrags-Prozentsatzes auf die proportionalen Selbstkosten entsprechen[44].

Analog lassen sich langfristige Preisuntergrenzen bestimmen, die sich proportional zu den geplanten oder geschätzten Verkaufspreisen der Erzeugnisse j = 1, ..., n verhalten. Bezeichnet man die Deckungsbeitrags-Prozentsätze in Bezug auf die Verkaufspreise mit β_{Djt}, so gilt:

$$(6\text{-}27)\quad a_{pjt} = p_{jt}\left(1 + \frac{\beta_{Djt}}{100}\right) \qquad \begin{array}{l}(j = 1, ..., n)\\(t = 1, ..., z)\end{array}$$

Setzt man diesen Ausdruck für a_{pjt} in Gleichung (6-23) ein, so erhält man für C = 0:

$$(6\text{-}28)\quad \beta_{D\,Min} = \frac{AE_0 - \frac{AE_1}{(1+i)} - \frac{AP_2}{(1+i)^2} \sum_{t=3}^{z} \frac{\Delta A_{Ft}}{(1+i)^t}}{\sum_{t=3}^{z} \frac{\sum_{j=1}^{n} p_{Pjt}\, x_{Ajt}}{(1+i)^t}}$$

Wird $\beta_{D\,Min}$ in Gleichung (6-27) eingesetzt, so erhält man die langfristigen Preisuntergrenzen der Erzeugnisse j = 1, ..., n, die der Prämisse eines einheitlichen Deckungsbeitrags-Prozentsatzes auf die Verkaufspreise entsprechen.

Gibt man die Prämisse einheitlicher Mindest-Deckungsbeitrags-Prozentsätze auf, so lassen sich im Mehrproduktfall keine eindeutigen langfristigen Preisuntergrenzen mehr bestimmen.

Kann man vereinfachend davon ausgehen, dass alle relevanten Größen im Zeitablauf konstant sind, so lassen sich die Gleichungen (6-26) und (6-28) nach dem Annuitätenverfahren der Investitionsrechnung wie folgt umformen, wobei w (i, 7) den Wiedergewinnungsfaktor der Investitionsrechnung $w(i, z) = \frac{i(1+i)^z}{(1+i)^z - 1}$ angibt:

$$(6\text{-}29) \quad \alpha_{D\,Min} = \frac{\left[AE_0 (1+i)^2 AE_1 (1+i) + AP_2\right] w(i, z) + \Delta A_F}{\sum_{j=1}^{n} a_{pj}\, x_{Aj}}$$

$$(6\text{-}30) \quad \beta_{D\,Min} = \frac{\left[AE_0 (1+i)^2 AE_1 (1+i) + AP_2\right] w(i, z) + \Delta A_F}{\sum_{j=1}^{n} p_j\, x_{Aj}}$$

Die Gleichungen (6-29) und (6-30) lassen erkennen, dass in die langfristigen Preisuntergrenzen der Erzeugnisse neben den auszahlungswirksamen fixen Kosten der gesamte Kapitaldienst der im Entwicklungs- und Produktionsbereich vorgenommenen Investitionen eingeht. Zu beachten ist aber, dass die mithilfe der Deckungsbeitrags-Prozentsätze $\alpha_{D\,Min}$ und $\beta_{D\,Min}$ bestimmten langfristigen Preisuntergrenzen nur vor Durchführung der betreffenden Investitionen gelten. Im Zeitablauf werden die Investitionsbeträge AE_0, AE_1 und AP_2 zu nicht relevanten Auszahlungen, sodass sie in der Bestimmungsgleichung der Preisuntergrenzen nacheinander zu Null werden. Sind die betrieblichen Kapazitäten geschaffen und soll die Betriebsbereitschaft unverändert beibehalten werden, so entfallen schließlich auch die fixen Kosten, sodass als kurzfristige Preisuntergrenzen nur die proportionalen Selbstkosten übrig bleiben.

Für die Entscheidungen der kurzfristigen Planung sind die Mindest-Deckungsbeitrags-Prozentsätze $\alpha_{D\,Min}$ und $\beta_{D\,Min}$ zwar nicht relevant, sie lassen aber erkennen, welches Preisniveau mindestens eingehalten werden muss, damit eine Unternehmung auch in Zukunft entsprechende Entwicklungs- und Erweiterungsinvestitionen realisieren kann.

Anmerkungen zum 6. Kapitel

1 Vgl. W. Kilger, Optimale Produktions- und Absatzplanung, 1973, S. 15 ff. und die dort angegebene Literatur.

2 Vgl. zum Begriff der relevanten Kosten unsere Ausführungen in Kap. 2.3.

3 Vgl. H. U. Küpper, Investitionstheoretische Fundierung der Kostenrechnung, 1985, S. 26 ff.

4 Vgl. Scholz, G., Swoboda, M.: Integrierte Unternehmensplanung mit SAP R/3, 2000, S. 371 ff.

5 Vgl. W. Kilger, Optimale, 1973, S. 75 ff. und insbesondere Übersicht 3 auf S. 80.

6 Vgl. W. Kilger, Optimale, 1973, S. 39 ff.

7 Zur Bestimmung optimaler Seriengrößen vgl. W. Kilger, Optimale ..., 1973, S. 383 ff.

8 Vgl. W. Männel, Die Wahl zwischen Eigenfertigung und Fremdbezug, 1981.

9 Vgl. W. Kilger, Optimale, 1973, S. 164 ff.

10 Zu den theoretischen Möglichkeiten für den Aufbau solcher Modelle vgl. W. Kilger, Optimale, 1973, S. 542 ff.

11 Vgl. W. Kilger, Optimale, 1973, S. 513 ff.

12 Vgl. W. Kilger, Optimale, 1973, S. 164–512.

13 Vgl. C. E. Schulz, Das Problem der Preisuntergrenze und ihre Arten, 1927, S. 347 ff.; H. H. Böhm, F. Wille, Deckungsbeitragsrechnung und Programmoptimierung, 1965, S. 129; H. Hax, Preisuntergrenzen, 1961, S. 421 ff.; Th. Reichmann, Kosten und Preisgrenzen, 1973.

14 Vgl. hierzu die von H. Hax entwickelten linearen Planungsmodelle, in: Preisuntergrenzen, 1961, S. 424 ff.

15 Vgl. hierzu K. Agthe, Stufenweise Fixkostenrechnung im System des Direct Costing, 1959, S. 417; H. Hax, Preisuntergrenzen, 1961, S. 427, wo ausgabewirksame Kosten als „ersatzbedürftige Kosten" und nicht ausgabewirksame Kosten als „nicht ersatzbedürftige Kosten" bezeichnet werden.

16 Vgl. W. Kilger, Soll- und Mindest-Deckungsbeiträge, 1980, S. 303 ff.

17 Vgl. H. Hax, Preisuntergrenzen, 1961, S. 327;

18 Vgl. W. Kilger, Soll- und Mindest-Deckungsbeiträge, 1980, S. 309 f.

19 Vgl. H. Langen, Dynamische Preisuntergrenzen, 1966, S. 658.

20 Zu den LSP-Kalkulationen vgl. W. Kilger, Einführung in die Kostenrechnung, 1976, S. 298 ff. sowie H. Müller, Plankostenrechnung und öffentliches Preisrecht, 1988, S. 463 ff.

21 Vgl. P. Riebel, Die Preiskalkulation, 1964, S. 556 und S. 561 ff.

22 Die Ableitung der Verkaufspreise aus den Kosten wird heute durch das Verfahren der Zielkostenrechnung in Frage gestellt. Vgl. hierzu unsere Ausführungen in der Einführung zum Thema des Target Costing.

23 Vgl. P. Riebel, Die Preiskalkulation, 1964, S. 558 sowie H. Jacob, Preispolitik, 1967, S. 106 f.

24 Vgl. E. Gutenberg, Grundlagen der Betriebswirtschaftslehre, Zweiter Band, Der Absatz, 1976, S. 238 ff. und W. Kilger, Die quantitative Ableitung polypolistischer Preisabsatzfunktionen, 1962, S. 269 ff.

25 Diese Ansicht wird auch in den USA vertreten, vgl. A. L. Bell, Flexible Budgets and Marginal Cost Pricing, 1977, S. 36 ff.

26 Vgl. P. Riebel, Die Preiskalkulation, 1964, S. 582.

27 Vgl. P. Riebel, Die Preiskalkulation, 1964, S. 554.

28 Vgl. P. Riebel, Die Preiskalkulation, 1964, S. 609.

29 Auf die Gefahr der „gefährlichen Lücke" hat bereits H. Kreis, Die Aufstellung und Auswertung der monatlichen Erfolgsrechnung, 1932/33 ff. hingewiesen.

30 Vgl. E. Schmalenbach, Selbstkostenrechnung und Preispolitik, 1934, S. 175, der Zusatz in der Klammer wurde vom Verfasser eingefügt.

31 Vgl. N.A.C.A. Research Series, Direct Costing, 1953, No. 23, Section 3, S. 1110.

32 Vgl. W. Ferner, Grenzkostenrechnung als Instrument der Unternehmensplanung, 1974, S. 542; B. Huch, Deckungsbeitragsrechnung, 1976, S. 1445 und P. Riebel, Systemimmanente und anwendungsbedingte Gefahren von Differenzkosten- und Deckungsbeitragsrechnungen, 1974, S. 494.

33 Vgl. E. Schmalenbach, Selbstkostenrechnung und Preispolitik, 1934, S. 175.

34 Vgl. M. Backer, Flexible Costs for Pricing-Decisions, 1961, (5), Section 1, S. 60 ff., der auf die Notwendigkeit produktindividueller Deckungsbeitragszuschläge hinweist; C. T. Horngren, Accounting for Management Control, 1970, S. 338, der „target price(s)“ fordert, die aus den Grenzselbstkosten mithilfe eines Bruttogewinnzuschlages abgeleitet werden; K. K. Knutzen, Using Direct Cost Information for Pricing, 1962 (8), Section 1, S. 40, der die Ableitung von Preisen aus den Grenzkosten mithilfe von „markup factors“ empfiehlt, deren Höhe sich nach der Marktsituation richten soll; der NAA-Research Report 37, Current Application, 1961, enthält auf S. 46 die Gleichung selling price = direct cost + required unit marginal income.

35 Die Vorgabe von Soll-Deckungsbeiträgen wird u.a. von folgenden Autoren empfohlen: A. Deyhle, Gewinn-Management, 1985, S. 397 f. und 439 f.; R. Finkenrath, Das rollierende Budget als Basis flexibler Preispolitik, 1980, S. 89 f.; W. Männel, Kann die Vollkostenrechnung, 1967, S. 772; P. Riebel, Die Preiskalkulation, 1964, S. 608; P. Riebel, Systemimmanente und anwendungsbedingte Gefahren, 1974, S. 524; S. Unterguggenberger, Kybernetik und Deckungsbeitragsrechnung, 1974, S. 127 f.

36 Vgl. W. Kilger, Soll- und Mindest-Deckungsbeiträge, 1980, S. 320 ff.

37 Vgl. dazu unsere Ausführungen zum wertorientiertem Management in der Einführung, insbes. Die Kennzahlen EVA und ROCE.

38 Vgl. dazu auch die in der Literatur zum wertorientierten Management ausführlich erläuterten „Value Driver“, u.a. bei Mills, R. W.: The Dynamic of Shareholder Value, 1998; Vikas, K.: Strategisches Controlling, 2000, S. 404.

39 Vgl. A. Deyhle, Gewinn-Management, 1985, S. 77 und 394 ff.; R. Finkenrath, Das rollierende Budget, 1980, S. 133; R. Wolkenstein, Kurven gleichen Deckungsbeitrages, 1969, S. 404.

40 K. Mizoguchi hat darauf hingewiesen, dass auf diese Weise die Verkaufspreisbestimmung durch die Deckungsbeitragsrechnung in dem „größeren Bereich der gesamtbetrieblichen Gewinnplanung“ integriert wird, vgl. Direct Costing und Preisbestimmung, 1969, S. 125.

41 Insbesondere A. Deyhle verlangt den „Mut“, eine Preisabsatzfunktion wenigstens stückweise zu planen; vgl. Gewinn-Management, 1985, S. 393.

42 Vgl. dazu unsere Ausführungen zum Verfahren des „Target Costing“ in der Einführung.

43 Vgl. W. Kilger, Soll- und Mindest-Deckungsbeiträge, 1980, S. 312 ff.

44 Vgl. zur Bestimmung langfristiger Preisuntergrenzen T. Reichmann, Kosten- und Preisgrenzen, 1973, S. 63 ff.

Literaturverzeichnis

Adam, D.: Produktionsplanung bei Sortenfertigung, Wiesbaden 1969.

Adam, D.: Entscheidungsorientierte Kostenbewertung, Wiesbaden 1970.

Adam, D.: Quantitative und intensitätsmäßige Anpassung mit Intensitäts-Splitting bei mehreren funktionsgleichen, kostenverschiedenen Aggregaten, ZfB 1972, S. 381 ff.

Adam, D.: Grenzkostenrechnung: in: HWR, hrsg. v. K. Chmielewicz, M. Schweitzer, 3. Aufl., Stuttgart 1993, Sp. 824ff.

Agthe, K.: Die Abweichungen in der Plankostenrechnung, Freiburg 1958.

Agthe, K.: Stufenweise Fixkostendeckung im System des Direct Costing, ZfB 1959, S. 404 ff.

Agthe, K.: Kostenplanung und Kostenkontrolle im Industriebetrieb, Baden-Baden 1963.

Albach, H.: Bewertungsprobleme des Jahresabschlusses nach dem Aktiengesetz von 1965, BB 1966, S. 377 ff.

Albach, H.: Innerbetriebliche Lenkpreise als Instrument dezentraler Unternehmensführung, ZfbF 1974, S. 216 ff.

Albach, H.: Praxisorientierte Unternehmenstheorie und theoriegeleitete Unternehmenspraxis, (Zum Gedenken an W. Kilger) in: ZfB 1988, S. 630 ff.

Albers, S.: Ursachenanalyse von marketingbedingten IST-SOLL-Deckungsbeitragsabweichungen, in: ZfB 1992, S. 199ff.

Ammann, H., Müller, S.: IFRS – International Financial Reporting Standards, 2. Aufl., Herne, Berlin 2006.

Anderson, L. K.: Expanded Breakeven Analysis for A Multi-Product Company, Management Accounting July 1975, S. 30 ff.

Anthony, R. N.: The Rebirth of Cost Accounting, October 1975, S. 13 ff.

Arbeitskreis „Deckungsbeitragsrechnung" im Betriebswirtschaftlichen Ausschuss des Verbandes der Chemischen Industrie e. V.: Zur Anwendbarkeit der Deckungsbeitragsrechnung – unter besonderer Berücksichtigung der Verhältnisse in der chemischen Industrie – DB, Beilage Nr. 13, 1972.

Arbeitskreis Diercks der Schmalenbach-Gesellschaft: Der Verrechnungspreis in der Plankostenrechnung, ZfbF 1964, S. 613 ff.

Arnaout, A., Niemand, S., Wangenheim, S. von: Kostenmanagement, in: Gleich, R., Seidenschwarz, W. (Hrsg.): Die Kunst des Controlling, Prof. Dr. Péter Horváth zum 60. Geburtstag, München 1997, S. 161ff.

Arya, A., Glover, J., Mittendorf, B., Ye, L.: On the Use of Customized versus Standardized Performance Measures, JMAR 2005, S. 7-21.

Atkins, P. M.: Textbook of Industrial Cost Accounting, New York 1924.

Auler, W.: Die Kostenkehre in der Optimalkalkulation, ZfB 1930, S. 895 ff.

Auler, W.: Die Plankostenrechnung in den Bereichen der Beschaffung und des Absatzes der industriellen Unternehmung, BfuP 1951, S. 411 ff.

Babad, Y. M., Balachandran, B. V.: Cost Driver Optimazion in Activity-Based Costing, in: The Accounting Review, 1993, S. 583 ff.

Backer, M.: Flexible Costs for Pricing Decisions, NAA-Bulletin 1961(5), Section 1, S. 55 ff.

Backhaus, K., Funke, S.: Auf dem Weg zur fixkostenintensiven Unternehmung?, zfbf, 1996, S. 95ff.

Back-Hock, A.: Produktlebenszyklusorientierte Ergebnisrechnung, in Handbuch Kostenrechnung, hrsg. W. Männel, Wiesbaden 1992, S. 703 ff.

Baden, A.: Die strategische Kostenrechnung. Eine „revolutionäre Umorientierung des internen Rechnungswesens"?, ZfB 1998, S. 605 ff.

Baetge, J., Niemeyer, K., Kümmel, J.: Darstellung der Discounted-Cashflow-Verfahren (DCF-Verfahren) mit Beispiel, in: Peemöller, V. H. (Hrsg.): Praxishandbuch der Unternehmensbewertung, Herne, Berlin 2001, S. 263 ff.

Baierl, F.: Lohnanreizsysteme, Mittel zur Produktivitätssteigerung, München 1974.
Bailey, G. T., Wild, K.: International Accounting Standards: A Guide to Preparing Accounts, 2. Aufl., London 2000.
Bain, J. S.: Depression Pricing and the Depreciation Function, The Quarterly Journal of Economics 1936/37, S. 705 ff.
Baldenius, T, Reichelstein, S: Alternative Verfahren zur Bestimmung innerbetrieblicher Verrechnungspreise, zfbf 1998, S. 236 ff.
Ballendat, K.: Plankosten im Stahlwerk, ZfB 1954, S. 336 ff., S. 407 ff.
Ballwieser, W.: Eine neue Lehre der Unternehmensbewertung? – Kritik an den Thesen von Barthel – in: DB 1997, S. 185 ff.
Ballwieser, W.: Verbindungen von Ertragswert- und Discounted-Cashflow-Verfahren, in: Peemöller, V. H. (Hrsg.): Praxishandbuch der Unternehmensbewertung, 4. Aufl., Herne, Berlin 2004, S. 361 ff.
Banker, R.D., Hansen, S.C.: The Adequency of Full-Cost-Based Pricing Heuristics, JMAR, 2002, S. 33-58.
Banker, R.D., Hwang, Product Costing and Pricing under Long-Term Capacity Commitment, 2002, S. 79-97.
Barton, J., Hansen, T.B., Pownall, G., Which Performance Measures Do Investors Around the World Value the Most – and Why?, The Accounting Review, 2010, S. 753ff.
Battista, G. L., Crowningshield, G. R.: Absorption, Direct or Relevant Costing? NAA-Bulletin 1964(8), Section 1, S. 11 ff.
Batty, J.: Standard Costing, London 1960 (Nachdruck 1962).
Beckett, J. A.: Direct Costing in Perspective, N.A.C.A.-Bulletin 1955 (1), Section 1, S. 651 ff.
Beckmann, H.: Plankostenrechnung in der chemischen Industrie, ZfB 1953, S. 33 ff.
Belda, B. J.: Operations Research at Work, NAA-Bulletin 1965(8), Section 1, S. 51 ff.
Bell, A. L.: Flexible Budgets and Marginal Cost Pricing, Management Accounting, January 1977, S. 34 ff.
Benston, G. J.: multiple Regression Analysis of Cost Behaviour, The Accounting Review 1966, S. 657 ff.
Beste, T.: Die Verrechnungspreise in der Selbstkostenrechnung industrieller Betriebe, Berlin 1924.
Beste, T.: Die Produktionsplanung, ZfhF 1938, S. 345 ff.
Beste, T.: Planung in der Unternehmung, veröffentlicht in: Kongress-Archiv des 5. Internationalen Prüfungs- und Treuhand-Kongresses, B/Teil 2, Berlin 1938.
Beste, T.: Der Stand der betriebswirtschaftlichen Planung, ZfhF 1942, S. 117 ff., S. 174 ff.
Bierman, H.: A Way of Using Direct Costing in Financial Reporting, NAA-Bulletin 1959(11), Section 1, S. 13 ff.
Bierman, H., Dyckman, Th. R.: Managerial Cost Accounting, New York 1971.
Bierman, H., Fouraker, L. E., Jaedicke, R. K.: The Use of Probability and Statistics in Performance Evaluation, The Accounting Review 1961, S. 409 ff.
Bindemann, W.: Kostensynthese, ZfhF 1951, S. 389 ff.
Birnberg, J. G.: Current Trends in Behavioral Accounting Research in the United States, in: DBW, 1993, S. 5 ff.
Birner, E.: Differenzierung des Materialgemeinkosten-Zuschlages, Zeitschrift für das gesamte Rechnungswesen 1968, S. 207 ff.
Blocker, J. G., Weltmer, W. K.: Cost Accounting, 3. Aufl., New York – Toronto – London 1954.
Boecken, B.: Anwendungsmöglichkeiten der Grenzkostenrechnung in der chemischen Industrie, BfuP 1974, S. 543–562.
Böhm, H. H.: Dynamische Kostensenkung im Betrieb, München 1960.
Böhm, H. H.: Operationenforschung, Berlin – Baden-Baden 1961.
Böhm, H. H., Wille, F.: Deckungsbeitragsrechnung und Programmoptimierung, München 1965 (2. Aufl. von Direct Costing und Programmplanung, München 1960).
Böhm, H. H., Wille, F.: Deckungsbeitragsrechnung. Grenzpreisrechnung und Optimierung, 6. Aufl., München 1977.

Böhrs, H.: Rationalisierung der Büroarbeit, DB 1950, S. 525 ff.
Börner, D.: Direct Costing als System der Kostenrechnung, Diss. München 1961.
Börner, D.: Kostenverteilung, in: Wittmann, W. et al. (Hrsg.): Handwörterbuch der Betriebswirtschaft, 5. Aufl., Stuttgart 1993, Sp. 1280 ff.
Bos, W.: Die Praxis der Plankostenrechnung, DB 1950, S. 407.
Bos, W.: Leistungssteigerung in der Bürowirtschaft, DB 1961, S. 626 ff.
Bredt, O.: Das industrielle Budget auf der Internationalen Diskussionskonferenz, Sonderdruck aus RKW-Nachrichten 1930, Nr. 9–11.
Bredt, O.: Das Entwerfen der Planung, in: Technik und Wirtschaft 1939, S. 129 ff., S. 159 ff.
Bredt, O.: Der endgültige Ansatz der Planung, in: Technik und Wirtschaft 1939, S. 219 ff., S. 249 ff.
Brink, H. J.: Zur Planung des optimalen Fertigungsprogramms, Köln, Berlin, Bonn, München 1966.
Brink, H. J.: Die Grenzplankostenrechnung – ein Steuerungsinstrument bei dezentraler Unternehmensorganisation, WiSt 1974, S. 253 ff.
Brink, H. J., Fabry, P.: Die Planung von Arbeitszeiten unter besonderer Berücksichtigung der Systeme vorbestimmter Zeiten, Wiesbaden 1974.
Brockhoff, K.: Aufgaben für die Controlling-Forschung – Versuch einer Außensicht, zfcm 2003, Heft 1, S. 33-40.
Brokemper, A., Gleich, R.: Empirische Analysen von Gemeinkostenprozessen zur Herleitung eines branchenspezifischen Prozeß(kosten-)modells, in: DBW 1999, S. 76 ff.
Brühl, Rolf: Informationen der Prozeßkostenrechnung als Grundlage der Kostenkontrolle, in: krp 1995, S. 73 ff.
Bruhn, E. E.: Die Bedeutung der Potenzialfaktoren für die Unternehmenspolitik, Berlin 1965.
Bruins, D. H., Dräger, H. J.: Werkzeuge und Werkzeugmaschinen für die spanende Metallbearbeitung, Teil I, München und Wien 1975.
Brummet, R. L.: Overhead Costing: The Costing of Manufactured Products, Ann Arbor 1957.
Brummet, R. L.: Direct Costing – Its Weaknesses and its Strenghts, NAA-Bulletin 1962(3), Section 1, S. 61 ff.
Bruns, W. J., Jr., McKinnon, S. M.: Performance Evaluation and Managers´Description of Tasks and Activities, in: Bruns, W. J., Jr. (Hrsg.): Performance Measurement, Evaluation, and Incentives, Boston 1992, S. 17 ff.
Bryant, L., Jones, D.A., Widener, S.K., Managing Value Creation within the Firm: An Examination of Multiple Performance Measures, JMAR 2004, S. 107-131.
Buchinger, G.: Ausschusskostenrechnungssysteme bei mehrstufiger Fertigung mit alternativen Produktionswegen, Der österreichische Betriebswirt 1971, S. 77 ff.
Bump, E. A.: Effects of Learning on Cost Projections, Management Accounting, May 1974, S. 19 ff.
Bungenstock, C.: Entscheidungsorientierte Kostenrechnungssysteme, Wiesbaden 1995.
Burger, A.: Die Entscheidungsrelevanz von Fixkosten, Fixleistungen und Deckungsvorgaben, DBW 1991, S. 649 ff.
Büttner, R.: Controlling von Kosten, Erlösen und Leistung mit EDV, Köln-Braunsfeld 1974.
Büttner, R.: Praktische Durchführung der Kostenplanung-Controlling von Kosten, Erlösen und Leistung mit EDV, Online – Zeitschrift für Datenverarbeitung, 1974, S. 648 ff.
CAM-I-Study: Cost Management for Today's Advanced Manufacturing, in: Harvard Business School Press, Harvard, Mass. 1988.
Camman, E. A.: Basic Standard Costs, New York 1932.
Carrol, T.: How to Control Production Costs, New York – Toronto – London 1953.
Chenell, R.H., Langfield-Smith, K.: Performance Measurement and Reward Systems, Trust, and Strategic Change, JMAR 2003, S. 117-143.
Clark, J. M.: Studies in the Economics of Overhead Costs, Chicago 1923.
Coenenberg, A. G.: Zur Bedeutung der Anspruchsniveau-Theorie für die Ermittlung von Vorgabekosten, DB 1970, S. 1137 ff.

Coenenberg, A. G., Fischer, T. M.: Prozeßkostenrechnung – Strategische Neuorientierung in der Kostenrechnung, in: DBW, 1991, S. 21 ff.
Coenenberg, A. G., Fischer, Th., Schmitz, J.: Target Costing und Product Life Cycle Costing als Instrumente des Kostenmanagements, in: Zeitschrift für Planung 1994, S. 1 ff.
Coenenberg, A. G., Fischer, T.M., Günther, T. : Kostenrechnung und Kostenanalyse, 7. Aufl., Landsberg/Lech 2009.
Coenenberg, A. G., Haller, A.,Schultze, W.: Jahresabschluss und Jahresabschlussanalyse, 21. Aufl., Landsberg am Lech 2009.
Coenenberg, A. G., Fischer, T. M., Raffel, A.: Abweichungsanalyse bei Projekten im F&E-Bereich, in: Mannel, W. (Hrsg.): Handbuch Kostenrechnung, Wiesbaden 1992, S. 767 ff.
Coes, H. V.: Häufig vorkommende Schwierigkeiten und Widerstände bei der Einführung der Budgetkontrolle, Das industrielle Budget auf der Internationalen Diskussionskonferenz, RKW-Nachrichten 1930, Nr. 11, Sp. 313 ff.
Cooper, R.: Activity-Based Costing, in: Männel, W. (Hrsg.): Handbuch Kostenrechnung, Wiesbaden 1992, S. 360 ff.
Cooper, R., Kaplan, R. S., Maisel, L. S., Morissey, E., Oehm, R. M.: Implementing Activity-Based Cost Management: Moving from Analysis to Action. Implementing Experiences at Eight Companies, Montvale, NJ 1992.
Cooper, R., Kaplan, R. S.: Activity-Based Systems: Measuring the Costs of Resource Usage, in: Accounting Horizons, 1992, Heft 3, S. 1 ff.
Cooper, R., Kaplan, R. S.: The promise – and peril – of integrated cost systems, HBR, 1998, Heft Juli-August, S. 109 ff.
Copeland, T., Koller T., Murrin J.: Unternehmenswert. Methoden und Strategien für eine wertorientierte Unternehmensführung, 3. Aufl., Frankfurt New York 2002.
Cordes, P., Holzwarth, J.: Grenzplankostenrechnung und Einzelkostenrechnung aus Sicht der Praxis 2006, ZfCM 2006, S. 87-93.
Coward, D.: Ökonomisk risiko og usikkerhet, Bergen 1953.
Covaleski, M. A., Evans III, J. H., Luft, J. L., Shields, M. D.: Budgeting Research, JMAR, 2003, S. 3-49.
Cross, K., Lynch, R.: Accounting for Competitive Performance, in: Journal of Cost Management for the Manufacturing Industry, 1989, S. 20 ff.
Danielsson, A.: On Measurement and Analysis of Standard Costs, Stockholm 1963.
Daumke, M.: Grundriss des deutschen Steuerrechts, 4. Aufl., Bielefeld 2000.
Davila, A, Foster, G.: Management Accounting Systems Adoption Decisions: Evidence from Early-Stage/Startup Companies, The Accounting Review 2005, Heft 4, S. 1039-1068.
de Haas, J. A.: Standard Costs as a Basic of Management and Industrial Control, Annalen der Betriebswirtschaft 1927, S. 28 ff.
de Jong, J. R. : The effects of increasing skill on cycletime and its consequences for time standards, Ergonomics 1957.
Dean, J.: Methods and Potentialities of Break-Even-Analysis, in: D. Solomons (Hrsg.), Studies in Costing, London 1952, S. 227 ff.
Dellmann, K., Nastansky, L.: Kostenminimale Produktionsplanung bei rein intensitätsmäßiger Anpassung mit differenzierten Intensitätsgraden ZfB 1969, S. 239 ff.
Dellmann, F., Franz, K.-P. (Hrsg.): Neuere Entwicklungen im Kostenmanagement, Bern 1994
Dellmann, K., Franz, K.-P.: Von der Kostenrechnung zum Kostenmanagement, in: Dellmann, K. – Franz, K.-P. (Hrsg.): Neuere Entwicklungen im Kostenmananagement, Bern 1994, S. 15 ff.
Dellmann, K.: Innerbetriebliche und andere interdependente Leistungsverrechnungen im Netzwerk-Cluster-Kostenmodell, Die Unternehmung, 1998, S. 199 ff.
Dellmann, K.: Das Netzwerk-Cluster-Kostenmodell der Kostenrechnung, zfbf 1999, S. 1019 ff.

Dellmann, K.: Ein Allgemeines Modell einer entscheidungsorientierten Kostenrechnung, ZfB 1999, S. 617 ff.
Deyhle, A.: Gewinn-Management, 5. Aufl., Landsberg, 1985.
Deyhle, A., Hauser, M.: Controller-Praxis 1+2, 16. Aufl., Freiburg 2009
Dhavale, D. G.: Problems with Existing Manufacturing Performance Measures, in: Journal of Cost Management, 1995, Heft 4 (Winter 1996), S. 50 ff.
Diedrich, R.: Tageswert- und anschaffungswertorientierte Preiskalkulation im Spiegel der Meinungen, krp 1997, Sonderheft 1/97, S. 63 ff.
Diercks, H., Petzold, F.: Betriebsüberwachung durch Plankostenrechnung, ZfhF 1951, S. 490 ff.
Diercks, H., Petzold, F.: Plankostenrechnung in der Eisenindustrie? Archiv für das Eisenhüttenwesen 1953, S. 183 ff.
Dierkes, S., Kloock, J.: Integration von Investitionsrechnung und kalkulatorischer Erfolgsrechnung, in: krp, 1999, Sonderheft 3/99, S. 119 ff.
Dirrigl, H.: Wertorientierung und Konvergenz in der Unternehmensrechnung, in: BFUP, 1998, S. 540 ff.
Drucker, P. F.: The Information Executives Truly Need, in: HBR, 1995, Heft 1, S. 54 ff.
Drukarczyk, J., Schlüter, A.: Unternehmensbewertung, 5., überarbeitete und erweiterte Aufl., München 2006.
Duvall, R. M.: Rules for Investigating Cost Variances, Management Science, Serie B, 1966, S. B641 ff.
Dyckman, T. R.: The Investigation of Cost Variances, Journal of Accounting Research 1969, S. 215 ff.
Ebbeken, K.: Primärkostenrechnung, Berlin 1973.
Eccles, R.G., Krzus, M.P., One Report. Integrated Reporting for a Sustainable Strategy, Hoboken, N.J., 2010.
Egger, A.: Gestaltung eines integrierten zukunftsbezogenen Rechnungswesen, in: Altenburger, O. A., Janschek, O., Müller, H. (Hrsg.): Fortschritte im Rechnungswesen. Vorschläge für Weiterentwicklungen im Dienste der Unternehmens- und Konzernsteuerung durch Unternehmensorgane und Eigentümer, Gerhard Seicht zum 60. Geburtstag, Wiesbaden 1999, S. 425 ff.
Ehrt, R.: Die Zurechenbarkeit von Kosten auf Leistungen auf der Grundlage kausaler und finaler Beziehungen, Stuttgart u.a.O. 1967.
Eitelwein, O., Goretzki, L., Carbon Controlling und Accounting erfolgreich implementieren – Status Quo und Ausblick, ZfCM, 2010, S. 23ff.
Ellinger, T.: Rationalisierung durch Standardkostenrechnung, Stuttgart 1954.
Ellrott, H., Schmidt-Wendt D.: in: Beck'scher Bilanz-Kommentar, W. D. Budde et al. (Hrsg.), 4. Aufl., München 1999.
Encyclopaedia of Accounting, Hrsg. G. Lisle, Edinburgh – London 1904.
Ewert, R.: Target Costing und Verhaltenssteuerung, in: Freidank, C.-C., Götze, B., Huch, B. und Weber, J. (Hrsg,): Kostenmanagement . Neuere Konzepte und Anwendungen, Berlin 1997, S. 299 ff.
Ewert, R., Wagenhofer A.: Interne Unternehmensrechnung, 7., Aufl., Berlin u.a. 2008.
Falk, B.: Kostenplanung und Kostenkontrolle im amerikanischen Bürobetrieb, ZfB 1956, S. 631 ff.
Ferner, W.: Grenzkostenrechnung als Instrument der Unternehmensplanung, in: BfuP 1974, S. 530 ff.
Ferrara, W. L.: Responsibility Reporting vs. Direct Costing – Is There a Conflict? Management Accounting 1967, June, S. 43 ff.
Ferrara, W. L.: Relevant Costing: Footnote to a Controversy, Management Accounting, Jan. 1970, S. 45 ff.
Finkenrath, R.: Das rollierende Budget als Basis flexibler Preispolitik, Zürich 1980.
Finkenrath, R.: Deckungsbeitragsorientierte Vertriebssteuerung mit Profit Center, in: krp 6/1986, S. 213 ff.
Fisher, J. G., Peffer, S. A., Sprinkle, G. B.: Budget-Based Contracts, Budget Levels, and Group Performance, JMAR 2003, S. 51-74.
Fischer, J.: Use of Nonfinancial Performance Measures, in: Journal of Cost Management, 1994, Heft 1,S. 31 ff.
Fischer, R., Rogalski, M: Preispolitik auf Grundlage eines entscheidungsorientierten Kosten- und Erlöscontrolling, in ZfB, 1993a, S. 240 ff.

Fischer, R., Rogalski, M: Preispolitik auf Grundlage eines entscheidungsorientierten Kosten- und Erlöscontrolling, Erwiderung zur Stellungnahme von Dr. Karl Kornagel (ZfB 63. Jg., 1993, Heft 9), in: ZfB, 1993b, S. 921 ff.

Fischer, T. M., Schmitz, J.: Messung von Prozessverbesserungen mit dem Half-Life-Konzept – Empirische Ergebnisse aus der Elektroindustrie, ZfbF 1997, S. 291 ff.

Fischer, T., Huber, R., Sawcyn, Nachhaltige Unternehmensführung als Herausforderung für das Controlling, Controlling, 2010, S. 222ff.

Foster, G., Gupta, M.: Activity Accounting: An Electronics Industry Implementation, in: Kaplan, R. S. (Hrsg.): Measures for Manufacturing Excellence, Boston/Mass. 1990, S. 225 ff.

Foster, G., Gupta, M., Sjoblom, L.: Customer Profitability Analysis: Challenges and New Directions, in: Journal of Cost Management, 1996, Heft Frühjahr, S. 5 ff.

Franke, G.: Kalkulatorische Kosten: Ein funktionsgerechter Bestandteil der Kostenrechnung? WPg 1976, S. 185–194.

Franke, R.: Betriebsmodelle. Rechensysteme für Zwecke der kurzfristigen Planung, Kontrolle und Kalkulation, Düsseldorf 1972.

Franz, K.-P.: Die Prozesskostenrechnung im Vergleich mit der Grenzplankosten- und Deckungsbeitragsrechnung, in: Horváth, P. (Hrsg.): Strategieunterstützung durch das Controlling, Revolution im Rechnungswesen, Stuttgart 1990, S. 195 ff.

Franz, K.-P.: Die Prozesskostenrechnung. Darstellung und Vergleich mit der Plankosten- und Deckungsbeitragsrechnung, in: Ahlert, D., Franz, K.-P., Göppl, H. (Hrsg.): Finanz- und Rechnungswesen als Führungsinstrument. Festschrift für Herbert Vormbaum zum 65. Geburtstag, Wiesbaden 1990, S.110 ff.

Franz, K.-P.: Kostenverursachung und Kostenzurechnung, in: Wittmann, W. et al. (Hrsg.): Handwörterbuch der Betriebswirtschaft, 5. Aufl., Stuttgart 1993, Sp. 1280 ff.

Franz, K.-P., Hieronimus, A. (Hrsg): Kostenrechnung im international vernetzten Konzern, zfbf 2003, Sonderheft 49.

Frese, E., Glaser, H.: Verrechnungspreise in Spartenorganisationen, In: Die Betriebswirtschaft, 1980, S. 109 ff.

Friedl, G, Frömberg, K., Hammer, C, Küpper, H-U, Pedell, B. Stand und Perspektiven der Kostenrechnung in deutschen Großunternehmen, ZfCM 2009, S. 111 ff.

Friedl, G., Hofmann, Ch., Pedell, B.: Kostenrechnung, München 2010

Fröhling, O.: Thesen zur Prozesskostenrechnung, ZfB, 1992, S. 723 ff.

Fuchs, J.: Die Plankostenrechnung, in: Taschenbuch für den Betriebswirt, Berlin – Stuttgart 1954, S. 295 ff.

Fuchs, J.: Festwerte und Standards in der Plankostenrechnung ZfB 1955, S. 1 ff.

Funke, S.: Eignung der Vollkostenrechnung für die Zwecke der Kosten- und Leistungsrechnung bei hohen Fixkostenanteilen, in: krp, 1994, S. 324 ff.

Gabriel, R., Frick, D.: Expertensysteme zur Lösung betriebswirtschaftlicher Problemstellungen, in: ZfbF 1991, Heft 6, S. 544–565.

Gächter, R.: Die Standardkostenrechnung als Grundlage einer neuzeitlichen Betriebskontrolle und Preispolitik, Zürich–St. Gallen 1954.

Gater, R.: Behandlung von Preisschwankungen, ZfB 1953, S. 25 ff.

Gater, R.: Die Entrümpelung der Kostenrechnung, DB 1954, S. 177 f.

Gillespie, C.: Accounting Procedure for Standard Costs, New York 1935.

Gillespie, C.: Standard and Direct Costing, 3. Aufl., Englewood Cliffs N. J.: 1962.

Glaser, H.: Zur Erfassung von Teilabweichungen und Abweichungsüberschneidungen bei der Kostenkontrolle, KRP 4/1986, S. 141 ff.

Glaser, H.: Neue Möglichkeiten der Kostenstellenkontrolle durch EDV-gestützte Abweichungs-Analysen, in: Rechnungswesen und EDV, 8. Saarbrücker Arbeitstagung, Hrsg.: A.-W. Scheer, Heidelberg 1987, S. 40 ff.

Glaser, H.: Prozeßkostenrechnung als Kontroll- und Entscheidungsinstrument, in Scheer, A.-W. (Hrsg.): Rechnungswesen und EDV, Heidelberg 1991, S. 222 ff.

Glaser, H.: Zur Bedeutung der Prozeßkostenrechnung als Controllinginstrument, Controlling 1991, S. 299 ff.
Glaser, H.: Prozeßkostenrechnung – Darstellung und Kritik, in: ZfB 1992, S. 275 ff.
Glaser, H.: Prozesskostenrechnung und Kalkulationsgenauigkeit – Zur allgemeinen Erfassung von Kostenverzerrungen, krp 1996, S. 28 ff.
Glaser, H.: Zur Bezugsgrößenwahl in Kostenrechnungssystemen, in: Das Rechnungswesen im Spannungsfeld zwischen strategischem und operativen Management, Festschrift für M. Schweitzer zum 65. Geburtstag, H-U. Küpper und E. Troßmann (Hrsg.), Berlin 1997, S. 304 ff.
Glaser, H.: Zur Relativität von Kostenabweichungen, BFuP 1999, S. 21 ff.
Glaser, H.: Gemeinkostencontrolling bei interdependenten Leistungstransfers auf Basis von QUATRO?, in: krp 2/2000, S. 93 ff.
Glaszinski, H.: Richtkostenrechnung in einem Eisenhüttenwerk, ZfhF 1952, S. 447 ff.
Gleich, R.: Das System des Performance Measurement, München 2001.
Gleich, R.: Performance Measurement als Controllinginstrument, krp 2001, Sonderheft 3/2001, S. 47–49.
Gomez, P.: Wertmanagement. Vernetzte Strategien für Unternehmen im Wandel, Düsseldorf u.a. 1993.
Götze, U, Meyerhoff, J. C.: Die Prozesskostenrechnung – Stand und Entwicklungstendenzen, ZP 1993, S. 65 ff.
Göx, R. F.: Pretiale Lenkung als Instrument der Wettbewerbsstrategie, zfbf 1998, S. 260 ff.
Göx, R. F.: Capacity Planning and Pricing under Uncertainty, JMAR 2002, S. 59-78.
Green, D. J.: Pain Cost and Opportunity Cost, The Quarterly Journal of Economics, Vol. 8, 1894.
Groll, K. H.: Die Bruttogewinnanalyse, BfuP 1969, S. 447 ff.
Große, F. P., Seidler, S.: „Ein Controller muss unabhängig von den Berichtslinien Laut geben und sagen, was er zu sagen hat“, Interview von Bernhard Hirsch und Sonja Willach mit Frank Peter Große und Sven Seidler zur veränderten Aufbauorganisation des Controllings bei der Deutschen Post World Net, zfcm 2006, Heft 3, S. 140-142.
Gümpel, R.: Kalkulationsverfahren und Beschäftigung, in: Kosiol, E., Chmielewicz, K., Schweitzer, M. (Hrsg.): Handwörterbuch des Rechnungswesens, 2. Aufl., Stuttgart 1981, Sp. 865 ff.
Gunders, H.: Better Profit Planning, NAA-Bulletin 1965(8), Section 1, S. 3 ff.
Günther, E., Carbon Controlling, ZfCM, 2010, S. 62ff.
Günther, M., Pampel, J. R.: Implementierung eines Konzepts zur Kapazitätsrechnung als Element einer integrierten Leistungsrechnung, in: FB/IE 2000, S. 300 ff.
Günther, T.: Unternehmenswertorientiertes Controlling 1997.
Gutenberg, E.: Neuere Entwicklungstendenzen auf dem Gebiete des industriellen Rechnungswesens, Die Gießerei 1954, S. 397 ff.
Gutenberg, E.: Grundlagen der Betriebswirtschaftslehre, 1. Bd., Die Produktion; 20. Aufl., Berlin – Heidelberg – New York 1973.
Gutenberg, E.: Grundlagen der Betriebswirtschaftslehre, 2. Bd., Der Absatz, 15. Aufl., Berlin – Heidelberg – New York 1976.
Haag, J: Kundendeckungsbeitragsrechnungen. Ein Prüfstein des Key-Account-Managements, in: DBW, 1992, S. 25 ff.
Haase, K., Göpfert, L.: Engpaßorientierte Fertigungssteuerung bei reihenfolgeabhängigen Rüstvorgängen, ZfB, 1996, S. 1511.
Haberstock, L.: Kostenrechnung II. (Grenz-)Plankostenrechnung, 10. Aufl., Berlin 2008.
Hahn, D.: Controlling in Deutschland – State of the Art, in: Gleich, R., Seideschwarz, W. (Hrsg.): Die Kunst des Controlling, Prof. Dr. Péter Horváth zum 60. Geburtstag, München 1997, S. 13 ff.
Hansen, S.C., Otley, D.T., Van der Stede, W.A.: Practice Developments in Budgeting: An Overview and Research Perspective, JMAR 2003, S. 95-116.
Hardt, R.: Zielsteuerung und Kapazitätsplanung mit Hilfe der Prozeßkostenrechnung – dargestellt am Beispiel des Logistikbereiches des Werkes Hamburg der Mercedes-Benz AG –, in: ZP 1995, S. 277 ff.
Harris, J. N.: What Did We Earn Last Month? N.A.C.A.-Bulletin 1936.

Harrison, G. C.: Standard Costs, Installation, Operation and Use, New York 1930.

Hartmann, T.: Konzept einer integrierten Stellen- und Prozesskostenrechnung, krp 2001, Heft 3, S. 157-164.

Hasenack, W.: Das Budgetsystem einer deutschen Großmaschinenfabrik, ZfB 1929, S. 754 ff.

Hasenack, W.: Budgeteinführung und Betriebspsyche, Annalen der Betriebswirtschaft, 1929/30, S. 381 ff.

Hasenack, W.: Die Vorschau als Element der kaufmännischen Budgetrechnung, ZfB 1933, S. 11 ff.

Hax, K.: Konzernprobleme und Aktienrechtsreform in theoretischer Sicht, in: Betriebsgröße und Unternehmenskonzentration, Nürnberger Abhandlungen, Heft 10, Nürnberg 1959.

Hax, H.: Preisuntergrenzen im Ein- und Mehrproduktbetrieb. Ein Anwendungsfall der linearen Planungsrechnung, ZfhF 1961, S. 424 ff.

Hax, H.: Kostenbewertung mithilfe der mathematischen Programmierung, ZfB 1965, S. 197 ff.

Hax, K.: Besprechung von W. Kilger, Einführung in die Kostenrechnung, ZfbF 1977, S. 560 ff.

Heine, P.: Direct Costing – eine anglo-amerikanische Teilkostenrechnung, ZfhF 1959, S. 515 ff.

Heinen, E.: Zum Problem des Zinses in der industriellen Kostenrechnung, Köln – Berlin – Bonn – München 1952.

Heinen, E.: Betriebswirtschaftliche Kostenlehre, Bd. I, Grundlagen, Wiesbaden 1959.

Heinen, E.: Betriebswirtschaftliche Kostenlehre, Kostentheorie und Kostenentscheidungen, 3. Aufl., Wiesbaden 1970.

Heinen, E.: Kosten und Kostenrechnung, Wiesbaden 1975.

Heinen, E.: Betriebswirtschaftliche Kostenlehre, Kostentheorie und Kostenentscheidungen, 5. Aufl., Wiesbaden 1978.

Heinen, E.: Betriebswirtschaftliche Kostenlehre, Kostentheorie und Kostenentscheidungen, 6. Aufl., Wiesbaden 1983.

Heiser, H. C.: Budgetierung. Grundsätze und Praxis der betriebswirtschaftlichen Planung, Übers. W. Sommer, H. E. Holzer, Berlin 1964.

Hennig, K. W.: Betriebswirtschaftslehre der industriellen Fertigung, Braunschweig 1946.

Henrici, S. B.: Standard Costs for Manufacturing, 3. Aufl., New York – Toronto – London 1960.

Henzel, F.: Marktanalyse und Budgetierung, Berlin – Wien 1933.

Henzel, F.: Der Unternehmer als Disponent seiner Kosten, ZfB 1936, S. 139 ff.

Henzel, F.: Kosten und Leistung, 2. Aufl., Bühl (Baden) 1941.

Henzel, F.: Nachdenkliches zur Plankostenrechnung, ZfB 1953, S. 521 ff.

Henzel, F.: Die Kostenrechnung, 4. Aufl., Essen 1964.

Henzel, F.: Vollkostenrechnung mit gesonderten Fixkostenbeiträgen, ZfB 1967, S. 485 ff.

Herzog, E.: Entscheidungsrelevante Kalkulationsmethoden unter Berücksichtigung neuer amerikanischer Erkenntnisse (CAM-I), Hrsg.: A.-W. Scheer, Rechnungswesen und EDV, 12. Saarbrücker Arbeitstagung, Heidelberg 1991, S. 119–130.

Herzog, E., Assmann, M.: Grenzplankostenrechnung als geschlossenes Planungs-, Abrechnungs- und Informationssystem für das Kosten- und Deckungsbeitragsmanagement, krp 1993, S. 9 ff.

Herzog, E., Jurasek, W.: Vertriebscontrolling im System der Grenzplankostenrechnung, krp 1993, S. 288 ff.

Herzog, E, Zehetner, K.: Prozeßorientiertes Controlling des Vertriebs, krp 1999, S. 288 ff.

Hess, H.: Manufacturing: Capital, Costs, Profits and Dividends, The Engineering Magazine 1903, S. 367 ff.

Hessenmüller, B.: Kosten- und Erfolgsrechnung im industriellen Vertrieb, Baden-Baden und Bad Homburg 1966.

Heuser, F.: Direct-Labor Control in Research and Development, NAA-Bulletin 1964(10), Section 1, S. 7 ff.

Hill, W.: Direct Costing oder Standardkosten, Betriebswirtschaftliche Mitteilungen Nr. 31, Bern 1964.

Hoffecker, J. – Goldenberg, C.: Using the Balanced Scorecard to Develop Companywide Performance Measures, in: Journal of Cost Management, 1994, Heft 3, S. 5 ff.

Hoffjan, A., Nevries, P.: Wömpener, A., Andere Länder – andere Sitten. Kulturelle Einflüsse auf das internationale Controlling, zfcm 2005, S. 290-295.

Hoffjan, A., Wömpener, A.: Comparative Analysis of Strategic Management Accounting in German- and Engish-Language General Management Accounting Textbooks, SBR 2006, S. 234-258.

Hoffjan, A, Lührs, S., Kolburg, A, , Cost Transparency in Supply Chains: Demystification of the cooperation tenet, sbr, 2011, S. 230ff.

Hoffmann, C.: Gestaltung von erfolgsrechnungen zur Steuerung langfristiger Projekte, zfbf 2006, Heft 8, S. 689-716.

Hofmann, R.: Gewinnoptimale Unternehmenssteuerung bei gegebenem Produktions- und Absatzprogramm, Winterthur 1962.

Hoitsch, H.-J.: Die Planung und Kontrolle von Wärrmeenergiekosten in der Industrie, KRP 1974, S. 81 ff.

Hoitsch, H.-J.: Kosten-und Erlösrechnung, Eine controllingorientierte Einführung, 6. Aufl., Berlin u.a. 2007.

Hoitsch, H.-J., Schmitz, H.: Betriebswirtschaftlich fundierte und praxisgerechte Kostenrechnungsgestaltung, JfB 1998, S. 176 ff.

Hölscher, L.: Käuferbezogene Unternehmensbewertung, Frankfurt am Main 1998.

Holzwarth: Differenzrechnungen als Verfahren einer strategischen Kostenrechnung, krp 1993, S. 95 ff.

Hope, J., Fraser, R.: Beyond Budgeting, 2003.

Homburg, C., Zimmer, K.: Optimale Auswahl von Kostentreibern in der Prozesskostenrechnung, zfbf 1999, S. 1042 ff.

Hörder, C.: Die Bedeutung von Kilgers flexibler Plankostenrechnung aus Sicht der Deutschen Telekom, ZfCM 2006, Sonderheft 1, S. 21-25.

Horngren, C. T., Sorter, G. H.: Direct Costing for External Reporting, The Accounting Review 1961, S. 86 ff.

Horngren, C. T.: Cost Accounting, A Managerial Emphasis, 3. Aufl., Englewood Cliffs, N. F. 1963.

Horngren, C. T.: Accounting for Management Control: An Introduction, Englewood Cliffs, N. J., 2. Aufl., 1970.

Horngren, Charles T. : Management Accouting. Some Comments, JMAR 2004, S. 207-211.

Horngren, C. T., Bhimani, A., Datar, S. M., Foster, G.: Management and Cost Accounting, 3. Aufl., Upper Saddle River, N.J. 2005.

Horngren, C. T, Datar, S. M., Foster, G.: Cost Accounting: a Managerial Emphasis, 12. Aufl., Englewood Cliffs, N.Y. 2006.

Horngren, C. T., Sundem, G. L., Stratton, W. O.: Introduction into Management Accounting, 11. Aufl., Upper Saddle River, N.J. 1999.

Horvath, P.: Revolution im Rechnungswesen: Strategisches Kostenmanagement, Strategieunterstützung durch das Controlling, Hrsg. Horvath, P., Stuttgart 1990, S. 175–193.

Horvath, P.: Controlling, 12. Aufl., München 2011.

Horváth, P., Mayer, R.: Prozeßkostenrechnung. Der neue Weg zu mehr Kostentransparenz und wirkungsvolleren Unternehmensstrategien, in: Controlling 1989, S. 214 ff.

Horvath, P., Seidenschwarz, W.: Zielkostenmanagement, in: Controlling, 4. Jg. 1992, S. 142 ff.

Horváth, P., Kieninger, M., Mayer, R., Schimank, C.: Prozeßkostenrechnung – oder wie die Praxis die Theorie überholt. Kritik und Gegenkritik, DBW 1993, S. 617 ff.

Horváth, P., Mayer, R.: Prozeßkostenrechnung – Konzeption und Entwicklungen, in: krp 1993, Sonderheft 2/93, S. 15.

Horváth, P., Brokemper, A.: Strategieorientiertes Kostenmanagement, Thesen zum Einsatz von Kosteninformationen im strategischen Planungsprozeß, ZfB 1998, S. 581ff.

Hubbell, W. W.: Combining Economic Value Added and Activity-Based Management, in: Journal of Cost Management, 1996, Heft 1, S. 18 ff.

Huch, B.: Deckungsbeitragsrechnung – Verlustbegründungsrechnung, Der Betrieb 1976, S. 1444 ff.

Huch, B., Hanke, M., Viemann, K.: „Grenzplankostenrechnung und Einzelkostenrechnung“ – Eine wegweisende Idee von Plaut/Bonin/Vikas und ihre nachhaltige Entwicklungen, ZfCM 2006, S, 81-86.

Hummel, S., Männel, W.: Kostenrechnung 1 – Grundlagen, Aufbau und Anwendung, 4. Aufl., Wiesbaden 1990.

Hummel, S., Männel, W.: Kostenrechnung 2 – Moderne Verfahren und Systeme, 3. Aufl., Wiesbaden 1991.

Hummel, S.: Fixe und variable Kosten – Zwei häufig missverstandene Grundbegriffe der Kostenrechnung. KRP 1975, S. 63 ff.

Ihde, G.-B.: Lernprozesse in der betriebswirtschaftlichen Produktions- und Kostentheorie, ZfB 1970, S. 451 ff.

Jacob, H.: Preispolitik, Wiesbaden 1967.

Jaedicke, R. K.: Improving B-E Analysis by Linear Programming Technique, NAA-Bulletin 1961(3), Section 1, S. 5 ff.

Jaeger, F.K.: Prozessorientiertes Controlling der Informationsverarbeitung, in: krp 6/1999, S. 365 ff.

Jaensch, G.: Optimale Produktionssteuerung bei unvollständiger Information der Unternehmensleitung, in: Produktionstheorie und Produktionsplanung. Festschrift für K. Hax, Köln und Opladen 1966, S. 195 ff.

Jäger, H.: Kostenstellenrechnung mit Grenzplankosten. Ein Beitrag zur Realisierung mit elektronischer Datenverarbeitung, München und Wien 1975.

Jensen, R. E.: A Multiple Regression Model for Cost Control – Assumption and Limitations –, The Accounting Review 1967, S. 265–273.

Jerger, A.: Prozeßorientierte Verrechnung von Vertriebs- und Distributionskosten für die marktorientierte Ergebnisrechnung, krp 1995, S. 107 ff.

Johnson, H. T., Kaplan, R. S.: Relevance Lost: The Rise and Fall of Management Accounting, Boston Mass. 1987.

Johnson, T. H.: Performance measurement for Competitive Excellence, in: Kaplan, R. S. (Hrsg.): Measures for Manufacturing Excellence, Boston 1990, S. 63 ff.

Jurasek, G., Klein, A.: Durchführung von Kalkulationen mit SAP/ERP in: Der Controlling Berater Band 14, Freiburg 2011, S. 207 ff.

Käfer, K.: Fragen der Abschreibung, in: Die Unternehmung 1947, S. 145 ff.

Käfer, K.: Standardkostenrechnung, 1. Aufl., Stuttgart 1955, 2. Aufl., Zürich und Stuttgart 1964.

Kagermann, H.: Softwaretechnische Lösungen für zukunftsweisende Betriebswirtschaftskonzepte, in: Zukunft des Rechnungswesens, Hrsg.: G. Seicht, Wien 1990, S. 107–142.

Kagermann, H.: Realisierung prozessorientierter Kostenrechnungssysteme mit SAP/RK. In: Prozesskostenmanagement, S. 159 ff., München 1991.

Kajüter, P.: Kostenmanagement in der deutschen Unternehmenspraxis. Empirische Befunde einer branchenübergreifenden Feldstudie, zfbf 2005, Heft 1, S. 79-100.

Kalischer, H. E.: Der Widerspruch zwischen mathematischer und buchtechnischer Kostenauflösung, ZfbF 1930, S. 49 ff.

Kaminsky, G.: Praktikum der Arbeitswissenschaft, Analytische Untersuchungsverfahren beim Studium der menschlichen Arbeit, München 1971, S. 175 ff.

Kandaouroff, A.: Qualitätskosten. Eine theoretisch-empirische Analyse, ZfB 1994, S. 765 ff.

Kaplan, R. S.: One Cost System Isn´t Enough, in: HBR 1988, Heft 1, S. 61 ff.

Kaplan, R. S.: Metabo-Case, in: Harvard Business School Case 189–146, Harvard 1989, S. 206 ff.

Kaplan, R. S.: Limitations of Cost Accounting in Advanced Manufacturing Environments, in: Kaplan, R. S. (Hrsg.): Measures for Manfacturing Excellence, Boston 1990, S. 15 ff.

Kaplan, R. S.: Das neue Rollenverständnis für den Controller, in: Controlling 1995, S. 60 ff.

Kaplan, R. S., Norton, D. P.: The Balanced Scorecard: Translating Strategy Into Action, Boston 1996.

Kaplan, R. S., Norton, D. P.: Balanced Scorecard, Stuttgart, 1997.

Kaplan, R. S., Norton, D. P.: Strategy Maps, Stuttgart 2004.

Kaplan, R. S., Cooper, R.: Cost & Effect, Boston 1998.

Keilus, M.: Produktions- und kostentheoretische Grundlagen einer Umweltplankostenrechnung, Diss. Köln 1992.

Keller, I. W.: The Critical Areas of Material Cost Control N.A.C.A.-Bulletin 1948, Section 1, S. 695 ff.
Keller, I. W.: A Re-Examination of Standard Costs, N.A.C.A.-Bulletin 1948, Section 3.
Keller, I. W.: Management Accounting for Profit Control, New York – Toronto – London 1957.
Kennon, W.: Fixed Cost and Product Mix Control by Activity Analysis, N.A.C.A.-Bulletin 1955(11), Section 1, S. 319 ff.
Kern, W.: Die Messung industrieller Fertigungskapazitäten und ihrer Ausnutzung, Grundlagen und Verfahren, Köln und Opladen 1962.
Kern, W.: Kalkulation mit Opportunitätskosten, ZfB 1965, S. 133 ff.
Kienzle, O.: Die Budgetierung in amerikanischen Privatbetrieben, ZfO 1927, S. 227 ff.
Kilger, W.: Die Verteilung der Abweichungen auf die Kostenträger innerhalb der Plankostenrechnung, ZfB 1952, S. 503 ff.
Kilger, W.: Produktions- und Kostentheorie, Wiesbaden 1958.
Kilger, W.: Die Planung und Verrechnung von Stromkosten in der Grenzplankostenrechnung KRP 1958, S. 149 ff.
Kilger, W.: Der theoretische Aufbau der Kostenkontrolle, ZfB 1959, S. 457 ff.
Kilger, W.: Die Erfolgsanalyse im Industriebetrieb, ZfhF 1960, S. 299 ff.
Kilger, W.: Kurzfristige Erfolgsrechnung, Wiesbaden 1962.
Kilger, W.: Die quantitative Ableitung polypolistischer Preisabsatzfunktionen aus den Heterogenitätsbedingungen atomistischer Märkte, in: Zur Theorie der Unternehmung, Festschrift für E. Gutenberg, Wiesbaden 1962, S. 269 ff.
Kilger, W.: Optimale Verfahrenswahl bei gegebenen Kapazitäten, in: Produktionstheorie und Produktionsplanung, hrsg. von A. Moxter, D. Schneider und W. Wittmann, Köln und Opladen 1966, S. 155 ff.
Kilger, W.: Optimale Produktions- und Absatzplanung, Opladen 1973.
Kilger, W.: Schmalenbachs Beitrag zur Kostenlehre, ZfbF 1973, S. 522 ff.
Kilger. W.: Fixkosten, in: Handwörterbuch der Betriebswirtschaft, 4. Aufl., hrsg. von E. Grochla und W. Wittmann, Stuttgart 1974, Sp. 1499 ff.
Kilger, W.: Die Entstehung und Weiterentwicklung der Grenzplankostenrechnung als entscheidungsorientiertes System der Kostenrechnung, in: Schriften zur Unternehmensführung, Bd. 21, hrsg. von H. Jacob, Neuere Entwicklungen in der Kostenrechnung, Wiesbaden 1976, S. 10 ff.
Kilger, W.: Einführung in die Kostenrechnung, Opladen 1976.
Kilger, W.: Kostentheoretische Grundlagen der Grenzplankostenrechnung, ZfbF 1976, S. 670 ff.
Kilger, W.: Gutachten zum Gesamtumsatzrabattkartell der Interessengemeinschaft der Deutschen Tapetenfabrikanten, Frankfurt 1978 (nicht veröffentlicht).
Kilger, W.: 25 Jahre Grenzplankostenrechnung, ZfB 1978, S. 154 ff.
Kilger, W.: Die Grenzplankosten- und Deckungsbeitragsrechnung als geschlossenes Planungsmodell, in: Unternehmenstheorie und Unternehmensplanung, hrsg. von M. Mellwig, Wiesbaden 1979, S. 71 ff.
Kilger, W.: „Kurzfristige Erfolgsrechnung" in: Handwörterbuch des Rechnungswesens, hrsg. v. E. Kosiol, K. Chmielewicz und M. Schweitzer, 2. Aufl., Stuttgart 1980.
Kilger, W.: Soll- und Mindest-Deckungsbeiträge als Steuerungselemente der betrieblichen Planung, in: Festschrift für F. Thomee, hrsg. von D. Hahn, Berlin – New York 1980, S. 299 ff.
Kilger, W.: Die Kostenträgerrechnung als leistungs- und kostenwirtschaftliches Spiegelbild des Produktions- und Absatzprogramms, in: Rechnungswesen und EDV, 7. Saarbrücker Arbeitstagung, Hrsg.: W. Kilger u. A.-W. Scheer, Heidelberg 1986, S. 3 ff.
Kilger, W. : Die Planung und Verrechnung von Stromkosten in der Grenzplankostenrechnung (Originalbeitrag aus krp 1985, Heft 4, S. 149-156), ZfCM 2006, Sonderheft 1, S. 6-13.
Klein, A, Vikas, K,: Überblick über das prozeßorientierte Controlling, in: krp 1999, S. 83 ff.
Kley, K.-L.: IAS und wertorientiertes Controlling, krp 2002, Heft 5, S. 277-281.

Kley, K.-L.: IFRS – Möglichkeiten und Grenzen ihrer Abbildung im Controlling, zfcm 2006, Heft 3, S. 150-157.

Klingebiel, N.: Leistungsrechnung/Performance Measurement als bedeutsamer Bestandteil des internen Rechnungswesens, in: krp 1996, S. 77 ff.

Kloock, J.: Plankostenrechnung: in: HWR, hrsg. v. K. Chmielewicz, M. Schweitzer, 3. Aufl., Stuttgart 1993, Sp. 1551 ff.

Kloock, J., Dierkes, S.: Kostenkontrolle mit der Prozeßkostenrechnung, in: Berkau, C., Hirschmann, P.: Kostenorientiertes Geschäftsprozeßmanagement, München 1996, S. 94 ff.

Kloock, J., Sieben, G., Schildbach, T., Homburg, C.: Kosten- und Leistungsrechnung, 9. Aufl., Düsseldorf 2005.

Knayer, M.: Taktische Kosten – eine neue Kostengruppe, KRP 1971, S. 19 ff.

Knorren, N.: Unterstützung der Wertsteigerung durch Wert-Orientiertes Controlling (WOC), in: krp, 1997, S. 203 ff.

Knutzen, K. K.: Using Direct Cost Information for Pricing, NAA-Bulletin 1962(8), Section 1, S. 39 ff.

Koch, H.: Das Prinzip der traditionellen Stückkostenrechnung, in: ZfB, 1965, S. 325 ff.

Koch, H.: Zum Problem des Gemeinkostenverteilungsschlüssels, in: ZfbF, 1965, S. 169 ff.

Koch, H.: Grundprobleme der Kostenrechnung, Köln und Opladen 1966.

Koch, H.: Zur Frage der Vereinheitlichung der Entscheidungsrechnungen: Kalkulatorische Planerfolgsrechnung oder Zahlungsrechnung, ZfB 1999, S. 195 ff.

Koch, H.: Zweckorientierte Kostenrechnung, ZfB 2002, S. 513-527.

Kolb, J.: Industrielle Erlösrechnung – Grundlagen und Anwendung, Wiesbaden 1978.

Konrad, E.: Kostenplanung und -kontrolle, in: Management-Enzyklopädie, München 1970, Bd. 3, S. 1099 ff.

Kornnagel, K.: Preispolitik auf Grundlage eines entscheidungsorientierten Kosten- und Erlöscontrolling. Eine Anmerkung zum Beitrag von Dr. Regina Fischer und Dr. Marlies Rogalski (ZfB 63. Jg. (1993), H. 3, S. 235–252), ZfB 1993, S. 917 ff.

Kosiol, E.: Verrechnung innerbetrieblicher Leistungen, Wiesbaden 1951.

Kosiol, E.: Kalkulatorische Buchhaltung, 5. Aufl., Wiesbaden 1953.

Kosiol, E.: Neuere Ziele und Methoden der Kostenplanung, ZfB 1954, S. 657 ff.

Kosiol, E.: Plankostenrechnung als Instrument moderner Unternehmensführung, Berlin 1956.

KPMG (Hrsg.): International Financial Reporting Standards, 3. Aufl., Stuttgart 2004.

KPMG (Hrsg.): KPMG International Survey of Corporate Responsibility Reporting 2011, Toronto 2011.

Krähe, W.: Einheitsbuchführung für mittlere Maschinenfabriken, Leipzig 1928.

Krahnen, J. P.: Kostenschlüsselung und Investitionsentscheidungen, Plädoyer für eine empirisch orientierte Kostenrechnungsforschung, ZfB 1994, S. 189 ff.

Kreis, H.: Die Aufstellung und Auswertung der monatlichen Erfolgsrechnung, Archiv für das Eisenhüttenwesen 1932/33, S. 357 ff.

Kreis, H.: Das Zusammenwirken von Ingenieur und Kaufmann bei der Aufstellung und Auswertung der monatlichen Kosten- und Erfolgsrechnung, Stahl und Eisen 1937, S. 509 ff.

Krelle, W.: Produktionstheorie, Tübingen 1969.

Kreuzer, P.: Plankosten im Verkauf, ZfB 1950, S. 422 ff.

Kreuzer, P.: Kapazität, Beschäftigungsgrad und Plankosten, ZfB 1951, S. 651 ff.

Kreuzer, P.: Vor- und rückschauende Erfolgsrechnung mit Ergebnisspaltung, ZfhF 1953, S. 391 ff.

Kreyszig, E.: Statistische Methoden und ihre Anwendungen, Göttingen 1965.

Kronschröder, B.: Besprechung von A. Mahlert, Die Abschreibungen in der entscheidungsorientierten Kostenrechnung, Opladen 1976, ZfbF 1978, S. 586 ff.

Kube, V.: Die Grenzplankostenrechnung, Wiesbaden 1974.

Küpper, H.-U.: Investitionstheoretische Fundierung der Kostenrechnung, in: ZfbF 1985, S. 26 ff.

Küpper, H.-U.: Entwicklungslinien der Kostenrechnung als Controllinginstrument (Teil 1 und Teil2), krp 1990, S. 11 ff. und S. 83 ff.

Küpper, H.-U.: Marktwertorientierung – neue und realisierbare Ausrichtung für die interne Unternehmensrechnung?, in: BFuP 1998, S. 517 ff.

Küpper, H.-U.: Bedeutung der Buchhaltung für Planungs- und Steuerungszwecke der Unternehmung, in: Altenburger, O. A., Janschek, O., Müller, H. (Hrsg.): Fortschritte im Rechnungswesen. Vorschläge für Weiterentwicklungen im Dienste der Unternehmens- und Konzernsteuerung durch Unternehmensorgane und Eigentümer, Gerhard Seicht zum 60. Geburtstag, Wiesbaden 1999, S. 443 ff.

Küpper, H.-U.: Zweckmäßigkeit, Grenzen und Ansatzpunkte einer Integration der Unternehmensrechnung, in: krp 1999, Sonderheft 3/99, S. 13 ff.

Küpper, H.-U.: Controlling; Konzeption, Aufgaben, Instrumente, 5. Aufl., Stuttgart 2008.

Kürpick, H.: Die Lehre von den fixen Kosten, Köln und Opladen 1965.

Küting, K.: Die Auswirkungen des Bilanzrichtlinien-Gesetzes auf das interne Rechnungswesen, in: Rechnungswesen und EDV, 7. Saarbrücker Arbeitstagung, Hrsg.: W. Kilger u. A. W. Scheer, Heidelberg 1986, S. 457 ff.

Küting, K., Lorson, P.: Grenzplankostenrechnung versus Prozesskostenrechnung, in. Betriebsberater, 21/1992, S. 1421 ff.

Kütting, K., Dusemond, M.: Grundsätzliche Überlegungen zu einer eigenständigen Konzernkostenrechnung, krp 1994, S. 245 ff.

Kütting, K., Lorson, P.: Harmonisierung des Rechnungswesens aus Sicht der externen Rechnungslegung, in: krp, 1999, Sonderheft 3/99, S. 47 ff.

Langen, H.: Die Prognose von Zahlungseingängen, Die Abhängigkeit der Bareinnahmen von Umsätzen und Auftragseingängen in dynamischer Betrachtung, ZfB 1964, S. 289 ff.

Langen, H.: Betriebliche Zahlungsströme und ihre Planung in dynamischer Sicht, ZfB 1965, S. 261 ff.

Langen, H.: Dynamische Preisuntergrenzen, ZfbF 1966, S. 649 ff.

Lassmann, G.: Die Kosten- und Erlösrechnung als Instrument der Planung und Kontrolle in Industriebetrieben, Düsseldorf 1968.

Lassmann, G.: Gestaltungsformen der Kosten- und Erlösrechnung im Hinblick auf Planungs- und Kontrollaufgaben, WPg 1973, S. 4 ff.

Lassmann, G.: Erlösrechnung und Erlösanalyse bei Großserien- und Sortenfertigung, Kontaktstudium ZfbF 1979, S. 135 ff.

Lawrence, F. C., Humphreys, E. N.: Marginal Costing, London 1947.

Layer, M.: Die Herstellkosten der Deckungsbeitragsrechnung und ihre Verwendbarkeit in Handelsbilanz und Steuerbilanz für die Bewertung unfertiger und fertiger Erzeugnisse, ZfbF 1969, S. 131 ff.

Layer, M.: Die Kostenrechnung als Informationsinstrument der Unternehmensleitung, in: Schriften zur Unternehmensführung, Bd. 21, hrsg. von H. Jacob, Neuere Entwicklungen in der Kostenrechnung, Wiesbaden 1976, S. 97 ff.

Layer, M.: Prognose, Planung und Kontrolle fixer Kosten, krp 1992, S. 69 ff.

Lehmann, M. R.: Die industrielle Kalkulation, Berlin – Wien 1925.

Lehmann, M. R.: Das Wesen und das System der betriebswirtschaftlichen Verrechnungspreise, ZfB 1930, S. 721 ff., S. 801 ff., S. 902 ff.

Leitch, R.A., Philipoom, Patrick, A., Fry, T.D.: Opportunity Costing Decision Heuristics for Product Acceptance Decisions, JMAR 2005, S. 95-117.

Lemke, H.: Deckungsbeitragsrechnung auch für kleinere Betriebe, FAZ-BdW vom 08.10.1965.

Lessner, J.: Performance Mesurement in a Just-in-Time Environment: Can Traditional Performance Measurement Still be Used?, in: Journal of Cost Management for the Manufacturing Industry, 1989, Heft 3, S. 22 ff.

Lewis, W. A.: Depreciation and Obsolescence as Factors in Costing, in: Depreciation and Replacement Policy, Hrsg. von J. L. Meij, Amsterdam 1961.
Link, J.: Die automatisierte Deckungsbeitrags-Flussrechnung als Instrument der Unternehmensführung, ZfB 1979, S. 267 ff.
Lintzhöft, H.: Die Kosten für den Einsatz sachlicher Potenzialfaktoren, Diss. Hamburg 1968.
Lohmann, C., Innerbetriebliche Subventionen zur Koordination und Steuerung dezentraler Unternehmenseinheiten bei Absatzinterdependenzen, ZfB, 2010, S. 1127ff.
Lohmann, M.: Der Wirtschaftsplan des Betriebes und der Unternehmung. Die kaufmännische Budgetrechnung, Berlin – Leipzig – Wien 1928.
Löffler, C., Pfeiffer, T., Schiller, U., Wagner, J., Zentralisierung, Transferpreise und spezifische Investitionen: Ein selektiver Verfahrensvergleich, zfbf Sonderheft 63, 2011, S. 1ff,
Longenecker, R. E.: Direct Costing in a Glass Container Plant, N.A.C.A.-Bulletin 1953(6), Section 1, S. 1280 ff.
Longmuir, P.: The Recording and Interpreting of Foundry Costs, The Engineering Magazine 1902, S. 887 ff.
Lorch, W., Sommer, F.: Rechnungswesen und technischer Betrieb. Die Grundlagen der Plankostenrechnung, 1929.
Löw, E.: Einfluß des Shareholder Value-Denkens auf die Konvergenz von externem und internem Rechnungswesen, in: krp, 1999, Sonderheft 3/99, S. 87 ff.
Lücke, W.: Die kalkulatorischen Zinsen im betrieblichen Rechnungswesen, ZfB 1965, Ergänzungsheft S. 3 ff.
Lücke, W.: Probleme der quantitativen Kapazität in der industriellen Erzeugung, in: zfbf, 1965, S. 354 ff.
Lüdenbach/Hoffmann (Hrsg.): Haufe IFRS-Kommentar, 4. Aufl., Freiburg u.a.O. 2006.
Lüder, K.: Ein entscheidungsorientierter Ansatz zur Bestimmung auszuwertender Plan-Ist-Abweichungen, ZfbF 1970, S. 632 ff.
Lüder, K., Streitferdt, L.: Die kurzfristige Erfolgsrechnung als Kontrollinstrument der Unternehmensführung, BfuP 1978, S. 545 ff.
Ludwig, H.: Budgetkontrolle in industriellen Unternehmungen, Berlin – Leipzig – Wien 1930.
Lüke, W. R.: Die Ermittlung kalkulatorischer Abschreibungen von Maschinen und maschinellen Anlagen, Berlin 1971.
Mahlert, A.: Die Abschreibungen in der entscheidungsorientierten Kostenrechnung, Opladen 1976.
Maier-Scheubeck, N.: Zur (Ir-)Rationalität der Entscheidungsrelevanz fixer Kosten, DBW 1992, S. 703 ff.
Männel, W.: Kann die Vollkostenrechnung durch den Ausweis „gesonderter Fixkostenbeiträge" gerettet werden?, ZfB 1967, S. 761 ff.
Männel, W.: Stehen die handels- und steuerrechtlichen Bestandsbewertungsvorschriften der Anwendung der Deckungsbeitragsrechnung im Wege? RDO 1969, S. 172 ff.
Männel, W.: Kundenskonti im Rechnungswesen, Herne und Berlin 1971.
Männel, W.: Erlösschmälerungen, Wiesbaden 1975.
Männel, W.: Zur Gestaltung der Erlösrechnung, insbesondere der Erlösträgerrechnung, Vortrag vor der wissenschaftlichen Kommission Rechnungswesen des Verbandes der Hochschullehrer für Betriebswirtschaft e. V., Liblar 1979.
Männel, W.: Die Wahl zwischen Eigenfertigung und Fremdbezug, theoretische Grundlagen – praktische Fälle 2. Aufl. Stuttgart 1981.
Männel, W. (Hrsg.): Handbuch der Kostenrechnung, Wiesbaden 1992.
Männel, W.: Anpassung der Kostenrechnung an moderne Unternehmensstrukturen, in: Männel, W. (Hrsg.): Handbuch Kostenrechnung, Wiesbaden 1992, S. 105 ff.
Männel, W.: Bedeutsame Ansätze, Konzepte und Instrumente des Kostenmanagements, in: krp, 1992, S. 340 ff.
Männel, W.: Einführende Thesen zur Bedeutung der Prozeßkostenrechnung, in: krp 1993, Sonderheft 2/93, S. 1 ff.
Männel, W.: Schlanke Konzepte und Methoden der Kostenrechnung, in: krp, 39. 1995, S. 192 ff.

Männel, W.: Entwicklungsperspektiven der Kostenrechnung, 4. Aufl., Lauf a.d.P. 1998.
Männel, W.: Entwicklungsperspektiven der Kostenrechnung, 5. Aufl., Lauf a.d.P. 1999.
Männel, W.: Rentabilitätskalküle und Rentabilitätsmaße, in: krp 2001, Sonderheft 1/2001, S. 5 ff.
Männel, W., Müller, H. (Hrsg.): Modernes Kostenmanagement. Grenzplankostenrechnung als Controlling-instrument, Beiträge der Plaut-Gruppe, Wiesbaden 1995.
Männel, W., Distler, H.: Substanzerhaltung durch kalkulatorische Abschreibungen und kalkulatorische Gewinnbestandteile, krp 1997, Sonderheft 1/97, S. 43 ff.
Matz, A.: Plankostenrechnung, Wiesbaden 1954.
Matz, A.: Planung und Kontrolle von Kosten und Gewinn, AGPLAN, Bd. 7, Wiesbaden 1964.
Matz, A.: Plankosten, Deckungsbeiträge und Budgets, Managementhilfen für die Betriebsanalyse, Wiesbaden 1975.
Matz, A., Curry, O. J., Frank, G. W.: Cost Accounting, Management's Operational Tool for Planning, Control and Analysis, 3. Aufl., Chicago-Dallas u. a. 1962.
Matz, A., Usry, M. F.: Cost Accounting, Planning and Control, 6. Aufl., Cincinnati 1976.
Mauriello, J. A.: Convertibilità of Direct and Conventional Costing, N.A.C.A.-Bulletin 1954(3), Section 1, S. 888 ff.
Mayer, R., Kaufmann, L.: Prozesskostenrechnung II – Einordnung, Aufbau, Anwendungen, in: Fischer, T. M.: Kosten-Controlling. Neue Methoden und Inhalte, Stuttgart 2000, S. 291 ff.
Maynard, H. W.: The Accounting Technique for Standard Costs, N.A.C.A.-Bulletin 1927(2), Section 1, S. 542 ff.
Maynard, H. W.: What the Standard Costs and the Flexible Budget are Doing for the Reduction of Costs in the Manufacturing Department, The Experience of the Gilette Safety Razor Company, N.A.C.A.-Yearbook 1928, New York 1928.
McNair, C.J. : The Hidden Costs of Capacity, in: Journal of Cost Management, 1994, Heft 1, S. 12 ff.
Medicke, W.: Die Gemeinkosten in der Plankostenrechnung, Berlin 1956.
Medicke, W.: „Der Mythos von den fixen Kosten und die betriebswirtschaftliche Leistungs-Abrechnung". Eine kritische Betrachtung zu dem gleichnamigen Aufsatz von Dr. E. Sonnefeld, ZfB 1963, S. 103 ff.
Medicke, W.: Geschlossene Kostenträgerrechnung und Artikelergebnisrechnung in der Grenzplankostenrechnung, AGPLAN, Bd. 8, Wiesbaden 1964, S. 37 ff.
Medicke, W.: Grenzplankostenrechnung, in: Management-Enzyklopädie, Bd. 3, München 1970, S. 299 ff.
Medicke, W.: Produktkosten-Controlling in Unternehmen mit Einzel-, Serien-, Sorten- und Massenfertigung, in: Grenzplankostenrechnung, Hrsg. A.-W. Scheer, Wiesbaden 1988, S. 287 ff.
Medicke, W.: Die geschlossene Kostenträgerrechnung im System der Grenzplankostenrechnung, in: Handbuch Kostenrechnung. Hrsg.: W. Männel, Wiesbaden 1992, S. 691–694.
Mellerowicz, K.: Kosten und Kostenrechnung, Bd. 1, Theorie der Kosten, 5. Aufl. Berlin – New York 1973, Bd. 2, Verfahren, 4. Aufl., Berlin 1968.
Mellerowicz, K.: Planung und Plankostenrechnung, Bd. 1, Betriebliche Planung, Freiburg 1961.
Mellerowicz, K.: Neuzeitliche Kalkulationsverfahren, 5. Aufl., Freiburg 1972.
Mellerowicz, K.: Planung und Plankostenrechnung, Bd. 1, Betriebliche Planung, 2. Aufl. Freiburg 1972.
Mellerowicz, K.: Planung und Plankostenrechnung, Bd. 1, Betriebliche Planung, 3. Aufl. Freiburg 1979.
Mentzel, K.: Der Einfluss strategischer Planung auf die Kalkulation mit Plankosten, in: Schriften zur Unternehmensführung, Bd. 23, hrsg. von H. Jacob, Wiesbaden 1977, S. 75–92.
Meyenschein-Juen, E. R.: Der arbeitswissenschaftlich ermittelte Zeitakkord, Marburg 1962.
Meyer, C.: How the Right Measures Help Teams Excel, in: HBR 1994, S. 95 ff.
Michel, E.: Handbuch der Plankostenrechnung, Berlin 1937 und 2. Aufl., Berlin 1951.
Miller, J. G., Vollmann, T. E.: The Hidden Factory, HBR 1985, Heft 5, S. 142 ff.
Mills, R. W.: The Dynamics of Shareholder Value, The Principles and Practice of Strategic Value Analysis, Kingsmead, 1998.

Mizoguchi, K.: Probleme der Integration von Standardkostenrechnung und Budgetkontrolle im Management Accounting, BfuP 1972, S. 551 ff.

Möller, K., Controlling in Unternehmensnetzwerken, Controlling, 2008, S. 671ff.

Morse, W. J.: Reporting Production Costs That Follow the Learning Curve Phenomenon, Accounting Review 1972, S. 761 ff.

Moxter, A.: Offene Probleme der Rechnungslegung bei Konzernunternehmen, ZfhF 1961, S. 641 ff.

Müller, A.: Die Isolierung der Einflüsse auf die Selbstkosten im Eisenhüttenwesen, Diss. Köln 1933.

Müller, A.: Die Normalkostenrechnung als Hilfsmittel der Kostenauswertung, Archiv für das Eisenhüttenwesen 1938/39, S. 309 ff.

Müller, A.: Grundsätzliches zur Plan- und Normalkostenrechnung, Stahl und Eisen 1949, S. 601.

Müller, A.: Rechnung mit Grenzkosten als wirtschaftliche Gefahrenquelle?, Frankfurt 1950.

Müller, A.: Istkosten-, Normalkosten- und Plankostenrechnung in vergleichender Betrachtung, DB 1952, S. 537 ff., S. 559 ff.

Müller, H.: Kostenplanung und Plankostenrechnung, WPg 1951, S. 439 f.

Müller, H.: Grundlagen und praktische Anwendung der Primär-Kostenrechnung, KRP 5/1980, S. 201 ff.

Müller, H.: Plankostenrechnung und öffentliches Preisrecht, in: Rechnungswesen und EDV, 9. Saarbrücker Arbeitstagung, Hrsg.: A.-W. Scheer, Heidelberg 1988, S. 463 ff.

Müller, H.: Prozesskostenrechnung, in: Seicht, G. u.a. (Hrsg.): Aktuelle Entwicklungen der Kostenrechnung, Wien 1992, S. 49 ff.

Müller, H.: Konzern-Kostenrechnung, in: A.-W. Scheer (Hrsg.) Rechnungswesen und EDV, Heidelberg 1995, S. 193 ff.

Müller, H.: Anforderungen an das interne Rechungswesen für die operative Unternehmenssteuerung global agierender Unternehmen und Konzerne, in: Altenburger, O. A., Janschek, O., Müller, H. (Hrsg.): Fortschritte im Rechnungswesen. Vorschläge für Weiterentwicklungen im Dienste der Unternehmens- und Konzernsteuerung durch Unternehmensorgane und Eigentümer, Gerhard Seicht zum 60. Geburtstag, Wiesbaden 1999, S. 384 ff.

Müller, H.: Prozesskonforme Grenzplankostenrechnung, 2. Aufl., Wiesbaden 2002.

Müller, H., Grotheer, A.: Controlling-Konzepte im Wandel, krp 2002, Heft 4, S. 214-221.

Müller, S.: Management-Rechnungswesen, 2. Aufl., Wiesbaden 2006.

Müller, S., Pampel, J., Ordemann, T.: Handlungsempfehlungen für die Anwendung der IFRS im Controlling mittelständischer Unternehmen, in: Betriebsberater 2005, S. 2119 ff.

Müller, W.: Ausschuss und Nacharbeit, in: Management-Enzyklopädie, Bd, 1, München 1969, S. 701 ff.

Müller-Giebeler, P.: Beitrag zum Problem der Erfassung und Auswertung industrieller Vertriebskosten, Forschungsberichte des Landes Nordrhein-Westfalen 1810, Köln und Opladen 1967, S. 11 ff.

Munzel, G.: Die fixen Kosten in der Kostenträgerrechnung, Wiesbaden 1966.

Murphy, K. J.: Performance Measurement and Appraisal: Motivating Managers to Identify and Reward Performance, in: Bruns, W. J., Jr. (Hrsg.): Performance Measurement, Evaluation, and Incentives, Boston 1992, S. 37 ff.

N.A.C.A.: Yearbook 1924, New York 1924.

N.A.C.A.-Bulletin vom 15.01.1936.

N.A.C.A.-Bulletin 1949, No. 16, Section 3.

N.A.C.A.-Bulletin 1952(9), Section 3, Accounting Treatment of Fixed Costs in Product Costing – The Direct Cost Plan, 1952 Conference Proceedings – 3, S. 157 ff.

N.A.C.A.-Bulletin 1953(4), No. 23, Section 3.

N.A.C.A.-Research Series: The Analysis of Cost-Volume Profit Relationships, N.A.C.A.-Bulletin 1949(12), No. 17, Section 3, S. 523 ff.

N.A.C.A.-Research Series: Direct Costing, N.A.C.A.-Bulletin 1953(4), No. 23, Section 3, S. 1079 ff. (Deutsche Übersetzung: RKW, Direct Costing, Das Rechnen mit Grenzkosten, 4. Aufl., Berlin – Frankfurt – Köln 1962).

NAA-Research Report 37: Current Application of Direct Costing, New York 1961.

Nanni, A. J., Jr., Dixon, J. R., Vollmann, T. E.: Strategic Control and Performance Measurement, in: Journal of Cost Management for the Manufacturing Industry 1990, Heft 2, S. 33 ff.

Narath, H.: Produktions-Budget und -Kontrolle, ZfB 1927, S. 710 ff.

Nebelung, C.: Statistische Ermittlung der fixen und variablen Kosten in Betrieben der Großserienfertigung, ZfB 1950, S. 416 ff.

Neumayer, W. W.: Berücksichtigung des „Auftrags"- und „Verfahrens"-Wechsels in der Fertigung durch „doppelt-flexible" Plankostenrechnung, ZfB 1950, S. 403 ff.

Neumayer, W. W.: Planung und Verrechnung der Maschinenreparaturkosten, ZfB 1950, S. 53 ff.

Neumayer, W. W.: „Voll-flexible" Plankostenrechnung zur Lösung der Kostenrechnungs- und Gewinnbeteiligungs-Probleme, ZfB 1951, S. 397 ff.

Neumayer, W. W.: Vollkommenheitsgrade der Plankostenrechnung, ZfB 1951, S. 589 ff.

Neuss, W.: die Lenkungsfunktion durch Markrekonstruktion; vgl. W. Neuss: Verrechnungspreise – Rekonstruktion des Marktes innerhalb der Unternehmung?, DBW 1997, S. 38 ff.

Niemand, S., Fröhlich, M.: Prozeßkostenrechnung als Instrument zur Organisationsgestaltung, in: management&controlling 1994, S. 267 ff.

Nowak, P.: Kostenrechnungssysteme in der Industrie, 2. Aufl. Köln und Opladen 1961.

Ohlms, D., Tomaszewski, C., Trützschler, K.: Entwicklungstendenzen der Rechnungslegung aus Sicht des Familienunternehmens Haniel, zfbf 2002, S. 191-203.

Ossadnik, W., Maus, S.: Kumulative versus differenziert-kumulative Kostenabweichungsanalyse, Stellungnahme zum Beitrag „Kostenabweichungsanalyse und Kostensenkung" von Konrad Wimmer (ZfB 64. Jg. (1994), H. 8, S. 981–998), ZfB 1995, S. 1285 ff.

Ossadnik, W., Maus, S.: Strategische Kostenrechnung?, Die Unternehmung 1995, S. 143 ff.

Ostrenga, M. R.: Methodology for Identifying Your Excess Capacity Costs, in: Journal of Cost Management 1988, Heft Sommer, S. 40 ff.

Ostrenga, M. R.: Probst, F. R.: Process Value Analysis: The Missing Link in Cost Management, in: Journal of Cost Management 1992, Heft 3, S. 4 ff.

Pampel, J. R.: Beschaffungskalkulation als schnittstellenorientiertes Controllinginstrument, krp 1992, Sonderheft 1/1992, S. 37 ff.

Pampel, J. R.: Kooperation mit Zulieferern, Theorie und Management, Wiesbaden 1993.

Pampel, J. R.: Konzepte und Instrumente für das ressourcenorientierte Management, unveröffentlichte Habilitationsschrift, Nürnberg 1998.

Pampel, J. R.: Kapazitätsrechnung für das Ressourcenorientierte Leistungscontrolling, krp, Sopnderheft 3/2001, S. 44 ff.

Pampel, J. R.: Instrumente für das kooperationsbezogene Controlling von Produktions- und Transaktionskosten in der Supply Chain, in: D. Hahn, L. Kaufmann (Hrsg.): Industrielles Beschaffungsmanagement, Wiesbaden 2002, S. 697-728.

Pampel, J.: Viertelhaus, M.: Substanzerhaltung und kalkulatorische Abschreibungen in der Praxis – Eine Auswertung von Verbandsempfehlungen, krp 1997, Sonderheft 1/97, S. 14 ff.

Pampel, J.: Bezugsgrößen, in: Handelsblatt/Schäffer-Poeschel Verlag (Hrsg.): Wirtschaftslexikon. Das Wissen der Betriebswirtschaftslehre (EdBWL Sonderausgabe) Stuttgart 2006, Bd. 2. S. 890-897.

Pampel, J.R., Zschage, N.: Auswertung der Studie „Branchenbezogene Controllingkonzepte, Arbeitspapier des Fachgebietes Controlling an der Universität Potsdam, 2005/2006.

Pampel, J., Krolak, T., Risikomanangement durch Controlling, in: Hauschka, Christoph (Hrsg.): Corporate Compliance. Handbuch der Haftungsvermeidung im Unternehmen, 2. Aufl., München 2010, S. 406-423.

Pamperin, C.-H., Keynejad, H.: Energiekostenplanung von Produktionsanlagen in der Chemischen Industrie, KRP 1976, S. 31 ff.

Pape, U.: Wertorientierte Unternehmensführung und Controlling, 3. Aufl., Sternenfels, Berlin 2004.

Patterson, F. K.: Die Ermittlung der Planzahlen für die Plankostenrechnung, Diss. Köln 1954 (und AGPLAN, Bd. 3, Wiesbaden 1961).
Peemöller, V. H.: Stand und Entwicklung der Unternehmensbewertung, in: Deutsches Steuerrecht 1993, S. 409 ff.
Peiser, H.: Grundlagen der Betriebsabrechnung in Maschinenbauanstalten, 2. Aufl., Berlin 1923.
Peiser, H.: Selbstkostenwesen in Amerika, in: Technik und Wirtschaft 1925, S. 224 ff.
Pellens, B., Fülbier, R. U., Gassen, J.: Internationale Rechnungslegung, 6. Aufl., Stuttgart 2006.
Peter, H. G.: Grenzplankostenrechnung und Deckungsbeitragsrechnung – Eine vergleichende Betrachtung, DB 1969, S. 1949 ff.
Peterek, H.: Die kalkulatorische Verrechnung der Forschungs- und Entwicklungskosten, RDO 1969, S. 145 ff.
Peters, F.: Über Industriekalkulation und Preispolitik in den Vereinigten Staaten von Amerika, ZfhF 1927, S. 1 ff., S. 97 ff.
Petersen, L.: Zur Theorie des Intensitätssplittings, ZfB 1999, S. 677–698.
Petzold, F.: Prinzipien der Plankostenrechnung und Ergänzungen zu Begriffsbestimmungen, ZfB 1950, S. 396 ff.
Pfaff, D.: Fix- und Gemeinkostenallokationen im Lichte der ökonomischen Theorie. Ein Überblick über neuere Begründungszusammenhänge der Kostenrechnung, in: Die Unternehmung 1994, S. 183 ff.
Pfaff, D.: Zur Notwendigkeit einer eigenständigen Kostenrechnung, in: ZfbF 1994, S. 1065 ff.
Pfaff, D., Weber, J.: Zeck der Kostenrechnung? Eine neue Sicht auf ein altes Problem, in: DBW 1998, S. 151–165.
Pfohl, H.-C., Stölzle, W.: Anwendungsbedingungen, Verfahren und Beurteilung der Prozeßkostenrechnung in industriellen Unternehmen, in: ZfB 1991, S. 1281 ff.
Pichler, O.: Wirtschaftliche Produktionsgestaltung, in: Unternehmensforschung, Bd. 1, Heft 1, 1956, S. 3 ff.
Pichler, O.: Kostenrechnung und Matrizenkalkül, in: Ablauf- und Planungsforschung, 1961, Heft 3/4, S. 29–46.
Plaut, H. G.: die Plankostenrechnung als Hilfsmittel zur rationellen Betriebsgestaltung, Eisen- und Metallverarbeitung 1949.
Plaut, H. G.: Die Plankostenrechnung in der Praxis des Betriebes, ZfB 1951, S. 531 ff.
Plaut, H. G.: Wo steht die Plankostenrechnung in der Praxis? ZfhF 1952, S. 396 ff., S. 577.
Plaut, H. G.: Die Grenz-Plankostenrechnung, ZfB 1953, S. 347 ff., S. 402 ff.
Plaut, H. G.: Die Grenzplankostenrechnung, ZfB 1955, S. 25 ff.
Plaut, H. G.: Die Grenzplankostenrechnung in der Diskussion und ihre weitere Entwicklung, ZfB 1958, S. 251 ff.
Plaut, H. G.: Unternehmenssteuerung mithilfe der Voll- oder Grenzplankostenrechnung, ZfB 1961, S. 460 ff.
Plaut, H. G.: Planungsrechnung im Verwaltungs- und Vertriebsbereich AGPLAN, Bd. 8, Wiesbaden 1964, S. 30 ff.
Plaut, H. G., Müller, H., Medicke, W.: Grenzplankostenrechnung und Datenverarbeitung, 3. Aufl., München 1973.
Plaut, H. G.: Entwicklungsformen der Plankostenrechnung. Vom Standard-Cost-Accounting zur Grenzplankostenrechnung, in: Schriften zur Unternehmensführung, Bd. 22, hrsg. von H. Jacob, Wiesbaden 1976, S. 5 ff.
Plaut, H.G., Bonin, A., Vikas, K.: Grenzplankostenrechnung und Einzelkostenrechnung (Originalbeitrag aus krp 1988, Heft 1, S. 9-15, ZfCM 2006, Sonderheft 1, S. 9-15.
Pornschlegel, H.: Verfahren vorbestimmter Zeiten, Köln 1968.
Porter, M.E., Kramer, M.R., Creating shared Value. How to reinvent capitalism – and unleash a wave of innovation and growth, Harvard business Review, 2011, S. 62 ff.
Raasch, K.: Die Konstruktions- und Entwicklungskosten in Buchhaltung und Kostenrechnung, Hamburg 1940.
Ramdohr, W. v.: Die Anwendung des Matrizenkalküls in der Kostenträger-Strukturrechnung, NB 1965, S. 38 ff.

Rankin, F., Schwartz, S.T., Young, R. A.: Management Control Using Nonbinding Budgetary Announcements, JMAR 2003, S. 75-93.

Rappaport, A.: Creating Shareholder Value, The new Standard of Business Performance, New York, London 1986.

Rappaport, A.: Shareholder Value: Ein Handbuch für Manager und Investoren, 2., vollständig überarbeitete und aktualisierte Aufl., Stuttgart 1999.

Real, R.: Einige europäische Erfahrungen zu den psychologischen Problemen der Budget-Kontrolle, Bericht über: Das industrielle Budget auf der Internationalen Diskussionskonferenz, RKW-Nachrichten 1930, Nr. 11, Sp. 316 ff.

Recht, P., Zeisel, S.: Unterstützung von verbundorientierten Sortimentsentscheidungen durch eine Sortimentserfolgsrechnung, zfbf 1998, S. 462 ff.

Reckenfelderbäumer, M.: Entwicklungsstand und Perspektiven der Prozeßkostenrechnung, Wiesbaden 1994.

REFA: Bd. 1, Arbeitsgestaltung, 2. Aufl., München 1952: Bd. 2, Zeitvorgabe, 8. Aufl., München 1958.

REFA: Methodenlehre des Arbeitsstudiums. Hrsg.: Verband für Arbeitsstudien REFA e. V., Teil 1–3 Grundlagen, Datenermittlung, Kostenrechnung, Arbeitsgestaltung, 4. Aufl., München 1974.

REFA: Methodenlehre des Arbeitsstudiums. Hrsg.: Verband für Arbeitsstudien REFA e. V., Teil 1–3 Grundlagen, Datenermittlung, Kostenrechnung, Arbeitsgestaltung, 6. Aufl., München 1978.

REFA: Methodenlehre des Arbeitsstudiums. Hrsg.: Verband für Arbeitsstudien REFA e. V., Teil 4 Anforderungsermittlung, Darmstadt 1975.

Reichmann, T.: Kosten und Preisgrenzen. Die Bestimmung von Preisuntergrenzen und Preisobergrenzen im Industriebetrieb, Wiesbaden 1973.

Reichmann, T.: Controlling mit Kennzahlen, 8. Aufl., München 2011.

Reiners, F.: Bemessung kalkulatorischer Abschreibungen, Zinsen und Gewinne vor dem Hintergrund des Unternehmenserhaltungszieles, Frankfurt u.a. 2000.

Reiners, F.: Einflüsse der wertorientierten Unternehmensführung auf die Ermittlung kalkulatorischer Zinsen in der Kostenrechnung, in: krp Sonderheft 1/2001, S. 23 ff.

Reiss, M, Balanced Resilience: Ein realistischer und ausgewogener Orientierungsrahmen für das Performance Management, Controlling, 2011, S. 41,

Reiss, M., Corsten, H.: Gestaltungsdomänen des Kostenmanagements, in Männel, W. (Hrsg.): Handbuch Kostenrechnung, Wiesbaden 1992, S. 1478 ff.

Renner, A.: Kostenorientierte Produktionssteuerung: Anwendung der Prozeßkostenrechnung in einem datenbankgestützten Modell für flexibel automatisierte Produktionssysteme, München 1991.

Riebel, P.: Das Rechnen mit Einzelkosten und Deckungsbeiträgen, ZfhF 1959, S. 213 ff.

Riebel, P.: Das Rechnen mit relativen Einzelkosten und Deckungsbeiträgen als Grundlagen unternehmerischer Entscheidungen im Fertigungsbereich, NB 1961, S. 145 ff.

Riebel, P.: Die Preiskalkulation auf Grundlage von „Selbstkosten“ oder von relativen Einzelkosten und Deckungsbeiträgen, ZfbF 1964, S. 549 ff.

Riebel, P.: Die Fragwürdigkeit des Verursachungsprinzips im Rechnungswesen, in: Layer, M., Strebel, H. (Hrsg.): Rechnungswesen und Betriebswirtschaftspolitik, Festschrift für Gerhard Krüger zu seinem 65. Geburtstag, Berlin 1969, S. 49 ff., hier zit. nach Wiederabdruck in Riebel, P.: Einzelkosten- und Deckungsbeitragsrechnung. Grundfragen einer markt- und entscheidungsorientierten Unternehmensrechnung, 6. Aufl., Wiesbaden 1990, S. 67 ff.

Riebel, P.: Kalkulation der Kuppelprodukte, in: Handwörterbuch des Rechnungswesens, hrsg. von E. Kosiol, Stuttgart 1970, Sp. 994 ff.

Riebel, P.: Deckungsbeitragsrechnung, in: Handwörterbuch des Rechnungswesens, hrsg. von E. Kosiol, Stuttgart 1970, Sp. 383 ff.

Riebel, P.: Kosten und Preise bei verbundener Produktion, Substitutionskonkurrenz und verbundener Nachfrage, Opladen 1971.

Riebel, P. (Hrsg.): Beiträge zur betriebswirtschaftlichen Ertragslehre, Opladen 1971.

Riebel, P., Paudtke, H. Zscherlich, W.: Verrechnungspreise für Zwischenprodukte, Opladen 1973.

Riebel, P.: Systemimmanente und anwendungsbedingte Gefahren von Differenzkosten- und Deckungsbeitragsrechnungen, BfuP 1974, S. 493 ff.

Riebel, P.: Einzelkosten- und Deckungsbeitragsrechnung, 3. Aufl., Wiesbaden 1979.

Riebel, P.: Einzelkosten- und Deckungsbeitragsrechnung, 7. Aufl., Wiesbaden 1994.

Ripperger, A., Zwirner, A.: Prozeßoptimierung. Ein Weg zur Steigerung der Wettbewerbsfähigkeit, in: Controlling, 1995, S. 72 ff.

Ritter, E.: Sinn und Grenzen der kaufmännischen Budgetrechnung, Diss. München 1939.

Rocker, W.: Grundsätzliches zur Plankosten-Abrechnung und ihre Anwendung in der Edelstahlindustrie, Stahl und Eisen 1952, S. 134 ff.

Rückle, D., Klein, A.: Product Life Cycle Cost Management, in: Dellmann, F., Franz, K.P. (Hrsg.) Neuere Entwicklungen im Kostenmanagement, Bern 1994, S. 335 ff.

Rummel, K.: Kostenrechnung auf Zeitgrundlage, Archiv für das Eisenhüttenwesen 1929/30, S. 787 ff.

Rummel, K.: Ingenieur und Kaufmann, Stahl und Eisen 1935, S. 86 ff.

Rummel, K.: Proportionale Abschreibung, Archiv für das Eisenhüttenwesen 1937/38, S. 629 ff.

Rummel, K.: Einheitliche Kostenrechnung auf der Grundlage einer vorausgesetzten Proportionalität der kosten zu betrieblichen Größen, Düsseldorf 1949.

Rummel, K.: Einige Fragen an die Verfechter der Plankostenrechnung, ZfhF 1961, S. 481 ff.

Sabel, H.: Entscheidungsprobleme auf der Basis von Kosten und Leistungsrechnungssystemen, WPg 1973, S. 17 ff.

Said, A.A., Hassabelnaby, H.R., Wier, B.: An Empirical Investigation of the Performance Consequences of Nonfinancial Measures, JMAR 2003, S. 193-223.

Schäffer, U., Binder, C., Gmür, M.: Struktur und Entwicklung der Controllingforschung – Eine Zitations- und Kozitationsanalyse von Controllingbeiträgen in deutschsprachigen wissenschaftlichen Zeitschriften von 1970 bis 2003, ZfB 2006, S. 395-440.

Schäffer, U, Schürmann, C., Die Rolle des Controllers: Erbsenzähler oder interner Berater?, ZfCM, 2010, S. 189f.

Schäffer, U., Steiners, D.: Controllinginformation für das Top-Management deutscher Industrieunternehmen – Angebot und Nutzung im Spiegen einer empirischen Erhebung, zfcm 2005, Heft 3, S. 209-224.

Sakurai, M.: Target Costing and how to use it, in: Journal of Cost Management, Summer 1989, S. 39 ff.

Samtleben, M., Stadlbauer, F., Hess, T.: Anwendungssystemintegration im Controlling: aktueller Stand und wichtige Trends, zfcm 2005, Heft 2, S. 86-93.

Sasse, A.: Systematisierung der Qualitätskosten und der Abweichungskosten für das Qualitätskostenmanagement, krp 2000, Sonderheft 1/2000, S. 43 ff.

Sasse, A.: Ganzheitliches Qualitätskostenmanagement: Ein Konzept zur kosten- und nutzenorientierten Planung und Steuerung, Wiesbaden 2002.

Schaich, E., Köhle, D., Schweitzer, W. Wegner, F.: Statistik II, München 1978.

Schaltegger, S., Burritt, R., Petersen, H., An Introduction to Corporate Environmental Management. Striving for Sustainability, Sheffield 2003.

Schaltegger, S., Bennett, M., Burritt, R.L., Jasch, C., Environmental Management Accounting (EMA) as a Support for Cleaner Production, in: Schaltegger, S., Bennett, M., Buritt, R.L., Jasch, C., (Hrsg.), Environmental Management Accounting for cleaner production, Berlin 2008, S. 3ff.

Schaltegger, S, Nachhaltigkeit als Treiber des Unternehmenserfolgs. Folgerungen für die Entwicklung eines Nachhaltigkeitscontrollings, Controlling, 2010, S. 238ff.

Schär, J. F.: Allgemeine Handelsbetriebslehre, 5. Aufl., Leipzig 1923.

Scheer, A. W.: CIM – Der computergesteuerte Industriebetrieb, Berlin, Heidelberg 1987.

Scheer, A.-W.: Grenzplankostenrechnung, Stand und aktuelle Entwicklung, H.-G. Plaut zum 70. Geburtstag, Wiesbaden 1988.

Schildbach, T.: Vollkostenrechnung als Orientierungshilfe, Ein Rechtfertigungsversuch, DBW 1993, S. 345 ff.

Schildbach, T.: US-GAAP: Amerikanische Rechnungslegung und ihre Grundlagen, 2. Aufl., München 2002.

Schiller, U., Lengsfeld, S.: Planung mit Prozesskostenrechnung, zfb 1998, S. 525 ff.

Schilling, W.: Der Verschleiß an Drehwerkzeugen aus Schnellarbeitsstahl und seine Ursachen, Diss. Aachen 1966.

Schlatter, C. F.: Zur Theorie der Standardkosten, Die Betriebswirtschaft 1931, S. 344 ff.

Schmalenbach, E.: Die Technik der Produktionskosten-Ermittlung, ZfhF 1908/09, S. 41 ff.

Schmalenbach, E.: Buchführung und Kalkulation im Fabrikgeschäft. Unveränderter Nachdruck aus der Deutschen Metallindustrie-Zeitung, 15. Jg., 1899, Leipzig 1928.

Schmalenbach, E.: Selbstkostenrechnung und Preispolitik, 6. Aufl., Leipzig 1934.

Schmalenbach, E.: Pretiale Wirtschaftslenkung, Bd. 1 Die optimale Geltungszahl, Bd. II, Pretiale Lenkung des Betriebes, Bremen – Horn 1947.

Schmalenbach, E.: Kostenrechnung und Preispolitik, 7. Aufl., Köln und Opladen 1956 und 8. Aufl. Köln und Opladen 1963.

Schmidt, L.: Das Rechnen mit Tageswerten in der Plankostenrechnung, ZfB 1954, S. 698 ff.

Schmidt, M., Carbon Accounting zwischen Modeerscheinung und ökologischem Verbesserungsprozess, ZfCM, 2010, S. 32ff.

Schneeweiß, C., Kostenbegriffe aus entscheidungstheoretischer Sicht, zfbf 1993, S. 1025 ff.

Schneeweiß, C., Steinbach, J.: Zur Beurteilung der Prozeßkostenrechnung als Planungsinstrument, in: DBW 1996, S. 459 ff.

Schneider, D.: Kostentheorie und verursachungsgemäße Kostenrechnung, ZfhF 1961, S. 677 ff.

Schneider, D.: „Lernkurven" und ihre Bedeutung für Produktionsplanung und Kostentheorie, ZfbF 1965, S. 501 ff.

Schneider, D.: Entscheidungsrelevante fixe Kosten, Abschreibungen und Zinsen zur Substanzerhaltung – Zwei Beispiele von „Betriebsblindheit" in Kostentheorie und Kostenrechnung, in: DB 1984, S. 2521 ff.

Schneider, D.: Versagen des Controlling durch eine überholte Kostenrechnung – Zugleich ein Beitrag zur innerbetrieblichen Verrechnung von Dienstleistungen –, in: DB 1991, S. 765 ff.

Schneider, D.: Entwicklungsschwerpunkte zur heutigen Kostenrechnung, in: W. Männel (Hrsg.): Handbuch Kostenrechnung, Wiesbaden 1992, S. 87 ff.

Schneider, E.: Einführung in die Grundlagen des industriellen Rechnungswesens, Kopenhagen 1939.

Schneider, E.: Die Rolle des Soll-Ist-Vergleiches in der Betriebsrechnung, in: Technik und Wirtschaft 1939, S. 69 ff.

Schneider, E.: Grundsätzliches zur Planung und Standardkostenrechnung, ZfhF 1940, S. 235 ff.

Schneider, E.: Die innerbetriebliche Leistungsverrechnung in der Kostenarten- und Kostenstellenrechnung, ZfhF 1941, S. 253 ff.

Schnettler, A.: Das Rechnungswesen industrieller Betriebe, 4. Aufl., Wolfenbüttel 1949.

Scholz, G., Swoboda, M.: Integrierte Unternehmensplanung mit SAP R/3, in: krp 2000, S. 371 ff.

Schott, R.: Möglichkeiten und Grenzen der Systeme vorbestimmter Zeiten, in: Arbeit und Leistung 1974, S. 113 ff.

Schubert, W.: Kostenträgerstückrechnung als (primäre) Kostenartenrechnung? BfuP 1965, S. 358 ff.

Schulz, C. E.: Das Problem der Preisuntergrenze und ihre Arten, Annalen der Betriebswirtschaft 1927, S. 347 ff.

Schulz-Mehrin, O.: Der Kostenvorschlag (Kostenbudget) als Hilfsmittel zum Durchhalten, Maschinenbau 1932 (Wirtschaftsteil), S. W/100 ff.

Schumann, M., Beinhauer, M.: Empirische Analysen zur Kostenentwicklung des administrativen Bereichs, in: krp 1994, S. 297 ff.

Schwantag, K.: Der heutige Stand der Plankostenrechnung in deutschen Unternehmungen, ZfB 1950, S. 391 ff.

Schwantag, K.: Stoffwirtschaft und Plankostenrechnung, ZfB 1950, S. 412 ff.
Schwantag, K.: Zur Theorie und Praxis der Plankostenrechnung, ZfB 1952, S. 65 ff.
Schwantag, K.: Zinsen als Kostenfaktor, ZfB 1953, S. 483 ff.
Schwarz, H.: Neuere Gesichtspunkte in der Kostenrechnung von Industrie und Handelsbetrieben, NB 1962, S. 169 ff.
Schweitzer, M., Hettich, G., Küpper, H.-U.: Systeme der Kostenrechnung, 2. Aufl., München 1979.
Schweizer, M., Küpper, H. U.: Systeme der Kostenrechnung, 4. Aufl., München 1986.
Schweitzer, M., Küpper, H.U.: Systeme der Kosten- und Erlösrechnung, 10. Aufl., München 2011.
Schweitzer, M., Schweitzer, M.: Die Kostenrechnung im Brennpunkt betriebswirtschaftlicher und ingenieurwissenschaftlicher Gestaltungsansätze, in: Jahrbuch für Controlling und Rechnungswesen, Hrsg.: Seicht, G., Wien 2009, S. 309 - 333
Seicht, G.: Zur Deckungsbeitragsrechnung, Versuch einer Weiterentwicklung, Organisation und Betrieb 1963, S. 13–17.
Seicht, G.: Die stufenweise Grenzkostenrechnung. Ein Beitrag zur Weiterentwicklung der Deckungsbeitragsrechnung, ZfB 1963, S. 693 ff. Nachdruck in: Kostenrechnungspraxis 1965, S. 205 ff. und S. 257 ff.
Seicht, G.: Die Grenzbetrachtung in der Entwicklung des betrieblichen Rechnungswesens, Betriebswirtschaftliche Schriften, Heft 86, Berlin 1977.
Seicht, G.: Moderne Kosten- und Leistungsrechnung, Grundlagen und praktische Gestaltung, 11. Aufl., Wien 2001.
Seidenschwarz, W.: Target Costing, München 1993.
Seischab, H.: Demontage des Gewinns durch unzulässige Ausweitung des Kostenbegriffs, ZfB 1952, S. 19 ff.
Sharman, P. A., Vikas, K.: Lessons from German Cost Accounting, Strategic Finance December 2004, S. 28-35.
Sharman, P. A.: An American Perspective on German Controlling. Unexpected Praise for German Controlling Practice (An Interview with Paul Sharman, ACMA, President and CEO, IMA by Eric Zayer, ZfCM 2005, S. 322-326.
Shillinglaw, G.: Cost Accounting: Analysis and Control, Homewood, III., 1961.
Shillinglaw, G.: Cost Accounting: Analysis and Control, 3. Aufl., Homewood III, 1972.
Sieben, G.: Betriebswirtschaftliche Aspekte eines wertorientierten Versorgungssystems der betrieblichen Altersversorgung, in: Förster, W. – Rössler. N. (Hrsg.): Betriebliche Altersversorgung in der Diskussion zwischen Praxis und Wissenschaft, Festschrift zum 60. Geburtstag von Peter Ahrend, Köln 1992, S. 333 ff.
Siegert, T., Böhme, M., Pfingsten, F., Picot, A.: Marktwertorientierte Unternehmensführung im Lebenszyklus, zfbf 1997, S. 471 ff.
Sinzig, W.: Unterstützung der Absatzplanung in einem System der integrierten Unternehmensrechnung, in: krp., Heft 6/1988, S. 235 ff.
Sinzig, W.: Datenbankorientiertes Rechnungswesen, Berlin – Heidelberg – New York 1990.
Sohl, T.: Perioden- und leistungsgerechte Verrechnung der Personalkosten in Industrie und Dienstleistung, krp 1990, S. 151 ff.
Solomons, D.: The Historical Development of Costing, in: D. Solomons (Hrsg.) Studies in Costing, London 1952, S. 1 ff.
Sonnefeld, E.: Der Mythos von den fixen Kosten und die betriebswirtschaftliche Leistungs-Abrechnung. Zugleich eine Kritik der Grenzplankostenrechnung, ZfB 1962, S. 44 ff.
Sowell, E. M.: The Evolution of the Theories and Techniques of Standard Costs, 2. Aufl., Alabama 1974.
Staudinger, W.: Die Gemeinkostenplanung in der Praxis eines elektrotechnischen Großbetriebes, ZfB 1953, S. 111 ff.
Steffen, R.: Die Bestimmung von Taktzeiten und Stationenzahl bei Fließbandfertigung unter besonderer Berücksichtigung von Lernprozessen, ZfbF 1973, S. 99 ff.

Steinmann, H.: Die Plankostenrechnung. Darstellung der Methode, Beurteilung ihrer Anwendbarkeit und Untersuchung der in ihr enthaltenen Möglichkeiten, Diss. Berlin 1939.
Stepf, W.: Die Proportionalkostenrechnung in der Stahlbauindustrie, ZfhF 1950, S. 166 ff.
Steven, M., Letmathe, P.: Objektorientierte Kostenrechnung, krp 2000, S. 237 ff.
Stevens, H.: Einflussgrößenrechnung, Düsseldorf 1939.
Stewart, G. B.: The Quest for Value, The EVA Management Guide, New York, 1991.
Stöi, R., L.G. Braun, W. Große, Unternehmenssteuerung ohne Budgets bei der B. Braun Mesungen AG, ZfCM, 2011, S. 33.
Stöppler, S., R. Fischer, M. Rogalski: Ein Bezugsgrößenmodell zur Systematisierung der Kosten- und Erlösinformationen, ZfB 1992, S. 579 ff.
Striening, H.-D., Hrsg.: Chefsache Gemeinkostenmanagement, Landsberg/Lech 1995.
Striker, M.: Marginal Costing and Price Control, The Accountants Digest 1949.
Sunder, S.: Management Control, Expectations, Common Knowledge, and Culture, JMAR 2002, S. 173-187.
Swoboda, P.: Die Ableitung variabler Abschreibungskosten aus Modellen zur Optimierung der Investitionsdauer, ZfB 1979, S. 563 ff.
Swoboda, P.: Zur aktuellen Diskussion über die Abschreibungskosten in der österreichischen amtlichen Preisregelung (Energiepreisregelung). Eine Erwiderung zum gleichnamigen Aufsatz von G. Seicht, JfB 2/92, S. 74 ff.
Swoboda, P.: Kostenrechnung und Preispolitik, 22. Aufl., Wien 2004.
The Institute of Cost and Works Accountants, A Report on Marginal Costing, 3. Aufl., London 1965.
Tietz, B.: Die Grundprobleme der Kosten- und Leistungsrechnung im Handel, in: Schriften zur Unternehmensführung, Bd. 24, hrsg. von H. Jacob, Wiesbaden 1978.
Tigges, H.: Betriebsüberwachung durch Plankostenrechnung, ZfhF 1951, S. 193 ff.
Tillmann, K. H.: Die Bewertung von marktpreislosen Kuppelprodukten in der Kostenrechnung der chemischen Industrie, ZfhF 1954, S. 156 ff.
Tipke, K., Lang, J,: Steuerrecht, 18. Aufl., Köln 1998.
Tomys, A.-K.: Kostenorientiertes Qualitätsmanagement. Qualitätscontrolling zur ständigen Verbesserung der Unternehmensprozesse, München 1995.
Traub, K.: Die Grenzplankostenrechnung in Gießereibetrieben, Diss. Saarbrücken 1964.
Traub, K.: Die Abweichungsanalyse in Betrieben der Gießereiindustrie, ZfB 1965, S. 280 ff.
Treacy, J. E.: For Direct Costing in the Steel Industry, Management Accounting, June 1977, S. 44 ff.
Tucker, S. A.: Break-Even-Analyse, Die praktische Methode der Gewinnplanung, übersetzt und bearbeitet von A. Deyhle, München 1966.
Unterguggenberger, S.: Betriebswirtschaftliche Überlegungen zur Problematik der Forschungs- und Entwicklungskosten für neue Industrieprodukte, ZfB 1972, S. 263 ff.
Unterguggenberger, S.: Kybernetik und Deckungsbeitragsrechnung, Wiesbaden 1974.
Vance, L. L.: The Fundamental Logic of Primary Variance Analysis, N.A.C.A.-Bulletin 1950(1), Section 1, S. 625 ff.
Vater, H.: Studie „Next Generation Controlling“ in ZfCM 2007/1 S.: 49
Vikas, K.: Controlling im Dienstleistungsbereich mit Grenzplankostenrechnung, (Diss. Graz 1986) Wiesbaden 1988.
Vikas, K.: Probleme und Lösungsansätze bei der Kostenaufspaltung, in: Praxis des Rechnungswesens, Freiburg 1989, S. 347 ff.
Vikas, K.: Integration von Systemen der Plankostenrechnung mit der Planungsrechnung, in: Strategieunterstützung durch das Controlling, hrsg.: Horvath, P., Stuttgart 1990, S. 249 ff.
Vikas, K.: Planung und Abrechnung von administrativen Prozessen aus betriebswirtschaftlicher Sicht, Rechnungswesen und EDV, 11. Saarbrücker Arbeitstagung, Hrsg. A.-W. Scheer, Heidelberg 1990, S. 20 ff.

Vikas, K.: Besonderheiten der Kosten-, Leistungs-, Erlös- und Ergebnisrechnung im Dienstleistungsbereich, in Handbuch Kostenrechnung, Hrsg.: W. Männel, Wiesbaden 1992, S. 1043 ff.

Vikas, K.: Controlling und Risikomanagement als integrierte Funktionen im markt- und kundenorientierten Geschäftsprozess, in: Jahrbuch zum Finanz- und Rechnungswesen 2000, H. Siegwart (Hrsg.), St. Gallen 1999, S. 15 ff.

Vikas, K.: Strategisches Controlling und dessen Umsetzung in den Prozessabläufen, in: Jahrbuch für Controlling und Rechnungswesen 2000, G. Seicht (Hrsg.), Wien, 1999, S. 397 ff.

Vikas, K.: Wertorientiertes Management, Umsetzung der Strategie in operative Werttreiber, in: Implementierung des wertorientierten Managements, A. Wagenhofer, G. Hrebicek (Hrsg.), Stuttgart, 2000.

Vikas, K.: Dienstleistungskalkulation, in: Management Lexikon, R. Bühner, Hrsg., München, Wien, Oldenbourg 2001, S. 193 ff.

Vikas, K.: Neue Konzepte für das Kostenmanagement, 3. Aufl., Wiesbaden 2001.

Vikas, K.: Grenzplankostenrechnung, in: Küpper, H.-U., Wagenhofer, A.: Handwörterbuch Unternehmensrechnung und Controlling (HWU), 4. Aufl., Stuttgart 2002.

Vikas; K.: Controlling - System: Kosten- und Ergebnisrechnung am Beispiel des integrierten Unternehmensmodells „QUATTRO“, in: Der Controlling Berater, 07/2002, S. 581 ff., Freiburg, 2002.

Vikas, K.: Relevance Lost – Relevance Confirmed – Die Renaissance des German Cost Accounting, in Jahrbuch für Controlling und Rechnungswesen 2006, Hrsg.: Seicht, G., S. 27 – 42.

Vodrazka, K.: Ertragswertorientierte Unternehmensführung und Kostenrechnung, in: Altenburger, O. A., Janschek, O., Müller, H. (Hrsg.): Fortschritte im Rechnungswesen. Vorschläge für Weiterentwicklungen im Dienste der Unternehmens- und Konzernsteuerung durch Unternehmensorgane und Eigentümer, Gerhard Seicht zum 60. Geburtstag, Wiesbaden 1999, S. 467 ff.

Vörös, L.: Auftragsabhängige Vertriebskosten, Zeitschrift für das gesamte Rechnungswesen 1968, S. 237 ff.

Wagenhofer, A.: Abweichungsanalysen bei der Erfolgskontrolle aus agency theoretischer Sicht, in: BfuP 4/92, S. 319 ff.

Wagenhofer, A.: International Accounting Standards, 3. Aufl., Wien 2002.

Wagenhofer, A.: Internationale Rechnungslegungsstandards – IAS/IFRS, München 2009

Währisch, M.: Kostenrechnungspraxis in der deutschen Industrie, eine empirische Studie, Wiesbaden 1998.

Walker, J.: Prime Cost Keeping for Engineers, Ironfounders, Boiler and Bridge Makers, et cetera, Liverpool 1875.

Wartmann, R.: Rechnerische Erfassung der Vorgänge im Hochofen zur Planung und Steuerung der Betriebsweise sowie der Erzauswahl, in: Stahl und Eisen 1963, S. 1414 ff.

Wartmann, R.: Steuern, Lenken, Planen, Möglichkeiten in einem gemischten Hüttenwerk, in: Hoesch, Berichte aus Forschung und Entwicklung unserer Werke, Bd. 1, Heft 2, 1966, S. 20 ff.

Wartmann, R., Kopineck, H. J.; Hanisch, W.: Funktionales Arbeiten in Kostenrechnung und Planung mithilfe von Matrizen, in: Archiv für das Eisenhüttenwesen 1960, S. 441 ff.

Wartmann, R., Steinecke, V., Sehner, G.: Grundlagen für Anwendungsprogrammierung (GAP), Plankosten- und Planungsrechnung mit Matrizen, Teil I: Management-Information, Teil II: Anwendungsbeschreibung, Teil III: System und Implementierungsbeschreibung, Hrsg. IBM Stuttgart 1975.

Weber, J.: Logistik Kostenrechnung, Berlin 1987.

Weber, J.: Change Management für die Kostenrechnung. Zum Veränderungsbedarf der Kostenrechnung, in: Controlling, 1990, S. 120 ff.

Weber, J.: Entfeinerung der Kostenrechnung?, in: Scheer, A.-W. (Hrsg.): 13. Saarbrücker Arbeitstagung 1992. Rechnungswesen und EDV, Heidelberg 1992, S. 173 ff.

Weber, J.: Kalkulation von Logistikkosten, krp 1992, Sonderheft 1/1992, S. 29 ff.

Weber, J.: Kostenrechnung im System der Unternehmensführung – Stand und Perspektiven der Kostenrechnung in den 90er Jahren, in: Weber, J. (Hrsg.): Zur Neuausrichtung der Kostenrechnung. Entwicklungsperspektiven für die 90er Jahre, Stuttgart 1993.

Weber, J.: Selektives Rechnungswesen, in ZfB, 1996, S. 925 ff.

Weber, J.: Logistik- und Supply-Chain-Controlling, 5. Aufl., Stuttgart 2002.

Weber, J.: Interne Marktorientierung des Controllings, krp 2002, Heft 2, S. 87-94.

Weber, J.: Controlling im unterschiedlichen Führungskontexten – ein Überblick, zfcm 2003, Heft 3, S. 183-192.

Weber, J., Was unterscheidet erfolgreiche von nicht erfolgreichen Controllern?, ZfCM, 2010, S. 91ff.

Weber, J., Georg, J., Janke, R., Nachhaltigkeit: Relevant für das Controlling, ZfCM, 2010, S. 395ff.

Weber, J., Schäffer, U.: Einführung in das Controlling, 13. Aufl., Stuttgart 2011.

Weber, K.: Amerikanische Standardkostenrechnung, Ein Überblick, Winterthur 1960.

Weber, K.: Zur Abweichungsermittlung bei der Standardkostenrechnung, Industrielle Organisation 1961, S. 435 ff.

Weide, G., Hoffjan, A., Nevries, P., Trapp, R., Organisatorisch-personelle Auswirkungen einer Integration des Rechnungswesens – eine empirische Analyse, zfbf, 2011, S. 63ff.

Weißenberger, B.E., Göbel, S., Kleine, C., Wertorientierte Steuerung in der Krise? Perspektiven für eine Neuausrichtung der Controllingarbeit, Controlling. 2011, S. 4ff.

Wiese, H.: Das Theorie-Praxis-Paradox der Kostenrechnung aus verhandlungstheoretischer Sicht, zfbf 1994, S. 525 ff.

Wiesner, H.: Der Prämienlohn in Theorie und Praxis, Köln 1969.

Wiesner, H.: Der Prämienlohn, in: Arbeit und Leistung, 1972, S. 55 ff.

Wildemann, H.: Kosten- und Leistungsbeurteilung von Qualitätssichungssystemen, ZfB 1992, S. 761 ff.

Wille, F.: Direktkostenrechnung mit stufenweiser Fixkostendeckung? Eine kritische Stellungnahme, ZfB 1959, S. 737 ff.

Wille, F.: Plan- und Standardkostenrechnung, 1. Aufl., Essen 1952; 2. Aufl., Essen 1963.

Williams, J. H.: A Technique for the Chief Executive. A Definite Responsibility – A Definite Procedure – A Definite Measure of Results, Bulletin of the Taylor Society 1922, S. 47 ff.

Williams, R. E.: Converting to a Direct Costing System, Management Accounting, Jan. 1968, S. 23 ff.

Wimmer, K.: Kostenabweichungsanalyse und Kostensenkung, Zur Inkonsistenz zwischen theoretischem Anspruch und praktischer Realisierung, ZfB 1994, S. 981 ff.

Wimmer, K.: Innerbetriebliche Unwirtschaftlichkeit und Kostenabweichungsanalyse, Erwiderung zur Stellungnahme „Kumulative versus differenziert-kumulative Kostenabweichungsanalyse“ von Wolfgang Ossadnik und Stefan Maus (ZfB 65. Jg. (1995), S. 1285–1297), ZfB 1995, S. 1299 ff.

Winkelmann, F. W.: Richtkosten (Standardkosten), ZfhF 1928, S. 411 ff., S. 459 ff., S. 486 ff.

Wittenbrink, H.: Kurzfristige Erfolgsplanung und Erfolgskontrolle mit Betriebsmodellen, Wiesbaden 1976.

Wöhe, G.: Betriebswirtschaftliche Steuerlehre, Bd. 1, 3. Aufl., München 1972, Bd. II, 2. Halbband, 2. Aufl., Berlin und Frankfurt 1965.

Wolkenstein, R.: Kurven gleichen Deckungsbeitrages, ein wirkungsvolles, einfaches Mittel für rasche geschäfts- und verkaufspolitische Entscheidungen, Zeitschrift für wirtschaftliche Fertigung 1969, S. 403 ff.

Wolter, A. M.: Das Rechnen mit fixen und proportionalen Kosten, Köln und Opladen 1948.

Wright, W.: Direct Standard Costs for Decision Making and Control, New York – Toronto – London 1962.

Zadek, S., The Civil Corporation, 2. Aufl, London and Sterling, 2007.

Zeidler, F.: Altes und Neues zur Plankostenrechnung, WPg 1949, S. 300 ff.

Zeidler, F.: Feste Kosten oder Leerlaufkosten in der Kostenrechnung? NB 1953, S. 141 ff.

Ziegler, H.: Neuorientierung des internen Rechnungswesens für das Unternehmens-Controlling im Hause Siemens, zfbf 1994, S. 175 ff.

Zirkler, B.: Führungsorientiertes US-amerikanisches Management Accounting, Diss. Nürnberg 2001.

Zwicker, E.: „Die Plannung und Verrechnung von Stromkosten in der Grenzplankostenrechnung“ – Kilgers flexible Plankostenrechnung aus heutiger Sicht, ZfCM 2006, Sonderheft 1, S. 14-20.

Stichwortverzeichnis